献给中国建筑设计改革开放 40 年的壮美历程

———

TRIBUTE TO THE
MAGNIFICENT COURSE
OF 40 YEARS OF REFORM
AND OPENING-UP OF
CHINESE ARCHITECTURAL
DESIGN

U0259519

《建筑评论》编辑部 编

中國建築歷程

CHINESE ARCHITECTURAL HISTORY

1978—2018

天津大学出版社
TIANJIN UNIVERSITY PRESS

图书在版编目（CIP）数据

中国建筑历程：1978—2018 /《建筑评论》编辑部编 . -- 天津：天津大学出版社，2019.6
ISBN 978-7-5618-6439-5

Ⅰ . ① 中… Ⅱ . ① 建… Ⅲ . ① 建筑史 - 中国 - 1978-2018 Ⅳ . ① TU-092.7

中国版本图书馆 CIP 数据核字 (2019) 第 132071 号
Zhongguo Jianzhu Licheng 1978—2018

策划编辑　金　磊　韩振平　苗　淼
责任编辑　郭　颖
装帧设计　董晨曦　朱有恒

出版发行　天津大学出版社
地　　址　天津市卫津路 92 号天津大学内（邮编：300072）
网　　址　publish.tju.edu.cn
电　　话　发行部：022-27403647
印　　刷　北京雅昌艺术印刷有限公司
经　　销　全国各地新华书店
开　　本　190mm × 285mm
印　　张　46.5
字　　数　1302 千
版　　次　2019 年 6 月第 1 版
印　　次　2019 年 6 月第 1 次
定　　价　269.00 元

《中国建筑历程　1978—2018》编委会

目录

目录

438 图书篇

494 事件评论篇

目录

序

今年是中国改革开放 40 周年，全面总结好这一人类历史上的伟大进步的意义是非常重大的。翻阅由《建筑评论》编辑部完成的《中国建筑历程 1978—2018》一书的篇目，我感到这是通过记录建筑设计界 40 年历程，向中国建筑师乃至社会献礼的一部有责任感的图书。

With this year marking the 40th anniversary of China's Reform and Opening-up, a comprehensive survey of this great stride in human history is of great significance. Browsing through the book compiled by the *Architectural Review* Editorial Board, *Chinese Architectural History 1978–2018*, I felt that this is an amazing book, dedicated to Chinese architects and the public as well, which records the 40-year-course of architectural development in China.

2018 年 11 月 14 日，中国国家博物馆"伟大的变革——庆祝改革开放 40 周年大型展览"向公众开放，展览从历史纵深感、群众获得感、发展成就感等方面都能找到城市变迁、建筑迭起的身影，它们无疑是建筑师 40 载创作生涯的写照，是时代的纪念碑。如在观众排队体验的智能家居厅中，不仅可通过虚拟现实技术将设计理念展示于 3D 户型图中，还可戴上 VR 眼镜将装修满意的效果一键打印，这都反映了在改革奋进的浪涛中，中国建筑师的贡献与鲜明标识。还在 2009 年元月，由中国建筑学会旗下中国建筑学会建筑师分会与《建筑创作》杂志社就编有《中国建筑设计三十年（1978—2008）》一书，该书力求体现那段时间里设计体制的转折与变迁，本人也曾作为设计院改革管理者写有《国有建筑设计大院大有可为》一文。面对 2018 年改革开放 40 年的又一个关键节点，如何从建筑设计界感知中国走向世界的脉搏，中国建筑学会该如何发声，我在 2018 年 3 月 29 日由中国建筑学会、中国文物学会等单位主持的"笃实践履 改革图新——以建筑与文博的名义省思改革：我们与城市建设的 40 年北京论坛"研讨会致辞中曾表示，要建筑师、艺术家借 40 年改革纪念之机去精心采集、用心言说自己如何在这个舞台上以一己之力，踏过起跑线，走上越宽越远的路；以城市与建筑的名义省思改革，不仅可看到改革在时代变迁中统领全局，还让城市触摸到

获得感，不少城市正是从改革中拥有了非凡的建筑科技文化"地标"。

On November 14, 2018, the National Museum of China opened the "Great Change: Large Exhibition Celebrating the 40th Anniversary of Reform and Opening-up" to the public, from which one could, whether from the perspective of history, of achievement or otherwise, get a glimpse of drastic changes in city buildings—they are the monuments of the times and witness to the dedication in forty years of Chinese architects. In the Smart Home Hall, for instance, not only could design ideas be applied to a 3D architectural through virtual reality technology, but visitors could, after wearing a virtual reality headset, press a button and print out interior decoration renderings satisfactory to them. All this shows the remarkable contributions that Chinese architects have made in the historic process of reform. Back in January 2009, the Institute of Chinese Architects of the Architectural Society of China, and the *ArchiCreation Magazine*, published *30 Years of Chinese Architectural Design (1978–2008)*, a book intended to reflect the changes in architectural design institutions that took place in that period; to the book I, as an architectural design reformer, contributed an article titled *A Bright Future for State-owned Architectural Design Institutes*. At another historic point in time—the 40th anniversary of China's Reform and Opening-up, we should know how to sense the pulse of China going global, from the perspective of the Chinese architectural design community, and how should the Architectural Society of China utter its voice？ In my address to the "Reflecting on Reform in the Name of Architecture and Heritage: Forty Years We Have Spent on City Development" forum in Beijing, hosted by the Architectural Society of China and the Chinese Society of Cultural Relics and other organizations on March 29, 2018, I pointed out that as architects and artists, we should take up the opportunity of the 40th anniversary of the country's reform and related facts, from the bottom of our hearts—how we stepped over the starting line onto a road that broadens and leads farther; and by reflecting on the reform in the name of city and architecture, we could not only see clearly the dominating role of reform in the changes of the times but allow cities to feel a sense of gain—it is in the process of reform that many cities have built their architectural, high-tech and cultural landmarks.

无论从总结改革开放 40 年的经验，还是省思中国建筑设计界近年来的问题，重点都是为了以后更好地设计、实践与再创新。如果说 40 年的改革开放史是部创新史，那么它在设计界体现得最为明显，从立足传统、突破传统到不断刷新，创造了为人民共享的中国奇迹。从某种意义上讲，改革开放对设计界亦是一个"文艺复兴"。无论是理念还是作品，中国建筑设计以丰富的实践获得自信与自强，这要归功于改革开放的力量。有人说庆祝改革开放 40 周年是致敬历史，那是因为历史中有属于未来的东西，它不仅是"遥看"和"穿越"历史的"时间隧道"，更经受着新考验。面对国际建筑界对中国的期盼，面对中国"一带一路"等重大项目及人类命运共同体之需求，我们不可能不在上下求索中迎潮搏击，以求中国建筑设计界在出理论、出作品、出人才等方面再跃新台阶。

Whether it is summing up 40 years of experience in Reform and Opening-up or reflecting on the problems of the Chinese architectural design community, the purpose is to bring about better design practice and innovation going forward. If the 40 years of Reform and Opening-up is a history of innovation, it is all the more so with the Chinese architectural design community: from basing themselves on tradition to breaking through tradition to making constant innovation, they have built a Chinese miracle shared by all. To the Chinese architectural design community, the Reform and Opening-up is in a sense a "renaissance". Whether it is in conceptual ideas or works, the Chinese architectural design community owes their confidence and strength to the might of Reform and Opening-up. By celebrating the 40th anniversary of the Reform and Opening-up we are honoring history, it is because in history there is something appertaining to

the future, something that is not merely a "time tunnel" by which to "see from afar" and "pass through" history, but stands new tests. In view of what the international architectural community expects of China, as well as of what is demanded for China's Belt and Road Initiative among other key programs and a community of shared future for mankind, we have no choice but to do our utmost for the Chinese architectural design community to reach new heights in terms of theory, works and talent.

鉴于此，我认为《中国建筑历程 1978—2018》一书的推出是及时的，是行业发展的需要，它能使建筑师在忙于设计的生活中变得充实，它或许也能为建筑师的创作提个醒，它或许更会对社会认知建筑界打开一扇可互动的窗。相信《中国建筑历程 1978—2018》这本书能成为读懂建筑设计界改革开放的薪火之书，因为在以时间为刻度记录中国建筑设计界的铿锵步伐时，它的确解读出一个个设计成就，一幢幢卓越建筑是如何铸成的。特此为序。

Given the above, I think the book *Chinese Architectural History 1978-2018* appears in good time and is needed for development of the sector; it can enrich the busy lives of architects, or perhaps it can serve as a reminder to them or open a window for the public to interact with architecture. I am confident that this book will become a good read on Reform and Opening-up in the Chinese architectural world because by chronicling the moves that Chinese architects have taken, it details how those design achievements were made and those amazing buildings were built, one by one. Hereby I write the foreword in rememberance of the 40-year architecture.

修龙
中国建筑学会理事长
中国建设科技集团股份有限公司董事长
2018 年 11 月
Xiu Long
Chairman of Architectural Society of China
President of China Architecture Design & Research Group
November 2018

致敬与时代同行的建筑师（代前言）

2018 年 12 月 18 日，在人民大会堂举行了"庆祝改革开放 40 周年"大会，它使人的解放这一社会变革的出发点还诸人本身再次得到彰显，它使万壑归流之洪荒伟力再次得到聚集。有某种必然的是，就在同日，故宫博物院召开了有 300 人参加的"《中国 20 世纪建筑遗产大典（北京卷）》首发暨学术报告研讨会"；在武汉举办了"工程勘察设计行业改革开放 40 周年座谈会"，它们都从不同角度印证了 40 年的中国建筑历程是光荣的荆棘之路。城市建设从小到大，从弱到强，建筑师与管理者在其中扮演了重要角色。如果用《建筑评论》的"智库之声"去审视城市建设的现实，会发现其中不仅有发展逻辑、历史逻辑等变迁，更有如何让国家、城市乃至行业从高速度增长步入高质量发展的命题。40 年，人生中能有几个 40 年？从某种意义上来说是跌宕起伏的 40 年，因为这 40 年里的确经历着怀念过去、心怀庆幸与有时迷茫的业界发展"道路"。我以为，对改革开放的纪念还有其制度意义，包括宪法的价值与中国经济持续向前的政府支撑力。中国社科院学部委员金碚说，改革开放 40 年最大的改变是中国思维从斗争哲学转化为竞争哲学。

早在 2009 年 1 月，时任《建筑创作》杂志社主编的我，在中国建筑学会建筑师分会的支持下，主编了《中国建筑设计三十年（1978—2008）》，现在看来，它凸显的三层含义仍然有效，即：一本记载 30 年设计体制转折与变迁的书；一本力求影响一段历程并追求建筑共生与融合的书；一本靠故事中的人书写 30 载传奇与激情的书。自 2018 年 3 月 29 日围绕城市主题，在刚落成的北京嘉德艺术中心举办"以建筑设计的名义纪念改革开放 40 周年"系列活动起，《建筑评论》编辑部就策划要为改革开放 40 周年的建筑设计界梳理新篇，目的不仅仅要在后物欲时代对抗乏味，更要为行业健康发展再出发铺就通天之道。回想 2018 年 1 月策划此活动及论坛时，有不少劝慰之语，现在看来我们饱含着敬意将业界的建筑师与管理者、将建筑设计改革的事件与评论串接在一起是正确之举。40 年代表着一段真实的历史，更连接着现在，希望通过《中国建筑历程 1978—2018》的编织，让建筑学的亲历者带我们穿越时空，在追寻改革开放 40 年的真实印记中感悟到求新求变的坚守。

再伟大的建筑师也出自平凡，坚守真的很了不起，这让人联想到一则悲壮的事：世界文学史上最令人惋惜的莫过于美国作家约翰·肯尼迪·图尔，失望至极的是他的长篇小说《笨蛋联盟》遭无数次退稿，以至于他 32 岁便自杀身亡。11 年后，由他父亲送到出版社的著作终获出版，并摘得普利策小说奖。这个文艺界的例子说明，生命虽顽强也脆弱，不仅如冬梅般披雪绽放，也如夏花般易随风雨凋零，贵在"坚守"二字。大凡成功者，大至国家、城市，小至行业与设计事务所，锲而不舍，金石可镂，是每位智者百折不挠意志的体现。笔者 1978 年由一名天津市建筑设计院汽车修理工考入大学，转眼 40 载已过，也算是 40 年历史的见证人，由读书到走进与新中国同龄的北京市建筑设计研究院，感受与体验太深。我以为顽强的意志来自信仰，来自对内心的永恒忠诚。据此，没有理由不将建筑界改革开放的"故事"用作品、用人物、用思想来展示，这不仅是一种心得，更是对行业的一份责任。尽管每个时代都有自己的声音，但本书的努力是通过事件与作品、人物与评述的真实独白与记录，表现改革开放 40 年中国建筑发展历程中那些不可磨灭的思想脉动。我以为在这些建筑师、工程师以及管理者映射时代的思绪及自信的文本书写中，有远行的灵魂与见识，更有接近历史、再现历史、始终耕耘在路上的记录。愿这些作品与文字成为凿窥城市的图腾，在对改革再出发的期待中，发现时代变化的迭代理论，在规划设计协同发展新棋局的进程中，从一个个政策洼地步入创新高坡。我坚信：本书努力要为改革再出发抵抗住遗忘之力，为此只能求索。据此，用敬畏之心归纳《中国建筑历程 1978—2018》一书的三个含义：

致敬为中国建筑守正创新支持塑造座座丰碑的管理者；
致敬为中国城市用作品书写印迹并创新开拓的建筑师；
致敬为中国文化走向世界不懈耕耘传播发声的评论家。

一、改革开放 40 年的城市之光

让知识、想象、创造、思想自然迸发，是时代理念重建并需再梳理的一篇新文章，因为建筑与历史、业界与生活需要观念的更新。近 40 年来，建筑界对改革开

《中国建筑设计三十年（1978-2008）》书影

《建筑评论》15辑：改革开放40年的城市记忆（北京·石家庄·深圳·广州）

《创作者自画像》书影

《中国当代建筑设计发展战略》书影

《华建筑》向时代致敬改革开放40年专题

《建筑设计管理》报道中国建筑设计行业纪念改革开放40周年总建筑师论坛

放有一系列"断代"型分析，并不统一，各有主张。评论家杨早在2018年11月22日《北京日报》发表了《革新、拉伸、裂变与重生40年》的文章，他的"征候式人物"分析有一定道理，从一定意义上拉近了文学与建筑的关系（因为在过去几十年中，建筑界与文学界共举办过三届"建筑师与文学家交流会"）。文学的40年发展按照时代特征可划分为四个时期：革新期（1978—1988），代表系李存葆的《高山下的花环》（1982），是典型的"伤痕＋反思"作品；拉伸期（1989—1997），代表人物要属20世纪40年代在西南联大受过完整西方文学教育的汪曾祺（1920—1997），汪先生不仅对乡土社会有现代的书写，更在先锋派百舸争流的形势下，用作品告诉人们如何写出既有中国传统又带西方文学基因的现代小说；裂变期（1998—2008），值得关注的是，在21世纪的多次文学阅评中，路遥的《平凡的世界》总是高居榜首，但最具征候意义的作家

是韩寒，他不单是"青春文学"的偶像，更重要的是他作为一个表达符号，借助新兴网络媒体，成功地跨越了"媒体之墙"，使时代的思想与公众开始互动；重生期（2009—2018），代表人物是莫言，他于2012年获诺贝尔文学奖。但也有人断言，农民出身的莫言、陈忠实、贾平凹、刘震云等的乡土社会资源已快耗尽，乡土文学的"主场"正在转为都市视角的"回乡手记"。纵观文学界40年的变迁，建筑界该放平心态，我们要在建筑设计发展轨迹中发现并行甚至冲撞的态势，在坚守与创新中求发展。这里要特别提及作为"好大一棵树"的杜润生前辈（1913—2015）对改革的贡献，他是"三农"问题的改革家。中国社科院学部委员朱玲评价道"杜老心系农民大众，不计个人荣辱。他从年轻时参加'一二·九'学生运动到老年都坚持不懈呼吁实现农民社会经济权利，一直尽其所能将理想付诸实现。"1980年第4期《红旗》杂志发表他的《农业现代化与乡村综合发展》文章，核心是要"农林牧副渔"全面发展。之所以在这里提及杜老，不仅是因为时代给予他足够长的生命和异于常人的禀赋，也在于历史给了他巨大的舞台与精彩的时刻。他对中国"三农"改革之路的坚守，让各行各业反思该如何实现人的自由解放，如何实现社会的公平正义。在杨永生先生等人的积极倡导下，中国建筑界与文学界于1993年开启了第一次建筑与文学的对话。建筑师马国馨与作家刘心武均成为建筑与文学交流的积极倡导者。

2018年3月29日，在中国文物学会、中国建筑学会的支持下，围绕城市主题，先后在北京、石家庄、深圳举办多场"以建筑设计纪念改革开放——我们与城市建设的40年"。其目的是要思考，还要正视40年业

界的荣耀与辉煌，中国建筑设计界的改革开放之路如何走得更远。如果说改革开放作为时代的先声、实践的先导引领着思想解放和时代变革，已经拥有了一套丰富完整的哲学和历史智慧，那么，改革开放的渐进式发展逻辑，不仅贯穿着根本性价值主线，还从农村到城市、从中央到地方，为各界树立了可借鉴的模式。它无疑为城市与建筑、规划与设计乃至公众建筑文化开创了充满活力的局面。据此，《中国建筑历程 1978—2018》一书，意在通过建筑设计界的城市与建筑实践的检验，在对内改革和对外开放两大理论层面，找寻在设计改革与设计创新实践上的互动之点，从而使建筑设计行业的"再出发"避免那些负面影响，避免那些城市化进程中的无序和不协调，从而探讨出对建筑设计改革有指导性的理论维度。在时代是思想之母、实践是理论之源的背景下，中国建筑设计因改革开放而变化的 40 年，恰恰证明了理论才是提升当代设计与建筑文化水平的关键。史学界有句话：现代化包括器物、制度和思想化三大层面，而它们最终都指向现代化，这或许是马克思所说"人的解放"的真正之义。具体讲，无论是建筑设计改革开放理论的"空间说""保障说"，还是建筑与人的"主体说"、体现辩证思维的方法论，都要紧紧围绕城市发展的问题导向；要在注重整体谋划时，强调建筑创作在体现国家建筑方针上发挥作用；要围绕城市与建筑的复杂问题，从重点上寻求突破，如"文化城市"如何落实。一切都要找准"牵一发而动全身"的设计改革策略，本书正是为了努力肩负起这样的使命。

1978 年 12 月 18 日是个重要日子，在北京京西宾馆举行了十一届三中全会，它成为载入中国史册的里程碑事件。改革开放 40 年，中国经济年均增长 9.5%，经济规模扩大了 33.5 倍，对世界经济增长贡献率超过30%，是真正的"中国奇迹"的动力之源。以与建筑设计界关系最密切的地产业为例：40 年前中国城镇家庭"缺房户"占比达 47.5%，而 40 年后，中国人均住宅面积已跃升至世界第三；40 年前，常住人口城镇化率不足 18%，40 年后，上升为 58.52%。有学者总结，中国地产界正进入"智者胜"时代。2018 年 12 月 24 日，住建部"全国住房和城乡建设工作会议"有一系列内容丰富且立意高远的发言与报道，其中"中国建设科技集团沧桑巨变——见证改革力量"展示了应瞩目的建筑设计改革开放的经验：1980 年中国第一家合资设计公司"华森建筑与工程设计顾问公司"（以下简称"华森"）在香港成立，随后在深圳设立分公司，袁镜身院长任合资公司股东会主席，森洋国际有限公司黄汉卿董事长任

2002 年，作家刘心武与马国馨院士在《科学时报》就"闲话建筑"展开交流

刘心武著《空间感》　　　　马国馨著《建筑求索论稿》

股东会副主席，借调中国建筑学会副秘书长曾坚任总经理，共计 7 位敢于摸着石头过河的中国建筑设计院前辈，开启了以香港为窗口、深圳为基础、吸纳国际先进技术、开创中国建筑设计新境界的不凡征程。历史地看，在20 世纪 80 年代初中期，全国建筑界展开一次次或传统或创新的争论，有从理论上酝酿思想解放、打破旧观念桎梏的探讨，也有在实践上建设出阙里宾舍、香山饭店等一系列创新作品而导致的不休争议。

纵观建筑设计界带来的城市之光，大型建筑综合体的成长可见一斑：从北京国贸建筑群到深圳平安建筑群，再到莫斯科国贸，三座"地标"见证了中国建筑界的发展。位于北京东长安街的北京国贸建筑群从 1985年一期建设到 2017 年三期收官，历经 32 载，它们无疑是改革开放从萌芽到成熟的标志。2018 年 9 月 16 日，35 年来最强台风"山竹"过境深圳，600 米高的中国最高写字楼深圳平安主体结构与幕墙系统安然无损，楼宇生命线系统一切完好，其应该归功于该楼宇 114 层有2 台重达 500 吨的世界最大质量主动调解式阻尼器。它如同主动平衡抵消风力导致的水平位移的"天平砝码"，

深圳海上世界文化艺术中心的"设计博物馆",改革开放纪念标志夜景(2018年12月)

保护楼梯不被台风撼动,如今深圳平安大厦与它南面的两个配楼组成的建筑群为迄今中国最高的建筑组团。2017年获莫斯科市优质工程奖的莫斯科中国贸易中心项目,由中国建筑设计研究院设计,该项目的设计已充分考虑在最低气温零下36摄氏度下的建造和使用,用"中国方案"解决了一系列困扰工程建设的难题。在沿海城市海平面上升的大背景下,设计师要研究对中国沿海城市的建设启示。我国不少沿海重要城市(天津、上海、广州、厦门、深圳等)尚未足够重视海平面上升对城市设计的影响。据《中国海平面公报》分析,近30年来,中国沿海城市海平面总体上升90毫米,因此在城市设计与建筑设计过程中不能不考虑这种问题。所以,既要对海平面上升的灾难潜势有清晰的认识,也不能贸然开发沿海用地。这进一步要求建筑师用前瞻的眼光去思考城市的韧性安全设计:要看到在20世纪末以后,城市弹性已出现问题,国土强韧化该如何实现;智慧城市不仅仅是高质量城市的口号与旗帜,更是智慧的实体,而非更智慧的虚拟,所以城市与建筑的智慧设计很有必要;城市与建筑的友好型设计,不仅指无障碍设施的设计,还包括面向公众的设计开放与意见倾听,在鼓励全社会参与的同时,以安全性和适用性实现人本精神和城市包容。据2015年11月11日《中国商报》所载中国指数研究院的"中国百城建筑新地标"研究成果,在全国100个城市600个样本项目基础上,推出"2015—2016中国百城建筑新地标",其中令人瞩目的有"2015—2016"的三个地标,即中国建筑新地标、中国综合体新地标、中国百城建筑新地标。研究发现,中国百城建筑新地标项目在环渤海、珠三角的数量占比提升,一线城市新兴区和三四线城市中心区地标建筑加速涌现。建筑设计更注重内涵要素完善与升级,如2015—2016的项目中90%应用BIM技术、云技术、互联网+、中水处理系统、热交换新风系统等,不少早期经典项目经技术改造后,再次成为新时期城市或区域的价值高地。

改革开放40年,中国建筑经历了国外近百年的建筑发展历程,也积累了近百年的问题,有悬而未决的、有必须解决的,不少设计上的问题,不但没能成为后事之师,甚至还出现了制约城市发展的悖论与阵痛,但无论如何,改革开放给中国建筑设计界带来的作用犹如一次真正意义上的"文艺复兴"。中国城市与建筑需要真正的回归,因为我们有丰富的建筑语言,有丰富的设计与建造经验,有自己特有的保存与传承文化的方式,中国建筑有理由在更深的层次上发展并创新。但也必须分析,当下中国建筑界一个具有共性的负面标签是太过浮躁与急功近利,都急于出现在业界领奖台上,都急于让作品或文论惊觉为业界第一。因此,在总结改革开放40年建筑设计界的变化时,若不探究该现象背后的原因,无视这表象的"急",只将它视为急于改变现状的不得已的对策,是媒体界与评论界的思维懒惰之举,更是对业界发展的不负责任。所以,要在一段时间内去研究造成设计界急于求成的内外原因,急出成果且夸大成就背后的因果关系等。

《建筑与评论》 　　《中国四代建筑师》 　　《建筑中国 60 年——评论卷》 　　《建筑师学术、职业、信息手册》

二、改革开放 40 年的建筑作品与人

以华森事务所与深圳特区共成长为例，可盘点它的一系列堪称第一的作品：深圳第一个五星级酒店（蛇口南海酒店）、第一座超高层钢结构办公楼（深圳发展中心）、第一座大型综合医院（深圳市中心医院）、第一个现代博物馆（何香凝美术馆）、第一个商品住宅标杆（深圳万科城市花园）、第一个综合生态旅游度假区（东部华侨城因特拉根酒店）、华南第一高楼（京基 100）等。2018 年 6 月 26 日，《建筑评论》编辑部在深圳蛇口南海酒店召开的"笃实践履 改革图新——以建筑设计的名义纪念改革开放：我们与城市建设的 40 年 深圳广州双城论坛"会上，中国工程院院士、深圳建筑设计研究总院孟建民董事长盘点了深圳城市建设的里程碑式的作品与其背后的建筑师，或许并不完备，但的确展示了全国各大设计机构对深圳的贡献。他的主旨发言不仅归纳分析了深圳设计改革的重要节点，还深情回望了多位对深圳建筑设计发展做出贡献的前辈建筑师的作品，他们是陈世民的深圳南海酒店（1985 年）、左肖思的深圳天祥大厦（1995 年）、梁鸿文的深圳大学演会中心（1983 年）、吴经护的深圳贝岭居宾馆（1987 年）、陈达昌的深圳向西小学（1984 年）、张孚佩的深圳华夏艺术中心（1991 年）、程宗灏的深圳南山图书馆（1996 年）、许安之的深圳特区报业大厦（1997 年），孟院士还特别从实验性、多样性、示范性阐述了深圳建筑的基本特点；北京市建筑设计研究院有限公司董事长徐全胜则以"BIAD 在广深"为题介绍了自 1984 年深圳分院成立 30 多年来，与特区共同成长的设计历程，他归

纳建筑是时代的纪念碑，建筑不仅要创新，还不忘传承，仅仅 40 年深圳和广州的改革已经呈现了城市历史的难忘记忆，反映了深广两地改革文化的积淀，成为城市当代建筑遗产的载体，从中不仅可见建筑作品，也可感受建筑师生活与经历的事件。

2018 年 12 月 18 日，在受中央表彰的改革开放杰出贡献 100 人名单中，共有两位建筑人名列其中，一是 1922 年 5 月出生的人居环境科学的创造者吴良镛院士，二是知识型企业职工代表、1962 年 9 月出生的中铁电气化局集团技术员巨晓林（兼职全国总工会副主席）。从奠基与提升的视角看，改革开放 40 年的中国建筑学知识体系建构趋向完备、作品的设计与研究成果积累雄厚，与国外衔接的学术范式探索走向自觉，因此无论是建筑师还是作品，都用不同的方式在诉说改革开放。时代需要建筑师个人微观叙事的"自我"书写；需要来自跨界表达的"他者"言说；更需要社会责任背景下中国建筑社会化研究的宏大叙事。

1. 改革开放 40 年呈现的优秀作品及体现的理念

我们在 2009 年版的《中国建筑设计三十年（1978—2008）》一书中曾对西部建筑、京派建筑、海派建筑、岭南派建筑及综合类建筑予以评价，并对办公建筑、医疗建筑、教育建筑、交通建筑、纪念建筑、展览建筑、居住建筑、体育建筑、商业建筑、旅游建筑、工业建筑、观演建筑等共计 145 个项目作出推荐。事实上，由于建筑创作生态变化，精品力作纷呈，必然令人对改革开放的设计思而有悟，感而有思。所有优秀设计作品的呈现都离不开解放思想、对内改革、对外开放的观念。对此

《当代中国建筑师Ⅱ》书影（天津科学技术
出版社，1990年11月第一版）

深圳小平画像广场

不能不提凝聚深圳城市"地标"、位于深南大道与江岭路交口的"小平画像广场"，这无疑是深圳最有代表性的改革开放纪念景观。自1992年6月28日至今，它已经历了四个版本，先后是1992年、1994年、1996年、2004年。2004年第四版中有代表20世纪80年代的国贸大厦、代表20世纪90年代的地王大厦、代表21世纪的市民中心及特区报业大楼……展示深圳的建筑发展脚步，展现了一座成熟的现代化海滨城市、国际性花园城市的风貌（最近一次是2016年末完成的）。史册载丰功，方寸映历程。在一系列集邮册中，也可见到建筑与邮票的改革开放印迹。1994年12月10日，我国发行了一套五枚"经济特区"邮票，分别是深圳、珠海、汕头、厦门、海南五地的建设风貌；1998年4月13日即海南建省10周年，又发行一套4枚"海南特区建设"邮票；2000年8月26日发行的"深圳经济特区建设"邮票，图案建筑是金融中心区、盐田港区、深圳湾旅游区、蛇口工业区和中国国际高新技术成果交易会展览中心；1996年9月"上海浦东"特种邮票，全套6枚和1枚小型张，再现了上海浦东开发区的工程；2008年6月18日"海峡两岸建设"4枚邮票，展现了福建主要沿海开放城市"福州、厦门、泉州、莆田"的建设成就；2010年6月28日"珠江风韵·广州"4枚邮票，除第一枚图案为"五羊衔谷"外，其他3枚是标志建筑广州大剧院、珠江歌韵、广州国际会议展览中心；2011年10月21日，"天津滨海新区"3枚套票及1枚小型张，仍然是以建筑成就为代表，如宜居新城、于家堡金融区、国家动漫园及港口。

纵观建筑设计开辟的创作新空间，从理性上看有如下应重视的思潮：改革开放前，建筑思想禁锢，建筑学术僵化，建筑创作一片空白，改革开放后建筑界的重要作品是现代建筑运动的"补课"。邓庆坦归纳1980—1984年属中国大量引进现代建筑运动理论的时期，各大学校刊发表相关文献47篇，占1980—1996年17年间有关现代建筑文献总数的61.8%，这一特定历史语境和时代背景，再度使现代建筑焕发耀眼光芒。陈志华教授、曾昭奋教授、杨永生编审、邹德侬教授等是中国当代经典现代建筑思想的代表人物及传播者。戴念慈院士在《论建筑的风格、形式、内容及其他》一文中说"以优秀传统为出发点，进行革新……我们所用旧形式的目的，在于以它为出发点，有所变化发展，有所创新"。如果说改革开放前，中国建筑设计界丧失了发展现代建筑的时机，那么，改革开放后，繁荣建筑创作的大势给我们以机会，体现技术理性的设计观念产生了不可磨灭的力量，成就有目共睹，教训启迪也有前车之鉴。无论是现代主义，还是本土设计；无论是技术美学还是追求标新立异的文化品格，都立足于传统文化的现代探索，都使中国建筑设计向深层内涵去发掘。2014年程泰宁院士领导的东南大学建筑设计与理论研究中心完成了住建部"关于提升建筑设计水平的政策措施研究"课题，在解读20世纪50年代"适用、经济、在可能条件下注意美观"的建筑方针不能完全适应当时社会发展现实时，从注重建筑的功能性、经济性、文化性上提出涵盖建筑方针的三个原则，即人与自然的和谐共生原则、科技理性与人文关系并重原则、现代文明与本土文化融合原则等。这些内容与2016年2月中共中央确定的"适用、经济、绿色、美观"新八字方针很一致。改革开放

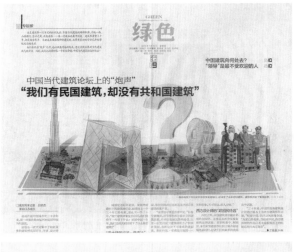

有关建筑评论的一组报影

后的中国建筑设计在打破行业壁垒、建立多元合作博弈上做出了探索，同时加大了建筑城市性研究，开展了一系列建筑师视野下的自下而上的城市设计。如 2018 年 11 月 22 日在国家博物馆由北京市建筑设计研究院有限公司等主办的"都·城——我们与这座城市"建筑文化展上，徐全胜董事长的《建筑倡议》就提到"建筑映射了城市的变迁史，铭刻了时代的纪念碑……建筑师构成

城市的最具代表性的要素，建筑文化的内在精神成为建筑与建成环境的核心价值、原则灵感的来源、文化自信的依托、保护传承的脉络"。可见，建筑作品没有理由不成为社会功能需求的体现、不体现空间艺术形式的创意、不搭建成当代集成应用的平台。从城市形象塑造看改革，起源于"日不落帝国"时代缔造者英国女王维多利亚的 V&A 博物馆（英国维多利亚和阿尔伯特博物馆）于 2016 年走进深圳这个大事件。2017 年已正式对外开放的深圳海上世界文化艺术中心由英国 V&A、蛇口设计博物馆、剧场等组成。V&A 博物馆系世界以"应用以及装饰艺术"为主题的博物馆中规模最大的一座，一贯维持高水准的品牌形象使它在 2003 年获"欧洲最佳博物馆"声誉，其馆藏有 460 万件。它与其他国际大馆的不同之处在于它更侧重艺术和设计，其时尚、亲情、有趣、多元的特色尤其吸引海内外观众。2014 年，中国招商局集团与 V&A 博物馆在伦敦共同创办中国首个大型设计博物馆签署协议，标志着对城市、对设计艺术、对国家建筑文化意义非凡的蛇口"设计互联"是 V&A 博物馆的首次"出海"，这不能不说是改革开放为深圳创造的文化新地标。

2. 改革开放 40 年卓越建筑师贡献与评介

正如建筑作品评价需要再评介一样，对建筑师也该有来自业界内外的品评。这不仅是中国建筑界巩固壮大思想舆论与传播力的需要，更来自当代中国建筑批评的理论建构。也就是说，评奖也该有"批评味"，就是获奖评语也该指出不足，不可能十全十美，从行业健康发展出发，指出其不足不会让优秀者不悦。任何秉持传道之心的建筑人都会知晓这一点，重要的是要让批评之声成为习惯。

2012 年 2 月，中国建筑界"天降"两件好事：两院院士吴良镛获 2011 年度国家科学技术最高奖；王澍教授荣获 2012 年度世界建筑界"诺贝尔奖"——普利兹克奖。这些对中国、对中国建筑界都是天大的事，至少给中国建筑界重树了威信和声望，至少让全世界知晓了中国青年建筑师的分量，更为中国建筑界增了光。其一，"大奖"对中国文化大发展作用显著，体现了创新性。两院院士吴良镛教授获国家科学技术最高奖，不仅说明建筑也是科学技术，还填补了国家科学技术最高奖设立以来缺少建筑奖项的"空白"，它对中国文化大发展贡献明显，如吴院士的有机更新理论、广义建筑学理论、人居环境科学理论等均站在文化遗产传承与保护的角度，使这些科学与城市建设理论积极推进了中国文化的资源建设、文化创造及文化复兴，为中国建筑界在中国乃至世界赢得了尊严与希望；其二，王澍教授的作品在现当代中国建筑作品集乃至创作评优中并非大有印迹或大有影响力的，但他之所以能获如此重要的国际大奖，是因为他的作品及思想打动了评委。可为什么这些在中国建筑界并不以为然的"小作品"能打动国际评委大家呢？我坚信，王澍获奖一事除填补了中国建筑界长久的遗憾之外，也让世界听到了中国的声音，让中国建筑师跨出了国门，这是大贡献，也留下了思考空间。

2016 年 8 月 7 日，天津华汇工程建筑设计有限公司员工自发举办周恺大师荣获第八届"梁思成建筑奖"庆祝座谈会，笔者全程参加并指出，倾心建筑创作但淡泊名利的周恺大师，一贯以学品、作品、人品在业界享有声望，他少有文论，也不接受专访。他从不渲染一系列国内外获奖作品的理论支撑，但他的作品之所以令界内外瞩目，在于他在执着中体现了建筑观，"以相融的方式建造"恰是他一直坚持的创作理念。"相融"是他敬畏自然思想下的文化坚守，为此他才能在尊重环境的前提下，用恰当的方式，营造出那么多有意境的空间。他的作品不希望过分强调建筑的标志性，而努力与周边的环境有一个良好的相互关联，做到真正的融合，舒适好用。已故中国建筑学会名誉理事、曾任香港建筑师学会会长的钟华楠（1931—2018），生前出版的最后一部建筑评论著作《大国不崇洋》（中国建筑工业出版社 2018 年 2 月第一版），恰是针对崇洋的远因和近因的分析。他认为外来建筑物表里可分为两个层次，一是建筑文明，二是建筑文化。建筑文明可以抄袭，建筑文化则需要了解和尊重。他在评述深圳"因特拉根"（Interlaken）酒店时，批评了它的"一流的设施设备、一流的服务品性"的广告语，因为这是一个假瑞士环境、一些独具匠心的假瑞士建筑文化。他更列举了从欧洲四国到上海的"八国联军别墅"、从意大利搬到美国再到澳门的某建筑、美国国会大厦风格到中国等。欧洲的凯旋门是传统建筑，中国也有华表，它们都用来纪念战争的胜利，但不可忘记"一将功成万骨枯""古来征战几人回"。所以，建筑形式必须合乎国情。在中国的改革开放中，不仅古训要今用，更该不忘旧而要创新。用改革开放之思审视中国 20 世纪建筑师，钟华楠表示"在西方的工业革命时期，现代建筑运动萌芽，中国正受到强烈欺负，社会动荡，第一代建筑师少有建筑设计创作机会，所以亦少遗下中国现代建筑模式，可能这个缺陷是崇洋的一个原因"。对于建筑界的改革开放，有久旱逢甘露、饥不择食、制度变化等三大现象，从而导致有

经济特区邮票

《上海浦东》小型张

经济特区邮票

些建筑师缺乏文化使命感，对此中国建筑师难辞其咎。建筑设计学科是建筑类各学科的核心，其独特的规律使其具有技术科学与人文科学乃至艺术门类的属性，以至于有"文科中的理科，理科中的文科"之说，所以，改革开放对建筑师人才培养重在要"补上"社会历史人文、传统文化的课。

三、改革开放 40 年再出发需要从省思中得到动力

2018 年 3 月 29 日的北京论坛是首届 40 载改革开放纪念活动，其至少有三点标志性意义：其一，改革开放是经得住风雨的；其二，观念的变革才是根本的改革开放，建筑设计界虽有实践与巨变，但与发达国家相比尚有距离；其三，建筑师走进不同城市的论坛，旨在回答新思想何以总是从少数人开始，建筑创作与评论要敢于面对"文化冲突"，要善于从中发现关联性与融合点，

在学科之间、在地域之间、在建筑设计与艺术文博上架起桥梁。2009 年是新中国成立 60 周年，我曾在《建筑中国六十年（七卷本）》（天津大学出版社 2009 年 9 月第一版）的编后记中说"书写建筑中国 60 年是责任与使命，它缘自从事前瞻性传媒工作所具有的自觉意识。中国建筑 60 年的分析不是独立的，它有赖于业内系统化的城市演变的评析，这使得新建筑的出现有所依据。在用建筑项目去盘点历史时，需要找准建筑创作的方向，它得益于改革开放的国家精神、得益于我们广博地吸纳并发展自身的建筑文化，得益于理性看待与国外合作设计的创新能力的再挖掘"。

无论是改革开放 40 年，还是新中国 70 年，建筑发展趋势都要求业界转型，中国现当代建筑再也不仅仅是舶来的艺术与技术形式，对其促进至少应从三个方面着手：政府对建设节约型生态城市的倡导；多位中国建筑师走上世界知名建筑奖舞台，使中国建筑的本土化设计受到国际认同；从国家到普通公众对传统建筑文化的渴望与关注日益增长，从而促进了中国建筑在新技术抽象地表现本土文化与基本内涵上不断创新，在结合自然环境、地理气候的同时，诠释文化与建筑的共生。北京市建筑设计研究院的"都·城——我们与这座城市"展览，是新中国成立之后北京建筑史上第一个由设计院主持的大规模、深内涵的展览，它在中国策展学创立阶段（1980 年迄今）体现了一种建筑城市精神。对于有广博标志性事件的多个城市而言，独到的策展于建筑、城市、艺术发展的意义空前。对此，范迪安认为，凡好展览：一要以审视之势，提出前沿问题；二要谋特色之位，铸品牌品质理念；三要持学术新见，成学派气象。纵观近年来的威尼斯建筑"双年展"及其他国内外大型城市展，具有理论学术高度和史学功底、擅长建筑、城市、艺术三位一体的策展与评论，是策展人乃至展览本身可全方位描述并参与社会生态的关键。所以，用策划人的心态及思路，梳理中国建筑历程，在展示历史画卷时，会为建筑发展找到亦文化、亦技术、亦人文、亦遗产的坐标，从而可在现实纷扰的建筑王国中建造科学与文化体系。以下从三方面梳理对中国建筑再出发的研究思路。

其一要强调建筑师的职责与《建筑师法》。在欧美，国家建筑师既是建造科学的代表，也是艺术范畴的代表，具有极高的社会地位，享有较高的职业尊重。在中国，它一直置于"匠人"地位，虽然 20 世纪以来中国建筑学大发展，但在一贯重道轻器的思想下，建筑师地位仍不高。20 世纪以来，自美国建立注册建筑师制度后，世界各国相继实施了注册建筑师制，中国也在 20 世纪末开始实施。目前出台了《注册建筑师条例》《注册建筑师条例实施细则》，但对建筑师职业行为缺乏管控与疏导，1998 年生效的《建筑法》，通篇缺少"建筑设计"的条文。本着以设计为工程灵魂、以设计质量为核心的出发点，出台国家《建筑师法》十分迫切。建筑师作为设计质量保证体系的核心是由建筑师在整个建筑工程中的作用决定的，以建筑师为核心重在要求注册建筑师作为责任主体，受业主委托，在工程建设中从建筑设计到工程竣工的全过程，全权行使业主赋予的权利。实践证明，有《建筑师法》为依据的建筑师不仅会拥有话语权，还会自始至终成为项目的技艺与质量综合把关者与核心。

其二要强调树立"好建筑"的价值导向。中国文物学会、中国建筑学会于 2016 年至 2018 年连续公布了三批中国 20 世纪建筑遗产项目，为中国建筑师树立了 298 个堪称学习样板的建筑经典榜样（也包括建筑师本人）。它们不仅还原了 20 世纪历史的真相，更展示了中国现当代建筑的智慧与成就。20 世纪建筑经典延续的是文化生命，弘扬的是城市精神。建筑是城市的载体，不单单是文化的内容，还包括保护等历史行为。以北京为例，建筑师要从当代遗产与文化视角，要遵循辩证规律，怀旧背后有城市的人和事，有建筑与景观的空间话题，重在要以遗产的多重理念克制城市发展的种种"文化变数"。中国 20 世纪建筑遗产的北京百年建筑，是北京建筑文化生活的"文本"和"叙事"，它让传统的建筑文化有现代的"模样"，甚至是令世人瞩目的"时尚"表达。中国 20 世纪建筑遗产不同于经典古建筑保护，

《建筑学名词（2014）》由全国科学技术名词审定委员会公布

《建筑学的未来》书影　　　《建筑时报》李武英主任采访张钦楠先生（右）和国际建协官员　　　《国际建筑师协会第20届世界建筑师大会纪念集》

在历史和文化最有价值的同时，必然呈现保护与利用的思考。北京还有太多体现20世纪建筑精神的"空间"可供人们品读和欣赏，北京经典的好建筑太需要发现并传承。北京应该是优秀建筑文化的"传承者"，也应该是全国建筑文化创新的"引领者"，更该成为未来中国乃至世界20世纪遗产保护的"创新者"。

其三要强调建筑评论大发展的功效。面对改革开放40载的建筑界，我们的确该心有江河并守正创新。肩负我们这代人以及上一代人的使命、考验与希望，作为一介专业媒体与建筑智库研究者，我们要准确定位时空坐标，在向业界提供建筑文化"产品"时，使它有记忆、可留念，即对建筑的传承与创新都要找到精神所在，都不可缺少评论之力注入的建筑繁荣的驱动。任何项目在追求艺术性、思想性乃至文化传承性统一时，都不可能离开来自政府、社会公众的需求与压力，建筑师试图拥有改变城市的无尽可能性，往往离不开求新求变所带来的设计"迷思"：或奇异与优雅、或复杂与壮观、或矫饰与美丽等，此刻极需要有时代精神、有文化内敛的评论家的"点拨"甚至警示。这里有建筑师与评论家共同关注的建筑设计的文化使命感、创新所需的理性思考以及服务城市与社区公众品质生活的人文关怀型设计。中国建筑评论的"门槛"有时并不高，对建筑与城市不分主流与前卫，谁都可评价，建筑评论不是要见高低、分输赢，而是要造出一种宽容的、讨论式的对话方式，在业界内外形成尊重他人建筑作品及事实的气度，最终使之服务于城市形象与建筑文化的发展。

如果说改革开放的环境形成了一个较量场，那就要有建筑理论与设计体系的引入、有建筑人才的输入，既有建筑创作的繁荣，也有回归建筑遗产的设计本源。所以，我认为正是这些机会，催生了中国建筑界强烈的创作求新的欲望。重返本源，走好建筑师的道路；重返本源，在让建筑师靠作品说话的同时，也搭建起回归建筑本体并赢得社会话语权的舞台。2019年将迎来中华人民共和国70周年庆典，在业界眼中有别于过往成熟或者基业常青的设计机构，也要拥有对未来更清晰的认知，因为中国建筑界的积极开创是成功的关键。

本文写于2019年1月，作者系中国建筑学会建筑评论学术委员会副理事长，中国文物学会20世纪建筑遗产委员会副会长、秘书长，《中国建筑文化遗产》《建筑评论》主编

Architecture

作品篇

每部建筑史都是对自身时代的一种反思。本篇收录了共计43个作品，它们皆为建成的作品，从它们当中可领略形式与内容、风格与理念。因为受改革开放的影响，要尽可能使所录的项目是经典的、特立独行的（设计与建造上彰显个性）。恰如法国社会学家M.马费索利所说"风格，就是一个时代借以界定自身、书写本身、描述自身的东西"。从这一视角出发，本书对建筑作品的勾勒与汇总并非匀称的图景，也不讲地域平衡，更难代表中国建筑40年作品的方方面面，只是希望让读者看到"巅峰"，也找到"低谷"，因为代表传承与创新才是我们编辑汇总作品的目标。

Every history of architecture is a reflection of the corresponding time. From the completed books presented in this book, the reader can see form and content, style and concept. Considering the influence of reform and opening-up, we have tried our best to include only those classic and extraordinary projects (showing individuality in design and construction). Just as French sociologist Michel Maffesoli puts it, style is something an epoch relies on to define, write and portray itself. What this book aims to present is not a proportionate outline or summary of a landscape; it does not consider regional balance, or, harder still, attempt to showcase all aspects of Chinese architecture over the past four decades, but hopes only to let the reader see "highs" as well as "lows", because the book is intended to represent legacies and innovations.

北京协和医院门急诊楼及手术科室楼工程

占地面积	45000 ㎡
建筑面积	225065 ㎡
竣工时间	2012 年
设计人员	黄锡璆　王　漪　辛春华　李　亮
	王　蕾　宫建伟
设计机构	中国中元国际工程有限公司
	法国 AREP 集团（合作）

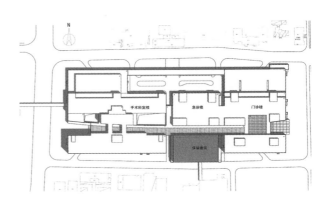

北京协和医院是中国医学科学院临床医学研究所、中国协和医科大学临床医学院，是一所集医、教、研于一体的大型综合医院，是卫生部指定的全国疑难重症诊治指导中心。为适应医疗卫生事业发展的需要、改善市民的医疗条件，北京协和医院在原址向北征地扩建，新建本项目。

本项目设计充分利用东西长、南北窄的狭长地块，以保留老建筑为核心，依次分布门诊、医技、住院部。横贯建筑东西的医疗主街将各功能紧密联系，同时实现与老建筑的衔接，实现完整的医疗功能。建筑造型采用现代手法，隐喻传统建筑元素，力求使建筑与协和老院区建筑风格相协调，并融入"王府井""东单"等历史悠久的传统街区。

整栋建筑自下而上分为基座、主体和顶部，符合中国传统建筑三段式的审美情趣。灰色的基座呼应周围胡同的院墙；对称的主体在完整的外观之下，包含了复杂精密的医疗功能；顶部延伸的弧形屋顶隐喻传统建筑的屋檐，向天空自然过渡。长近 300 m 的巨型建筑完美地融入了传统的城市文脉之中。

本项目还有独创的地下物流层，确保人与货、人与车的安全隔离；建筑内部设置有独特的"一街连两厅"的共享空间；在结构上，专注于应用医院建筑的设备减隔震设计，保证了大型精密医疗设备的运行环境；同时全方位运用大量的节能技术，尽最大可能解决能源问题。该项目实现了将协和医院打造成功能合理、流线科学、技术先进、环境优美的国内一流的现代化医疗设施的目标。

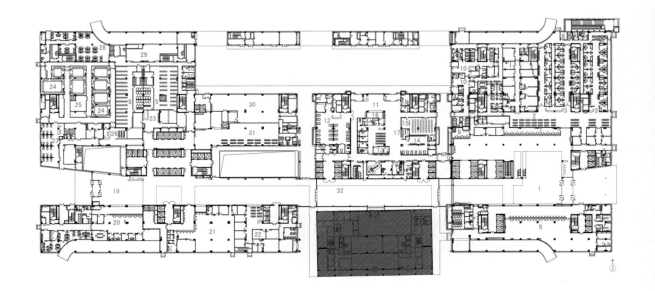

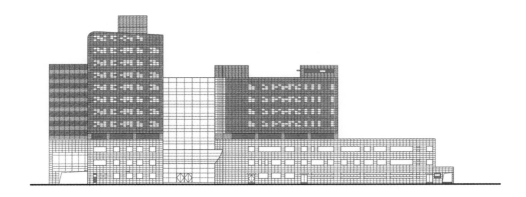

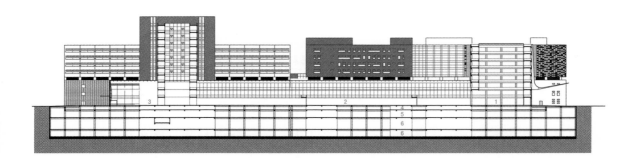

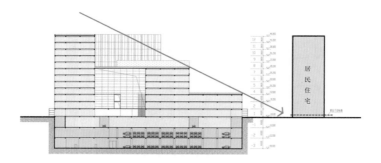

居民住宅

中国国际展览中心（2~5号馆）

占地面积	150000 ㎡
建筑面积	75000 ㎡
竣工时间	1985 年
设计人员	柴裴义　张天纯　林慧姬　李　义 乔　斐
设计机构	北京市建筑设计研究院有限公司

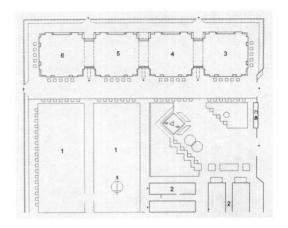

中国国际展览中心，占地 150000 ㎡，规划总建筑面积 75000 ㎡，2~5 号馆为一期工程。为适应展览空间灵活多变的功能要求，每个展馆大厅由 63 m×63 m 正方形大空间组成；展厅内在标高 4.5 m 处沿周边网架柱挑出展廊平台，不仅扩大了展出面积，也丰富了室内外空间。

4 个展厅由 3 个连接体相连。作为展览馆的主要入口，每个连接体由中央大厅、大楼梯和步行廊组成，可贯通 4 个展厅。

按照建筑物的功能性质，整组建筑由 4 个平行六面体展馆组成，色调统一为白色。在建筑设计上运用几何形体的起伏、虚实和曲直对比的手法，采用带拱顶的门廊、角窗、带圆弧的门楣等元素及简洁的门窗洞口和大片的实墙面，将建筑技术与功能完美结合，创造出具有强烈时代感的建筑造型。

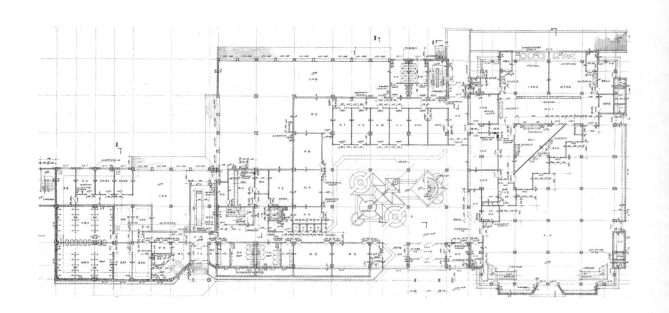

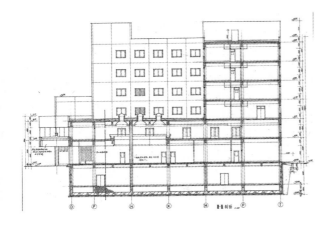

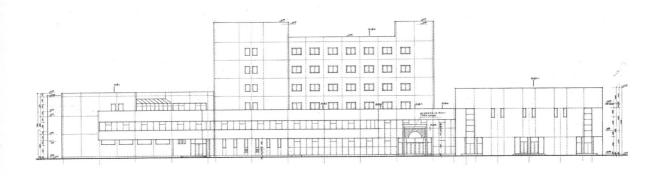

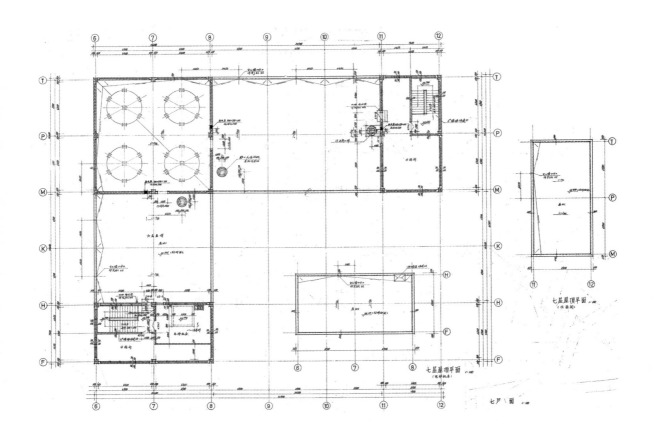

国家奥林匹克体育中心

占地面积	660000 ㎡
建筑面积	约 110000 ㎡
竣工时间	1989 年
设计人员	马国馨　刘振秀　闵华瑛
设计机构	北京市建筑设计研究院有限公司

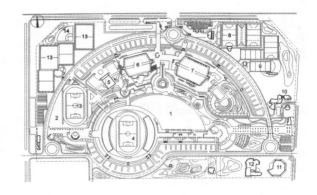

国家奥林匹克体育中心第一期主要场馆有6000座的体育馆和游泳馆、20000座的田径比赛场和练习馆、2000座的曲棍球场、田径和足球练习场、投掷场、垒球场、网球场、体育博物馆、武术研究院、医务测试及附属用房等。"一期"建设的总体规划着重体现以下四个方面的结合。

（1）近期与远期的结合。体育中心是北京市总体规划的大型体育用地，"一期"供亚运会使用，要求形成完整而相对独立的格局。中心东侧的安立路是亚运会期间的主要道路，东入口为主要入口，田径比赛场位于东西轴线上，将体育馆、游泳馆和练习馆排成扇形，围绕水面布置，形成开敞、对称的有机整体，并为二期向南扩建留有余地。

（2）功能与形式的结合。体育中心有复杂而严格的要求，需处理好与城市的关系，满足运动员与观众的不同使用要求，有合理的功能分区，人流、车流有秩序地汇集和疏散，设置车行路和人行路两个系统及残疾人使用的各项设施。在整体造型上，游泳馆和综合体育馆选用钢筋混凝土塔筒斜拉悬索结构，较好地形

成了群体组合，使大跨度建筑的功能和体形较完美地统一起来，并具有强烈的标志性。

（3）创造与传统的结合。将用地内主次轴线与环形道路组合，形成中心内主要骨架，与城市的总体格局相协调。广场以方格网、圆形、半圆形组合。场区各栋建筑强调相互制约和联系，做到严谨中有变化，变化中保持统一，以扇形排列的方式将平面简单的建筑空间连成群体，并将田径比赛场两片弧形看台和高架平台置于东西轴线的偏西位置，形成具有特色的巨大群体。屋顶、屋脊、檐口及构件的细部处理，类似于传统建筑常用的做法，在创造新的建筑形式的同时又具有强烈的东方建筑特色。

（4）环境与建筑的结合。中心"一期"的绿化及水面约占用地的38.8%，加上练习场地草坪、停车场上的绿化，这些面积总和的比例接近50%。通过大块、大面积的简洁处理，规整式与自由式布局以及雕塑、标志、旗杆、喷水池、围墙大门、地面铺装、室外灯具等的设计，使人工景观及自然景观紧密结合，形成花园式体育中心。

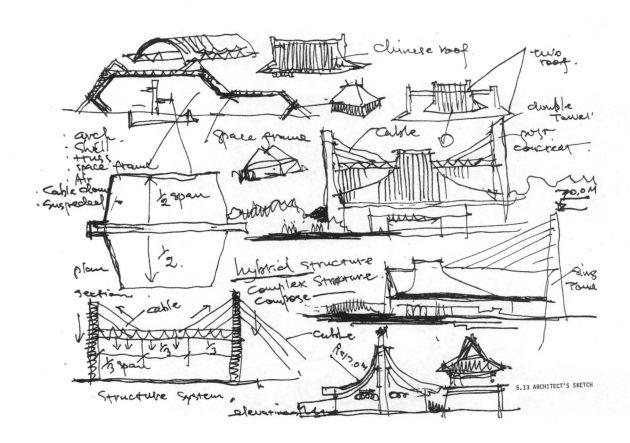

5.13 ARCHITECT'S SKETCH

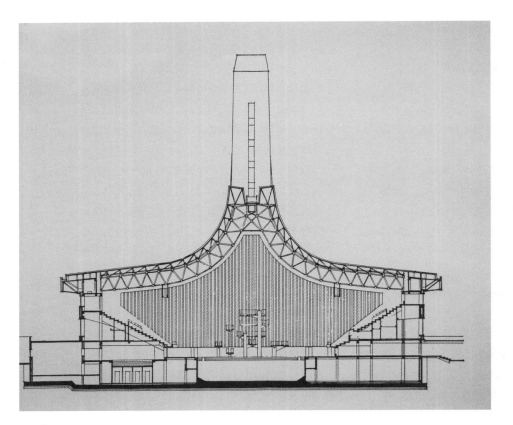

北京植物园展览温室

占地面积	55000 ㎡
建筑面积	9800 ㎡
竣工时间	1999 年
设计人员	张 宇 徐聪艺 盛 平 张 杰
设计机构	北京市建筑设计研究院有限公司

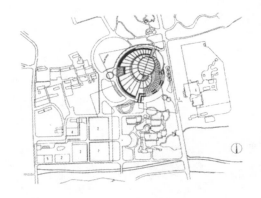

北京植物园展览温室地上、地下各一层，地上为全钢—玻璃结构，建筑面积7250㎡，地下室建筑面积2550㎡。项目主要包括4个展区，其中热带雨林展区1220㎡，四季厅花园展区3500㎡，沙生植物展区950㎡，热带兰花及专类植物展区500㎡及其他办公、设备用房。

温室以"绿叶对根的回忆"构想为主题，独具匠心地设计了"根茎"交织的"点式"连接倾斜玻璃顶棚，充分体现了新结构、新技术、新材料和建筑创作的变革，并对玻璃和金属结构、建筑学、植物学、生态环境一体化及美学等方面的研究有所贡献，填补了我国大型综合展览温室建筑方面的空白。

展览温室造型优美、舒展，其整体结构形式为钢结构桁架形式，最大跨度55m，最高点20m（室内净高18m），所有屋面侧墙均采用点连接双层中空钢化玻璃，是当时亚洲面积最大、最先进的植物展览温室。

展览温室以全方位智能化控制生态因素为出发点，采用先进的计算机模拟自动控制系统，对不同展区的温度、湿度、通风、光照等进行调节，运用自动喷雾、灌溉、清洗、火灾报警、保安监视、电视科普等先进手段，既保证了植物生长的条件，又为游人创造了良好的游览环境。

温室是建筑中的花园，也是花园中的建筑，它是建筑师、工程师、风景园林师及园艺师共同合作的令人兴奋的富有挑战性的设计课题，在项目策划过程中和其后的建设中，人们常常很快沉湎于数字（预算、面积、日程安排、参观者、运行费用）之中而忽略了温室和植物园的更大目标和更深远的意义，从而丧失潜藏在项目后面的真正机遇，即良好的教育文化设施所带来的社会效果以及吸引游人、美化城市等功能。

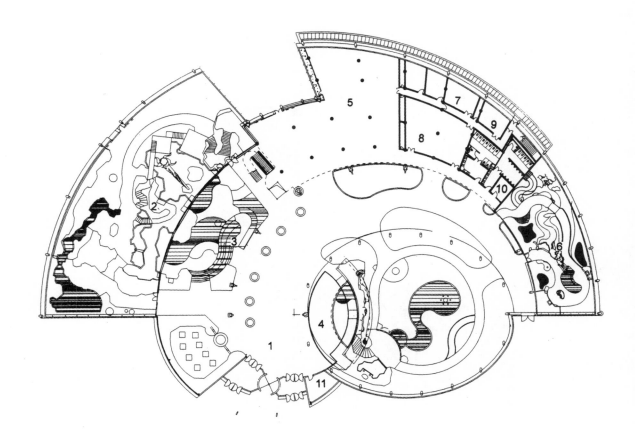

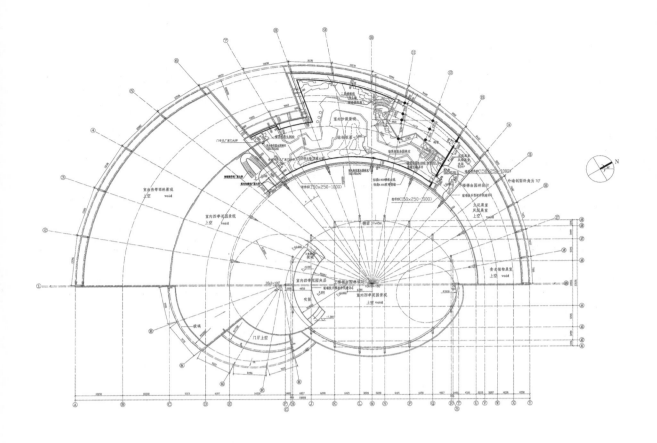

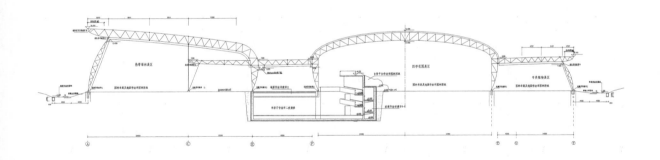

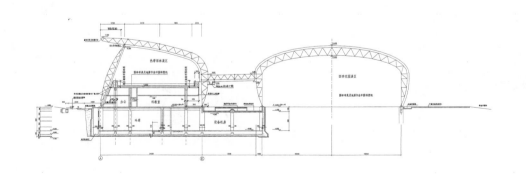

凤凰中心

占地面积　　18000 ㎡
建筑面积　　72478 ㎡
竣工时间　　2013 年
设计人员　　邵韦平　刘宇光　陈颖
设计机构　　北京市建筑设计研究院有限公司
　　　　　　方案创作工作室

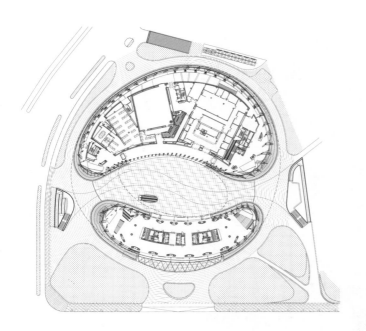

凤凰中心项目位于北京市朝阳公园西南角，占地面积 18000 ㎡，总建筑面积 72478 ㎡，建筑高度 55 m。除媒体办公和演播制作功能之外，建筑安排了大量对公众开放的互动体验空间，以体现凤凰传媒独特的开放式经营理念。建筑的整体设计逻辑是用一个具有生态功能的外壳将具有独立维护使用功能的空间包裹在内，体现了楼中楼的概念，两者之间形成许多共享空间。在东西两个共享空间内，设置了连续的台阶、景观平台、空中环廊和通天的自动扶梯，使得整个建筑充满动感和活力。此外，建筑造型取意于"莫比乌斯环"，这一造型能够与不规则的道路方向、转角以及朝阳公园形成和谐的关系，其连续的整体感和柔和的建筑界面与表皮，体现了凤凰传媒企业文化形象的拓扑关系，而南高北低的体量关系，既为办公空间创造了良好的日照、通风、景观条件，解决了演播空间的光照与噪声问题，又巧妙地避开了对北侧住宅的日照遮挡，是一个一举两得的构想。此外，整个建筑体现了绿色节能的设计理念。光滑的外形没有设一根雨水管，所有表皮的雨水顺着外表的主肋导向建筑底部连续的雨水收集池，经过集中过滤处理后用于艺术水景及庭院浇灌。单纯柔和的外壳，除了其自身的美学价值之外，还可以缓和北京冬季强烈的高层建筑的街道风效应，同时外壳又是一件"绿色外衣"，为内部功能提供了气候缓冲空间。

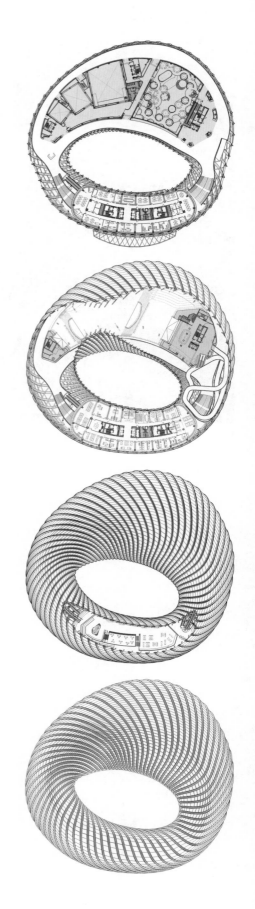

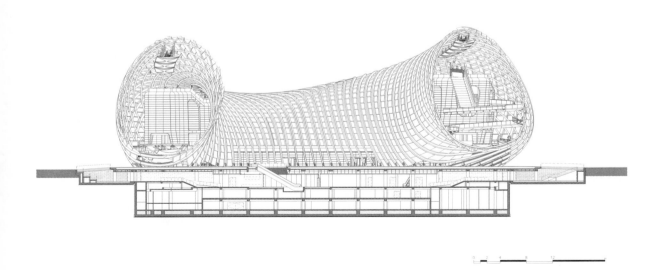

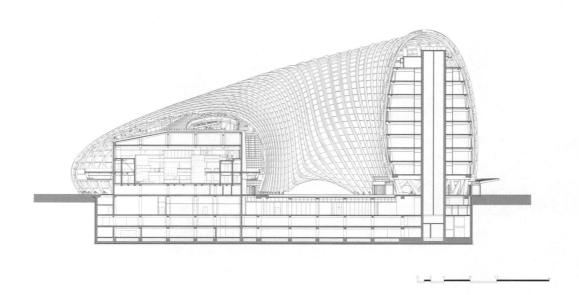

国家大剧院

建筑面积	219000 ㎡
竣工时间	2007 年
设计人员	保罗·安德鲁 等
设计机构	保罗·安德鲁建筑事务所（法）
	北京市建筑设计研究院有限公司

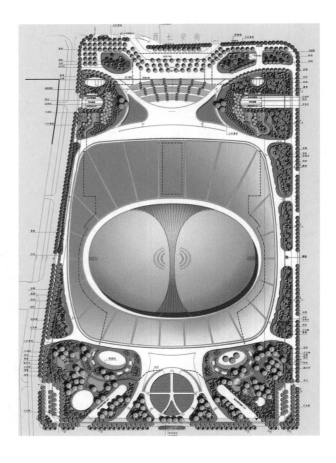

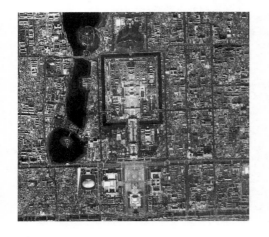

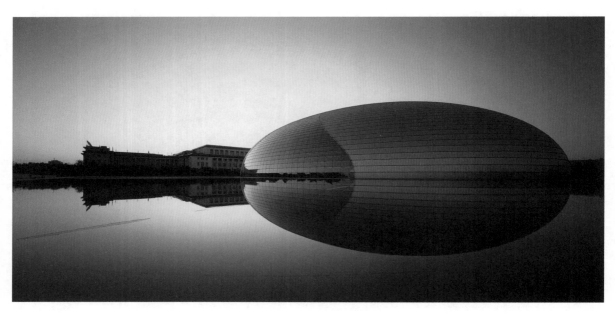

国家大剧院作为国家重点工程项目，位于天安门广场和人民大会堂西侧。国家大剧院总体规划融合了水、绿色空间和人性化建筑的要素，构成了一座开敞式的城市花园。大剧院的设计理念为"城市中的剧院、剧院中的城市"，它的外观由透明玻璃和银灰色钛金属板构成：敞开的玻璃如同舞台拉开的幕布，在夜晚使人能够尽赏大剧院内部的剧场、空中廊道和展览空间。与此同时，大剧院部分区域在银灰色钛金属板的覆盖保护下又显得极为神秘。钛金属板和玻璃顶的色彩随着昼夜交替的光影变幻，

展现出不同的姿态。钛金属板内侧是深红色的木质表面，歌剧院明亮的大厅被金色的金属网遮掩着，而音乐厅和戏剧院的外表面呈银色，这样可以随时随地观赏大剧院内部人流的活动。人群出现在建筑内部的街道上、广场上和上层休息厅中，同时还能欣赏到入口水下廊道中穿梭的人流。

本项目含歌剧院（2354座）、音乐厅（1966座）、戏剧场（1038座）和多功能小剧场（510座）。

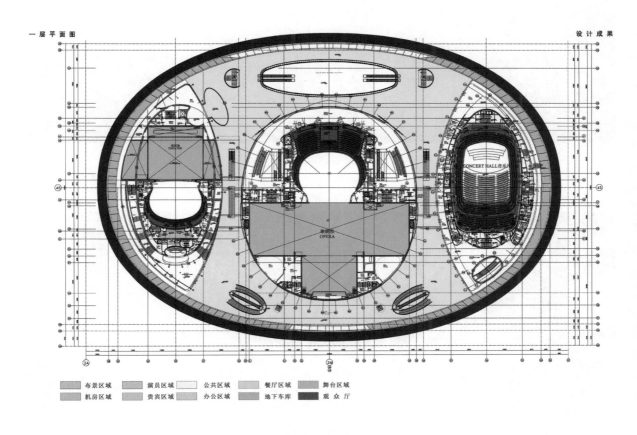

布景区域　　演员区域　　公共区域　　餐厅区域　　舞台区域
机房区域　　贵宾区域　　办公区域　　地下车库　　观 众 厅

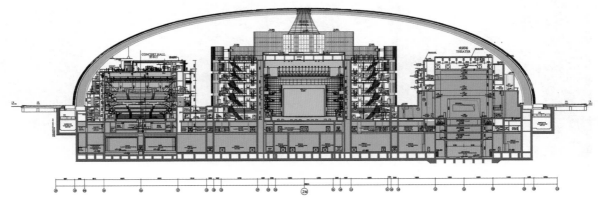

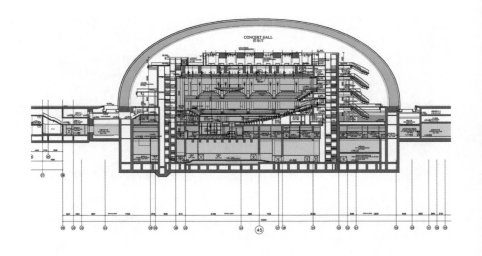

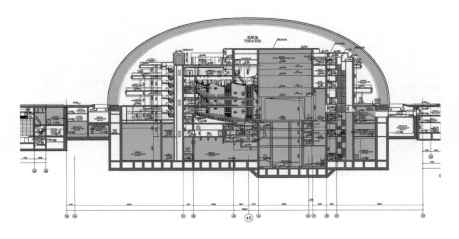

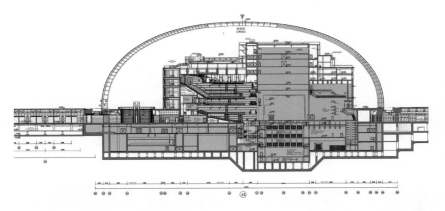

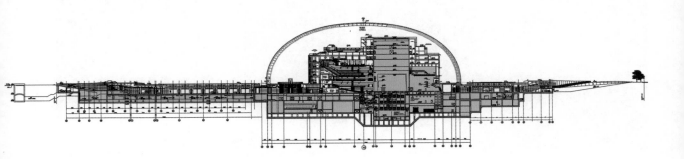

北京雁栖湖国际会都（核心岛）会议中心

建筑面积	42000 ㎡
竣工时间	2014 年
设计人员	刘方磊　李志东　王　毅　余道鸿　金卫钧
设计机构	北京市建筑设计研究院有限公司

建筑风格强调"中而新"的特点，强调东方审美意境的传达与时代特点。设计将建筑造型"鸿雁展翼，汉唐飞扬"的整体审美与文化意境物化与展现出来。方案紧扣北京雁栖湖地域文化特点，展现中国召开 APEC 峰会所体现出的大国崛起的自信，展现本土文化的觉醒并向其致敬，展现中国传统文化的崭新视角并体现传统文化涅槃重生，展现对工业文明与信息文明的时代特点有正确的应对。项目将高新技术和合理的工程技术融为一体，充分体现21 世纪建筑高新技术的发展水平，同时结合"以人为本"的设计原则，突出绿色建筑、生态建筑和节能建筑的理念，把人与环境的意识和文化充分表达出来。

方案从传统建筑诸如"地坛""北海小西天"等的逻辑中提取灵感，强调空间格局体现国家礼仪以及大国风范，采用中国传统图案"九宫格"组织功能布局。"九宫格"自古被寄予了美好寓意及祝福，它象征着"融汇和谐与多元共存"。

雁栖湖国际会都（核心岛）会议中心建筑高 23 m，地上 2 层，地下 1 层。一层宴会厅和二层会议厅为垂直叠加式布局，南一层、北二层门厅通过两侧扶梯连接，公共空间的垂直交通与水平交通适当结合。会议中心首层为宴会厅和贵宾休息室，在 APEC 峰会期间，宴会厅将作为接待大厅使用。二层为会议大厅，原 13.50 m 标高夹层的放映机房改为同声传译室。会议中心东西配楼地上三层，主要功能为小型会议室、特色餐厅和休息室，通过钢结构连廊与会议中心连为一体。地下室主要为能源中心、设备用房和地下车库。

会议中心的设计突出绿色、生态、节能：结合北高南低的地形，利用南北 6 m 高差，将建筑北面卧进地形之中，使得建筑仿佛是从大地中生长出来的一样。这一设计既尊重原始地貌，又最大限度地保护了雁栖岛的原生态，减

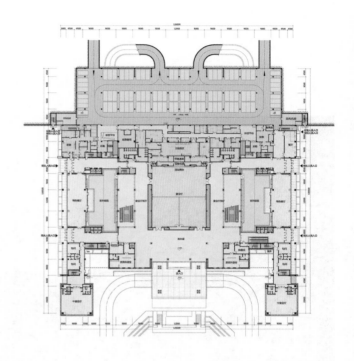

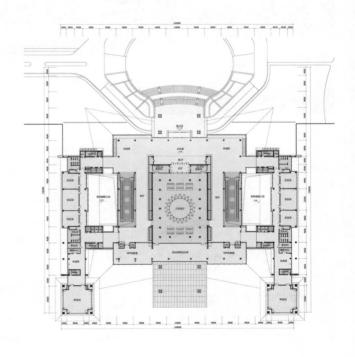

少了施工的土方量。在功能上，会议中心北侧一层卧进土中，南侧面朝湖水，南北通透，冬暖夏凉。会议中心的大挑檐，不仅体现了造型上的飞扬之势，而且大挑檐有遮阳的功能，另外，东西两个小的内庭院增加了自然采光与通风。通过节能建筑的理念，把人与环境的意识和文化充分表达出来。

飞檐常用在建筑的屋顶转角处，四角翘伸，形如飞鸟展翅，轻盈活泼，所以常被称为飞檐翘角。飞檐为中国建筑民族风格的重要表现之一，通过檐部的这种特殊处理和创造，不但扩大了采光面，有利于排泄雨水，而且增添了建筑物向上的动感，仿佛是一种气将屋檐向上托举，营造出壮观的气势和中国古建筑特有的飞动轻快的韵味。

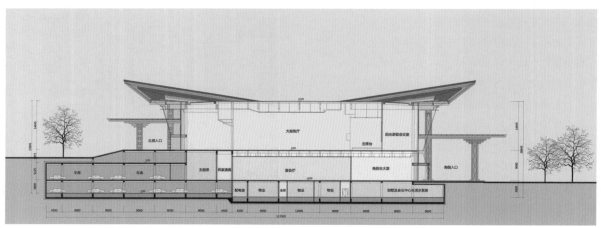

博鳌亚洲论坛永久会址及索菲特大酒店

建筑面积	91116 ㎡
竣工时间	2003 年
设计人员	张 宇 杜 松 等
设计机构	澳大利亚 DBI 设计事务所
	北京市建筑设计研究院有限公司

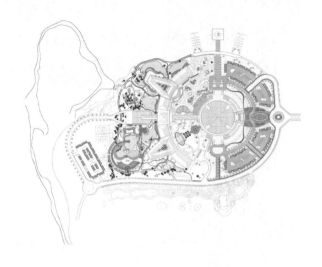

博鳌亚洲论坛永久会址及索菲特大酒店是集会议、住宿、旅游度假于一体的综合性建筑群体，总建筑面积91116㎡。它由五星级索菲特度假酒店（53349㎡）、博鳌亚洲论坛永久会址（29147㎡）、后勤娱乐区（8620㎡）三部分组成。

基于环境保护、生态发展的主旨，项目从环境设计的角度出发，使建筑与自然环境有机结合，尽量减少对不可再生环境的破坏，形成良好的视觉景观。

基于亚洲论坛民间性、自由性、平等性的建坛基调，设计体现出开放、民主、平等、包容的性格。建筑风格寻求现代化、地域化、本土化的契合。环境、建筑、生态三位一体，整体设计，相互交融。

以开敞外向的形态来争取更多的海景，设计主旨为将阳光、海风等自然要素引入建筑中。

设计中力求营造不同的观海情趣，创造不同的视点、视角，以争取对海景资源最大限度的利用。考虑地处热带地区，项目着重自然通风和自然采光的设计，利用自然通风提高室内空气流速，增加舒适度；增加主动空气交换，有益于人体健康以及室内降温，减少过多采用空调和被动强制通风给人带来的不舒适感。

设计从功能和空间环境的品质出发，赋予会议中心、酒店以特定的空间类型和适宜的形式尺度。通过自然、人工的室外空间环境，通过精心组织的绿化体系的有效联系，实现建筑群各部分使用功能、空间环境的独立性，同时也强化了建筑群体间的联系。

建筑群体空间基本上可以分为三部分：北部酒店区、南部会议中心区和中部景观区。精致典雅的屋顶花园，为参会人员、酒店客人服务。

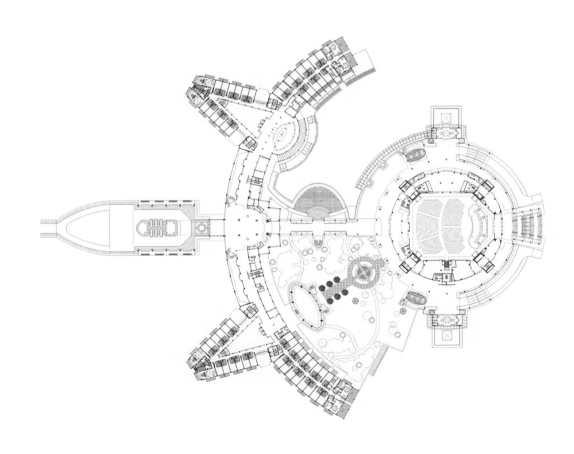

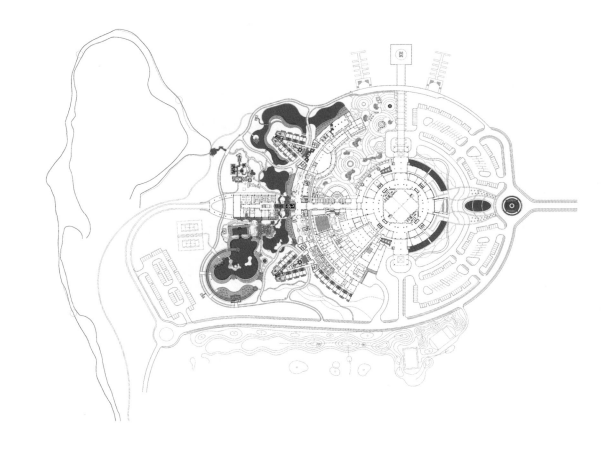

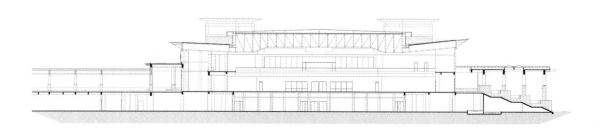

望京科技园二期

占地面积	25916 ㎡
建筑面积	46296 ㎡（地上 37048 ㎡，地下 9248 ㎡）
竣工时间	2004 年
设计人员	胡　越　邰方晴　王　婷　王皖兵　白　冬
	于永明　孟秀芬　胡又新　甘　虹　冯颖玫
设计机构	北京市建筑设计研究院有限公司

望京科技园二期位于望京新兴产业区北部，五环路南侧，是一个配套齐全的办公建筑。该建筑位于望京核心区北端，紧临城市快速路。

本工程由三幢平面类似的建筑和一个连接体组成。其中两幢以直线形式排列在用地北端，另一幢位于用地南侧，中间是一个类楼梯的连接体。这个连接体内是门厅、咖啡厅、展厅及管理用房。由于消防的要求，在北侧设有一个消防通道，A栋的主入口在2层，连接体内部提供了一个从1层至2层的类楼梯空间，既满足了使用要求，也丰富了建筑空间。在建筑形体上，两个主体量分别体现了矩形沿折线轨迹翻转的感觉，另一个体量是由密肋玻璃与全透明幕墙组成的从半透明到全透明的体量。主体外墙采用低辐射中空印刷玻璃，光线折射和印刷图案共同作用形成一种独特的效果。大悬挑部分强化了入口和重点部位的造型效果。基于建筑体量的排布，在用地主入口方向，布置了一个大型的室外广场，广场由树阵和水景两部分组成。

本工程地下1层，地上6层。地下1层为车库、机房及职工餐厅，地上除A栋1层为会议中心，B栋6层为健身中心外，均为办公区。

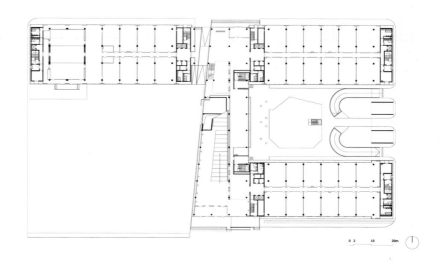

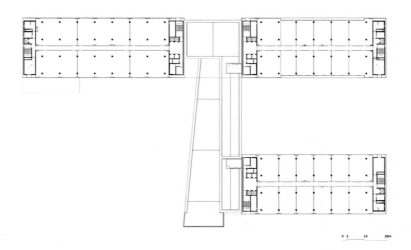

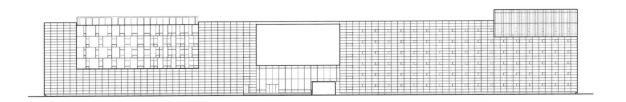

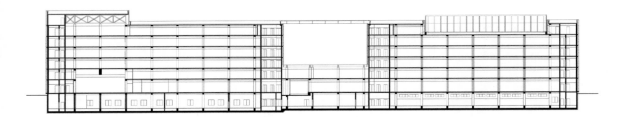

深圳国际贸易中心

建筑面积	100000 ㎡
竣工时间	1985 年
设计人员	黎卓健　袁培煌　区　自　黄耀莘
	樊小卿　周世昌　陈嵩龄　刘兴顺
	王克强　高养田　张子仲　刘文楚
设计机构	中南建筑设计院股份有限公司

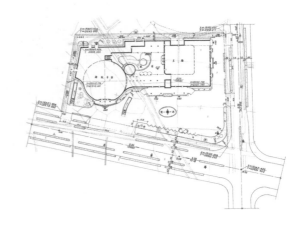

深圳国际贸易中心于 1980 年设计，1985年建成，建筑共计 53 层（含地下室 3 层），地上高度 160 m。它在当年开创了我国高层建筑的新篇章，对我国建筑事业的发展产生了重大影响。该建筑为钢筋混凝土框筒结构，施工中创造了三天一层楼的深圳速度，成为我国自行设计、施工、具有国际水平的标志性建筑。邓小平同志曾两次登顶，发表肯定我国改革开放以及深圳特区建设的重要讲话，这更彰显了该建筑的重大标志性意义。

深圳国际贸易中心总建筑面积 100000 ㎡，主体塔楼平面为方形，立面为高耸的凸形窗，顶层为旋转餐厅，造型简洁大方，裙楼采用水平舒展的通长窗体，北端用圆弧形伞盖衬托，主楼的白色竖向线条与裙楼的大片茶色玻璃幕墙形成强烈对比，形态在变化中统一，格调清新明快。内部设有通高的大型中庭，布置叠落瀑布及音乐喷泉，动态的水与广阔的内部空间相互辉映，形成景色宜人的动态空间。

大厦为集商业、办公、娱乐等于一体的综合性高层建筑，建筑上部为办公楼，第 24 层为避难层，顶层设有直升机停机坪，地下 3 层为停车库及设备用房；裙楼为地上 4 层，设有餐厅、咖啡厅、商场、舞厅等。在设计过程中，对于超高层建筑防火问题设计人员与公安部门进行多次探讨，创立了新的消防课题与规范蓝本。

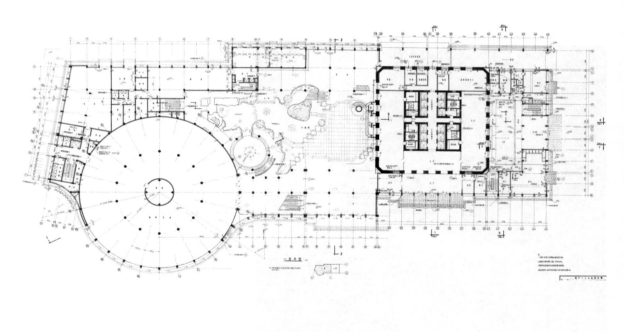

泰国曼谷中国文化中心

占地面积   7650 ㎡
竣工时间   2012 年
设计人员   崔 彤 桂 喆 王一钧
              吕 僖 陈 希
设计机构   中科院建筑设计研究院有限公司
合作单位   Plan Architect co.Ltd

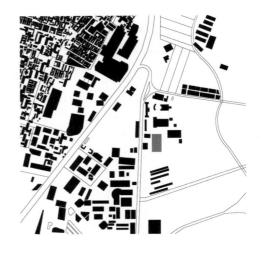

位于泰国曼谷的中国文化中心，由两组建筑单元错动连接成"Z"形体块，构成两个外部空间：一个外向型面向社会和民众的广场；一个内向型静谧的中国园林。建筑与外部空间的嵌套式关系使之成为整体。庭院和广场与建筑内部空间的联系，通过内外空间不断地过渡与转化，形成具有"东方时空"理念的场所。

泰国曼谷属低纬度热带气候，特殊环境孕育了特殊的种群和文化。作为建筑的基本设计架构，"防雨""遮阳""通风"其实早已存在于林木之中。设计程序是观察、发现，并选取最具生命特征的自然建构体；设计的方法论源于尊重自然秩序而发展至辉煌的中国木构体系，重新还原给自然，在这个重构空间的过程中中国式的建构体系在"进化"，仿佛是位于热带丛林中的造物，空灵的架构、悬挑技艺、生长逻辑，在这片温润的地脉中衍生出一股东方的豪劲。

文化中心作为一种特殊类型的外交空间，是中国文化传播和中泰文化交流的重要场所，它不可避免地要回答"中国化""泰国性"等问题。尽管"图像式""形式化"的语言是一

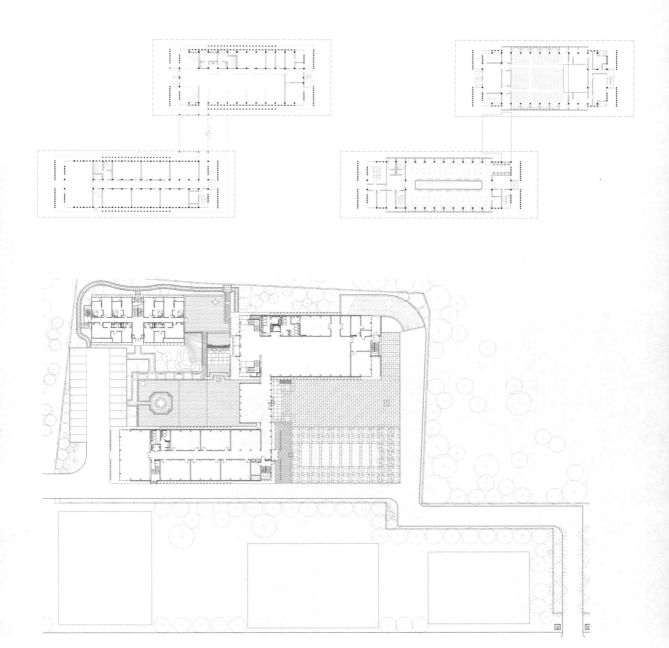

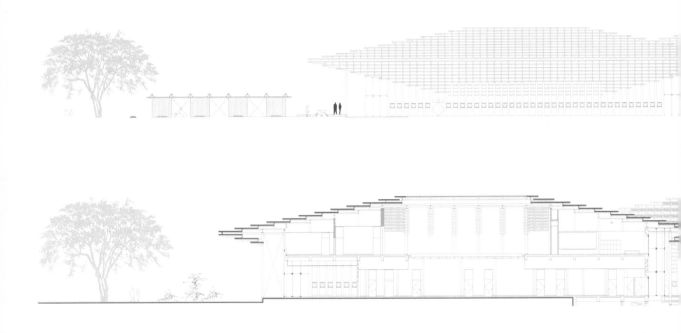

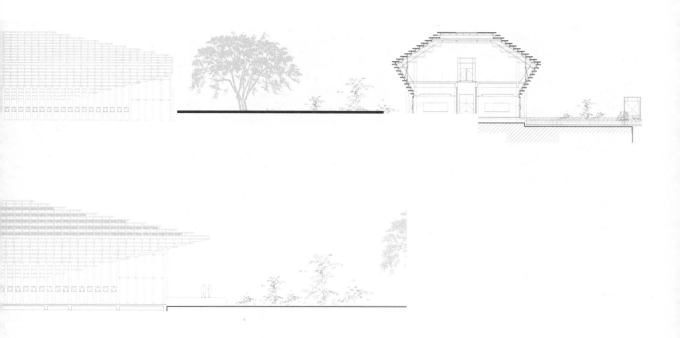

种常用表征手段，但"标签"终归不能全面回答"中国化"问题。在异邦的中国文化中心首先体现在为"活动者"提供一个吸引人的、渗透着中国文化的探访空间，它既不应该是强加式的，也不应该是简单复制出来的，而是在特殊的土壤中被培养出来的，并或多或少具有改良的特质，好像中国的"种子"被种植到异国他乡存活后显示出不一样的活力。文化中心的建构也同样基于"生物学"的生存方式，并对当地的气候、环境做出回应，在这一过程中，不可缺少的环节包括生长、适应、改良、变异，正如同佛教进入中国和泰国被发展为非"范式"的佛教，其基因的改变是自我生存机能的调节，以便得到进化和重生。因此，文化中心的建构其实在于场所的重构，包含着适应环境、改造环境和表达环境的过程，这一过程伴随着谨慎"优选"传统文化的基因，在地脉与文脉的培养中，促发一种交融的文化。

建筑形态通过水平密檐寻求与中国古典建筑的相关性，正面的中国建筑形态特征体现在水平向的延展，侧面关注垂直度的重叠，寻找与泰国寺庙建筑的相关性。而这一形态的根本出发点是对当地湿热气候的回应。

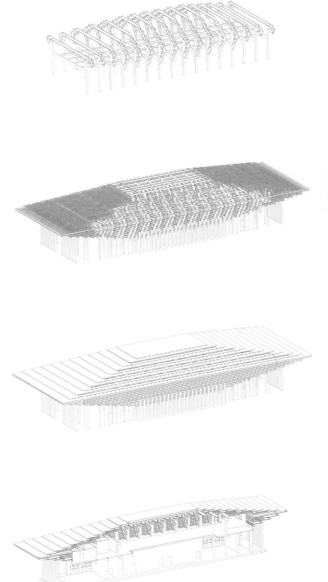

河北博物馆

建筑面积	33100 ㎡
竣工时间	2012 年
设计人员	关肇邺　刘玉龙　郭卫兵　韩梦臻
设计机构	清华大学建筑设计研究院有限公司
	河北建筑设计研究院有限责任公司

原河北博物馆建筑建于20世纪60年代后期，其良好的建筑比例、尺度、细部和粗材细作的施工工艺，在较高水平上反映了当时的审美取向和建造成就，其以庄重大气的建筑风格，成为特有的具有时代特征的优秀建筑，是当下城市建设中值得保护和尊重的建筑文化遗产。正是基于对旧建筑的尊重，新建博物馆建筑在建筑体量、空间组合、建筑风格上充分尊重旧有建筑，以现代建筑手法求得新旧建筑之间的精神联系，同时彰显其时代特色，在新、旧建筑之间建立和谐统一、相得益彰的共生关系。新、旧建筑之间的玻璃中庭、下沉庭院作为连接体，不仅满足了功能上的需求，还创造出具有时代特征的空间形态。玻璃中庭将旧建筑片段纳入室内空间，使其成为新建博物馆的"展品"。河北博物馆新馆以严谨、周正、大方的空间形态，在精神层面上呈现出中国建筑特有的经典气质，是对当代河北本土建筑文化的一次成功探索和实践。

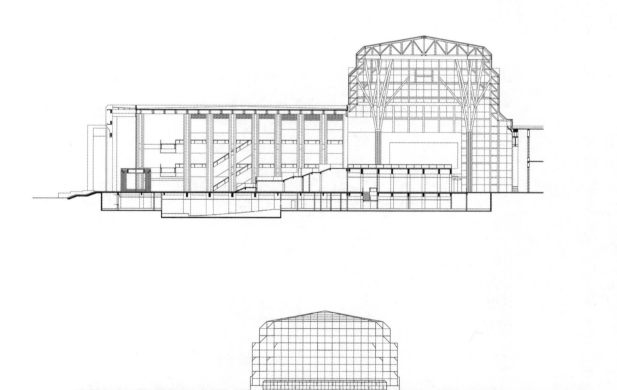

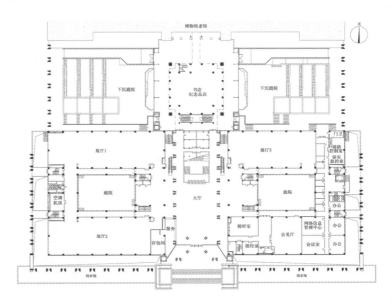

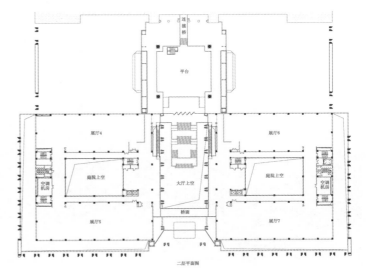

唐山抗震纪念碑

占地面积	125000 ㎡
竣工时间	1986 年，2004 年（广场改建）
设计人员	李拱辰　郭卫兵（广场改建）
设计机构	河北建筑设计研究院有限责任公司

唐山抗震纪念碑建成于1986年7月28日，唐山地震发生10周年之际。碑体由主碑和副碑共同组成，它向人们诉说着那场深重的灾难带给人们的心灵创伤与悲恸，同时讴歌了英勇的唐山人民奋起自救与互救，并在祖国四面八方的支援下，恢复生产，重建家园，坚韧不拔的抗争精神。主碑下部的八块巨型浮雕更以形象的画面再现了曾经的场景。用建筑的语境和艺术表现力，唤起人们缅怀、崇敬、震撼以及反思与警醒的心境。周边的广场设计与之协调并起烘托作用，创造了低沉、静寂的总体意境与环境氛围，令人感受灾后的唐山犹如凤凰涅槃的曲折历程与沉重代价，从而受到鼓舞，产生联翩的遐想。纪念碑蕴含着人们对这场灾难的痛彻反思，对逝去亲人的哀思与缅怀，对未来美好生活的企盼与憧憬，获得社会各界的认可，如今已成为唐山的标志，2017年入选第二批中国20世纪建筑遗产名录。

　　2006年唐山大地震30周年前夕，对纪念碑广场进行了改建，使纪念广场与其南侧的大钊公园融为一体，形成唐山市中心广场。围绕以抗震纪念碑为轴心的南北、东西两条轴线建立起的纪念性空间氛围已根植于人心，改建中保留了这一场所特征，确立了在遵循广场南北轴线空间的基础上，运用逐渐转换空间模式、文化内涵、景观要素等手段，在广场与公园间建立起一个兼具广场及公园特征的过渡区域，最终实现了空间的融合。

深圳大鹏半岛国家地质公园博物馆

占地面积	37550 ㎡
建筑面积	8078 ㎡
设计人员	林　毅　黄宇奘　付玉武
	赵　鑫　杨　恺
设计机构	香港华艺设计顾问（深圳）有限公司
合作机构	北林苑景观及建筑规划设计院有限公司

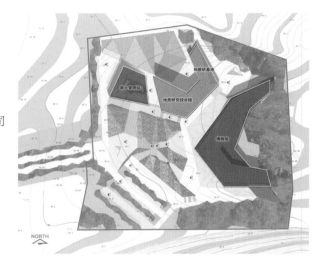

深圳大鹏半岛国家地质公园博物馆位于深圳市东部大鹏半岛南澳街道大鹏半岛国家地质公园管理范围，项目总用地面积为 37550 ㎡，总建筑面积为 8078 ㎡。园内的古火山遗迹、海岸地貌和生态环境，是探索深圳地质演变发展的天然窗口和实验室，是体现深圳生态、旅游、滨海三大特征的主要载体。

博物馆周边天然地貌保存良好，景色优美。整体山势为东高西低，高差接近 10 m。此山屿建筑临近海与山，通过精心的竖向设计，建筑主体、入口广场、生态停车场布置在不同台地上，地质博物馆主楼与教科研基地办公楼层层叠起，在七娘山脚形成背山临路的格局，彰显地质博物馆的雄浑气概，使建筑巧妙存于山海之间，构建三者的对话关系，将建筑融于自然之中。

建筑设计立意来源于大鹏半岛的历史起源，建筑师将博物馆隐喻为古火山喷发所遗留下的几个熔岩石，搁置于大鹏半岛古火山地质公园中，既切题又能巧妙融于环境之中。

建筑表皮通过对火山岩肌理的提炼，形成博物馆外皮的独特纹理。建筑外墙采用仿火山石纹理花岗岩干挂。展廊一侧的立面表皮局部仿照火山石样式开洞，引进丝缕阳光，提升室内环境感受。

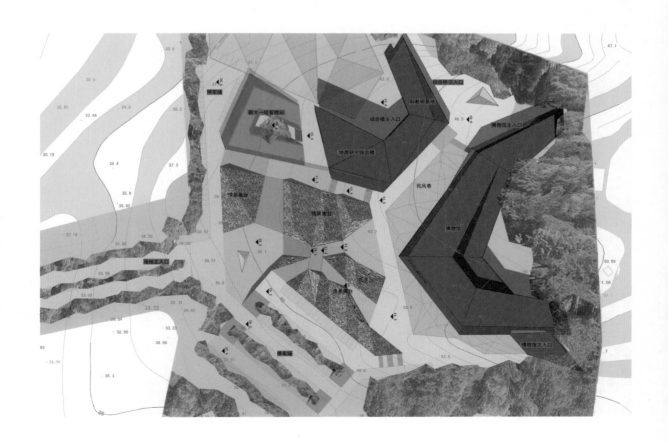

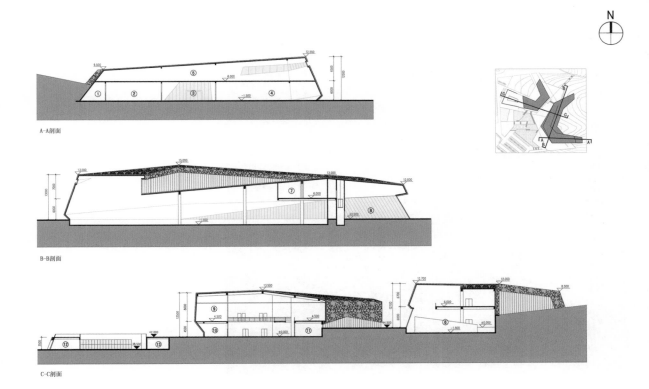

A-A剖面

B-B剖面

C-C剖面

N

深圳赛格广场

占地面积：

9653 ㎡

建筑面积：

169459 ㎡

竣工时间

2007 年

设计人员

陈世民　林　毅　梁增钿　潘玉琨

吴国林　王　恺　王晓云　刘连景

设计机构

香港华艺设计顾问（深圳）有限公司

深圳赛格广场由赛格集团投资兴建，香港华艺设计顾问（深圳）有限公司完成从方案到施工图的全过程设计。它是当时唯一由中国自行设计和总承包施工的高智能超高层钢管混凝土结构建筑。该建筑于2000年7月建成并投入使用。

深圳赛格广场位于深圳市中心地带，深南中路与华强北路交会处，地理位置优越。赛格广场主体是现代化多功能智能型写字楼，裙房为10层商业广场，是以电子高科技为主，集会展、办公、商贸、信息、证券、娱乐于一体的综合性建筑。建筑地上72层，地下4层，主体采用钢管混凝土框架筒体结构。塔楼檐口高度292.6 m，屋顶天线钢针端高345.8 m，是深圳市区的标志性建筑。

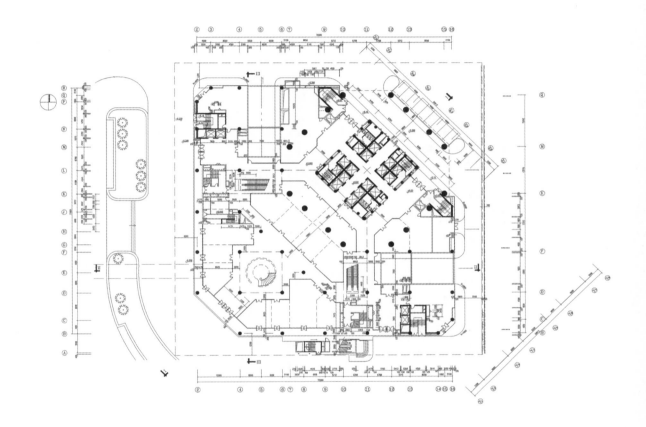

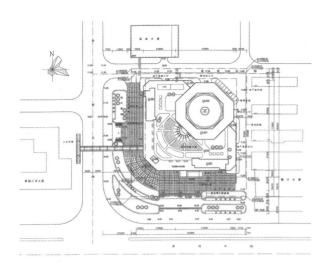

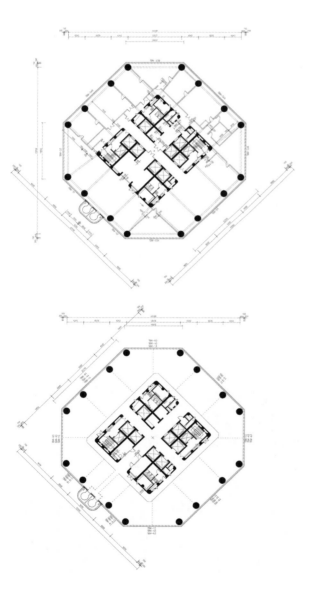

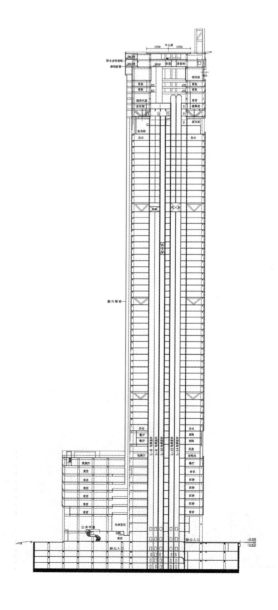

天津大学冯骥才文学艺术研究院

占地面积	5000 ㎡
建筑面积	6370 ㎡
竣工时间	2005 年
设计人员	周　恺　王鹿鸣　史继春　左克伟
	黄晓刚　朱　元　曾永捷　等
设计机构	天津华汇工程建筑设计有限公司

天津大学冯骥才文学艺术研究院，选址于天津大学主教学区。基地形状方正，东侧紧临校园主干道，南侧为教学实验楼，北侧为马鞍形体育馆，西侧与校园内最大的青年湖相邻。

2001年，以理工科为主体的天津大学引入冯骥才文学艺术研究院作为特色学院，其浓郁的历史、人文色彩和独特的教学方式，使其一开始便具有了自身独特的学院性格。同时除必要的教学功能外，大量展陈研讨空间的设置，使其更接近一个带有教学功能的展示建筑。

设计之初，冯骥才先生就提出研究院要具有东方意境，以期与学院创新研究方向对应，所以，如何运用当代语汇营造特定的场所意境便成为本设计的焦点。

方案从基地出发，方形院落围合场地，以功能体块嵌入其中，组织景观环境的设置共同形成统一、完整的空间形体。与建筑等高的院墙下部围实，上部透空，既避免了外部的干扰，也形成了院落的空间限定。院中斜向架空的建筑体量将方形院落分成南北两个楔形院落，建筑首层的架空处理不仅保持院落之间视线上的贯通，也极大地丰富了空间层次。一池贯穿南北院落之间的浅水、院落中保留的几棵大树、爬满绿植的院墙、青砖铺就的庭院，共同营造了静逸的现代书院意境。

在流线上，人们首先会通过东侧的校园主干道进入北侧院落，这也是一个向公众开放的公共空间，人们可以在此驻足休息、观景、交流，甚至举行一些室外展览。建筑主要空间沿东西走向的斜轴展开，斜轴从院内指向西北侧的青年湖，进入门厅后，沿着大台阶行至半层高的休息平台处，远处的青年湖尽收眼底。转身继续沿着台阶前行，整个建筑中最核心的公共展示大厅逐渐呈现在人们眼前。转折向上的行走路线，层层递进的空间序列，形成了一种欲扬先抑、移步换景的独特空间体验。不同的空间节点在精心组织下主次分明、节奏有序，而且重要空间节点与湖景的对话也强化了建筑与环境之间的关联。

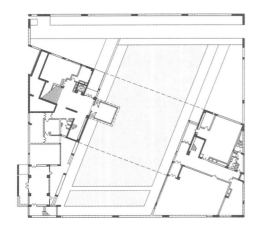
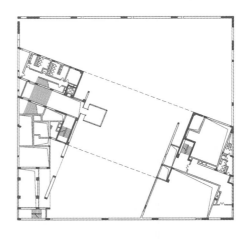

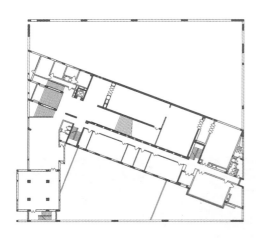
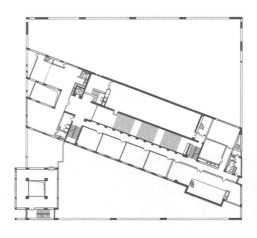

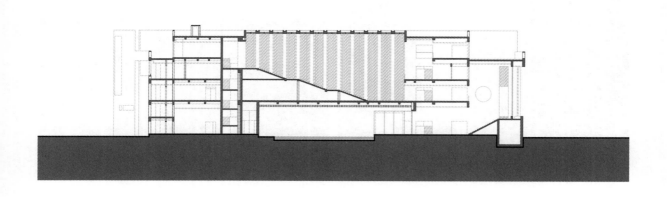

深圳南海酒店

建筑面积	32000 ㎡
竣工时间	1985 年
设计人员	陈世民　黄建才　熊承新
	华　夏　顾　均
设计机构	中国建筑设计研究院有限公司

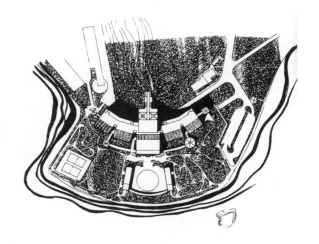

深圳南海酒店位于秀丽的蛇口海湾，背靠青山，面向大海。建筑师巧妙地利用这一得天独厚的自然环境，将建筑、园林、青山、大海融合在一起。酒店主楼的平面为弧形构图，围山面海展开，剖面采取层层退后的手法。整座建筑依山顺势而建，形成一个舒展而丰满的建筑形象。

南海酒店按国际酒店标准中的五星级进行设计，拥有383套客房，客房内装饰精致，设备完善。它拥有风格独特的大堂，给人以深刻的印象。酒店设有中西餐厅、咖啡厅和豪华的宴会厅，还有夜总会、康乐室、健身房、商店、游泳池和桑拿浴室等公共服务设施。

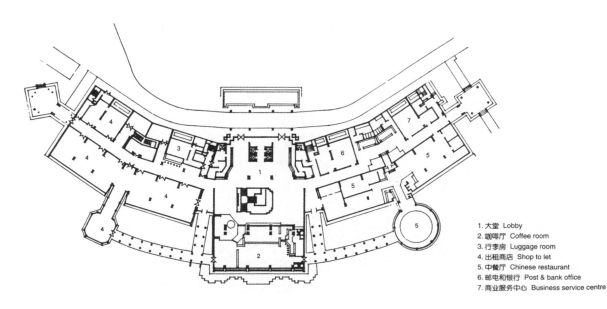

1. 大堂 Lobby
2. 咖啡厅 Coffee room
3. 行李房 Luggage room
4. 出租商店 Shop to let
5. 中餐厅 Chinese restaurant
6. 邮电和银行 Post & bank office
7. 商业服务中心 Business service centre

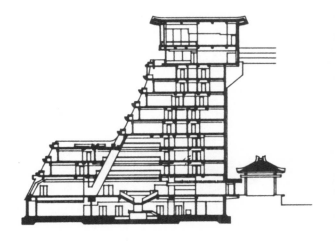

国家图书馆

建筑面积	74200 ㎡
竣工时间	1987 年
设计人员	扬 芸　翟宗璠　黄克武
设计机构	中国建筑设计研究院有限公司

国家图书馆坐落在北京紫竹院公园北侧，藏书 2000 万册，拥有各类阅览室 36 个，总阅览室有 3000 个座位，并附设展览厅及 1200 座的报告厅。它是一座规模宏大、设施齐全、技术先进的现代化大型公共图书馆，不仅是我国的国家图书馆，而且是全国图书馆事业的中心和全国最大的综合性研究图书馆。

该馆在设计上力求体现出国家图书馆典籍丰富、历史悠久的特点和风格，采用了高书库低阅览区的布局，低层阅览室等环绕着高塔形书库，形成了有三个内院的建筑群；同时吸取了中国庭院手法，在内院种植花木，布置水池、曲桥、亭子等，呈现出馆园结合的优美环境。建筑外形对称严谨，高低错落。外檐为孔雀蓝的琉璃瓦蓝顶或大屋顶；外墙面为淡灰色的面砖，白色线脚，花岗岩基座和台阶，汉白玉栏杆，紫竹院绿荫的衬托增添了图书馆朴实大方的气氛和中国书院的特色。

室内设计着重考虑读者的阅览需求和馆员的工作条件，探求完整的空间处理方法，创造舒适、典雅、安静的阅览环境。建成后的新馆实现了设计意图，取得了良好的使用效果。

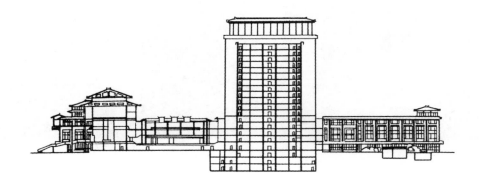

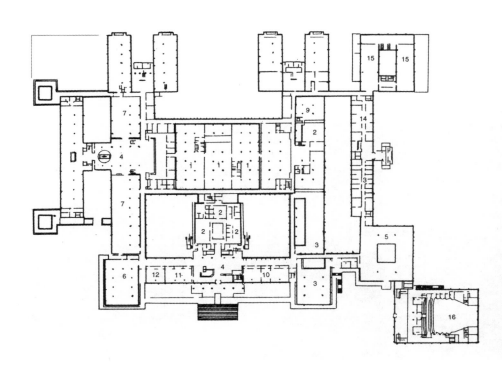

外语教学与研究出版社

建筑面积	16000 ㎡
竣工时间	1997 年
设计人员	崔　愷
设计机构	中国建筑设计研究院有限公司

外语教学与研究出版社大楼建筑平面轮廓呈 50 m×50 m 的方形，对应道路交叉口和周边建筑形式，形成一条 45° 方向的斜线，将正方形平面切成了两个三角形。设计采用减法，在外墙 50 m 以上从中部减掉一定体量，保持外形完整而有所变化。沿街立面中由天桥和周边建筑轮廓构成的巨大的洞口，其尺度的夸张也再次强化和突出了建筑的体量感，与周边建筑在城市设计上取得平衡。

为了满足门外三环路高架桥的视线需求，建筑主立面的视觉中心上移至中部，由 3 层以上的跌落平台和方格桥廊所构成的巨大门洞吸引了人们的视线，透过门洞可隐约看到内部空间层次的延伸和变化，将立面由一般的二维平面转化为三维立体，产生了丰富的视觉效果。而从建筑的内院向外看时，城市的景观进入了建筑内部，城市空间似乎又成了建筑空间的一部分。这种空间的交融造成了建筑与城市之间界面的不确定性，也构成了建筑与城市相互兼容、相互协调的密切关系。

站在屋顶平台上向下看，一侧是喧闹的城市，一侧是静谧的内庭；从廊桥上近看是外语大学的东西校园合为一处，远看，东边高楼林立，西边是郁郁葱葱的郊野和峰峦起伏的西山。

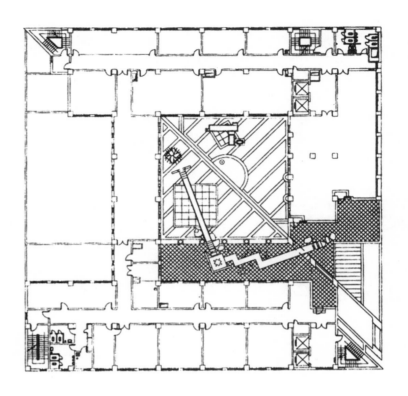

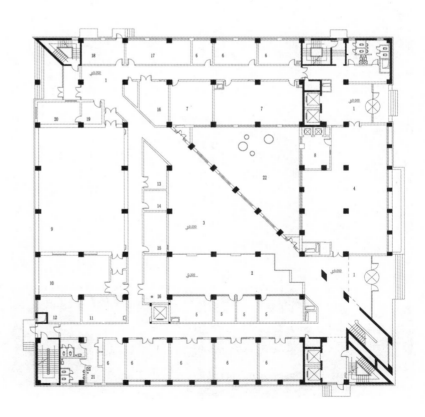

外交部办公楼

建筑面积	11700 ㎡
竣工时间	1997 年
设计人员	周庆琳　丁国瑞　司小虎　吴朝辉
设计机构	中国建筑设计研究院有限公司

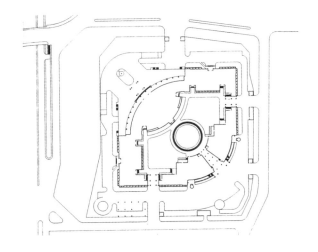

外交部办公楼位于北京市朝阳门外，大楼主楼面对朝阳门立交桥，平面略呈扇形，主入口及楼前广场高于立交桥，使整体效果更加突出。立面处理采用虚实对比的手法，在统一中求得变化。建筑造型采取左右对称的形式，稳定而又严谨。顶部采用民族形式，同时强调时代精神。建筑色彩以白色为基调，辅以灰色调，使整个建筑典雅、端庄、明快，体现出社会主义中国的恢弘气魄。

大楼的总体布局按不同使用功能做到分区明确，紧凑合理，避免人流、车流交叉。大楼内部分为四段：一段主要为办公用房及会客室、会谈室、宴会厅等；二段布置了综合厅，供新闻发布会使用，并设同声翻译室、小型会客室、工作间等，外来记者进入专用门厅可直达综合厅，不会干扰内部办公；三段设护照大厅、签证大厅、公认证大厅及领事司用房等；四段设礼堂、俱乐部、职工餐厅等。上述各段均有独立的出入口。

大楼空间处理的重点是主楼门厅及橄榄厅。门厅高两层，地面与墙面均用花岗岩。门厅内两排高大圆柱构成的柱廊导向橄榄厅，橄榄厅进深15 m，宽45 m，周围布置会客室、会谈室、签字室等。玻璃顶将室外天光引入室内，给人豁然开朗的感觉。

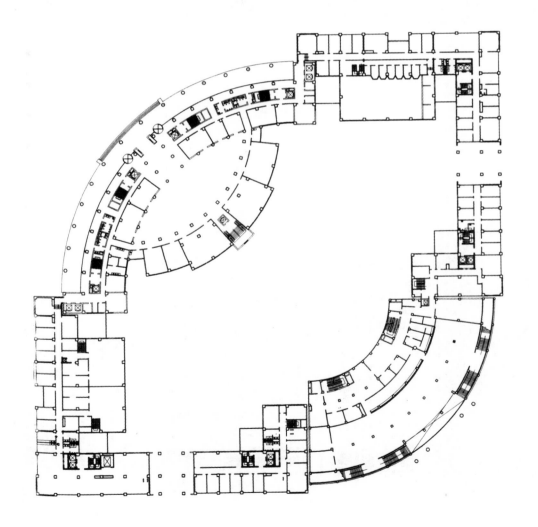

拉萨火车站

建筑面积	23700 ㎡
竣工时间	2006 年
设计人员	崔 愷　单立欣
设计机构	中国建筑设计研究院有限公司

拉萨火车站位于拉萨市南部的柳梧新区，与市区隔河相望，站房周围是连绵的山脉，场地宽阔而平坦。它既是西藏面向外界的重要门户，也是青藏铁路的标志性工程。设计力求与自然环境和西藏民族文化相协调，水平舒展的形态与高原的大地景观保持一致。在功能上，设计强调以人流为主的客运流程，综合考虑了流线关系，保证旅客流线畅通明了，各项活动区域及设施布置相互匹配，并强化了拉萨火车站所特有的旅游服务和医疗服务。

从入口正上方延伸到站棚的钢芯木质构架，采用了藏区典型的层叠方式，层层挑出的入口又形成一个门楣，暗合传统的藏区门楣、窗楣形式。木架由西藏独特的束柱支撑，形成的柱列神圣而庄严。木架和柱列形成的两层高的中央通廊，直对站台以及南面的群山，为旅客提供了良好的视野。色彩上选用了藏红和白色等藏族建筑的典型色彩。墙体的收分、厚重的砌筑方式、木构架的运用和连续的水平屋面，这些藏族特有的手法延续了当地的文脉，也实现了现代的演进。

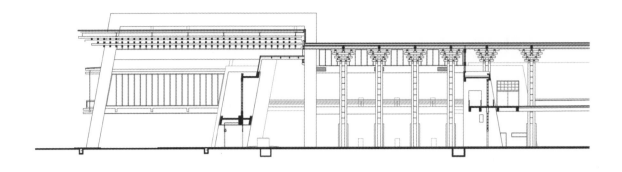

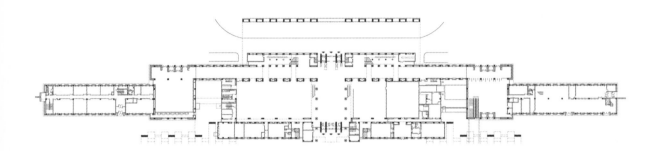

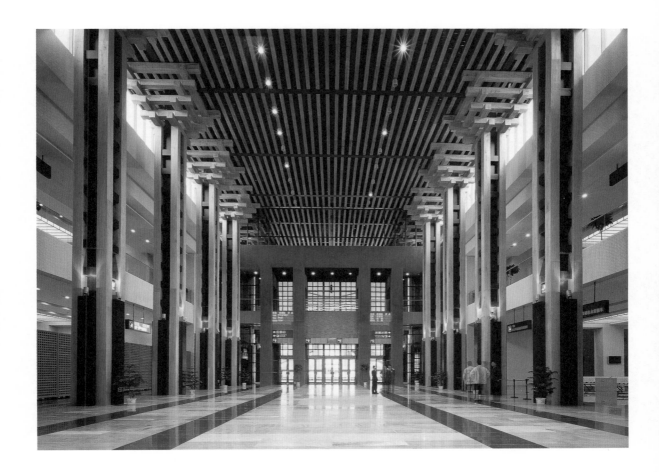

海南国际会展中心

建筑面积   132800 ㎡
竣工时间   2011 年
设计人员   李兴钢　谭泽阳
设计机构   中国建筑设计研究院有限公司

海南国际会展中心位于海口市新的城市组团中，北面临海，由展览中心和会议中心及附属设施组成。建筑主体采用一体化的完整造型，将展览中心和会议中心整合为一个巨大的完整体量，匍匐于海滨，成为城市南北向景观轴线的终点与高潮。建筑造型是处于"像"与"不像"之间的抽象物，可以看作海水、云团、海洋生物、海上景象等，似是而非，但总与自然界海洋的气质相契合。起伏波动的屋面壳体钢结构由等截面密格式布置的圆形钢管梁和钢网架组合而成，营造出独特的建筑外观，也与室内空间高度统一，适应不同规模、需求的展览和其他各类功能。

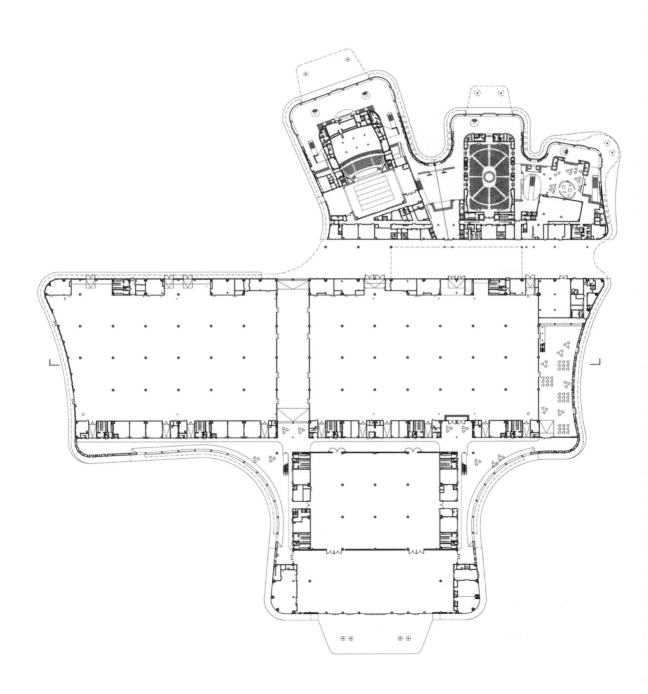

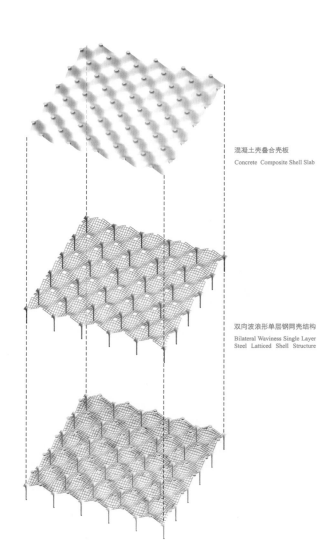

混凝土壳叠合壳板
Concrete Composite Shell Slab

双向波浪形单层钢网壳结构
Bilateral Waviness Single Layer
Steel Latticed Shell Structure

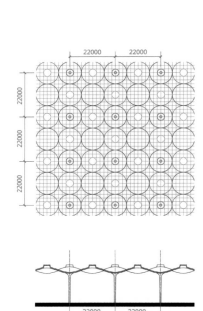

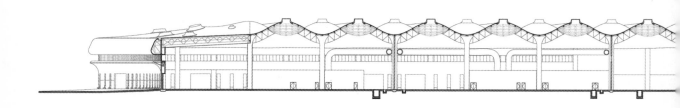

北京奥林匹克塔

建筑高度	248 m
建筑面积	18700 ㎡
竣工时间	2015 年
设计人员	崔 愷 康 凯
设计机构	中国建筑设计研究院有限公司

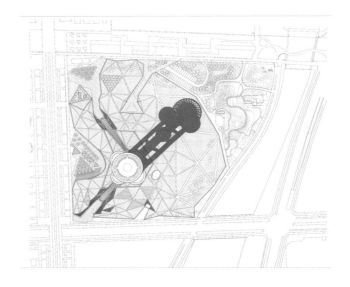

位于奥林匹克公园中心区的北京奥林匹克塔，灵感来自自然界植物生长的形态，也寓意奥运精神的生生不息。塔座部分覆土而建，缓缓升起的绿坡覆盖了整个大厅，既与周边景观自然衔接，也可为游客提供仰望塔顶的座席。从基座破土而出的塔身，底部采用实体围护，随着向上生长的态势逐渐如枝叶般分叉，露出内部树枝肌理的银白色金属幕墙，金属幕墙与银灰色的镀膜玻璃幕墙虚实交织，让整个建筑显得更为轻巧。五个位于不同高度的塔顶如水平伸展的树冠，在空中似分似合。站在观景平台上，既可远眺周边的奥运景观，也能感受到超尺度的建筑和结构本身带来的震撼。

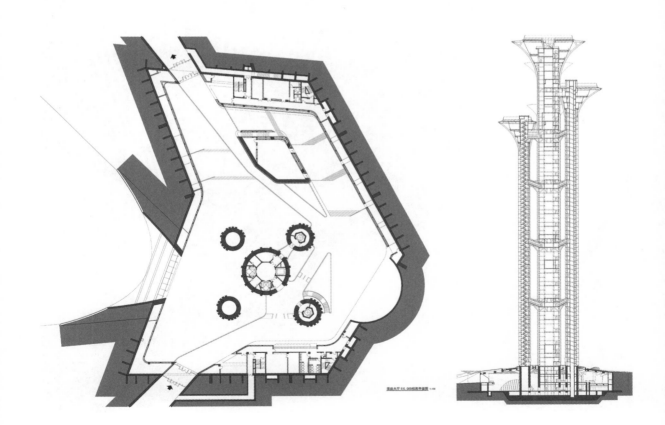

北京大学百周年纪念讲堂

占地面积	13500 ㎡
建筑面积	12672 ㎡
竣工时间	1998 年
设计人员	张　祺　邱涧冰　肖　婷
设计机构	中国建筑设计研究院有限公司

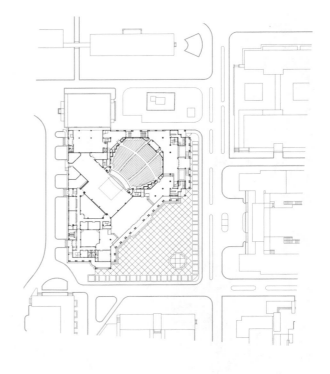

北京大学百周年纪念讲堂是为庆祝1998年北京大学建校100周年而建的，内部有2220座的综合剧场和300座的多功能小剧场。实施方案为多家国内外设计单位竞赛获胜方案。项目建成后接待了多个艺术团体演出，在厅堂空间、建声效果及建筑形态、环境上获得了一致好评。

百周年纪念讲堂建于北京大学著名的"三角地"北侧，原礼堂旧址处，地段环境并不优越。在总体环境设计中，以朝向东南面的纪念广场为中心，环绕布置建筑，合理解决校园人流、车流的矛盾，使建筑的体量与周围环境相协调。设计尊重周围环境，随境而生。

纪念讲堂主体退后并旋转45°，巧妙地解决了2220座剧场的大体量及舞台合理使用的高度与环境的协调问题。东南向的广场为自身的体量及周围的建筑提供了缓冲空间，这里仍为人们发布信息、进行交流的场所，延续了人们旧日的习惯。

建筑1层柱廊连贯建筑形体，正面布置纪念大厅，左右各有楼梯引导人流上到2层的多

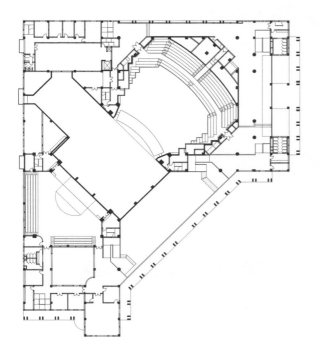

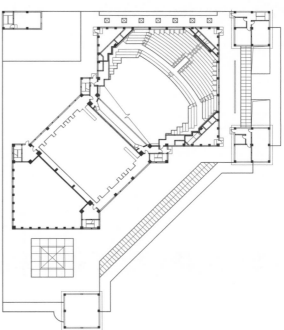

功能小剧场和观众休息厅。纪念大厅利用玻璃幕墙与纪念广场相隔，远望纪念亭，将外部自然景观引入室内，内墙的实墙面以石材雕饰，强化纪念主题，休息厅在墙面及地面处理上突出校园特点，强调纪念性和文化性。

在中国的传统建筑中，"塔"形成了一个有系统的地标形象，甚至成为人们的感情维系中心。纪念讲堂的群体形态处理正是遵循这一经验，以舞台为中心层层落下，舞台高耸的体量统率群体，承接侧台、后台、观众厅和纪念大厅，缩短人流交通路线；利用岛式舞台的概念，扩大使用功能，复合使用空间，满足学校使用特点和要求，从而使向心的纪念广场本身成为实质、心理与感情的中心，成为学生、老师及各方人士相互交流的中心。建筑形体上的分层处理，使建筑无论在尺度上还是意境上，都与北大校园相融合，并以自己独特的姿态脱颖而出。

讲堂在为学校服务的 20 余年中，每年接待近 300 场演出，成为学校师生交流和社会

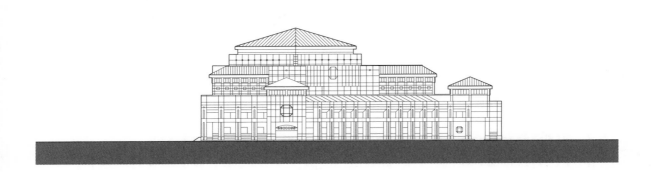

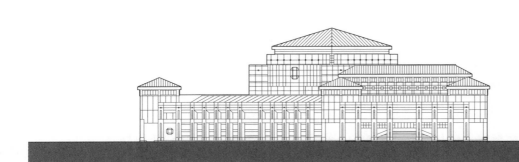

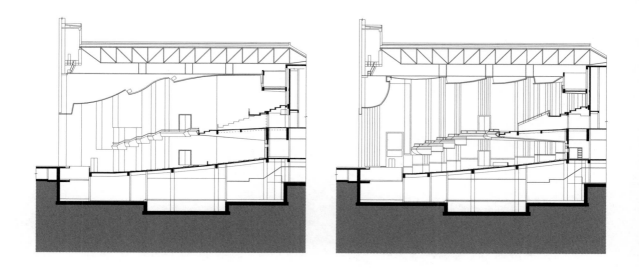

交往的重要场所。在讲堂运营五周年的纪念专刊上，北京大学法学院尹田教授拟文这样评价讲堂："北大讲堂是北大最重要的标志性建筑之一。姿态敦厚，色彩庄重，构思精巧，质感强烈，错落有致，时代特征明显，又不乏古朴气息。其整体造型与周围建筑浑然一体，相得益彰……讲堂在展现北大绚丽多彩的文化元素结构的古今建筑中占有一席独特的地位，在北大独有的文化背景下，它从一座精美的现代建筑，升华成为表现北大思想文化的一种外在的符号，一种文化的标志，刺激、引导并塑造北大人的价值观念……百年讲堂是北大的一颗活心脏，而心与心的交流与共振，营造了讲堂活的灵魂……缺少讲堂的北大，是一个不完整的北大。"

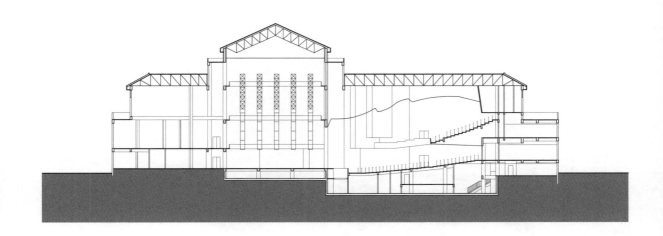

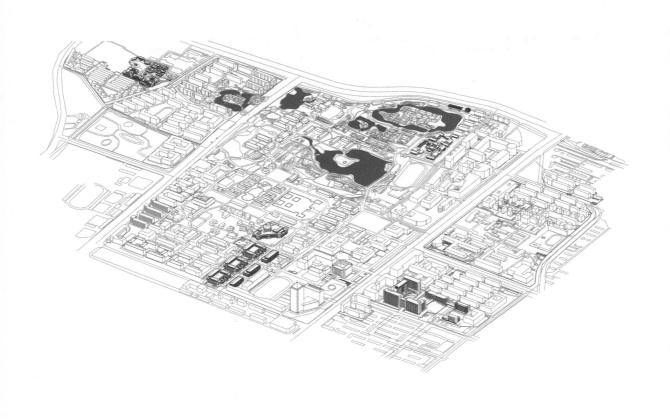

东方明珠——上海广播电视塔

建筑高度	468 m
建筑面积	70000 ㎡
竣工时间	1995 年
设计人员	江欢城
设计机构	华东建筑设计研究总院

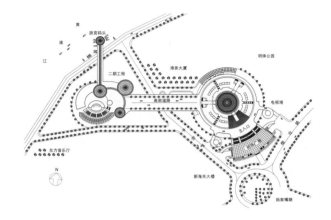

东方明珠——上海广播电视塔位于上海黄浦江畔陆家嘴地区,与外滩一江之隔,是浦西与浦东新老城区的交会点,现已成为上海城市景观的地标建筑。

塔体是集旅游、观光、娱乐、购物、餐饮、广播电视发射以及空中旅馆、太空仓会所等多功能于一体的大型公共建筑,塔尖总高度为468 m,建成时是亚洲第一、世界第三高塔。

东方明珠电视塔方案通过方案设计竞赛及多轮评选而产生。该方案造型新颖独特,富于时代气息和建筑艺术表现力,与所处陆家嘴地区整体环境协调,最终克服了种种困难,中标实施。

其新颖的造型以及新技术、新材料的应用,使东方明珠成为建筑与结构、艺术与技术的完美结合体。它充满时代气息,又极富东方文化内涵,同时反映了现代高技术水平。

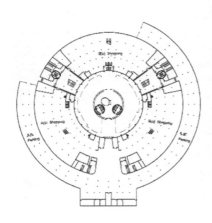

上海虹桥综合交通枢纽

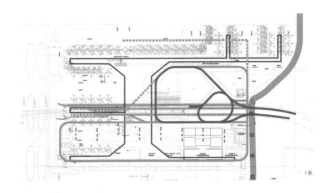

占地面积	26260000 ㎡
核心占地	1600000 ㎡
建筑面积	1417818 ㎡
竣工时间	2010 年
设计人员	郭建祥　高文艳　郭　炜　赵伟樑
	夏　崴　付小飞　黎　岩　纪晨　等
设计机构	上海现代建筑设计（集团）有限公司

上海虹桥综合交通枢纽建成时是世界上规模最大、功能最为复杂的空陆一体化交通大枢纽，是一项完全由中国设计、举世瞩目的工程杰作。"轨、路、空"三位一体的虹桥枢纽以"功能性体现标志性"作为设计定位，将"人性化"作为最大亮点。

设计本着换乘量"近大远小"的原则水平布局；从经济合理的角度按"上轻下重"的原则垂直布置轨道、高架车道及人行通道以换乘流线直接、短捷为宗旨，兼顾极端高峰人流疏导空间的应急备份，最终形成水平向"五大功能模块"（由东至西分别是虹桥机场T2航站楼、东交通广场、磁悬浮车站、高铁车站、西交通广场），垂直向"三大步行换乘通道"（由上至下分别是12 m出发换乘通道，6 m机场到

达换乘通道，负9 m地下换乘大通道）的枢纽格局。

新建虹桥机场T2航站楼采用前列式办票柜台、前列式安检区、指廊式候机区，旅客等候空间适宜，流程便捷，方向明确，步行距离短；商业空间与旅客流程结合紧密，相得益彰。

枢纽建筑空间尺度宜人，错落有致，着重刻画建筑细部与人性化设计；装饰风格清新素雅，将色彩让位于标识、广告及商业；以"七色彩虹"的运用暗喻"虹桥"；建筑空间以采光照明为导向，勾勒清晰简洁的旅客流程。从节地角度出发，枢纽大量利用地下空间，为了体现枢纽绿色节能，设计多组贯通地下的绿色庭院，将采光通风引入地下，创造宜人的体验空间。

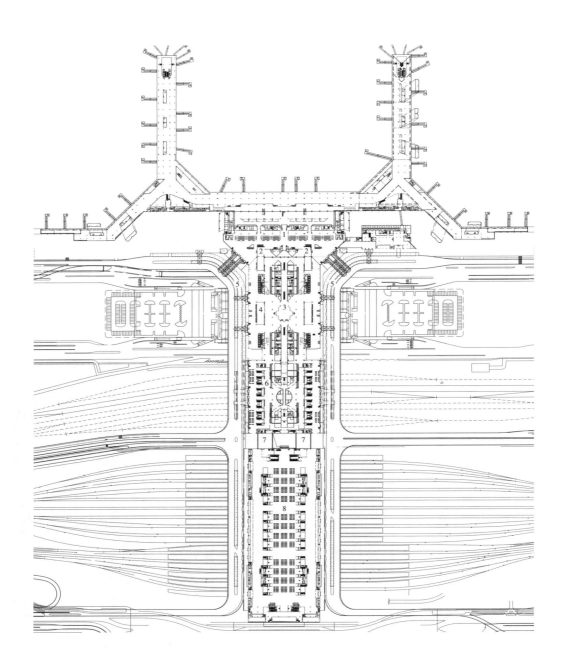

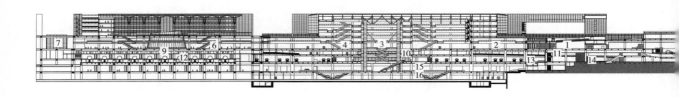

上海金茂大厦

建筑高度	420.5 m
建筑面积	289500 ㎡
竣工时间	1999 年
设计人员	阿德里安·史密斯 等
设计机构	SOM 事务所
	上海现代建筑设计（集团）有限公司

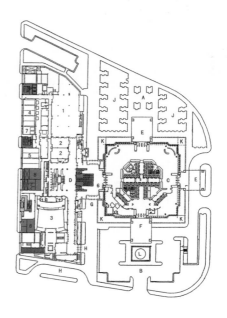

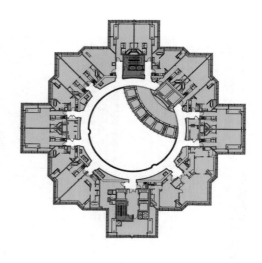

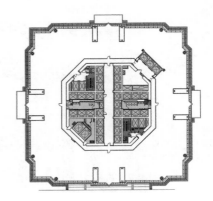

金茂大厦位于上海浦东陆家嘴金融贸易开发区的中心区，是黄浦江畔的极佳景观点与视觉中心，已成为该地区的标志性建筑。项目总建筑面积 289500 ㎡（地上 232349 ㎡／地下 57151 ㎡）；项目建筑层数为地上 88 层、地下 3 层；建筑高度是 420.5 m，采用了钢筋混凝土核心筒—钢结构外伸桁架的结构形式。

金茂大厦的平面采用双轴对称的形式，它的形体通过其平面方正与切角的转换，立面收放节奏韵律的变化，蕴涵了中国塔造型的寓意，并真实反映了本大楼的空间组合特点和经济可靠的超高层结构体系。塔楼的银色基调与天空背景交相辉映，反映出周围建筑和环境的色彩。它随时空的转换而变幻莫测，或银光闪闪，或金光铮亮，或晶莹剔透，或扑朔迷离，令人驻足凝视，留下美不胜收的印象。

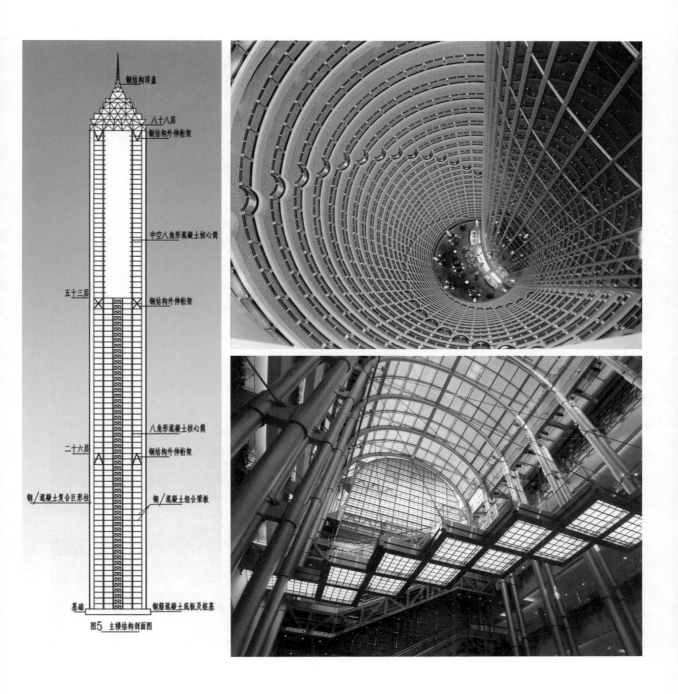

图5 主楼结构剖面图

上海（八万人）体育场

占地面积	190000 ㎡
建筑面积	170000 ㎡
竣工时间	1997 年
设计人员	魏敦山　陈国亮　陈　钢
设计机构	上海建筑设计研究院有限公司

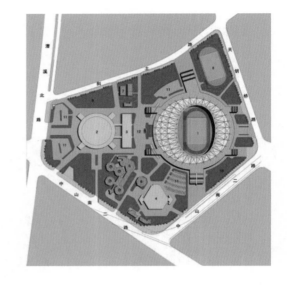

上海（八万人）体育场为 20 世纪 90 年代全国最大的综合性、多功能大型体育建筑，为举办第八届全国运动会而建。场址位于徐汇区天钥桥路 666 号，毗邻上海体育馆，占地面积 190000 ㎡，总建筑面积 170000 ㎡，总绿化面积 77000 ㎡。体育场设置国际标准的足球场和包括 400 m 环形塑胶跑道的田径赛场、练习场等，可容纳 8 万名观众，其中普通观众席 7 万座，包厢 104 间。此外，结合经营开发需要，还设有含 350 间标准客房的星级宾馆、18000 ㎡ 的体育俱乐部和逾 1 万 ㎡ 的商场、展示厅，以及体育爱好者主题花园等配套设施。

在总体布局上，建筑采用空间组合环境设计手法，以一条贯穿东西的主轴线连接该体育场和原体育馆，合理地将 70 年代建造的上海体育馆、训练馆，80 年代建造的游泳馆、奥林匹克俱乐部等有机地组合成一个较为完整的现代体育中心，又为其他附属设施和空间环境的展开奠定了基础，形成丰富的总体空间框架。

围绕椭圆形比赛场地边缘设置宽为 3 m 的通行地道，以使赛场与观众席隔离，并可供场内工作人员通行。比赛场地四角各设宽度为 20 m 的出入口，供运动员进出。

体育场观众看台采用圆形平面，以获取最

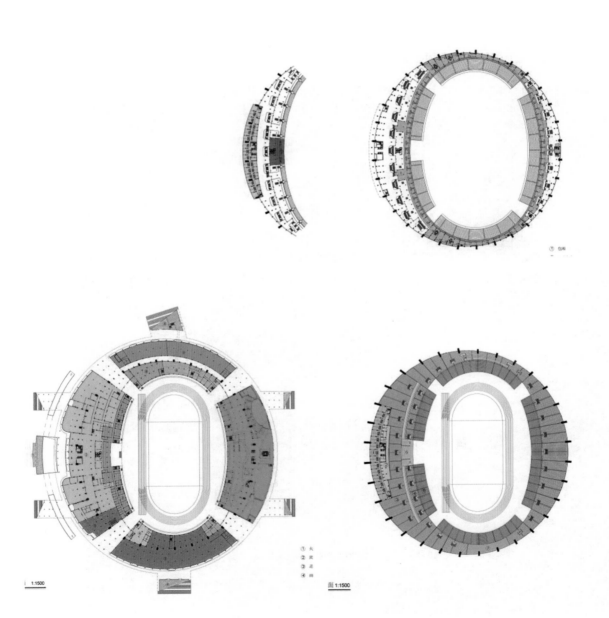

短视线。同时考虑足球比赛大多在下午或傍晚进行，西区看台不受眩光影响，视觉质量更佳，所以看台采取南北对称、东西不对称的布局，西区看台3层，东区看台则2层，南北看台各以1层为主，因此形成了西高东低、南北更低的马鞍造型。观众席视线设计选取了多种视点，以取得较好的视觉效果，同时有利于降低看台高度，达到经济实用的目的。

圆形体育场体型简洁，完整有力，立面造型虚实结合，以实体的蔚蓝色玻璃幕墙与白色构架形成鲜明对比，加以弧线曲面的后排看台栏板衬托，使体育场更富个性。屋盖呈马鞍形，线条流畅，配以57个乳白色半透明伞形"膜结构"的屋面，风格独特，蔚为壮观，体现了高科技现代建筑材料与建筑艺术的完美结合，展示出时代气息。

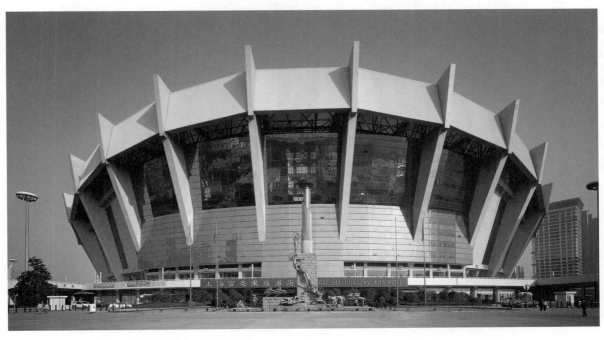

上海东方艺术中心

占地面积	23616 ㎡
建筑面积	44166 ㎡
竣工时间	2005 年
设计人员	Paul Andreu　崔中芳　Graciela Torre
	汪大绥　陈梦驹　张伟育　金　瓯　赵　磊
	梁葆春　朱伟荣　田建强　虞晴芳
设计机构	法国 ADPi+Paul Andreu
	上海建筑设计研究院有限公司

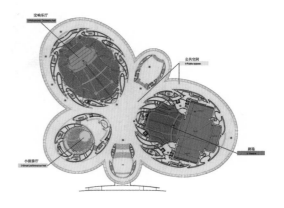

东方艺术中心的基地稍稍偏离世纪大道的轴线，与中央广场毗邻，它能产生强烈的视觉冲击。这是一个吸引人们注意的文化焦点，我们期望它能在世纪大道尽端突然出现，就像是一座神秘、和谐而又具有活力的雕塑从树林中忽现。正如其他标志性建筑一样，东方艺术中心因其极富个性而使人产生深刻的印象。

建筑应该不同于周边的其他建筑，但应融于它们成为统一的整体：东方艺术中心应该是"一个点"。它从一个中心原点沿曲线分裂而成，这样的形式也会从各个方向引起视觉扩张。

建筑应该有能使公共空间延续的基座。基座必须能使公共空间从道路、地面以及日常生活空间中分离出来。由此，公共空间就像悬浮于树林间和天空中一样，成为进入音乐和戏剧世界的第一步。

观众厅从基座面显露，如同树木破土而出。无论从功能上还是技术上，观众厅都应与基座紧密相连。所有的演出准备工作都在基座内完成，所有的情感在此酝酿，从而保证演出顺利进行。

每一个观众厅都被有着深深褶痕的实墙围护着，就像厚树皮保护着树干一样，以阻止外界的噪声干扰。每一道墙都有不同的色彩，也有不同的纹理。因此，各个观众厅不仅有体量和位置上的差异，还有各自的性格特征。

一个独特的悬臂屋顶罩于整座建筑之上，并与落地的曲面玻璃相连。屋架结构采用由正交钢结构桁架组成的空间结构体系。平面由5片"叶瓣"组成，整个屋顶同下部结构一样分成几个主要部分（交响乐厅、剧场、主入口、展厅），各单元间设置200 mm宽的抗震缝，

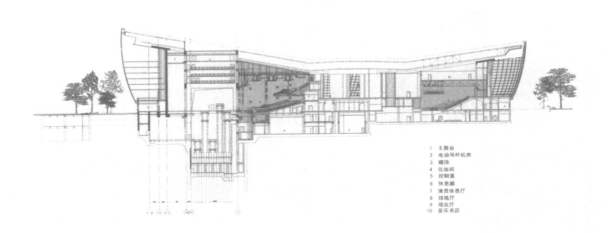

1　主舞台
2　电动吊杆机房
3　栅顶
4　化妆间
5　控制室
6　休息廊
7　演员休息厅
8　排练厅
9　观众厅
10　音乐书店

以满足声学、温度变形缝及抗震要求。屋顶使建筑连续而统一。从内部看，它构成了内部立面以及具有十分重要作用的公共空间的吊顶底部。它是整个建筑的保护外壳，并具有必要的机械功能、隔热功能和隔声功能。

东方艺术中心2000座的音乐厅、剧场、排练厅音质综合调控系统的研究涉及声学测量、声扩散、混响时间与反射声和音质评价等方面的知识，实现了控制大厅混响时间及反射声效果的目的，以适应不同类别音乐会演出对音乐厅声学指标的需求。

深圳特区报业大厦

占地面积	28600 ㎡
建筑面积	92300 ㎡
竣工时间	1998 年
设计人员	龚维敏　卢　阳　傅学怡　刘文镔
	孟祖华　连建社　温亦兵　赵　阳
	武迎建　柳柏玲　陈宗良　朱顺发
	王建俊　黄　姝　夏春梅
设计机构	深圳大学建筑设计研究院有限公司

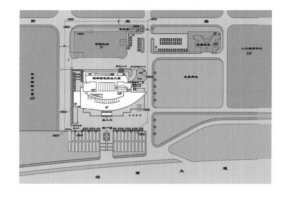

深圳特区报业大厦位于深圳市新中心区（福田中心区）的边缘，面朝城市主干道（深南大道）。它的东面为39层的人民大厦，南面隔路相望为深圳五洲宾馆、高尔夫球场，北面为多层住宅区。深圳特区报社，作为本地最具实力的媒体，希望建筑造型能够体现出机构的形象，并能提供清晰的文学性的主题及含义。

项目采用了抽象的象征，使设计在两个层面上展开，一方面是建筑自身的逻辑发展，另一方面则关系到形象可能产生的语义，希望既可以按照特殊的解读方式找到种种"情节"，又能保持住建筑语言的纯粹性，使造型语言成为建筑内容的合理表达。立面上的斜线构图提供了"帆船""报纸"的联想，但也是对两种空间界面的表达（办公区——空中花园）。塔

身上的球体被称为"新闻眼"，它的内部是一个休息厅；裙房的"船体"造型对应的则是一个敞廊空间；整体建筑被称为"新闻旗舰"，使得故事有了一个主题，符合业主的期望。然而，我们真正关注的仍然是在抽象意义上的建筑的形式感。

高层办公建筑能够在空间处理上有所突破，要感谢业主的眼界和气度。报业大厦主体除了顶层俱乐部外，其余都是办公楼层，在这些楼层中，每隔3层设置一个3层高的空中花园，全楼有10个这样的空间，各办公层都可以步行进入一个对应的空间。原考虑在各个空间中种植高大植物，并以植物种类的变化形成各自的特色，为人们提供高空中接近自然的场所。这个想法未能完全实现有些遗憾。但这样

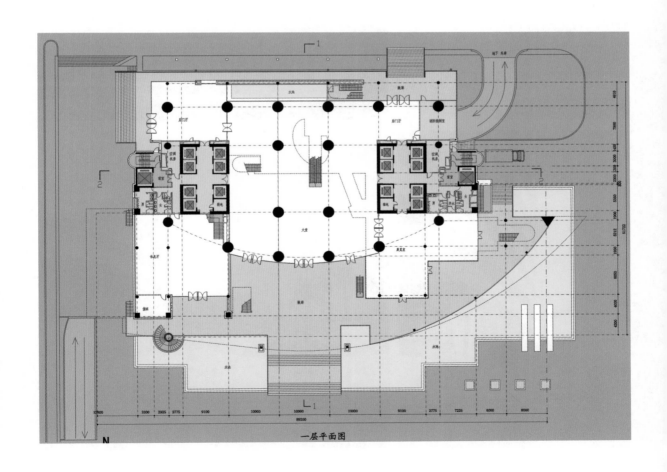

一层平面图

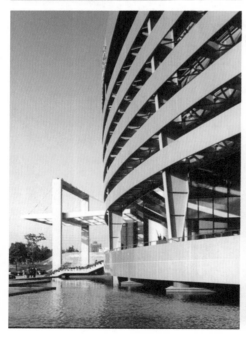

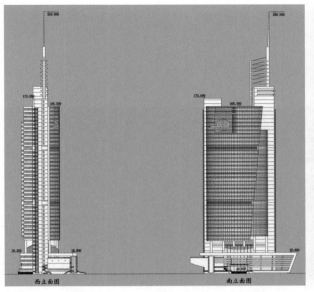

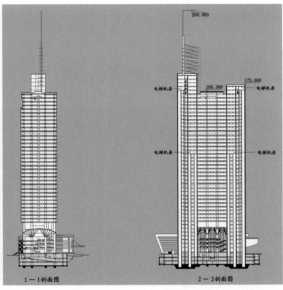

的空间能够存在，本身是很有意义的，目前它们在楼层中使用率很高，是颇受欢迎的场所。玻璃球体在内部是一个半球状空间，用来休息、观景。原来打算采用半透明的玻璃砖作楼面材料，制造出"悬浮空中"的效果，这个想法也未能实现，地面现为实体材料，不过空间的基本特征仍存，仍是楼中的一个特色场所。

内外相融的、富有通透感与层次感的亚热带空间品质是裙房内外环境的追求方向。外包铝板的弧面构架，为敞廊空间提供了特有的形式。从远处看，敞廊是建筑整体造型的组成部分，它有完整的造型；而在近处，它是外部广场空间的一个有通透感的界面，也是内外空间中的一个重要层次。在这个大尺度、半开敞空间的整合下，门厅大堂、700座的报告厅、展厅、各类楼梯等获得了各自发挥的自由及各不相同的体量形式，这些元素以多样的方式与敞廊空间对话，产生了许多有趣的交接关系及不同标高的开敞平台，为空间带来了更多的层次、更多的观景。

门厅大堂高25 m，塔楼下部筒体间30 m高的架空空间设置于建筑的中心部位，南面采用了整片玻璃墙，使空间向南开敞，北面外侧设计了一片水幕墙，以挡住北侧较差的景观并作为空间的收头。玻璃顶盖用空间桁架支承，它们在整片光洁的墙面上留下了有趣的光影图案。在中心部位种植了高大的棕榈树，它们是

空间最有生机的"装饰品"，带来了热带的氛围。

前广场中，环绕敞廊设置了大片水池，它使得金属感的敞廊与广场石质铺地之间有一个柔性的过渡层次，水中的映象及敞廊铝板的光泽随着气流和光线的流动而变换，为广场带来了生气。内外空间环境的关系在建筑中心轴线上得到了进一步表达，从南端的人行道至北端的水幕墙、雕塑喷泉、广场水池、入口雨篷、大台阶、敞廊、大堂等元素组成了一个多层次的空间序列。

深圳地王大厦

占地面积　　18734 ㎡

建筑面积　　273349 ㎡

竣工时间　　1996 年

建筑高度　　383.95 m（塔尖）

设计人员　　王彦深　黄厚泊　林惠任　梁瑞贤
　　　　　　贾长林

设计机构　　美国建筑设计有限公司张国言设计事务所
　　　　　　（建筑设计）
　　　　　　茂盛工程顾问有限公司（结构设计）

深圳地王大厦位于深圳市罗湖区，南临深南大道，东向宝安路，是一个集办公、商业于一体的超高层综合性建筑组群。主塔楼69层，高383.95 m（塔尖），副塔楼33层，商业裙楼5层，地下3层。建筑设计由美国建筑设计公司张国言设计事务所承担，深圳市建筑设计研究总院负责设计咨询和审核。大厦于1996年3月竣工，是深圳特区20世纪90年代中期耸立起来的一座气势恢宏的重要标志性建筑，也是当时中国最高的建筑物。

由于工程所处地形为狭长的南北向三角形地带，故总平面采用T形布局，把公寓呈南北向的条形布局设于西端，尽量远离东西向办公主塔楼，以求舒适、卫生、安静的环境。办公楼作为群体的主体设于东面，用商场把办公楼和公寓连接起来组成一个有机的组合体。

地王大厦别名信兴广场。因信兴广场所占土地当年拍得深圳土地交易最高价格，故被尊称为"地王"，因此公众称之为地王大厦。

地王大厦由商业大楼，商务公寓和购物中心三部分组成。商业大楼的建筑体形的设计灵感来源于中世纪西方和中国古代文化中通、透、瘦的神髓，它的宽与高之比例为1：9，创造了世界超高层建筑最"扁"最"瘦"的纪录。

33层高的商务公寓最引人注目的设计是空中游泳池，空间跨距约25 m、高20 m，上下由9层延伸至16层。

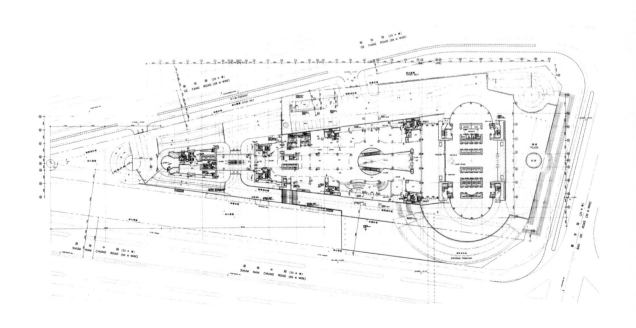

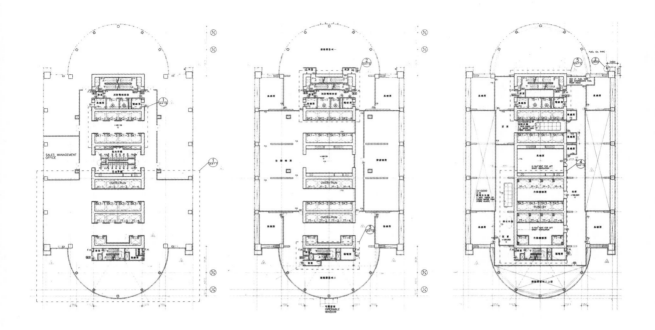

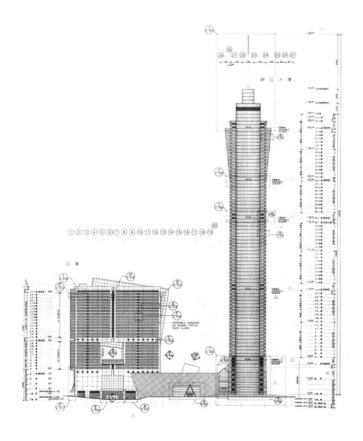

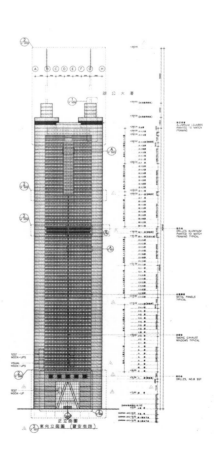

昆明市工人文化宫

建筑面积   61029 ㎡

竣工时间   2013 年

设计人员   汤 桦 徐 锋 张光泓 刘昌萍

                王宇舟 沈家忠 陈宗琳 马 良

                王 红 刘 涛 段磊坚 周 倜

                刘 欣 邓 芳 石咏晖

设计机构   云南省设计院集团有限公司

                深圳汤桦建筑设计事务所有限公司

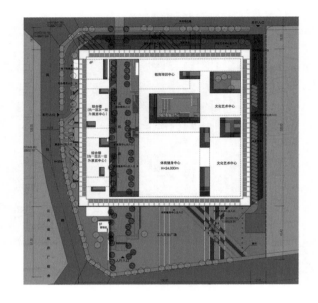

昆明市工人文化宫是集群众性文化、教育、体育及相关办公、商业配套、地下停车等多方面内容于一体的综合性公共建筑。它为市民群众提供了丰富的文化艺术活动空间。它作为昆明市"第三代"工人文化宫，是昆明人的精神家园，承载了几代人的记忆。"三代"工人文化宫的更新，见证了改革开放 40 年来这座城市的变迁，推动了昆明文化事业的不断发展。

用地位于昆明市中心，保留了场地中原云南机床厂林荫大道及两侧厂房建筑立面，林荫道成为场地内行人的主要通道和共享中庭，同时也是一个满载记忆的纪念性场所，建筑牢牢地锚固在基地上，成为历史记忆的载体和见证。

建筑采取化零为整的设计手法，在立面以垂直的片墙构成通透的外围界面。其中一些片墙转动角度，暗示内部道路入口，为立面带来生动的光影变化，同时也起到遮阳作用。柱廊与屋顶连为一体，形成强有力的造型。内部各功能区单体按照功能要求设计，反映各自的性格，对比丰富。内与外、简洁与复杂的对比使建筑具有独特的性格。

建筑的中心庭院模拟自然山水的人造台地，平台高低错落，可作为活动的场地，也可设置为景观台地，为庭院空间带来变化。建筑西侧局部有下沉院落，若干廊桥从院落上跨过，经过架空层的展览空间到达文化宫内部的林荫大道。在整体的屋盖体系中，分布着尺度各异的矩形院落、天井和开放场地，如同空间的和声，延续传统建筑文化的空间意象和历史纵深，并塑造当代城市公共空间的内涵和气质。

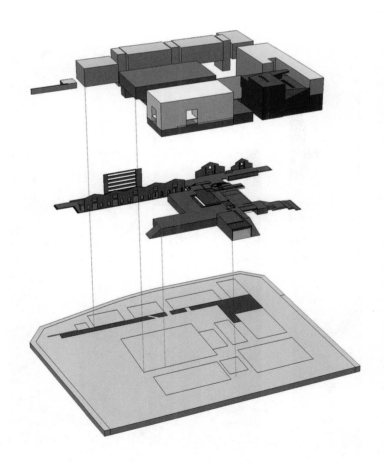

广东省博物馆新馆

占地面积	41027 ㎡
建筑面积	66280 ㎡
竣工时间	2010 年
设计人员	严迅奇 江 刚 陈 星 谭伟霖
	许 滢 梁彦彬 李 娜 刘福光
	周小蔚 庄孙毅 何 花 张变兰
设计机构	广东省建筑设计研究院
	许李严建筑师事务有限公司

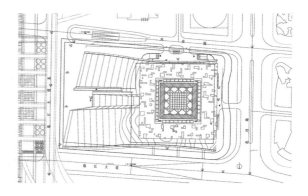

广东省博物馆新馆项目位于广州市珠江新城广州新中轴线文化艺术广场的东侧，是一座体现岭南文化，符合地域环境和城市性格，极具标志性的文化建筑。其完善的基础设施和先进的管理系统使新馆成为国内领先、国际一流的大型综合性博物馆。新馆建筑面积66280㎡，集展览陈列、研究教育及文物保护等功能于一体，是广东省内最大型的综合博物馆。新馆于2010年5月18日世界博物馆日正式开馆，设计容量为日接待观众8000人。

广东省博物馆新馆是一座集建筑艺术和现代技术于一体的大型公共建筑，设计构思将博物馆形象地比喻为一件摆放在绿丝绒上的宝盒，里面盛载着自然、文化和历史的宝物。建筑空间的设计理念来源于广东传统的工艺品，喻形于意，巧妙地将象牙球镂空的工艺运用在博物馆的空间组织上，使内部功能层层相扣，展厅、回廊、中庭和结构紧密结合，由内向外逐层展开，利用或虚或实的空间隔断吸引观众层层而进，功能流线自然而生，使形式和功能形成统一的有机整体。

广东省博物馆新馆采用的钢筋混凝土剪力墙筒体—钢桁架外挑悬吊体系为当时国内乃至世界上跨度最大的悬吊结构体系，主体结构通过内部67.5 m×67.5 m的巨型钢筋混凝土筒体支撑起大型空间钢桁架，并在顶层沿四个方向出挑23 m，悬吊起2～4层楼面。这一结构形式实现了展厅大跨度无柱空间，现代技术的运用为新馆的崭新形象锦上添花。

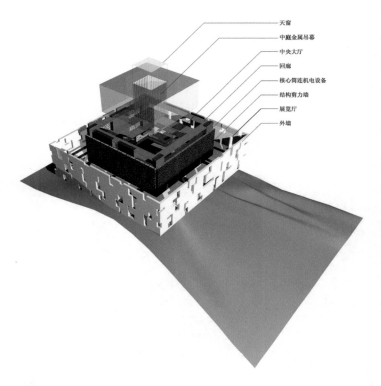

天窗
中庭金属吊幕
中央大厅
回廊
核心筒连机电设备
结构剪力墙
展览厅
外墙

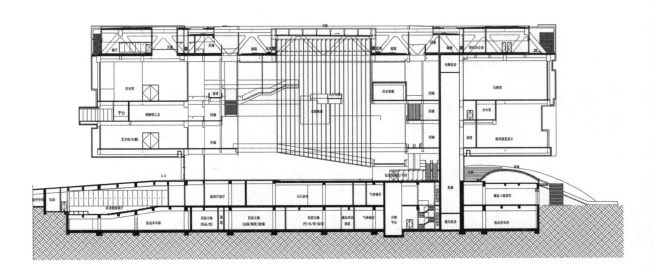

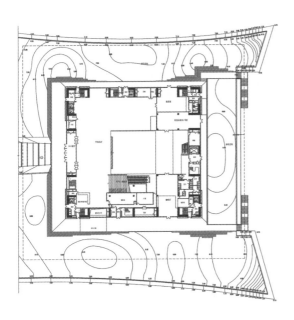

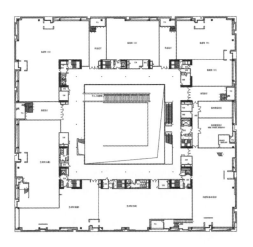

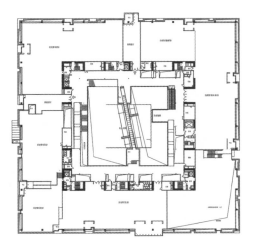

常州体育会展中心

建筑面积	201390 ㎡
竣工时间	2008 年
设计人员	黎佗芬 蒋玉辉 孙 浩 刘 斌 黎 亮
	黎 晓 冯 远 刘宜丰 王立维 熊小军
	叶 凌 杨宁平
设计机构	中国建筑西南设计研究院有限公司

常州体育会展中心项目位于常州市新北区中心位置，占地约 500 亩，包括 3.5 万座的体育场、2000 座的游泳跳水馆、6000 座的体育馆和 1000 个标准展位的会展馆。

设计充分结合常州市的地域特征，将河水引入基地之中。浅水与斜坡绿化营造出浓郁的江南水乡意境。体育场与游泳跳水馆相结合，以常州市市花广玉兰为构思源泉，如同漂浮在清水、绿萍之上的一朵玉兰花，形态优雅。体育馆则如同含苞待放的花蕾。

体育场与游泳跳水馆结合，成功实现了"场馆合一"在中型场馆设计中的运用，成为国内这类场馆设计的先行者。体育馆与会展馆功能结合，体育比赛训练场地和会展空间共用，达到资源利用最大化的目的。

场馆的结合有效减少了建筑占地面积，使建筑更加紧凑，具有更好的整体性。场馆的叠加气势宏伟，突出体育场的主导地位。

项目结构体系优越，具有经济效益和建筑表现力。体育馆屋面结构采用的椭球形索承单层网壳体系，在当时世界同类结构中尚属首例，结构性能优越、用钢量少，同时提供轻盈、通透的视觉感观，实现了建筑和结构的完美结合。

该项目是我国早期关注体产融合的复合型体育场馆的标杆，为奥运后中国体育建筑产业化作出了重要实践。

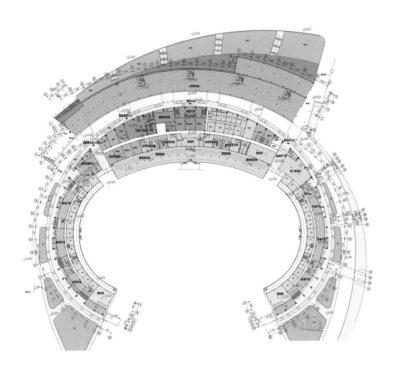

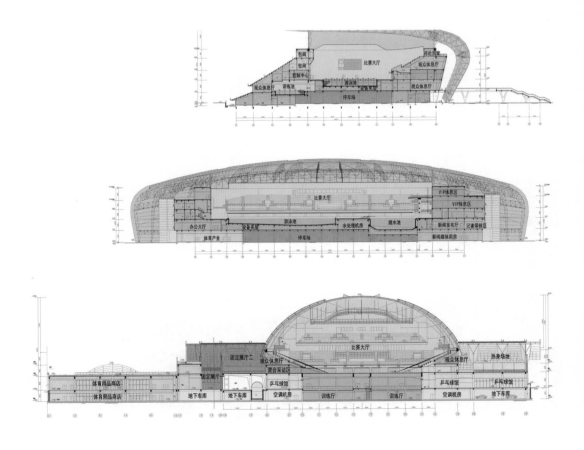

天津体育馆

占地面积	122300 ㎡
建筑面积	54000 ㎡
竣工时间	1995 年
设计人员	王士淳　刘景樑　张家臣
设计机构	天津市建筑设计院

天津体育馆位于天津市西南部，由主馆、副馆、体育宾馆组成，建筑面积共计54000 ㎡，是体育建筑综合体。主馆建筑面积27000 ㎡，是一座集多项体育竞技、大型音乐歌舞演出以及各种集会于一体的多功能场馆，体育竞技包括篮球、排球、羽毛球、搭台体操、五人足球等，并可搭建室内200 m跑道田径场，这在当年填补了我国体育建筑一大空白，是我国第一座可供国际田径比赛的场馆。

体育馆和当年总体规划的待建体育场及游泳馆构成天津奥林匹克体育中心。天津体育馆不仅弘扬传承了天津水文化环境景观的特色，而且具有一馆多能竞技空间科学合理有效整合的创新性，以及各专业高新技术含量的特质。

体育馆与环境和谐共生，临水而建、依水而生，塑造出独具天津特色的"水中体育建筑"的城市景观。

在建筑形态上，体育馆表现出现代化的时代简约气息，外观采用与周边环境自然融合的球面圆形"碟式"造型，将流动与飘逸寓于平滑柔和的曲线之中。球面形的屋盖与反曲线的金属墙面，打破了传统建筑的方正观念，展示了体育运动的动感和力度，颇具建筑艺术风韵，新颖别致。在城市空间轮廓上，与近在咫尺的电视塔相呼应，彰显与环境的联系和提示，塑造了"一个从天上飘然而落，一个在地面展翅欲飞"的景观意境。

体育馆的圆形直径为108 m，屋檐悬挑13.5 m，屋面直径135 m，是当年国内体育建筑直径最大的圆形屋盖结构。对如此庞大的屋面结构体系，设计人员进行了精细的计算研究和多方案的比选优化，采用了双层球形网壳新技术，整体网架由1876个节点（球）和6956根杆件组成，屋盖用钢量仅为42 kg/ ㎡，体现了当代体育建筑高科技的时代精神。国内外专家一致认为天津体育馆的屋盖设计达到了"国际先进水平"。

体育馆建成后，承办了1995年第43届世乒赛。赛前一度成绩低落的中国乒乓球队在此次比赛中一举创历史地囊括全部七项世界冠

军，收获了大满贯的骄人战绩。从此，"飞碟"体育馆被当年的乒乓球队领导誉为中国乒乓球的"福地"，同时该馆也收获了以"风水宝地、人杰地灵"为题词的一面锦旗。此后，天津体育馆还承办了1999年第34届世界体操锦标赛，2013年第六届东亚运动会，亚洲女排、男排锦标赛，中日韩室内田径锦标赛，2017年第十三届全运会等国际、洲际及国内众多大型比赛。2018年6月，习近平主席来到天津体育馆陪同普京总统观看了一场中俄少年冰球友谊比赛。

为迎接我国即将举办的2022年冬奥会的冰上赛事，并为我国参赛运动员提供日常训练场地，目前该馆正在对馆内功能进行全面提升改善，通过科学适度的技术手段，让场馆更加彰显其环保低能耗的绿色智能建筑特色，不断焕发"一馆多能"的竞技活力，凸显可持续发展的"飞碟"魅力。

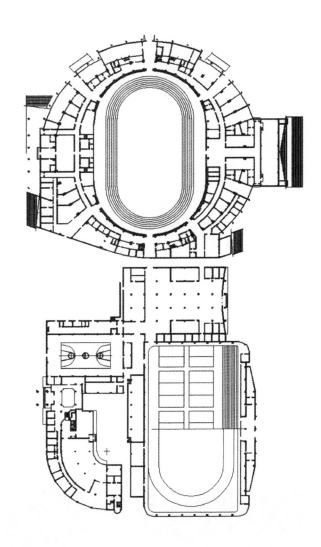

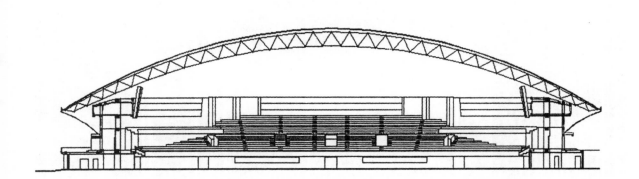

平津战役纪念馆

占地面积	42800 ㎡
建筑面积	15000 ㎡
竣工时间	1997 年
设计人员	朱铁麟　刘景樑　张家臣
设计机构	天津市建筑设计院

平津战役纪念馆是继淮海、辽沈战役纪念馆之后修建的三大战役纪念馆中规模最大的一座。主体建筑既具有传统的中国民族风格、京津地方特色、军事纪念馆的风范，也浸透着强烈的现代感和时代精神。

总体布局以纵向中轴线贯穿南北，东西两侧完全对称的布局方式构成纵深的空间序列。从南向北，由入口广场、胜利之门、胜利广场、胜利纪念碑雕塑、兵器布列、两组群雕、主展馆建筑、多维演示厅、室外展场等组成完整的空间序列，以强化纪念馆的纪念性和庄重感。

入口主广场设置描绘战斗场景的花岗石浮雕墙和象征凯旋的两尊胜利柱，在胜利柱顶部各矗立一座解放军战士雕像，代表了东北、华北两大野战军。紫红色花岗岩石墙上的《解放军进行曲》和通向公园深处的小道，寓意经过曲折蜿蜒的战争逐步走向胜利。步移景异，每个画面都衬托出平津战役独具的地域特色和史诗般的战役场景，营造出浓郁的纪念氛围和观众观展前心理铺垫的前导空间。

纪念馆主体建筑空间组合布局打破了传统的单一条形平面，采用空廊和半封闭院落空间相结合的形式，给观众耳目一新的感觉。纪念馆檐口直斜面挑出，象征传统建筑的飞檐出挑，檐下处理为提炼简洁的石作椽头，墙身设计神似古建斗拱造型，并配以灰白色花岗石板饰面，在葱葱松柏的映衬下，彰显纪念馆的厚重、恢弘、典雅。

展厅采用预应力连续梁结构，建造无柱空间，为体量差异大的展品布展设计创造了灵活的全方位弹性空间，布局紧凑，功能完善，合理组织交通流线与观展路线，规避观展回头路。

纪念馆首次创新设计了直径 50 m 的钢网壳球形战役战斗多维演示厅，展陈方式设计也突破了国内外战争纪念馆沿用已久的展厅加全景画馆的传统模式。设计采用现代高科技技术，通过高科技声、光、电等手段，将全景式球幕与环幕电影同场景转换，再现平津战役的典型战斗场景，为博物馆建筑开创了一种崭新的展示和观演方式，当年在国内外尚属先例。

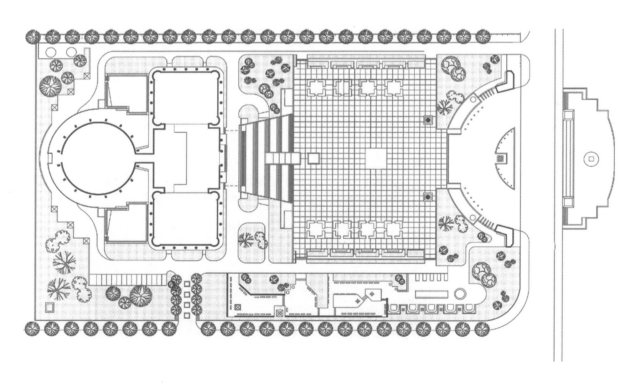

上海世博轴及文化中心

竣工时间　　　2010 年
设计机构　　　上海现代建筑设计集团
　　　　　　　德国 SBA 公司

世博轴及地下综合体工程（世博轴）是2010年上海世博会的主要园区出入口，规划设计承担23%的入园人流量。

世博轴南起上海浦东耀华路，跨雪野路、国展路、博城路、世博大道，北接世博庆典广场，总长1045 m。世博轴是人流交通轴。设计采用地下2层、地面层、2层高架平台共3层立体交叉方式解决世博大流量难题。

世博轴是空间景观生态轴，体现了"科技世博、生态世博"的办博理念。世博轴外形由6个阳光谷和连续张拉索膜结构组成。阳光谷将阳光和自然空气引入地下空间。阳光谷可满足地下1层27.3%、地下2层17.8%的建筑面积的自然采光，大大改善了地下空间环境，节省照明能耗。阳光谷有收集雨水功能，可将雨水储存在地下室底板10000 m³的储水池内。

索膜结构利用膜材料高强度张拉特性，为平台人流提供舒适的遮阳环境。

阳光谷和索膜结构是本工程的亮点和特点，也是最大的技术难点。世博会后，世博轴成功转型为大型商业设施，继续发挥着城市商业、景观、交通的服务功能，也为上海增添了一处标志性城市风景。

世博文化中心位于2010年上海世博会园区的核心区域。作为上海世博会最重要的永久性场馆之一，它在世博会期间承担了开、闭幕式以及各类大型演出和活动。文化中心主场馆为18000座的多功能演艺空间，能满足大中型综艺演出、体育赛事、集会庆典等的使用要求。

文化中心采用了多种绿色建筑技术，主要包括江水源热泵系统、冰蓄冷技术、气动垃圾

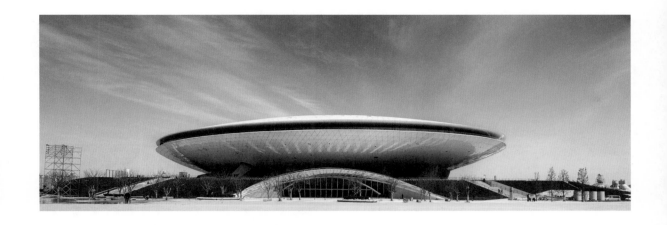

回收系统、空调凝结水与屋面雨水收集系统、程控型绿地节水灌溉系统等。

内置于顶部的机械式升降隔断，使场馆具有从5000、8000、10000、12000直至18000座的观众区规模以及灵活可变的舞台区，从而使其表演空间可从中心式舞台转换成尽端式舞台。可伸缩升降的观众座席系统，使观众视线能适应冰球比赛、篮球比赛和不同演出的要求。

幕墙表皮三维误差调节系统使设计施工一体化，实现了文化中心超曲面的表皮构成，相关建筑技术达到国际先进水平。

深圳市民中心

占地面积	108054 ㎡
建筑面积	210000 ㎡
竣工时间	1999 年
设计机构	深圳市建筑设计研究总院有限公司
	美国李名仪 / 廷丘勒建筑事务所

深圳市民中心，位于深圳中心区的福田区，北靠莲花山，南向中央商务区，是集政府办公用房、人大办公用房、博物馆、会堂等多功能于一体的综合性建筑。

建筑分为西区、中区和东区三部分，西区主要是政府办公用房，中区主要以公共空间为主，东区主要是人大办公用房。此外，市民中心内还设有博物馆、工业展览馆、档案馆等。

设计中强调生态设计思想，以中央绿化带为主轴，形成良好的城市生态环境。项目采用先进的"节能""节耗""有回报"的技术措施、"遥控""遥测"的实用管理技术以及办公"智能化"的基本系统等。

完美的屋顶檐口曲线，丰富的内庭院设计，使交通便捷且更具中国特色，确切合理地调整市民中心与市民广场之间的几何关系与尺度关系，暗含着中国城市的历史韵味。

西、中、东三段平面组合，西翼为"日"字形平面，为办公部分；中段由方、圆两个中筒组成，为会堂及工业展览厅；东翼以博物馆为主，兼有部分市政展览厅。三部分既有独立的竖向交通枢纽组织，又能在横向进行必要的联系，合理解决各种使用功能的分区与连接。西、中、东三部分主楼均采用框架结构，大屋顶采用钢网架形式。办公区、展厅、博物馆等均有开敞、灵活的空间。

建筑三段体通过双曲面的大网架连为整体，两翼屋面与中部裙房平台齐高，造型简洁、精美，富有动感，具有大鹏展翅之势，实为人

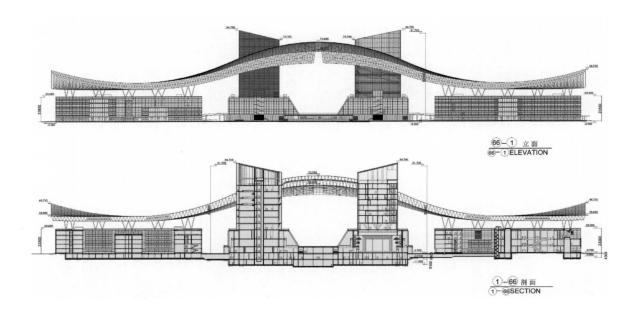

$\dfrac{66}{}-\dfrac{1}{}$ 立面
$\dfrac{66}{}-\dfrac{1}{}$ ELEVATION

$\dfrac{1}{}-\dfrac{66}{}$ 剖面
$\dfrac{1}{}-\dfrac{66}{}$ SECTION

们喜爱的雕塑性建筑。

　　主体裙房大片玻璃幕墙与圆筒金属穿孔板、方筒金属板实体的对比，主体、方筒、圆筒之间与南面露台凹下的圆、方玻璃锥筒的平面与立体的交错对比，红色的方筒、黄色的圆筒、蓝色的金属板屋盖的三种原色的强烈对比，使该建筑既有鲜明突出的建筑个性，又与周围的建筑环境充分协调。

　　屋盖下的树状斜撑体系具有现代建筑气魄，双曲面的网架屋盖外饰蓝灰色铝板，虽为结构构件，但其造型却具有强烈的雕塑感，有刚有柔，有放有收，形态极为舒展。

首都机场航站楼

建筑面积	10138 ㎡、58000 ㎡、326000 ㎡、900000 ㎡
竣工时间	1958 年、1980 年、1999 年、2008 年
设计人员	许介仁　刘国昭　马国馨　等
设计机构	中国建筑设计研究院有限公司 北京市建筑设计研究院有限公司

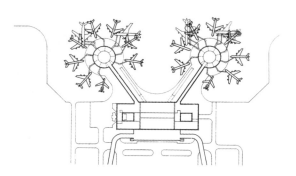

首都机场航站楼最早于1955年开始建设，1958年正式投入使用，航站楼建筑面积仅为10138 ㎡，每小时可以接待旅客230人，现为中国国际航空公司办公楼。 航站楼主体中部为瞭望塔，两翼逐步展开。停机坪一面设有高大的窗户，便于人们在室内观望飞机活动，两侧设有旅客出入口。

首都机场T1航站楼于1980年建成，建筑面积58000 ㎡。航站楼由主楼、卫星厅和输送廊道组成。主楼平面呈矩形，分为中央及东西两翼，首层中央为进港旅客大厅2层为出港大厅，3层为迎送客休息廊。西翼首层为贵宾用大、中、小休息厅，2层为民航办公区及代表团休息厅，3层为旅客餐厅，地下室为厨房、通风机房和仓库。主楼的东北和西北各有一座外径50 m的卫星厅，每个卫星厅有8个登机门位和休息厅及服务设施。主楼与卫星厅间各

设一条长100 m的输送廊道，廊道内安装有双向自动步道，供旅客进出港使用。

航站楼在建筑造型及内外装修设计上，既体现现代化的建筑功能，又重点采用一些民族传统形式的纹样，外墙面为蛋清色面砖缀以折面几何图案，孔雀蓝釉面陶瓷板檐头额枋配以白色水刷石柱，色调明朗轻快。进出港大厅和过境餐厅分别以淡雅的色调、温暖的气氛和不同形式的沥粉彩画天花装饰。过境餐厅墙面是取材于哪吒闹海和巴山蜀水的大型重彩壁画，整个餐厅富有中国民族文化的特点。该工程曾入选北京市20世纪80年代"十大建筑"。

首都机场T2航站楼于1999年建成，航站楼地下1层，地上3层，其中2层为出港层，分国内干线和国际航线两部分，共36个固定机位，8个远机位。进港旅客经3层进港廊道到1层行李提取厅和进港大厅。在隔离区和公

共区，设置了为旅客服务的餐厅、商业服务设施等，与原一号航站楼及新建停车楼之间均有通道相连。

建筑以匀称流畅的曲线形金属屋面与采光天窗有机融合，配以虚实相间的弧形金属墙，形成富有时代特点和交通建筑特色的外观。入口处波浪形的雨篷使入口愈发突出。室内设计力求朴素、明朗、简洁，富有时代气息。主要大厅采用花岗石地面，铝合金复合金属墙面，吊顶除金属方板、条板外，还有浮云式曲线板。候机厅与进港通廊空间流畅并且高低变化，再加上结构外露以及新技术、新材料、新工艺的运用，给人深刻印象。

首都机场 T3 航站楼于 2008 年竣工，是同类建筑的经典之作，体现了当今枢纽机场航站楼发展中最先进的理念。T3 航站楼设计成两个首尾相对的"人"字形，整个航站楼被一个具有空气动力学流线外形的屋面所覆盖。屋面和外幕墙分别采用了超大尺寸金属屋面板、立柱隐藏式外幕墙等新技术。为满足使用功能，T3 航站楼采用了高速行李处理系统、旅客捷运系统及强大的信息处理系统。T3 航站楼拥有 58 个登机门、72 个近机位，可停靠世界上最大的飞机。T3 航站楼将停车楼安排在地下，停车区上方是轻轨车站，其与大面积的屋顶绿化构成独具特色的环境景观。T3 航站楼强调以人为本和生态节能，通过诗意与理性并存的设计手法构建了一个面向未来的世界级枢纽机场航站楼。

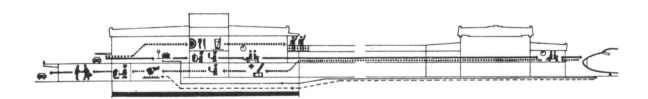

菊儿胡同

建筑面积	14840 ㎡
竣工时间	1992 年
设计人员	吴良镛
设计机构	清华大学建筑学院

北京菊儿胡同新四合院位于北京市东城区交道口地区，该项目第一、二期工程建成于1992年，总建筑面积14840㎡。项目设计参照老北京四合院的格局，但又充分吸取了公寓住宅楼每家独门独户所具备的私密性优点。小楼单元的配置充分利用向阳的北房，第1层每户有1个小院，2、3层楼部分单元除有阳台外，还有6～22㎡的楼顶平台，整体布局错落有致。

该住宅采用了具有典型民族风格和历史传统的建筑符号及构件以及和谐的院落组织，同时也留下了优秀的历史文脉和多彩的文化内涵，使得居住环境有了新的生活气息。登上屋顶平台，可以远眺北京的景山、白塔、钟鼓楼以及城里的美好环境。

北京菊儿胡同新四合院创造性地探索了一种老城市中解决居住问题的方法和途径，同时也在旧城改造中如何保护传统文化风貌问题上有了新的突破。菊儿胡同新四合院是北京旧城改造的一次成功实验。北京菊儿胡同新四合院曾获1992年亚洲建筑师协会优秀建筑设计金奖，1993年联合国世界人居（住宅）奖。

陕西历史博物馆

占地面积	693000 ㎡
建筑面积	55600 ㎡
竣工时间	1991 年
设计人员	张锦秋
设计机构	中国建筑西北设计研究院有限公司

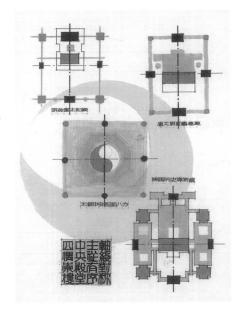

陕西历史博物馆是国家"七五"计划的重点建设项目，是我国 20 世纪 80 年代首座在设计上突破了传统博物馆模式而兼具研究、科普、会议、购物、餐饮、休息等文化活动中心综合功能的现代化大型国家级博物馆。考虑到陕西历史上鼎盛时期为唐代，而盛唐建筑博大、恢宏、开放的气质与我们中国当代的时代精神一脉相通，这组现代建筑融入了浓郁的唐风。设计在"象征"上反复研究，最后决定在建筑艺术上借鉴"轴线对称、主从有序、中央殿堂、四隅崇楼"的章法，概括出中国古代宫殿的空间布局和造型特征，用以象征历史文化的殿堂。建筑风格上，将唐风与现代建筑的结构、材料、色彩、手法相结合，塑造出一组唐风浓郁而又简洁明快、具有时代气息的城市标志性建筑，成为陕西悠久历史和灿烂文化的象征。

为了突出中国传统空间，在总体中设计了一系列院落，最精彩的是入口的庭院。尽管博物馆序厅采用了重檐庑殿顶的最高形式，但如果直接面向广场和街道，既不雄伟，也没有群体的感觉，更没有意境。建筑师巧妙设置一个前庭，先进一个院子再进主楼。小中见大，渐次展开，移天缩地，让参观者更能体会到空间的序列。

建筑的色彩极为典雅，像一幅淡雅的山水画。材料选择适度简朴，毫无矫揉造作之感，建筑细部精致、尺度合理，绿化小品配置得当，几乎是一个完美的设计。尤为感动的是围墙设计也精益求精，尺度、细部工艺都完美无缺，现在看来都难以超越。陕西历史博物馆作为西安的一个地标，将永远铭刻在几代人的记忆中，成为西安新的遗产。

黄龙饭店

建筑面积	40000 ㎡
竣工时间	1986 年
设计人员	程泰宁　胡岩良　徐东平
设计机构	中国建筑西北设计研究院有限公司
合作设计	许李严建筑事务有限公司
	柏诚（亚洲）有限公司
	杭州园林设计院股份有限公司

在西湖风景区与城市的接合部建造 40000 ㎡的宾馆，如何处理好建筑与环境的关系，无疑是设计时考虑的重点问题，而一个大型四星级宾馆复杂的功能要求，也不能有丝毫忽视，这两个问题交织在一起，成为设计中的主要矛盾，也是方案构思的契机。

方案摆脱了一般大中型宾馆的设计模式，借鉴中国绘画的"留白"，采用构成的方法，将 580 间客房分解成 3 组 6 个单元，并在统一的柱网网格上加以组合，形成一个既便于施工、又符合现代化酒店规范管理要求的平面框架。同时，通过单元间的"留白"，避免了采用其他方案可能出现的"大墙"，从而使自然环境和城市空间得到完全的渗透和融合。

设计中，在注意形态塑造的同时，更重视意境和氛围的表达。顾客在华灯初上时分进入大堂，透过若隐若现的庭院和水面看到灯火辉煌的餐厅，宛如欣赏一幅立体而有现代气息的"夜宴图"长卷。人们的视线穿过塔楼间的空间看到细雨中的宝石山色时，可以体验到传统水墨画的韵致。无形形态的营造强化了建筑空间的艺术魅力，也提高了建筑物的欣赏层次。

北京航空航天大学东南区教学科研楼

占地面积	64308 ㎡
建筑面积	226500 ㎡
竣工时间	2006 年
设计人员	叶依谦　等
设计机构	北京市建筑设计研究院有限公司

本工程位于北京航空航天大学东南区，东临学院路，北临飞云路（校园南路），西临长虹路（科技园路）。

本工程属于教学区的一部分，建筑造型设计以规整的几何形体构成连续、简洁的外轮廓线，整合校园周边的空间关系，并与城市干道形成尺度上的呼应。

本工程规模庞大，设计中运用了周边院落式的布局方案，使建筑在水平方向充分延展，形成了中国传统建筑的空间韵味，非常人性化的空间意象。在立面肌理的刻画上，遵循"形式源于功能"的原则，以最直接、最真实的表现手法反映建筑的内容。

在景观设计中，对建筑的外部环境与内部庭院采取了截然不同的设计手法：建筑外部以几何化的绿化、铺装、水池、景观小品为主要元素，塑造出理性化、城市化的景观风格，以此作为建筑与校园环境、城市环境对话的平台；内部庭院则采用了极为自然的景观设计手法，茂密的树林，地势自然起伏的草地以及木质的平台、飞桥构成了内向、安静、质朴并富有生命力的场所空间。

在生态设计方面也进行了一些积极的尝试：在每个主塔和副塔内均设置室外中庭，形成良好的采光、通风条件；在每个室外中庭底层的侧面，均设置了半室外、两层通高的"内庭"，并在其朝向室外一侧安装了可手动调节的控风百叶系统。实践证明，通过这些措施可以保证中庭内热压对流的有效形成。此外，建筑还采用了雨水回收利用、太阳能利用、热回收利用等多种生态节能设计方法。

Cities

–

城市篇

建筑与城市的关系密切，建筑文化从本质上讲是城市文化，对建筑师来说，城市既是他们的居住地，也是他们创作的场所，所以城市的形态主要是由建筑营造的。由于从功能城市到文化城市的发展，尽管建筑与城市关联性极强，但一个城市的规模与发展并不总能直接体现其文化维度，如有的城市规模大，但其文化重要性并不高，所以其发展潜力巨大。改革开放40年，中国城市的建筑形式在不断发展，其中有规划变迁，但更多的是与环境共生的现当代建筑形式的丰富，特别是不少城市中迭起的"新城"。科技与文化、历史与人文诸方面确给城市现状与未来以新考验。本篇七个城市均采用建筑学人的视角进行审视，城市变迁的书写也颇具特点。

Architecture is in a close relationship with cities. Architectural culture is essentially urban culture. For architects, cities are where they live and create. In this sense, cityscape is primarily shaped by architecture. It is worth noting that due to the evolution from functional cities to cultural cities, though architecture and cities are directly associated, the scale and development of a city cannot always directly reflect its cultural dimensions. There are cities that are large in scale but lack cultural significance; hence they have tremendous potential in development. The four decades of reform and opening up have seen constant changes of architectural form in Chinese cities; some of them have resulted from urban planning, but more have been determined by the diversification in form of contemporary architecture that are parts of the urban environment, particularly by those buildings springing up in the "new towns" of quite a few cities. Cities indeed face new tests in aspects such as technology, culture and history both at present and in the future.

上海

城市变迁和建筑变容的四十年

/ 张松

与众多历史悠久的文化名城相比，上海的城市历史并不长。正如《民国上海市通志稿》中所描述的，在成为华亭县所属上海镇之前，上海仅是"一个寂寞的渔村而已"。元代至元二十九年（1292 年），上海镇由华亭县划出设立上海县，标志着上海建城之始。而上海成为近代化大都市的发展之路，则是由 1843 年对外开埠通商开始，在不到 100 年的时间里成为中国重要的工业中心和港口贸易城市，成就了其近代城市迅猛发展的传奇。1949 年之后，城市发展进入了一段迷茫期，直至改革开放后的 20 世纪 80 年代，上海才重新走上城市振兴之路。

有人说，改革开放的中国，前半段看深圳，后半段看上海，是有一定的道理的。笔者于 1997 年从日本东京回到上海，正好目睹了这下半场城市发展演变的精彩时段。在此我结合自身的感受和认识，谈谈改革开放进程中上海城市发展特征、历史风貌保护探索和海派建筑文化特色。

一、城市发展格局与空间结构演变

上海史研究专家熊月之和周武先生在《上海：一座现代化都市的编年史》中认为，改革开放以后，上海的发展模式也很独特。浦东开发开放，浦东、浦西两翼齐飞，经济结构大调整，生产力布局大调整，产业结构大调整，城市景观大变化，百万居民大动迁，百万职工再转岗，百万人口大流动，一切都史无前例，一切又都井井有条。我想对于整个上海城市 40 年发展格局和空间形态结构演变的历程揭示，可能需要一部巨著来分析研究，这里仅从城市总体规划文本比较分析中来发现一些有意义的线索，包括城市发展的观念变化和发展战略重点的转移。

至今，经国务院批复的上海城市总体规划有三版，而且都发生在改革开放 40 年间，这三版总规是 1986 年批复的《上海市城市总体规划方案》、2001 年批复的《上海市城市总体规划（1999—2020 年）》和 2017 年批复的《上海市城市总体规划（2017—2035 年）》。

1986 年版总规明确："上海是我国最重要的工业基地之一，最大的港口和重要的经济、科技、贸易、金融、信息、文化中心""太平洋西岸最大的经济贸易中心之一"。城市建设发展的远期目标是"把上海建设成为经济繁荣、科技先进、文化发达、布局合理、交通便捷、信息灵敏、环境整洁的社会主义现代化城市，在我国社会主义现代化建设中发挥'重要基地'和'开路先锋'作用"。

2001 年版总规确立了"把上海市建设成为经济繁荣、社会文明、环境优美的国际大都市，国际经济、金融、贸易、航运中心之一"的远期目标，即四个中心。

2017 年版总规中，把上海城市性质确定为"长江三角洲世界级城市群的核心城市，国际经济、金融、贸易、航运、科技创新中心和文化大都市"（增加了科技创新中心）。愿景为，"2035 年基本建成卓越的全球城市，令人向往的创新之城、人文之城、生态之城，具有世界影响力的社会主义现代化国际大都市。"

毫无疑问，对城市社会经济结构和空间形态带来巨大变化的重要事件是浦东开发开放。众所周知，作为国家战略的浦东开发开放是由邓小平同志提出的，对于上海的改革开放而言是最为重要的举措，也是城市发展过程中的里程碑事件。事实上，在 1986 版总规批复文件中国务院就提出了"当前，特别要注意有计划地建设和改造浦东地区。要尽快修建黄浦江大桥及隧道等工程，在浦东发展金融、贸易、科技、文教和商业服务设施，建设新居住区，使浦东地区成为现代化新区"的要求。但与 1990 年 4 月 18 日党中央、国务院正式宣布开发开放浦东的宏伟计划相比，1986 版总规在战略布局上还是有很大的差别。

由于改革滞后，上海经济总量在1978年到1990年间的年均增幅低于全国平均水平，城市生活水平提高缓慢，居民住房紧张、城市交通拥挤等城市问题突出。浦东的高速度开发建设，不仅建成了以陆家嘴地区为代表的新的金融贸易中心，而且带动了整个城市的快速发展、基础设施建设、城市面貌变化，再次创造了城市发展的奇迹。（图1、图2）

浦东的开发建设，在空间形态上重塑了上海城市结构和整体格局关系。浦东陆家嘴地区作为新的城市中心，奠定了上海城市多中心结构和跨江发展格局形态，成为中国参与全球化经济竞争和发展的重要基地。城市形态往往决定了城市景观和空间形式，它代表着一个城市的成长与演变，也代表着该城市的地理与空间特色。从这层意义看，浦东的开发建设重新塑造了一个新的上海城市形象。

二、历史风貌保护与旧城改造更新

1986年12月，国务院公布上海等38个城市为第二批国家历史文化名城。1988年，在建设部、文化部《关于重点调查、保护优秀近代建筑物的通知》指导下，上海市对优秀近代建筑和著名建筑师代表作品进行了重点调研。1989年9月，上海市人民政府正式公布了第一批共59处优秀近代建筑（1993年7月增补至61处），并将其列为上海市级文物保护单位进行保护管理。1991年12月，上海市人民政府正式颁布《上海市优秀近代建筑保护管理办法》，2002年7月，上海市人大通过了《上海市历史文化风貌区和优秀历史建筑保护条例》（2003年1月1日施行）。2003年10月，在上海市召开的城市规划工作会议上，市委市政府提出要树立"开发新建是发展，保护改造也是发展"繁荣新观念，明确了"建立最严格的保护制度"的指导思想。

2015年8月，上海市政府公布第五批优秀历史建筑后，上海市优秀历史建筑总数达到1058处（共3075幢）。44片历史文化风貌区被划定，占地面积41 km²，同时还划定了397条风貌保护道路（街巷），包括位于中心城历史文化风貌区内的144条风貌保护道路（街巷），郊区风貌区内的230条风貌保护道路（街巷），2015年在历史文化风貌区外新增的23条风貌保护道路（街巷）。此外，还确定了79条风貌保护河道。2016年1月公布了第一批119处风貌保护街坊，2017年9月公布了第二批131处风貌保护街坊，风貌保护街坊合

图1 1990年的浦东陆家嘴

图2 如今的浦东陆家嘴

图3 衡山路—复兴路历史文化风貌区规划图

计250处。（图3）

与北京等古老的历史文化名城相比，上海可能是一种非典型的文化名城。在1986年评定名城之时，在北京开会时就有不少老先生对上海、天津等近代城市列为国家历史文化名城提出了异议，后经过名城保护专家郑孝燮先生从红色文化和革命意义的角度据理力争，上海才得以成功列入第二批名单，当然，天津、武汉等城市也得以一并列入。遗憾的是，在列为国家历史文化名城后不久，上海就进入到20世纪90年代城市大开发阶段，不知是有意还是无意，名城这个概念似乎被人们所淡忘了。譬如，虽说早在1991年3月，上海市人民政府批

准嘉定镇、松江镇、南翔镇、朱家角镇为第一批市级历史文化名镇，但并没有制定相应保护法规和实施保护规划，至今在历史文化名镇名村保护方面，与江苏和浙江两省的保护实践相比依然存在着较大差距。（图4）

20世纪90年代的中国，城市经济迅猛发展，城市化速度急剧加快，城市开发建设进入规模空前的新阶段。在上海，这一时期的名城保护与旧区改造正处于胶着状态，历史文化名城保护面临的问题也更加严峻，这其中土地财政带来的威胁最大。1988年8月8日，上海虹桥开发区26号地块有偿出让的国际招投标开标，日本华侨商人获得了该地块50年的土地使用权。此事成为新中国历史上第一次对国有土地使用权批租，也是土地使用制度改革试点取得成功的重要标志。

1992年邓小平视察南方并发表重要讲话之后，上海市通过简政放权，发挥市和区县两级政府的积极性，为带动浦东新区开发和旧区改造，在各区县加快了推进土地批租的步伐。一方面，土地批租带来的旧区快速改造，解决了城市住房、交通的问题；另一方面，区县政府过度依赖土地财政，对旧城普遍实行的"大拆大建"旧改模式，也对城市历史文脉和风貌景观带来较大的破坏。旧城改造带给地方政府和开发商巨大的土地经济效益，引发相关利益团体的"寻租"行为，往往忽略城市外部环境的不经济问题，包括无视社会结构网络和居民的认同感，对旧城历史环境和人文环境的彻底摧毁。

城市经济的快速增长较多地依托了土地的经济效益和规模扩张效应。20世纪90年代中期以来，上海城区用地规模的迅速扩展，呈现出超常规的增长态势，城市建成区规模快速增长。在城市扩张的同时，中心城区的建筑容量也在快速增加，高层建筑总数已经跃居全球城市前列，城市建设用地已经触及"天花板"。显然，这种不顾城市生态环境效益和社会和谐美好的"推土机式"的旧改模式必须进行改革。

在这样的背景下，20世纪90年代初编制完成的《上海历史文化名城保护规划》被束之高阁。该规划中制定了文物保护单位与优秀近代建筑保护要求，在中心城区划定了外滩、旧城厢、思南路等11个历史文化风貌保护区，确定了保护范围、建筑控制地带和环境协调区以及保护重点等内容，由于保护规划未经批准，在现实中并不能发挥控制和引导作用。

进入21世纪以来，在历史风貌保护实践上终于有了一些积极的探索，其中包括新天地、田子坊等里弄建筑保护利用和更新改造。2000年前后，由规划局组织开展了市区工业遗产调查，部分重要项目经过专家评审

通过后列入第三批优秀近代建筑名单。以苏州河沿岸的艺术仓库保护再利用为先导的工业遗产活化利用成为一种时尚追求。在2010上海世博会会址以及配套进行的浦江两岸综合开发计划中，工业遗产保护利用、滨水地区更新改造也成为其中的靓丽风景。世博会结束之后，市政府继续推进长度为40 km浦江岸线贯通工程，并于2017年年底实现了全线基本贯通。（图5、图6）

上海的工业遗产保护实践证明，城市的产业转型发展和滨水地区更新提升并不意味着彻底抛弃老旧建筑等历史文化资源、一切推到重来。城市滨水地区的再开发

图4 中共一大会址（国保单位）

图5 杨浦滨江贯通示范段

图6 工业遗产改建为艺术展示空间

应当同地区的文化复兴有机结合。在今后的"一江一河"卓越全球城市岸线规划建设中，应当探索低碳、生态、人与自然、历史与未来和谐共生的环境营造。

1978 年 3 月，在北京召开的第三次全国城市工作会议制定了《关于加强城市建设工作的意见》，在此之后上海开始了 1986 年版总体规划的编制工作，而且制定了比今天的总规似乎更具多元性和包容性的发展目标。

时隔 30 年之久，2015 年 12 月中央城市工作会议再次召开，会议强调必须认识、尊重、顺应城市发展规律，端正城市发展指导思想。2016 年 6 月，上海市召开贯彻中央城市工作会议精神推进大会，时任市委书记韩正指出："文化是城市振兴发展的本质性力量，文化传承与创新是城市魅力之关键，城市是文化繁荣的主要载体和重要策源地""要加强历史建筑和文化风貌保护……要从保护建筑走向保护风貌，传承好城市历史文脉。"

而上海新一轮总体规划，在国务院正式批复后的最新版本中，城市性质和地位更改为："上海是我国的直辖市之一，长江三角洲世界级城市群的核心城市，国际经济、金融、贸易、航运、科技创新中心和文化大都市，国家历史文化名城，并将建设成为卓越的全球城市、具有世界影响力的社会主义现代化国际大都市。"最后终于增加了"国家历史文化名城"这一称号。

三、海派文化形成与建筑风格变容

在城市文化方面，早在 20 世纪 30 年代上海业已成为远东地区稳固的文化中心。作为国际性的大都市，上海是西方文化输入的中心，国内新闻、出版、电影等原创性文化的发祥地。20 世纪 80 年代，在推动经济发展振兴的同时便开始了文化中心的再造工程，以期找回在 1949 年之后丢失的文化重镇地位。"一流城市一流经济，一流城市一流文化"，20 世纪 80 年代中期上海市就制定了《上海文化发展战略汇报提纲》。在 1986 年版总规编制的指导思想中，其中一条即为："上海经济发展战略和文化发展战略是城市总体规划的依据，而城市总体规划又为经济发展战略和文化发展战略的实施创造条件，三者相辅相成，使城市建设与经济、科技、文化和社会的发展密切结合起来"。反映出当年对城市文化发展的高度重视。

上海开埠 170 余年来，在东西文化碰撞中所形成的历史建筑，特别是集中反映上海近代史，融合东西方文化特色的历史文化风貌，构成了上海特有的城市风貌。

图 7 外滩历史建筑群（国保单位）

图 8 外滩历史文化风貌区（局部）

被人们称为"万国建筑博览会"的外滩建筑群，曾经也面临不同看法和评论，而在 1996 年被国务院公布为第四批全国重点文物保护单位。（图 7、图 8）

意大利艺术史学者朱利奥·卡洛·阿尔甘等人认为：几乎我们使用的所有那些指明时期或风格的词汇，都源自最初的一种贬义的态度。"哥特"意为"野蛮的"，由此表明了一种在拉丁世界指引文明前进的肤浅艺术。"巴洛克"在今天仍然被用来指代某些过度的和虚假的事物。"洛可可"一词诞生于 18 世纪末，用来羞辱巴洛克晚期艺术的滥用。更不用提那些更为接近我们这一时代的流派了，如"印象派"和"立体主义"等。民国

图 9 松江方塔园

图 10 改建后的华东电力大楼

期间京派、海派之争，成为"海派文化"概念的肇始。如今"海派文化"已成为正面表述上海城市文化精神的关键词。

著名建筑理论家罗小未先生对上海的海派建筑风格和文化特征有过深入的研究，她认为"风格并不等于建筑形式，而是比形式更有深度的建筑创作作风与制作性格。建筑作为一种人为的产品，是人为了自己的生存和生活而创造的环境，它的风格必然渗透着当时、当地的文化特征"。上海海派建筑风格的主要特征为"从实际出发，精打细算，不求气派，讲求实惠，形式自由，敢于创新，潇洒开朗，朴实无华，精心设计，认真施工，并表现了对环境与生活的理解和尊重"。

20 世纪 80 年代初，本人在本科实习期间第一次来上海参观学习，在老师的带领下参观了曹杨新村、蕃瓜弄（"滚地龙"改造）住宅小区、漕溪北路高层住宅群、8 万人体育场等改革开放前建成的代表性建筑，那时就已经充分地感受到海派建筑的这些个性和特征。可以说，新中国以后形成的上海现代建筑风格是今天海派建筑文化的滥觞。

同京派风格、岭南派建筑风格一样，20 世纪 80 年代的海派建筑风格似乎表现得特别明显和自信，在经济、技术和材料都很有限的条件下，我国的建筑师开展了卓有成效的建筑设计实践和探索。那时候还没有外来建筑大师主导我们的设计市场，自然也没有像前些年那样盲目崇拜或迷信西方建筑大师的现象。

同济大学教授冯纪忠先生主持完成方塔园，以现代设计手法将历史遗存和现代建筑组织起来，创造出"与古为新"的文化景观和流动的意境空间，成为既留存文化古迹韵味，又具时代风格的杰作。整个园林古今共生，呈现典雅、朴实的风貌，其中的竹构茶室建筑"何陋轩"，更是与周边环境交映成趣、浑然一体。（图 9）

1985 年竣工的联谊大厦和 1988 年竣工的华东电力大楼，是 20 世纪 80 年代上海建成的高度超过 100 m 的高层建筑，也是位于外滩历史地区的新建筑，建成之初的确也引起了不小的争议。特别是在南京东路上的华东电力大楼，由于电业调度功能需要高耸的塔楼，年轻建筑师罗新扬为了让新建筑与历史环境相协调，在外形和色彩上保留一些古典的痕迹，但并没模仿周边老建筑的造型，而是更多地采用了反映时代特征的构件和片段形式，曾被市民称为"怪楼"。

后来该建筑获得了中国建筑学会"建筑创作大奖"。这座具有 20 世纪 80 年代海派建筑风格的优秀设计作品也证明了年轻建筑师的创作眼光和自信。2015 年，华东电力大楼因功能转变为艾迪逊（EDITION）酒店需要进行改建，在曝光出来的设计方案中，有过装修形成所谓"Art—Deco"风格的造型构思，让新老建筑师们大跌眼镜，后得益于专家呼吁和媒体曝光，最终改建采取了保留主体建筑外观特征的设计方案。（图 10）

看来，在经济全球化、城市化的进程中，在经历了如梦如幻的、大规模的更新改造以后，城市是否还能保留能够让市民识别的身份（identity）也成为问题。"十五"期间，上海还出现过所谓借助"外脑"设计建设"万国城镇"的城镇风貌"探索"。一城九镇，本是上海为努力构筑特大型国际经济中心城市的城镇体系而制定的发展规划。由于德国城镇、北欧风貌等形而上的理想蓝图令人不可理解而引起争议，当然由于专业人士的共同努力并未发生太大的失误，但该事件至少反映出当年对城市建筑文化方面认知上的缺陷。。

四、迈向卓越全球城市的未来挑战

哈佛大学经济学教授爱德华·格莱泽在其力作《城市的胜利》中指出："城市已经取得了胜利。但是，正如我们许多人通过自身的经验所看到的一样，城市的道路有时会通向地狱。城市可能会获胜，但居住在城市里的市民似乎往往会遭遇失败。""我们如何更好地吸取城市带给我们的教训将决定我们的城市人群能否在一个可以称之为新的城市黄金时代里实现繁荣发展。"

上海市新一轮总体规划是十九大后国务院批复的第一个规划期至 2035 年的城市总体规划，为上海市城市发展及规划、建设和管理工作指明了方向，高质量发展和高品质生活是总体规划实施的根本落脚点。

2018 年 11 月，中共中央国务院发布了《关于建立更加有效的区域协调发展新机制的意见》，其中要求"依托长江黄金水道，推动长江上中下游地区协调发展和沿江地区高质量发展"，"以上海为中心引领长三角城市群发展，带动长江经济带发展"，上海在继续发挥"重要基地"和"开路先锋"作用的同时，在创新发展过程中如何规划建设宜居城市？在存量规划、有机更新实践中，如何全面提升人居环境品质？将成为建设令人向往的卓越全球城市的重要挑战。

上海，上海。上，代表着向上、上升的城市意象；海，海阔天空，海纳百川，反映出城市文化的包容性和多样性。

过去人们常说上海是一个滩，大概是说上海同奔流不息的黄浦江一样，永远都在变化之中吧。在不断发展变化的过程中，如何保持其独特的魅力和文化色彩，自然也是不应忽视的重要课题。简单而言，上海城市的颜色，可以用"红黄蓝"三原色来表示：红色文化，革命之城；国家中心，经济重地；滨海都会，生态之城。通过这三原色的组合与变化，期待能够出现更加丰富、多彩、美好的生活世界。

参考文献

[1] 熊月之，周武.上海：一座现代化都市的编年史 [M]. 上海：上海书店出版社，2007.

[2] 朱利奥·卡洛·阿尔甘，毛里齐奥·法焦洛.艺术史向导 [M]. 陈哩尔，译.南京：南京大学出版社，2018.

[3] 罗小未.上海建筑风格与上海文化 [J].建筑学报，1989，（10）：7-13.

[4] 张松.城市之变：北京、上海、广州三城阅读杂记 [J].时代建筑，2002（3）：34-37.

[5] 张松.转型发展格局中的城市复兴规划探讨 [J].上海城市规划，2013（1）：5-12.

张松：同济大学城市规划系教授

天津

一座古老又年轻的城

/ 路红　王月

问渠那得清如许？为有源头活水来。

改革开放 40 年，一座城市的传承变迁，两代建筑规划师的体味感悟。看天津，展开一幅历史、现代和未来传承的画卷。

一、天津城市建筑遗产的底蕴

天津，地处京杭大运河的北端，濒临渤海，"地当九河津要，路通七省舟车"，是中国北方最大的沿海开放城市，也是建筑遗产丰厚的中国历史文化名城。

远在旧石器时代，我们的祖先就在这片土地上劳动和生息了。春秋战国时期开始，天津地区逐渐得到开发。秦汉以后，随着漕运和滨海盐业的发展，渔阳、雍州、蓟州等城市聚落开始出现。唐代的军粮城，金代的直沽寨，元代的海津镇，明代的天津卫，清代的天津府，随着历史的变迁，天津城市逐渐发展，形成了以天津老城厢为基本构架的拱卫北京的畿辅名城。1840 年后的近代百年，天津在遭受帝国主义列强的欺凌中，不断抗争、奋斗。天津是近代中国的缩影，这里曾是中国人民反抗外来侵略的主战场，中国共产党领导北方白区革命斗争

五大道

玉皇阁

静园

法国公议局

的重要中心，也是中国民族工业、现代教育启航之地，作为城市近代化的发源地之一，是促进中西文化交流的重要窗口。

历史的长河，披沙沥金。天津在不断发展的历史进程中，保留了一大批美不胜收的历史文化街区和历史风貌建筑，存储了一大段弥足珍贵的城市记忆和文化乡愁。这些街区和建筑，凝固了天津城市沧桑巨变的历史，反映了"南北交融，中西荟萃"的多元文化，显示了独一无二的城市魅力！在建筑遗产的保护过程中，我们对过去的时光进行回溯和拥抱：独乐寺的雄姿，依稀看到盛唐遗风；天后宫的飞檐，悠然回荡明清余韵；一座南开，走出共和国两位总理；北洋大学，开启了中国近代教育史的篇章；饮冰室的灯光，映出了一代思想巨匠梁启超的身影，回荡着"少年强，中国强"的声音！静园不静，西班牙民居形式的屋顶下，20世纪30年代的风云翻涌，中国的末代皇帝在此挣扎沉沦；解放北路，昔日的"东方华尔街"，最盛时有近百家银行、洋行在此经营，每天在这里流动着当时全中国1/3的资金；读五大道，体会百年前规划理念和今天生活的握手。在时光的隧道里，这些建筑遗产为我们打开了一扇扇奇妙的门，使我们看到了不同时代的建筑宝藏和人文历史，看到了它们的前世今生和对今天的无尽启迪。这些记忆和乡愁，从三岔河口旁的天子渡口出发，顺海河而下，与两岸保留的历史风貌建筑对话，不断叩问六百余年来的城市发展和先人们的生活，对今天、对未来留下无尽的启迪。

这份沉甸甸的遗产，积淀了丰厚的文化，是天津作为国家级历史文化名城的重要载体，是历史留给天津的一份宝贵财富，更是现在乃至今后天津城市建设的独特资源。历届天津市委、市政府，高度重视历史文化名城和历史风貌建筑的保护。20世纪80年代初，在修复唐山大地震后的危损房屋时，市政府就启动了五大道等历史文化街区的保护。20世纪90年代出台了五大道地区保护管理规定，并持续开展了街区和建筑的整修工作。2005年《天津市历史风貌建筑保护条例》的实施，将建筑遗产的保护推进到一个新的阶段。

二、改革开放40年以来的天津城市建筑新貌

改革开放40年，天津城市建设走过了不平凡的发展道路，既有为解决历史欠账而大批量建设的住宅和居住区、城市基础设施建设，也有一批城市地标建筑出现，如文化设施、体育馆、高层建筑等大体量的建筑新形象。我既是这座城市风貌变迁的亲历者，也是城市生活的参与者，更有幸成为一名城市规划的从业者。

天后宫

盐业银行

中法工商银行

昔日的渔歌唱晚，今日的海河十景。虹桥飞架，华灯初上，灯影阑珊。津门津塔屹立于海河之滨，与沿岸建筑交相辉映，装点着流光溢彩的母亲河。

昔日的天子渡口，今日的三岔河口永乐新桥。跨河建设、桥轮合一的"天津之眼"是世界上唯一一个桥上瞰景的巨型摩天轮，也是天津的新地标。

昔日的"东方华尔街"，今日的解放北路。林荫道旁，百家现代金融机构林立。各式西洋建筑鳞次栉比，置身其中时，会有一种穿越时空的错觉；举目远眺间，极富现代感的高层建筑物又将我们拉回现实，方知今夕何夕。历史与现代的传承融合在这条百年林荫道上，被完美诠释。

昔日的洋楼租界，今日的历史文化街区。天津素有"近代百年看天津"的美誉。20 世纪世界上最先进的花园城市规划理念在 1920 年的"五大道"得以实施，百栋名人故居伫立其间。"一宫花园"马可波罗广场上的角楼建筑中西合璧，特色鲜明。一座座各式风格的小洋楼，历经风雨，诉说春秋。民园体育场的改造、庆王府的修缮、天津市规划展览馆的建设等一系列历史街区

保护更新措施使得它们承担起新的城市职能，激发出新的活力，自信满满地迎接下一个百年。

这些昔日、今日无一不诉说着这座城市的历史与新生。

天津是一座古老的城，它底蕴深厚、包容内敛；

天津是一座年轻的城，它多元共融、传承发展。

改革开放，春风化雨，润物无声。天津的城市建筑风貌 40 年来日益变化，特别是党的十八大以来，天津的基础设施和公共服务设施建设速度之快、质量之高，令人叹为观止。

天津 6 条地铁线路的相继开通和文化中心建设项目正是其中的佼佼者。地铁 2、3 号线的开通使得天津铁路、航空客运实现无缝隙联运；5、6 号线的开通串联起了包含文化中心、水滴体育馆、长虹公园等多个城市节点，津滨轻轨 9 号线成为连接中心城区与滨海新区的重要交通纽带。市民的出行方式正在一点一滴地发生变化，"地铁出行，方便快捷"业已深入人心。相信未来更加低碳、环保、高效、便捷的出行方式将成为出行新常态。

文化中心建设为丰富市民文化生活，提升艺术修养

天津工商学院

石家大院花园

达文氏旧宅

南开学校旧址

原开滦矿务局办公楼

渤海大楼

袁氏宅邸

和审美品位提供了场所。环水而居的大剧院犹如一颗璀璨的明珠，为周围的图书馆、展览馆、博物馆和科技馆等所簇拥，在阳光的映射下，熠熠生辉。穿插其间、功能各异、精心布置的室外活动场地与景致优美、静谧宜人、用心保留的自然生态湿地掩映成趣、相得益彰。正所谓茵茵绿草地，芊芊芦苇荡，天津人的"城市会客厅"。

三、时光里的拥抱——传承、发展、和谐

当前，天津正处在"建设五个现代化天津"的重要关口，习近平总书记2019年1月在天津视察时指出："要爱惜城市历史文化遗产，在保护中发展，在发展中保护。"2017年中共天津市第十一次党代会报告提出："妥善处理昨天今天明天的关系，天地人的关系，把时代风貌与传统元素、历史人文、自然生态紧密结合起来，加强主要功能区块、主要景观、主要建筑物的设计，彰显城市精神、特色风格。"继往开来，新的城市画卷已经徐徐展开；执笔卷前，我们将交给未来怎样的答卷？

一座历史之城！一座现代之城！一座未来之城！

作为建筑遗产保护的亲历者，我们希望城市有传承之美。

要吸收历史经验，首先应做好城市规划的文化传承。70年前，美国著名城市规划学家刘易斯·芒福德就精辟指出"城市是文化的容器，这容器所承载的生活比这容器自身更重要"，"最初城市是神灵的家园，最终成为改造人类的场所"。城市的基本功能不但要解决人的吃喝拉撒睡的生理需求，还应满足人的交往、安全、实现自我的心理需求，要起到文化积累、文化创新和传承文化、育化民众的作用。过去一味强调城市按照功能明确分区，各功能区以汽车为联系工具，汽车不但成为人类生活的重要工具，甚至成为城市的主角，城市被道路、停车场充斥，生态和生活空间减少。而中华民族的传统文化，强调天人合一，这与党的十九大提倡的生态文明建设、人与自然和谐共生的新发展理念是一致的。我们要传承中华文化，以人的全面发展、自然资源的可持续利用为目标，做好城市规划和管理，做好城市建筑的文化传承。在全国六百多个城市、一百余个历史文化名城中，天津的建筑遗产有着独特的历史信息。因此，尊重城市以往的发展印记，保护其在发展过程中的历史文化和遗迹，对身处其中的城市环境进行深入的挖掘和评估，找出其独特的价值，从而加以有效保护，应是我们的首要责任。当我们作为一代人退出历史舞台时，我们参加建设的建筑和城市能给子孙后代留下何种启迪？城市和

《天津历史风貌建筑图志》书影

象：在新的城市里，在老城市拓展的新区里，甚至在老城区里，新的建筑拔地而起，向越来越高的天际伸展其雄伟的身姿和霸气；新的道路四向蔓延，向越来越广的田野播撒汽车的便捷和尾气。"第一高楼""第一宽马路""第一广场"在一些城市不断出现，又不断被新的纪录打破。我们在惊叹建筑和城市的巨变，感受生活的快节奏时，回过头来看看，会发现我们失去了很多，也发现我们在作茧自缚。我们想快速到达目的地，于是修建了越来越宽的道路，50米、100米，甚至150米。大规模的居住区越来越多，并开始了封闭式的小区管理，动辄1万~2万人形成一个居住区，在交通上与城市隔绝，只有几个出入口对外联络，逐渐成为城市中一个个流通不畅的巨型细胞。大量的"城市病"涌现。新时代，我们要建设和谐的人居环境，在城市、建筑、交通和公共设施上，以人为设计尺度，如绣花一般做好城市的精细化设计，体现和谐温馨之美。

传承、发展、和谐，让我们行动起来！

建筑传递的文化是高雅的还是低俗的？留存的文化遗产是财富还是包袱？我们书写的这段历史让子孙自豪还是羞愧？在城市建筑的设计管理中，都应认真思索，负起这份责任。

作为城市发展规划的从业者，我们希望城市有发展之美。

城市犹如一个生机勃勃的生命体，每一个建筑、小区都是其中的一个有机细胞，这个细胞要符合城市机体的生命体征，符合城市的承载力和发展要求。我们需要每一个有机细胞能够保持旺盛的生命力，能够保持与城市的有机联系。因此，在城市建设的规划中，要人性化地解决工作、交通、居住问题，关注每一个有机细胞的生存和发展，关注所有人的全面发展和舒适生活，摒弃过多的巨型细胞——宏大的超人性尺度的建筑、场所、道路；要将人类放到更加宏阔的自然世界中，与自然取得有机的统一，与生态环境有更好的平衡；要将城市放在更加完整的发展链条上，关注与历史文化的对话，关注与未来发展接轨，关注对未来正确传达历史和现在的信息。

作为现代城市生活的参与者，我们希望城市有和谐之美。

在以往的城市建设中，我们会看到一些不和谐的景

路红：天津市规划和自然资源局，正高级建筑师

王月：天津城市建设大学建筑学院讲师，天津大学博士研究生

南京

正创造出独有的现代建筑特色

/ 刘知己　周学鹰

改革开放 40 年来，伴随着我国经济实力的巨大提升，中国建筑界与国外同行们的交流越来越多、日渐频繁。全国各地新建筑层出不穷、屡有佳作。设计单位形式多样，或国外设计单位，或中外设计联合体，或土生土长的建筑设计院所等。

各种建筑新思潮精彩纷呈。比如后现代主义、解构主义、粗野主义、结构主义及乡土主义等众多国内外流派。

但也存在着某些问题，比如广受诟病的千城一面、千镇一面以及马上接踵而来的千村一面等。这些，或许至少说明，目前我国建筑设计事业的发展，与我国已经取得的经济水平以及我国国际地位的巨大提升与影响力之间，存在着某些不相匹配的地方。

就南京地区而言，改革开放以来的 40 年间，涌现了不少具有相当水准的新建筑。南京城内，从曾经名列世界第七大高楼的紫峰大厦，到南京大屠杀遇难同胞纪念馆的二期、三期工程，再到其他一些小型建筑，都取得了一些成绩乃至不凡的成就。

毋庸讳言，亦有某些不尽如人意的地方。若深究其原因，就必须回溯历史，来讨论这个问题，这样的认识才会相对客观、清晰。

一、新中国成立初期至"文革"（1949—1976）：小有波澜后归于沉寂

解放以后，随着我国政治环境的逐步收紧，各种政治运动接踵而来，意识形态逐渐禁锢，国内主流意识对清末肇始、中华民国时期大量出现并被大力提倡的"中国固有式"新建筑（实际是传统建筑与现代建筑融合的探索），秉持批评与全面否定的态度。

从批判梁思成先生的"大屋顶"，到全面学习前苏联，再到新中国成立初期北京建设的十大建筑，有一些

紫峰大厦

紫峰大厦大堂

起色后的不久，又进入了"文化大革命"，一波三折。

客观而言，此一时期，除以十大建筑为代表对建筑设计进行了某些有益的探索以外，应该说总体上打断了我国建筑原有的、有机的发展过程，或可谓是一个粗暴的打断过程。这个令人扼腕的过程，基本上终止了我国传统建筑走向现代的努力，使我们的数代前辈们，在前面积累的一些宝贵的方法、认识与经验，和已有的即将瓜熟蒂落、落地生根的理论等，都未能得到很好的传承。

因此，已有的某些理论认识和具体方法，基本上被全盘否定。先辈们的探索也被迫适应，或者说是比较相对不和谐地进入到另外一种轨道。这个轨道，一方面是全面倒向前苏联；另一方面是在全面倒向前苏联的基础上，进行表现新时代特征的苏式建筑与现代建筑实践结合的一种探索。

现在，我们比较客观地来看新中国成立初期的北京十大建筑，它们在当时情境下我国建筑现代化的探索中，应具有相当的启示作用！但1966—1976年的"文革"十年间，我国各种建设基本处于停滞不前，甚或倒退、崩溃的边缘。高等学校取消高考、教师送往"五七干校"、招生基本停止。不仅表现在建筑实践方面的倒退，高等建筑教育亦停滞不前。

记得我们的启蒙导师熊振先生曾经谈起当时的心路历程。他说："20世纪50年代批判'大屋顶''大跃进'，60年代进入'文革'等，我们当时真是想把原有的头脑中学习到的建筑美学、建筑经济与理论知识等全部清空，变成一片白纸，来迎接新时代的新知识和新要求。"熊振先生还说，在"文革"之前及"文革"期间，如果是一栋3层楼的建筑设计，那都已经是非常大的项目了。据此，可想而知，我们国家在1976年前，即在20世纪60年代到70年代的这十几年期间，我国建筑设计处于一个相对萧条的时期。

二、改革开放以来（1978— ）：争奇斗艳下的外表浮华

我们可以清晰了解到，1978年中国开始的改革开放是建立在什么样的基础之上：无论是对传统建筑的继承，还是对现代建筑的创新等，几乎都呈现出一片空白的荒地！虽然有一些前苏联的经验，但这个经验随着20世纪60年代中苏关系的交恶，遭受到严厉的批判而被彻底否定。再回过头来看，1959年的十大建筑的建成，我们取得了不少体会与认识，经过十年停滞后，这些经验和认识又逐渐变成了一潭死水。也就是在这样贫瘠的基础之上，我们坚定地迈上了改革开放的征途。

南京大屠杀纪念馆

可喜的是，我国20世纪80年代以来的建筑教育、建筑设计的兴起，成功结合了几个主要的方面。

一方面，当然是具备了相应的经济基础。改革开放焕发出国人被压抑了太久的求变、求富的强大欲望，我国社会经济文化迅速发展，逐渐积累起巨大的物质财富。

另一方面，有懂得设计的建筑专业人才。这又包含两方面的内容：一是主要归功于民国时期回国后还健在的一些高水准的建筑师以及新中国成立初期培养的一些基础相对扎实的建筑师，他们重新展开久违了的建筑设计，活跃在实践第一线；二是以他们为代表的老建筑师们，任教于全国各重点高等建筑院校建筑系，培养了大量建筑类人才，尤其是建筑学专业人才。

改革开放后的我国建筑事业便在这些基础上展开。与此同时，随着国家经济逐步走上正轨，经济总量不断提升，建筑事业得到进一步的拓展。

但是，我们也不应回避，建立在此基础上的建筑实践与建筑教育或许有着某些缺陷。虽然，这批建筑师学习期间受过较好、系统的传统建筑学的训练，民国时期又有过宝贵的实践经验，自身修养与能力很强。可惜的是，疏于十多年甚或二三十年的建筑实践，他们的设计思想与社会的需求尤其是对世界新潮流的把握，存在着某些脱节之处。

就高等建筑教育而言，1978年后，全国建筑系都得到了大量拓展，从少数几个老牌高校有建筑系和建筑学专业，到各地方学校迅速创立建筑系、建筑学专业等。

包括我的母校——中国矿业大学，也在1985年正式创立建筑系建筑学专业。其间由于师资跟不上，曾经停招一年，反映了当时建筑教育缺乏师资、人才、设备以及建筑学科的相应积累等。

或许，可以这么说，此时我国的建筑事业是在被伟

大的时代倒逼着往前跑。当时的建筑系毕业生，都能得到良好的工作分配、住房分配等待遇，足以反证国家对建筑人才的迫切需要及对专业人才的巨大需求。以上是改革开放以来，对我国境内建筑实践和教育探索的简单、粗线条回顾。

在我国国内建筑事业蒸蒸向上的同时，也开始大量引进国外设计师的设计理念及其作品，发展国外独立设计、中外合作设计等，紧跟世界建筑设计潮流，积极融入世界建筑界。

此时期，不同国家的世界级优秀建筑大师，在中国各地留下了不少优秀的设计作品，令人印象深刻。毋庸讳言，此过程中，也是泥沙俱下、鱼龙混杂。尤其是进入21世纪以来，随着我国建筑设计市场的全方位开放，巨大的业务量吸引了全世界发达国家建筑师的目光，纷纷来华开展业务。我们国家各地政府投资的重要民生工程项目以及不少著名的私营公司的开发项目等，都投入了巨量的资金，大手笔地引进国外设计理念，甚或形成没有国外设计大师参与的设计方案竞赛，似乎就是代表着思想观念落伍、设计水准低下的"社会风气"。

可惜的是，总体而言，我们的巨大人力、物力与财力的付出与得到的某些廉价回报，似乎并不匹配！尤其是随着时代文化发展、大众学识见识提高、社会整体审美水准进步等，越来越得不到想要的结果，可谓渐行渐远。全面开花、机会多多的国内设计市场，反而成为某些国外设计师争奇斗怪的场所，沦落为他们的试验场。这些就直接导致社会上对改革开放后期，尤其是近些年来的一些建筑设计作品充满争议。

其实这些争议本不该出现。比如，2007年建成运营的国家大剧院，其完整的体量显得巨大，放在天安门广场中轴线西侧合适吗？当时，全国建筑界不少知名专家、教授、院士等发起签名，请求深入论证和修改该方案。

从某种程度而言，这也折射出我国改革开放以来在城市建设方面最大的遗憾，就是除平遥、丽江、苏州等有数的几个历史文化名城以外，其他历史文化名城几乎破坏殆尽！南京亦未能幸免。南京老城自改革开放以来亦未得到良好保护，这是非常令人可惜、遗憾的事情。

三、南京浮光掠影：凝聚共识、任重道远

一直到20世纪90年代初期的南京老城，从新街口往南基本还是保存较好的老城形态，青砖小瓦马头墙的平房建筑，在老城南比比皆是，相关建筑体量与南京老城墙相得益彰。低矮的平房建筑愈发衬托出老城墙的高大、威严，老城墙厚重的石墙也与其围合的、轻盈的平房建筑等传统建筑，共同构成一幅和谐美丽的画面。

这样优美、和谐的画面，在20世纪80年代后、90年代初开始逐步消亡，尤其是进入2006年以后，更是以改造老城的名义被迅速平毁，十分可惜。

特别是2006年6月，在南京市"建设新城南"的大规模旧城房地产开发中，以"改善民生"的名义，受尽劫难幸存下来的南京老城内几个硕果仅存的历史街区，终于走到了生命的尽头。

2006年8月，16位全国知名的专家、学者发出《关于保留南京历史旧城区的紧急呼吁》的呼吁信。10月17日，时任总理温家宝为保护南京历史街区第一次批示，南京的旧城改造问题"可由建设部会同国家文物局、江苏省政府调查处理。法制办要抓紧制订历史文化名城保护条例，争取早日出台"。其间，南京拆迁分秒未停。

由此，在2006年12月，建设部、国家文物局联合举行了专家组会议。会议上，南京市承诺：一定听取专家们的意见，保护老城南，保护住南京的历史建筑，坚决不拆了。实际上，拆迁一直未停，只不过改换名词曰搬迁。

2009年新年伊始，南京市借"保增长、扩内需"之势，启动规模空前的"危改"拆迁。残存的几片历史街区全部被列入"危旧房改造计划"，南捕厅、安品街、门东、教敷巷以及内秦淮河两岸等开始了更大规模的拆迁，门西正在办理拆迁"前期手续"。拆迁全面开花、大举推进。目前，门东老街一期、安品街已平毁，内秦淮河两岸拆毁殆尽；南捕厅、门东、教敷巷正在被拆毁！

2009年4月，南京本地29名专家、学者再次发出《南京历史文化名城保护告急》呼吁书。5月底，时任总理温家宝第二次批示，责令调查处理。

南京老城内秦淮河两岸的新建筑

2009 年 5 月 27 日上午 10 时至下午 1 时，国家文物局时任局长单霁翔在出席《中山纪念建筑》一书首发式的间隙，在南京市领导、相关签名专家等的陪同下，考察南京老城南南捕厅及相邻的安品街历史街区。在南捕厅，单霁翔局长面对陪同的南京市区领导、规划部门人员、围观的市民等，耐心、详细宣讲历史街区的概念、意义、具体保护方法与措施，指出历史街区要整体保护，不仅保护历史建筑、构筑物、古树、古井等，保护原有的空间尺度、肌理等物质文化遗产，还必须保护以原住民为代表的风俗民情、礼仪风尚、思想文化等非物质文化遗产。他坦言此处不是镶牙，"我看是满口假牙！"在步行去安品街历史街区的途中，单霁翔局长踮起脚尖、举起相机，拍摄着高墙围合、已经完全平毁的安品街，险些摔倒。他站在平毁的安品街仓巷现场，问道："这就是你们的'镶牙式'保护，牙在哪儿呢？"实际上，单局长所站的位置，就是安品街文保单位群的废墟。在回去的汽车上，单霁翔局长对南京市陆冰副市长说："陆市长，从我看到的情况来看，不好啊。"这表达出一个历史文化遗产捍卫者的认识、责任、操守与良知！

2009 年 6 月 3 日下午的会议上，时任南京市副市长陆冰明确表态："老城南改造，既然大家争议这么大，那就放慢或者暂停。"

2009 年 6 月 5 日，住房与城乡建设部、国家文物局联合调查组进驻南京。"调查组要求：立即停止甘熙故居周边拆迁工作，拆迁人员撤离现场。同时，由于甘熙故居是国家文保单位，周边建设牵涉到国保单位的保护和建设控制地带，因此周边建设、规划必须经国家文物局同意，并报住房和城乡建设部批准。"

2009 年 7 月 17 日，南京市规划局在南京电视台《政风行风在线》节目中表示："现在按照市领导的要求是坚决停下来。"请听众放心，"肯定是要停下来。"实际上，至今也没有停下来……

南京老城南残存的几个历史街区，是南京历史文化的缩影，其中的历史建筑遗产，承载着厚重的历史信息，具有浓郁的地域特征。

譬如，2007 年 3 月拆毁的黑簪巷 6 号吉干臣故居，是南京云锦机户建筑中仅存的优秀建筑，也是表现南京古城风貌和人文特色的代表。砖石铺地、青砖灰瓦、风火墙高耸，建筑细部做法均有南京特色。不论是作为主要承重结构的大木作梁架，还是装修用的小木作落地格子门、和合窗、隔扇、栏杆、砖雕门楼、砖细等雕刻，精美而不繁复，曲线舒展、落落大方，这种平和、质朴、大气的建筑风格，恰如大家闺秀，既不同于皖南徽派建筑的烦琐、张扬，又不同于苏州建筑的玲珑、书卷气，是南京地域独具的特色，符合南京"大萝卜"的文化个性，在我国传统民居中独树一帜。

当年对于北京市城墙、历史建筑等被毁，梁思成先生曾经说过：50 年以后，历史会证明我是对的。关于南京老城南，我们应当没有当时的主事者幸运，5 年以后恐怕历史就会证明今天的错误！

之所以谈到南京老城南，是因为我们讨论南京地域改革开放以来的建筑本身，就包括单体建筑、群体建筑

南京科技中心

钟训正：《南京科技中心》，牟桑，陈翔主编：《全国高校建筑学学科教师美术作品集》，哈尔滨：黑龙江科学技术出版社，2001 年：第 78 页

南京金陵饭店

从南京电视塔远眺尚在建设中的紫峰大厦

从南京电视塔远眺紫峰大厦、紫金山、玄武湖

从南京电视塔北眺南京老城一角

从中华门城堡北眺南京老城

及其城市建设，均为一体，不可分割。

在上述粗略梳理、回顾的基础上，我们再回过头看改革开放40年来的南京建筑，就会比较清楚地发现：这40年来南京的现代建筑发展之路，基本上类似于全国，是我国大时代背景下的一个地域的小缩影。可以进一步归纳为两方面、三部分内容。

首先，前辈设计师们的坚守。比如，东南大学齐康院士、钟训正院士等，以他们为代表的老一辈建筑师，设计了一批优秀的作品，它们与其所在的城市空间比例协调、创意良好。譬如，钟训正先生设计的南京科技馆，

齐康先生设计的南京雨花台烈士陵园、南京侵华日军南京大屠杀遇难同胞纪念馆等，都很有说服力。

与此同时，我们也似乎看到，能够拿出手，在建筑设计方法、构思上比较有创意，或理论上比较有突破的成果，似乎还可以再多一些。

其次，南京的建筑院校为全国培养了不少的著名建筑师，仅东南大学建筑系走出去的院士就有10位左右，令人振奋。但是，我们也发现，南京本地留下的作品与所培养的建筑人才规模、质量等，却显得不那么匹配。

最后，南京引入的国际建筑设计师的代表性作品的

数量、质量以及这些作品在国内的影响、认可度等，除曾经享誉全国的金陵饭店 、紫峰大厦等少数以外，似乎不少排名均较靠后，启发性不大。尤其是老城南的破坏，更是轰动全国，可谓影响世界。

老城南本可成为吸引游人、体会老城文化以及独特城市形态之处，是原滋原味的明清时期乃至民国之前的城市格局，体现着民国时期作为首都的南京建筑的大气风格。但在已有的建设中，对其缺乏通盘考虑与整体把握，在老城保护、传承、活化和利用等方面，还存在着较大的提升空间。据此，南京的现代建筑之路还较长。

但是，我们有理由相信，凭借南京历史上深厚的文化底蕴及其优秀的历史文化积淀，较发达的高等建筑学教育及其众多杰出的建筑人才储备，只要能够继续秉持开明、开放的环境，拥有完备、有前瞻性的通盘规划、构思与设想，南京就一定能继承已有的地域建筑特色，并有希望创造出属于自身独有的现代建筑特色。

有关此点，我们坚信不疑。

从中华门城堡远眺净地出让的老门东

南京大学标志性建筑：北大楼与"后起之秀"的消防大厦

刘知己：上海合城规划建筑设计有限公司董事长、总监

周学鹰：南京大学历史学院教授、博导

西安

春风得意马蹄疾 一日看尽长安花

/ 赵元超 赵阳

西安位于中国的中部，是中华民族的发源地，这里经历了中华文明从诞生、发展、壮大到辉煌的整个历程，是中国传统建筑文化之根和精神故乡。它还是古代丝绸之路的起点，相当时期内是东西方文化融合的核心地带和文化辐射的中心，境内的秦岭是中国南北方分界线，丰富的自然资源千百年来一直滋养着西安，它充分享受着自然的恩赐，并培育出伟大的东方文化。

40 年对于西安这座千年古都来说可能只是一瞬，但这 40 年是西安城建历史上的又一个高潮。只有 84 km^2 的唐长安，当时已是世界上第一个超过百万人口的城市，如今西安已成为建成区超过 1000 km^2，人口超过一千万人的国家中心城市。

40 年来，西安经济总量从 1978 年的 25 亿元增长到 2018 年的 8300 亿元，人民生活水平正在不断提高，逐渐从物质需求转变为精神需求。西安的城市区域不断扩大，全市土地面积由 2441 km^2 增至约 10752 km^2。

我是一名土生土长的西安人，经历了城市 40 年的巨变。改革开放前，低矮灰暗的街道流动着穿着同样"黑白灰"的人群，如今个性化、自由化的时尚追求，使千年古都焕发着青春的活力，"西安年·最中国"的系列活动使西安成为中国色彩最绚丽、灯火最耀眼的城市。

在 40 年前西安仅有民生、解放、中山大楼几个不足 1 万 ㎡ 的百货商店，如今已有超过 10 个 10 万 km^2 以上的购物中心，这些商业综合体已从单纯购物发展到全方位的生活体验，人们尽情享受着现代都市的生活方式。改革开放初期，西安只有解放饭店、西安饭庄、老孙家等几家国营饭店。如今各式各样的餐馆鳞次栉比、琳琅满目，也让西安成了享誉全国的美食之都。

40 年来，老百姓的住房从"一间屋子半间炕，三代人挤一间房"的蜗居时代，到了人居面积达 40 ㎡ 的小康时代。我自己的亲身经历就是居住变革的真实写照，我在 40 年前中学时住的是一个四面漏风的茅草屋，毕业后 1988 年居住的是改造后的砖房，1993 年 30 岁就住上了单位分的单元房，1999 年又乔迁到 85 ㎡ 的现代化住宅，2010 年更上一层楼，住上了 200 多 ㎡ 的跃层住宅，居住水平的提高呈几何级数增长。

我的生活曾经历过买煤、担水的年代，也经历过在寒冬中如厕的尴尬。西安城市在 40 年中进行了以黑河引水工程、城市电网改造工程、城市天然气化工程为代表的一大批城市基础设施建设，各项现代化城市配套项目相继建成，各种大功率家用电器开始走进千家万户，老百姓的生活条件越来越好。确有一日千年、恍如隔世之感。

40 年来，西安的交通日渐发达。1991 年 9 月 1 日，西安咸阳国际机场正式建成通航，T2、T3 航站楼也相继投入使用，更大规模的 T5 航站楼也在紧锣密鼓式建设，目前西安咸阳国际机场年运送旅客达 4000 多万人，是国内的八大机场之一。从机场的变化可以生动地体现一个城市的快速成长。

我上大学离开西安的时候，使用的还是 1936 年西安事变时的火车站，毕业时已是新的火车站。今天全国最大的铁路枢纽西安北已建成使用，西安火车站改扩建也在如火如荼地进行，西安南站也在计划之中，一个对外四通八达的铁路网正在形成。过去坐火车旅行简直是一场噩梦，今天是一种享受。城市交通的发达，我们不仅可以"一日看尽长安花"，也可以一天遍采芙蓉花。西安地铁从无到有，如今已开通四条线，并以每年开通一条线的速度发展，一个地下"长安"交通网正在形成。我们快速经历了从步行到骑行再到汽车的年代，一个私人汽车和城市轨道交通并行的时代正在来临。

1978 年我上中学时，陕西省图书馆仅不到 10000 ㎡，2000 年建成的陕西省新图书馆就有 46000 ㎡，2018 年陕西省最新的图书馆也已封顶，面积更达到 80000 ㎡。40 年前的陕西省博物馆是利用老的孔庙改

西安车站立面图（1934年）

既有西安站立面图（1985年）

新建西安站北站房立面图（2018年）

西安火车站 40 年变迁立面对比

造，改革开放时，新的陕西历史博物馆完全是一个现代化的殿堂，一个规模更大的陕西历史博物馆新馆正在筹划之中。

西安追赶超越的步伐在不断加快，连续 6 年获最具幸福感城市，是中国唯一入选"世界十大古都"城市，还获批国家中心城市称号，正在缔造新的"奇迹"，这些都为西安赋予了新的挑战和机遇，我们期待这座城市带给大家更多的变化和惊喜。下面我从一个建筑师的角度谈一下对西安城市 40 年发展的粗浅体会。

一、坚守文化复兴和特色城市发展思路

面对城市建设所取得的成就和奇迹，我们一直在思考一个好的城市究竟有什么？我认为一个好的城市应有良好的自然环境、深厚的历史文化底蕴、和谐而多样的建筑，好的城市应能讲出更多的故事。人的生活高于建筑形式，城市建设的关键在于是否满足了当下人的生活，能否彰显和承继一个城市的特色和文化，自然生态和城市建设是否构成和谐的城市环境。

西安是中国文化的天然博物馆，中国历史的许多大戏也在这片沃土上上演，古都西安更是这部大戏的高潮。从城市来说，《考工记》完整描述了城市的原型，唐长安创造了城市的巅峰和辉煌，明西安是中国保存最完整的城市；从建筑角度来看，西安有半坡的华夏祖屋，也有中国历史上最大的宫殿，还有最朴素的关中民居，它涵盖了宫殿、民居、寺院的各种类型，西安理应担负起中华民族文化伟大复兴的重任。也许就是这种历史责任

感，使西安每每在重要的转折时刻都有"反潮流"的精神，守望着千年古都，改革开放 40 年，也有多次传统与现代的争论，即使现在这种争论也从没有停止过。

在快速发展的 40 年，西安得益于正确的规划思想和全民所形成的城市发展共识：西安的古城保护还得益于梁思成先生的规划思想，他所提出的以保持传统格局、保护标志性古建筑、保护历史街区、保护山川地貌为重点的整体保护思想在西安得到了全面贯彻。"以新护旧、新旧两利"的原则，在西安的城市规划中得到运用和发展，"扩大城市绿地，保护文物古迹"的手法和方法已经成为古都西安文化遗产保护的支柱和灵魂。《西安宣言》以东方虚实相生、刚柔相济的哲理，提出了文化遗产实体与周边环境一体化的保护方法。

特别是梁思成两位弟子韩骥先生和张锦秋院士对西安城市生态环境、历史文化及城市保护的系统研究，高点站位，从理论上解决了西安城市的定位、发展方向、空间格局、城市保护和城市特色问题，通过多轮城市总体规划把这些成果固化下来，使西安城市在 40 年的发展中基本沿着一个正确的方向前进，少走了很多弯路。从城墙保护、历史街区更新到大遗址保护、历史遗产恢复，西安一直都走在全国的前列，为全国提供示范和借鉴。他们所提出的生态文明建设、新旧分制、九宫格局均进一步凸显了西安的城市特色，受到了业内外广泛认同和赞誉。

张锦秋院士结合她在西安长达半个多世纪的潜心研究和广泛实践，完整提出了西安城市建设的五个结合，作为西安城市建设的重要原则，也是城市建设的宝贵经

验总结。

第一，保护、恢复和重新使用现有历史遗址和古建筑必须同城市建设过程结合起来，以保证这些文物在体现其历史文化价值的同时也有经济意义，并继续具有生命力。

第二，历史遗址和古建筑的保护规划必须同相应的城市设计结合起来，以保证新老建筑在城市功能和体型环境上的和谐统一。

第三，古遗址、古建筑和历史区域与周边环境的保护相结合。

第四，保存和维护好城市的历史遗址与古迹要与继承一般的文化传统结合起来。

第五，物质文化遗产的保护与非物质文化遗产保护结合起来。

人类社会正处在大变革、大发展和大调整的时代，中国的发展使我们终于可以站在文明的高度来看待自己的文化，审视自己所走过的道路。随着中国经济的再次崛起，中华文化的复兴，我们理所当然地要向全世界贡献新的中国智慧。中国悠久的历史和灿烂的文化始终是我们创作的源泉，回顾历史是为了更好地创造未来，基于这种背景，西安城市一直遵循文化历史之城的定位，以"为往圣继绝学"的责任感、使命感把城市先保护好再建设好。

正如刘易斯·芒福德所说："我们的任务不是仿效过去，而是理解过去，这样我们才能以同样的创造性精神，来面对我们当前时代的新的机遇。"对西安城市和建筑产生的自然环境、社会历史和人文背景做全面的研究，剖析这些特征产生的内在因素和发展变化因素，就是为把西安建设成为有中国传统特色的国际化大都市提供理论基础。诚然，中国城市保护的方式和西方有所不同，很重要的一点是，我国的城市很多从农业社会直接跳跃到了工业社会或者是后工业社会，过去我们仅用了 40 年的时间就走过了西方 300 多年的道路，而西方城市在现代化实践方面可能已经积累了上千年的经验，从我国第一代建筑师算起，规划设计行业存在的时间就100 年，这种集体无意识使我们在城市建设中也有弯路和失误，需要我们能在未来的建设中吸取教训。

二、坚持传统精神与现代技术相结合的创作之路

回顾西安 40 年的建筑创作，可以看到一条鲜明的主线，就是立足于这片土地和文化，努力探索具有中国特色的现代建筑。40 年来，以张锦秋为代表的建筑师在中国传统建筑承继方面做出了令全国同行认可的实践，初步找到西安建筑的创作道路，用作品回答了西安城市风貌问题，以 40 年的实践回答了为什么西安城墙在历经浩劫中能够独自巍然屹立，为什么"新唐风"的实践可以在西安落地生花，为什么西安的城市风貌能持续保持成为"最中国"的城市。

西安碑林是把传统文化刻在石头上，建筑则是"石头"在大地上书写的史书。西安城市是中国风貌最浓郁的城市之一，在新时期也是最顽强坚持走传统与现代相结合的城市。长期以来，陕西具有一种历史担当的责任，具有"先天下之忧而忧"的忧患意识，具有"与往圣继绝学"的胸怀，主动追求中国和谐建筑思想的现代表达。

改革开放以来，中国城市建设取得了令人骄傲的业绩，但技术和生活方式的全球化使得人与传统地域空间逐渐隔离，中国传统建筑文化的主体意识逐步淡化，城市空间和形态的趋同化和西方化现象严重，我们的城市建筑越来越没有自己的特色，就像被整过容，千篇一律。中国历史发展经历从自大到自卑，从觉醒到自信的过程，如今我们正处于一种民族复兴的机遇，只有内心强大，才能不论东西、古今皆为我用，创造源于自我、属于当代的作品。

传统与现代对中国建筑师而言是一个永恒的主题，无时无刻不纠结于建筑师的创作中。前辈建筑师大多是出于民族自尊心而被动地举起民族主义大旗，创作了一大批具有中国传统特色的作品。中华人民共和国成立后，一批优秀建筑师来到古都，英雄有了用武之地，他们主动探索现代建筑与传统文化的结合之路，在这片黄土地上留下了令人赞叹的作品，继海派、京派及岭南学派之后，创立了长安学派。

不论赋予建筑多少的含义，建筑的文化属性、承载历史的功能从来没有改变。一个城市的历史就是一个民族的历史。作为一个东方大国，具有五千年历史的文明国家，不可没有自己的发展理念、思想，而只跟着西方的指挥棒盲目跟风。

总览近百年来我国建筑创作的历程，人们一直在对传统建筑的继承与发展进行艰苦的探索。中国传统建筑和城市理念是我国历史沿传而来的建筑遗产，是民族传统与地域文化的综合。中国传统建筑博大精深，具有强烈的文化象征意义，即使在今天仍具有强大的生命力。

西安比较幸运地保留了明城的完整格局，依稀还能感受到唐长安的宏大气势。如何在地面遗存不多的条件下彰显城市特色，一直是西安建筑师在 40 年发展过程中探讨的主题。在保护和发展的关系上，新建筑如何体

现城市特色，如何能够再现历史风貌，如何创新式地转译历史符号，让新建筑在精神气质上保持与城脉的相通、文脉的一致也是建筑师遇到的难题。

张锦秋院士在20世纪80年代设计的陕西历史博物馆，其主旨是反映陕西灿烂的文化和悠久的历史，今天已成为西安新的标志。我们很难想象在改革开放初期，在"团结一致向前看"求新求变的历史背景下是如何诞生这种"往回看"的逆潮流作品的，应该感谢他们的远见卓识，使这个凝聚了张院士对中国传统文化的热爱和对西安城市深刻理解的作品得以诞生。如今30年过去了，再看这个非常现代化的博物馆建筑依然屹立在大雁塔旁，成为西安城市风貌的代表作，它奠定了西安建筑风貌的基础，充分说明城市文化孕育建筑风貌，建筑文化彰显城市特色。

张院士在20世纪末设计的钟鼓楼广场，也是把明代钟楼和鼓楼这两个标志性建筑创造性地进行了整合，通过城市设计的手法，把城市破旧的历史片区改造成了西安的新客厅，也成为中国城市设计的典型案例。她在新世纪设计的西安大唐芙蓉园、南湖公园给人们提供了梦回大唐的文化感受。这些在唐文化遗址中的建筑，在整体上把西安历史风貌的浓度加强了，解答了学界在建筑遗产荡然无存的情况下如何彰显历史风貌的问题，用一系列作品回答了现代西安的风貌问题。

在城市的主要轴线和重要节点表达城市文化和精神，用新技术、新材料、新理念创造新的范式，是城市风貌和地域表现的另一种可能。努力把握好基本的建筑原理、人的行为方式，提炼传统空间的秩序、院落等元素，在骨子里就会有中国传统的文化基因。日本建筑师在传统与现代的领域也探索了200年，最终他们认为日本文化中对自然的崇拜、简约和朴素的追求、精益求精的工匠精神所体现的风格就是日本建筑。同样，我认为在我们的建筑创作中反映天人合一、物我两忘的意境，追求简朴、适宜、中庸、求实的也就具有中国风范。

西安市行政中心以血脉相连的理念，延续了城市肌理，以"四方城"为原型，创造出现代化的办公环境。西安市行政中心位于西安历史轴线的北大门，在形式上努力挖掘中国传统建筑原型，准确表达了具有传统特色的国际化都市的城市定位，在建筑形式和理念上遵循现代办公建筑的原理，以庭院组合和现代的坡屋顶形式适宜表达了对千年古都的尊重。

留存几百年、上千年的建筑遗产都是建筑文化活的化石，建筑创作应以敬畏之心对建筑遗产刻意保护，更为重要的是对其所处的环境进行保护。新建筑应做好陪

陕西历史博物馆鸟瞰

西安市行政中心庭院

南门鸟瞰

衬，避免喧宾夺主，要既能突出遗产主体的价值，也能看到新建筑的存在和时代的变迁。在这里的创作要遵循一系列文物保护的法规和规定，但法无定法，有时拟采

用相似的和谐，有时也会采用对比的和谐方式，关键在于适宜。

西安城墙南门广场整体提升工程可称为城市的"心脏搭桥手术"，使文化遗产融入现代生活，重新塑造了新的城市开放空间，新老建筑和谐共生，成为老城复兴建设和保护的典范。

西安火车站改扩建工程妥善解决了建筑风貌、城市交通、环境提升等问题，通过新建的火车站连接了唐大明宫和西安城墙两个世界遗产，创造了集宫、城、站于一体的新空间。

阿房宫文化广场的设计也是对国家遗址公园风貌协调建筑形态的一种探索，新建筑并没有采用秦风，而是采用现代钢结构连续屋顶的一种抽象的表达，再现了《阿房宫赋》中所体现的一种意境。

小雁塔片区不仅营造了城市的一片净土，更为重要的是创造了城市新的客厅。在这历史片区中如何将唐代里坊的特点展现出来是我们最关注的问题。我们希望在城市中心能够营造出一方净土，同时在这片净土上把唐代的里坊制通过有机的规划展示在现代的城市之中，将其打造成西安新的城市会客厅。对此，我们没有延续一般的设计手法，而是把唐代的肌理和一亩宅等要素通过现代演绎的方式体现在整体规划格局中。在遗址展示方面，将唐代的朱雀大街、一字街横街、第八横街等以保护、展示和现代演绎的方式使其在现代生活重新焕发活力。

地域建筑最根本的是与地点的结合，并不是每一个建筑都要表现文化或传统符号，我们更希望它与环境相默契，表达出应有的意境。为纪念陈忠实对于文学的贡献，在灞水河畔白鹿原下建设陈忠实文学馆。灞河是西安一条古老的河，我们并没有采用传统的关中民居，更希望表达历史的曲折和文学创作道路的崎岖，建筑匍匐在大地上以"之"字形蜿蜒向河边伸展，像陈老先生石刻般布满皱纹的脸庞，苦难而沧桑。整个建筑临水又可远眺远山，材料采用粗犷的石材，局部采用锈蚀钢板和U形玻璃，表现了和谐和神秘的意境。

西安阎良不仅是中国著名的航空城，还是秦代栎阳古城，更是商鞅变法之地。作为阎良城市规划展馆，建筑基地背原临水，在这里同样还是采用大象无形的非线性手法，既有传统屋顶的意象，又有现代建筑和航空飞行器自由的动态，内部空间完全没有层的概念，空间流动，光线变化多端，表现了锐意进取的改革精神。

浐灞商务中心一期工程整体采用清水混凝土材料，结合地形的变化，表达了现代的理念，同时与灞河环境相融合，在现代的气质中散发出大气、霸气的风格，呈现出古都另一张面孔。

大西安能源中心，这组现代化的建筑群是对城市新区如何体现西安的特色进行了一次探讨，在规划上强调

西安火车站改扩建工程

灞河乡土博物馆鸟瞰

阎良城市规划展览馆鸟瞰

城市街区，突出群体取胜，用中国传统总体布局理念，以简单的单体构成丰富的群体，强调整体环境观念，延续了西安城市大气、舒朗的特色。每个建筑都以方块为原型，坚持把方块进行到底，空间布局上形成步移景异的整体效果，每一区块由不同的建筑师来完成，体现了建筑形式的多样性。全部建筑均采用模数化的方式，在整体和谐的基础上，创造了不同的区块特色。地下室100万㎡形成了地下连廊的空间，有6000多个停车位，在2层则以廊的连接，形成了一个完整的步行交通系统，构建了一个立体化的城市空间，这是在新区开发模式的一次创新，有利于形成城市整体风貌。

图 8 能源中心整体鸟瞰

40年西安建筑创作还有许多超高层建筑，如迈科中心、绿地中心、西安北客站、大唐西市博物馆、大唐不夜城等丰富着城市地域化的创作思路；西安奥体中心以及位于浐灞的西安会议中心、新展览中心，为这一古老城市注入了新的活力，体现着城市现代化的一面，丰富了城市表情。

三、城市精神和文化的重塑

以十九大为标志，中国进入新时代。在经济方面，中国在短短40年就已进入世界经济的第二，在政治体制方面也从普遍怀疑到承认中国模式，在文化上更突显了中华文化源远流长、博大精深的特色，更加自信、自觉。建筑作为政治、经济和文化的集中体现，这一时期比以往任何时期都更有底气、更有能力、更有自信走向世界，实现中国建筑文化的复兴之梦。

浐灞商务行政中心一期

城市建筑是一个文化的最大载体，也是一个时代的记录，每一种经典建筑都是一种范式的转折。建筑的内容应符合时代，其形式也应是时代的风采。

我反对把建筑创作分为传统建筑和所谓的现代建筑，除了特定地点、特定题材，所有建筑当符合时代。建筑仅仅是城市的一层皮，文化内涵才是骨，人在其中积极的活动是建筑的魂。建筑的永恒之路就是不断探索，为人提供日益增长的幸福空间和精神环境。从2019年到2049年还有整整30年，在中华人民共和国成立100年的重要节点，西安城市建设还有艰辛漫长的探索之路要走。

第一，我们应坚持40年的探索之路和城市建设的成功经验，无论是城市特色的塑造还是建筑创作的结合，都是西安40年的成功之路，坚持不动摇、不摇摆、不折腾，更加自信地建设自己的家园，从文化自卑到文化自信，从盲从到自主，从被动到主动。西安在建设实践

迈科中心

中总结出来的注重生态文明、新旧分制、九宫格局、城市保护和利用的系列实践是我们城市建设的宝贵财富，应予以承继；古代文明与现代文明交相辉映，老城区与新城区各展风采，人文资源与生态资源相互依托仍是我们信守的规划建设指针和城市建设方向，应坚定不移地发扬光大。

第二，应突出以人为中心的城市建设理念，城市规划的重点就是对自然和历史的保护，特别是对所有人的尊重。城市是为人服务的理念不能仅停留在口号上，还应反映在城市建设的点点滴滴的行动中，城市不是看的，而是用的。如今建筑创作进入了新时代，我们应从过度关注形式到关注建筑空间，从关注个体到关注群体，从形式美到生活美的转换，设计不仅是一种形式的艺术，更是一种设计未来人生活方式的艺术，建筑更体现人文关怀和永续的使用。西安市民中心的城市设计就是根据新的理念对城市节点的重新布局，对于城市遗产的保护也应通过现代智慧使其融入现代的生活中，要把汽车的城市变为一个人的城市，不仅提高人的物质生活，也要关注精神生活，不仅城市要有现代的技术还要关注人文，关注场所精神，塑造人的空间。

第三，40年城市建设基本上是平面的扩张，实现了快速的城市化，未来30年的城市建设将是都市重建，在城市收缩、人口增长减缓的情况下，面临着在城市中建设城市、对现有城市加密、空间修补、生态修复等更为复杂的问题。今后城市将面临越来越多的节点建设，形成多中心的格局，应努力建设好这些城市的重要节点。

第四，未来城市将经历从野蛮增长到精致发展、从大刀阔斧到细雨润物的历史转变，彻底结束"急就章"的随意发展方式。需要我们顺应未来城市发展方向，做好城市有机更新，对城市努力做好基础研究和全面的城市设计，特别是做好历史街区的微创式改造，自下而上的精细化发展；随着轨道交通的发展，互联网时代的生活工作方式，城市面临着多层次立体化的发展变化，西安幸福林带的建设就是城市更新的一种新的探索。

第五，城市将经历从自上而下的一元社会到自下而上的公民社会，城市将发挥各阶层的力量，多元并举、和而不同。城市不是单纯把大树移到城市，城市的多样生活和自下而上的活力才是构成城市的原始森林真正动力和活力源泉。

就我亲身经历，我们赶上了一个伟大时代，改革开放使城市建设取得了令人骄傲的业绩，城市基础设施不断完善，人居环境改善显著，幸福指数持续提高。尽管在发展中有不尽如人意之处，但40年几代人迸发的变

革热情和辛勤努力所取得的成就要充分讲透，要站在一个客观历史的观点总结西安城市发展之路，当然也要对所存在的问题充分认识，这对于更好地挖掘西安的历史文化，为下一个40年找到一个更为健康稳健的模式尤为重要。

让我们共同努力，为把西安建设为一个与罗马相媲美的具有中国传统文化魅力的国际化大都市而持续工作。

赵元超：中国建筑西北设计研究院总建筑师

赵阳：中国建筑西北设计研究院有限公司 科技发展部

石家庄

爱上一座城

/ 郭卫兵

有人说，爱上一座城，是因为城中住着某个喜欢的人。其实不然，爱上一座城，也许是为城里的一道生动风景，为一段青梅往事，为一座熟悉老宅。或许，仅仅为的只是这座城。就像爱上一个人，有时候不需要任何理由，没有前因，无关风月，只是爱了。

——白落梅《你若安好便是晴天——林徽因传》

对这座城的最初认识是 40 年前，印象中仿佛是早期黑白电影里的场景：站在火车站跨线天桥上，耳畔响着木板桥面上急促而杂乱的脚步声，夜空漆黑，只有站台上的灯光把铁轨照成一段渐渐消失的亮线，绿皮车前送站、接站的人们上演着一幕幕重逢或离别，汽笛声浑厚悠长，一列长长的黑色货车缓慢地穿过天桥，蒸汽机车排出的白色蒸汽让这有些沉闷的场景舞动了起来，那时候我一定想起了瓦特……这段回忆里，也许掺杂了些许回忆感慨而生的想象，但的确令少年的我深深迷恋其中，也许那时就注定了我是这座城里的人。

石家庄，这座"火车拉来的城市"，在我的脑海中，除了先前场景式的记忆，对火车站的建筑、广场等却丝毫没有印象。为此我询问了在 20 世纪 80 年代中期设计石家庄火车站站房的李拱辰先生，他为我描述了那时候作为石家庄门户的火车站：穿过曲折杂乱的街巷到达站前，几栋低矮的平房沿站台排开，红陶瓦顶，墙面涂着刺眼的黄色，路边搭起的席棚中是排队等候乘车的人们……老先生还回忆起在 20 世纪 80 年代初期送日本客人到火车站站台时，人们都会追着蒸汽机车奔跑，与机车车头拍照留念，可见那时我们落后了许多。他说，我们单位所在地建设大街那时也只不过是一条土路，仅仅快车道压了沥青路面，没有便道，没有路牙石，夜晚路灯稀疏，路两侧断断续续还存在着一些耕地，禾苗蔬菜长势茁壮……（图 1~图 3）

石家庄，就是这样开始踏上了改革开放之路的。40

年里，我在自己的生活、工作中感悟时代、付出青春，不仅创造出了自己想要的生活，活成了自己希望的样子，更凭借建筑师的职业优势，在这片曾经缺乏生机的土地上矗立起时代的丰碑。

一、生活

改革开放初期，老百姓的生活有了变化，虽然经济仍不富裕，但心中充满希望。对于刚刚在石家庄安家的我们，更是一个崭新的开始。

我在石家庄的第一个家安在和平路与红军大街交口的省直宿舍，是那种被称为"五开间"的住宅，一套三居室，空间相对比较宽裕，能够拿出一间卧室做客厅使用，但由于住宅建造标准和城市规划等方面的原因，心满意足中也有一些苦恼的回忆。住五楼顶层，由于屋面、墙体、结构保温隔热性能不好，又没有空调，夏天常常热得大汗淋漓，实在受不了就半夜跑到厕所冲个凉水澡，加之和平路（当时的北马路）为过境道路，每至夜晚，大量卡车穿城而过，强烈的噪声让夏天的夜晚愈加难熬。尽管物质条件并不好，但在白衣飘飘的年代，这里也留下了我青年时期孤单而美好的回忆。记得当年我常在傍晚时分走到离家不远的火车北站，在站台上目送长长的绿皮火车驶向远方，思绪也被拉得悠长。也记得在下雨的晚上，伙伴扛来双卡录音机，一遍又一遍听着齐秦的歌，唱着"外面的世界很精彩……"虽然 20 世纪 80年代的时光大多在校园度过，但这里才是我城市生活真正开始的地方。

在石家庄的第二个家安在民心河畔。进入 20 世纪90 年代，石家庄的城市建设有了较大发展，政府通过改造原排污明渠，将污水通过管道输入污水处理厂，将清水引入城市，建设了一条长达 50 km 的环状水系，并串联起 20 多座公园，全市人均绿地面积增加了 3 ㎡，

图 1 石家庄旧貌

图 3 石家庄旧貌

图 2 石家庄旧貌

图 4 石家庄人民广场

极大地提升了城市环境。新家就坐落在民心河畔，后来不久，附近的桥西蔬菜批发市场也搬到了市区外围，在原地建设了西清公园，居住环境有了更大的改善。新房子里增加了独立的客厅、餐厅，原来的厕所提升成了卫生间，厨房内可以布置橱柜、满足日益增多的小家电需求。由于这套住宅在分配前进行了简单的装修，地面铺了地砖，卫生间、厨房贴了墙砖，虽然质量不高，但比起以前的水泥地好了不少。那个时期，人们已经开始有了家庭装修的概念，我家并未装修，父亲让我和弟弟带上笤帚、拖把打扫了一遍，添置了客厅、餐厅的家具，很快我们就搬进了这个舒适敞亮的家。

进入 20 世纪 90 年代，我也有了自己的小家，幸运的是我并未像大多数同龄人一样结婚时住"筒子楼""团结户"，单位分配了"独单"，40 ㎡ 的空间里功能齐全，自己动手做了简单的装修，配上了索尼、松下、飞利浦电器，开始了温馨美好的小家庭生活。几年之后，单位又分配了一套三室两厅的住宅，居住条件得到极大改善，进入商品房时代后的住房改善也因了些机缘巧合，自己并未在这方面投入什么精力。我常常感觉这是一种幸运。石家庄较低的消费、较便利的生活，

让我能静下心来，把更多精力放在认真生活和工作上，让思绪平静、安宁。

二、工作

1989 年，我从天津大学毕业后回到家乡石家庄，在河北建筑设计研究院工作已 30 年，在这个城市，既有乡愁也有梦想，这也是一件幸运的事情。

大学毕业时，赶上国家经济宏观调控，加上河北的改革思想相对保守，经济发展也相对落后，所以建设项目并不多。从 1993 年开始，设计院先后在广西北海、珠海、上海等地建立了分院，因此在进入新世纪之前的几年里，我大多时间辗转在外地工作，在石家庄并没有设计项目落成。我觉得这并非坏事，因为建筑师需要丰富的经验和成熟的观念才能设计出较好的建筑作品。随着经验的积累和认识的不断深化，在之后的近 20 年时间里，我与前辈建筑师和同行们开始关注河北本土建筑文化，提出了将河北传统建筑文化中的经典特征与当代建筑创作思想相结合的"两者之间"的设计立场，强调地域文化中本真性的重要意义，呼吁设计真实的建筑等。

图 5 河北省联通办公楼

图 6 河北博物馆

图 7 河北省图书馆

对河北地域建筑文化的研究,使我能带着情感进行创作。

2000 年 · 石家庄人民广场

进入新世纪之前,石家庄市还没有一座真正意义上的城市广场,在决定建设人民广场之时又赶上全社会层面对建设大广场持反对态度,但为了改善石家庄城市面貌,市委、市政府顶着压力决定结合市人民会堂的建设,在与市政府一路之隔的原工人文化宫用地基础上建设广场,并将其北侧长安公园统筹考虑。在人民广场设计中,我们确立了"场中有园,园中有场"的设计理念,注重保留原有树木及公园地形地貌,塑造出兼具行政广场及休闲广场特征的空间(图 4)。

2002 年 · 河北省联通办公楼

该项目位于石家庄市政府东侧,北侧隔中山路与人民广场相望。早在 1997 年我就开始接触这个项目,但由于电信行业不断改革重组,这个项目也干干停停,性质也不断改变。在几年的时间里我们付出了很多的精力。2002 年项目终于有了眉目,甲方提出邀请知名建筑师和设计团队进行多方案比选以获得满意的方案,由设计

院进行施工图设计,压力很大。方案设计时,我同时在做人民广场的二期施工图设计,这两个项目交替进行,给我带来了设计灵感,即让尽可能多的办公用房可以享用人民广场的城市开放空间,以 9 层高的玻璃中庭提升空间品质和企业形象,最终方案得以中标实施(图 5)。现在想来,这应该是我从城市设计的角度思考建筑的最初实践。

2006 年 · 两馆工程

两馆工程是指在 2006 年同时开展设计的河北博物馆新馆及河北省图书馆改扩建工程。这两座建筑在改扩建前位于同一文化区域的南北轴线上,改造计划是在原有博物馆南侧建新馆并将新旧融为一体,图书馆则是拆除部分旧建筑、保留书库楼及改建部分旧建筑,最后形成同一整体。这两个工程中,均涉及新与旧、传承与创新等关系问题,在设计中虽采用了不同的设计手法,但均表达了对旧建筑的尊重,彰显了当代建筑创作的理念。这两座建筑分别是与清华大学建筑设计研究院和天津大学张颀教授团队的合作项目,在落地实施过程中,我们受到了多方面的锻炼,是很好的学习机会,最后以高完

图 8 河北建设服务中心

图 9 中加低碳节能技术交流中心

图 10 石家庄大剧院

成度的设计和施工建造，塑造了具有河北地域特征的文化地标（图6和图7）。

2007年·河北建设服务中心

河北建设服务中心是河北省城乡和住房建设厅办公楼，属于与"两馆工程"同期的建筑作品。这一时期，我们结合项目对河北地域建筑文化进行了较深入的探讨，提出了"经典与时尚"之间的河北地域性建筑创作方法，即把经典作为文化根基，用经典的方式表达时尚，以时尚的方式表达经典，这样便可以形成丰富多彩而又具有相同文化特质的建筑风格和城市风貌。该项目就是从经典的角度出发，构成平和近人的公民建筑特征，建筑在绿色、节能、环保等技术层面也起到了良好的示范作用（图8）。

2010年·中加低碳节能技术交流中心

该项目是加拿大卑诗省林业厅与河北省政府的合作项目，加方提供木材原料，由国内企业加工建造。该建筑主要功能包括展示、会议、办公等，是一座展示木结构建造技术、低能耗节能建筑技术和相关技术推广的综合建筑。记得当时方案要求时间紧，省政府及各相关部门都非常关注，所以在方案设计中不仅注重大众对木屋形象的审美需求，同时在空间结构、节点设计中体现出木结构的真实美、空间美和力学美，以现代技术塑造了木结构建筑特有的温和表情（图9）。

2012年·石家庄大剧院

2017年5月，我应邀出席了石家庄大剧院落成首场演出。夜晚的大剧院仿佛一座城市舞台，灯光璀璨、流光溢彩，看到观众脸上露出兴奋的表情，听到剧院内完美的声音，也从驻场院团知名艺术家那获知他们对剧院功能十分满意。那个晚上我仿佛是这座剧院的主人，自豪而喜悦。

石家庄大剧院前身是已拆除多年的石家庄霞光大剧院，多年来市属各院团没有了自己的演出阵地，它的建设承载着全社会的期待。剧院包括五个院团的办公、排练场所、中型剧场、多功能厅、展览等功能，以较低的造价建造成一座经济适用且具有一定城市标志性的文化建筑，塑造出城市舞台的艺术形象（图10）。

2013 年·石家庄平山县大陈庄小学

朋友给位于石家庄平山县的一个小村子捐建了一所小学（四班教学点），我们就作为公益活动无偿设计了这所学校。学校建在村口原"戏台学校"的对面，用地 21 m×21 m，学校包括四间教室、办公室、卫生间、锅炉房等用房，建筑面积 495 ㎡。设计以 3.3 m 为模数，形成由三个位于边缘的小院子和中部的枢纽空间构成的虚空间与建筑实体相穿插融合的格局，避免了其与街道及民宅之间在视线、噪声等方面的相互干扰，也因此塑造了建筑的独特个性。孩子们在不同方向可以看见田野和自己的家，创造了具有乡愁和梦想的精神空间（图 11）。

图 11 石家庄平山县大陈庄小学

2014 年·河北建筑设计研究院办公楼改建工程

设计院办公楼改造是一项持续改建的项目。20 年前，在 1974 年建设的四层砖混结构办公楼基础上建立了一套与其相脱离的结构支撑体系，在其上方加建了 6 层办公楼。这次改建是将最初建设的 4 层办公楼拆除重建，并实现与首次改建部分在结构上形成统一整体。改建中拆除的旧建筑是企业的重要历史线索，维系着大家的情感和记忆，从而确立了传承与创新的设计原则，在立面设计中，将拆除旧建筑的外墙砌注方式、尺度、细部在新的框架体系内再现，以低调、内敛的方式传承了原有建筑表情，与初次改造的建筑"合二为一"，以温良语言讲述一座建筑的前世今生（图 12）。

图 12 河北建筑设计研究院办公楼

40 年来，这座城市像全国其他城市一样发生了翻天覆地的变化，身处其中，也许会对它 40 年的变化习以为常，甚至抱怨它的不足之处，但它是滋养了我半生岁月的地方，尤其作为一名建筑师，能结合自己的理想与它共同成长，让这座城市因我而不同，这个时代，值得感激和赞美！此刻，回忆自己在这座城里平凡而温暖的生活，翻看主持设计建造的工程照片，我深知，我一直爱着这座城。

爱上一座城，是因为成了这座城里的某个人，是因为回忆至美、理想至真，或者无关其他，只是爱了，并深爱。

郭卫兵：河北建筑设计研究院副院长、总建筑师

青岛

历史造就城市特色

/ 石峰　陈雳

青岛是一座独特的城市，其特色风貌来自独特的城市历史，并且通过城市规划、开发建设和建筑设计一幕幕展现给世人。改革开放以来的青岛城市建设，既有对历史形成的城市特色的传承与呼应，也有通过富有时代感的创新来对城市精神进一步的丰富和塑造。

一、城市历史造就城市特色

青岛是经过科学选址论证的近代城市。1869年，德国地理学家李希霍芬在多次中国考察的基础上向德国提出了最初的殖民地选址构想：夺取胶州湾及其周边铁路修筑权，使华北的棉花、铁和煤等产品和资源获得一个出海口，把青岛打造成德国在远东的军事和经济据点。在1897年强占胶州湾之前，德国委派军事和工程技术人员进行了多次实地考察和选址论证。

青岛城市建设最突出的特点在于它是中国近代最早一个制订了完整现代意义城市规划的城市，1898年德国殖民当局公布了第一个青岛城市规划方案，在一开始就按照符合现代城市发展方向的规划进行建设开发，并且体现在从制订到实施以及后期影响这一完整过程，这是中国近代城市发展史中非常难得的案例。德制青岛规划首先重点解决了港口与铁路的布局，合理利用胶州湾的海岸线，创造性地解决了城市、港口、铁路三者之间的关系，而且这种三位一体的结构影响了青岛这座城市百年的发展。时至今日，我们仍然可以从青岛组合港的演进、胶济铁路的升级、城区的拓展中隐隐看到这种结构脉络。青岛的每一个历史时期都制订了城市规划，用规划引领城市开发建设，完整地体现了从规划到实施的全过程，并在规划的指导下实现一个现代城市从无到有、从小到大的演进过程。

青岛历经德占、日占、北洋政府、国民政府、中华人民共和国等若干历史时期的城市建设，形成了鲜明的城市风貌。青岛在城市建设各历史时期均遗留有大量文化遗产，同时具有临海丘陵的自然环境特征以及人工与自然融合的独特城市风貌特色。不同时期开发建设的片区均留下了鲜明的时代烙印，也形成了青岛建筑的特色。青岛的历史建筑遗存多元而丰富，小体量、依山就势、错落有致、因地制宜，在形式、色彩、材料方面具有异域风情。梁思成先生在《青岛——中国建筑学会专题学术讨论会的报告》的序中写道：青岛好，好在哪里呢？怎样好法？……在已经和正在改变中的青岛城市有什么优点？什么缺点？……这些更是值得我们好好思考的问题。这是中国近百年的建筑史中一个非常值得研究的城市。

二、改革开放以来三版总体规划

改革开放以来青岛的城市发展进入了一个新的时期。1978年以来经过批复的青岛城市总体规划有3版，其间还存在几次调整和探索。在总体规划的引领下，城市规模和布局不断扩大，城市屡次以开发新区的方式沿胶济铁路和海岸线两个方向生长、拓展。

1984年批复的《青岛市城市总体规划（1980—2000）》将城市性质确定为"轻纺工业、外贸港口、海洋科研和风景旅游城市"，城市布局以李村河、海泊河两条自然带将市区分为南、中、北三个组团和独立的黄岛区。1984年中央确定青岛为十四个沿海开放城市之一，在黄岛区内的薛家岛北部开辟经济技术开发区。1989年根据城市发展的需要，对总体规划进行补充调整，在南、中、北组团布局结构的基础上，增加东、西两个组团，西组团为黄岛区和开发区，东组团成为新城区。1992年，市政府办公大楼率先东迁，开启了东部组团的大开发。

1996年批复的《青岛城市总体规划（1995—

青岛老城

2010）》将城市性质确定为"中国东部沿海重要的经济中心和港口城市，国家历史文化名城和风景旅游地"。规划布局结构以胶州湾东岸为主城，西岸为辅城，环胶州湾沿线为发展组团，形成"两点一环"的发展势态，主城和辅城规划为城市相对集中发展的区域。20世纪90年代中期，青岛市加快了城市东部的开发建设，设立青岛市高科技工业园、东部新区和石老人国家旅游度假区，东部成为新的政治、经济、文化中心。这一时期，青岛开发区也获得较快的开发建设。

2007年的《青岛市城市总体规划（2006—2020）》（征求意见稿）提出：合理引导城市功能布局，优化城市各类资源要素配置，调整、提升老城区功能，有序推进新城区建设，努力构建"环湾保护、拥湾发展"的城市空间格局，但这一版的总规并未批复。

在2016年最终获得批复的《青岛市城市总体规划（2011—2020）》围绕国家战略和蓝色经济的新要求，将青岛性质定位为："国家沿海重要中心城市和滨海度假旅游城市，国际性港口城市，国家历史文化名城"。这标志着青岛从我国东部沿海经济中心向国家中心城市迈进；从我国东部沿海港口城市向东北亚航运中心迈进；从我国风景旅游胜地向国际海洋文化名城迈进。规划实施"全域统筹、三城联动、轴带展开、生态间隔、组团发展"的城镇空间发展战略。所谓三城联动是指：东岸城区是城市空间转型发展的重点区域，彰显青岛历史文化特色，着力加快有机更新、改善人居环境、解决"城市病"问题，走内涵式发展道路；北岸城区是青岛市域城镇布局的空间中枢，以高水平打造科技型、生态型、人文型新城区为目标，合理控制开发时序，为建设青岛市未来的公共服务和公共管理中心预留发展空间；西岸城区是国家批复的青岛西海岸新区的核心区域，是实施国家海洋强国战略的主体空间，引领和带动青岛市产业

的升级转型。在该版总规的指引下，位于北岸城区的青岛高新区进入了快速开发的时期；同期青岛市开始打造"蓝色硅谷"，发挥青岛涉海机构集中、海洋研发人才密集的优势，加快重点领域科技创新，抢占海洋产业技术发展前沿；黄岛区与胶南市合并为西海岸经济新区，2014年成为获得国务院批准的第9个国家级新区。

三、改革开放以来的建筑设计作品

回顾改革开放以来青岛的城市建设，可以发现两条明显的脉络：一条是多年持续的老城改造，另一条是不断涌现的新区开发。老城改造包括20世纪80年代集中于老城的拆旧建新、1993年开始并持续了二十年的棚户区改造、21世纪初大规模的旧城改造。重大的新区开发包括青岛开发区、东部新区、高新区、蓝色硅谷、西海岸经济新区。在这两条建设脉络之中，出现了一批富有时代特点的建筑设计作品，其中一些追求传承青岛地域建筑特色，更多的则是彰显当代审美、经济发展和技术进步的新区建筑。在青岛城市发展中一些城市事件如奥帆赛、世园会也留下了经典的建筑，此外还有一些设计精良的大型公建、文化设施以及国内外著名事务所和建筑大师设计的建筑作品。当然，可以称之为建筑作品的大背景、大环境的则是大量的普通新建筑的建设。

1. 老城改造中的建筑

青岛新版总规批复意见中要求："保护好城市天际线和景观视廊，加强对建筑高度、体量和样式的规划引导和控制，延续城市文脉，形成集山、海、城于一体的空间格局和红瓦、绿树、碧海、蓝天有机交融的风貌特色。"这一段话清晰地表达了老城风貌的特点，同时也揭示了老城改造中建筑设计的难点。在老城中能够传承地域建筑文化，与老城风貌相协调，与历史建筑形成良好对话关系的建筑作品并不多。

总督府是德占时期建设的标志性建筑，统计局是20世纪80年代在总督府北面修建的新建筑，在体量、尺度、材料等很多方面呼应了老建筑，虽然有人批评其过度模仿总督府，但能够隐藏于其后而不冲突、不突兀已经非常不易，这是在老城里新老呼应较好的例子，这个扩建工程成功地在原德总督府后面结合地形对称地扩建，使新老建筑成为有机整体。青岛日报社在很多方面呼应相邻的德占时期建设的栈桥宾馆，除了个别细节上尺度稍大以及材料颜色显新，算是太平路上最照顾老建筑和老城界面的新建筑了。20世纪80年代建设的青岛海天酒店位于老城边缘、香港路海滨，设计将客房楼的

青岛老城

青岛东部新城

短边对海，即建筑与海岸线呈垂直形态布局，这种布局方式使建筑的两个主立面都能够观海，也可以最大限度地减少楼体对海景的遮挡，为城市提供更多的观海廊道。

在老城改造中拆除了很多优秀的历史建筑，例如20世纪90年代拆除老火车站历史建筑，扩大比例原样复建成火车站售票厅。2008年再次改造，这时的新火车站建筑虽然明显地模仿和简化德式建筑风格，但仍然很难改变当年拆除老火车站对城市造成的损失。还有拆除历史风貌街区建设成片的高楼，如拆除小港里院街区建设的住宅区和拆除云南路里院街区建设的安置区等。

老城的建设中有一些新建筑破坏了老城街道界面，甚至破坏了城市风貌。中山路南段的发达、百盛等高层建筑，对于土地集约使用固然有贡献，但对百年老街和老城印象也有较大的冲击。由于高度破坏了历史城区天际轮廓的建筑还有东方饭店、黄海饭店等。东海国际大厦突兀地矗立在海岸线上，破坏了汇泉角的自然环境形

象和八大关历史建筑群形象。有人痛斥其为"汇泉角上的钉子"，因为在临近的滨海地带和太平山、信号山、小鱼山都可以看到，甚至可以越过山头从远处的栈桥看到。刚刚建成的新海军博物馆体量巨大，对栈桥景区看到的城市形象也产生了明显的影响。

历史城区的建设和改造是中国当代城市发展的一个广受关注的新课题，当前人们的关心程度和政府的保护力度与十几年前已经不可同日而语。从全国范围来看，青岛仍然是对历史城区保护较好的城市，但是问题和成绩同时存在，城市遗产保护任重道远。

2. 新区开发中的建筑

青岛在一系列新区开发中涌现出了一批精彩的新建筑。青岛市政府建筑群是20世纪90年代东部开发的第一座标志性建筑，是青岛市委、市政府贯彻中央改革开放政策的重大举措，是市区东移战略的主要部署工程。建筑简洁明快、庄重大气，圆弧造型面向大海敞开怀抱，

体现沿海城市的开放意识。东部新区除了市政府建筑群之外，颐中皇冠假日酒店、香格里拉大酒店、青岛中银大厦、青岛大学图书馆、位于崂山区的青岛二中等都很有特色，兼具时代性和青岛的传统文脉。

黄岛的区政府建筑和市民文化广场、黄岛光谷软件园，青岛高新区的青岛市工业技术研究院、华仁太医药业有限公司，西海岸新区的中德生态园（GMP 规划设计）、中德生态园被动房技术中心等建筑群的竣工逐渐形成了新区的城市风貌。

3. 大型公建、城市事件建筑与大师建筑

青岛新建的一些大型公建和文化设施的设计达到了较高的水准，其功能为市民服务的同时，其形象也为城市做出贡献，如青岛图书馆、青岛档案馆、青岛博物馆、规划展览馆、颐中体育场建筑群、青岛市汽车东站、青岛国际会展中心、崂山区市民活动中心等。青岛国际机场 1、2 号航站楼以塔台为中心对称布置，舒展的曲面构成海洋生物造型，体现青岛的海滨城市特色。

重要的城市事件如 2008 年奥帆赛和 2014 年世园会，分别留下了一组经典的建筑与景观设计作品。青岛奥林匹克帆船中心建设过程中紧紧围绕"绿色奥运、科技奥运、人文奥运"三大理念，按照"可持续发展、赛后充分利用和留下奥运文化遗产"的原则进行规划、设计、建设。奥帆基地注重环境景观规划，通过三条南北向轴线：西轴——海洋文化轴、中轴——欢庆文化轴、东轴——自然文化轴，组成了意向的"川"字，以"欢舞·海纳百川"为主题，寓意开放的青岛正以宽广胸襟向世界敞开大门。奥运历史文化街区是青岛第 13 个历史文化街区，已公布为青岛市级文物保护单位。

一些国内外建筑大师和著名事务所设计的建筑为青岛增光添彩，如德国 GMP 建筑事务所设计的青岛大剧院和中铁中心，贝氏建筑事务所设计的青岛财富中心，荷兰 UN Studio 设计的世园会主题馆，国内知名建筑师周恺大师设计的青岛动漫园、崔愷院士设计的东方时尚中心创意体验中心，澳大利亚建筑师 Kerry Hill 设计的青岛涵碧楼酒店、HBA 室内设计事务所设计的青岛银沙滩温德姆至尊酒店等。

张永和设计的北大青岛国际会议中心用现代建筑语言诠释了地域性，实现了建筑与环境的共生。场地北侧的道路与南端的海边有 20 多米落差，建筑作为过渡元素参与到这个特殊的环境中，构成地形景观的组成部分。建筑充分适应青岛滨海山地地形，同时又考虑到建筑与大海的关系，在不遮挡海景的前提下，开放屋顶形成观海平台，使建筑与自然环境产生良好的互动。

青岛的新形象也在 2018 年年底结束的上和峰会中得以完整展示。几十年来，精品新建筑的不断出现为青岛城市增添了生命活力，也为青岛这座近代城市注入了新的文化内涵。

四、结语

1898 年德国人的规划奠定了青岛城市发展的雏形，后来经过了日本人占领时期和北洋政府、国民政府阶段，城市有了进一步的扩展，直至改革开放以来，青岛迎来了历史上最具深刻意义的发展变革，展现出新的风采。

在改革开放以来青岛的历史进程中，通过 3 版总体规划指引了青岛城市的开发建设，1992 年城市建设跳出老城、开发新区，缓解了老城保护的压力，释放了拓展新区的能量，成为历史文化名城保护和城市新区建设中的经典案例。随着城市总体推进，尤其是改革开放 40 年来，一大批优秀的建筑作品丰富和塑造了当代青岛的新城市特色，赋予了青岛这座城市新的生命力。青岛是中国改革开放的大背景下众多城市的一例，而它又时时刻刻地投射出改革开放这一前所未有的时代大潮，40 年来大步前行，即使伴随着各种问题和挫折，城市的那种朝气蓬勃的活力一如既往，给人以希望。

石峰：东南大学建筑学院

陈雳：北京建筑大学

深圳

一座探索设计灵魂的城

/ 张宇星

深圳是中国少数严格按照城市规划进行总体控制和实施的城市，也是最早开展城市设计实践的城市之一。早在 1987 年，深圳就编制第一版罗湖片区城市设计；1994 年成立中国规划管理部门中的第一个城市设计处并延续至今，负责全市范围内的城市设计政策和标准制订、重点片区城市设计编制。深圳的城市设计管理和运作，始终结合深圳自身的城市发展需要，适时而变，不断拓展城市设计的内涵：从一种空间控制工具，到一种城市发展策略，再到一系列具体细微的城市设计实施行动。城市设计的形式不是僵化不变的，其与法定图则以及其他规划、土地控制要素等的关系也在发生变化。在变化中产生新的价值，让城市设计更加接地气，更加鲜活、生动、简洁、实用，而非成为一幅看似完美但不能实现的图画，这是深圳多年来城市设计始终在追求的目标。

根据《深圳经济特区城市规划条例》（1998 年）的规定，城市设计应贯穿于城市规划各阶段，城市设计分为整体城市设计和局部城市设计。整体城市设计一般结合城市总体规划编制（也可单独编制），并作为总体规划的组成部分，整体城市设计的主要成果是城市设计导则。在深圳历版总体规划中，城市设计的理念和要素始终贯穿其中：1986 版深圳经济特区总体规划，其中所确定的用绿化隔离带形成带状组团城市的思想，明显具有城市设计的影子；1996 版和 2006 版总体规划均专门设置了总体城市设计章节；2002 年首次单独编制了深圳整体城市设计，对包括全市景观视廊和景观分区、公共空间布局、城市生态景观空间等在内的各类宏观城市设计要素进行了系统界定。

单独编制的局部重点片区城市设计，一直是城市设计发挥空间控制作用的重要范畴。在深圳，明确了在重点地区城市设计先行的原则，优先于法定图则提前编制，再在城市设计成果的基础上，将城市设计的主要控制内

深圳城市面貌（组图）

容转化为法定图则。

深圳中心区城市设计是中国最早编制的 CBD 地区城市设计之一，1995 年进行了城市设计国际咨询，确定了优胜方案（李名仪），在此方案基础上，又分别进行多次整体和局部的深化设计，包括中心区中轴线城市设计（1997 年，黑川纪章）、22 和 23—1 地块城市设计（1998 年，SOM）、中心区城市设计整体深化（1999 年，欧博迈亚），这些城市设计成果绝大多数均转化为最终控制条件，对中心区的城市设计实施起到了关键性的作用。

制度和手段的缺位使得城市设计工作积极开展的同时，却基本上没有能力在用地和强度之外再建立更有效的规划管理控制工具。深圳探索的解决途径：一是在法

定图则下的控制；二是通过总体设计通则的控制。

在编制每一个法定图则时，都必须包含城市设计的研究和控制内容，城市设计随图则一并上报审批。城市设计导引图是法定图则中有关城市设计的主要控制图纸，主要标绘图则片区空间结构、公共空间、各类控制界面、重要空间和景观节点、城市通风廊道、视廊、步行廊道、立体过街设施的位置范围以及建筑高度分区、地标建筑分布等。法定图则的控制文本中有关城市设计的控制内容，在《深圳市法定图则编制技术规定》（2014年）中予以了明确规定。

《深圳市城市设计标准与准则》（2009年版）作为规划部门的部门规章，是深圳探索对城市设计进行通则化管理的首次尝试。而《深圳市城市规划标准与准则》（2013年修订版）则作为具有强制性法律效应的政府规章，将城市设计标准与准则中的主要内容充分吸纳，专门设置了城市设计章节，内容包括：①密度分区和容积率控制，将城市建设用地密度分区分为6个等级，在密度分区的基础上，确定了居住用地、商业服务业用地的基准容积率和容积率上限，并结合微观区位影响条件对每个地块的容积率进行修正；②组团分区和景观分区控制，是在总体城市设计的基础上，结合深圳的城市组团结构形态特点，将全市划分为5个组团，在组团之间设置组团绿化隔离带，防止建设用地无序蔓延，组团隔离带应保持生态连续性，建立生态廊道，宽度不宜小于1 km；结合深圳城市景观风貌特征，将全市划分为4类景观分区，即核心景观地区、重要景观地区、一般景观地区和生态敏感地区，并要求一类景观区须单独编制城市设计，二类景观区在法定图则编制时应加强城市设计研究和控制；③街区控制，主要包括街块划分、街道设施、步行空间、自行车空间、公共空间和建筑空间控制等内容，如其中关于公共空间的规定（新建和重建项目应提供占建设用地面积5%~10%独立设置的公共空间，建筑退线部分及室内公共空间计入面积均不宜超过公共空间总面积的30%）。

实践表明，深圳将城市设计融入管理控制的工作，为城市规划设计建设"试验"积累了宝贵的经验。同时值得思考的是，城市设计成为控制工具以后，如何体现城市设计的灵魂仍然是重要的探索方向。深圳近年来开展了大量偏向于城市发展策略的城市设计，如宝安中心区城市设计、光明新城城市设计、大运新城城市设计、坪山新城城市设计、龙华新城城市设计等。其中，最典型的是"前海深港现代服务业示范区"和"深圳湾超级总部基地"这两个战略地区的城市设计。2012年进行

的"前海深港现代服务业示范区"城市设计国际竞赛，最终由美国FO公司（James Corner）提交的"前海水城"获得第一名，并作为实施方案。"深圳湾超级总部基地"则以"云城市"为主题，其核心区"超级城市"的城市设计国际竞赛受到了全球广泛关注。

通过缝合、连接、激活等不同角度，以城市设计特有的三维空间、场所设计等方式结合其他规划设计方法，塑造公共空间。如深圳书城——莲花山大平台，延续了黑川纪章的中心区中轴线城市设计理念，用架空平台连接的方式形成了完整的步行公共空间。而南山商业文化中心区立体街道，则将整个街区用架空平台连接成为一个整体，形成具有活力的"二层地面街区系统"。如深圳湾长达15 km的滨海休闲带公园设计项目，东起深圳红树林保护区，西至蛇口南海酒店，将整个深圳湾滨海沿线全部设计为可以连续步行（含自行车）的带状滨海公园，将不同特质的区域连接成为一个有机的连续空间。

深圳经过几十年来的快速发展，建设用地资源消耗殆尽，因此已经从增量用地全面转变到存量用地的发展阶段。面向存量用地再开发，必然涉及原有城市形态和社会经济形态基础上的关系重组。这种剧烈变化（人口的迁移、社会阶层断裂等）如果不在规划阶段予以充分考虑，就必然会引起大量的空间矛盾。城市设计在城市存量用地更新过程中，可以充分发挥其策略性价值，缓和甚至消除更新规划形成的后遗症。比如，在深圳的城市更新单元规划中，普遍采用的混合功能和功能兼容性策略、保障性住房配建策略（配建比例规定为5%~12%）以及在更新项目中强制性安排一定比例的公共空间的规定（每个城市更新单元应无偿向政府移交大于3000 ㎡且不小于拆除范围用地面积15%的公益用地），都是典型城市设计理念的体现。城市设计作为一种独特的场所设计，可以通过混合功能、活动植入等方式，将一些平庸的或趋于衰败的地区激活，使之焕发出公共空间的魅力。如华侨城"OCT—LOFT 创意园"，采用最小化干预和"都市填充"的策略，将美术馆、艺术家工作室、休闲餐饮、设计学院、创意市集、壁画节等多种功能和活动植入旧工业区中，使之成为深圳最具活力的公共空间。

城市设计如何转化为一种直接的行动和实施项目，而不仅是间接的空间控制工具和城市发展策略，这是近年来深圳城市设计管理的主要思路和目标。

由于城市设计所涉及的区域范围一般较大，所以城市政府（包括区政府）往往是片区级以上城市设计的主

要实施主体，主要形式是财政直接投资。此外，还有企业为主体实施的城市设计项目，一般为一些业主相对单一（多为有实力的大企业）的跨街区开发项目，如深圳华侨城"OCT—LOFT 创意园"和欢乐海岸项目（由华侨城集团开发）、蛇口南海意库项目（由招商地产开发）、蛇口太子湾项目（由蛇口工业区公司开发）等。

为了将城市设计转变为一种全民自发的社会行动，深圳从 2012 年开始启动了名为"趣城"的城市设计推广和实践活动，鼓励除政府企业直接实施外，由民间团体发起，寻找合适的地点和投资建设主体，进行一系列城市设计项目的实施，如由都市实践事务所策划完成的"城市填充——都市造园系列"，在罗湖区选择了多个城市边角余料（消极空间），将其改造为富有特色的小型街头公园，就是典型案例。

"趣城"城市设计推广和实践计划（以下简称"趣城"计划）包括一系列子课题："趣城——深圳美丽都市计划""趣城实施项目库""趣城——深圳建筑地图""趣城——深圳城市设计地图"等。其中，"趣城——深圳美丽都市计划"是整个"趣城"计划的核心，目的是通过"点"的力量，带动城市空间品质的提升，创造有活力、有趣味的深圳。

"趣城"计划专门设立了公众参与的网站，开展了面向全社会的"创意 + 地点"征集活动，欢迎政府、市民一起行动起来共同塑造城市、设计深圳的公共空间。在创意征集的基础上，对全市 100 多个地点进行实地勘察调研，并召开了多场专家咨询会，与政府多个部门及部分市场开发主体进行了多次座谈，最终形成了城市设计实施地点和策略项目库。

"趣城"计划类似一个工具包，可以针对城市中相似的问题提出治疗的方法，包括特色公园广场、特色滨水空间、街道慢行生活、创意空间、特色建筑、城市事件六大类计划。特色公园广场包括高密度商业中心区内的"挖空"、街头绿化隔离带变公园等 24 个子计划；特色滨水空间包括滨海村落慢生活、滨海生态景观道等 16 个子计划；街道慢行生活包括交叉口慢行体验、欢乐林荫道等 21 个子计划；创意空间包括"绘彩都市"等 12 个子计划；特色建筑包括特色临时建筑、立体混合的公共社区中心等 10 个子计划；城市事件包括城市空间变奏等 6 个子计划。为了实现公共空间的可达性、功能性、舒适性、社会性，"趣城"计划提出了一系列设想和措施。例如：针对可达性的问题，如深圳中心公园边缘柔化计划，提出了去除围墙和绿篱，使公园能够真正融入城市的设想；河流暗渠的激活计划，提出了通过暗渠明渠化、明渠亲水化的改造，丰富沿河活动节点，增加市民亲水空间；边界共享的红线公园计划，旨在将封闭隔离的围墙转变为通透创意的活动空间；主题乐园转变计划，设想将一些衰退的主题乐园如锦绣中华、世界之窗等转变为公共空间，成为免费的古代文化和民俗建筑体验区；城中村活化计划，尝试通过抽离部分建筑的方式形成庭院式空间，并植入艺术、时尚等功能和活动，激活城中村；结合深圳的气候特点，提出了在全市设置全天候风雨长廊系统的计划，等等。

针对每个城市设计项目，"趣城"计划还制定了实施策略和手段。例如：做好规划预控和预留，对计划中提出的许多有价值空间提前予以保护；将相关要求如风雨长廊、二层连廊的建设等纳入规划许可、土地合同中予以提前控制；通过减免地价的功能转换、土地期限延长等政策，激励开发主体参与旧工业区的创意化利用、有价值村落的激活、街头公园的建设等。以上计划，许多已转化为具体的行动指引和实施项目。深圳城市设计运作的路径演变是一个与城市发展高度契合的过程。

首先，在城市高速增长期，城市设计和其他类型的规划（主要是控制性详细规划系统）一起，主要起到一种空间控制工具的作用，以规范各种开发建设行为。但在这一过程中，城市设计也存在被抽象化的趋势，很多城市设计控制成果在最终转换成建设用地控制条件时，往往被减弱为容积率、高度、退线等几个抽象数字，而大量鲜活的城市设计内容则消隐无形了。

其次，在城市进入稳定增长期，为了吸引投资和各种经济社会资源在城市中的汇聚，城市设计往往会转变角色，成为一种发展策略。但在这一过程中，城市设计也存在图像化和口号化的趋势，很多城市设计最终变成大量效果图和概念词汇的大杂烩，城市设计虽然变得"高大上"，但却越来越难以落地实施。

最后，当城市从扩张式增长转变为内涵式增长，进入到存量用地再开发的时期，城市设计将更加注重提升城市空间的质量和细节品位，城市设计项目应该更加注重落地实施，通过具体的城市设计实施，在城市中形成很多有趣的地点，市民可以直接体验城市设计的空间效果，而不只是停留在城市设计理念上。城市设计的目的，是为城市创造大量有趣的、可日常使用的宜人地点，而不是将城市变成只能鸟瞰的图案抑或生产和消费的机器，这种价值观念的转变过程，或许对中国其他城市的城市设计管理有些许借鉴意义。

张宇星：深圳市规划和国土资源委员会副总规划师

Personages

—

人物篇

中国建筑设计界改革开放的 40 年，那不可磨灭的建筑作品是思想之脉动，它仿如 40 载建筑发展的步履在鲜活真实地记录着一个个悲喜交织的故事。本篇试图从业界找寻 40 多位或管理、或设计、或评论的代表性人物。我们的标准是，无论他们现在何方，只要他们的思想还在路上，他们曾经有过影响业界的历史功绩还在起作用即可。本篇的精彩之处，不仅仅是为了记住 40 载，发现 40 载的建筑理性，更在于要"打捞"出思想与方法，去除发展进步的种种迷思。真若如此，那请随我们一同走进这 49 位"建筑学人"为我们揭示的建筑时代吧。

Over the four decades of reform and opening up, in the sphere of Chinese architectural design, those indelible architectural works are physical embodiments of thought, they are like vivid, truthful records of stories mingling joy and grief told in voices of the times. This book intends to showcase forty representative personages of management, or design, or criticism in architectural circles. Our criterion is, wherever they are now, they will be included as long as their thoughts impacted and are still impacting architecture. What distinguishes this book is that it aims not merely to chronicle the architecture of the four decades and discover its underlying rationale, but more importantly, to "rediscover" thoughts and resolve mysteries shrouding development and progress.

甘当中国建筑文化的拓荒者

/ 高介华

一、缤纷的设计工作实践和阅历

《中国报道》人物专栏记者在其对我的"访谈录"记述之开头有这样一段话：

"我的处世哲学是：宁可天下人负我，不可我负天下人。……我的生存竞争哲学是：实力，只有实力才是最好的语言。缺少实力，一切都是白搭。正因为要得到实力，个人才有追求的目标，才能产生雄心壮志，才能坚忍不拔，甚至也才能忍辱而负重。"

不难看到，我是本着这样的人生态度来实践一生中对工作与事业的追求的。

我 1928 年 10 月出生于湖南省宁乡县东乡的一个医生家庭。自幼秉性刚毅，却能隐忍。1946 年 7 月考入了湖南大学，当时仅有我一名学生读建筑学专业，因而成为柳士英先生的单授弟子。1950 年 6 月毕业后，我被分配到长沙市人民政府所属之长沙市工程公司，又师从我国著名城市史学者贺业钜先生。自此，开始了建筑设计生涯。

1950 年 10 月，我被调到中南军政委员会所属的中南建筑公司。尔后，相继转调于中国建筑企业总公司中南区公司、华南区公路修建工程总指挥部前进指挥部、海南建筑委员会、交通部公路总局第二工程局、交通部教育司公路学院筹备委员会、城市建设部、建筑工程部等所属设计单位。1962 年 2 月调到中南工业建筑设计院（今中南建筑设计院）至今。

1987 年 11 月，国务院科技干部局授予我"高级建筑师"职称（1983 年评定），系"教授级待遇"，国家一级注册建筑师，至今仍任《华中建筑》主编。

经我组织、主持、审定的大中型工程建筑设计在 300 项以上，如第二汽车制造厂、葛洲坝水利枢纽配套建筑工程、中国地质大学建校工程等。我本人从事的各类建筑工程及规划设计在 80 项以上，如水电部武汉高压研究所、重建黄鹤楼（夺选）方案设计、武当山风景名胜区总体规

高介华

1928 年 10 月出生，湖南省宁乡县人，1950 年毕业于国立湖南大学工学院。曾任《华中建筑》主编、教授级高级建筑师。提出创建"建筑文化学""建筑思想史"等新学科，主编出版了多部建筑文化类书籍。

划等。

我在设计创作中，重视对象的特殊性，对建筑科学技术的运用与革新，功能的完善，文化内涵和意境的创造及其他艺术的兼容考虑周详；强调对象的生成特色，不追附西方流派，作品曾入选《世界美术集·华人卷》。

我在办刊以后参与并主持了大量的建筑或相关学科的学术和编纂活动，但设计活动并未休止，一直兼任湖北省城市规划专家咨询委员会委员、武汉市历史文化名城委员会委员及多所高校的客座教授。

1994年3月，我受命担任武当山古建筑群申报世界文化遗产的环境治理专家组组长，主持制订了治理方案并监督实施。其治理效果受到联合国鉴定专家的赞许，为武当山古建筑群与布达拉宫、三孔（孔庙、孔林、孔府）、承德避暑山庄并列为四，获列"世界文化遗产"名录殊荣做出了突出贡献。

二、朴素的建筑观和设计理念

（1）我的建筑观和设计理念："建筑是科学，因此不要走向玄学。"

（2）从根本上探索、确立建筑设计创作的生产性质，我曾就建筑设计的性质提出了见解：建筑设计创作就其"生产"而言，具有发现性和发明性——双重生产性质，因而对建筑设计创作的评价标准确立了基础。

（3）主张创造"以东方为体"的中国新建筑文化。

对于清末洋务派学者所论辩的"中学为体，西学为用"这一命题，如果拂去这一主张所披的政治面纱，今天我们从哲学、文化的角度重新审析，似可以有新的理解。"为体"的实质是"为道"；"为用"的实质是"为学"。为道、为学本是中、西哲学的分野。落到实处，为道是根本，为学是实用；为道是起点和终点，为学是道路和方法。

在创造中国新建筑文化的道路上，以东方为体，即为道；以西方进步文化为用，即为学。体、用结合，道、学互补，才是正道。

（4）提出了"三反建筑"的观念。

我想，建筑不应当是反哲学的，建筑更不应当是反科学的，建筑创作乃属于融人文科学、自然科学、技术科学（以上二者当转换成技术）于一体的作品（或产品），科学就应当是合乎科学的、合理的。建筑中的艺术当是合人性之理。如果一个建筑作品既反科学，又反人性，该怎么评价？自然，建筑也不应当是反艺术的，因为真正的艺术是真善美的反映，假伪、丑恶的拼贴组合也能

作者在北疆

作者在第六届学术年会上作学术报告

算艺术吗？

我主张，设计创作的哲学基点应放在"中庸"之道这个基点上。因为中庸是为天下之至善。

早在1992年的第二次"全国孔子思想评价与弘扬民族优秀传统文化讨论会"上，我曾提出了"中庸是辩证法""中庸是一种动态中的平衡"的论点。所谓最佳设计，便是多维度的高度平衡。

三、走向编辑生涯 笔耕不倦

1983年10月，《华中建筑》创刊，我主编该刊至今。《华中建筑》的办刊宗旨之一就在于："发掘发扬中华民族的优秀建筑文化遗产。"编辑方针为："古今并蓄，中外兼容。"从创刊伊始及此后的一两年内，我虽孤军奋战，却不断在国内外进行全方位的刊务开拓和建设性工作。历年来，参加、发起、组织了一系列的重大建筑学术活动。研究中国建筑学期刊的青年学者蒋妙菲在其专论中写道："同样于1983年创刊于武汉的《华中建筑》却颇具别样的风格，以宣扬民族文化为主，在建筑杂志中堪称异军突起之秀。在创刊当时，无论是内

《华中建筑》

老的高等学府——岳麓书院拉开了首次全国性"建筑与文化学术讨论会"的序幕。从此我主动肩负了举办这一活动的重任。

在第四次讨论会——"建筑与文化1996国际学术讨论会"上，我启动了"中国建筑文化研究文库"的编纂工作。

第七次讨论会——"建筑与文化2002国际学术讨论会"（2002年10月20日，在庐山风景名胜区举行），由中国科学院院士齐康教授主持，隆重地举行了"中国建筑文化研究文库"（第一批专著）的首发式。

《强国丰碑·人才强国科技卷》以"建筑与文化学术研究的开拓者——高介华"为题，报道了这一突出的科技文化业绩和成就，亦入编于《全面建设小康社会的开拓者》一书。

五、建筑与文化学术活动的硕果

我作为主要的组织者，经过多年努力，使建筑与文化研究的学术活动在海内外产生了一定影响，所铸就的标志性重大学术成果——"中国建筑文化研究文库"（国家"十五"规划重点出版工程），至2006年已出版了21本。这是我国多学科领域学者艰辛积淀而成，在建筑学术领域属少有的重大学术成果，是研究中国传统建筑文化的一项基础工程建设，从全方位、多角度、深层次展现了我国上下五千年、纵横数万里的中国优秀建筑文化。

我曾不无自得地说："在中国当代的诗坛上，我大概也算得半个词人。"1995年12月，江苏文艺出版社出版了我的第一本词集——《击水词》。我所作诗、词、联、格言、新诗、散（杂）文入选近300种。中国文艺协会授予我"中国文艺金爵奖"（文学最佳奖）（2005年6月），并膺任协会终身理事。

对于我的诗词，相关典籍中有这样的评述：

其作品以极为凝练的笔墨，烘托出极为深邃的意境和深广的情蕴，凸显了他对生活的深入观察和艺术把握……想象奇特新颖……语言质朴明达，刻画细致真切……显示了其娴熟的艺术功力，创造性地实现了景致与情怀、现实与历史的和谐统一，自然而然地从多种角度折射出其馨香的品德和高洁的志向……在学术界引起了广泛关注……为中国文学事业的繁荣和发展做出了突出贡献。

（本文改编自高介华多篇采访稿）

容还是封面装帧设计都有自己的特色，使人颇觉耳目一新……《发刊词》宣扬民族性，斗争性极强……《华中建筑》以山菊自喻，而山菊的野旷正是自己的特色。面世后反映强烈，各地评述纷至沓来。近年来，杂志在形式上改革尤甚。"在我的心目中，《华中建筑》应当成为一块发掘、继承、光大中国建筑文化的坚强阵地。

《华中建筑》创刊伊始，就辟有建筑历史专栏，迄今该专栏设有12个分栏和8个次分栏。而"宗教建筑""中国少数民族建筑""中国建筑文化拓荒"等专栏的内容亦多属于"史"类。该刊已成为信息量最大的超大型建筑学术期刊，国际个人订户已遍布于16个国家和地区，并进入了西方发达国家的多所国会图书馆。

50多年以来，我撰写了有关于建筑设计创作理论、建筑历史与理论、建筑考古、建筑与文化以及有关于科技情报、科技编辑等多方面的论述文章近300篇，分别发表（或转载、摘转）于30多家报刊，其中14篇论文入录于美国工程信息数据库（EI）。

我还参与了13种专著（专篇、章）的编写。撰写了《天然水对水硬性混凝土的浸蚀及其防护》（1964）、"楚学文库"丛书之一的《楚国的城市与建筑》（1996）、《击水词》（1995）等专著。多卷本的《击水文丛》正在整理中，以备将来出版。

四、建筑与文化研究学术领域的辛勤耕耘者

科技期刊编辑应当是科技文化的编织者和传播者，我就是本着这一理念来运用编辑平台。

众所周知，我是"建筑与文化研究"这一学术活动的主要策划者、组织者。

1989年11月6日，由湖南大学主办，在世界最古

为建筑界的耕耘与拓新

/ 张钦楠

张钦楠

1931 出生，上海人，1951 年毕业于美国麻省理工学院土木工程系。美国建筑师学会 (AIA)、英国皇家建筑学会 (RIBA)、澳大利亚建筑学会 (RAIA) 的名誉资深会员，阿根廷布宜诺斯艾利斯市的名誉市民。1952—1980 年先后在上海、北京、西安、重庆等从事建筑工程设计。历任城乡建设环境保护部设计局局长，中国建筑学会秘书长、副理事长。担任英国《建筑学报》地区编辑，中、日、韩建筑学会联合出版的《建筑理论》中方总编辑，开创性著作和译作颇丰。

我 1931 年生于上海。1947 年去美国留学，1951 年毕业于美国麻省理工学院土木工程系，同年回国。1952 年起先后在上海、北京、西安等建筑设计院和主管部门工作。1980 年起在国家建筑主管部门工作，曾任建筑设计局处长、副局长、局长，1988—1999 年任中国建筑学会秘书长、副理事长。1999 年离休。

一生从事建筑业，是普通一兵，无甚贡献可言。与其他同志共同工作过的若干事如下。

① 1983 年在澳大利亚结识美国肯尼斯·弗兰姆普敦教授，在他支持下组织国内班子先后翻译了他的《现代建筑：一部批判的历史》第 2、3、4 版（现正在翻译第 5 版）。这本书是陈述世界现代建筑发展史的经典（每一新版都添加一章论述当前世界建筑创作的新成就与新趋势），能介绍给国内读者（几版均脱销），是我的荣幸。

② 1994 年，国际建筑师协会（UIA）决定成立建筑师职业委员会（UIA PPC），着重解决全球化中建筑设计行业面临的问题，请美国建筑师学会与中国建筑学会联合主持，后者委任我为该委员会中方书记（后称主任）。委员会在有关国家学会的参与下编拟了《国际建协建筑师职业实践

1963 作者在尼泊尔

1949 年作者在波士顿

20 世纪 90 年代作者与陈植先生

作者（右 3）与外国建筑师交流

作者参加学术会议

政策推荐导则》（简称《UIA 认同书》），在 1999 年北京召开的 UIA 代表大会上由与会 100 个会员国一致通过，成为建筑师职业的国际标准。我于 1999 年卸任，由许安之、庄惟敏先后继任，他们都发挥了重大作用。

③ 1995 年起，为配合 1999 年在北京召开的世界建筑师大会，中国建筑学会聘任弗兰姆普敦教授和我分别担任正副总编辑，在中国建筑出版社大力支持下，聘请了 12 名国际知名建筑家为各卷编辑和各国 60 余名建筑师按世界 10 大地区选择了 20 世纪 1000 项代表作品，构成 10 卷本的"20 世纪世界建筑精品集"丛书，与斯普林格出版社分别以中、英文出版，并全球发行。它打破了当今一些类似丛书主要偏重于欧美日建筑的倾向，成为真正覆盖全球建筑的珍贵记录，先后获得国际建协、国际建筑评论家协会（CICA）以及中国的优秀书刊提名奖。

④ 20 世纪末，在国家建设部、人事部的联合主持下，以建设部设计司司长吴奕良为主，各单位协同配合，先后建立了我国注册建筑师的教育评估、职业实践和执业资格考试等三大制度。我在提供国外相应制度的资料和国际沟通方面做了些配合工作。1995 年，时任总理李

鹏签署国务院令，公布了《中华人民共和国注册建筑师条例》（规定建筑项目必须有注册建筑师的签名负责才在法律层面有效），中国建筑师取得了法律地位。

⑤ 我在工作之余，根据自己学习建筑学的一些体会，写了一些学习心得，获得有关出版社的支持出版，其中《阅读城市》一书被纳入"中国文库"，韩国一出版社译成韩文出版。《中国古代建筑师》和《跨文化建筑》二书在香港以繁体字本出版。

⑥ 由于我参加了一些活动，我先后当选为英国（RIBA，1994）和澳大利亚（RAIA，1998）皇家建筑师学会、美国建筑师学会（AIA，1998）、香港建筑师学会（HKIA，2018）的名誉资深会员（Honorary Fellow，HF）；俄罗斯建筑师联盟（UAR，2001）、日本建筑家联合会（JIA，2000）的名誉会员（Honorary Member，HM）。我视之为友情的表示，非常珍惜这种友情。

机遇及躬行

/ 费麟

费麟

1935 年 4 月出生，江苏省吴县人。1959 年毕业于清华大学建筑系。曾任清华大学教师，机械部设计总院总建筑师、副院长，中元国际工程设计研究院资深总建筑师，兼任清华大学教授，中国注册建筑师管理委员会专家组副组长。代表作有北京新东安市场、北京中粮广场、北京财富中心等。

我是建筑设计行业中的一名"匠人"，经历了我国不同建筑设计时期的风雨变化与发展，见证了中国工程建设的光辉历程。当我回首往事时，我想起南宋陆游的一首教子诗《冬夜读书示子聿》："纸上得来终觉浅，绝知此事要躬行。"建筑设计行业是一项古老的、艺术性很强的工程营造事业，不能只停留在理论探讨和图纸文稿上，它是"策划"与"躬行"的工程咨询行业。温故知新，以史为鉴，非常重要。

一、教育启蒙　有缘建筑

父母（费康、张玉泉）1934 年毕业于中央大学建筑系，毕业后应中大建筑系留法老师刘既漂邀请，到他在广州的建筑师事务所工作。数年后，父亲又应聘于梧州广西大学建筑系，担任建筑学与国防工程的讲授工作。1938 年夏，祖父病故，全家回沪到祖母家探亲奔丧。当年日军侵入广西，海路中断，无法返家，只得暂居上海，和祖母、大伯父费穆一家以及二伯父费秉（彝民）、四叔费泰同住。父母毅然决定在上海谋生，立即申请建筑师开业执照，创办了"大地建筑师事务所"，承担建筑工程设计任务。1941 年，他们在上海的一次建筑设计竞赛中夺标，获得蒲石路（长乐路）570 弄"蒲园"12 栋花园洋房的规划、建筑设计权（1999 年蒲园列入上海优秀历史保护建筑）。为开展业务，我们离开了祖母家，租赁了在霞飞路上（淮海中路）三间一套的"南徐公寓"，客厅、设计室和居室在一起（SOHO）。我耳濡目染，好奇地看到父母与叔叔们日夜赶图，用"维纳斯"牌绘图铅笔画平立剖面图，求灭点，画鸟瞰与透视图，做建筑模型沙盘等，看到事务所橱柜里有多样花色的面砖和马赛克样品。后来，我考上了上海南洋模范中小学。南模精神是"勤、俭、敬、信"，教育我们做人做事的基本道理。中学时代我喜欢打篮球，参加了校队，于 1951 年的上海中学篮球联赛中获得冠军。篮球运动培养了团队精神，该精神在建筑设计时，起了重要作用。1953 年我考上了清华大学建筑系（六年制），开始系统接受建筑专业教育。二年级时在建筑系图书馆中看到了维特鲁威的《建筑十书》，让我懂得建筑师必须掌握艺术和技术以及其他有关领域的知识，认识到建筑师相当于一个交响乐队中的总指挥，责任重大。1958 年，我有幸参加了国庆工程之一的"中国科技馆"设计团队（因资金和材料紧张，施工到二层就停工了），出图后担任驻工地的设计代表。1959 年，我提前毕业、留校。当年 10 月，我参加了清华大学精密仪器系的 9003 大楼的设计工作。大楼中有精密仪器的"光栅刻线机"，要求恒温 $20 \pm 0.1°C$、防震精度 $\not> 1\mu m$、防尘精度 $\not> 1\mu m$。这个工程由清华土建综合设计院总负责，土建系、机械系、电机系参加。在老师的支持、帮助下，我担任工程负责人的任务，项目 1966 年建成（2007 年已列入北京市近现代历史保护建筑第一批目录中）。2016 年精密仪器系决定对 9003 大楼进行内部装修，清华建筑学院和设计院邀请我参加了这项保护建筑的改造任务。

二、温故知新　世界之窗

我在清华大学经历了多次风雨，1969 年被"下放"到江西鲤鱼洲农场。1970 年，我母亲和妻女全家随机械部第一设计院"战备疏散"到蚌埠定居，正好我以支援"二线建设"和解决"两地分居"的名义，调离清华大学。到一院报道后，我被分配到"援外设计室"，参加（援）巴基斯坦重机厂（得到 20 世纪 80 年代全国首次工程设计一等奖）和铸锻件厂的建筑设计工作。该工程图纸要用中、英文说明，我借此机会复习了英文，对以后参加中外合作设计很有帮助。过去苏式工业厂房都是清水红砖、竖线条窗。这次援巴建筑，一反常规，外墙抹灰、采用横向带窗，使人耳目一新。这是我第一次参加援外现代工业建筑厂房设计。

1978 年十一届三中全会的召开，开启了改革开放的新时代。当年年初院领导要我到北京总院报道，参加培训，准备于 6 月随"一机部赴法工厂设计考察组"出国考察，人员来自总院、二院、四院、八院和九院，连翻译共 10 人。其中大部分是机械工艺老总，只有我是建筑专业。由于我的年龄最小，带队的总院张蓬时院长交给我一个任务，通过部内关系，向一机部情报所借一台16 mm 的摄影机，到中央广播电台领取 16 mm 的彩色正片，并且介绍我到情报所请教一位热情的摄影师，临时抱佛脚学习拍摄技术。当年 6 月 13 日，我开始随团赴

蒲园设计鸟瞰图

蒲园住宅草图

蒲园住宅模型

法进行了 50 天的参观访问。我们前后访问了 73 个单位，其中包括 49 个重型机械厂与汽车厂、8 个设计公司和 9 个科研、计算中心。这次考察，打开了建筑的"世界之窗"。

首先，我看到了法国现代建筑的新面貌。我们专程去参观在索纳河畔的法美原子能公司夏龙厂（Chalon Framatome）。该厂有明快的米黄色外墙，配上三个咖啡色包孕式通风天窗，台阶式的山墙上开了一个组合式大门，能让 1000 t 原子能装备从车间内用组合吊车

送到临河红色的露天跨上，直接吊至河中的运输船上运走。休假日，我和本院的赵总（工艺）两人专程参观了刚建成的蓬皮杜文化艺术中心。大跨度的展览厅中没有结构柱子，所有结构承重钢架和水、暖、电气管道全部外露在玻璃幕墙之外，当地人叫它为"翻肠倒肚式"的现代建筑，再次让我耳目一新。

其次，学习到在工程设计与管理中应用"人类工程学"。我们访问了雷诺（Renault）汽车集团下属的舍埃（Seri）工程设计公司。该公司在工程设计和管理上运用了"人类工程学"（法文是Ergonomie，英文是Human Engineering）。在工厂设计和管理上要处理好"人—机""人—环境""人—人"之间的关系，它要求重视提高劳动效率，创造良好劳动环境，管理人性化。该厂规定职工都要进行"人类工程学"的定期培训。我们参观了许多汽车厂，车间里有不同色彩的指示牌（人类工程学中的色彩管理），自动化程度很高，只有少数操作工人。几乎每个密闭联合厂房都配置了可以见到阳光和绿化庭园的咖啡休息室。相比之下，我深感国内在这些方面还有比较大的差距。

同年8月2日回到了北京，考察团写出了六卷的考察报告。我负责其中一章《建筑、建材、人类工程学、设计工具》，并将拍摄的10盘16 mm彩色电影胶片，带到一机部情报所学习编制剪辑，配上背景音乐，压缩成30分钟的纪录片《一机部赴法工程设计见闻》。先后到北京、西安、安徽各地兄弟设计院，配合考察团作报告，在会后放映。

1979年，机械部要在北京恢复部属工程设计院，决定从蚌埠一机部一院调回一批技术人员。根据当时政策，只有户口在北京的双职工，才能回京。于是有500名符合条件的职工立即迁回北京，组建机械部设计总院。我和妻子李桐有幸符合条件，在1980年先后调到总院。

三、改革开放　工程咨询

1981年应美国路易斯·博格公司邀请，铁道三院与公路规划院分别组织人员赴美学习土木交通工程咨询。同年应英国RICS测量协会邀请，建委设计局的经济处派出3人到该协会培训6个月的投资经济工程咨询。该年根据《中德科技合作协议》，由联邦德国工程咨询学会会长魏特勒先生邀请中国工程师和建筑师各一人到他主办的魏特勒工程咨询公司（Weidleplan Consulting Engineering CO.）进行在职培训6个月。当时建委将这个任务下达给一机部，最后由一机部总院派出陈明辉

巴基斯坦重机厂车间外景

9003改造　作者与建筑历史教授李璐珂等专家回访

（结构）和我（建筑）。当年2月28日，我俩乘国航班机经法兰克福转到斯图加特。魏特勒先生派车接我俩下榻于市内一个三层公寓内。从这天开始，我们在新的环境中接受关于工程咨询的培训，每天坐有轨电车上下班。公司里的员工都会英文，连司机和厨师都可以用英语和我俩对话。在培训阶段，我俩分别参加结构与建筑专业组。

培训第一阶段（1981年2月28日—3月17日）：先到一个造纸厂设计小组熟悉图纸。我曾好奇地问德国建筑师，为什么公司没有造纸工艺工程师？他的回答很简单："没有必要！因为可聘请有经验的造纸厂工艺师当工程咨询专家。"不久，负责造纸厂设计的主任建筑师Geist陪同我俩去工地参观，看到由公司"施工现场管理部"派出的监理工程师常驻工地，负责质量、进度和造价的管理。通过专家讲课和座谈，了解到魏特勒工程咨询公司包括工程前期咨询、工程设计咨询和工程实施管理咨询三部分。一般公司设计从前期工程咨询做到扩大初步设计（FD最后设计），施工图设计分包给其他建筑事务所或由施工承包商完成。公司擅长设计体育

法国 Framatome 核能发电容器厂

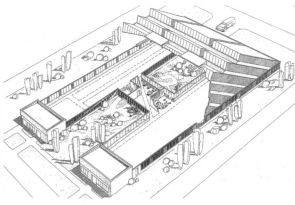
法国发动机厂车间内庭院

德国魏特勒工程咨询公司设计室

北京翠微园鸟瞰模型

场馆、航空港、校园和造纸厂，同时也承担部分国防工程。公司设立了建筑、结构、设备和经济专业室。由公司副总经理归口负责各工程项目设计综合团队，从各室抽调相应专业设计负责人。

第二阶段（3月18日—5月17日）：我俩参加了"巴格达理工学院"设计组工作，我负责部分建筑方案设计和标准图，设计图纸用英文。在建筑方案研讨会上，为照顾我俩，设计组全部用英语。设计组有几位有经验的绘图员，建筑师给他们设计草图，他们即能完成正式的图纸。公司还聘请了美国建筑师、埃及工程师。经过3个多月的工作，我顺利参加了一些设计工作，和德国建筑师相处得比较融洽。有一次德国建筑师送我一首自己创作的《设计之歌》："今日改，明天改，有时气愤，有时高兴。一周七天，天天改，我们修改有信心。有时纯粹出于兴趣，有时有意，有时无意。有时改得好，有时也有限。因为要修改，总会添麻烦。拼命地改，悄悄地改，按照每人心意改。老人改，少年改，改过的，还要改。我们尽力改，要改得像样。设计成功了，定与修改相一致。因此我们迟早得改，要改的地方统统改。今

天改，随时改，思考时间不多了，准备改吧！"看起来，建筑师的苦恼是不分国界的。

第三阶段（5月18日—9月29日）：主要是参观、座谈、收集资料。我俩先后去了法兰克福、波恩（西德首都）、科隆访问，参观了鲁尔大学、乌尔姆大学、雷根斯堡大学、康斯坦茨大学以及住宅区、医院等建筑。后来又参观了汉诺威举办的国际展览会、慕尼黑体育场以及东、西柏林。7月27日至8月7日，公司特意介绍我俩单独去瑞士访问巴登市"摩托—哥伦布工程咨询公司"。这是一家有700名职工的国际综合工程咨询公司，主要承担水利工程、水电站、火力发电站、原子能发电站以及其他土建设计任务。我俩先后参观了原子反应堆核心区建筑和几个水坝工程。转瞬已到培训阶段尾声，我俩组织了一次"答谢茶会"，在会上我致答谢词，并放映有关中国建筑的幻灯片。公司为我俩准备了航空托运的八大箱技术资料。1981年9月底，我俩告别了斯图加特，满载而归，返回北京。

在德国期间，妈妈曾来信附诗一首：赏花有感（1981年5月16日）：陶然亭畔物华新，劫后春葩分外馨，

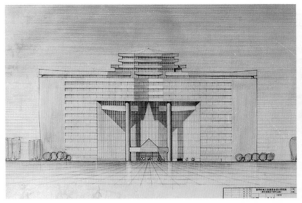

北京中粮广场方案草图

北京新东安市场

某驻外中国大使馆入口

天眼 FAST

可爱绯红深浅间，赏花须记育花人。我读后有感，成诗如下：慈母手中诗，游子心上吟，万里迢迢路，犹待步步行。另诗一首：莱茵河畔盼乡音，万里飞鸿获母吟。胜境百花须记取，勿忘培育斯苦心。

我们回京后，立即将带回来的资料整理归档，其中包括校园规划、医院、体育馆、住宅区、造纸厂以及德国规范、标准图、工程咨询、设计院组织管理的图文资料。资料少部分用英、德双语，大部分是德文，准备以后根据需要，请人翻译以供使用。回国不久，院领导让我参加一个设计小组负责北京翠微园居住区的总体规划与建筑设计任务（获得北京市 20 世纪 80 年代住宅区规划奖）。

四、继往开来　三大台阶

一机部设计总院创建于 1953 年。其中许多建筑师、土建工程师来自上海华东设计院。1949 年华东工业局局长汪道涵负责组建了华东工程公司，不久一分为二，成立了华东工程公司和华东设计公司（华东院的前身）。后来华东院部分技术人员支援建设、调到北京，和太原重机厂、长春汽车厂基建科等单位的部分工艺和土建人员组成了一机部第一设计院。原来设计院主业是重型机械厂的工程设计任务，曾与前苏联合作参加富拉尔基第一重型机械厂和长春汽车厂的部分施工图设计工作。以后我院独立完成太原重机厂、第二重机厂、北京第二通用机械厂、天津重机厂、大连重机厂设计任务。这是为我院今后全面发展奠定工程设计人才、技术管理基础的第一个重要阶段。

1983 年，国务院总理提出设计院应该改革，面向市场、面向社会。改革开放后，许多已建工厂要转型升级、技术改造，几乎没有新厂的工程设计任务。我院及时提出"不能吊死在一棵树上"，应该建立工业、民用、能源"三大支柱"的服务方向，要"一业为主，两头延伸"。我院共有 36 个专业，大家来自五湖四海，潜力很大。工艺、总图、建筑、结构、设备、炉子、非标、经济专业等人才济济，其中大部分建筑师毕业于重点建筑院校，有的毕业于苏州工专、上海圣约翰大学、浙江之江大学。许多工艺、结构、设备、总图工程师都来自上海交通大

天眼展览馆的南仁东塑像

学、同济大学。

"三大支柱"的提出和实践，标志我院发展上了第二阶段。由于工业建筑跨行转型，除了重型机械厂的技术改造外，我院先后承担了工程机械厂、金属结构厂、电梯厂、制药厂、邮票厂、邮政枢纽的设计任务，开辟了"物流"市场，承接了北京、上海、广州等地航空港的有关航站楼、行李运输系统、高架仓库、配餐楼等工程设计任务；还承担了P3、P4生物实验室的设计任务；并且担任了深圳等地区的海关集装箱"无损探伤"系统装置工程设计（甚至担任过工程总承包的任务）。在民用建筑方面，我们先后承担了住宅小区、医院、学校、戏剧院、办公楼、实验室、亚运会的体育馆、商业中心、交通枢纽、超高层建筑以及城市规划等设计任务。在能源工程方面，我院承担了动力站、热电站、城市热力管网规划设计任务。

在这个阶段，设计院也相应进行了机构和制度的改革，将专业室改为综合室，适应了市场的需要；并且改革了计奖方式，将原来按虚产值的计奖办法改为按实收利润值的计奖办法，极大地调动了设计人员积极性，全院的设计总产值很快直线上升。

"请进来，走出去"标志登上了第三阶段。

改革开放以后，我院通过中外合作设计，锻炼了设计与管理队伍：1983年，与德国合作设计滁州刨花板厂，与意大利合作设计北京第三制药厂；1984年，与新加坡DB建筑事务所合作设计燕山大学；1988年，和法国爱尔培建筑事务所合作设计北京国际金融大厦（1990年改为中资的中粮广场）；1993年，与美国RTKL设计公司和香港王董国际有限公司合作设计王府井新东安市场；2001年，与香港王董国际有限公司再度合作设计北京财富中心一、二期工程（其中包括五星级千禧酒店）。通过一系列的中外合作设计工程，我们培养了人才，提高了技术与工程管理水平，为我院进一步改革开放打下基础。2005年成立中法中元蒂塞尔声学工作室，先后承担了梅兰芳大剧院、重庆国泰艺术中心（崔愷院士主持的工程设计项目）、鲅鱼圈保利大剧院、援黎巴嫩音乐学院音乐厅等的建筑声学设计任务。总之，三个阶段的发展意味着登上三大台阶，可以说是一次次飞跃。

五、做大做强　面向世界

2007年，国家《关于加快建筑行业改革与发展的若干意见》提出："企业要以市场为导向，结合自身优势，加快经营结构调整，拓宽服务领域，做强做大。"2017年2月，国务院19号文中再次提出"全过程工程咨询""建筑师负责制"和"工程总承包"三大要求，并进行了"试点"和"课题研究"。这些重要的国家政策，大大促进了我院进一步深层次的改革开放。

我院先后与中国机械电脑应用技术开发公司和机械工业规划研究院以及北京运输机械设计研究院联合重组，更名为中国中元国际工程有限公司。在新的基础上开展全过程工程咨询和工程总承包业务，并且开拓海外市场。2005年，我院与贝聿铭建筑事务所合作设计中国驻美国华盛顿大使馆工程，并且负责全过程工程项目管理；相继又承担了老挝国际会议中心、柬埔寨国家体育场以及中（国）白（俄罗斯）工业园一期北区的规划与设计等多项具有重大国际影响力的项目。十多年来在国家天文台500 m口径球面射电望远镜（FAST）工程中承担了六大系统初步设计，4450块反射面单元吊装方案与工程设计以及全过程项目管理等多项工作。与此同时，我们还开展了专业承包和工程总承包的业务，进一步"双肩挑"，不断增强承担"全过程工程咨询"和"工程总承包"的能力，让建筑师在建筑工程设计中进一步发挥主导作用。在新时代，中国中元国际工程有限公司将将逐步走向世界，为祖国现代化建设贡献更多力量。

当代中国建筑现状与发展

/ 程泰宁

程泰宁

1935 年生于南京，1956 年毕业
于南京工学院建筑系。现任东南
大学建筑设计与理论研究中心主
任、中联筑境建筑设计有限公司
主持人。2000 年被评为全国工
程勘察设计大师，2004 年获"梁
思成建筑奖"，2005 年当选为
中国工程院院士。代表作有南京
长江大桥、加纳国家大剧院、南
京博物院、浙江美术馆、黄龙饭
店等。

一、希望与挑战

谈到希望，我们会想到 2011 年吴良镛先生获得"中国
最高科学技术奖"和 2012 年王澍先生获得普利兹克建筑
奖。他们的获奖说明了中国社会以及国际建筑界对中国现
代建筑的关注和认同，这是中国建筑发展进程中的一个重
要标志，值得我们高兴和珍视。同时我们也应该看到，在
这些获奖个案的背后，是中国建筑师群体的成长，而这往
往是容易被人们忽视的。

快速城镇化给中国建筑师提供了广阔的用武之地。经
过 30 多年磨炼，我们的建筑创作水平有了明显提高，涌
现了一批优秀的建筑师和优秀作品。尤其值得高兴的是，
通过全方位的对外交流，中国建筑师逐步打破了"一元化"
观念的束缚，开始展现出建筑创作多方向探索的可喜局面。

这其中，很多中国建筑师关注"中国性"的思考。他
们或主张"地域建筑现代化"，承接传统、转换创新；或
主张现代建筑地域化，直面当代、根系本土；或主张对中
国文化的"抽象继承"，注重"内化"、追求境界；或强
调建筑师个人对传统和文化的理解，突出个性化、人文化
的表达。

也有很多建筑师不囿于对"中国性"的解释，或强调
对建筑基本原理的诠释；或提倡城市、建筑一体化的理念；
或关注现代科学技术和绿色生态技术运用，力求展示建筑
本身的内在价值和魅力。当然，也有不少建筑师继续现代
主义的当代探索和发展；更有一些建筑师直接移植西方当
代建筑理念，进行先锋实验探索，等等。

以上分析，不是对"多元"的准确概括（事实上不同
方向会有交集），而是说明，改革开放 40 多年来，在创作
环境并不理想的情况下，不少建筑师一直在坚持多方向探
索，并已取得明显效果。与过去相比，我国的建筑创作开
始呈现出更为丰富多彩的整体风貌，产生了一批各具特色
的优秀作品。这是中国现代建筑进一步发展的基础和希望。

2013 年 11 月 23 日，作者在中国当代建筑设计发展战略国际高端论坛上发言

对此我想说，我们，不仅是建筑师，也包括公众、媒体、领导都不应妄自菲薄，对于我们的进步和成果应该充分肯定并加以珍惜。

但是，现实是复杂的。我们谈到希望，却不能掩盖建筑设计领域存在的诸多问题。现实是，飞速发展的城镇建设与现代文明的发展进程不相匹配，以致我们的建筑创作在发展中矛盾重重、积弊甚深。我认为，"价值判断失衡""跨文化对话失语""体制和制度建设失范"，已成为制约我们建筑设计进一步健康发展的重要问题。这里需要特别强调的是我这里所谈到的三"失"，所针对的并不仅仅是建筑设计领域的学术问题，更与当前中国的社会现实密切相关。因此，问题变得很复杂，也更具有挑战性。

1. 价值判断失衡

建筑的基本属性——物质属性和文化属性受到严重挑战。强调建筑的物质属性，是要求建筑设计能够满足适用、安全、生态节能以及技术经济合理等基本要求，也就是国际建协《北京宣言》所说的"回归基本原理"。但是在当下的社会环境中，我们的建筑违背基本原理的情况十分突出。

最近的一个例子是长沙拟建一幢838米超高层建筑。为什么要在长沙这样的城市建世界第一高楼，令不少人感到费解，这是城市环境的要求？是实用功能的需要？还是当前建筑工业化发展的急需？都不是。尤其是计划仅用 8 个月的时间建成这座 105 万平方米的超大型建筑，届时将会有怎样的建筑完成度，实在令人怀疑。这种违背理性的"炫技表演"使这座大厦已经失去了本该具有的建筑价值，而成了一个巨型商业广告。至于一些国家投资的"标志性"建筑在设计上存在的问题也很突出。CCTV 大楼为了造型需要，不仅挑战力学原理和消防安全底线，还带来了超高的工程造价。一座 55 万平方米的办公、演播大楼原定造价为 50 亿元，竣工后

造价大幅度超出，高达 100 亿元人民币。在某种程度上可以说，这样的建筑已很难用通常的价值标准来评价，因为它已经被异化为一个满足功利需要的超尺度装置艺术，成为欲望指针与身份标志。这种违反建筑本原的非理性倾向值得我们关注。上述两个例子也可以说是特殊情况下催生的特殊案例，但是这些具有风向标作用的重要公共建筑，对于城市中的大量建设项目有着重要的引领作用。在这样一些"标志性"建筑的影响下，当前在建筑设计中有悖于建筑基本原理的求高、求大、求洋、求怪、求奢华气派已成为一种风气。一些城市的行政建筑的超标准建设和部分高铁站房追求高大空间以致建筑耗能严重，就是一些比较突出，同时也比较普遍的例子。这类俯拾即是的很多例子说明，回归基本原理是当前建筑设计亟待解决的问题。至于建筑文化价值被歪曲甚至否定的现状，更可说是乱象丛生。类似天子大酒店、方圆大厦等恶俗建筑时有所见，盲目仿古之风也在很多城市蔓延，特别是形形色色的山寨建筑几乎遍及全国城镇。最近美国出版的《原创性翻版——中国当代建筑中的模仿术》（ *Original Copies: Architectural Mimicry in Contemporary China* ）一书中列举了上海、广州、杭州、石家庄、济南、无锡等地一大批山寨建筑的实例，有学者读后称"出乎想象""令人震惊"。事实上，对这类恶俗建筑、山寨建筑的制造者而言，建筑的文化价值已经消解，建筑已经沦落为某些领导和开发商炫富的宣传工具，一种被消费、被娱乐的商品。我经常在想，对于当下影视、音乐、绘画等领域中流行的穿越、拼贴，以至恶搞的"后现代"艺术现象，我们需要宽容。但是，对于将存在几十年甚至上百年的建筑中存在的这些"后现代"现象，是否也应该任其自由生长？如果这样，那么，我们未来城市的文化形象将真是不堪设想了。当建筑异化为装置布景，沦落为商品广告，建筑的本原和基本属性已被消解，建筑设计也就失去了相对统一的评价标准。价值判断的混乱和失衡，成了当前影响建筑创作健康发展的一大挑战。

2. 跨文化对话失语

历史已经告诉我们，跨文化对话是世界文化，也是中国现代建筑文化发展的必由之路。对此，我们不应有任何怀疑。而问题正如我们前面提到的，"五四"以降，中国文化出现断裂，在一定程度上存在的"价值真空"，使人们往往自觉不自觉地接受强势的西方文化的影响，以西方的价值取向和评价标准作为我们的取向和标准。与此相对应的则是对中国文化缺乏自觉自信，在跨文化交流碰撞中"失语"是文化领域中颇为普遍的现象，而

2014 年 4 月 29 日在中国文物学会 20 世纪建筑遗产委员会成立大会上，作者与傅熹年院士在交流（北京·故宫）

建筑设计领域表现得尤为突出。一个最具体、也最能说明问题的事实是：20 年来，中国的高端建筑设计市场基本上为西方建筑师所"占领"。我们曾经对北上广的城市核心区以"谷歌"进行图片搜索，发现上海这个区域内的 36 幢建筑中有 29 幢为国外建筑师设计；广州的 17 幢建筑中仅有 4 幢为国内建筑师设计，而北京这个区域内的 10 幢建筑中有 6 幢为国外建筑师设计。也即是说，在北京、上海、广州这 3 个中国主要城市的核心区，只有 1/4 的建筑是国内建筑师设计的，这情景可算是世界罕见。尤其值得关注的是，目前请西方建筑师做设计之风，已由一二线城市蔓延至三四线城市，不少县级市也在举办"国际招标"招揽国外建筑师。随着大批国外建筑师的引入，西方建筑的价值观和文化理念也如水银泄地般渗入中国大地的各个角落。甚至那些西方最"前卫"的建筑思想，在中国也可以被无条件接受，甚至一位美国前卫建筑师坦言："如果在美国，我不可能让我的设计真的建起来，而在中国，人们开始感觉一切都是可能的。"这种现象不可思议，耐人寻味。跨文化对话的"失语"，导致人们热衷于抄袭、模仿、盲目跟风，大家已经看到，当前在中国，西方建筑师的作品以及大量跟风而上的仿制品充斥大江南北，"千城一面"和建筑文化特色缺失已受到国内外舆论的质疑和诟病，他们把这类设计称为"奴性模仿"。一位建筑师曾尖锐地指出，在中国，"建筑的符号作用正在消失""中国建筑师亟须考虑环境，否则建筑就会是毫无意义的复制品，甚至是垃圾"。我不欣赏这种语气，但重视这一提醒，因为我想得更多的是，如果这种文化失语、建筑失根的现状不能尽快得到改变，再过 30 年、50 年，中国的城镇化进程基本结束，到那时，我们将以什么样的建筑和城市形象来圆"美丽中国"之梦？建筑作为"石头书写的史书"又怎样向我们的后代展示 21 世纪"中国崛起"

的这段历史？这一问题应该引起建筑师，同时也应该引起全社会的严肃思考。

3. 体制与制度建设失范

我们在探讨以上问题时，追根求源往往自然会归因于体制与制度建设的"失范"。在某种程度上可以说，违反科学决策、民主决策精神的"权力决策"是造成当前建设领域中种种乱象的根源。例如，每个城市重要公共建筑的立项常常是有法不依，项目前期的可行性研究实际成了迎合领导的可"批"性研究。人们会问，一城九镇、山寨建筑、方圆大厦以及那些贪大、求洋、超高标准的建筑怎么会出笼？舆论特别关注的"鬼城"现象以及破坏城市历史文脉的大拆大建的恶劣案例又为什么会不断发生？其实所有这些最初的"创意"和最后的决策往往都出自各级领导，特别是主要领导。一旦主要领导"调防"，人走政息；新领导上任，另起炉灶，规划设计意图的改变以至项目的存废，全都在主要领导的一念之间，这也使包括建筑师在内的很多人感到头痛。这种权力高度集中，既不科学、也不民主的决策机制不仅压制了中国建筑师自主创新的积极性，更造成了城市建设的混乱无序和资源的严重浪费。在现实中这类例子往往十分典型，影响很坏。除了决策机制失范外，有关建筑设计的各种制度在执行中也存在严重的有法不依和监管不力的情况。例如大家关心的招投标制度，执行已有多年，这一招投标法实际上多处不符合建筑设计规律，虽然反应很大而至今不改。即使是这样一部招投标法，在现实中也早已变味，围标、串标、领导内定、暗箱操作等已是公开的秘密。它不仅破坏了公平竞争的环境，也成为滋生腐败的温床。至于有关建筑设计的市场准入和设计管理等制度，漏洞甚多，监管更是乏力。例如科学合理的设计周期是提高建筑设计质量的基本保证，但在要求大干快上的今天，原有的规定早已成一纸空文。一个星期出三四个大型公建方案，8 天出一个二三十万平方米小区住宅的施工图，8 个月设计并建成一个两三万平方米的展览馆建筑……在现实中这样的例子极为常见，在这种情况下，我们常说的保证设计质量也就只能成为空话了。

这里要特别谈谈建筑的完成度问题。与国外比较，我并不在意设计水平的差距，但是却深感在建筑完成度上的差距极其明显。这是一个包括设计在内的工程全过程管理的问题。目前，这方面实在是问题多多：施工招标中存在的弊端比设计招标更为突出，很多地方执行的最低价中标，不仅造成工程粗制滥造，也加剧了施工过程中的矛盾；代建制很不完善；工程监理常常形同虚设；

绝大部分建筑师在工程建设过程中没有话语权；政绩观和商业利益造成的"抢工"，使建筑完成度受到很大影响；而工程评奖，则常常成为掩盖工程质量低下的遮羞布……从这些问题中可以看出：体制和制度建设是一个亟待破题的系统性工程，如不下大力气尽快扭转，它所产生的负面影响将是长期性的、不可逆的。

二、路径与策略

针对中国现代建筑发展中存在的问题，提出应对策略是多方面的，而我认为其中最根本的是理论建构与制度建设两条。

1. 理论建构

在价值取向多元、世界文化重构的大背景下，重视并逐步建构既符合建筑学基本原理，同时又具有中国特色的建筑理论体系，既是建筑学学科建设的需要，更是支撑中国现代建筑健康发展的需要。所以讲发展战略，我们首先提出了理论建构的问题。现在不少建筑师回避甚至反对谈理论，更不愿意谈"中国"的建筑设计理论。但是，从我们前面分析的问题以及西方现代建筑的发展经验来看，如果没有自己的价值判断、不重视自己的理论体系的建构，中国建筑师要摆脱当前的价值观乱象，走出文化"失语"状态，找回自己并闯出新路将会十分困难。而且还应该看到，中国现代建筑的理论建构，不仅关乎建筑师，也关乎整个社会。如果我们的社会，能在一些有关建筑的价值判断和评价标准上取得某种共识，就有可能形成一个比较好的社会舆论环境，这对我们的建筑创作无疑是非常重要的。那么，如何来建构这样一个既符合建筑基本原理又具有中国特色的理论体系呢？可能不少建筑师都有自己的思考，就我而言，我很赞同一些学者提出的观点。在当下，"中国文化更新的希望就在于深入理解西方思想的来龙去脉，并在此基础上重新理解自己"，即我们经常说的，通过跨文化对话，做到深入了解他人，而后通过比较反思，剖析自己、认识自己、提升自己。这是建构中国现代建筑理论的一条具有可操作性的有效路径。

我一直认为，对于西方现代建筑，应该作历史的、全面的观察，而不应为一个时期、一种流派所局限。200年来，"以分析为基础，以人为本"的西方现代文明，支撑了西方现代建筑的发展；强调理性精神，重视基本原理的建筑原则不仅造就了西方现代建筑近百年的风骚独领，而且这些具有普遍价值的理念也推动了世界建筑的发展。但是，近半个多世纪以来，随着西方由工业社会进入后工业社会，人们对文化多样性的向往和追求，凸显出现代主义在哲学和美学上的僵化和人文关怀的缺失，由此催生了后现代主义。应该看到，"后现代"确实开创了文化、包括建筑文化多样化的新局面。但是，在"后现代"的冲击下，原有相对统一的建筑原则变成了一堆碎片。"建筑的矛盾性与复杂性"在揭示建筑文化发展某种趋势的同时，也带来了价值取向的模糊性和不确定性。当前，五光十色、光怪陆离的西方建筑，事实上也反映了价值判断和文化取向的紊乱。一方面，现代主义虽早已"被死亡"，但"包豪斯"思想、现代主义所蕴含的一部分具有普适价值的建筑理念至今仍有颇大影响；而另一方面，当前西方那些新的复杂性、非线性思维，既触发了人们对建筑的更深层次的感悟，拓展了一片新的美学领域，同时也使人们看到了以"消费文化"为实质的、强调视觉刺激的图像化的建筑倾向。正如法国学者居伊·德波所说，西方开始进入"奇观的社会"，一个"外观"优于"存在"，"看起来"优于"是什么"的社会。在这种背景下反理性思潮盛行，一些人认为"艺术的本质在于新奇，只有作品的形式能唤起人们的惊奇感，艺术才有生命力"，甚至认为"破坏性即创造性、现代性"。对于此类哲学和美学观点对当代西方建筑所产生的影响我们应该有充分的了解和认识。由此，我们也可以看到，自20世纪初至今，西方建筑也在不断演变，既有片面狂悖，也有不断调整的自我补偿。有益的经验往往存在于那些观点完全相反的流派之中。因此，我们不仅要研究形形色色的西方建筑思潮的兴衰得失，还要关注它的发展走向，这对于建构我们自己的理论体系十分重要，需要深入研究借鉴。

反思西方现代建筑的300年发展，思考5000年中国文化精神，我在考虑是否能够以"相反相成""互补共生"的思维模式建构一种有中国特色的，同时又具有"普遍价值"的建筑理论体系。例如，能否把建筑视作万事万物中不可分割的一个元素的中国哲学认知，作为我们的"建筑观"，从而建构一种既强调分析又强调综合的有机整体、自然和谐的"认识论"；建构一种在理性和非理性之间进行转换复合的"方法论"；建构一种既注重形式之美，又重视情感、意境、心境之美的美学理想。我们的思考能否超越形式、符号、元素的层面，对"道""自然""境界"等哲学认知以及对直觉、通感、体悟等具有中国特色的思维模式进行研究。这些，都是我们建构自己的建筑理论所需要的。当然，这些纯属个人思考，但从这里使我确切地感到如果有更多的人能通过自己的创作从不同的角度进行思考，经过长期的努力和积累，逐步建构一个有自己特色的多元包容、动态发展的建筑理论体系是完全可能的。这将不仅帮助我们走出文化失语的怪圈，为建筑创新提供理论支持，而且这一具有普遍价值的理论体系也能为世人所理解、所共享，从而真正地实现中国建筑的世界走向。

2. 制度建设

制度建设是现代文明建设和价值体系建构的一个重要组成部分。我们前面提到的诸如决策机制等问题，无一不和十八大提出的核心价值体系有关，与"科学决策、民主决策、依法决策"的决策机制有关。建筑设计领域的制度建设，涉及我国政治、经济改革全局，涉及顶层设计。从这个角度讲，解决问题困难很多，难度极大。但换一个角度看，如果有关部门本着先局部后整体的原则，在各个领域，包括建筑设计领域，就一些具体问题花大力气抓起，是否也能解决一些具体问题，并为全局性改革打下基础呢？

我认为这是有可能的。例如，大家关注的招投标问题，完全可以对原有的《建筑招投标法》加以细化改进，明确规定哪些项目必须招标（事实上，并不是每一个项目都需要或适合招标），对于必须招标的项目制定办法，做到招标全过程透明：信息发布透明、方案评选透明、领导决策透明。对每个过程的具体操作情况（包括每一个评委的具体意见、领导决策的程序及其选择方案的具体理由等）全部在网上公布。这样做，可以在很大程度上杜绝暗箱操作和一把手决策的积弊，招标的公正性就能够得到维护，也就真正能起到设计招标的效果。又如大家关注的国外建筑师"抢滩"中国高端设计市场的问题，虽然某些人的崇洋积习难改，但如果采取适当的办法也是可以加以控制的。有同行建议，应该参照影视等文化领域有关市场准入的规定，凡是政府（包括国企）出资的项目，不得直接委托国外建筑师设计，而且应根据具体情况规定是否需要邀请国外建筑师参加投标，同时不得以任何形式（如规定中外联合体方可参加投标等）排斥中国建筑师。

以在国际招标的全过程为例，全过程必须做到公正透明，避免行政干预，改变对国外建筑师的"超国民待遇"。应该看到，这是当前设计市场管理中的一个突出问题，一个不仅涉及"天价"设计费的流失，还涉及需要给中国建筑师特别是中青年建筑师留出发展空间的问题，尤其是关系到建筑设计的文化导向的重大问题。我认为这一提议应该引起领导部门的充分重视，下决心加以解决。

由此，也可看出加强领导部门特别是国务院有关部

《建筑院士访谈录：程泰宁》 《语言与境界》书影

门对建筑设计工作的领导，研究并解决建筑设计领域中存在的种种问题是十分重要的。人们还记得 1958 年，当时的建工部部长刘秀峰同志曾经就建筑设计问题做过一个报告，题目是"创造社会主义建筑新风格"。尽管对这个报告的观点一直有不同意见，建筑师也不希望对创作进行行政干预，但是当时的高层领导对建筑创作的重视和关注还是给人留下了很深的印象。事实上，就中国的国情而言，探讨有关建筑设计的制度改革，研究当代中国建筑设计发展战略，离开有关领导部门的支持和主导是不可能办好的。当下，建筑设计领域中问题多多，如何规范已很混乱的设计市场，如何制定和健全已经不适用的规程规范，如何采取措施加大执法过程中的监管力度，如何加强前期的可行性研究和工程建设的后评估机制以及如何完整地贯彻《中华人民共和国注册建筑师条例》中规定的建筑师的职责和权利等，都须有关部门花大力气去研究解决。与过去比较，建筑设计领域存在的问题更为复杂多变，但现在有关部门的管理职能却反而大大削弱了，20 世纪六七十年代的设计总局撤销了，八九十年代的设计管理司（局）精简了。机构可以撤销精简，但制定规则、强化监管的基本职能不能改变。在探讨制度建设的时候，希望引起国务院有关部门对这一问题的充分重视，否则问题日积月累，将更加积重难返了。

但是，不管现状存在多少问题和困难，我相信，只要我们面对现实、冷静思考，有针对性地提出发展战略，这些问题一定会逐步得到解决。中国建筑师一定会以自己创造性的工作，为中国、也为世界建筑的发展做出自己的贡献。

（本文系程泰宁院士在"2013 年中国当代建筑设计发展战略国际高端论坛"上的大会发言摘录）

大潮小为　浅见杂陈

/ 左肖思

2018年系改革开放40周年,今年我参加的两个关于"改革"的行业会议,印象颇深。其一,6月26日在深圳举行的以建筑设计的名义纪念改革开放40周年:"深圳广州双城论坛",有机会同深广两地中青年建筑师交流。我在发言中说:这是一个老中青"三代"建筑师共话改革开放设计成就的论坛,它通过评论与反思,通过记忆与回望,表现了建筑师理解改革之力的学术高度与专业深度。其二,12月18日,在武汉举行的"工程勘察设计行业改革开放40周年座谈会",我作为工程勘察设计行业改革的见证者参加会议,还与当年建设部设计司吴奕良老司长和业界的24位同人一同接受了主办方颁发的"见证者"牌匾。由这两次活动,让我回想起了20世纪90年代初创建事务所的特殊经历。2018年12月27日,中国建筑学会建筑评论学术委员会副理事长、《建筑评论》编辑部的金磊主编一行又特意来到深圳对我进行专访,他表示希望将我作为中国建筑设计改革开放代表建筑师收录在即将付梓的《中国建筑历程　1978—2018》一书中,感谢之余,欣然应允。毕竟面对改革开放40年行业发展史诗般的难忘历程,我确实有一些话希望和大家交流分享,包括一路走来的个人经历与感悟,还有对目前深圳建筑设计行业现状的认知和期望,权当我这个仍在一线的老建筑师与同行们一道为改革开放再出发而寄语壮行!

一、关于"左肖思建筑师事务所"

在建筑界的改革开放历程中,我的名字往往与"中国民营建筑师事务所第一人"联系在一起。1994年1月19日,在建设部与深圳市政府相关部门领导的支持下,"左肖思建筑师事务所"正式开业。当时敢于在59岁时毅然放弃铁饭碗,成为"个体户",在很多人看来是近乎发疯的"弄潮儿"。其实我真不是想要成就何等宏图伟业,也不是妄想下海捞金,要问我当年为什么要去干这件事,又如何干

左肖思

1936年出生,1960年毕业于华南工学院建筑系,曾任中国民营事务所联谊会会长,中国勘察设计协会民营设计企业分会创会会长,深圳市注册建筑师管委会委员,深圳市第一和第二届政协委员,现任深圳市规划委员会建筑与环境艺术委员会委员,曾获深圳市卓越贡献资深专家和深圳市行业协会颁布终身荣誉奖,于1994年创办我国大陆第一家民营设计单位。

成了这件事？简言之不外乎一句老话：天时、地利、人和！也即是一个志趣与职业合一而乐在其中的建筑师，在职场历练30多年风云际遇之后仍然痴心未改，壮年南迁，时逢国家改革开放大潮风起之年置身潮头深圳，以当年的人生态度和职业追求而乘势为之的必然结果。的确，事成之后连我自己也喜出望外！执业25年来的自由自在而激情挥洒的建筑创作过程，确是职业生涯的难得享受和最大的乐趣！当我陶醉于这种心境时，就特别追忆和感恩领我入行的师长、先后乘鹤仙去的四位恩师。他们是岭南建筑学科创始人：林克明、夏昌世、陈伯齐、龙庆忠等一代宗师。亲聆他们的教诲使我打下了坚实的建筑学专业基础，长期艰辛的设计实践磨炼成专业技艺之后，我没有沉湎于平静优越的象牙之塔，毅然披荆斩棘投身深圳特区当一名拓荒者。

1983年来到深圳，酷暑40℃在铁皮屋里设计创作。当年设计制图全部手绘，一个人负责三个设计阶段完成一个项目；方案阶段要徒手按透视学求绘建筑透视图稿，徒手渲染彩绘透视图，还要亲手或指导模型制作，施工建设中的技术配合工作，选择建材和装饰材料的材质与色泽等，夜以继日，乐此不疲。深圳是亚热带气候，夏季酷热还多蚊子，当时可没有空调，加班时防蚊咬，躲在蚊帐里画图，塑料桶上铺夹板当桌子，用丁字尺加三角板、三棱尺徒手制图，还在手腕上绑一条毛巾，以免汗湿图纸……就是在这样的环境以如此方式劳作，在深圳创作建成的楼宇达100余幢。包括培养出钢琴王子李云迪等多名钢琴家的艺术学校，独具一格的碧波花园和华侨城芳华园的多层住宅（每幢24户）。1983年特区建设伊始，我从华南工学院（现名华南理工大学）参与拓建母校甲级建筑设计院后转入深圳，作为市规划建设咨询顾问机构——深圳市工程咨询设计顾问公司的首席建筑师，参与当年城市规划建设，是一段难忘的经历，更是专业能力受到锻炼和提升的成长过程。期间，我参加了各种专业活动，包括参与建筑学术论坛、方案评审、技术职称评定；同时作为市规划委员会建筑与环境艺术委员会（以下简称"建环委"）委员参与工作，但我从未脱离过建筑设计主业，也因此逐渐被业界所熟知，凭借对我的信任而从外地来到深圳指名找我做设计。20世纪90年代初，我涉足一个项目的规划设计却引发了下文正拟追述的话题。当年正当两岸互通与人员往来频繁之际，在台的大量老军政人员纷纷回乡寻根问祖，台、港和内地相关人士开始在内地兴建供台胞回乡居留的基地，命名为"中山城"。少小离家赴台的人大都祖居农村，村舍简陋，厕所就在猪圈粪池上，这些对于归来的老乡

不是问题，可是其亲眷接受不了，希望回乡有一个一家人落脚居住的别墅，又可接待来探视的亲朋，这种需求紧迫而且数量很大。三方策划选中了深圳的坪山作为建设基地，并着手展开规划设计。台方人员不选某一设计院，而是选一位建筑师，由主持这一设计项目的建筑师以甲级设计机构的资质出图，并兼任"中山城"筹建办公室副主任的职务主持全盘规划设计与建设。这一人选定了我，当时我正在深圳市建筑设计三院任总建筑师。

深圳碧波花园多层住宅外景（20世纪80年代创作，整幢所有住户居室全部朝南之蝶形住宅）

城市主干道深南大道中国有色大厦（金融街20世纪90年代设计建成第一幢高100米的高层写字楼）

长沙市湘府路融程花园酒店夜景

事务所开业当年，业界专家友人到所访问，左肖思（右二）、曾昭奋（右四）、顾孟潮（左二）

面对"中山城"设计这一富有挑战的课题，我本人是乐意接受的，可公司行政主管却觉得我这一走已是麻烦，更怕我还会带走一批设计主力，执意不准。当时二院的副院长得知后，邀我将关系转过去，遂得以用二院设计分部的名义，由我作为分部经理兼总建筑师用甲级设计资质自主对外开展设计业务。我组织了一个近 20 人的团队，以"中山城"规划设计为主业，同时还承揽了其他设计业务，可后来由于某些原因，"中山城"项目中途搁浅。我和分部同人都不愿意返回到国营设计大院去了，我对大院的太多弊端尤其是行政干扰等方面十分反感，尤其对建筑创作极为不利。当时，我特别向往发达国家以建筑师执业主持的"建筑师事务所"，时逢当年国内已纷纷成立民营的律师事务所和会计师事务所，国家建设工程部也拟实行注册建筑师考试制度。改革开放与国际接轨，所见所闻的信息传来令我如沐春风，我感受到改革大潮涌动而又催人奋起。当时我萌发一种从未有过的勇气，1991 年决然上书深圳市政府，建议国家批准建筑师执业开办发达国家一直成功运行的建筑师事务所。当时的深圳市由建设局主管设计行业，对我这普通建筑师的一纸建议十分重视，经过一年多的酝酿，业界研讨，并向建设部请示，几乎是一气呵成。在 1993

年建设部正式发文批准试点开办民营建筑师事务所，并表明要高起点，其间建设部设计司吴奕良司长在深圳听取了我对开办建筑师事务所的建议并表示认可；紧接着深圳市主管部门建设局发文确定我等三人首批试点。我率先于 1994 年 1 月 19 日正式开业，主持以个人姓名命名的"深圳左肖思建筑师事务所"。举行开业庆典仪式当天，建设部领导专程来深圳授予我甲级资质证书，作为新中国第一个执业的建筑师，第一次为自己执着的专业激情和果敢的探求勇气而感到庆幸！

从事务所开业到今天已经 25 个年头了，为了坚持创作第一、授人以渔，我们一直维持一个 20~50 人的创作团队，把主旨和精力放在建筑创作上，同时重视培养人才，从方案创作到详图大样绘制，我作为主持人都是手把手教。我们培养出大批优秀建筑师，他们出去后大多成为所在单位的主力活跃在深圳设计业界。亚热带气候区的广东是岭南建筑学派的沃土，2017 年我在广州成立了一个分公司，人员大都是母校岭南学派的同业弟子，此举将本所从学术上根植于岭南学术的基地。

1994 年 1 月 19 日左肖思建筑师事务所开业庆典上建设部设计司授予左肖思（中右）甲级资质证书，左边站立者为当年建设部设计司王素卿处长

开业庆典上事务所主持人左肖思致辞

由杨永生主持的中国建筑论坛于深圳举行的
首次会议，杨永生（右二）、左肖思（右一）

2019年年初，我在深圳本部组建并主持一个"岭南建筑工坊"，在南粤大地发扬岭南建筑精华；通过设计研究与实践，使亚热带地区城乡建设高品质发展，第一步通过高层园林建筑的科研和创新实践，优化城市公共空间，创建宜居环境。

二、以一线建筑师的视角杂陈己见

我与建筑学结缘，对专业的情趣确与时俱增，即使在远去的"极左"年代也是如此。我59岁从国企转入民企执业至今，退而未休，仍在一线创作，晚年还将以首席身份主持"岭南建筑工坊"，传承并发扬岭南建筑学术研究，作为"建环委"专家委员参与市政建设及城市更新项目的审议工作，还积极参加频密的业界学术活动和行业活动。正因为如此不止耕耘，永远以一个职业建筑师的身份活跃于业界和社会，与同行一样在酸甜苦辣中感受建筑师的艰辛与乐趣，所以感慨良多，借采访之机，唯愿杂陈己见，与业界同行作一次书面交流。

1. "深圳设计"的盛期、影响与现状

20世纪80年代初，深圳从建成内地第一个100 m高层建筑"国贸大厦"开始，其建筑的成果和经验已树立了行业中全国之最的里程碑！来自各地的建筑师纷纷来深圳，像朝圣一样去到"国贸"考察。当时业界认为设计一幢18层大楼都很不简单，百米高楼更无法想象！深圳特区建设大兴土木之秋，几乎全国各地的主要设计院都在深圳设立了分支机构，主要的设计力量都派驻特

区现场，所以说这个被誉为一夜之城的深圳凝结着内地、香港以至国外建筑师的智慧。"深圳设计"在特区兴建伊始到21世纪初应是"全盛时代"，充满着时代气息和活力，建成了不少优秀建筑作品，也培养了大量的建筑设计人才，促进了我国城乡建设的发展。其间，为深圳设计做出奉献的深圳建筑设计队伍，在全国各地广受欢迎，为当地的城乡建设做出贡献。但从21世纪初开始，深圳建筑创作环境发生变化，繁复的规范与规范强条下达，更为烦琐的限制制图细则的"深标"开始施行，亚热带的深圳（包括广东省）根本不必考虑日照，特别注重遮阳隔热，广东地区民居外墙大都不开窗，只在天井开窗采光通风，世世代代并未因日照不足而影响健康！现在却以"公平对待"而对居住建筑规定严苛的日照标准。上述种种，改变了深圳特区本来没有过多条条框框的创新环境，广大建筑师负担日趋沉重，加上发展商往往催图很急，为应付这些在当年国家早有足够管控的规范条例之外的加倍繁复的条款，根本没有精力去潜心求新创作。再说日照，按"日照"标准，朝西最好满足，而在亚热带地区住宅是最忌朝西的，因此"公平"待遇不但没有给居住者带来福祉，而是适得其反！因此，不是深圳建筑师偷懒或退步了，而是上述不科学的捆绑，使深圳广大建筑师的智慧与创意得不到应有的发挥，因此遗憾的是从21世纪初开始，建筑设计在深圳"设计之都"的美誉中的分量已大为降低了！

2. 建筑学遭肢解的局面堪忧

建筑学本来就包含建筑设计、城市规划、景观园林

及室内设计所有内容。高等教育培养"建筑学"专业人才从业实践的职业都是"建筑师"，建筑师从业时，每个人根据当时社会需求以及个人志趣及其他因素，分别从事其中一项或多项专业工作。无须也没有必要将规划师与建筑师决然分开，而应该统称建筑师。当下从高等教育到行业管理，都把建筑学"肢解"成如上所述的几个碎块，同时决然分设规划设计院与建筑设计院，这对人才培养和城乡建设的高质量发展十分不利。高等教育的建筑学专业，应该高标准、高要求，以培养建筑师为目标。作为建筑师的辅助力量，可以通过高级职业学校分别以建筑设计、规划、园林、室内等专业培养助理建筑师为目标的中级人才，形成科学合理的梯级人才队伍。而建筑师在职场应发挥犹如交响乐队指挥般的统领城乡建设全局的作用。只有如此，千城一面的局面才能有所改变，城乡面貌才能一个个独具特色。否则，"建筑学"肢解后，管理起来固然方便，但长此以往，不但止不住千城一面，更有城城一面的危险！当下规划师不管建筑，而规划先行，只画路网格格，画好网格之后，建筑师才来填格，不参与研究规划，不参与研究城镇建筑艺术风貌的塑造，造成城乡建设发展的极大损失！目睹现状，我深感惶然而又忧虑。

3. 建筑业界和建筑师要重视并广泛参与建筑评论

我们这个几十年来一直如火如荼大兴土木的国家，每年建设量如此之大，建筑从业人数如此众多，似乎大家都只在闷头干活，顾不上学术交流和展开评论，更少有学术批评与争论，这种平静并不正常。中国古往今来之文人相轻、"言多必失"的所虑可能是只干不说或少说的原因之一，我认为此风应有所改进，应该向建筑评论家曾昭奋先生学习！说到中国建筑评论，就一定要提到清华大学建筑学院曾昭奋教授，他是《世界建筑》创刊主编，是中国建筑评论的发起者之一，建筑界敢说真话的评论家。"建筑评论"的确是推动建筑学术与实践的重要武器。

长期以来，我认为在建筑设计领域，人们过分重视建筑造型，对如何引人注意、争取评上一个什么奖、如何一夜成名比较用心，而建筑创作的主旨和本质等方面常被忽略。对于如何提高城市品质，优化公共开放空间，研究高层建筑的生态园林环境以及提高居住区宜居环境等方面也过问不多。住宅单体标准层从20世纪至今还是文章一大抄，当然也有你修我改。300~500 ㎡的住宅标准层从小高层到100 m，（目前深圳）从100 m提升到200 m甚至250 m，都还沿用500 ㎡上下的标准层，无穷无尽地建造"笔杆楼""筷子楼"！如此干下去，一线城市成了几十年前就被贬称的"石屎（广东

人称混凝土为'石屎'）森林"，办公等公共建筑亦然。20世纪80年代成就了一个"国贸大厦"，如今仍然是无穷无尽的与国贸完全一样的图章式的总平面图。这样的结果，超大型城市只能是更多、更高、更挤、更堵，生存条件着实堪忧，我认为单凭这一忧思，就值得业界同人百忙中拨冗一顾，关注我们生存的环境，大家想想办法，在共同努力创新求变的过程中，不妨借助"建筑评论"开展学术交流，或许比闷头画图更能拓展解决难题的思路。

放开手脚搞设计 恰逢改革四十春

/ 李拱辰

李拱辰

1936 年出生，1959 年毕业于天津大学建筑系，河北建筑设计研究院有限责任公司资深总建筑师。主要设计作品有：唐山抗震纪念碑、河北艺术中心、泥河湾博物馆、上海黄浦新苑小区等。多项设计作品获国家、行业、省级优秀设计奖。

刚刚过去的 40 年，我国的改革开放成就斐然，硕果璀璨。

40 年砥砺前行，40 年光辉前程，引领我们的国家跨入了新的时代。祖国各地，各行各业，各个角落都发生了令人欣喜的巨变。回望这 40 年，我有幸工作和生活在这浓烈的改革大潮之中。1978 年我 42 岁，在改革开放的 40 年中，前 20 年，我在副总建筑师、总建筑师的岗位上，借助改革之力，摸爬滚打，且干且行；之后的 20 年，退而未休，老骥伏枥，仍存不已壮心。

一、初识改革开放

1980 年前后，改革开放的号角已响彻中华大地。北方一些地方还处在萌动的阶段，而珠三角一带改革开放已是热火朝天，被人们称为"改革开放的排头兵"，吸引了全国人民的目光。石湾是隶属广东佛山的一座古镇，盛产建筑陶瓷。那些年，全国有 40 多位建筑师受聘担任佛陶集团顾问，我也身在其中，因此有机会在每年的岁末年初之际去到那里，亲眼目睹石湾的快速发展。1983 年，佛陶人率先利用外资，引进意大利陶瓷砖自动生产线，之后逐年引进，生产规模、质量、品种空前提高，产品逐年升级换代，被建陶界称为揭开了我国现代建陶工业成长的序幕。石湾小镇的面貌也因陶瓷业的发展而产生了日新月异的变化，17 层的陶城大厦率先拔地而起，低矮的老屋、杂乱的环境都已成为历史的记忆。我们这些刚刚涉足改革开放的人，每每看到那里生产、生活中的快速变化，既感到惊诧，又为成绩突出而十分欣喜。我作为顾问被动参与，心中受到了改革开放的激励。

那些年，最引人注目的城市当属深圳了。与香港一线之隔的地理位置，从渔村到城市的历史进程，从思想的解放到高速发展的现实，都令人感到神秘、惊奇，我

作者在巴黎

曾身临其境，目睹伟大的变革。那时的深圳虽然没有当下繁华，却已是高楼林立、通衢如织。当年创造了"深圳速度"的国贸大厦确实令人震撼。加上街边树起的标语"时间就是金钱，效率就是生命"，真的催人奋进。

这样的场景，这样的氛围深深地触动了我。我带着赞赏、羡慕与期盼的心情暗想，只要实干，辛勤付出，我的家乡也会巨变！

二、为家乡建设尽心尽力

大学毕业后，我被分配到河北省建筑设计院工作，1971 年年底单位随省会搬迁来到石家庄。那时的石家庄仅仅是解放后依靠纺织、制药等工业发展起来的中等城市，从来没有担当过省会的角色，也没有按省级中心城市的规格去建设。因而，城市基础设施相对落后，综合经济实力相对偏弱，社会发展速度相对缓慢。面对这样的环境条件，我心中自有难言的酸楚。是改革开放的春风给我们带来了动力与希望，涤荡了贫穷与落后。怀着施展专业才能的期盼，对未来前景的渴望与梦想，从感受到的激励与成功的建设实例中汲取力量和智慧，我决心奋发图强，奋起直追，为建设河北贡献自己一份微薄的力量。回想 40 年的设计生涯，经历了诸多困惑与艰辛，更多的是经过了实践的锤炼与打磨，在设计的思维、理念与技术方面有所收获。退休前这个时间段里，我以满腔热情投入工作，认真对待每一次的建筑创作。

1982 年石家庄铁路客运站设计。这是一项重要的改变城市面貌的工程。石家庄站从来没有一处正规的站房，老车站的布局很像一处大杂院，沿公理街有座售票厅，

沿着旁边小路向后走，穿过曲折杂乱的街巷到达站前，几栋低矮的平房沿站台排开，红陶瓦顶，墙面涂着刺眼的黄色，路边搭起的席棚中是排队候车的人们。每逢雨雪天气，自是苦不堪言。我要完成的设计，正是为了彻底改变这种窘况，同时也是石家庄人民翘首以待、十分关心的工程。我的肩上压力巨大。经过对现有条件的分析，克服铁道部提出的种种限制，我们决定选用线侧平式地道进出站的布局，尽最大努力缩短进出站行程，并在外观上力求简洁大方。1987 年石家庄解放 40 周年之际客运站终于落成了，得到了社会各界的认可，成为改变城市面貌、见证城市发展的重要例证。然而，改革开放促进了铁路的快速发展，2012 年通行高铁的石家庄站投入运营，1987 年落成的车站在使用 25 年后，在见证了铁路大发展的形势下退役了，但是在人们的心里留下了不可磨灭的记忆。

1984 年唐山抗震纪念碑设计。1984 年唐山震后恢复建设后期，为了铭记历史，唐山市在全国征集方案，共有 140 个方案应征，我的方案被选定为实施方案。对我来说，这同样是一项既艰巨又压力极大的任务。从

唐山抗震纪念碑

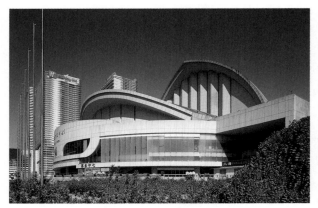

河北艺术中心

意义方面讲，既是对唐山大地震的永恒记忆，又是对唐山人民奋起抗争的讴歌，还包括全国人民的无私支援……该以什么样的建筑语言，什么样的气势准确表达呢？经过两年的建设，纪念碑高高地耸立在广场上，它蕴含着人们对这场灾难的痛彻与反思，对逝去亲人的哀思与缅怀，对未来美好生活的企盼与憧憬，它得到了人们的认可。如今它已成为唐山这座城市的标志，象征着唐山人民在改革开放道路上前进的足迹，记载了凤凰的重生与腾飞。2017年已将唐山抗震纪念碑列入中国20世纪建筑遗产名录。

1997年河北艺术中心设计。这是一座填补城市空白的演艺建筑。由一个2000座的杂技馆和一个980座的音乐厅组成，是当年为举办吴桥国际杂技艺术节而兴建。河北艺术中心的舞台设计是一次探索和创新，它摈弃了传统的马圈式的舞台形式，采用镜框式接合伸出式舞台和马圈式舞台的综合形式，使背景及灯光效果的运用更合理、更自由，增强了演出的艺术感染力。这一舞台形式的提出也得益于改革开放，是杂技界综合国际杂技演出效果提出的改进方案，从这些年的使用效果看，设计是成功的。其宏伟的外观效果，也得到了社会的肯定，丰富了城市街道景观和天际线。

1997年昆明世博会燕赵紫翠园设计。燕赵紫翠园即河北园，取材于承德避暑山庄，入口处是以赵县陀罗尼经幢为主题的小型广场。这是一项令我十分欣喜却又是跨专业的设计任务。我考大学填报志愿时，曾对"造园"产生浓厚兴趣。为了充分展示河北文化，我深入承德、赵县景区观察、测绘原有文物，不放过任何细节，施工中精雕细琢，展出后终获大奖。通过这一工程还拓宽了我院的执业范围，在环境景观领域开始承揽任务。此外，工程总承包是当时省政府下达的任务，我们也借此工程试行了工程总承包和建筑师负责制的改革试点，工程虽小，意义深重。在改革开放的形势下我院又向前迈出了一步。

三、在上海经风雨见世面

1990年党中央发出了开发开放浦东的号令，上海动起来了，东南沿海的一些城市也动了起来。我们设计院也走出河北，来到改革开放的前沿城市，参与那里的城市建设，参与那里的市场竞争。我们先在广西北海、广东珠海建立了分院。北海分院率先取得效果，我院中标了北海火车站工程设计。1993年年初，我院在上海建立了分院，那是一个很多国内设计院和一些国外知名

上海东方马戏娱乐城

泥河湾博物馆

设计单位共同涌向上海市场的时期，市场竞争可称激烈。我在1994年4月来到上海，浓浓的改革春风扑面而来，欣喜、激动，伴着起步艰辛的创作欲望，我开始了工作。在和上海的甲方接触中，我渐渐体会到，他们工作细致周到，对技术问题的论证缜密严谨，我从中收获很多，我们的队伍也得到了锻炼和提高。我们以诚相待，想甲方所想，很快打开了局面。

在市场竞争大潮中的磨炼：三次重要的投标中标。上海的设计市场竞争激烈，然而是公平的，机会是均等的。只要在设计的理念方面更具创新、在设计技术的科学性方面下大力气，定能取得理想的结果。一是上海东方马戏娱乐城的投标。甲方邀请上海三家骨干设计单位和一家外地央企驻沪设计单位参与，其他单位谢绝参与。正巧其中一家一时抽不出力量，经商议由我院组织力量创作方案，代其投标。方案充分结合用地特点，合理组织功能分区的分布，并围合形成了吸纳人流的马戏广场，构建了广场与城市道路之间的秩序感，最终成为中标方案。二是上海中山医院门诊新楼的投标。这个项目组织了北京、上海、杭州七家以医疗建筑见长的知名设计院竞标。经过三轮方案比选，选出两家，又经方案调整比选，我院方案获胜中选。这一方案是以流线清晰，诊室

布局灵活，候诊环境舒适，隔绝了服务大厅的噪声干扰而取胜。三是上海黄浦新苑小区的投标。由于北侧已建住宅对小区要求条件苛刻，我们分析日照，另辟蹊径，求得可建范围，布置弧板式单体，解决了日照，活跃了小区空间，从而在高手林立的竞标中一举夺标。

开展广泛的国际合作设计。我院充分利用上海的优势地位，与美国、日本、新加坡等设计机构合作设计。我院曾与美国 NBBJ 公司在黄浦图书馆及金源大厦立面设计等四项工程中合作，方案阶段美方主笔，我方参与意见，讨论修改方案深化。施工图阶段由我方完成。两家互相交流，优势互补。

充分利用上海的最佳学习环境。上海对建筑界来说本就有万国建筑博览会之称，改革开放以来更是优秀建筑层出不穷，我们抓紧机会参观学习，受益匪浅。此外，上海的学术氛围活跃、同行交流广泛，加之具体工程的技术论证广泛深入，论点明晰突出，都对我们的学习提高大有帮助。

境外学习与开阔眼界。改革开放以后，我院自 1984 年组织境外参观学习，在上海期间有更多机会到境外经济发达国家走访，开阔了眼界，增长了见识。

作者与好友付义通先生

作者在母校

四、在退而未休的日子里

我 2002 年正式退休，但是参与建筑创作并未停止。我珍惜这美好时光，我喜欢这春天般温暖的改革开放的岁月，决心继续干下去。

我参与设计的石家庄人民广场、唐山市中心广场，在崇尚自然、保留树木方面尽了最大努力；在广场与公园的空间过渡与衔接方面以及地域文化如何融入景观方面作了探索。在泥河湾博物馆、河北建设服务中心的设计过程中，在丰富内部空间及传承河北建筑文化、探索河北的地域文化特征，创作新的河北建筑的文化表情方面作了些许努力。在 2004 年完成西柏坡纪念馆改扩建设计之后，又完成了晋察冀边区革命纪念馆及园区、晋冀鲁豫边区革命纪念馆、冉庄地道战纪念馆、西路军董振堂事迹陈列馆、西柏坡廉政教育馆、蠡县历史陈列馆等红色旅游及革命教育基地建筑设计。在设计过程中，我满怀情感地分析事件的特征性，充分表现事件震撼人心的情节，使思想性与艺术性相结合，达到教育人、鼓舞人的最佳效果。

五、感悟

社会在进步，技术在发展。昔日的设计工具早已更新换代，电子信息时代的到来，BIM 技术的应用已为设计提供了极大的助推作用，但是建筑师的创作，包含有文化内涵和情感的因素，需要建筑师的思维与分析，创造性地完成设计的全部过程。回想改革开放带给建筑师建筑创作方面的收获应有如下几点。

最重要的收获是思想解放与多元化创作思维的涌现。特别是经历过 20 世纪那段非常时期的人们，更有深深的体会，去掉了思想的束缚，去除了思维定式的禁锢，思想活跃了。开放的中国，设计环境更为宽松了，有更多国外的先进经验供参考，人们眼界开阔了。这激发建筑师以敏锐的洞察力深刻认识城市、环境乃至世界，充分发挥想象力，巧于构思，创作更多的建筑奇迹。

创作理念的更新与创新。过去的历史时期，由于思想、经济、科学技术的种种原因，我国设计理论相对薄弱。改革开放以来，大量的建筑实践，使建筑理论与创作理念得到大力的发展。理论的提高及广泛的重视，使设计更趋于理性化。社会的发展又带动了建筑的发展，新的生活方式促成了新的建筑类型的产生、发展，使建筑创作紧跟形势，不断创新理念，使明天更美好。

2016 年 7 月 2 日，回望唐山大地震四十周年纪念活动

建筑文化与建筑遗产保护受到普遍重视。建筑具有文化属性，传统建筑文化如何发掘、传承与发展，成为现代普遍研究的问题。建筑遗产的保护自然相应重视起来，成为研究、发展、利用以及续写历史不可或缺的部分。现代建筑除去时代感的追求，如何塑造其文化表情，甚而研究其地域文化特征的再现与延续，则是需要几代建筑师的不懈努力的。

建筑技术水平的普遍提高。回想改革开放以来，国内各个城市都普遍"长高"了。高层、超高层建筑遍地开花，反映出设计技术以及城市基础设施供应能力提高了，这些都应归功于建筑技术水平的提高。由于对生存环境的认识加深了，才适时提出了节能、环保、绿色的要求，这也是建筑技术发展情况下，对进一步发展的必然要求。

建筑艺术品位追求更高。建筑创作的空前繁荣，带来的必然是百花齐放的盛景，多元的、活跃的创作思维，定能带来崭新的建筑作品。而社会的发展也会带来新的社会审美观。相互助推，相互促进，更多美好的作品会随着改革开放的深入发展不断涌现。

此时，回想在改革开放中经历过的美好岁月，那一幕幕仍在我的脑海里萦回。回望我工作过的大楼里依旧灯火辉煌，窗子里闪现的是一代年轻建筑师们忙碌的身影，一幢幢即将拔地而起的建筑，正从他们敲击键盘的指尖流出，流向远方……

张锦秋：用建筑书写古都华章

/《建筑评论》编辑部

2015 年 5 月 8 日上午，国际编号为 210232 号小行星被正式命名为"张锦秋星"。

小行星命名是一项国际性的、永久性的崇高荣誉，而此次命名极具中国色彩。

经何梁何利基金评选委员会推荐、中国科学院紫金山天文台申请，国际小行星中心命名委员会批准，从此太空中有颗小行星成为"张锦秋星"。中国工程院院士、建筑设计大师、中国建筑西北设计研究院总建筑师张锦秋，在陕西工作半个多世纪、扎根西部、情系西安，设计完成了一系列卓越作品，用唐风汉韵烘托出一个古风今韵并存的西安，向世界交出一份独一无二的"中国名片"。2018 年，因其在中国建筑行业的卓越贡献，获得"致敬改革开放 40 年文化人物建筑篇"提名。

陕西历史博物馆、阿倍仲麻吕纪念碑、大唐芙蓉园、钟鼓楼广场、唐华宾馆、唐歌舞餐厅、唐艺术陈列馆、陕西省图书馆、大明宫丹凤门遗址博物馆、长安塔……它们无一例外，都是建筑大师张锦秋的作品，张锦秋与西安这座古城已经融为一体。

一、师从名家 扎根古城

1936 年 10 月，金秋季节，她在"锦官城"成都呱呱坠地，长辈取名为"张锦秋"，暗合了人物、地点、天时三个要素，寄托着对她的殷殷期望。父亲为土木工程出身，母亲曾就读于南京中央大学建筑系，舅舅留德深造，后在同济大学建筑系任教，姑姑张玉泉是我国第一代女建筑师。

1954 年，张锦秋进入清华大学建筑系，之后继续攻读建筑历史和理论研究生，师从建筑学泰斗梁思成先生，成为这位建筑大师的关门弟子。当时，梁思成正在研究宋代的《营造法式》，考虑让她加入。然而，在之前的考察中，她却对中国的江南传统园林产生了浓厚的兴趣："我彻底为之倾倒，觉得中国古典园林太有味道了，是取之不尽的

张锦秋

1936 年生于四川成都，1964 毕业于清华大学建筑系。1990 年当选全国工程勘察设计大师，1994 年当选为中国工程院首批院士，梁思成奖获得者，中国建筑西北设计研究院总建筑师。2015 年 5 月 8 日，为表彰她将中国传统建筑风格应用于当代建筑的贡献，国际编号为 210232 号小行星被正式命名为"张锦秋星"。代表作有陕西历史博物馆、阿倍仲麻吕纪念碑、陕西省体育馆、法门寺工程、三唐工程、群贤庄小区、西安国际会议中心—曲江宾馆、长安塔等。

宝藏。"梁先生知道后不但没有生气，还当即派自己的得力助手莫宗江教授担任她的导师。

毕业前，她在人民大会堂聆听了周总理对首都研究生的毕业赠言："到艰苦的地方去，到祖国需要的地方去。"次年，她告别清华园，毅然来到西安这座千年古城，之后成为中国建筑西北设计研究院首席建筑设计师。五十载春夏秋冬，她与西安这座古城捆绑在一起，她的梦想和事业，也在这里得到实现。

二、古城尽显"新唐风"

1978年，中国迎来改革开放。张锦秋的一个个作品也在西安问世——"华清池"大门设计，唐风初探；阿倍仲麻吕纪念碑，将大唐文化和日本文化巧妙地融合，在古朴庄重的碑身刻上了李白为阿倍仲麻吕所写的诗文，展现了盛唐风韵，开始确立了新唐风建筑的风格。

1991年，陕西历史博物馆建成。在20世纪70年代，周恩来就曾建议，作为文物大省的陕西，应在大雁塔附近建一个现代化的博物馆。当时这个任务被交给了中建西北设计院，张锦秋为项目负责人。设计任务书要求：陕西历史博物馆，应该成为陕西悠久历史和灿烂文化的象征。最终张锦秋的方案获得认可：具有宫殿格局的唐风现代建筑，整个庭院采用中轴对称的布局，四角的崇楼簇拥着中央殿堂，体现出了唐代建筑的恢弘和大气。建筑本身与现代博物馆的功能紧密结合，曲径通幽的回廊增加建筑的亲切感。其最大特色还在于，打破了皇家建筑惯用的红墙黄瓦，而是以黑、白、灰为主色调，凸显了中国画"水墨为上"的理念。历时六年建成后的陕西历史博物馆，成为西安市的标志性建筑，开馆之时即被联合国教科文组织确认为世界一流水平博物馆。

2005年4月，大唐芙蓉园对外开放。大唐芙蓉园位于唐朝长安著名的皇家园林——曲江芙蓉园遗址以北，以唐文化为内涵，以古典皇家园林格局为载体，借曲江山水演绎盛唐名园，服务当代。三大标志性建筑西大门、紫云楼、望春阁与大雁塔遥相呼应，建筑布局主从有序、层次分明，构成以自然景观为背景，以建筑为脉络，依序配置景点或景区，取法唐代，形象丰富，类型繁多，兼有宫廷建筑的礼制文化和风景园林的艺术追求。

张锦秋的这项设计，以传承和弘扬华夏文化为宗旨，体现了当代中国建筑师对盛唐历史文化发自内心的敬意。面对唐长安早已被毁、曲江芙蓉园已无遗迹可寻的现实，张锦秋凭着自己对唐代建筑文化研究的深厚功力，

将大唐芙蓉园的设计基调，定位于再现唐代皇家园林的宏大气势，古为今用服务当代，使每一位步入其中的宾客都收获"走进历史、感受文明"的精神享受。

2011年，作为西安世园会四大标志性建筑之一的长安塔落成。张锦秋对于如何表现世园会"天人长安·创意自然——城市与自然和谐共生"的主题，把握设计成败的关键，做了思考。"它不是简单的观光塔，而是文化标志性建筑，首先要体现中国传统的'天人合一'的自然观、宇宙观哲学思想，要求塔与周围的山水融为一体，塔成为自然环境的有机组成，同时人在塔中也有融于自然、能与自然互动之感。"唐诗中"高阁逼诸天，登临近日边""开襟坐霄汉，挥手拂云烟"等名句，使张锦秋从中国传统"天人合一"的哲学思想中找到了灵感。

要作为西安的地标性建筑，要表现西安千年古都的背景，必须蕴含这个城市的历史信息。塔在中国传统文化里象征着吉祥。张锦秋的长安塔设计，把握了远观塔势、近赏细形的原则。远望长安塔，具有唐代方形古塔的造型特色，每一层挑檐上都有一层凭座，逐层收分，韵律和谐。各层挑檐体现了唐代木结构建筑"出檐深远"之势。但檐下与柱头间却用金属构件组合，抽象地概括

张锦秋院士与发现小行星的科学家们合影

第二届中国建筑摄影大奖赛获奖作品展期间，香港建筑师潘祖尧、中国工程院院士张锦秋、建筑学编审杨永生共同参观展览

了传统建筑檐下斗拱系统。玻璃幕墙设在外槽柱内侧等。一系列处理，使长安塔蘸满唐风唐韵，又不失晶莹剔透的现代感，它生于斯、长于斯，而非"天外来客"。

张锦秋说："长安塔，'天人合一'是它的'灵魂'，唐风方塔是它的'形态'，现代钢结构是它的'骨架'，而蕴含高科技的超白玻璃和不锈钢的造型构件则是它的'肌肤'。"在塔的内部空间，建筑师也试图创造一个永恒的绿色环境。张锦秋提出，把塔的7个明层的塔心筒墙面视作一幅巨画，用油画的手法绘出一组菩提树林，菩提象征着圣洁、和平、永恒。在建筑师、画家、室内设计师的密切合作之下，这个设想终于成为现实。

法门寺工程、华清池唐代御汤遗址博物馆、三唐工程、钟鼓楼广场、慈恩寺玄奘纪念院、陕西省图书馆……张锦秋的建筑作品，被建筑学界称为"新唐风"，渐渐成了西安城和陕西省的一个个重要符号。大唐的风韵，在这些建筑作品中体现得淋漓尽致；古城长安，辉煌的历史文化在现代城市建设中得以彰显。

三、心中挂念的始终是薪火相传

卓越的学术贡献，使张锦秋获得了多项荣誉。她在1991年获首批"全国工程勘察设计大师"称号；1994年被遴选为中国工程院首批院士；1996年被母校清华大学聘为双聘教授；1997年获准为国家特批一级注册建筑师；2001年获首届"梁思成建筑奖"；2004年获西安市科学技术杰出贡献奖；2005年当选亚太经合组织（APEC）建筑师；2007年任住房与城乡建设部历史文化名城专家委员会委员；2010年，获得何梁何利基金科学与技术成就奖，成为该基金历史上第一位获得该奖项的女性；2011年获陕西省科学技术最高成就奖。

最近，年逾古稀的张锦秋出现在央视纪录片《国家宝藏》第四集中，作为国家宝藏守护人，她深情地说："中国传统建筑是我们中华民族悠久历史的见证，它们

2016 年出版《天地之间——张锦秋建筑思想集成研究》

镌刻了困难抗争和辉煌；中国传统建筑是我国劳动人民智慧的结晶，它彰显了质朴、优雅、灵动、豪气；中国传统建筑是我们中国建筑人文化自信的根基。要与时俱进不断创新；保护我们传统建筑历史遗存是我们每个中国人的责任。爱惜它，就是爱我们的先人；欣赏它，就是欣赏智慧和创造；传承它，就是延续我们中华民族的文化命脉。"

由于《国家宝藏》，张锦秋成为近期的文化焦点，但她始终淡然处之。作为一名纯粹的学者，她并不在乎鲜花与掌声，心中惦念的是能否把古典建筑传承下去，给后人留下宝贵的文化遗产。

曾经的梁思成，忍受着战乱和饥饿，辗转走遍大半个中国去考察古建筑；现如今，他的关门弟子已经继承了他的衣钵，用建筑家独有的创意为我们勾勒出一个具有传承价值的新长安。这是老一辈知识分子的风骨与执着，也是延续至今的大师气度。

正如张锦秋大师的独白："薪火相传，人们本来就应该将文明的火种传递给后人；回望这一生，希望自己没有辜负前人传递的那一点火种。"

张锦秋作品集

《建筑院士访谈录：张锦秋》书影

新型城镇化的建筑创作三点思考

/ 何镜堂

何镜堂

1938 年出生于广东，1965 年硕
士毕业于华南工学院建筑系，现
任华南理工大学建筑学院院长、
建筑设计研究院院长、总建筑师。
1994 年获"全国工程勘察设计大
师"称号，1999 年入选中国工程
院院士。2001 年获首届"梁思
成建筑奖"。主持设计深圳市科
学馆、西汉南越王墓博物馆、侵
华日军南京大屠杀遇难同胞纪念
馆、2008 年北京奥运会摔跤馆、
世博会中国馆等。

一、快速城镇化下中国建筑的现状

在经历了数十年城镇化的高速发展之后，中国在城市建设
领域取得了举世瞩目的成就，我国的 GDP 净值自改革开放以来
增长了 60 倍，城市化率从 20% 增长至 52%，城市建筑量每年
增加 20 亿平方米以上。然而，粗放型的城镇化在带来城市面
貌大变化的同时，各种问题不断涌现，住房紧缺、交通拥挤、
环境恶化、千城一面、特色缺失等城市问题尤为突出。

二、新型城镇化与建筑设计

1. 我国新型城镇化的特点

新型城镇化是以节能环保、资源集约、生态宜居、城乡统筹、
和谐发展为基本特征的城镇化，新型城镇化讲究城乡互补、协
调发展；同时，新型城镇化应当注重传承自身文脉，彰显自身
特色，避免千城一面，新型城镇化的核心在于人的城镇化。

2. 新型城镇化对建筑设计的要求

①建筑设计要以人为核心，统筹城乡发展，保护生态环境，
注重人与自然和谐，全面提升建筑质量。

②建筑设计要有效利用资源，节约集约，环保低碳，走绿
色建筑可持续发展的道路。

③建筑设计要结合国情，传承优秀文化传统，探索有中国
特色的现代建筑设计道路，既本土，又现代。

④建筑设计要吸纳科技发展的新成果，既注重新材料、新
工艺、新技术的应用，又重视本土适宜材料和技术的应用，全
面提升建筑质量。

三、新型城镇化下建筑设计创新的对策

①以人为本，坚持建筑本源，回归建筑理性，拨正设计方向。
建筑是为了给人们创造更加舒适的空间环境，满足人们物质和
精神的需求，一个好的设计，从立意、构思到方案的形成应当

作者致辞

从人的需求出发，以满足人的使用为目的。

当前我国建筑市场出现了一些错误的倾向，一些设计脱离建筑本体，背离建筑的基本原理，过分刻意地追求形式和奇、特、怪的造型，华而不实，缺乏内涵。作为一个中国建筑师，在新型城镇化的大背景下，应当对建筑的本质以及从事建筑创作的目的有一个清醒的认识，要树立正确的建筑创作观，回归建筑理性，设计方向以人为本、坚固、适用、美观，一直是建筑的永恒主题。

②融入地区气候和环境，使建筑与人和自然和谐共生。世界上没有抽象的建筑，建筑总是扎根于具体的地区环境之中，受到所在地区的地理气候和自然环境的影响，受到具体用地以及周边地形、地貌环境的制约。

在具体的建筑创作实践中，我们应当顺应自然地形地貌的特点，呼应地区气候特征，从城市的整体角度把握建筑设计的方向，尊重建筑与人和自然的关系，使建筑与地区的气候和环境融为一体。

③在多元及泛文化大背景下，加强文化自信，在传承基础上创新。当今国际建筑界各种理论思潮流派精彩纷呈，建筑呈多元和跨文化发展，在西方建筑思潮占主导地位和强势引入的大背景下，中国建筑显得文化自信不足，导致建筑本土文化的迷失，城市普遍存在"千城一面"和本土文化缺失的现象，建筑创作盲目追求形式主义和时尚追风，在学习西方或回归传统之间找不到切合点，常常处于全盘西化或模仿传统符号中找不到正确方向和对策，其结果只能在全球化过程中逐渐被边缘化。

我们应加强文化自信，在学习国外先进设计理念和现代建筑技术的同时，应扎根本土，既传承优秀文化传统的内涵而又立足创新，创作有中国文化和时代精神的新建筑。

建筑传承什么呢？传承天人合一的和谐观；传承中国优秀文化传统；传承以人为本，维护建筑本体的基本理念。

建筑创新什么呢？在传统文化的基础上创新，既本土又现代；使建筑与所在地区的自然和环境融为一体；体现生态与技术的进步，引领时代精神。

④节能环保低碳，走绿色建筑发展道路。在快速城镇化发展的同时，也带来一系列严重的问题，城乡差异、资源枯竭与环境恶化成为进一步推进城镇化的瓶颈，建筑师在进行创作实践的过程中应结合国情，加强对生态环境的保护，统筹集约利用资源，从建筑设计到建造以及使用的全生命周期内来实现建筑的节能环保，开创一条既集约智能、绿色、低碳又紧密与当地环境和条件相结合的新型城镇化永续发展道路。

⑤努力探索中国特色建筑创作理论。我觉得一个好的建筑创作必须有好的创作思想和理念，每个人从不同的角度有不同的理解、不同的着重点，形成自己的创作思想。我通过多年大量的建筑创作实践和总结，基于对维护建筑本体、融合环境、影显文化和永续发展的综合考虑，从挖掘影响建筑最本质的因素（历史、文化、科技环境、功能、经济等）中提炼为地域性、文化性、时代性三要素的和谐统一，并通过哲学的思考提升到空间的整体观和时序的可持续发展观建构完整的"两观三性"建筑创作论。

"两观三性"论传承了中华文化的核心思想，体现"天人合一""和而不同"、不同而又协调的和谐统一观。

"两观三性"论反映了专业的独特属性，即建筑的双重性、综合性、多元性，需要建筑师从时间的延伸性和空间的整体性去把握、优选和整合才能使其构成一个有机的整体。

"两观三性"论倡导建筑创作从地域入手，探索建筑空间形态生成的依据，在此基础上提升建筑文化的内涵和品质，并与现代科技和思想结合，创作地域文化时代和谐统一的建筑。

"两观三性"论既是大量建筑设计实践的总结和提升，也是从事建筑创作的一个普遍性原则。

（本文是作者在"2013年中国当代建筑设计发展战略国际高端论坛"上的大会发言摘录）

2017年5月25日作者作品展在北京大学百年讲堂举办

黄星元

1938 年出生于辽宁省营口市，
1963 年毕业于清华大学，全国工
程勘察设计大师、梁思成建筑奖
获得者，曾任中国电子工程设计
院总建筑师。代表作品有中国华
录电子有限公司工程、中国普天
大厦、大连华信（国际）软件园等。

　　1978 年春，我在成都施工现场担任工地代表，接到北
京总院的一封电报，依稀记得简单的一行文字："有任务
安排，快速返京。"于是我排队购票，乘火车返回北京，
具体事项并不详知。后来宣布是参加赴日本彩色显像管工
厂考察和设计谈判，这在当时到发达国家考察，也算比较
早的事情。我第一次出国，定制西装，学打领带忙了好一阵。

　　在改革开放初期，电子工业院集中财力引进第一条彩
色显像管生产线工程，是一件影响全国的重大事件，对于
我国制造的彩色电视机有很浓的政治意义。打开国门步入
世界，这是民族希望的开始。

　　赴日考察我接触到各种信息，不仅看到了先进的生产
技术、生产方式，看到现代工厂的全貌，也看到了工业建
筑流畅的空间和形式、厂房的简洁体块、明快的色彩以及
精致的建筑细部。

　　1978 年以后，我有机会多次赴日本、欧美等国家和我
国香港地区考察建筑，参加国际交流会议，进行项目设计
联络，与许多外国公司合作，如日立公司、东芝公司、荷
兰 AIB 公司、美国 PARSONS 公司等，曾经与黑川纪章
建筑都市设计事务所及 IAO 竹田设计公司合作并担任项目
顾问。

　　历史赋予我们这一代建筑师一个极好的机遇，接踵而
至的工程设计委托，把我们推进到建筑创作的黄金时代，
成为高产的建筑师。

　　改革开放初期，我一直在设计院第一线承担建筑设计
工作，时年 40 岁。随着设计院的改革发展，我的工作经
历了三个阶段的变化。最初是迎来技术引进高潮，主要承
担繁忙的工业建筑设计；二是参加了十余年深圳、海南特
区的建设；三是在院里组建了工作室直至今日。

一、工业建筑设计，成为建筑创作的切入点

　　20 世纪 80 年代初是我国技术引进的关键时期，各工

上海永新彩色显像管有限公司

1993 年作者在海南分院（海口）

作者在欢迎会上发言

业设计院积极应对，我曾经十余次到日本考察和谈判。这个时期，约定俗成的方式是：工艺流程和生产设备成套引进，工程设计从总体规划、建筑方案直至施工图完成均由中方设计院承担。中方建筑师有很大主动权，只是后来外商协同境外建筑师介入，有些项目中方只承担施工图的设计，回想起来在工程设计中，建筑师也是莫名其妙的退让。

历史上工业建筑是建筑理论和实践发展的先行者，建筑的真实性和简约形式，直至今日仍作为现代工业建筑内涵和形式的完美表达。工业建筑环境中的一切，功能性、构筑性、服务性建筑，包括景观环境均在其列。

从建筑学的视角研究工业建筑在设计方法和新技术、新材料的应用是建筑师的责任所在。

以下列举三项我所参与的工业建筑项目。

① 1978 年设计的陕西省彩色显像管厂总装厂房。由日本日立公司引进成套设备，厂房完全是新型的工业建筑：建筑组合联体，功能综合，体量巨大，同时引进新型建材——轻钢龙骨石膏板隔墙，内部分隔装修全部干法作业（中国当时是首次）。

该工程获 1984 年国家优秀设计银质奖、国家科技进步二等奖。

② 1992 年中国华录电子有限公司（大连）。建筑用地是南北高差 28 m 的丘陵地带，设计中结合地形将主厂房、办公楼、餐厅及动力站房逐级布置，各台地由连廊和引桥相连形成环路，较好地解决了大体量厂房在山地环境中的建设问题，以远山为背景，构成一幅现代工业建筑的宏大场景。

该工程获 1996 年国家优秀设计金质奖、1996 年中国建筑学会建筑创作奖。

③ 1988 年设计上海永新彩色显像管有限公司。我

作者在工厂筛选材料

作者在中日洁净室技术讲演会致辞

担任总设计师及建筑方案设计人。因用地紧张，我们与日本东芝公司供应商协商，将日方提出的主厂房单层建筑方案改为多层建筑，布局紧凑，节约用地，建筑造型新颖，是一组整体感强、色彩明朗、排列有序的建筑群体。

该工程获 1993 年国家优秀设计金质奖。

二、特区建设，建筑师受众人瞩目

1978 年前后各设计院闻风而动，纷至沓来到深圳、海南等开放前沿城市成立分院。翻阅到 30 年前我在《建筑学报》的一篇文章，描述了当时的情景："每个人都会怀着激动的心情，踏上海南岛这块土地，看到椰林、白沙、大海和蓝天。人们往来海口，大多借助飞机，自空中得以俯瞰这苍翠的小岛，白色的实墙，蓝灰色的幕墙，红色的坡屋顶，一览无余。房地产的开发形成了高楼林立的金融贸易区，滨海大道，国贸中心美食城，金盘工业区，海甸岛别墅区……这一切改变了城市的结构和人们的生活，这个影响是深远的，它为新的生活方式打开了大门。这一切给建筑师提供了得天独厚的舞台，把自己的创造和努力，奉献给海南。"（摘自 1992 年第 12 期《建筑学报》所载《努力创作和奉献》一文）

我在分院主要是承担民用建筑设计，项目涉及酒店、旅游建筑、高尔夫球场、商业建筑、综合写字楼等，有许多机会到港澳地区和国外参观，有了更多新的信息来源。

1995 年设计建成了海南广场会议中心，并获得国家优秀设计铜质奖。2018 年庆祝海南建省办经济特区 30 周年大会在此召开，习近平总书记宣布在海南全岛建设自由贸易区。

1997 年设计了三亚山海天大酒店（获海南省优秀设计一等奖）以及赛格国际大厦等公共建筑，并且与黑川纪章建筑都市设计事务所、IAO 竹田设计公司、美国 HBA 酒店顾问装饰公司合作，了解了国外事务所许多先进的设计方法和理念，对新型建筑材料，国际上通用的技术合作，不同专业公司协同工作的方式，有了广泛的了解。

日子一天一天过去，我有一种感觉，改革开放释放了无穷的动力，给建筑创作带来了机遇，关键问题是今后建筑师如何做得更好，如何能达到更高的水平。

三、建筑创作工作室

1996 年我由海南分院回到总院，担任院总工程师

海南广场模型

陕西省彩色显像管厂鸟瞰水彩渲染

大连华录·松下录像机有限公司

新海南广场

普天大厦

大连华信软件大厦

大连爱立信办公区

兼总建筑师，到2001年退休之后成立一个小型工作室。最初的设想是培养一些新来的同事和传承一些成功的经验。主要是民用建筑设计，只做建筑方案，重点项目做到建筑技术设计，其间项目不断，有直接委托和方案投标。工作室成员从毕业生开始，逐渐成长为专业负责人、所总建筑师。至今又过了十余年，建成的项目也有十几项。

2012年到2014年由工作室完成方案设计，与设计所共同完成了大连华信（国际）软件园总部的设计任务。从选址、方案设计、施工图设计和施工全过程，在它背后是一段历经30年与各位业主朋友一路走来，从相识、相知到真诚合作的故事。华信是大连著名软件企业之一，从30年前大连信息中心方案中标开始，我开始了与业主几代领导的长期合作，幸运的机遇也降临在我的创作之路上。从1986年、1999年和2012年这三个重要时间点上，华信完成了规模编制扩大和国际化转型，与此同时连续参加了三个历史时期总部办公楼的设计，并相继投入使用。

已经建成的建筑，静静地就在那里，建筑创作的过程就是建筑师与业主想法的碰撞和融合，相互理解而达成共识。建筑师给业主带来宁静和致远，业主给建筑师报以合作和信赖。

四、建筑设计原则的分散性思考

在改革开放之初，各种建筑思潮此起彼伏，尤其遇到后现代思潮在世界范围的活跃，面对极端个性化、时尚化、商业化、非理性化，显得理论认识不足，不能正面理解现代主义的理性内核。时至今日，对一些建筑创作梳理反思，是对继承优秀传统、吸收外来文化、走出建筑理论的焦虑，轻装前进的大好机遇。

对于纯粹的建筑创新，我一向没有过于绝对的标准，只是表现为带有细微差异的建筑手法的尝试。在材料选择、细节设计上，小步快跑总是在向前。

建筑学研究的是"有体有形的环境"，从宏观到微观，我们的生活所在，应当以面对时代感的心态，用现代的方式、现代的材料，参与建造现代建筑的实践，在功能空间序列，时代文化传递上，展现出现代建筑在中国落

大连华信软件园三期

大连华信软件园三期

大连华信软件园三期内景

脚的合理性。

现代主义建筑这一用语，在20世纪初产生于欧洲，经过多年的兼容、吸收各国文化，得到新的发展，作为人类文明共享而属于世界，展现了新的生命力。现代主义建筑理论不可能处处完美，但它显现了建筑理论与时代适应发展。同样现代主义也不是教条，追求创新发展是它的理论原则，建筑创作发展是不走回头路的，理论仍在延续并分散式地发展着。

建筑从细节开始设计。建筑艺术是建造的艺术，建筑细节设计和建筑材料的选用是建筑师的个性语言。每位建筑师要经过数十年的努力实践，才能形成成熟的建筑语汇。建筑由细节开始设计，这是建筑师成功的路径，证明自己不仅有建筑构思，还具有打造可识别的艺术建构能力。建筑一旦落成就将受到时间和历史的考验，最后留给后人凝视的往往是建筑精美耐久的细节和对材料久远的记忆。从这个意义来说建筑应是从细节开始设计的。

建筑创作理念的分散性，建筑师之间表现出不同的偏好和差异的建筑语言，大多出自个人具体实践的体验，常常是理念想法的汇集而非宏大叙事，因而更具有个性化和时代感的生命力。

在建设大潮中，中国建筑师也应努力走出建筑理论的焦虑，实事求是，轻装前进。在跨文化的际遇中，认真观察才会有新发展，作为成熟建筑师引领大众正确的审美价值取向是一种社会责任，多元的、理性的发展，才是进步的路径。

改革开放40年匆匆而过，我不曾离开过建筑设计本行，思考和设计的过程，历历如在目前。

最近写了一本书，以《清新的建筑》为书名，希望把干净、轻盈、诚实的建筑呈现给大家，从容专注地只为搞好建筑设计本身。在建筑理念上，认真思考和梳理，并且表明建筑师在社会分工中对于工匠精神之秉承、建筑功能之完善、建筑艺术之追求。归根结蒂，建筑师是以建筑作品与使用者来进行对话的，我们庆幸在改革开放的机遇中，意象成真，看祖国更加繁荣，看我们渐渐融入世界。

破茧出壳开启探索的那一步

/ 布正伟

布正伟

1939 年生于湖北，1965 年毕业于天津大学，取得硕士学位。原建设部直属中房集团建筑设计事务所创建人之一，总建筑师，后兼法人、总经理。曾为中国建筑学会理事、建筑师分会理事及其建筑理论与创作委员会主任委员。代表作品有北京独一居酒家、重庆白市驿航站楼和江北机场航站楼、烟台莱山机场航站楼等。著有《自在生成论》《创作视界论》《建筑美学思维与创作智谋》等专著。

在业内挚友和母校老师的鼓励与帮助下，这两年来，我回忆总结了自己半个多世纪以来的职业建筑师生涯，在母校"北洋大讲堂"，报告了自己"寻路解困持续探索"的历程、动力与做法[1]，并在《建筑学报》"师说"栏目访谈中，讲述了自己在创作实践与理论求索契合互动中的"五重体验"[2]。遗憾的是，出于篇幅的考虑，尚未讲明 20 世纪 80 年代改革开放初期，处在迷茫困惑中的自己是如何"破茧出壳"，找到持续探索的起步点的。俗话说，万事开头难，那一小段历史是让我十分珍惜、怀念，且又有颇多感触的美好时光……

"文革"期间，我被下放到湖北，几经周折，于 1977 年调到了湖北工业建筑设计院（即中南院）。第二年便赶上了改革开放，建筑界开展了解放思想的大讨论，长期沉闷的设计局面开始活跃起来。1949 年新中国成立之后，尽管出现了载入中国现代建筑史册的一些好作品，但总体来看，在设计口号化与公式化的制约下，广大建筑师都只满足于完成任务而不犯错误。所以，当年设计院陈院长在听取大家意见，点名让我谈对设计工作有什么想法时，我就照直说了：心里即使有新的设计思路和设计点子，也怕"枪打出头鸟"，被扣上"个人主义""形式主义"和"名利思想"的大帽子。1981 年我调回北京，在中国民航机场设计院工作期间，参加了中国建筑学会组织，由戴念慈先生主持的繁荣建筑创作座谈会，来自全国的建筑师代表畅所欲言、出谋划策，会一连开了好几天。我把自己发言的中心意思写成了稿件：《大家都要有自己的建筑个性解放的大趋势》，还专门画了两页对拼的连环画式的插图，发表在 1985 年第 4 期的《建筑学报》上。

但说归说，做归做。究竟该怎么动手做建筑设计？如何才能打破国门封闭时期"左中右和上中下老三段"的构图划分，外加"顶子、廊子、亭子、院子"空间形体组合的公式化套路？当国门打开之后，又如何走出西方"方盒子、鸡腿柱加大玻璃幕墙""夸张形体、历史符号加重点

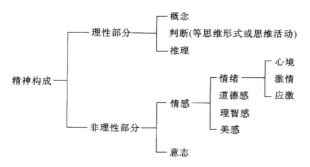

城市建筑的环境、文脉与风格的总体关系
THE GENERAL RELATIONSHIP AMONG ENVIRONMENT, CONTEXT AND STYLE OF ARCHITECTURE

在改革开放初期，我转变建筑观念的第一个突破口，是从建筑的"双重性"挖掘到了建筑的生命力所在：建筑是"物质"构成的，又是以"精神"铸造的。从心理学对"精神构成"系统的诠释可以看出，建筑师对建筑理性的掌控和对建筑非理性中情感的释放，都将深刻地影响到建筑作品的品质及其价值创造。换而言之，就像人的生命是精卵相逢一样，建筑的生命来自"理性与情感的亲合"。

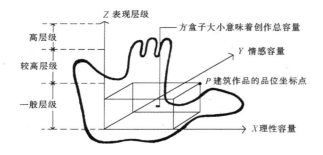

建筑师的环境意识是自然环境意识与人文环境意识的综合
THE ARCHITECT'S SENSE OF ENVIRONMENTS IS THE COMBINATION OF SENSES OF NATURAL ENVIRONMENTS & HUMANE ENVIRONMENTS

这是我最早提出的一个设计运作参照机制：建筑师在进入具体工程的设计状态时，宜对建筑理性的掌控、建筑情感的释放，以及建筑表现的层级（或量级）这三者之间的总体协调与匹配关系，有一个概念性的考量和判断。

这两幅插图是我到中房集团建筑设计事务所后不久画的，表达了自己对 20 世纪 80 年代不断增强的"环境意识"概念的理解（下图），和对建筑风格与建筑所处自然环境、人文环境、城市文脉之间相互关联的看法（上图）。

装饰"等现代建筑和后现代建筑模式的阴影？当初，面对这些很实在、很具体的问题，自己还真是搞不清楚该从哪儿下手，怎么才能跳出这些困扰自己的设计框框。1985 年 2 月 9 日北京市土木建筑学会成立了"建筑理论专业委员会"[3]，很幸运，我作为其中的成员，在一次讨论如何打破建筑创作僵化模式的学术活动中，听到了清华大学吴焕加先生开门见山的发言："建筑创作不能搞公式化，要从僵化的设计思想中解放出来。佛教文化中讲'法无定法，非法法也'，说的就是事物总在变化，解决问题不能墨守成规。我们现在都在探索建筑创作的新思想，但别忘了，还要敢于探索表达新思想的新方法。"

吴焕加先生的发言，让我回味了许久。尽管当时自己并不知道"法无定法，非法法也"在佛教中的确切含

义[4]，但这八个字两句话让我听起来特别带劲，其辩证哲理促使我一股脑儿地琢磨成了："悟道生法，而唯有入道深透，才能如愿得法且自如用法。"那时候自己的确有一股子闯劲，顾不了自己理解上的对错，只觉得，要让建筑创作从"公式化"的束缚进入到"法无定法，非法法也"的境界，自己就得深化对建筑本质的认识，更要从哲理层面去洞察建筑在发展中产生的各种变化，由此再去撬开和揭示建筑新思维表达方式的机密暗道。设计直觉也告诉我，如果还是像过去那样走下去——"从形式到形式""从风格到风格""从流派到流派"，那就会永无出头之日。20 世纪 80 年代中后期，我经常跑书店去资料室，看到一本本新出的西方美学译著，读到全套的勒·柯布西耶、阿尔托、路易斯·康等人的作品集，那种心花怒放、拥抱外部世界的感觉，我一辈子都

忘不了。从大量涌入的国外现代建筑文化思想中，我如饥似渴地汲取营养，这对我的建筑头脑出现三个根本变化，起到了关键作用。

①从建筑具有物质功能与精神功能"双重性"的认识，转向了自己确认的第一个新的建筑观念："建筑是人类用物质去构成，并以精神去铸造的不断变化着的生活容器。"很重要的一点，是我非常重视心理学中将"精神"的构成分为"理性部分"（概念、判断、推理）和"非理性部分"（情感、意志）这两个方面。1987年纪念勒·柯布西耶诞辰100周年的时候，正是在他的丰富创作实践和他大量作品所展示的生命力的强烈感染下，我提出了"建筑的生命，恰恰是来自建筑理性与建筑情感的亲合"这一观点[5]。实践证明，在建筑创作中，建筑师既离不开"理性掌控"，也离不开"情感释放"；建筑师只有结合建筑工程的具体性质和设计任务，使"情感释放"与"理性掌控"相互适配时，才能赋予"不同表现层级"上的建筑作品以感人的生命力。

②从建筑艺术是造型艺术与时空艺术的认识，转向了自己确认的第二个新的建筑观念：环境艺术系统是人类社会最广泛的艺术生产系统，建筑艺术则是其中的一大分支。具体来说，建筑艺术乃是由内界（内部空间与环境）、中界（建筑实体）、外界（外部空间与环境）所构成的全境界的艺术创造。1985年，我应《美术》学术月刊编辑部之约，曾撰写了《现代环境艺术将在观念更新中崛起》一文，其后又有多篇有关环境艺术的论文发表[6]。"现代环境艺术"概念的引入与渗透，有效地拓展了我们对建筑艺术思考和品评的视界，使我们能从单调地追求建筑造型、玩弄建筑空间的狭隘思路中解脱出来，让建筑艺术切适地回归到人类生存环境的整体创造。

③从忽视建筑文化、唯建筑艺术至上的建筑评价认识，转向了自己确认的第三个新的建筑观念：树立人类整合文化学的建筑文化观，全面地认识建筑文化是由基层面的物质文化、中层面的艺术文化与高层面的精神文化同构而成，并以此奠定"建筑评价"参照系统的科学基础，使建筑审美中对"建筑评价"的真实性与可信度，不再被唯主观意志的"建筑艺术言说"所掩饰。同时，在建筑创作实践中，以展示建筑文化、丰富内涵为己任的自信与自尊，也将使我们警觉全球化语境下，"欧美中心论"仍在持续其负面影响。我们需要去做的事，是努力铸造中国现代建筑应有的文化气质[7]，并使之与其建筑艺术气氛和时代气息融于一炉，以独具慧眼的建

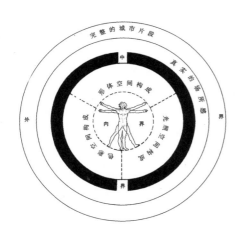

20世纪80年代环境艺术边缘学科的兴起，促成了我对建筑艺术认知的大转变：从"空间与造型艺术"，转向了"由建筑的内界、中界、外界所构成的全境界创造的环境艺术"。这里，"内界"即建筑的内部空间与环境，"中界"即建筑自身的实体形态，"外界"即建筑的外部空间与环境。这种转变让我在建筑的室内、外空间环境设计实践及其理论研究中，都有相当多的投入。

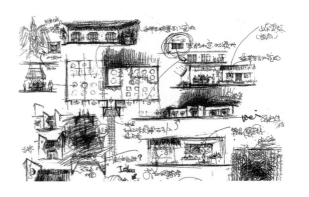

人类整合文化学同构的三个层面，即物质文化、艺术文化和精神文化，是自己最初开启"建筑文化"内涵系统与外显系统探索的出发点。在诸多的探索点中，与自然环境、人文环境、民俗风情、生活情调等密切关联的"建筑文化气质"，成了我一直关注的不可或缺的建筑特质。每当我画建筑方案草图时，不论涉及的是空间形体，还是空间环境，总要把建筑作品所应具有的"文化气质"，与其"艺术气氛""时代气息"融合在一起来考虑——其中，要是失去了"文化气质"，就必然会失去建筑表现之魂。该草图是1984年设计北京独一居酒家（旧房改建）时画的。

筑文化风貌彰显于世。

在改革开放初期，以上新建筑观念的形成，使我想建筑和做建筑的视野变得开阔了，脑子也开始活跃起来，我在中国民航机场设计院的 8 年期间主持设计的多项建筑工程便是见证。记得当时在建筑室，毕业于清华大学的孟健建筑师曾经问过我："怎么你的设计想法总和别人不一样？"现在回过头来看，处于改革开放初期的 20 世纪 80 年代，自己在思想解放的大潮中破茧出壳，确立了三个新的建筑观念之后，最根本的变化就是，能够在自信中"入情入理"地进入设计状态——在这种状态下，设计策略与设计手法的显现和变换，虽也有困苦和曲折，但总体来说却显得自如多了。也就是从这个时期起，每当自己在创作实践中体验到"山穷水尽疑无路，柳暗花明又一村"时，多少都会感受到近乎进入"法无定法，非法法也"境界时的那种惬意和快乐。

可以说，在 20 世纪 80 年代，我是伴随着改革开放初期那些阳光灿烂的日子，自己破茧出壳才迈出了"创作实践与理论求索契合互动"的步子。其后的 20 世纪 90 年代、21 世纪初，有关自在生成建筑理论及其建筑美学思维范畴，我一直持续探索，正是从我破茧出壳树立那三个新的建筑观念开始，继而按照自己纵横交错的思考脉络，一步步地拓展延伸下来的。

值得一提的是，我在一些参考文献的搜寻中惊奇得知，马克思、恩格斯、爱因斯坦等世界名人，对佛教文化的优越性都早已有所认知[8]，而结合建筑创作实践，自己又惊喜发现，佛教文化中辩证思维的智慧与建筑师所应具有的职业头脑，竟也有重要关联。拿自己来说，"法无定法，非法法也"的金句，不仅使我在"寻法""用法"上打破了僵化思维的模式，迈出了探索的第一步，而且还鞭策我在其后接触佛教文化的过程中，去深入认识"看建筑"和"做建筑"的道理。如：看建筑也和看其他事物一样，不管建筑怎么变，只要从各个面、各个点把建筑的本来面目看清楚了，就不会被它的各种表面现象所迷惑。又如：建筑创作要讲"因缘关系"和"圆融境界"——建筑产生的机缘、依据就是"建筑因缘"，其中"因"是指建筑生起或败落的内部条件或主要条件，"缘"则是其外部条件或辅助条件；正是因为要从各个方面的"因缘"关系去看建筑，所以做建筑就需要讲究"圆融"，要把从各方面吸纳的东西圆满地融为一体。20 世纪 90 年代，我正是在这些哲理思想的熏陶下，才开始滋生起"让建筑自在生成"的意念。

1996 年，北京广济寺一位即将留学研究梵文佛经的中年法师告诉我，说我在建筑创作实践的修炼中，逐

1981—1989 年是我在改革开放的初期，在中国民航机场设计院主持建筑创作的 8 年，也是自己破茧出壳，开启创作实践与理论求索契合互动的 8 年。在这期间，通过 4 项建筑工程设计的全过程，印证并强化了自己当初认知的 3 个设计观念：建筑的生命（即生命力、感染力）来自建筑中理性与情感的亲合；建筑艺术是建筑全境界创造的环境艺术；建筑文化气质是建筑表现之魂，离开了它，建筑艺术气氛和建筑时代气息的表达都欠完美，甚至会流于模式化而显苍白。

进入 20 世纪 90 年代之后，随着自己创作视界的拓展和理论思考的深入，"自在生成建筑"的脉络在我脑海里逐渐清晰起来。1999 年以出版书籍的形式，提出了"自在生成"的五论框架，得到了彭一刚、张钦楠、陈志华、马国馨、邹德侬、曾坚、朱剑飞等先生的肯定与指教。退休之后的 21 世纪初，我仍坚持在创作实践中，对《自在生成》理论进行验证、调整和深化。图为 1999 年北京召开 U.I.A 第 20 届世界建筑师大会时，德国建筑师参观访问了中房集团建筑设计事务所，并就"自在生成"的理论问题和相关作品与我进行了亲切交流。

步体验到的"有界也无界""有教也无教""有常也无常""有我也无我""有法也无法"以及"自在也不自在"等各种变化的心境和情怀，正是自己进入到非常辩证的思想境界，甚至靠近"禅"的境界时所自然产生的结果[9]——这不仅让我感到很奇妙，而且还真的觉得这样去做建筑，可以放下各种包袱，克服建筑创作中包括"患得患失"的诸多思想障碍。20 世纪 90 年代末，"自在生成"五论构架的最后一章《跨越与修炼——自在生成的归宿论》，便是我怀着虔诚之心，一点一滴地

学习和运用佛教文化辩证哲理的具体收获[10]。

注释

【1】布正伟.持续进取是实现自身价值的"定海神针"——我做职业建筑师寻路解困的历程、动力与做法 [J].新建筑，2018（2）：142-147.

【2】宋祎琳，丁垚，布正伟.创作实践与理论求索契合互动的五重体验——布正伟建筑师访谈录 [J].建筑学报，2018（11）：112-118.

【3】1985 年年初，我由北京市土建学会"中国及外国建筑历史及理论专业委员会"，转入另行成立的"建筑理论专业委员会"，记得刘开济、傅义通、马国馨、吴焕加、傅克诚、王天锡、王伯扬等人都在该学术组织名册之中。

【4】作者从参考文献中只能查到"法无定法"四个字，被推荐的一种诠释表达了两层意思：一层是说，"万事万物皆是因缘和合而生，缘起性空，并无绝对的'有'和绝对的'无'，而是'妙有'或者'妙无'，所以才说'法无定法'"，另一层意思是讲，人的认识是不断深入的，"每一层次都有法，但都不是宇宙中的绝对真理"。作者认为，这里说的"法"虽可理解为佛所说的教导众生修行解脱的佛法，但只要融会贯通地去理解和消化"法无定法"的辩证逻辑，我们都可以从中得到有益的启示而大开眼界，清代大画家石涛所言"无法而法，乃为至法"，就是一个有说服力的案例。

【5】布正伟.建筑的生命来自理性与情感的"亲合"——写在纪念勒·柯布西耶诞生 100 周年之际 // 建筑美学思维与创作智谋 [M].天津：天津大学出版社，2017：171-180.

【6】有关"建筑创作"与"环境艺术"相关联的论文以及作者亲身实践方面的文章，参见拙著《创作视界论——现代建筑创作平台建构的理念与实践》237-336 页，北京，机械工业出版社，2005 年。

【7】"建筑文化气质"是我在 20 世纪 80 年代，从生活体验与创作实践中树立起来的常用概念。它是指在建筑创作的"物化"过程中，建筑作品融合了自然环境、人文环境和场所环境以及建筑师设计时的情感释放等因素后，所彰显出来的"建筑表情"之魂的一种文化特质。诸如"朴拙""优雅""端庄""浪漫""内敛""奔放"等。建筑文化气质的缺失，常常会导致"建筑艺术气氛"和"建筑时代气息"表现的简单化和模式化。

【8】马克思认为，辩证法在佛教中已经被运用到比较精致的程度。恩格斯指出，辩证的思想只有对于人才是可能的，并且只对于相对高级发展阶段的人（佛教徒和希腊人）才是可能的。爱因斯坦曾经预言，如果有任何能够应付现代科学需求的宗教，那必定是佛教。

【9】1996 年，我赴海南参加三亚南山文化旅游区总体规划评审会时，在会上认识了佛教文化界的一位资深学者，他是北京广济寺当年正准备去斯里兰卡留学研究梵文佛经的中年法师。有关我去北京广济寺拜访并请教他的记述，参见拙著《建筑美学思维与创作智谋》42 页，天津，天津大学出版社，2017 年。

【10】布正伟.自在生成论——走出风格与流派的困惑 [M].哈尔滨：黑龙江科学技术出版社，1999：48-51.

感悟改革对建筑学的挑战

/ 顾孟潮

顾孟潮

1939 年生于北京，毕业于天津大学建筑系，中国建筑学会教授级高级建筑师、编审。曾任住房和城乡建设部《建设》杂志社副社长兼副总编。研究领域涉及建筑科学理论、建筑评论、环境艺术设计、建筑文化与美学等。出版著作有《20 世纪中国建筑》《建筑哲学概论》《当代建筑文化与美学》《世界建设科学技术发展水平与趋势》《山水城市与建筑科学》等。

深化改革，一路走来，深感建立绿色生态建筑观念是对我国建筑学的挑战。

改革开放之前，我国核心建筑观念只有"适用、经济、美观"6 个关键字。改革开放促进了建筑业的发展，2016 年 2 月 6 日《中共中央国务院关于加强城市规划建设管理工作的若干意见》将其调整为"适用、经济、绿色、美观"8 个关键字。

千万别小视增加的"绿色"这两个字。增加这两个字我们用了 40 年时间，但我认为，这是我国城市规划建筑界 40 年来最大的成就之一。

绿色生态建筑要求在建筑的全寿命周期内，最大地节约资源（包括节能、节地、节水、节材等），保护环境和减少污染，为人们提供健康、舒适和高效的使用空间，为人们建造与自然和谐共处的建筑环境。

"绿色"二字的内涵十分丰富，它意味着对环境质量和生态平衡状况有更高的要求，它能使建筑早日达到宜居的境地，提出并实践绿色生态的观念是我国城市建筑观念的巨大进步。正是因为绿色生态建筑观念的提升，使我们在观念上跨过了"实用建筑学""功能建筑学""空间建筑学""环境建筑学"的几个历史时段，走过近 2000 年的时空！

改革开放以来，建筑业同人一路走来，大胆探索，孜孜以求，解放思想，实事求是，认真探索我国实践绿色建筑之路，取得了可喜的成效。

20 世纪 80 年代以来，我们多次认真学习 1981 年国际建筑师协会第 14 次建筑师大会发出的《华沙宣言》。（详见中国建筑学会主编《建筑师、学术、职业、信息手册》第 743—749 页）

根据宣言精神，我们认识到，国际建筑界的建筑观念已经进入"环境建筑学"阶段，中国要紧紧跟上。

宣言本身就是"绿色建筑宣言"，我们认真体会它的内涵："人类—建筑—环境之间有密切的相关性。"

"建筑学是人类建立生活环境的综合艺术和科学。"它宣称，"建筑师的责任是把已有的和新建的、自然的和人造的因素结合起来，并通过设计符合人类尺度的空间来提高城市面貌的质量。"它明确指出，"建筑师应该把自己看成社会的公仆。"对文件认真学习、认真研究，使我们脑洞大开。

与此同时，俄文版《城市（建筑）生态学》专著问世，国内外又出版了多种"生态（绿色）建筑"专著，明确提出了生态（绿色）建筑的标准。

1985 年年初，国家建设部与中国建筑学会召开中青年建筑师座谈会。会后，与"绿色生态建筑学"密切相关的"环境建筑学"观念，引起了中国建筑界的普遍重视，在改革开放的大背景下形成了热潮。

我将这段可以载入史册、令人欢欣鼓舞的建筑界改革开放的实践分为 3 个时期。

① 1979—1989 年是当代建筑观念的萌芽生长期。

此阶段，真正是解放思想，实事求是，思想空前活跃，从历史经验和境外（包括港、澳、台）实践中引进了许多新观念、新思路、新设计、新人才，因此建筑界新事物、新设计、新组织等层出不穷。如注册建筑师制度、建筑师考试制度、《中华人民共和国城乡规划法》颁布、多种实验性建筑、私人建筑事务所、中国现代建筑创作小组、中国当代建筑沙龙、中建文协环境艺术委员会诞生，推动现代建筑、建筑文化、环境艺术在中国的崛起

和普及。

② 1989—2009 年是中国现代城市化、建筑现代化大发展时期，特别是房地产的超常发展导致城市、建筑科学的共识破裂期。

中国城市化的飞速发展，几亿农民工进城，房地产在全国城乡遍地开花，促进了城市化的进展，但由于相关的法制建设跟不上发展的高速度，对绿色生态、能源环境造成了不少无法挽回的负面影响，对刚刚形成的对城市科学、建筑科学的新生观念冲击很大，在许多方面已经突破底线，导致城市、建筑科学观念上的共识破裂。

③ 2009—2018 年属于建筑科学观念和思路的中兴与回归期。

2009—2018 年，建筑界有一段反思回归的科学共识的做法，提出改善民生，建设和谐社会，建立科学发展观，制定"拆迁法""房地产法"，呼吁不再乱折腾等，但效果不太明显。幸好，同时有高科技和自媒体出现，在一定程度上起了亡羊补牢的作用，使负面的事情减少了不少。

还需要提到的是，20 世纪 80 年代末 90 年代初，中国当代建筑沙龙与美术界、室内设计界和人文社科界一些有识之士，筹备成立了环境艺术学会，该学会在组织全国性环境艺术设计作品评选、学术讨论、推动环境艺术观念建立、普及相关知识等方面都做出了有益的贡献（图1）。

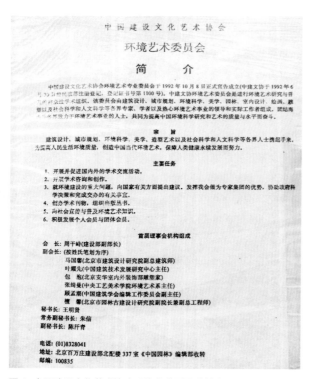

图 1 中国建设文化艺术协会环境艺术委员会简介

图 2 《钱学森论建筑科学》书影

图 3　纸质的社区大堂"纸教堂"

在此 40 年间，钱学森先生提出建立建筑科学大部门的建议和建设山水城市的设想（图 2）；吴良镛先生完成了《广义建筑学》和《人居环境学》；刘先觉先生领衔完成了《生态建筑学》；童林旭先生完成了《地下建筑学》。他们为我们走向绿色生态建筑指出了方向。

目前的问题是，我国城市（建筑）还远远没有达到相应的绿色生态标准，并且与这个标准的差距甚大。因此，我们必须建立绿色生态危机意识，采取相应的行动，争取早日达到相应的绿色生态建筑标准。

我们欣喜地看到，发展绿色生态建筑已是全世界未来城市建筑的大趋势，如英国的城市农业种植塔，丹麦将进入中国的皇冠猪肉生产，越南丰富多彩的竹建筑，日本的纸建筑（图 3）等，都是世界成功的绿色建筑实例。我们要虚心向世界人民学习，早日把绿色生态建筑变成中国的现实。

当然，这是任重道远的事业，但我们别无选择！

天津院建筑师变化的 40 年

/ 刘景樑

2018 年是改革开放 40 周年，而我在建筑设计行业中也已工作了近 55 年。半个多世纪，我亲身见证了天津城市的巨大变化，特别是在与天津院共成长中，感悟到改革开放的力量，感受到全国建筑设计行业突飞猛进的发展。伴随着天津院的改革之路，我也由一名建筑师逐渐成长为一名管理者，还成为全国工程勘察设计大师。应该说，我的全部执业生涯都是在天津院度过的，这里是我成长提高的"家园"。这有我个人对建筑设计专业的热爱，更源于天津院对我的接纳、包容与培养。

从全国看，改革开放以来，中国建筑师从专业知识到设计技能、从设计理念到系统理论乃至话语权都取得了有目共睹的进步和提升。我认为，中国建筑师的创作之路用改革之思诠释了五个见证。

第一，从建筑创作和工作足迹见证了建筑行业的历程，从转企改制、技术更新、管理创新、执业认证一直到繁荣创作的全过程。

第二，见证了设计改革引领的正确的学术方向，为广大建筑师注入了创新的自信与活力，扩大了中国设计的国际影响，而中国建筑文化的自信是进步的重要核心。

第三，见证了设计改革并非只关注建筑表皮与形式，更重要的是需要建筑师对城市建设和发展怀有乡愁般的敬畏。如现在我们越来越摒弃盲目追国际时尚，而是有意识地回头品味我们的乡愁，看看我们的城市，看看培育我们的这块土地还需要什么，从而树立传承中国优秀文化的责任感和使命感。

第四，见证了城市发展的建设性必须和历史遗产保护性之间的和谐共生性，不是有了建设就一定会缺失保护，应该在建设发展中体现保护，在保护中发展建设。

第五，从人与人之间的互动关系看，见证了老一辈的建筑师所开拓的道路、奠基大业和新一代中青年建筑师锐意进取交织融合，是大家共筑了今天的辉煌硕果，40 年的成果得来不易，这是老中青几代建筑师共同努力的

刘景樑

1941 年出生，1964 年毕业于天津大学，曾任天津市建筑设计院院长，现为名誉院长。全国工程勘察设计大师。曾任中国建筑学会理事、常务理事、副理事长。代表作品有天津市体育中心、平津战役纪念馆和周恩来邓颖超纪念馆，主编《天津建筑图说》《天津·滨海文化中心》等著作。

最好写照。

结合上述见证的体会，让我回忆起在改革开放的历史长河中对天津院乃至我个人成长产生重大影响的几件事，面对改革开放再出发的新形势，作为建筑设计院应怎么去面对？我也想谈一谈自己的思考与感悟。

一、天津院在改革开放中的"四大举措"

1. "三环对策"开拓型经营的利器

1979 年，在改革开放后的第一年，我从一名技术员晋升为工程师，那时虽然唐山大地震已过去 3 年，但经历了大地震后的天津各项建设工作仍进展缓慢，仍处于百废待兴的恢复阶段。因此，我当时的工作主要与抗震建筑的设计联系在一起，如主持设计了抗震住宅第一套标准图，并一直沿用到 20 世纪 80 年代初。1981 年，因回迁房建设暂时滞后，天津城仍有很多群众居住在临时搭建的地震棚里，时任天津市市长李瑞环提出"过年一定要让群众回家吃饺子"。我那时作为设计团队成员，和天津院的同事们一同参与了很多震后的住宅设计工作。

1987 年，面对建筑行业的发展陷入任务不足的困难瓶颈期，天津院及时研究、制定、出台了当时在全国备受关注的"三环对策"，即以本市市区和郊县为内环，长江以北为中环，长江以南沿海地区及境外国际市场为外环，力图走出天津，打开市场经营的范围，拓展任务来源的渠道。为此，1988 年，院里集中一批技术骨干，组成一支支设计小分队"南下东进"，在改革开放的前沿城市建立厦门、广州、海南、烟台、上海五个设计分院。1989 年，各分院在强手如林的竞争中不仅占有了一席之地，而且有多项工程中标。1991 年，组成以总工或主任工为首的"夺标突击队"，进一步向外辐射开拓外地设计市场。通过走出去，天津院的建筑师开阔了思路，设计水平提升很快，随后又建立了泉州、北海、威海、温州、重庆、天津滨海等六个分院，承揽了一批具有相当影响力的设计项目，在设计作品上不断创新，从全国建筑行业中脱颖而出。例如，泉州大厦和烟台市政府机关办公楼是全国率先采用钢管混凝土无梁板柱的设计作品；厦门华景花园被评为厦门十大优秀建筑；前苏联克拉斯诺亚尔斯克国际展览中心等 4 项涉外工程设计（汤加、阿联酋、瑞典），标志着天津院在改革开放的大潮引领下，走出津门、走出国门，步入国际市场的"外环"历程。

由此，天津院建立了以分院为"前哨"阵地，以总院为"大本营"的生产经营网络，经受住了全国大市场竞争的洗礼，成为有益于培育复合型人才的摇篮。"三环对策"不仅开拓了经营渠道，更重要的是培养了一批复合型的年轻干部，应该说凡是在分院工作过的，很多人都成为后来的所级和院级的领导。我在设计院工作的55 年间，有两个担子最重的岗位我没有担任过：第一是所长，我觉得所长工作是非常非常困难艰巨的，因为他要挑起这个所，院里所有的规章制度又都通过所长传达给员工，所长的管理压力很大；第二是没在分院工作过，特别是各分院起步的艰苦阶段。在几次院内会上我都曾讲过，这两个岗位我没有踏踏实实的工作过，很是

京津建筑专家在"平津战役纪念馆"方案设计研讨会上指导工作（作者二排右 3）

1990 年设计组在克拉斯诺亚尔斯克列宁博物馆前留影（作者右 2）

某驻外大使馆手绘图

遗憾。

随着天津院设计实力的增强，我们有机会走出了国门，步入了国际市场的"外环"，开始在国际建筑设计的舞台上崭露头角。其中极具代表性的是中国驻瑞典大使馆（1984 年）以及位于汤加的一所小学（1998 年）等，而我有幸担任了这两项工程的主持人。当然，也有很多项目虽然未能建成，但过程却令人难忘。如 1989 年 11 月，受外经部的委托，天津院接受了位于前苏联的克拉斯诺亚尔斯克国际贸易大厦的设计任务，记得我们先提交了 5 个方案和模型，我们和苏方的第一次见面地点定在哈尔滨，经讨论一致推荐两个方案赴苏汇报，一个是单塔方案，另一个是多塔方案。而多塔的方案是我受了北京院吴观张老院长首都宾馆设计理念的启发而策

划的（当年，北京有很多老专家到天津指导我们的设计工作，如张镈大师等）。在 1990 年，我带队到克拉斯诺亚尔斯克向市领导和主管城建总工汇报，当我们汇报完两个方案的特点以后，到会领导和专家热烈鼓掌，并激动地说"感谢中国建筑师，苏联建筑师 20 年没解决的问题被中国建筑师解决了"。

2. "一体化"生产模式及经营战略

伴随着城市化进程的不断加快，仅凭单纯的建筑设计实力已经不能全方位与市场对接并满足市场的需求。业主越来越要求建筑设计企业拥有一个整体的技术实力，而不仅是建筑设计一个方面，即要完成"交钥匙"工程，包括建筑设计、政府协调以及工程营建乃至运维的全链条。因此，从 2009 年开始，天津院投资参股与 17 家专项设计团队成立联合设计公司，大力推行"全方位、一体化、上下联动、内外联合"的经营模式，增强了天津院在多项专业领域上的技术实力。从而形成了专业互补、优势共享的经营模式，为承揽全专业设计和推行"一体化"战略打下了坚实基础，通过整合资源，发挥全专业技术优势，打造了一批一体化项目品牌，出现了天津文化中心美术馆、天津滨海文化中心、国家海洋博物馆等代表性项目。

经营战略的调整，促进了天津院技术资源的整合、生产模式的转变，并为拓展经营市场开辟了新局面。天津院市场部完善了一体化链条体系，实现设计资源的最优组合配置，增强全院上下市场的综合竞争与适应能力。近年来，天津院还先后承揽了一批市内外重点项目的总承包工程，如承德中德技术培训中心等。

3. 在改革奋进中繁荣创作

改革开放给国内建筑师设计水平的提高、繁荣建筑创作市场开创了大好的局面，因为它最大限度地解放了思想。20 世纪 90 年代以来，特别是 1992 年邓小平同志南方视察讲话和党的十四大提出建社会主义市场经济体制目标以后，我国经济体制改革向纵深发展。在天津市政府提出"三五八十"四大奋斗目标指引下，建筑业呈现出一派前所未有的兴旺景象，一批批具有时代特征、富有地方特色的大型公共建筑像雨后春笋般地展现在津沽大地上。

以 20 世纪 90 年代为例，具有时代标志性的天津建筑"五大馆"——天津体育馆（荣获全国优秀工程设计金质奖）、平津战役纪念馆（荣获全国优秀工程设计银奖）、周恩来邓颖超纪念馆（荣获全国优秀工程设计银奖）、天津自然博物馆（荣获天津市优秀设计一等奖）、天津科技馆（荣获建设部优秀勘察设计三等奖），它们

在今天看来好像也并没有太大的规模，但在资金短缺的当时，确实是很了不起的壮举，因为它们体现了天津院建筑师的创作水平。实际上，这几个经典项目都带有"国家建筑"的痕迹。比如平津战役纪念馆，20世纪90年代初刚刚立项时，北京军区召开了专家论证会，要在天津建平津战役纪念馆，中央军委和北京军区都很有决心要把它做好，它也是由北京军区和天津市政府共建的项目。当时部队方面提了一些严格要求，如布展内容等，参会的都是高级将领、著名建筑老专家等，当时我列席参会。最后请张镈老总发言，他说："我看这个事很简单，你们不要搞招标了，就把这个事交给景樑和天津院，什么时候符合要求什么时候完，天津院有这个能力。"当时我心里既高兴，又有压力。后来，动员了全院的力量，抽调了几位优秀建筑师成立专项设计小组，在设计的过程中多次到北京军区汇报。这些场馆也得到了业界和国家相关部委的认可，天津体育馆、周邓纪念馆、平津战役纪念馆，都荣获中国建筑学会建国六十年建筑创作大奖。天津院在"大项目"中的原创设计，极大地丰富了城市整体面貌和景观环境，提升了城市的文化品位，赢得了社会各界的广泛认同，也体现出工程技术人员日臻完善的高超设计水平。

在经过了20世纪80年代低标准的设计阶段后，天津市住宅建设也步入了一个新的发展时期。天津院及时提出经营策略，把体现"以人为本"的规划设计理念融入到设计之中，制订了"为老百姓设计好每一平方米住宅"的质量目标和承诺。其中，华苑居华里、碧华里住宅小区工程设计获全国住宅试点小区金奖。自1986年以来，我们还大力拓展与国外和境外的合作设计，如水晶宫饭店、奥林匹克大厦、世界贸易中心大厦等。这些构思巧妙、造型新颖、技术难度较高的设计作品凝聚着全院技术人员探索与现代的结合，是对当代建筑思潮的创作新尝试。

4. 文化乃企业发展的核心价值观

伴随着市场经济的发展，天津院逐步认识到"企业文化力决定市场竞争力"。为此，我们把加强企业文化建设作为提升企业综合素质的系统工程和凝聚职工的"铸魂"工程，着手提炼企业核心价值观，制定了企业愿景、企业精神、经营管理理念和行为准则，形成了企业文化系统框架，编印完成了《企业文化手册》，并积极展开了文化建院的实践与探索。

2005年，提出"创新、敬业、诚信、和谐"的企业精神。

2015年，随着企业发展，天津院又提出"以客户

1995年在天津体育馆落成前

价值为中心，以员工发展为根本，为客户提供建筑全生命期、集成化服务的科技型企业"的企业发展核心价值观。

2016年，天津院实施了系统升级发展，围绕建设"科技型企业集团"目标，确立了"五步走"的总体发展规划，形成了天津院发展的5.0版本。综合院（1.0版本）：整合各专业资源，搭建资源平台，实现资源最优化配置。目前，设计一、二、三院就是1.0版本。专项院为2.0版本：从资源平台自然实现专项化发展，孵化出专项设计院。比如医疗院就是2.0版本。专项事业部为3.0版本：从专项院逐步发展成为服务建设全过程的事业部模式。总承包事业部就是3.0版本。专项子公司为4.0版本：在3.0全系统服务模式基础上，进一步发展成为独立资质、独立法人的独立品牌机构，在社会上具有一定的知名度和影响力的旗帜性标杆企业。上市公司为5.0版本：在4.0基础上，利用资本力量支撑业务更好地发展。

天津院还相继设立博士后工作站，成立绿色建筑技术研究院（其中涵盖六大中心：绿色建筑机电技术研发中心、绿色智能建筑技术中心、BIM设计中心、建筑结构技术咨询研发中心、绿色建筑策划中心、建筑工程检测中心），从而使设计与研究、研究与开发的六大中心集成优化为整体的平台体系。

二、我对改革开放成就的三点认知

1. 改革开放提升了"适用、经济、绿色、美观"的国家建筑方针

作为一名从业五十余年的老建筑师，一路走来，我最大的感触就是对"适用、经济、在可能条件下注意美观"建筑方针的理解和实践，它既是我们行业永不过时的准则，也是我们每一位中国建筑师需要担负和坚守的社会责任。1956年，建设部提出了"适用、经济、在

可能条件下注意美观"的十四字建筑方针，六十年来，尽管经历了百废待兴、经济腾飞、快速发展的几个不同时期，发展至今，中国建筑设计和建设仍需坚守此方针。随着时代和社会的发展进步，特别是改革开放以来，各种新理念、新技术、新材料不断更新，国情国策的巨大变化，对十四字方针需要与时俱进，完善充实并赋予其新的内涵。

"适用"注入了绿色、生态、安全的"以人为本"设计理念，这是"适用"不可或缺的元素；"经济"远不是仅限于狭隘的限额设计，而首先要做到的是"四节"，即节能、节地、节水、节材；"美观"是建筑师对建筑艺术的追求，对"美观"的理解可能会各抒己见，但美观不仅局限于外观，更要彰显在建筑环境的美、功能美是至纯的美，文化内涵是美观的重要基石。今天的中国建筑师，应该将 2015 年住建部提出的"适用、经济、绿色、美观"八字方针的辩证关系深深融于建筑创作的指导思想中，旗帜鲜明地倡导，并坚定不移地践行。

繁荣建筑创作与建筑方针是相辅相成的，正如理论指导实践，实践也反作用于理论一样，"适用、经济、绿色、美观"是中国建筑创作的指导思想与脉络，是中国城市建设的"法则"。我们应增强坚守本土方针的自信，一个城市的发展史也是一部文明史、文化史，传承她的遗产保护，坚守她的特有气质，超越她的历史缺憾，使我们设计的每张蓝图都根植于城市建筑历史的文脉之中，使每栋建筑都能成为城市发展更新的一个新的元素，也成为未来历史长河中建筑保护的一个不可或缺的节点。

2. 作为一名成功的建筑师要有历史观，要用作品践行建筑文化遗产保护

改革开放 40 年来，我们建筑师在对待生态环境、对待历史建筑、对待建筑文化等方面都有了认识上的提升和实践上的成效。40 年来，可以说对于保存、保护，我们是逐渐认识、逐渐加强的。我认为保存、保护、发展是科学发展观的三个关键词，以此作为城市的建设链是值得我们认真思考、努力贯彻的，要在保护中发展，在发展中保护。天津在 2005 年至 2015 年 10 年间，对全市 877 栋历史风貌建筑做到了政策引领、依法确认、有效保护、合理利用，成效十分显著，获得了业内及大众的点赞并树立了良好的典范。其中有 17 栋建筑已先后三批被列入"中国 20 世纪建筑遗产名录"，夯实了历史名城天津的文化底蕴。

建筑文化遗产的保护，除了要对世上存留下来的建筑遗产加大保护力度外，还应对那些"已经消失的建筑"给予足够的关注和重视，这样才是对"建筑文化遗产"的全面传承。这些曾经代表了一个时代的教科书式的经典建筑以及创作这些作品的先辈都是共和国建筑史上的重要基石和奠基人。为此，对于那些不该消失的建筑，我们应该重现其历史原貌，弘扬其历史价值，为后人留下弥足珍贵的历史记忆。2018 年，正当我们纪念中国改革开放 40 周年之际，又迎来了致敬百年建筑经典的第三批"中国 20 世纪建筑遗产名录"的发布盛典，这是中国建筑发展史上的一个壮举，是传承经典、保护遗产的重大举措，为中国建筑遗产保护书写了浓墨重彩的篇章，是改革开放 40 年来的城市建设与文化传承的重要组成部分。在推动坚持创作经典建筑的同时，要更加关注并践行对中国建筑遗产的保护工作。

3. 城市更新是城市高质量发展的需求

国家一再倡导并推进的城市更新战略，我理解主要包括三个层面内容：第一是城市建设发展中国家财政的固定资产投入，大规模的新建建筑建设走上城市高效高质量高水平发展的主线，速度放缓是主流；第二是对既有建筑的提升改造，这既是 20 世纪六七十年代建设的从环境到建筑在节能、水电气热、外观绿植等品质上的全面提升，也是国外城市化更新的成功做法；第三是这关系到提升城市文化品质和国内外影响力的历史风貌建筑的保护和更新利用，这是夯实城市发展的文化底蕴之关键。据此，我们有理由、有底气完成城市"双修"，完成城市"织补"的一系列工作。天津院在这方面也做了很多设计：对五大道一些风貌建筑的成功保护和更新利用，对海河沿岸城市一系列更新重塑的重要节点——津湾广场项目的建设等。在《天津风貌保护条例》的指导下，全市的风貌建筑保护工作已经形成了"点、线、面"相结合的保护格局，由静园、庆王府等建筑为代表的"点"为起点，到以道路为脉络"线"的串联，直至形成风貌保护区"面"的全面展示，天津院建筑师在践行着义不容辞的重任。

我以天津院发展作为对改革开放 40 年的回眸，仅仅算是几个瞬间的记忆与片段解析，面对改革开放再出发的大势，面对国内外建筑设计潮流的涌动与市场的变化，天津院要"挺立船头"、把稳方向，总结成绩很重要，但更要从汲取经验和教训中获得发展之力，这或许是我回忆这些过往的意义与价值。

向欣然

1940 年 6 月出生，1963 年毕业
于清华大学建筑系，同年进入中
南工业建筑设计院。1984 年 12
月—2000 年 6 月任中南建筑设
计院副总建筑师。曾任第七届全
国人大代表，中国建筑师学会理
论与创作委员会委员。出版《黄
鹤楼志》《黄鹤楼设计记事》
（2014）、《建筑师的画》（2017）
等著作。

我是 1963 年 9 月分配到中南院的，到 2000 年 6 月退
休，在院 37 年。除去十年"文革"，也有 20 多年时间在
安心工作。但说来惭愧，我亲手做的工程并不多，可以称
得上我为院里做贡献的项目，是我以主创和第一设计人身
份所设计的两个工程：其一是黄鹤楼重建，其二是湖北省
博物馆新馆。这两项工程均获新中国 60 周年中国建筑学
会建筑创作大奖。中南院建院以来所做的工程共有六项获
此殊荣，我很荣幸占了二席。

一、黄鹤楼重建工程设计

黄鹤楼是一座千古名楼，它的名字与江山胜迹并存，
与神话、诗章交融，不但是武汉市的地理名片，也是中华
古老文明的一个象征。历史上最后一座黄鹤楼毁于清光绪
十年（1884 年），现今的黄鹤楼是在新的历史条件下重建
的。我能参与这次重建的设计，既是百年难遇的幸事，也
是压力山大的重负。

说起我获得这一机遇的经过，坊间有不同版本的传说，
实际情况是这样的。

1978 年，湖北省武汉市领导再次启动黄鹤楼的筹建工
作，向全市设计单位广泛征集建筑设计方案，我院一位老
建筑师积极应征，并邀我为他绘制效果图。当时我刚从"文
革"学习班中出来，在生产室等待工作分配，"以观后效"，
所以我认真负责地为他画了一张大型透视图，效果尚佳。
后来老建筑师的方案备受市领导青睐，院里为此特别成立
了方案设计攻关小组，我受邀列。我的任务是继续帮这
位建筑师画透视图，同时在他原方案的基础上再做一个"辅
助方案"以作比较。不曾想到，大家的方案经过多次修改、
调整、评审、讨论后，我的"补充方案"竟然反客为主，
被省市领导定为"推荐方案"，准备上报。得知这个结果，
我喜忧参半。喜，自不容说；忧的是，方案的历史继承性
还有待加强。

宋代界画《黄鹤楼》

清代同治七年（1868 年）所建黄鹤楼

作者的补充方案

湖北省人民政府 1980 年 2 月 26 日批准的黄鹤楼重建方案

事出蹊跷，半个月之后，省领导突然改变了主意，要求再作一个新的方案，以供向国家建委申报时作为备选方案，并要求方案在一个月内完成。此时此刻，我才觉察到我的机会真正来了。当时由于黄鹤楼方案设计周期太长，工作又断断时续，看不到尽头，人们早就失去了创作的热情，攻关小组已经名存实亡，只剩我一个人还坚持在岗位上。接到省里的通知后，我以自己对黄鹤楼历史文化的理解，拼尽全力，独立完成了一个"以清代黄鹤楼为原型进行再创造"的新黄鹤楼方案。方案上报省里后，经过漫长的等待，又报国家建委设计局评审。在 1980 年 2 月 26 日省政府召集的最后一次方案审查会上，由时任省长韩宁夫同志当场宣布批准我的方案为重建黄鹤楼的实施方案。至此，历时一年七个月的黄鹤楼建筑方案设计工作终于画上了句号。

建筑方案的通过，只是黄鹤楼重建工作跨出万里长征的第一步。接下来等待我的将是建筑施工图设计、建筑室内设计、黄鹤楼公园总体规划以及园林景观设计等设计任务的考验。

在黄鹤楼工程实施的第一次各方协调会议上，主持会议的市领导曾当众质疑："你能把黄鹤楼搞好吗？"

我掷地有声地回答："搞不好黄鹤楼，我去跳长江！"此言一出，四座皆惊。这一场景在当时被媒体广为报道，传为佳话。不过，我放出此"狂言"是有底气的。

我知道，自己并不是设计黄鹤楼的最佳人选。我年轻（40 岁），名不见经传，资历及阅历均不够；最主要的是，我的专业背景并非古建筑研究，而是一般的建筑学本科教育。但是我的优势是，我当年就读的清华大学建筑系，本科学制为六年，我所接受的专业教育与训练，使我对自己的设计基本功和理论素养抱有信心。著名建筑学家梁思成为建筑系所树立的学风和传统，这使我在继承中国传统建筑文化的问题上，具有一种使命感。在两年的方案设计过程中，我已经学习并掌握了大量有关黄鹤楼以及其他名楼古建的基本资料和知识，这使我能较快进入角色。我相信，在这些基础上，只要自己尽快补足设计上的"短板"，是一定可以把今后的工作做好的。

为了应对仿古建筑施工图设计的需要，我"恶补"了中国建筑史和古建筑技术方面的知识，并外出求师，向一些名家请教。真可谓是"带着问题学""急用先学""活学活用"。实际上，后续的设计就是一个边学习边

1983 年夏，作者在施工现场

与清代黄鹤楼相似的"塔式楼阁"形象，被称为"似曾相识'鹤'归来"

设计的过程。

从 1982 年上半年到 1983 年年底，我先后完成了主楼建筑施工图（折合 2 号图）约 150 张，基本上是我个人手工绘制完成的。其中有一大半是在土建施工开始后，配合现场施工或补充或修改出的图。由于工作极度劳累紧张，有时坐公交到蛇山现场偶尔会坐过站，而我 1.8 米身高的汉子，体重直降到 120 斤。

经过三年的艰苦施工，新黄鹤楼终于"呱呱坠地"。它以古朴雄健的姿态重立江城，实现了武汉人民多年来期待"黄鹤归来"的梦想。

我对黄鹤楼的贡献，不只是让它按图纸建造起来，我还解决了黄鹤楼建起来干什么用的问题。当时国家建委、省建委在批文中，将黄鹤楼定性为"风景游览建筑"，并未提出具体的功能要求。我在进行室内设计时，通过研究，提出应该把新黄鹤楼打造成展示黄鹤楼历史文化

的博物馆，并首次提出黄鹤楼文化的三个主要内容，即神仙文化、诗文化和建筑文化，并按照这些文化主题在楼内大厅设置相应的壁画。我组织并主导壁画的创作，使壁画艺术的内容和形式服从建筑的总体构思。画家们后来在自己的文章中指出与我的合作是成功与愉快的。

随着黄鹤楼第一期工程在 1985 年竣工开放，我加大了对黄鹤楼公园总体规划的设计力度，并设计与建造了早年黄鹤楼周边的许多历史人文景点，如南楼、白云阁、搁笔亭、涌月台、跨鹤亭等，同时根据公园开展文化服务项目的需要，设计了一些景观式的服务建筑。这些工程都是随着景区建设的扩展而逐年陆续建造的。至 2000 年，我退休前夕，刚好完成了黄鹤楼公园最后一个景点——吉祥钟的设计与建造。

经过 20 多年（1978—2000 年）的努力，我和其他建设者们一道，把占地 17 公顷、长约 1 千米的蛇山西段，打造成了一座以黄鹤楼为核心的环境清幽、风景秀美、楼阁相望、亭榭呼应的美丽公园。

近年来，黄鹤楼每年接待游客达 300 万人次，也就是说每年有这么多的观众来欣赏我的作品，我感到无比欣慰。这首先应归功于祖先给我们留下这份珍贵的文化遗产；我很荣幸能再现它的辉煌，使消逝的历史变得可

江城夕照

《黄鹤楼设计纪事》书影

《建筑师的画》书影

以触摸和亲近。

1985年黄鹤楼重建落成典礼上，我只想大哭一场，以释放几年来内心的压力；而如今看着这游人如织的火爆场面，我只觉得能参加黄鹤楼的重建是我这辈子做得最有价值的一件事。为了记录我一生中这段最珍贵的经历，我于2014年出版了一本专著《黄鹤楼设计纪事》。2017年，我又出版了一本画册《建筑师的画——黄鹤楼总建筑师向欣然绘画作品》（画册中有黄鹤楼的设计效果图以及为黄鹤楼设计搜集的古建筑资料与速写等）。

二、湖北省博物馆新馆工程设计

关于这一项目设计过程及本人所做的工作，我已写成题为《湖畔筑台——论湖北省博物馆扩建工程的建筑创意》一文，发表在《建筑学报》2010年第7期，详情可查阅该文，本文仅作简要回顾，并对重点问题加以说明。

这是一项耗费我13年心血，历尽波折，却未能亲自完成全部设计的工程。

我于1987年接受该项目设计，任设计总工程师。1988年我主持完成了规划总平面图及主要馆舍建筑的初步设计。1989年完成第一期工程编钟馆施工图设计。1990年编钟馆动工，但其后施工因故中断，直至1999年方竣工。同年编钟馆对外开放，随即应甲方要求启动总体规划方案（以下简称"总规"）的修订。2000年总规修订完成，并通过了评审。2000年6月我退休，自此与该工程无涉。

2007年，在新形势下，新馆经后续设计者的努力，终于全部建成开放，并获得了大奖。那么我在其中的贡献是什么呢？

我首先提出并在实践中确立了"湖畔筑台"的建筑创意，这是建筑创作成功的首要因素。

20世纪80年代，时值考古重大发现曾侯乙编钟出土引发的楚文化热，湖北省是楚文化的中心，也是楚文物收藏大省，所以各方人士强烈要求湖北省博物馆（以下简称"省博"）新馆应该具有浓郁的楚文化风格。

为了寻求一种具有"楚风"意味的建筑形式，我查阅了大量的历史资料，最后从楚灵王建章华台的记述中找到了灵感。

这正好可以抽象成一个建筑符号——覆斗形，以之为造型母题，可以构成大小不同的建筑单体形象。这种形象虽然不能说是楚国建筑形式，但毕竟具有那个历史时代的建筑特征。

1987年最初的总规意象图

2007年湖北省博物馆全景鸟瞰

作者当选第七届全国人大代表

对章华台的考古研究发现，遗址附近有湖泊，与《水经注》"湖侧有章华台"的记述相吻合。而省博的馆址正毗邻东湖，如果我们在此建一组现代版的"高台建筑"，那就颇有章华台的"遗风"了。

"湖畔筑台"的创意由此而生。

1987年，在初步设计开始前，我先进行了概念设计，绘制了最初的总体规划意象图和编钟馆初期方案效果图，将"湖畔筑台"的构思具体化，成为后续设计的基础形象。

我完成了省博第一个馆舍编钟馆的全部设计。尽管由于屋面施工质量问题以及建设资金等因素的影响，工程中断了若干年，但1999年落成开放后仍然受到国家

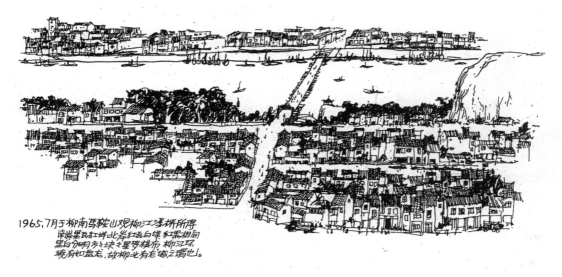

1965,7月于柳南马鞍山观柳江浮桥所得

作者柳江浮桥手绘

领导人和各界人士的高度评价，被媒体誉为"曾侯乙的新官殿"。编钟馆的建成，成为后续馆舍建造的示范者。

我完成了省博总规的最后修订，并通过了评审（专家组由1位工程院院士领衔，由10位建筑和文博专家组成）。修订后的总规仍然保持主要展馆"一主两翼"的布局，取消了原馆前区的小建筑，扩大了中心广场和绿地，并在广场中部设置颇具特色的"鱼沼飞梁"景观。新总规还特别强调建筑风格的一致性，要求将覆斗形的造型母题贯彻到底。

这个总规成为省博后来建设的依据，并且在实践中得到了遵循，这才有今天省博的如此面貌。

在总规修订完成后，我刚好到达60岁退休年龄。尽管甲方的主管部门要求我继续完成后续的设计工作，无奈由于人事方面的原因未能遂愿。未能亲自完成这项浸润着自己多年心血的工程设计，成为终身憾事。

所幸后续设计还是按照我的总规来实施的，虽然建筑后来的屋脊做法对"覆斗"的形式感有一定影响，但"湖畔筑台"的整体创意还是得到了实现，这是令我欣慰的。

三、人生感悟

黄鹤楼和省博新馆两项工程，从设计和建设周期来讲，都算得上是"跨世纪工程"了，我也为之付出了个人生命中最宝贵的奋斗时光。感谢院领导和年轻同事们，在纪念院庆65周年的时候，让我来回忆这段难忘的经历，对我来说这是个安慰，也给我一个反省与总结人生

的机会。回顾有限的设计生涯，我的体会是：人生能有几回搏。

我在设计黄鹤楼的时候，可以说是"如临深渊，如履薄冰"，而且已经没有了退路。为了把工程做好，我准备付出任何代价，包括牺牲自己的健康。

当时正遇上设计体制改革，刚开始设计黄鹤楼时还是计划经济，不收设计费，个人也没有奖金；设计到一半的时候，个别工程开始搞市场经济，收设计费了，设计人员也有了奖金，而我只能干瞪眼，但还是一门心思搞黄鹤楼。主楼建成开放后，后续还有一连串的园林景观设计，都是周期长、面积小、用工琐碎而收费有限的项目。如此算来，在黄鹤楼工程中，我在经济上是亏了，但在事业上我赢了。

建筑师要有事业心，自不待言，但有的工程你是需要抱着"使命感"的态度去对待的。人的一生很难有几次这样的机遇。

当你不计较回报，有时"回报"反而会从天而降。1988年，我因设计黄鹤楼有功，被推选为第七届全国人大代表。这说明你为人民做了好事，人民是不会忘记你的。

四、艺多不压身

我学建筑，是因为我热爱艺术，从小喜欢画画。我在中学时，已在《长江日报》上发表过漫画作品。上大学时，又在《人民日报》《光明日报》和《世界知识》等报刊杂志发表过多幅国际时政漫画。参加工作后，仍

作者全家福

坚持外出写生，一面搜集设计资料，一面提高美术修养。

但是我也做过一些与艺术无关的工作，而且做得很认真。

我刚到中南院工作，被分配做冷库设计，我自己做热工测定和理论计算，解决了"用稻壳做保温材料的冷库墙体防潮问题"。后来，我又参加建设部《工业建筑地面设计规范》的修订及相应标准图的编制。待到"文革"中期，为了应对未来可能的"下放"，我又自学结构设计，独立完成水泥厂30米跨度排架的计算与施工图绘制，还用"弯矩分配法"计算4层框架并绘制施工图，这些工程都已实施。

今天的建筑师大概不会再有类似遭遇了。不过人生无常，谁知道未来会遇到什么事情呢，多一门手艺总没有坏处。

五、家庭是事业的助推器

我有一个和睦的家庭，起支撑作用的是我的夫人。她虽然不是学建筑的，但通常是我建筑方案的热心观众与评论员。搞黄鹤楼时，晚上加班在家勾画草图，夫人就成了最好的"参谋"，公园南区建鹅池的创意就是她的主意。

搞建筑的常年出差，尤其搞黄鹤楼时日夜加班，所有家务及两个孩子的教育就全交给她了（在这种情况下，她仍然多次获得院先进生产者的称号）。可以说，没有她的支持就没有我们家的今天。

一个好的家庭氛围，能够促进家庭成员良性互动，互相激励。在"以事业为重"的价值观的影响下，两个孩子的学习也很努力。他们后来都考取了理想的学校、找到了理想的工作。老大在我的影响下也成了一名建筑师，我没有"把鸡蛋都放在一个筐里"，老二成了一名生化博士。如今，他们都事业有成，让我们老两口十分欣慰。

最后我想说，能被人惦记是一种幸福。

今日，我能在此一诉衷肠，说明中南院还记得我；无独有偶，原武汉市万勇市长也记得我。他曾亲自登门到我家看望我，对我在东湖绿道的驿站建设中所做的工作表示感谢。我在感动之余，更坚定了这样一种信念：你为人民做了好事，人民是不会忘记你的。

马国馨

1942 出生于山东省济南市，
1965 年毕业于清华大学建筑
系，1991 年获清华大学建筑
学院工学博士学位。全国工程
勘察设计大师，中国工程院院
士，梁思成建筑奖获得者，北
京市建筑设计研究院有限公司
顾问总建筑师。主持和负责多
项国家和北京市的重点工程项
目，如毛主席纪念堂、第十一
届亚运会国家奥林匹克体育中
心、首都机场 2 号航站楼、中
国人民抗日战争纪念碑和雕塑
园等。各类建筑及建筑文化著
作颇丰。

改革开放 40 年中，祖国大地发生了翻天覆地的变化，
在时代的大潮流中，我们每一个人同样地感受到这种变化
在身上的体现。三十多年前的 1981—1983 年间，我有一
次公派出国去日本丹下健三城市建筑研究所学习两年的机
会，两年中的所见所闻，真可以写好几本书，这次的回忆
因篇幅所限，只能摘要地加以简述。

丹下健三先生是具有国际声誉和影响的日本建筑大师。
1964 年东京夏季奥运会上的代代木体育中心的两个比赛馆
和 1970 年大阪世界博览会的总体规划及庆典广场等设计
的成功奠定了他在日本建筑界的地位，1980 年他获得日本
文化勋章，是日本对文化艺术界人士的最高奖项。此间他
还陆续取得了一系列的国际奖项和英国、美国、德国、意
大利等国的建筑奖。1980 年他通过中间人向北京市建议：
可以派五个人到他的研究所去工作两年，此间他们的全部
在日费用均由他负担。对于他的善意，北京市十分赞赏，
北京市科委决定市规划局和市建筑设计院各派出两人、建
工局派出一人去日本学习。规划局是吴庆新和任朝钧，建
院是柴裴义和我，建工局是建工研究所的李忠梼（到日本
后才知当中还有点小误会，当时日方提出一名在施工工地，
我方以为要求是施工人员，实际上日方提的是设计监理，
当时中国还没有这个专业，去日以后才发现有了误会，日

丹下健三先生（1982 年 7 月）

草月会馆外景

作者制作的建筑模型（新加坡电话电信公司工程）

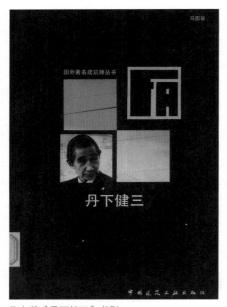

作者著《丹下健三》书影

方后来又联系了施工公司）。经过一段日语的强化学习后，我们在赵冬日先生的陪同下就奔赴日本了。赵总1941年毕业于日本早稻田大学，和1938年毕业于东京大学的丹下先生辈分相近。

在改革开放初期，公派到国外建筑名师的事务所去学习的机会并不多，据我所知除我们以外，几乎同时出国的还有去美国贝聿铭事务所工作的部院王天锡。当时丹下先生是希望中国派一些年轻人前去，"在北京访问时我看到最年轻的38岁，年纪最大的52岁。其原因是38岁以下的人因为'文化大革命'没有受到专门的教育。对中国来说将近15年的空白，我想真是个很大的问题"（引自《丹下健三自传》）。的确如此，柴裴义和我都是1942年生人，是"文革"之前的最后一批大学生了。在别人看来我们是赶上了改革开放的头几班车，可是对我们的岁数而言，恐怕就是"末班车"了。所以我们到日本后，研究所的年轻人开玩笑说："来的都是'大叔'级别的。"

到日本没几天之后就正式开始了工作。此前日方为我们在港区南麻布租好了一所住宅的二层（港区是租金十分昂贵的地段），置办了家具和家用电器，买好了上班的月票，上班坐三四站汽车，研究所位于赤坂草月会馆的9层和10层，总面积约1100㎡，9层是两间大工作室，10层是一间大工作室，另外就是先生的办公、会客及秘书、财务的房间。研究所号称有120人，除东京外，在巴黎和新加坡还有分支，实际在办公室工作的也就60人左右。

我们研修的主要方式就是分配到各个设计小组去参加设计工作。开始我被分配在广岛市政厅方案竞赛的小组，帮助画平、立面图。广岛是丹下先生的老家，所以先生也十分重视，我几乎每天都加班到末班车来时才离开。有一天太晚了，错过了公交车，步行回家走了40分钟（但这次竞赛并未获胜）。以后陆续参加的十几项工程全部都是日本海外的项目，其中新加坡的最多，有5项，其次是非洲尼日利亚的，再就是中东沙特、巴林，亚洲的尼泊尔，澳大利亚的悉尼等。因为那时还没有使用计算机，所以主要的工作内容是制作模型。日本制作模型的材料、工具、两面胶等都很齐备、配套，需要的材料都可以买到，所以制作起来十分顺手方便。像那时十分时兴采光顶，一般的做法就是在聚酯片上刻出网纹，填上白色就可以，但如比尺大些，就要用薄木片先切成细杆件，然后再胶结成立体网架的形式，真是十分细致并要求耐心的工作。回国时我特地把我制作的一个建筑模型带回来留作纪念。

广岛项目之后我又到了尼日利亚新首都阿布贾中心区的规划和城市设计组，这个工程规模很大，模型也大，小组占了 10 层整整一间工作室，除日方人员外，还有尼日利亚的设计人员参加。当时需要提交一份阿布贾中心区的城市设计报告，要求我为工程画些单线的表现图。画第一张时我特别小心，反复画了多种草稿，换了不同的视角，也征求了日本同行的意见，后来先生也多次来看过，第一张得到首肯以后我就比较放心了。因为有在北京院多年工作的经验，应付起来比较自如，只要定下视点高度，并确定一个灭点位置就可以完成。当然每一幅画面的许多内容和形象都要自己设计，所以在绘制时也要费一番脑筋。另外，日方的立面设计也在不断修改，有时为石材，有时又改为幕墙，而且要保证石材或幕墙透视图上的分块或分格与立面图完全一致。但我的速度也越来越快，能达到一天一幅或多幅，所以引得非洲同行来请教画透视图的诀窍。最后完成的报告书约 200 页，其中采用了我绘制的 14 幅透视图（实际画的数量要比这个多很多），以至研究所的三把手对我说：你画的这些比我们研究所过去一年里画的数量还要多。当时我也有点"知识产权"意识，在每幅透视图上都留下了 MA 的字样，但安排得比较巧妙，恐怕只有我自己才能从图中找到。

又过了几个月，尼日利亚的国会大厦做深入设计，需要其内部各主要厅堂的表现图。这次不是印刷报告书，而是要大幅的表现图，于是我把表现方法由钢笔单线改为了铅笔，因为铅笔画起来更方便，在室内更适于表现光感和层次感。而室内透视又比室外画起来更简单，每次我画好大约 52 cm × 42 cm 的铅笔稿以后，就请外面公司把它放大到展板上，然后我再在上面上色。此前别的工程中，我尝试过彩色铅笔，但最后只是淡彩的效果，不够强烈。后来找到一种透明的塑料薄膜（Color Overlay），膜的一面是胶，用利刃可以十分方便地在画面上裁割成需要的形状，基本等于干作业的平涂，但色彩均匀而且可以几种颜色叠加，十分丰富，边界清楚，而且速度极快。我以这种风格完成了立面、议会大厅、门厅、过厅等处的大幅表现图。我自认这是自己就地取材独创的一种新表现形式，在别的地方还没有见到过，这里顺便也自吹一下。最后在 1982 年 10 月新加坡国王中心的方案中，我又绘制了一幅室内图，一幅剖面透视图，铅笔稿就有零号图纸那么大，主要是细部更多。

丹下先生的大部分时间都在外面，平时很少见到，有时休息日他要来看工程，这时大家都要赶来"加班"。研究所的工作也是时忙时闲，忙的时候连续几天连轴转，

白天黑夜不带合眼的，闲的时候有的人一上午都不来上班（肯定那时丹下先生不在国内），可我们依然每天都准时九点到研究所。那时学习日语口语的条件并不好，因为上班时大家都在埋头工作，没有时间聊天，回家以后五个中国人在一起长进也不大，这样只好在笔译上下点功夫。我就利用空闲的上班时间首先收集丹下先生的作品和论文，因为研究所有个小图书馆，查找很方便。我把他历年的作品、图纸、评论及介绍都收集起来，把其中的重要部分笔译出来，尤其是他代表性的论文，还真"啃"下来几篇，里面有看不懂的暂时先跳过去，这样对丹下先生的资料我收集和翻译得比较齐全了。后来中国建筑工业出版社在 1984 年准备出版一套国外著名建筑师丛书时，编辑找到我撰写丹下一册，我很快答应下来，因为内容都是现成的，编写评论的长文稍困难一些，但最后在 1986 年交出全部书稿。尽管拖拉到 1989 年 3 月这本书才正式出版，但仍是这套丛书中第一个完成并出版的，这也得益于在日本时已积累下来足够的素材。这也是对丹下先生这位建筑大师的建筑理论、设计实践以及个人历史的系统梳理，这里我就不赘述了。

另外，在参加不同的设计项目时，顺便也把这些项目的设计说明书作为了学习的内容。因为是日本海外项目，所以都是英文文本，但我发现日本人所撰写的英文文件，阅读起来相对比较容易，而要看由地道的英国人撰写的报告，那就要困难多了，几乎到处都是生词。通过阅读这些报告，我了解了许多第一次遇到的新词和新概念，如 Urban Design（城市设计），CBD（中央商务区），VIP（贵宾），FAR（容积率）等。现在这些词汇我们都已耳熟能详，可三十几年前还是很新鲜的。

为了加强对日本历史的了解，我还翻译了太田博太郎的《日本建筑史序说》（最近看到已有同济大学的正式译作），还翻译过一篇有关贝聿铭的长文等。但对在日本的学习来说，更多的则是收集资料，当时日本的资讯很发达，消息十分灵通，让我更满意的是复印十分方便，那时国内也开始引进复印机，像建院引进的是德国施乐，但复印时需要用专用的纸，很不方便，而这里则是普通的 A3、A4 纸，可以两面印，可以缩印。我因为怕复印太多回国不好带，所以对这些技术运用极为纯熟。收集资料的专题也十分广泛，只要是我感兴趣的，如建筑史、建筑师、抗震、防灾、老龄化、住宅、体育（院里要求的）、构造等都收集起来。有一次做尼日利亚国会大厦时，尼方要求室内增加民族的特色，研究所马上让巴黎寄来一本非洲纹样图集，内容精彩极了。后来我就全部复印了下来。日本的建筑杂志种类也极多，有用

的资讯很多，尤其是一本名为《日经建筑》的杂志，是半月刊，刊登国内外动态的消息十分及时。更方便的是杂志的最后有多页各种厂家广告的集中介绍，分门别类都编了号，杂志附有一张卡片，只要把姓名、地址、单位填上，然后把你所想要的厂家介绍或产品样本编号勾出寄到杂志社，此后产品样本就源源寄来。我们用这种方式也收集了不少建材和产品的样本，十分便利。国内至今还没有类似的服务，还是依靠产品推销员一家一家地跑。

日本是照相机大国，我对摄影心仪已久，却苦于没钱买不起相机。到日本后，我很快购置了佳能 AE—1，这样摄影的兴趣被激发出来，每到休息日就外出拍照，先负片后来又加上正片，先把位于东京的丹下先生的作品都拜访到，有的（如代代木体育中心）还去过不止一次。假日到外地时，除了丹下先生的作品外，对于日本一些有名建筑师的作品也都收集了一些。后来几次要给丹下先生拍照都被所里提醒制止。有一次先生来看尼日利亚的项目模型，看他当时心情很好，我就趁机拍了一些。后来有一张就用在《丹下健三》一书上了。但也出过洋相，有一次院里一

1982 年 7 月作者在日本丹下事务所内

作者在日本朋友家做客（作者后排左 1）

研究所的告别酒会（1983 年）

考察团来日，我陪他们参观并代为拍照，等到新宿时发现都拍了 40 张了，还没有拍完的意思，打开相机后盖一看胶卷根本就没挂上，让大家白做了诸多表情。当然后来的相机为防止没有挂上胶卷采取了很多预防和检测措施，但这都是后话了。

研究所的日本同事，对我们都十分热情，大家在一起国内外大事小事无话不谈，在工作中对我们也很照应。后来大家熟稔以后也经常互开玩笑。好几位邀请我们去他们家里做客，怕我们不认识路，画好了详细的乘车路线。有一次有同事请我们到家为他们表演地道"中华料理"的制作，来了三四家的主妇，每人拿一个笔记本把每一步骤记成笔记。我们当中的吴庆新的厨艺还算可以，我切凉菜的刀工也让日本朋友惊叹了一番。只是最后我们在超市买香油时买错了，日本的香油称为胡麻油，而我们没注意，就买了香油，拌出来全不是那个味道了。还有几位结婚时也邀请我们去参加。有一次所里几个年轻人要参加香港顶峰的国际竞赛，这属于"干私活"，是绝对不能让丹下先生知道的。他们也在休息日把我叫去为他们画了四张室内外透视图。丹下先生和夫人对我们也是十分关心，多次通过所员询问我们的生活和学习，有一次夜里加班，正是台风横断东京之时，外面风雨交加，先生和夫人几次打电话让我们赶紧回家休息。1981 年圣诞节前，所里招待我们几人吃饭，饭后还专门到丹下先生的家里叙谈了一番（可惜那次没有带相机）。最让我们感动的是我们到日本一年左右时，在年底安排我们放假一周回国探亲，丹下夫人说："一般我们所员在国外最长只待三个月，你们都出来一年了，还没有回去过。"于是我们高高兴兴回来一趟。在两年研修期满回国之前，先生专门为我们在所里举办了一次酒会，丹下先生和夫人，全体所员，包括秘书、司机都参加了，气氛十分热烈。在最后不知是谁起的头，大家唱起了《友谊地久天长》，就在那时我流泪了。除了在两年光阴中与大家朝夕相处所结下的友谊和感激之外，音乐的感染力也让人难以自持！

到国外学习除了学习专业知识外，更多的是可以了解那个国家和民族的文化、习俗、美学观、价值观，好像过去是用放大镜看身边的环境，用望远镜看域外的国家，而出国的经历则正好反过来了，可以用放大镜来观察过去我们不熟悉的国家。在日本学习还有一次意外的惊喜，那就是在 1982 年 10 月 4 日陪同贝聿铭夫妇在东京参观了大半天，详情我已在《建筑学报》发表过一篇回忆文章。交谈中贝先生十分关心我们回国以后的打算（当时王天锡已经回国了）。我回答还是想做好手中的具体工作，没有更多的打算。后来贝先生语重心长地说：将来的希望是在你们这一辈人身上。我记得我回答说，我们这一辈人要努力做一些工作，一些宣传工作，一些舆论工作，但总体看来我们还是过渡的一代，将来能大加发挥或寄予希望的倒可能是我们的下一辈。贝夫人说，还是要有一个目标，为此而奋斗。我说：是的，那要花费很长时间的，在中国办成一件事不是那么容易的，也可能成功，也可能失败，也可能碰得头破血流。贝夫人回答，当然是这样，我们理解。距那次会见已过去了 37 年，中国的建筑事业还是有了极大的改观。中国的中年和青年建筑师们已经展现出了新的面貌，不但在国内大展身手，并已经走向了国际舞台。

优化现行设计招投标制度的故宫博物院实践

/ 单霁翔

近日，我关注到为纪念中国建筑设计改革40年，在中国建筑学会的支持下，《建筑评论》编辑部编辑了《中国建筑历程　1978—2018》一书，也使我产生一些感想。这不仅缘于自己的建筑学专业背景，参加过北京城市建设的规划管理工作，更源于我亲身经历了改革开放的40年难忘历史时期。一路走来，在城市、建筑、文物、博物馆领域辗转，我深感在致敬时代的同时，更需要勤劳、隐忍和坚守，需要理性的滋养与沉着，需要始终保持奋斗者的姿态和精神。

记得2018年我有幸被评为"影响中国2018年度人物"，在书画艺术大师94岁的黄永玉先生给我颁发"年度文化人物奖"时，我曾对《中国新闻周刊》说："如何让久经沧桑的紫禁城永葆生机，如何让安全重于一切的故宫根除各类隐患，更好地履行现代博物馆的社会职能，这是我到故宫博物院工作以来一直思考、研究和实践的课题。"面对网络世界中故宫博物院屡屡成为网红，相关综艺节目、APP、纪录片和文化创意产品都有了极广泛的传播力与影响度。我们就是要以严谨而风趣的方式服务于大众文化教育，最终实现优秀传统文化的传播与再生。

特别值得回味的是在社会各界的支持下，为了将故宫博物院文物藏品更丰富地融入人们的社会生活，故宫博物

单霁翔

1954年出生于江苏，师从两院院士吴良镛教授，获工学博士学位。被聘为北京大学、清华大学等高等院校兼职教授、博士生导师。研究馆员、高级建筑师、注册城市规划师。曾任国家文物局局长，故宫博物院院长。为第十届、十一届、十二届全国政协委员，现任中国文物学会会长。2005年3月，获美国规划协会"规划事业杰出人物奖"。2014年9月，获国际文物修护学会"福布斯奖"。出版《文化遗产・思行文丛》等数十部专著。

作者接受央视记者采访（2018年10月10日）

院不仅在厦门建立了故宫鼓浪屿外国文物馆，与香港西九文化区合作建设了"香港故宫文化博物馆"，还在北京海淀区建设了10余万平方米的故宫博物院北院区项目，2018年10月10日已经召开项目启动仪式，这些项目使大规模开展故宫文物修复和展示成为可能，不仅将向社会彰显故宫博物院"让每一件文物藏品都拥有尊严"的决心，也让广大民众看到"让文物活起来"的信心，更表现出故宫博物院创意管理所追求的不要"高冷"、亲近观众的新表情。

一

由故宫博物院北院区项目将我的记忆带回到2012年。文物是先人给我们留下的物质遗产，是无法复得的艺术瑰宝，对文物的维修保护必须保有一份手捧玉珠般的细致、一种如履薄冰的虔敬，研究透彻了再动手。故宫博物院自2012年以来，从不断满足公众的文化需求入手，在聚焦公益性博物馆文化创意产业发展，注重文化遗产数字化展示与传播等方面付出努力，取得实效。

最令人瞩目的是，2012年下半年故宫博物院正式酝酿提出《"平安故宫"工程总体方案》，2013年4月获国务院正式批准立项。故宫博物院北院区项目建设恰是"平安故宫"工程重点内容之一。针对这一项目建设的特点，我多次表述，故宫博物院北院区设计不应随波逐流，不可简单地聘用国外著名设计大师，而是希望探索建设项目新体系与新平台，旨在为建筑设计招投标制度创新积累经验。

2015年故宫博物院方面展示了由5位国内中青年建筑设计大师提交的故宫博物院北院区5份设计方案，他们是：崔愷院士的用方墙红墙体现故宫"形"；庄惟敏大师的用现代手法打造故宫的当代"别苑"；张宇大师的不特意体现新建筑而呼应中国传统"堪舆"理论的布局；梅洪元大师的远望如空中楼阁方案；孟建民院士有风水格局的立体画卷感的方案。

我曾在2018年10月10日，故宫博物院北院区项目启动仪式上对媒体表示，故宫博物院北院区的新建让北京增加新的文化气息，也将带给北京城市格局的积极变化。2017年12月27日第十二届全国人大第31次会议通过了国家《招投标法》修正，该法律在招标模式上强调"公开招标"与"邀请招标"两种模式。故宫博物院北院区项目在遵循《招投标法》的公开、公平、公正及规范性原则的同时，创新性地采用邀请国家5位"一线"的中青年设计大师提交方案，其本身的意义就在于用故宫博物院北院区新项目，探索招投标体制的新模式。

我认为由项目建设单位邀请中国一流设计大师从事方案创作，由专家对设计方案进行比选，正体现了一种创新性，这一做法契合了2015年年末中央城市工作会议的要求。2015年中央城市工作会议有"五大"亮点，即坚持以人民为中心、增强规划的科学性、改革城市管理体制、统筹开创新局面，延续城市历史文脉。其中在"延续城市历史文脉"中，明确中国不可再成为外国设计师的"试验田"，"洋郎中治不了中国的本土病"，反对"奇奇怪怪"建筑等。故宫博物院北院区选定的张宇大师的"金顶建筑形成一条轴线"的方案，符合北京城市历史文化传统和文脉沿袭，选址区域内因有皇家历史上的砖窑遗址，更具有见证历史和文化遗址展示价值。

对于故宫博物院北院区设计项目，改革以往的惯例，采取特殊的招标形式，我曾对不少媒体表达过意愿。但是比较系统的陈述，有感于2015年5月8日在西安举办的"张锦秋星命名仪式暨继承与创新学术座谈会"。我结合对张锦秋院士学术贡献的认识，讲述了故宫博物院北院区项目确保设计与营建品质的思考，提倡当代建筑创作要"四个结合"，即与满足人们的社会生活需求相结合，与挖掘中华优秀传统文化相结合，与鼓励中国

作者主持故宫北院项目启动仪式

建筑师发挥创作才华相结合，与建立优秀建筑设计作品不断涌现的体制建设相结合。

近年来，习近平总书记对城市文化建设、建筑设计创作多次提出明确要求，中国建筑事业迎来了令人鼓舞的好时期。如何抓住机遇，努力建立起具有中国特色的建筑文化理论体系和实践机制十分重要。由故宫博物院组织的故宫博物院北院区方案征集活动看到，国内各个城市在建设大型公共建筑的时候，往往采取国际招投标的方式征集方案，认为只有这样才够国际水准。于是一些外国设计机构积极参与其中，在对所到城市的历史、环境、人文等方面缺乏深入了解的情况下，自以为是地选取一些所谓"中国符号"，采取易于吸引决策者眼球的"新、奇、怪、特"的方案，参加方案招投标，居然屡屡得逞。我认为这样的做法，不利于真正繁荣建筑创作，反而给"奇奇怪怪的建筑"提供了市场，不利于涌现具有中国特色的优秀建筑设计作品，反而使中国建筑师一次次失去很好的创作平台。

经过国务院批准，故宫博物院在北京市海淀区规划建设故宫博物院北院区，也可以把它称为"新故宫"。规划设计总用地62公顷，规划建筑设计总面积120000平方米。故宫博物院北院区建筑设计，以体现民族传统、地方特色、时代精神、故宫元素为指导思想，维护与保持故宫博物院在世界博物馆界的地位和形象。鉴于故宫博物院北院区项目的重要性和影响力，建筑设计方案必须能够代表当今博物馆最高设计水平。为实现这一目标，故宫博物院必须采取新的规划设计方案征集办法，并探索评审的新尝试。

在规划设计方案征集方面：第一，我们征集中国建筑师的方案，因为中国建筑师更了解博大精深的故宫文化；第二，我们征集中国建筑设计大师的方案，因为故宫博物院作为世人瞩目的世界一流博物馆需要优秀的建筑设计方案；第三，我们征集年富力强的中国建筑设计大师的方案，因为故宫博物院北院区设计时间紧、任务重；第四，我们征集年富力强的中国建筑设计大师本人的方案，因为故宫博物院愿为中国建筑设计大师施展才华搭建平台。在上述原则下，故宫博物院才邀请了5位年富力强的中国著名建筑设计大师，以本人名义带领团队进行建设项目方案设计，从而获得了5个优秀的建筑项目设计方案。

在规划设计方案评审方面，不采取现场评审，通过投票产生中标方案的方式；而是通过一系列的评议，广泛征集利益相关者意见的方法。一是召开建设项目设计方案说明会，5位建筑设计大师向评议专家、单位员工

和新闻媒体详细介绍方案。二是召开由吴良镛教授、傅熹年教授、张锦秋教授等9位著名专家参加的评议会，从建筑规划设计方面进行评议。三是召开故宫博物院学术委员会全体会议，从使用功能方面进行评议。四是召开故宫博物院志愿者、观众代表和故宫博物院员工代表的座谈会，从观众使用需求方面进行评议。随后，故宫博物院先后邀请文化部部长、国家文物局局长、北京市主管副市长、北京市规划委员会主任、海淀区委区政府领导对故宫博物院北院区建设项目方案进行评议。

二

故宫博物院北院区项目何以要在招投标方面解放思想，大胆探新呢？它取决于我们对当代中国建设建筑设计价值导向的认知。改革开放40年来，在中国建筑创作取得成就的同时，在多元文化的正负作用下，包括中国建筑领域在内的一些社会人士正失去对何为"好建筑"的判断力，在一定程度上导致了城市建筑价值观的模糊与混乱。面对每年都不断刷新的建筑数量以及新的建筑比高度、比体量、比奢华的风气在扩张，不少建筑师为拓展设计市场，为谋求更好的生存，不得不放弃自己的理想尊严、审美取向，甚至丢了基本的专业底线。具体讲有两点。其一，不少建筑作品已被沦为商品广告。是否制造巨大的感官刺激，是否吸引公众眼球，是否具有"冲击力"，才被视为建筑作品的选择标准，这正是中国建筑难以从"物化"发展到文化的困局。其二，建筑作品的文化缺失。吴良镛院士在《中国城市与建筑文化》中指出，"在西方往往只是书本、杂志或展览会上出现的畸形建筑在北京及某些特大城市真正的盖起来了，中国真正成了'外国建筑师的试验场'。"正是这些现实对中国建筑设计的招投标产生不利影响。

历史的看，计划经济体制下设计任务是受委托的方式，1985年后开始试行招标发包，国家计委发布《工程设计招标投标暂行规定》，确定中标与否的依据是设计方案的优劣及效率，设计资历和社会信誉等。1995年建设部提出《城市建筑方案设计竞选管理办法》，特别强调"设计方案比选"。到2000年10月又出台了《建筑工程设计招标投标管理办法》，依然沿用"招投标"之说法，提出了"概念招标"的方式，意在对项目理解基础上提出一个方案的创意或构思草图，作为方案深度标准，但是此项改革并未得到全面实施。2008年新组建的住房与建设部出台的第一个法规即《建筑工程方案设计招标投标管理办法》，对招标过程中存在的问题予

故宫上元灯会（组图）

以约束。2017 年新修订的《建筑工程设计招标投标管理办法》的最大变革是，提出了设计团队招标和设计方案比选两种模式，不断完善着设计招标管理。

另一方面，在中国加入 WTO 后，使建筑设计成为工程建设领域较早对外开放的领域，且管理部门也不断放宽管理尺度。1986 年，国家计委印发了《中外合作设计工程项目暂行规定》，提出了"中外合作设计"的原则。1992 年，建设部出台《成立中外合营工程设计机构审批管理的规定》，鼓励中国设计机构与外国设计单位合营。到 2000 年 3 月，向国外独资工程设计企业开放了建筑智能化系统集成，建筑装饰以及环境专项的设计。2002 年 9 月，建设部与外经贸部联合出台《外商投资建设工程设计企业管理规定》，允许外资在中国开办独资设计企业，但需使用与国内设计企业同样的资质分级标准，到 2007 年 1 月出台《外商投资建设工程设计企业管理规定》细则后，可聘用中国注册建筑师、注册工程师来代替外国服务提供商，从而降低了资质申请的难度。所有这些都不断加大了良莠不齐的中外合作设计作品的比例。

如果说 1979 年著名建筑大师贝聿铭受邀设计北京香山饭店，成为早期国际设计师在中国的成功作品，那么不完全统计表明，在国际排名前 200 位的设计公司有 2/3 都通过不同渠道，以不同方式在中国内地展开建筑设计，中国大陆确被称为"国际建筑师的试验场"，许多城市的标志性建筑都是境外建筑师的作品或合作设计作品。中外合作设计在为中国建筑师开阔专业与管理视野和为中国城市留下一些优秀建筑的同时，也确有不少"奇奇怪怪"的建筑作品充斥着城市公共空间。

至此，透析出我国现行建筑设计招标投标制度的走向，可发现其有如下特点和不足：一是现有招投标法及相关法规立足于大建筑业及建筑施工层面，缺乏对建筑设计特点的准确反映；二是对于境内外建筑师的设计竞争，无论是哪种采购方法，要公平竞争，且本国优先，不可赋予境外机构"超国民待遇"；三是对设计招投标中的种种违规行为，只有针对设计资质的内容，而缺乏公平竞争的条款，无法杜绝扰乱招投标程序的行为等。

鉴于此，我们在思考，一旦设计投标有了准入机制，把控住设计项目方案甄选的价值标准，就有了最终方案归属的决策机制。因此，在故宫博物院北院区项目的设计招标中，我们恪守如下原则：其一，选定符合故宫博物院北院区项目设计条件，以设计大师本人领衔的团队，规定统一的评审标准，不以任何变相方式阻挠合乎条件的设计方案入选，体现评审透明化；其二，故宫博物院北院区项目非同一般新建文化设施，要有传承，要有创新，更要合乎北京皇家气派，是山水与人文精神融合的代表；其三，建筑设计作品，招投标制度贵在优化，除突出城市精神与建筑学特点外，该作品不仅应承担技术上的环境责任，更要担负起文化自信上的民族责任。

故宫，一座散发独特魅力的博物院，昔日为帝王宫阙，今天为观者邂逅，朱门金殿，千回百转。在恢弘的殿宇间徜徉，无以数计的中华文化瑰宝呈现在人们眼前，它们自身和它们所容纳的一切，体现着我们伟大民族的"根"和"魂"。故宫博物院北院区，一座传承故宫文化底蕴的现代化博物馆，它体现着故宫传统文化内涵，彰显瑰丽的中华文化与艺术特色，将成为营造故宫文化品牌的又一传世力作。

与故宫博物院有着类似命运的另一座世界著名博物馆卢浮宫，可以作为一个很好的范本以供参考。同样是从皇家禁苑到公众博物馆，从王室收藏到国家收藏，一个印证着18世纪法国思想启蒙运动的历程，一个佐证着20世纪初中国新民主主义运动的变革。从1981年开始，卢浮宫进入了具有历史性意义的一个阶段，密特朗总统支持的"大卢浮宫计划"的实施，让这座博物馆重新找回了曾经拥有的价值与荣光。这个计划最主要的理念包括："重建大卢浮宫，并将其全部用于博物馆"；常设展览展厅的变化；观众接待和服务区的开辟；办公、保管和研究空间的极大拓展。"大卢浮宫计划"为卢浮宫博物馆的再发展确立了标尺。贝聿铭设计的玻璃金字塔，成为卢浮宫第一个象征性标志。三十年来，卢浮宫在法国、欧洲和全世界举办了各种展览，并于2012年在法国上法兰西大区建立了卢浮宫朗斯分馆。分馆由大区管理，其展品虽来自卢浮宫，但是通过不同寻常的策展方式加以呈现，更贴合短期展览的需要。另外，应阿联酋政府的请求，卢浮宫投入到不同凡响且极具前瞻性的卢浮宫阿布扎比分馆计划中。2017年11月11日，在沙漠绿洲阿布扎比矗立起了一座面向不同文化背景观众、与各异文明开展对话、呈现多元艺术展示的"沙漠卢浮宫"。

三

回望中国，2016年、2017年、2018年故宫博物院的年观众流量都突破了1600万人次，均为法国卢浮宫

故宫灯会

博物馆的两倍。我曾经提到：如此巨大的参观需求，如此有限的展览空间和设施，再加上古建筑的有限利用原则、文物修复、藏品保管的严苛硬件要求，我们有理由相信，在充实丰富现有故宫博物院基础设施的同时，需要一座更具有现代博物馆理念、体现新时代精神的故宫博物院分院，借鉴卢浮宫博物馆的成功拓展模式，以开放的姿态最大化地保护、展示、传承中华民族的优秀文化遗产。如上所述，在故宫博物院北院区方案设计上，与规划师、建筑师、策展设计者共同呈现了如下理念。

在故宫博物院北院区规划方面具体如下。

①场地条件。作为"平安故宫"工程重要组成部分的故宫博物院北院区，建设项目以一种别苑的姿态，选址于上风上水的北京海淀山后地区西玉河。项目基地南侧由大面积水库及植被覆盖，更为博物馆提供了得天独厚的景观条件和人文地理优势。而可建设用地形状不规则，现状条件复杂，包括未来保留的琉璃窑址、待拆迁村落、耕地、防护林地及已有建筑。

②优选方式。功能布局将对外展览功能布置在用地东侧，文物修复、行政管理及后勤功能于西侧布置，在最大限度满足功能布局的同时，有利于分期建设，另外

方便与现有修复用房重新整合。建筑的线性格局将场地有机的划分为南北序列，南面临水、北面叠山，呼应中国传统"堪舆"理论的理想布局。这种均衡的轴线布局与散点的构成，是在向它的故宫前辈致敬，蕴涵在其血脉中的气质也正在传承着与它遥相呼应的紫禁城的历史底蕴。

在故宫博物院北院区建筑设计方面如下。

①设计灵感。方案设计的灵感来自对中国传统"殿""堂""舍""院"的理解，借助从中提炼的轴线、秩序、等级等特质，凝聚成一座巨大的博物馆群落。紫禁城的色彩系统也在故宫博物院北院区得以承接，赋予同样的恢宏气势。与此同时，建筑师竭力赋予故宫博物院北院区以适应当今国际视野的现代意义，助其成为世界博物馆领域的翘楚，从而更广泛地传承中华民族传统文化。

②展览功能区。展览开始于中央大厅，把人流引导到二层，其好处是在方便去往各功能展厅的同时，获得了得体的仪式感和绝佳的观湖景观条件。环绕大厅布置的导览、艺术书店、纪念品售卖及餐饮服务等设施，共同营造出舒适宜人、独具皇家气质的天地交泰公共空间，展览开幕式、艺术沙龙均可在此举行。主轴线次中厅由南侧二、三层的专题陈列展厅和首层的数字故宫展厅如若干"宝盒"般围合而成，如从中国卷轴画运用散点透视的方法，还原紫禁城的生活场景，使其成为展现故宫千万藏品的理想容器。

③展览功能区立面构成。立面构成仿照中国古典建筑外形"三段式"构图法，在金顶华盖之下是作为屋身的红墙围合而成的展览空间，屋身之中借用华丽而有韵律之美的窗棂作为表皮肌理，首层大台阶结合自然草坡将首层自然抬起，自此一个拥有皇家古典气息的现代博物馆由此而生。

④修复、办公及库房功能区及立面构成。鉴于现有文物修复用房未来将予以保留，设计方案中文物修复用房结合原有修复设施统一整合考虑，形成一个既分又合的组团，是传统围合庭院的现代演绎。立面形式提炼原有建筑的灰色作为基准元素，并穿插点缀主体展览建筑的红色与金色，构建出既相对独立，又浑然一体的组群建筑。窗棂、格构、屋檐、院落，处处体现出传统元素的现代表达。

⑤景观设计。故宫博物院北院区园林景观提案，萃五行之精华，与金龙交映生辉。龙形地块沿着东西方向展开，与水系的形状相互搭配衬托，犹如有鳞有须的金龙与"金木水火土"五颗宝珠嬉戏，成为故宫博物院北院区"园冶"之特点。

⑥绿色建筑设计。方案充分考虑绿色建筑技术应用。巨型屋面提供了太阳能的使用条件，雨水收集系统加中水系统的应用，适合少雨的北京。建筑南侧通透并合理布置景观，保证夏季东南风导入室内，降低能源消耗；北侧封闭，以实体结构为主，抵挡冬季西北方向冷空气，最大限度降低热量散失。展示区、修复区和办公区充分利用自然采光和通风系统以节约能源。

结语：故宫博物院北院区，应是一座有中国古典元素的现代建筑，向世人表达中国人自己的文化传统和哲学思想。正所谓："轻清者上浮而为天，重浊者下凝而为地。"而有天地，乃有万物，万物在天地之内。尽管一个建筑项目的成功有无数定义，成功建筑的图景也有多种表达，但是多年的城市建设管理及文物博物馆创意实践，令我感到，作为故宫博物院"守门人"，我们要明确角色和职责，要意识到建筑文化的影响力和重要性。对城市建筑而言，文化不仅是传统与创新，更是价值观和信仰的集合，这些构成对于故宫博物院北院区项目全过程管理的原则。我相信，这正是故宫博物院北院区设计方案中，那宛如漂于湖水之上的金黄色的华冠，以包罗万象的姿态，向世人展示着独有的皇家气质形象与蕴藏其间的文化定力和内涵的魅力所在。

（本文照片由周高亮提供）

四十年成长小事记

/ 崔恺

刚刚过去的 2018 年是我们国家改革开放 40 周年，也是我们 1977、1978 级同学入学 40 年。作为年过六十的人，我也时常感叹时光之快，回首 40 年，更为自己有幸经历国家历史巨变、社会经济快速发展的年代而感慨万千！许多往事历历在目，和年轻的晚辈聊起来，他们似乎都难以想象，连自己也觉得颇为神奇，恍如讲有些久远的故事，有点不真实的感觉……而自己就是一步步从那中间走过来的。老友金磊主编抓住改革开放 40 年的选题又向我约稿，我想就将其中印象比较清晰的一些小事儿写下来，作为这个激变的时代洪流中几朵小小的浪花吧。

一、下乡插队

40 年前，我进入天津大学前是在北京远郊区的平谷县大华山公社麻子峪大队插队，三年的农村生活，让我经历了农业学大寨热潮下十分繁重的体力劳动，认识了不少村里的老乡和他们的生活，也和一同插队的高中同学结下了深厚的战斗友谊。三年的时间，一场历史的变革也在酝酿之中。1975 年，正值我们下乡插队，有激进的热血同学信誓旦旦要扎根农村 80 年，而我们在村里拼命干，一展改天换地的豪情。1976 年 1 月初，周总理去世，我春节回家和同学摸黑去天安门广场悼念，不料冻成感冒转成急性肺炎，住进地坛传染病医院。出院不久，就传来了"天安门广场爆发了运动"，在京城的动荡中养病，每天都传听着种种小道消息，心中很不安宁，预感到要出大事儿！果然，7 月底唐山发生特大地震，把我从睡梦中摇醒，冲出家门，第一时间竟恍然以为前苏联的坦克进城了，可见那时中苏关系紧张到剑拔弩张的程度。紧接着在日晒雨淋的日子里，全大院几百号人都在自搭的简易地震棚中煎熬，天天人心惶惶，似乎预示着更大的灾难降临。随后，伟大的领袖相继去世，"四人帮"掌权似乎大局难变，人们私下里忧心忡忡，京城的形势十分压抑。记得 10 月中旬，粉碎"四人帮"

崔恺

1957 年出生，1984 年毕业于天津大学建筑系，获硕士学位。中国工程院院士，全国工程勘察设计大师，梁思成建筑奖获得者，中国建筑设计院有限公司名誉院长、院总建筑师，中国建筑学会副理事长。代表作品有北京外语教学与研究出版社办公楼、北京现代城公寓、外交部办公楼、丰泽园饭店等。

的消息逐渐传开，大快人心！京城举行游行庆祝，而生产队也催促在城里的知青返乡，继续抓革命促生产，坚持"两个凡是"。

插队第三年的日子有些清冷，部分同学已被招工回城，留下的同学也不像头两年那么有干劲儿，大家时常聚在一起不是学马列，而是交流各种传言，猜想着国家的前途走向和自己的命运前景。春天终于来了！邓小平的复出给国家带来新的希望，夏天已经听说要恢复高考的信息，大家纷纷请假回城收集课本和复习资料背回村里。自此，无论白天的田间地头，还是晚上收工后的蜡烛灯下，同学们努力复习功课，准备高考。直到 11 月底，终于迎来了高考的到来。考试点在公社中学，一大早各村都来了许多年轻人，有知青，也有许多农村的中学生，中学门口熙熙攘攘好不热闹。但是一个科目考下来，人就少了不少，下午考试的人就更少了，听说是许多青年一看题太难，就主动放弃了。两天考下来自我感觉不错，也听监考的老师说我考得不错，但考完回城休假，和同学一对题，发现错了一道数学题，紧张得出了一身冷汗，好几天没睡好觉，总担心落榜。那年报名填志愿是在考试之后，我们回到城里查阅招生简章和各校招生专业的名额，虽然在中学时就了解了建筑学专业符合我的兴趣，但还是一心想上清华名校，所以第一志愿便报了清华基础物理班，听说毕业能留校；第二志愿选择了天津大学，本想选南京工学院，它很有名但建筑学在京只招三人（后来被录取的学生之一就是张开济大师的儿子张永和），风险很大，就没敢报；第三志愿还报了大连海运学院，在那个封闭的年代出洋旅行对年轻人也是十分有吸引力的。最终分数出来了，我的分数上线了，但上不了我原本报的第一志愿清华，被第二志愿天津大学建筑系录取。今天回头看看，其实这真是缘分，让我在这人生的转折点驶入了幸运的轨道！

二、天大求学

40 年前的初春，我带上简单的行李去天大报到，开始了大学生活。校园中一片片大小湖泊，湖岸上成片的垂柳，柳树掩映着灰色的校舍，简朴而沉静。我们的宿舍楼在青年湖的西北角，教室在青年湖东南角方向的八楼，吃饭在青年湖东北方向的学三食堂，图书馆在青年湖南侧教学区居中的地方，每天我和同学们就围着青年湖在这几个地方之间往返穿梭，从清晨到夜晚发奋读书、画图，珍惜这来之不易的大学时光。特别怀恋的还是我们的老师们，彭一刚先生、童鹤龄先生、张文忠先生、

作者大学时期

胡德君先生、章又新先生等一代天大名师，还有许多中青年教师都非常认真。他们亲手画示范图，亲手编画教材，亲手教我们裱图、磨小钢笔，亲笔帮我们改图画配景，让我们打下了很扎实的设计基本功！还记得童先生和比较年轻的陈瑜老师分别给我们讲洗图方法，为了是用土黄水彩洗还是用牙膏加水洗竟然还当着同学们的面争得面红耳赤，足以见得那种认真劲儿！除了课堂上设计课，最高兴的就是和老师一起出去实习考察。近的是在水上公园画水彩、参观彭先生设计的熊猫馆工程；远的是毕业实习和张文忠先生一路南下南京、苏州、上海；时间长的有在清东陵的测绘和水彩实习一个多月，当研究生后还和彭先生、胡先生一道乘长途车去爬了黄山、九华山，考察了徽州民居。在这些参观考察中，我不仅开阔了眼界，也得到先生们许多指点，学会去观察城市、园林和建筑的方法，当然也更近距离与先生们接触，感受到他们对学生的亲情，他们做事做人的态度和各种不同的性格特点，留下了许多难忘的回忆。

真正朝夕相处的还是同学。我们 1977 级有 34 个同学，北京来的有 7 位，四川 3 位，其余都是天津本地的，年龄大的有 30 多岁的，小的有 20 出头的，年龄差距比较大，上学前的背景也各不相同，工人、农民、教师、知青都有，有几位还在设计单位的夜校学过徒，而大部分同学并不了解建筑学专业。但大家都很努力，尤其上设计课，听完老师的辅导，同学之间也经常交流，教室里的收音机播放的流行歌曲常常响到深夜，每一次大作业完了都像过节一样热热闹闹挤在走廊里听老师评图。

那时候的校园生活比较简单，操场上被大量的地震棚占用，体育活动比较少，周末就在六里台小广场放露天电影，如果这里的片子不好看，还可以扛着椅子去南开大学串门看。记得后来开始流行交谊舞，但工科学校的学生比较保守，会跳的人不多，但很多人喜欢围观。我们班的华镭同学长得帅，舞也跳得有绅士范儿，成了

作者和插队同学回村探望老乡

"男校花"。他在学校文艺方面十分活跃，听说追他的女生也不少，这成了大家茶余饭后的谈资。其实真正的西洋景儿还在后面，在我们快毕业的时候，系里请来了美国明尼苏达大学的拉普森院长和一群美国学生，帅哥靓女，金发碧眼，每天中午在留学生宿舍楼前的地上铺上浴巾晒日光浴，成了校园里一道亮丽的风景线。他们有阳光、幽默和开放的气质，一旦进入设计教室又都很专心地学习，他们对中国园林十分喜欢，研究分析的方法又很现代，图也画得漂亮。在和他们的交流中，我也开始试着能开口讲英文了，迈出了国际交流的第一步。几十年来，我参加了无数次国际会议、论坛、评审，但都忘不了那个第一次。事实上我和其中一位美国同学Scott J Newland 的友谊也保持了近四十年，前年我在美访学还去看望他——已经变成了白发苍苍的"老头儿"了。

三、回到北京

七年半的天大求学生活一晃就过去了，我研究生毕业时，系里领导劝我留校，但我觉得学建筑设计就要真的去实践，留校教书有点儿纸上谈兵，掌握不到真本事。老师们看我决心很大，就推荐我去建设部设计院工作，因为这里是国家大院，有许多名师在此工作，项目也多、也大，还有援外的机会。刚好我父亲原来的同事沈三陵老师也调到部院工作，后来听说部院的领导还专门到学校来要毕业生，于是我就选择了部院，回到了北京。

离开学校之前，我去向老师们告别。先生们从不同角度给我许多嘱咐，记得聂先生跟我说：你不仅要认真做设计，还不要疏忽继续学习和研究，希望每年能在学报上看到有你一篇文章。工作后我的确按着先生的嘱咐去努力，每完成一个工程就写一篇文章。这不仅是设计

构思的介绍，也是创作过程的总结。工程越来越多，文章也写了不少。这种方式使自己不断反思、不断学习，设计水平也的确有了不小的提高，让我终生受益。

我要去的建设部设计院的前身是北京工业建筑设计研究院，据说"文革"前是全国实力最强的设计院。但"文革"中不幸被解散，许多设计人员被下放到山西、河南、湖北、湖南等地，只有很少一些留在北京。"文革"后再次重组，以建研院设计所为基础，调回了不少旧部，扩大了规模，到我进院之前一年刚刚从建研院分离出来，成立了建设部建筑设计院。其实在我正式入院之前，暑假期间我也有几次到院里找沈老师，参观了院里的办公环境，记得有一次还见到当时新北京图书馆的设计组正在画零号图板大的水粉渲染图，我佩服和羡慕得不得了！

1984 年 10 月初，我正式报到上班。我先被安排到总工室，跟着老校友石学海副总建筑师参加天安门广场和长安街的规划设计，实际上就是今天说的城市设计。这期间参加了北京市首规委召开的一些会议，见到了一些仰慕已久的大师前辈，也听到了各方面专家的真知灼见，长了见识，更感受到建筑师对城市历史文化的责任。

两个月后，我被分到一所。领导先后安排我参加了石油大学昌平校区和中科院招待所的设计，我边学边干，努力认真，设计方案的能力很快得到了大家的好评。但我自知刚入道，各方面还差得很远，于是便埋头画施工图，准备安下心来学本事。但那时改革的风气正兴，四周的新鲜事儿不少，比如曾在贝聿铭事务所进修过的大名鼎鼎的王天锡建筑师离开部院成立了全国第一家个人建筑事务所——北京建筑事务所，好几位新毕业的年轻人都跟了过去；同时从加拿大归来的加籍华人建筑师彭培根先生又成立了大地事务所，也拉我们去参观，也有不少建筑师去那里工作，这让我心中有些骚动。所里的酒店项目组去广州考察白天鹅宾馆、白云山庄、东方宾馆等一批新岭南现代建筑，考察回来后大谈广东见闻，听大家津津乐道，也让我十分向往。果然过了几个月，院里和香港合资的华森公司领导回京选人，所里把我推荐了上去，1985 年年底我便兴奋地踏上南下的火车，开始了长达五年的深圳特区之旅。后来回想起来，这段经历对我的发展的确十分重要，这一步走得太顺了。

20 世纪 80 年代的深圳还是特区建设的起步期，除了罗湖口岸附近立起了几幢高层住宅，其他地方到处是挖坑修路的工地。华森公司地处蛇口海边，周边是一片多层厂房，日资开办的三洋厂成为蛇口最早的外资企业。宿舍楼不远处就是"海上世界"大船，再远处是华森设

计的南海酒店。那时候蛇口常住户人口不多，白天来蛇口参观的外地人，一走便十分清静，同事们饭后沿海边散步到南海酒店，再折回来去招商大厦加班成为一种常态，这时也是大家七嘴八舌讨论特区改革话题的好机会。

与北京的办公室比起来，这里的办公楼一片新气象；整洁开敞的空间，满铺淡绿色地毯，每个工位用隔断分开，图板和绘图工具都是进口的德国红环牌，硫酸纸比内地厚得多，晒出的蓝图又白又清楚，还有专业公司来上门取图送图，服务很到位。生活条件也很好，集体住在新型的户户面海的住宅单元，柚木地板、铝合金窗、卫生间、空调、风扇、电视，一应俱全。在今天看上去很普通的条件，在三十多年前却十分新颖，让大家很有优越感。更有意思的是公司福利好、薪水高，每周还发几箱可乐，一卷卫生纸，每月发的工资还有部分港币。除了一天三餐吃的好，晚上加班还发港式小蛋糕和饮料，周末还组织大家坐车出去玩，每年还安排员工去沙头角中英街购物，每两年还组织员工去香港参观一次。那日子今天想起来都挺舒服，那些充满阳光的青春时光让我留恋。

工作上对我来说也是绝好的学习机会，无论老同志还是年轻人，都是公司逐个选来的业务精英。无论做方案还是做工程设计，无论是画水粉渲染图还是画工程设计图都有高手。老总们主持工程，与客户洽谈都井井有条，有礼有度。带我的师傅是校友梁应添先生，他是广东顺德人，一口标准的粤语，一身笔挺的西装，一手漂亮的钢笔字，一套严谨细致的工作方法，真是令我佩服。在梁总的指导下，在年轻同事们的带动下，我很快适应了公司的生活和工作节奏，创作能力也有了迅速的提高，很快就崭露头角。在西安阿房宫宾馆方案设计中起到了主创的作用，受到了公司领导的赏识和信任，工作也越干越有劲儿。1987 年夏天，公司把我调入香港总部，享受"港客"待遇，持双程证频繁往返于香港和蛇口两地，参加会议，联络工作，考察建筑，也顺便帮同事们买些小港货。记得刚过港的那段时间里，一下班就兴奋地拿着新买的尼康 FA 相机到处去看建筑。刚刚建成的汇丰银行、正在施工的中国银行、位于金钟的奔达中心、演艺学院和文化中心，还有港大、理工学院、尖沙咀的酒店群，目不暇接，甚至商业街琳琅满目的橱窗门头设计都让我大开眼界，感受到设计的魅力。更有感触的是香港的地铁，快速、便捷、漂亮、服务设施人性化，直到今天我都觉得内地的地铁运营管理比起人家还有差距。那时候，时常有同事、朋友组团赴港考察，我带着大家熟练地乘地铁、换公交，穿行在大街小巷，参观购物，

1998 年作者在外研社向全国设计情报网专家介绍设计作品

成了大家的好向导。而因设计西安的阿房宫酒店最终聘请凯悦管理，凯悦集团的技术总监雷丁先生还亲自带我参观香港的豪华酒店，从大堂到客房，从餐厅到健身娱乐中心，还有后勤管理空间，真是大开眼界，收获满满。以至后来参加学会活动的时候，我都以阿房宫凯悦酒店为例，分享我在设计中的见闻和体会，实际上从那时开始我才真正了解到设计和用户需求的逻辑关系。的确阿房宫凯悦酒店的设计对我来说是个全面学习的过程，从设计到会谈，从图纸到现场配合，从造型控制到选择材料都参与其中，使我之后在其他工程中有了底气和自信。

1989 年，我被调回北京总部工作。那时北京的气氛比较沉闷，与深圳相比工作条件落差不小。炎热的夏天每周二还停电一天，我不得不躲到有空调的北图阅览室去查资料，看电影。那时候院里的情况也不好，市场竞争激烈，项目少，年轻人纷纷下海自己干，院领导很着急，希望我能发挥些作用。我和所里几个小伙伴组织起来，先后设计了山东石油大学东营校区图书馆和北京丰泽园饭店，都得到了业主的好评，顺利地实施了。这些成功也振作了大家的情绪，所里的工作状况得到了改变。特别让我留下深刻印象的一件事是丰泽园工程，北京院的张镈大师曾做过一个方案，听说也审批通过了，但不知什么原因，业主又改了定位，没用那个方案，为此张老还给市里领导写过信投诉。后来我知道这个情况心里还是蛮有压力的。但是几年后有一次为北京外国语大学的项目甲方带我去张老家拜访时，张老见面就说："我知道你设计的丰泽园比我当初的方案好！"这让我非常感动，对泰斗级的建筑大家面对晚辈的这种豁达心态钦佩不已！

在 20 世纪 90 年代初艰难的几年里，我也曾经动摇过，当时在我院的陈世民老总，加盟中房集团，在深圳成立了华艺设计公司，发展势头很猛，成了华森公司的

2013年崔愷工作室成立十年

竞争对手。陈老总有几次打电话给我，并在深圳约我面谈，给出很有诱惑力的待遇条件拉我过去，让我很有些心动。但是当我向刚刚到任的刘洵蕃老院长提出调动申请时，他很认真地说："我刚来，对院里不太了解。但有人告诉我说谁都可以放，就是不能放崔愷走！咱们可不可以达成个协议：你给我两年时间，如果两年后咱们院还不行，你要还想走，我就一定放，怎么样？"除了刘院长的挽留，还有院里的其他老总也劝过我，外出开会碰到彭先生、聂先生，他们听说我有这个想法，也帮我分析利弊，最终我决定留了下来。后来周庆琳副院长推荐我参加学会工作，让我比较早就结识了许多行业里的前辈、学者、大师；刘院长让我成立了方案创作组，1997年开始我又担任了副院长、总建筑师（当时40岁，是国内最年轻的大院总建筑师），给自己一下子加了担子，配了团队，手上任务也越来越多，工作也十分忙碌和顺心，调走的事也就自然不再提了。今天回想起来，也真是要感谢这些关照、支持我的老领导、老先生们，使我在人生道路的转折点上坚定了信心，走对了方向，这样也就越走越顺。

实际上在20世纪90年代，工作了十几年的同学们都有了不小的进步，在各自单位都开始担负重任，这也是我们1977级这个年龄段的机遇，"文革"十年造成的人才断层急需我们来填补，但在变革的浪潮中也有不同的命运。我们班的老班长曾大敏是个能人、才子，他数学很好，毕业后考到建研院物理所读研，后留院工作，又曾去日本进修。当时计算机辅助设计刚刚兴起，他抓住机会开发了ABD制图软件，在国内处于领先地位，

推广应用效果很不错。为了更好地开拓市场，他成立了金三维公司，组织了一帮积极进取的年轻人在建设部西边的干休所大院里租了房子日夜奋战，很有干劲，但是大敏没有处理好与原单位的关系，产生了经济纠纷。他认为有关领导口头支持他创办的公司，他一方面继续维护单位客户，一方面开拓新的业务，没有违规操作。而原单位认为他截流了单位业务，把职务发明当成个人的发明，把单位应得收入纳入公司账户，属于贪污行为。一时相争不下，诉之法律。大敏又不配合调查，得罪了相关检察官，最后竟被判了重罪。真是有些冤枉。后来大敏在狱中也不认罪。虽然他在里面还在从事计算机业务，表现也不错，但不具备减刑条件。一呆二十年，我也去看望了几次，争取保外就病，但他的态度一直不改。去年和同学突然听说他因病在狱中去世，令人惋惜，这个改革开放的弄潮儿终于淹没在大潮中。无论怎样，我在这里还是想把这朵小小的浪花记录下来，说明那个时代的一个侧面：在改革中也有牺牲者，或者说被误伤的人。另一个在改革开放的浪潮中上下起伏，最终翻船的例子是大名鼎鼎的水晶石公司。记得我刚从深圳回京工作，计算机技术在设计上还主要是CAD制图，效果图还要手绘，喷笔绘图也还算新的工具。由于我较快地掌握了喷笔画，当时所里的同事还推荐我利用业余时间给一家日本公司画效果图，那时上班不算太忙，晚上便回家挑灯夜战，第一晚起稿刻膜，第二晚喷笔渲染，第三晚细部勾线收尾，三个晚上能收入800元，也是一笔不错的外快呢！但好景不长，没几年电脑效果图就发展起来了。大约是20世纪90年代中期，在单位对面的

百万庄小区有个小公司叫水晶石，学建筑的卢正刚和几个小伙子在一个老住宅的底层租了几间房专门为设计院画效果图，又快又好，不少建筑师都找他们画，我也常常去那个小屋子里盯图调色，很快也和他们混熟了。水晶石业务发展很快，队伍也迅速变大，好像第二年就搬到附近更大的房子里去了。再后来他们在月坛北街租了房子，让回国不久的张永和做改造设计，几个小盒子架在下沉的天井上，立面穿孔板后透出灯光，在这条安静的小街旁成了一道独特的风景，建筑师们来来往往的画图，还定期组织展览！没过多久，他们的队伍又扩大了，在月坛南街又租了一座整幢小楼，一兔三窟，所以每次去水晶石都要问问是去哪个点儿。再后来水晶石就更火了，效果图已经不是主要业务了，为规划展览做视频、动画以至参与电影的制作成了水晶石的主要方向。尤其北京奥运会后，水晶石又大举进军国际市场，成了伦敦奥运会的主要赞助商和多媒体制作公司，首都机场里大大小小的屏幕上常常看到水晶石的广告片。而我和他们的直接业务往来倒是不多了，一是他们主要精力不在这方面了，二是从水晶石出来的一拨拨效果图高手纷纷成立了自己的公司，物美价廉，服务就近，自然就不舍近求远了。没想到的是伦敦奥运会之后不久，就听行业里传说水晶石陷入了财务危机，我还曾发短信给卢总问候，也曾想让建筑师们一起支持他们一下渡过难关，毕竟一个优秀的企业成长起来十分不易，我们是看着它长大的，他们也为行业做出了很大的贡献，真不希望他们就这么倒下来。但我并没有收到卢总的回音，听闻水晶石也在大量裁人、收缩，再后来就很少听到他们的消息了。令人欣慰的是，后来听说水晶石被国资委注资收购，成为国企，在新媒体技术发展和应用上继续发挥作用。想一想那些年还有好几个模型公司也是建筑师常跑的地方，如密克罗、九创等，也是发展很快、很大，每次竞赛各家都在他们那儿做模型，为了避免相互撞车走光，他们还特意在不同的空间里，每个项目经理都单线服务，很有职业精神。密克罗发展最火的时候还把公司开到了迪拜，我有次开会路过那里还专门去拜访了他们的分公司，看到他们在国际市场上管理问题很多，并不容易。这几年随着房地产热潮的降温，密克罗的业务也受到不小影响，所以渐渐也很少听到他们的名字了。又因为环保和城市疏解的压力，这类有些小污染的公司也被迫迁走。最近有大型项目做比较复杂的模型都要跑去天津做，太远了，只能是业务联系，做不成朋友了。

说起与建筑师做朋友的公司，当然要提到宝贵大哥了，他从山西插队回来后落户昌平创立了宝贵石艺。最初主要是做些艺术雕型、园林景观小品和壁画装饰物，与建筑师交集不多。20世纪90年代中期，我设计丰泽园饭店，为室内小中庭选装饰小品时第一次接触张宝贵，从他憨厚的外表完全看不出他是个雕塑家，从他客气的言语中也不知他的文化功底有多深。但他真是有心人，通过和不同的建筑师合作，很快变成了朋友。通过不同的项目，他的创作也从装饰小品向建筑外墙板系列转型，工程越来越多，影响也越来越大，甚至把展览办到国外，雕塑被联合国收藏，他本人也多次应邀去国外讲演。而今不少建筑师在想建筑材料的创新特殊时，都会提到"找宝贵试试"，宝贵也总是来者不拒，和建筑师一道研发板面肌理效果，哪怕最终没被业主采用也不舍弃，令人敬佩。在我的办公桌前有一张老照片，是20世纪90年代一大帮北京的青年建筑师们到宝贵石艺参观后的大合影，那时王路和朱小地还有一头黑发，齐欣、吴耀东还是瘦瘦的帅哥……

一晃这么多年过去了，宝贵还是大家的朋友，宝贵石艺也在许多方面支持着建筑界的活动和发展，越做越好，无怪乎朋友们说"宝贵真宝贵"！

三十多年我先后完成了100多个项目，算是高产了。这首先是因为国家的经济发展和城市建设快，其次具体到每一个项目则和业主们对我的支持和信任分不开。回想起来，其中特别想提起的是当年在北京外国语大学外研社当社长的李鹏义。李社长性格爽快，办事机智，操控能力强。自从设计外研社大楼开始，我们就成了朋友，他管的项目基本上都找我设计，我的方案他总是很认可，当工程中有些争议时，他也总说：听崔大师的！在大兴外研社国际会议中心建设时，为了赶上世界汉语大会，他亲自住在工地上三个月督战，那种带些霸气的工作精神让人钦佩！外研社项目后来获了奖，在教育、出版界有很好的口碑，我的许多后续项目都得益于外研

作者在中国文物学会20世纪建筑遗产委员会成立大会上致辞

作者 2015 年在北京大学建筑与景观"白话说"会议发言

社。前些日子又去外研社看了一下，20 年了，整个空间环境保持原貌，整洁如新，让我作为设计者心中很感激，因为自己的作品被珍惜善待，这是对我们工作的最大奖励！从另一个角度说，从外研社开始到北外系列，从大连软件园九号楼开始的亿达系列，从昆山大剧院开始的昆山系列……直到这两年的人民大学、东北大学系列、海口系列、延安新区系列等，都是因为第一个项目赢得了好的口碑，便引来了一串后续项目，和业主或领导成了好朋友，事儿也越做越顺，这也是设计成功的最大效益！我借此要感谢李社长，感谢所有支持、信任我的业主和领导，感谢所有一起工作的伙伴、同事和朋友们！作品是大家成就的，作品的成功是大家的成功！

有许多曾在院里工作过的年轻同事先后出国下海，他们的聪明才智没能在这个创作大平台上发挥作用，十分可惜；有许多业主甲方为工程项目走到一起，从陌生到熟悉，甚至成为朋友，但也随着工程的结束，便鲜有联络，心中时常想念；有些同行走上了领导岗位，兢兢业业，为建筑师们搭起了平台，也有的没顶住诱惑，误入歧途，"牺牲"在那些危险的岗位上，令人惋惜；还有不少总包、分包、合作过的朋友，大家各谋其事，碰到一起，做事凭规矩，做人凭诚信，久而久之也成了朋友，和利益无关；越来越多的同行后生，才华出众，精品连连，成了鞭策自己、推动行业进步的后浪，正逢潮起时，形势喜人！

新春时节，给前辈拜年，看着年过八十的那一代人，也曾经学业优秀、胸怀大志，无奈赶上那个艰苦的年代，难成大事，只有在开放之后才抓住十几年的机会奋力一

搏，留下了不多的作品。如今在他们慈祥的目光中，流露出对我们晚辈的羡慕和期望，让我感到身上的责任和肩上的担子。

其实也还有许多熟人朋友，许多合作企业，在改革发展的岁月中潮起潮落，上上下下，像一幕幕戏剧，热闹一阵便谢幕开灯，退出舞台了。所有这些让我看在眼里，记在心里，感慨万千。

2018 年 10 月 2 日是母校 123 周年校庆，1977、1978 两级同学为新校区送上两件纪念小品，一个是用 70 块清水混凝土砌块搭砌了一道墙，每个砌块代表一个专业班，寓意我们这代人 40 年来为祖国建设添砖加瓦，打好基础；另一个是一颗金星漂在水上，是纪念同学们为母校申请的天大之星，为母校长久的未来祈福，愿天大后人群星灿烂！这两个小品都是我的设计，但也汲取了其他同学的想法，也有晚辈校友的付出，还是大家共同的心愿，把名字永远地留在母校是所有校友最大的心愿！

40 年对历史来说只是一瞬，对国家来说是个飞跃，对个人来说几乎是一生的奋斗，我们赶上了，我们奋斗了，我们是时代的幸运儿。如今同龄人大多已经退休，开启享受人生的新旅程，而我还有十年的工作时间，一定好好珍惜，多做对环境对文化有益的好事善事，多为行业为我们中国院培养新人，多锻炼身体，爱护家庭，体验丰富的人生。

人过六旬，有些絮叨，写下这些，一怕自己日后会忘，二想为将来研究这个时代，留下一点痕迹，一朵小花。

常青

中国科学院院士 / 美国建筑师学会荣誉会士（Hon. FAIA）

现任

同济大学学术委员会委员 / 建筑与城市规划学院资深教授 / 历史环境再生研究中心主任 / 上海市住建委科技委 "常青专家工作室" 主持建筑师《建筑遗产》和《Built Heritage》主编。

兼任

中国科学技术史学会建筑历史学术委员会副主委
中国城市规划学会特邀理事，历史文化名城学术委员会委员
中国建筑学会城乡建成遗产学术委员会主任等。

一、研究与教学

20 世纪 80 年代至 90 年代初，大学毕业在设计院工作两年后，抱着探索古今关系、提升认知水平和实践能力的初心，常青投入到八载的建筑历史与理论研习中。他曾主攻以丝绸之路为背景的中外建筑比较课题，先后获中国科学院硕士学位和东南大学博士学位，之后进入同济大学继续拓展该领域的研究。这一跨校求学的经历和心得在《建筑师的大学》一书中有详细记述。其间，常青多次随团或单独实地考察境内外丝路建筑遗迹，结合中外文献阅读，论证了中亚—新疆的建筑演变过程及中外渊源，特别是分析了砖石拱券建筑的中外关联，相关成果先后被《中国古代建筑史·元明卷》和《中国建筑艺术史》辑录。之后，常青又参加全球华人学术工程招投标，获《中华文化通志·科技典·建筑志》一书撰著权，以"纪事本末"的结构和中外比较的角度完成该书。

从 20 世纪 90 年代初起，常青在罗小未先生引导下，拓展建筑学的人类学视野，开设了建筑人类学研究生课程。通过对比分析，常青提出了二者间内涵关系的五对概念范畴，即"变易性—恒常性""空间形态—组织形态""功能需求—习俗需求""物质环境—文化场景"和"视觉感受—触觉感受"，并以此为参照，重新检视了传统建筑的认知基础，在《建筑学报》和《建筑师》等学刊上发表多篇论文。近 10 年来，他在建筑对话交流的国际语境中，反思传统与现代的矛盾及传统在当代建筑中的价值呈现方式，提出了以民系方言区为背景的风土建筑谱系区划及分类研究方法，开辟了传统建筑研究的新领域，形成了系列研究成果。

在建筑学教育方面，常青主张本科阶段应着力夯实"以文养质，知恒通变"的专业功底，而不应一味过度竞逐出奇，急切变现创新；研究生阶段则应始于假设，

常青 1987 年在西安　常青与夏铸九教授 1993 年摄于科伦坡　常青出版书籍

常青 2003 年在外滩工地　　　　2004 年常青（左）在学院建筑遗产成果展上与研究生交谈

终于事实，分清"求真的实证"和"批判的建构"两类命题，在敬畏和质疑、传承与发展中生产和创新知识，提升建筑创新水准。他将上述的理论研究与课堂教学相交融，主讲深受校内外学生欢迎的国家精品课程——"建筑理论与历史"，被评为上海市高校教学名师，主导的课程系列改革先后获得上海市和全国的教学成果奖。此外，在他 20 年中精心指导的 30 余篇博士学位论文中，共有 10 篇先后获上海市优秀博士学位论文研究奖，10 余篇被修订成书出版。

二、学科建设

常青曾长期主持同济大学建筑系工作（2003—2014 年任系主任），他率团队将建筑学与工科的土木、材料等学科和文科的历史、文博等学科交叉整合，于 2003 年领衔创办了我国第一个历史建筑保护工程本科

专业，促使保护与再生的本—硕—博教育体系化，促建了国内第一个历史建筑保护技术实验中心。并以 10 年时间创办了已具国内外影响的《建筑遗产》和《Built Heritage》双学刊。在此基础上，以保持城乡史地特征和多样性活力为出发点，拓展了"历史环境再生"的新兴学科领域，涵盖了保存、修缮、翻新、复建、加建等方面；建构了符合国际学术标准及中国文化语境的历史环境再生基本理论，探索了"标本性保存"和"适应性再生"的两种实践应用途径，涉及"修复与完形""废墟与再现""利废与活化""变异与同构""古韵与新风""地景与聚落""仪式与节场"等再生范畴；提出了城镇化中留住城乡历史环境风土根基的运作模式及分类方法，即通过把握地理分布和环境因应特征，按谱系保护和传承地域风土建筑精髓。

作者与常青研究室部分历届毕业生合影

三、工程实践

20 世纪 90 年代中期起，常青率专业团队在上海、浙江、广东、河南、西藏等地开展历史环境再生设计实践，受到国内外关注。比如他在 2001 年主持的上海外滩保护与再生经典工程——"外滩源"项目前期研究与概念设计，提出了历史空间肌理保护和整饬对策，首倡了恢复外滩源步行系统，跨苏州河机动车交通移往地下的构想。在外滩轮船招商总局大楼的百年大修工程中，运用了缺损历史空间复原和利用方法，尝试了外观恢复与空间再生的解决途径。

2002 年，常青主持杭州长河来氏聚落再生的规划设计，摒弃改变聚落风土肌理的规划方式，提出"延续地志、保持地脉、保留地标"的再生策略，促成了对地段控制性详规的大幅修正，使该聚落及其地貌得到保留和恢复，成为杭州十大历史街区之一。同期他还主持了台州市海门老街（北新椒街）修复工程设计，通过整饬街廊、翻建危房和改造基础设施，使老街获得再生，成为抢救和活化历史文化街区的一个典型样本。2004–2009 年，在上海市最大援藏单项——日喀则宗山宫堡复原工程中，常青率设计团队 8 上青藏高原，完成了废墟保存修复、老城天际线再现及宗山博物馆

设计。在近年来的宁波月湖西区北片的毁后复建和海口骑楼老街修复与再生工程中，常青发挥了多年来所推崇的"新旧共生、和而不同"理念，提升了历史环境存续与再生水平。此外，常青还主持了汨罗屈子书院的古风创意设计，将《楚辞》意象与湖湘风土有机融合，尝试了将穿斗式木构技艺用于山野博览建筑的可能性。

世纪之交以来，常青先后获中国建筑学会建筑教育奖 – 中国建筑设计奖.建筑教育奖，上海市高校优秀教学成果一等奖、全国高校优秀教学成果二等奖，国家图书奖最高奖，教育部科技进步二等奖，上海市科技进步二等奖，上海市建筑学会建筑创作优秀奖（四项），教育部优秀工程勘察设计一等奖，全国优秀工程勘察设计行业奖一等奖，联合国教科文组织亚太地区文化遗产保护荣誉奖，亚洲建筑师协会建筑金奖，瑞士首届 Holcim 国际可持续建筑大奖赛亚太地区金奖等奖项。2009 年常青被美国建筑师学会评选为荣誉会士（Hon. FAIA），2015 年当选中国科学院院士。

日喀则桑珠孜宗宫复原工程设计
REVITALIZATION OF SANGZHUTSE FORTRESS

外滩九号"轮船招商总局大楼"修复工程设计
RESTORATION AND RENOVATION DESIGN OF CHINA MERCHANTS STEAM NAVIGATION BUILDING ON THE BUND OF SHANGHAI

海口市中山路历史建筑修缮再生设计
CONSERVATION AND REVITALIZATION OF ZHONGSHAN ROAD, HAIKOU, HAINAN PROVINCE

宁波月湖历史地段保护与再生设计
CONSERVATION AND REVITALIZATION OF THE MOON LAKE HISTORIC DISTRICT, NINGBO, ZHEJIANG PROVINCE

中国建筑设计博览会院士展板（组图）

伴随成长 如影随形

/ 王建国

王建国

1957 年出生于江苏省常州市，1989 年获东南大学博士学位。中国工程院院士，世界人居环境学会（WSE）成员。2001 年受聘为教育部"长江学者奖励计划特聘教授"，现任东南大学建筑学院学术委员会主任、东南大学城市设计研究所所长、全国高等学校建筑学科专业指导委员会主任、中国建筑学会常务理事等。代表作品有南京总体城市设计、海口总体城市设计、中国国学中心、盱眙大云山汉墓博物馆、东晋历史文化博物馆暨江宁博物馆等。

1978 年是改革开放的元年，就在那一年的 10 月，我考入南京工学院（以下简称"南工"）建筑系。

曾经有一句话很流行，也很励志，这就是"高考改变人生"，或者说"知识改变命运"。今天听这句话可能有点鸡汤。但是，作为我们这一代"文革"后最早通过恢复高考制度后进入大学学习的人来说，是"实话实说"。记得拿到高考录取通知书时，我填报志愿有点举棋不定，彼时信息传达和通信主要依靠邮政，没有网络，更没有今天的高校分数线和录取大数据，打电话都很稀罕。虽然家父也毕业于大学，但那还是在 1950 年，也无法提供太多建议。所幸我的一位围棋棋友为我支招，说我有一定的美术基础，应该报考建筑系，南工有杨廷宝先生，可以考虑。因他兄长在南京工学院动力系任教，对此我当然确信无疑。于是，第一志愿和第二志愿分别填报了南京工学院建筑系和同济大学建筑系，填写前也曾考虑过上海交通大学和南京大学。其实，还原当时的真实场景是，有学上就行，能按照自己的兴趣则更好，并没有太多"高大上"的愿景。

进入学校，马上就体验到改革开放初年那种特殊的"励志"社会环境，"把失去的青春夺回来"是我们这一代非应届入学者的普遍共识。上大学重新点燃了我们这一代人的青春火焰和光荣梦想。当时班上同学有很多不同的经历，有老三届的，也有少数应届生，年龄差达到 15 岁，但不同年龄段的同学之间一直是互相启发，取长补短，相处的十分和谐。南工"11781"一直是我们难以忘怀的青春集体记忆，今天，我们仍然有一个 48 人的微信群，经常交流。

1982 年，我本科学业完成进入硕士研究生学习，开始了学术研究的蹒跚学步，和我同年一起在本校读研的同班同学有孟建民、顾大庆、徐雷、周一鸣和赵和生。此外，还有考入清华大学的苏娜、艾志刚、徐宜斌和考入华南工学院的陈宁。指导我、顾大庆和徐雷的是一个由刘光华、钟训正、张致中、许以诚共同组成的教授群，并与 1977 级研究生丁沃沃、单踊、陈欣、范思正、黄平等混班学

作者博士毕业照　　　　作者本科时期的素描写生

习。刘先生对"人—建筑—环境"整体设计（holistic design）的高屋建瓴认识，钟先生的设计才华和扎实功力，张先生对教学的严谨求实和许先生设计的浪漫潇洒给我们留下深刻影响。期间，我们跟随导师先后参加过南京建筑工业学校规划、南京金陵饭店商场扩建、南京鼓楼广场改造、无锡太湖饭店、全国人大办公楼概念方案设计等，为专业学习和工程实践打下了扎实的基础。

1985 年，我免试进入建筑研究所跟随齐康先生攻读博士学位。这是我学术研究能力精进和个人专攻养成的关键时期。南工研究所具有丰厚的学术积淀，1978 年由教育部批准成立的研究所，由杨廷宝先生任所长、童寯先生和齐康先生任副所长。二位老先生过世后，齐先生执掌研究所的领导工作。当年研究所是全国学术站位最高和专业影响最大的学术机构之一。从东南大学建筑研究所先后走出了孟建民、常青和笔者三位院士，普利兹克建筑奖获得者王澍，全国设计大师段进，长江学者张十庆及一批当今活跃在国内外建筑和规划界的中青年专业翘楚。

齐院士给我的教诲影响巨大。我的体会主要有三点。第一是要从城市的角度去完整理解建筑，其时齐先生主持了建设部一个关于城镇建筑环境的科研课题，我的常熟城市设计研究和实践就是该课题的试点案例。第二是关注国家和社会发展的时代需求：1985 年，我刚入学不久就参加了"城市发展与人力资源国际研讨会"，会上聆听了吴良镛先生"城市美的创造"等学术大家的报告；后来，配合齐先生完成了多份教育部、住建部等部门科研发展及新世纪城镇建筑发展前沿战略建议的报告，个人学术视野和格局有很大的提升。第三是设计实践要抓紧、团队合作很重要：我先后跟随齐先生完成了多项重要工程实践项目，包括冰心文学馆、河南博物院、南京鼓楼医院门诊楼、钓鱼台国宾馆扩建概念方案等。研究所的学习和工作经历激发了我对于城市设计和建筑

学科前沿发展的习惯性关注和专业敏感性。其中，与城市设计研究结缘是最重要的学术起点，1991 年出版的《现代城市设计理论和方法》，则是那段时光留下来的最重要的学术印记。

科学研究是 20 世纪初德国洪堡学派所倡导并为世界大学教育普遍接受的传统。科研成果正在成为衡量国内外大学办学能力水平的重要维度。我个人觉得自己对学术发展前沿具有较好的敏感性，在国内也开拓过几个研究领域。城市设计当然是其中最重要的一个，我先后在此领域出版多部有影响的专著、论文和教材，被城市设计相关论著正面引用逾万次，2003 年和 2017 年先后获得教育部自然科学一等奖和教育部科技进步二等奖；2012 年开始主持第一个关于城镇建筑遗产保护的国家自然科学基金重点项目；同年，主持第一个关于古建聚落保护和改造再利用的科技部支撑计划项目，并获得 2017 年华夏建设科技进步一等奖；2017 年在中国城市规划年会上，我首次在学术界提出"基于人际互动的数字化城市设计"第四代范型。

2001 年我接棒建筑系主任，开始专业和管理双肩挑的工作，同年获国家杰出青年科学基金资助并受聘教育部"长江学者奖励计划"特聘教授，率先打开了建筑学在这两个青年项目上进入中国主流科研领域的大门。

读研期间作者与顾大庆、徐雷考察山西五台山古建筑

作者读博期间在常熟调研

江苏省园博会主展馆室内　　　　江苏省园博会主展馆一隅　　　　江苏省园博会主展馆外景

牛首山景区服务中心夜景　　　　作者在哈佛 GSD 演讲　　　　作者在世界城市论坛演讲

就在同一时期，我对前工业时代建筑遗产的存留抑或废弃问题产生兴趣，这可能是因为我从小在铁路部门生活区长大，对传统工业由盛到衰的演变有切身的感受。2002 年，我应邀参加了国际建协（UIA）柏林大会，并就中国工业建筑遗产保护研究的主题参加了大会的作品展览。2006 年获准了该命题的国家自然科学基金面上项目，并先后指导研究生完成相关研究，完成了唐山焦化厂、北京焦化厂、南京 7316 厂、常州三厂工业遗产保护和改造利用的规划设计实践。2006 年出版《后工业时代工业遗产保护和更新》，是国内该领域最早的论著之一。

传承中央大学建筑系建系以来的优秀建筑教育思想精华和学风传统，以与时俱进的"东南四学"为基本认识框架，努力借鉴国际建筑教育前沿先进理念的学习，传承、扬弃和创新并举，学院建筑教育研究和教学改革持续取得重要成果。我和团队一起，先后获国家级教学成果奖一、二等奖（2018，2009）和全国研究生教育成果奖一等奖。我先后获全国模范教师（2004）、全国百篇优秀博士学位论文奖（导师，2013），入选国家"万人计划"领军人才（教学名师），曾担任全国高等学校

建筑学学科专业指导委员会主任；2018 年 11 月，受聘教育部建筑类教学指导委员会主任（2018—2022 年）。

作为一名建筑设计和城市设计的从业者，当年下了很大的决心，通过三次考试获得一级注册建筑师资格，同时出版了《安藤忠雄》等论著，翻译出版了《建筑师的 20 岁》。我作为主持或项目负责人，先后完成了上百个重要项目的城市设计及国内外方案竞赛，包括河北雄安新区起步区城市设计国际竞赛（优胜奖）、上海 2010 年世界博览会规划设计国际方案征集（Architectural Review Awards，2014）、南京总体城市设计、广州总体城市设计、郑州市中心城区总体城市设计、北京老城总体城市设计、南京老城高度形态研究、南京金陵大报恩寺遗址公园概念性国际规划设计竞赛（中标）、杭州西湖东岸景观提升规划、京杭运河杭州段景观提升规划设计、蚌埠总体城市设计等。建筑设计成果则包括中国国学中心、中科院量子信息与量子科技创新研究院、绵竹市广济镇灾后重建公共建筑群、牛首山游客服务中心、江苏省第十届园艺博览会主展馆、江宁博物馆、江宁钱家渡和东龙村的新农村建设等。

1997 年，我成立了自己的工作室，即现在东南大学

2018年5月28日人大会堂两院院士大会

工程院会议期间作者与吴良镛先生等合影

作者与齐康院士和王澍

作者与安藤忠雄合影

作者与钟训正院士一起

城市设计研究中心的前身。工作室的基本理念是坚持"有所为，有所不为"，与时俱进，在一个充满不确定性的时代永葆探索未知的热情、专业精进的追求和贴近生活的情怀。我们树立了"高而上"和"少而精"的项目研究和设计工作观念并指导实践。依托南京和东南大学的深厚历史文化根基和专业学科优势，工作室致力于开展较宽研究跨度的城市设计和建筑设计，注重跨学科和专业合作的多重尺度城市形态研究，并在大尺度城市设计、数字化城市设计方法、基于多重环境尺度和城乡场景的建筑设计创作方面持续取得创新成果。

现在，我最重要的任务和工作是多参加国家的智库工作和活动，先后参加了中国工程院云南澜沧扶贫和赣南苏区行。2017年，我与崔愷院士联合负责组织召开了城市设计国际高端论坛；作为程泰宁院士的副手，负责了中国工程院"中国城市建设可持续发展战略"重大咨询项目的研究。同时奖掖后进，培养学生也是我的重要任务，我带出来的研究生已超百人，建有一个113人的同门师生微信群。我认为，在未来建筑教育中，"博雅"（自由技艺）会变得更加重要，教授学生知识更应该注重知识的"宽度"而非"深度"，"宽度"和"协作"能够更加方便地在充满不确定性的未来环境变化中找到自己的位置。过去常说"术业有专攻"，但今天"一专多能"可能更重要。

40年如白驹过隙，"弹指一挥间"。我从求学、研学、研究、教研相长到学术前沿探路者，时代进步伴随成长，如影随形。得益于改革开放的国家大发展的时代背景，我由衷庆幸成长在改革开放的年代，感激这个时代给了我们施展才华、学以致用的实践舞台，并成为亲历改革开放40年风雨历程的"改开一代"。

作者与工作室小伙伴一起

偶然中的偶然

/ 孙宗列

孙宗列

1957 年生于北京，1982 年毕业于湖南大学，中国中元国际工程有限公司首席总建筑师，建筑设计院副院长。代表作品有远洋大厦、梅兰芳大剧院、融科资讯中心 A 座、北京饭店二期改扩建工程、中央歌剧院（在建）等。

一、东西长安街上的穿梭

1976 年唐山大地震，临近高中毕业的我投入到北京的抗震救灾中，在北京西城的胡同里清理倒塌的墙壁、垒起临时的抗震棚……这成为我高中生涯的结束语。1977 年高中毕业，我被分配到位于北京大北窑的北京热电厂工作，开始了每天坐着"大一路"从北京西边到东边的"三班倒"生活，常常因为下夜班犯困而坐过了站。那时北京城东西的大小正好是"大一路"的东西终点，40 年后的今天，这段距离仅仅是北京的核心地段了。就这样，在东西长安街上的穿梭成为我步入社会的开始。

不久，厂里通知位于北京西边的第二热电厂快要建成投产，就近的工人可以报名到新厂工作，我自然报了名，如果能够去新厂，就可以不用每天来回穿梭在长安街上了，骑车只需要五分钟。然而，还没等到新厂投产，命运把我带向了离家更远的地方。

1977 年恢复高考，这个偶然降临的机遇改变了许多人的人生轨迹。1978 年，作为"文革"后恢复高考的第一届大学生，我来到湖南大学学习，从此打开了通往建筑设计的大门，也正是这一年，国家开始了改革开放。虽然我们还不知道改革开放对于社会预示着什么，但对每一个因为恢复高考而改变命运的人来说，这个偶然降临的机遇弥足珍贵。

1982 年，大学毕业，我进入中国中元国际工程有限公司的前身机械工业部设计研究总院工作。当时设计院院址在王府井大街 277 号。回到北京，再次坐着"大一路"在东西长安街上开始了第二次的穿梭，成为我步入建筑师道路的开始。

长安街上的两次穿梭，标志了我人生道路的两个重要阶段，而不曾想到，从事建筑设计之后仍然与这条大街有着不解之缘。

在从业大约十年之后的 1992 年，我有幸作为总设计师参与北京远洋大厦的设计（位于北京西长安街南侧），这座建筑正门南北中轴线位置恰好是一条由长安街向南的胡同，沿着胡同向南就是北京三十四中，是我中学到高中就读的学校。这条胡同正是我上学时每天骑车的必经路，事情竟是如此的巧合。

记得设计接近尾声的时候，大厦63米高中庭的陈设提到了日程，最初设想用郑和下西洋的古代帆船来表现中远集团（COSCO）作为当时拥有全世界数一数二远洋运输船队的国际航运企业形象。当时国内甲级写字楼建设刚刚兴起，从企业文化的角度营造室内空间并不多见，经过多方向探讨，为表达对于一个具有国际胸怀

2015年10月16日，理查德·迪肯的雕塑在融科资讯中心B座揭幕。左起：雕塑家隋建国、室内设计师谷云瑞、理查德·迪肯、孙宗列

的世界级企业而言，国际视野和开放融通更为重要这一特点，甲方决定在欧洲寻找一位当代雕塑家，为大厦创作一座雕塑。在我印象里，这或许是中华人民共和国成立后大型写字楼建设里的第一次。

1999年，在中央美术学院的全程参与下，我们远赴英国、法国、西班牙，在多位著名艺术家中选择了英国雕塑家理查德·迪肯。经过一年多的创作，名为"四海一家"的雕塑与大厦同步落成。

时隔16年后的2016年，理查德·迪肯为建筑大堂创作的又一座雕塑，在北京融科资讯中心B座落成，作为老朋友，我参加了雕塑的揭幕仪式。

2002年起，我有幸主持了北京饭店二期改扩建工程从方案创作到实施的全过程设计工作。这项工程是北京饭店这个百年老店在新世纪的一次大规模扩建。

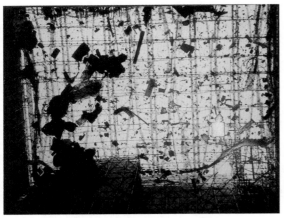

理查德·迪肯赠送的丝网印刷礼物

1900年建成的北京饭店在20世纪历经了多次扩建，1934年法国建筑师设计的B座具有鲜明的简约法式风格，1954年由戴念慈先生设计的C座具有20世纪50年代简约厚重的民族风格，1974年由张镈先生设计的A座具有20世纪70年代典雅清新的民族风格，每个时期的建设都带有鲜明的时代烙印。对我而言，1974年的扩建是我亲眼目睹而且印象深刻的建设，因为A座的位置原来是一座二层高的小楼，那是我母亲曾经工作过的地方，儿时的我曾经在小楼里玩耍。A座施工的时候，我专门骑车来到王府井路口看一种"自升式"塔吊。未曾想到，28年后我会成为这座饭店在新世纪大规模扩建工程的总设计师，直到2012年项目陆续建成投入使用，前后历经了十年。这次改扩建工程的设计探索了建设规模与城市风貌的关系、新建筑对皇城故宫的影响、王府井街道景观以及新老饭店的衔接等问题。在建筑形式上，突出了中国元素的表达。尤其对外墙材料的选择，我们进行了深入的探讨。建筑师的直觉告诉我，陶板体系是最为恰当的选择。中国有几千年陶器的历史，

雕塑《四海一家》

北京饭店二期改扩建工程

北京饭店二期庭院

北京饭店二期

而陶这种材料只有在当今工业化水平和技术发展之下才能够成为一种标准可控、可大规模生产，又能可塑定制的幕墙体系，能够在充分表达传统气质的同时，使北京饭店在新世纪的扩建中带有鲜明的时代特征。在实施的过程中克服了超大板材的生产控制和独特条板构造等一系列困难，终于按照建筑师的意愿得以实现。

偶然的巧合是由于2008年国际金融危机，迪拜的一座更大规模的陶板项目下马，北京饭店二期工程成为当时全世界最大的陶板项目。难怪中标的西班牙陶板工厂70多岁、一辈子从不坐飞机的老板，为了这个项目，一生中唯一一次破例飞到北京。

这两个与长安街相关联的项目跨越了新的世纪，在此期间北京的金融街、中关村、CBD开始大规模的建设，我有幸主持了融科资讯中心A座（联想集团总部2002年）、国机集团总部（CEC中国电子大厦2003年）、鑫茂大厦（中国证监会、保监会2006年）、威斯汀酒店（2006年）、北京日报新闻采编中心（2012年）和金融街中心（亚投行临时总部2016年）等项目。

二、东、西二环的"西""东"

随着国家经济建设的快速发展，文化设施的建设也进入了高潮，给建筑师们带来了更多的机会，我也是在这种文化发展的大背景下，偶然被带入了这个领域。

在我建筑生涯的2004年和2012年，我有幸主持设计了北京的梅兰芳大剧院（2007年竣工）和中央歌剧院（预计2019年竣工）。一座是为东方戏剧精粹的京剧艺术而建造的表演场所，位于北京的西二环；另一座是为西方歌剧艺术形式而建造的表演场所，位于北京的东二环。

两座剧院分别隶属于国家京剧院和中央歌剧院。在创作过程中分别探索了针对两种截然不同艺术形式的观演特性，为两个国家级艺术团体营造适宜的、属于艺术和艺术家的表演殿堂。梅兰芳大剧院的设计探索了用当代建筑语言表达中国传统文化的问题；而中央歌剧院的设计则是探索了用当代中国建筑师的语言、用歌剧艺术萌芽时期的古希腊神殿意向对西方优秀传统文化表示敬意。

这两座剧院无论从规模上还是从标志性上都谈不上突出，但都有鲜明的定制特征，说明了社会进步对表演场所功能细分的迫切需要。有趣的是两座建筑在位置上的一西一东和艺术形式上的一东一西，在北京城市格局上是一种偶然的"错位"，倒也印证了北京这座城市开

梅兰芳大剧院内景

中央歌剧院人视图

中央歌剧院鸟瞰效果图

放包容的精神。作为建筑师恐怕也没有第二个人有这种机遇了。

在剧院的创作过程中，我有幸结识了不少表演艺术家、指挥家、导演和国内外演艺建筑专家、学者，也把我带入了各种类型的艺术样式之中。近年来，我也从事了不同类型表演场所的设计，其中包括沈阳文化艺术中心（方案阶段2008年）、人民剧场改造项目（2009年）、北京大学歌剧研究院与艺术学院（方案阶段2010年）、北京天桥演艺区总体规划（2012年）、西双版纳傣秀剧场（2015年）、青岛东方影都大剧院（2017年）。2018年有幸主持设计张艺谋导演的"最忆韶山冲"剧场（位于湖南韶山）和"印象太极"剧场（位于河南温县陈家沟）两项工程。

三、职业生涯的些许感悟

建筑之于我是一种偶然、一种机缘，更是一种向往。在30多年的建筑实践中乐此不疲并积累了些许心得。

其一，在优秀传统文化和地域环境中寻求设计源泉。对深邃的传统文化，在尊重与传承的同时应注重深入的挖掘。当我们把传统文化单纯地当作圣物的时候，很容易产生距离，要么难以接近，要么简单效仿；当我们深入地挖掘，会发现传统文化与当代审美具有共通的逻辑和方法。

其二，简单与奢华，有与无。简单不意味着简陋，建筑的完成具有过程的复杂性，复杂会削弱明确的建筑理想，在追求简单中尽其所能是过程和结果的奢华。"有就是无，无就是有。"我们先人的哲理或许能在建筑的有形思维中打开一扇窗户。

其三，用当代的技术与材料表达当代建筑语言。建筑师对新技术、新材料的追求永无止境，需要终生的学习。对于不同时代技术内涵的关注和运用，对于新材料不断涌现的关注和运用，使得建筑具有这个时代的真实一面。

其四，广义合作。建筑师要驾驭从创作到实现的全部过程，从这个意义上讲，建筑设计是贯穿项目全部建设周期的控制过程。建筑师不是万能的，在涉及领域越来越广的今天，建筑师越来越像一支乐队的指挥，他不必精通每一件乐器，但却控制着作品的结果。追求高完成度的建筑离不开涉及建筑的方方面面，离不开参与表演的每一件乐器。如果建筑师能够从广义的角度看待创作以及随着创作的深入而产生的合作，继而带动由合作而产生的二次创作，同时使其回归到创作的源头，我们的建筑将会越来越好。

镜头中的回忆

/ 张广源

张广源

1957 年出生，曾任中国建筑设计研究院有限公司文化传播中心主任，著名建筑摄影师。编辑出版多部图书，曾举办建筑摄影展。

1980 年，我来到设计院分配到摄影室工作。当时，这个成立于 20 世纪 50 年代初的中央设计院，刚从"文革"的重创后浴火重生。设计人员陆续回归到他们熟悉而又热爱的工作岗位，大家精神饱满，工作专注，学习互勉，乐观向上，设计院在改革的春风中扬帆启航。

不久，一幅幅建筑师手绘的渲染图，一个个精致的建筑模型被送来拍摄。从那些新颖的方案中，可以看到改革开放所激发的才智，感受到人们对建设美好家园的渴望。有时，绘图的建筑师未及换下沾着水粉的工作服，就抱着画来拍，可见对待工作的急切与投入。从那时起，我结交了建筑师，开始了解他们的工作状态，并在无意中成为设计作品的记录者和传播者。在从事建筑摄影的 30 多年间，我拍摄了 1000 多个建成项目，其中很多人和作品，给我留下了深刻的印象。

20 世纪 80 年代，是改革开放后设计的建筑作品"批量"呈现的年代，令人耳目一新的建筑引起了全社会的兴趣。它们不再是"停滞"的十年中单纯为解决需要而盖的"房子"，而成为在满足使用功能的同时，传承文化和传播新概念的建筑艺术品。当时工作在建筑一线的老一辈建筑师成为这个时期创作实践的探索者和领路人。

曲阜阙里宾舍是著名建筑师戴念慈在那个时期的力作，我院多位优秀建筑师参加了设计。经过几次拍摄后，戴总要亲自来挑选照片。因为戴总是一位"资深摄影者"，只要是和工程有关的出行，他的脖子上总挂着照相机，所以那天我有些惶恐，不知照片能否让他满意。戴总来了，始终带着和蔼的微笑，边选片边和我们交谈。其实他谦谦君子的涵养，更体现在他的设计中。从阙里宾舍设计之初，他就确定了为保护孔庙而"甘当配角"的指导思想，为如何在古建筑旁做好新设计树立了典范。

国家图书馆是 20 世纪 80 年代我拍摄的最知名的建筑。这是周恩来总理生前批准的重要工程。20 世纪 70 年代全国设计单位为此做了 100 多个方案，几经波折，确定了最后的方案。1981 年，全院众多设计人员投入了施工图的设计。他们夜以继日，以最简单的工具完成了这个建筑面积达 14 万平方米的亚洲最大的图书馆的设计图纸，从室外到室内及至各个阅览室的家具等，都有详尽的设计，可见工作量之巨大。我从方案阶段的模型拍摄开始记录这个工程，翟宗璠、李培林总工还曾带我到现场拍照。1987 年开馆的时候，我登上了对面工地顶层的横梁，为国图拍下来一张"标准照"。

北京国际饭店是改革开放后，国内第一座自主设计的大型旅游饭店，至今仍是长安街从建国门到复兴门路段的第一高度，其设计过程也是相当曲折。从 1980 年开始，先后做了多轮方案。1983 年，当最后一个模型抬来拍摄时，林乐义大师亲自到现场指导我拍模型。拍完后，他自己搬了把椅子，坐在旁边，等我把胶卷冲洗出来。我由于听不清他的福建口音，对他的问话总是答非所问，林总也不在意。一直等胶卷冲好，他举着滴水的底片，对着灯光耐心地告诉我该放幂几张和怎么剪裁。每当想起老一辈建筑大师，我都会赞叹和感慨。他们为新中国建筑设计事业奉献才华，在中华人民共和国成立初期留下来一批经典之作，在改革开放初期又呕心沥血，为建筑设计的发展进行了有益的探讨和实践，同时还为人才培养作了表率。1978 年，以林乐义、龚德顺为首的几位老前辈，率先在国内招收了第一批建筑专业研究生，周儒建筑师就是其中的佼佼者。他创作的中国人民银行总部大楼，以传统文化中的聚宝盆、金元宝的形象深入人心，成为首个刻在人民币上的当代建筑。

无论是做人做事，前辈们的言行都给了我们难忘的教诲。那年，我应邀为关肇邺院士的专集拍摄项目。关先生亲自领我在清华校园里看建筑，边走边风趣地聊和建筑相关的故事，面对获得的众多奖牌，他却谦逊地说："我这一生在建筑上做得不够多，也不够好。"。关先生的话让我联想到我熟悉的龚德顺大师。他的夫人孔令娴女士曾对我说起，2001 年当荣获第一批政府颁发的"梁思成建筑奖"的通知送来时，龚总却说："我这一生为国家做的贡献不多，以后也做不了什么了，就别去领奖了。"以坦诚的话语婉拒了送来的名利，体现了高尚的品质。

1980 年成立的华森公司，是国内第一家中外合资设计机构，院里的许多优秀设计人员都会聚到深圳，投身改革开放。深圳成为建筑作品出现最多、最快的地方，也是我摄影去的次数最多的城市。每次我都会被那里生机蓬勃的氛围所感染，都会被一批新颖挺拔的建筑所感动。南海酒店是深圳第一座五星级酒店，设计背山面海，舒展大方；深圳体育馆以四根立柱撑起一千多吨的屋架，

造型健美；还有寓意冉冉上升的发展中心等。那时我所记录的一批建筑都已成为那个时代精神的象征。以人为本的概念也在建筑中得到体现。龚德顺大师指导设计的华夏艺术中心，结合当地的气候特点，创造出巨大的城市灰空间，成为人们喜爱的场所。付秀蓉等建筑师设计的高层住宅，不仅造型美观，而且还让几百套住宅户户观海。包括后来的万科城市花园、百仕达中心组团等，都成为当代居住建筑中的典范……改革开放为建筑设计带来的发展是巨大的，谁都无法一一列举。尽管我在深圳一地的拍摄项目有上百项之多，但仍然是沧海一粟，而更可贵的是那些在这个时代成长成熟起来的建筑设计者们。他们将热情与智慧、勤奋与才华奉献给了社会，为城市发展和人民生活水平的提高谱写出华美的乐章。

在改革开放的创作实践中，一批建筑师崭露头角，并逐渐成为行业的骨干力量，崔愷就是其中的优秀代表。在我的工作经历中，他可称良师益友，在意识、修养、知识、技能的提高等方面都是大家学习的榜样。崔愷的建筑创作更是我记录和见证这个历史时期中最丰富的内容。外研社办公楼获选北京 20 世纪 90 年代十大建筑之一，他创作的拉萨火车站、北京德胜尚城等一批项目，在继承传统的基础上，结合建筑所在地的文脉特征，自然地融入了城市生活。30 年来，仅我拍摄的崔愷主持设计的竣工项目已愈百个，因此有人戏称我是"御用摄影师"。我以为那是一种荣幸，因为从我拍摄的作品中，人们看到了他对生活的体贴与热爱，对文化的理解与传承，对创作的思考与追求，对未来发展的研究与展望。近年来，崔愷在大量创作实践的基础上提出了本土设计理论，已经成为设计团队的一种共识和指导，也是改革开放为建筑行业带来的一项成果。

建筑摄影是一项很平常的工作，但当拍摄内容和国家大事或人民生活中的重要事件有联系的时候，就会感到工作中不平常的意义。

1997 年在香港回归前夕，新的外交部办公大楼落成了。它以典雅清新、明快庄重的形象体现出恢弘的气魄，使看到它的人们都会由衷地感到自豪。同期，我还应邀拍摄了由清华大学王炜钰教授设计的人民大会堂香港厅，其以优雅、端庄的风姿，为香港回归盛事增添了绚丽的色彩。王炜钰教授当时已年过七旬，仍是风姿绰约，她以深厚的功力在人民大会堂完成澳门厅等多个省厅的新建、改建，同时还有人大常委会议厅等多个厅堂的设计。其中，最为人熟知的就是人民大会堂的金色大厅，富丽堂皇，华贵宽敞，已成为代表国家的接待大厅。

2008 年的北京奥运会，一批奥运场馆和设施的拍摄提升了我工作的意义，为完成国家体育场的施工图设

中国建筑设计研究院 2016 年为作者举办"张·望"摄影展（组图）

计和施工配合，中国院各专业精英组成了 130 多人的强大团队，在任庆英、李兴钢大师的主持下，在有限的时间内完成了复杂的设计工作，其间解决了无数技术难题，留下来许多动人的故事。庄惟敏大师和祁斌建筑师主持设计的奥运射击馆，不仅气势恢宏，并前瞻性地应用多种先进建筑技术。为奥运直播设计的玲珑塔和奥运景观庭院，以张灯结彩和礼乐迎宾的形式呼应了奥运盛会。崔愷同期主持设计的北京塔，虽在后期建成，但仍被国际奥委会命名为北京奥运塔，成为对北京奥运的永久纪念标志。在为奥运而建设期间，我在每一处工地，都能感受到建设者的紧张辛劳和所担负的责任感。2008 年 8 月 4 日，奥运开幕式最后一次彩排，我去拍摄鸟巢时，看到那些参与奥运建设的人们，望着夜空中绽放的礼花，流下了激动的泪水。

"5·12 汶川大地震"震后重建的拍摄，是又一段难忘的经历。2010 年，我在什邡拍摄了重建项目后，第一次来到了举世瞩目的北川新城建设工地，立刻就被那里的建设场景所震撼。县城内林立的塔吊像一个巨大的背景，衬托着忙碌的人们和车辆，工程指挥部屋顶上赫然矗立着七个大字"北川向世界报告"。从那时起的一年多时间里，为了记录这场大规模援建的成果，我追随着一个个项目的建成，追逐着当地难得的阳光、蓝天，一次次地奔赴北川，每次都会听到不同的人讲述在这场如火如荼的建设中的某个片段，从中感受到城市规划者的远见卓识，建筑设计者的匠心独具，各路建设者的呕心沥血。正是这一个个动人的片段，叠加成北川新城一幅美丽的画卷。2011 年，在新城建设启动三周年之际，我们和中规院一起，将记录的成果汇集整理，出版了《建筑新北川》一书，并在当年被选为国务院的礼品书，赠送给各国使领馆。

2018 年的阳春三月，我受中规院李晓江院长之托，又一次来到北川。10 年过去了，在我的镜头中，这里显露出更多的活力和魅力。以"望山融丘理水亲人"的理念建设的新城中，街头、河畔桃红柳绿、鲜花盛开，人们祥和、有序、快乐、幸福地生活工作着。在幼儿园、小学校园里，欢乐的孩子们正为新的城市中孕育着新的希望。40 年的改革开放，造就了无数奇迹，惠及了无数人群。

同样的大规模震后重建，也出现在了 2010 年后的玉树。虽然同样是行业中的携手共赴，面对的却是环境、气候条件更为艰苦，社会人文因素更为复杂的地区。三年前，我也曾数次到过那里，地震后的残垣已经被一座座新的建筑所取代，留下的是建设者们为了当地人民的幸福生活所做出的无私奉献，和投身建设的亲历者们讲述的一段段艰难曲折的往事。转眼间，玉树震后重建也快十周年了。明年我会再去，为了记录，更为了纪念。

在城市的建设热潮中，有一批多年来潜心创作，默默为家乡奉献的建筑师，特别令人称道和敬重。内蒙古工大设计院的张鹏举建筑师就是其中一位。从业 30 年来，他一直在内蒙古这块土地上尽心尽责，看他的作品犹如其人，不事张扬，平实建造，将一批富有文化内涵的建筑融入到城市街区，融入到林荫校园，融入到绿水青山，融入到丘陵草原。

从事建筑摄影 30 多年来，仅我所摄建筑连接起来也将是一幅长长的画卷，表现出城市前进的动感。纵观这些建筑，交织着理想主义、英雄主义、乐观主义、现实主义与现代精神，犹如一部丰厚的诗卷。我们有时以过去时态，企图用镜头挽留老城市的消逝，这是对历史的怀念。更多的时候，我们是以进行时态，记录城市发展的脚步，以积极的态度去迎接新生建筑，在画面中留下更多奋发昂扬的姿态，尽管也有淡淡的怀念，还是一路向前。

始于 1978 年的回忆

/ 孟建民

1977 年，我第一次参加高考。当收到淮南煤炭学院录取通知书的时候，我虽为自己考上大学而高兴，却没有发自心底的兴奋。因为我清楚地知道，这并非我热爱的专业。于是我下定决心，1978 年再战高考。这一次，心仪的南京工学院建筑系终于向我敞开了怀抱。在那里，我一头扎进了建筑的海洋。

一转眼，40 年过去了。我很幸运，当年恢复高考的政策改变了我的人生轨迹。同时也很庆幸，当年坚定地遵从内心的选择，让自己能够与建筑结下一辈子的缘分。

一、早已埋下学建筑的种子

我 1958 年出生于江苏徐州。

我父母以前都是机关干部，平日鲜有和美术打交道，但不知为何，我却对绘画产生了浓厚兴趣。打我记事起，大约四岁，父母就对我有"喜欢画画"的评价。此后，无论是在学校，还是在工厂，绘画专长让我肩负起了出宣传画、黑板报的任务。

我自小喜欢画画，又偏爱数学，而这恰巧都是学好建筑设计的基础。人生犹如一部小说，从小的爱好竟然为我日后的高考选择预留了一个伏笔。

还记得我小学上到二三年级时，"文革"就开始了，此后几年，学校和社会都处于一片混乱状态。那时的我们就像一群没人管的野孩子，整天赶鸭子、放羊，到处玩，基本上没学什么东西。

到了 1972 年，我在上初中，邓小平同志"复出"主持工作，强调教育要走回正轨，我们这才又回到学校，真正学到了一些知识。

高中时期，我就读于徐州一中。当时我的家住在徐州设计院的宿舍，左邻右舍都是建筑师和工程师，从他们身上我开始了解到建筑为何物。有一次去邻居家串门，我无意中翻到了南京工学院校园的画页，随即被那优美的校园

孟建民

1958 年出生，1978 年考入南京工学院建筑系。1990 年获博士学位。现任深圳市建筑设计研究总院有限公司董事长、总建筑师。主持设计了渡江战役纪念馆、玉树地震遗址纪念馆、香港大学深圳医院等工程项目 200 余项。系国家重点研发计划专项项目"目标和效果导向的绿色建筑设计新方法及工具"的项目负责人。出版《本原设计》《新医疗建筑的创作与实践》等多部论著。被授予"全国工程勘察设计大师"称号，并获"梁思成建筑奖"。2015 年当选为中国工程院院士。

环境与建筑深深地吸引。其中最为打动我的是建筑学家
杨廷宝先生的建筑水彩画。从那一刻起，我心中便萌发
了要学习建筑的想法，南京工学院也成为我理想中的
大学。

可是，这个梦才刚开始做，就破灭了。高中毕业后，
按当时的政策，一个家庭如果有两个孩子，其中一个一
定要"上山下乡"，另外一个可以选择留城就业。我们
一家兄弟仨，哥哥参军后在新疆牺牲了，就剩下我和弟
弟。家里顺应了当时的政策形势让我留城就业，由此，
我高中毕业在家待业半年多之后，便进入徐州液压件厂，
成为一名学徒工。

那时，无论是在家庭还是社会，读书、学习的整体
氛围都不强，大家都觉得只要你能正常上学、毕业、找
到工作就行了，也没有其他的发展路径和希望。但在工
厂工作时，我始终还是怀着一个大学梦。

皇天不负有心人，进厂不到两年，便传来了恢复高
考的消息。

作者设计方案

二、车间里的"解题大道"

恢复高考的消息是从母亲的单位——徐州面粉厂的
大喇叭里传出来的。

那时候因为唐山大地震的影响，徐州各个单位都在
搭建自己的防震棚，我们一家也搬到了徐州面粉厂。

恢复高考的消息传出后，整个社会都变得很兴奋，
有一种春天来了的感觉，我也立刻决定要去考大学。厂
里凡是过去学习有点底子的年轻人，皆跃跃欲试，开始
参加一些复习班。那段时间，常听说厂里一些年轻人身
体不好请病假，后来才知道他们是请假复习，备战高考。
我一贯老实，对这个"套路"全然不知，加班与倒班一
样没落下，只能利用闲暇时间复习。

有一个场景至今让我记忆犹新。当年我在厂里是开
磨床的，每到休息时间，我就在车间的水泥地上用粉笔
解题，数学、物理、化学，什么题都写，尤其喜欢攻克
数学难题。所以，车间的地上总是布满了我的解题笔迹，
工友们经常在我的"解题大道"上走来走去。

在我们厂里，我的学习成绩还算是比较突出的，所
以会经常辅导工友，帮他们补习。后来我顺利考上了大
学，可见老实人有老实人的福气。

我的福气也表现在当时遇到了很多好老师。自从决
定参加高考，我就在徐州到处找名师，像我这样主动去
找老师的人并不多。当时徐州有一位很有名的数学老
师——李嘉俊老师，我登门拜访时没有带烟带酒，只是

跟他说我喜欢数学，我想考大学。可能李老师被我的真
诚感动了，就给我一对一补习，布置练习题，带着我一
起解题。同时还有一位女老师，一对一地帮我补习英语。
另外，还要感谢苏意如、林英和李淑娟等多位老师，他
们在我高中求学过程中给予了莫大的帮助，为我的高考
打下了坚实的基础。

那时，我还参加过各种数学、化学、物理的复习班。
我就这样一边工作，一边复习。1977年冬天，我第一
次踏进了高考的考场。

当时所在的考场位于徐州四中，大家成群结队参加
高考，考了两天。每门考试一结束，我们就兴致勃勃地
聚在一起对题。第一次高考，我的语文考得很顺利。还
记得，当年的作文题目设定为描写自己身边的一个人。
我写了当时的一位工友，讲述他积极的工作态度和个人
特点。

那时候刚刚恢复高考，对于考得怎样，大家心里都
没底。我当时就想，这次先来试试，不行第二年再考。
所以，直到接到淮南煤炭学院的录取通知书，我才知道
自己考得不错，那篇作文还成了当年复习高考的范文。

三、两次拿到大学录取通知书

接到淮南煤炭学院录取通知书的时候，我为自己考
上了大学而高兴，却并没有发自心底的兴奋。我了解到
这所学校里没有我向往的专业。这是因为当年高考并没

作者的高考准考证

作者在南京工学院时的学生证

美术训练

有报志愿的环节,而是直接根据分数来分配学校。

那时候的我一门心思要学建筑学,于是选择放弃入学,继续复习。当我1978年第二次从高考考场走出来的时候,心里有了底,知道自己这次一定能考上。报志愿的时候,我在第一志愿栏里工工整整地写下了——南京工学院建筑系。

当南京工学院的录取通知书寄到厂里后,消息一下子就传开了。那时了解建筑专业的人并不多,一些工友对我的选择十分不解,甚至有人还取笑我考了个"泥瓦匠"专业。现在看来,我很庆幸坚持选择了一条适合自己的专业道路。

终于考上了心仪的学校和专业,我对未来满怀憧憬。我父亲一直比较支持我去考理想的大学,我母亲虽然希望我能留在徐州,但看我这么高兴,也并未阻拦。

南京工学院,即现在的东南大学,是中国现代建筑学学科的发源地之一,大师云集。中国近现代的"建筑四杰"——梁思成、杨廷宝、刘敦桢、童寯,后三位都曾在这里任教。尤其是杨廷宝先生,他是我崇拜的建筑学家,是近现代建筑设计开拓者之一,与梁思成并称"南杨北梁"。

就这样,带着对建筑学的钟爱、对大学校园的向往和对大师的崇拜,我踏上了求学的旅程。

当时与我结伴同行的两人,一位是我的初中同学李实,他后来成为著名的经济学家,另一位是与我一同考入南京工学院的黄醇。我们仨背着铺盖卷和脸盆等日常

用品,坐了将近10个小时的火车才抵达南京,那是我第一次为了求学离开故乡徐州。

四、大学校园令我大开眼界

入校后我认识的第一个同学叫邱育章,他是当年福建省的高考状元。我们一前一后走进宿舍,他放下行李后第一件事就是从背包里拿出一把小提琴,当场就给我拉了一段。我当时就被镇住了,心里想:"来读大学的人真厉害!"

让我惊叹的却远不止邱育章一人。有一个同学叫何兼,入学时才15岁,是我们宿舍八个人当中年纪最小的,初入学时俨然还是一副孩子的模样。虽说年纪小,他却是个数学高才生。我高中时数学成绩很好,还是数学课代表,对数学一直很自信,结果面对何兼出的几道数学题,我竟然看都看不懂。大学求学的过程中我慢慢发现,整个校园里有文艺、数学、体育、播音等特长的人比比皆是,让我一下子开了眼界。

我入学时,正是"文革"后秩序初复之际,老师们都特别积极,恨不得把自己所有的知识都传授给学生。我们班是由两个小班合并起来的,一共56人,其中50个男生,6个女生。每位老师都是手把手地教学生,较着劲地比看谁教得好,我们也铆足干劲地学习,校园里充满着琅琅的读书声。由于当时教室空间有限,到图书馆和公共教室抢座位成为校园里一道特殊的风景。

1985 年作者（右）与老师齐康在香港合影

在亚洲建筑师大会上，作者与张宇、邵韦平等参与研讨

　　大学期间有一件事情让我印象特别深刻。那是第一次放假回家，我挑了一担子书和学习资料准备假期在家里复习。结果是怎么挑回去的，又怎么挑回来了。后来我才知道，放假时拿几本书就够了，根本没有看那么多书的时间。

　　进校前，我就仰慕杨廷宝先生的大名，进校后又了解了几位名师大家，如刘敦桢先生、童寯先生和李剑晨先生等。本科毕业后，我有幸考取了杨廷宝先生的研究生。杨老先生有一句名言：处处留心皆学问。他无论去哪里都随身带一把钢卷尺、一个记事本，随时随地丈量记录，这是最好的言传身教。因为建筑与人的生活息息相关，建筑师一定要善于观察、勤于学习，把握好细节。后来，杨先生因病住院，我去陪护。那段时间里，我与先生有了更加深入的交流，向他讨教了很多专业知识和经验，这些教诲让我受益终身。

　　随后，我师从第二代建筑大师齐康先生，完成了由硕士到博士的学业。齐先生很有战略眼光，他曾说过一句话："不研究城市的建筑师不是一个完整的建筑师。"他强调建筑师的眼光不应仅局限在建筑单体本身，而应站在城市的宏观角度来考虑建筑问题。这个观点对我后来的学习与职业发展产生了莫大的影响。

　　为了扩大学生视野，增加实践经验，齐先生经常带着我们外出调研，参加会议，辅助设计创作。在齐先生的带领下，我参与设计了国内多个重要的文化建筑，包括雨花台烈士纪念馆、南京梅园新村周恩来纪念馆、淮

安周恩来纪念馆等，这都为我以后的建筑工作积累了重要经验。

　　回想 40 年前参加高考的我们这一代人，都没什么功利心，所展现出来的是一种发自内心的热爱，是一种激情和热情的释放。我们这一代人经历了"文革"，后来有幸能够步入大学的殿堂，就业时又恰逢国家对人才需求旺盛的社会背景，我们所取得的成绩是基于时代的机遇。虽说在这个过程中经历了一些困难和艰辛，但心中明确奋斗目标，不轻言放弃，坚持下去，必将得到回报。这也是那个时代在我们性格里留下的烙印。

周恩来纪念馆

沧桑巨变　与国共济

/ 梅洪元

一、求知

1978 年恢复高考，我结束了"知青"生活，离开"上山下乡"的农村，迈入大学校门。彼时的中国，正蓄势待发，即将迎来改革开放的浪潮。国之所向，百业待兴，造就了我们这代人自觉担起栋梁之责的使命感。

班里的同学年龄相差十来岁，有的还是毛头小子，有的已为人父。因为我们这代人大多都经历了那段只事劳作的岁月，大家都极为珍视这失而复得的学习机会。哈尔滨建筑工程学院有着深厚的中俄联合办学背景，教室所在的土木楼便是首任建筑系主任彼得·斯维里利多夫的作品，三段式的建筑立面恢弘大气、符号简洁。加之浸润在长期受日、俄文化影响的城市中，耳濡目染间我对建筑的形式格外着迷。而常怀生、张家骥、梅季魁、侯幼彬、邓林翰、郭恩章、陶友松、程友玲等前辈们的倾囊相授以及悉心点拨，让我们从心底萌生了对建筑设计的热爱。闲暇之余，图书馆里为数不多的建筑期刊被我们翻来覆去地阅读，每个人都如饥似渴地吸收着来自国内和国际前沿的理论思潮。

寒窗数载，壮志在胸，却少有施展之地。1986 年，梅季魁教授带着团队精心创作，获得石景山体育馆和朝阳体育馆设计项目，由师生组成的设计队伍攻坚克难，交出了令业内交口称赞的答卷，四年后，两座场馆分别举行了北京亚运会的摔跤和排球比赛。

那时，经济发展虽渐有起色，逐步步入正轨，但整体水平仍在低点。1987 年，我作为最年轻的成员，随中国建筑代表团出访前苏联和匈牙利，火车上十天九夜以方便面果腹时车厢里弥漫的气味，似乎直到今天都没有消散。但即便已如此俭省，一队团员每天还要省下一餐，只为在当地书店买下自己心仪的专业书籍。之后因主持母校新校区的规划建筑设计，有幸数次向建设部戴念慈副部长汇报，得到他很多高屋建瓴而又切中实际的指导，受益良多。

梅洪元

1978 年考入哈尔滨建筑工程学院建筑系，先后获得学士、硕士、博士学位，留校任教直至 1989 年调往设计院工作，1994 年起担任院长、总建筑师至今，期间被评为教授、博士生导师。2010—2018 年兼任哈尔滨工业大学建筑学院院长，并陆续受聘于意大利都灵理工大学建筑学院荣誉访问教授、荷兰代尔夫特理工大学建筑学院荣誉访问教授、美国加州大学伯克利分校—哈工大联合可持续都市发展研究中心主任、中国荷兰极端气候建造研究中心主任，中国建筑学会副理事长，中国寒地建筑工程设计领域学术带头人。

每每回想起当年的一幕幕情景，我心底都会涌起一股股热流，在那个经济略显窘迫的年代，能将设计理想变为实践的机会并不多，但每个人对于设计的热爱却没有丝毫减少，潜藏心底，暗暗生长，蓄势待发。

二、坚守

1989 年，我从教学岗位转向创作一线，调往设计院。随着国力渐增，公共建筑工程不断上马，建筑师有了越来越多的实践机会，也开始忙碌起来。继贝聿铭的北京香山饭店、中国人民银行总部之后，包括约翰·波特曼、理查德·罗杰斯等在内的建筑大师及众多海外设计师，还有 RTKL、SOM 等国际化的建筑公司在中国的作品接续落成，一座又一座突破我们技术认知的建筑进入大众视野，为城市树立了一座座崭新的地标。中国，正在以日新月异的发展面貌被国际了解，建筑与城市领域国际性的学术讨论及合作开始火热。传统与现代，虽未截然对立，但在文化的冲撞之下，暗流涌动。

1998 年，我主持设计的两座高层建筑——新加坡大酒店和融府康年酒店——获得建设部优秀勘察设计奖。获奖固然值得欣慰，但作为哈尔滨建筑大学建筑学科产学研一体化重要组成部分，把握住全国上下的建设热潮，延续"老八校"立于时代潮头的卓越传统，仍任重道远，我带着设计院的几十人团队，继续着一个又一个项目的攻坚。记得春节假期，我在书房思考方案创作、推敲设计细节，沉醉其中浑然不觉时间流逝，直到爱人李玲玲推门进来，放在桌上一盘饺子，我才恍然意识到自己已是彻夜未眠，用两个方案的创作度过了除夕之夜。

千禧之年，一封发往中央政府叫停国家大剧院建设的联名信函将传统与现代的争论推向白热化。接下来，中国加入世界贸易组织，包括建筑领域在内的市场进一步开放；北京申办 2008 年夏季奥运会成功，上海申办

2010 年世界博览会成功，进一步激发了两个城市基础设施的建设；库哈斯在中央电视台新总部大楼的设计竞赛中拔得头筹，但挑战了传统审美的建筑方案引发了旷日持久的争论；PTW 以"水立方"获得国家游泳中心的设计权，国家体育场则被赫尔佐格与德梅隆设计成巨大的钢制"鸟巢"。在这个全球关注的赛事舞台上，海外建筑师被无限聚焦，风头无两，默默配合的中国建筑师却淡出画面之外。

地产业的黄金十年，国家重大工程不断开工。这些似乎只在中国出现，只为这片土壤定制的建筑蛊惑了决

2012 年当选中国当代百名建筑师会场留影

2012 年荣获当代中国百名建筑师合影

2015 年美国建筑师协会（AIA）荣誉会士四位获奖者合影

2015 年美国建筑师协会（AIA）荣誉会士颁奖典礼

会见德国著名建筑师托马斯·赫尔佐格

培养研究生毕业合影

策者，剧烈的感官刺激甚至让专业人士一时间多少有些迷茫，目睹并亲历文化传统和建筑本质遭受的巨大冲击，该如何面对这场全球化的风暴？张开怀抱，还是坚守抵抗？有人曲意迎合、生硬模仿，无视审美底线，刻意制造建筑奇观；有人与之博弈抗衡，发出不要再让中国城市沦为国外建筑师"实验场"的呐喊的同时，深入解读地域主义理论的发展，探索具有范式意义的建筑设计方法。这期间，我的创作地域虽相对集中在东北地区，但极为严酷的自然条件、稍显落后的经济环境，却也成为我探索寒地城市原真、适度创作理念的深厚土壤。

三、包容

2008 年，我全身心扑在设计院新办公楼的创作和建设中，推进实现哈工大几代设计人对于优质办公环境的愿望。年末累倒入院接受治疗，在病床上接到何镜堂院士祝贺我被评为全国工程勘察设计大师的短信，那一刻我内心百感交集：甘苦不为人道，一切自有天意。

改革开放豪迈卅载，扎根寒地不觉经年，多年深耕厚植东北地区，也为我们积淀了走向全国的实力。我和团队协力并肩，接连在大连、新疆、成都、郑州、深圳等地的重大项目的国际方案竞赛中拔得头筹，不仅收获了骄人业绩，更充实了队伍建设，重新审视了自身发展。2012 年，我带领团队与在生态建筑设计领域享誉国际的建筑师托马斯·赫尔佐格教授合作，开始黑龙江省寒地绿色生态示范建筑的设计建设工作。

国之昌盛，首重文化。从最初外来文化的单向输入、激烈涤荡，到与本土文化的双向交互、彼此认同，再到如今本土文化及价值观的向外输出，中国各个领域所取得的斐然成就已在国际上备受瞩目。令我感受最为

深刻的一瞬间，是 2015 年 5 月 15 日我在美国亚特兰大被授予美国建筑师协会（AIA）荣誉会士（Honorary Fellowship）的典礼上，当 AIA 主席伊莉莎白·朱·里克特女士念到我的名字请我登台的一刹那，全场 100 多位平均年龄 70 多岁的前辈们的掌声让我感受到他们对于中国文化的接纳、认同与支持！而在我心中关于中外文化关系的认识，早已不再对立，只有开放和融合。

当年年底召开的中央城市工作会议发布了"适用、经济、绿色、美观"这一国家新时期的建筑方针，倡导建筑创作的理性回归。次年 2 月，中共中央、国务院印发的《关于进一步加强城市规划建设管理工作的若干意见》中指出了城市规划建设管理中尚存的突出问题，诸如"城市建筑贪大、媚洋、求怪等乱象丛生，特色缺失，文化传承堪忧"，提出"培养既有国际视野又有民族自信的建筑师队伍，进一步明确建筑师的权利和责任，提高建筑师的地位"。这不啻一针强心剂，为中国建筑师真正打造了一个公平竞争的建筑舞台。

四、修为

2018 年对我而言，是个特别的年份：我们伴随改革开放成长起来的这一代人，与建筑设计已经相伴 40 年，而与哈工大设计院同龄的我也度过了甲子生日。在设计 2022 年冬奥会张家口赛区崇礼太子城冰雪小镇会展酒店片区项目前往德国考察的行程中，受德国著名建筑师盖博教授的邀请，我参加了他的 80 岁生日会。当他向在座的嘉宾介绍我来自中国的时候，整个会场响起经久不息的掌声，我深知，这份荣耀，不仅仅是之于我的鼓励，它来自我的祖国——已经改革开放 40 年的中国。

《寒地建筑》书影

　　总结这40年来在我的设计历程中伴生的建筑理念，大概有如下三点。

　　一是现代性品质。建筑应该是不拘泥于传统的创新，是不凌驾于历史的超越。而建筑的现代性品质并非一个抽象、普遍的概念，简约中其实蕴藏着丰富的变化。真实地契合时空，坚实地扎根大地，创作的建筑才能久而弥笃。

　　二是原真性基点。建筑是此时此地的建造，是此情此景的抒发。创作应该在现实生活基础上体现建筑的生命力，在时间的绵延中获得建筑的恒久性。对人性的关怀、对现实的回归，方是建筑创作的基点。

　　三是适度性原则。建筑是理性简约的表达，是精致细节的铺陈。德国现代建筑的理性与睿智、精密与严谨、技术与美学的相融共生，令人深刻体会到技术不仅仅是工具，更是创新的重要源泉。创作应以沉稳、内敛、理性、简约的基调，以精致的材料、精细的工艺、精巧的结构诠释建筑的适度。

　　40年来，国家的快速发展带来的创作机遇令世人瞩目，我的建筑观念和创作思想也在不断演进，从最初的懵懂热爱，到冲击迷惘下坚定文化传承、坚守原真思想，再到如今的修为人生、尊重平凡，一路走来，也深切体会到建筑是社会经济、文化、技术的综合体现，会带着时代的烙印跨越时间，它的丰富来自文化与价值的多元，它的恒久来自历史和文化的积淀，它的美好来自生活与使用的日常，它不该成为转瞬即逝的"网红"，更不该成为令人错愕的奇观，保有一颗平凡的心，才能凝萃出建筑的真谛。

改革开放的建筑师之路

/ 陈雄

一、建筑入门与学习

1979 年，改革开放刚刚开始，在选择专业的时候，建筑设计还鲜为人知，当年我也是遵从父亲的意见，才选择了建筑专业。进得门来，才知道建筑设计到底是怎么做的，这已是几年后的事了。我在华南工学院（即今华南理工大学）建筑系学习四年，于 1983 年大学毕业，之后继续在华南工学院建筑设计院攻读硕士，又学习了三年，师从林克明先生和郑鹏先生，主要研究住宅设计并结合教学进行设计，两位先生严谨的治学态度，对建筑创作的执着精神，对我即将开始的建筑师职业生涯，无疑是极好的指引。研究生的学习和实践，也为我打下了比较坚实的专业基础。

二、前辈榜样与引领

1986 年，我硕士毕业后，被分配到广东省建筑设计研究院（下称 GDAD）工作，至今一干就是三十多年。1987 年至 1990 年，我幸运地有机会跟随院总建筑师郭怡昌设计大师，参与设计了北京中国工艺美术馆、北京陶然宾馆、东莞理工学院等项目，在大师身边耳濡目染，我常常被他精巧的构思折服，更敬重他的高尚人品和执着坚忍的创作精神，深深地懂得建筑精品的产生离不开艰苦的建筑创作，只有付出超人的劳动才可能取得丰硕的成果。1990 年以后，我独立完成或与其他人合作完成了一批项目，包括广东省建设银行、广州东照大厦、深圳深华大厦、广州珠岛花园住宅区规划、江半岛住宅示范小区规划等。

三、历史机遇与原始积累

时光转到 1998 年，白云机场业主为新白云机场举行国际设计竞赛，包括英国福斯特事务所与荷兰机场公司（NACO）联合体、法国巴黎机场公司（ADP）、美国 PARSONS 公司与美国 URS Greiner 公司联合体、加拿大 B+H 建筑事务所等全球

陈雄

1962 年出生，1986 年华南工学院建筑设计硕士毕业，现任广东省建筑设计研究院副院长、总建筑师，2016 年获全国工程勘察设计大师称号。代表作有广州新白云国际机场、广州亚运馆、广州亚运城主媒体中心等。

作者（左2）和师姐、师兄与林克明先生合影

作者（前右2）在白云机场T2航站楼工地

知名机场设计公司参加。GDAD独立参加了这次国际竞赛。由我和刘荫培总建筑师共同带领一个机场组，经过三个月的努力拼搏，终于交出了一份给评委和业主都留下深刻印象的竞赛方案。在1998年的金秋十月，GDAD被白云机场业主确定为新机场的中方设计单位，与美国公司合作设计。从此，一个光荣的使命等待广东省建筑设计研究院去完成！

新白云机场迁建工程设计任务来之不易，GDAD从多个部门抽调技术骨干70多人组成机场设计组，成立了以容柏生院士为首的各专业总工程师组成的技术领导小组。1999年开始，我们对美国几乎所有大型机场进行了考察，对香港机场、新加坡机场等亚洲机场进行了重点考察，就大跨度、大空间建筑的一系列关键技术做了填补空白式的研究。2000年，全部设计人集中工作，开始了项目设计的攻坚克难，先后掌握了航站楼流程工艺、异常复杂的石灰岩岩溶发育地区的基础技术、大跨度结构技术、大型公共建筑外围护结构技术、能源管理系统（EMS）、高大空间空调技术、消防设计等航站楼的关键技术。2004年8月2日，我作为总负责人代表GDAD和机场设计组，作为120名为广州新白云国际机场建设做出贡献的代表之一，参加了新白云机场的首航仪式。

经过这次的中外合作设计，GDAD积累了丰富的大型公共建筑设计经验，尤其在大跨度大空间建筑设计的各个相关专业，并完成原始积累进入了全国先进行列。而且，我们不单在技术上有所突破，在大项目管理及现场服务方面也积累了丰富的经验，为承接大型复杂公共建筑设计奠定了技术、管理和服务的坚实基础。

四、实现原创的重大突破

2007年10月，2010年广州亚运会唯一的主场馆——广州亚运馆（原称广州亚运城综合体育馆）项目举行国际设计竞赛，GDAD以独立身份报名通过资格预审。就在报名之前，我们分别与两家国外著名的大型事务所商谈过合作。寻求中外合作是我们的初衷，由于商务条件无法达成一致而放弃。毕竟在新白云机场一期工程之后，我们在大型复杂公共建筑方面积累了相当丰富的经验，也建立了技术自信，我们不可能满足于以低比例收费去中外合作，更不可能满足于仅仅做施工图设计。结果竞赛委员会选择了8家中外设计机构参赛，其中有大牌国际公司，如英国扎哈·哈迪、英国奥雅纳、德国GMP，加上法国公司等共6家外国公司与国内设计院联合体，还有一家国内设计院也独立获得入选资格。

我作为负责人的ADG·机场院代表GDAD参赛，这是一个非常光荣而艰巨的任务。在很长一段时间以来，中国大型复杂公共建筑的国际竞赛绝大部分中标者都是境外公司，我们只能靠拼搏、靠创新才可能打开胜利之门。2007年冬天和2008年初春特别寒冷，那次的南方雪灾依然留在记忆中。大年初三我们就聚集在办公室，继续进行竞赛第二轮的深化方案设计。设计团队士气旺盛，最终交出了完美的答卷。2008年5月，我们的方案凭借创新的设计理念、独特的建筑体验、标志性和可实施性的绝佳平衡，在2007—2008年的国际设计竞赛中最终以中国原创获胜并且成为实施方案。在接下来仅仅两年的超短工期里，从设计到施工全部都高完成度实施，

作者作为建设者代表参加新白云机场首航　　　　　　　　　　作者在英国的建筑师事务所考察

成为广州亚运会最为夺目的标志性体育场馆。这是中国建筑师少有的在重大项目设计国际竞赛中以原创中标及实施的案例。

五、真情二十载，助白云腾飞

白云机场 T2 航站楼位于 T1 航站楼北侧，设计年旅客量为 4500 万人次，近机位共 75 个。第一期工程建设主楼、北指廊及东、西各两条指廊及相关配套工程，总建设规模达 90 万平方米，是目前我国运行的规模最大、功能最齐全的航站楼综合体之一。

T2 航站楼具有流畅的旅客流程和完善的功能设施；保持与 T1 航站楼和谐一致的建筑造型；继续运用弧线形的主楼和人字形柱及张拉膜雨篷这些特有元素；体现岭南地域特色的花园空间及装修设计；强化商业资源整合为提高非航收入奠定基础；增加设计弹性应对未来需求变化；注重绿色环保节能设计，达到中国绿色建筑三星标准；成为展示公共艺术的枢纽门户；反映了当今中国最新的建筑技术水平。

T2 航站楼设计是从 2006 年开始的，至 2018 年 4 月启用整整 12 年，中间经历了几次重大修改。GDAD 始终高度重视，投入了大量的人力和心血，设计团队克服了各种各样数不清的困难，解决了非常多的技术难题，为了完成这项宏大的工程，一直努力拼搏、兢兢业业，希望尽可能减少遗憾，为广东省广州市奉献一个全新的、先进的门户航站楼。GDAD 实现了从合作设计到主创设计的飞跃！

GDAD 从 1998—2018 年服务白云机场整整 20 年。正是，真情二十载，助白云腾飞！

六、未来发展与持续创新

伴随改革开放，国家走过了 40 年的光辉历程，我们作为亲历其中的一代建筑师，既获得了很多很好的机遇，同时也承担了更重的职业责任。

时光回头看，总是觉得好快。尽管如此，在建筑师的成长过程中，充满期待，充满艰辛，充满挑战，唯有他的作品可以屹立于大地的时候，才是最好的奖励。

建筑师的成长需要更长的时间，作品类型不同，每个项目不同，都得研究、学习与积累。当然成长过程中也会犯不少的错。建筑师工作的跨度很大，有方案，也有施工图，还得常常跑工地。设计的过程总是问题不断，解决问题总是不断迂回，往往等你熬到极点，思路才豁然开朗。建筑师做方案的时候需要冲刺，就像短跑运动员；做施工图的时候需要积累，就如长跑运动员。然而，建筑师是幸运的，我们的作品可以长久地存留于大地。正因为如此，我们的责任也是异常重大的，我们想象中的世界构成了现实世界的一部分，建筑是一个关系到未来世世代代的重大责任，我们确实任重道远！

站在新的起点，我们将以什么心态去迎接未来的挑战？前面的道路也许有很多障碍，总会在十字路口面临选择，但是生活经验给我们的启示是"望远路直"，关键的是选择什么发展目标。我们应该持守技术本源，沿着前辈们的方向，致力设计创新，走好建筑师的路！

刘晓钟

1962 年生，1984 年毕业于哈尔滨工程学院建筑系。北京市建筑设计研究院有限公司总建筑师。代表作有：北京市恩济里小区、北京市望京新城 A4 区、北京市颐源居。参与主编《住宅设计 50 年》，主编《创作与实践——刘晓钟工作室作品集》等。

在住宅设计中体味"为人服务"

/ 刘晓钟

2018 年是改革开放 40 周年，也是新中国成立 70 周年前夕，作为一名主要从事住宅设计研究的建筑师，我自 1984 年进入北京市建筑设计研究院住宅所，在以白德懋总、宋融总为代表的老一辈建筑大师的悉心指导下，亲身经历了北京乃至中国住宅设计领域在改革背景下的起起伏伏，确有一些感慨。以下是我的点滴认知。

一、北京住宅设计"四阶段说"

对 1949—1978 年已有不少前辈专家有过论述，我这里只结合我国特别是北京住宅发展的整体状况和脉络，将改革开放 40 年分为四个阶段，而在每个阶段北京地区都有相应的住宅代表项目，他们都体现了特定历史时期我国住宅设计发展的鲜明特色。

第一阶段：新时期住宅设计的萌发（1978—1990 年）

1978—1990 年，全国的基本建设开始起步，尤其要将解决人民住房问题当作重点工作，当时的集中需求是解决有无的问题，于是出现了很多现在看来都极具代表性的经典项目，恩济里小区、前三门、团结湖、劲松、富强西里等。这里重点谈谈对我执业道路影响颇大的恩济里小区。

1989 年，是我刚从厦门分院回到北京的第二年，承蒙院里领导的信任，让我担任了全国首批住宅开发试点小区的北京恩济里小区第二主持人（叶谋兆先生是第一主持

恩济里小区鸟瞰

人），宋融总、白德懋总坐镇把关。恩济里小区定位比较高，北京市领导非常重视，设计组压力确实很大。我当时作为青年建筑师，跟着老先生们学习、锻炼，成长得很快，业务水平迈上了新的台阶，尤其是还承担了部分管理团队的责任，综合能力更得到了提升。1994年，恩济里小区正式落成，得到了社会各界的认可，囊括了当时建设部颁发的五个金牌奖项，北京市还提出了"全面学习恩济里小区"的口号。恩济里小区的成功更得益于适应了国家住房体制改革的潮流，它也是北京乃至中国住宅走向市场经济的成功案例。

第二阶段：住宅设计行业快速发展（1990—2000年）

如果说第一阶段住宅产业发展解决的是从无到有的问题，那么第二阶段则要解决"量"的问题，即要尽可能满足人民的急剧增长的住房需求。这个时期代表作有方庄芳城园高层住宅群、望京A5区等。

宋融总早在20世纪80年代末就开始了方庄芳城园小区规划设计，我当时也参与了一些工作，主要配合宋总做了单体和效果图，还有一些规划设计。在小区中，宋总设计了独具特色的一组高层住宅，由两组26~28层连塔弯曲围合，自然顺势形成了高楼、绿地、大花园的格局，也就是我们常说的"二龙戏珠"。这个项目可以称为北京地区高层高密度住宅的代表性项目。当时这么大区域的高层住宅设计，在国内尚属罕见。作为国内高层住宅理论的发起人之一，宋总在很多场合十分坦诚的表述了自己对于高层住宅的推崇，他曾说过"中国人口基数大，但土地面积十分有限，这是我们的基本国情，节约土地是建筑师都应认真思考的问题，而高层建筑的发展，是解决大城市住宅问题的一种有效手段。"望京A5区则是在融合几位前辈建筑师如柴裴义总、宋总的设计理念基础上，由我和其他同事共同完成，对于该项目我们的定位是"使馆区"的概念及未来北京城市发展的居住中心，承担着城市服务功能、商务办公功能等，即便在今天看来，这片区域从设计理念、配套设施建设

等方面都是很有特色的。同时，正是靠着居住版块的崛起，望京地区逐渐聚拢了大量人气，提升了区域品质，随之商业、办公楼等版块迅速崛起，地区价值更不可同日而语。

望京西园四区（A5区）被建设部和国家科技部授予"2000年小康型城乡住宅科技产业示范小区"称号，获得规划设计、科技含量、工程质量、环境建设和物业管理等5个单项优秀奖。同时获得了北京市科技进步一等奖。望京南湖东园（K4区）经建设部正式验收，被授予"优秀试点小区"称号及规划设计、建筑设计、施工管理、科技进步等4个单项金牌和优秀开发管理奖，并率先通过了全国首次住宅性能1A级的评定，同时获得北京市"住宅试点小区"金牌奖。

第三阶段：追求居住品质提升（2000—2008年）

在经历了商品住宅"从无到有""从有到量"的过程后，我们进入了21世纪，尤其是2003年"非典"之后，人们对住宅的品质已不满足于一般意义的"居住场所"，而对居住的需求有了质的飞跃，另一方面随着房地产市场的繁荣及激烈竞争，住宅的"综合素质"成为建筑师在设计过程中考量的重点。这一时期出现了怡海花园、亚运村、曙光花园、远洋山水等代表性住宅区。2003年远洋山水项目的设计工作启动。远洋山水（西区）是在北京市住宅市场上建筑规模超百万平方米、较著名的住宅"大盘"项目之一，由一期（2003年设计）至三期（2007年设计）的设计、施工和竣工共历时近5年时间。在此期间，中国的房地产市场和北京市的商品住宅市场都迎来了高速发展的机遇。该项目是在总图规划上延续"板式"高层住宅的布局模式：共安排6栋高层连塔式住宅（80米限高），塔楼单元采用每单元2户或4户、端单元5户至6户住宅的平面形式。此举在满足本地日照标准和规划容积率的前提下，最大限度地降低了建筑密度，提高了小区的绿地率。三期住宅小区的建筑外延及细部设计，充分借鉴一、二期的建筑色彩和材

作者（右3）与屈培青（右2）郑勇（左3）等建筑师交流

远洋山水

质，并适当更新和创新。三期住宅小区的景观环境设计，积极延续远洋山水（西区）项目"追求自然、注重原生"的特色，积极营造建筑底层近人尺度空间环境，设计重点包括树木、微地形草坡、廊架和花池等。

第四阶段：靠细节把控住宅舒适度（2008年至今）

在追求住宅舒适度的阶段中，以国家房地产调控政策出台前后为时间节点，还可以细分为前后两个"半场"。在政策出台前，也就是2008年前，国家建设限制较少，房地产市场竞争激烈，出现了很多新的住宅设计理念，建筑师和开发商共同推出了很多新作品，其中有很多对之后住宅设计发展产生了深远影响。而且这时很多项目都是精装交房，小区景观做得非常好。而当国家限制政策出台后，因为地区不同、地域不同，国家给的政策不同，有的地方房价没那么高的时候没有限制，所以越做越好，像浙江、上海、南京，国家限制少，房价没像北京这么高的时候，由于气候等客观原因，提升了品质，做得更好了。而北京那时候开始限价了，有些应具有的品质由于开发商不敢投资而导致缩水。而近年来，随着国家越来越关注低收入群体的住房问题，似乎又开始了新一轮的"有和无"阶段，这也是一种循环吧。

二、北京住宅设计应铭记前辈建筑师的贡献

回首在北京院专注住区从业的30多年，从进入住宅所开始，我得益于北京院老一辈建筑师对青年建筑师"传帮带"的优良传统，受到过多位建筑大师的指导和帮助，而有些前辈虽然未曾有过合作，但即便是短暂的接触也对自身的提升很有益处。从这些老前辈身上，我不仅得到了丰富的专业知识的滋养，在很短的时间内提升了职业素养，更重要的是深受前辈们优秀的人品和学品的感染，这让我受益终身。这里我想重点谈谈北京院白德懋总、宋融总，中国院赵冠谦总的感悟。

白德懋总的住区规划思想，在当时是非常先进的，即他的规划理念走在了时代的前面，他提出的组团概念、人车分流、邻里关系、对环境的认识，比当时国外某些城市规划理论更优秀。此外，白总"能文能武"，他有深厚的理论储备，而且他的理论很"落地"，因此可以与实践完美结合，创造出经典的作品。

赵冠谦总是中国院的总建筑师，我因为工作关系有幸和赵总结识。赵总见多识广，眼界开阔，他的实践作品不仅局限于北京，在全国各地都有他的设计成果。赵总为人谦和，极有修养，工作极为认真，包括开会写评审，只要请他当组长，他从不让别人写评语，都是自己亲自完成，在业界颇得好评。

宋融总的个人魅力十分鲜明，给我留下最深印象的是他凡事亲力亲为，做任何项目都要自己动手画图，而不只是单纯的指导青年建筑师，而且他很善于接纳新鲜的思路，哪怕是青年建筑师的意见，如果正确，他也会欣然接受。而另一方面，在面对专业问题的"大是大非"时，宋总又是格外坚定而倔强的，他有明显的住宅设计个性，优劣非常分明。做学问，宋总从不含糊，哪怕和对方发生争执也毫不示弱，他是一位对待工作非常实在且有见地和高效的建筑大师。

三、思考与求索

无论是新中国成立70年还是改革开放40年，本人的经历与实践尚短暂。我在《创作与实践——刘晓钟工作室作品集》（中国建筑工业出版社，2015年6月）一书中写有文章《居住建筑创作随想》，其中曾回望了时代，也梳理了理念。

我的时代认知：在早期住宅市场千篇一律、鲜有突破的年代，恩济里小区面世时，创新格局引爆的那种参观者络绎不绝、比肩接踵的景象，已经多少年再没见过了。在前三门、方庄、望京、亚运村等社区轰轰烈烈地进行大规模建设的时期，百姓因居住条件得到极大改善而产生的那种欢天喜地搬新房的感觉，已经伴随着岁月的流逝，永久地珍藏在历史的记忆中了。时过境迁，社会在飞速地发展。随着我国国力的日渐增强、人们眼界的日益开阔，居住建筑领域也逐渐迎来了欣欣向荣、百花齐放、博采众长的新时代；设计单位如雨后春笋般涌现，大城市的建筑师数量急剧增加，他们不断投身市场，进行智力与体力的博弈。那么，在设计水平普遍有所提高、设计难度亦有所增加的今天，怎样才能留得一份从容、守住一份淡定，如何才能把控好项目的本质，使设计的产品做到独树一帜、赢得市场的口碑呢？

我的设计理念：本人在30多年住宅设计中积累了一些经验，并率先研究出了大住区设计的创作手法、组织系统，增强了对项目设计的把控度而较为游刃有余；秉承着，我们逐渐寻求到了一种逻辑思维的分析方式，一种为兼具艺术性与实用性的建筑产品提供良好解决预案的方法，从而具备了一定程度上的职业自信；追求着，我们的作品在和市场紧密结合的过程中，赢得了一定的美誉度，而相关课题研究及政策性的技术支持等工作，也使我们逐渐在行业内拥有了一定的话语权。

庄惟敏：迈步改革开放的中国建筑教育

/ H+A 编辑部

回顾：建筑教育的变与不同

H+A：在中国改革开放 40 年的进程中，中国的建筑教育经历了一个怎样的发展过程？

庄惟敏（以下简称"庄"）：这个题目好大，我试着谈一谈。改革开放的 40 年确实是中国建筑教育飞速发展的一个时期。1977 年前的一段时期，各个大学（包括清华大学）建筑学的教育因受"文化大革命"的影响，并不是一个完整的建筑学教育体系。而真正完全恢复到常规状态的建筑教育，应该说是从 1977 年恢复高考开始。我把恢复高考后的一段时期叫作"恢复期"，即恢复到我们通常意义上的按照建筑学教育基本规律来办学、来做教育的时期。

那时，吴良镛院士、关肇邺院士、李道增院士等老一辈的教育家、教师们都充满了激情，充满了一种喜悦，因为又能重新捡起经典的建筑学教育。我是 1980 年入学的，那时所有的课程基本已恢复到"文化大革命"前的、我们所说的经典建筑学教育状态。建筑历史教育有中国古代建筑史、中国现代建筑史，也有西方古代建筑史、西方现代建筑史。此外，还开设了建筑设计初步、建筑学原理、建筑构造、建筑物理等所有建筑学的经典课程，老师们的不同学术分野都平等地呈现在学生面前。我认为，中国改革开放 40 年的前几个年头，结合恢复高考，中国建筑教育处于一个让人激动的全面回归的"恢复期"，这是非常重要的一个时期。

第二个时间段始于邓小平的南方讲话，这翻开了我们这一人口大国的城市建设新篇章，这件事举世瞩目。我印象很深，《时代周刊》有一期的封面人物就是小平同志。所以，从 20 世纪 90 年代开始，中国的建筑教育又发生了一个飞跃性的变化。完全放开的城市化进程、高速的城镇

庄惟敏

1962 年出生，1992 年博士毕业于清华大学。全国工程勘察设计大师，清华大学建筑学院院长、教授，清华大学建筑设计研究院院长兼总建筑师。中国建筑学会副理事长，国际建协职业实践委员会联合主席。代表作有北京翠宫饭店、北京天桥剧场翻建工程、中国美术馆改造装修工程、北京奥运会射击馆等。著有《筑·记》《国际建协建筑师职业实践政策推荐导则：一部全球建筑师的职业主义教科书》等。

化建设，随着小平同志南方视察，随着深圳、珠三角经济特区的建设，一下子展开了。在 20 世纪 80 年代末、90 年代初，尤其是 1992 年、1993 年，大家都纷纷南下，包括老师和学生，全部涌到那里去了，感觉那个地方是全世界独一无二的、最棒的建筑学实践基地。学生们在那里锻炼了设计能力，也获得了第一线的市场经验。此外，很多的学院、学院附属的设计院，都在那里办了分院。

第二个时间段的到来，推动了中国当代建筑教育的转型，这一"转型期"使得原本带有计划经济特征的建筑教育，转变为与城市化高速发展和社会主义市场经济的紧密结合。原本中国的大学教育体系是按照前苏联的体系设置的，而在"转型期"，学科发展面对市场需求发生了变化，迅速地有了一些新动向。那时，中国建筑教育界呈现出一种世界上绝无仅有的，能够快速实践、快速投入产出的状态。

另一个层面，随着中国国门的打开以及城市化进程的加剧，从 20 世纪 90 年代开始，外国建筑师迅速涌入。这带来了对中国建筑教育的冲击，迫使我们"被国际化"，迫使我们去面对国外的同行、国外的建筑教育、国外的建筑思潮。所以，从那一时期起，我们自觉地或不自觉地开始大量接收国外的建筑理念和建筑理论，了解到国外的各种流派、各种明星建筑师、各种建筑理论家。我印象非常深，《世界建筑》刊登的曾昭奋先生的《后现代主义来到中国》一文当时被那么多学生传看。

高速的城市化进程发展到今天，既带来收益，也带来问题，利与弊的辩证思考就摆在我们面前，使得我们今天又步入了一个"冷静期"。这个冷静期让我们能够静下心来，通过回顾过去三四十年的发展进程，来重新研讨今天的建筑教育。

因此，最近一两年，国内"老四校""老八校"以及很多其他院校都举办了关于建筑教育的国际论坛，邀请了国外著名建筑院系的院长、教授、学者来演讲，大家一起来探讨，今天中国的建筑教育遇到了什么机遇、有什么挑战、会给世界怎样的启发以及世界范围内的建筑思潮、建筑教育的发展状态。所有这些使得中国的建筑教育从来没有像今天这样，与国际如此同步，并紧密相连。

又比如，在 QS 世界大学排名中，清华、同济的建筑学专业名列前茅；而在最近刚公布的国际建筑学院研究生教育排行榜中，清华排名第五，同济排名第十三。这些也都意味着国际上在关注中国、关注中国的建筑教育，而中国的建筑教育也在国际化。我们越来越多地获得了在国际上的发言权，我们的教育成果被国际所接受和认可，我们已经能够站在国际平台上共同探讨建筑教育。我认为，中国改革开放 40 年的发展是很乐观的，这 40 年的发展对中国的建筑教育起到了非常大的推进作用。

H+A：在这一发展过程中，有没有给您留下深刻印象的事件或节点？

庄：在上述的"转型期"中，有两件事情令我印象深刻，也比较关键。第一件事情是在 1984 年我读本科即将毕业的时候。那时我已是推送研究生，跟随着我的导师李道增院士一起做"东方艺术大厦"的项目。后来，这个项目变为（北京第一个）希尔顿酒店。为什么会发生这么大的变化？因为这个项目在最初立项时，是文化部为东方歌舞团做的专业剧场，随着项目的展开，投资集团（香港）认为，这个项目必须要有一个营利点，不仅仅做剧场，最好还带有商业功能，比如酒店。经过与国际酒店管理集团的洽谈，当时北京还没有希尔顿酒店，为了占领北京五星级酒店的市场改变了项目方案，所以项目的用地和空间都变得非常紧张。希尔顿表示很愿意参与，宁可削减一部分功能。正由于酒店项目的加入，才有了建造剧场的投资。后来剧场已经建成，舞台基建、室内装修、声学设计也已开始，但是很遗憾，随着市场经济的变化，剧场最终被改造为酒店的一部分。

当时这个项目是我们和香港许李严事务所合作的，他们是一家很棒的建筑事务所，主要做酒店部分。我们清华设计院主要做剧场部分，因为清华对剧场有很深的研究，我的导师李道增院士一生就是专精于剧场设计。我当时跟随导师参与了从前期方案到初步设计、施工图、下工地的全过程。

这个项目给我的印象非常深刻，不仅是因为我作为学生完整参与了一个实际项目，更是因为一个当初立项的文化项目，做到最后居然能迫于某些特殊的原因，被市场改变为一个商业建筑，这对我的震动和冲击非常大。

第二件事是 1992 年我博士毕业后去了清华建筑设计院在海南的分院，那两年里，一则参与了大量的项目，二则经历了项目的全过程。那时候海南的建筑大潮可以用如火如荼来形容。当时的分院就是 400 ㎡ 的一栋小楼，三楼用于居住，一楼、二楼是工作间，晚上通宵白天接着工作是常有的事。老师、学生在这样一个环境下，没日没夜地将自己的所学，迅速地转换为市场所需，迅速地在社会上付诸实现，很多的房子在很短的时间内被盖起来。当时我们需要面对甲方，向甲方汇报甚至参与洽谈合同，所以一瞬间就发觉，自己俨然已经变成一位速成的建筑师了，这个印象也非常深刻。

H+A：建筑教育的发展过程会受到外部因素的影响，教学的内容也会有相应的改变，您认为其中哪些是核心不变的？

庄：我认为这点上其实要感谢我们清华的老师了。我认为梁思成先生奠定了中国建筑教育的一个基础，梁先生在1946年创办清华建筑系，尽管不是中国最早的建筑院系，中国最早的建筑学院在中央大学和东北大学，但是他当时提出的"居者有其屋"理念后来被很多人引用。再往后，吴良镛院士又提出了"人居环境科学"的概念。我们可以随市场、随时代发生变化，每个时代可以有不同的关注点，但是建筑的核心，我认为有三点：第一，建筑是科学与艺术的融合；第二，建筑一定要为人服务；第三，建筑是关乎人居环境空间的复杂的综合体。这些是建筑永恒不变的内容，从梁思成先生开始，清华的建筑教育就是这样一脉相承下来的，即便在市场化、在所谓投甲方所好的情况下，仍然能够坚持着这些非常重要的、非常关键的核心内容。

H+A：在这样一个发展过程中，学校、教师、学生三者之间的关系有没有发生什么变化？

庄：一方面，学生刚进校时，由于中小学的应试教育，会不太习惯大学"自己要学"的特点。早期的大学教育中，老师可能还是传授知识的那样一种状态。但事实上，大学的教育从来就不仅仅是教授知识，最重要的是培养学生自己的学习研究能力。随着时代发展，今天的大学越来越注重启发学生们自学的能力，作为研究机构的大学应该为学生提供更多可供选择的平台，我想这些是比较大的变化。

比如说今天的清华，学生们可以任意退学去干别的，想复学了，就可以回来继续上课；此外，入学一年后学生还可以转专业，所有的院系都是开放的；再则，学生在修某个专业的同时，还可以辅修其他专业，即双学位、辅修课制度。这些都反映出学生们自主学习的空间越来越大，老师们也越来越注重启发学生们的自学能力。建筑学教育有其自身的特点，讲大课式的传授课程只是其中一方面，只占很小的比例，重要的课是设计课，就是一个老师带十个学生，一对一、手把手地教。

另一方面，今天的老师越来越关注保护学生们的思维，保护学生们原发的思想亮点，我们都在细心地呵护学生，让他们能够把好的创意一直发展到设计课题的最后。我也一直在和学生们讲，你们的建筑生涯里，也许只有在学生时代，能够真正地把你们的想法原封不动地实现。一旦进入实际社会，甲方、经济等外部因素，也许会把你们的想法都磨灭掉。所以，我认为在学校里，老师保护好学生们的原创想法是最重要的。

实际上，清华建筑系的教改也是这样做的。我们在三年级最关键的时候引入了建筑学导师制度，这一制度并不是限于一个班（比如有的学校称之为"大师班"），而是涵盖整个年级，可以让不同层次的所有学生都参与到这样一个开放式的设计教学中。第一批我们引入了15位导师，后来又引入了将近30位导师，他们都是第一线的著名建筑师，包括来自"大院"的总建筑师，如胡越、李兴钢、邵伟平等以及明星建筑师如马岩松、李虎、朱锫、华黎、张轲等。他们不仅带来了他们的设计理念，更重要的是他们都在中国大陆接受了建筑学教育，再加上国际教育背景，而有些在国际舞台上已非常活跃，他们远远地看到了、知道了中国的建筑教育缺什么，他们更知道怎样去面对今天的学生，所以他们的加入，对学生们而言是一个非常非常重要的经历。

现状：立足中国特色，与行业、与国际紧密互动

H+A：您觉得目前中国的建筑教育，和国际相比是否存在一些差距？

庄：尽管我们做了很多努力，但是目前中国的建筑教育还是偏重于知识传授，这点也毋庸置疑，因为有教学大纲的存在。虽然我们对教学大纲做了很多种尝试，将之优化、调整，并吸收国外的先进经验，但是我们仍旧没有脱离以往那种知识传授的模式和架构。

好在，我们现在的教育体系也发生了变化，其中最重要的，是引入了职业教育，更强化职业教育的专业学位的概念。专业学位指的是在本科后半段以及研究生教育阶段，按照《堪培拉协议》规定的知识点，通过评估，授予学生们"建筑学学士""建筑学硕士"的专业学位。专业学位的培养意味着教学要越来越多地和实践相结合，这样就脱离了原本单纯的课堂讲授模式，而更多地强化了学生们的实习课程、社会实践课程以及跟随导师参加联合工作坊和实际项目相结合的过程。

我们早先的设计课程都是从简单到复杂的类型设计，诸如从茶室、幼儿园再到博物馆。现在，我们是从

庄惟敏在 UIA 大会上

一二年级的基础平台，从认知行为开始，慢慢地发展到专业平台，我们在三四年级就引入了职业建筑师、大师进行开放式教学，到五六年级又和研究生教育结合起来，举办和第一线的、最前沿的课题相结合的专项工作坊，比如包括新农村建设、都市更新在内的城镇化改造。这些工作坊都是和国外名牌大学一起合作的联合工作坊，由老师带领不同组的同学共同参与。在这样充分融合国外经验的教与学中，在分层次的教学实践中，我们和国外先进经验的距离在逐渐缩短。

H+A：在当前全球化背景下，反观自身，中国的建筑教育又应当如何定位自己？

庄：这是我们通常所说的"Identity"，也就是"身份确认"。其实任何一个个体或组织，在社会上、在行业里，都会有一个寻找"Identity"的过程，都会追问自己的身份指向，其中所蕴涵的其实是自身的价值体系和理念。大学也是一样的。就清华而言，我们希望清华的建筑教育是国际化的，但更希望它是中国的。

"中国的"这一烙印、这一身份认同是非常重要的，因为从来没有一个国家像中国这样面对着如此高速的城市化发展，也从来没有一个国家像中国这样面临着如此巨大的城市人口压力、土地压力、城市变革更新的压力、多元文化融合的挑战，这些都是中国特有的。只有把握住中国特有的东西，我们的身份确认才能够实现。只有把握住了这些去同质化的特点，才能使得我们的建筑教育和实践具有与世界其他国家不同的地方，也才能吸引

世界著名院校来和我们交流。中国改革开放 40 年来，在和国外这么多著名院校的交流过程中，我们感悟到，越坚持中国的特色，越把中国的一些特有问题拿出来，作为建筑教育的大目标、实践点和研究点，我们的联合工作坊、联合教育就会更有效。

清华和 MIT（麻省理工学院）、GSD（哈佛大学研究生院）均有几十年的合作。这也反映出，国外的顶级大学非常看重中国高校是否对中国特色和中国问题有持续的关注和研究。国外很多研究中国城市和建筑的著名学者，都在中国的著名院校，特别是坚持中国特色的院校，比如清华、同济、东南、天大等，找到了他们的研究基地和平台。

H+A：当下，我们的职业体系正在发生变化，比如推行建筑师负责制、设立事务所条件的放宽。刚才您谈到了，现在的建筑教育在尝试和职业教育进行一些对接，当然也有不同的声音，认为学校更多地应该培养学生的理想和眼界。您觉得职业教育在现今的建筑教育里，应该占到怎样的比重，应该如何被对待？

庄：以往我们的大学教育只有一个目标，就是让学生经过 4 年或 5 年的学习，能够具备胜任某一类工作的能力，也就是找到一个好工作。原本建筑教育也是这样的情况，但最近几年发生了比较大的变化。变化在于，我们对于人才的培养越来越多元化，这个多元化不仅指谋求职业时有的当老师、有的当建筑师、有的当规划师，更多的是指，在教育的培养体系下所形成的两种不同的培养方向。

这两个培养方向是：职业学位的教育和学术学位的教育。职业学位的教育就是前面说到的专业学位，包含了本科和研究生的建筑学学位。这个专业学位和医师、

庄惟敏作为联系主席在 2009 年新德里 UIA 职业实践委员会年会上主持会议

律师拿职业学位是一样的，在教育部的学科评估里，它也被单列出来。另外一条线索就是大家最熟悉的学术型学位，即通常所说的工学学士、工学硕士、理学硕士、工学博士、理学博士。为什么今天要强调把这两条途径分开？因为这一变化和我们今天的职业化进程有关，和我们今天的人才培养理念有关。

按这样的两条途径，建筑学院培养出来的是两种人才。一种是职业化的建筑师，他们读本科加研究生，拿专业学位（建筑学硕士学位）就足够了。我们的目标是把他们培养成合格的建筑师，这个大目标要非常清楚。他们毕业以后，就是要针对现在行业里的建筑师负责制、独立事务所、全过程咨询等担任相应的设计工作。另一种是从本科、硕士到博士的学术研究人才，他们可以去研究建筑史、建筑理论、建筑技术等领域。以上两条路径决定了今天建筑教育的培养模式。我们清华提出的口号是："让专业的更专业，让学术的更学术。"

职业教育实际上也只是建筑教育的一部分。我们教学生如何去当一个合格的建筑师，不仅要教会他们设计的技能，还要让他们了解建筑项目的全过程，知道如何去和甲方打交道、如何去谈合同、如何经营一个项目以及如何与结构、水暖电等各专业沟通，甚至于如何做工地的监理、如何做使用后的评估。这些，也就是通常所说的包括前策划、后评估在内的建筑全过程咨询。而由业界和政府提出的建筑师全过程咨询、建筑师负责制等，也对我们今天职业建筑师的培养路径提出了新要求。在清华，我们开设了建筑前期策划的课程以及使用后评估的课程，或许以后还会开与监理、项目管理、合同谈判有关的课。事实上，国际建协早已把这些作为建筑师职业培养的专业教育的大课题。

H+A：清华开设了关于"建筑前期策划"的课程，您也出版了相关的著作，可否介绍一下这方面的情况？

庄：我的博士论文就是关于"建筑策划"的，后来出了一本书叫《建筑策划导论》（2001 年），接着写了另一本教材《建筑策划与设计》（2016 年）。2018年年初，刚刚出版了《建筑策划与后评估》，这本书被用作我们国家注册建筑师继续教育的教材，2018 年注册建筑师继续教育都要学这本书。这本书对我们国家的建筑师全过程咨询补充了前策划、后评估的内容，是针对专业教育的不足来写的，因为长期以来，我们的建筑师一直认为自己的工作就只是设计，其实对于一个职业建筑师而言，除了设计，还需要掌握前策划与后评估，

它们共同形成了今天我们所说的"建筑全过程咨询"。

H+A：这些可能也和国际的职业体系更吻合。

庄：是的，国际建协早已把前策划与后评估纳入到建筑师职业实践的范围里。国际建协制定的《建筑师职业政策推荐导则》列出的七大核心内容中，也早已包括了这两部分；长期以来，我们只关注第四项"设计"，而忽略了其他。当然，建筑策划与使用后评估有其自身的理论体系、理论方法和实践，而我们的教材在理论、具体的方法、案例方面也非常全面。现在，无论是职业建筑师的继续教育，还是大学里的教育，都倡导学习这两门课程。

H+A：您选择"建筑策划"作为博士论文的课题，有着怎样的契机？

庄：1990 年，我去日本千叶大学接受博士生联合培养，在那边有几件小事让我印象非常深刻，很受震动。我的导师服部岑生先生是研究"建筑计画"的专家，也就是我们说的"建筑策划"。有一次我把以前的作品拿去和他交流，他就老问我，你为什么要这么做？这么做的原因是什么？设计的逻辑是什么？如果回答不出来他就认为这个设计很奇怪。实际上，他的问题就是建筑策划最本源的核心。后来在念博士期间我又知道了建筑策划真正的理论原发点在美国的 CRS 中心。

威廉·佩纳（William M.Pena）是美国德州大学农工分校 CRS 中心非常著名的学者，他作为建筑策划的鼻祖，最初为美国政府工作。当时政府就明确告诉他，需要他做的事就是用最少的钱盖最好的房子，这也是建筑策划的原发点。而"用最少的钱盖最好的房子"不也

庄惟敏作为联系主席在 2013 年摩洛哥 UIA 职业实践委员会年会上主持会议

是我们今天建筑学最核心的一个定位么？怎样用最少的钱盖最好的房子，就是怎样用最理性、最逻辑的方法盖房子。

因为这些触动，当时就开始研究建筑策划，博士论文就做了这个课题。完成博士论文回国参加答辩后，我更加认识到这件事的重要性。参加我博士论文答辩的评委有时任建设部政策研究中心主任林志群先生，还有建设部设计局总工张钦楠先生。他们两位给予论文高度的评价，认为建筑策划是非常非常重要的，一定要把它作为建设部非常关键的一个理念进行推广。今天，在全过程咨询的大背景下，建筑策划变得更为重要，住建部的有关领导也明确表示，要把它正式纳入我们的建设流程。

我们应当像国外一样，界定由政府投资的哪些项目必须做策划，而不做策划设计任务书的项目将无法获批，不可以进行下一步的建筑设计。对于大型公共建筑、国有投资的项目，应当提倡必须做使用后评估，因为不做使用后评估就会出现重复性的错误，使得投资浪费。我们国家的好多建筑只用 30 年左右就拆除或改建了，为什么？不仅仅是由于质量问题，更是因为一开始"题目"就出错了，项目的定位不对。设计任务书的毛病会给我们带来巨大的损失，而设计任务书的毛病就是建筑策划的问题。因此，建筑师一定要把"建筑策划"做到位，这也是国际建协制定的建筑师职业要求的核心内容。国外其实已有很明确的规定，对于什么样的项目匹配什么样的投资等，都必须要做前策划，也必须要做使用后评估，并且都已成为法律化的条文。

未来：成为接纳"万吨巨轮"的"深水港"

H+A：随着互联网的飞速发展，高校的建筑教育会受到怎样的影响？发生哪些变化？

庄：互联网给我们带来了巨大的冲击，这个冲击体现在"实时交互"。今天的新理念和新思想，已经不会再像从前那样，需要等相关论文发表后我们才能了解它。今天，西方的一个新理念瞬间就能传遍全球，而东方的一个建筑事件也能瞬间被全球知晓。今天，远在万里之外的美国建筑师甚至可以远程在中国做设计。"实时交互"不仅给我们带来了知识，也消除了距离，使得理论的距离变为零、实践的距离也变为零。

"实时交互"体现了全球一体化的发展趋势，给我们带来了巨大的影响，主要反映在以下三个方面。第一，我们今天已经不再有知识壁垒和技术壁垒了，在尊重知识产权的前提下，我们能够在第一时间学到最先进的理论和方法。第二，老师和学生可以最大限度地在第一时间与国际同行进行交流，通过这样一种交流，可以无障碍地把彼此的知识、理念、实践融合到共同的建筑教育平台上。因此，建筑教育在地域上的壁垒特征就越来越弱，今天，方法和理论对所有人开放。第三，中国的建筑师越来越受到国际的关注，我们有普利兹克奖获得者、阿卡汗奖获得者、阿尔瓦·阿尔托奖获得者，那些获得国际大奖的建筑也都出现在了中国的土地上。中国的学生可以在第一时间见到最牛的老师、最牛的大师、最牛的作品。在今天这样的状态下，我们没有理由不把建筑教育做好。

H+A：如您所言，知识已经变得无边界，获取知识也非常便捷，您是否认为高校的作用会受到削弱？

庄：我认为高校的作用不会削弱。如果高校仅仅是传授知识的基地，那在今天其作用可能就会减弱，因为现在的知识传授不一定需要课堂，在互联网上也可以实现。

与此不同，我认为今天的高校应该成为一个"Harbour"（港口），高校的作用相当于一个载体，一个平台；也相当于电源插座，可以集合所有的插件。不同于以往高校能教授多少知识、图书馆有多少藏书的

2017 年 UCL 巴特莱特学院清华论坛

2017 年清华国际建筑学院院长论坛

衡量标准，在未来，高等教育的平台越是能吸引到世界上优秀的学者、专家、大师那样的"万吨巨轮"来停靠，高校的作用就越大。今天的大学面临着知识的更新变化以及多学科的融合、全球范围的交流，这些都要求我们把学校建成一个"港口"般的交流中心，吸引而来的"万吨巨轮"在此既补充了给养，也卸下货物。

H+A：人工智能是否会影响我们的建筑学教育？

庄：当然会。人工智能、机器学习的发展如火如荼，它们会越来越多地替代一些重复性的、规律性的劳动。它们的重要性不言而喻，同样也是清华建筑教育里非常重要的一个分支，我们也在做相关的研究。

我们对于人工智能的应用主要在于人工建造，也会用在一些重复性的、通过机器学习能够获得的某些知识性的事物，比如寻求规范的演进变化到底遵循怎样的规律。实际上，机器建造最早属于机械自动化系展开的关于 CIMS（Computer Integrated Manufacturing Systems，意为"计算机集成制造系统"）的研究，现在越来越普遍了，比如同济的袁烽老师、清华的徐卫国老师都在做相关研究。这些看似参数化、非线性的内容，实际上是和智能建造紧密结合的。人工智能和机器学习带给我们一个全新的营建逻辑。

H+A：是否高校更偏向于参数化的"设计"，而企业更偏向于参数化的"产业化"？

庄：也不完全是这样。清华对于机器学习的研究，还广泛地应用在大数据的社会调查以及对大数据的数据分析，此外还有很多层面的工作也在进行中。清华已成立了一个大数据中心——"清华大数据研究院"。

H+A：高校似乎越来越注重跨界合作了。

庄：是的，一定要跨界。要把建筑学的内容和新技术连接在一起，然后再做进一步的研究。

H+A：未来20年，您觉得我们的建筑教育会面临怎样的发展挑战？

庄：在未来的发展中，我们将面临一个巨大的挑战，即自然资源和人类需求之间的矛盾。相对于之前的千百年，人类社会也就是在最近几百年发生了重大变化。这当然与人口爆炸有关，但最重要的还是与科技发展有关。科技发展到今天，我们必须承认，在建筑领域里，建筑师所营造的大量的人工环境（城市就是这样的人工环境）是附加在自然环境之上。这样的一种附加，会不会带来问题？显然会。因为今天我们所面临的污染、噪声等环境问题，显然就是因为人工环境过多地、超负荷地附加在了自然环境之上。随着人类社会越来越快的发展和越来越大的建设量，这些人工环境所导致的环境压力和人的需求本身所产生的矛盾，是我们面临的最大挑战。

而建筑学是研究怎么造房子的，我们的教育是培养建筑师的。现在生态、绿色、仿生的建筑也越来越多，每年那么多学生毕业后也要造很多的房子。这样的情况下，如何缓解人工环境给自然环境带来的压力，是未来20年建筑教育急需考虑的问题。

（原文发表于《H+A 华建筑》2018 年第 10 期，采访者董艺系《H+A 华建筑》主编助理）

觅石三千，咏而归

/ 罗隽　何晓昕

罗隽

罗隽，1998 年获英国曼彻斯特大学哲学博士学位，国家"千人计划"特聘专家。现为中国建筑科学研究院、中国建筑技术集团总建筑师。领导团队 7 次获得中国机场规划和航站楼设计国际竞赛第 1 名。在国内外学术期刊上发表中、英文论文四十余篇，著有《中国风水史》（合著）。

何晓昕，1998 年获英国曼彻斯特大学哲学博士学位。独立学者，长期从事写作和有关东西方建筑历史与理论、景观与宗教建筑环境保护方面的研究和咨询设计工作。著有《风水探源》《中国风水史》（合著）、《中国园林词典》（合著）、《易经词典》（合著）等。

这是一段划时代的历程

《中国建筑历程　1978—2018 》注定是一个里程碑式的书名。因为，1978 年是一个分水岭，它对整个中华大地乃至全世界都拥有划时代的意义。此后的 40 年里，中国的各行各业都发生了翻天覆地的变化，取得了辉煌成就，建筑业自不例外。从建筑理论界各类思潮流派的开智和碰撞，建筑设计机构的体制变迁，各类建筑学杂志、刊物和图书的出版发行，到老中青建筑师、规划师或集体或个人的设计创作和实践，大中小型建筑物的拔地而起，施工管理和建造技术的进步，现代建筑材料的日新月异，国际间的广泛交流和合作……思辨中，百舸争流，气象万千。

推动这一切的两大关键词，无疑是"改革"和"开放"。鉴于自己的切身经历，我对此感受良深。有目共睹，在这 40 年里，中国人以史诗般规模走出国门，拥抱世界，让中华民族在世界舞台上一展身手，引领风骚。而追根溯源，中国对外开放的历史源远流长，也早以文学的方式引人入胜。如中国四大经典名著之一《西游记》所说的西天取经，其实就是一个对外开放和交流的故事：妙趣横生的虚幻中，我们也读出漫漫长路的实在和艰辛。自 19 世纪中叶以来，为了追求文明和进步，为了家国的情怀，一代又一代的中国人漂洋过海：有容闳及其推动的 19 世纪 70 年代留美少年，有以严复为代表的 19 世纪末留欧学人。到了 20 世纪初，走向世界的留学热更是日渐推广，从东渡日本、庚款留美到法国勤工俭学……专攻不同学业的前辈们，归国后大多成为各自行业的佼佼者。

这其中的建筑大师，数起来便是一长串名单：庄俊（1888—1990）、沈理源（1890—1950）、关颂声（1892—1960）、范文照（1893—1979）、吕彦直（1894—1929）、朱彬（1896—1971）、刘敦桢（1897—1968）、赵深（1898—1978）、陈植（1899—1989）、童寯（1900—1983）、梁思成（1901—1972）、杨廷宝（1901—1982）、

谭垣（1903—1996）、林徽因（1904—1955）、哈雄文（1907—1981）、陈占祥（1916—2001）……他们成就了中国历史上第一代职业建筑师和规划师的辉煌。他们除了将在国外所学到的知识运用到建筑创作和实践，还帮助祖国建立起自己的建筑教育体系。刘敦桢、梁思成、林徽因等人更是开启了对传统中国建筑的系统研究，童寯则开拓了对中国古典园林的研究。

英雄所见略同，世界上几乎所有的民族都认识到对外交流的重大意义，比如英国自17世纪开始的"大旅行"（Grand Tour），起初，它只是为英国的贵族所青睐。这些人前往欧洲以及中东国家和地区，感受异国情趣，认知古典，从而提升自身的文化修养和鉴赏力。随后，如此的"启蒙之旅"扩展到平民阶层，在18世纪达到高潮，并延续到19世纪。各个时期旅行归来的人，极大地促进了英国社会教育和文化的发展，也促进了英国的现代建筑和艺术、城市文明和文化的孕育和发展。

然而，古今中外任何一段时期的文化交流，都比不上中国1978—2018年这40年对外开放的广度和力度。20世纪90年代，我们有幸成为改革开放政策早期留学生中的一员，远赴英国留学。上述的前辈大师立即成为我们学习的榜样。

我们是沧海一粟

我们清楚地明白，自己只是沧海一粟。为此，我们格外珍惜得之不易的机遇。除了认真攻读与各自研究课题有关的著述，撰写博士论文，我们尤其注意在三大层面的积累。一是方法和态度，也就是学习英国学者在社会学研究中的方法论，学习他们严谨的求索精神和对知识的尊重之态；二是处处留心于批判性比较，并试图以开阔的视野，对比研究有关中、外建筑和城镇的理论及其发展。所谓的开阔视野，不仅在于跳出纯建筑学框架而广涉民族、环境、社会、文化、政治和经济等方面，还体现于在欧洲与中国之间，在欧洲诸国之间展开对比；三是致力于实际应用，从细节上学习和钻研西方先进的建筑方法，如建筑构造、建筑技术和材料的运用等。

之所以如此，目的是为了在不远的未来，能够将所学到的知识，运用到在中国的设计创作和实践中。罗隽在《留英轶事》一文中曾述，当他有机会进入英国建筑事务所短期工作，面对是做方案还是画大样和详图的选择之际，他毫不犹豫地选择了后者。"就这样，我初步接触了钢结构技术、细部节点设计、金属屋面系统，包括防火、防潮、防水和各种外墙体系。给我印象很深

的是英国建筑多采用清水砖墙和空心墙技术，这种技术极为成熟并拥有完善的配套产品体系，保温隔热效果很好。我对此技术的细节掌握极为全面。当时，国内民用建筑除了合资项目，还没有采用钢结构，我写了《九十年代钢结构在英国建筑中的引用》一文……"[1]。

学有所用的理念，后来始终贯穿于罗隽的职业生涯。博士毕业后，他在著名的国际工程咨询公司Arup、诺曼·福斯特建筑事务所和阿特金斯公司工作期间，曾经带领团队参加国内一系列不同机场的设计。面对中国机场的传统开发模式，他致力于引进国际上有关机场规划和设计的先进理念和手法，由此提出以空港城为核心的"整体式航站楼"理念，将新建的航站楼与陆侧商业和交通中心融为一体。如此做法不仅紧凑、经济地利用和开发了机场土地资源，也最大限度地开发了陆侧商机。将航站楼单元分期建设与集中整体式航站楼融为一体的手法，还可以有效地实现向未来枢纽机场的过渡，将机场与其周边的城市区域规划以及城市的经济发展紧密相连，建构低碳型生态机场。

在面向未来的同时，我们并没有忘记，建筑应该与中国传统文化、地域环境相融合。当我们与福斯特建筑事务所团队一起，思考北京首都机场T3航站楼设计之时，便从中国传统文化和风水理论角度，对整座航站楼的外部环境、其间的景观绿化设计和航站楼屋顶的造型和色彩等方面，提出建议和指导。

罗隽在英国工作的10多年间，成为一名机场开发建设和规划设计领域的专家，领导团队赢得了七次中国机场规划和航站楼设计国际竞赛第一名，并发表了数篇该领域的学术论文，为中国机场的建设做出了自己的贡献。

何晓昕博士毕业后，秉承加强中英城市和建筑文化交流的理念，供职于英国一家宗教与环境保护研究机构，从事有关宗教与环境保护的研究、咨询和项目管理。除了对首都机场T3航站楼和某些奥运竞赛项目提供咨询，过去十年间，她作为世界宗教与环境保护联盟基金会（ARC）中国项目主任，与陕西楼观台、华山玉泉院、江苏茅山道院、山西五台山普寿寺、上海玉佛寺等道观和佛寺展开合作，通过与道长和法师共同开设环保工作间，普及对宗教名山和宗教建筑的环保教育，并落实到相关行动中。

在宗教社团展开环保项目，在中国历史上实属罕见。所以我们感谢英国同事对中国道教和佛教文化的热爱以及他们思考问题的不同角度。换个角度看世界，不仅帮助我们摆脱了从前的偏见，也让我们深切地认识到宗教

社团对宗教建筑及其周边环境保护的重大现实意义。中国建筑文化遗产中很大一部分是佛教寺庙、道教宫观及其周边的名山大川，而这些寺庙宫观都在使用中。谁是使用者？除了部分工作人员，大多是和尚、道士和游人。游人乃匆匆过客，只有和尚、道士才是宗教建筑的长驻者。宗教建筑是这些人的永恒之家。

显然，一座宗教建筑，不管它被建造或修缮得多么到位，最终日日主宰其命运的是和尚、道士，而专家学者们鞭长莫及。有关宗教建筑保护的政策、理念、手法乃至实施，也就应该普及落实到和尚和、道士，既从法规角度更从教育着手。如此，不仅增进和尚、道士在日常生活中对传统建筑文化遗产的保护意识，还让他们有能力利用自己的职能唤起游人和香客的保护意识，进而采取相关的日常护理措施。至今我们依然怀念与道长法师们一起工作的特殊经历。这一切也表明，当你谈及建筑之时，它永远超越单纯的房屋本身。

城市文明与《时光之魅》

我国建筑界的总体局面，无疑是百花齐放、万紫千红的。读者也很容易透过本书其他章节的精彩描述，体验数不清的优秀实例，如广州白天鹅宾馆、北京香山饭店、亚运村中心、上海"新天地"改造、首都机场 T3 航站楼、凤凰中心……然而，在中国 30 多年的城镇化进程中，却始终伴随着大量破坏性旧城拆迁和不明智的建筑改造。曾经优美而富于诗意和特色的城市景观，沦落为"千城一面"，生态和景观环境遭到极大的破坏。尽管有专家学者就就业地求索着，有关城市建设的规划和设计理念依然呈碎片之状，也较为陈旧，缺乏具有普遍共识的系统性哲学和美学理论的指导。

当我们多次行走于中、欧之间，求学时代深入到骨髓的比较习惯，总是让我们感叹欧洲城市的千城万面之美，感叹欧洲人对自家传统建筑和城镇强烈的保护意识和习惯，感叹他们有关建筑和城镇保护精深而系统的理念和实践。

于是我们想到，如果能够写一本书，介绍和剖析欧洲千城万面之美背后的东西，诸如欧洲为什么有千城万面，为什么美，他们又是如何做到的……这样的书，不仅会激发普通国人，也会激发专家学者展开思考和行动，扭转我国千城一面的乱象。大学求学时代，我就被英国人埃比尼泽·霍华德（Ebenezer Howard，1850—1928）的田园城市理论所深深吸引。及至 20 世纪 90 年代踏上英国的土地，我们更是惊叹！因为，即便在城

何晓昕、罗隽合著《时光之魅》书影

镇，你依然能感受到优美的田园风光。而让这一切得以实现并维持至今的，不仅仅因为霍华德的理论，还有许多其他各种不同的人物、理念、实践乃至其间的碰撞、消解和融合。如果能够揭示当中的来龙去脉，肯定会给人以某种全新的启示。

于是我们开始了写作。我们全面而系统地阅读、研究有关欧洲建筑和城镇保护的发展历程、流派、理论原则、手法及其实际应用，吸收大量国外同行最新的研究方法、有关理论和实践的研究成果。如此的阅读和研究，既有对大量专业和非专业英文专著和论文的文本阅读，也有对欧洲诸多建筑和城镇景观的实地阅读或者说考察，既有理性的阅读，也有诗意的阅读。既是对历史的阅读和沉思，也是对当今乃至未来的阅读和评判性求索。

对该书的写作，我们有如下初衷：第一，不要把它写成一本仅仅涉及建筑学的纯专业的枯燥之书，而应该融趣味性、知识性和学术性于一体，它必须是多学科交融的，要有相当的包容性，要有开阔的视野，要有优美的文字，让读者易于理解并引起共鸣，从而唤醒国人对历史建筑和传统城镇的保护意识；第二，拥有一流的专业水准而非某些畅销书式的浮光掠影，其核心在建筑和城镇保护，要让读者对建筑和城镇保护的理念和手法有所认知；第三，填补中国在有关建筑和城镇保护研究领域的空白，为中国高校相关专业的构建提供铺垫，让它能够作为高校相关专业本科高年级学生或者研究生的参

考书甚至辅助性教材，为此书中必须提供一个有关欧洲建筑和城镇保护的英文文献框架，并力求严谨；第四，希望对当今中国的城市化进程有一些警醒和启示，有一些实际意义上的参考和效应，这就需要在书中不断地提示读者展开思考，思考欧洲人的理念和实践对当今中国有哪些启示和参考；第五，要有诗意，并借此倡导一种诗意性保护观。

书的上篇，从欧洲诸国中选取在建筑与城镇保护领域有特别创建和贡献的意大利、法国、英国和德国四国，分别对其建筑和城镇保护的历程、流派、理论和实践作较为系统的介绍、阐释和比较，如此构成全书上篇的基本内核。叙说却并非呆板罗列，而是试图以一种"流动"的说故事的方式。正文之间，又穿插大量的点评和读书卡片，旁敲侧击、开阔读者视野的同时，激发他们思考和比较。而所谓的比较，也不仅仅立足于欧洲四国与中国的比较，还要在这四个国家之间展开比较。比如，在有关各国保护历程的开篇，我们选取了四大不同的切合点。其中，意大利以"文艺复兴"起头，法国始于"大革命"，英国的切合点为"大旅行"，德国则是以马丁·路德为发端的"几个人"。这四大不同，在某种程度上也暗合了四个国家各自在建筑和城镇保护理念发展和实践中的基本特征，亦可以帮助读者解码欧洲千城万面之美背后的奥秘。

书的下篇，重点介绍了四国中有关保护的六大实际案例。选择的理由：一是广涉从单体到区域到城镇层层递进的三大层面；二是对当代中国的意义，如何从中受到启发乃至借鉴某些具体的手法。为此，我们选择从中国城市化进程中所面临的问题出发，诸如新与旧、发展与保护的矛盾、城镇中心的品质、建筑师在历史环境中的设计创新、拆的困惑、宗教建筑中对使用者的忽略……为此，在每一案例分析的结尾，都提供若干线索，以激发读者展开思考。

调研和考察缓慢，生活和行走无常。所幸，这本书终于写成，并于2018年8月由三联书店出版。2018年是中国改革开放40周年，赶上这一节点，也许是巧合和偶然，也许是偶然中的必然。对此，我们感恩中夹杂些许自豪，总算能够向40周年交上一份勉强及格的作业。

期待未来

写到本文末尾时，已是2019年。回首与展望之际，我们尤其感激这个大时代的改革和开放，让我们有机缘前往英国留学、工作和生活；让我们在学成归国之后，有精力继续为中国建筑业的发展添砖加瓦，为提高国人有关建筑和城镇保护的意识做一些力所能及的推动，为补全中国建筑和城镇保护的理论写上一些扎实的文字，为中外文化的交流尽一份力量。相信很多的同行都拥有类似的感怀。

我们也不由回想起中国历史上各个不同时期的文化交流，追忆前辈建筑师、规划师的人生浮沉！英国的"大旅行"前后历时200余年，而我们的改革开放尚且才40年。显然，持续保持改革开放的好势头，将是何等至关重要！唯如此，才能巩固胜利成果，继往开来。

我们还想到英国人所倡导的"保守性维护"理念，要以日常护理避免建筑物的衰败。是的，事情不可能在一夜之间全都得到改善，中国的城镇化进程势必是长路漫漫，但每一个日夜又都有其不可或缺的必要功能。我们必须做好每一天。

学生时代，读英国人拉斯金（John Ruskin，1819—1900）的名著《威尼斯的石头》，读着读着，天性的狂傲里，猛然间生出些要跟拉斯金一比高下的气势，跟着跳出了"觅石三千"四个字。后来，生活教我们谦虚谨慎。现实也让我们明白，"觅石三千"，就如同唐僧带着徒弟西天取经，绝非易事。直到今天，我们也远没有达到此境。但为了给本文添一丝意趣，勉强借用吧。"咏而归"，倒是实在的！

注释：

[1] 罗隽.留英轶事[M]//金磊.建筑师的自白.北京：生活·读书·新知三联书店，2016.

张桦：为中国建筑设计的四十年

/ H+A 编辑部

张桦

1962 出生，建筑专业博士毕业，现任华东建筑集团股份有限公司总裁，中国勘察设计协会副理事长，中国建筑学会副理事长。代表作有上海世界贸易商城、上海浦东国际机场、南京世贸商城等。

改革开放 40 年：巨变 40 年

H+A：改革开放促进了建筑设计行业的高速发展，您认为主要体现在哪些方面？

张桦（以下简称"张"）：中国城市建设事业发展的成就主要得益于改革开放。改革开放以后，中国全面跟国际接轨，向先进国家进行行业学习。上海第一个对外开放的项目是上海大剧院，这也是国内邀请境外设计机构参与设计的第一个项目。国内从那时起允许境外设计机构进入国内市场，在境内外建筑师合作和竞争过程中，我们看到了技术上的差距。无论是设计图纸、设计深度、建筑设备，还是建筑设计的表达方式等，都比较落后。但经过 40 年的开放实践，国内设计领域在模型制作、文本打印、效果图方面，包括设计，均有很大的提高，在某些领域与境外优秀的事务所不分伯仲。这就是改革开放带来的巨大变化，从学习到共同竞争，并逐步走向国际。当然我们也看到存在的问题，比如文化不够自信，国内建筑师的地位不高、中国建筑师的国民待遇在某些项目上得不到保证等。

H+A：改革开放也给建筑企业发展带来了深远的影响，您如何看待华建集团在这 40 年中的发展过程？

张：华建集团（以下简称"集团"）在改革开放 40 年的过程中，经历了几个重要阶段，从事业单位企业化管理、改企建制合并做大做强，到业务领域的拓展，成功上市与资本市场对接。在每一个阶段中，集团都大胆创新，不断探索，成为行业发展的前沿。这些努力，也符合华建集团作为行业领军企业的基本素质要求。

首先，设计单位以前是事业单位，带有半政府的管理职能。计划经济下所有的建设项目，无论是公共建筑还是住宅都有统一的建设标准，设计单位不仅提供设计服务，

张桦参加上海大剧院方案征集会

张桦参加上海现代建筑设计集团挂牌仪式

同时也是控制这些标准的管理部门。计划经济下，设计是不收费的，设计单位有国家拨款和事业费。

后来事业单位逐渐市场化，要通过投标获得项目，市场化的竞争带来了不少"阵痛"，不仅增加了工作量，降低了话语权，方案创作的短板也凸显出来。市场化带来深刻的转变，我们由半政府部门的管理者身份，变成了提供服务的技术人员，要通过服务品质来赢得客户，这对建筑师和工程师是一个痛苦的转变。

经过市场化以后，华建集团基本上经历了中国设计机构发展历程上的每个阶段，从纯事业单位到事业单位企业化管理，再到1998年的改企。集团是行业里改企较早的，不仅要面对资产梳理、产权界定等一系列历史问题，还遇到了其他单位所没有的两院合并的文化磨合问题。在合并的过程中，行业正兴起了一股鼓励发展小事务所的风潮。当时有人认为设计院越小越好，于是诞生了很多的民营设计院，而集团在这个时候合并两院，形成了行业内的"航空母舰"，不仅不被看好，还面临集团内外部各种压力——要把集团拆散变成若干个小单位。当时，我们顶住压力，成为行业里第一个设计集团，并从1998年开始品牌建设，逐渐为行业所认识。到2015年，企业抓住了一个新的发展机遇——借壳上市，为华建集团在更高层面的发展打下了一个新的基础，使之能在更高的平台上谋求新的发展。企业正是在不同观念、各种思潮的互相碰撞中，努力探索自己发展的方向。

H+A：随着建筑设计行业的蓬勃发展，建筑师的素质、数量和话语权以及被大众了解的程度都有不同程度的提升，您认为现阶段建筑师的地位如何？

张：总体来讲，与原来事业单位企业化管理的阶段相比，建筑师现在的地位是在下降，这其中既有客观原因，也有主观原因。客观上，我们是与境外知名的大牌设计师同台竞争，业主对我们的要求提高了。另外，我国虽然推行了注册建筑师制度，但在实践过程中，建筑师并没有真正获得应有的权利。再加上传统的建筑师服务体制的制约，我们服务的深度、广度、责任和参与性，与国际同行相比还有很大的差距。有作为才有地位，建筑师要有地位，就要有更多、更大的作为，这也是要推崇"建筑师负责制"的重要原因，实际上建筑师负责制就是注册建筑师责任的具体体现。

建筑师想要获得应有的地位，除了要履行建筑师负责制的具体责任和工作之外，还要具备一定的建筑创造的能力和建筑设计的素养，并且要不断有成功的建筑作品。相对国际建筑师同行，中国建筑师在原创水平和对项目的把控能力方面还有差距，需要不断提高，才能够与国际上的建筑师同行并驾齐驱，真正地走向国际。

H+A：您是改革开放初期接受大学的教育，作为建筑设计师的代表，请您谈谈改革开放对您这代人的影响？

张：我们这代人是改革开放的早期受益者，是比较幸运的。"文革"取消了重点中学，学生就近读书；而改革开放恢复了重点中学，考入重点中学的学生，等于一只脚踏入大学。1978年正好恢复高考，我有幸考上了大学，大学毕业以后又继续读研究生，当时研究生非常少，凤毛麟角，我们比较容易找工作和施展才华。

毕业以后，正好赶上城市建设大发展，建筑师又是紧缺人才，能够顺利地进入中意的设计单位。建设高潮时期，有大量的锻炼实践机会，国家不断对外开放，我们与境外设计师同台竞争，不断成长。"文革"后出现人才断层，年轻人得到许多锻炼机会，较早成为公司骨干，进入领导层。

应该说，这40年是改革开放的40年，也是我们不断进步、自我发展的40年。我们经历了祖国40年的巨变，从高速发展到平稳发展，我们是40年发展的参与者，也是40年发展的受益者。

新常态下的改革与发展

H+A：现在，城市建设进入转型阶段（城市更新与精细化发展），建筑设计企业应如何应对？

张：城市在发展，社会在转型，建筑设计企业也面临很多新的挑战。城市慢慢步入后工业期，城市建设能力过剩，在这种情况下，企业要选择发展方向。华建集团是行业中的航空母舰，就要做航空母舰能做的事情，不断朝着集成化服务的方向发展，要跨界发展，要专项化发展。所谓专业化，就是在某一类型建筑进行集成化发展，在一个点上是垂直发展。另外，在清晰定位之后，作为上市公司，企业还要跟资本市场对接，实现跨界的发展。

H+A：当前工业化建筑、绿色建筑设计、智慧城市等新兴技术的快速发展，是否给我们提供了赶超世界建筑设计水平的契机呢？

张：完全有可能，因为中国的技术发展和积累具备了基本条件。某些新的技术发展，我们和国外处于同一起跑线，在这方面的机会很多，关键要寻找适合于中国企业的技术发展路径。技术进步还是要静下心来做。现在一些技术发展很快，一哄而上，技术路线不明确，有时候甚至会走入误区。在国内，新的技术发展容易被政治化，精力不是围绕技术转，而是做表面文章，浪费精力、人力、物力。比如工业化建筑的"偏食"，结构工程师热、建筑师冷，结构体系为主、其他体系为辅；其实应该倒过来，结构体系最后解决，而其他的围护体系、内墙分割、装修等先进行。绿色建筑也是，绿色设计做了很多，绿色运营凤毛麟角，结果是本末倒置。现在智慧城市刚开始，希望不要再重蹈覆辙。

H+A：市场更加开放，竞争更加激烈，华建集团如何更好地应对竞争，保持我们的核心竞争力？

张：目前，华建集团的发展重点包括以下几个方面。第一，原创。要增强原创能力，形成原创的文化和理念，培养原创的队伍。第二，新技术的发展。如绿色建筑、工业化建筑、智慧城市等，要把目前最新的建筑技术与现有的市场、中国城市化的进程以及业主开发商需求结合起来，让新技术在中国有一个发展先机，建筑师更早地享用这些技术红利，为城市化建设做出贡献。第三，

张桦参加国际会议

加强专项化的技术服务。在专项化领域形成我们的品牌和技术。第四，对接资本市场，充分利用资本市场的资源来推动、支撑跨界的发展。

站在历史时点上再出发

H+A：有人说，"过去的发展成果是靠改革开放，未来则要靠创新"，您怎么看"创新"？

张：未来的创新主要是技术创新和管理创新。首先，跨界融合的创新。以前的业务板块分得比较细，大家都在各自板块里发展，但是要想有更大的发展，或者开拓新的市场，必须要跨界。这里有许多工作可以做，比如"市政项目的景观化"，例如水利设施与建筑设计融合以后，水闸能做得非常美观，从呆板的功能性构筑物变成城市的景观和地标。建筑师参与市政设计，能把环境建设得更加美好。这种跨界融合的案例还有很多。跨界创新将带来更广阔的舞台，是未来发展一个很重要的方面。

其次，管理创新。现在新技术要有新市场，但是如果销售模式、生产模式不创新，新技术就很难在竞争中获得市场，所以管理十分重要。实际上，企业上市对传统设计行业来讲，也是一个管理创新，企业与建筑师要不断学习如何跟资本市场相结合。

H+A：信息化时代已经到来，互联网、人工智能等新技术日新月异，您如何看待信息化技术在建筑设计行业（企业）的应用？

张：信息化就是一个跨界，它与传统技术深度结合，推进技术的发展，扩大技术在市场的运用。信息化在建筑设计行业里，更多地用于集成设计和集成建造。信息技术要与建造新技术结合起来，才能充分发挥其技术优势，否则在传统的生产模式中，旧瓶新酒，信息化发挥不了很大的作用。

近年来又有一种新变化，信息化随着互联网的迅猛发展，对传统的生产方式造成了很大的冲击。移动和异地办公不断普及，可以在家里等很多地方办公，异地协同的时代已经到来。所以，信息技术的发展除了对传统技术的提高之外，又对企业的内部管理、用工方式等带来了新的冲击，面临竞争日益激烈的市场，企业要思考如何利用信息化提高运作的效率。

H+A：谈发展，谈未来，最终都离不开人的发展，请您谈一下对青年建筑师的期望？

张：人才是企业发展的未来，是管理的根本。市场有所复苏，各单位都明显感到人才难求。对人才的吸引，除了传统方式外，还要对人才的使用投入更多的精力和关注，包括平台的建设，为未来的青年后辈提供更广阔的舞台、更多的锻炼机会以及更好的成长空间。人才培养是全方面、全方位的，除了专业技术人员的成长和培养外，还要更多地培养技术管理和企业管理人才。人才竞争、人才队伍的年轻化是企业未来发展的根本，这样才能保持企业的基业常青。现在年轻的建筑师关注建筑空间和形式，忽视建筑基本功能，过多表现建筑师个人需求。但是无论如何，建筑离不开基本的功能要求，否则造型上再有独特之处，建筑也是没有生命力的。年轻人要在满足功能的前提下，对建筑物的造型进行创新，不要一味地逼近雕塑家造型训练和发展轨迹，那只能是昙花一现。

（采访人赵杰系华东建筑集团股份有限公司品牌部高级工程师，整理人梁仟系《H+A 华建筑》编辑）

"百年老店"设计院仍需创新土壤

/ 熊中元

熊中元

1961 年出生，1982 年毕业于重
庆建筑工程学院，现任中国建筑
西北设计研究院有限公司党委书
记、董事长。英国皇家特许建造
师、中国勘察设计协会副理事长、
中国建筑学会监事会副主席、中
国勘察设计协会传统建筑分会会
长、陕西省科学技术协会副主席。

致敬改革开放 40 周年，作为一介设计院的管理者，我
特别想说，面对时代和机遇我们既要有"风物长宜放眼量"
的耐心，更要有"终归大海作波涛"的信心。创新是解放
思想的函数，在各界对创新重要性有高度认同的当下，让
建筑师、工程师的创作欲望与智力奔涌而出，是国有大型
设计研究单位成功的必经之路。想到这一切，记忆闸门便
打开。

1978 年，中国改革开放的大潮开始席卷全国。四年后
的 1982 年，我自重庆建筑工程学院毕业后，到位于西安
的中国建筑西北设计研究院工作。还记得刚踏上西安的土
地，心情还是懵懂和不安的。那时的这座城市像一位饱经
沧桑的老者，用"破旧"来形容也不为过。转眼 36 年过去了，
我很荣幸见证了西安"旧貌换新颜"的发展历程，它正在
向一座现代化、国际化都市稳步迈进。让我尤感自豪的是，
在西安城市翻天覆地的变化中，中建西北院的贡献几乎无
处不在。在改革开放 40 年之际，借助由《建筑评论》编
辑部编撰的《中国建筑历程　1978—2018》一书的传播平
台，向业界及社会简要介绍中建西北院在"前世"与"今生"
中做了哪些事，展望未来中建西北院改革再出发的愿景。
以下分几个方面予以表述。

一、中建西北院：西安城市面貌的改变者

成立于 1952 年的中建西北院，是中华人民共和国成立
初期国家组建的六大区建筑设计院之一，也是西北地区成
立时间最早、规模最大的建筑设计单位。从 1982 年开始，
国家就提倡政企分开，中建西北院作为全国第一批走向市
场的事业单位，经历过风雨，体味过艰难，但凭借着永不
放弃、持之以恒的精神，秉持着文化自觉、文化自信的设
计情怀，依靠院内以张锦秋院士等为代表的老一辈建筑家
以及赵元超等中青年大师们的智慧与高超技艺，围绕供给
侧改革进行转型升级。在新思路的引领下，中建西北院推

动了一系列的改革和创新，发展达到了预期效果，形成了以"和谐传承共生，合作创新共赢"为基本内核的中建西北院"和合"企业文化。西北院人不仅"养活"了自己，还在不断地服务社会、贡献国家，为祖国的城市建设与经济建设创造着巨大的经济效益和社会效益，陕西省质量奖授予了中建西北院。中建西北院是服务业企业中唯一一家获奖单位，而我本人也成为当年陕西省质量人物。在这次评审中，评审专家组认为西北院获奖是因为有"三大亮点"：行业标杆、文化引领创新发展的楷模、行业供给侧改革创新发展模式的典范。我以为建院66年来，中建西北院的作为可以归纳为以下四点。

其一，用经典作品成就西安城市风貌基调。20世纪50年代末期至70年代，在中华人民共和国成立后西安城市初步发展阶段，中建西北院在西安大地上矗立了一个个经典项目。西安人民大厦、西安人民剧院、西安邮电大楼、西安交大老校区等都出自西北院之手，已成为一代西安人的回忆。自改革开放至今，三唐工程、陕西历史博物馆、浐灞生态行政中心、西安南门广场综合提升改造等一系列体现改革开放新时期城市风貌的建筑作品不断涌现。它们与西安这座"十三朝古都"的深厚文化底蕴相融相生，表达出独特的城市特质与风貌情怀。

其二，打造人才培育与传承创新平台。中建西北院在成立66年以来，培育并成就了一批业内领军人物。一代代建筑师始终坚守对中华建筑文化的传承、创新，一方面挖掘中国传统文化，一方面推陈出新，着眼未来。中华人民共和国成立初期，以董大酉、洪青为代表的第一代建筑师，造就了一批经典作品。改革开放以后，以张锦秋院士为代表的第二代建筑师，致力于传统与现代相结合、科学与艺术相结合的探索，践行天人合一、唱和相应的创作思想，形成了和谐建筑理论，更为中国建筑文化复兴做出了卓越贡献。此后，以赵元超为代表的改革开放后执业的第三代建筑师迅速成长，担当重任。赵元超是我国恢复高考以来，在创作一线成长起来的中国西部地区首位全国建筑设计大师，其作品承继多元、风格各异、视野开阔，凝聚着建筑理论创新和探索的成果，彰显着中华文明的自信与自觉，体现了特有的开创性。

其三，主编与参编了一系列国家、行业、地方标准和规范以及设计手册等，逐步成长为国家行业、地方规范、标准的制定者、参与者和引领者。2018年新获得国家及行业标准（图集）主编权4项；新参编国家及行业标准（图集）22项；我院主编国家及行业标准（图集）2项；我院参编国家及行业标准5项。2018年有4项参编的地方标准发布实施。

其四，坚持做中华建筑文化的捍卫者、传承者、创新者。西安这座曾经的"长安城"，创造了世界历史上城市辉煌的典范，同时也成就了我们中华民族的大国文明。中建西北院生于此、长于此、发展于此、成就于此，天生便被赋予了不同于一般大型设计机构的责任。坚守传承、创新、弘扬和光大中华建筑文化的使命，使中建西北院的不少作品在建筑审美与建筑技术应用上有精准的表达。

二、中建西北院：提出"四个一"的发展战略

参照《礼记·大学》之"修身、齐家、治国、平天下"的传统士大夫人格治理观后，我常在想，致敬改革开放40年的设计院历程，重在要发现我们为改革、为解放思想的所为。因循守旧没有出路，畏缩不前会坐失良机。因此，续写中建西北院的大文章要有创新之意。进入"十三五"时期，中建西北院提出了"四个一"发展战略。其中，坚守设计主业，坚守传承、创新与弘扬中华建筑文化这份事业，既是中建西北院永恒的追求，也是我们其他三项发展战略思想所围绕的核心与根本。

战略之二，即在平台理论的指导下，对中建西北院组织结构形式进行改革创新，把设计院建设成一个开放、流动和国际化的平台型组织。当今，国内大型设计企业都在打造"平台"的概念。中建西北院致力于将自身由一个封闭的组织变革和改造成一个平台性的综合体。2018年，我们做了大量工作，在一系列业绩中，无论是我们的机制、制度，还是企业文化与经营、科技都在为搭建一个平台努力。经过一年的努力，我们与兄弟单位、上下游供应商等相关组织签订了大量的战略协议，一个集资源聚集、资源整合、资源共享的平台正在形成。当然，更重要的成果是机制的创新和制度的建立，全力

作者在中建西北院

保障着平台运行。

战略之三，做好"两全一站式"商业模式，即以全产业链资源的整合和全生命周期为关注点，业主需要什么就提供什么。从"十二五"开始，中建西北院提出转型提升，也就是结构调整，把以设计为龙头的工程总承包（EPC）作为西北院转型的主攻方向。经过六七年，我们已经形成了一个特有的模式，将它命名为"两全一站式"商业模式。中建西北院之所以能获得陕西省质量奖也得益于 EPC 模式的创造性应用。在创造 EPC 模式初期，我们称之为绿色精益化 EPC，简称西北院特色的 EPC。质量评审专家认为，西北院特色 EPC 和其他 EPC 是不一样的，结合其特点，命名为"两全一站式"。"两全"的含义是全生命周期的关注和服务，全产业链资源的整合。"一站式"是指一站式的服务模式。全生命周期的关注和服务是通过所有生产要素的数字化、信息化管理来实现的；全产业链资源的整合，则是通过西北院自主提出的协同管理系统来实现资源集聚、整合的有序和高效。在这里，我以中建西北院主持的"幸福林带"项目，简要介绍 EPC 商业模式的"落地"过程。

国家"一五"计划时，前苏联援建了中国 156 个项目的建设，其中有 24 个项目落户陕西省，而其中的 17 个项目放到了西安市。17 个项目中的 6 家工厂及其生活区，聚集在幸福路两侧。整个项目全长 6 千米、宽 140 米，形成一条隔离带。这些曾经是西安市乃至陕西省现代工业发展的代表者，但随着时代发展，逐渐被废弃闲置，从而形成了一块"城市伤疤"。2012 年，市政府决定对这一区域进行改造，成立了幸福林带管委会，但直到 2016 年也没形成成熟的发展思路。这主要是因为这个项目牵扯到的专业分工和各方领域非常庞杂，不是一个单纯的建筑工程，而是一个城市基础设施的综合改造。我们得知这一情况后，主动找到管委会，向相关领导介绍"两全一站式"模式。通过讲解，领导们意识到我们的新管理模式确有希望解决项目面临的问题。当时市委市政府也十分支持，表示愿将"幸福林带"先作为一项科研项目交给西北院来做，并要求在投标中回答两个问题：建设一个什么样的幸福林带？怎么样建设幸福林带？在此后的三个多月中，经过六次汇报会、三次市委常委会，最后通过了中建西北院的"答案"，而这个答案恰恰就是"两全一站式"商业模式。而后，该项目又加入了 PPP 模式，最终以 PPP+EPC 模式运营，这是中建集团历史上是第一个 PPP+EPC 项目。

战略之四，关注以文化遗产保护为核心的既有建筑的改造、提升和保护这一领域。因中建西北院是国内大

作者在绿色建筑大会上发言

作者指导方案

型设计院中为数不多拥有甲级文物保护资质的企业。同时，既有建筑的改造特别是文物建筑的保护，是捍卫中国传统建筑文化的重中之重。我们关注这个领域，要重视的就是建筑本身的前世、今生和未来。对既有建筑的改造要尊重城市的肌理和文脉，才能使建筑既体现城市的肌理、文脉，又让它自身焕发新的生命力。而从市场经营的角度，中建西北院认为，既有建筑的改造和更新是未来建筑设计界的一片"蓝海"，将大有可为。我们通过在建筑遗产保护领域的一系列工作提炼出中国元素，特别是用现代材料来演绎中国传统建筑。2018 年，我本人有幸当选为中国勘察设计协会传统建筑分会会长，这应视为业界对中建西北院在建筑遗产保护领域突出作为的肯定。在这个领域中，我们希望达到两个目标。

其一，构建一个完整的科学体系。"完整"的科学体系就是"产学研用"的科学体系，或者叫科研体系。西北院为何加入"用"的概念呢？要知道"产学研"本来就是我们早已熟知的科学体系，恰恰是"用"字体现了设计的作用。产学研必须有设计，才能和实际工程项目、市场零对接。我们的"用"是创新的用，不是一般意义上的拿来就用，我们是对"产学研"的前端有深刻的理解并参与其中。所以，体现在"用"上就是设计的

创新和集成，把它们用到实际工作当中。其二，我们要打造完整的全产业链体系，不是纯商业模式的全产业链，而针对的是既有建筑改造、文物保护产业链。

面对建筑遗产保护及既有建筑更新方面的科研方向，我们正在以"科技园区"的形式展现，这个设想也得到了地方政府的大力支持。他们纷纷表示希望我们的既有建筑改造科技园区落户到当地的开发区中。为了紧扣"一带一路"，我们将园区命名为"丝路建筑科技园区"，希望将完整的科学体系和完整的产业链体系赋予园区，从而承载中建西北院对该领域的关注。同时，邀请技术人才加盟园区，并整合设备、材料、工艺、技术资源，前端是"产学研"聚集，末端是营运、管理、维护的聚集。这些科研机构包括孵化机构不仅可独立运行，也有融合，有融合才能更好地发挥服务功能。

值得说明的是，"十三五"期间，中建西北院始终有一条主线——科技兴院、人才强院。2017年7月19日，我们召开了西北院人才科技工作会，将其命名为深化改革再出发。会议对西北院未来如何持续推进深化改革、转型升级、拓展EPC业务、基础设施业务及海外业务做出了长远部署和安排。尤其是通过设立院科学技术委员会及各专业委员会，搭建科研技术体系并保障体系的有效运行，实现了2018年科技领域的"一系列大丰收"：获得省科技进步奖，包括一项一等奖、两项二等奖。2017年获得国家科学进步二等奖。

三、中建西北院：改革开放再出发的畅想

面对改革再出发的思考，我认为，中建西北院在坚定传承、弘扬中华建筑文化的同时，必须更大胆地迈向创新发展之路。例如，西北院已经在成为国际型的设计咨询机构领域做出探索，在收集大量海外建筑设计市场及技术信息的基础上，在院内成立了海外事业部，未来也将在国外设立分支机构。

中建西北院要努力践行"四位一体"的城市发展新理念。该理念的提出也得益于"幸福林带"的实践。2017年，住建部公布了40家全过程工程咨询试点单位，尽管陕西省乃至整个西北地区都不在住建部确定的8个省市之列，中建西北院却荣幸登榜，成为西北地区唯一一家试点单位。"幸福林带"项目是"全过程"实践的载体，最重要的一点是要把城市规划、城市设计、建筑设计和城市基础设施及产业设计融为一体，从而做到综合的"四位一体"。在"幸福林带"项目中，通过"四位一体"的发展理念，让城市规划师、建筑师和各专业领域工程师通力合作，将文化性、地域性、时代性和科学性这"四性"融到城市总体的功能当中去。最直观的益处就是让城市更美丽、更具特色，从根本上改变"千城一面"的局面。此外，通过"四位一体"的统筹协调、通力合作，找到各专业领域人文关怀最大公约数，从而让城市人们的生活更幸福、更便捷，改变目前基础设施人文关怀角度错位的问题。

在中建西北院领导集体看来，我们更为长远的目标是将中建西北院打造成"百年老店"，而这个目标的时限，需要三个维度来支撑。

第一，让企业更具尊严，我们要着力提高企业的尊严指数。

第二，着力提高员工的幸福指数。我一直强调，中建西北院的领导层担任的是"经纪人"的角色，而我们的明星是张锦秋院士、赵元超大师等。从另一个角度来说，西北院现在也大力提倡将每一位员工视为客户。在甲方是我们的衣食父母这个概念基本建立起来的基础上，我认为应该提倡，要将员工视为客户来管理、来服务，提升员工的幸福指数。这样他们对接客户的时候才会更努力、更尽心、更尽责。所以，我们着力提高员工的幸福指数有两点，管理者是经纪人，员工是明星、是客户。

第三，着力提高整个组织对社会的价值贡献，也可以说要着力提高中建西北院的价值指数。价值指数不是单纯的经济价值，更是对社会、国家、人民的综合价值指数。

回首过往，一代又一代"中建西北人"用坚韧的品格、过人的智慧克服重重困难，让一座座代表大国古都风貌的建筑精品屹立于秦川大地。面对中国已步入城市型国家的大势，我们要坚持国际视野，发挥中建西北院的自身优势，彰显传统文化智慧的设计力量，优化配置高质量的城市建筑资源，持续谱写出为国家城乡建设事业做出新贡献的华美篇章，向实现"百年老店"的梦想持续奋进。

改革让华汇设计永葆青春

/ 周恺

周恺

1962 年出生于天津，1988 年毕业于天津大学建筑学院，获硕士学位。全国工程勘察设计大师，2016 年梁思成建筑奖获得者。现任天津华汇工程建筑设计有限公司总建筑师、天津大学建筑学院教授、博士生导师。代表作有中国工商银行天津分行、天津大学冯骥才文学艺术研究院、青海玉树藏族自治州格萨尔广场、中国银行天津分行、中国人民解放军总医院新建门诊综合楼等。

中国的改革开放转眼便走过了 40 年，记得 2008 年在改革开放 30 周年时，我曾受邀在《中国建筑设计三十年（1978—2008）》中撰文，当时总结了一些创作体验，也以天津华汇为例，回望了改革开放为中国建筑设计企业尤其是民营企业带来的机遇。我以为，正是得益于改革开放，国内设计产业才形成了投资主体多元化、资金来源多渠道、投资方式多样化、项目建设市场化的格局，民营设计企业则凭借着另辟蹊径的"专精特"设计模式逐步发展壮大起来。天津华汇成立于 1996 年，至今也步入了第 22 个发展之年，如果说华汇之前依靠逐年累积的品牌优势，在行业中取得了一些成绩，而面对市场的风云变化，华汇公司也面临着如何可持续发展的思辨命题，所以在 2018 年，带着改革再出发的思考，华汇公司也实施了成立以来最为大刀阔斧的改革举措。在这里，我愿以天津华汇的设计之路与变革之策为引，就中国民营设计企业的生存现状及发展趋势和业内同人们分享自己的心得感悟。

一、创始团队决定机构未来

我认为，作为一个民营设计机构，创始团队的作用是决定性的。在我同合伙人创立天津华汇的初期，国家针对建筑设计行业先后出台了很多"先行先试"的政策和制度，应该说我们的确遇到了好的机遇。其实创办天津华汇的初衷，现在想来也真的不是为了赚钱，更没想过华汇能发展到现在的规模。我就是出于对建筑设计的喜爱，不论是在天津大学的教学经历，海外留学的视野大开，还是到海南开发区的"摸爬滚打"，以及 1995 年后大胆地"下海"创业，都是源于这个质朴的初衷。而我无疑是幸运的，有志同道合的伙伴们与我共同奋斗，因为我明白，人的精力是有限的，在华汇我不能既求精于建筑创作，又深入企业管理，这对于企业的发展也是

华汇成立之初

华汇 2008 年年会，左起江澎、周恺、张大力

不利的。我可以负责任地讲，只靠我自己，华汇是走不到今天的。恰恰是因为这里凝聚了不同的伙伴，不同思维的碰撞，大家各有专长且齐心协力，以诚相待，华汇才得以在市场中立足并发展壮大。中国建筑设计体制改革的一条重要经验是允许"双轨制"，即允许国有设计与民营设计企业并存。华汇的二十多年设计实践靠着忠诚于建筑事业，也靠巧妙理解并认真解读市场规则，靠对甲方、对社会的诚信，从而才可以大胆创新并依靠开放之思去解决发展中的困难。每每回忆那些激情燃烧的岁月，再看看华汇至今走过的路，我不由得为我们、为我们当年与今天志同道合的行为与精神所感动。中央近来一系列政策更倾向支持民营企业，我以为华汇设计虽只是一块铺路石或一滴水，但它的成功证明着改革开放的阳光是给予华汇成长光辉的。

二、唯有改革才能永续发展

1. 市场变化引发改革之思

一直以来，天津华汇在创始团队的带领下，保持着平稳发展。但随着市场形势的变化、业主素质的提升，华汇面临着新的经营环境。与此同时，同行业的设计单位在各方面都在提质升级，尤其在企业管理方面。而华汇公司的管理模式基本还在停留在情感维护的层面，虽然公司整体的运营氛围是良性的，但作为一个已经成长了22年的民营设计企业，也面临着管理的阵痛。我们必须看到，仅仅依靠核心团队的情感凝聚力，已经无法完全满足华汇的发展需求，这必须使我们的管理理念发生转变或称转型。一个建筑设计企业，不能只依靠员工

们对建筑设计的热爱管理团队，管理制度的完善是企业发展战略的重要一环。与此同时，历经发展，华汇形成了前期总体策划与设计方案团队和施工图团队，但因为管理方式的"粗放"，使两个团队在工作合作中出现了脱节，造成工作效率的严重降低。更重要的是，这样的运营模式在一定程度上"打击"了团队中骨干人才的积极性，直接体现在收入分配上，因为以往收入都先由总公司统计再分配到各个部门，部门内部又要再分配，奖金发放往往出现滞后。这个时候我们就不能简单要求所有员工都有"觉悟"，因为他们面临着生活实际的一系列压力，长此以往，最终导致部分人才外流。种种的现象都在警示我们，华汇机构管理必须迈上新台阶，而实现这一目标，就要敢于大刀阔斧地进行改革之变，特别要从去除固有的惯性入手。

2. 以改革之举回归创始之心

华汇从组建伊始就是一个紧紧团结在一起的"战斗集体"，大家依靠对事业的热忱、对彼此的信任脚踏实地为一个又一个项目拼搏，我们带领团队独当一面，工作衔接非常顺畅，按实际贡献即时分配，始终保持着极高的生产效率。但无疑这是旧思路，不合乎"大兵团"作战，2018年第四季度，面对市场形势的变动，公司领导层意识到改革举措迫在眉睫。因此，经过认真的思考，公司核心团队在很短的时间内达成共识，即将目前的设计团队以"院"为单位重新规划组织构架，即形成在"华汇"品牌下的"核心领导层＋执行管理层＋三大设计院＋两个工作室＋规划部门"的运营模式。总公司负责后勤保障，人事权、财务权、分配权等全部下放到三个分院中，各院专业配套齐全，由院长带领团队

作者荣获第八届梁思成建筑奖，华汇分布于全国各省市的设计及管理骨干前来庆贺

直接负责，院与院之间是分工合作的协同关系，共同打造"华汇"品牌。我们在向公司骨干传达改革措施时，本来还担心他们有所顾虑，但没想到大家十分拥护，并很快完成了各环节的改革调整。

考察改革后的运转情况，我们忽然发现公司管理的压力得到释放，而反观各分院的内部运营比之前大为改观，而且院与院之间形成了竞争态势，大家都在比着工作。应该说，大家的劲头通过改革充分调动起来了，它好似更多的小"华汇"在诞生。由此，我在思考，之前我们好似"家长"，管得太多了，之前什么都要"操心"，大家的主观能动性无法得到真正的发挥。而现在我们只需要制定合理的机制，充分"放手"，公司上下的干劲一下被激发出来了。各分院负责人对待项目的态度极为认真，更重要的是，通过各院内部的人员合理配置，分工更为合理，前期后期成为一体，效率极大提升，即用最合适的人最做合适的事情。同时，我们也发现各院的服务意识也各有特色，不单一，有高招，因为面对市场必须想方设法为甲方做好服务，因为只有服务到位，才能最大限度确保合同的顺利执行，才能收到设计款项。

3. 要充分相信年轻人的智慧

华汇有很多优秀的年轻骨干，他们或精于管理，或精耕设计，他们是华汇未来的希望。现在，我们正在将华汇的管理权有计划、有策略的过渡给年轻人，要敢于相信年轻人，并为他们搭建舞台。青年人的眼界，他们的智慧，他们面对市场的快速应对都已证明了这是一支必须依靠的发展之力。平心而论，现在青年一代面临的生存压力比我们要大得多，他们更有干劲，在公司的管理、市场运营各方面所需要的体力和脑力更加出色。作为创始团队，我们要做的就是支持他们，并为他们铺好路、把好关，保持"华汇"品牌不断向前发展的动力与活力。而与此同时也要做到风险与利益共担，做得越好，受益越多，反之则要将机会给更有能力的人。比如现任华汇执行总经理的张一，就是经过长期锻炼成长起来的华汇青年人才的突出代表，在华汇工作的十几年中，除了参与设计外，更多的担任了"执行总监"的工作，开拓市场、服务客户，为华汇带来了可观的市场项目，我们这次的改革行动也主要是在他的具体执行下完成的。同时，改革后三位设计院的院长，王建平（第一设计院）、张伟（第二设计院）、颜繁明（第三设计院）也是中青年干部，正值当打之年。更为可贵的是，他们都甘愿把最好的年华留在华汇，同时将永续的"华汇"财富传承给下一代。

当然，在我们信任年轻人能力的同时，也要向他们灌输这样的理念：个人的收益不是别人给你的，而是你与大家一起努力赚取的。如果一个人连努力的过程都不敢承受，怎么可能成为一个团体中的骨干力量。我希望有一天，更多的年轻人能成为我们的合伙人。企业的孵化与发展是需要创立者足够耐心的，对别人的耐心能有多大，信任度就有多高。对于年轻人，更要有耐心，要允许他犯错误，同时用你的经验来帮助他，助推他的进步。当然，对于他们的创新自由度要给予足够的保障，但前提是他的工作必须达到相应的要求。我记忆犹新的是，在2019年华汇公司年会上，我们一改以往联欢的交流形式，而是将主题定为"华汇改革发布会"，三位设计院新任院长分别登台，在华汇全体同人面前发表改革感言，慷慨激昂，信心坚定，我也深受感动。在此，我就以三位院长各自的"改革宣言"作为文章的结尾，因为他们也许代表了华汇更华彩的明天。

王建平（第一设计院）：面对华汇公司一系列重大的改革措施，分院的建立，我感到的是各位老总及华汇前辈们无比的信任和华汇同人们的热情期待，这是一副沉甸甸的担子，但这也是我前行的动力和方向。我在华汇工作和历练近19年，参与了华汇的快速发展和壮大，耳濡目染老总们对企业和员工们的呕心沥血，也因此深刻理解华汇企业文化精神和对建筑热爱的专业追求，感谢大家给我们一个施展抱负的机会，在华汇这么多前辈努力打拼的硕硕战果的基础上，我们已经在各方面做好了充分的准备，拥有十足的信心，迎接新的挑战，我们会得到各位老总一如既往的支持和鼓励，通过华汇全体同人们一起的努力，带给大家更广阔的空间，做出更多更好的项目，带来更多的收益。一分院人才济济，他们是华汇的宝贵财富和骄傲。新的建制后，我们会继续鼓励设计师去做精品类的建筑，维护及发扬华汇多年来的精品意识和品牌荣誉。华汇在专业领域有非常深厚的技术实力，有大师和各个专业的领军人物，这是华汇与众不同的宝贵资源，给青年设计师成长提供了更高水准的学习机会。在未来的发展过程中，我们必然面临各种诱惑、选择和质疑，就像在大海中航行的船会迷茫和犹豫，这时需要指引前行的航标灯。大道直行，将会是我们做人、做事的准则。这是周总给我们的新年寄语。

张伟（第二设计院）：2018年，市场购买低迷，政府调控政策不断，房企利润空间狭小，地产行业都在谈论"活下去"，市场的冬天来了。2018年，我们的团队在多年稳定的市场供给下，上半年项目寥寥，面临从未有过的担忧。秋末冬初，团队接连拿下参与的所有竞标，真的燃起了冬天的一把火。背后的原因，华汇改革了。9月，华汇的改革之路进入攻坚阶段，年底进行了政策的初步着陆，部分责权下放到院，许多年轻人担当管理角色。这对于历经23年风雨的民营企业，是一次重大转型，是新的里程碑。创始人在企业的重要阶段又一次做出历史性决策。面对挑战，面对问题，重新出发。对于改革，只能说我们等待很久了，对于将来的挑战，我们做好了准备，有满腔的斗志和必胜的信心。天行健，君子以自强不息，地势坤，君子以厚德载物。不忘初心，找"道"，2019，我们来了。

颜繁明（第三设计院）：感谢公司董事会对我们的信任！让我们有幸承担如此重任！我们担负的是责任，但更多是传承！我们也很荣幸，有着前辈给我们打下良好的基础，有着这么优秀的团队，我们有责任、有信心、有义务，将华汇带入另一个高点。我是唯一一名工程组出身的院长，无论对前期方案的把控还是对市场的敏锐，都还与大家存在差距。所以在这点上需要我学习和补充的地方还很多。目前三院的现状是：公建项目偏多，住宅项目较少，外地项目偏多，本市项目偏少，方案偏多，施工图偏少。那么结合本院现状和特点，后一阶段的工作内容重点是，首先确保周总项目的落地，打造精品工程，集中优势兵力，攻坚克难。同时为优秀员工师打造的开放的优质的服务平台。其次开拓住宅市场和维护客户。我们要走的还很长，可喜的是，改革后我们发现各专业间的路径缩短了，效率提高了！我坚信只要同舟共济，2019年一定能够扬帆远航！

华汇新任设计分院院长
左起王建平、张伟、颜繁明

张杰

1963 年出生，1991 年获英国约克大学博士学位，1994 年获清华大学博士后学位，现任清华大学国家遗产保护研究中心副主任，清控人居遗产研究院院长。合著《中国现代城市住宅（1840—2000）》。代表作景德镇陶溪川工业遗产保护区于 2017 年获亚太遗产保护创新奖。

我 1981 年考入天津大学建筑系，1985 年本科毕业并免试就读本校建筑学硕士。1987 年获中英友好奖学金，赴英国约克大学高级建筑研究院攻读博士，1991 年获博士学位，同年回国。1992—1994 年在清华大学建筑学院做博士后研究，师从吴良镛教授，博士后出站后在建筑学院任教至今。期间曾任清华大学建筑学院院长助理，住宅与社区研究所所长。现为教授，博士生导师，清华大学国家遗产保护研究中心副主任，国家一级注册建筑师。

读博士期间，英国和欧洲大陆的历史城市强烈地吸引了我，促使我踏上了城市遗产保护的学术道路。我的博士生导师对社会住宅十分重视，并强调博士论文应该从实践的角度开展综合研究。他经常对我说，城市保护不但要注重建筑、文化、历史方面的问题，还要思考法律政策、财政等、公众参与等方面的东西，否则就会脱离实际。这些告诫深深影响了我回国后的研究和实践。

20 多年来，我的学术发展大致可以分为两个方向：一是住宅，一是城市遗产保护。由于城市保护的主要对象是以居住建筑为主体的成片的街区，所以这两个方向在我教学、科研与工程实践中相互交叉、相互促进。积极促进国际学术交流是我多年来的一项重要学术工作，

大学期间制作模型

左起张杰、张宇、张松，2018 年 3 月 3 日于池州考察周氏接
官厅

景德镇陶溪川工业遗产保护区

我曾长期负责清华—MIT 北京联合城市设计短期班的教学工作，2003 年春我作为客座教授在巴黎行政学院规划系任教。为了积极推进中国城镇、村落保护领域与国际的交流， 2018 年我与国际同行一道动议成立了 ICOMOS 历史城镇与村落委员会（CIVVIH）亚太分会。

20 世纪 90 年代我刚回国时，城市正掀起大规模的改造和住宅发展热潮，这也为我直接介入城市保护与住宅研究提供了历史机遇。从 1992 年开始至本世纪初，我曾先后参与了北京国子监、南锣鼓巷、白塔寺、北锣鼓巷、辛太仓等历史街区的保护与更新工作，带领学生对这些地区进行了大量的调研工作，深切地感受到大规模城市改造对北京老城的文化、社会环境的冲击，也不断加深了对北京老城的遗产价值、保护利用面临的复杂问题的认识。基于这些思考，1996 年在无锡召开的中国城市规划学会年会上，我发表了《探求我国历史保护区小规模整治的途径》的文章，后来此文刊登在该年度《城市规划》的第 4 期，2018 年入选《城市规划》杂志评出的"40 篇影响中国城乡规划进程学术论文"。1994 年至 1997 年期间，我与东城区政府合作，开展了国子监历史文化保护区的保护与更新研究，以院落为单位，对人口、用地、建筑、树木等进行深入的调研，提出了按照建筑质量、风貌分类保护、整治、改造的对策，避免大拆大建。1996 年我将相关成果在黄山召开的建设部历史文化街区保护工作会议上进行了介绍，引起了国内外与会者的高度重视。这套方法为两年后开展的"北京 25 片历史文化保护区"保护规划编制工作提供了重要的技术和方法参考，并影响到全国。后来，我带领团队开展的福州三坊七巷、晋江五店市、南京老城南等历史街区的保护规划实践都是这一方法的深化与拓展。其中三坊七巷项目获得 2009 年文化部创新奖。

历史街区的保护与整治是一个长期的动态性的工作，政策性和专业性都很强。2006 年北京为了迎接奥运会，大规模开展了老城胡同的整治工作，为了使这一工作保持长效性，"北京 2008 环境整治办公室"委托我编制了《北京胡同风貌环境管理办法》，这项工作开启了北京胡同整治与管理走向制度化的途径。

21 世纪初，我国城市进入到快速扩张的阶段，为了配合当时广州开展的城市战略规划，我的团队与广东省规划院合作完成了《广州历史文化名城保护规划》（该项目 2015 年度全国优秀城乡规划设计一等奖）。该规划第一次对广州市域内提出了"山、水、城、田、海"区域性文化景观格局的保护概念，并使这一概念融入总体规划中。后来，随着参与大尺度的文化遗产保护工作的深入，我在这一思路的基础上，提出了"区域文化遗产网络"的理论，即将一个地区文化遗产要素和景观环境根据其内在的关联作为一个整体加以保护，2012 年完成的《湖南凤凰区域性防御体系保护规划研究》就是这一理论的一次重要实践。

城市保护与城市设计密不可分。通过长期对传统城市、聚落、景观的观察，我注意到中国古代空间存在很多规律性的东西，后来结合文献，我完成了《中国古代空间文化溯源》一书，将那些被现代建筑、规划理论与思维模式所遮蔽的华夏空间文化的基因揭示出来，为认识、分析传统城邑开辟崭新的途径。得益于这一研究，我在济南大明湖东扩等城市设计项目中（该项目获 2011 年"第一届优秀风景园林规划设计奖"一等奖），自觉地将中国古代的城市设计思想与空间模式应用到实践中，并与时代相结合。

同样，我也十分关注现代城市设计的理论。20 世纪 90 年代末我受华夏出版社委托，主编了《城市·建筑文化系列》译丛，其中包括《城市意象》《城市形态》《建筑的伦理功能》，前两本都是凯文·林奇城市设计

巍山古城

临海古城的东湖文化景观

理论的经典著作。这套书 2001 年出版。进入 21 世纪，随着土地招、拍、挂政策的推出，土地开发规模日益加大，城市碎片化严重，针对这些问题，我先后通过研究和实践探索解决问题的途径，提出了"城市织补"的概念和内涵（参见张杰，邓翔宇，袁路平：《探索新的城市建筑类型 织补城市肌理——以济南古城为例》，载《城市规划》2004(12)：47—52；张杰，刘岩，霍晓卫：《"织补城市"思想引导下的株洲旧城更新》，载《城市规划》2009（1）：51—56）。十多年后，其中很多思想反映在了"城市双修"的工作中。从城市设计的角度讲，要织补城市，就要从好大喜功的大规模城市设计回归对日常生活的关注，要从在空中俯瞰城市回到在街道上体验城市。《从大尺度城市设计到"日常生活空间"》一文正是在这样的背景下完成的（载于《城市规划》2003年第 9 期）。景德镇陶溪川废弃工厂的复兴项目就是将工业遗产保护、文化创新业发展和城市织补结合的案例。该项工程于 2017 年荣获联合国亚太遗产创新奖。将遗产保护与城市设计结合起来，一直是我在城市保护与利用领域的努力方向，很多主持的项目在规划和建筑领域得到了广泛的认可，多次获得全国城市规划设计一等奖等荣誉。

与以上学术探索相平行的是我在城市住宅领域开展的工作。20 世纪 90 年代中，哈佛大学设计学院与清华建筑学院合作研究中国近现代城市住宅，我有幸与吕俊华先生、Peter Rowe 教授合作，主编了"Modern Housing Development in China：1840—2000"，该书英文版 2001 年由 Prestel 出版，很快成为研究中国现代住宅史的重要英文文献，有些欧美建筑院校还将该书列为课本，两年后中文版问世。

2001 年至 2009 年间，我曾担任建筑学院住区与宅研究所所长。由于整个城市住房发展几乎被市场所左右，

为了能在复杂的现实环境中寻找一个独立的专业视角，我和邓卫、庄惟敏教授合作，带领研究生开展了《中国住房发展报告》的研究工作，每年完成一本。该书最早由清华大学出版社出版，后改由中国建筑工业出版社出版，目前已延续十年。

同样，住宅与城市研究密不可分。高密度紧凑城市、低碳城市是城市规划学科的重要议题。在近十年中，我主持完成了几个相关的课题，并与他人合作出版了《节能城市与住区形态研究》。这一研究成果是在对 3 个特大城市、70 多个住区、7000 多份问卷的数据分析的基础上完成的，为国内外该领域的量化研究所罕见。

我的青春搭上了"复兴号"

/ 路红

1978—2018 年，中国经历了 40 年波澜壮阔的改革开放，习近平总书记在纪念改革开放 40 周年大会上，对 40 年改革开放的成就做了精辟的总结："40 年春风化雨、春华秋实，改革开放极大改变了中国的面貌、中华民族的面貌、中国人民的面貌、中国共产党的面貌。中华民族迎来了从站起来、富起来到强起来的伟大飞跃！中国特色社会主义迎来了从创立、发展到完善的伟大飞跃！中国人民迎来了从温饱不足到小康富裕的伟大飞跃！中华民族正以崭新姿态屹立于世界的东方！"

作为改革开放的亲历者、受益者和奋斗者，我的青春搭上了改革开放复兴号，40 年来，将青春梦想放飞于改革开放，将个人命运与祖国的发展紧密结合，由此带来了人生的奋斗和收获，我深感自豪和幸福。

1978 年秋季，作为改革开放的第一批受益者，16 岁的我参加并通过了全国高等学校统一考试，幸运地来到天津大学建筑系学习。大学四年、研究生七年，天津大学在我的人生中占据了一个非常重要的位置。老师们始终坚持教学与实践结合、建筑美学与技术并重的教学理念，始终坚持"实事求是"的校训，孕育了良好的建筑系学风和独具特色的教学风格。在这种学风熏陶下，我们能够在毕业后，很快独当一面，成为工作中的主力军。在老师们的关爱下，同学们的互帮互助下，学习建筑成为快乐的事情。岁月流逝，很多老师离我们远去，但他们的风骨和学识，如春风春雨，润化学生的心灵，他们的精神和天大建筑学院的事业同在！

1982 年大学毕业时，正值改革开放初期，各行各业呈现了迅猛发展的态势。当时全国城镇人均住房面积才 3.8 ㎡，因此解决百姓住房问题是当时政府的重要工作。而我的工作单位——天津市房屋鉴定设计院，正是一家以住宅设计和既有建筑鉴定修缮设计为主的设计院，由此我一毕业就投入到大规模的居住区和住宅设计中，如 100 万 ㎡ 的万新村居住区、50 万 ㎡ 的水上村居住区的

路红

1962 年出生，毕业于天津大学，获博士学位。第三届天津市历史风貌建筑保护专家咨询委员会主任，国家一级注册建筑师，正高级建筑师，享受国务院特殊津贴工程技术专家。现在天津市规划和自然资源局工作。

大学留影　　　　　　　设计院画图

清东陵测绘留影

和法国学者交流

设计。现在我还记得画的第一张施工图变成眼前矗立的实物时，心中满满的成就感。其后，我陆续参加了天津市华苑居住区、万松居住区、谦德庄居住区、梅江居住区的规划和设计工作，也相继获得国家城市住宅试点的金奖和天津市一等奖。

1985年，我参加了天津市古文化街的设计工作，由此开启了我从事建筑遗产保护、守望精神家园的路程。古文化街历史上就是商业街，同时拥有天后宫、玉皇阁、

张仙阁等建筑遗产。古文化街的设计按照"文化味、古味、天津味、民俗味"和"保护、移植、修缮、重建"八字方针进行，对建筑遗产进行了很好的保护。古文化街六百余米长的街道按照明清建筑式样建设，大部分是老建筑修缮改造，部分重建。我承担了街景长卷的绘制和部分店面、牌楼设计等工作，接受了一次传统建筑的重要洗礼。1986年，在为《天津近代建筑》绘图工作中，我开始接触了一批近代天津建筑蓝图：劝业场、盐业银行、交通银行、开滦矿务局办公楼、汇丰银行……这些蓝底白道的图纸为我打开了一扇奇妙的门，看到了历史隧道中的建筑宝藏。我开始关注我周边的历史建筑，关注她们的前世和今生。

1998年，我承担了天津市鼓楼的设计任务。这是天津迎接新世纪和建城600周年的重点工程。我非常忐忑，也很激动，为此查阅了大量的资料。鼓楼是天津明清古城的标志性建筑，位于老城厢中心，从明代弘治年间（1493年）初建，历经四个朝代，曾三次大修、两次拆毁、一次重建，最近的一次是1952年拆除，所存留的资料较少，此次重建以何为基础呢？市政府召开了多次研讨会，很慎重地决定设计方向。在一次研讨会上，一位姓顾的老先生被人扶着进来，他说自己是1952年签署拆除鼓楼的人，有生之年就盼着鼓楼重建，老人哽咽的声音激励了设计组的设计激情。为了让重建的鼓楼能够更好地反映天津历史，我们严格按照明清建筑制式设计，鼓楼的所有构件尺寸均是由斗口尺寸推算而来。同时我还请教了冯建逵、章世清、王其亨等先生，在他们的鼓励和帮助下，我在方案中采用了历史上鼓楼的多个元素：明代楼基座的七券七伏的锅底券门、四个门上的匾额题字、重檐歇山顶、楹联等，尺度则与老城厢规划相适应。鼓楼在2000年建成，冯骥才先生亲自题写了鼓楼重建铭记，其后又被天津市民评为最受欢迎的建筑之一，现在成为了津城一景。我很感谢鼓楼重建这个设计机会，她让我对天津的历史进行了一次深入的梳理，探索了建筑遗产保护的多个角度，同时在鼓楼的设计中，使我跳出了"仿古建筑"的媚俗做法，真正将鼓楼近600年的历史进行梳理，对明、清、民国三个历史时期鼓楼的兴建、毁灭进行溯源，从而提出较为适宜的鼓楼重建方案，重温了一次传统建筑之美。

20世纪80至90年代，是中国住房制度由福利分房逐渐走向商品房、市场化的阶段，也是中国的城市建设飞速发展、建筑遗产保护逐渐走上正轨的时代，这个阶段的居住区规划、住宅和建筑设计百花齐放，设计理念越来越人性化、科学化。我很荣幸赶上了这个变革的

作者在国际会议发言

时代、火红的年代，承担了很多的设计项目，每天都很充实，见证了设计的春天，收获了专业上的丰硕成果，为设计院争取了很多荣誉。在见证祖国发展的同时，我本人也从初出茅庐的助理建筑师，35岁就担任了设计院的总建筑师，36岁成为正高级建筑师，37岁成为获得国务院特殊津贴的工程技术专家，两次被评为天津市劳动模范。

在经历了大量的建筑设计实践后，我开始对建筑设计理论和历史有了新的思考。1994年至1997年，在天津大学邹德侬教授和天津市城市规划设计院张菲菲教授的指导下，我开展了对中国住宅建设历史的研究。期间我走访了全国26个城市，从最南边的广州、海口到北边的哈尔滨、大庆，从北京、上海等大城市到东营、常州等中小城市，调研了100多个20世纪20年代至90年代的住宅小区。这些住宅小区和住宅单体设计，见证了中国住宅建设现代化、人文化、科学化的演进过程。其中改革开放后的住宅建设，无论在数量还是质量上，都开创了一个新的时代。1986年开始的建设部全国住宅试点小区建设，开启了对住宅小区全面的科学探索。以菊儿胡同为代表的传统住宅有机更新探索，以天津川府新村、济南燕子山小区、无锡沁园新村、北京恩济里小区、合肥琥珀山庄、常州红梅新村、苏州桐芳巷小区、上海康乐小区、天津居华里、安华里小区等为代表的试点小区，无论在规划设计还是建筑单体上都达到了一个新的高度，使得城镇居民住房水平实现了质和量的极大提高。这次调查，让我看到了改革开放以来中国住宅的巨大变化，这些成功的实例，既浸润着建筑师的心血和智慧，也记载了中国改革开放的奇迹，都被我收进《中国现代建筑艺术全集·住宅卷》（1998年由中国建工出版社出版），作为典范保存。

改革开放也使得知识能够在各方面展示力量。2001年我离开设计岗位，先后被党组织安排在市房屋管理、规划和自然资源管理部门从事行政管理工作，我分管的工作中有房屋管理和建筑遗产保护，也有涉及科技和国际合作，这为我提供了一个更大的为祖国、为人民服务的阵地和舞台。2003年天津将历史风貌建筑保护列入了立法程序，经过近两年的努力，市人大于2005年7月颁布了《天津市历史风貌建筑保护条例》。我有幸参加了立法全过程，并担任了第一届、第二届、第三届天津市历史风貌建筑保护专家咨询委员会主任，用行政和技术的合力，从事建筑遗产的保护，守望精神家园。2005—2007年，第一个保护项目——静园历经600天的整修，达到了安全修复、恢复原貌的效果，由一个45户人家杂居的住宅成为展示末代皇帝溥仪由皇帝到公民的展览馆和爱国主义教育基地。其后，大清邮政津局旧址、庆王府、先农大院等建筑渐次修复，成为天津历史风貌建筑保护的重要成果。保护的过程艰辛，但成果让人欣慰。建筑遗产作为人类共有的精神家园，历来是各国文化的交流使者。面对来访的国内外朋友，我们的保护成果让他们对天津这座城市有了新的认识和喜爱，这让我深深感到，改革开放使我们身处一个越来越重视文化遗产保护的时代。2009—2018年在天津召开的第十届中国国际矿业大会，也让我和我的战友们在为祖国矿业发展"走出去，引进来"的服务保障工作中，见证了改革开放在矿业领域、国际合作方面不断增强的国家力量！这是中华民族的幸运，也是我的幸运。

1978年—2018年，在40年的历程里，我从湖南老家出发，幸运地搭上改革开放的时代列车，在"振兴中华"的豪迈情怀中，经过了大学、建筑设计、行政管理等多个站点。今天我们的国家进入了一个新时代，"实现中华民族伟大复兴"的中国梦成为继续前进的动力，改革开放的列车永远在路上。虽然我已不再年轻，但我感觉自己仍处在朝气蓬勃的状态，我肩上增加了自然保护和历史文化名城保护的工作，为人们守护生态家园、守望精神家园的工作仍在继续。在新时代继续深化改革开放的列车上，我检视自己，鼓励自己：不忘初心，永不掉队，继续前进！

孙兆杰

1962 年出生，1983 年毕业于合肥工业大学建筑学专业，现任中国兵器北方工程设计研究院有限公司总经理、总建筑师，中国建筑学会理事 、中国建筑学会工业分会副理事长 、APEC 建筑师、中国勘察设计协会常务理事、河北省勘察设计协会副会长、建筑工作委员会主任、河北省土木建筑学会副理事长、建筑师分会副理事长等职。

改革开放 40 年，波澜壮阔。我们国家的面貌发生了极大的变化，每个身处其中的个体从思想、工作到生活也都欣喜地变化着。1978 年，我进入合肥工业大学学习，开始与建筑设计结缘。1983 年，我毕业后进入当时的第五机械工业部第六设计研究院工作（现中国兵器北方工程设计研究院有限公司）。40 年沧桑巨变，岁月变迁，但我对建筑设计的热爱矢志不渝，也一直未放弃用手绘来表达建筑设计理念和创作思路。35 年的建筑设计实践中，从手绘渲染、电脑制作到平板手绘，我都坚持用手绘来表现建筑创作方案和设计成果。

我很幸运，工作刚两年就作为方案主创负责人，接到了第一个设计任务——太原机械学院综合楼项目。当时太原机械学院隶属第五机械工业部，综合楼设计任务由部里直接下达我院。其实，在这之前，项目施工图已由我院其他同志完成。但随着改革开放大幕开启，校领导的眼界逐渐开阔提高，对已完成的施工图设计提出异议，表示可以再支付一次设计费，对项目进行重新设计，但前提是必须重新设计方案。经过多方案比较，我的方案被选中，组织开展施工图设计。按照在学校所学，方案确定后需要画一张效果图。当我在单位寻找纸张、水彩颜料和毛笔时，却遇到问题：单位器材处没有储备这些东西。我们组长是结

图 1　1985 年太原机械学院综合楼设计

构专业的老同志，他不解地问我，你想要画的效果图是什么？我把大学时的作业照片拿出来给他看，他说这是个好事啊，但咱们单位从来未画过，这份投入不能核定工作量，所以年终奖不能计算这部分工作。我说，工作量可以不计，但必须要画效果图。组长很支持我，指导我向院里提交了购买水彩纸、水彩颜料和毛笔的请示报告。请示报告一直审批到主管副院长，最终才完成了我工作后第一个项目创作的效果图——《太原机械学院综合教学楼》（图1）。我用这张渲染图参加了1987全国建筑画展，并被收入《1987全国建筑画选》。

1987年9月，女儿满月当天，室主任告诉我，院长张必伐指定我去深圳分院做一个方案。坐了两夜一天火车到达广州站，又乘坐2个小时的广深火车到深圳，再搭乘一个小时的中巴才到达蛇口那个叫花果山的驻地。这是我第一次到深圳特区，当时的北方已进入秋季，但深圳的天气还是非常炎热。我到了以后才知道要负责的项目已成了夹生饭，业主南方玻璃公司要建一个办公楼（即南玻大厦），我单位深圳分院已完成全部施工图设计，并且施工已到了地平，基础和柱网已全部完成。而且其中一层将作为我们深圳分院的办公地。南方玻璃的曾南总经理看了后，认为建筑形象太难看，指出要拿不出好的设计方案，将委托别的设计院重新进行设计。临危受命，这就是我被紧急派往深圳的原因。无暇多想，我第一时间就深入项目工地，现场研究施工图，现场考察施工进展情况。然后，我与曾南总经理进行了深入交流，并立即创作了一个方案，画了建筑正面和背面的两张效果图，得到曾南总经理的高度认可（图2）。20年后的某天，我曾站在位于工业八路的我家房子阳台上，指着工业七路上的南玻大厦，告诉女儿：这就是你刚满月时，我受命来深圳做的那个办公楼。改革开放大潮汹涌，随着深圳的快速发展，今天位于深南大道的这栋高楼大厦已沦为深圳一栋不起眼的小楼。

图2 1987年南玻大厦（深圳）

1986年，我担任津巴布韦Z881项目的专业负责人，赴津巴布韦考察。1988年，整个工厂的施工图设计完成。这是一个机械和火化工共存的综合性工厂。当时英国设计方提出了综合厂房的概念（那时在我们国内，火化工领域联合厂房还是一个空白），我们必须创作出火化工性质的联合厂房方案。在克服了包括规范在内的诸多困难后，终于创作出满足业主需求的设计方案（图3），并中标。但在施工图设计中却犯了一个想当然的错误。由于当地的气候和地质情况，当地的工业厂房建材都以石棉瓦为主，屋顶、墙面包括雨水天沟都是石棉瓦制品。考虑到这些因素，再加上工艺要求，我们决定建设钢架石棉瓦锯齿形天窗联合厂房。国内锯齿形天窗厂房的习惯做法是向南，面朝太阳。鉴于津巴布韦地处南半球，太阳在北面，我们将锯齿形天窗设计为向北。设计交底时，业主提出当地人不喜欢太阳照到屋子里，我们又按要求将锯齿形天窗修改为朝南。这个经历给我留下深刻印象，成为我工作中的一个宝贵经验。

1995年——开始了电脑建筑画时代。

每次方案创作都要花费大量时间和电脑画师沟通，修改效果图，但总是很难达到自己所想象的效果。20的时间，我完成了大量的设计创作：河北华联商厦、石家庄站前综合楼、河北省科技会堂、河北农业大学新校区、东华理工学院、河北省科技会堂、河北省政府办公区……

2015年，我开始尝试用平板电脑手绘建筑效果图。

2015年贵安职业学院进行招标。贵安新区是国家级开发区，贵安职业学院是新区建设的第一所大学。这所大学的建立主要是为位于新区的阿里巴巴大数据中心提供职业人才支撑，同时也为新区提供人才支撑。大学校园规划设计是我们的特色。从2001年开始，我就带着设计团队进行大学校园规划、建筑整体园区设计，大大小小也做了几十个项目。贵安职业学院项目对我们而言，没有什么难度。经过多家设计院的激烈竞争，我们设计团队成功中标。随之而来的问题是，业主要求由我们进行项目管理，并且要求第二年学校就投入使用，开始招生。我们只能采取边设计边施工的模式推进。按照贵安新区规划和城市设计的整体要求，结合自然水系、地理环境和职业学院的自身功能所需，我们完全按照地方建筑风格要求进行规划和建筑设计，方案的风格是黑瓦白墙、依山就势。但在初步设计即将完成时，领导却突然提出要建成红瓦石墙的简欧式风格，也就是现在建成的样子了。这样一来，使原本就不宽裕的工期更加紧张了。不过，值得欣慰的是，贵安职业学院总体设计上

图 3　1988 年津巴布韦 Z881 项目

图 4　2015 年贵安职业学院

图 5　2017 年中国兵器激光研究院

还说得过去，只是施工稍显粗糙了一些（图 4）。

中国兵器激光研究院新址位于成都天府新区中心区湖区的南岸，坡度较大，300 亩地的园区主道路从中心穿过，这样形成了临湖面的一部分区域作为主办公区，其主入口是下坡，从北面进入。这是一个典型的山地建筑。业主负责人是一位国内顶级光学专家，酷爱建筑，不仅很快就认同了我们方案前期采取手绘方法交流的想法，而且对建筑设计色彩、空间、立面、材料等提出独特见解，并在设计标书时时明确了"正大光明、风清气扬"的指导方针。正，即场地布局端正、均衡。大，即建筑物大气沉稳。光，即充分利用自然光，阳光明亮、光影效果好。明，即建筑物有明堂。风，即风格简洁雅致，统一而不失变化。清，即动静结合，园区内部人车分流，宁静致远。气，即气流顺畅，合理间距，进行风环境分析，风热环境良好。扬，即整体向上，朝气蓬勃。这八字方针以及解释成为建筑规划设计的指导思想和灵魂。对创作者而言，复杂的地形以及激光研究工艺和产品的精密要求既是一个限定，也是激发创作灵感的动力和良好条件（图 5）。很幸运能遇到这样的业主和项目。

2018 年 1 月，石家庄市委直接指定由我公司完成石家庄党校设计任务，要求 2019 年建成并投入使用，这又是一个边设计边施工的任务。给市委常委汇报方案时，我提出了我的设计理念：这不仅是一所高等学府、一所学校，更是一所党的学校、一所石家庄的党校。对于大学来说，我们已经完成了近百所，基本掌握了综合性大学、专科学校以及职业学院等各类型学校的规划设计要素。党校是党的高级管理人员的培训地。作为党校这一特殊类型的学校，我们也有所接触，但对于新时代下新党校如何定位，我们还必须做更深一步的研究。因为石家庄有西柏坡，而西柏坡被誉为是"新中国从这里走来"的地方，所以新建的石家庄市委党校一定要赋予更加特殊的意义。综合的条件和设计的路径是：山水，即看得见山、望得见水。赶考路、心相印，西柏坡是中国共产党前往北京执政的起点，是毛泽东主席所说的"赶考"的起点。习近平总书记在河北正定工作期间，提出并践行了"同呼吸、心相印"、坚持走群众路线的理念。对于这些，我们必须深刻理解其内涵，并在设计创作中加以凝练和体现，才能设计出好的方案。经过多轮方案

图 6 2018 年石家庄市委党校

比较后，最终确定了反映我们设计理念、符合业主需求的方案。（图 6）

改革开放 40 年，风云变幻，但发展的主线没变。在改革浪潮的簇拥下，我们的思想、工作、生活等在不断发展变化的同时，也有着我们一直的坚守和执着。于我而言，一直未变的就是对建筑设计和手绘表达的热爱和坚持。无论建筑创作理念和设计手段如何变化，我一直没有放弃手绘，即使在用电脑敲键盘画效果图的时代，也坚持用手绘画完草图透视再去制作电脑效果图，一直坚持全过程对透视的角度、色彩、材料质感等进行调整。因为手绘的过程是创作思维再次表达、设计作品再次呈现的过程，也是我对一个作品不断反思、不断完善、不断提升的过程。

跨越"三个时代"

/ 桂学文

桂学文

1963 年出生，1986 年毕业于南京工学院（现东南大学）建筑系建筑学专业，同年分配到中南建筑设计院从事建筑设计与规划工作至今，现为公司首席总建筑师。中国建筑学会第十三届理事会常务理事、湖北省土木建筑学会建筑师分会理事长、第五届全国优秀科技工作者等。

光阴似箭，40 年弹指一挥间。期间过往历历在目，感慨万千。

20 世纪 60 年代出生的我们，大学学习、工作成长、事业发展与改革开放的节奏基本同步。在百废待举中不懈奋斗，及至伟大复兴，中国仅仅用 40 年的时间就走过了相当于欧美 200 年的发展进程，并一跃成为世界第二大经济体。在此过程中，伴随着快速的城市化、互联网信息技术的兴起与普及，信息资源也从"单色时代"（20 世纪 80 年代）的匮乏、"彩色时代"（20 世纪 90 年代）的发展，来到了信息时代（21 世纪）的过剩。中国以难以想象的持续高速发展，给了我们在个人职业生涯中跨越"三个时代"的独特经历。

"单色（黑白）时代"（20 世纪 80 年代）·学习

20 世纪 80 年代，似乎一切都是"单色"（黑白）的，当年的黑白照片还略显奢侈。

我和好多人一样，是误打误撞开始建筑学专业学习的。那时我以为建筑学是关于建筑工程、桥梁什么的学科，并不清楚建筑师是做什么的。当时信息资源十分匮乏，主要来源是课程和书籍。在这有限的资源中，单色的教材常混杂有部分油印的手绘图纸，书籍资料也以历史传统、传世经典为主。那个时期我们很少有渠道可以了解外面的世界，国外的城市发展、现代建筑的风起云涌，是到我们工作以后才有机会逐步了解的"当代史"。

大学刚开始的专业训练是水墨渲染、仿宋字和线型。持续一周的古塔水墨渲染，固定尺寸的仿宋练习，粗细不等的工程线型，很好地呈现出建筑设计作为工科专业的严谨。毛笔、钢笔、针管笔逐渐驯化了我们的手、眼、脑，也为随后到来的职业生涯磨炼了性格，锻炼了耐心。长期的单色（黑白）强化训练，让我在后来学习 CAD 制图时，总难以习惯用不同颜色对应线型粗细，不知传说（实际也

作者学生时期照片

合作的项目，当时还专门组织了建筑师前往此类重大项目参观学习，如上海大剧院、上海浦东金贸、北京国家大剧院等。置身现场，全方位的空间体验和强烈的感官冲击，让我们真切地感受到了当年中外设计的差距。这在一定程度上促进了大家心态和视野的开放。行业内的学术交流、参观学习等活动屡见不鲜，整体氛围昂扬向上，大家不断打破自己固有的局限。那时有关境外知名建筑师、事务所的宣传、资料已随处可见，如 SOM、KPF、理查德·迈耶等设计专辑，几乎建筑师人手一册。

在时代的助推下，我们是被"挤上车"的一代。快速城市化带来的建筑设计任务量剧增、开始实施的注册

是）建筑师只穿非黑即白的服装是否也是受此影响。

20 世纪 80 年代的建筑项目还不多，公建类更少，普遍规模小，造价低，标准控制严格。在有限的材料和建造（构）形式的条件下，还要充分贯彻经济、适用、安全的建筑方针。一般建筑师的工作偏重于如何高性价比地实现功能要求，设计自由度相对较低。尽管如此，建筑师的创作愿望总是推动我们持续思考。只是受限于个人的学识与见识，又少有实地参观学习的机会，方案构思的来源主要是通过翻阅同样有限的书籍和资料。因为资料稀缺，从大学时就向师长们学习一种用硫酸纸（或拷贝纸）白描（或临摹）书籍资料的方式。年长日久，倒是积累了不少"建筑图形"素材，对方案设计颇有作用。

"彩色时代"（20 世纪 90 年代）·学做

20 世纪 90 年代，信息资料从"单色"（黑白）走向"彩色"，一度盛行的彩色胶卷中，映照着逐步丰富多彩的社会环境。

那差不多是我在中南院的第二个 10 年，个人职业生涯走向成熟之时，非常有幸地赶上了国家进一步深化改革开放的节奏，邓小平南方讲话、上海浦东开发……国家的一系列标志性动作，为那个时代奠定了明确的基调。建筑项目日益增多，建设速度越来越快，规模与标准较 20 世纪 80 年代有了质的飞跃。

正是在这样高速发展的时代里，发达国家的建筑师事务所、明星建筑师们在逐步开放的国内民用建筑设计市场中，用先进的规划设计理念，成熟的建筑实践经验，领先的建构、材料技术与行业体系，赢得了北京、上海等地大量重要地标项目的方案设计权，中外合作设计迅速成为城市重要项目的操作范式。中南院也有一些中外

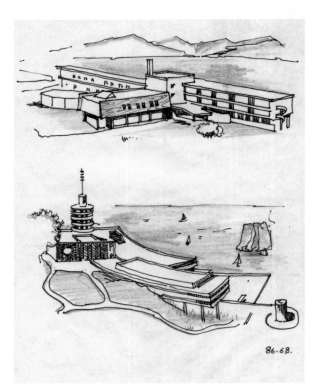

作者绘建筑效果图

省政府办公楼

建筑师制、逐步普及的计算机辅助设计（CAD），以及伴随改革开放引入的新思想、新理念、新技术……在中国这趟加速行驶的列车上，我们持续学习、吸收新知。但不可否认，那个时期的建筑设计，更多的是向国际领先的大师、明星建筑师和知名设计机构跟学、仿学，在快速实践中吸收、验证自己的建筑观、设计观。

信息时代（21世纪）·边学边做

21世纪，互联网基础设施化，信息电子化，大大小小的屏幕背后，是永不停息的字节符号，但真正有效的信息，总是稀缺。

进入新世纪，建筑业一度成了最热门的行业。随着经济的持续高速增长，城市的快速扩张，建筑师拥有了愈发广阔的舞台。各种形式的设计机构应运而生，从业人员迅速增加，建筑学专业也逐步从早期的老八校，扩充至近三百所各类高校的"热门"专业。在剧烈的市场变化中，设计机构不断调整自身组织模式，其中，中南院于2010年成立了以个人命名的总师工作室，以创作精品、作品和培养先进人才为目标。这也成了我反思、探索建筑创作之路的契机——新建团队，重新出发，尝试在产值与作品、生产与科研、经济效益与社会效益之间，走出一条"中道"。

回首初心，还是热爱建筑设计。2009年开始，我有幸主持和主设中国人民革命军事博物馆改扩建工程（军博）和武汉天河国际机场T3航站楼（T3航站楼）这两个重大工程项目。面对超大的体量、复杂的功能，从总体规划、方案设计，到施工图、内外装饰、景观的全过程设计范围，我既深感荣幸，更心怀敬畏。为能使项目成果达到其定位水准，我和我们团队的设计工作贯穿项目全程。

我们积极吸纳同类项目的经验和教训，在探索中适度创新。例如考虑到国外类似著名的巨型博物馆，因其多次改扩建后，空间识别存在一定困难，我们在军博的设计中便通过采用"中轴+回字形环廊"的方式构建空间序列，既能方便布展、游览，也利于营造序列、层次更加彰显军博对高大空间的要求，提升空间识别感和体验感。

中国人民革命军事博物馆北立面

中国人民革命军事博物馆兵器大厅

中国人民革命军事博物馆环廊

在 T3 航站楼的设计中，我们结合国外常见的进出港混流模式，在超大型的航站楼中，以大集中、小分散的流线组织有效节省旅客步行距离；以多层登机廊桥实现国际、国内航班共用近机位的方式，提升近机位使用效率；以立体流动的空间、高透纯净的幕墙、绿色怡人的花园，改善旅客空间体验……设计中，我们兼顾规划设计、运营维护、旅客使用等多方视角，结合武汉城市夏热冬冷的气候特征，竭力营造一座因地制宜、内外一体、高效有序的花园机场。

中国加入世贸组织，全球化进程加速，让建筑设计行业内的交流和竞争日益常态化。我们的大量建筑设计项目无论定位、规模，还是功能、难度都已趋于世界水平，再加上有限的设计周期，其所面临的问题已无法依靠以往单维度的跟学、仿学来解决。只有在实践中秉承创新创意、至诚至精的宗旨，以开放的心态和批判的精神持续学习、反思，才有可能在项目实践中通过设计，为建筑赋能，真正做出满足当下需要、兼顾未来发展、立足国情基础、符合当地特征的适宜建筑。

武汉天河国际机场 T3 航站楼票务大厅

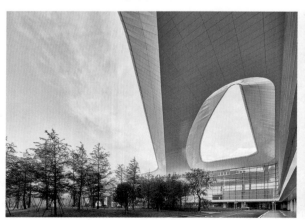

武汉天河国际机场 T3 航站楼花园实景（组图）

董明

1963 年出生，1983 年毕业于重庆建筑工程学院，现为贵州省建筑设计研究院总建筑师。长期致力于地域文化与当代建筑设计相结合的研究与实践。代表作有贵阳花溪迎宾馆会议中心、贵阳市龙洞堡国际机场扩建工程项目T2 航站楼等。

为纪念改革开放 40 周年的成绩与经验，作为一个建筑学人，在中国建筑发展的历程中，都不缺少刻骨铭心的事件或时间节点。我作为恢复高考新三届的 1979 级重庆建筑工程学院建筑系的学子，的确是赚足了改革的红利，书写出来与大家分享。

胸牌篇

每一个时代都有代表着那个时代的载体。收藏，则是其中一种方式，表达对那个失去的年代的怀想或希望收藏物品的升值，比如"文革"时期的粮票、代购券等。那我的时代还能找到哪些与自身息息相关的收藏物品呢？作为有收藏癖的我，毫不犹豫地选择了开会时发放的胸牌。那可是改革开放之后才有的东西嘞！

众所周知，"文山会海"是一个贬义词，但作为设计院的员工，能代表院里的技术人员拥有赴会的资格，那也必须经过多年的打拼才能够攥得取经交流的船票。

2000 年，我到贵州省建筑设计研究院当副总建筑师，便扬起了我的"会海"之帆。我收藏的胸牌从 2004 年一直到交稿前，时间跨度 15 年，共计 130 余块，其中最多一年收藏有 6 到 7 块，少则 1 至 2 块。

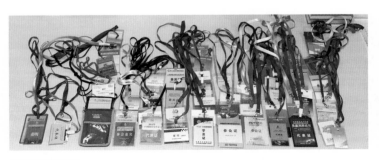

硕果累累的胸牌

由上至下为 2004 年至今收藏的参会胸牌

2004 年当代中国建筑创作论坛的胸牌

纪念改革开放 40 周年总建筑师论坛胸牌

第 12 届亚洲建筑师大会胸牌

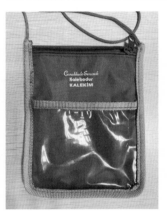

伊斯坦布尔第 22 次世界建筑师大会胸牌（组图）

第一枚胸牌来自2004年"当代中国建筑创作论坛"，红绳与胸牌依旧鲜红，但连接的卡子露出了时间的痕迹，即通体生锈。虽然关于论坛内容的记忆有些模糊，但当时作为论坛召集人的兴奋感、会上结交的同行以及结下的友谊却历久弥新。

改革开放就是倡导与世界接轨，按小平同志的说法，就是"请进来，走出去"。

1. "请进来"

我参加"请进来"会议印象比较深的是 2006 年的第 12 届亚洲建筑师大会。

第 12 届亚洲建筑师大会于 2006 年 9 月 17 日到 22 日在北京召开，大家来看看会议的内容，每一项都是改革开放在设计行业的具体体现：

当时的大会主题为"演变中的亚洲城市与建筑"，议题包括了以下内容：

①国际建筑交流与亚洲的机遇；

②开放的建筑市场与建筑师的表现；

③建筑的可持续发展与和谐社会（人与自然、建筑与城市、生态与节能）。

会议演讲人则是当今仍活跃在建筑界的大师：清华大学教授、中国科学院和中国工程院两院院士、中国建筑学家吴良镛先生；印度的查尔斯·柯里亚大师和马来西亚的杨经文大师（与后两位建筑师的缘分之后再述）。

2. "走出去"

（1）2005 年伊斯坦布尔世界建筑师大会

2005 年 7 月 3 日到 10 日，第 22 次世界建筑师大会在土耳其伊斯坦布尔召开，来自 100 多个国家的 4500 名代表出席了会议，以中国建筑学会理事长宋春华为团长的中国建筑师代表团 30 人应邀出席了会议，我有幸成为其中一员。

大会围绕"城市：多种建筑的大集市"安排各种学术报告，其中中国建筑师庄惟敏于 7 月 6 日上午在伊斯坦布尔技术大学建筑系的会场宣读了他撰写的论文。另外，中国建筑师王小东与德国建筑师 Stefan Foster 共同获得了"2005国际建协罗伯特·马修奖"。在大会期间，中国建筑学会和"北京之路"工作组还共同举办了以《北京宪章》在中国"为主题的中国建筑展览，展出了包括中国 22 位建筑师的设计说明及北京奥运建筑等项目。

（2）美国建筑师学会 2012 年年会

2012 年 5 月，应美国建筑师学会的邀请，以中国建筑学会副理事长兼秘书长徐宗威为团长的中国建筑学会代表团一行 6 人赴美参加美国建筑师学会 2012 年年会，我也十分荣幸能够作为代表之一，会议内外的很多有趣的片段，至今记忆犹新，这里分享其中一些。

5 月 16 日晚，我们应邀出席了在美国国会图书馆举办的美国建筑师学会 2012 年年会欢迎招待会，国会图书馆作为美国重量级的图书馆，建筑师年会能够在这里举办，足以体现了这个行业在美国的受尊重程度。

另一个有意思的小细节则是会议的签到台设置，以参会人员姓名的首字母排序并分区，简洁有序，令我记忆深刻。

5 月 17 日，代表团参加了在华盛顿会展中心举办的年会开幕式和主题报告会，参观了年会展览。展览主要以材料、设备、软件等生产厂商为主，参展企业近 700 家。清华大学李晓东教授获得了美国建筑师学会海外资深会员称号。年会开幕式规模宏大，参会人员达 5000 人，至今我仍然记得当时井然有序的会场秩序，还有会议向全国进行直播，还细心地全程配置了手语翻译。

追星篇

追星族是指崇拜某些明星的人或群体，他们多数是年轻人，有着时尚的心态。追星族如今有了另外一种称号，即"粉丝"。"粉丝"是英文单词 fans 的谐音，粤语"追星族"则有另外一种称号，即"拥趸"。

每一个家长几乎都有追星的子女，想想儿子小时候

登记注册

美国建筑师学会 2012 年年会胸牌

简洁有序的签到台

乐队的即兴演奏营造出气氛融洽的酒会

1992 年在上海与查尔斯·柯里亚合影

2003 年世界华人建协筹备会参与人员合影

2003 年与杨经文大师的合影

2016 年杨经文大师成为首位获得梁思成建筑奖的外籍建筑师，体现了中国建筑界的大国胸怀

2018 在哈尔滨工业大学与何镜堂院士合影

床头的 F4 照片，我也秀几张自己的追星照。

1992 年我在上海开会时，遇到了前文提到的印度建筑师查尔斯·柯里亚，留下了目前能找到的最早的"追星照"。

我也是杨经文大师的铁杆"经粉"。在 2003 年世界华人建筑师年会筹备会上，我与贵州省院老院长罗德启一起去香山饭店参加会议，第一次见到了杨经文先生。

多年后，在 2016 年清华大学举办的梁思成建筑奖颁奖典礼现场再一次见到了坐着轮椅领奖的"明星"杨经文先生。看到精神依旧矍铄的他，不由感慨万千，耳边响起了那首歌《让我们一起慢慢变老》。

从 2004 年到 2016 年，12 年的光阴飞逝，"经粉"也逃不过时间这把杀猪刀，但我也十分荣幸，能够见证中国建筑在世界地图上越走越远，越走越扎实的脚步。

2018 年 9 月，在参加哈尔滨工业大学建筑设计研究院六十周年庆典的欢迎晚宴上，又与何镜堂院士合影

留念。因此别责怪孩子们成为"追星族"了，我也一直在追星的道路上，他们的思想和作品，激励着我们这些后来者前行。

赴会记就说到这里。我们从四面八方涌向某一城市，交流、学习、生活，短暂的欢愉后又各回原位，为了 face to face，还乐此不疲，值得一提。祝各位不顾舟车劳顿的同行们：平平安安，道一声辛苦，后"会"有期！

四十载时空坐标

/ 崔彤

崔彤

1962 年 10 月出生，硕士毕业于清华大学建筑系。全球华人十大青年建筑师奖获得者，全国工程勘察设计大师。现任中科院建筑设计研究院（中国科学院北京建筑设计研究院）副院长、总建筑师。代表作有中国科学院图书馆，泰国曼谷中国文化中心等。

仔细想来，我们经历的岁月，似乎只有两个阶段，第一段"漫长"的十年"文革"；第二段"快速"发展的 40 年改革开放。

一、时间记忆

不堪回首的十年，却让人时常念想，往顾和眷恋梦般岁月，遥远难以分辨，因为悲情才漫长，因为迷离才魔幻。

那个岁月，最高指示、"红卫兵"、"牛鬼蛇神"、大字报、劳动改造、人造卫星、原子弹、东方红、成分、苏联、样板戏、"剥削阶级"——这些相去甚远的碎片纠缠在一起，构成了童年的记忆。

想像的欢快、阳光、玩耍，却成了一种奢望。相反，孤独中的成长，"早熟"的"观察、思考、想象、感悟"提前进入到我的世界。我不得不接受那个时代给予的馈赠。

也许是苦涩更让人记忆深刻，对"痛"的品尝，对"难"的忍耐，磨难铸就了一种品格，自我克制、自我修复、自我反省，形成了自身的精神结构：不认命、不服输、相信明天会好。

二、空间"原型"

父母在北师大被错划为"右派"下放到内蒙古后，我最深的记忆是"游牧"在北京与内蒙古之间。

父母会受到学校"红卫兵"的批斗，为了我免受伤害，他们常把我送回北京爷爷家。往返于北京和内蒙古的"游牧者"在怖慌和不安定中度过童年。我曾目睹父母和我们家族最为惨痛的景象，抄家、批斗、游街……

再次"逃回"北京的四合院，除了大门和天空，一方封存的天地，安全的庇护所，虽有家人的陪伴，多是静默和窃窃私语。我的世界，院子，"百草园"；我的最爱，金鱼缸，平日可见树影和天光，蜻蜓点水，留神看，幽深处的金鱼突然间浮游到水面。还有边上的花盆里我种的"豆子"，每天都在长；大门口，我的"禁区"，在一个废弃的木盒子里，藏了我玩具枪。透过门缝窥视外面时，也会被家人"捕获"，又要被关在屋子里好久，无奈，我会看着阳光透过格栅窗上的影子移动、拉长、变形，日复一日，直到能判断出时辰来。

下放的父母，只有斗室一间，除了床，一个火炉，剩下的只有围屋一圈的书架，"文革"中书也没逃过"一劫"。

书围绕着火炉和床是我最深的记忆，如此"维系与支解"便成了一种心理图式或"框式结构"，潜意识里影响着我的设计生成。其实，我做的科学院图书馆的"原型"就是书的空间围绕着一个院。

三、设计建造——第一个"作品"地窖

设计是对生存的认知，生存和毁灭都不是问题，关键是如何生存，是改变自身，还是改造世界？如果我们改变不了环境，也无法抗衡这个世界，能做的就是改变自己，或者说设计自己。

设计源于大脑的构想，内心的设定，预先完成的建造。十岁那年，首个"设计和建造"的创举，我完成了一个"地窖"和"围墙"。

没有图纸，但有周详的谋划和构想，包括挖出土的量和堆放位置，及如何变为"砌块"。我的工程让人痴迷，像是劳作的游戏，本能的身体力行，手与土的默契，与生俱来的技能：挖掘、运土、堆出、和泥、团成泥坯，像大个"面包"，一个连着一个，正好铺砌围墙一层，像燕子搭的窝。期待第二天，第二层的"泥面包"又会错缝铺砌一层，几天后地窖已见稚形，围墙也渐高。

现在想来，无论是劳作还是玩耍，这个与土打交道，这个认知世界的过程伴随着心灵顿悟的成长，我称之为"设计"的开端。

四、"心画"图语——第二张素描

"文革"期间，脱不掉的魔咒："剥削阶级、狗崽子、'右派'的孩子"，没有公平，也无奢望，不争学霸，唯有画画。

我幸运地遇上一个教素描的好老师，他还备有前苏联的教材和范图，实属稀罕。可我刚开始的素描，不算太好，但有过人的观察，能默记那些范图和教素描老师作画过程。当晚，不得入睡，大脑在"循环播放"那组

石膏、范图，无数遍的在"心中的纸上"画着，直到满意。二次再画好像"现场重播"，老师惊问，"不是没有学过吗？"我回答，"我记下来又不断地想。"那年，我应该是十岁出头。之后，"心记""脑绘"成了我的绝招儿。

一种"身心技巧"，可以"打开"和"关闭"，在心静的时刻打开，任思绪和想象在游走；如此逃脱现实，在"想象和回放"中长大。

谢谢那个漫长黑夜孕育了奇幻的梦，让我拥有苍凉和有趣的"前世"；致敬那段年月，在革命洪流的边缘地带，让我蜷缩在角落逃逸了教条，我被"改造"，被锤炼，直到有韧性。

五、文化讨伐——认知期（1978—1988）

备战备荒、批林批孔、毛主席去世、粉碎"四人帮"、接班人、上山下乡、恢复高考、"右派"摘帽。

父母彻底平反昭雪、拨乱反正，我们"解放"了，一样上学、一同高考，知识分子也是劳动人民。科学春天到了、改革开放到了，我们进入了新时代。

"文革"后的头十年，压抑了很久之后的"文化讨伐"时代，一个中国文化复兴的初始。思想先行，经济落后，传统文化与西方文明强劲冲击，迟滞的建筑理论突然着陆，"后现代、解构、类型学、符号学……"中国建筑界似干涸沙漠遭遇大雨，没有被过滤，全部被"吸干"，尤其"符号"，至今还有余毒，成为不灭的印迹，摘不掉的"帽子"。

这十年，认真的、踏实的、恨不得把失去再夺回来的热情、把传统文化的热爱和空降的后现代误读蛮拧的结合，创造出没经过"现代"的"后现代"建筑，一种发育不良的物种，对比20世纪50年代的十大建筑相形见绌。

六、宁静致远——学习期（1988—1998）

我们这些被锤炼过的人，算有定力，没有随波逐流。90年代又回到了学校继续读书，与80年代相比，建筑界沉稳了许多。清华的建筑学院淡定从容，底蕴深厚。建筑学院也终于有了自己的系馆，独立完整，白派风建筑，一身素颜，风格强度低，无所谓主义。缺少了什么？想念20世纪80年代的建筑系，主楼、大台阶、主门厅，8楼、9楼、10楼。914的幻灯室，10楼的美术教室，东门外的"大寨田"的蛙鸣；西门外边圆明园的野趣。

穿梭在焊接馆、新水、学堂、主楼之间，觉得建筑系无所不在。那种神圣和自由，坚守与开放并存的状态，难以忘怀的大学精神，自强不息，厚德载物。

感谢清华，让我受益匪浅，思想比专业重要，智慧比知识重要；感谢清华，学会吃"点餐"和"自助餐"，学会设计自己的学业和人生，有了自己的建筑观和方法论，有了完整的知识结构框架；感谢导师栗德祥先生的引导，有了终生享用的思想和方法。

20世纪90年代，建筑圈跟风、辩论、香港回归等一系列活动之后，逐渐冷静、成熟的建筑生态呈现出来，"走出去、请进来"。留学、出访，海外建筑师的进驻，以及"实验田、工地"的发展，建筑界原动力增加。超高层、大尺度、重量级的建筑出现了。国外大型建筑事务所的高品质、有细节建筑的垂范；强化建筑本体研究；回归建筑的基本理论；百花齐放的建筑新局面出现了。

七、设计践行——成长期（1998—2008）

成长期的我们，先天的禀赋+后天的历练，时逢改革成熟期，得以释放，"新生代"60年代建筑师在2000年左右，涌现出强大的力量。

天时地利，数量质量，让海外同行羡慕，引"设计军团"大规模进驻，"空间殖民，设计输入"，形成竞争和合作关系，设计能级在"枪林弹雨"中得以提升。

新千年，新思想、新理论、新方法不断涌现，最潮建筑亮相，形式至上卷土重来，类绘画或类雕塑的"形式游戏"泛滥。

正义的建筑师"形式敏感"或"形式洁癖"，思考形式、建构、空间的互成关系：以功能空间为目标，生成建构体系，自然呈现形态。证明建筑形式语言绝不孤立，建筑形态本不属于图像。

其间，我完成了中科院图书馆和几个科学实验室的设计，通过科学理性的设计或逻辑求导，践行"中看和中用"的建造。这一系列项目的设计思想可归纳为：结构化形式、空间化形式、设计逻辑的背后是经典建筑所蕴涵的科学。图书馆设计基于传统中的空间、建构、形态的互成性下"光"空间探索。

"结构化的形式"传承木构体系中的逻辑，结构即形式的真实性建构，"木构高技"转化为技艺合一的架构体系，创造出柱廊、桥楼围绕着空虚"妙有"的"中心结构"。

"空间化的形式"以"原型院"作为能量源，解决采光、通风，将功能空间呈现出来，创造空间化的形态，

北京林业大学学研中心

"院空间"的体积感，界面，纵深感，以及透明性成为形式语言的内核。

在中科院计算所、中科院动物所及国家动物博物馆、中科院研究生院教学楼的设计中，结合科学院的特点，进一步将"空间化的形式"拓展为具有"平行结构"的空间语言，并形成一套空间秩序法则：如空间模件、立体园区、生态仓、漫步空间等，并由内而外的呈现，创造一种表里一致的空间形态。

八、城市建筑

建筑不会孤立的存在，或在城市、乡村，或"在地、面海、向天"。建筑作为城市的环境因子，不会与世隔绝。

从北京中心出发，长安街、中轴线到二环、三环、四环，若干个重要地段的设计实践，让我们认知这个四环等大于新加坡、人口相当于澳大利亚的北京城，是怎样崇高的"国家化城市"；壮美中轴怎样穿越元上都直到元大都同构于大地的经络；伟大的首都的国都威仪和结构统摄。

位于长安街的国家开发银行，我们战胜了最后一个竞争对手SOM，标志着长安街项目被外国人把持的时代终结。当然，这并不是基于政治建筑学下的国家格局，而更多是当今首都与昔日帝都、现代京城与传统街区平衡体系的建立：一种非砌筑式、非封闭的架构体系回应城市。从南边的传统肌理出发，探究四合院的空间形态和尺度，寻找一种可能性，在城市尺度与旧城肌理、城市空间与院落空间、现代技术与传统技艺之间建立一种媒介关系。

"敏感性"最终落在建筑"双重性"上，它存在于现代与传统两类城市形态的并置与冲突，设计的挑战以

及主要"发力"都是如何在两种"异质"要素之间寻找平衡，它要求建筑具有"宽容度"和"沟通"能力。

架构体系的中国建筑就具有空透骨架的品质。我们把它理解为一个空透的网格，可以"吸附""吊挂""承载"任何物质，可以按照人为的方式"穿越"，这里封闭的墙或者盒子的概念完全被解体，光线、空气、景观以及人的行为按照设计目标可以自由穿越和贯通，如同是园林中"亭子"，提供了一个与周边沟通的框架。一个具有吸纳和释放的开放体系，它能够"连接"和"穿透"前、后、左、右、上、下，而成为新媒介。

九、设计系统——发展期（2008—2018）

改革开放 40 年，以 2008 年奥运会、2010 上海世博会为契机，构成一个时空节点：中国设计在探索、发展中逐渐积累了经验，中国的建筑师在追赶学习、中外合作、国际竞争中日趋成熟；建筑设计在数量和质量上都有提升。其间，国际竞争也更激烈，我们在这场角逐中不断取得佳绩，这表明了中国建筑师已经站在了国际舞台中。

奥运会后，北京"三大馆"的国际设计竞赛，可谓设计界的"奥运盛会"，每个馆舍数以百计的参赛者角逐，作为唯一的进入两个馆（国家美术馆、国家工艺美术馆）的"决赛队员"，在国家工艺美术馆中，我们以前五、前三、前二的佳绩，接近目标。虽未中标，但"研究式设计"为我们留下了享用的思想：从非物质文化遗产和中国工艺的角度分析中国传统木构建筑，融合桥梁、船只、器物的"技艺"，从"自然造物"，生发"造物自然"，提出"一元初始、二木相和、三木建构、四木支撑"的空间模件体系，以"水墨晕染的建构"统摄全局，通过元素、模件、单元、序列的层级系统创造出一个"空间的时间化"的叙事体验。

这十年跃迁式的发展，正是三十余年积累和迭代的结果，我们的设计呈现出"五个发展、五位一体、三个优先、三个转变"。

【五个发展】

我们的设计在研究和实践中不断发展：

从空间建构发展到空间叙事；

从建筑设计发展到场所营造；

从设计"造物"发展到设计"生活"；

从关注当下发展到面向未来；

从此时此地发展到彼时彼地。

作者（中间）在《中国 20 世纪建筑遗产大典（北京卷）》首发式上（2018 年 12 月）

【五位一体】

我们的建筑设计体系转化为大设计系统，逐渐摆脱了本体论的束缚，走向一个广义"建筑科学共同体"，坚持"策划研究＋规划设计＋城市设计＋建筑设计＋景观设计""五位一体"大设计。

【三个优先】

强调科学设计优先建筑设计，

生态设计优先于景观设计，

生活设计优先于规划设计。

【三个转变】

生产图纸转化为生产思想，

劳作转变为创作，

设计上升为研究式设计和实验型设计。

设计思维成为观察—思考—实验—设计—叙述的全过程：伴随着猜想、假定、阅读、检索、博览、聆听、实验、测试、写作、编辑、制造。

我们的工作室就是实验室、画室、图书馆、车间；工作室就是思想的"学堂"和智慧的"反应堆"。

其间，国科大（北京、青岛、杭州、南京、重庆）五个"山水校园"的"研究式设计"，完成了从"空间的建构"到"科学体系建构"转移。

十、设计思维

从生产型的建筑设计到研究型设计；从设计型研究到设计型教育，中国科学院建筑设计研究院逐渐形成设计＋研究＋教育的"三块原石"，构建了产、学、研一体化的复合交叉的系统。

2011年，我们在中国科学院研究生院创办建筑研究与设计中心，我任中心主任、博导，在招收和培养建筑学专业博士、硕士。同时，致力于建筑学高精尖的课题研究。目前，建筑设计院和建筑中心作为设计与教育的两个平台，基于研究式设计与研究性教育，逐步形成了设计实践、研究、教育相结合的工作机制。我们主张从研究入手、关注整体性、强调系统化，发展出从策划、规划、设计全过程的设计策略和方法，并认为设计过程比设计结果更重要；设计策略比设计方法更重要；设计思想比设计表达更重要。建筑设计研究包括当代性下的空间景象和建构逻辑的呈现等。

从中国科学院图书馆到国家开发银行再到海外文化中心和大使馆，如泰国文化中心，法国的中国文化中心等，每一个项目都是研究和实验的结果，虽然类型和风格在不断变化，但不变性"精神结构"控制着建筑实践和思考，这条主线贯穿始终也导致这些作品都具有共同性"结构秩序"，这些统一中变化的作品，呈现出的中国性基因"时空一体"，"技艺合一"得到赞许，赢得多个奖项。感谢我们团队的共同努力。

无论是从建筑师还是"建筑师教师"；无论是"设计实践"还是"研究实验"；无论是"科学设计"还是"设计艺术"，作为"人工造物"的设计思维和设计智慧集中体现在人与物的关系，以及行与言、心与行、悟与心"二元中和"的辩证关系；建筑设计便是行与言、心与行相互支撑、作用、转化的思辨过程。

①行胜于言。"行胜于言"，意味着"言必求实，以行证言"，重视实干的工匠精神。作为实践型学科，敢于动手、不断积累、不怕失败，才成就了成熟。

"行胜于言"，尝试扔掉理论的包袱，在实践中亲手"建构"一个真实的建筑。建筑是要用的，而不是用来看的；房子是被设计出来的，不是理论研究出来的；有的理论是有用的，而有的理论是没用的。

同时，"行胜于言"强调手作为脑的延伸，设计作为"劳作"可以认知手工技艺，如何决定机械技艺，如何决定电脑科技。

②心胜于行。"心胜于行"，建筑设计区别于工匠劳作在于思维，即"精神结构"与"身体结构"的对应关系。心体合一，手脑共享，肢体感知，直觉判断，方可获得一双"思考之手"。

"心胜于行"在于"意在笔先"的掌控力，没有心智的草图，就没有手绘的草图，没有草图就没有了正图。而人工智能时代，计算机似乎即将摧毁建筑作为生命孕育的过程，人类惨痛的"胜利"是将本来作为"研究式

的设计"沦落为"计算器控制下的生产"。而电脑取代人脑，又取代手、脚，人类还在进步吗？

③悟胜于心。设计过程是一种修炼的过程。设计中不断地积累、放弃、陈酿，终会有一个觉悟。"悟"源于实践，可以为超理性的感知系统，"觉悟"可以为孤思冥想，辗转心神，寄迹翰墨，景象万千。言、行、心、悟彼此氤氲化醇，最终获得对事物本质的认知。因此，不存在未经培训的先知先觉，设计便是"心思"和"觉悟"。

认识自己

/ 钱方

40 年光阴荏苒，对参与激变社会发展的人来说，我们经历了人类历史上最大最快的造城运动，甚至都没来得及想清楚，我们的世界改变了什么，期待着什么，留下些什么……我没有能力以短文叙事的方式去完整映射改革开放所带来的各方面变化，只能以亲历者的身份带出些许过往线索，梳理一下执业过程中的"碎片"，引出关乎我们可持续发展的问题及思考，或许对未来有些许作用。

线索一

记得 1982 年大学读书时，杨廷宝老先生给我们班上的唯一一堂课，约一个多小时，具体内容大多已模糊不清了，但有一段话我至今不忘，大意是：你们不要以为学校里学得好就可以入门建筑设计了，其实真正的入门是从事建筑师的职业之后。当时因自己专业成绩良好不以为然，从业多年之后回味咀嚼起这段话，深感老先生所言意味深长，举重若轻。

——人的眼界和阅历决定了其思维的深度和广度。

线索二

1984 年我的毕业设计在齐康先生领导的南工建筑研究所进行，临毕业前齐老师得知我被分配到四川工作，问我为何不考研究生？我回答我不知道会遇到的问题是什么，何以进行我的研究？待我工作中发现问题后再读吧！齐老师肯定了我的想法。

——间接地肯定了我一直受用的这种意识：发现问题比解决问题更为重要。

线索三

1984 年 8 月，我来到古朴、湿润、闲适的成都，进入

钱方

1962 年出生，1984 年毕业于南京工学院建筑工程系建筑学专业，任中国建筑西南设计研究院有限公司总建筑师，中国建筑学会建筑师分会副理事长。代表作有国家电网成都电力生产调度基地办公楼、四川广播电视中心、成都市天府软件园、成都市高新区科技商务中心等。

中国建筑西南设计研究院，融入建筑创作的热潮中。"文革"之后的改革开放，大量引入了境外的各种书籍和思潮，全国上下读书热潮澎湃而起，无形之中给人们的思想打开了巨大的窗口。文学、电影、音乐等人文界出现了百花齐放的状况，留下了许多至今堪为经典的作品。因"文革"的缘故，建筑设计专业人才在国内各地区的分布并未受市场及地域发展不平衡因素的影响（人才分布相对均衡），院里老一辈建筑师虽地处西南，但趋于宽松的环境使其深厚的设计功底及创作激情得到迸发。年轻人被老一辈建筑师的敬业和执着精神感染，受教于其中，成长于其中。

在 20 世纪 80—90 年代其间，西南院参加全国重大项目的投标和设计，屡屡中标获奖，如：自贡恐龙博物馆、上海第六人民医院、上海曙光医院、上海瑞金医院烧伤病房楼、北京四川大厦、上海市图书馆获全国方案竞赛一等奖。同时新老建筑师携手纷纷到沿海特区及境外做项目，获取更多的创作空间，谋求更好的发展机会，如援外项目肯尼亚莫伊体育中心；最早进入深圳，成立深圳分院，设计深圳的第一个高层建筑"四川大厦"，创作深南大道上的标志建筑"西丽大厦"；进入珠海，设计珠海游泳跳水馆等；进入厦门，与建发集团合作，设计超高层建发大厦等。

——当时，知识的积淀在创作激情的推动下是为市场及需求服务的，随着资本力量的扩张，设计开始了为资本控制的流行模式。

线索四

1985 年上半年，我借出差机会回母校，参加了项秉仁老师的博士毕业答辩，第一次知道了什么是"城市设计"（皮毛）。在之后的执业中开始以建筑师的视角关注城市问题。2004 年我受成都市规划局委托，做成都市的城市色彩环境调查及色彩学研究，进而确定了成都市的城市基本色调和市域色彩规划，通过近十年的管理整治，城市的色彩环境大为改观，成为全国的典范。2010 年因机缘由我负责筹建了西南院的"成都城市设计研究中心"，与成都市规划局紧密合作，以城市设计研究为支撑，参与成都市的城市设计、城市管理及城市运维等管理事务中去，开创了设计机构与政府管理部门合作的先例，至今仍在发挥着积极的作用，也体现了西南院的社会责任感。

国内各大城市因"城市病"的显现，到 2000 年后才开始逐渐重视城市发展问题，城市设计才被提到日程

由中建西南院发起的首届"西南之间"国际论坛会场（右起：钱方、刘家琨、佐尼斯、詹姆斯、承孝相）

上来。

——建筑市场及业界对"新"的理论、方法及人文诉求的态度过于木然，缺少前瞻性。

线索五

2004 年，我与法国建筑师保罗·安德鲁先生合作投标"成都南部副中心"项目，开了国内合作设计以中方（西南院 CSWADI）作为设计牵头方推动工作的先河。设计全过程不分彼此，平等合作，结果双方都满意。之后与安德鲁先生仍代表各自团队进行同场竞争，即使西南院胜出也未影响我们之间的深厚友谊。2007 年由我领衔与法国 Adpi 公司合作投标成都双流机场 T2 航站楼，一举中标；2009 年我带领院设计团队作为牵头方继续与 Adpi 公司合作，投标重庆江北机场 T3 航站楼，中标并主导全过程设计；2013 年我带领团队作为设计牵头方与境外团队合作，投标青岛胶东新机场的规划与

钱方与境外合作设计方研究青岛新机场投标方案

钱方与保罗·安德鲁在合作项目施工现场

设计，此时，我院专业化设计的能力通过合作过程的学习已成长了起来，我们以世界首创五指廊航站楼的构型，获得设计权，从而确立了我院航站楼设计专业化能力的行业地位。通过以中方为主导的合作设计，为设计接当下国情地气，符合地域文化特点提供了保障，合作设计也大大提高了国内设计人员的整体水平。

——无论是在技术上、理念上，还是在文化层面、生活方式等方面，国际合作与交流的双方只有彼此平等尊重，才是健康共赢的模式。

线索六

2008年"5·12"汶川地震，在调研及援建中目睹了许多改革开放以来修建房屋的垮塌，同时也发现许多老旧建筑（20世纪50年代或更早时期）完好无损。快速的发展到底是怎么了？重建过程的忙乱是否还会留下后患？

——如果不尊重自然的基本客观规律，主观美好的愿景其结果未必是好的。

线索七

2009年接手香港发展局"5·12"赈灾援建的"都江堰大熊猫救护与疾病防控中心"项目的设计，要求按绿色建筑三星标准设计。每次方案汇报均接受了港方及国内顶级专家的评审。设计采取了"隐"的策略融入自然，不再做只关注立面造型的片面设计，而是还原空间的在地属性。建筑设计本该是"绿色"的意识觉醒了。

——在当下的资本逐利模式下，大力提倡"绿色建筑"的口号与认识上忽略地球资源是有限的设计形成了悖论。

线索八

2013年因缘做慈善设计，在年平均气温只有1℃的高海拔严寒贫困地区（若尔盖）设计小学生宿舍，采用全被动式技术，实现了低造价低维护要求情况下的采暖零碳排放。完成建设后连续测试三年，效果良好（室外 –18℃～–19℃时，室内10℃）。若尔盖地区系三江水发源地，生态脆弱，通过适宜技术、低造价实现低碳环保的舒适性建造意义重大，但按目前以措施为导向的绿色建筑标准评判，该项目连一星标准都够不上。2016年我参加了由崔愷院士主持的国家《民用绿色建筑建设标准》的编制工作，旨在科学朴素地还原建筑全生命周期对资源合理利用的理念。

——我国幅员广大，只有对设计项目科学、理性、审慎的顶层设定，才有利于行事效率及其切实落地。

钱方在工作室与同事讨论方案

40年来建设的迅猛发展，城市的急速扩张，建筑尺度（从单体、街区到城市的各层面）的巨大变化，伴随着旧城的快速消失，正改变着人们的行为、伦理道德、行为方式乃至生活方式。原生的人际关系默契状态被消解了！复杂学的研究及认识告诉我们，经济发展指数级的增长刺激了欲望，滋长了资本的"无所不能"，人们考虑经济发展，严重忽略了地球资源是有限的事实，无节制欲望的膨胀，迟早会遇到地球资源局限的瓶颈。

城市更新变革的焦虑状态，影响了建筑师的创作。建筑师难以洁身自好，更难以置身于现代社会的流行逻辑之外，于是建筑在日渐"被"脱离实用功能的情况下，沦落为满足人们欲望、符号化的物品，而欲望与流行的结合又无情地击穿了建筑作为功能（不仅仅是物质性的）场所的底线，建筑只要一张"皮"或是不断变化的"脸"。

因历史缘故，40 年的发展并未使我国的建筑界从传统的工程界（起初的工程归类就割去了建筑专业人文方面的基本属性）思维定式中走出来，其认识远远落后于相关行业，如：电影、文学、服装、广告等。对经济增长的诉求仍局限在有形资产（资本与劳动）的层面，整个社会及业界忽视了"人力资产和新思想"这个重要的无形资产[1]，建筑设计行业已成为当下最辛苦、身体长期处于亚健康的行业，建筑师常常面对问题选择了失语，设计变成了主体意识缺失的劳动，新毕业的大学生纷纷远离设计，避实就虚。

下一个 40 年，全过程咨询服务、注册建筑师负责制等要求已被提到日程上来了，被"绑架"的建筑师，如何自觉并回归到知识（具有非竞争性与非排他性的特点）作为公共产品的背景下去创作呢？在此，无论对社会、企业、建筑师，还是城市、街区、建筑单体，古希腊自然科学家及哲学家泰勒斯的 "认识自己"或许是最好的解答。

注释

[1]：保罗·罗默（Paul M.Romer），美国经济学家，斯坦福大学教授，获得 2018 年诺贝尔经济学奖，新增长理论的主要建立者之一，曾短期担任世界银行首席经济学家兼高级副行长。罗默在 1986 年建立了内生经济增长模型，把知识完整纳入到经济和技术体系之内，使其作为经济增长的内生变量。罗默提出了四要素增长理论，即新古典经济学中的资本和劳动（非技术劳动）外，又加上了人力资本（以受教育的年限衡量）和新思想（用专利来衡量，强调创新）。

走过：从 1978 到 2018

/ 赵元超

写这篇文章时我正在日本东京考察，住在新大谷饭店，眺望着东京湾。遥想当年学习建筑的情景，如今能住在这里现场体验，在空间中寻找逝去的时间，是一件非常惬意愉快的过程，也是我在 1981 年学建筑时不可奢望的事情。

1976 年我小学毕业，我清楚记得在小学刚刚参加完"反击右倾翻案风"的游行，刚上中学又上街欢呼十月的胜利，运动一个接着一个，我也曾模仿报纸和大人的腔调上台发言谈体会谈感想，总体来说，生活总是在惶恐和迷茫之中。1978 年十届三中全会时我 15 岁，已上高中，幼小的心灵中萌动着迎接新时期的到来期待。

20 世纪 80 年代，我在一个全新的、积极向上的环境里度过了高中和大学时代。整个社会充满正能量，一系列拨乱反正的举措振奋人心，特别是真理标准的讨论使我们冲破各种思想束缚，可以正常做人、正常说话。作为中国改革开放的总设计师邓小平领导我们进入新时代，一个真实、崭新的时代在不知不觉中开始，40 年来风雨兼程，恍如隔世。

我怀念我的中学时代，可无忧无虑地漫步在西安的大街小巷，徒步丈量着这座古城的尺度，一门心思去吮吸新思想、新知识。当时没有什么娱乐活动，课外活动就是从我家孤独地散步到西安钟楼邮局去买《语文学习》等杂志，我就是在往来的路上认识和熟悉这座城市的，也可能是这种经历促使我后来投身于城市建设的大潮之中。

从 1988 年到 2018 年，我在中国建筑西北设计研究院已工作整整 30 年，改革开放也整整进行了 40 年，今年我们院的产值是改革开放初的 280 倍，职工收入也提高了 200 多倍，西安城市比四十年前也扩张了几十倍，更比中华人民共和国成立初扩大了 100 倍。原来漫步城市，今天要坐上汽车，才能"一日阅尽长安花"。尽管我没有完整地经历这一伟大变革，但许多事情却历历在目。

赵元超

1963 年出生，1988 年硕士毕业于重庆大学建筑学专业，全国工程勘察设计大师，现任中国建筑西北设计研究院总建筑师，中国建筑学会常务理事，中国建筑学会建筑理论与创作学组副主任。曾任中国建筑学会建筑师分会副理事长。代表作西安市浐灞生态区行政中心、西安曲江国际会议中心、西安南门广场综合提升改造项目等。著有《天地之间——张锦秋建筑思想集成研究》等。

一、从老区到特区

对于我自己来说每逢8总是"不太顺"，1988年一毕业赶上了"治理、整顿、改革、提高"的重整期，设计院一片萧条，个人却自在悠闲，特立独行。我第一个独立做的项目就是延安火车站，还有革命老区几个不大的项目，在做项目的同时，还可看看书，做自己喜欢的事，按时上下班，很少加班。周而复始，平淡无奇，我也曾怀疑这是我一辈子要经历的工作的状态吗？1991年我赶上"下海潮"去了海南，也是建筑界较早的一批"赶海人"，之后又去了上海，1995年再回到西安，从此就像坐了趟特快列车一直行驶到2018年。

2018年的最后一个月，当北方开始第一场雪的时候，我从上海来到三亚参加国家人社部组织的专家疗养，一路风光无限，享受着从未有过的尊重。遥想1994年，我也试着从上海到海南，但那是背着领导偷偷上岛，24年过去，人生开始了新的轮回。

回想起从1991年开始与海南的不解之缘，我把最好的年华留在了海南，我在海南设计的建筑没有一个盖起来，但无论如何应该感谢海南，它使我脱离物质的贫困，经历了疯狂的建设大潮。在海南期间我有了儿子，享受着天伦之乐。

25年后，我又一次来到海口，我徘徊在昔日常去的龙昆北路，我们做的项目大多集中于此，现在几乎寻不到当年的踪影，这里虽然经过多次的城市设计，但现实依然是各自为政，毫无章法，房地产彻底绑架了政府。建筑师绝大多数是纸上谈兵，坐而论道，可惜这么多优秀人才到海南，奋斗的成果却差强人意，我也深深怀疑现在轰轰烈烈的各类城市设计对城市未来又能起多大作用。

我所待过的秀英农垦二招，现在看起来特别破败，原先感觉尚可的新南洋酒店，现在看起来是那样的破败，不知是我眼界提高了，还是它确实不行。昔日经常散步的街道被高架桥所割裂，但坐在汽车上通过秀英快速路的感觉还不错，看来我们奋斗20多年主要是为汽车建了一座城。

这次海南度假，我还到了儋州，在这里我们设计过一个别墅区，两种户型，可惜破坏了一片森林，给大地留下了永远的伤疤。洋浦港倒是有模有样，我曾在这里中标过一个能源总部设计，30岁的生日就是在洋浦港度过的。在儋州我还参观了东坡书院，对其中一首诗印象深刻："心似已灰之木，身如不系之舟。"这首诗反映了作者四海漂泊的心境，他写这首诗时与我现在的年龄大体相仿，但我可以落叶归根，比起苏东坡我应该是幸福的。

三亚的变化真大，我1993年第一次来三亚，甲方是骑着摩托车来接我们的。当时对三亚的印象就是大东海亚龙湾，我几乎记不起三亚的任何建筑。如今三亚已成了真正意义上国际滨海旅游城市，海棠湾、清水湾、三亚湾住宅酒店林立，全中国有钱有闲的人都来了，它不再是创业的沃土，已变成享受的乐园。在海南期间我还遇见昔日的前辈建筑师，他们精神矍铄，继续为海南的建设贡献余热。不知再过25年，我还能像他们一样工作吗？

二、从建筑到城市

青年建筑师大多是从形式开始设计建筑，一方面是我们所受的建筑教育，另一方面是现有肤浅的市场需求。现阶段建筑设计市场如同处于青春期的少年，择偶的标准就是外在的脸蛋和身段，对生活的理解仅仅是爱情，而忽略了人生的其他要义。建筑师按业主的旨意大部分时间在挖空心思，摆出各种姿势迎合甲方，设计缺少恒久的价值，这类泡沫时期的建筑放在一起形成了城市的大杂烩，也形成了我们当今的城市风貌。城市的目的似乎主要是为了让别人看，而不是为了人的使用。

我现在仍怀念1986年参加的一次竞赛，当时我还是一个学生，可以埋头于设计方案本身，丝毫不受任何外部因素干扰，结果我们中标得了一等奖。联想到现在的各类莫名其妙、匪夷所思的建筑设计投标，我深深地怀念20世纪80年代那个火热而单纯的年代。

年轻时我对华盛顿的好感大于纽约，觉得日本东京更是不值一提，现在正好相反。东京我已来过五次，当反复阅读这座城市时，才觉得魅力无限，看似杂乱无章，实则乱中有序。东京的确是一个人文之城，城市集约度极高，各种各样的立体叠加设计手法在城市重要节点广泛应用，人可以方便地在城市中漫游，城市空间处处以

作者（左2）与老同学重回母校

人的需求出发，充分尊重人的各种需求，城市洋溢着自然精致之美，人文关怀之情。

年轻时总对传统的建筑不屑一顾，心目中总是追求创新。我们砸碎了束缚自己的锁链，同时也否定着自己的文化精髓，跪拜在西方的文化之上，因此言必称罗马，欧陆司空见惯，而把传统形式统称为"假古董"。

关肇邺先生在清华坚守了70年，回答了清华校园是什么的问题，创造了一个具有人文气息的清华园。张锦秋院士也坚守西安半个多世纪，同样回答了西安城市风貌问题，赋予这座城市一个基调和底色。他们都是"反潮流"的建筑师，也许需要几十年才能对建筑作出一个中肯的历史评判。我一直认为建筑应有一个恒定的评价体系，不应像运动式的忽左忽右，也建议中国也能设立一个建筑创作25年奖，当然最好有一个改革开放40年优秀作品的评选，全面分析40年建筑创作的得与失。

三、从青年到中年

中国文化精髓深藏在语言之中，老了才感叹什么是"逝者如斯夫"，昔日朋友、同事、同行、同僚、同学，有的走了，有的退了，有的病了，有的辞了，更有不幸的进去了。

四年前我的好友王陕生猝死。今年我所敬仰的陶郅在与病魔斗争了十年后不幸去世，对于他的不幸辞世尽管有所准备，但仍感突然。陶郅完整经历了40年的改革开放历程，却在纪念改革开放40年之际走完了自己的人生，令人痛心和遗憾。我想他在临危时还这样拼命，真是一个酷爱建筑的人。这次在广州开会，我特意参观了他的书法篆刻展，更能体会他对建筑文化的理解，他书写在大地上的书法和篆刻在土地上的建筑将永留人间。我的另一位朋友洪再生也在不久前去世，也许他们是幸福的，可以不再为理想和现实的冲突而烦恼。这么多同行在途中倒下，自己也会不自觉地感觉老了。

只有当过老师才能体会：对于一个学建筑的学生来说，最大的幸运莫过于自己在求学时有一位或几位好的老师，他们或许在设计上、或许在理论上能够在指导并影响自己的一生。我由衷地敬佩那些在建筑教育战线上默默贡献自己一生的教育家。我2000年年初开始与西安当地的建筑院校一起合带研究生，但我内心一直感觉没有准备好当一名称职的建筑学老师。

2018年国庆，我第一次去加拿大，本没有想要考察什么建筑，只是想让疲惫的身心能够休息片刻，但职业的惯性还是让我马不停蹄地去考察了多伦多市政厅、

伊顿中心、加拿大历史博物馆、加拿大美术馆、温哥华高等法院，还有多伦多大学和英属哥伦比亚大学的著名建筑，这是我学生时代耳熟能详的经典建筑，而40年后我才真正见过，又有什么资格给学生授业传道，又怎么能够把真实的城市建筑经验和体会告诉学生？

加拿大是一个地广人稀的辽阔国家，998万平方公里，只有三四千万人，比中国国土面积还大，但还不如中国一个中等省的人口多，到处是森林河谷，处处是自然美景，建筑只是自然中的点缀。尤其到秋季，枫树由绿变黄再从黄变红变紫，静态建筑的永恒和自然枫树的色彩变化结合在一起，宛如中国画的意境，真正做到了建筑与自然共生。

好的建筑如美酒、美食，每每看过一个好的建筑的时候，我都有一种酣畅淋漓的享受，妙不可言，这种感觉常常在出国考察时才有体会。我曾两次到赖特的罗比住宅参观学习，这些经典建筑让我叹为观止，它就像一首感人的歌曲让人回味无穷。让我印象深刻的还有罗比住宅对面的芝加哥大学商学院，它有与罗比住宅一样舒缓和平静的水平构图，穿插的单元组合和优雅的中庭构成了其卓尔不群的个性，它像一个彬彬有礼的学者，和而不同。世界名校的建筑也与它们产生的巨匠学者相互尊重、默默地互相注目。

如今我的确有点老了，不仅思想赶不上形势，身体也力不从心，也不能再像原来那样在一线拼杀。看了这些著名建筑，我特别想写一本我所看到和体验的建筑，不求全面，但求有温度、有深度和真情实感，因此我想再走一些城市，搜尽天下好的建筑和城市建设经验，给学生做一本实用的建筑理论与评论的参考书。同时我也建议年轻的建筑师多出去考察，建筑设计有时教不会，需要自身的"悟"。

四、从设计到管理

改革开放40年来，早期一批优秀的人才受"学好数理化，走遍天下都不怕"的影响，大多选择了理工科。近20年来受市场的影响许多优秀的才俊选择了建筑学，形成了一个庞大的建筑师群体。

建筑师是一个相对自由又有趣的职业，没有一项工作是完全重复的，需要不断创新、不断学习。设计的模糊性和不确定性特点，没有最好，只有更好的工作标准，使设计成为一个没有尽头的过程。这样的专业特点决定了建筑师的个性是不愿别人管自己，同时也不想管别人，渴望自己能陶醉在创作的自由自在的王国里。但由于建

筑设计是一项团体运动，建筑师又处于风口浪尖，特别关注设计体制的改革。

实际上在过去的40年，除了创作本身的苦恼外，创作与体制的矛盾也一直困惑着建筑师，设计流程和体制的改革也贯穿于设计机构的始终。

我认为，体制内的设计院没有认真研究创作的机制和建设的规律，面对越来越复杂的形势，还是以20世纪计划经济的体制迎战21世纪市场的风云激变。20世纪80年代末，在走投无路时，农民的包产到户给了原本就是自由职业者的设计师以启示，设计院不约而同地实行了"所自为战"的承包制。建筑师和农民兄弟都一样，一个是在乡下种田，一个是在城中"种"楼，采用了同样的方式——承包制。这是设计院在40年来最大的一次改革，利用设计院的大平台，承包者往往是一线的设计师，自己找米下锅，自己生产经营。年终结算时，除了上交一部分利润，留下来年的一点基金，其余全部分给大家，一年又一年，乐此不疲。

建筑师是这样一群人，理想伴随梦想，童心跟随幼稚，牢骚满腹又胸怀大志，看似玩世不恭但却格外认真，近亦忧，远亦忧，然则痛并快乐地工作。

如同中国的根本问题是农民问题，设计院的改革也是建筑师问题。建筑师都有为理想、为信念而奋斗的情怀，当看到自己设计的作品被残酷的现实折磨得遍体鳞伤时，才知道自己其实是一个手艺人，抑或是一个生意人。这不知是可悲还是可喜，我们这些老一点的建筑师往往像鲤鱼跳龙门一样，总到筋疲力尽时才明白。

建筑设计行业已是一个过度竞争的行业，建筑师希望多出一些作品，作为企业管理者认为规模最为重要，因此建筑师往往与管理者同床异梦，中外设计机构同样面临这样的问题。企业的体制机制决定着它的活力和核心竞争力，在规模不断扩大的情况下，核心竞争却在下降。

目前的设计院基本上还是模仿前苏联的计划体制，计划经济时代免费设计，设计师充当着国有资产守护者的角色，自然地位高一些，完全市场经济下的建筑师反而随着收入的提高，地位在不断下降。建筑设计的难点在于既要向业主负责，也要担负社会责任，国家治理的现代化和成熟的建筑师制度的建立还任重道远。

建筑师总有一种被包养的心态，士为知己者死。他希望被单位养着、被政府宠着、被资本护着，专注、专心、专业，无忧无虑，尽情享受着创作的快乐，是单位的"核"动力。但实际上这是一个美丽的童话，在改革开放中成长起来的建筑师是一批永远也长不大的青年。现实告诉我们：一个好的建筑师要有生存能力，要有自己掌握自己命运的能力，要知道设计如果不被现实接受，创作都是徒劳的，建筑师与其被别人包养，还不如投身于火热的生活更有意义。

对待病入膏肓的病人医生有一定的决策权，一个建筑师却没有自己作品的决定权，这是中国现阶段城市建设的一个误区、一种病态。我觉得活的最纠结最痛苦的职业是建筑师，这一服务业集中了20年来中国优秀的人才，胸怀世界，充满情怀，结果却干着最平庸的事情。我们的社会应对这些可贵的火种加以爱护，要让能听得见炮声的建筑师决策，让专业人才说了算。作为城市美容师，我们是否对待病态的城市有手术的权利呢？

我担任总建筑师已整整20年，有过激动、有过失意、也有很多无奈。这一职务实际上是与一个体制的矛盾，我们的管理体制一天一个花样，一会儿是五方责任制，一会儿是建筑师负责制，今天是工作室，明天又是院中院，我们的时代注定了我们是探索和试验的一代，如果我们的努力、牺牲能换来一个建筑创作好的机制，我们也会心满意足。

建筑师的天然弱点，就是放不下自己的专业，因此总建筑师充当着不同的角色，既是一个企业最高的技术负责人，又是一个从事创作的建筑师，既是工作室的管理者，也是业务的经营者和生产者。多重身份、多种角色使总建筑师具有多重性格，肩负着沉重的行囊前行。我们自己要给自己减负，也希望管理者理解，让他们能一心一意、聚精会神地干最有价值的事情。

过了今年我就是奔六的人，自知也做不了什么太多的事情，自己也该回到真实和平淡之中、自然之中。2018年末，西安秦岭违建别墅整治告一段落，崇山峻岭中的深宅大院已被拆除，令很多人百感交集。但建筑师应拥抱火热的生活，大隐于市，回到家闭户即是深山老林，案头乃自然山水，何必追求"云横秦岭家何在"的世外桃源的意境？

建筑师不可能在象牙塔中的孤独地探索，火热的生活是他们的实验室。无论如何，我们应感谢这个时代，我们应庆幸赶上了这个百年甚至千年不遇的年代，使我们有机会施展自己的拳脚，也使我们实现自己的梦想。

做建筑要有深层思考

/ 胡越

我于 1986 年从大学毕业，同年到北京市建筑设计研究院有限公司（简称北京院）工作。在建筑设计一线一干就是三十多年。

按现在的标准看，生活显得相当的平淡。我一向胆子比较小，安于现状，对自己的前程也较少规划，只是认真地按部就班地做设计，所以给人以不温不火的印象。北京院是知名的国有大院，但我在那里工作了三十多年，真正建成的建筑却屈指可数，这也与我的性格有关。这些年走过的专业历程，可以大致分成两个阶段，以 2003 年为界，之前我在现在的二院（原二所）工作，从助理一直干到所主任工程师和公司副总建筑师；2003 年随着公司改革的深入，我成立了以我的名字命名的工作室，从此翻开了我职业生涯新的一页。

胡越

1964 年出生，1986 年毕业于北京建筑工程学院，全国工程勘察设计大师，北京市建筑设计研究院有限公司总建筑师，现为中国建筑学会理事，中国建筑学会建筑师分会和体育建筑分会理事，中国建筑师分会理论与创作委员会委员，代表作有北京国际金融大厦（获 20 世纪 90 年代"北京十大建筑"称号）、2008 年北京奥运会五棵松体育文化中心、望京科技园二期、上海青浦体育馆及训练馆改造等。

2001 年在北京市建筑设计研究院召开的 20 世纪 90 年代北京十大建筑庆功会上，上图左为胡越，下图前排左 2 为胡越

1986年入院时，我只是个什么都不懂的学徒，但对专业的热情还是蛮高的。当时设计任务并不是很饱满，我从学徒到自己独立主持项目经历了大约七年。到1995年我接到了一个大工程——北京国际金融大厦。当时我凭着一股热情和心中积累的一些设计方法，在时间较短和人手较少的情况下，把它建成了。这个项目为我赢得了不少的荣誉，现在看它已显得较平常，但在当时还是有些前瞻性的。在方案设计之初，我已经比较关注建筑及其周边城市的关系问题。另外循着中国传统建筑设计手法——用简单的建筑个体，形成复杂的组合群体，并且积极地在现代设计中借鉴这种方法。在那之后我做了望京科技园二期。这个项目是我对建筑材料和工法比较关注时的项目，对我之后职业上关注点的转向起了很重要的作用。在那段时间我意识到建筑是用建筑材料进行建造的一个过程，了解材料对建筑师显得尤其重要。当时我特别关注玻璃幕墙，并结合实践对玻璃的应用进行了系统的实验。接下来进入了我的奥运时间，从2003年到2008年，我的主要工作都是与2008年北京奥运会相关的。这些工作让我的专业与广泛的社会产生了全方位的多维的关联。我的职业目光也从专业扩展向了社会，让我将建筑师的工作进行了重新的思考和定位。另外，我也结合项目重新思考了大型体育场馆赛后利用的问题。我在五棵松体育馆上进行了一些新的尝试，从赛后运营来看，取得了一些成绩。2008年后，我又进入了上海世博会时段。虽然我在世博会上没做什么大项目，但也深入地介入并做了一些小建筑。从奥运会到世博会，我的专业关注点已经从材料、工法转向了设计方法。世博会后，我将我的关注点进行了系统性总结，通过总结，我从一个独特的视角审视了当下什么是建筑学中实质性的创新。这个方法论的审视，使我更加注重发现问题和解决问题的过程。

2012年《建筑设计流程的转变》正式出版，之后我的关注点从建筑扩展到了城市，进而注重对建筑与环境（包括城市的和自然的）关系的研究。这段时间，我比较关注城市普通街区公共空间的复兴。这个问题在中国城市中显得尤为突出，过去的城市过多地关注了功能和技术层面的问题，很少对城市公共空间进行系统设计，加之建筑质量差、维护水平低，城市公共空间存在着质量低下、非人性等问题。复兴这样的空间需要长期、细致的工作，且需要多方面协同才能有实质性的改善。在建筑和自然环境的关系上，我重点关注了建筑和环境所形成的边界的形态，及其建筑学的意义，并通过形态学矩阵的方法，为建筑找寻有意义的边界，从而使建筑更好地与周边环境融合。

从这个简短的回顾来看，我似乎还是一个勤于思考的建筑师，然而我以为它大部分都停留在浅层，几乎未涉及建筑学的"元问题"，那些关于建筑学本质的问题。当然作为一个实践建筑师，思考这类问题显得有些力不从心，但我以为如果对建筑的思考只是停留在手机模式和快餐模式上是有问题的。最近两年，除了日常工作中阅读一些与项目直接相关的专业书籍外，我在业余时间没有看过任何专业书籍。读书的重点已完全转向专业之外。我在读书时增加了大量的思考时间，并做了一些读书笔记。我深切地体会到，通过看书引起的深度思考比从中获取知识更重要。在那些巨人启发下的思考让我获得了比以往阅读所得到的更多的乐趣。记得有一次在火车上看A.屈森斯的《概念的联结论构造》，这是一篇学术长文，收录在A.博登编写的《人工智能哲学》一书中。文章开篇就提出了一个问题，"在这世界上怎么会有能够对这世界进行思维的有机体？这世界怎样包含作为它自身一部分的对这世界的视角？"我由此联想到康德为人类的认识能力划界，提出我们只能认识现象，而不能认识现象背后的物自体。最近几年，人工智能非常火爆，作为"吃瓜群众"的我，一直以为我们的人工智能能走多远取决于我们对人的思想和心灵的认识有多深。借着屈森斯的提问，我在想人的眼睛是看的器官，那么眼睛能看到自己吗？作为一个独特的存在的个体能看清自己吗？亚里士多德把哲学解释为思想，我们根据什么判断思想可以"思想"自己？也许，思想是人的特质，然而它在思想自己时也有先天的限制。当然，这并不是说我们就没必要去思考思想本身了。无论如何，思想能够使我们获得乐趣，让生活更有意义。

苏格拉底说过，未经思考的生活是不值得过的。回想一下，我的生活就未经仔细的思考，包括建筑设计。当然我指的思考不是做具体建筑时的思考，而是指做建筑时的深层的思考。也许从现在开始让生活更值得过还不晚。

胡越著《建筑设计流程的转变》

回顾与展望

/ 张宇

我们这一代人是比较幸运的，改革开放的 40 年正好是我们成长的 40 年。社会在发展，人类在进步，我本人也是紧跟社会发展的步伐在进步：从一个学生到建筑师，从人生完成的第一个项目粟裕大将纪念亭，到带领团队、主持完成故宫北院区的方案设计，从一名年轻的建筑师，到成为全国设计大师，主持全国行业评优活动……走过的一步步路程，取得的一点点成绩，与生长在这个伟大的时代紧密相连，同时也与我的工作单位——北京市建筑设计研究院有限公司（BIAD）的发展进步紧密相连。

对我来说，改革开放的 40 年可以分为四个阶段。

第一个 10 年（1978—1988）：学习

1978—1988 年正好是我上中学、上大学的时期，那是渴望知识的年代，徐迟的报告文学《哥德巴赫猜想》《地质之光》激发了无数青年学习奋进的激情，那时社会刚刚从过去那种沉睡中复苏，图书馆成为渴望知识、爱学习之人常去的地方。特别是上大学后，我深感学习的重要。那时的信息化水平很低，学校建筑系有一个小型图书馆，虽然有很多建筑专业的图书，但主要是供学校老师使用。学建筑的学生，特别希望能够开阔视野，多吸收一些国外的设计思想和理念。许多个周末，我都是拿母亲单位的借书证，到北海公园旁边的北京图书馆去看书，一去就是一天。从中我看到了许许多多我不知道的世界，学习到我渴望了解的知识，特别是锻炼了我自学的能力，为我日后的学习和实践奠定了良好的基础。

上大学时，因为专业的需要，我们经常去写生。通过写生，提高了对建筑的直观感受能力，对传统建筑的认识和理解。从自然风土人情中悟到建筑文化，从地域特色感知自然色彩，从大自然中感悟光与色的变化与魅力，自身的建筑写生能力也有了很大的提高。测绘实习主要是对中国传统建筑的构造、材料以及艺术空间的手法表现进行深

张宇

1964 年出生，1987 年毕业于北京建筑工程学院，全国工程勘察设计大师。现为北京市建筑设计研究院有限公司副董事长，副总经理，曾任中国建筑学会建筑师分会副理事长，《建筑创作》杂志社社长。代表作有北京植物园温室、中国电影博物馆、中国科技馆新馆、嘉德艺术中心（合作）。方案入选故宫博物院北院实施方案。主编《植物展览温室建筑的综合研究》，参与编撰"建筑中国 60 年"（七卷本）等。

入了解，以深化上学期对中国古代建筑史的理论学习，加强对传统建筑的热爱。参观考察期间，我们考察了上海、杭州、苏州、无锡、南京，了解到各个城市的形态、规划、建筑结构在不同区域的宏观规划、历史文化地位以及城市特点，同时了解城市规划以及与周边城市环境的关系，这对于理解课本中的知识内容起到了非常重要的帮助作用。

大学三年级暑假时，我和几个同学，共同完成了人生中第一个设计作品——粟裕将军纪念亭。做这个项目，让我初尝做建筑师的艰辛：那时交通还不像现在这样便捷，我们坐了三天三夜火车，返京时根本买不到坐票，只得买站票上了火车，晚上就在座位下面铺一张报纸，倒头就睡。可那时我们也不觉得累，还挺高兴，满脑子都是自己的设计方案就要建成的兴奋感和成就感。

大学的美好记忆，值得我永远不忘。

第二个 10 年（1988—1998）：成长

这也是我从事建筑设计，打实基础、虚心求教、刻苦钻研、努力奋斗的 10 年。

大学毕业后，我来到北京市建筑设计研究院。院内人才济济，从老一辈的"八大总"，到"文革"前毕业的各个专业带头人和技术骨干，真正是藏龙卧虎、英雄辈出。我非常幸运，到设计院工作后，先后与张镈、张开济、欧阳骖、熊明等大师共同工作过：向张镈先生学习，参加北京天桥商场的设计；向张开济先生学习，参加北京西客站的方案创作；向欧阳骖先生学习，参加长春电影城的设计，向熊明先生学习，参加北京光彩体育馆的装修设计。通过具体的方案创作、工程设计，耳濡目染的接触，学习他们对工作的认真、执着、敬业、努力，领悟其创作真谛和设计特点，为日后积累经验，打下基础。

北京院是国内著名的建筑设计单位，也是国内比较早接受市场经济洗礼的单位。我们比较早就成立了海南、厦门、深圳设计分院，当时的院领导将一大批年轻建筑师派到海南等地方去锻炼学习，让他们在实践中成长进步，为设计院的未来发展打下了人才基础。这批青年建筑师中有朱小地、金卫均等人，现在已成为 BIAD 的栋梁之才。这与在海南的学习、锻炼是分不开的。

当时在海南都是年轻人，没有了论资排辈的现象，遇到工程就顶上去。我当时在海南，主持了当时老海口机场的城市设计方案创作等多项竞赛工作。印象很深的是在海南分院期间，第一次作为工程主持人，完成海南财政金融中心信托大厦的设计，当时的设计高度达 180 米。那时全国大规模的城市建设才刚刚起步，超高层建筑的规范也才刚刚编写，特别是超高层建筑的防火规范如何落实，真的是要学习、借鉴别人的做法。而超高层建筑当时在全国也就是北京、广州等地有很少的几栋，我记得那时借回北京考察之机，我还偷偷跑到京广中心的设备层去看，了解其构造及避难层的特殊要求，以及避难层与其他层的转换关系。还有帷幕墙的技术及应用，当时国内的案例也很少，印象中我们考察了上海虹桥机场附近的一个工程，了解这个项目帷幕墙的结构和应用，回到海南后，结合海南气候环境的特点，寻找到能够适应海南气候特点的解决方案。那时还没有"绿色建筑"一说，但我们已经考虑到建筑节能的要求。超高层建筑的设计中，结构是非常重要的，同时机电、设备、经济等专业的配合……哪一个环节都要求配合到位。可以说，这个工程使我得到了锻炼和提高，我也在实际工程中学到了许多知识，为我日后主持其他项目打下了良好的基础。

由于日后爆发的"泡沫经济"的影响，这个工程建到半截就停工了。幸运的是，过了 20 多年后该项目又重新建设，并由北京院继续完成设计任务，在原来基础上增加到 250 多米，成为海南省的地标建筑。这也算是了却了我在海南奋斗几年的一个心愿。

在海南期间的另一个项目是海南国际体育村（赛马场）的设计，为此我还专门去新加坡等国家和香港地区考察马场、马会俱乐部等相关实施，当时的设计标准都是按国际赛马的要求进行的设计，马道、马厩等均已建好，但因种种原因，该项目也暂停下来。最新听到的消息是，海南为建设国际旅游岛、自由贸易港的相关工程，赛马场项目又要开工建设，果真如此，又将要圆了我的一个梦。

现在回头看，当时能够设计这些工程，真的是要感谢在海南学习锻炼的这个机会，如果是在设计院本部，应该没有这么多机会给年轻人去担当。年轻的建筑师直接面对市场，面对甲方，面对出现的大大小小的问题、矛盾和困难，要去克服困难，去解决问题和矛盾，在这个过程中得到锻炼，逐步成长，这是非常难得的。

这 10 年，使我加强对建筑设计专业的理解和认识，在专业能力和水平提高方面，起到了非常重要的作用。不同的工程，不同的要求，不同的设计，解决不同的问题和矛盾，真正是全方位的锻炼和实践。这 10 年非常重要！

第三个 10 年（1998—2008）：进步

这 10 年对我来说是非常关键的时期，这期间主持完成了北京植物园展览温室、中国电影博物馆、中国科技馆新馆的工程，还完成了公安部办公楼的方案设计（方案已中标，但因种种原因，最终实施方案采用了另外的设计）。除了几个设计的大项目落成之外，我也从一名建筑师晋升为设计所所长，后出任设计院副院长，工作内容也从单纯的建筑设计转换为设计加管理，日常工作更多的是面对设计过程中或工程后出现的问题、矛盾，如何更好地去加以解决，或与不同的机构及有关方面去协商解决问题，最终使建筑设计得以完成，企业得以进一步发展。

这期间，给我留下印象深刻的是北京植物园展览温室的设计。

北京植物园展览温室是一个很特殊的建筑。人们都知道，建筑师的服务对象是人，是要研究人在各种不同建筑中的生活、工作的状态，满足人的各种不同的使用要求，而植物园展览温室要满足的是植物的生长需要，将植物的多样性展示给人们；同时也要满足人在温室中的生理和心理因素。这么大面积的集中式展览温室，国内还是头一个。我们考察了美国、欧洲等地 10 多个不同的展览温室，了解到国际上此类建筑的最新发展和水平。该项目位于北京植物园中部，三面环山，景色宜人。我们从环境因素考虑，以"绿叶对根的回忆"为构想意境，独具匠心地设计了"根茎"交织的斜玻璃顶棚，其曲线造型仿佛一片飘然而至的绿叶落在西山脚下，而中央四季花园大厅，又如含苞待放的花朵衬托在绿叶之中。在远山的映衬下，裸露的钢结构"茎脉"和超白玻璃反射出的蓝天白云，富于变化地、有机地与远山融为一体，使整个建筑通透、轻快，成为园内最重要、最有特色的景观要素。其钢结构支撑点连接玻璃幕墙，室内环境全部自动化控制，使此建筑成为高技派生态建筑的典型代表。

展览温室划分为四个主要展区：热带雨林区、沙漠植物区、四季花园和专类植物展室，以四季花园展区为核心。为满足植物和人的使用要求，1 万平方米的室内环境中有 40 多个不同的设备系统在工作，有不少设计是国内首次引进，填补了国内在这方面的空白。帷幕墙的设计根据不同的使用变化也进行了调整，热带雨林区展区的室内温度湿度比较高，设计中将钢结构安排在外面，而四季花园展区则将结构放在了里面；植物生长需要有光合作用，而现在使用的镀膜玻璃都将紫外线给隔离了，我们使用的是超白玻璃，以更好地满足植物生长

2018 年 12 月 18 日在故宫博物院主持《中国 20 世纪建筑遗产大典（北京卷）》首发式

的需要。玻璃与框架之间的连接使用了点连接的方式，这也是国内首次使用该技术，使阳光下的阴影减小到最小。

当时的建筑设计还没有 BIM 一说，这个项目不规则的大面积曲面设计，全靠我们一点点计算，一点点调整，一点一点给抠出来的。此外，项目的机电设计、环境设计等方面也达到了相当高的水平。至今，北京植物园展览温室在全世界同类型建筑中依然名列前茅。

第四个 10 年（2008—2018）：发展

我出任北京院副院长后，主管的工作中也包括院主办且面向国内外发行的《建筑创作》杂志，并出任《建筑创作》杂志社社长。期间，与金磊主编及杂志社全体共同努力，举办了两届全球华人青年建筑师竞赛、中国建筑图书奖评选等一系列学术活动；同时围绕中华人民共和国成立 60 周年，与天津大学出版社合作，编辑出版了"建筑中国 60 年"系列丛书。2009 年是北京市建筑设计研究院成立 60 周年，同时还举办了一系列学术活动，出版了院庆系列丛书，总结了设计院成立 60 年来所取得的成绩，举办了设计院发展历程回顾展览和建筑文化展览，同时举行了多场学术活动，活跃了设计院的学术交流氛围，扩大了设计院的影响力。无论是学术活动，还是出版物，在行业内外均获得了大家的认可。

2010 年，我有幸被评为全国工程勘察设计大师，这不仅是我个人的荣誉，是对 BIAD 这个优秀的设计机构的认可和肯定，更是对 BIAD 60 多年兢兢业业、努力奋斗，为国家发展、为行业进步做出贡献及所取得成绩的肯定与表彰。

这 10 年中，我主持完成了嘉德艺术中心、故宫博

物院北院、中国佛学院等工程项目的设计及方案创作。故宫博物院北院的设计，最重要的功能是要解决故宫博物院大量大型珍贵文物，例如家具、地毯、巨幅绘画、卤簿仪仗等，因场地局限而长期无法得到抢救性保护和有效展示的问题。同时把文物修复的传统技艺，即非物质文化遗产保护技能展示给观众，使社会公众可以参观文物藏品保护修复的过程。

时任故宫博物院院长单霁翔，邀请了5位年富力强的中国著名建筑设计大师，以本人名义带领团队进行设计。北院区建筑设计方案征集活动采取公开评议的方式，不但邀请建筑和文化领域的资深专家学者，从专业角度进行评议，而且呼吁社会各界广泛参与并提出建设性意见。

作为"平安故宫"工程核心内容的故宫北院区，其基本功能包括文物展厅、文物库房、文物修复及修复对外展示用房、数字故宫文化传播用房、观众服务用房和综合配套设施用房等。项目以一种别苑的定位选址于上风上水的海淀区上庄南沙河畔的西玉河，区位与明清时期畅春园、圆明园、万寿山清漪园、玉泉山静明园、香山静宜园组成的"三山五园"相呼应。此处原有崔家窑，是宫廷烧造琉璃，为皇家御用窑场，现存4个窑口遗址，与整体规划形成文脉对应。基地南侧大面积水库及植被覆盖更为北院提供了得天独厚的景观条件和人文地理优势。规划布局将对外文物展览布置在场地东侧，较为私密的文物库房、修复及后勤功能布置在场地西侧，最大限度满足功能布局的同时，也有利于分期建设，另外方便与现有故宫博物院西玉河综合业务基地用房进行整合。由此，建筑的线性格局将场地有机地划分为南北序列，南侧临水、北面叠山，呼应中国传统"堪舆"理论的理想布局。这种均衡的轴线布局方式与散点的构成逻辑是在向它的前辈紫禁城致敬，蕴涵在其血脉中的气质也正在传承着与他遥相呼应的故宫的历史文化底蕴。

故宫北院区方案设计的灵感来自对中国传统"殿""堂""舍""院"的理解，借助从中提炼的轴线、秩序、等级等特质，凝结成一座巨大的博物馆群落。紫禁城明丽的色彩系统也在北院得以承接，同样呈现出恢宏的气势。与此同时，我们竭力赋予故宫博物院北院以适应当今国际视野的现代意义，助它成为世界博物馆领域的翘楚，从而更广泛地宣扬中华民族的伟大文化内涵。项目总用地面积62.01公顷，总建筑面积10.2万平方米。该工程已于2018年10月开工，待工程完成后，故宫博物院将会以更加优美的环境和条件，迎接来自全国各地以及海内外的游客前来参观。

北京院院刊对故宫北院项目的介绍

通过这10年的历练，我对建筑的认识有更加深刻的理解，在建筑设计管理方面，也从过去对一个企业管理，逐步发展到对全行业发展的管理与关注；出任全国评优专家委员会主任后，与来自全行业的专家们共同努力，在探讨行业发展的未来与走向、设计机构所面临的市场竞争压力与机遇中寻找新的突破点、建筑师如何迎接新世纪的挑战等方面，做出新的贡献。

我所在的北京市建筑设计研究院有限公司（BIAD）是与共和国同龄的大型民用建筑设计机构，70年来完成了国内外许许多多个建筑项目的设计，为提高人民生活水平，繁荣社会经济发展，促进行业技术进步，做出了非常突出的贡献。我们也同样面临转型的问题，如何适应市场环境，如何在新形势下发展进步，如何使企业在竞争激烈的环境中立于不败之地……我和我的同事们将面对未来的挑战。

我国城市发展已经进入新的发展时期。改革开放以来，我们经历了世界历史上规模最大、速度最快的城镇化发展，取得了举世瞩目的成就，城市建设成为现代化建设的重要引擎。要保护弘扬中华优秀传统文化，延续城市历史文脉，保护好前人留下的文化遗产，打造城市独特的文化精神。《中共中央国务院关于进一步加强城市规划建设管理工作的若干意见》提出新建筑的八字方针"适用、经济、绿色、美观"，将成为未来城市发展建设的核心，互联网、大数据的建设，将为建筑设计的发展提供更加有力的帮助，经济的繁荣发展为建筑师提供了展示才能的平台……如何在下一个40年中做到更强，取得更好的成就，这是我，是我们这一辈建筑师所共同努力的目标和方向。

成长与见证

/ 徐锋

2018年是我国改革开放40周年纪念之年，时光如梭，转眼间已踏入建筑学成为一名职业建筑师近38年的我，也伴随着国家改革开放的40年，经历了社会的进步以及城乡建设的高速发展，感慨万千。年前接到金磊主编《中国建筑历程 1978—2018》的约稿函，要求尽可能用讲故事的笔触撰文谈谈自己从业中的感悟与经历。回首38年的建筑学从业经历，一时间我还不知从何下笔，思前想后还是按十年一个阶段与大家分享4个记忆较深的设计工作与成长记忆点，引发大家共同的时间记忆，共同回顾与见证中国改革开放40年的如歌岁月。

一、1981年——初入建筑学

在1978年，改革开放的元年，国家恢复了高考制度，一群自由的小野马在科学春天的背景下，一下子找到了人生的方向与目标——"学好数理化，走遍天下都不怕"，考大学成了所有少男少女们的唯一学习目标。在一个偶然的机缘下，1981年出生医学家庭的我，结合自己的绘画与摄影的爱好与建筑学专业结下了不解之缘，有幸考入了当时号称全国建筑学"老八校"的重庆建筑工程学院建筑系。

刚进入大学的同学们，对知识如饥似渴，就像海绵一样，突然发现曾经学习的知识太不足了。当时，班上几位年纪大的同学推荐过好多书给大家，比如萨特的《心理学》《第二次浪潮》《凡高传》等，以及未来科学方面、心理学方面的书籍，看上去似乎读了很多与学业无关的书籍，走偏了学科，事实上汲取了很多知识。在国家改革开放之初，各方面的信息相对匮乏，对于初学的入门者，唯一专业知识来源是为数不多的全国建筑学高校统编教材与学校老师的自编教材还有从学长们那里买来的二手书，之后学校图书馆的建筑系资料室也是我们看世界的唯一途径，当时要凭建筑系学生证才可以进入，这里存放了很多新锐的国外建筑期刊读物。当时没有网络，没有照相机，所以几乎班

徐锋

1964年生于昆明，1985年毕业于重庆建筑工程学院。云南省设计院集团原总建筑师，现为集团建筑专业委员会主任，中国建筑学会理事，中国勘察设计协会建筑设计分会技术专家委员会委员，香港建筑师学会会员资格，中国APEC建筑师。云南省土木建筑学会副理事长，《云南建筑》杂志社主编。代表作有中国昆明世界园艺博览会（温室）、丽江悦榕庄酒店、昆明翠湖宾馆（二期）、昆明市"昆明老街"。

上的每个同学都是带着一卷描图纸去阅览室，遇到喜欢的建筑资料就开始描画，这样既了解到了新锐的建筑咨讯，又练习了钢笔画。由于当时教科书很浅，资料书籍很少，加之对知识如饥似渴的向往，大家都想尽办法去买书、借书来阅读，恰恰这些书在日后的职业经历中又起到了很多作用。当时百废待兴，学生和老师都是同时面对国外建筑流派与建造技术的引入，共同见证改革开放之初中国建筑学教育的恢复与发展（图1）。

图1 1985年毕业答辩

二、1987年——第一次独立完成建筑设计并建成

1985年，我从重庆建筑工程学院毕业，因工作分配回到家乡昆明，进入云南省设计院工作，一到单位报到，领导相当重视我们这些"文革"后新毕业的大学生，立马要求尽快独挑大梁独自承接完成设计工作。刚刚满21岁的我倍感压力。能否挑起重担，成为每天工作中面临的巨大挑战——在改革开放的浪潮下，政府在有效改善了人民生活的条件前提下，又进一步加大了对市民体育文化生活设施的投入，在1987年，我很幸运地独立承担了"昆明市五华区青少年体育训练基地"（三馆一场）（图2）的规划及建筑单体设计工作。当时可参考设计资料有限，唯一可以参考设计工具书就只有当时戏称为建筑师的"天书"——共有三辑的《建筑设计资料集》，在单位老同志的精心指导与建议下，我们前往广州考察了刚刚建成的广州天河体育中心，找在广州市设计院工作的大学同学借阅了全套建筑施工图纸，回到昆明后顺利完成了整套施工图设计，从设计到竣工用了大约三年时间。我第一次经历了昆明大跨度钢结构的网架应用技术、游泳馆墙体保温技术、大型复杂空间的金属屋面系统、大型观演比赛空间的建筑声学设计等专业知识的设计工作。

这也奠定了一个作为体育爱好者的我对体育建筑的浓厚兴趣和技术基础，随后几年，我相继完成了云南思茅地区体育馆，玉溪地区体育馆，国家体委昆明海埂体育训练基地——游泳馆、跳水馆等一系列体育建筑设计创作与实践工作（图3、图4），见证了改革开放后，我国城市体育文化生活设施的进一步完善。

图2 昆明五华区青少年体育中心现状

图3 国家体委昆明海埂训练基地——游泳馆、跳水馆

图4 云南玉溪地区体育馆

三、1991年——云南省第一个超高层建筑

由于国家经济实力的提高与建筑科学技术的发展，结合城市化进程的来临，高层建筑在全国各大城市如雨后春笋。在1992年经过方案投标与竞选，由我主创的方案中选，我有幸独立承担了云南省第一个100米以上超高层建筑——昆明华域大厦（138米高）（图5、图6）的设计工作。此项目位于昆明市主城区核心地段，用地周边与城市主干道和其他建筑相邻零距离，交通组织、消防扑救、城市空间关系处理等设计具有很大的挑战性，在设计院各专业老总特别是结构老总们的精心指导与配合下，独立完成了从方案设计到施工图的整个建筑专业设计工作。在整个设计工作中，国家在超高层建筑的有关法规不太完善的背景下，结合学习国内发达省市超高层设计的经验，顺利完成设计了云南第一个超高层建筑屋顶直升机停机坪及超高层建筑避难层设计，及八度抗震设防区的超高层建筑结构转换层的设计等多个我省"第一次"。

此项设计为云南在高烈度地区，超高层建筑的设计方面作出了探索，同时也见证了国家经济实力的增强，与城市化发展的繁荣。

四、1999年——昆明世界园艺博览会

随着改革开放进一步深化与城市化进程的进一步发展及我省植物王国的地域优势，1998年，我很幸运地承担了"'99昆明世界园艺博览会大温室"的设计工作。（图7、图8）

我长期在温和地区工作与生活，也是第一次接触了我国五个气候带的气候要求的建筑设计工作。经过与同事们精心的配合，按照省委省政府的时间与要求，出色地完成了设计。该建筑位于昆明世博园主要景区，是世博园主要建筑之一，坐落在昆明世博园主入口内中心大道端头。地面以上由5个不同功能和不同建筑高度的扇形分区，高低错落构成环形平面。总建筑面积3612平方米，展览流线组织合理，空间布局富有变化。该建

图5 昆明华域大厦效果图

图6 昆明华域大厦照片

图7 '99昆明世界园艺博览会——温室1

图8 '99昆明世界园艺博览会—温室2

图 9 河口县体育中心

图 10 鸟瞰昆明文化宫

筑获中国当代建筑艺术创作奖、云南省优秀设计二等奖、建设部优秀设计三等奖、上海吉尼斯世界纪录多气候带最大连体温室奖。

这也使我们进一步反思，人与自然、建筑与气候的关系，是建筑师必须时刻关注的永远的课题。于是近来刚刚完成设计的云南河口体育中心（图9），我们试图在绿色、生态上作出突破。

图 11 昆明文化宫外景

五、2010 年——找寻工人阶级心中的"乌托邦"

反思近 40 年城市化进程，大拆大建带来的弊端，引起了城市管理者与建设者们的思考，一个城市除了现代化的功能配套外，还应该有她独有的城市气质和历史文脉的延续。2010 年，我有幸与重庆建筑工学院汤桦师兄合作设计了新昆明工人文化宫的项目设计工作（图10、图 11）。在设计中我们试图在这方面作一些有益的尝试与勇敢的探索。我们采用了化零为整的手法，保留了城市传统街区的历史痕迹与记忆，打破高墙大院，把市民的日常活动与文化宫的文化空间融为一体，突出以人为本的建筑空间格局，立面以垂直的片墙构成通透的外围界面。其中一些片墙转动角度，暗示内部道路入口，为立面带来生动的光影变化，同时也起到遮阳作用。柱廊与屋顶连为一体，形成强有力的造型。内部各功能区单体按照功能要求设计，反映各自的性格，对比丰富。内与外，简洁与复杂的对比使建筑具有独特的性格。项目提升了老城区的城市活力，获得了群众的喜爱。该项目建成之后荣获 2015 年度全国优秀工程勘察设计行

图 12 昆明翠湖宾馆

图 13 南洋机工抗战纪念馆

业奖——建筑工程一等奖。

在云南做建筑设计背景跨度非常大，今天可能刚在河谷亚热带某民族聚居地区做完一个项目，明天的项目也许就是在高山寒带某民族聚居地了（图12、图13）。在项目设计时间非常紧张的情况下，建筑师虽然有很多的想法和思考，但是关注点大多还局限于个体项目上面，因此整体的观念应该是大家越来越备受关注的问题。近几年建筑设计中也在探讨本质的回归，回过头想一想，这么多年都在拼命的追求，但是究竟什么才是我们想要追求的，那就是建筑本质理性的回归，这是我们首先需要明确的。最近我们很多项目的设计都在追求体现这一特质。每次提到云南这个多元化的地区，大家就会联想到"原生态"，不能总是仅仅停留在展示古老的过去，应该在时代的发展上加以跟进，在未来的状态中加入时间的概念。人们的生活方式、生活节奏随着时间的推移是在不断变化的。如果建筑无法围绕这种变化而变化的话，那么就将停滞不前。在云南，民族文化众多，建筑创作中考虑传统的例子也已经不少了，回想一下，我们究竟是遵循原生态的原则，还是用"美声"来唱"民族"的歌。我认为云南建筑师所走的路，应该是一条用先进的技术手段去达到地域文化的表现的路。建筑师应该充分运用传统工匠的智慧，无论现代的技术如何的发展，传统的工匠的方法是非常值得学习和借鉴的。现在经常提到的生态、节能，很多项目是花很大的代价，来达到所谓的节能，背离初衷，反而达不到预期的效果，而有些地区的一些传统低技术的方法，却可以达到很好的效果。比如云南很多落后地区，建筑的通风、采光、防潮，以及太阳能的利用等可以说非常的智慧。传统工匠的智慧也可以算作一种历史的积累，是非常值得学习的。

云南现代本土建筑创作的方向，应该按照本土的"情理"进行创作。"情理"指的是当地的经济、自然、人文等，抛开所有（无论传统的，还是国外的）固有形式的追求和其他派生的东西，特别是莫名其妙的所谓的"创意"，根植于本土的传统地域文化，尊重自然，顺应自然保护自然才是"地域建筑创作"的本质回归。

我们不能一直拿设计院的生存、产值问题作为托词，如果一味地强调这些原因的话，那么建筑师就失去了其存在的价值。在这种情况下，如何体现建筑师即特殊技能专业的工作者的存在价值，我想这也是建筑师从事这个行业的一个服务于社会的建筑创作的最终目的吧！建筑师这个职业可以说是很古老的，但是为什么明明拥有几千年的职业历史还一定要随波逐流呢？中国改革开放已经40年了，这个阶段已经不能仅仅停留在模仿上面了。通过近40年的当代地域建筑创作回顾，我想我们是否已经到了该反思一下我们接下来的建筑创作之路应该怎么走的时候了。

就像一位文学作家所说的"人类生活是一条宽广的河流，河面上的礁岩、流水、浪花反映了不同的历史时间段，但是在时代浪潮的冲击下，人们往往陷入了迷途，从而忘记了水面下的石头""无招无式，解脱自我""崇自然、求实效、尚率直、尚兼容"。作为一名长期"战斗"在云南的建筑师，"低技术"可能是一种被动的选择，但我更愿意把它当做一种主动的追求。

十八年更岁 三十载建筑

/ 张祺

张祺

1964年出生于北京，1982年考入清华大学建筑学院，硕士。中国建筑设计研究院（集团）总建筑师。入选新世纪百千万人才工程国家级人选，多年来致力于建筑地域性与文化性的设计研究与创作实践。代表作北京大学百年讲堂，文化部办公楼等。著有《此景·此情·此境——建筑创作思考与实践》。

18岁那年（1982年），我考上了清华大学建筑系。当时建筑学还是让许多人懵懂的专业，我也是因为喜欢画画，在父母的坚持下，报考了建筑系。从此也就和建筑结下了缘，而一恍已是30多年过去。

在清华的学习是紧张而快乐的。现在想想学校的一草一木，学习时的不同场景历历在目。大学的学习为我打下了坚实的基础，学校最早的作业，水墨渲染、钢笔画的技能让我今天还很受用，而偶尔画张小画也便成了对熟悉的校园生活的回忆。

研究生期间，我随单德启先生几赴桂北，开始了广西融水苗寨干栏木楼改建的尝试。在调研返程前的校友聚会上，单先生泼墨题字"脚底板下出学问"，至今让我体味如新。在清华的学习不仅仅是专业技能的培养，更重要的是业务素质与人格养成。在去年对清华大学百名名师单先生的采访中，我也着重谈及老师德艺双馨的影响与教诲之重要。

苗寨改建设计的成效，现在看来不仅仅是平面有机组合、建筑形态的地域化表现及低造价的运行机制，更重要的是前期的充分调研、与当地乡民反复的沟通，留有乡民自建的可能性的设计过程。用沼气、轻型混凝土砌块及楼板等新技术，让村民过上了远离火灾、安全环保的现代生活。其设计策略及理念对当下的乡村建设还是有许许多多可借鉴的经验与应用的价值。

20世纪80年代末，我分配到中国建筑设计研究院（当时叫城乡环境保护部建筑设计院），陆续参加了北方交通大学教学楼及梅地亚中心的设计。主持设计完成了文化部办公楼、林业部办公楼、万寿路老干部活动中心及北京大学百周年纪念讲堂的设计。从方案到施工图的全过程设计，让我学会了许多技能，同时也体会到一个建筑师的艰辛。北大百周年纪念讲堂于1998年5月竣工，而在前年当我主持设计观众厅室内方案建声改造时，更感受到一栋建筑对于一个校园，对于一代人的记忆是多么的重要。

大学是有"精神"的，这种精神属于学人共同接近的"共同的思想、立场、价值体系与文化资源"。北京大学教授苏力在一次致辞里言道："北大并不是一所大学的名字，不是东经

1986 年本科　　　　　　　　　　1992 年硕士答辩　　　　　　　　　　1997 年

116.30 度与北纬 39.99 度交会处的那湾清水，那方世界，甚至不是所谓北大象征——'一塔湖图'或墙上铭刻的北大校训。每个人都有一个属于他自己的'北大'。"一所大学校园的生命力就在于它与众不同的生活环境和在此基础上形成的校园文化。

转眼，18 年很快地过去了，而我已过而立之年。

在中国建筑设计研究院，我陆续担任过院副总建筑师、副所长、所长、建筑院副院长、院总建筑师，设计的工程也陆续竣工，得到了一些奖项和荣誉。2007 年，成立了院属个人工作室。教育、文化及观演建筑、办公科研建筑是工作室主要的设计方向。设计项目的多样化拓宽了建筑设计领域，同时对专业化的研究与探讨，也让我对建筑设计有了更深的领悟。

多年来，我相继在北京大学设计完成了北京大学人文学苑、留学生公寓、南门教学区、国家发展研究院等 6 组建筑，在兰州大学本部完成了体育馆、生物楼等中心区建筑及榆中校区的图书馆、艺术楼，同时设计了中国青年政治学院、中国劳动关系学院图书馆及中山大学的体育馆，有机会实地参加校园建筑快速发展建设及老校园有机更新的尝试，让我从中体会到诸多的内涵。在不同的校园里做设计是一种非常好的经历，因为带着曾经的感受又回到了久违的校园和最初的熟悉。

世纪之交，我设计完成了北大厦门生物园、蒙元文化博物馆，之后陆续建成了青海大剧院、江西大剧院、东营大剧院等几座剧场。在设计中强调建筑的厅堂效果、观演品质，在剧院舞台的功能技术实现上进行研究与探索，并综合各个专业的设计经验，运用科技发展的成就，实现总体构想并创造新颖的具有场所感、戏剧感的观演空间。同时，工作室参与完成了《剧场建筑设计规范》修编工作及作为主编完成了《建筑设计资料集》（第三版）第 4 分册"文化建筑中图书馆"部分的编写，为行业做了一定的工作。

最近，在西绒线胡同新华门与大剧院相对的位置，设计完成了西绒线胡同 12 号办公楼。胡同是北京旧城更新改造缓慢的地区，尤其是皇城附近。胡同在城市的发展中也会零星地更换它的"主人"，新的"客人"会不断地在不同的地方出现。西绒线胡同 12 号办公楼建成了，建筑便自然成为这一区域的又一位新的"客人"。我想如果它能够成为和谐的邻居，就应该已经成功了一半；如果它在气质上和情感上成为营造这一区域的一种新的令人愉悦的积极的场所动力，那么它的成功就完成了余下的一半。

而接下来的评价将交给今后的岁月，可能 10 年，也可能 50 年之后，当这片街坊改造之时，如果这栋楼会成为一个"主角"，而得到与新邻居的协调，到那时这栋大楼才能真正完成了它生命另外的四分之一。城市文化在不断地发展，而这种"主与客"的相互间的辩证关系对设计创作亦是非常重要的印证。

环境与建筑互为大小，不同的条件下有着不同的释义。做好"大建筑"中的"小环境"是建筑师的本分，做好"小建筑"来表达"大环境"是建筑师的天分，而真正做好"大环境"中的"小建筑"其实很难，因为它存在的真实评价来源于更广阔的背景，来自历史甚至是时间的评介。它需要一个建筑师的耐心、需要一个建筑师的预见力与判断力，以及对现时的社会人文环境诚实的表达与时代生活的适合与共存。正是在许许多多的"小建筑"中所表现出的"大环境"意境的过程中，随着不同边界的模糊与界定而各自完善了建筑本身的生命与意义。

当一个建筑因其特有的姿态留在世上的时候，其影响力远远超出了当时的区域环境，甚而在文化上留有一个印迹。到了这个时候，才真正形成"大建筑""大环境"。这是一种挚久的追求，是一种精神的境界。到了这个时刻，建筑也就如同有价值的艺术一样深深地留在了这个世界上，并结实地成为了环境的一个最重要的部分。

如今，又是 18 年过去，我已是 50 有余。

梁实秋曾说，每逢聚餐被众人簇拥上位时，他觉得不是学问之大，而是有点"老"了。我虽远远没有到那个年纪，更不会觉得体力等各个方面有什么变化，但是

2007 年　　　　　　　　　　　作者近照

从业的经历和不断催新的悟道让我愿意静下心来思考一下建筑。建筑设计确是需要实践性的不断思考和用心体验的，研究建筑与环境、人的关系是非常重要的。

我于2017年出版了个人专著《此景·此情·此境——建筑创作思考与实践》，其目的就是关注建筑的时间性及建筑设计思考过程的持续性，研究建筑与地域、文化、场所、技术、经济、美学等若干因素的关联，提出建筑设计中面临的现实问题，建筑设计所依附的情感、设计方法和过程，建筑意境的艺术追求及其境化，至美之所在等。旨在结合建筑设计实践案例，深入探讨建筑创作中的"景、情、境"的相互关系。

建筑是有生命的。建筑从原景中来，在不同的背景中搭建记忆，在场景的表现中接续未来，随着时间而不间断地生长。在特定的环境中，具体问题解决的最佳方式与设计能力不仅反映出设计师思考的不同程度与深度，更重要的是其投入的情感状态与精神表达。建筑的表情不是自然获得的，需要设计师前所未有地深入挖掘自己的内心，真实地呈现出表达建筑本性、诗化建筑空间、进化形象的建筑。

建筑是有脉络的。一座建筑诞生和演进过程中形成的存在方式以及历史印记，体现了人类丰富的历史信息和文化艺术内涵，为社会的更新和适应性变化提供了有效的资源。脉络是建筑的灵魂，亦是生活的载体。建筑设计的所有脉络贯穿了人使用的舒适、惬意的感受及心灵的释放，其所创造的生活场景与空间，都是在提高人们生活品质的前提下，满足使用者不同的物质与精神需求。

建筑是有审美意趣的。真正富有意义的艺术作品要能够激发出人类共享情态下的体验与情感。建筑审美活动是在一定的社会条件下和文化背景中进行的，研究不同文化独特的思考方式和审美习惯，发现普遍的美感，建构中国独立的审美意识尤为重要。东西方文化的不同，中国在东亚文化中的特殊性，决定了中国固有的一脉相承的审美意识，为社会留下了特有的审美经验与审美标准。

建筑是有价值的。有生命力的建筑文化是不需要自圆其说的，其核心价值并不需要令人费解的观点或宣传去证明。建筑艺术运用其独特的艺术语言，将实用性与审美性相结合，形成其不断完善的价值体系。随着设计实践的发展、物质技术的进步，建筑本身所寓意的文化价值和审美价值将越来越重要。如果因为它的存在，能协调或引导一个地方、一个区域的变化，那么它便具有了更为持久的价值和意义。

建筑是有寿命的。一栋建筑随着社会的变化，经过功能复合、转化、变迁而有幸留存下来，它一样会为下一代人接受，为当地接受，成为长寿的建筑。尽管长寿的建筑不一定会成为最好的建筑，但能够在具体的时间、地点，在环境自然发展中留下有益于人的审美情趣和良好建设质量的建筑，是一个长于人寿命的建筑存在并对话于环境的积极意义之所在，更是一个建筑完成其生命历程的重要使命之所在。

今后，新的18年们仍然会如期而至。

30年对于人的一生不能算长，但是对建筑设计过程的感悟可谓不短。改革开放的40年春风，让我们有了机会去实地探索建筑、设计建造建筑，而在我们重新思考其精神及价值时，就具有了实践的真正意义。

建筑除了表现其专业的进步之外，其所蕴含的文化、社会及多层面的意义随着时间的推移将留给未来。在不断发展与比较的历史语境下一定会留下一些精妙的、人文的、充满情感的、达到境界的建筑作品。它连带着彼时的文化，连带着使用者、观赏者和设计者的需求、感受与审美习惯，方法与思想意识等，重新回到和谐的现实环境中，重新回到拥有无限想象力与创造力的初景之中……

此文值纪念改革开放40年之际，应金磊主编相约，落字为记。

作者著作《此景·此情·此境》书影

见证改革开放的"中国院"

/ 宋源

改革开放40年是中国乃至人类经济史上最值得书写的"金色时代"。改革开放创造了一个又一个伟大的"中国奇迹",中国建筑设计研究院也始终伴随着改革开放的全过程,昂扬奋进,创新作为,取得了历史性的辉煌成就。

中国建筑设计研究院(简称"中国院")的前身是1952年成立的中央直属设计公司,作为一个承担了中华人民共和国成立初期大量重大建设任务的国家设计院,几经沧桑。1970年,设计院被撤销,大量技术人员下放,直到几年后才逐渐恢复了设计工作。随着国家的改革开放,设计院重整旗鼓,重新参与到国家的重点建设之中。1983年,设计院正式更名为建设部建筑设计院。随着改革开放的深入,2000年,四家建设部勘察设计事业单位转企改制,合并组建中国建筑设计研究院,自此开始了稳定、快速的持续发展,连续17年实现年均19%的经济增长,企业年收入突破百亿,相继完成了海外企业并购、股份制改革,实现了由事业单位到全民所有制企业再到国有独资现代企业的蜕变。2014年后,中国院(中国建设科技集团)已拥有五家"中国"字号企业、一家亚太地区一流企业,是国内目前能够覆盖城乡建设领域各个专业门类、整体实力雄厚的科技型企业。

作为亲历者和不同程度的参与者,我觉得在中国建筑设计研究院的改革发展的进程中有三个至关重要的里程碑。

一、敢为人先,创业特区

1980年,中国建筑设计研究院在香港创办了中国第一家中外合资设计公司——华森建筑与工程设计顾问有限公司,随后在深圳蛇口建立了分公司。七位敢于摸着石头过河的中国院前辈,就此开启了以香港为窗口,深圳为基地,吸取国际先进技术和管理经验,开辟了中国设计企业新发展的征程。

宋源

1966年出生于江苏南京,1988年毕业于东南大学建筑系,1988—1997年就职于建设部建筑设计院,曾任深圳华森建筑与工程设计顾问有限公司副董事长、总经理、总建筑师,现任中国建筑设计研究院有限公司董事长。曾任中国建筑学会建筑师分会副理事长。代表作有深圳书城、深圳京基金融中心、深圳大学文科教学楼、广东南海文化中心等。

以深圳第一家五星级酒店为标志，华森公司陆续在超高层钢结构建筑、大型综合医院、旅游度假区、文化设施等方面取得新的突破。在商品住宅建设领域更是成绩斐然，设计建成的多个住宅区都成为国内人居领域的典范。华森与深圳特区同诞生、共成长，积极践行着"设计行业第一个对外窗口"的历史责任，见证了深圳特区的高速发展。华森也成为中国建筑设计行业内颇具影响力的知名品牌和现代设计企业。本人有幸1997年由院派赴华森公司工作，一去18年，参与并见证了华森公司许多重要的发展节点，在华森公司的工作也成为我个人职业生涯中最为难忘的经历。

宋源（左2）参加第三批中国20世纪建筑遗产项目公布大会

二、实事求是，践行发展

2000年，重组的中国建筑设计研究院，隶属于国务院国有资产监督管理委员会，在完成了事业单位的转企改制后，伴随着中国改革开放大潮不断成长。

改革开放带来了机遇，也带来了挑战，中国院虽然率先在行业内进行了内部专业化改革，但由于市场环境和服务观念差异，致使企业一度发展困难。为此，全院职工解放思想，在企业内部开展了"追求质量还是规模""做优与做强做大谁先谁后"等思想争论。

面对思想分歧，以修龙院长为首的中国院领导班子从国家的改革开放中寻找到成功经验——邓小平同志在1992年的南方谈话中说："我们改革开放的成功，不是靠本本，而是靠实践，靠实事求是。"中国院将这一经验应用于企业改革之中，在"遵循规律"的基础上去统一思想，坚持"发展"这个主题不动摇、不争论；做专做优与做大做强没有主次及先后之分；尊重企业基因、尊重人性才是最适合的管理。

在这一过程中，中国院明确提出了"传承中华文化、打造中国设计、促进科技进步、引领行业发展"的企业使命；将中华传统文化管理理念与现代企业管理制度相结合，以市场为导向，以满足人的"尊重"和"自我实现"需求为激励，吸引人、造就人、用好人、留住人，充分调动了员工的创造性、自主性和积极性，管理创新效果显著。企业不断焕发活力，效益持续快速增长，尤其是在城市化快速发展的2009年至2013年间，年均增长率达35%，成为企业历史上发展最快速的时期。

三、海外并购，打造一流

作为中央企业，中国院明确提出"成为具有国际竞争力的世界一流企业"的战略目标，把加快"走出去"作为促进战略目标实现的重要战略举措，并明确了要两条腿"走出去"：一是"借船出海"，以技术输出和管理输出积极开拓海外业务，熟悉国际标准规范，积累国际化运营经验；二是加快实现"技术+资本"的新发展模式，通过资本运作实施海外并购，加速实现海外战略布局。

2012年4月，中国建筑设计研究院以1.47亿澳元的价格全资收购了具有180年历史的新加坡CPG集团。这成为中国勘察设计行业海外并购的第一案例，是为中国高端服务业"走出去"、国际智力型人才整建制获取以及中国院转变发展模式的有益尝试和探索。新加坡CPG集团前身是1833年成立的新加坡政府公共工程局，是国际知名的基础设施及建筑工程咨询与管理服务公司，在全球特别是东南亚地区完成了40多个机场项目、80多个医疗项目、300多个教育项目，在项目管理服务以及施工监理，大型机场、医院、学校等设计领域具有国际一流水平。

经过六年来成功的技术融合，中国院技术实力得到有益的补充和提升，在地下综合管廊、机场设计等领域，确立了行业领先地位，在"一带一路"建设中的作用和影响力日益增强。CPG地处亚洲金融中心和海上丝绸之路的枢纽，其优越的区位优势、丰富的国际化投资策划与设计咨询经验、强有力的市场资源以及品牌影响力，高度契合"一带一路"规划要求，现已在东南亚多个国家为中国企业参与"一带一路"建设提供了有力支撑。

这三个重要的关键事件充分体现了以修龙院长为代表的中国院人解放思想、改革创新、实干为先的精神风貌，为中国院在建筑设计行业内奠定了"领袖企业"地位，成为更加名副其实的"国家队"。

作者在第三批中国 20 世纪建筑遗产项目公布大会会场

中国院坚持不懈地向着国企改革目标不断迈进。2014 年，经国务院批准，中国建筑设计研究院作为主发起人，联合中国电力建设集团有限公司、中国能源建设集团有限公司、北京航天产业投资基金（有限合伙），共同发起设立了中国建设科技集团股份有限公司。股份公司的设立，意味着中国院真正实现了从"院所式"管理向现代企业治理的转变，实现了所属企业五个"中国"字号企业名称的延续，这对于提升品牌影响力具有举足轻重的作用。股份公司的设立使企业加速实现了从"建筑"到"建设"，从"设计"到"科技"的质的飞跃，极大拓展了业务领域、延伸了产业链条，为实现转型发展和高质量发展搭建了更为广阔、更具想象空间的高位平台；通过"资本与技术""资本与创新"的有效融合，开创了中央科技型企业转型发展的新模式。

回顾中国院 40 年的发展，亲历其中，我倍感光荣。中国院经历了几代人的共同努力，从几位前任领导的市场开拓，机制整合，张文成院长的多元化产业延伸，到修龙院长的"文化经营"理念，一步一发展，一步一提升。正因为"文化经营"理念高屋建瓴，中国院人拓宽了视野，加深了思考，提升了格局，由"术"入"道"；也正因为"文化经营"理念深入人心，中国院才有了服务国家战略的政治高度，有了传承中国文化，打造本土设计的文化自觉，有了引领行业发展的责任意识和推动科技进步的担当精神。在某种意义上，这也是对改革开放最好的实践回应，也是中国院持续健康发展，迈向一流目标的基础与关键所在。

在新时期，中国院以高度的责任感和技术实力，参与了雄安新区第一批新建工程的设计，并承担雄安高铁站等重点项目设计；积极参与《河北雄安新区规划纲要》编制等一系列相应工作。在北京城市副中心，中国院承接了 10 平方公里城市设计及市政府办公楼、委办局办公楼、副中心交通枢纽等项目的设计任务，参与了地下综合管廊等多个重点项目的设计工作，在粤港澳大湾区，中国院承担了珠海"横琴新中心区城市设计"、广州"南沙中心区城市设计"，同时与中国铁建投资集团等央企组成联合体，以"技术 + 资本"的模式，承担 13 平方公里江门潮连岛整岛开发，探索粤港澳大湾区建设的新模式。

60 多年来，中国院在国家发展的不同时期，始终是"落实国家战略的重要践行者、满足人民美好生活需要的重要承载者、中华文化的重要传承者、行业高质量发展的重要推动者、行业标准的主要制定者、行业科技创新的重要引领者"，这"六个者"既是企业历史地位和价值的高度概括和凝练，也是作为央企、"国家队"未来发展方向。中国院将不忘初心，牢记使命，继续进取，创新开拓，在新时代里谱写新的篇章。

难忘岁月

/ 傅绍辉

傅绍辉

1968 年出生于天津，1993 年硕
士毕业于天津大学建筑系。中国
航空规划设计研究总院有限公司
首席专家、总建筑师。代表作有
黑龙江科技馆、中航工业北京
（顺义）发动机总部、内蒙古科
技馆新馆等。2007 年获中国手
绘建筑画大赛优秀奖，2006 年
获第 6 届中国建筑学会"青年建
筑师奖"，著有《中国建筑 100
丛书——黑龙江省科技馆工程设
计》《素描建筑师》等。

2018 年是国家改革开放 40 周年，这一年我刚好 50 岁。
在改革开放开始的 1978 年，我 10 岁。作为 10 岁的少年，
虽然还不能明白改革开放究竟是怎么回事，但是通过父母
以及周围的人们，还是感受到了许多的变化。

20 世纪 70 年代末，我随父母在呼和浩特生活。当时
我最大的感受就是父母不像之前那样紧张了。以前年龄虽
小，但是总觉得父母每天都有着些许的担心，特别是当听
到深夜把我都可以敲醒的敲门声，父亲被叫到厂里去解决
问题的时候，母亲的担心和牵挂我是能感觉得到的。这种
氛围直到 1977 年终于有了改变，周围不再总是紧张的气氛，
代之以一种轻松的氛围。

再后来，晚上经常有一些大哥哥、大姐姐来家里找我
父亲补习功课，后来我才明白这是在准备高考，那时能考
上大学真是太不容易了。

1980 年我进入初中学习。在学校的美术课上，美术课
的傅老师（非常巧合，美术老师也姓傅）发现我有一些绘
画的天赋，就写了封信给我的父亲，希望家里支持我将来
报考美术院校。后来傅老师还专门来家访，和我父亲谈及
此事。当时虽已改革开放了，但由于"文革"结束的时间
还不太长，加之"文革"期间父母的经历，因此对于学习
美术这个专业，父亲多少还是有些顾虑。他们没有同意老
师的建议，只是说让我先和老师练习一下基本功。虽然我
没有走专业美术的道路，但是这段学习也成为我日后走上
建筑设计道路的一个契机。

交流

1986 年我进入天津大学建筑系学习。"文革"后经过
10 年的时间，到我们这一届入学时，学校的教育已经全面
恢复。改革开放同时带来了国际之间的交流，当时出版的
《天津大学、神户大学学生作业作品集》是我们新入学学
生的必备参考书之一。

黑龙江科技馆（2000）

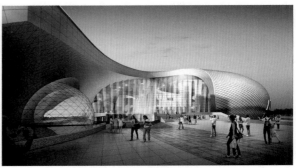

云南科技馆（2009）

嘉峪关科技馆（2002）

内蒙古科技馆（2010）

我大学二年级的第一个设计，我们组的指导老师就是加拿大籍的卡特先生。卡特的教学方式和当时天大传统的教学方式非常不同，而且是用英语交流，在当时多少感觉不太适应。卡特的教学是启发式的。我记得他曾和我说过要充分利用阳光，不仅仅是采光，还可以利用阳光做更多的事情。作为低年级学生，我对此并不能完全理解，但是这种启发式的教学对于开拓学生的思路还是大有裨益的。

改革开放带来的变化还有两岸之间的交流的增加。1992年，我在读研究生期间，海峡两岸的几所大学在哈尔滨建筑工程学院组织了一次建筑青年、建筑学生的学术交流活动。各个学校之间的老师、学生随意组合成新的团队，在几天时间内完成哈尔滨中央大街一段的更新改造快速设计。几天时间，大家一起做设计，进行篮球、拔河比赛，文艺演出，增进了解和友谊。在当时的带队老师中，有西安冶金建筑学院的刘克成老师、东南大学的贾倍思老师、台湾中原大学的喻肇青老师等，青年学生有同济大学的章明、清华大学的张利、华南理工的杨晓川等一大批当前的主力建筑师。时至今日，虽已过去了20多年，这一段经历依然在很多人的记忆中占据着其特有的位置。

系里的学术讲座自然无法和现在信息爆炸的时代相比，但是在当时，依然有赵晓东、周恺、在日本留学的孟令强以及清华大学的赵炳时等老师结合自己的研究作学术报告。在当时资料稀少、信息也不发达的时代，他们的讲座显得弥足珍贵。

访问

在学习外国建筑史的时候，无论如何绕不开柯布西耶。当年曾听到过各种各样关于对朗香教堂的评价。进入21世纪，终于有机会走出国门，亲身体会和感受大师先贤的作品。当我们抵达朗香教堂，进入那梦幻一般的室内时，那种震撼、惊讶、出乎意料的感觉无法用语言描述。之后虽也曾多次出访，也曾参观过其他的柯布西耶的作品，但是再难以找到第一次走出国门、走进大师作品的那种感受。

2008年，我获得国家留学基金委的奖学金，前往英国巴斯大学做访问学者。不同于短期的出国考察，长期的留学生活和学习，能够比较系统地了解当地的文化和生活，从而可以更深层次地去理解西方建筑历史及其发展。这一阶段的学习和生活，使我对于建筑的认识和

作者参观郎香教堂时所摄

理解有了很大的转变，也对日后的建筑创作产生了不小的影响。

科技馆

科技馆是我的职业生涯中最为重要的一种建筑类型，我本人也是通过科技馆的设计慢慢被业界所了解。

改革开放后，国家对科技工作非常重视，邓小平同志在全国科学工作会议上提出了"科学技术是第一生产力"。"文革"后，各地的科协开始陆续恢复工作。1987年，以中国科技馆的设计作为标志，开启了国内科技馆的建设。但是，第一批科技馆建设更多是为了解决科协部门的办公场所问题，对于展厅的建设，依然停留在传统的图片展示的阶段。1997年，中国科技馆A馆的建设，真正标志着科技馆的建设向科学中心、互动的展陈模式的转变，并以此为契机，揭开了各省市科技馆建设的高潮。2000年，我中标了黑龙江科技馆项目，这个项目可以说是我职业建筑师生涯最为重要的一个设计作品。设计结合中庭内的大楼梯，首次将自然元素引入到设计中。黑龙江科技馆也获得了中国建筑学会建筑创作奖。这一项目也从开启了我在科技馆建筑方面的设计探索，之后，我先后完成了嘉峪关科技馆、内蒙古科技馆、云南省科技馆等一系列的科技馆建筑设计。目前正在进行的位于北京奥林匹克核心区的国家科技传播中心项目是这一系列的一个新起点。

我们这一代建筑师真正赶上了一个发展建设的黄金时代。自1993年从学校毕业至今，忙碌就是建筑师的生活状态，而且是从学生时代帮老师画图开始，一直忙碌到今日，未曾停歇过。可以说，正是国家的开放和发展，给了我们这一代建筑师百年难遇的机遇，也随着国家的开放和发展，不断成就着我们每个人自己的梦想。

值得回味与书写的瞬间

/ 徐全胜

从 1978 年到 2018 年，中国建筑设计界与国家共同在改革开放之路走过了 40 年，当我们饱含敬意将那奇迹般的关键词串联时，会发现有太多北京建院人的真实印记与梦想荣光。2018 年 11 月 22 日，由北京市建筑设计研究院有限公司（以下简称"北京院"）与北京市国资委联合主办，由中国工程院院士马国馨任总策展人的"都·城——我们与这座城市"专题展览在中国国家博物馆隆重开幕。它所展示的北京院的设计生涯乃至作品贡献得到了各级领导、业界同人及社会公众的肯定。更重要的是，北京院在展览学术活动中向首都的建筑设计同行及社会各界发出了题为"建筑服务社会，设计创造价值"的倡议书，表达了重视建筑文化的核心价值、矢志不渝地提升建筑整体品质、积极主动地拓展建筑设计服务领域、责无旁贷地担负建筑设计的社会责任、不遗余力地增进社会各界的理解协作等五大倡议，彰显了作为与新中国同龄的北京院对行业、对社会乃至国家的责任心与使命感。

自 1949 年 10 月 1 日，北京院的前身——北京公营永茂建筑公司设计部成立那一刻起，北京院便投身于首都建设的宏大蓝图中，从 20 世纪 50 年代"国庆十大建筑"的人民大会堂、北京工人体育场、钓鱼台国宾馆等八项建筑，到首都机场 T1、T2 航站楼、T3 航站楼、奥林匹克体育中心、亚运村，G20 及博鳌论坛会址、乃至正在建设中的北京大兴国际机场、冬奥会国家速滑馆等，这些建筑作品真正体现了中国的大国文化，用建筑设计塑造了国家精神。可以说，北京院始终扎根于首都北京这片沃土，与共和国共同成长，我们的作品更沉淀为首都乃至全国人民的城市记忆。

徐全胜

1969 年出生，清华大学建筑学硕士，北京市建筑设计研究院有限公司党委书记，董事长，副总建筑师。国家一级注册建筑师，教授级高级建筑师。中国建筑学会副理事长，北京工程勘察设计行业协会会长，中央美术学院理事会理事。代表作有北京电视中心、全国人大办公楼、北京高法办公楼、中华女子学院等。

一、改革开放为建筑界开启快速发展模式

我个人对"改革开放"是有特殊情感的，自 1992 年进入北京院工作，便参与北京恒基中心的方案设计工作，后来此项目赴香港招商成功，香港恒基作为投资方进入。同

作者在北京十大建筑表彰会上发言（2001年北京院报告厅）

时，香港关善明建筑事务所也作为合作设计方参与到项目中。同时，我也参与了深圳特区报社办公大楼等多个位于深圳的项目设计，2003年在院领导信任与安排下，赴深圳担任北京建院深圳设计院院长，在改革开放的第一线经受着建筑设计行业的高速发展的洗礼。改革开放40年，建筑是纪念碑，建筑设计行业是最大的受益者之一，它承载着国家发展、社会进步的成果体现。

随着城市化发展，城市要满足完善基本的内部需求，原来在计划经济上有很多缺口亟待"填补"，所以，这个阶段国内建设如像雨后春笋一般展开。面对国家城市化高速化，产生了新的城市发展运营要求，而随着中国在世界舞台上展现国家形象的需求不断增长，在国内尤其首都北京涌现了一批世界性的标志性事件活动，如举行亚运会、奥运会、亚洲博鳌论坛、G20峰会等，显然原有的场馆与服务设施、建筑标准已无法满足需求，就要求城市功能较之前要有根本性的转变，为满足社会和人民的需求，居住、商业、休闲娱乐设施等需求量激增，这构成了国内建筑设计行业发展的动力之一；同时，改革开放为中国建筑师学习国外先进设计理念创造了极大的便利，通过"走出去，请进来"的交流方式，中国建筑师不断地走出国门"取经"，同时邀请国外知名建筑师到国内参与项目设计，在合作中充分学习交流，而通过参与国际大型竞赛，国内设计企业更有机会与国外知名机构同台竞技，这也是难得的学习机遇；与建筑设计行业相匹配的建筑材料、建筑产品、施工方法都在改革开放的大潮中不断进步与出新，它们为建筑界的高速发展提供了坚实的技术支撑，建筑师的设计理念越来越能充分地转换为现实。

对设计企业来说，我认为最重要是通过改革开放建立了符合行业发展规律的机制体制，引发了以市场为出发点的一系列改革举措。以北京院为例，20世纪80年代初，国家刚刚设立深圳特区，为响应号召，北京院即在深圳成立了深圳分院，而深圳分院也是北京院用市场化方法管理的第一个试点分院。此后，20世纪80年代末、90年代初，北京院实行了事业单位企业管理，企业不仅收设计费，建筑师也能发奖金，这极大地调动了建筑师的积极性。它无疑开启了我们与改革开放同行，具有活力的设计创新之路。

二、改革开放要用作品向国家与人民致敬

在2005年7月由中国建筑学会建筑师分会主持的献给国际建协第22届世界建筑师大会的《中国青年建筑师·当代中国新作品》一书中，我曾荣幸作为入选建筑师参编，当时我在"创作是对提出问题最好的解决方案"的主题下，这样描述自己的建筑观，即："我们的设计不是为了炫耀技术与技法，而是运用当代的技术解决设计问题，创造适宜的建筑作品，技术是手段而不是目的和结果。在设计中不片面追求建筑设计手法的新、奇、特，不刻意追求建筑技术的高、精、尖。"北京院有一批批留下国家轨迹的作品，它们也在国家意愿与社会责任中折射出北京院建筑师的美好愿望。如在今日有神州第一街的北京长安街上，从20世纪50年代"国庆十大工程"的十大建筑设计，到现在作为长安街沿线景观整体提升的总体控制，北京院全程参与着神州第一街的建设。这里有大空间尺度精确把控，小细节的精益求精，北京院都是重要的参与者。据北京市规划委员会等单位统计，在长安街核心地区（从复兴门到建国门），由北京市建筑设计研究院有限公司设计的建筑作品竟达63.83%。

北京院的建筑师对北京建设的贡献，不仅体现在他们的作品上，还包括对北京城市总体的把控度与技术决策建言。如原东方广场设计方案是楼高80多米（比规定限高30米高出一倍多），且是一栋单体建筑，宽488米，简直是个大屏风。1994年，北京院赵冬日、张开济等专家联名上书呼吁，一旦这样的东方广场镶在长安街上，将改变北京旧城平缓开阔的城市空间，市政府最终决定使东方广场的高度降低了。这无疑是发生在改革开放时段中的城市重要事件，它必将带给建筑界带来一段健康的成长记忆。

作者主持论坛并宣读《建筑服务社会 设计创造价值——北京建院向首都建筑设计同行及社会各界的倡议》

作者（右1）为领导、专家介绍"都·城"展（2018年11月22日·国家博物馆）

改革开放给国内设计机构带来发展机遇的同时，更引入了国际竞争机制，北京院参与的国际竞赛难以计数，但无论最终是否"中标"，这是一个向国际化优秀设计公司在实践中的学习过程，我们的综合实力都在竞争中得以提升。1996年，北京院参与国家大剧院投标，与来自世界几十家知名建筑师事务所同台竞技，北京院参加了几轮方案对比，而且得到了群众评委很高的评价。当时竞争最激烈时，北京院在全院征集方案，涌现了很多优秀的方案。让我们印象深刻的是，面对甲方同样的需求，国内外设计机构的设计理念差异十分明显。最终与法国安德鲁公司联合设计中，帮助并支持法方将设想变为现实，最终确保项目高品质建设完成，这其中的经验甚至一些教益是对北京院发展国际合作的支持。

如果说在国家大剧院的项目设计中，北京院重点学习到国外的先进设计手法，那么在始于2003年T3航站楼的设计工作，则让我们通过同国外设计机构的新合作，学习到了超大型国际团队的管理和设计方法、组织形式及协同设计的流程，当然也有阶段性成果的控制、设计深度、信息化等。印象最深刻的是国外设计机构的初步设计在某些方面达到了国内施工图的深度，而T3

的设计成果很大程度上得益于扩大初步设计所完成的工作，即体现了对建筑设计整体的控制力。通过T3项目设计，北京院最大的收获是推出了由邵韦平执行总建筑师领衔的一批设计人才，组成的设计团队具备大型、复杂建筑工程的设计能力。另一方面，我们深刻认识到要对客户有最充分的尊重，所有的技术标准、技术措施和服务标准完全是建立在客户需求的基础上，从而跟甲方形成了很好的互动关系。就首都国际机场设计而言，从20世纪90年代先做的T2，到T1的改造，直到T3乃至今天建设中的北京大兴新机场，尊重客户是我们一直以来的服务宗旨。北京院组建了专职团队对接，而且要求明确。

建筑设计院属于专业服务类企业，设计师执业、从业要做的第一件事也是最重要的一件事就是做好服务。北京院的机场设计团队在服务的同时也坚持研发投入领先，持续专注于大型民用机场航站楼领域，用专注的工作，按照专注的标准，打造专注的产品。经过20多年的实践，可以说北京院在在机场建筑领域取得了瞩目的成绩，我们具有设计世界上最大规模、功能最复杂、技术含量最高的机场建筑能力。机场项目考验的既有设计能力，也有的设计团队的管理能力，当然也有如何将建筑师的设计转换成实体建筑这种设计的技术服务和控制能力。所以，北京院的新一代建筑师们在经历了"复杂建筑设计"的锤炼后，敢于挑战任何的民用建筑设计项目。

三、改革开放北京院再出发的管理之思

北京院从改革开放至今，在历任领导的悉心管理下，始终坚持以市场为导向，引领北京院稳步前进。尤其近年来，市场呈现千变万化，只有依靠多元的团队应对多元的市场，才能发挥设计院整体智慧和人才积极性，进而保证机构的持续发展。面对城市化快速发展引发的一系列"城市病"逐渐显现，如人口问题、交通问题、污染问题，国家要求发展速度适当放缓，要保证高质量发展，追求品质，即提质增效。同样，北京院的转变或转型也是在专业设计上由高速度变成高质量，在我看来是北京院"设计精神"的回归，从某种意义上是质量提升出精品的"黄金期"，也就是20世纪五六十年代北京院在专业上、在品质上的"孜孜以求"，即回归设计的本原。北京院的建筑师们应怀揣对国家、对人民的责任感与情怀，秉持对专业的尊重和坚守，修炼自身的职业修养、职业道德、职业操守，同北京院的企业精神相结合，

完成综合实力创新发展的飞跃。如果说，北京院作为国有大型设计研究单位要晒自己的"成绩单"，我认为不能一味只回顾历史性贡献，一定要为国家、为城市彰显新的社会责任。虽然，企业社会责任是个舶来品，外国企业不仅自身强调，同时希望中方合作企业要建立相应的企业社会管理体系。北京院历史上曾编研出版过品牌报告（成立60周年，2009年）、文化报告（成立65周年，2014年），它们都是践行设计企业社会责任上的进步，但从设计企业完整的社会责任出发我们的理念尚不专业、传播力不足，也欠系统化推动。目前，在管理上我们的基本做法主要如下。

其一，不断改革与创新，进行党领导下的国有现代企业制度的建设。专业服务类公司的管理模式是合伙人制，在改革初期，市场处于高速发展阶段，我们采用给优秀的设计、经营、管理人才授权经营的方法，让他们打造团队，极大地调动了建筑师的积极性，因此即便管理方式没有那么强势，依靠北京院同人的同心同德，发展得很好。目前，市场也发生了变化，现在需要一两年时间把编制、组织架构统一管理起来，让这些多元团队进入国有企业的通道，通过企业管理来激发专业上的创作、经营上的发展，然后再通过现代企业的管理方法让大家合理合法的获取增加的劳动的回报，同时呈现出更优秀的作品。作为设计管理，还要注重设计方法的研发、科技的创新，在建筑设计中要更好的协同当代科技发展的技术，集成中国当代先进的产品和材料，达成协同和集成效应。就好比高铁在中国的发展一般，从中国制造向中国创造转变，中国高铁在协同集成了国内先进的技术、产品、材料的同时，也向国外大量输出，形成了"中国高铁品牌"。其实中国的建筑界也应该进入这个阶段，因为建筑集成中国当代的技术、产品、材料的规模应该比高铁还要强，在这方面，北京院为行业带头就是社会责任的凸显。

作者（左2）在故宫博物院主持BIAD建筑与文化遗产设计中心揭牌仪式（2018年12月18日）

其二，我们正边实践边思考如何处理好传承与创新的关系。北京院在历史上取得的突出成绩是今天发展的底蕴所在，在国家层面、社会层面、大众层面对北京院的品牌是高度认可和信任的。正因如此，北京院才能持续不断地获得重要项目的设计机会。同时，对北京院老一辈建筑师设计思想和设计精神的传承更是我们应该时刻向青年一代建筑师灌输的重要内容，如2018年末《中国20世纪建筑遗产大典（北京卷）》的出版、BIAD建筑与文化遗产设计研究中心的成立都是具体的举措。但在新时代下，北京院如果要高质量的发展，创新性的改革措施是必不可少的。有增强北京院对项目整体的管控能力，目前项目规模不断扩大，而且都是集团作战，之前的"单打独斗"已经满足不了市场要求，这就需要我们增强管控能力，增强内部资源的调配能力。有提升北京院的科技研发能力，追求科技创新，尤其是数字化方向的研发，我们已经将相关科研成果应用到项目设计中，如北京新机场航站楼，创新解决大型交通枢纽综合体的难点，实现多项国际国内第一；而在冬奥会"冰丝带"速滑馆项目中，集成应用和示范了多领域前沿技术，如单层正交双向索网结构、全功能冰面及超大空间室内环境的精确控制、节能和智慧运维等。有强强联合，集合外部优质专项资源，为我所用，如在2018年11月22日下午举行的"都·城 北京·伦敦城市发展论坛"后，我们和伦敦大学学院巴特莱特建筑学院签署了"BIAD&UCL"合作协议，随着与UCL合作的深入，北京建院将不断拓展研究的深度和广度，尤其双方将通过长期持续的合作研究，在理论和应用层面将伦敦成功的经验转化为北京的技术设计策略，并支持北京的城市建设。

我觉得，作为国有大型设计企业，至少有两条明确的发展路径：一是整合发展，一是独立上市，这也是按

全国人大常委会办公楼

照国资委的要求，而这也是目前北京院追求的最大改革，我们的目标是把初期事业单位企业化管理所遗留问题通过现代企业制度来规避和整改。同时我们也必须清楚，如何挖掘现代企业制度的潜能从而将其对主业的支持能力发挥到极致，这必须是通过资本市场助力企业方可实现的。

四、改革开放与新中国建筑 70 年命题的思考

新中国建筑 70 年的历史上有许多重要节点，北京院作为新中国第一院的特质使她有理由通过自身历程梳理为新中国 70 年设计院"筑史"。我们可以自豪地说，北京院有史有论、能点面结合；北京院可用事实叙史，客观公允；北京院人才济济、文质兼备，有作品背后的丰富故事。所以，北京院有把握在 2019 年，中国迎来中华人民共和国成立 70 周年的伟大历史时刻之际，对梳理中国建筑历史做出衔接。对此我院有如下的长远发展之策。

第一，由设计院向设计企业的转变。过去管理中"人治"的因素占一定比重，通过依靠团队的"自觉性"来实现企业和专业的发展，而到了新时代，市场巨变，经济形势进入新常态，就得靠"搭平台"的方式贯彻企业管理，通过建立现代企业制度，统筹资源，做好顶层设计，来实现企业的发展，转换"频道"，跟上时代的步伐。

第二，北京院的发展要走国际化道路。对标国际标准让我们自问：我们为什么开奥运会？因为它是国际标准。我们为什么要加入 WTO ？因为这是国际标准的要求。我们在评价所有成果的时候，都会提及是否达到国际先进水平。国外先进国家具备先进经验的领域，我们都要学习，要"对标"，包括 20 世纪建筑遗产的保护，包括交通问题、污染问题、住房问题、人口问题等系列发展问题的解决。北京院在未来的改革中一个重要的"抓手"就是国际化，其实北京院长久以来是有"走出去"的优秀传统的，从国家提出改革开放措施的时候，北京院就走出首都，在深圳、厦门、海南成立分院，现在要求我们走出国门，在香港成立，然后在香港上市，在伦敦成立分院，通过国际最先进的方法、理念、知识、人才来为中国的建筑设计服务。

第三，加大科技创新力度。建筑既有创新、信息化、产业化这种智慧与健康的新技术体系，也包括历史的研究、科研研究。随着新时代经济社会的发展，在宏观层面，城市规划城市设计对建筑设计的影响更加密切，大型规模和复杂功能项目的建筑需要提出科学合理的集成解决

作者（右 3）在"深圳·广州双城论坛"与嘉宾合影（2018 年 6 月 26 日·深圳南海酒店）

方案；在微观层面，建筑设计的专项化、精细化、个性化的需求更加突出。建筑文化创意与科技研发创新，双轮驱动发展。北京院不仅持续先进建筑文化创作理念，打造高品质建筑精品，还构建了系统的建筑科技体系，提出"理想城市建筑技术策略"，以科技创新技术为依托，成为助力未来城市规划与建筑发展的强大支撑。

第四，激发建筑师人才的潜能。北京院要把对建筑师素质的提升、激发他们的创造力和活力作为重要策略，提升他们的专业素养和设计水平。过去我们把各个设计团队比作"飞机、潜艇、驱逐舰"，而现在北京院的平台要做成"航母"。北京院要在做好经营的同时，打造文化中心、研究中心，做好各个设计团队的强大支撑，通过做强后台，让设计团队们更强大，为此我们的政策是"能聚天下英才而用之"。

第五，高质量谋求全面再发展。历史经验证明，紧紧跟随国家政策精神的企业才能最大程度的收益，要以坚持以人民为中心的发展理念，肩负起北京院应履行的社会责任；要全面依法治院，高质量发展先将"院规"定在前头，避免因高速发展而缺少统筹设计，要做好顶层设计；"建筑服务社会"，要落实北京院充分尊重院内职工，提倡为员工服务的领导意识；要号召全院学习老一辈建筑师的职业修养、职业操守、道德规范，要传承与再高扬。

改革开放铸就伟业，解放思想催人奋进。建筑设计行业身处一个充满机遇的时代，肩负着更重大的责任与使命。北京院将继续秉持"建筑服务社会，设计创造价值"的执业理念，与社会各界面对未来，努力扮演服务时代、服务城市、服务公众的角色，在建筑中国的新时代，用综合实力拥抱多彩的世界。

喧嚣与静谧

/ 李兴钢

李兴钢

1969年出生，1991年本科毕业于天津大学建筑系，2012年获博士学位，1998年入选法国总统项目"50位中国建筑师在法国"赴法进修，获全球华人青年建筑师奖。中国建筑设计研究院有限公司总建筑师，全国工程勘察设计大师。代表作有奥林匹克国家体育场（合作）、建川博物馆聚落"文革"镜鉴馆街坊、北京2022年冬奥会延庆赛区场馆等。著有《静谧与喧嚣》等。

之一

2008年9月17日夜11点，北京残奥会闭幕式结束后一个半小时，"鸟巢"下方的比赛场地大草坪上，跳舞、合影、流泪、呼喊——狂欢的"鸟巢"运行团队和志愿者们，在近十万名观赏完残奥会闭幕式的运动员和观众离场后，在他们即将告别"鸟巢"、告别北京奥运会的最后一个夜晚，把"鸟巢"再次变成了一个沸腾的舞台和剧场，他们在为这个庞大的建筑物中发生的一系列必将载入历史的比赛和表演活动默默服务了近五个月（四月测试赛开始—九月奥运会结束）之后，今晚让他们自己成为了这个也许是世界上最大舞台上的演员。而欣赏他们的观众，此时此刻可能只有一个人，就是独自坐在"鸟巢"西南包厢看台上的我——如果有人从空中俯视，就是巨大容器中的一个小黑点。容纳九万一千名观众的偌大碗形看台此刻空空如也，刚才那无数的人头攒动、红旗招展、灯光荧荧、鼓掌欢呼，都变成了头脑中的定格和幻影……倏忽间，此刻场地上人们的狂欢也仿佛变成了无声的默片动作，我竟然感到四周是一片宁静。

近六年投入"鸟巢"的时光，伴随一幕幕难忘的场景，也如同电影与眼前的场景叠现：那些从图纸到现场再熟悉不过的钢梁、楼梯、斜柱、红墙、看台、座椅、膜顶、设备、

"鸟巢"璀璨的夜空

灯光、标识……壮观的、美丽的、浪漫的、我们的"鸟巢"，这一切竟然都成为了现实！按通常的剧情要求，此时应该流眼泪才对呀，揉揉眼睛，啥都没有，只有前所未有的轻松和释然，心里如此沉静。

看来场内的狂欢一时半会儿还不会结束，我悄悄离开看台，乘自动扶梯到零层，由颁奖等候区通过中央通道进入跑道和比赛场地，走进狂欢的人群，从满地的"香山红叶"中拣拾了十数片，离开。

由正西一路向南穿过A区、B区、C区、D区大厅。红色和金黄色的灯光把"鸟巢"变得玲珑剔透，与白天相比是完全不同的格调，白天宏伟、气势逼人，而此时则柔和、梦幻动人；灯光辉映下曲折向上蜿蜒的大楼梯格外神秘，似乎向上通向未知的高处；红色半透的玻璃幕墙和栏板如水晶般润泽，里面灯光暧昧如影；在大厅里面透过巨大的钢网格向外望去，夜色中的城市是一个个被精心框起又展开的画面。

走出"鸟巢"来到基座上，身后如巨大灯笼的建筑显得安详又静谧，里面偶尔传出的尖叫声越发衬托了这安静。草地和甬路上的灯光星星点点，白天这些灯显得是好像略多了些，此刻却觉得正好。

走下基座，由"鸟巢"东南出入口踏着水上的浮桥往外走，在桥的另一端再忍不住回望它，心里说，真是漂亮，走每一步都有那一步的好。于是生出一个念头：再独自环绕"鸟巢"走它一圈——之前不知走过多少遍，今晚是别有意义的一次。先沿河向北，到"鸟巢"正东，经浮桥再次由东北面走上基座，沿基座向下、向北，经湖景西路到中一路，再次过桥，沿湖景东路一路回返向南，直到南一路，再南，穿过一片小树林，到湖边，已是远眺"鸟巢"了。在北京奥运会的最后一个午夜，我独自一人流连，每时每秒都在用眼睛抚摩着那建筑，一路不停拍照，定格那注目礼，每一刻都仿佛历史的瞬间。

午夜已过，安检围栏外却还有人在拍照和说话。"鸟巢"远远地、亮亮地卧在那里，隔着波澜不兴的湖水，越发显得宁静，犹如一个令人惊艳却娴静无比的女子，让人的目光不忍移开。

看到此时的"鸟巢"，谁会相信它曾包容着怎样的欢腾？那些历史的时刻，那些激情的表演，那些欢笑和泪水、感动与悲伤？人们一次次地走向它，去体验那向往已久的人性的释放；又恋恋不舍地离开，感受着狂欢后的失落，再享受热烈之后的宁静平和。没有一个建筑像"鸟巢"这样：将极端的喧嚣与无比的静谧如此完美地融于一身，相互转换，它就像是一个巨大的人性的情感体验器。

凝望此刻的"鸟巢"，谁又会相信它曾经历了怎样的喧嚣？那些漫长的时日、那些艰辛的工作、那些纷扰的事非、那些各样的人……历史上没有任何一个建筑，像它一样聚焦了如此隆重又如此繁多的目光和欲望、言语及事件、心愿与梦想，它已不再仅仅是一个体育场，而是一个短短几年间包容演绎了无数故事的史诗剧场。一切的故事都已发生，一切的发生都已凝固，无法改变。"鸟巢"无语，它默默地伫立在那里，见证着历史。

之二

2008年9月11日晚8点半，威尼斯建筑双年展的工作人员清场后一个半小时，军械库处女花园中国馆展场。

我们在晚上清场后特意留下来拍纸砖房的夜景。邦保和李宁在房子里，拿着我从北京带来的8个小手电充当光源，孙鹏在外面操作相机，我站在边上看着。

这里距喧闹的圣马可广场仅几步之遥，却是个难得的宁静之地，中国馆选址于此，并且拥有一个宽敞的花园，树丛掩映，草地舒展，虽然有诸多布展的限制与不便，在我看来却是个相当理想的场所。而处女花园位于军械库展区的最里面，需要先经过如同北京故宫内红墙夹道一样长长的由两侧斑驳高墙夹持的甬道，再几个左弯右拐的空间开阔，来到连通外面亚德里亚海的敞阔的运河岸边，走过高耸的吊车铁塔，穿过带柱廊的古老船坞，再转个弯，可见两座红砖塔闸之间运河的入海口，有货船靠岸卸货，在距离岸边大约20米的地方，一排卧在混凝土墩上的巨大圆形金属油罐锈迹斑斑，却又长满了绿色的爬山虎，油罐内侧是一道围墙，两者之间有一米多宽的窄夹道，由此进入，又经右首的门洞，才来到我们的处女园——如此经历过程，空间、景物、视野繁复变化，竟可让人有深得中国园林体验之感。中国馆内藏于此，实在是妙手偶得，得其所哉。

处女花园约百米见方，实际上由油库和花园两部分组成，因花园的地下埋着一个古代的"尼姑庵"（应是女修道院）而得名——也因此地上的展品建筑不得向下做基础。油库占据花园的西侧，是一长条贯通南北的高大简朴的坡顶红砖建筑，东北端连过来一小排低矮的建筑，是更衣室和花园的入口，再向东另有一栋两层小楼。面对着油库就是大面积的草地花园，中间有碎石子路穿过，东南面是树丛，有几株孤立出来的老树，树冠下一大片浓荫，劳作之余，工人们会在这儿下盘"土坷垃棋"。后面的大片树丛中间，掩藏着另一片空地，被修饰成起伏的土坡、植草，上空悬挂一列巨大的白气球，据说是本届威尼斯建筑双年展总策展人阿龙·贝特斯齐（Aaron Betsky，他确定的本届双年展策展主题是："在那边，远离房屋的建筑"）的作品，据说他今晚要在此举办一个私人聚会，不过，那片场地另有入口，而且已经在处女花园的范围之外了。

油库里面是音乐人王迪的摄影作品，布置在两排高大的油罐——那也是不能碰的文物——之间，他的作品赋予中国20世纪六七十年代建设的那些普通民宅以莫名的沉静和尊严。外面平行油库有一条大约6米宽的水泥路，中国馆五位参展建筑师的作品就错落布置在这条路上，纸砖房是其中的第三条房子，位于正中，西面隔着路面与油库平行，东面是大片的草坪。

纸做的房子却一样拥有现实建筑的质感、量感和重感——那是真实的物质和建筑的感觉；更加特别的是，白色的纸箱砖和棕色的纸管梁在黄昏的光线下显得越发柔和，不似阳光下那么对比强烈，一个个纸箱上重复的图案、文字、拎手构成特别的墙面肌理，外面包裹的防水透明胶带略有凸凹，在斜侧光下形成别致的质感。二层挑出的纸管阳台伸向草地，依稀有点维罗那（Verona，距威尼斯不远的一个小城）朱丽叶阳台（那著名的一对儿在此幽会）的影子……

纸做的房子还一样拥有日常建筑需要的功能、空间和使用体验：入口、小门厅、纸管窗。坐在小客厅的纸管茶几旁边，望着高高窄窄的透空庭院，此时黄昏光线下的氛围与早晨、正午、下午时都不同，让人感到一种特别的温暖，而近距离下纸材的柔弱甚至使人领略到瞬时的伤感：它的确只有三个月的生命啊。沿着我们的"斯卡帕台阶"上行（Carlo Scarpa，威尼斯著名建筑师，设计过左右脚交替上行的楼梯踏步，纸砖房两个纸楼梯中的一个采用了这种做法，为的是节省空间，并以此方式向大师致敬），来到二层的书房，纸管条案，书房的尽头是阶梯式的坐台，透过2米见方的纸管洞口，看得见葛明的作品——可以骑动的"默默"，张永和称之为"Super Bicycle"，一个特别的"建筑"；越过它，还可以望见花园外海边的红砖塔楼和货船上卸货的吊车；沿着坐台再上两步，有一个屋顶的开口，可以露出半个身体，俯视整个花园。由书房下来，踏着纸管筏板，穿过透空的庭院，走向尽端的另一个楼梯，直跑上行，是一个开敞向庭院的卧室，有床，卧在纸管做的床上，可以看到被落地的窗洞口框住的远方的风景。这风景的中心，刚好是不远处大教堂的穹顶，这也是"妙手偶得"。从落地窗口走出，就是"朱丽叶阳台"了，下

面是那一大片如绿毯样铺展的草地。

草地上熙熙攘攘的人群不久前还布满在整个花园里，他们好奇地在我们的纸房子里上上下下，大人孩子，拍照、交谈、走动、静坐、眺望，甚至完全不顾我们放在楼梯口的警示牌："请注意每次仅允许一个人上楼"，三五成群地上去，指指点点、品头论足。花园的草地上摆放着点心、饮料、香槟，人们吃着喝着，被认识的人介绍给不认识的人，三五成群，大声地聊着天；有些人坐在草地上发会儿呆；很多媒体，中国的或者意大利的，亚洲的或者欧洲的，电视的或者平面的，专业的或者社会的，在忙着找到自己的采访目标，然后就是那套略显程式化的问答。在这之前，是各方人士的出场和致辞。这是今天下午中国馆的开幕式，一个典型西方式的气氛热烈的开幕式。

在这一切之前，处女花园的中国馆经历了半个多月的气氛紧张、艰苦卓绝的施工制作，整个花园几乎堆满了展品施工用的材料，林立的脚手架，不时穿梭的叉车，此起彼伏的呼喊吆喝，那场面与今天相比，热闹之外，又是另外一番景象。

手电的光终究还是太弱了，无法达到把房子从里面完全照亮的效果，不甘心，那就把关键的地方照出个特别效果，反正得给这个房子拍个夜景相，这是最后的机会。邦保仍然在里面来来回回找最佳位置，李宁不停地提建议，孙鹏耐心地等着每一次快门的响声……又是一个多小时过去了，我们结束了最后的工作，收拾设备和背囊，即将告别处女园。都依依不舍的，难怪，为它付出了那么多心血和汗水，而且，明天之后永不再见。

回望纸砖房，"斯卡帕台阶"的墙体外面，有一盏古典样式的铸铁路灯，它原本是个普通的路灯，因为和纸砖房靠在一起，就像是房子的一部分。灯头高悬在纸砖房的上方，灯光撒在建筑表面，清澈而温暖，纸砖房静静伫立，平行在油库悠长、斑驳的身影旁边，衬托它们的是渐呈暗蓝的天空。偶尔由树丛那边传来人的说笑声，远远望去，上空白色的气球随风飘摆，发出呼啦啦的声响，更加凸显了这边的静谧。

之三

2008年10月4日下午5点，国庆长假第六天午睡后一个半小时，北京甘家口建筑书店。

这几乎是近六年来难得的彻底休息和清闲，自然睡、自然醒。如今的黄金周几乎成了春节之外中国的人口大迁徙，这的人去那，那的人来这，大过节的，哪都是人。

在《建筑师的大学》首发式上与专家合影，左起为作者、周恺、崔愷、彭一刚

索性哪也不去，除了看看电视、上上网，几乎是睡完吃、吃完睡，睡完再吃，吃完再睡，几乎是过着久已向往的猪一样的生活啊，好不幸福。相信幸福的猪也应该有精神生活，这天午睡之后，我想去光顾一下久违的书店。

移步甘家口，走进建筑书店，看看有什么新书。有点后悔来这，书架上满满当当、密密麻麻的新书旧书，仍然是老样子，XX作品集、XX精选、XX大全、XX年鉴、XX名家名作……完全就像是如今我们身边的城市和建筑的平面缩微：毫不掩饰的表现欲、不加思考的浮躁感，外表光鲜，内在肤浅，令人生厌。那些书，无声地在书店里制造出一片喧嚣。

我决定离开，去离此不远的百万庄新华书店。"干吗非得老看建筑书呢？"我对自己说。

就在我转身的瞬间，我瞥见了万卷书丛中的那两本——《童寯文选》第三卷、第四卷。我把它们从书架中抽出来，几乎略微翻了翻就决定买了，交钱，走人。

回到家，迫不及待地换好衣服，打开台灯，仔细地读这两本书，竟不知过了多长时间，才放下书，长长地舒了口气。

这是童寯先生在南京中央大学建筑系初创时期撰写的讲义手稿汇编（第三卷）和长达半个多世纪历史的笔记杂录、渡洋日记（英文）、旅欧日记（英文）、"文革"交代材料、往来书信、华盖事务所珍贵档案等的汇编（第四卷），由童明（童寯之孙，建筑师）和杨永生经历数年整理、翻译、编辑，内有很多童寯的亲笔文稿、画稿，生动详实地展现出童寯先生的生活历程、学问和精神世界，弥足珍贵。

这是在那些喧嚣的书丛中两本安详的书，这是可以让人沉静下来的书，这是我想读的书。读的不仅是书，读的更是童寯先生这个人。我们这个时代乃至可预见的未来，还会再出现这样的人吗？我可以想象他天资聪颖

而勤奋，先入清华学校，之后留美学建筑，获得各类美国学生大奖（甚至杨廷宝、梁思成都莫及），之后游历欧洲后回国，之后与人合伙创办我国最早的建筑师事务所之一——华盖，之后加入南京中央大学（后南京工学院，今东南大学）又做建筑又做研究又要教书育人，作品累累，著作等身，桃李满天下，终成一代宗师；但我却无法想象他三十六岁就已完成不朽名著《江南园林志》；无法想象他怎么可以抬手就写成《中国绘画史》《日本绘画》《中国雕塑史》《日本雕塑史》《中国建筑史》讲义？无法想象他在中西园林研究、古现代建筑研究之间自在转换、深入纵横，也无法想象他如何能英汉皆通、文画皆长、手笔老到、自成大家？更无法想象他以如此天分和功力，却几十年如一日地勤奋笔记、不苟不掇？这种种的无法想象之间，或许有着密切的关联。

曾经有机会参观过南京的童寯故居（童寯自己设计），楼上老先生的那间卧室兼书房的斗室里，一床、一躺椅、一小靠背椅、一小桌、一小凳而已，这桌也真是小，放在旁边小凳的那本超厚超大的《郎曼英汉大辞典》若是放上去，要占掉半个桌面。小桌前是窗，窗外是安静的小院。床靠里的侧面墙上，是一个有点奇怪的低侧窗，可俯视一楼的客厅，若是有客人来，老先生透过小窗一看不是必须见或者乐于见的人，把窗帘一遮，家人便知如何应对。如此，童先生便可心无旁骛，安守自己的学问世界。几十年，外面世界大起大落，大风大雨，虽然他也不可能完全置身事外（可见《童寯文选》中的"文革交代"），但却能于一片喧嚣之中，寻得属于自己的安宁。我想，这安宁首先来自他内心的沉静与安宁——任凭风云变幻，我自波澜不兴。小屋简朴，但从壁上张挂的早年童寯先生与父亲合影、孙女从国外写给爷爷的明信片以及童寯亲笔绘制的随园墨线原图，可以想见老先生独享的精神与学问家园。

不禁自问：身处浮躁喧嚣之中，人心里还能容下一张安静的小书桌吗？以此自省自勉。

生逢其时

/ 郭卫兵

郭卫兵

1967 年出生，1989 年毕业于天津大学建筑系，2007 年获天津大学工程硕士学位。现为河北建筑设计研究院有限责任公司副院长、总建筑师，中国建筑学会理事，河北省土木建筑学会建筑师分会理事长。代表作有石家庄市人民广场、燕赵信息大厦、中国磁州窑博物馆、河北博物馆（合作）、河北建设服务中心等。

40 年前，我虽然还是懵懂少年，但明显感到全社会涌动着一股强烈的向上的气息，尤其表现在人们开始了对知识的渴求和尊重，"学好数理化，走遍天下都不怕"成为那个年代非常响亮的一句口号。母亲对我的要求更为严格，让本来学习不错的我，心中的目标愈加清晰。1985 年，我考上了天津大学建筑系。

白衣飘飘的年代

大学，是这个伟大时代送给我最珍贵的礼物，我曾经在另一篇文章《海棠花开》中记述了大学的美好时光、亲人的思念、师长的教诲、同学的友谊、对知识的渴求浸润了我的青春。在以后的岁月里发生的种种美好，常与大学有关，这是深深的缘分。

20 世纪 80 年代，被称为白衣飘飘的年代，改革开放的春风使整个社会生机勃勃、方兴未艾。人们思想绽放、情感飞扬，尊重精英文化，年轻人更是意气风发，单纯而文艺。记得刚进入天津大学学习时，从专业角度接触到现代主义，过了不久开始追逐后现代主义，进而又出现了解构主义，等等。对各种主义、思潮的求索使同学们开始关注西方现代艺术史和诸如萨特、叔本华等的哲学思想，相关书籍就像今天所谓的"心灵鸡汤"读本一样大量涌现，占据书店的重要位置。记得那时石家庄一条小街巷里还有一家专门的文史哲书店，每次路过都看到年轻老板埋头看书的身影。

所谓"白衣飘飘的年代"，是高晓松纪念朦胧诗人顾城而创作的校园民谣。以顾城、北岛、舒婷为代表的朦胧诗派是 20 世纪 80 年代初伴随着文学全面复苏而出现的诗歌艺术潮流。他们以内在精神世界为主要表现对象，诗意隐约、含蓄，富含寓意，以"叛逆"的精神，为诗歌注入新的生命力，是当时校园文化的重要组成部分。当时买过几本朦胧诗选，也买过《诗刊》杂志，最让我感到兴奋自

图1 《诗神》杂志

豪的是家乡石家庄竟有一本诗歌杂志《诗神》（图1）。多年以后，我邂逅了当年《诗神》杂志编辑、知名诗人杨松霖先生和当时在杂志社工作、现在已成为著名诗人的胡茗茗女士，时常在一起喝酒、歌唱，借今天的杯盏，念当年的烟火。每每此时，耳畔常常会响起这首歌：当秋风停在你的发梢，在红红的夕阳肩上，你注视着树叶清晰的脉搏，她翩翩地应声而落……

梦想和乡愁

作为一名建筑师，能够设计建造出属于社会也属于自己的建筑作品是幸运的。大学毕业三十年来，我先后主持设计了河北博物馆、磁州窑博物馆、邢台博物馆、定州博物馆、石家庄大剧院等文化类项目，正定新区石家庄政务办公大楼、河北建设服务中心、河北省联通办公楼等重要办公建筑，这些工程项目既运用了当代建筑设计的新思想，又对河北历史文化在建筑上的创造性转化进行了积极的探索与实践，使初心一点一滴成为现实，实现了一名建筑师的梦想。

从家乡走出求学又回到家乡工作，在河北建筑设计研究院工作至今，我常说自己是本土建筑师，因此对这片土地有着更多的乡愁。乡愁源于生活的这方水土，也源于岁月的磨砺，它关乎往事、刹那、感恩，是一名建筑师在追求地域性中更真情、更本真的逐梦，它超出了建筑设计的一般意义。记住乡愁，更需要让归属感落地，让我感恩的是，河北建筑设计研究院以强烈的社会责任感，先后公益设计了石家庄平山县大陈庄小学和廊坊大成县叶家庄文体活动中心两个项目，让我有机会将梦想与乡土紧紧连接。

石家庄平山县大陈庄小学的孩子们原来在村里戏台的几间房子里上课，条件十分简陋。朋友捐建的新学校在原"戏台学校"的对面，用地21米×21米，包括四间教室、办公、卫生间、锅炉房等用房，建筑面积495平方米。设计中以3.3米为模数，形成三个位于边缘的小院子，避免了教室与街道及民宅之间在视线、噪声等方面的相互干扰，孩子们在不同方向可以看到田野和自己的家，为他们创造了既不乏梦想又带有乡愁的建筑空间（图2、图3）。

在设计廊坊市大成县叶家庄村村民文体活动中心时，我们在调研中发现，较早期的民宅均使用当地烧制的"青条砖"清水砌筑，青条砖质地坚硬，色泽变化丰富，代表着当地建材特色。而近些年新建的民宅中，虽然主体结构仍用青条砖砌筑，但外墙都无一例外地贴上了瓷砖。活动中心的设计从这一本土特色建材入手，以此体现建筑的本源特征，引导村民体味乡愁之美。活动中心为单层建筑，建筑面积300余平方米，按一定模数尺度结合不同大小的庭院组合各功能房间，以适应村民生活方式，并创造较为丰富的空间。建筑采用连续的不等坡，通过错动，表现当地坡屋顶民宅意向和尺度，同时也与民宅之间形成一定的陌生感。建筑前部小广场也用窑场或村民废弃的砖来砌注花池和铺地，使得活动中心就像从这片土地上生长出来的一样，具有了乡土的灵性（图4、图5）。

图2 大陈庄小学

图3 大陈庄小学

图 4　叶家庄文体活动中心

图 5　叶家庄文体活动中心

我的本土建筑观

在刚刚结束的第十九届海峡两岸建筑学术交流会上，我以"当经典遇见未来——走向本真的河北地域性建筑"为题作了大会发言（图 6）。结合工程介绍了自己近十多年来对河北地域文化及如何应用于当代建筑创作的思考，也特别谈到河北未来建筑创作应从本真的地域性角度，更多地关注自然山川和百姓生活，满足当下河北人民对美好生活的希冀。

图 6　作者作会议报告

作为河北建筑师，面对悠久灿烂的传统文化和当下建筑创作的困境，我也常常陷入矛盾之中，同时也发现河北本土文化中同样也存在着矛盾性。一方面，河北文化的地域性根植于燕赵文化，燕赵大地长期处于民族冲突的最前沿，表现出强烈的忧患意识和牺牲精神，在文化和艺术风格上形成了激越雄浑、质朴淳厚的气质，因此河北文化在美学上呈现出经典美特征。另一方面，河北人民因战乱和封建思想的禁锢，长期生活在迷茫和困苦之中，也形成了悲悯、隐忍的性格。由此，河北历史文化融合了经典瑰丽的宏大叙事和渴望变革的现实需求。在新的时代，应该特别关注河北人民对幸福美好的强烈渴望，对新生活、新景象的迫切希冀。在城市和建筑层面，要在遵循河北经典文化基调的前提下，从当代城市设计及建筑文化发展的角度出发，塑造时尚、丰富、注重情感体验的建筑空间和城市风貌，给人民以更加幸福美好的未来。

生逢其时，我走过了多思善感、情感飞扬的青春，行进在理性笃定、奋楫中流的中年，收获了累累硕果。感恩这伟大的时代，在作为建筑师金色的年华里，我将初心如磐，以本真美好的内心，实现更多的建筑梦想，让生命与时代一起，如夏花般灿烂。

无处非中——黄金 30+ 年，归来依然是少年

/ 刘恩芳

无论承认还是不承认，我们这一代都是幸运的，三十多年前，我们选择了建筑，三十多年后我们还在坚守着这份初恋，收获事业，无怨无悔地以各种各样的方式去探寻，不离不弃。

无论承认还是不承认，我们都是忙碌的一代，不仅表现在形式上，还表现在时代赋予的生活方式的内在变革上。从针管笔到电脑；从在手裱的图纸上绘制蓝图，到虚拟空间里创造世界；从等一封漫长的信，到手机的应用；从有一根电话线都是奢侈，到互联网 5G 时代的来临——我们用设计参与城市发展，我们用思想在快速发展中探寻建筑的意义。

无论承认还是不承认，我们都是改变世界的一代，喜悦与苦涩并存。在拥抱变革的同时，焦虑文脉的遗失；在创造新世界的同时，努力坚守着传统、呵护着文化、探索者传承和发扬。所以大多的我们，注定不能成为像柯布西耶那样的引领世界又创造色彩斑斓世界的大师，注定在平凡中肩负使命，走向未来。

第一个十年，
建筑，因爱而学，从学到用中拓展建筑师的职业素养

在懵懵懂懂的无忧无虑的中学时期，学考古或学医曾是我在脑海中浮现过的想法，到考取大学选择志愿时，遵从了父母的建议，选择了建筑学。

1982 年，是 1977 年恢复高考后的第六届，虽然不像前两届那么艰难，但依然还是要经历"过五关斩六将"，带有强烈的时代烙印。那时，大学在我们的脑海中就像一片圣地，我们带着梦想和憧憬，多少有一些乌托邦，多少有一些懵懂率真，多少有一些浪漫，多少有一些敬畏。就这样，我们开始了和建筑的这段情缘，开始了我们那不同以往的、离家的、独立的求学生活。

记忆中，依稀可见九楼、八楼、十二楼以及阶梯教室

刘恩芳

1964 年出生，1982 年考入天津大学建筑系，2008 年获同济大学博士学位。华建集团上海建筑设计研究院有限公司总建筑师，工学博士，中国勘察设计协会建筑设计分会副会长，上海市建筑学会副理事长，上海市建筑学会女设计师分会会长及城市设计专业委员会主任，International Journal of High—Rise Buildings 杂志国际编委。

毕业设计时与陈瑜老师

内外的日日夜夜；记得敬业、严谨、多才多艺的老师们；记得专业卓越、喜欢指导我们的学兄和学姐们；记得位子总是那么紧张的图书馆；记得青年湖、敬业湖畔的宁静与安逸；记得游泳池内外的闹猛和恶作剧；记得网球场和溜冰场上的青春岁月；记得晚自习后，夜归女生宿舍时翻越铁门的五味杂陈；还记得苍岩山的水彩实习、清西陵的古建测绘、游遍中国沿海改革开放前沿城市的毕业实习，更难以忘怀我们这一帮时不时要添一些小乱、让学校多少有些头痛的热血文青们。

大学求学生活造就了我们，朴风雅韵，历久弥新，都浸在血液中。

如果说选择学习建筑学是一种偶然，还有遵从父母之意，但当我完成学业，从天津大学毕业走进天津市建筑设计院，就越来越对其情有独钟。刚毕业的20世纪80年代的天津，也是改革开放后城市建设的一个小高潮。除市政建设外，还规划了一些重大的文化项目、商业项目、城市更新项目。我们为数不多的几个大学生有机会，参与一些重大项目的投标和重大项目的设计。记得在总建筑师陈总、袁总的带领下，我参加了市档案馆、市电视台大厦、服装街等项目。

这些设计实践给我们从学生转向职业奠定了牢固的基础，让我们领悟到建筑价值的同时，激发我们参与竞争的勇气，经常为了最后的项目提交，表现至善至美，加班加点画图。记得在生儿子的前几天还伏在图板上画一个竞标项目的表现图，因为我们室张主任说，我一画，我们就中标。

这段向职业建筑师转变的累积过程，让我收获了从蓝图到建成的喜悦，收获了团队合作带来的友情，也奠定了至今对建筑的那种朴素的难以割舍的热爱。

第二个十年，
因爱而迁，乘浦东开发之东风，学有所用，快速发展中探寻设计的意义

1992年初春，因家庭原因我从天津调到上海工作。那时，跨省市的工作调动难度之大是今天没办法想象的，每个城市都有户口指标，没有指标，或者原单位不批准你调离，都是没有办法调动成功的。经过单位领导和亲朋好友的共同帮助，我争取到了一个对调的户口指标，成就了至今未曾谋面的彼此。也特别感谢我的外祖母和父母，他们的无私、包容与奉献，使我有了追求理想和爱的勇气与力量。

调到上海民用院工作半年之后，浦东开发这一国家战略就开始热火朝天式的实施了，我跟随时代的呼唤来到浦东，成为第一批"拓荒者"。

"变化与忙碌"是那个时期的主题词，也是我生活的典型写照。主持设计的办公楼成为我院第一个使用计算机出图的项目，虽然很难容忍图面与手画精美度的差距，但还是成为跨时代的标志；几年后，我也从一般项目的负责人到了大项目的负责人，再到带领团队参与竞

1998年在日本安腾忠雄事务所游学

1998年在日本清水建设游学

新福康里

国际丽都城

争的领头人；脚步也从上海的浦东浦西的工地来到了日本的大阪进行研修；儿子也从日托到全托，再到小学，在伴随我加班中茁壮成长，成为他们那一代的孩子王；办公室也从浦西搬到了浦东，又搬回了浦西；家的住所也从浦西搬到了浦东，又搬回了浦西。我们每一个人的成长过程，都是追随中国改革开放的城市发展的时代缩影。

"探寻与坚守"是另一个主题词。在这些数不清的变化中，一栋栋高楼大厦建成了，一个个街区焕然一新了，我们收获丰收喜悦的同时，也不断地思考快速发展变化中城市文化遗失的问题，在设计中，我们努力呵护我们的城市文脉。这些在现在看来显而易见的道理，在那个追求快速发展的时代是多么的困难。在几个旧城更新改造项目的设计中，我们团队想从20世纪90年代大拆大建的枷锁中挣脱出来，探求上海城市发展与保护的有机持续关系，从城市文化的传承、城市肌理的延续、保证原住民回搬的经济承受力和发展商经济承受力等方面，积极探讨位于中心城区的建设途径和设计的方法。我们努力在快速变化中，坚守着建筑设计本源的不变，探寻着设计的社会价值和意义。

第三个十年，
无处非中，不断追随理想的脚步，平凡中肩负使命

2002年，发生了很多事。

那一年我们团队攻克了一个个设计难题，争取到一个个的项目，其中一些项目也获得了上海市和全国的优秀设计奖项；我们的设计院也从发展中成长强大，收获满满；我们的团队，也为迎接更大理想的放飞而努力。多年后当大家从不同岗位再次相遇时，都不约而同地感觉到，在我们的心里，都还一直珍视那段共同奋斗过的日子，以及它带给我们的财富和意义。

那一年我考入同济大学，选择继续攻读博士研究生，师从卢济威教授，主攻城市设计。在求学的过程中，一直被以卢先生为代表的一代学者的精神所激励，一直有一种伟大的力量引领我不断前行——那就是卢先生在学术上严谨治学的态度、包容开放的思想、创新实践的能力，这些都成为我锲而不舍、坚持完成学业的动力。这是一段可贵的经历，拓展了我对城市设计关于文化维度的思路，也开启了我对于建筑学，更广泛的学术思考和行动。2006年当儿子圆满完成中考的那一年，我去了

博士学位论文答辩会

毕业答辩时与导师卢济威教授　　　　英国剑桥乔治商学院　　参加党代会

英国，一年游学的经历，为第一手资料的研究和实地考证创造了条件，也为完成博士论文的初稿打下了基础。

那一年，我被推选为中共十六大党代表，第一次体会到在担任建筑师以外，还有其他为社会肩负使命的形式。今年春节前我在整理资料时，无意中看到夹在书中多年前的一封来信，这勾起了我早已忘怀的一些往事。那是一封写给现代集团组织的感谢信，提及了我当时履行全国党代表职责时，帮助他们将一封记录着他们那一代支内支边回沪后所经历的生活困苦的信带去，后来他们的困难得到了解决。那是一些历史的遗留的问题。我很欣慰能为他们做了这件事，心里更释怀的是，我们一个小小的不推脱，弥补了历史对他们那一代的亏欠，哪怕那是历史的选择。勇于担当，尽己所能去帮助他人，这是我们所要承担的社会责任，是一种义务，更是心的宁静与从容。

五年后，2007 年我再次当选了十七大党代表，十年后 2012 年我又当选了十八大党代表。我深知，身上所承载的大家那份信任的分量，我深知，所肩负责任的内涵，那就是帮助更多的人实现理想、帮助更多的人解决生活之难，促成更多事，成为对项目、对团队、对社会有意义的事。这一经历从更深处也激发了我更广泛的思考，包括对城市发展的专业求索。

无处非中，这是我多年来一直秉承的创作思想和管理理念的核心。

这个出自艾儒略 1623 年完成的《职方外纪》的词语，作为一个地理学的语义，今天已经非常显而易见了。对于互联网无处不在的今天，其意义更为深远，远远超出其地理学的内涵。

其内涵的重要性在于我们在设计过程中对于本土文化传承和发展态度的准确把握。在文化认同的同时，更要将"他者"不断地包容进来，抛弃自认拥有天下最合

上海外国语大学贤达经济人文学院综合楼

后世博央企总部城市设计

虹桥商务区立体步行系统城市设计（组图）

理文化的自我，才能增加理解和发展本土文化的机缘。同时在面对互联网的信息时代，设计院的管理工作也应顺应时代，为年轻建筑师和设计师提供更为广阔的发展和创作空间。理念也应逐渐更新，赋予所有基于平等与开放力量的新内容和新含义。2005 年我作为现代集团成立后组建的管理集团设计资质设计院的第一任院长，以及 2009 年调任上海院，这家有着 60 多年光辉历史的设计院做院长，我和团队一起，一直努力探索，积极实践，不辜负时代带给我们的信任，肩负社会的责任。

永不封闭心扉，
追随对世界不断探寻的脚步，丰富自己，爱他人，爱世界

年轻同事的眼中的我，总是充满活力和正能量，这应是心的使然，是工作的方式，也是对生活的态度。

工作中我是认真的，有时还比较严厉，对事物追求完美的品性，是好，有时也是不好。天生的个性造就了我对新事物的不排斥，往往还满怀期待。正像我的年轻同事所说，包容和进取的性格，让日常棘手问题变得简单的同时，又让大家看到希望，在解决工作细节同时，将眼光投向更远，让公司充满前瞻性的布局。不封闭心扉，也使得生活变得有趣而丰富。

学习潜水是我过了不惑之年后才开始的。其实最初并没有那么感兴趣，一来我游泳不是很好，有些畏惧，二来海底世界也没那么吸引我，尤其是在人生最忙碌的阶段，根本就没有时间。

有一天我先生，一个潜水爱好者，对我说，"你不学潜水，会错过另一个丰富多彩世界。"之后，我报名了。还有一次，他对我说，"是不是我们要将以前的兴趣拾起来？"他给我报了名，开始了我们再学架子鼓的

新余文化中心（组图）

经历。我知道，那是他让我那段被工作填充的过满的生活，回归一些本来，增加一些弹性。

潜水不仅可以认识一个全新的世界，更让我们看到了一个全新的自我，感受勇敢、自由，感受与海底自然界的那种亲密。潜水是一项令很多人着迷的活动，在海平面下，一个全新的看世界的视角在你面前展开，充满神秘和斑斓。但它又是一项既严肃又自律的运动，潜水过程严谨，来不得半点马虎，包括一套规范的行为准则。这点又和建筑师的职业也有着异曲同工之处，艺术而又富有责任，独立而又富有团队协作。潜伴与潜伴之间，人与自然之间，一个眼神，一个动作，都包含着一份爱的信任和责任。

中国经历了改革开放 40 年，取得了巨大的成绩，而今又步入了新的征程，永远追随理想，是时代的旋律，也是我们这一代人的乐章。今天的世界，是互联互依的

世界，很少有谁可以"置身于外"，不断认识新的世界，敞开心扉，运用更加协作、更加包容的方式，成就彼此，面向未来。

谨以此篇短文纪念我们这一代的黄金"30+"年。

和建筑一起走过

/ 范欣

我们七零后是承上启下的一代，也是特别幸运的一代。虽然赶上了"文革"的后半程，却没有经历过上山下乡的艰苦；亲历了祖国的巨变，改革开放 40 年一天也没有缺席。如今置身于充满生机的时代，人生因此平添了许多的色彩和意义！

得此机会，我可以用文字记录下自己建筑创作道路上的些许片断，作为对祖国 70 年华诞和改革开放 40 年的纪念。透过这些片断，穿越时空，或许可以聆听到祖国六分之一的新疆城市建设与发展的些许脉动。

建筑镌刻着时代的烙印，记叙了一定历史时期的社会政治、经济、文化生活、艺术审美等。在奔流不息的时间长河中，建筑凝固为一个个节点和坐标，延续着历史的记忆。伴随着改革开放的脚步，我和我设计的建筑一起走过了 28 个春秋，这 28 年，历经了改革开放的大半程，也是我建筑师职业生涯起步、成长和蜕变的重要阶段。

幸运的起点

1991 年我从天津大学建筑系毕业，开启了自己的建筑职业生涯。而此时，随着中国建筑行业的蓬勃发展，新疆建筑创作正迎来浓墨重彩的全新时期。此间，涌现了一批新疆本土建筑师的原创建筑作品。这一时期采用由建筑师领衔并总体把控的设计专业化分工合作模式，建筑设计理念和手段更加多元，建筑设计追求细节，运用先进的建筑技术和多样化的建筑材料，使建筑品质得以极大提升，建筑创作的飞跃对引领新疆建筑业技术进步起到了积极的推动作用。

1992 年，我工作后独立创作的第一个建筑设计作品新疆银河大厦有幸在参选的三个方案中被选中，我第一次担任了建筑专业负责人。当时新疆的高层建筑非常少，银河大厦后来由 18 层改为 28 层，成为当时新疆最高的建筑物。

1997 年由我设计的新疆银星大酒店落成，它是第二座

范欣

1970 年出生，1991 年毕业于天津大学建筑系。现为新疆建筑设计研究院副总建筑师、绿建中心总工程师，中国建筑学会建筑师分会理事，中国建筑学会第七届中国青年建筑师奖获得者。代表作有新疆环球会展中心、新疆银星大酒店、新疆迎宾馆 9 号楼等。

新疆银星大酒店

由新疆本土建筑师原创的五星级涉外旅游酒店，整个建筑融合了地域传统建筑元素和时代建筑语言，并在新疆首次采用了弧形建筑全干挂石材幕墙外饰和点式玻璃幕墙。

实践中成长

社会经济是城镇建设发展的基石和保障。步入新千年后，随着中央西部大开发战略和"一带一路"合作倡议的提出，极大促进了新疆城镇发展，迎来了建筑创作的繁荣春天。无疑，正值风华正茂的我是这一历史机遇的受益者，我在丰富的实践中得以快速成长。

这时，我逐渐意识到建筑存在的意义不是如何彰显自我，于是在创作中更为关注城市建筑之间的关联性，以及建筑对环境乃至城市的影响，注重建筑与环境的和谐对话。在设计新疆环球大酒店会展中心时，我们提取了三角形用地的形态要素以及现状环球大酒店的六边形建筑平面肌理，并创新地设计了浅进深的六边形千人多功能会展大厅，使新旧两座建筑浑然一体、相得益彰。

同时，我开始尝试着从多维度表达地域建筑特色，特别是在超高层建筑中力求达到时代性与地域性的和谐

会展中心（左）与环球大酒店

乌鲁木齐市地标——中天广场

统一。新疆中天广场从现代超高层建筑基本特征出发，采用了规整平衡的建筑平面布局，形体匀称轻盈、颀长典雅，主楼"钻石顶"灵感源于天山博格达主峰，将地域性与超高层建筑形态特征、结构性能较完美地结合在一起，为城市天际线注入了新的活力。

反思中成熟

在中国，城市发展的高速列车已飞驰了 40 年。这40 年是见证奇迹的 40 年，也是建筑创作百花齐放、空前繁荣的 40 年。同时，在全球趋同的大背景下，中国也面临着传统文化日渐失落的危机，人们重获文化认同

与自信的愿望日益强烈。

中国曾拥有世界上最美丽的城市。但今天，规划短视、行政干预、建设周期紧缩、设计专业素养缺乏、浮夸躁动等，使城市建筑主动或被动地偏离历史、人文、艺术和理性，乱象丛生。城市文脉已然断裂，人们似乎更醉心于嘉年华式的舞台布景，极尽能事成为主流的创作习惯，美学观念已然偏颇，建筑创作背离美的基本原则。城市运动轰轰烈烈，高大上建筑生冷面孔的夺目与喧嚣背后，掩饰不住人们内心的空落孤寂和流离失所。城市的生长脱离了市民的生活诉求和自然规律，自然地表在人造表皮吞噬下迅速失去本来面目。

范曾在《回归古典之美》中写道："广大受众就在这样的审丑心理之下失去了自身的价值判断标准，而整个社会也迷失在追逐物欲的激情之下，方寸大乱。"静心审视当今的城市建设又何尝不是如此。充斥着自我表现的建筑的城市，让人与城、人与人变得疏离。

"印第安人拒绝使用钢犁，因为它会伤害大地母亲的胸脯。在春天耕作时要摘下马掌，免得伤害怀孕的大地。"在海德格尔的描述中，人与自然的关系曾是这样诗性的。160年的工业革命彻底变革了人类的生活方式，同时也破坏了自然界的平衡与物性，让地球付出了沉重的环境代价！如火如荼的城市化进程中，中国许多农村被荒弃。与美国和西欧不同，中国的人口趋势在工业化完成之前便已扭转，这使乡村的消失和败落来得更为突然。

建筑在每个人的生命中，都具有重要意义。从出生直至死亡，人的大部分活动都在建筑物内完成。于普通人而言，建筑是再熟悉不过的身边事物。他们会通过直观感受、或者凭建筑能否令自己愉悦来判断建筑的好坏，这种审美源于生活，特别有说服力。

在新疆，哈萨克族毡房、维吾尔族传统民居都是典型的环境友好型建筑，人们遵循自然的秩序，在自然环境中生存得智慧、安然、踏实而又热烈。新疆传统民居就地取材，将建筑空间与大自然旋律（四时、时令、气候等）充分联系，注重小气候营造，布局灵活自由、外观浑厚朴实，创造了丰富多彩的建筑空间，极具地域性，充分体现了敬畏自然、从生态出发的地域人文特征及审美情趣。

建筑产生自自然环境以及政治、社会人文环境，从诞生之日起即成为环境的一部分。建筑的意义和价值不在于自身有多辉煌，更不是建筑师的个人丰碑，有必要从广义建筑学的角度解析建筑的问题。从某种角度看，城市本身就是一种对自然进行人工干预的行为。这一行为，无论以何种形式出现，都会对自然生态产生负面影响，只是程度不同。如何把控？决策者、建设方和建筑师都需要反思。

我的理解，建筑服务于人，应从使用出发，少消耗资源、能源、材料，尽可能弱化对环境的干预。换言之，建筑设计是设计人的生活，对躯壳的追求应理性节制。真正的好建筑需要深入探究如何将建筑对自然、对城市以及所处环境的负面影响降至最低，能让身处其中的人感受到内心的平静和安宁，较之建筑的"实"体，"虚"的部分——空间更有意义。居民与城市空间能否形成有机的互动是创造良好城市空间形态的必要因素，城市空间的设计理应比建筑本身更为重要。建筑师需要"走下去"，深入民间，将自己归零，匍匐于大地上，重新审视当今的建筑行为，摆脱扭捏造作、打造幻化、语不惊人死不休的狂躁心态，建立健康的价值观，回归建筑之本，一颗平和、清净、谦卑的心对建筑师来说难能可贵。

新疆传统建筑以百姓生存和生活的基本需求为起点，体现了鲜明的原生性特征。根据不同的气候、地形，建筑和院落布局或紧凑、或舒展，不刻意追求对称、形制，自由生动、不拘一格，呈现出独特的生长性特色。其由客观诉求指导主观手段的这一原生性创造方式，与现今的许多城市建设中的建筑活动中的主观性动机为主导具有显著差异，十分值得我们借鉴。这也是我自己在建筑原创中追寻的最高境界，也尝试将这一理念注入每个作品，比如我会把设计的灵魂放在建筑和城市、周围环境的衔接关系以及公共活动空间的设计中。

近些年来，我在建筑实践中的创作思想多基于新疆独特的地域气候、历史沿革和人文环境。新疆的美，没有琐碎、纷杂和艳俗，沉静深远，是取之不尽的建筑创作源泉。目前我的建筑创作观，大致可归纳为三方面。一是，与自然无为，即把建筑作为自然一部分的自然建筑观。例如新疆传统民居的庭院空间和江南建筑中的民宅枕水、园院含山等。二是，道法自然，即自然而然的

新疆雪莲堂近现代美术馆方案

新疆民族文化创意产业基地方案

乌鲁木齐市棚户区改造纪念馆

创作境界，主要表现在建筑空间的随即性，讲究留白。新疆传统民居依据功能、结构特点布局，市井街道空间自然而然地生长。三是，大象无形，大美不言，即形以寄理的审美取向。

　　我近年的建筑创作作品基本都反映了这一建筑设计观念。

在新疆雪莲堂近现代美术馆方案创作中，基于对中国传统水墨丹青"山、水、竹"之意象的高度凝练，运用中国水墨山水中的飞白、浓淡和笔墨不确定性等典型手法营造画面空间感，表现广阔、悠远的气韵，以现代的手法"写"出中国韵味和新疆的地域大美，反映出建立于中华文化根系之上的地域文化特征，同时实现了传统与现代的时空对话。

　　新疆民族文化创意产业基地方案则以象征丝绸之路的"舞动丝绸"以及隐喻西域大地的"山、水、沙"等抽象语言来表达地域建筑意象，同时蕴含了地域性、文化性、象征性和时代感。从生态方面考虑，流线型建筑形态有利助于减少对风环境的不利影响。

　　体现鲜明地域特色并不能依靠简单地形式复古，建筑除应反映本土建筑的时代风貌外，更重要的是如何为普通人创造安全、共享的公共活动空间，同时激活城市活力。乌鲁木齐市棚户区改造纪念馆设计灵感源自新疆传统民居封闭内向型的庭院空间，通过建筑的围合处理，为人们创造了一个闹中取静、外闭内空的中心广场。建筑地域特色鲜明，与环境相依相融，塑造了城市公共空间和新的地景。

　　"萧瑟秋风今又是，换了人间。"建筑是时代的缩影，讲述着人类社会的发展和变迁。作为亲历者，建筑师是幸运的。今天是昨天的未来，也将成为明天的历史，书写好今天，是我辈建筑师对历史和未来肩负的责任。期待下一个40年！

Book

_

图书篇

图书与建筑相互促进，伴随着建筑记录了时代中的优异成绩，中国 40 年建筑图书出版的数量与质量也蒸蒸日上，但内涵深化且多视角反映城市与建筑的图书还面临挑战与发展机遇。本篇不是反映 40 年国民住房从"蜗居"到"广厦"的变迁史，而是要展示从设计理念到管理制度，从建筑师角色正式步入社会舞台、国民建筑文化意识提升诸方面的优秀出版物的贡献力，力求使 40 年的"书单"在解读并阐释城市精神中成为标志，因为建筑界的每一个进步无不是从阅读打开的视野开始的。

Books and architecture have complemented each other, and books have made remarkable achievements in keeping annals of architecture through the times. The past four decades have seen Chinese architectural publishing thrive. Books that delve deep into and reflect cities and architecture have kept coming forth in thousands. What this book tries to present is not a four-decade-long history of housing, which has evolved from "shabby dwellings" to "high-rises", but rather, to highlight the contributions of good publications to the improvements in design concept, management and people's awareness of architectural culture and to the official debut of architects on the stage of society. The book strives to make the forty books of the past forty years symbolic and indicative of the spirits of cities.

每当讨论自己的作品时，你应该问自己，你从哪些人那里学到了哪些东西。

因为你发现的任何一点东西总是来自某个地方。

源泉不是你的大脑，而是你所属的文化。

——[荷]赫曼·赫茨伯格

希望它们是代表中国建筑40年发展的书

时光流转，岁月如歌。1978年到2018年，建筑设计界的发展实践历程，催生、磨砺、成长、传承、塑造、见证、成就了中国建筑事业。回首这一历程，我们清楚地感受到，这是一个建筑理论探索与建筑设计实践携手共进的过程。与此同时，建筑图书与国家一起经历了社会与经济发展的起承转合，成为了中国现代建筑设计演进的见证，深度记录了40年的建筑理念和代表作品。

呈现在诸位眼前的这份书单，是为配合《建筑评论》编辑部承编《中国建筑历程 1978—2018》出版的，以中国建筑图书馆与《中国建筑文化遗产》《建筑评论》编辑部为代表的书评团队，共同遴选出了改革开放40年影响中国建筑设计界、今日依然值得阅读的40多种图书。我们以时代进程为轴，梳理改革开放40年来中国建筑图书的发展脉络，按照专业类别以中外建筑理论、建筑历史、古代城市空间规划、建筑文化、建筑美学与艺术、建筑评论、建筑遗产保护、建筑设计、城市规划、园林景观为线索，以近20家出版社为代表，将目光聚焦推动中国建筑设计实践发展具有代表性的精选作品。我们将与建筑界一起反思和总结40年来中国建筑设计事业的进步，分享建筑设计的研究、实践与思考，以期继续为建筑行业的发展服务，为建筑学术和实践进步服务。无论成功与否都是尝试，都是促进行业进步。

中国建筑图书馆作为住房城乡建设部的专业图书馆，从1958年建馆开始，几代管理者坚持不懈地努力采集收藏图书，在国内建筑行业已形成连续、系统、完整的藏书体系和藏书规模。作为职业图书馆人，我们深知阅读建筑设计领域书籍，要了解历史上不同阶段建筑学领域的理论探讨与发展方向，同时也要研究建筑科学（建筑结构、土力学与地基基础、建筑施工、环境科学、城市规划、建筑节能等方面的知识），理解建筑的构成要素，以及能够影响建筑诸多方面条件及因素。以职业建筑师的视角最大限度的拓宽视野，在涵盖以往所有建筑文化书籍类型的基础上，进一步关注社会、经济、文化、政治、建筑地产市场等相关信息。从40年间不同时期的建筑作品及学术研究成果可以解读出，每个阶段的职业建筑师，都在经历一种历史选择和博弈过程，受社会发展条件的制约，仍在精通建筑理念的研究基础上，进行更高维度的创造和思考。

本次由建筑界专家团队评选出的这些专著，力求史料翔实、精辟独到，从设计理念到管理制度对中西方建筑设计历程做了深入浅出的分析和论述。但呈现在大家面前的这些作品，其重要意义不仅仅在于它为我们提供了一部部极具学术价值的著作，更在于它为我们提供了一种整体性研究建筑历史理论、设计实践及城市发展规律的方法。1978—2018年，每十年一个阶段，用一部部代表著作重温设计理念和策略，记住一个个相关的建筑作品。这里有40年里建筑师的阅读轨迹，也有关于建筑设计界发生过事件的真实表达。

回眸40年，我们需要向一些人致敬！

第一个需要致敬的人——中国高校教师

在现代建筑史中，大学与设计院相互制约并相互激发，在不同时期交替担任着传承者或革新者的角色，成为建筑教育和学术研究的实践平台，推动着现代建筑的发展。

1978 年，正规的高等教育被恢复，在教育制度层面，它开启了一个更为统一和标准化的职业训练。其标志之一，即是当时由多所高校联合编著、中国建筑工业出版社统一出版的教材。可以想象，在正常的建筑出版被压制了将近 20 年之后，这些教材或以教学为目的的书籍实际上担负起了一个承上启下的作用。以 1980 年版《住宅建筑设计原理》、1982 年版《建筑空间组合论》和 1982 年版《中国建筑史》这三本教科书为例，它们分别对应着三方面知识结构的构筑，可以说当年高校编写的这些教材，是 20 世纪 80—90 年代中国建筑知识实践的基础，对中国职业建筑师起了很大的影响作用。

建筑教育家张良皋教授（1923—2015）是华中科技大学建筑与规划学院创始人之一，其代表作《武陵土家》《匠学七说》《巴史别观》《蒿排世界》，这四本书是一个完整系列，后三本更是前后呼应，从建筑史入手，探讨的是整个中华文明的源流问题。张老先生的笔触从建筑走向文化，又从文化走向建筑，这种写作手法拓展了建筑物的认识空间，让人读来耳目一新。在这些"建筑匠人"40 年如一日的刻苦钻研中，中国古建筑史的设计理念得到了发掘，那些曾经被尘封的绝妙构思终于得到了正视，中国古建筑作品再一次凭借其不朽的灵魂被世人敬仰。

《世界建筑》前主编，清华大学建筑学院教授曾昭奋先生所著的《建筑论谈》，由《建筑评论》编辑部承编，天津大学出版社 2018 年出版。曾昭奋先生是一位业界认同度很高的建筑评论家。这本书是具有学术深度的业界改革开放史篇章的著作。书中收集了他近百篇文论，跨越了中国建筑界改革开放的 40 年。建筑评论篇章从 1981 年末的《建筑形式的袭旧与创新——读"神似"之议随想》到 2009 年的《莫伯治与酒家园林》，开辟了将建筑和建筑师融为一体的评论方式。30 年前《再谈建筑创作中的"京派""广派""海派"》一文，现在读来仍如一股新风，因为它体现出评论的自由。曾教授畅言，如果中国第一个建筑创作的高潮在岭南，上海则是第二个。因为上海同济大学建筑系的气质正与"海派"相辉映、相和谐，坚持并提倡"五湖四海"与"兼容并蓄"，体现了"泰山不让土壤，故能成其大，河海不择细流，故能成其深"的道路。

20 世纪 80 年代末至 90 年代初，中国建筑理论界老一辈知名学者已经开始了翻译引进外国建筑理论著述的尝试。由清华大学建筑学院汪坦教授担纲的"建筑理论译丛"11 册，便是这一时期最重要的一批建筑理论译著，这是中国第一次系统性地译介西方经典理论著作，正是以这套丛书为标志，中国建筑学界对西方建筑历史

与理论的研究进入了一个新的阶段。几乎任何对建筑理论感兴趣的学生多少都接触过这套丛书中的一两本，而像杰弗里·斯科特（Geoffrey Scott）《人文主义建筑学》、彼得·柯林斯（Peter Collins）《现代建筑思想的演变》、罗伯特·文丘里（Robert Venturi）《建筑的矛盾性与复杂性》等书，放在今天，仍然是研读西方建筑历史与理论的必读书。

在此之后又出版了"建筑师丛书"6 册、《国外建筑理论译丛》《国外城市规划与设计理论译丛》及一些单行本译著，中国建筑工业出版社委托高履泰先生翻译出版了维特鲁威的《建筑十书》等。这些译著的出版，在一定程度上弥补了国内建筑理论书籍的缺失。

值得一提的是，2007 年，由清华大学王贵祥教授发起，吴良镛院士担任总主编，十几位从事建筑历史或建筑理论专业的学者担任译著者，出版了"西方建筑理论经典文库"，这套译丛有助于"弄清现代建筑理论的来龙去脉"。正如吴良镛先生撰写总序中指出"这里所译介的理论著述，都是西方建筑发展史中既有历史文本，其中也鲜有任何直接针对我们现实创作问题的理论阐释。因此，对于这些理论经典的阅读，就如同对于哲学史、艺术史上经典著作的阅读一样，是一个历史思想的重温过程，是一个理论营养的汲取过程，也是一个在阅读中对现实可能遇到的问题加以深入思考的过程"。这套译著的出版，凝聚了清华大学建筑学院和东南大学建筑学院诸多教师与研究生若干年的心血。

当我们回望，会发现高校教学研究与中国社会经济的脉动、城乡建设的发展、设计思潮的起伏密切相连，既反映着中国这 40 年的建筑教育实践，也呈现了中国建筑学术的发展。因此，这既是建筑教育发展的历程，也是中国现代建筑史的一个缩影。今天建筑教育仍然是中国城市化进程的主力军。

所以，第一个需要致敬的是为中国建筑教育事业做出贡献的教师群体。

第二个需要致敬的人——中国职业建筑师

改革开放 40 年，中国迅速成为一个繁荣充盈的国度，其显著标志之一就是城镇化进程，旧貌与新颜就像舞台布景一样迅疾更替。建筑是一座城市历史和文化最忠实本质的承载。对于生活在城市中的人们来说，这 40 年是一个值得关注的记忆片段，一个重要的时代篇章，而建筑正是最好的载体。

改革开放在建筑设计上的体现，使职业建筑师们长久压抑的技能与智慧得到集中释放。这 40 年间，学

习国外的先进思想和技术，不仅打开建筑界视野，也为建筑设计实践带来新气象，出现了具有当代意义的中国现代建筑空前繁荣的时代，造就出一大批如：白天鹅宾馆、香山饭店、中国国际展览中心、陕西历史博物馆、国家奥林匹克中心、东方明珠、金茂大厦等新建筑。与此同时，吴良镛、齐康、张锦秋、程泰宁、何镜堂、马国馨、柴裴义、唐玉恩等中国职业建筑师的出现，为中国现代建筑的地域创作提供了多方面、多色彩的先锋"示例"。尽管也出现了盲目模仿、良莠不齐的现象，但20世纪建筑先驱们艰苦卓绝努力下的中国建筑总体的现代化前进脚步是值得敬畏的。

程泰宁院士在业界堪称具有可持续发展之思，且以人文主义心态从事创作的大家，这是超越建筑师的卓越之举，在他身上彰显了社会责任。五卷本《程泰宁建筑作品选》《程泰宁文集》《语言与境界》等系列作品，佐证了程院士始终关注中国特色建筑设计理论体系建构，他指出"应着力构建属于中国建筑设计的哲学和美学思想体系，这的确是应该在回眸中国建筑设计界改革问题中去寻找答案的"。

《天地之间——张锦秋建筑思想集成研究》由中建西北院总建筑师赵元超编著，2016年中国建筑工业出版社出版，是中建西北院以"张锦秋星"命名仪式为契机，梳理张锦秋院士建筑创作思想和理念，总结张锦秋院士建筑历程研究的专著。

张锦秋院士设计坚持探索建筑传统与现代相结合，提出"和谐"建筑理论，作品具有鲜明的地域特色，并注重将规划、建筑、园林融为一体。2015年，国际编号为210232号的小行星正式命名为"张锦秋星"，小行星命名是一项国际性、永久性的崇高荣誉。张锦秋院士用匠心在三秦大地这本大书里写就属于自己的精彩一页。

《再问建筑是什么：关于当今中国建筑的思考》这本书是清华大学建筑学院季元振教授继上一本《建筑是什么》的后续作品，由中国建筑工业出版社2013年出版。季教授是中国为数不多的对结构工程做过研究的建筑师，正是基于这种独特的专业技术背景，使他得以从建筑技术和艺术的角度，对当今中国建筑现象进行全面的审视。季教授文风平实，敢于言实，字里行间充溢着一位资深建筑师的社会责任感和对中国民生问题的深情关注。

如果把这近20年称作一个新时代，那么诸多优秀的建筑项目，似乎都在向我们证实，中国新锐的职业建筑师们已进入人们关注的视野中。他们大都曾经在国内大型建筑设计院中工作积累过数年丰富经验，他们秉承建筑设计实践创作，将过去和现在时空上的连接具体化，面对不断升级的行业多样化需求，以敏锐的触觉，持续推动建筑设计领域的新趋势，可以说新一代职业建筑师从一个侧面勾勒出21世纪中国建筑设计界的发展轮廓。

《一地四题：内蒙古巴彦淖尔市的建筑实践》由中国建筑设计研究院总院副总建筑师曹晓昕编著，2011年于中国建筑工业出版社出版。书中的四个项目是曹晓昕团队历经5年的建筑实践，恰是中国二三线城市快速发展的代表，其在实践创作引发的一系列问题，就像是一张满布试题的试卷，曾经的困惑、努力甚至愤怒都浸透于建筑的每一个缝隙里。本书回放了遭遇的问题和思考的过程，从结果反馈疏漏，并为今后的实践留下些再思考的线索。书中映射出设计者对这片土地的一种铭刻般的认同和尊重，也是当下粗放快速的城乡建设中一种职业的追求和坚守。

建筑师俞挺著《地主杂谈》由清华大学出版社于2014年出版，因其作品"八分园"引起关注。俞挺设计过著名的九间堂、拙政别墅，也发起过"城市微空间复兴计划"等具有社会意义的设计项目。对他而言，丰富多元有趣的城市才是有魅力的。他认为："建筑师的关键还是在造房子，造人类需要的房子，站在人类的一切社会活动上建造遮蔽物，这是我认为最干净的描述，随着社会生活内容扩充，你会发现建筑的一切复杂性都在上面扩展。"

中国艺术研究院建筑研究所刘托教授指出"建筑的特质在于它能够折射出时代的整体价值，是人类文明的一种物质载体。过去我们一直习惯把建筑的发展看作是一种思潮代替另一种思潮的更迭式的嬗变。而事实上，在全球化和文化趋同的大势下，如何保持自己的本土特色，并使中国建筑重新获得生长的空间，焕发蓬勃的活力，是中国建筑创作领域迫切需要解决的问题。"

全国工程勘察设计大师周恺评价某一建筑空间场所时说：到底怎么样才能设计出一个好的建筑？是一个根据条件的理性推演，还是一种基于灵感的有感而发？我觉得后者更能打动人。

这就是过去20年、30年、40年间中国职业建筑师及学者们设计实践创作的一个时代真实写照。一方面汲取西方或者是世界的营养，同时又在很努力地定位自身，同时还要适应快速变化的时代。诸多的建造事业挤压在这个时空中间的历程，让我们觉得难得，从而引起共鸣，所以感到很震撼。

这些职业建筑设计师们的出现，以及他们隽永的建筑设计实践作品，是我们第二个需要致敬的。

第三个需要致敬的人——中国建筑界出版人

图书与建筑相互促进，伴随建筑在记录时代建设中的成绩斐然，这40年建筑图书出版也蒸蒸日上，内涵深化且多视角反映城市与建筑的图书，每年以数千计幅度涌现。这是改革开放发展的印记，这些出版机构因此而成长。

这里，我们要跟大家分享的是，后望40年，各个出版社都拥有一批优秀的出版编辑人，出版人同样是需要我们致敬的。

今天，我们要盘点杨永生编审通过建筑出版传播留给业界的改革思索。

杨永生（1931—2012）是中国建筑工业出版社原副总编辑，《建筑师》杂志创始人及前主编。作为业界著名的出版家、资深的建筑学编审，建筑文化学者。我们可以从三方面来展示杨永生编审对中国建筑设计出版传播的贡献。

第一，他是最早采用建筑"书刊"形式来关注建筑界人和事的。1979年他创办了《建筑师》丛刊，其影响遍布国内境外华人圈。口述丛书则是行业内真正为拯救中国建筑历史、建筑文化的开篇系列。他病危前奉献给业界的《缅述》这本口述历史是一部真诚、真实、充满真情责任感的述作，让百年历史画卷变得鲜活而有温度；《建筑圈的人和事》是一本历史的记录，书写宛如穿行过往重现现代建筑界人与事的发生：偶然与必然、争执与和解、坚持与放弃、继承与开创。

第二，他是最早倡导"建筑评论"的媒体人之一。尊重历史与文脉，融合传统与现代，从繁复到质朴，从表象到本质，从粗放到精致，从盲目模仿到回归自我，这是当下建筑设计面临的诸多困惑与选择。1998—2008年，《建筑百家言》开创了建筑评论的一种新态势，自"百家言"后，十年里杨总主编了十一本"建筑百家"系列多卷本，多次组织凸显不同主题的系列建筑评论活动，营造了百家争鸣的建筑评论鲜活氛围，为建筑设计实践与建筑历史理论研究弥补了许多学术空白，并嵌入时代的品评思想，从而更具建筑学思想的意味。

第三，他是最早主持"建筑与文学"跨界交流的先驱。建筑与文学虽是不同范畴的两个概念，但二者之间相互渗透与跨界融合。从1993年开始，几次组织"建筑与文学"研讨会。建筑与文学的关联，是提升建筑整体文化水平的必由之路。

我们看到，杨总编辑出版的建筑专业书籍，倾注了他几十年心血，成就他出版事业中意味隽永的建筑史学文化苦旅，同时见证了中国建筑工业出版社发展脉络，记录了中国现代建筑经典的传承过程。杨总做书，对设计专业、对行业等多维度问题，沉淀了透过现象直达本质的独到见解，其实是在寻找现代语境下延展本土建筑文化历史的新途径。

我们深知出版界还有成百上千位杨永生，这些建筑书籍出版人凭借一份执着的信念、坚守着职业道德，传递着现代文明的信息，当然需要承担更大责任。正是这些编辑出版人的决策，推动改变了当下建筑图书的深度走向。

所以，我们要致敬这些在纵横捭阖的改革发展进程中深度融合的出版人。

结尾语

40年，40余种图书，承载关于建筑设计界的记忆维度，这些书籍将带你回顾过去40年建筑设计实践思辨，解码改革开放40年建筑文化出版现象，映射出建筑行业的文化精神和本质内涵，让你看到建筑中国的发展轨迹，展望中国建筑设计领域未来城市发展趋势。感叹我们都是从这一段历史中走来。能够记录这40年的时光印记，就是这一本本的甚至已经老旧的建筑图书，已然形成了一份关于建筑文化和思想变迁的时代记录。当我们回顾这些书中内容时，其实也是在回顾这40年人们的心绪与思考集中于何处，让这些成为时代记忆的片段再次进入我们的视线，我们庆幸自己不曾缺席。

1978—2018年，推向业界阅读范式的建筑图书数不胜数，它们厚重而多元，共同呈现出40年来的建筑文化和设计生态。我们按照专业十个大类，每个类别从成千上万本好书中遴选，入围40多本图书以飨读者。说实话，挑选工程，对于评选团队来说真是一次次熬炼与折磨：40年只选40多本书，遗珠之憾，几乎是必然的。我们不愿单纯将这次筛选作为一次图书传媒推荐，为每本书撰写书评后推向社会，我们更希望以此为契机，重新诠释我们对于精品著作的理解——不在于图书馆里有多少读者正在借阅和谈论它，而在于这本书将读者的理解力扩展到何种程度。我们期待，它们能在被阅读的过程中与每位读者的生命经验相融，一起延伸出新的生命力。为此，我们怀着敬畏之心，以此"图书篇"致敬中国建筑设计发展40年。

（季也清：中国建筑图书馆原馆长，现《建筑评论》编辑部编委）

以下《建筑评论》编辑部选取了 1978—2018 有代表性的 40 多部建筑图书，按照十年一个阶段予以展示并推介。

《建筑设计资料集》第三辑
林乐义 主编
《建筑设计资料集》编委会 编辑
1978 年 11 月首版
中国建筑工业出版社

《建筑设计资料集》是一部由中国建筑学人创造的行业工具书，其编写方式和体例由中国建筑师独创，并倾注了两代参与者的心血和智慧。《建筑设计资料集》以总结中华人民共和国成立以来在建筑构造方面的经验为主要内容，同时也适当地吸收了一些国外的建筑构造技术，以资借鉴。取材以量大面广、行之有效的工业及民用建筑构造为主，并选择了部分特殊构造，以适应各方面的需求。

《建筑设计资料集》第一辑于 1964 年由中国工业出版社出版。20 世纪 60 年代初，由于国民经济处于三年困难时期，建筑锐减，当时的建筑工程部工业建筑设计院（今中国建筑设计研究院前身）因设计任务不多，院领导集中了一批有经验的技术骨干专职投入编写《建筑设计资料集》（第一辑）。由于内容全面，适用严谨，编排得当，查阅方便，资料丰富，印刷精良，与国际上同类图书比较，属上乘之作，多次重印，成为每位建筑设计人员的案头必备工具书。在林乐义总建筑师的主持下，紧接着又着手编写第二辑。这部《建筑设计资料集》第二辑刚印完尚未及装订，"文革"开始了。不仅主编及设计院领导因此书而挨批斗，同时还勒令印刷厂不准装订出厂。

"文革"之后，于 20 世纪 70 年代又开始编辑《建筑设计资料集》第三辑，主编仍然是林乐义，并于 1978 年正式出版。从第一辑于 1964 年开始出版至 1990 年，这三辑资料集前后共印了 6 次，第一辑总印数达 237165 册，第二辑达 244325 册，第三辑达 261795 册。这是当时我国建筑专业工具书创纪录的印数。

（中国建筑工业出版社　杨永生（1931—2012）编审述评）

《外国建筑史》（十九世纪末叶以前）
陈志华 编著
1979 年 12 月首版
中国建筑工业出版社

作为历久弥新、广受欢迎、培育了无数建筑学相关学子的著名教材、经典读物，陈志华先生编著的《外国建筑史》（19 世纪末叶以前），其学术体系之凝练、历史脉络之清晰、阐述之深入浅出，介绍细节之丰富、行文用字之优美……以及其他诸多让该书当之无愧地成为经典的优点，有目共睹，无须赘述。这里想要强调的是，该书最重要、最深刻的贡献，是在于其起到了建筑师成长的道路上最初、最重要的铺路石。

《外国建筑史》虽历经修订，但其突出的特点，也是最大的价值，却是始终如一的，就是该书编撰的基本出发点和立场。诚如陈志华先生自己在序言中指出："……保持建筑史这门课程的基本任务的认识，就是：它应该有助于培养年轻人独立、自由的精神和思想，并以这种精神和思想去理解自己创作的时代任务……"这一基本出发点随着时间的推移和时代的变换，不但没有过时，其重要性反而日益凸显。

能否养成正确的建筑价值观，最终决定了我们能否拥有理想的人居环境。某些引发社会对立的规划、破坏生态环境的建筑、缺乏人文关怀的设计、以丑为美的创意……其深层原因，都可以归结到建筑价值观的缺失。而建筑价值观的养成，从历史中吸取教训，汲取经验和养分，就是必经的途径。这样，向刚接触建筑学、踏上专业成长道路上第一步台阶的学子或者读者，如何讲述建筑史，就成为非常重要的事情。而陈志华先生这本书，从一开始，就自觉地承担了这一重任。

当有些观点还纠结于向建筑学生传达的建筑史到底应是"社会史""风格史""技术史"……的时候，陈志华先生在本书中早已跳出了这些窠臼，以时空为经纬，史实为脉络，风格为载体，人物为例证，在叙述中评论，在分析中引导，强调培养初学者对建筑进行深入的理解，尤其是理解建筑与社会、建筑与环境的关系……这样讲述的建筑史，对于引导读者自主分析和思考建筑的意义、建筑创作的时代任务，是非常重要的——尤其是对以理工科背景考入建筑系的学生，甚至是决定性的……

每当有同学开始设计，就纠结于平面形态如何、造型好不好看，作为一名设计教师的我，都更深切地感到：陈志华先生的《外国建筑史》，不要到二年级、三年级再去学，而应该作为建筑学一年级的第一门课程。

（北京工业大学建筑与城市规划学院　李华东副教授述评）

《华夏意匠：中国古典建筑设计原理分析》
李允鉌 著
1982 年 3 月 /2005 年 5 月出版
中国建筑工业出版社据香港广角镜二版
再版 / 天津大学出版社

《华夏意匠：中国古典建筑设计原理分析》是香港建筑师、学者李允鉌的遗著。李允鉌（1930—1989），出身于书香世家，自幼受其父岭南派国画大师李研山的熏陶，从小便打下了扎实的中国传统艺术与传统文化基础。20 世纪 50 年代李允鉌就读于中山大学建筑工程学系，毕业后从事建筑设计、城市规划及室内设计工作多年，积累了丰富的实践经验。

设计创业的同时，李允鉌勤于治学，在广泛继承梁思成、刘敦桢、杨廷宝等前辈学者研究成果的基础上，经多年的资料搜集与总结归纳，20 世纪 70 年代末完成了这部书稿。该书标题庄重新颖，立意深刻巧妙，"华夏"指古代的中国，"意匠"指建筑的设计意念，《华夏意匠》意即"古代中国的建筑设计意念"。该书不仅是一本中国建筑史书，更是采用现代建筑观点和理论具体剖析中国古典建筑的理论著作。自初版付梓，该书在大陆、香港和台湾地区已八次翻印或再版，备受海内外读者的称誉。

李允鉌通过多年潜心研究与实地考察，在确认东西方建筑设计理念差异的前提下，验证了中国具有辉煌灿烂的建筑历史，形成了具有中国民族与地理环境特色的建筑与规划理论，其中许多设计思想与技法在世界上都居于领先地位；进而充分肯定了中国古典建筑设计理念是中国悠久历史文化的结晶，也是世界建筑文化艺术宝库中的瑰宝。

李允鉌身居海外，他充分借鉴和采纳了李约瑟（Joseph Needham）、博伊德（Andrew Boyd）等当代西方建筑专家的研究方法与学术观点。在承认中西文化渊源差异、地理环境、民族性格不同的基础上，精心使用纵向总结、横向对比、综合汇总的方法，运用现代观点和理论，从建筑技术及宏观文化领域具体分析中国建筑几千年中萌芽、发展、演进的过程。

《华夏意匠》与其他建筑史著述相比的最大特色在于：紧密围绕"设计"这条主线，按照中国建筑的基本构成要素，分专题史论结合逐一阐述中国古代建筑的起源、分类、结构、色彩……从技术分析的角度证明了"数千年来，中国建筑随着社会发展与建筑实践经验的不断积累，在城镇规划、平面布局、建筑类型、艺术处理以及构造、装修、家具、色彩等方面，久已树立一套具有民族特点的艺术理论与缜密完整的营造方法，从而形成东方建筑的一大体系"。

《华夏意匠》另一可贵之处在于它深入社会文化层面，挖掘建筑艺术与历史、政治、宗教、哲学、文学、绘画等的紧密联系，充分吸收跨学科的研究方式与思维方法，探索阐释"木结构发展的历史原因""影响中国建筑的特殊因素"等中国建筑的基本问题。从建筑文化学的角度，对这些事关中华建筑文明起源和发展的重点课题提出自己独到的见解。

《华夏意匠》丰富质朴的内容、新颖独特的风格、平和谦逊的语言，一经读来立即给人耳目清新的感觉。它的刊行，当时在建筑理论界一度引起强烈反响，推动了中国建筑史和建筑理论研究的进一步深化，它也因此在中国建筑史研究上占有了一席之地，被学者称"它是一部'没有时间限制的作品'"。

《华夏意匠》1982年初版于香港，至今已有24年，现天津大学出版社修订再版。此书在初版时我就曾经细读过，今又再读仍觉新颖，是一本研究传统建筑文化特别是进行新建筑创作设计者不可不读的好书。

（国家文物局原古建筑专家组组长、中国文物学会原名誉会长罗哲文（1924—2012）述评）

《中国建筑史》
潘谷西 主编
1982年7月首版
中国建筑工业出版社

《中国建筑史》是一本通用的专业教材，由著名建筑历史学家潘谷西先生主编，集国内多位建筑历史方面的学者、专家和教师编撰而成。第一版于1979年编写、1982年出版，历经30余年，经不断修订补充，已有7个版本问世，至今仍是各个学校教授中国建筑史的通用教材。在诸版本修订过程中，以2000年编写的第四版在结构上的调整最为显著。第四版不仅对古代部分的章节内容进行了部分调整，增加了"建筑意匠"一章，而且新增了第三篇1949年以后的"现代中国建筑"部分，及"台湾、香港、澳门的建筑"。将古代、近代、现代连成一体，在为读者和建筑学子提供了一个完整的中国建筑史的概貌，也在史观的认识上具有启示性的意义。

当然，从篇幅和内容的丰富程度上说，古代部分在《中国建筑史》中所占分量最重。事实上，中国古代建筑史可能是在中国建筑文本中被书写最多的一个主题，其内容的系统和视角的多样几乎是其他主题不可项背的。与以个人研究为基础的专著不同，作为教材的《中国建筑史》，对古代建筑的论述中有两个较为突出的特点，一是展现中国建筑历史发展的主要线索和丰富的多样性；二是时序下的类型阐释。尤其是后者，与20世纪八九十年代的设计认知有着相当契合的关系。从知识构成的角度看，这个历史文本提供了认识、提炼和归纳传统建筑的框架。相较于书中对具体构件和结构的叙述，这个认知框架的影响更为重要：以"组合"为基础建立识别建筑特征的原则，和建筑物与建筑元素的分类方式。

以《中国建筑史》第二版为例，作为一本建筑教材，它没有直接谈论分析和处理历史史料的原则和方法，而是体现在对中国古代建筑的空间处理、设计方法等成就的具体解释中。全书关于古代建筑的部分共有8章。其中4章讲述的是几种建筑类型：宫殿、坛庙、陵墓、宗教建筑、住宅和园林，2章描述了木构建筑的特征及清式建筑的做法。总体来说，全书关注的重点是以技术进步为基础的、风格的演进。例如，书中总结了故宫在5个方面的建筑成就，前4个都是形式上的特点："强调中轴线和对称布局""院的运用和空间'尺度'的变化""建筑形体尺度的对比""富丽的色彩和装饰"。与此同时，《中国建筑史》对建筑单体和构件进行了分类重组。与"组合"相反，这是将"整体"分解成"部分"的过程。

"中国古代木构建筑变化很多，单体建筑有殿、堂、厅、轩、馆、楼、榭、阁、塔、亭、阙、门、廊等；平面有方、长方、圆、三角、五角、六角、八角、扇形、曲尺、工字、山字、田字、卍字等。由这些单体又组成了从住宅到庙宇、宫殿等各种建筑群。"

"单体建筑在外观上大致可分为台基、屋身和屋顶三部分。其中变化最显著的是屋顶，形式有庑殿、歇山、悬山……"

根据书中的论述，每一个部分都有不同的形式，在形态、材料、尺度和颜色上不同的构成元素，以及将这些元素连接在一起的不同方式。

对于如何将"部分"统一成一个和谐的整体，《中国建筑史》认为："中国古建筑在建筑的设计和施工中很早就实行了类似于近代建筑模数制（宋代用'材'、清代用'斗口'作标准）和构件的定型化。对于建筑整体到局部的形式、尺度和做法，都有相当详细的规定。"

于是，从整体到局部，《中国建筑史》构建了一个解读的系统：将建筑物划分成类型、单元和构件，并根据不同的用途和技术可行性，找出它们之间的连接方式。

值得注意的是，这种系统化的解释并不是简单的对历史史实的记录，或者将古代的文献翻译成现代的术语，这种历史材料的结构方式是对"传统"的一种现代"构筑"。《中国建筑史》中对建筑类型的划分既不存在于《营造法式》中，也与《工程做法则例》存在相当大的差异。的确，《工程做法则例》中列出了27种建筑的种类，如大殿、城门、凉亭等，但它们的区分似乎更多的是在结构和建造的差别上，而不是现代意义上类型式的区分。正因为如此，虽然我们很难说《中国建筑史》

对实践有什么样的直接影响，但建立在与现代建筑知识同构基础上的历史叙述，它在实践中的作用更像是提供了一套系统化的方法，引导设计师如何分析、认识建筑的"传统"特色；从已有的建造中提取特色的元素，并将它们放置到现代结构的分类中去。如此，一本普及性的历史文本便具有了独特的实践意义。

（东南大学建筑学院　李华副教授述评）

《外国近现代建筑史》
罗小未 主编
1982 年 7 月首版
中国建筑工业出版社

尽管数千年前的埃及金字塔、古希腊神庙和中国的万里长城等在今天还存在，尽管今天的人们对这些古代建筑仍然能够产生美感，然而，它们在形象、含义和功能上已经与当时相差甚远了，它们的美感中也已经渗入了许多过去所没有的含义或成分。特别到了近现代，建筑的这种变幻来得更为急剧。《外国近现代建筑史》一书，以大量生动的事实说明了这一点。

建筑，既是解决人们的物质和精神生活要求的物质环境，同时又是反映人类社会及其文明的一面镜子。我们在《外国近现代建筑史》中不仅能见到一百多年来世界建筑的急剧变更，而且还可以通过建筑，看到一幅近现代社会物质和精神的发展与变化的图景。

一部建筑史，不仅要准确地反映史实，而且要运用历史唯物主义来加以阐述，发现和总结历史的规律，为我们今天的实践提供借鉴。《外国近现代建筑史》基本上做到了这一点。它不只是单纯地罗列史实，而且能够做出恰当的历史评价，并阐明建筑发展和流变的因果关系。

建筑作为客观存在，是流变的。建筑的实体存在，它的物质和精神功能作用，人们对建筑的品评，建筑的美学含义等，也都不是凝固不变的。古希腊的帕提农神殿虽然至今存在，但它的面貌已与前大不相同了，它作为功能对象，已失去了庙宇的功能作用；虽然今天它仍然具有很高的美学价值，但这种美学概念在今天人们的心目中，也已经与过去大不相同了。古希腊建筑的形式美作为信息被留存下来，从而人们总以为这种建筑美是"永恒"的。的确，直到今天，我们对于希腊建筑、雕刻等艺术形象仍然留有强烈的美感。然而，由于在漫长的时间里，在这些古典建筑艺术的形式上一直不断地集聚着美学信息，今天人们对于古希腊建筑的品评准则，已经加入了许多新的信息量。

建筑的存在，它的功能和美学概念始终是四维时空复变的。建筑的存在是个"蒙太奇"图景，我们在某一时间里所感受到的建筑，只是它的三维空间的瞬时图景。随着时代的进展，建筑的这种特征就会越来越明显地体现出来。阅读《外国近现代建筑史》，使我们犹如漫游了世界。而在某种角度上说，还胜过实地观光，因为在这本书中我们能够接触到一个四维时空复变着的世界建筑图景。

（同济大学建筑与城市规划学院　沈福煦教授述评）

《建筑空间组合论》
彭一刚 著
1983 年首版
中国建筑工业出版社

早在 20 世纪 60 年代初就产生过这样的念头：编一本有关"构图原理"方面的书，供学生和在职的设计工作人员参考。"文革"后，被搁置了多年的念头又重新在脑子里复活起来。经过短暂的酝酿后，于 1977 年初终于正式动手拟定提纲并搜集有关方面的资料，为编写工作做好准备。编写工作一开始就采取折中的方法，从比较基本的知识入手，经过分析综合，最终给予必要的抽象、概括，从而形成系统的理论观点。这样看有其好处：可以做到有虚有实，虚实结合，能避免了就事论事，又避免了空泛或玄妙。

关于书的内容，结构和体系，在当时也是经过一番踌躇的。一种是按照老例只讲统一、对比、均衡、韵律、比例、尺度等有关形式美范畴，但鉴于以往的经验，效果并不理想，特别是对于初学者，从书中所得到的往往只是一些抽象的概念，而不能灵活地运用。另一种考虑是把形式美规律分别纳入内部空间处理、外部体形处理以及群体组合处理等三个方面作具体分析，这样做的好处是头绪比较清楚，与设计结合得比较紧密，但缺点是对于基本原理可能不容易讲透彻。最后还是兼容并蓄：既专设一章来分析形式美的基本规律，又另设三章来分别说明上述规律在内部空间、外部体形以及群体组合处理中的运用。这样做尽管可能会出现某些重复，但由于说明问题的角度不同，不仅系统性、逻辑性更强，而且还有助于加深对基本原理的理解。

本书的重点是讨论建筑形式的处理问题，但形式是不能凭空出现的，它必然要受到功能、结构等因素的制约和影响，本书的第二、三章即分别说明功能、结构与建筑形式之间的内在联系。应当强调的是：这样做并不是为了避"形式主义"之嫌，而是科学地论证形式、内容、手段三者关系本身的需要。

关于论述问题的先后顺序当时也有两种考虑：一种是先群体（环境）、而单体、而局部；一种是先局部、而单体、而群体。从设计工作的程序上来看似乎应取前一种顺序——即从全局出发而逐步深入到细部；但从论证问题的逻辑方面考虑，还是后一种顺序为好。本书就是从组成建筑最基本的"细胞"——房间入手，而贯穿着：由局部到单体、再由单体到群体；由内部空间到外部体形、再由外部体形到外部空间；由内容（功能）到手段（结构），再由手段到形式处理等先后顺序逐步展开的。

再一点就是例子的选择。为了说明原理必须列举大量的实例，例子从哪里来？我认为古今中外的建筑都不应当偏废。只有这样才能证明所要论证的原理确实是具有普遍意义和放之四海而皆准的规律。那种只能用一时一地的建筑来作解释的东西，恐怕很难把它当成普遍规律来对待。当然，这并不是说古今建筑之间没有变化和发展。相反，正是借助于这种变化和发展才能使人更清楚地看出尽管它们的具体形式不同，却都共同地遵循着某些普遍的规律。另外，即使个别原理确有不适应当代某些新建筑的情况，那么也有必要通过分析而找到产生这种现象的原因和根源。应当申明的是：由于作者眼界狭窄，对于未能亲见的实例缺乏实际的感受，在分析时很可能带有主观臆想的成分，尚希读者批评指正。

（天津大学建筑学院　彭一刚院士述评）

《外部空间设计》
[日] 芦原义信 著
尹培桐 译
1985年3月首版
中国建筑工业出版社
"建筑师丛书" 共六册：
《外部空间设计》《存在·空间·建筑》
《后现代建筑语言》《城市的印象》《现代建筑语言》《建筑空间论》

《外部空间设计》是日本著名建筑大师芦原义信（1918—2003）的经典作品。1975年由日本彰国社出版。芦原义信1942年毕业于东京大学，1953年毕业于哈佛大学研究生院，同年曾在著名建筑师马塞尔·布劳耶（Marcel Breuer）事务所工作，1956年在东京创建芦原义信建筑设计研究所。20世纪60年代以来曾先后在东京大学、武藏野美术大学教授，以及新南威尔士大学、夏威夷大学等客座教授。他还曾担任日本建筑学会副会长，日本建筑家协会会长等职，并多次应邀担任国内及国际设计竞赛评选工作。

20世纪50年代以来，建筑大师芦原义信参与设计各种类型建筑作品达一百余项，他设计的意大利文化会馆曾获马可·波罗奖。1967年，他主持设计蒙特利尔国际博览会日本馆、驹泽公园奥林匹克体育馆等建筑。1960年起，他开始研究外部空间问题，为此曾两度到意大利考察。本书篇幅精悍，围绕的核心理论是向心规划的积极空间和发散生长的消极空间，这是一对相对概念，以意大利和日本在城市、居住空间上的特征为例，以观察者为出发点，发散性地阐释了距离、尺度、肌理、流线等一系列在设计中的运用，意大利城市外部空间和个人居住空间互为逆空间，突显城市空间的活力，而日本人性格的居住空间规划，对提升城市的丰富性也有贡献，是现代城市规划功能性发展出单一性后自我矫正很好的范例。

全书用简练的语言描述了建筑外部空间设计许多浅显却至关重要的观点，对外部空间规划的尺度控制上，提出了20~25的控制网格，这是用视线范围推演出来的结论，对进行外部空间设计上可作为圭臬。在肌理控制方面，区分了3米和24米两个距离观察对应局部细节和大面肌理的控制尺度，在建筑肌理设计中，对不同尺度肌理的考虑应从观察视角来进行控制。在空间设计过程中，尤其注意空间具有目的性才有价值，只有明确的主次关系、有中心才能带动周边的活力，在创造这种中心的时候，是可以基于对底面的高差、建筑的体量等角度入手的，而一个步行距离是我们需要控制的，书中提出了300~500米的控制距离。同时，封闭空间、区域限定、序列化演进、高差的层次发展都是把空间激活的重要手法，而在边缘性材质、水面的运用是把空间品质进行提升的关键，在设计中尤其需要重视。收尾章节，作者呼应开头，将发散性和内聚性进一步发展，提出加法和减法的两种设计思路，要综合二者的优势来应对外部空间设计存在的不足。

书中所引用的建筑实例，大多来自于作者曾经亲自参与的设计实践，这些作品又都是他本人理论的产物。通过阅读芦原义信的空间理论，可以认识到外部空间的重要性，并判断如何是好的外部空间，设计理念的最后是创造一个带有场所感的空间。

芦原义信的主要著作除本书外，还有《街道美学》（获日本第三十三届每日出版文化奖）《建筑空间的魅力》《续街道美学》等。

《外部空间设计》作为中国建筑工业出版社主编的《建筑史丛书》之一出版单行本，重庆建筑大学著名的建筑理论家尹培桐教授作为译者，书中关于积极空间（P空间）与消极空间（N空间）的建构与转换的精准诠释，充分显示了尹先生驾驭语言的高超功力。原书后记详述了成书经过及当前建筑空间论的发展动向，有助于了解国外建筑空间理论概貌。

（中国建筑图书馆摘编）

《中国古代建筑技术史》
中国科学院自然科学史研究所 主编
1985 年 10 月首版
科学出版社

在数千年的历史进程中，我国的建筑师建造了无数的建筑物，许多古代建筑遗存至今，具有优秀的技术传统和独特的艺术风格，是我国古代科学技术成就的一个重要组成部分。

一座建筑，需要投入大量的人力、物力、财力，并且通过一定的科学技术方法，才能实现。因此，对于建筑历史的研究，重点是要从物质生产的角度、社会经济的角度、科学技术的角度去分析。如果我们不从生产、经济、技术方面去研究，就不可能全面地认识建筑发展的规律，也不可能正确地评价一座建筑的优劣。而这些方面，正是以往建筑史研究中所欠缺的薄弱环节。很久以来，我国的建筑师们，就抱有这样的愿望：通过编写中国古代建筑技术史来整理和总结我国古代建筑技术方面的成就，提高整个建筑史学科的研究水平，从而全面地正确地认识和评价我国古代建筑遗产。

本书是一部关于古代建筑工程技术历史发展的专门著作。书中对我国古代建筑工程技术的发展进程作了阐述，还对建筑工程做法、技术经验和成就进行了整理和总结。 本书具有以下三个方面的特点。

第一，资料丰富。我国古代建筑从纵的方面来看，跨越原始社会、奴隶社会和封建社会三个历史阶段。中华人民共和国成立 30 年来，我国古建筑研究工作者从考古、发掘、勘探、调查、修缮、重建、测绘等工作中，积累了大量的历史资料，对古代建筑开展了多方面的研究。本书以大量的历史资料为依据，勾画了 7000 多年来古代建筑技术历史发展的轮廓。

第二，论述全面。全书共分 15 章，包括土工建筑、木结构建筑、砖结构建筑、石结构建筑、建筑材料的生产与加工、建筑装饰技术、城市建设工程、设计与施工、园林建筑、少数民族建筑、建筑著作与匠师等多方面内容，全面地反映了我国古代建筑技术的丰富内容。

第三，重点突出。建筑材料的生产和加工、建筑结构方法、建筑施工技术、以及建筑规划和设计、装饰工艺、防护技术等，它们的发展和革新，都从不同的方面推动着建筑水平的提高。本书主要通过材料的生产加工、结构方法和施工技术三个主要方面，对我国古代建筑技术发展历史进行了概括和总结。

书中存有许多古建筑的结构图和修缮前的旧影，用 8 开的大开本印刷，看得人十分过瘾。

（《中国古代建筑技术史》责编 余志华述评）

《现代建筑：一部批判的历史（Modern Architecture，A Critical History）》

[美] 肯尼斯·弗兰姆普敦（Kenneth Frampton）著

原山 译 / 张钦楠 等译

1988 年 8 月 /2004 年 3 月出版

中国建筑工业出版社 / 生活·读书·新知三联书店

本书是对 20 世纪的建筑及其起源的一次全面审视，在结构上，它是由一系列短小的章节组成的，每一章节述及若干重要建筑师的作品，或若干集体的发展趋向。总体来说共分为三个部分，第一部分"文化的发展与先导的技术"对现代运动的前期史只能提供一个非常扼要的大纲。综合论述了现代建筑所赖以产生的文化、领域以及技术的变革，简要地叙述了 1750—1939 年在建筑学、城市发展和工程技术等方面所发生的变化。

第二部分"一部批判的历史"具体描述了 1836—1964 年现代建筑的发展状况，作者通过详细列举这一期间各个派别或团体的作品及其设计思想，并且采取"让每个学派自己说话"的形式，展现现代建筑多元化的发展现状。

第三部分"批判性的评价以及向现在的延伸"，在这一部分，作者倾向于描述近期现代建筑的发展状况和发展趋势，这一部分也是全书的一个总结，作者对 19 世纪 20 年代以来几个流派的设计思想进行了总结归纳，列举近年来现代建筑发展的弊端所在，给读者提出忧心忡忡的警示。

这本书几乎涵盖了自 18 世纪中期至 20 世纪 90 年代所有主要的建筑思潮和流派、建筑师及代表作；图片丰富而直观，论述客观而精到；现代建筑发展脉络清晰可循。在这部具有挑战性的著作中，许多章节都可因其敏锐的评论而独立成章；贯穿始终的理性的批判能力是其最大的特征。因此这本著作能够给读者以警醒和提示，令读者深思现代建筑的发展状况。

所有的历史都要受到观察模式的限制，没有绝对的历史，正如建筑师不能创造绝对的建筑一样。就像万花筒瞬间变化其排列的模式，建筑以其自由的地域主义的批判作为了一种非集中化的文化反抗形式！

如果有人想对当代建筑一言以概之的话肯定是苍白无力的，技术的革新和文化风格的多元化让这种简单的评价变得毫无意义。建筑在彰显着同时代文化的突围，同时又在自我的进化。但是，近年来建筑学本身的庸俗化和同质化，是年轻的建筑师们面临着一种困难的境地：放弃任何实现自我观念的希望，只是在建筑工厂化的长流中堆砌建筑符号！即使是最为怀旧的想法，也只是被放置在 19 世纪城市光辉的玄虚空间之中。

本杰明在《历史哲学论文集》中描绘了这样一幅"新天使"的场景：一个天使在飞离某件他凝视的东西，他双眼直视，翅翼舒展，他的脸转向过去，在我们看来是层出不穷的一系列事件，在他看来是一场又一场的灾难，这位天使似乎想留下，把死者呼唤，但天国刮起了一场风暴，风暴势不可挡的将他推向未知的未来，而他面前的垃圾则继续不断地向天空堆积，这场风暴就是我们所谓的"进步"。希望这样的悲剧在未来不再发生。

（河南徐辉建筑工程设计事务所　齐光辉述评）

《丹下健三》
马国馨 著
1989 年 3 月首版
中国建筑工业出版社

丹下健三是世界知名的日本现代派建筑代表人物，注重对建筑形式的探索，创造了结合日本文化的现代建筑，并通过自身的成就和影响力，使日本现代建筑风格在世界建筑上有一席之地 。曾有评论家认为他是 20 世纪 10 位 "最有影响的建筑师" 之一。

在二战结束后，丹下健三的创作活动也进入了最活跃的时期。他认识到日本建筑的重要，认真地研究日本传统文化，对日本传统建筑给予了极大的热情和关注。他 "借传统之力超越了现代主义的形式化、决定论的局限，又借现代建筑技和思想理论超越了传统建筑观念与形式的局限，创造性地完成了日本建筑语言的现代重建。丹下健三设计了许多日本复兴时期的公共建筑。他在继承日本传统建筑风格的基础上，探索把现代建筑和传统建筑相结合的道路。为此，他又提出了 "功能典型化" 的设计方法，给传统建筑赋予了一种现代主义建筑的理性主义的形式。

1960 年的东京规划中，丹下健三提出了 "都市轴" 理论。他从都市的角度展开研究，探索信息化社会的城市建设和建筑设计，对于城市规划和大型建筑设计提出许多富有创意的想法 。

丹下健三通过对古典建筑秩序的研究，发现城市中建筑群的布置所体现出来的秩序正是城市需要的，比单栋的建筑更重要。他提出的 "城市的核" 表明了城市轴线的意义，也说明了城市规划和建设的内容和任务。他还具体指出了 "城市的核" 的内容：广场，有福利设施和文化中心等利于人们活动交流的一个开放式的、空间流动的场所 。从他的表述中可以看出 "城市的核" 在人们生活中的重要性。现代主义理论关于城市规划思想的局限，被丹下健三给予补充和修正，并从功能主义转向一种表现建筑和城市内在的、由一定规律联系的结构上。他借用力学的结构概念来阐述单体建筑 、建筑群和城市空间相互之间的关系以及有关秩序的问题。

新空间的创造，丹下健三认为要处理好传统和创新之间的关系，它们应该相互作用。他没有停止过思考新技术条件下的建筑和城市规划问题。他认为新技术的进步，让建筑从抗震墙的束缚中解脱出来，创造适合资讯化时代办公和其他使用功能对大空间和灵活空间的需求。他主张借助科学技术创造出适合人类述说心理需求的心理环境，创造出充满人情味的空间，实现科技和人性的完美结合。丹下健三曾这样表述过：建筑的形态、空间及外观不仅要符合必要的逻辑性，而且更重要的是建筑蕴涵直指人心的力量。

（中国建筑图书馆摘编）

《中国古典园林史》
周维权 著
1990 年 12 月首版
清华大学出版社

中国古典园林是华夏文明的重要组成部分，数千年来前后相继，其中集建筑、掇山、理水、花木、匾联、陈设等多重艺术于一体，蔚为大观。改革开放以后，中国学术界先后有数部中国园林史专著出现，其中最为出色的一部，无疑是周维权先生所著的《中国古典园林史》，在很多地方都取得了超越同侪的卓越成就。

首先，周先生凭借深厚的国学修养和古文献功底，在《中国古典园林史》中引述了极其丰富的文献史料，其中包含自最早的甲骨文卦辞以降的历代史书、方志、诗词、文赋、笔记、碑刻、档案以及大量的园林古画，搜罗广泛，从而借助文字和图像信息对已经消失的很多历史园林实例作了最大限度的复原，并往往将多种相关文献对比参证，取舍得当，更见功力。书中充分借鉴了大量近现代以来国内外园林史研究的成果，同时还参考了若干历史、地理、考古等其他学科的成果，如殷墟遗址、汉甘泉苑遗址等，进一步保证了基础资料的全面性和完整性。除了文献资料以外，本书同样十分注重实物资料，书中重点分析的31处晚期现存实例，除了台湾的林本源园林以外，作者均亲自做过调研，有若干图纸和照片是作者（或其助手）第一手测绘和拍摄的结果，体现了研究的原创性。

其次，此书的体例很有特色，把整个古代园林的发展历程分为生成期（商周秦汉，公元前11世纪到公元220年）、转折期（魏晋南北朝，公元220—589年）、全盛期（隋唐，公元589—960年）、成熟期（宋元明、清初，公元960—1736年）、成熟后期（清中、清末，公元1736—1911年）五个大的段落，将3000多年的园林发展史铺陈于统一的框架之中，然后再一一分述，其中甚至打破朝代的束缚，将清初归属于中国园林成熟期的第二阶段，却将清中至清末单列为成熟后期。作者提出的依据是"中国古典园林的漫长的演进过程，正好相当于以汉民族为主体的封建大帝国从开始形成而转化为全盛、成熟直到消亡的过程。"从通史编撰的角度来说，确实能够做到涵盖全面、脉络清晰却又重点突出。

园林史不但要叙述史实，还需要有明确的观点和精辟的分析。对于很多重要的园林实例，作者并未满足于文献的罗列，而是综合各种记载绘制了复原平面示意图，体现了研究的深度。对于每一名园、每一时期、每一类型乃至每一地域风格，书中均有或短或长的评述，往往一语中的，入木三分，很多论断几成定论。

此外，《中国古典园林史》展现了作者高明的文字叙述能力——简洁、干净、准确而又不失生动，通篇毫无故作高深之言，所述所论，均为明白晓畅的文字，逻辑清晰，深入浅出，堪为学界的榜样。

编撰这样一本鸿篇巨制，没有严谨的学术态度是不可能成功的。前面所说的史料、体例、评述和文笔四个方面，其实也都体现了作者扎实的学风，是作者呕心沥血、反复推敲的成果。以上大者，自不待言，同时需要注意的是本书在很多细节方面同样体现了严谨的作风。

周先生身后，中国园林史的研究仍在继续，相信今后也会有新的中国园林通史出现，但笔者以为，《中国古典园林史》作为园林史上一部里程碑式的巨著，其学术意义和承先启后的巨大价值，是永远不会磨灭的。

（清华大学建筑学院　贾珺教授述评）

《莫伯治集》
莫伯治 著
1994 年 10 月首版
华南理工大学出版社

半个多世纪以来，莫伯治大师在建筑创作和岭南建筑新风格的探索中，已走在时代的前列，设计了一批有影响的建筑作品，形成了独特的风格，他的作品体现出强烈的时代性、地域性和文化性。

莫伯治大师的建筑创作，注重于历史和环境的对话与沟通，其建筑造型、建筑环境既保持地方特色，又赋予新意，体现了新时代的审美意趣。他追求岭南建筑与岭南庭园的完美结合，旨在创造出"令居之者忘老，寓之者忘归，游之者忘倦"的理想境界。

莫伯治大师在 2000 年回首自己将近半个世纪所走过的建筑创作道路时，把自己的建筑创作实践与理论思考划分为三个阶段：①岭南庭园与岭南建筑的结合，使其同步发展，其代表作品有广州北园酒家、泮溪酒家、南园酒家、白云山双溪别墅等；②现代主义与岭南建筑的有机结合，其代表作品有广州白天鹅宾馆等；③表现主义的新探索，其代表作品有广州西汉南越王墓博物馆，广州岭南画派纪念馆，广州地铁控制中心、广州红线女艺术中心等。

莫伯治大师的建筑作品多为精品，常属开风气之先，引领建筑新潮之作，因而多次获得国家级奖项。特别是 1993 年，中国建筑学会在成立 40 周年之际，对全国 1953—1988 年的 62 个建筑项目授予"优秀建筑创作奖"，对 1988—1992 年的 8 个建筑奖项授予"建筑创作奖"，上述共计 70 个获奖项目中，有 6 个是莫伯治大师合作主持设计的（其中一项是与佘畯南大师合作完成）。全国尚无第二位建筑师有如此多作品获此殊荣。这表明莫伯治大师在中国建筑实践作品中的重要地位，他不愧是中国最杰出的建筑大师之一。

诚如《世界建筑》前主编曾昭奋教授所言："莫伯治是一位既从事建筑创作，又重视理论探索，而且成绩卓著的建筑大师。"的确，莫伯治大师一生的建筑创作与思维探索不正是他植根于岭南大地硕果累累的光辉写照吗？

（中国建筑工业出版社　吴宇江副编审述评）

《张镈：我的建筑创作道路》
张镈 著／杨永生 主编
《建筑创作》杂志社承编
1994 年 2 月／2011 年 1 月出版
中国建筑工业出版社／天津大学出版社

2011 年 1 月，杨永生主编《张镈：我的建筑创作道路》（增订版），由天津大学出版，该书的文字版先后于 1994 年 2 月、1997 年 7 月由中国建筑工业出版社出版印制两次。增订版的特点是补充了百余幅历史或建筑的珍贵图片，从而增加了该书的可读性。《建筑创作》杂志社作为承编单位，自 2009—2010 年为该书人物的档案查阅、文图整理做出诸多贡献。

1994 年下半年，张镈大师将近 300 幅 20 世纪 40 年代率天津工商学院建筑系师生，测绘北京紫禁城的玻璃底版送我（时任北京市建筑设计研究院科技处副处长）保留，并嘱咐一定要珍藏好，日后必会有用。该书自 1994 年初版到 2011 年元月增订版，历时 17 年，杨永生主编率《建筑创作》杂志社为增补其中叙述简略或语焉不详处都做了必要的说明，这本增订版是积十七载辛苦编研的力作。

张镈大师系两广总督张鸣岐之子，1930年考入东北大学建筑系师从梁思成先生，1934年便加入当时最著名的天津基泰工程司。20世纪50年代北京十大建筑中的人民大会堂、民族文化宫、民族饭店均出自他手，60多年创作作品过百，仅1978年至20世纪90年代初，作品就逾20项。1999年张镈追思会上，许多领导与专家评介"早在人民大会堂设计时，他就是一位极富想象力及创造性的改革派，他的作品给中国建筑界留下许多设计经验及范例"。

全书以第一人称讲述自己成长道路，堪称中国建筑界第一部建筑师的回忆录，书中的文字平实而亲切，有许多不同凡响的精彩片段，引领我们解读经典建筑大家的品质。书中字里行间孕育出的历史况味，唯有张镈大师这样饱经沧桑、阅历丰富、跨越几个历史时期的前辈才能写得出来。他在书里写了近200个人，凡提到梁思成、杨廷宝、童寯等必称"师"，对吕彦直等称"前辈"，其余或加"先生"和"学长"，且往往细致介绍别人的优点、长处，使他受益的地方，从不吹嘘自己。这是张镈大师能成为建筑学百科全书式人物的重要原因之一。

张镈大师在书中用700字谈论"旅美见闻"，是一篇铁路站舍的设计评论，读来深受启发。书中浓墨重彩的一笔是张镈大师回忆，他按照朱启钤先生建议"以基泰名义与之签订承揽测绘故宫中轴线古建筑的合同"。为此他承包了故宫中轴线及其外围的文物实测工作，在中轴线上，北起钟鼓楼，南至永定门，重点是紫禁城内的主要建筑。傅熹年院士说："这套图绘制精密、数据完整，远远超过目前古建筑测绘图的精度"，这次实测是故宫自明朝建成后500多年来最大规模的一次工程测绘，也是中国古建史上的一次壮举。

诚如杨永生主编在"编者的话"中所指出的"张镈是我国第二代著名建筑大师，由于众所周知的历史原因，我国第一代建筑大师——梁思成、杨廷宝、刘敦桢、童寯等，没能给我们留下回忆录，这是我国建筑界无不引以为憾的事情。因此，可以说，这是我国建筑界的第一部回忆录，殊为珍贵。"

（时任《建筑创作》杂志社主编　金磊述评）

《中国历史文化名城保护与规划》
阮仪三 主编
1995年5月首版
同济大学出版社

被誉为"古城守望者"的阮仪三凭借其在古建筑保护领域、都市文脉守护等方面的成就，入选"致敬改革开放40周年文化人物（建筑篇）"名单，成为10位文化人物之一。他是同济大学建筑与城市规划学院教授、博士生导师、国家历史文化名城研究中心主任，著有《护城纪实》《护城踪录》《江南古镇》《历史文化名城保护理论与规划》等多本著作。其"刀下救平遥，以死保周庄"的经历广为流传。

如今已84岁高龄的阮仪三教授，仍然带领学生走在文化遗产保护的第一线。"古镇里面要有人、有人气、有人在这里活动，才能持续发展。"阮教授说，古镇的保护应该是整体性保护，不能光是保护建筑、桥梁等，而是全面保护，包括保护在这里生活的人。

"前几年，全国的古镇都走了这个弯路，过度地迎合旅游需要。"阮教授举例说，一些古镇里本地居民基本都搬走了，居住在此的都是在古镇里做旅游生意的外地人。"古镇保护下来干什么？不是简单地陈列，人要在里面生存、传承，要设计出新的东西"。

阮仪三教授在书中分析指出，文化遗产保护有"四性五原则"，"四性"为研究性、可靠性、整体性、可持续性；"五原则"为原材料、原工艺、原式样、原结构、原环境。"城市不一定要拆掉老房建新房，可以另找地方建新房、修马路。"阮教授强调，特别是被选为历史文化名城的城市，更应该在做城市规划时，就绷紧保护这根弦。

"以前大家都在提修旧如旧，我觉得修旧如故更合适。"阮仪三教授解释说，建筑是会随着岁月的流逝发生变化的，每个时代都会给其留下印迹，因此应该要把完整的东西留存下来。修复时要尽量用原材料、原工艺，保留其原样式、原结构，尊重原环境，以这五个法则去修复一栋建筑，历史才能很好地传承。

位于四川广元的昭化古城，就是阮仪三教授心中"修旧如故"的典范之一。在昭化古城修复过程中，阮教授坚持"原样修复"，启用老工匠，用老木材修缮老房子，用老石板重铺老街道。汶川特大地震时，满街烟尘散去后，当地老百姓惊奇地发现，修缮过的木结构老房子一幢未倒。"木材很柔韧，再加上卯榫连接方式，木结构建筑本身就很能抗震。"阮仪三教授说，保护古建筑、古城古镇，就是要留存其精华，传承古人的智慧。

这就是阮仪三教授向大家阐述撰写《历史文化名城保护理论与规划》最生动地解答方式。

（中国建筑图书馆摘编）

《中国建筑美学》
侯幼彬 著
1997 年 9 月首版
黑龙江科技出版社

《中国建筑美学》为建筑理论家、哈尔滨建筑大学建筑系教授侯幼彬先生的代表作，全书共分六章，从中国古代建筑的主体——木构架体系，单位建筑形态及其审美意匠，以及"礼"——中国建筑的"伦理"理性等数方面对中国建筑美学作了深入透彻在研究。书中还附有上百幅插图。

《中国建筑美学》一书从四个方面展开论述：

一是综论中国古代建筑的主体——木构架体系。概述中国古代建筑为何以木构架建筑为主干，分析其历史渊源和发展推力。提出了"综合推力说"，论证了自然力、材料力与社会力、心理力的多因子合力作用和不同时期、不同类型建筑中，强因子的转移、变化，扼要论述了木构架建筑体系所呈现的若干重要的特性。

二是阐释中国建筑的构成形态和审美意匠。在单体建筑层次，探讨了中国建筑的"基本型"，揭示了官式建筑区分"正式"与"杂式"的深刻意义。从"下分"台基、"中分"屋身和"上分"屋顶，对单体建筑的三大组成部分展开了构成形态、构成机制和审美意匠、审美机制的分析。在建筑组群层次，阐述了庭院式布局的缘由、作用和潜能。将庭院单元从功能性质上区分为五种基本类型和十种交叉类型，分析了庭院单元的构成特点和组群总体的构成机制。并对庭院式组群的空间特色和审美意匠作了较细致的论析。

三是论述中国建筑所反映的理性精神。针对"理"的两种含义所构成的两种不同性质的"理性"，分别阐述了中国建筑的"伦理"理性精神和"物理"理性精神。前者主要分析在"礼"的制约下，中国建筑所呈现的突出礼制性建筑、强调建筑等级制和恪守"先王之制"束缚创新意识的现象。后者主要论析中国建筑重视"以物为法"，在环境意识上强调因地制宜，在建筑构筑上注重因材致用，在设计意匠上体现因势利导的"贵因顺势"传统。

四是专论中国建筑的一个重要的、独特的美学问题——建筑意境。借鉴接受美学的理论，阐释了建筑意象和建筑意境的含义，概述了建筑意境的三种构景方式和山水意象在中国建筑意境构成中的强因子作用。把建筑意境客体视为"召唤结构"，区分了意境构成中存在的"实境"与"虚境""实景"与"虚景"的两个层次的"虚实"，试图揭示出一直被认为颇为玄虚的建筑意境的生成机制，并从艺术接受的角度分析"鉴赏指引"的重要作用，论述中国建筑所呈现的"文学与建筑焊接"的独特现象，阐述了中国建筑成功地运用"诗文指引""题名指引""题对指引"来拓宽意境蕴涵，触发接受者对意境的鉴赏敏感和领悟深度。

（中国建筑图书馆摘编）

《现代建筑设计思想的演变（第2版）》
[英] 彼得·柯林斯 (Peter Collins) 著
英若聪 译
2003年8月首版
中国建筑工业出版社
"国外建筑理论译丛" / 吴良镛 总编

20世纪80年代末至90年代初，中国建筑理论界老一辈学者已经开始了翻译引进外国建筑理论著述的尝试。这一时期，由清华大学建筑学院汪坦教授担纲，中国建筑工业出版社王伯扬、张惠珍等主持，编辑董苏华等具体负责，一批国内知名的老一辈建筑理论与建筑历史学者积极参与，引进出版了一些20世纪西方著名建筑理论学者们所撰著的与现代建筑思想有关的理论著作。

这套"国外建筑理论译丛"，其中包括彼得·柯林斯（Peter Collins）的《现代建筑设计思想的演变》、布鲁诺·赛维（Bruno Zevi）的《现代建筑语言》和《建筑空间论》、曼弗雷多·塔夫里（Manfredo Tafuri）的《建筑学的理论和历史》、尼古拉斯·佩夫斯纳（Nikolaus Pevsner）的《现代设计的先驱者——从威廉·莫里斯到格罗皮乌斯》。上面提到的这5本书，正是希腊雅典国家技术大学建筑学院（School of Architecture, National Technical University of Athens）的帕纳约蒂斯·图尼基沃蒂斯（Panayotis Tournikiotis）在20世纪末出版的《现代建筑的历史编纂》（The Historiography of Modern Architecture）一书中特别提到的代表了20世纪上半叶西方建筑理论最典型学者中的四位的著作。

图尼基沃蒂斯在他的书中聚焦20世纪九位重要建筑史学家及其著作进行研究，其实也是对20世纪现代运动中发生的各种理论界说的梳理与分析。这些建筑史学家包括尼古拉斯·佩夫斯纳、埃米尔·考夫曼（Emil Kaufmann）、希格弗莱德·吉迪恩（Siegfried Giedion）、布鲁诺·赛维、莱昂纳多·贝纳沃罗（Leonardo Benevolo）、亨利—鲁塞尔·希区柯克（Henry-Russell Hitchcock）、雷纳·班纳姆（Reyner Banham）、彼得·柯林斯、曼弗雷多·塔夫里。

可惜的是，其中五位重要的西方现代建筑理论学者的著作未列入翻译引进计划之中。这多少反映了当时的中国建筑界对西方20世纪现代建筑运动中的理论发展的整体情况及其历史还不是很了解。但这并不能证明当时的中国建筑历史和理论界与国外建筑理论的发展现状完全隔绝。其实，其中一些人的著作，如希格弗莱德·吉迪恩的《空间、时间与建筑：一种增长中的新传统》（Space Time and Architecture: the Growth of a New Tradition），或亨利—鲁塞尔·希区柯克的《国际式建筑风格》（International Style）等原文著作，早在20世纪80年代初就已经被诸多中国学者所关注。

这套"国外建筑理论译丛"系列丛书中，还有其他一些20世纪80年代在西方有一定影响力的著作，如查尔斯·詹克斯（Charles Jencks）的《后现代建筑语言》《当代建筑的理论和宣言》等。

特别值得一提的是，一些著名建筑史学者，包括英若聪、刘先觉、张似赞、郑时龄等先生，也加盟到这套译丛的翻译引进中，明显提高了这套丛书的遴选水准与翻译质量。

此外，这套丛书中还有诸如约瑟夫·里克沃特（Joseph Rykwert）撰写的《城之理念—有关罗马、意大利及古代世界的城市形态人类学》，以及《可持续建筑》《文化特性与建筑设计》《建筑构成手法》《建筑形式的视觉动力》《宅形与文化》《建筑诗学》《建筑与个性》《比例》《塑成建筑的思想》等一系列覆盖面十分广泛的建筑理论著作。

（清华大学建筑学院　王贵祥教授述评）

《中国古代城市规划、建筑群布局及建筑设计方法研究》
傅熹年 著
2001 年 9 月首版
中国建筑工业出版社

中国古代建筑史的研究，从梁思成、刘敦桢两位前辈学者奠基，经过了数十年的辛苦耕耘，在 20 世纪 80 年代以来，已经呈现出蓬勃的局面，研究论文与著作比踵接至，研究领域的视角，丰富宽阔。中国古代建筑史已经成为一门集文化史、技术史、艺术史于一身的显学。可以想象，其学术的前景仍然未可限量。而在所有这些专题性的研究中，覆盖领域最为宽阔，涉及中国古代建筑历史研究中的难题最多，研究成果也最令人信服者，以笔者的愚见，乃推傅先生的这部专著。

这是一套将文字阐释与图形分析结合而为一体的学术性著作。其上册为文论部分，下册为图解部分，两册彼此印证，相得益彰。这本身就是一种颇有创举的研究性著作体例。建筑是一种形体与空间的艺术，对于建筑的理解，不可不用图形的方法。以文为主而插图，固然是一个常用的手法，但使读者得到的都是支离破碎的印象，而图文分为两册，使分中有合，合中有分。读文字，提纲挈领，对所研究的内容有一个通观与整体的把握；看附图，文中的观点跃然纸上，了然在目，使人有豁然开朗的感觉。而且，这样一个覆盖了中国古代建筑历史研究领域几乎所有方面问题的学术大著，却言简意赅，大量的话语是通过图形来述说的，仅从这一点上，也可以看出作者在这一研究上的着力之深。这部论著覆盖的范围之广也令人惊异，其大而至于历代的城市平面布局；其详而至于能够见之于文献与考古的历代重要建筑类型，如宫殿、皇家御苑、祭祀建筑、陵墓寺观、邸宅衙署建筑群的平面布局；其细而至于我们所熟知的几乎所有重要单体建筑的详细造型与比例；其时代覆盖的面也同样十分宽阔，上至周秦，下逮明清。

当然，古代中国建筑是一个庞大的体系，其中蕴涵的丰富内涵与深奥隐秘，很难在一部论著中充分解答。然而，这却是一个开创性的工作，随着现代测绘手段的进一步发展，特别是高科技手段，如激光扫描、遥感技术、地理信息系统等技术在古代建筑、遗址发掘和保护研究中的应用，会极大地丰富中国古代城市与建筑的数据量，相应的基于科学数据的分析阐释性研究还会越来越多。然而，作为一种研究方法的开创与研究视野的拓展，傅先生的这本著作，可以作为后来研究得以学习借鉴的典范之作，也是毋庸置疑的。这也是这本著作的重要学术意义之所在。

（清华大学建筑学院　王贵祥教授述评）

《建筑批评学》
郑时龄 著
2001年2月首版
中国建筑工业出版社

建筑是人和社会存在的环境，建筑也是人的本质力量的文化符号。为了建筑和人类自身的进步，建筑批评起着十分重要的作用。建筑批评是对建筑、建筑所赖以存在的社会与环境，对建筑师的创作思想与过程，以及所有涉及支撑建筑师，培养建筑师的制度与体系的鉴定和评价，建筑批评全面而又系统地对建筑进行研究、选择、区分、叙述、比较、分析、判断、论证和批判。建筑批评运用正确的思想方法，选择适宜的批评模式，客观地、科学地、艺术地和全面地对建筑及其作者——建筑师和社会进行评价，而评价是把握评价客体对人的意义和价值的一种既是观念性又是实践性的活动。建筑批评是对建筑师和鉴赏者、使用者直接起着导向作用，同时又基于理论指导的实践活动。

建筑批评自身有着与艺术作品的价值创造有所区别的价值，是整个建筑体系的有机组成部分。批评实践是生产性的活动，这种活动以人和社会的需要为尺度，考察并研究建筑的创造过程，分析建筑话语和符号的结构及形式，揭示建筑客体与人和社会的深层关系，预测并建构未来的建筑客体。建筑批评是一种具有开放性的实践活动，规律性与目的性统一的生产过程。批评可以起到丰富并延伸作品、作者及其价值的作用，赋予作品以开放性以及附加的价值。

建筑批评是理论与实践相结合的批评，并不是抽象的批评，而是有内涵、有意味、有理论、有设计、有交流、有沟通、有知识、有兴趣的批评。建筑批评既要注意宏观的方面，注意批评的理论架构，又要注意建筑批评的细节，注意批评的血和肉。就像一部优秀的影片一样，既有总的情节，又有生活的真实场景和内容。建筑批评所涉及的学科和知识面十分广博。因此，任何时候、任何形式的批评都需要深入的学习和钻研，建筑批评家需要有渊博的学识和敏锐的眼光，才能洞察建筑的意义及其历史作用。

建筑与城市在自然的背景中共同构成了我们生活的环境，构成了不同国家和地域的特色。用材料、结构、原型、形象、空间和体量提供了人们生存的场所，成为社会发展的历史演化的场景，建筑批评在深层次上所涉及的领域就是这种人的生命所活动的空间，以及人类的文化形态。就本质而言，建筑批评关注的是人及其社会存在。因此，建筑批评的最基本形式之一，就是以人的需要为尺度，对批评的客体做出价值判断，建立建筑批评的基础。建筑批评的基本前提是广义的建筑观，把建筑广义地理解为人类聚居的环境和现象，建筑批评是围绕人类居住行为和建筑文化的整体而进行的探索。

（中国建筑图书馆摘编）

《中国现代建筑史》
邹德侬 等著
2001年5月首版
天津科学技术出版社

冯友兰先生曾以"若惊道术多迁变，请向兴亡事里寻"来表示他一生哲学史研究方式的多次转向，其实如果回顾中国现代建筑近百年的繁衍变化，也是完全符合这一概括的。这可以说是读过邹德侬先生的鸿篇巨制《中国现代建筑史》以后的最深印象。

德侬先生的这本巨著，我是在几个月的时间里断断续续读完的，许多地方还来不及消化，但对书中所描写的那个时代，尤其是后 50 年的内容还是比较熟悉的，所以在品味之余，深感其写作难度之大，如果没有坚强的毅力、史家的"好奇心"、严谨的方法、过细的梳理、没有各方面的支持和合力，研究成果的逐年积累，是无法完成的。

通读全书后给人的印象是作者在梳理这 70 年错综复杂的历史史实时，是依照三条主线依次展开，这就是①政治和经济；②建筑形式、技术和理论；③与外界的融合交流。三条线交织渗透，好像由三个粗大的根系形成了树木的主干，而各时期的设计作者是树叶和果实，作者的分析和评论作为联系它们的枝条，从而在读者面前展现了 20 世纪 70 年代既曲折起伏而又脉络分明的中国现代建筑之树。同时也可以看出他写作的重点仍集中于后 50 年，在篇幅上要占全书的 80% 以上，而以改革开放为界，前后各占一半左右。

德侬先生是我十分尊敬的老师，我们因山东同乡而认识，由认识而熟识。为了这本建筑史，他从 44 岁到 62 岁整整 18 年时间，从中年走入了花甲。18 年是什么概念？我们的建筑师一年里就要勾画出多少方案和草图，建成几个作品，有的连作品集都能出好几大本了，但德侬先生却用大量时间翻译了"西方现代艺术史"和"西方现代建筑史"两本巨著 180 万字，总厚度 100 毫米，我想这也是为他本书写作的铺垫。当然为了项目的进展也要做一点设计，但更多的精力还是在写作、调研、带研究生上。历史学家卡尔说："历史是历史学家跟他的事实之间的相互作用的连续不断的过程，是现在跟过去之间的永无止境的问答交谈。"德侬先生在本书付梓之后仍希望广泛听取意见再做一次修订，其执着之情让人感动、敬佩。

（中国工程院院士、全国工程勘察设计大师　马国馨总建筑师述评）

《当代世界建筑》
[英] 休·皮尔曼（Hugh Pearman）著
刘丛红 等译
2003 年 1 月 首版
机械工业出版社

《当代世界建筑》，英文版原名《Contemporary World Architecture》，1998 年出版，被业内誉为"关于 20 世纪后期建筑的巨著"。作者是身居伦敦的作家、建筑评论家休·皮尔曼（Hugh Pearman）。该书中译版在 2003 年发行，译者现在是天津大学建筑学院的三位女教授，该书出版至今已经超过 15 年了！

20 世纪后半叶，是建筑思潮与流派非常风行的时期。休·皮尔曼的著作另辟蹊径，按照 13 种建筑类型分类，对 1970 年到 20 世纪末的 600 多个典型项目，进行了批判性研究。与宣扬建筑流派和各种主义的著作相比，本书更贴近建筑本体要素。

比如，作者认为办公建筑的改变在于办公模式和办公设施的转变，因此传统办公空间要与人体工程学和室内物理环境的性能有机融合；观演建筑在应对城市文化环境、突出形象的同时，更应注重功能流线，应该着力于各种表演形式的最为充分的表达；对于博物馆和艺术中心这类明星建筑师特别钟爱的建筑类型，不能忽视这类建筑存在的根基是对展品的尊重，形式凌驾于功能之上则是本末倒置，他说："在无情的建筑风格分类中——风格仿佛是浮在建筑功能之上的某种东西——总是忘记建筑物的初衷。"

书中还特别提到："建筑受制于造价，如今人们投资建筑的方式改变了，形式追随财力是现在的通则……"当下的建筑本体要素之一就是经济性，这是个精辟的阐述。比如，候机楼的设计除了保证出行效率以外，还要考虑吸引更多人流购物，获得更多利润，提升国际机场的竞争力。

从这些精彩的论述中可以看到，作者不仅注重建筑本体，而且敏感地抓住了建筑本体要素在20世纪70年代以后的新进展！

与此同时，作者并未忽视20世纪后期的多元化和各种"主义"，作者敏锐地提出"过去的三十年是建筑界的多元时期，然而归根结底多元化不是一种风格、一个教条、一项运动，也不是一种深层结构。多元化只是在没有确切的正统说法的情况下，对于所发生现象的总称。"因此，他以传承与发展的眼光看待各种主义，讲述新形式演绎的故事，以及新形式对美学标准所做的探索，旨在把过去、现在和未来更好地联结起来。他鄙视在"建筑生意"中，把各种流派语言汇集成装满零件的工具箱，任意组装、断章取义的做法。

他以作家深邃的洞察力，提出对可持续建筑和可持续城市以及"可以产能"的高层建筑，报以极大的期望。在著作出版15年后的今天，随着节能减排、可持续发展的绿色建筑成为大势所趋，随着数字信息技术进步引发的建筑设计工具的改变，他的预言似乎正在逐渐变成现实。

译者刘丛红教授，早年在硕士、博士研究以及国外访学阶段，就专注世界建筑的动势，她熟悉书中的内容，她的英文和中文修养，使译文信达而流畅，没有洋腔洋调，是不多见的优秀译著。

（天津大学建筑学院　邹德侬教授述评）

《中国民居研究》
孙大章 著
2004年8月首版
中国建筑工业出版社

中国民居的研究发轫于20世纪50年代，大发展于近20年。虽然引发各界人士重视民居的导火线是影视与旅游，还没有达到较高的文化欣赏的层次，但客观上挽救了濒于衰败破坏的有价值的建筑遗产，仍可说是一种积极的现象。民居建筑是众多建筑类型中一项很重要的类型，在所有的传统建筑研究论著中都有一定的篇幅论述，但深度与广度都不够充分。其原因就是对古典建筑的研究偏重艺术性的研究，自然把宏伟的宫殿、坛庙、陵墓、园林作为首选项目，而把民居作为末节。假如我们扩大视野，把建筑作为人与自然相抗争、相协调的一项物质资料生产来看待的话，则在民居建筑中所反映的建筑生产现象则更为本质、更为丰富、更有启发性。

我认为当前的传统民居研究，应在两方面加强，即全面与启发。所谓全面性，即是任何一项具体的地区性的民居皆应放在更大的视野范围内去考察，进行比较，找出该民居的价值来。比较学的方法是探讨民居价值的最好方法。我们可以对同一地区的诸多民居进行比较，找出它们的共性与个性，进而判断它们的价值。也可在更广阔的地区之间、民族之间，甚至东西方民居之间进行比较；也可从纵向的时间序列比较不同历史时期的民居。只有通过比较才可认清该项民居（包括古村寨、聚落、街区）的典型性与特殊性，从而肯定它的价值取向。全面的比较分析法对民居保护亦有很直接的意义，当确定保护项目时，不至于"拾贝遗珠"，而应"择优汰劣"，把最有价值的项目优先地保护下来。同时在制定保护措施时也能胸有成竹，把其有价值的部分安排最有效的方法，妥善地保护好。

关于启发性，我个人认为即是规律性的认识。因为任何传统事物或历史事物都如长河流水、斗转星移般地成为过去的东西，不可能再现。现在我们保留这些历史见证物的目的绝不是照搬历史，而是希望通过这些实物，找到其变化过程的规律，以启发后人，达到"古为今用"的目的。民居建筑作为一项实体，它的启发作用包括形象启发与道理启发。形象启发即其空间构图上的规律、原则与手法。道理启发即决定其空间构图的内在原因，由表及里，追本溯源，由形到理，由物及人，搞清确定形式的缘由。我想保护传统民居建筑的积极作用也在于此。

（中国建筑图书馆摘编）

《中国营造学社研究》
崔勇 著
2004 年 6 月首版
东南大学出版社

这篇题为《中国营造学社研究》的博士论文，前后经历了一个由面到线再到点的酝酿过程。从整理 20 世纪 10 至 20 年代的中国建筑考古资料着手，秉承了一篇初步的有关博士论文的文献综述，接着又对《中国营造学社汇刊》进行了一番整理。作者系统地研读了有关中国古今建筑、思想、文化、学术史等方面的书籍和文章，在更为开阔的学术文化视野里，作者发现，中国营造学社的历史贡献在中国近代社会面临中西古今文化历史的冲突与融合的过程中，是一个有典型意义的议题。即便是今天，我们的中国建筑史学研究仍然在很大程度上承袭了中国营造学社的历史文脉，并深入其学术思想的影响。作者试图从学术思想的角度对中国营造学社予以整体关联。"以史带论"确定以中国营造学社发展的始末为研究对象，作为作者博士论文选题。作者的研究思路在原有的基础上更为具体，以致将原来的题目更易为《中国营造学社研究》，以期在历时和共时的文化视野中系统、深入地研究中国营造学社的学术思想价值及当代意义。

《中国营造学社研究》试图在掌握较翔实的文字历史和实物资料以及人物口述历史资料的基础上，通过从学术思想流变的角度，运用历史与逻辑相统一以及口述史研究的方法，力求做到文献、实证、口述互证互补，相得益彰，对中国营造学社予以全面系统的专门研究，充分肯定中国营造学社及其同人们在推进中国建筑史学发展的历程中所取得的辉煌成就。同时也指出其在学术思想研究与辩理考证中的得失，还历史现象以本来的面目，给予中国营造学社以应有的历史定位和历史评价，从而为今后的中国建筑史学研究的深入发展提供有价值的历史参照。

（中国建筑图书馆摘编）

《勒·柯布西耶全集》八卷册
[瑞士] 勒·柯布西耶 (Le Corbusier)
[瑞士] 博奥席耶 (Boesiger W.)
[瑞士] 斯通诺霍 (Stonorov O.) 编
牛燕芳　程超 译
2005年10月首版
中国建筑工业出版社

勒·柯布西耶不仅是20世纪现代建筑的先驱、杰出的建筑大师，而且还是位画家、雕塑家和诗人。

勒·柯布西耶于1887年出生在瑞士纳沙泰尔州侏罗山。1905年，18岁的勒·柯布西耶就开始与他人合作设计别墅。1907年，20岁的勒·柯布西耶就开始了长途旅行。旅行期间，勒·柯布西耶做了大量的画作和笔记。1920年，仅33岁的勒·柯布西耶就与他人共同创办了《新精神》杂志。他怀着无限的勇气，准备迎接一切挑战。《新精神》向世人宣言："一个伟大的时代开始了，新的生命源于新的精神。"1922年，35岁的勒·柯布西耶与堂弟皮埃尔·让纳雷合作，在巴黎塞维大街35号成立了一家建筑事务所。1923年，36岁的勒·柯布耶出版了他的划时代巨著《走向新建筑》一书，其革命性的思想已经深刻地影响了他那个时代建筑的发展。

从1929年开始出版《勒·柯布西耶全集》（第1卷）到1970年，前后41年才陆续出版完毕8卷本的《勒·柯布耶全集》。这期间，勒柯布西耶先生不幸于1965年在前往燕尾海角度假时，因心脏病突发去世，享年78岁。

《勒·柯布西耶全集》涵盖了勒·柯布西耶在各个时期的建筑创作、城市规划作品、设计理念以及大量的速写与手稿等。全书处处散发着耀眼的个性光辉，鲜活地证明了勒·柯布西耶历久弥新的创造力是源自于人类不灭的乐观精神。

众所周知，勒·柯布西耶既是画家、雕塑家，也是一位诗人。但他没有为绘画、为雕塑、为诗歌而战。勒·柯布西耶是一名战士，他只为建筑而战。他将无与伦比的激情投诸建筑，因为唯有建筑可以实现他激荡于心中的热切期望——为人服务。

"房屋是居住的机器"，这是勒·柯布西耶的一句至理名言。勒·柯布西耶曾这样概括他一生的心愿，即房屋应当成为生活的宝匣，成为幸福的机器。50年来，勒·柯布西耶一直专注于住宅的研究，他将神圣引入住宅，使那里成为圣殿，成为家庭的圣殿，成为人类的圣殿，甚或成为神的居所。他设计的"周末住宅"像山丘与岩穴、船与风景融为一体，树木环抱，在绿草之中，一栋由砾石和玻璃构成的房屋，创造出极为丰富的建筑感受。其住宅设计的人性化本质特征源于以人体尺度为基础的建造。

勒·柯布西耶一直都在构想人类的家园，构想城市，他的"光辉城市"就是巨大花园中耸起的宝塔。他一生建造了20世纪最为激动人心的教堂和修道院，诚如勒·柯布西耶自己所叙述的"我的工作是为了满足今天人类最迫切的需要——宁静与和平"。

勒·柯布西耶是一位理论家，但本质上是位创造者，是一位艺术家。勒·柯布西耶是20世纪现代建筑艺术中最杰出的设计师之一，他一生都在探讨建筑的基础、探讨空间、探讨所有能想到的人类生活的方方面面，继而将全部的哲学思考融入到他自己的建筑中去。于是，从本质上，勒·柯布西耶的作品成为一种建筑哲学，他的文章成为对陈规陋习的针砭，他的反思成为以新的方式正视建筑现实的根据。

（中国建筑工业出版社　吴宇江副编审述评）

《北京中轴线建筑实测图典》
北京市建筑设计研究院
《建筑创作》杂志社 主编
2005 年 1 月首版
机械工业出版社

已故杨永生编审为该书所做评介手稿

"析理以辞，解体用图"，古人用八个字阐明了图画和语言的各自特点。建筑图是建筑形式信息交换中的重要媒介和手段，留存传统建筑文化把握住建筑图画最为关键。古建筑测绘从建筑保存、修缮、复原的作用出发，是现有的摄影或素描所无法胜任的。建筑遗产的保护无论采用什么方式，都迫切需要科学的记录档案作为基础，而一套完备的测绘图纸是最基本、最直接、最可靠的依据。《北京中轴线建筑实测图典》一书，是在中国传统文化视野下的一个价值极高的建筑图学研究，它的意义远远超过仅作为一种资料收集汇编的过程，它将告知业内外人士的是，故宫建筑及其测绘图当属世界文化遗产，我们今天的责任就是保护好它，并将它全息地传给后代。谈到该书的定位，中国工程院院士傅熹年认为这是一次记录和保存明清紫禁城宫殿资料的重要活动。他说，尽管中国两千多年的封建社会曾建立过近三十个王朝，各有其都城、宫殿，但最后只剩下一座明清紫禁城宫殿，实为封建王朝留下的宫殿的孤例。编辑这套以宫殿主体部分的实测图典意义有二：其一，这套完成于 60 年前的精测图至今没有替代物，这正是发表它的现实意义；其二，这套图绘制精密、数据完整，远远超过目前古建筑测绘图的精度。

故宫作为中国传统建筑文化的一部"通史"，编撰工作十分艰辛，现有反映故宫的画册数不胜数，但作为直接可供借鉴的并不多。为此，本书编撰者将它视为一项工程来对待，先后查阅了数以百计的历史文献，从撰文、题图、破损的测绘图修整、历史与现今照片选择及再拍摄等方面颇费心机，其目的是希望能将一本原汁原味，又富于现代建筑文化价值感的专业书籍奉献给社会。如果说梁思成先生是最早把我们古代建筑和外国古典建筑并列引入建筑设计教学体系中是一个创举，那么今天所编撰出版的这部《北京中轴线建筑实测图典》就是对梁思成先生、张镈先生等老一辈建筑家的不能忘却的纪念。

（时任《建筑创作》杂志社主编　金磊述评）

《建筑：形式、空间和秩序》
[美] 程大锦
（Francis Dai—Kam Ching）著
刘丛红 译 邹德侬 审校
2005 年 5 月首版
天津大学出版社

形式与空间是重要的建筑手段，包含着基本的和永恒的设计语言。《建筑：形式、空间和秩序》（Architecture：form，space and order）就此展开专述，内容周全而清晰易懂，兼具精致的手绘配图，故自 1979 年在美出版以来广受好评，历经三十多年皆畅销不坠，被誉为"建筑学界的学习圣经"。在《建筑：形式、空间和秩序》的修订版中，作者程大锦（Frank D. K. Ching）先生继续在版式上保有原先的个性化手写字体及亲手绘制的考究的建筑图，并在若干设计原则方面进行了新的文字补充，以期将话题延伸到更广泛、更值得关注的读者群体，最后的成果就是一本精美的图文并茂的书。

作为一部经典的建筑图文读本，这本书内容涵盖了建筑理论、历史与设计作品。全书以浅显明晰的手绘图解方式呈现，介绍了点、线、面、体、形式、空间、组合、交通、比例、尺度等建筑设计的基本要素及基础概念，由此简要说明了建筑基本原理，旁征博引古今世界著名建筑实例，并概述建筑设计的经验与技巧。作者审视了建筑的各项要义，将不同时代、跨越若干世纪的图像并置在一起，亦超越文化藩篱，以创造一套既基本又永恒的设计语汇。作者亲自调解章节、增补内容，并将初版的横式编排改为直式，又增加了周全的名词索引，更便于阅读，每一页都融入丰富的当代实例和实践信息，也适用于当作建筑百科来检索。

对于建筑专业学生来说，程大锦的书好就好在它明晰而有序，再加上非凡的配图和实例，因而阐释新概念时不是像一些干巴巴的理论文章那样让新手望而生畏，也不会像有些内容庞杂的参考书那样让读者迷失在其中，学不到想法和概念。同时，程大锦的手绘图功底也为新生们画图树立了样板，"Refer to Ching!"（去翻程大锦的书！）是美国的建筑专业新生做设计尤其是画图排版时不离口的一句话。

其实，在"形式、空间和秩序"表述的背后，贯穿全书的是建筑设计的原则。本质上，原则更多地关乎方法而不止关乎形式，更多的是培养解决问题的品质，而不是固守某种风格。因而作者在绪论中强调："介绍这些形式和空间的要素本身并不是目的，而是在于把它们当成解决问题的手段，以符合功能上、意图上以及与周围关系上所提出的条件"。由此，这本书在编排上非常有逻辑性，每一页以清晰的图文版式来论证和讲授建筑设计的原则，每一页都讲到一项原则，而后一页中的内容又基于前述原则。其实单就这种讲授本身来说，就是在教你怎样一环扣一环地掌握建筑设计的思维进程。

艺术家梅雷·奥本海姆（Meret Oppenheim）说过，"每一件想法都需要有适当的形式来实现"，这本书正好帮助设计者掌握设计语言之"文法"和"词汇"，帮助他们摆脱狭隘风格的拘泥，最终将构思的火花借助形式和空间的多样手段，落实在建筑实物及图纸上。

《建筑：形式、空间和秩序》中文版为了彰显原书的精致手绘特色，采用了先进的印刷制版工艺，力求再现作者原作的动人线条与构图美感。综合来看，这本书不仅英文原著是重量级的经典，中文版的编译也忠实体现了原有的图文特色，再配以中英文对照的编排方式更为本书"增值"。

（天津大学出版社　刘大馨副编审述评）

《重建中国：城市规划三十年
（1949—1979）》
华揽洪 著
李颖 译 华崇敏 编校
2006 年 4 月首版
生活·读书·新知三联书店

第一次见到华揽洪先生的名字是在阅读《Reconstruire la Chine：trente ans d'urbanisme 1949—1979》（《重建中国——城市规划三十年（1949—1979）》法文版）时。当时我对作者产生了兴趣：能用流利的法语对中国的城市建设进行全面的记录，并提出了诸多洞见的这位 Léon HOA 究竟是个怎样的人？后来我知道，Léon HOA 就是华揽洪，是 16 岁进入巴黎大路易中学的一位北京少年，是在 20 世纪 40 年代就拥有法国工程师和国家建筑师双重文凭的中国建筑师。第二次世界大战期间，他作为法国共产党员参加过"抵抗运动"；中华人民共和国成立后，他又放弃了经营多年的法国事务所、携家人毅然返回祖国。作为北京建筑设计院总建筑师，华揽洪先生是重建中国（1949—1979）的重要参与者与见证人。本书即是作者对这三十年中国城市规划历程的全面回顾与反思。

这是一本特别的书。作者是一位在法国接受过系统训练的现代主义建筑师，对新中国建立初期三十年的社会主义建设有着冷静又充满责任感的思考。细心的读者一定能够在字里行间发现中法两种文化的碰撞与交融。

这是一本重要的书。它具有历史与科学的双重价值：在第一部分（1~6章），作者对中国社会主义建设的六个主要阶段——起步阶段、社会主义改造、一五计划、"大跃进"、困难与恢复、"文化大革命"——所面临的城市建设问题进行了梳理。在第二部分（7~11章），作者又从五个方面——住宅、居住区、道路交通、资源环境与能源、城乡关系——对三十年城市规划的重点工作进行了分析。题目固然宏大，但华揽洪先生举重若轻、纲举目张，通过"时间"和"问题"两条主线把一段复杂隐晦的历史清晰又生动地呈现给读者。

这是一本连接着过去与未来的书。书中虽然讲述的是 20 世纪 50—70 年代的事情，但我们惊讶地发现，书中谈到的很多问题——国际经验与地方实际、建筑功能与形式、住房的经济性与舒适性、自然环境与能源消耗、城市与乡村关系等今天仍然没有很好地解决。这说明半个世纪前的华先生对中国城市规划的问题看得远、抓得准。

这还是一本充满社会责任感的书。这种责任感体现在作者对战后城市重建中的奢侈用地和大屋顶现象的批判，体现在对人民公社的理性分析，体现在对住房面积标准、住宅小区最佳规模和密度的反复推敲，还体现在对保护自然环境和节能的忧虑，以及对乡村治理和小城镇发展的积极探索。

重读这本《重建中国——城市规划三十年》十分必要。作为建筑师的华揽洪和作为知识分子的华揽洪值得我们进一步研究。书中关注的很多问题不仅没有过时，相反，作者当年的思考和探索对今天的城乡规划工作仍然具有很强的指导意义。

（同济大学城市规划学院　杨辰副教授述评）

《建构文化研究：论 19 世纪和 20 世纪建筑中的建造诗学》

[美] 肯尼思·弗兰姆普敦 著
王骏阳 译
2007 年 7 月首版
中国建筑工业出版社

当代建筑历史不可避免地具有多重性和多面性；它既可以是一部独立于建筑本身、构成人类环境的结构史，也可以是一部尝试掌控和制定这一结构发展方向的历史；它既可以是一部致力于这一尝试的知识分子寻求方式方法的历史，也可以是一部不再以追求绝对和确切言词为目标、但努力为自身的特质划定界限的新型语言的历史。

历史的纷繁多样显然不会有一个统一的结局。就其本质而言，历史是辩证的。我们试图阐述的正是历史的辩证本质，并尽量避免涉及建筑本身应该或者能够扮演什么角色等这类当今常为人们津津乐道的问题。

试图回答这些问题是徒劳无益的。我们要做的是，从不同的突破口攻克建筑历史的铜墙铁壁，重新寻求现代建筑的发展进程，同时又不至于降低历史的延续性以及把各自毫不相关的非延续性变成一种神话。

本书是肯尼思·弗兰姆普敦的一部令人翘首以待的鸿篇巨制，对现代建筑发展的讨论有深远的影响。

一言以蔽之，本书是对整个现代建筑传统的重新思考，弗兰姆普敦探讨的建构观念将建筑视为一种建造的技艺，他向迷恋后现代主义艺术的主流思想提出了有力的挑战，并且展现了令人信服的别开生面的建筑道路。确实，弗兰姆普敦据理力争的观点就是，现代建筑不仅与空间和抽象形式息息相关，而且也在同样至关重要的程度上与结构和建造血肉相连。

组成本书的十个章节和一篇后记，追根溯源，努力挖掘了当代建筑形式作为一种结构和建造诗学的发展历史。弗兰姆普敦对 18 世纪以来法兰西、日耳曼和不列颠建筑史料的近距离解读，为本书的理论框架提供了坚实的基础。他清晰地阐述了结构工程与建构想象是以何等不同的方式呈现在佩雷、赖特、斯卡帕和密斯的建筑之中，以及建造形式和材料特征是如何在这几位建筑师的建筑表现中发挥相辅相成的作用的。此外，弗兰姆普敦的分析还表明，这些元素贯穿在某位建筑师作品中的方式也就构成了评判该建筑师整体建筑发展的基础。这一点尤其突出地体现在弗兰姆普敦对佩雷、密斯和路易斯·康的建筑作品和思想态度的历史成分的分析之中。

在弗兰姆普敦看来，积极主动地挖掘、建构传统建筑对于未来建筑形式的发展具有至关重要的意义，同时也可以为现代性和"先锋派"历史地位的讨论提供全新的批判性视角。

（中国建筑图书馆摘编）

《从"功能城市"走向"文化城市"》
单霁翔 著
2007 年 6 月首版
天津大学出版社

城市是人类文明发展到一定程度的产物，是文明物化的载体。城市的发展标志着文明的发展程度。文化则是城市的内涵与形象，没有特色文化的城市，是缺乏灵魂、缺乏魅力的城市。城市和文化，宛如一个人和他的精神。

近年来，城市化、全球化在带来经济发展、文化繁荣和生活改善的同时，也给当代人带来巨大的挑战。经济发达国家和地区正千方百计将它们的价值观念和生活方式渗透给较落后的发展中国家，致使人们的价值取向、审美情趣都悄然变化。城市发展正面临着传统消失、面貌趋同、形象低俗、环境恶化等问题，建设性破坏和破坏性建设时不时见诸媒体。我们的城市应该是一个什么样子，我们的城市应该怎样建设、怎样发展，文化与城市是一个怎样的关系呢……在这样一个复杂的转型期过程中，城市如何发展是一个值得关注的课题。单霁翔先生在 2007 年第二个中国文化遗产日前夕出版的《从"功能城市"走向"文化城市"》一书，用通俗的语言回答了我们所迫切需要廓清的一系列理论问题。

谁都知道，城市要发展、要建设，这是时代发展的需要。各个地方政府希望通过城市建设拉动经济增长、提高城市形象；一些地方政府领导希望为官一任，造福一方，政绩显赫。这都是无可厚非的。关键是如何发展城市建设，如何出政绩。《从"功能城市"走向"文化城市"》开篇开宗明义，从城市化加速进程的文化问题、文化遗产保护转型过程中的城市文化问题、新一轮城市总体规划修编中的城市文化问题等三个方面分析了新时期城市文化面临的形势以及当前开展城市文化研究的意义，作者认为"一个有远见的城市决策者，不仅应该具有文化资源决定城市发展的思路，而且应该站在城市发展的角度重视文化规划的制定和推广，以文化资源决定城市发展的思路，以文化特色作为城市价值的所在"。

该书花较多的篇幅阐述了文化在城市建设中的作用：城市文化的构成要素、城市文化遗产与文化城市的建设。城市是一个复杂的体系，而文化则是其中的核心资源，是城市的内核，城市的灵魂。文化凝聚着城市发展的动力要素，是城市生存的基础和进化的动力；外化为城市布局、建筑形制、俚间生活习俗的城市个性文化，是一座城市区别于其他城市的特征，它决定了城市的精神、城市的形象。这种通过各种有形的物质形态载体和非物质的意识形态载体将城市文化传承下来，形成的城市文化保存了城市的记忆，明确了城市的定位，也决定着城市的品质，展示着城市的风貌，塑造着城市精神，并支撑和决定着城市的发展。

城市的气质来自历史与文化的积累，城市的魅力体现于不同时代建筑的有机结合。城市的健康发展必然走向文化城市的高度，是一个人们心向往之的宁静、舒适、安全、和谐、具有独特文化的宜居城市。

（中国文物报社　郭桂香述评）

《后工业时代产业建筑遗产保护更新》
王建国 等著
2008 年 1 月首版
中国建筑工业出版社
"城市规划与设计新思维丛书"

产业建筑遗产（现多称为工业建筑遗产）在城市发展历程上具有功不可没的历史地位。作为物质载体，工业类历史建筑及其地段见证了人类社会工业文明发展的历史进程，是"城市博物馆"中关于工业化时代的最好展品，其在今天的去留，需要我们审慎对待。

与西方发达国家相比，我国工业遗产保护工作相对滞后，相关研究大致出现在 90 年代中后期，恩师王建国先生正是国内最早一批关注和研究工业遗产学者的杰出代表。2000 年之后的数年，先生指导了多名研究生完成工业遗产相关选题的论文，我当时也有幸在先生的指引下投身工业遗产的研究之中。2002 年，先生应邀参加第 21 届世界建筑师柏林大会，其所提交的"中国产业类历史建筑及地段保护"研究成果在大会上展览，向世界发出了中国声音。其后，先生一度成为工业遗产的"发烧友"，在德国、瑞士、美国、日本、澳大利亚等地考察了大量工业遗产再利用案例，与此同时，其工作室也完成了多项工业遗产保护利用的项目实践，最终经过近三年的系统梳理和深入研究，完成了本书的撰写工作。

2008 年出版的此书，是国内第一部系统论述工业建筑遗产及工业历史地段保护与再利用的专著，可以说是我国的工业遗产学术研究的重要里程碑。它试图从系统梳理、剖析和归纳国际间工业遗产保护和改造再利用的经验和趋势入手，廓清工业遗产保护利用的内涵意义和价值，并提出了工业遗产价值评定及分析的界定和分类标准，也对工业遗产保护利用的实施策略、具体方式、技术手段和效益等进行了系统分类和针对性分析，并经由实践层面的实证研究，提出具有技术针对性的改造设计方法，进而形成了中国工业遗产保护利用的理论和方法体系架构，其学术价值与实践指导意义不言而喻，时至今日仍闪耀着智慧的光芒。

11 年过去了，今天的人们对"工业遗产"这一概念已经不再陌生，其意义和价值正逐渐得到越来越多的认识与肯定，国内工业遗产保护利用的成功案例亦层出不穷。然而我们也必须认识到，工业遗产的保护利用仍处于发展阶段，工业遗产在所有的历史文化遗产中属于比较弱势的一类，在不同地区的工业遗产保护存在严重的不平衡性，仍有很多人认为近代工业污染严重、技术落后，应退出历史舞台，加上"厚古薄今"的观念偏差，使不少工业遗产首当其冲成为城市建设的牺牲品。正如先生在书中所言："产业历史建筑和地段的保护和改造再利用是一个极其复杂的社会命题，仅仅依靠建筑学和城市规划专业的研究是远远不够的，保护和改造再利用运作中的人文因素、经济因素和实施可行性，包括对于先前场地的环境整治、合适项目的选择、政府部门的远见、社会各界的关注和公众参与、投入和产出的综合平衡等在产业建筑和地段的适应性再利用中往往起到非常重要的作用。"

工业遗产的保护利用，仍然任重而道远。那么，就让我们再一次，重读此书。

（东南大学建筑设计与理论研究中心　蒋楠副教授述评）

《本土设计》《本土设计 II 》
崔愷 著
2008 年 12 月 /2016 年 5 月出版
清华大学出版社 / 知识产权出版社

这是崔愷自 2008 年提出"本土设计"观念并出版同名专著后，对个人建筑观的一次反思、细化、再组织的结果。崔愷指出"本土设计"若干要点，如立足现实，避免概念化操作；重视土地，解决具体问题；发展，而不是停滞或回归；代表一种立场或文化策略，而不是一种主义或风格，故称之为"本土设计"而非"本土建筑"。

崔愷的设计思想与批判地域主义无关。崔愷并没有在任何方面自外于现代性或现代主义，他对本土或历史的理解是基于"现代世界"这个既成事实之上的，他想通过建筑表明的是，一个现代中国建筑师，如果同时具有深沉的本土意识和广博的世界胸怀，现代也可为我所用，传统亦可回馈于现代，这无疑也是"现实理性"的一部分。

崔愷的"本土"之所以不同于泛指的"乡土"或"地域"，是因为它特指就"中国本土"。"本土"概念的对立面则是"无根"，特指现代文化冲击下近于失语的中国知识界（包括建筑设计领域）和城市文明侵袭下几乎失去生存想象的中国民间社会。"本土"观的核心在于"厚土重本"，扎根现实，培育根系，这本是异常艰难的工作，故崔愷无数次在报告和文章中提到"历史责任感"，这是中国的事情，中国人不来关心谁来关心？这与全球化时代的世界主义并不抵触也不狭隘，更不同于西方知识界深以为戒的国家民族主义。我们不妨更进一步：完整的国家意识岂止是一些中国建筑师的主动追求，甚至可以视为他们的道德准则，在整个文化风气趋向个人主义的时代，他们更像是社会中努力延续传统的支柱力量，而不只是被动的跟随者。

与文化潮流相应，在现代建筑学的知识话语中，容许充分个性表达的小型项目受到关注，代表宏大叙事和国家文化的项目反而被忽视。与小型项目相比，大型项目各方面的复杂程度呈几何级增长，附带的象征意味更让人难以招架。崔愷的解决方案是柔性的，即将设计师的表达欲放至极低，让具体的自然条件和历史人文信息成为形式驱动力，这是"本土"的第二层含义，即主动适应客观条件，力求综合，反对偏颇，避免平庸。建筑师成为环境的协调师，任务是激励和修补，让有缺陷的现实趋于完整。通过从场地中提取"客观"的形式要素、让环境说话，设计师避免了本人和业主双方主观的形式偏好和观念冲突，也给历史元素、地方风格、给现代建筑理论和形式语言留出机会，在一个谦逊的形式解答中达到平衡。

崔愷在很多地方谈到"现实理性"，它首先应是一种实践理性，本土、传统、自然、技术、国家、民族，都是实践的对象，永远变化、保持常新。为了平衡这些复杂的要素，建筑师不能太强调个人实验，也不能预设概念、违背常识，而是采取一种社会实践上的"允执阙中"，在这个过程中，任何一方的价值观都得到充分尊重，也并没有牺牲建筑师的职业操守。

（北京建筑大学建筑与城市规划学院　金秋野教授述评）

《拼贴城市》
[美] 柯林·罗，福瑞德·科特 著
童明 译
2003 年 9 月首版
中国建筑工业出版社
"国外城市规划与设计理论译丛"

从某种角度来看，我国现代学术研究在形态上的一个重要特征是"翻译学术"。各种领域中的西方思潮与观念，在众多"汉语名著""思想译丛"的引导下，源源不断地输入到国内。主要始于 19 世纪的西学汉译的工作，既伴随、影响着现代汉语本身的确立，又促进了我国思想学术从形态到旨趣的全面转变。同时，来自异域的意识与旨趣的本土性、当下性的增长，也体现着我国近现代以来学术的进展方向。

按照这种说法，我国现代建筑与城市研究的起始和发展，本质上也表现为一种翻译过程。大量的研究方法和技术手段，高品位学术著作的译本，无意间也成为该领域研究的思想基础和精神本源。

在这一过程中，如果仅仅依靠大量词汇、概念的摄取，并不能使人真正领会现代建筑与城市研究瞬息万变的脉络与根源，这也使得在学界中显现更多的只是一种现象上的跟随潮流与浮躁不安。尤其是 20 世纪六七十年代以来，随着西方学术思潮的变迁，后现代主义思想多元化的倾向使我们更加无所适从，总有眼花缭乱、目不暇接之感，难以跟上步伐，更不用说以独立精神来参与全球性的讨论。此译丛以其深厚的底蕴和功力，将我们带入植根于西方学术传统的现代建筑与城市研究的某个重要的地方。在以城市为背景对象的建筑学和城市规划领域，此译丛是具有划时代意义的理论著作，在建筑学与城市研究向后现代转向的过程中，具有一种里程碑式的地位。

（中国建筑图书馆摘编）

《流水别墅传：赖特、考夫曼与美国最
杰出的别墅》
[美] 富兰克林·托克 著
林鹤 译
2009 年 1 月首版
清华大学出版社

在将近 20 年的时间里，作者就以如此细致程度查遍了涉及流水别墅的所有案底。本书正文的最后一句话是，"历史上从未出现过像流水别墅这样的一座别墅，将来也永远不会再出现，像流水别墅这样的一座别墅了"。书中除了扎实详尽、有时看似杂乱无章枝节横生的资料整理以外，作者的文风也不同于大学里习见的研究报告。他更比不得笔力遒劲的文坛耆宿，倒像是个乍学作文的小学生，没用到什么叙事技巧，很朴实地按着真实事件的大致脉络，按着这个故事里最主要的角色赖特和考夫曼的心理发展逻辑，平铺直叙、纤毫毕现地把尘封往事呈现在读者眼前，即有逸笔也有故事，并将故事推展到必须加以解说的进度，比如第三章讲述熊奔溪的人文地理那一节。研究建筑的专家有几人会想到用两瓶饮料倒进溪流后的走向来解说流水别墅附近大陆分水岭的地理特征？有几人会把熊奔溪的动物、植物种群放在眼里？可这些细事在后文流水别墅的故事里都出现了遥相呼应的情节发展，作者朴实地依照自然的时间顺序，耐心、清晰地编织好了关涉流水别墅的琐碎头绪。如此写法，除了缘于他身为教师惯于帮人剖析案例的职业素养以外，还透露出了他本人从流水别墅的故事里体味到的深深意趣。

有了脚踏实地的阐述打底子，流水别墅巨大成功的隐秘缘由才会不期然浮现。夹叙夹议的写作中，这个建筑成形所赖的每份细小助力被逐一点明。建筑新人多半一心沉醉于仿效大师手笔，浑不知单凭挥洒技法还远远不够。真实的建筑哪能由建筑师天马行空的想象力单方做主，它永远都是由整个社会协同孕育出来，并深深烙上了当时当刻的世事影像。既然如此，只从设计灵感如何发生的角度来言说建筑方案的缘起，要想合情合理地自圆其说就不很容易。然则常有建筑圈里人似乎并不在乎建筑所托庇的具体的社会、经济、文化大局，只肯把它看作完全抽象的一套创作术，全部内容和意义都只寄托于纸面上的墨线图，绝不比抽象雕塑更有人间烟火味儿。

《流水别墅传》这本书，把一桩学术旧案写得好看、好玩，解答了读者历年来对流水别墅可能怀有的疑问。除此以外，它还为有心人示范了学术研究的一种路数，虽然陈旧，却仍是一条正路。由于托克教授在西方学界的平常身份，本书达到的水准就更值得我们深思。

（中国建筑图书馆整理）

《建筑中国六十年 作品卷 / 人物卷 / 事
件卷 / 评论卷 / 图书卷 / 机构卷 / 遗产
卷 1949—2009》
马国馨 主编
《建筑创作》杂志社 编
2009 年 9 月首版
天津大学出版社

在中国建筑学会建筑师分会的指导和北京市建筑设计研究院的大力支持下，《建筑创作》杂志社经过精心策划，和天津大学出版社通力合作，推出了"建筑中国六十年"系列丛书（以下简称"建筑 60"）。这套丛书是以全新的视角对建筑行业、建筑文化诸领域的全面回顾和审视，具有其重要的时代意义、社会意义和历史意义。

严格说"建筑 60"系列可称为中华人民共和国国史（简称"国史"）研究的一个小小组成部分。尽管史学界对于国史、当代史、现代史的许多理论问题还有争论，但自十一届三中全会以后，国史研究逐渐开展起来，并作为中国史研究的一个分支而日趋成熟。

历史学家们认为历史应尝试从更多的角度、用更多样的方法来加以复原和阐释，历史应是众多合力作用的结果。官方修史比较看重把政治层面的因素视为推动历史发展的关键动力，或按照一定通史框架限定而决定取舍。但自下而上的民间视角，把一些过去人们比较容易忽略的民间的、普通底层的思想和记忆纳入研究范畴，扩展了反映的深度和广度，使历史的复原更为全面。生活在时间之中的人们有讲述历史的权利和能力，也能够对过去发生的事实表达自己的认知，"建筑60"就是这样一部由有责任心和使命感的建筑媒体自下而上策划的建筑设计行业史的大型丛书，就行业来说恐怕也是空前的一次总结、回顾和传播活动。在编选过程中传来消息，在中宣部、新闻出版总署的组织下，经过充分论证，"建筑60"丛书选题已入选"庆祝新中国成立60周年百种重点图书"选题，表明这一民间活动完全与主流活动合拍。

盛世修史。但历史认识本身又具有时代性、间接性、相对性，人们依靠自己的经历理解历史，对历史有选择地吸收。在60年中，我们取得了巨大的成就，但在前进道路上也充满了曲折、反复和挫折，我们正是在不断总结经验的道路上前进的。孔子说："六十而耳顺"，历史的回顾也不应回避我们的失误，忽视取得的教训。1989年国务院经济技术社会发展研究中心在总结新中国前30年发展的历史教训时，提出了三点：频繁的政治运动延误了我国的发展进程；经济建设急于求成，反而欲速则不达；人口迅速膨胀成为经济发展的负担。近30年从城市和建筑的发展看，也不断受到权力和利益的干预和干扰，党和国家也在不断加以警示，如针对价值观和发展观上的问题提出科学发展观；针对浮躁心态、急功近利强调全面、协调、可持续；针对表面文章、"政绩工程"提出要关注民生；针对铺张浪费、奢华排场提出要勤俭节约、精打细算；针对崇洋媚外，唯"新"唯"奇"提出要弘扬先进文化，注重地方特色和历史文化。总之，要结合国情，务实求真，这些对建筑设计行业同样具有指导意义。在未来的岁月里，尽管还会有新的问题，会遇到新的矛盾，但"以史为鉴"，通过对60年的回顾，我们的城市和建筑在科学、理性、求实的道路上定能更健康地发展和壮大。

（中国建筑图书馆整理）

《中山纪念建筑》《抗战纪念建筑》
《辛亥革命纪念建筑》
建筑文化考察组 编
《建筑创作》杂志社 承编
2009—2011 年出版
天津大学出版社
"中国近现代建筑经典丛书"

"中国近现代建筑经典丛书"：《中山纪念建筑》《抗战纪念建筑》《辛亥革命纪念建筑》（国家十二五重点图书、纪念辛亥革命100周年国家重点图书）中所涉及的主要民国建筑，不仅是一个个重要的历史建筑单体或群体，更是那个时代重大历史事件的"亲历者""见证者""纪念者"与"佐证者"。因之，它们先后荣列中国文物学会、中国建筑学会等评选出的中国20世纪建筑遗产名录。

《中山纪念建筑》一书，有历史照片、现状图片、原初设计图纸、民国以来相关文献及跨专业学者们论文等，从建筑史学、历史学、文化史的角度，述及以南京中山陵、广州中山纪念堂为代表的世界各地中山纪念建筑，在建筑技艺、历史文化等诸方面成就。书中指出海内外遗存的全部有关孙中山先生的纪念建筑，在凝聚全球华夏儿女中价值独具，亦是世界大同的友好桥梁，可联合申报世界文化遗产。

《抗战纪念建筑》一书，从14年抗战时空，划分"抗战见证物性质的史迹建筑""抗战期间的建筑活动与作品"及"战后纪念建筑"，以历史建筑遗产为主线，对16省市现存的抗战纪念建筑遗存，进行了重点调查、测绘与分析。主要论及南岳忠烈祠、武冈中山堂及李明灏故居、钱塘江大桥、湘西会战阵亡将士陵园、腾冲国殇园、重庆南郊黄山官邸群、岳麓山抗战遗迹群、常德会战阵亡将士公墓、芷江机场等，深入探究其历史价值、艺术价值、文化价值等。全书洋洋洒洒数十万言，测绘图纸百余幅，引领我国已有抗战时期历史建筑研究成果，独具分量。

《辛亥革命纪念建筑》一书，重点研究了武汉、南京、广州、长沙四市中最具代表性的辛亥革命建筑遗产。主要涉及如国民革命阵亡将士公墓、孙中山临时大总统办公室、湖北咨议局旧址、长沙岳麓山辛亥先贤遗迹等，收录其历史照片、设计图纸、历史文献与相关研究论文及现状图照等，从建筑史学、历史、文化史等多角度阐述辛亥革命纪念建筑遗产的多方面成就。全书围绕辛亥革命百年宏大主题，用作为"亲历者""见证者"的历史建筑遗产致敬辛亥百年，可见、可信、可近、可亲。以建筑遗产串联中国近现代史，视角独到。

20世纪20年代以来，以归国留学生为主体的我国第一代建筑师群体，或从事建筑教育、或投身建筑设计实践，成为奠定我国现代建筑教育、设计的中坚。他们以及来华的外国建筑师们，规划设计了不少优秀的作品。尤以吕彦直先生设计的南京中山陵、广州中山堂为翘楚，堪称划时代的巨作。民国建筑师们在探索我国传统建筑与现代建筑技艺的有机融合、开创我国现代建筑，进行了众多有益的探索与实践，取得了无愧于时代的成就。

特别是，不少遗留至今的建筑本体，作为民国时影响力巨大的历史事件发生地，堪称活生生的事件"佐证者"，无可替代，独具历史文化价值。

上述三本书，对透视民国以来我国建筑的现代化历程及其得失，无疑具有十分重要的理论与实践意义。

（南京大学历史学院　周学鹰教授述评）

《静谧与光明——路易·康的建筑精神》
[美] 约翰·罗贝尔 著　成寒 译
2010 年 1 月首版
清华大学出版社

20世纪60年代末，路易斯·康将他一直念念不忘的"形式与设计""规律与规则""信仰与手段""存在与表述"转换为一个神秘的公式——"静谧与光明"。前者是"什么"，后者是"怎么"。他称尚未存在的、不可度量的事物为静谧，已经存在的、可度量的事物为光明。静谧与光明之间有一道门槛，被他称为"阴影之宝库"，建筑就存在于这个门槛处，是可度量与不可度量之物的结合。建筑师的工作应该始于对不可度量的领悟，经由可度量的手段、工具设计和建造，最后完成的建筑物又能生发出不可度量的气质，将我们带回到最初的领悟之中。

路易斯·康的静谧与光明是一种有关于物的思辨性的哲学，在物体之上精心设置的开口引入卓越的光线照亮空间，形成阳光与阴影的画面，明暗交界处即是那个神秘的"槛"，其原型可说是罗马万神庙，它的不可度量之物是一种由纪念性和神圣感构成的精神性，一种身处教堂类空间中的感动。

在我迄今的工作中大致可有两个方面的线索。一是在当代建筑中对传统之呈现可能性的兴趣。这些传统包括较早期感兴趣的中国建筑和城市营造体系，也包括最近若干年逐渐投入研究精力的园林和聚落，而我的心得是中国的城市、聚落、园林有着共同的线索，核心是如何确定人工的造物即建筑与不可或缺的自然的关系，以及人在其中如何拥有物质的和精神的生活。这一线索倾向于形而上的，更加靠近人的思想和身体以及精神体验。二是对建筑中几何和结构的兴趣。由结构、空间、形式按照某种特定的、朴素而简明清晰的几何逻辑相互作用和转化的关系。这一线索倾向于形而下的，更加靠近建筑的本体和构造。

由城市、建筑到园林、聚落，由"复合的城市与建筑"到"建筑的发现与呈现"，由"喧嚣与静谧"到"几何与胜景"，其实一脉相承，凝练于当下的思考与实践的方向和路径由中国及东方的传统入门，而进入到一种关照人类生活空间营造的语境。

所谓的东方哲学，其实是要解决人的精神问题。中国和西方并不是站在地球的两极、文化的两极，它们虽然可能有着相当多的差异，但并不是非此即彼的关系。路易斯·康的"秩序"即是老子的"道"，是深刻的存在，是"不可度量"，是身处静谧空间才可体悟的精神。所以在现在的心境与思考中，我并不想着意强调中国与传统，而是倾向思考普适的人性和当代，比如捕捉和思辨个人阅历中所感知到的、碰触到自己内心的那些东西，并推己及人。这些东西有些的确可能是中国的文化和传统里所特有的，而有些我相信是不同的文化和时代所共有的，它们都属于人类和共同的人性，可以超越地域和时代。当下的城市和建筑世界，无论话语、文本和实物，多元、丰富，也嘈杂、喧闹，却总有一些人和他们的创作令人沉静、感动、神往。我深信，一定存在一个静谧的世界，既然它的外面是如此喧嚣。

（全国工程勘察设计大师　李兴钢总建筑师述评）

《建筑四要素》

[德] 戈特弗里德·森佩尔 著
罗德胤，赵雯雯，包志禹 译
2010 年 1 月出版
中国建筑工业出版社
"西方建筑理论经典文库"
吴良镛 主编 王贵祥 策划

21 世纪最初十年，对于西方建筑理论史及西方建筑史上的经典理论著述的翻译引进，呼之欲出。正是这一时期，中国建筑工业出版社有意进一步翻译、引进一些西方建筑理论领域的经典著作。在此基础上，笔者与中国建筑工业出版社联系，探讨了翻译引进一套西方建筑理论经典文库的可能性。

这一设想得到了中国建筑工业出版社的大力支持，并申报了"十一五国家重点图书出版规划项目"，获得批准。这一设想也得到了当时清华大学建筑学院院长朱文一教授的全力支持，将其纳入"国家'985工程'二期人才培养建设项目"的资助范围内。更重要的是，这套经典理论文库的翻译引进，亦得到清华大学教授、两院院士吴良镛先生的大力支持，吴先生还特别为这套建筑理论文库撰写了"中文版总序"。

吴先生在总序中特别指出"这里所译介的理论著述，都是西方建筑发展史中既有历史文本，其中也鲜有任何直接针对我们现实创作问题的理论阐释。因此，对于这些理论经典的阅读，就如同对于哲学史、艺术史上经典著作的阅读一样，是一个历史思想的重温过程，是一个理论营养的汲取过程，也是一个在阅读中对现实可能遇到的问题加以深入思考的过程"。

吴先生总序中的这些话对于理解这套文库有着十分重要的指导意义。在翻译、引进的筹备过程中，上述所列书目中部分著作的版权已经被国内其他出版社购走，被陆续引进并翻译出版：凯文·林奇的《城市意象》早有译本，维特鲁威的《建筑十书》当时已经有一个译本，后来又由北京大学出版社纳入了新出版计划；拉斯金的《建筑的七盏明灯》由山东画报出版社纳入出版计划，而简·雅各布斯的《美国大城市的死与生》则由译林出版社纳入了出版计划。

中国建筑工业出版社最终选定了其中的 12 本书，由包括笔者在内的清华大学多位教师与博士、博士后参与翻译工作。在实际的翻译过程中，东南大学的教师也参与并承担了这套理论文库中部分著作的翻译工作。中国建筑工业出版社积极推动本套图书的翻译出版工作，在其中阿尔伯蒂的《建筑论—阿尔伯蒂建筑十书》、戈特弗里德·森佩尔的《建筑四要素》、克洛德·佩罗的《古典建筑的柱式规制》、弗兰克·劳埃德·赖特的《赖特论美国建筑》这 4 本书出版之后，又进一步申请了国家出版基金，并获得了资助。目前已出版问世包括菲拉雷特的《菲拉雷特建筑学论集》、塞利奥的《塞利奥建筑五书》、帕拉第奥的《帕拉第奥建筑四书》、维奥莱·勒·迪克的《维奥莱·勒·迪克建筑学讲义（上、下）》、洛吉耶的《洛吉耶论建筑》、沙利文的《沙利文启蒙对话录》、阿道夫·路斯的《言入空谷—路斯 1897—1900 年文集》。这套译著，凝聚了清华大学建筑学院和东南大学建筑学院诸多教师与研究生若干年的心血。

（清华大学建筑学院 王贵祥教授述评）

《中国古代空间文化溯源》
张杰 著
2012 年 1 月首版
清华大学出版社

张杰教授的这本书是他近二十多年来对于中国古代建筑与城市形态研究的结晶，这不是一部建筑或城市发展史，本书的"文化溯源"更像是探究现代遗传学里所说的基因，是对影响中国古代空间中那些深层次的、相对稳定的要素的一次大发现。

作为拥有五千多年灿烂文明史的古国，中国的城市和建筑空间设计在历史上取得了巨大成就，产生了如长安、汴京、北京等闻名遐迩的伟大城市，其关于空间设计的思想不但在国内大小城市中得到体现，甚至影响到了东亚、东南亚一些国家古代城市的营造。但是，对于中国古代空间营造的思想理论，尚没有进行过科学、系统的研究。正如李约瑟在《中国科学技术史》中指出的那样，我国古代的技术发明起于使用，往往知其然而不知其所以然，城市规划亦是如此。

谈论中国古代空间，总是绕不开"风水"。风水术或堪舆术，实际上是中国古代关于空间模式的知识体系，但一直以来缺乏对其科学性的研究，以至于被奉为玄学，甚至被唯利是图者牵强附会而带有诸多封建迷信色彩。张杰教授的这本书第一次系统地通过数据分析、案例归纳的方式将堪舆术中反映的中国古代空间设计规律进行了探究，阐释了中国古代空间设计的一般理论和方法，将其总结为影响中国古代空间千古不变内在特质的"文化基因"，是对中国古代城市和建筑空间设计理论的一个重要补充。

书中令人惊叹的地方在于，将大量的地面信息同久远的历史文献进行对比分析，书中一幅幅精美插图和引经据典的文字论述相得益彰，是一场关于中国古代空间的知识盛宴。作者如此不遗余力地孜孜求证，目的是探究"文化基因"背后的底层逻辑。在"天、地、人"理念的影响下，中国古代发展出了一整套聚落空间设计的理论和方法，以观象授时为基础的空间比例控制、时空一体的特征、体系化空间设计、选址规律等存在跨越了漫长的历史时期，折射出中国古代不同于西方的时空观。

这本书的研究为中国古代历史地理和城市规划的研究打开了一个新的视角，不同于以往基于时间线索的简单事实堆砌和类型学归纳，本书完全是从实证研究的角度，对影响中国古代空间设计中一以贯之的规律性方法进行论述。张杰教授对中国古代空间特质的研究，从理论上提高了对中国传统聚落本体与其依存环境系统性保护的认识，也形成了目前研究影响城市空间构成的山水格局分析的基本方法。

现代的城市规划是舶来品，对中国古代空间"文化基因"的发现，有可能建立一套有别于西方哲学、文化体系的中国城市规划、建筑设计、景观设计理论。

（昆明理工大学建筑学院　段文博士述评）

《北窗杂记三集》
陈志华 著
2013 年 8 月出版
中国建筑工业出版社

在我上学的 20 世纪 90 年代，《建筑师》杂志是我最爱阅读的专业杂志之一。而每次翻阅杂志，翻看目录之后，往往先去看看排在偏后页面的"北窗杂记"专栏。署名"窦武"或"李渔舟"的这些建筑随笔杂文，在嬉笑怒骂和轻松幽默当中，给我或陡然一惊，醍醐灌顶；或会然一笑，郁垒顿消，它们是我阅读《建筑师》那些大块文章之前的鲜美小吃。

后来，从前辈及同行建筑师朋友们那里了解到"北窗杂记"系列文章，实际上成为 20 世纪八九十年代影响中国建筑界思想和观念最为深刻和广泛的文字之一。写这些文字的作者，是深受中国建筑师们尊敬并爱戴的陈志华先生。

陈志华先生在中国建筑界的标志性贡献，除了影响巨大的教材《外国建筑史》（十九世纪末叶以前的外国建筑）外国建筑历史研究者和乡土建筑研究领域的开拓者，还有就是作为"建筑界的鲁迅"形式出现的建筑思想杂文作者。后来，陈志华先生把分散在各个杂志书本中收集而成的《北窗杂记》三本书，就是他在建筑思想论述方面的合集。

先生在能看见北斗星的北窗下，叙写着关乎中国建筑观念的凛然正气。里面有对仿古造假的无情讥讽，有对努力创新的热情鼓励，有对文物古迹被野蛮拆除的慨然叹息，也有对乡土建筑研究展开的急迫寻呼。文章涉及师友温情、学术论争以及建筑界的时事论评，流畅诙谐的行文风格，让人读起来酣畅淋漓，大呼过瘾。正如先生在自序里面所写的一样，他在反对建筑领域中的封建主义和殖民主义双重传统，呼唤着建筑领域中的民主和科学。在他发表文章后二三十年后的今天，面对仍然有以上双重传统阴影忽闪而过，仍有建筑领域的民主和科学问题的现在，这些文字读起来仍有新鲜的启发。

同是浙江人，从陈志华先生和鲁迅先生的文字中能看见中国文人"铁肩担道义"的精神。陈志华先生以其近百篇"北窗杂记"，跨越一辈子孜孜不倦的写作和教学，实际上已经成为众多中国建筑师心目中的"建筑界的鲁迅"。

高晓松写的歌里面唱道："一扇朝北的窗，让你望见星斗。"陈志华先生的"北窗杂记"，实际上也是建筑界一扇朝北的窗，能望见建筑之民主与科学的窗口，从建筑里看见人的窗口。

因此，请读这本书，请打开这扇窗。

（中国乡建院　房木生总建筑师述评）

《走在运河线上——大运河沿线历史城市与建筑研究》（上、下卷）
陈薇等 著
2013 年 12 月首版
中国建筑工业出版社

《走在运河线上——大运河沿线历史城市与建筑研究》（上下卷）是一长线工作。东南大学陈薇教授 1995 年构思此题，2003 年获国家自然科学基金资助，然后持续带领研究生团队开展了长达 10 年的工作，终于 2013 年由中国建筑工业出版社出版。期间，陈教授 40 次出行考察调研、深入现场、奔波野外，用"走在运河线上"的方式来开展此项重要的研究工作，足见用力至深。

《走在运河线上——大运河沿线历史城市与建筑研究》（上下卷）是一体系工作。上卷围绕历史城市由北往南选点进行研究，下卷结合沿线的建筑类型由南往北进行组织，从而上下卷不仅各自独立，又南北穿梭，形成大运河沿线历史城市和建筑的动态画面。从根本上说，大运河沿线城市与建筑发展，核心价值是跨越了传统南北的界限和概念，呈现政治、文化和经济一体的地文大区格局，在封建社会晚期发挥了重要作用。因此，该著作所进行的这样体系组织与表达，体现出作者对于研究对象的深刻理解。

2008 至 2011 年，国家文物局为大运河申请世界文化遗产组织大运河保护规划编制工作，陈薇教授承接的是大运河重要中枢扬州段的工作，2011 至 2012 年，她还完成了大运河南端全国重点文物保护单位临安城遗址（南宋）总体保护规划，我见证了她真实的工作状态和智慧的判断能力，这些工作的顺利完成也得益于她长期对于大运河沿线历史城市和建筑的研究积累。可见，《走在运河线上——大运河沿线历史城市与建筑研究》（上下卷）也发挥了重要的学术价值与应用价值。

我欣喜地得知《走在运河线上——大运河沿线历史城市与建筑研究》（上下卷）于 2015 年获第五届中华优秀出版物奖图书提名奖，陈薇和朱光亚教授主持的"基于地文大区和活态遗产的江苏段大运河遗产保护技术创新与应用" 2016 年获高等学校科学研究优秀成果科学技术进步奖二等奖，这是学界和社会对该工作的肯定。

此次金磊先生主持《中国建筑设计四十年（1978—2018）》之著作选评，如上书评当十分中肯，并积极推荐。

（故宫博物院原院长　单霁翔述评）

《中国人居史》
吴良镛 著
2014 年 10 月首版
中国建筑工业出版社

作为中国"人居环境科学"研究的创始人，吴先生认为当今科学的发展需要"大科学"，人居环境包括建筑、城镇、区域等，是一个"复杂巨系统"，在它的发展过程中，面对错综复杂的自然与社会问题，需要借助复杂性科学的方法论，通过多学科的交叉从整体上予以探索和解决。过去我们以为建筑是建筑师的事情，后来有了城市规划，有关居住的社会现象都是建筑所覆盖的范围。现在我们城市建筑方面的问题很多，要解决这些问题，不能就事论事、头痛医头、脚痛医脚。可通过从聚居、地区、文化、科技、经济、艺术、政策、法规、教育、甚至哲学的角度来讨论建筑，形成"广义建筑学"，在专业思想上得到解放，进一步着眼于"人居环境"的思考。

"人居环境"观念拓宽了城乡规划建设研究的视野，并从学术前沿变成社会的"普通常识"。人居环境是一个民生问题，建立多层次的住房保障体系是让发展惠及群众的基石；人居环境是一个发展问题，无论"造城运动"还是"迁村并点"都事关中国经济社会发展全局；人居环境是一个政治问题，住有所居是社会和谐稳定的物质基础，相关的土地利用成为诸多矛盾的焦点；人居环境是一个世界问题，"可持

2016 年 1 月 4 日下午，两院院士吴良镛先生获颁"吴良镛星"证书

续发展的住区"与"人人有适当的住房"是国际社会的共同目标，与住房建设和使用相关的碳排放正成为全球竞争的热门话题；人居环境是一个科学问题，需要以复杂"巨系统"的观念，针对错综的社会、经济、环境与城乡建设问题，进行科学研究，统筹解决。

在 2001 年《人居环境科学导论》写就之后，吴老先生就开始逐步进入人居史的研究。写作的过程中，通过发掘史实，不断深入理解而有新的认识，最终确定从人居史演进的角度分期论述，抓住各时期的特色，兼顾地域文化的发展。对于古代人居史部分，基本内容完成后，意犹未尽，又就人居与自然、社会、空间治理、规划设计、审美文化等关系，进行展开与归纳，形成"意匠与范型"一章。同时，也认识到中国人居史由传统向近现代的转折至关重要，需认真探索，于是又总结形成"转型与复兴"一章，并对中国人居的未来简略地提出了一些基本观点。

（中国建筑图书馆整理）

《天地之间 张锦秋建筑思想集成研究》
赵元超 编著
金磊 策划
2016 年 2 月出版
中国建筑工业出版社

本书以 2015 年国际小行星组织把国际编号为 210232 号的小行星正式命名为"张锦秋星"为契机，集成了张锦秋院士建筑创作及思想，总结了这位创作历程达半个世纪的建筑大家。全书以专业建筑师的独立视野来研究张锦秋院士，作者以第三者视角，客观冷静地分析她的作品，全书共分五篇。第一篇：永耀星空。以张锦秋星命名仪式暨学术报告会的实录，汇集各界对张锦秋院士的评价。第二篇：传承创新。本篇汇集"承继与创新"座谈会上全国著名专家学者结合张锦秋院士的创作，对这一永恒主题的发言。第三篇：探索之旅。本篇汇集了张锦秋院士主要的作品，并作简要的分析。第四篇：阅读大师。通过对张锦秋院士有关建筑思想的阅读，初步梳理她一系列关于建筑理论的思考。第五篇：评论集萃。选择了一批有代表性的国内外、业内外对张锦秋院士建筑创作的评论汇集成篇。时间跨度达三十年，除建筑专家外还有文学评论家、文化学者等。

读者可从书中看到张锦秋院士是一位中国建筑传统与现代结合的忠诚继承者，理论与实践相结合的探索者和持之以恒的践行者。进入新时期，文化自信和文化自觉的问题又摆在中国建筑师的面前，我们又处在一个历史的峡口。中国建筑现代化、现代建筑地域化是永恒的课题，建筑应回应此时此地、此情此景，满足人的多元需求，提升城市和环境的品位。我们回过头看看她的创作之路，似乎这位智慧老人早就沿着这条道路持续地探索。

（中国建筑图书馆整理）

《建筑策划与设计》
庄惟敏 著
2016 年 4 月首版
中国建筑工业出版社

改开放 40 年来，中国经历了大规模、高速度的城镇化进程，城乡建设面临复杂的人口、资源、资金、环境等需求和限制，设计决策的不科学导致建筑出现了短命拆除、奇奇怪怪、空间能效低下等问题。为了解决以上问题，本书作者庄惟敏教授首次提出在我国建设立项和建筑设计之间设立"建筑策划"环节，针对性地创立并深化了国有投资背景下的中国建筑策划理论体系与方法，并在大量复杂公共建筑工程的设计创作中践行"前策划—后评估"闭环的设计全体观，理论与实践并举，推动了建筑设计的行业进步。

建筑策划（Architectural Programming）指建筑师根据总体规划的目标设定，从建筑学的学科角度出发，不仅依靠经验和规范，更以时态调查为基础，运用现代科技手段进行客观分析，最终定量地得出实现既定目标所应遵循的方法和程序的研究工作。国际建筑师协会（UIA）的章程中明确规定了建筑师要为业主提供全方位的服务，广义的建筑设计本应涵盖前期研究；建筑师作为自由职业者，是业主的置业顾问，应该研究建筑项目的设计到底怎么做、设计依据是什么。设计依据所具有的理论特质，包括更深刻的社会、经济、人文因素等的研究都应作为建筑师的业务范畴。建筑策划作为国际化职业建筑师的基本业务领域之一，其理论已成为建筑学理论的基本组成部分，多学科融合的建筑策划方法也将成为当今职业建筑师的一项基本技能。

本书系统介绍了建筑策划在全球的发展状况，以及建筑策划传统的和最新的操作程序和手段，特别是通过融合管理学、数学、计算机等领域的知识所形成的一套定量与定性分析相结合的具有中国特色的建筑策划跨学科研究方法。此外，得益于作者颇丰的实践经历，本书还列举了在具体的项目中，如何进行建筑策划并以此为基础开展建筑创作和工程设计，呈现出建筑策划与建筑设计互动关联的研究成果，这进一步印证了建筑策划能够为好的"概念"和设计奠定基础，有助于建筑师跳脱反复"试错"的模式怪圈。

建筑策划作为全过程咨询的重要环节，使建筑师工作的真正价值逐步显现出来。"如果说半个世纪以来的建筑策划研究成果教会了我们作为职业建筑师以'用最少的钱，盖最好的房子'的职业精神为目标的建筑策划技能和方法，那么今天我们在人居科学理论的指导下，在大数据、互联网、模糊决策等相关科学领域发展成果的基础上，推进对建筑策划理论、方法和实践的研究将是对建筑师核心业务、技能和方法的体系性的拓展，更是对建筑师职业概念和职业使命的升级。"

（清华大学建筑设计研究院建筑策划与设计分院主任　章宇贲述评）

《乾隆花园——建筑彩画研究》
杨红　王时伟　故宫博物院古建部著
2016 年 4 月首版
天津大学出版社

宁寿宫花园是乾隆皇帝在紫禁城为自己周甲退位所建的花园，藏于深宫，在设计上处处折射着江南园林的风韵，亭台楼阁相映成趣，佳木葱郁，俯仰生姿。精致的园林建筑辅以自由多变的苏式彩画，是乾隆花园彩画的最大特色。乾隆年间的苏式彩画集江南文人绘画、西洋写实画与富丽精雅的宫廷趣味于一体,创造了中国官式苏画的最高成就。苏式绘画是明清两代官式彩画中一个重要品种,其早期状况十分模糊,虽有官颁文献记述,但很难读懂。紫禁城内的宁寿宫花园、北海的澄观堂、浴兰轩、恭王府的葆光室、乐道堂等处,保留一批珍贵的清中期苏式彩画原迹,它是解读明清官式苏画的一把钥匙。借助于此可诠释雍正朝工部《工程做法》的有关彩画文献,下可连贯清晚期的各类苏式彩画例证,进而彻底弄清官式苏画的来龙去脉。

杨红、王时伟所著的《建筑彩画研究》正好填补上这一空白,意义重大,影响至深。

(故宫博物院古建彩画专家　王仲杰述评)

《中国汉传佛教建筑史——佛寺的建造、分布与寺院格局、建筑类型及其变迁(上、中、下)》

王贵祥 著

2016 年 5 月首版

清华大学出版社

中国古代建筑史上目前保存类型最多、历时最久的是宗教建筑,特别是佛教建筑。中国自汉晋南北朝至唐代,是一个佛教文化为主的国家。五代以后佛教的影响仍然很大。历史上佛教建筑也是中国古代建筑中最为重要的一个组成部分。但是,由于历史变迁,现存佛寺多为历代反复修缮过的以明清时代格局为主的寺院,历史上越是重要的寺院,由于香火过盛,反而越被改造得面目全非,使人们很难弄清历史上不同时期佛教寺院空间格局、建筑布局,甚至曾经出现过的一些特殊的建筑类型。如宋代曾经流行的十六观堂,现在基本没有实例。从寺院规模上看,历史上曾经存在过的寺院,有些十分宏大,可以有 96 个院落或 120 个院落,占地可以有数百亩之多。寺院内的建筑体形也曾十分高大宏丽。而从目前保存下来的实例来看,尽管多少弥补了历史上佛教寺院单体建筑的实例空白,但对于寺院内的建筑组群,对于寺院内一些体量巨大的单体建筑物,都缺乏足够的事实支持。如此对于中国佛教建筑很难有一个完整深入的了解,也无法对中国古代建筑史有一个全面的认识。

本书的出发点是对中国汉传佛教建筑做一个整体的研究与梳理,对历史上曾经存在过的佛教寺院进行全面爬梳,对于寺院中的建筑类型、寺院空间格局及其变迁,进行系统的与合乎时代特征的分析与研究。

本书的特点是史料搜集的全面而仔细,视角集中在不同时代佛教寺院建筑的建造、分布、寺院内的建筑布局、空间特征,以及这种布局与空间随时代变化而发生的变迁,同时对历史上重要的寺院,及寺院内有较仔细数据文献和考古资料之建筑实例,进行了一定程度的复原探讨。这些探讨初步厘清了中国古代佛教建筑发展的大致线索,对于中国古代建筑史实例保存较少,中国佛教建筑史,早期寺院案例保存不很完整等方面的问题,都起到了一定的弥补作用,可以使人们对不同时期的佛教寺院有一个更为深入的了解。

这是一部纯学术著作,也是一本对中国古代佛教寺院及建筑进行鸟瞰式全面综合研究的第一次,不仅对中国古代建筑史是一个重要补充,对于东亚建筑佛教建筑史,包括日本与朝鲜半岛佛教建筑史,也会产生极大的影响。

本书是"十二五期间国家重点图书"出版规划项目，荣获 2015 年国家出版基金资助，傅熹年先生为其做序。因其较强的系统性和较大的观念创新性，以及发掘出的较多新的历史资料，梳理出了一些较为系统的发展线索，故对于佛教史、艺术史、建筑史、建筑技术史，及历史建筑保护等学科领域，都具有十分重要的学术价值、社会文化价值与意义。

本书作者师承梁思成先生助手莫宗江先生，在中国古代建筑史研究上有深厚功力，又有多次在国外学习进修的经验，对西方建筑史的前沿发展有充分了解。其著作带有较大的前沿性与全面性，不仅对中国建筑史，而且对世界建筑史，特别是世界宗教建筑史是一个重要的补充。

（清华大学建筑学院　李菁博士述评）

《中国近代建筑史 第一卷至第五卷》（全套共五卷）
赖德霖 伍江 徐苏斌 主编
2016 年 6 月首版
中国建筑工业出版社

这套丛书由中国建筑工业出版社组织编写，作为"十二五期间国家重点图书"出版规划项目和国家出版基金资助项目，由赖德霖、伍江、徐苏斌三位学者主编，近 80 位中青年专家历时四年参与编写。全书在时间上涵盖了鸦片战争之前及之后、洋务运动、新政时期、民国早期、国民政府时期，以及抗战期间及之后中国城市和建筑近代化的各重要阶段；在空间上涵盖了清代以来形成的中国各重要行政区和长城以外地区以及各主要城市；在内容上包括城市规划、重要建筑类型及设计、建筑技术、建筑设备、建筑施工、建筑教育、建筑管理、建筑师及建筑组织、历史研究及遗产保护、建筑媒体等诸多方面。本套丛书是 20 世纪 50 年代中国近代建筑史研究开展以来学界对既有成果最为系统的一次整合，也是迄今中国城市和建筑近代化历史最为完整的总结和叙述。书中还包括四篇附录，介绍了日、英、法、德语学界对中国近代城市和建筑的研究现状和主要成果。

本丛书作者群的研究最大特点有以下三点。

第一是具有很宽的跨文化视野。大部分作者都得益于中国的改革开放，或有着出国留学或出国进修的经历，或有着较强的外文阅读能力，因而对中国建筑近代化过程中的外国参照系有较为清晰的了解，所以在讨论外国对中国建筑的影响时能够尽力做到追本溯源。这些影响来自意、英、法、美、日、俄、德、比利时和荷兰。而对它们的研究则极大地丰富了学界对于中国近代建筑丰富性和复杂性的认识。

第二是能够深入挖掘大量第一手资料。中国近代建筑史研究从 20 世纪 50 年代起就以实地调查为基本工作方法。而参与本计划的许多作者还曾参加过由汪坦教授主持的《中国近代建筑总览》的调查工作，养成了脚踏实地、实事求是的工作作风。在前辈学者们的带动下，更多的作者在自己的研究中都能做到以实地调查、文献检索、档案查阅，甚至拓展至口述访谈、国外的图书馆藏、基金会档案资料等众多原始资料的收集和梳理。

第三是具有很强的方法论自觉。作为新时期成长起来的一代学人，本书大部分作者都能突破专业史的藩篱，积极借鉴其他社会科学、人文科学相关研究领域的视角，从过去对风格、类型和技术问题的关注转向更为广阔的民族主义、现代主义、中外文化交流、文化认同、地方自治、历史叙述。他们的工作极好地体现了科技史与社会史和视觉文化史的跨学科结合，在丰富了学界对于中国建筑内涵认识的同时，也极大地扩展了中国建筑史研究的内容。

这些特点不仅是本丛书成就的体现，也是中国建筑史学发展历程的一个标志。

（中国建筑工业出版社　王莉慧编审述评）

《中国 20 世纪建筑遗产名录（第一卷）》
中国文物学会 20 世纪建筑遗产委员会
编著
2016 年 10 月首版
天津大学出版社

第十二届天津市优秀图书奖获奖证书

"20 世纪遗产"，顾名思义是根据时间阶段划分的文化遗产的集合，包括了 20 世纪历史进程中产生的不同类型的遗产。20 世纪是人类文明进程中变化最快的时代，对中国来说，20 世纪具有特殊的意义，在 20 世纪的 100 年间，我国完成了从传统农业文明到现代工业文明的历史性跨越。没有哪个历史时期能够像 20 世纪这样，慷慨地为人类提供如此丰富、生动的文化遗产，面对如此波澜壮阔的时代，才能让文化遗产在百年历程中呈现得最为理性、直观和广博。以 20 世纪所提供的观察世界的全新视角，反思和记录 20 世纪社会发展进步的文明轨迹，发掘和确定中华民族百年艰辛探索的历史坐标，对于今天和未来都具有十分重要的意义。

自 2014 年 5 月，经过中国文物学会 20 世纪建筑遗产委员会 97 位顾问专家委员们的权威推荐、严谨把关，在北京市方正公证处的监督下，历经严密的初评、终评流程，最终于 2015 年 8 月 27 日产生了"首批中国 20 世纪建筑遗产项目"，共计 98 项。《中国 20 世纪建筑遗产名录（第一卷）》以图文并茂的形式全面展示了中国 20 世纪建筑遗产项目的风采，不仅为更多的业界人士及公众领略 20 世纪建筑遗产的魅力与价值提供了重要渠道，更向世界昭示了中国 20 世纪不仅有丰富的建筑作品，也有对世界建筑界有启迪意义的建筑师及其设计思想。为此，本书挖掘了主持创作"首批中国 20 世纪建筑遗产"项目的建筑师，并将其呈现在书中。这种"见物见人"的做法是文化遗产保护、传承、发展的好经验，应大力推广。

认真研究优秀的 20 世纪建筑遗产，思考它们与当时社会、经济、文化乃至工程技术之间的互动关系，从中吸取丰富的营养，成为当代和未来理性思考的智慧源泉。文化遗产是有生命的，这个生命充满了故事。20 世纪遗产更是承载着鲜活的故事，随着时间的流逝，故事成为历史，历史变为文化，长久地留存在人们的心中。如果说改变与创新需要智慧，那我更认为对中国 20 世纪建筑遗产保护事业要有敬畏之心，要有跨界思维，要有文化遗产服务当代社会的新策略。中国文物学会将一直支持为 20 世纪中国建筑设计思想"留痕"的工作，将与中国建筑学会合作，热情期待这项旨在保护中国城市文脉、建设人文城市之举持续地开展下去。

（中国文物学会会长、故宫博物院原院长　单霁翔述评）

《寻觅建筑之道》
侯幼彬口述
李婉贞整理
2018年1月首版
中国建筑工业出版社
《建筑名家口述史丛书》

该书历时三载，于2017年4月写就。它是国内少有的用生平、历程、建筑学人文脉编著的"口述书"。全书共有家史片断、童年·少年·今日同窗、清华园的匆匆过客、哈尔滨岁月、在"软"字上做文章、讲"软软"的课、结缘中国近代建筑："软"接触、一本"软软"的书、"软"的升级：读解三"道"共计九个篇章。该书在半个世纪的一门课中回眸了中国建筑史（1956—2001）的历程，他归纳出：梁思成论"石栏杆"，梁思成论"清式彩画"，刘敦桢论"曲廊"，单士元论"XX吻"，陈志华论"老檐出"，汉宝德论"檐承重与椽承重"，刘致平论"单座建筑"。他将这种精彩的深度分析称作"软"。书中详尽地回忆了参编"建筑三史"、梁思成先生改稿、跟刘敦桢先生编写教材、参编汪坦先生《总览·哈尔滨篇》编撰等经历。他从中国现代化进程的特点出发，强调中国属"后发外生型现代化"，而英、法、美诸国是"早发内生型现代化"，这是中国近代建筑"现代转型"的理论框架。书中还具体分析了"城市转型""建筑转型""建筑转型的两种途径""乡土建筑的推迟转型"等。从抢救式挖掘建筑历史大家的角度出发，侯幼彬撰写《虞炳烈》的史实中，也有杨永生编审的贡献。聚焦中国建筑美学是侯老师讲述一本"软软"的书之精髓，仅造园意匠的"体宜因借"，《中国建筑美学》就总结了三个阐释即崇尚自然、得体合宜、巧于因借等。有鉴于此，该书是一部建筑、艺术学子寻觅建筑之道的耐读之作。

（《中国建筑文化遗产》《建筑评论》主编　金磊述评）

创办"中国建筑图书奖"的品牌活动

2008 年 7 月北京第 29 届奥运会前夕，在意大利都灵市召开了第 23 届世界建筑师大会，这是一届以"建筑传播"为主题的国际盛会。作为中国专业建筑学人的使命是：做中国建筑文化传承的责任者、做中国建筑文化的跋涉者、做中国建筑文化的专业传播者。2012 年 4 月 23 日是第 17 个"世界读书日"，也是中国建筑界关注这个联合国教科文组织的第五个年头，回眸历史，在我们的策划与推动下，靠中国图书馆学会、中国建筑师分会、中国建筑图书馆、中国建设报乃至北京新闻出版局、联合国教科文组织北京办事处、国家图书馆等单位的大力支持，先后举办过三届各具特色、与时代及"事件"紧密相连的评奖活动。

第一届

2008 年 4 月 23 日正值联合国第 13 个"世界读书及版权日"到来之际，在国家图书馆文津厅举办了"第一届中国建筑图书奖"颁奖典礼，国家文物局、国家图书馆、中宣部出版局、文化部社会文化与图书管理司、联合国教科文组织文化项目官员等领导到会祝贺，著名建筑学者刘叙杰教授、吴焕加教授、陈志华教授、李秋香教授等以获奖作者身份参会，全国五十余家出版社及媒体机构到会报道（第一届中国建筑图书奖书目见表一）。

我们在主持中表示：从一般意义上讲，传播好书，旨在推动阅读。"中国建筑图书奖"不仅要推动全社会对建筑文化图书的阅读，还要关注业内外人士的建筑精神的成长。纵观科技文化类图书市场，建筑类图书属小

表一 第一届中国建筑图书奖获奖书目

序号	书名	作者	出版社
1	刘敦桢全集	刘敦桢 著	中国建筑工业出版社
2	梅县三村	陈志华 李秋香 著	清华大学出版社
3	蓟县独乐寺	陈明达 著	天津大学出版社
4	外国现代建筑二十讲	吴焕加 著	生活·读书·新知三联书店
5	建筑理论（上、下）	[英]戴维·史密斯·卡彭 著 王贵祥 译	中国建筑工业出版社
6	从"功能城市"走向"文化城市"	单霁翔 著	天津大学出版社
7	中国营造学社汇刊	中国营造学社	知识产权出版社
8	可持续发展设计指南	[法]SERGE SALAT（薛杰）主编	清华大学出版社
9	地下空间科学开发与利用	钱七虎 陈志龙 王玉北 刘宏 编著	江苏科学技术出版社
10	近代哲匠录——中国近现代重要建筑师、建筑事务所名录	赖德霖 主编	中国水利水电出版社 知识产权出版社

第一届中国建筑图书奖获奖图书书影

众读物。但建筑文化图书则是大众的，拥有广大的非建筑专业的读者。据调研，海外建筑人文类图书有较大的规模，如果国内建筑文化出版从选题到标准体现出高品质，国内一定会有一个个相对稳定的发展空间，只要有思想、有文化、有趣味且厚重大气，会极大地在建筑旅游及文化珍藏两方面得到发展。从对中国建筑文化的普及和发展看，图书评奖本身是一种文化守望，但它更是开启对优秀建筑图书的关注，因为有不少的空白需要耕耘者继续"劳作"和"填补"。我们一直希望"中国建筑图书奖"能成为一个品牌，在 2009 年中华人民共和国成立 60 周年前夕，通过第二届图书奖的评选过程，对中国建筑图书大系做一次梳理，一定会有更多的收获、发现和新贡献。"中国建筑图书奖"的设定，不仅架设起建筑师与图书之间、公众与建筑图书之间的桥梁，更在于通过中国建筑图书的宣传将中国建筑学术与文化置于国际性阅读活动的大背景下，通过建筑作品、建筑文化（含文化遗产）、建筑任务、建筑事业等寻找中国建筑文化的根基和振兴之路，为建筑图书树立起中国精神，这是中国建筑界和中国图书界的幸事。笔者还就第一届中国建筑图书奖颁奖典礼上举办历届奥林匹克场馆建筑文化展做了说明。

第二届

2009 年 4 月 23 日，在国家图书馆文津厅举办第二届中国建筑图书奖颁奖仪式，其主题是：建筑中国六十年——第二届"中国建筑图书奖"暨"用图书镜像建筑发展"。我们在主持语中表达了如下几点希望：我们希望这些工作能对普及并提升中国建筑文化、认知世界建筑文化有所帮助及贡献；我们希望这个基于学术组织的评奖活动能在政府主管单位的支持下更健康地发展，以形成中国建筑出版界的特色品牌；我们希望中国建筑图书奖及其展览不仅能够帮助中国出版"走出去"，也能让世界认知中国建筑及中国建筑师；我们希望有更多的社会组织及传媒机构参与并支持中国建筑图书的所有文化活动；我们希望在让建筑与艺术阅读普惠公众的同时，尤其不能忘记开展少年儿童的建筑教育工作，以提高他们对建筑科学与艺术的兴趣。第二届"中国建筑图书奖"获奖图书的评选与确立是严肃而认真的，因为他肩负的责任是要从 1949—2009 年出版的图书中去挑选，必须要求评选专家体现出一种对行业历史发展脉络清晰及负责任的求索精神（第二届中国建筑图书奖获奖书目见表二）。

表二 第二届中国建筑图书奖获奖书目

序号	书名	作者	出版社
1	应县木塔	陈明达 著	文物出版社
2	外国造园艺术	陈志华 著	河南科学技术出版社
3	建构文化研究：论19世纪和20世纪建筑中的建造诗学	[美] 肯尼思·弗兰姆普敦著 王骏阳 译	中国建筑工业出版社
4	城市发展史——起源、演变和前景	[美] 刘易斯·芒福德 著 宋俊岭 倪文彦 译	中国建筑工业出版社
5	现代建筑理论：建筑结合人文科学、自然科学与技术科学的新成就	刘先觉 主编	中国建筑工业出版社
6	中国古典园林史	周维权 著	清华大学出版社
7	上海百年建筑史：1840-1949	伍江 著	同济大学出版社
8	江南园林志	童寯 著	中国建筑工业出版社
9	中国民居研究	孙大章 著	中国建筑工业出版社
10	国家大剧院——设计卷	国家大剧院院工程业主委员会 北京市建筑设计研究院 编	天津大学出版社

第二届中国建筑图书奖获奖图书书影

第三届

2010年4月23日，在国家图书馆北海分馆召开了"第三届中国建筑图书奖颁奖暨第五个中国文化遗产日活动——首届建筑文化遗产·北京论坛"，共有十六种（套）图书获奖（第三届中国建筑图书奖获奖书目见表三）。此次颁奖会的意义在于，它虽未举办大型展览，但却成功地举办了"首届建筑文化遗产·北京论坛"，时任国家文物局局长的单霁翔及多位专家发表了对建筑文化遗产的新见解。会议组委会还宣读了《北京建议》，

表三 第三届中国建筑图书奖获奖书目

序号	书名	奖项	作者	出版单位	责任编辑	出版日期
1	中山纪念建筑	最佳建筑史学图书	建筑文化考察组 著	天津大学出版社	韩振平	2009 年 5 月
2	北京古建筑地图·上	最佳建筑生活图书	李路珂 等编著	清华大学出版社	徐颖 袁功勇	2009 年 5 月
3	中国建筑美学	最佳建筑艺术图书	侯幼彬 著	中国建筑工业出版社	王莉慧 徐冉	2009 年 8 月
4	北京私家园林志	最佳建筑史学图书	贾珺 著	清华大学出版社	徐晓飞 汪亚丁	2009 年 12 月
5	建筑中国六十年（1949—2009）	杰出贡献奖	《建筑创作》杂志社 编 马国馨 张宇 和红星 孟建民 金磊 杨欢 韩振平 李沉 崔勖昕 林娜 赵敏 殷力欣 刘江峰 胡珊瑚 康洁 刘锦标 杨超英 等编著	天津大学出版社	王志勇 姚卫东 徐阳 陈家修 李金花 韩振平 郭颖 张文红 高希庚 郝永丽 赵淑梅 等	2009 年 9 月
6	现象学与建筑对话	最佳建筑文化图书	彭怒 支文军 戴春 主编	同济大学出版社	江岱	2009 年 7 月
7	解读建筑	最佳建筑文化图书	赖德霖 著	中国水利水电出版社 / 知识产权出版社	阳森 张宝林	2009 年 7 月
8	建筑论——阿尔伯蒂建筑十书	最佳建筑理论图书	[意]阿尔伯蒂 著 王贵祥 译	中国建筑工业出版社	董苏华 戚琳琳	2010 年 1 月
9	中国建筑 60 年（1949—2009）历史纵览	最佳建筑史学图书	邹德侬 王明贤 张向炜 著	中国建筑工业出版社	王利慧 徐冉	
10	流水别墅传：赖特、考夫曼与美国最杰出的别墅	最佳建筑编译图书	[美]托克(Toker,F.) 林鹤 译	清华大学出版社	徐颖 王悦怡	2009 年 1 月
11	城记	最佳建筑推广图书	王军 著	生活·读书·新知三联书店	张志军	2003 年 10 月 2009 年 6 月 第 10 次印刷
12	北京：一座失去建筑哲学的城市	最佳建筑文化图书	王博 著	辽宁科学技术出版社	郑松昌	2009 年 3 月
13	穿墙透壁：剖视中国经典古建筑	最佳建筑文化图书	李乾朗 著	广西师范大学出版社	陈凌云 赵雪峰	2009 年 10 月
14	手绘中国民居百态套书	最佳建筑科普读物	夏克梁 陈学文 邱景亮 张斌 尚金凯 彭军 赵世勇 杨北帆 张兵 编著	天津大学出版社	庞恩昌	2009 年 1 月
15	北京跑酷	最佳排列装帧图书	一石文化 + 设计及文化工作室 编	生活·读书·新知三联书店	张荷	2009 年 2 月
16	建筑零能耗技术	最佳建筑技术图书	[英]邓斯特(Dunster,B.) [英]西蒙斯(Simmons,C.) [英]吉尔伯特(Gilbert,B.) [中]陈硕(Chen,S.) 著 上海现代建筑设计（集团）有限公司 译	大连理工大学出版社	房磊	2009 年 6 月

其中共有六个方面的内容。

①加大中国传统建筑文化遗产保护的工作力度。结合并利用全国第三次文物普查的成果，形成中国传统建筑的档案，对具有较高历史、科学、艺术价值的优秀作品，应由各级人民政府立即划定保护范围和建设控制用地，明确保护要求和环境控制要求，并与研究机构和出版机构密切配合，编撰高水平的建筑文化遗产保护图册及专著，为中国经典建筑树碑立传。

②加强对中国近现代建筑文化内涵和保护技术的研究。近现代建筑是中西文化交融、碰撞的产物，具有

第三届中国建筑图书奖获奖图书书影

丰富的文化内涵；同时，近现代建筑的结构与中国传统木构架体系的建筑结构有很大不同，其保护维修技术更有其自身的特殊性。此外，围绕着具体建筑实例的历史事件或故事，也必须视之为建筑文化内涵的必要组成部分，加以搜集、整理以及文化传承意义上的提升。

③抓紧对我国当代建筑的调研工作。当代建筑60年历程，是历经挫折而走向民族文化复兴的关键阶段，其技术进步之迅猛，艺术风格之多变，项目规模之大，面临问题之复杂，均超过了以往几千年的总和。因此，及时调研、及时保护其代表作和优秀作品，是总结经验、为国家建筑文化引领未来的当务之急。

④研究建立中国建筑文化遗产保护研究的专门协会，设立专项基金，动员更多的社会力量，支持中国建筑文化遗产保护这一长期、持续、系统的文化工程，为不可再生的人类共同文化遗产的永久保存与合理利用提供帮助。如要认真考虑将中国古代唐辽木构建筑系列，近现代的中山纪念建筑、抗战建筑、辛亥革命建筑系列等优秀建筑尽早纳入申报世界文化遗产名录程序，是反映20世纪丰富的中国大历史的需要。

⑤继续开展诸如"田野新考察"等旨在结合实例调查的研究工作，针对建筑文化遗产在思想艺术、科技进步及其与周边环境的关系处理，在建筑思潮方面发挥其对当代建筑活动的借鉴作用，在加强保护和研究的基础上，使之服务于社会、服务于未来。

⑥加大对保护建筑文化遗产在内的中国文化遗产的宣传力度。充分利用各类媒体的手段，使全社会自觉融入对中国建筑文化遗产保护的行列之中。

从归纳策划"中国建筑图书奖"评选活动的文化意义中，还会发现：国家近年来设立了一系列期刊与图书奖，它们在鼓励文化出版选优上发挥了重要作用，尤其在公众文化普及上产生了影响。但我们坚信，无论是国家新闻出版署的国家图书政府奖，还是国家图书馆等单位的文津奖，它们都是对大众文化的一种推进与引导，而对于某个专业化领域的图书评奖事宜尚未深入。《中华人民共和国科学技术普及法》中强调要最大限度地提高公众的科学素质，但对于国民建筑科学与文化素质却很少有清晰的界定。至今虽建筑科技与艺术类图书出版如潮，但行业对优秀建筑图书的推荐很不够，建筑师期

待读更有用的书，高校师生期待用有用的教材，国民建筑审美更迫切需要优秀建筑普及佳作的问世。

2008年1月15日的"中国建筑图书奖"评选启动仪式上，建筑师代表、作者代表及中国图书馆学会领导都从不同视角阐发了对设立并评选"建筑图书奖"的意义，粗略地归纳集中在两方面。

①全民族的建筑文化素质亟待提高，这不仅是社会发展、城市化建设的需要，更是一个文明国度文化艺术大繁荣的标志，不如此我们何谈国家的文化软实力。我们认为要提高全民族的科技文化水准不是空话，更不是泛泛口号，对当今城市化大潮而言，不可放过建筑文化普及这个时机，抓建筑文化普及决不能忘记从阅读开始。

②主动策划并开展"中国建筑图书奖"的评选，不在于一次能评出多少奖项，而在于通过评奖让社会、让海内外关注中国建筑界的文化动态，在业内外用图书和阅读，评介这个时代的建筑批评方式，加钱大众与专业人士的审美。如果说现状建筑评论与建筑批评有什么误区，那就是批评已变成了某种"研究"，那种鲜活的令业内外关注并有感染力的声音和文字不见了。不仅出现了媚俗之争，还出现了愈发抽象的创作方案；时代不仅需要新批评的内容和方式，更需要真正贴近公众的建筑文化自省。基于这些视点，"中国建筑图书奖"的文化意义、评论意义及公众意义就愈发重要和明确。

（《建筑评论》编辑部）

Event & Rewards

—

事件评论篇

建筑是一个城市乃至国家的符号，是丰富的包罗万象的史诗。从建筑事件学角度看，当建筑偶遇时间，我们可以找到历史；当建筑偶遇精神，我们更会发现文化。如果说城市是人类文明的竞技场，就是因为伴随着亚运会、奥运会、世博会乃至G20等大型重要城市事件的发生，那么建筑就是以其高度超越、跨度挑战、难度磨炼创造着时间之轮并划过的一个个"瞬间"，在浓缩40年建筑学人的奋斗历程中，成就着中国建筑设计发展的基业。无论是城市生活的营造者，还是城市形象的缔造者乃至城市历史的保护者，我们尤其应记忆住那些发生过的重大建筑事件和建筑学人不息的求学脚步。

Architecture is a symbol of a city and a nation, as well as an epic rich in information. In light of research on architecture-related events, when architecture meets time, we see history, and when it meets spirit, culture. If cities are arenas of human civilizations, architecture has solidified "moments" as they go higher, span wider and overcome difficulties alongside major events in cities such as the Asian Games, Olympic Games, World Expo and G20 Summit. The hard work of architectural circles over the past four decades has laid the foundation of and contributed to the development of Chinese architectural design. Architects have shaped urban life, built the cityscape and protected urban history. We should remember those past major architecture-related events in particular and study them.

中国建筑 40 年大事略记
（1978—2018）

---

3 月 18 日——3 月 31 日
1978 年全国科学大会在北京召开。建筑科技方面获奖项目有 176 项。

4 月 6 日
新唐山民用建筑设计讨论会在唐山举行。

4 月 27 日——4 月 28 日
举行国外工业化建筑体系、国内单层工业厂房体系讨论会。

5 月 26 日
中国建筑学会和国家建委建筑科学研究院在广州联合召开旅馆建筑设计经验交流会，会后出版了《旅馆建筑》一书。

7 月 29 日
国家建委以 [1978] 建发设字第 410 号文发出了《关于颁发试行〈设计文件的编制和审批办法〉的通知》。

9 月 11 日——9 月 15 日
中国建筑学会与国家建委科技局、国家建委建筑科学研究院和华北标办共同举办"唐山市公共建筑评议会"。

10 月 19 日
国务院批转国家建委《关于加快城市住宅建设的报告》。报告指出，到 1985 年，城市平均每人居住面积达到 5 平方米的目标一定要力争实现。

10 月 20 日
邓小平同志视察北京前三门高层住宅。

10 月 22 日
中国建筑学会建筑创作委员会召开恢复活动大会，会上对建筑现代化和建筑风格问题进行了座谈，委员会更名为建筑设计委员会。

12 月 18 日—12 月 22 日
十一届三中全会在北京召开。
《建筑设计资料集》出齐。该资料集自 1964 年起历经 10 多年时间终于问世。
北京妙应寺（白塔寺）白塔修缮工程开工。

12 月 23 日
上海宝山钢铁总厂建成投产。

国家建委召开城市住宅工作会议。
杭州剧院建成。
团中央办公楼建成。
外贸谈判大楼建成。
上海延安制药厂建成。
上海老饭店建成。

团中央办公楼　　　　　　　　上海延安制药厂

1978 年中国建筑学会建筑设计委员会南宁会议

风格试论

陈志华

建筑要现代化，得解决许多问题，其中一个是新建筑应该有什么样的风格。这个问题不算大，不过对建筑的现代化还是挺有影响，弄得不好，会扯后腿。比方说，已经是 1978 年了，现代化的口号可说深入人心，居然还有人硬要把大大小小的古式亭台楼阁堆在北京的一座大型旅馆上。这样的设计，就世界范围来说，倒车开了整整 100 年。可是，这个设计却得到过一些领导人的支持。

所以，建筑要现代化，无论是设计人还是领导人，都需要对建筑的风格问题有一个比较清楚的认识。

有相当一些人不大清楚建筑风格问题的意义，他们错误地以为风格问题只不过是个好看不好看的问题，而建筑物要好看，只需推敲比例、节奏、虚实、层次、尺度等就行了，以为这些就是建筑构图的精髓。

比例、节奏、尺度等诚然重要，应该好好学习，但是，在建筑艺术里，或者，简单一点说，在建筑形式里，风格问题其实更加重要得多。亭台楼阁式的旅馆，比例、尺度未必不好，层次、节奏也许还挺有讲究，但是，那样的建筑物实在太要不得了，它们会耽误建筑的现代化。

历史是面镜子，应该常常借来照一照。19 世纪，欧洲各国都造过不少大型公共建筑物，比例匀称，尺度准确，层次井然。至于风格呢？造市政厅，来一个"罗马复兴式"；造银行，来一个"希腊复兴式"；学校嘛，"都铎式"；议会嘛，"垂直式"！把法国古典主义和意大利巴洛克等手法七拼八凑在一起，搞出一座珠翠满头的大歌舞剧院来。热闹一阵，资本家仿佛买尽了天下风格，可是事过境迁之后，大家都说，19 世纪是欧洲建筑艺术的极衰落时期之一。说它衰落，不仅仅因为它没有形成自己的风格，更严重的是，它这种抄袭历史风格的创作方法，妨碍了新技术和新材料在建筑中的合理应用，也就是妨碍了当时建筑的"现代化"。

不要以为这是天方海外的笑话奇谈，跟我们无关。其实，在我们这里，用中国庙宇的大屋顶造展览馆，用外国庙宇的柱廊造纪念堂，把古式亭子和洋式的塔凑合成不三不四的火车站，还是很普通的现象。

再说，欧洲建筑最讲究比例、节奏、虚实和层次的，

陈志华先生近照

是法国的古典主义建筑。但是，古典主义的建筑物，端足了架子，挺着一身硬邦邦的石头，板起脸，十几米长的柱子趾高气昂地站在高高的基座上，叫人从基座的小小门洞出入，真是欺人太甚。而欧洲中世纪的民间木构建筑，窗子大大的，向外坦然敞开，主要材料用木头和抹灰，又柔和又温暖；它们不死守轴线，形体和门窗按需要随机安排，活泼轻快。虽然它们的比例、节奏之类可能被构图家们指责得体无完肤，可是它们有一股朴实的居家情味，教人见到主人的淳厚和勤劳，它们能用真正的生活乐趣感染人。

这倒不是说比例、节奏等毫无意义，而是说，喜欢什么样的比例，往往是从属于喜欢什么样的风格的。常常是一种风格有它自己的一种构图原则。中国古典建筑的比例跟欧洲古典建筑的比例很不一样，可是它们的比例都很成熟。不过，欧洲古典主义建筑，源远流长，而且，作为一种官方建筑，垄断了 18~19 世纪直到 20 世纪初年的欧洲建筑教育，理论著作汗牛充栋，以致造成一种假象，好像只有它的构图手法，它的比例、节奏之类才是唯一正确的。中国的近代建筑学是从欧洲引进的，所以就引进了这种假象，一直到现在，还禁锢着不少建筑工作者的头脑。

风格是自然形成的吗？不！风格从来是自觉创造的结果。远的不说，说近一点的。欧洲建筑中，意大利文艺复兴建筑的兴起和被巴洛克建筑取代，都经过激烈的斗争。法国古典主义同巴洛克也是对着干的。法国资

产阶级革命的曲折过程，引起了建筑风格一次又一次的变化，每次变化，都有明确的政治意义。19世纪，"古典复兴"和"哥特复兴"两派，旗帜鲜明，双方各有代表作家，各有理论著作，深深牵连到政治斗争和宗教斗争。20世纪初年，新建筑运动的勃兴，那一场恶斗，更是空前尖锐、空前彻底。新建筑的代表人物，思想敏锐，看透了当时那种抄袭历史风格的创作方法的弊害，又看清了建筑发展的方向，目标明确。他们在斗争中决不妥协，通过办学校，写文章，参加设计竞赛，甚至打官司，不遗余力地推进新建筑风格的发展，终于开创了建筑史的一个崭新的时代。

再看一看我们这三十来年的经验，建筑风格的斗争也从来没有间断过，只不过常常由于对创作实行封建衙门式的领导，在"长官意志"的压抑下，斗争没有展开罢了。最近，关于北京一个大旅馆的设计方案的争论，就是一场关于建筑风格的斗争，可惜，它自始至终没有能按照建筑创作应该有的民主程序进行。

当然，即使在历史发生剧烈变革的时期，也会有很多建筑工作者并不明确地参加创造历史的斗争。他们中的大多数，是缺乏这样的自觉和勇气。他们中的少数，是习惯于看眼色办事，因此往往成为保守的力量。

那么，到底什么是风格呢？这个问题要弄清楚，不过，用不着下抽象的定义。其实，风格这个词是大家经常挂在嘴边上的，不妨先分析分析大家是怎么说的。

颐和园中轴线前端，湖边上，有一个牌楼，叫"云辉玉宇"。后端，山脊上，有一个牌楼，叫"众香界"。拿它们跟外国建筑比，它们是中国风格的；跟唐代的比，它们是清代风格的；跟民间的比，是皇家的；跟宫殿比，是园林的；比实用建筑，是装饰性的；比南方的，是北方的。再把它们互相比一比，一个是木构架建筑风格，一个是砖石建筑风格，如此等等。为了求全，再参照欧洲文艺复兴时代以来的建筑，还有一个大家常说的个人风格。

由此可见，所谓建筑风格，其实包含着许多个层次，许多个方面。把这些说法简单理一理，大致可以说，时代的、民族的风格是比较一般的，更加概括的；个人的、类型的、一定材料结构的风格是个别的，更加具体的。因此，后者总要从属于前者，没有时代和民族特点的个人风格或者木结构风格是没有的。反过来，时代的和民族的风格也只能表现在具有类型特点、材料技术特点，或者还有个人特点的建筑物上。总之，一个成熟的建筑风格，必定同时兼备这许多方面或层次，就像"云辉玉宇"，或者"众香界"那样，这一点挺重要。

会有一种责难，说口头用词不科学，从时代到个人，从民族到砖木，都叫作风格，风格这个词就没有意义了。

其实不然，众口相传的话，常常是挺有道理的。把上面提到过的所有的风格，细细琢磨琢磨，就能看出来，这些风格，都有三个主要的共同点。第一，凡一种成熟的风格都有独特性；第二，凡一种成熟的风格，都有一贯性；第三，有稳定性。

独特性，就是与众不同，有它自己确定的特点。唐辽建筑和明清建筑，是一眼就分得清楚的。唐辽官式建筑斗拱大、举得高，把屋檐远远托出；檐口曲线完整而有弹性；角柱明显向里倾斜，更加夸张了屋顶的飞扬劲儿。建筑物由此显得雄壮飘洒。明清官式建筑斗拱小而密，出檐比较少；檐口平直而只在翼角飞起；柱子没有侧脚，所以建筑物端庄凝重。

木牌楼和砖牌楼，因为材料和结构不一样，风格的差异也是一目了然的：一个用梁柱结构，虚多实少，灵灵巧巧，一个用拱券结构，又厚又重，板实一块；一个用彩画做装饰，一个贴琉璃；一个斗一朵朵，出檐比较舒展，一个小斗拱挤成堆，出檐不大。因此，一个是轻盈华美，一个是庄重肃穆。

同样，中国建筑和日本建筑，南方建筑和北方建筑，博物馆和图书馆，格罗皮乌斯的作品和柯布西耶的作品，都有很容易辨识的特点，可以说得分明。然而没有独特性就没有风格。我们现在的建筑，至少可以说没有个人或者某个创作集体的特有风格。地方风格大概也谈不上，因为没有明显的特点。

一贯性，就是某个成熟的建筑风格，从建筑群到个体建筑物的形体、布局、立面、局部、细节、装饰等，都贯彻一致的艺术构思，没有或很少有不协调的杂质。比方说，欧洲中世纪的哥特式教堂，它是城市的垂直轴线；它本身的构图中心是一对冲天的尖塔；它一身满是垂直线和尖顶，发券也是尖的；它下部重拙，上部轻盈，造成了强烈的向上动势；它的飞券扶壁看上去富有弹性，仿佛能把尖塔发射出去；它的窗子很大，墙面很少，看来空灵，完全适合教堂向上腾空而去的那股冲劲；它的神龛、歌坛屏风、经台等都采用尖顶、尖券和垂直线；它的装饰雕像又瘦又长，密密裹一身下垂的衣纹；它的窗棂、栏杆等的剖面形式，都是以尖棱朝外，特别瘦劲。哥特教堂全身的大多数处理，都服从于脱凡超俗、飞升而去的构思。

密斯是很注意他的个人风格的一贯性的。他的风格，是与钢框架建筑的风格紧密联系着的。他小心翼翼地表现钢框架的特点，注意不让隔断墙看起来好像承重墙，不让钢柱子埋没在墙里。甚至连玻璃幕墙和钢柱的连接方法、大小钢梁的搭架形式，他都十分注意，要它们表现出钢框架的构造和工艺特点。

风格越成熟，它的艺术构思的一贯性也就越彻底。没有一贯性，独特性就不会明确，人们就说不出什么风格。所以，外国柱廊加上中国莲瓣，现代的壳体加上古代的亭子，是形不成什么风格的。

稳定性，就是说，在一个相当长的时期内，基本特点不变，并且有一批代表作品。

一种成熟的建筑风格，总是在反复实践的过程中形成的，所以它必定具有稳定性。一幢两幢建筑物，即使有一定的独特性，如果前无古人，后无来者，绝不可能形成成熟的风格。所以，现在还不能说法国的蓬皮杜中心已经有了什么风格，虽然它肯定有所突破。19世纪初年，法国的帝国式风格，流行年代算是很短的了，但是它有教堂、凯旋门、纪功柱、交易所、国民议会大厦等不少代表作品。它们都尺度超人，体积庞大而形体简单，封闭沉重而色调灰暗。它们形成了严峻的、盛气凌人的风格，明确而稳定。

个人的创作特点不可能像时代的或者民族的风格那样维持长久，一辈子不过几十年。但是，在这几十年里，也总得有一定的稳定性。而且，一种真正有价值的个人风格，总会形成一个流派，在相当长的时期里发生影响。米开朗琪罗如此，格罗皮乌斯也如此。

由上面这些分析，可以看到，独特性、一贯性、稳定性，凡是大家惯常叫作风格的都有这三个主要特点，不论是时代风格还是民族风格，个人风格还是地方风格，木构风格还是钢筋混凝土风格。所以说，尽管有这许多不同方面、不同层次的风格，风格这个词还是有很明确的含义的，人们并不是随便说说的。方面和层次不过是它的内部结构。

从风格的这三个主要特点来看，很明显，没有自觉的、有意识的创作，社会主义的、民族的、现代化的建筑风格是不会有的。我们有些建筑设计工作者和设计单位，在这幢建筑物上画几层古式大屋顶，在那幢建筑物上画一圈西式柱廊，在另一幢上又画钢架大玻璃窗，五花八门，什么都会画，都画过，追求什么风格吗？对不起，没有想过。工作没有继承性，平地造起来的城市、街道、科学研究机关、学校，一栋栋房子，只要相隔一两年，就张三李四，各有各的长相，彼此之间连一点照应都没有。北京的民航大楼、华侨饭店、美术馆，把着十字路口的三个角，好像互相成心赌气。其中有两个还是同时设计、同时建造的。天晓得第四个要怎么样。

形成风格，当然不是一天两天、一年两年的事，但是，总不能三十来年没有落实的打算，没有系统的探索，没有认真的讨论。这样迷迷糊糊下去怎么成！19

世纪末20世纪初，欧洲的建筑很混乱，但在混乱之中，看得出一些人热烈的追求和顽强的创造，我们难道连这样的精神都没有？

那么，怎样追求，怎样探索呢？是不是在创作中一贯地坚持重复无论什么样的独特性就可以形成新风格了呢？不行！仔细分析中外古今的各种建筑风格，可以看出，任何一种有意义的风格，都是有客观根据的。也就是说，它的独特性和一贯性都是有客观根据的，这样，它才能稳定。不反映客观事物的独特性，凭主观硬造出来，不可能获得一贯性，也不可能稳定成风。20世纪初年的现代建筑运动，之所以能够在短短时间里席卷欧洲，得到彻底的胜利，就是因为它顺应建筑发展的客观要求。在这场运动里有过一点贡献的赖特，在创作中常常有主观主义的东西，他的风格就不很一贯，不很稳定，有折中主义的倾向，有跟现代建筑格格不入的杂质。

根据人们关于"云辉玉宇"和"众香界"两个牌楼所说的，风格有时代的、民族的、各种材料和结构的、各种建筑类型的，等等。而且，一个建筑物的风格必定同时兼备这些方面或层次，看起来，风格所反映的客观内容很复杂，很错综。绝不能回避问题的错综复杂，把它简单化，但是却可以在千头万绪之中选择出主要的东西。建筑风格所反映的客观内容，主要的有三方面：第一，时代的社会面貌，包括民族的传统；第二，材料、技术的特点和它们的审美可能性；第三，建筑物的功能特点和具体的艺术要求，包括地方的气候和地理等条件在内。

因为有一些人只承认第一方面，不承认第二、第三方面，又有一些人虽然也承认第二、第三方面，却把它们当作次要的，把第一方面当作主要的，所以，有必要先说一说这三方面的关系。

一种成熟的时代风格，理应概括着当时各种材料的、各种类型的建筑物的一般艺术特点，集中地反映着社会历史面貌。在一个统一的时代风格之下，为各种社会阶级或阶层服务的建筑物，各种类型的建筑物，用各种材料和结构方式造起来的建筑物，各有自己的风格，反映着各社会阶级的审美情趣，材料和技术的特点、功能以及具体的艺术要求。但是，超脱材料和技术的特点、超脱功能和具体艺术要求的时代风格，只能在概念里存在，它没有形骸，像一缕游魂。它必须有所寄托，才能有血有肉，存在于现实之中，被人们认识。这就是说，意识只有在用可以感知的形象表现出来的时候，才能成为艺术。反映一定的时代精神和社会面貌的建筑形象，是寄托在用一定的材料造起来的、有一定的用途的、有它自己具体的艺术要求的建筑物上的，它绝不可能不受到材料、功能和具体艺术要求的制约。而风格，却正是建筑形象的一种可以直接感知的特征，不是一种虚无缥缈的东西。提到古希腊建筑风格，就要通过石头的、梁柱结构的庙宇去认识；提到赖特的建筑风格，就要通过一幢幢草原住宅去认识；离开这些具体的建筑物，离开它们的特定形象，什么风格都设想不出来。

所以说，前面提到的，建筑风格所反映的三方面的主要客观内容，不能随意否认一个两个，它们的关系，也不是主要次要，或者什么"大""小"的关系。

建筑的风格既然反映时代的社会面貌，那么，在阶级社会里，它就必定是站在某一个阶级的立场上来反映的。看看欧洲的建筑史，从古希腊直到19世纪，不同风格的对立和斗争，总是和阶级斗争的形势息息相关的。17世纪，意大利的巴洛克式教堂，追求扑朔迷离，神秘恍惚的气氛。墙面是破碎的，柱子是扭曲的，深深的壁龛、厚厚的壁柱和雕饰，造成千变万化的闪光和暗影。线脚不断被各种装饰突破，雕刻放在出人意料的地方，好像随时会跳跃起来。没有什么东西的形状是完整的、明确的、肯定的，还要用绘画来造成虚幻的空间。同时，所有这一切又都用彩色大理石、金、银、铜、宝石等装饰起来，珠光宝气，一派繁华景象。走进教堂，就像到了一个非现实的世界，而在这个世界里，掌握人们命运的"天国力量"又豪华富贵得很。巴洛克建筑取代文艺复兴建筑，相当鲜明地表现了当时重要的历史事件：封建贵族和教会勾结起来，拼死命反对新兴的资产阶级的文化运动和宗教改革运动。它站在贵族和教会一边。

正因为风格是站在一定阶级的立场上反映社会面貌的，所以，风格的斗争才会牵涉到政治的和宗教的斗争。在现代建筑诞生之前，统一的时代和民族的建筑风格，是十分有限的，内涵相当空泛。不过，统治阶级的思想总是占统治地位的思想，所以，反映统治阶级思想的建筑风格就成了占统治地位的风格，以表现统治阶级的意识为主的庙宇、教堂、官殿等，因此成了历史风格的代表作。

建筑风格反映社会面貌，是十分概括的。如果对那个社会不熟悉，很难看出来。不过，只要把它和当时社会的各个主要方面联系起来，下一番研究的苦功，就不难理解它了。理解之后，就能感觉得清楚多了。欧洲人把建筑叫作石头的史书，不是毫无根据的。

因此，创造我们现代的建筑风格，不仅仅为了建筑的现代化，也是用建筑写我们的现代史。怎么认识我们现代的建筑风格，关系到怎么认识我们的社会主义社会和它的建筑。

当然，对一些大量性的建筑物，这样提问题是不恰当的。工厂、住宅、中小学校等，至少在目前，不能担当这样的任务。

但是，北京和一些大城市的大型公共建筑物，是不能不负起反映我们时代面貌的责任的。一部世界建筑史证明，每个历史时期，对社会变动反映得最灵敏的是大型公共建筑物，包括宫殿和宗教建筑物在内。以往，每一种新的建筑风格，总是首先在大型公共建筑物上产生、发展、成熟起来的。大型公共建筑物，使用着当时最先进的技术，在风格的演变上，总是开风气之先，而且最典型地代表着新风格。

但是，在北京的三十来年的实践中，有一个奇怪的现象，这就是，大型公共建筑物的风格最保守、最陈旧，而且往往是越重要的就越这样。一些设计工作者，一遇到这类任务，就立即转向《营造法式》或者"古典柱式"，甚至振振有词。创新的事，八字还没有一撇，就忧心忡忡，唯恐失去了传统。

怎样认识社会主义制度呢？社会主义社会应该是人类历史上迄今为止最富有创造性的、最富有进取性的、最彻底地同旧世界决裂的社会。那些保守、陈旧的建筑样式怎么能反映社会主义的本质呢？

有一些人，把社会主义的建筑风格编成几个抽象概念：庄严、宏伟、明朗、亲切等，但是一落实，得到的具体建筑形象，不是在中国的封建社会里，就是在外国的封建社会里，早就见过的了。由此可见，在他们的头脑里，是用封建意识歪曲了社会主义。

在创造富有时代特点的建筑物的过程中，能够形成个人的风格。当然，也需要经过自觉的努力。欧洲的建筑，从意大利文艺复兴时期倡导人性解放以来，建筑师的个人风格始终很鲜明，直到新建筑运动的代表人物出现。在一个时代的总潮流之下，建筑师们各有独特的创作个性，能够造成百花齐放的繁荣局面。

不过，建筑的个人风格，既不是主观随意的产物，也不是只反映作者个人的气质、性格、教养、经历等。它也有客观根据。拿文艺复兴时代来说，米开朗琪罗的风格，雄健有力，充满激越不安的情绪。拉斐尔的风格，温文儒雅，洋溢着柔情。米开朗琪罗的风格，反映着城市市民力求摆脱被奴役的状况的斗争。拉斐尔的风格，则反映着市民上层和贵族合流而取得统治地位后，平静而满足的心境。他们的个人风格，所反映的仍然是纷扰动荡的时代里他们最熟悉、最同情的一部分社会力量的审美理想。拿新建筑运动的代表人物来说，柯布西耶的风格，建立在钢筋混凝土框架建筑的特点和审美可能性上，密斯的个人风格，则依据钢框架玻璃幕墙的特点和

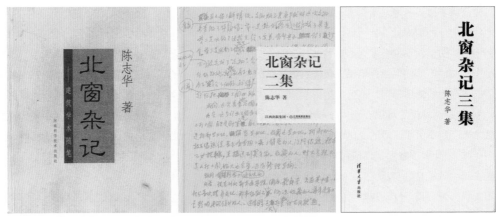

"北窗杂记"系列书影

审美可能性。

凭主观主义地胡思乱想，企图硬造出自己的个人风格来的人也是有的，例如西班牙的高迪之类。虽然也有人给他们喝彩叫好，可是稍微有点历史眼光的人都知道，他们不过是些左道旁门。同时，他们的创作固然没有客观意义，不可能普及为一种时代的、民族的风格，但资本主义社会里产生这么一些人，却是客观的必然。

既然形成一些个人的风格或者一些创作集体的风格，能够繁荣建筑文化，那么，我们为什么不提倡呢？不但不提倡，恰恰相反，在有些地方，还要批判有意追求个人风格的人。批判的道理很滑稽，把剥夺个人风格当作剥夺个人的生产资料所有制，叫作什么反对知识私有。这些批判者不明白，个人私有生产资料，是会用来剥削别人的，而个人形成了创作风格，却只会使人民的城市丰富多彩。而且，建筑师个人或者某一个创作集体，如果不在风格上有所追求，那么，时代的风格又何从产生呢？不追求个人风格而只追求时代风格，这是不可能的事。成千上万的建筑师，如果动员起来探索时代的建筑风格，会各有各的理解，各有各的路子，其实每个人探索的是现代条件下的个人风格。只是在这些个人风格之上，才能汇集出时代的风格。不许个人或者创作集体建立自己的风格，实际上就是不想形成时代的建筑风格。重大任务来了，找一批人议论议论，出方案，写文章，说是风格如何如何，只不过是自欺欺人。三十来年的实践，已经证明这么办毫无成效。

历史上，每一种成熟的建筑风格，都适应着它的建筑物所用的材料、结构方式等物质技术条件，并且相当大地发挥了它们的审美可能性。中国的古典建筑的风格，同木质的梁架结构分不开；古罗马建筑的风格，同拱券结构和混凝土承重墙分不开；哥特式教堂建筑，同框架式拱券结构分不开。意大利建筑师纳维，则是在预制装配式壳体建筑上形成了他自己的风格。离开了这些材料和结构方法，这些风格都是不可能产生的。在中亚的土坯砖建筑上，不会有飞檐翼角；在日本木构的神社上，不会有穹顶。

一种材料，一种结构方法，往往不止提供一两种可能性，而是可以利用它们创造出好几种差异相当大的风格来。利用并且发挥材料和结构的哪一方面的特性，常常取决于思想艺术要求和物质经济利益的统一考虑。但不管有多少种风格，它们都得适应这种材料和结构方法的特点，这是一定的。例如，古典主义建筑和巴洛克建筑，材料和结构没有什么不同，风格却很不一样。不过，它们的风格都只能产生在石头的拱券结构上，它们之间风格的差异，远远小于它们跟俄罗斯木构建筑风格的差异。

建筑业归根到底是一项物质生产，不是造型艺术。建筑因此总得按照物质生产的规律发展。它的材料、结构、设备等，直接决定于社会生产力。每当一种更经济、更有效、更可靠的材料或者结构技术发明出来之后，它们就必定要排挤旧的、落后的材料和结构技术，与适应于旧材料、旧技术的建筑风格发生矛盾，不管它曾经多么完美，多么有成就。同时，人们在实践中，又会渐渐发现并且掌握新材料和新结构的审美可能性，触发新的艺术构思，进而形成新的风格。从 19 世纪初到 20 世纪初，经过整整 100 年，钢铁和钢筋混凝土代替石头成为主要的结构材料，是引起建筑的革命性变革的原因之一。在这个变革过程中，无情地开辟着道路的，就是建筑作为物质生产所固有的客观规律性。19 世纪的欧洲建筑，风格虽然混乱，但是，建筑师的职业技巧一般说来却是相当高。资本主义经济开阔了人们的眼界，建筑师汇集了世界各地几千年来的建筑经验，加以研究。他们模仿一种历史风格，能够比这种风格流行时的建筑都地道。但是，不论有多么高明的技巧，钢铁、钢筋混凝土和玻璃把他们全都打倒了，代表着更高级的、更先进的生产力的新生事物，不可抗拒。

有人说，新的可以在形式上模仿旧的，所以，新技术不一定非引起风格的变化不可。

新材料和新技术初期应用的时候，总要模仿旧东西，因为人们还不熟悉它。19世纪初年，铁就曾经被铸成块，像石头一样砌筑拱桥。铁被用到建筑里来，先是架搭穹顶，外表上看，跟石头的没有两样。这种时候，就是建筑形式既不一贯又不稳定的风格的过渡期。用新材料和新技术模仿旧形式，不可能有一贯性，因为这样的形式没有客观的依据，全凭主观的愿望。也不可能有稳定性，因为这种做法不能充分发挥新事物经济的和功能的优点，而人们正是为了这些优点才把它们创造出来的。

同时，不能充分发挥新事物的经济和功能效益的形式，也是不美的。它在艺术上站不住脚。对美的认识也和对其他一切的认识一样，是从感性运动到理性的。不真不善的形式在认识的感性阶段可能引起美感，但是当人们知道了它的种种不合理的弊病之后，它连存在的余地都没有了，还谈得上什么美！以新仿旧的办法，跟劳动者永远不迟疑的革新精神格格不入，它散发着因循保守的暮气，这样的作品，还谈得上什么美！

可惜，这种违反建筑固有的客观规律的创作方法，在我们这里还相当流行。火车站用了跨度相当大的壳体，却把它装扮得很古老。教学楼用了钢筋混凝土框架，却把它伪装成承重墙结构的样子。甚至，有些建筑物还要造高高的假柱子。常常听到一些人争辩，说我们没有创造出新的建筑风格，是因为我们的建筑材料和结构都还不够先进。其实，北京的不少大型公共建筑物，建造的时候，结构的先进性在世界上还是数得着的。关键在于创作思想不正确。

相反，充分发挥了新事物的优点的形式，它们的合理性、创造性、进取性，会形成美感，因为它们体现了人类劳动和智慧的创造力量，而这种力量是美的，非常美的。那些代表着当代科学技术的最新成就，代表着当代生产力的最高水平的建筑材料、结构方式和设备，是建筑现代化的标志，是当代任何一种时代风格的理所当然的重要因素。合理地使用它们，充分地表现它们，是形成当代任何一种时代风格的必要条件之一。在陈旧的形式上加上宏伟、庄严、明朗等字眼，是搞不出名堂来的，它不符合建筑本身的发展规律。

有一种说法，说我们的时代，是帝国主义和无产阶级革命的时代，不是钢铁时代、原子时代、空间时代，所以，我们的建筑的时代风格，要反映的只是无产阶级的革命精神，而不要表现钢铁玻璃之类。这是一种糊涂思想。把政治概念直接搬到建筑创作中来是不行的。现时代的建筑风格当然只能在现代化的建筑上形成，在落后而陈旧的建筑上怎么可能形成现时代的建筑风格？

社会主义的时代的建筑风格，必然要在建筑现代化之后才能真正形成。建筑的现代化，是真正形成社会主义的时代的建筑风格的必要前提。没有建筑的现代化，就没有真正的社会主义的时代的建筑风格。用落后而陈旧的混合结构的形式和封建时代的古典主义的柱式构图，或者再糅合一些大屋顶，想这样来形成社会主义的时代风格，那是缘木求鱼。把已经达到的相当不错的新技术成就，埋葬在古老的外衣里，那是开倒车。再也不能这样糊涂下去了。

一切建筑物的形式都要经过功能的严格检验，合则留，不合则去。不便于使用的形式，经不起理性的批判，不会真正是美的。把功能安排得合理的，适合气候等自然条件的，让人觉得在里面工作或者生活又方便、又健康的，这种形式会引起美感。风格寄托于形式，于是，建筑物的功能，包括自然条件，也就会反映在建筑风格上。

作为一种物质生产，除了极少数纪念物之外，建造建筑物的唯一理由就是要使用。因此，建筑功能的逐渐复杂化和完善化，是一个客观的过程，也是建筑本身固有的规律性之一。在这个过程中，新的、逐渐复杂和完善的功能，必定要同旧的形式发生矛盾，促进建筑风格的变化。欧洲的新建筑运动，就是首先在和新兴的大机器工业有直接关系的建筑物上酝酿的。那些建筑物的功能要求是历史上从来没有过的。为了解决新问题，人们使用了当时最新的材料和技术。新功能、新材料、新技术，同旧形式不能相容，因此突破它，产生了新形式，也就为新风格创造了条件。这种情况逐渐普遍，波及其他各类建筑物，于是，新建筑运动就势在不免了。

每一种不同功能的建筑物，有它自己必然的样式。住宅、商店、剧场、博物馆等由于功能而产生的特点相当明显。住宅重复着一个个的单元，阳台整齐地排列着；商店有五颜六色的大玻璃橱窗；剧场的观众厅和舞台等几部分的组合很有程式，门面宽阔；博物馆的墙面大多封闭。每一类建筑物又各有独自的艺术要求。住宅要宁静亲切，商店要活泼热闹，剧场要愉快堂皇，博物馆要典雅。因此，各类建筑物必不可免地有自己的风格。历史上，每一种成熟的时代风格，其实是由一类占主导地位的建筑物来代表的。古希腊是神庙，古罗马是公共建筑物，中世纪是教堂，古典主义时期是官殿，等等。

探索我们时代的、民族的新建筑风格，不是从推敲几个形容词下手的，而是通过具体的创作实践来进行的，而每次创作的，总是有特定功能的建筑物，因此，时代的、民族的建筑风格，是通过各种类型的建筑物的风格而逐渐形成的。这就要求，推敲每一幢重要建筑物的风格的时候，要真正了解这类建筑物在社会主义制度下的意义，要给它时代的特征。

比方说，我们社会主义制度下政府机关的办公大楼应该是怎么样的呢？社会主义制度意味着比资本主义制度更广泛、更完全的民主，意味着人民群众要直接管理国家机器，意味着政府工作人员是人民的公仆而不是人民的主人。因此，办公大楼应该是叫人亲近的，开敞的，不应该是威风凛凛的。可是，我们的一些办公楼，却是一副封建官署衙门的样子。当中轴线突出；左青龙，右白虎，刻板对称；基座墙做到窗台，大台阶高高的；基座墙上是一通几层的大壁柱。这样的办公楼，真是壁垒森严，叫人望而生畏，要有几分勇气才能走到它门前去。实在很难想象，这是人民公仆工作的地方。显然，在我们有些人头脑里，封建意识还很浓厚，他们的建筑趣味，跟两千年前苏秦和萧何的相差不远。苏秦说："高官室，大苑囿，以鸣得意"，萧何说："非壮丽无以重威"，而我们有一些办公楼，确实是在那里自鸣得意和抖威风，却还有人在翻来覆去地说什么庄严呀、雄伟呀，把这些当作社会主义时代建筑风格的头号特征。难怪他们喜欢古典主义的构图，那是欧洲封建等级制在建筑艺术上最典型的反映。

所以，要创造社会主义的新建筑风格，首先还得清除封建意识。

各种不同类型建筑物的风格，或者说艺术性格，并不是一成不变的，因为它不仅仅决定于它们自己的功能特点和相应的观念。人们关于一种建筑物的艺术性格的认识，也被建筑的材料结构等技术因素深深地渗透着，因此，也要随着这些因素的发展而起变化。比方说体育建筑吧，因为古罗马的角斗场使用的是拱券结构，立面上的券柱式很沉重厚实，所以，长期以来，人们一直把沉重厚实当作体育建筑的典型的艺术性格。解释说，这样的性格反映着体育运动所代表的强壮的力量。但是，当技术进步了之后，由于本身的一些特点，体育建筑比一般建筑更多地使用了大跨度和大悬挑的结构，因而格外轻快。于是，就有一些泥古不化的人谴责说，新的体育建筑失去了应该有的艺术性格，或者说，风格不对头了。

其实呢？不过是体育建筑的风格起了很好的变化罢了。"举重若轻"者岂不是比汗流浃背者更有力量？从汗流浃背的砖石拱券结构到举重若轻的大跨度和大悬挑的钢结构，是结构力量的一个大进步。

会有人说，真是三寸不烂之舌，怎么说怎么有理！不对的，请不要挖苦！体育建筑的这种艺术性格的变化不是什么人说出来的，这是客观的、合乎规律的发展的必然结果。科学技术的发展，使人类更强大了，更有力量了。轻快的建筑形象，反映着科学技术的发展，自然就表现了更大的力量，更大的信心，真是游刃有余，像一个体操运动员，在吊环上用了千钧之力，却显得那么轻松自在。所以，从用沉重厚实的形式表现力量到用轻快自如的形式表现力量，是人们观念上的一个大变革。为了促进新的建筑风格的发展，需要打扫一切角落，把形形色色的陈腐观念、习惯势力统统扫进垃圾堆去，来一场破旧立新的思想上的大解放，何必自套枷锁。

作者系清华大学建筑学院教授，本文写于 1978 年

2月20日
中国建筑学会和国家建委科技局联合发出《关于组织城市住宅设计方案竞赛评选工作的通知》。

5月
我国第一幢整体预应力装配式板柱结构实验楼建成。

6月8日
国家计委，建委，财政部发出《关于勘察设计单位实行企业化取费试点的通知》。根据通知，全国18家勘察设计单位成为全国首批企业化管理改革试点单位。这是新中国历史上第一次实行设计收费制度。

7月
中共中央、国务院同意在深圳、珠海、汕头、厦门试办出口特区。1980年5月，中共中央、国务院决定将这四个出口特区改称为经济特区。各地许多大中型勘察设计单位纷纷到特区设立分院。

7月31日
国务院以国发[1979]189号发出了《颁发〈中华人民共和国标准化管理条例〉的通知》。

8月22日—9月3日
国家建筑工程总局在大连召开了全国勘察设计工作会议。

8月29日
邓小平同志在北京视察用新型轻质建筑材料建造的框架轻板试验性建筑。

9月1日
国家旅游总局召开了全国旅游工作会议。会议确定了旅游发展规划，提出对国家投资兴建的旅游饭店要确保重点。加快建设速度，要积极利用外资，分期建造一批旅游饭店，并学习外国建筑和管理饭店的先进技术和经验。

9月23日
国家建委以[1979]建发施字第316号发出了《关于保证基本建设工程质量的若干规定》。

12月
中国建筑学会建筑材料学术委员会，在上海召开"粉煤灰在混凝土中应用"学术会议。我国第一个商品住宅小区——广州东湖新村开工建设。
国家建委举办了"全国城市住宅设计方案"竞赛。
国务院设立国家建筑工程总局、国家城市建设总局。
刘敦桢遗著《苏州古典园林》出版。
中国工程建设标准化委员会第一次全国代表大会在武昌召开。
苏州饭店新楼建成。
西安秦始皇兵马俑博物馆建成。
北京气象中心建成。

北京气象中心

苏州饭店新楼

打碎精神枷锁 提高设计水平

龚德顺

在我们建筑设计工作中，当前主要矛盾是什么？有没有妨碍实现"四个现代化"的因素呢？答案是肯定的。有！主要是设计思想方面的问题。

一、设计思想要解放

设计思想僵化是有历史原因的。新中国成立初期学习苏联那一套设计理论，把西方国家建筑设计体系从平面布局到理论公式全部推翻了，一边倒地学习苏联，形成了一定的框框。在"民族形式社会主义内容"的口号影响下，出现了大量大屋顶建筑。刹住了"大屋顶"风以后，一批平屋顶建筑在北京建造起来了——和平宾馆处理手法简洁，但被戴上了方盒子的"帽子"；儿童医院在布局和细部处理上做了一些具有民族风格的尝试，但"因人贬形"，没有得到适当的评价，随后，北京展览馆和广播事业局大楼这种苏联蛋糕式的建筑造型出现在首都主要位置上。栋栋全苏式的住宅楼兴建起来。对这些，从来没有从理论上、艺术风格上进行评论，因而尽管批判了结构主义、复古主义、形式主义等，但对正确理解"洋为中用""古为今用"的方针没有取得应有的效果。建国十周年的时候，首都建造的"十大工程"，以现代古典式中国建筑载入了史册。虽然某些建筑在使用功能、艺术造型、尺度比例上存在着一些不足之处，但总的来说，在北京这个特定的条件下，这批高级民用建筑，在建筑造型、艺术风格上也引起了全国各地建筑师的注意。在这个基础上，为了总结十年的设计经验，各地开展了建筑艺术问题的座谈会，以后又在上海进行了讨论和总结。《创造中国的社会主义的建筑新风格》一文，作为总结报告发表了。这对提高建筑理论，繁荣建筑创作起到了推动作用。本来可以借此开展建筑评论，明确是非，使设计思想进一步提高，但1966年以后，在林彪、"四人帮"的干扰破坏下，这个总结被定为"反党反社会主义的黑纲领"，把许多学术问题当成政治问题，把某些设计说成是"修正主义"的、"典型的资产阶级设计手法"等，并且牵强附会地给设计人员扣了许多"帽子"，打了许多"棍子"。现在要繁荣建筑创作，从领导到设计人员，都要认真肃清"四人帮"的流毒，彻底解放思想，要扎扎实实地解决以下几个问题。

①要去掉个别领导人瞎指挥的毛病。郑州"二·七"纪念塔，有的领导硬要设计人员做两个七层的塔，意思是包含了"二"和"七"，而且要求到塔的上部合并为一个塔，以表示党的统一领导。后来实在无法设计，加上比例也不好看，改为两个九层塔，解释为二加七等于九。很多建筑设计不管功能需要，首先决定要轴线对称，否则认为不够严肃，方案很难通过。大中城市从节省用地出发建些高层建筑是应该的，但现在是无论大中小城市都追求高层，形成一股高层风，以为高层就是现代化。

有的工厂盖住宅也是先定下层数18层，然后设计。层数高并不代表现代化。设计人员有责任从技术角度向有关主管部门说明。领导和设计人员都要树立对国家负责及严肃认真的态度。

②要按科学规律办事。基建程序是国家立法，应该遵守。在"四人帮"干扰下有的项目本来没有列入国家计划或是条件不具备，硬是要上马，使设计单位做了不少无效劳动。如果各设计院统计一下，人力、物力的浪费是十分惊人的。在按不按基本建设程序办事问题上，领导的责任可能更大一些，应把住关口。

③要有建筑立法。设计不能没有衡量的标准，是非不清，就不能引导创作健康地发展。例如一个8米高的火车站大厅和一个18米高的火车站大厅，哪一个符合党的方针政策，在同样满足功能要求条件下，总有一个是非问题。报纸上赞扬某某车站"大厅高达10米，宏伟壮丽"，那么下一次出现高达28米的大厅，不是更宏伟壮丽吗？这样宣传，必然会造成设计人员思想混乱。另外，某些建筑任意加大面积，不顾影响，不讲方针政策，也造成无是非的状态。以住宅为例，国家建委定了面积标准，但没有执法机构掌管，不少地方、单位并不执行，质量标准也无条文控制。住宅问题在我们近十亿人口的国家应该说是十分重要的问题。建设必须有一个有效的立法、严格的指标和质量标准，才能保证大多数人改善居住条件。在城市规划中，建住宅见缝插针既不管生活是否方便，也不考虑小区绿化用地的指标，目前有的新建住宅小区连1%绿地都不到，这样怎能满足人们生活对环境的起码要求呢？脱离了环境来谈个体住宅的现代化，又有什么意义呢？有的单位巧立名目以落地重修的名义建造得不到正式批准的建筑，用招待所的名义建宾馆一级标准的开会场所。甚至有的单位要设计院设计时，建筑外面要尽量简单内部要讲究，以免惹人注目，树大招风。有的名义是扩建，但扩到另外一个区、一块地去了。目前缺少立法规定也没有执法机关。这些问题亟待解决。

④建筑工作者的责任。在"四人帮"取消主义影响下，有的人把建筑设计看作是可有可无的，说什么"设计就是拼拼凑凑"，否定建筑设计的科学性，抹杀基本建设中建筑工作者所起的作用。这是极其错误的。在"四化"建设中，建筑设计工作者担负着十分光荣艰巨的任务。我们应该提高业务水平，努力掌握有关的专门知识，提高艺术修养，在我国社会主义优越制度下，充分发挥土地、资金、技术的综合力量，为人民生产、生活创造更美好的环境。为此我们要敢于在学术上提出见解，敢于负责。

二、认真贯彻"适用、经济，在可能条件下注意美观"的建筑设计方针

①建筑是为广大人民所使用的。盖房子要强调功能要求。有些纪念性强的建筑，美观要求也是功能的一部分建筑作为单纯艺术的概念已经过时。现代建筑是在工业技术进步条件下，为满足人们日益丰富的生活要求所产生的。由于使用内容的不同，产生了各种类型的建筑，而这些建筑内容又强烈地影响着建筑造型。各个时代的新结构、新材料、新技术既满足了人们需要，也创造了新的建筑形式。20年代，西方建筑师阐述了形式与功能的关系："形式从功能而来"。功能总是建筑的目的。但我们有些设计却往往没有注意建筑的基本目的，没有从广大人民的需要出发。例如：一个招待所设计，双套间竟占总床位的50%；有的火车站把广大人流引向大厅两侧，贵宾、软座休息室及接待室占据了全部中间面积而经常空着，大量人流每天背着包裹走两旁、走弯路，有的住宅区成行地排列住宅楼房，不认真考虑人民生活所需要的环境和设施。这种情况应纠正。

②要有全面的经济概念。我们国家是计划经济，按照国家和地方统一规划决定建筑物的内容和规模。但是，关于整体经济效益（除某些工厂外），一般没有严格的科学依据进行评判。比如一批旅馆分别在33个城市建造，这些旅馆仅规定了床位数和分几个级别投资而没有其他要求。是否能有收益？几年能回收投资？几年能为国家上缴利润？不要说建筑师，就是主管单位也不知道。个体建筑投资的经济概念，在一个项目中仅占一部分而不是全部。我们应该认真关心总的经济效益。比如旅游旅馆设计应该考虑365天不停止地营业，如果一个客房为了造价低些而用质量差的水龙头，经常坏，影响出租，每天损失上百元的房租收入，这就不如当初就选用质量好，哪怕贵上一倍的水龙头倒反而经济。这是整体经济概念。过去一段时间很少盖电影院，满足不了人们文化生活的需要。有的电影院一天放映9场，而各单位又自建礼堂，一个月闲上20多天，不如有计划地盖电影院，可以出租给单位去开会，既充分利用了国家投资，又方便群众，这也是整体经济概念的一个方面。上海改造7个旧饭店花了1300万元，得到符合旅游旅馆标准的床位2000个，这是挖掘潜力的好经验。各地宾馆不是经常大部分空着，就是为开会占用，其实可以建设一些较低标准的会议旅馆，把现有的宾馆稍加改造，作为旅游旅馆。这样，投资省很多。同时会议旅馆又可作为较低标准的旅游旅馆使用。另外我们对一次投资注

意得多，而对经常费用几乎是不计算的，如北方楼房也大量采用带形玻璃窗，冬季采暖费势必增加。国外有的舆论说"大量能源被建筑师浪费了"，也有一点道理。如对节约能源有利，哪怕一次投资稍高一点也是可取的。

③美观是功能的组成部分。在"四人帮"干扰下，不敢谈建筑理论、风格和造型艺术。在我国目前经济条件下，要做到少花钱多办事，但绝不是不需要注意美观。一个建筑物必然会让人产生感情上的反应，建筑师应该将物质与艺术结合起来。一片住宅区，房子的外形呆板，缺少宜于生活的环境条件，而再想改造就困难了。要解决大量的住宅建设问题，采用标准化、定型化构件为施工机械化创造条件是必要的，但与此同时应适当注意多样化。在推广标准化、定型化的同时要研究构件通用化，向商品化发展，从而为创造多样化建筑造型创造条件。秦砖汉瓦为创造不同建筑风格立下了功劳，从性质来说它也是早期的、科学的、商品化的通用构件。目前民用建筑设计布局雷同，缺乏创新和地方特色，也是比较突出的。很多设计平面布局和艺术风格上只见共性不见个性。从设计思想上看，可能是设计者不求有功，但求无过，一般重点工程怕担风险，照已建成的做，再请几位知名人士提提意见，为的是便于通过。提来提去，把原设计人意图概念全改了，成为"通用产品"。既然是建筑创作，就有个性，同时审美观点是和个人思想水平、艺术修养以及对技术的了解有关的。使用者、审查者过分地苛求于习惯式样，只能阻碍创新。

三、研究建筑设计理论

我们要了解国外建筑设计理论、流派分析，它的内容和背景，结合我国国情，形成自己的理论观点来指导设计，真正做到"洋为中用"。美国有一家建筑师事务所搞了很多商业建筑设计。他们考虑顾客心理和可能经过的每一步路程的反应，也就是针对周围环境的反应来设置售货内容，布置环境、装修。显然比我们某些公共建筑从柱网尺寸上决定一切的做法更科学些。在美国，设计一栋高层建筑，要经过风压、气流的模拟试验，看看除对结构影响外，对玻璃幕墙设计的影响、产生的涡流对人行道的影响以及解决钢结构允许摇摆范围内钢桁架的伸缩构造等，使设计有科学的依据。值得注意的是，目前也出现了一股外国什么都好的错觉。最近我们看到一些国外的设计，就拿 SOM 事务所设计的中国贸易中心来说，最初提的方案有它的优点，但是 65 楼房建在北京，没有一间房间是好朝向的，大量能源就会浪费。

除了学习外国的设计理论和实践以外，更重要的

龚德顺和邹德侬

是研究继承我国优秀建筑传统，创造具有我国民族风格和充分反映地方特色的新建筑。提到民族风格就想到大屋顶，这是一种狭隘的见解。在世界建筑史上我国古建筑占有独特的一章，它们保留在宫殿、庙宇建筑上，给人以深刻的印象，因此用大屋顶就很容易使人感到具有民族特色。但在南方就不那么强烈。我国建筑、园艺、庭园绿化，各地居民都有千百年的历史，有非常丰富的艺术遗产，但没有得到重视和研究，反而被国外建筑师吸收去了。所谓和风建筑以及日本庭园小品都出自我国。四合院也被应用到外国的小区设计中去了。目前风行一时的所谓波特曼式空间内走廊旅馆，在我国旧式旅社、戏楼中也是屡见不鲜的。至于墓前翁仲石人、石马、宫殿前的小品雕塑作为建筑物的陪衬也有两千年历史了。园林设计更是独具一格，西方建筑所谓的流动空间，室内外空间渗透，扩大室内空间感觉等手法，在我国古建筑中留有丰富的遗产。具有地方特色的建筑更是各有千秋，有待挖掘。我国地大、民族多，各地人民喜闻乐见的传统艺术风格，也不一致，不能强求一律，定下一个统一调子。同时值得注意的是工业技术革命和人民生活日益丰富复杂，建筑势必体现出时代感，出现一些不熟悉的东西，我们也要认真地分析，不能一下子给某个建筑创作定了"死刑"，应积极支持大胆创作。

现在正在调整国民经济的比例关系，改革体制，建筑材料、设备，建筑立法及科研、装备等问题，将逐步获得解决。我们建筑设计思想如能进一步解放，一个崭新的百花齐放、百家争鸣的生动活泼的局面必将出现，能体现我国社会主义优越性的大规模建筑群必将诞生，具有民族传统艺术风格和时代感的新创作也一定会大量涌现出来。

作者系原建设部设计局局长，本文摘自《建筑学报》1979 年第 6 期

2月
受国家建委、农委的委托，国家建委农村房屋建设办公室和中国建筑学会联合举办全国农村住宅设计竞赛，并发出通知。此次竞赛得到积极响应，全国共提交6500多个设计方案。

3月16日
国家建委发布《关于印发〈对全国勘察设计单位进行登记和颁发证书的暂行办法〉的通知》。这是我国第一个勘察设计市场准入制度。

4月2日
邓小平同志与中央负责同志谈关于建筑业和住宅问题。

4月
中国建筑学会，国家建委设计局，文化部艺术局和国家建工总局联合举办全国中小型剧场设计方案竞赛。

5月16日
国家建委、国家计委、财政部以[1980]建发设字217号文发出了《关于进一步做好勘察设计单位企业化试点工作的通知》，确定增加16个试点单位，并随文印发了《关于进一步做好勘察设计单位企业化试点的意见》。

6月7日
国家建工总局颁发直属勘察设计单位试行企业化收费暂行实施办法，规定了取费率与拨款办法。这是我国设计单位改革靠国家财政拨款作为经费主要来源，打破大锅饭的第一个法定文件。

7月3日
国家建委印发《关于开展优秀设计总结评选活动的通知》，在全国勘察设计行业开展评选20世纪70年代优秀设计的活动。

10月18日—10月27日
中国建筑学会第五次全国代表大会在北京召开。

10月26日—10月31日
国家建委在成都召开了全国工程建设标准设计工作会议。

12月22日
国家建委在北京召开了全国设计处长座谈会。根据当时中央和北京市委的精神，北京市建筑设计院举行了民主选举活动，全体职工投票选举设计院院长和副院长。吴观张当选北京市建筑设计院院长。此乃国内大型国有设计单位开先河之举。

《世界建筑》杂志创刊。
华森建筑与工程设计顾问有限公司在香港成立。
中美合资建造的中国第一家中外合资饭店——建国饭店开工建设。
上海电信大楼建成。
西安钟楼饭店建成。
苏州刺绣研究所展销接待馆建成。
上海徐家汇天主教堂修复完成。

国家海洋局

《世界建筑》创刊号

我国造园艺术的古为今用问题

徐尚志

我国造园艺术历史悠久，有史可查的大约有两千多年的历史。早在周文王时期就有营造宫苑的活动，以后历代著名园林在汉代有长安的上林苑，唐代有骊山的华清宫，宋代有汴梁的艮岳等。到了明清两代特别是清朝康熙、乾隆年间，造园活动达到了极盛时期，这一时期有北京建成的清漪园、静宜园、圆明园、长春园、万春园，承德的避暑山庄等。这些都是大型的帝王园林。还有北海、中南海、御花园等中小型的宫廷花园。而我国更多、更普遍的园林建筑，则是历代以来分布在全国各地的名山大川、壮丽山河中的大量风景园林。其中绝大部分都是结合庙宇寺观来建造的。如成都的草堂寺、武侯祠、昭觉寺、文殊院，新都的宝光寺，乐山的大佛寺乌尤寺，峨眉山和青城山的许多寺院，昆明的筇竹寺、太华寺、圆通寺，北京的碧云寺、潭柘寺，杭州的灵隐寺等，这些寺庙建筑都附有林盘或小型花园、楼台亭榭等，例子很多，不胜枚举。也有为专供游览而建筑的，如成都的望江楼、杭州的花港、三潭印月，西泠印社，昆明的大观楼，贵阳的花溪，武汉的黄鹤楼，湖南的岳阳楼等。此外，私家园林在汉代就很兴盛。至南北朝，随着当时社会思想的转变，士大夫阶层崇尚清谈，提倡个性放任的风气；和唐宋时代诗人、画家描绘自然景物之风盛行，这些都对我国造园艺术的发展起了深远的影响。从此我国造园艺术的主要倾向是追求朴素的自然风趣。当时许多著名的诗人、画家都同时兼为造园设计师，把他们的诗情画意和造园艺术糅合在一起，求雅去俗，逐渐形成了我国造园艺术的特殊风格，在世界园林建筑中自成体系。到了明清两代，江南一带，特别是苏州，私家造园的活动可谓盛极一时，如著名的怡园、拙政园、留园、寄畅园、狮子林等都是在这一时期内建造的。

这时，不仅在造园实践方面极为兴盛，而且在造园艺术方面的著述文献也有了较快的发展，例如明代文震亨的《长物志》清代李渔的《一家言》中，都对造园设计问题作了一些论述至于明代计成所著《园冶》一书，则更为全面、系统而又深刻地阐述了造园艺术中各方面的问题，提出了很多精辟的见解。十九世纪末和二十世纪初叶（清末民初），西方城市建设和园林艺术传到中国，各大小城市都建立了一些公园、动物园之类的园林建筑供居民游赏。私家园林在这时也有所发展，如无锡的蠡园、梅园（荣家花园），重庆的李家花园（现鹅岭公园），广州的兰圃，顺德的清晖园等。但这一时期的园林建筑有些是模仿西方的设计手法，或者"中西合璧"，没有充分发挥我国园林艺术的特点，甚至搞得不伦不类。其中如武汉黄鹤楼旧址的一个建筑，搬用了古罗马柱式配上了中国屋顶，可算一个典型。

中华人民共和国成立以后，过去的园林建筑，不管是属于封建帝王、地主豪商还是寺观陵寝，都回到人民手中。党的一贯政策对于文化古迹、风景胜地都要加以保护，许多在国民党统治时期遭到霸占破坏的园林建筑都得到精心的修复和发展，使其更好地为社会主义服务。还新建了不少的园林建筑，如成都动物园，重庆的枇杷山公园、西郊公园、武汉的东湖公园、杭州的花港、玉泉茶室等。此外为了适应国际旅游事业的发展需要，还与旅馆餐厅结合起来布置园林，这在广东搞得比较突出，如广州的矿泉客舍、白云宾馆、山庄旅舍、畔溪酒家，顺德的华侨旅舍等，都是一些比较成功的实例。还有结合展览、交通建筑来布置庭园的广交会、长沙火车站等，成都火车站的设计也考虑了这个问题。至于城市绿化，路旁、街心、河边所设的小游园那就更多了。总之，在"古为今用，洋为中用"和"百花齐放"的方针指引下，我国的园林建筑和造园艺术都得到了很大的发展，受到国内外建筑和园林界的重视。但是最近十多年中，由于"文化大革命"破坏，我国文化古迹风景园林受到很严重的破坏，损失是不可估量的。现在发展旅游事业，我们国家有很多宝贵的旅游资源，都是国家的重要财富。而其中造园艺术、文物古迹、自然风光都是很重要的方面。下面仅从造园艺术的角度出发，谈一谈如何发挥我国造园艺术的特点，做到古为今用的问题。

一、园林建筑的选点问题

我国地大物博，山河壮丽，但是自然造化的真山真水不假人工就能满足游赏的并不太多。我们不仅要利用自然，而且要改造自然，做到人巧与天工有机的结合。所以园林建筑的选点就显得十分重要了。计成在《园冶》中关于选点提出"园林惟山林最佳""自成天然之趣"，在郊野则"谅地势之崎岖，得基局之大小"；在江湖则"深柳疏芦"之际，最宜建造园林。对于建在自然景色旁边的园林来说，它首先应成为自然风景的观赏点。在建成以后它又必然形成风景区的一个组成部分。要使其互相辉映，相得益彰。如古人诗有"谁家亭子碧山巅？""万绿丛中一点红"之句。亭子是观赏风景的所在，但同时它又给"碧山巅"增加了风景点缀，使人一望，就联想产生了"谁家亭子"的问号。说明这"一点红"在那万绿丛中的确起画龙点睛的作用。所以选点对任何园林建筑来说，都具有十分重要的意义。

首先选点的原则应以自然景物的观赏点为对象，除了有些私家园林是建在院内自成天地之外，其他园林都有这个问题。其实在私家园林庭园内部造园也有个选点问题。如苏州留园的"古木交柯"（现古木已去）。它就是以这株古木为观赏对象而构成"古木交柯"这个小天地。天井对面的廊子就是观赏点。拙政园的"见山楼"，则是以对面假山为观赏对象。"沧浪亭"内的看山楼，则是以园外远山为对景，才能达到"近水远山皆有情"的效果。可见私家园林建筑在内部也有一个选点问题。下面再举几个选点较为成功的园林建筑实例。

大家都知道昆明滇池旁边有一座园林叫作大观楼，其选点是非常成功的。登临纵目一望，首先五百里滇池就奔来眼底，这个"奔"字，说明你到了那里看也要看，不看也要看，不由你不看。下面神骏（金马山）、灵仪（碧鸡山）、蜿蜒（长蛇山）、缟素（白鹤山）都是滇池四面的山色。而蟹屿、螺洲则是水上的借景。还有弥天的萍叶，漫地的芦花，翠绿的鸟羽，灿烂的红霞；以及四围的香稻，万顷的平沙，夏天的荷花，春天的杨柳，简直是美不胜收。1961年春，郭老到了这里，写了《大观楼即事》五律一首："果然一大观，山水唤凭栏。睡佛云中逸，滇池海样宽。长联犹在壁，巨笔信如椽。我亦披襟久，雄心溢两间。"给予了很高的评价。又如乐山是三江（岷江，大渡河，青衣江）汇流之处，天然风景绝佳。宋代诗人即从谏说："天下山水窟有二，曰嘉州，曰桂林。"与山水甲天下之桂林相提并论。这里的凌云乌尤二山"前揖三峨，后扩九鼎"、丹崖翠壁，古木森森，波光云影，气象万千，与三江辉映，形成清荣峻茂，别具风格的"嘉州山水"，明代诗人龚传圭游凌云之后叹曰："何人不思凌云游，西南山水惟嘉州。"南京文人邵博也称赞道："天下山水之冠在蜀，蜀之胜曰嘉州，州之胜曰凌云"。清代诗人张船山《江行吟乌尤》诗写道："凌云西岸古嘉州，江水潺潺绕郭流。绿影一堆漂不去，推窗三面看乌尤"。这里"绿影一堆"的乌尤寺，既可西望一峰入云的峨眉，又可俯览三面潺潺的江水，而它本身又构成"绿影一堆漂不去"的诗情画意，可算人巧与天工相结合的佳妙杰作，在选点上也算是十分成功的了。此外，如杭州西湖的西泠印社，位于白堤一端，拾级而登，西湖景色历历在目；三潭印月，尽收眼底。又如重庆的鹅岭公园，登临纵目，可以览尽两江之胜。成都望江楼的崇丽阁，建在万里桥边，薛涛井畔，又可俯览锦江春色，真不愧可以"平分工部草堂"。这些都是结合大自然景物在造园选点上一些比较成功的实例，主要就是抓住了风景观赏点的有利位置来建造园林，同时又对自然景物增色不少，起到画龙点睛的作用。还有一些历史文物古迹、革命纪念地、城市绿化，无论大小，凡是游人常来常往的地方，也都可以作为我们造园选点的对象。例如成都武侯祠、杜甫草堂、薛涛井等，都是凭借古人故居、祠庙来进行造园，供人凭吊观赏的实例。广州的黄花岗公园和烈士陵园则是为了纪念革命先烈，供人凭吊瞻仰的园林建筑。

二、造园艺术的意境创造

我国古代文人吟诗作画，都贵在意境的创造。造园艺术也不例外。所谓意境创造，就是"立意"，也就是造园艺术家所要表达的一种精神境界，也是造园的目的所在。

我国古代园林采用大量的建筑物与山水相结合的手法，大约已有两千多年的历史。有的宫观相联绵亘数十里；有的重阁修廊，房屋徘徊连属，崇尚宏伟华丽。到了魏正始年间，士大夫阶层玄说玩世，寄情山水，以隐逸为高尚。两晋后受佛教影响，这种风气更甚。这时无论营造山居崖栖或大小园林，都以澹泊自然为依归。这类园林经过文人的描写渲染，在社会上发生了较大的影响。于是在过去的官苑园林之外，开始形成一种新的园林建筑风格。到了南北朝，士大夫阶层从事绘画的人渐多，直到唐朝中叶就有了文人画家的诞生。这些文人画家往往自鸣风雅，喜欢建造园林。无形中就将诗情画意形象地融合体现在造园艺术之中，如宋之问、王维、白居易等都是当时的代表人物。从此以后，诗情画意就成为我国造园艺术中的主导思想。在四川新繁县有一座"唐园"，据说是唐代所建，是我国较早的园林建筑之一，从这里我们可以看出一些当时园林建筑意境和发展趋势。在宋代以后评价园林的优劣，每以在意境上能否达到诗情画意的较高境界作为衡量的标准，而文人画家就因此成为园林设计的主持者。这种现象在文化发达的江南一带更为显著。如南宋的俞澂，明代的计成，清代的张涟、张然、李渔、仇好石等都擅长绘画，有的又是诗人，同时又都以造园艺术名噪一时。特别是计成所著《园冶》一书，为明末清初部最完整的造园著述，在国内外都产生了深远的影响。苏州园林中如怡园、网狮园、环秀山庄等约有大小园林数十个，其园主往往都是文人画家，或者由文人画家参与造园设计。从很多实例我们可以看出园中山池房屋和一石一木都是经过精心安排设计的。所谓"十日画一水，五日画一石"，有些能达到较高的意境，取得艺术上的精湛效果。对于整个园林来说，必须有一个完整的主题思想和全面系统的安排，做到互相统一、协调、联系，形成一个完整的艺术整体。这样才不致落于拼凑，显得杂乱无章。如苏州留园的"古木交柯""竹林小院""鹤所""五峰仙馆""清风池馆""揖风轩""可亭"等都以各自的空间构图创造不同的意境。但是对于整个园林来说，造园匠师采取一收一放的手法，以"变"字为主题，形成空间大小、方向、虚实的无穷变化，不断引人入胜。构成一个系统、完整又富于韵律感的造园艺术布局。最近美国建筑师斯科特说："一切设计原理都在其中了"。又如广州的矿泉客舍园林设计以"竹"为主题，贯穿全局。走到大门外就看见一笼修竹，进入庭园不仅院内种植物都是各色佳竹，而且小桥栏杆、建筑装修、乃至家具陈设都用竹材或仿竹子形状精心制作而成，处理得当，颇能求雅去俗。在竹子为主题之中，又布置了绿荫成片的"蕉园"、水池点缀些山石、钟乳、喷泉等。配合得宜，统一中又有变化，所以不显单调。

在我国传统园林建筑中，常常采用"漏窗""洞窗"设计手法。借窗外之景构成一幅幅动的图画，而每一幅画面都可创造不同的意境。清朝李渔就有尺幅窗，便为窗的创造。甚至盆景设计，虽然尺度较小，也能创造出各种不同的意境四川的盆景为全国四大流派之一，具有苍劲、古朴的特色。假若放大尺度，也能用到园林建筑中，取得良好的效果。

三、造园艺术的创作方法

我国自魏、晋、南北朝以来，造园艺术的主要特点是布局自由灵活，崇尚模仿自然，追求山林野趣。除重视意境的创作外，主张因山就势，因地制宜。注意空间的变化和景物的动态，做到步步引人入胜。反对那种几何对称，一目了然，令人索然寡味的机械的布局方式。同时也反对那种富丽堂皇、金碧辉煌的帝王园囿式的豪

徐尚志（前排右2）与戴念慈（前排右3）、周治良（前排右4）等参加学术会议

华气氛，主张求雅去俗。这些基本原则都要贯穿到造园艺术的选点、意境创造和创作方法之中，不可截然分割。从计成的《园冶》中所总结的创作方法，其要点大体上可归纳为五个字，即"宜""借""雅""俭""变"。

（1）宜。郑之勋在为《园冶》题词中说："园有体宜无成法"。计成提出"精在体宜""得体合宜"，都是说的造园要随客观环境的不同，做出恰如其分的处理。所谓"宜亭斯亭""宜榭斯榭"，就是说要因地制宜地来安排园林中的各种建筑物。对于细部处理，也提出要"窗牖无拘，随宜合用；栏杆信画，因境而成"等。就是说要按照四周的风景来决定门窗、栏杆的造型。对于道路的铺砌、花木的配植，山石的堆砌都要贯穿一个"宜"字。除了空间关系之外，时间上还要讲求"时宜"。如合于时尚叫作"构合时宜"；合于四季叫作"切宜四时"。"宜"要与"因"结合，"因"就是客观条件。如位置的选择要"以景为因"。《园冶》中常常提到"景到随机""得景随形""安亭得景""野筑唯因"及"巧于因借"等。反对无"因"可循的随意处理，所以我们常说的"因地制宜"的"因"与"宜"的关系，在计成的《园冶》中早已注意到了。

（2）借。前面提到"巧于因借"，这个"借"字就是我们常说的"借景"问题。计成所论借景的范围相当广泛。静的远峰、田野可以借景，古诗中"采菊东篱下，悠然见南山"，南山就是借景。"岳阳楼上对君山"，君山就是岳阳楼的借景，"满川风雨独凭栏、绾结湘娥十二鬟"，这里的"满川风雨"，"绾结湘娥"（君山十二峰）都是岳阳楼的借景。此外，动的梵音、鹤声、莺歌、樵唱、行云、流水都堪资"借"。苏州沧浪亭上一副对联写道："清风明月本无价，近水远山皆有情"可以说明对远的、近的、动的、静的都借来丰富园内景色。以"借"为"因"来丰富园景的内容，是造园艺术

中很重要的创作方法之一。

借的方法很多。除内外、远近、高低、动静都可以借外，园内景物也可以互借。但是要有选择地借，做到"俗则屏之、嘉则收之"。

江南的私家园林一般面积较小，要求开阔的视野比较困难。所以《园冶》提出"不分町疃，尽为烟景"，"晴峦耸秀，绀宇凌空"，"纳千顷之汪洋，收四时之烂漫"。举凡极目所至，都希望收到园里扩大景色的范围。如苏州拙政园的见山楼，沧浪亭的看山楼都是为取得借景的目的而命名的。至于园内的建筑物与林木、山石、环境变幻都可以互借。所谓"因借无由，触景俱是"。其具体论述有借山、借水、借花木、借动物。如"高原极望，远岫环屏"借山也；"湖平无际之浮光"，借水也；"片石飞花，丝丝眼柳""冉冉天香，悠悠佳子"借花木也；"卷帘邀燕子""观鱼濠上"借动物也。

但是"借"绝不是任其远近俯仰四时变化所能概括，而是将园林风景的任何组成部分有机地结合起来，形成一个整体，才能达到理想的互相借资的效果。

（3）雅。《园冶》对于简单、朴素、宁静、自然、风韵、清新等方面的要求也是一再提出来的重点之一。这里以一个"雅"字来概括。所谓"求雅去俗"是计成一个重要的结论性意见。他反对雕梁画栋，奢侈成风和互相抄袭，落入俗套。提出"裁除旧套"，"常套俱裁"的见解，力求脱俗翻新，利用或模仿山林野趣和天然风韵来索求园林的雅趣。达到"虽由人作，宛自天开"的境地。如造墙采用"棘篱"，可以收到"似多野致、深得山林趣味"。至于理石堆山，更要"深求山林意味"。从这里我们不难体会到计成的造园设计思想是以崇尚山林野趣，追求自然为主导。而这种追求幽静、朴素、脱俗、自然的思想，正是我国园林艺术中具有代表性的传统艺术手法的成就所在，广州兰圃中有一"竹篱茅舍"即运用这个手法。我们在学习、实践中做到这一点，或者说在这一点上要达到较高的造诣，也是需要下很大功夫才行的。

（4）俭。就是要本着节约原则来进行造园。如铺地就提出"废瓦片石皆有行时，破方砖可留大用"的重要启示。甚至破瓶碎碗都可作为镶嵌路面或墙面的良好材料。

在选石方面有"石无山价，费在人工"，"是石堪堆，便山可采"等节约主张。反对用高价去购名石、旧石，指出"未几雨露，只成旧矣"。这些都是造园艺术中力求节约的正确主张。而"俭"与"雅"又是互相联系的。有时花钱很多，反而落入俗套。

（5）变。"变幻多致"，"临机应变"是园林建筑中求得韵律的重要手法。凡举亭台楼榭、行云流水、风雪雨露、树木花草，无论动的静的都能合在一起，因时而变，因景而变。"变"是我国园林建筑的突出特点。

郑之勋诗："无否之变，从心不从法"。又说：友人对《园冶》一书之成，认为"终恨无否之智巧不可传，而所传者，只其成法"。说明计成善于用变，而"变"又是一个很难掌握，殊少成法可循，既是意境创造，又是设计手法的重要内容之一。而"随机""随宜""随时""随形""随意""随势"这些都是变化的依据。变的手法很多，表现在以下几个方面。

①曲折幽深之变。如道路、池岸、溪流、回廊、濠涧都宜以曲折取胜。如对回廊提出"宜曲宜长则胜""随形而变、依势而曲"……对道路则提出"曲径绕篱""蹊径盘且长""不妨偏径，拘置婉转"。对水景则提出"门湾一带溪流""门濠蜿蜒"等。曲折与幽深是互相依存的，有曲折之因，才能取得幽深之景。所以计成又有"深意""深境"之说。全书从未提过直路、直溪、直廊，因为这些都是我国传统园林建筑中舍而不用的做法。

②高低起伏之变。如"缀石而高，搜土而下"，"高阜可培，低方宜挖"，"高方欲就亭台，低凹可开池沼"等都是讲的造园艺术中高低起伏变化的原则。

③真假虚实之变。"真中有假，假中有真，虚中有实，实中有虚"是创造对比变化的手法之一。借以达到"弄假成真，虚实并举"的效果。这在中国古代园林中有很多可以取法的地方。所谓以"人巧代天工"。这里"天工"是指自然造化的真山真水，但是真山真水不假手人工就能供游赏的并不太多。所以用"人巧"将"天工"局部利用或加以改造是必要的过程。除少数城市外，有很多"天工"佳绝的异景往往离城市较远。所以在城市造园必须掌握模仿自然，造精集锦、弄假成真的技巧，达到"以人巧代天工"的效果。

说到虚实变化。有以远近来表现虚实，以隐显来表现虚实，以疏密来表现虚实之说。虚实对比的变化，在建筑设计中经常应用，可谓老生常谈了。

④参差错落之变。如"合乔木差山腰，蟠根嵌石，宛若画意""依山水构亭台，错落地面""选胜落村，借参差之深树""亭台突池沼而参差"等都是说在垂直方面要高低错落，在水平方面要前后参差。计成最反对采用居中、排比、扁屏等整齐手法。他在假山基一节中说："最忌居住中，更宜散漫"，在叠峦一节中认为"峦不可齐，更不可笔架式，或高或低，随势乱缀，不排比为妙"。他嘲笑那种整齐排列的手法是"草烛花瓶，刀山剑树"。

以上五字，是计成在《园冶》中对我国造园艺术的系统总结。这些精辟论述，不仅在明清以来对我国造园艺术产生了深远的影响，而且也受到国际上的重视。如日本造园艺术的发展，基本上可以说是从中国脱胎而来。

四、如何"古为今用"的问题

当前我国正在为实现四个现代化而进行新的长征。如何使我国历史悠久，技艺精湛的造园艺术为四个现代化服务，做到"古为今用"？这是一个很重要的问题。

第一，要认真保护好历代遗留下来的园林、古建筑、文物古迹。这些东西都是历代劳动人民的创造，是我国历史文化的标志。是人民的宝贵财富，重要的旅游资源。可是在某些思潮的干扰破坏下，一概被斥为封资修，遭受到十分严重的破坏。如峨眉山，原来七十几座庙宇，现在只剩下二十二座，而且大多数都破败不堪，文物古迹多已荡然无存。连很多山峰上的林木也被砍伐光了。素以"天下秀"著名的峨眉山，被糟蹋得不像样子。现领导指示要"以旅游为中心，以文物古迹为内容，在'秀'字上下功夫"进行规划建设，工作量很大，投资也相当可观。著名的滇池由于围海造田，大观楼西山一带已看不见广阔的水面，所谓"五百里滇池奔来眼底"已经成为历史事实。太湖也是如此。苏州沧浪的看山楼前约十几米之远建了一座大办公楼，"看山楼"已变成了"看墙楼"了。著名的苏州双塔寺的双塔之间赫然耸立起一道高烟囱，双塔寺倒像是"三塔寺"了。如此等，古建筑文物遭受破坏的不计其数。这些文物古迹有许多是无价之宝，如西安出土的秦俑，听说一个日本人拍了几张照片回去，光稿费就赚了几十万元。苏州网师园预备照原样复制出来，在美国华盛顿同样建造一个。可见国际上对我国文化如何重视。古为今用首先要保护好这些园林和文物古迹。

第二，要充分运用我国造园艺术的手法特点，并且按照今天社会的要求加以发展，来为社会主义的现代城市所用。现代化的城市要求为居民创造良好的环境条件，所以国外新型城市就提出了"花园城市"的要求。要做到城市在花园之中，如朝鲜平壤那样。有很多造园设计手法是可以运用到城市规划之中的。我国杭州是著名的风景城市，现正在修改规划，就城市性质来说中央已确定为"现代化的风景城市"。但规划中还有风景区与城市脱节的缺点。我认为风景城市应该做到风景在城市之中，城市在风景之中，两者融为一体。而不是风景区是风景区，城市是城市。那样最多也不过做到是一个靠近风景区的城市而已。乐山拥有三江之胜，凌云乌尤二山之景，完全可以规划建设成为一个世界驰名的现代化风景城。假若运用我国造园艺术的特点，把这些城市规划成为风景在城市之中，城市在风景之中的大花园，是完全可能的。

第三，建筑与园林结合问题。是创造我国建筑独特风格的手法之一。这在广东已经有很多成功的实例。如广交会、白云宾馆、矿泉客舍、山庄旅社、双溪别墅以及顺德县华侨旅馆等地在这方面都做出了很好的例子。在国内外评价都比较高，他们已有比较系统的总结。如对庭园建筑空间处理就提出了过渡空间概念和过渡空间的设计手法：渗透、穿插、融合、亲和等手法。有很多值得取法的地方。

第四，造园艺术的发展创造问题。一切事物都是在不断发展中的，我国的造园艺术也是经过一两千年的发展而形成一个体系，而且今后也必然随着时代、条件的不同而发展变化。我们说"古为今用"，绝不是依样画葫芦地照抄照搬，而是在学习古代造园艺术成就的实质基础上，根据今天社会发展的需要，取其精华、去其糟粕，对不适应现代化需要的东西，要加以革新改造。如选石过去讲究"漏、透、瘦、绉"，这些较适合于过去士大夫的情调。今天为配合现代建筑的高大简洁、明朗，就应以粗犷、挺拔、苍劲的山石风貌来代替它。还有现代庭园建筑，为了适应广大人民群众的观赏游览，在尺度上应该有别于过去仅供少数士大夫享用的私家园林那种纤细窄小的尺度范围，但并不等于简单的放大比例。

作者系中建西南建筑设计研究院总建筑师，全国工程勘察设计大师。本文节选自《四川园林》1980年第3期

1月2日
国家建委以 [1981] 建发设字第 3 号通知颁发了《全国工程建设标准设计管理办法》。

3月1日
新华社报道，"中国乐山博物馆"建筑设计方案获得了 1980 年日本国际建筑设计竞赛佳作奖。设计方案的作者是同济大学的四名讲师：喻维国、张雅青、卢济威和顾如珍。

5月4日
国家建工总局设计局、卫生部和中国建筑学会召开全国医院建筑设计学术交流会，对县级医院的建筑设计以及医院如何实现现代化问题进行了讨论。

5月
中央批准建立深圳经济特区。

9月3日
国家建委以 [1981] 建发设字 384 号文印发了《对职工住宅设计标准的几项补充规定》。该文件是设计、建设标准，而不是普遍的分配标准。

10月19日—22日
中国建筑学会接待的阿卡·汗建筑奖第六次国际学术讨论会在北京召开。参加讨论会的有来自伊朗、埃及、巴基斯坦、印度、印度尼西亚、土耳其、新加坡、美国、英国、法国、联邦德国、加拿大、日本和中国等 20 多个国家的建筑师、规划师、历史学家、经济学家、艺术家、人类学家等 60 余名代表。

11月9日—14日
国家建委在北京召开全国优秀设计总结表彰会议，共 280 人参加。这是中华人民共和国成立以来全国设计战线第一次表彰优秀设计的盛会。

11月11日
国家建筑工程总局在常州召开全国建筑工业化经验交流会。会议总结了近几年经验，提出发展工业化要从国情出发，因地制宜，以住宅建设为重点，充分发挥产业优势。

上海龙柏饭店

我的建筑哲学
林乐义

什么是建筑风格的决定性因素

建筑风格是上层建筑，它是在一定的社会经济基础上发展起来的，它是社会经济基础的产物和反映。因此一定的社会经济基础决定一定的建筑风格。当然并不否定地理、气候风俗、习惯、新材料、新技术等对建筑风格的影响，但不是主导因素，对建筑风格起决定作用的不是人的思想意识，而是一定的社会经济基础。

建筑内容与建筑形式的关系

建筑内容与建筑形式乃是辩证的统一体，建筑物在满足功能要求的同时，也必须在建筑形式上满足人们对美的要求。对于建筑形式美，应区分建筑的性质，注重建筑所处的环境。

1949 年林乐义在佐治亚理工学院　　　　1957 年林乐义在波兰与波兰建筑学会建筑师合影

建筑艺术的整体性

在设计单体建筑时，应先明确这个建筑在群体中所处的地位（在街坊中的地位、地区中的地位乃至城市中的地位）及其作用，然后选择这个建筑所应采取的体形、比例、布局和色调等，使得这个建筑不仅仅本身具有恰如其分的艺术性，而且它是整体建筑艺术的一个有机组成部分，从而构成建筑艺术的整体性。

传统与革新

继承传统与进行革新的目的乃是古为今用，丰富我们的建筑理论与建筑艺术，对建筑的遗产必须批判地接受，而批判的本身是一项严肃的科学工作，没有调查研究与详尽的分析，就无法批判，更谈不上接受与革新。

在谈到民族遗产与民族形式时，如果只想到建筑的外形或某些装饰，这是不全面的，我们的建筑遗产的内容极为广泛丰富，无论在建筑外形、平面布置、构造方法、地方材料、庭园处理、色调配合、细部手法等方面都能找到传统的优点，可以批判地继承或从中得到启发，我国地城广大、人口众多、民族复杂，这更丰富了我们的民族遗产，只有从各个方面广泛而有目的地进行调查研究，才能批判接受优秀的遗产，并加以革新，古为今用。

从全国中、小型剧场设计方案竞赛谈谈对剧场设计的几点看法
林乐义

剧场设计是一项较为复杂、涉及面又广的工作，需要综合考虑很多门知识，除了建筑、结构、水、暖、电之外，还要相当重视声学、照明、机械、视觉以及社会与人的心理等因素。还由于剧场与一个民族、一个地方、一个国家的文化传统紧密相连，往往成为一个地区的文化象征。这就使剧场设计不仅具有科学技术性，还有它特殊的文化艺术地位。国内外不少学校的建筑系都很注重以剧场设计来提高学生的水平。现代建筑运动的主要阵地之一德国鲍豪斯学院也把剧场设计列为教学的重要环节。几位现代建筑大师都曾为剧场设计费过不少心血并做出了有价值的贡献，例如格罗比乌斯 1928 年的全能剧场（Total）方案至今影响还相当大。俄罗斯著名导演爱森斯坦说过："剧场是演出的机器"，指出了剧场是为演出服务的主题。中国过去的戏台常有一副对联："戏场小天地""天地大戏场"；著名的现代建筑家古特（Gutt）也说："建筑是人类生活的舞台"，都把剧场与人类生活的某种关系点得一目了然。这些都说明了剧场设计在社会上以及在建筑设计中所具有的特殊地位。在这次全国中、小型剧场设计竞赛中，大家所

付出的巨大努力已经换来了很多具有独特构思与创新手法的设计方案，这些创造性劳动必将为我国剧场设计开辟更广阔的天地。

下面我想就个人对我国中小城市剧场设计的一些想法谈几个并不系统也不成熟的意见。

剧场设计的关键是解决观、演问题

"观"是指观众、观众厅、视觉听觉等问题。"演"包含演员、演出舞台、演出效果以及创造视听艺术等问题。这里面有人与人的关系（观众与演员），空间与空间的关系（观众厅与舞台等），以及物理的、生理的和心理的一系列问题。观、演是剧场设计中的主角，我们要求剧场具有良好的视听和方便舒适的演出环境。然而长期以来，由于人们的观点与经历的差异，对一个剧场设计的本质是什么往往有着不同的，甚至极大的认识上的差别。这次竞赛中有少数方案和我国前些年设计的某些剧场一样，由于受了各方面的影响过多地追求外表效果。这些方案中，有的追求一种象征性造型，有的着眼于立面与门厅的装修，也有的对观众厅顶棚图案、墙壁装饰花费不少精力而对演出和视听的条件与效果考虑较少。这样做确实是有点舍本求末，可喜的是，多数方案尽管并非十分完善，却能对演员与观众的环境作较为认真的研究。比如对待舞台的尺度问题，近几年有一种认为舞台越高越大就越"现代化"的偏向，小地方盖剧场也争着到舞台最大的几个剧场参观学习，甚至照抄照搬。结果不但增加不必要的建设投资与管理费用，而且对演员，特别是演地方戏的演员也带来不便，平常在小舞台演惯了，到了二十多米宽、二十多米深的大舞台演出，光为跑场就增加不少负担，更不用说那些要翻筋斗、走过场的演员了。这种单纯追求舞台尺度高大的设计并不能真正为演出（特别是生根于群众之中的地方戏）服务。其实演地方戏舞台有12米深就很好，有些小县城的剧团还经常在不到10米深的舞台演出。北京天桥剧场的舞台深只有16.5米，即使有时稍嫌浅一点但一直是在上演国内外最大的歌舞剧了。这次竞赛，考虑到适应多种演出的可能性，大多数方案的舞台深度，小型的12米至15米，中型15米至18米，看来还是比较适中的。不少方案注意到充分利用乐池面积来扩大表演区或者采用伸出式舞台，并对随之带来的灯光、出场口以及大幕等都进行了相应的考虑，对适应戏剧的发展很有帮助。

在观众厅方面，国内已建成的剧场，部分由于声学设计未被重视而造成音质不良的现象已越来越为同志

们所关注。竞赛中的许多方案很注意利用自然声来解决问题，特别是注意到了声场的均匀分布和努力避免前中区座位音质不良的常见现象。这不但是建筑工作者的进步，而且对演员表演效果也有相当大的关系。不用电声对演地方戏为主的中小型剧场是特别适合的。前一阶段剧场中绝大部分靠电声支持演出（在特定条件下是必要的，电声事业也应加强研究与发展），表面看去以为演出省力了，但效果并不理想。因为依靠电声的支持使演员特别是话剧和地方戏演员的某些基本功训练要求降低了，同时还存在不同程度的失真现象。还有些剧场，喇叭搞得很响，观众在下面交头接耳并不引人注目，久而久之也助长了室内噪声的升级。因此，今后的剧场设计，应该重视和搞好建筑声学的设计，应该有声学专业作为主要工种参加。

视线设计的难度并不高，但是考虑周到，又与各部门关系处理得当也不容易。这次竞赛中有些想法是值得参考的。一种是长排法，取消了座席内部的通道（在欧洲称之为"大陆式"，在西德特别流行），如方案南中133等，只要在整个方案中交通疏散处理得好，长排法无疑是充分利用了优视区，增加了观众厅内座位数（包括增加过道在内约增加5%～7%），在艺术效果上也能造成剧场内亲切的气氛。另一种是利用伸出舞台改善侧部座位的视线条件，加宽和缩短观众厅，把常见的纵长观众厅改为宽而扁的大厅，大大缩短了视距（如北小100）。再一种就是提高后部座位同时又充分利用座位下部空间的手法（如北小115等），它不但能大幅度改善视觉质量，有利于观众接受直达声，而且也能增加亲切气氛。

剧场设计的根本问题，即观演问题当然不仅仅是上面所简单提到的这些问题，其他如总体规划、交通疏散、采暖通风、灯光布置乃至舞台上的化装、候场、抢装位置的处理是否恰当等都是我们所应该注意到的。总之，只有抓住了观、演这个关键问题，才能使我国的剧场设计有个新的发展。历史的事实也是如此。十七世纪开始在欧洲盛行的马蹄形多层包厢观众厅，虽然视听条件并不好，但受到社会上等级观念的影响，贵族们习惯于一家一个包厢使那种形式的观众厅统治了很长时期。当时的贵族们去剧场并不完全为了看戏，也是为了穿戴华丽、互相显耀。舞台在演戏，包厢里也在"演戏"。所以人们常说剧场是贵妇们时装表演的地方。最早改革那种马蹄形多层包厢观众厅的大艺术家华格纳（Wagner）等人，为了使剧场更好地为观演服务，1872年开始在德国的贝鲁塞（Bayreuth）剧院创建了

崭新的单层视线好的扇形观众厅，取消了镜框式舞台，为以后的剧场发展树立了良好的榜样。这是一次观演上的重大改革，今天世界上越来越多的具有优质视听条件和高水平舞台技术的剧场几乎完全代替了那些观演质量差的老式剧场了。一个多世纪以来，剧场发展的历史，归根到底可以说就是观和演、观众厅和舞台的不断发展的历史。

剧场设计与戏剧

剧场的改革推动戏剧的发展，戏剧的发展也促进剧场设计的革新。因此，为了做好剧场设计，我们也必须了解戏剧发展的趋势，考虑到戏剧发展对剧场设计可能提出的新的要求。几十年来通用于我国的镜框式舞台的剧场盛行于意大利文艺复兴后期。当时社会中阶级划分明确，演员与观众、贵族与平民不能混同，是形成这种观众厅与舞台空间、包厢与池座明确分开的原因之一。当时由于透视法的应用和神秘主义的要求，使得布景越来越富丽、变幻和复杂。因而这又促使这种剧场形式的巩固和发展。镜框式舞台便于使用复杂的布景，便于多场景的迅速更换。以往的戏剧家想利用这一条件，在舞台上再现生活中的时间与空间。但是无论布景道具多么真实华丽，观众通过台框看到的仍然像一幅两度空间的画面。观众与演员处于两个不同的空间中，使人感到有一道无形的"墙"——有人称之为"第四堵墙"，把观众与演员相分隔，妨碍了二者之间的感情交流，削弱了戏剧艺术的感染力。这是镜框式舞台最主要的也几乎是无法克服的缺点。特别是在电影与电视高度发达的情况下，这种演出形式发挥不出戏剧真实、亲切感人的特长。加上其他政治、经济和技术上的原因，从20世纪三十年代特别是五十年代后期以来，许多外国戏剧家纷纷起来探索新的道路，他们力图打破那道无形的墙，让演员与观众尽量接近，还要把观众融合到戏剧中来。六十年代初，这一萌芽已成为戏剧艺术（主要是话剧）中一股强劲的浪潮，各种戏剧新流派给戏剧艺术带来了新的生命力，同时对剧场提出了新的要求。这一阶段在发展镜框舞台的同时，各种新型剧场特别是非商业性的试验社区、大学的较小规模的剧场得到非常普遍的发展。主要的类型有：伸出式或半岛式舞台剧场（Thrust Stage），它的舞台伸入观众席中被三面的观众所围绕中心或岛式舞台剧场，还有被称之为体育馆式的剧场，其舞台位于四周观众的中央；延伸式舞台剧场（Extended Stage），它由镜框式发展而来，台唇

部分向两侧延伸，形成两个距观众很近的侧舞台，甚至延伸成围绕观众的环形舞台；还有称之为自由表演（Uncommitted Performance Space）剧场，其容量较小，有复杂的机械升降设备，几乎其中任何一部分都可能成为舞台，也可成为观众席，灵活性相当大。

这些新型剧场都有以下特点。①容量小。一般伸出式舞台剧场在1500座以下，中心舞台剧场在1000座以下，自由表演空间不超过500座。因此声学问题比较简单。②座位因要求接近舞台，升起值大，视觉条件良好。例如美国华盛顿中心舞台剧场有800多座，仅8排座位，视距很近。这类剧场最大视距一般在15米以内。演出的主体效果显著，使人倍感真实、亲切、细腻。③演员与观众共处一个空间，大有戏为人演，人在戏中之感。④布景简化。有的新型剧场几乎不用布景，省工、省料，装拆台也快。可减低或不升高舞台箱型，结构简单，施工方便。⑤适应性强，可演出多种剧目。对我国来说特别适合演出地方戏、曲艺、音乐和杂技等，还能对创新的话剧形式提供新的思路。⑥造价低。除自由演出空间因设备复杂造价较高之外，其余几种都比镜框式舞台剧场便宜得多。以美国林肯中心的纽约州立剧场（镜框式舞台）与伸出式舞台的Tyrone Gufhrie剧场相比，前者比后者造价要贵四倍。由于以上的特点，相信多数新型剧场尤其是伸出式舞台更符合我国传统戏剧及传统舞台的特点。我国的庙宇、祠堂、会馆和宫苑的戏台，基本都接近这种半岛式伸出舞台。过去上海的静园和北京的长安戏院也是改良书场的伸出舞台的形式。从历史上看，我国的戏剧是具有高度水平的写意派艺术，布景道具都很简单因为"演员做戏，布景就在演

林乐义与袁镜身讨论方案

员身上"。舞台是生活的"概括",而不是自然主义的重复,比如我们的昆剧等地方戏对"身段"就非常讲究。如《十五贯》里的娄阿鼠,如何在街上走,如何把人家的房门撬开⋯这里的街、墙、门、锁等布景并无其物,都是通过演员的表演使观众意识到的。我国的地方戏中,如川剧《秋江》、京剧《三岔口》《雁荡山》等,差不多都是依靠演员的精湛超群的技艺来创造剧中环境的话剧《蔡文姬》《王昭君》等也在布景设计上经过了精心的概括,都有新的尝试,反映很好。难怪去年来访的英国舞台美术代表团看过我国地方戏的表演艺术以及了解到我国剧场的发展之后认为,现代西方新型舞台的"根"应追溯到中国。然而这种伸出式舞台,由于种种原因没有在我国继续发展下去。解放初期,苏联专家把在当时苏联流行的镜框舞台原封不动地搬到中国,三十年来,似乎成了我国唯一的舞台形式。国外的剧场设计随着戏剧的改革在发展,而我国的所谓"样板戏"去大搞"逼真"的自然主义布景,这就更促使镜框式舞台向深、高、大发展,造成我国的剧场至今仍是单一的箱形舞台镜框台口的局面,使观演分家,造价高,建设难。

目前,国际的相互交流、影响也促进了我国优秀的传统艺术的恢复和发展;国外的有益经验也开始在我国加以研究。例如,最近北京人艺在首都剧场公演罗马尼亚话剧《公正舆论》,就要求在伸出式舞台演出,使得演员与观众亲密无间,甚至打动"观众"跑到台上参加表演。整场话剧不落大幕,布景极度简单,以灯光控制换场,表演区全在原有大幕线之外。为此,首都剧场只好临时改装乐池以及架设灯光来满足演出要求。这说明了我国也应该研究和发展这些新型剧场。至于如何发展,还要结合我们的国情。在国外,往往是在一个艺术中心中设几个不同形式的专业剧场,大家所熟知的美国林肯艺术中心、英国国家剧院、澳大利亚悉尼歌剧院都是如此。在我国,除了一个重点城市应建一些适宜于不同表演形式的专业性剧场外,一般应考虑在一个剧场里把镜框式与伸出式等新的舞台形式结合起来,以演地方戏为主,兼作其他演出,好处很多。这次竞赛中,有的方案考虑到戏剧的发展,吸取国外的某些经验又结合我国的实际情况,用不同的手法充分利用台唇、乐池来扩大表演区或者迅速地改装成活动的和固定的伸出式舞台,结合声学设计在必要时自由布置一些反射板,取消观众厅的顶棚,在屋架之间自由布置灯光为舞台服务等处理手法,对于丰富我国舞台演出形式,促进戏剧艺术的发展以及剧场的现代化是有益的一种探索。

关于剧场的内外环境设计

我曾在《建筑师》第1期《谈谈我们"建筑师"这一行》一文中谈过:"如果说今天广义的理解,建筑是通过房屋形成人的环境,因而建筑设计是'环境设计'这一新的概念的话,那么我们许多建筑师(外国也颇有人在)却还在把大量的功夫花在室内环境和室外环境的交界的那片墙上(而且是室外那一面所谓的外立面上)。"我之所以觉得有必要在此重复这句话是因为在剧场设计中这个问题尤为突出。剧场的室内环境设计是要解决关键性的观、演问题,而不是单纯的室内装修问题。

剧场的室外环境设计是要解决剧场与整个城市环境的关系,而不是孤立的一个单体建筑造型问题。

环境设计可以包括许许多多物理上、生理上、精神上、心理上的以至生态方面的问题。这里,我只想谈谈室内观赏环境设计中的"精神功能"问题。

由于舞台的改革,故可以取消已经为人们习惯了的舞台"相框"、观众厅三个墙面的各种装饰和天棚——而这些正是过去建筑师们常常借以表现剧场形式、形成剧院"气氛"的东西。这当然并非不重视观演环境中的"精神功能"了,相反的是更加强调在不同的环境中表现他们不同的精神因素。现代美国建筑师约翰逊坚决主张:"建筑应忠诚地履行它的职责,并表现人们生活内在的过程"。在一个剧场中,门厅、休息厅、观众厅都有不同的职责,建筑师应该创造不同精神功能的不同环境气氛。但是,在主要的观演空间中应该创造什么样的环境气氛才能最好地为观演服务呢?那些表面上新奇、鲜艳的华丽气氛只会刺激、干扰观众的情绪,分散观众的注意力。只有创造一种安定的环境气氛才能有助于培养观众享受演出成果的安定情绪,并使观众自然地静下来。去年我在美国拉斯维加斯到过一个高级豪华的剧院,但其豪华一点不表现在观演空间。演出前,当你走进观众厅里,只看见观众和柔和的灯光,其他什么也看不见;四周的墙面和天花都是深黑色的,周围环境中没有其他的繁杂的东西来扰乱观众的情绪,全场鸦雀无声,只有简单的幕布上的一束灯光把观众的情绪引向即将在舞台上展现的演出中去。我们知道,演员出场之前也需要一个安定和较暗的候场、出场地方以培养情绪,观众看戏之前同样也需要这样一个环境来培养看戏的情绪。在演员和观众都有了这样一个精神准备之后,演戏的和看戏的、台上和台下就渐渐融合在一起了。这就是这种观演环境的精神功能,它和那种把观众厅搞得五彩缤纷烦琐刺激的设计思想是截然不同的。后者是在与演员和戏剧争夺观众；前者则有助于戏剧艺术的表现，是符合观众看剧的最大愿望的。

在这个剧院中，我注意到在观众厅的上空到处可以安设舞台灯光加强舞台的表现力，到处可以发出声音来加强戏剧效果；有时还会从观众厅的顶上降下个什么东西来或降下个人来参加演出。后来我仔细观察上面发现原来是没有顶棚的。在屋面结构中还有许多灯具、喇叭、设备、管道。由于它们全是深黑色的，而且没有令人注意的光线，即使你真的发现了它们，由于它们正在为演出服务，所以不但不会引起人们的反感，反会感到安慰和满足。美国舞台研究所对此作了研究，并有很多资料介绍。

剧场的室外环境设计和其他建筑设计一样也要求考虑它与周围的街坊、区域以至整个城市的关系。如果把整个城市作为一个大的建筑整体来说，那么一个剧院的设计，只不过是一座城市这个"大建筑"的一个"室内设计"问题。如果孤立地只考虑一个建筑本身的"完美"，就会失去环境设计的意义了。丹下健三曾赞赏几栋日本传统建筑，说精彩之处不是建筑的个体，而是非常奇妙地形成的整个环境，也就是贝聿铭常说的"全局设计"。这样建筑就不是孤立的，而是在互相"对话"。这次竞赛中出现了一些活泼新颖的作品。如有的具有南方民居风格（南小 140、184、176、113 等），有的从少数民族地区建筑采风（其他 001），还有不少受国内外建筑的启发进行了新的尝试，其平面形式就有许多种（图 10）。这说明大家思想解放了，创作的路子宽了。莱特曾指出：在山坡上设计房子，房子属于山坡，山坡不属于房子。用这一观点进行分析，剧场与室外环境中周围建筑的关系还有一个主角与配角的问题。一个剧场在城市环境中必须选择恰如其分的位置。悉尼歌剧院是个当主角的剧场，为了当主角化掉了比预算多十多倍的造价，甚至有人说它是"美的误解"，最后成了这个城市，以至于这个国家的骄傲，在环境中确是起了很大作用的。当然，也不一定非要用如此高的代价来换得这种效果，不论"浓装"还是"淡抹"都可有它自己的艺术表现力。我国的现实条件更不可能这样花钱来修剧院。有些方案（如南小 167 南中 133 等）外形很简朴，也有分寸，也许可以当一个很好的配角，有些"乡土味"更能引起群众的共鸣。

现实性和经济性问题

据初步调查，不算电影院在内，全国现有剧场和对外开放的内部堂约 1500 个左右，按全国人口平均，每六十六万人才拥有一个，实在少得可怜。而且分布不均匀，约 40％均建于大中城市。如果想达到全国每十万人有一座剧场的话，就还要增建 8500 个。

由此可见，我国目前所应发展的，是遍布全国中、小城市的中、小型剧场。我国有数目庞大的县级人民公社的城镇，都将陆续兴建影剧院。这是一个不容忽视的大问题。即是说，首先需要的是量大面广、满足基本观演功能、面积合理紧凑、投资少、经济节约、结构简单易行、施工方便迅速的剧场设计。

我们可喜地看到，有不少竞赛方案在这方面做了认真的探索。如合理地缩减面积（有的方案节约面积达允许面积的 30％，而从整个布局来看能满足基本功能要求）、高效率地利用空间（观众席起坡的下部空间、舞台及侧台下部空间以及屋顶结构空间都有不少方案加以利用，但有的方案面积差不多体积却相差悬殊故剧场设计中应将体积列为重要技术经济指标）、减少跨度及简化结构（如不设楼座、利用长排法增加观众席位以减少跨度等，有的小型剧场跨度仅为 18 米）应用地方材料、创造民间建筑风格（有的方案用斜屋面、小青瓦、粉墙、连廊等朴实的手法，造价低、效果好）、取消观众厅的天花板和天棚（北小 100 和北中 082 等几个方案中，采用这种方法，这确是一种好处很多的大胆作法)，等等。

总之，我认为，不论作什么设计我们都应该看到，我国不仅是一个社会主义大国，而且还是一个十亿人口的穷国，资金少、材料缺是考虑的前提。如果每个剧场的投资都要花费上百万元，这是不符合当前我国的经济情况和政策的（当然也并不排斥重点建一些较现代化的、设备较齐全的剧院）。因此我们一定要注意剧场设计的经济性、合理性和现实性，使剧场建设为提高十亿人民的文化生活服务。

作者系中国建筑设计研究院原总建筑师

《我的建筑哲学》原载曾昭奋主编《当代中国建师》第 2 辑

《从全国中、小型剧场设计方案竞赛谈谈对剧场设计的几点看法》原载《建筑学报》1981 年第 3 期

1月2日
中共中央、国务院以中发 [1982] 2 号文件发布
了《关于国营工业企业进行全面整顿的决定》。
根据这个文件的精神,各勘察设计单位也随后
进行了全面整顿。

2月8日
国务院批准 24 个城市为中国第一批历史文化
名城。它们是北京、承德、大同、南京、苏州、
扬州、杭州、绍兴、泉州、景德镇、曲阜、洛
阳、开封、江陵、长沙、广州、桂林、成都、
遵义、昆明、拉萨、西安、延安。

2月26日
国家建委、国家计委以 [1982] 建发综字第 76
号文发布了《关于缩短建设工期,提高投资效
益的若干规定》。该规定提出,坚决改变边勘
察、边设计、边施工的错误做法,适当提前设
计年度;努力提高设计质量;恢复和健全设计
责任制,实行设计总负责人、审核人等制度;
由于设计质量事故而引起工程返工、拖期、概
算超支、工程报废,设计单位必须承担经济责
任,视所造成损失、浪费的大小,按设计费的
一定比例索赔;广泛开展创优秀设计活动,由
国家建委每隔一定时期组织一次全国性的设计
评奖;加强概、预算管理;逐步恢复由设计单
位编制施工图预算及联合会审的制度。

3月
全国图书馆建筑设计经验交流会在西安召开。
此后相继召开了体育、医院等建筑设计的讨
论会。

3月8日
第五届全国人大常委会第 22 次会议通过的《关
于国务院机构改革问题的决议》,决定撤销国
家建委,将国家建委的综合局、设计局、施工
局及重点一、二、三局转到国家经委成立基建

办公室。1983 年 3 月把主管工程勘察设计工
作的职能转到国家计委。

4月24日
中国建筑学会设计学术委员会在合肥召开全国
居住建设多样化和居住小区规划、环境关系学
术交流会。

5月4日
第五届全国人大常委会第 23 次会议通过《关
于国务院部委机构改革实施方案的决议》。设
立城乡建设环境保护部。

6月5日
由香港建筑师学会筹组,中国建筑学会主办的
"香港建筑图片展览"在北京开幕。后在西安、
上海、郑州、南京、成都、昆明、广州等地巡
回展出。

8月中旬
由建设部、文化部和中国美协共同召开的全国
城市雕塑规划学术会议在北京举行。会议确定,
在北京、天津、上海、西安四个城市先行试点。

9月3日
由中国建筑学会筹办,香港建筑师学会主办的
"中国传统建筑图片展览"在香港展出。

11月19日
《中华人民共和国文物保护法》公布。

12月23日
万里副总理接见参加中国城市发展战略思想学
术讨论会的部分代表。

12月23日
著名建筑学家杨廷宝(1901—1982)先生病逝。

12月27日

《人民日报》发表文章《为"寒窑"召唤春天》，报道著名建筑专家任震英调查黄土高原窑洞建筑的事迹，并发表本报评论员文章《窑洞仍有生命力》。

美籍华人著名建筑师贝聿铭设计的香山饭店落成。

中国建筑工程总公司成立。

谈建筑创作
冯钟平

建筑，首先是一门科学，同时在不同程度上也是一种艺术；它既是一种物质产品，也是一种艺术创作。建筑工作者运用材料、结构、植物等物质手段，把人类社会的生活和生产活动对建筑的要求，转化成为具体的，有一定形状、大小、性质的，彼此有机联系着的建筑空间与体型环境。它首先要满足人们对物质生活（生活的、生产的、文化的）的需要，又要满足人们在空间、造型、色彩诸方面的审美要求。建筑设计图纸是建筑工作者的"语言"，它应该正确地集中、反映业主对建筑物的合理要求，并根据建筑物的性质及环境的特点把实用、经济、美观诸要素辩证地统一起来。建筑设计方案集中体现了建筑师对建筑物功能、结构、材料、施工、美观等方面的一个总的设想，它的好坏关系到建筑物的全局。这种综合的方案设计能力既是建筑师业务水平的重要标志，也是建筑师至的主要"看家本领"。

构思，是方案设计的灵魂，是建筑创作可中最难、最要劲儿的地方，是从若干个模糊不定、粗线条的构想到逐步显现、明朗、肯定的不断地综合、归纳、比较的高度脑力劳动的过程。如果说这就是创作灵感，那么，除了建筑师个人的天赋之外，主要来自长期的积累，来自想象、分析、归纳、活变能力的培养。只有积累厚，才能出方案快，思想的火花才能"蹦"得出来。

创新，是一位建筑师是否仍保持创作活力的重要标志。创新的基础是建立在建筑师对建筑所处的环境特点、它的内容、它的经济技术条件的正确理解上。应该随着时代的发展而发展，随着条件的变化而变化。同样的一个建筑，处于不同的环境中，处于不同的时代发展阶段上，理应呈现出不同的面貌。到处可以搬用、永恒不变的设计"模式"是没有的。追求创新不是追求时髦。

时髦的东西可能招摇于一时，但终归是经不起时间的考验的。

多种多样建筑的"共生"与"并存"是客观实际提出的要求。建筑物应该呈现出与之相适应的个性。从历史的长河角度看问题，今天建筑师的创作是在先辈建筑师的创作基地上添砖加瓦。尊重历史，尊重环境的整体性，以丰富多彩的建筑空间和体型环境满足人们多种多样、不断变化着的要求与愿望，是建筑师的天职，也是建筑师应尽的义务。

"由外到内与由内到外"的结合应该是建筑创作的基本方法。"外"就是从研究环境条件出发揣摩建筑物的布局与体型；"内"就是使用功能、人流组织、技术经济的条件和可能性。"内"与"外"的逐步结合与统一；建筑与环境的不断结合与统一，这是一个辩证的、多次反复的过程。它的最初的胚胎就是建筑师在接到项目后的构思通过理性的分析与浪漫的想象，把一份以文字语言表达的"任务书"转换成为一份以建筑师语言表达的图纸。是偏重于"外"还是偏重于"内"；是从"外"开始还是从"内"开始，这要由设计项目的具体情况来确定。从总体上说，建筑师的创作自由度不像画家、雕塑家、音乐家那么大，它是在一个"鸟笼"里飞翔。这个"鸟笼"就是规划局规定的"设计条件"与甲方给的"任务书"。当然，这个"鸟笼"的大小也是根据任务的不同而变化的。在这个范围内创作，建筑师还是有很大回旋余地的，在这个"舞台"上，还是可以创作出有声有色的作品来的。

作者系清华大学建筑学院教授，本文写于 1982 年

3 月 13 日—23 日
全国勘察设计工作会议在京召开。时任国务院副总理姚依林出席会议并讲话。会议对《关于勘察设计单位试行技术经济责任制的若干规定》《基本建设设计工作管理条例》等 7 个文件进行了讨论，并建议成立"中国勘察设计协会"。这次会议对推进勘察设计改革工作起到了重要作用。

3 月 28 日
著名建筑学家童寯（1900—1983）先生病逝。

6 月 10 日—15 日
中国建筑学会园林、绿化、城市规划、建筑设计、建筑历史、建筑经济五个学术委员会，在福建武夷山联合召开"风景名胜区规划与建设学术讨论会"。

6 月 21 日
建设部决定将综合性的中国建筑科学研究院调整分设为中国建筑科学研究院、中国建筑技术发展中心、建设部建筑设计院和建设部综合勘察院等 4 个单位。

6 月 30 日
国家计划委员会发布《开展创优秀设计活动的几项规定》的通知。"规定"对在全面改善设计工作的基础上开展创优秀设计活动、优秀设计的标准、优秀设计的评选、优秀设计的奖励、加强对开展创优秀设计活动的领导等做出了规定。优秀设计分三级，即国家级；部、省、市、自治区级；设计院（所）级。国家级优秀设计的评选，两年或三年组织一次。

7 月 18 日—28 日
瑞士 1970—1980 年建筑图片展览，在北京建筑展览馆举行。

7 月 28 日
国家计委、财政部、劳动人事部联合发出关于勘察设计单位试行技术经济责任制的通知，将国家按人头多少拨给事业费，改为向建设单位收取勘察设计费。

8 月
国务院颁布《建设工程勘察设计合同条例》。

10 月 1 日
南京金陵饭店建成并对外营业。

10 月
城乡建设部颁布《民用与工业建筑设计周期定额》（试行稿）。

11 月 9 日—16 日
建设部设计局、文化部艺术事业管理局、中国声学学会、中国建筑学会建筑物理委员会、共同举办全国农村集镇剧场设计方案竞赛。

11 月 12 日
首都规划建设委员会成立并举行第一次会议。

11 月 19 日—22 日
中国建筑学会成立 30 周年大会在南京召开。之后，召开了中国建筑学会第六届理事会第一次会议。

12 月 10 日
长城饭店在北京建成并开始营业。

12 月 15 日
国务院颁布《关于严格控制城镇住宅标准的规定》。

12 月 20—21 日
为了推动全国通用建筑标准设计工作，在北京

上海游泳馆

中国邮票总公司

白天鹅宾馆

成立全国通用建筑标准设计协作委员会。会议推选建设部设计局局长龚德顺为主任委员。

钓鱼台国宾馆 12 号楼建成

建筑评论的思考与期待
——兼谈建筑创作中的"京派""海派"

曾昭奋

北京的建筑创作与"京派"

北京是一座古老的、但在新中国成立后得到大规模发展的大城市，频繁的城市规划和建筑创作实践形成了自己的习惯和特色，人们称之为"京派"——它是新中国成立后最早形成的、影响最广的、地位相当稳固的一个建筑流派。它表现在城市总体构图和重大建筑物在城市的规划和安排中，表现在建筑群体的平面布局和空间处理中，也表现在个体建筑的平立面和细部设计的模式和手法中。它强调城市的中轴线和向心性，把规模较小的，功能比较单纯的北京旧城的模式保持在新首都的规划构图上；它推崇建筑群体的对称、均衡，把某些低

层的、体量较小的建筑群体的平面和空间布局套用到多高层的、体量大了几倍、几十倍的新群体上；它喜爱传统建筑的大屋顶和装饰，把它们原封不动或稍事改良之后，搬用到应用现代材料和技术兴建的新建筑上。它过于强调过去，标志和说明过去，而少于表现现在，更少于憧憬未来。它对过去常常感到满足，似乎传统是用之不竭的源泉。创新不足，鲜于探求。之所以出现这种局面，有下面三个重要因素：传统旧建筑多，影响大；钱多；"婆婆"多。传统形成的习惯做法或风格，容易被采纳，被通过，被互相抄袭，虽少有激动人心的艺术效果，但却"四平八稳"，不至于一败涂地。对称、均衡的平立面构图手法和大小琉璃瓦顶一类形式，毫无例外

地应用于功能截然不同的住宅（地安门住宅）、旅馆（友谊宾馆）、疗养院（亚洲学生疗养院）、文化宫（民族文化宫）、展览馆（全国农业展览馆）、剧场（人民剧场）、办公楼（"四部一会"办公楼）、美术馆（中国美术馆）、火车站（北京火车站）以及其他各类建筑物或建筑群体中。

如果我们把新中国成立三十四年以来分成前后两半，那么，上述的情况和特点，正好主要是在前十七年（"文化大革命"以前）中表现出来的。在这段时间内，我们正确地批判复古主义，及时地提倡创造中国社会主义建筑新风格，但是袭旧仍然多于创新。

在城市总体规划方面，我们过去曾轻易否定某些合理的建议和设想，在建筑群体创作上，则出现过失败的例子。

整个北京城的发展，一直以"滚雪球""揉面团"的方式，越滚越揉越大。城市用地及人口三十几年中增加了两倍，但城市基本结构却没有变化，仍然是中轴线的、单一中心结构的局面。这种结构形式造成了市中心越来越拥挤、穿行城市的交通量越来越大、近郊良田越来越多地被侵吞等不良后果。可以说，北京三十多年来基本上是在重复东京、伦敦、巴黎这些大城市当年的盲目发展的模式。

因此，人们想起了梁思成先生在新中国成立初期关于北京城市发展的建议：保护旧城并限制旧城的发展，另在郊区建设新的中心和城区。这种方案利于旧城的有效保护和改造。它借鉴了国外的经验，对北京城的巨大发展有着科学的预见。那样做，对于整个首都来说，就会出现合理的多中心的局面，旧城的保护和新区的发展会各得其所，城市的功能分区也将更为合理。日本的丹下健三认为，人口超过一百万人的城市，就不宜采用单一中心的结构形式。北京发展到目前的规模，看来只好采用东京和巴黎那种开发"副中心"的形式来补救。我们对城市的发展缺乏预见，梁先生的建议被轻易地否定掉了。

前三门大街的住宅建设，一下子解决了七千多户居民的居住问题。但是，整个城市环境和景观却为此做出了巨大的牺牲。城墙被整个儿拆除了，护城河也被填平了，出现了一条高楼林立的没有什么特色的大街。于是，人们重新提起梁思成教授和林徽因教授关于保留城墙、开辟"城墙公园"的建议。也许，这个建议曾被认为是小资产阶级知识分子的闲情逸致，但它却是这位建筑学家兼诗人的富有诗意的想象。城墙、护城河、草地、树林，本可组成城市绿色的项链，成为具有特殊风貌的人民公园。三十多年后，类似的设想终于在古城西安变

成了现实。林教授的建议，与整个城市的发展并无矛盾，有充分的现实性。它的未被采纳，正好说明我们城市的规划方案，的确缺乏深思熟虑和必要的想象力。

重视建筑群体的布局和空间处理，是我国古典建筑的优秀传统，是我们建筑遗产中的精华所在。它比起我们曾热心袭用的琉璃瓦大屋顶之类，有着更现实的意义，也更富有生命力。社会主义制度，城市和建筑事业大发展的现实，为我们的建筑群体创作提供了无比优越的条件和壮阔的舞台（这是任何封建国家或资本主义国家所无法提供的），也要求我们去创造动人心弦的、具有中国特色的、现代化的建筑群体。然而，我们却出现过一些不好的建筑群体，既没有发扬我们的优秀传统，也没有体现我们社会主义制度的优越性。

近来，北京有人公开反对居住建筑的高层高密度，并且反对人们对此作进一步的探讨和议论。而实际上，不论是过去和现在，我们对这个问题的探讨和议论，不是多了，而是太少了。当然，像前三门大街那样，楼高而生活水平低，居住面积标准低，公共福利设施贫乏，建筑形象及空间又缺少魅力的高层高密度，不受欢迎。但是，在北京这样的大城市中，难道真能做到"低层高密度"或"低层低密度"吗？

我们的祖先的确没有为我们留下"高层高密度"的传统。但是，适当集中的"高层高密度"的居住综合体，对城市来说，可留下更多的空地和绿地，对居民来说，可就近（或者就在楼下）使用较完备的生活服务设施。当我们的居住面积水平提高之后（例如，由目前的人均4平方米左右提高到12平方米左右），一个居住面积相同的住宅群或综合体，人口将大幅度下降。对"高层高密度"，现在就判定它的不是，是显得过于简单化，过于匆忙了些。

上海的建筑创作与"海派"

上海有一支强大的建筑创作队伍。20世纪50年代的成就，人们记忆犹新；近年创作的龙柏饭店和上海宾馆，更让人看到了"海派"——一种上海风格的雏形。过去，它没有跟着"京派"走；现在，它也没有被"广派"所征服。

从那时到20世纪80年代开始这二十年中，上海的建筑创作似乎是平淡的、沉寂的。这与它所拥有的潜力、与居民们的殷切期待显然极不相称。好似偌大一个中国，就只有京广两家。

龙柏饭店和上海宾馆，终于破土而出。看它们的势头和取得的成就，令人相信，上海的建筑创作，已迈

进了一个新的阶段。

龙柏饭店是个面积 12000 平方米的中型高级宾馆，上海宾馆则是半个世纪来上海第一次兴建的高层建筑，地上 26 层，45000 平方米。两座旅馆，规模悬殊，形象各异，由不同建筑师进行设计，但却表明了共同的倾向。

其一，是建筑风格方面。

人们知道，20 世纪 20 至 30 年代的上海，曾集中出现我国当年最高水平的、最现代化的一批建筑物。这是不容忽视的物质的和精神的财富。无论是外滩的或南京路上的建筑物，它们的形象的确已深印在人们的脑海中，一看到它们，似乎就看到上海。它们中一些健康的、合理的因素，已经反映在龙柏饭店和上海宾馆的设计中。但是，条件不同了。龙柏饭店和上海宾馆在它们所在的环境中，已不再是原先那种拥挤的、互相争夺的群体关系；它们表现出来的是，沉着的色彩，肯定、明晰的线条，稳定、庄重的体形体量以及对广大群众的爱好和城市传统的尊重。它们令人感到，只有在上海这块土地上，才会"生长"出这样的建筑来。

其二，是作风方面。

有什么样的作风，就会产生什么样的风格。但作风是一种更为普遍的、全面的、持久的社会现象。在上海，建筑师们就有一种善于独立思考、精心设计的作风；建筑工人们就有一丝不苟、精心施工的作风。这是较之出几个方案、盖几幢大厦更可贵的东西。上海人民用自己的双手，建成了这座世界名城，培育了一支拥有巨大潜力的建筑队伍。新中国成立前，南京、广州等地一些高质量的建筑物，是上海建筑工人造出来的。新中国成立后，上海建筑师的作品和上海建筑工人的足迹，更是遍布全国各地，受到人们的广泛赞扬。曹杨新村、闵行卫星镇的工人住宅和今天的龙柏饭店、上海宾馆，就充分地反映了这种作风。

这种风格和作风，就是"海派"的最基本、最宝贵的特色。

在上海宾馆的创作中，汪定曾建筑师明确提出了在室内设计中体现民族特色和地方特色的问题。他认为，"由于建筑物内部较之建筑物外部同人们更为接近，因之室内设计更应满足人们的要求和反映人们的愿望"。龙柏饭店和上海宾馆正是这样做了。这样，对于民族形式的探求，又开拓了新的境界。

的确，盖工人新村，盖功能复杂的摩天楼，我们的祖先都没有留下可资照搬照抄的"民族形式"。但是，民族形式却是一种客观存在，问题是我们到底只应受旧形式的驱使，还是反过来去驾驭它，发展新的形式。

莫伯治院士（中）、吴焕加教授（右）和曾昭奋教授（左）在广州艺术博物馆庭院中（2001 年）

民族形式的内涵以及我们在它面前所表现的态度，大概有以下三个方面。

最初，我们只看到对平面构图，对大屋顶和某些装饰部件的生硬抄袭和模仿。这种情况大家都熟悉，大多数人也不以为然。这个阶段历经几十年了，但仍有人停留在这个阶段中。

第二个方面，这是近几年大家普遍重视起来了的。那就是群体组合和室外环境中的民族风格问题。内容丰富了，思路扩大了。室内外空间的渗透、流通，庭院绿化与建筑的有机结合，既注意民族传统、地区特色，又充满新时代的气息。

第三个方面，那就是室内设计中如何体现民族特色和地方风格问题。这是对民族形式问题进行深入的思考和多年实践之后的新进展。

过去我们只看到大屋顶，只看到琉璃檐口，接着我们看到了山水林木和空间环境，现在我们则深入到了建筑物内部的经营和推敲。从片面到全面，从必然到自由，谁想以其中一个孤立的方面来顶替民族形式的丰富内容和新的发展创造，那就是故步自封，画地为牢。

上面，笔者斗胆议论了"京派"和"海派"，有所褒贬。而有着强大的物质和智力作后盾的"海派"，却有后来居上的架势。上海这么一个大城市，应该出现自己的"德方斯"和"新宿副都心"，应该建设自己的"悉尼歌剧院"。不久前，一位 45 岁上下的建筑师（清华校友）就任上海市副市长。也许它是一个信号，上海将拿出更多的财力和智力，投入到建筑事业和建筑艺术创作之中。

作者系清华大学教授，本文写于 1983 年，编入本书时有删节

1 月
国务院颁发《城市规划条例》。

2 月 23 日
西安冶金建筑学院王瑶等 13 名大学生根据居民要求提出的西安旧居住区化觉巷改建方案，获得国际建筑师协会 1984 年大学生国际竞赛奖第三名。

3 月 26 日—4 月 6 日
中共中央书记处和国务院联合召开沿海部分城市座谈会。会议建议进一步开放 14 个沿海港口城市。它们是：大连、秦皇岛、天津、烟台、青岛、连云港、南通、上海、宁波、温州、福州、广州、湛江、北海。

5 月 15 日
全国人大六届二次会议《政府工作报告》第一次提出"设计是整个工程的灵魂"的重要论述。要求设计单位要逐步向企业化、社会化方向发展，为加速行业的改革起了重要推动作用。

5 月 24 日
中共中央决定，城乡建设环境保护部部长、党组书记李锡铭调任中共北京市委书记。芮杏文任城乡建设环境保护部党组书记，仍兼任国家计委副主任、党组成员。

6 月 16—20 日
现代中国建筑创作研究小组在昆明召开成立大会。

6 月 28 日
建设部颁发 1984 年全国优秀建筑设计获奖名单。

6 月
根据《国内动态清样》第 1494 期"工程师章继浩对改革设计管理体制的建议"，原国家计委起草了《关于工程设计改革的几点意见》。1984 年 11 月，国务院批转原国家计委关于工程设计改革意见的通知指出，这是一份具有纲领性的改革文件。

7 月 21 日
北京市建筑设计研究院在民族文化宫隆重集会，庆祝总建筑师张镈从事建筑创作 50 周年。戴念慈、杨春茂及有关单位负责人和建筑界知名人士 100 多人参加了庆祝会。

9 月 3 日
建设部副部长戴念慈，就国家允许开办个体建筑设计事务所问题，对《经济日报》记者发表谈话。

10 月 13 日
中国建筑工程总公司园林建设公司北京分公司设计建造的"燕秀园"，在英国利物浦国际园林节中获得"大金奖""最佳亭子奖"和"最佳艺术造型永久保留奖"奖状。

10 月 24 日
天津市人民政府在蓟县举行独乐寺重建一千周年纪念活动，为"独乐寺重建一千周年纪念碑"揭幕，并举行了学术讨论会。

11 月 6 日—8 日
中法住宅学术讨论会在北京举行。

11 月
国务院批转国家计委《关于工程设计改革的几点意见》中明确指出：设计单位要逐步脱离部门领导，政企职责分开、实行社会化。各地区、各部门要逐步成立勘察设计协会，组织技术交流和行业协作。国家计委以计设 [1984] 2620 号文件向国家体制改革委员会提出《关于申请成立中国勘察设计协会的报告》，国家体改委与劳动人事部研究同意后报国务院审批。

"天上"与"地下"
——浅谈北京建设的巨大潜力

林乐义

　　搞好首都的规划与建设是极端繁重与细致的工作，在这里仅就如何挖掘"天上"与"地下"的潜力问题谈几点粗略看法。所谓"天上"与"地下"，主要是指建筑物，特别是大型建筑物屋顶绿化、庭园的开发，以及地面以下作为生活交通服务网与人防建设的充分利用。

　　美化环境向空间发展。一个城市的环境美化包括建筑物、绿地、水面、道路以及各类艺术品、构筑物的综合规划与设计。北京市要建成"全国环境最清洁、最卫生、最优美的第一流城市"，将要建造一批高质量的建筑物，要扩大绿地与水面，还要增设不少生活服务设施与交通道路网。突出的一个矛盾就是用地的紧张，往往使规划、建筑师们顾此失彼，多盖房子又会减少绿地；再一个矛盾是新盖的房子处理不当，还会引起城市环境的质量下降。如果站到高处往下望，看到一些新盖的大片大片单调而呆板的平屋顶、有时甚至是杂乱不堪的景象，真会使人失望。应该强调，作为现代的建筑师，在设计一幢建筑物时，必须从上到下、前后左右、从里到外与城市的周围环境有机地联系在一起来考虑。就美化城市环境相当重要的绿化来说，也不能停留在以往的只着眼在地面的环境绿化上，还应该结合每一幢建筑物的大面积平屋顶，以及其他部位来增加庭园绿化建设。这种美化环境向空间发展的趋向是摆在我们面前的迫切任务。

　　空间绿化的一些设想。城市环境的美化包括多方面的内容，这里仅谈空间的绿化，其中主要的是建筑物屋面的庭园绿化，因为它对环境的影响很大。就拿天安门广场周围的大型建筑来说，屋面面积往往上万平方米，如果把这些平屋顶都改造为绿地庭园，还可以有亭台水面，环境将会起多大的变化！当然，空间的绿化除了屋顶部分之外，还包括建筑物的其他部分，可以是中部空间的室外绿化或倾斜墙面的花台；可以是地面绿化往建筑内部的延伸或地下层入口处的跌落式绿化；也可以是建筑外墙的攀藤以及室内各种空间的绿化……

　　在目前地面绿化的基础上，结合建筑物的环境设计而发展空间绿化将会反映出以下优越性：其一，可以大幅度地均匀地提高绿化覆盖率。目前北京市区有公园绿地 55 处，加上其他绿地，城市绿化覆盖率约 20%，计划在 2000 年提高到近 40%，在用地如此紧张的今天，依靠老办法增加地面绿化是较难达到上述数字的。如果考虑到绿化向空间发展，向"天上"要地，覆盖率就会成倍地增长。其二，结合整幢建筑物考虑的空间绿化可能改善小气候，屋面的保温隔热性能，小范围的温度、湿度以及防风沙性能都会得到改善。其三，建筑环境设计的质量提高了，建筑物到处接近绿化庭园，将会极大地方便群众的休息以及身心健康。其四，也是十分重要的，用环境设计的概念推动建筑设计，将会彻底改变目前那种呆板的方盒子面貌，为提高建筑物的使用质量与艺术质量开辟广阔的道路。

　　地下空间的开发与合理利用。一些先进的国家对地下空间的开发规模已达到相当庞大的程度。法国巴黎拉德芳斯新区是城市副中心之一，整个区域的地下建有五六层之多，集中解决各种交通专线、部分公共服务以及市政设备管网，实行人车分流、地面层变成了休息花园和步行道。日本东京的新宿高层区陆续建成四片两层的商业中心，面积达十多万平方米。美国纽约的国际贸易中心建筑群，也是充分利用地下空间安排了各种服务与辅助设施，显示了一定的优越性。

　　地下空间的合理利用，包括建筑物的地下室、广场公园下的地下建筑、建筑物之间的联系网，以及城市功能所需要的各种地下管网，对于一个城市来讲，完整的、合理的地下空间有如整个城市的大动脉。北京的天安门广场及其周围的建筑物，是国内外旅游者向往和必到之地，目前它的生活服务和休息场所都远远跟不上人们的需要，对这样世界上有地位的广场，应该着手开发它的地下空间，安排诸如餐厅、冷饮、商店、娱乐、休息、综合旅游服务，乃至停车场、电影院、俱乐部等的生活服务网。有了完备的服务设施以及方便的交通设备，天安门广场就不单单是庄严、宏伟的广场，而且是舒适优美、亲切的天安门广场了。

原载《人民日报》1984 年 7 月 10 日

1 月 19 日
"大地"建筑事务所成立。这是北京第一家中外合作经营的建筑设计单位。

1 月 21 日—26 日
全国设计工作和表彰优秀设计会议在北京召开。

2 月 3 日—7 日
建设部设计局和中国建筑学会召开小型繁荣建筑创作座谈会，邀请部分中青年建筑师、专家学者，从建筑理论、方针、政策、设计思想、创作方向和设计体制等方面，集中研究建筑设计如何创优、创新，改变建筑造型一般化的现状，提高建筑作品的经济、社会、环境效益。

3 月 5 日
国家计委、城乡建设环境保护部以计设 [1985] 422 号文颁发了《集体和个体设计单位管理暂行办法》，对集体和个体设计单位的资格审查、经营管理、质量管理等作了规定。

5 月
由《建筑师》杂志举办的全国大学生建筑设计竞赛评选在福建进行，此次设计竞赛以"高等学校校庆纪念碑"为题。

6 月 11 日
城乡建设部设计局成立建筑设计收费标准编制组，编制建筑设计收费标准。成立全国建筑设计工日定额编制组，编制"全国统一建筑设计工日定额"。

8 月 24 日
首都规划建设委员会全体会议通过了《北京市区建筑高度方案》。

8 月 27 日—29 日
中国近代建筑史研究座谈会在北京举行。在建设部支持下，由汪坦先生主持此项研究，会后发出"关于立即开展对中国近代建筑保护工作的呼吁书"。

8 月 31 日
新疆维吾尔自治区计委和建设厅联合召开"新疆建设民族形式和地方特色讨论会"，10 月在喀什市召开全区的学术讨论会。

9 月 9 日—16 日
由建设部、中国建筑学会、中国建筑技术发展中心、文化部、国家体委联合组织的全国村镇建筑设计竞赛评比会议，在大连召开。共评出住宅设计方案二等奖 9 名，三等奖 9 名，佳作奖 25 名；住宅实例优秀奖 13 名；集镇文化中心设计方案二等奖 6 名，三等奖 8 名，佳作奖 21 名。

9 月 16 日
中国第一座伊斯兰文化中心工程在宁夏银川举行奠基典礼。该中心将设立伊斯兰学术研究机构，总建筑面积为 6 万平方米。

9 月 21 日
由上海市建筑学会等单位联合举办的"庆祝著名建筑师庄俊、陈植从事建筑设计、教学活动七十、五十六周年"座谈会举行。

中国国际展览中心 2~5 号馆

阙里宾舍

深圳体育馆

1985 年中国建筑学会与建设部共同召开电脑在建筑
设计中的应用学术交流会

10 月 11 日
阙里宾舍建成。

11 月 7 日
城乡建设环境保护部批准《建筑设计统一工日
定额》在全国颁布试行。

11 月 22 日
根据六届人大常委第 13 次会议决定，任命叶
如棠为城乡建设环境保护部部长，免去芮杏文
城乡建设环境保护部部长职务。

11 月
由中国建筑西北设计院、福建省建筑设计院为
组长编制的《全国城乡建设建筑设计统一工日
定额》经城乡建设环境保护部设计局批准，在
全国发行。

11 月 29 日—12 月 3 日
繁荣建筑创作学术座谈会在广州举行。这是自
1959 年上海住宅建筑标准及建筑艺术问题座
谈会以后，第一次研究建筑创作问题的全国性
专题会议。

12 月 23 日
全国城市中小学建筑设计方案竞赛评选在南京
揭晓。

12 月
我国第一部记载当代建筑业（1949—1984）
发展历程与建设成就的大型工具书《中国建筑
业年鉴》出版。
深圳国际贸易大厦落成。
北京保利大厦开工建设。
黄鹤楼复建完成。
《中国勘察设计》杂志创刊。

建筑——对人的研究
谈建筑创作基本功及建筑师的素质

佘畯南

什么是建筑？怎样练创作基本功？怎样培育好的素质？都是值得探讨的问题。学校培育的基本功是重要的，它是建筑创作的基础。建筑是为人，空间组织、环境设计是为人，人是建筑创作的服务对象。建筑师应像文学作家，深入生活，了解人，熟悉人，才能创作好的作品。作家的笔墨功夫虽好，它只能起帮助写作的作用。好的作品有赖于对人的研究的深度和广度以及思维活动的能力。一个具有优良技术基本功的建筑师，应该认真对人的研究下功夫，才会创作出为人喜悦的建筑。从某种意义来说，建筑的含义也是对人的研究。

如何理解建筑意味着对人的研究，首先，要探讨建筑是什么这个问题。对此，人们各有不同的建筑观，因为他们的宇宙观和所处的空间和时间有所不同。英国建筑史家宾尼斯特·弗来彻认为建筑是艺术之母，这是从古希腊帕提农神庙而至文艺复兴时代的圣彼得大教堂等建筑艺术名作的观点去歌颂建筑。法国奥格斯特说："建筑是组织空间的艺术"。他强调建筑空间的艺术性，但还未谈到建筑与人的关系。路易斯·康是一位哲学意味很浓厚而对音乐很有感情的建筑师。他说："每一个建筑师都在狂热地表现他的交响曲的全部。"又说："当你创造一座建筑时，你就创造了一个生命，会跟您谈天。"他阐述了建筑与人的关系，一个好的建筑作品应该是一个具有生命的建筑，它具有动人的感染力，它会表达建筑师的思维活动的意志。它像一首交响曲有韵律的有节奏的给你以思想感情。只满足功能和牢固要求的建筑，只是一件没有生命的工具。

埃罗·沙里宁是一个表现主义者，认为建筑使人在美好的环境之下，提升了个人生命的情操。伟人的建筑，其品格在于哲学与思想的表现。建筑师独到的信念，借助于建筑实体来默然告诉世人。他阐述了建筑对人的影响和能表达作者的意志。前英国首相丘吉尔是一位对建筑很有兴趣的政治家，他说："起初是人塑造建筑，随后建筑塑造人。"这句话是有深刻的哲理意义的。有个家庭主妇说，住在高层公寓的儿童的性格比住在低层房子的儿童的性格孤僻。

勒·柯布西耶认为房子的功能要求要有像机器样的准确和精密度。他对人的研究颇有独到之处。他探索一种适应建筑的量度体系，它除了具有表达尺寸数值的功能之外，还具备三个要素：①与人体的尺寸和比例有关系；②有利于建筑工业化的生产；③符合美学的要求。

他综合这些因素，提出以人体高度为 6 英尺的一系列模数，称之为模量（MODU-LOR）。黄金比为 1 ：1.618。

现代建筑师们对椅子的设计很有兴趣。20 世纪 30 年代阿尔瓦·奥托设计的第一把可以大规模生产的夹板椅子，取得很大的成就，马歇尔·布鲁耶尔设计的卫士礼椅（WASSILY CHAIR），令他声誉大显。他与密斯·凡·德·罗设计的不锈钢椅子已成为珍贵的陈列品。其他如沙里宁、伊姆斯（EAMES）等人都有椅子的名作。为什么建筑大师们对椅子的设计有如此的兴趣和重视呢？椅子是今天人们生活不可缺少的工具。对椅子的研究可说是对人的研究的起点。人类的第一个动作是从坐态变为为站态的运动。他从母胎里的坐态伸直双腿意味着变为站态来到人间。从此在他的一生历程中，千万次重复这个以坐态为主的动作。他花在坐态的时间最多。不同年龄、不同性别、不同习惯的人，由于生理、心理的差异和变化，对坐态的舒适的要求不同。怎样令不同的人在坐态时取得肌肉松弛、心身平衡、呼吸顺畅是一项极其复杂的对人的研究。建筑师们十分重视椅子的设计，把它看作是对人的研究的重要组成部分。他们的成就与研究人的深度和广度分不开。

瓦尔特·格罗庇乌斯认为一个真正的建筑应该是一项科学，同时是一项艺术。作为科学，它分析人们的种种联系；作为艺术，它协调人的活动，使它成为结合的文明。路易斯·沙利文（赖特的从业老师）明确指出："建筑是对今天美国人民的研究"，他的哲理为后人的建筑创作突破几何三度空间进入以人为中心的四度空间做出重要的启发。

建筑创作应该把人的活动与几何学三度空间作为一个整体去进行构思。这样就扩大了我们思维活动的领域。这是四度空间的概念。如果将四度空间与周围事物如动植物、水石景、声、光、色、时令季节等结合成为一个整体来进行思考，多因素的构思丰富了建筑空间构图。这是人们思维活动的意志塑造出来的实体空间，称之为五度空间，这个动态的实体空间反映到人们的头脑里，塑造了思想感情，这意境空间的创造意味着六度空间的概念。意境是没有固定界限的空间，其界限之深度、广度及层次是取决于创作才华及人们的感受程度，广州白天鹅中庭的泉声、鸟声把人们的情感带到深谷的溪涧意境中去，"故乡水"会令远方归来的游子倍思亲。触景生情意味着有生命的建筑跟你谈天，如果要塑造能塑

左起胡镇中，左肖思，林兆璋，莫伯治，佘畯南，陈开庆，周凝粹，林永祥，曾昭奋，赵伯仁，何镜堂

造人的建筑，我们应该从生理上、心理上加深对人的研究。对人的研究也是创作的基本功。练好这基本功，有助于从创作的必然王国走向自由王国。

建筑师的素质体现于创作才华和为人哲理。建筑师是人的一种职业。因此其素质的形成以为人素质的共性为基础。我们的根子生长在祖国的土壤里。这里蕴藏着四千年的悠久历史，具有优秀的哲学思想、道德观念和现代科学的马克思列宁主义毛泽东思想。它培育我们的才智，让我们在创作的百花园里盛放中国社会主义现代化的花朵。它培育我们为人真诚优良传统美德。许多先辈为我们树立榜样，他们平易近人，爱护晚辈，教人不倦。他们虚怀若谷，向不同观点的同志学习，他们认为谦虚谨慎是成才必须具备的美德。缺乏这素质会失去成才的机会。他们力戒华而不实的作风，不虚耗时光于无原则之争，把精力的全部投入创作之中，让作品去阐述自己的观点，让实践去检验自己的哲理。以运动的观点去观察运动中的世界，以发展的眼光去看发展中的事物。他们懂得在科学技术日进千里的年代，技术最易老化，"吃老本"的问题根本不存在。只有刻苦钻研，知识不断更新，才能与时代同步前进。青出于蓝而胜于蓝，后浪推前浪，是历史发展的客观规律。历史赋予中国建筑师的任务，是要培育比自己更强的年轻一代建筑师。一件成名之作，绝非一人之功。要有宽阔的胸怀，大公无私的精神，远大的理想，坚定的信念，才能团结大多数人去完成任务。待人接物如处理建筑空间一样，要掌握恰如其分的尺度，理想的深度和层次，良好的比例。好的品德，好的作风和风度会留给后人以难忘的印象。正如伊索寓言"老妇人与酒瓶"的故事：一个曾经在不久之前盛过美酒的空瓶，老妇人爱酒香，时时将酒瓶放

在鼻尖去尝受酒香，她说，好香啊！这酒本身不知多么香呢。美酒啊！我怀念你！现今，我们晚辈以同样的心情来怀念先辈大师梁思成、杨廷宝先生他们。

一件成名之作，往往不会一帆风顺，天才常常走在时代之前十年、几十年甚至百年。新生事物的出现往往是对旧习惯势力的冲击，常常遭到无理的指责和无情的批判，但真理是不会被压倒的。一件建筑作品受到批评也不是坏事。千篇一律的作品是无生命的工具，它不会说话，就不会惹人瞩目。建筑师要有坚强的意志，经得起狂风暴雨的袭击，也经得一片歌声的赞扬。建筑师要有突破记录的冲刺力，不要因责骂而裹足不前。创作才华与天聪有关，但也要经过多年的精心培育，思想的逻辑性，正确的建筑观，创作哲理，过硬的创作基本功的形成，非一朝之功，要经多少岁月的磨炼。

创作是耐心的探索，耐心来源于热爱业务，把工作与爱好结合起来，把创作看成享受，因而乐在其中。热爱创作是建筑师应具备的优良素质，这是个性问题，也是在实践中逐渐培育出来的思想感情。比如，当他看见病人在他设计的医院得到诊治，他感到人民需要他的创作，当他看见天真的儿童在他设计的少年宫欢乐地游戏，他的内心会同他们共享这幸福的空间，他懂得他为人民而创作，不虚度年华而感到快慰，他会不为名不为利，把自己的一切投入创作之中，这是最幸福的享受。

作者系中国工程院院士，全国工程勘察设计大师。
本文原载《建筑学报》1985 年第 10 期

1月12日
国务院发布了《节约能源管理暂行条例》。

2月4日
城乡建设部颁发《建筑技术政策》。文件包括《建筑技术政策纲要》和八个专业技术政策。

2月15日
国家计委以计设[1986]173号文发出了《印发〈关于加强工程勘察工作的几点意见〉的通知》。

2月20日
国家体委和北京市人民政府联合召开第十一届亚运会工程建设动员大会，将于1990年在北京举行第十一届亚运会，为举办亚运会需建设一批体育场馆和训练场地。

3月5日
建设部在北京召开《民用建筑设计通则》审查会和民用建筑设计标准审查委员会第二次工作会议。

6月25日
国家计委以计设[1986]1085号文颁发了《关于加强工程设计招标投标工作的通知》。《通知》规定：设计招标一般采取可行性研究招标为好，不宜搞初步设计招标；设计单位中标后，可以连续承担初步设计和施工图设计；强调不能将设计费作为评标的依据；对非中标单位的费用应当给予补偿；设计招标应事先进行资格审查，邀请参加投标的单位以3至4个为宜，中小型项目不宜搞全国性招标。

6月30日
国家计委以计设[1986]1137号文颁布了《全国工程勘察、设计单位资格认证管理暂行办法》。这是在全国范围内对勘察设计单位进行的第二次资格认证。证书等级分为甲、乙、丙、丁四级。

7月1日
国家计委和外经贸部联合发布《中外合作设计项目暂行规定》。

7月17日
国家计委、劳动人事部、财政部、城乡建设环境保护部以计设[1986]1275号文发出了《关于印发〈工程勘察设计单位组织业余设计有关问题的规定〉的通知》。《规定》要求：业余设计的时间，每周掌握在6小时以内；勘察设计单位组织业余设计的收入，80%纳入单位的正常收入，20%由单位统筹安排分配给个人；直接参加业余设计的人员个人所得每人每月在30元以内的免征奖金税，超过30元的部分计入单位的奖金总额。

8月7日
国家计委以计设[1986]1463号文发出了《关于勘察设计单位推行全面质量管理的通知》。

8月11日
西南地区建筑学会在西藏拉萨举行第四次学术交流会议，交流、讨论了建筑创作方向和建设、保护历史名城等问题。

8月22日
由建设部设计局会同新疆等各少数民族地区与乌鲁木齐市举办了全国少数民族地区建筑创作学术讨论会。

10月14日—16日
中国近代建筑史研究讨论会在北京召开。

10月15日
国务院批准第一批全国烈士纪念建筑物保护单位。

自贡恐龙博物馆

10月21日
中国建筑学会在江苏常熟召开了
全国村镇规划和建筑设计学术讨
论会。

1986年首次国家级优秀建筑设计、
优质工程评选活动举行。

中国彩色电视中心

对琉璃厂街改建工程的几点看法
周治良

今天琉璃厂的旧址在辽代为"中都"东郊的海王村，元代在此地建琉璃窑厂，故有"琉璃厂"之称。明代琉璃窑规模扩大，大量窑工居住于此地；清康熙年间逐渐形成居民区，一些小商贩摆摊经营商业，而每年一度的春节灯市也移至琉璃厂举行，是为琉璃厂厂甸集市和书肆的原始。清乾隆年间这里已形成以卖古籍碑帖、古玩字画、文房四宝等为主的商业街，发展成为独具一格的文化街，至今已有200多年的历史。

1978年提出改建琉璃厂街的任务，这是首都较大规模地改建一条旧街道的首次实践。从1980年10月开工，经过规划、设计、施工和古建专业人员等有关方面的共同努力，全长为500米，有54个字号，建筑面积为34000平方米的琉璃厂改造第一期工程，在短短几年内基本建成，取得很大成绩，得到国内外有关人士的好评。通过评论和总结建造这条街道的经验和教训，对今后首都旧城改建将会有所裨益。

一、传统与革新

改建开始，对如何改建这条街大家有不同看法。有人主张按原样修复，继承原有传统。另有人主张保护与改造相结合，以保护为重点，既要有时代精神和气息，满足现代功能使用要求，更要保留和体现古老文化街市的传统艺术风貌，力争有所革新，并提出具体建议：建筑按照清代北京一般商店的形式，尺度要小一些，层数以一、二层为宜；风格不要华丽，要雅致，有"书卷气"，还要注意室内陈设和家具。讨论结果，后者的原则和建议得到多数人的赞同。设计者力图按此设计，无疑是十分正确的，因为琉璃厂街不像一些具有重要文物价值的古建筑，必须按照原样修复；现在时代变化了，使用要求和技术条件不同，完全原封不动地复原，既无必要也不可能。原有建筑多为一层，现在为了争取更多的使用面积，部分建成二层或三层是必要的。原有街道宽度仅为4～8米，为了解决各种市政管线的铺设和人流交通，将街道展宽到7～12米是适宜的。在规划整体上仍保持了原有建筑物的尺度和体量，店面不宽，鳞次栉比于街道两侧，道路保留了原有的特色，宽窄不一，曲折有韵。建筑参照清代北方店铺和民居的建筑艺术风格进行设计，取得了较好的效果。但遗憾的是，在贯彻已定的正确原则时不够有力，最后出现了一些问题。

二、人与物

琉璃厂是一条文化街，它和前门大栅栏一带的商业闹市有明显的区别。从历史上看，琉璃厂街有浓厚的文化气息，它长期为中国的知识分子和广大群众服务，为他们所喜爱。原琉璃厂街大部分商店为书肆，据记载，清乾隆时期琉璃厂街已有书肆30余家。这些店铺不仅出售古籍字画、文物古玩，还给文人墨客提供谈论文化、交流知识的场所，起到类似国外"文化沙龙"的作用。一些书肆的店主也具有相当高的文化水平或某种专长，店主与顾客或顾客与顾客之间可以在前店或"内柜"谈古论今，交流信息。

清人柳得恭在《燕台再游录》一书记载："崔琦，琉璃厂之聚瀛堂主人……聚瀛堂特潇洒，书籍又富，广廷起簟棚，随景开阔，置椅三四张，床桌笔砚，楚楚略备，月季花数盆烂开。初夏天气甚热，余日雇车至聚瀛堂散闷。卸笠据椅而坐，随意抽书看之，甚乐也……崔生年少，亦能诗，雅人也……每日午，崔生劝藕粉粥和砂糖，食之甚美。川楚'匪'乱，彼中士大夫缄口不言，便成时讳。崔陶两生时时痛言之，似是市井中人，无所忌惮然耳。"这里将琉璃厂书肆的建筑环境、店主与顾客的交谈情况，描写得历历如绘，十分富有情趣。

近代文人钱玄同、刘半农、鲁迅等也经常到琉璃厂来选书画、购文物，相互交流。当时书肆内的书籍可以出售、翻阅、借阅，甚至由店主派人将顾客所购书籍送到买主家中。用现在的话说，琉璃厂实际上就是为知识分子服务的文化知识情报交流站。同时，原来琉璃厂的店铺中，高、中、低档的商品都有，既有善本古籍、稀世文物，也有平常书籍、手工艺品。平日为文人墨客流连之所，在新春节日的厂甸庙会中，北京著名的风筝、空竹、面人、剪纸等各式各样的玩具以及多种风味小吃都有出售，此时的琉璃厂成为广大群众喜爱的娱乐场所。当时这条街的建筑考虑了"人"，为文人墨客及广大群众提供了适宜的交流空间和集市场地，方便了人们日常生活的使用，充分体现了"以人为本，物为人用"的精神。

在琉璃厂街改建过程中，建筑师过多地注意了"物"的建设，在如何搞好建筑方面下了很大功夫，但是在如何保持原有街道功能、充分考虑"人"的因素等方面没有得到应有的重视，没有为广大知识分子和普通群众进行文化交流、休闲娱乐提供必要的条件。如老字号"聚瀛斋"的建筑环境已不复存在，改建后的琉璃厂街内，提供知识的书肆少了，销售高档工艺品的店铺多了；供应给普通知识分子和人民群众的商品少了，针对国外旅游者的商品多了；琉璃厂街建成后国内普通知识分子及广大群众去的少了，国外旅游的人去的多了；整体文化氛围少了，旅游商业的氛围多了。

特别是当前社会正从工业时代向信息时代转变，这种转变会影响到社会的各个方面，也包括城市建筑。工业社会强调"物"的因素，强调物质和技术，在建筑领域中重"功能"和"技术"，对历史、传统、文化重视不够。而信息社会强调"人"的因素，重视人的心理、感情等，在建筑领域中历史、传统、文化、民族等更显得重要。作为城市规划建筑设计领域的专业设计而言，不仅要考虑经济、物质、技术等因素，更要考虑"人"的因素，如人际交流、宣传文化等，从而使人在精神上得到满足。

适用是人们对建筑的主要要求，因为任何建筑都是为了满足人在一定范围内的使用需要而建设的；适宜不仅要完成物质功能的要求，同时更要满足人们的精神要求和社会功能的要求。琉璃厂街改建设计中恰恰忽视了"人"的因素，这样，既不符合这条文化街的原有功能，也不能跟上社会发展的要求。

三、"千篇一律"与"丰富多彩"

琉璃厂街店铺的使用决定了它的建筑形式。昔日的店铺多为私人经营的书肆和文物商店，不可能也不需要很大的营业面积，不少店铺是由住宅改建而成，建筑

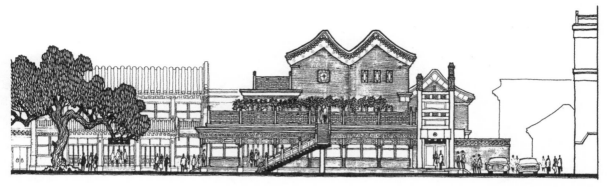

琉璃厂街建筑立面图

尺度和建筑体量较小，这一点在改建时已为建筑师所注意。由于店铺多是为知识分子和广大普通群众服务的书肆和商店，建筑形式和色调比较"古朴、雅致"，富有文化气息，不像大栅栏中的绸缎庄那样"雍容华贵"，商业气氛浓重。但是，在改建工程中忽视了这一特点。不同时期做法、不同的风格形式、不同环境和建筑性质的要求混杂在一起，形式杂乱，色彩太多，调子太浓。如西街路口南朝华书画社的冲天牌楼式店面，建筑形式过于绚丽、烦琐。在建筑设计中大量采用了砖雕木刻、油漆彩画，窗扇的纹样不仅有北方的步步锦、灯笼柜、豆腐块等多种形式，连苏州园林中的什锦窗也上了楼。彩画中不仅有沥粉贴金彩画、卡箍头彩画，还有十分华丽花哨的苏式彩画。柱子多用朱红色油漆，鲜艳夺目，格调不一，增华过甚，失去了文化街"朴素淡雅"的风格，形成了古而不朴的外貌，影响了文化街的艺术效果，冲淡了这条街的文化气息。

当前，全国都在反对建筑形式上的"千篇一律"，是正确的，也是适时的。但是"千篇一律"和"丰富多彩"是一个问题的两个方面，绝不应该因反对"千篇一律"，而将建筑搞得"五花八门"。如果在一条街道上"百花齐放"，势必杂乱无章，效果不会理想。"多样化"应表现在不同地区、不同城市或不同地段上，但从城市某一地段来说，应该体现其特色，而不应该建设成"五光十色"，如北京城从整体上看"丰富多彩"，中轴线上突出了故宫的黄琉璃瓦宫殿建筑群，而全城围绕故宫的民居，基本上是灰瓦坡顶的四合院；从局部上看似乎是"千篇一律"，但从整体上看是"丰富多彩"。

国外的城市规划和建设中，这样的案例也有许多。在摩洛哥，国家规定每个城市的建筑色彩必须遵循当地

的统一规定，如首都拉巴特为白色，所有建筑物都是白色，但局部建筑处理可用各种不同色彩的材料，以求"多样化"。这样既有大统一，又有小变化，效果很好。

琉璃厂街改建中，设计者没有正确地处理整体或个体、共性和个性的关系，特别是琉璃厂西街几幢样板房建成后，某些权威人士批评建筑形式"千篇一律"，更促使设计中片面地追求"多样化"，造成建筑处理多变，色彩过于华丽，使人眼花缭乱，影响街道的艺术效果，破坏了原有街道的文化气息。

在琉璃厂街的改建中，设计者付出了大量的艰苦劳动，由于种种复杂因素，出现一些不足之处，也是容易理解的。通过大力开展建筑评论，总结经验，吸取教训，将会更好地繁荣我们的建筑创作，使我们的建筑设计沿着正确的道路前进。

作者系北京市建筑设计研究院原副院长，本文写于 1986 年

1月10日—17日
全国勘察设计工作会议及中国勘察设计协会第一届理事会议在北京召开。

1月
南京雨花台烈士纪念馆在南京落成。

2月
由文化部社会文化局、中国建筑学会、中国建筑工业出版社联合举办的"全国文化馆建筑设计竞赛"在全国普遍展开。

4月20日
国家计委、财政部、中国人民建设银行、国家物资局发布了《关于设计单位进行工程建设总承包试点有关问题的通知》，批准了广东建设承包公司（广东省建筑设计院）、中国武汉化工工程公司等12家设计单位为总承包试点单位。

6月1日
中国建筑学会建筑创作学术委员会在京举办当前世界建筑创作趋势学术讲座，国外几位建筑学者分别介绍了近年来本地区建筑发展趋势，阐述了建筑文化等问题。

7月1日
《住宅建筑设计规范》颁布实行。

7月2日
为配合1987年国际建筑师节活动，促进建筑创作和表现艺术的发展，中国建筑学会和中国建筑工业出版社联合主办全国建筑画展览，在北京中国美术馆展出。

7月13日—21日
国际建筑师协会第16次世界建筑师大会第17次代表大会先后在英国布莱顿和爱尔兰都柏林召开，中国建筑学会副理事长吴良镛等8位同志组成中国建筑代表团参加了会议，吴良镛当选为国际建筑师协会副主席。

10月1日
《中小学校建筑设计规范》颁布实行。

10月6日
北京图书馆新馆举行竣工、开馆典礼，该馆规模为世界五大图书馆之一，居亚洲之首。

10月16日
当代建筑文化沙龙在北京举行首次环境艺术讲座。

10月25日—27日
南京工学院建筑系集会庆祝建系60周年暨纪念刘敦桢先生90周年诞辰。

11月11日
城乡建设部颁布《关于离休、退休专业技术人员从事建筑工程设计工作的暂行办法》。

12月11日
中国建筑学会第七次代表大会在京开幕。

12月13日
为繁荣创作，提高设计质量，进一步推进建筑设计全面管理，建设部设计局在南京召开TQC试点经验交流会。

1987年出版的《世界建筑史》第19版中，增补了1949年新中国成立以后的37幢中国代表著名建筑和16位著名中国当代建筑师：梁思成、戴念慈、张开济、林乐义、张镈、张家德、龚德顺、葛如亮、杨廷宝、华揽洪、冯纪忠、宋秀堂、黄毓麟、哈雄文、魏敦山、莫伯治。

上海铁路新客站建成。
广东大厦建成。

天河体育中心

北京国际饭店

中国人民抗日战争纪念馆

北京图书馆新馆

我们应该建设什么样的生存空间与环境
——首届全国建筑评论会议回顾
洪铁城

　　新建筑铺天盖地的出现，城市"高富帅"了，还需要评论吗？外国建筑师的设计被城市头儿看中，很抓人眼球，还需要评论吗？房地产大亨左右着建筑市场，促进经济发展了，还需要评论吗？五光十色的小别墅雨后春笋了，幸福满满的，还需要评论吗？甚至，连农村多是清一色的花岗岩、不锈钢，还需要评论吗？

　　三十多年前我其实已经四十开外，但憨头青好生天真。窃以为中国文学界的朦胧诗，在评论之中甚至争论之后弄明白了：它可以像一丛小花自由自在地开放，但不能成为中国诗歌创作的主流。因为朦胧诗怪癖、模糊、难懂，甚至灰暗，消极。中国新诗的主流应该是积极的，健康的，真、善、美的，应该为读者们喜闻乐见。中国建筑设计能不能通过开展评论，弄明白方盒子、瓜皮帽、奇装异服、欧陆风以及千篇一律、千城一面等问题呢？换句话进一步说，能不能通过评论，弄明白我们到底应该建设什么样的生存空间与环境呢？

　　憨头青因此一根筋的认为：完全可以的。于是乎萌生了举办建筑评论会议的念头。

　　我以《东阳建筑》杂志编辑部名义，与重庆建筑工程学院白佐民教授、同济大学卢济威教授、南京工学

参加首届建筑评论会议的专家合影（顾孟潮提供）

为中国建筑评论做出贡献的诸位学者（张学栋提供）

院建筑系鲍家声教授联系，想不到他们一个个立马响应。于是折腾来折腾去，1987年4月1日至4日在"建筑之乡"东阳召开了建筑评论会议。会议尾声中代表们建议，中国历史上未曾有过这种会议，最后在新闻发布时加上了"全国首届"四个字。省广电厅厅长与法律顾问赵先生说：没有问题。

重建工（现为重庆大学建筑学院）白教授、同济卢教授、南工（现为东南大学建筑学院）鲍教授，还有《世界建筑》主编曾昭奋、中国艺术研究院萧默、《建筑》杂志王明贤等先生，为会议筹备倾注了大量心血，中国建筑学会副秘书长张祖刚对建筑评论一事给予支持，功不可没。

来自北京、上海、重庆等20多个省市自治区的43个高等院校、设计院、报刊社代表不远千里地来了。他们是：白佐民、杜顺宝、沈福煦、顾孟潮、萧默、李行、张耀曾、蒋智元、唐玉恩、蒋慧洁、艾定增、李宛华、汪正章、邬人三、郭镛渠、郑振纮、高雷、孙承彬、陶友松、萧友文、刘托、张为耕、韩森、张学栋、杨筱平、钱满、王立山、吴承桢、宋云鹤、张申、王甫、王茂根、章胜利、范治隆、张小岗、姚继韵、马志武、俞坚、乔夫、贾东东、骆友心，及金华的陈载华、邱中明、金连生、朱长春、孙晓梅、杜礼琪、毕传洪、何孙耕、蔡献和、杜淑新、王海林、程光明、张坪等64人。有名家大腕，有资深巧匠，有初出茅庐的年轻设计师。大家风尘仆仆来到小县城，给小县城平添了不少风光，成为小小东阳县史无前例的文化盛会。

有的专家教授因忙而不能分身到会，但都发来了贺函贺电，表示了对建筑评论工作的高度重视与热切期望。他们是：布正伟、罗德启、聂兰生、吴国力、陈重庆、马国馨、熊明、唐璞、程泰宁、渠箴亮、裘行洁、冯利芳、关肇邺、高介华、邢同和、曾昭奋、王明贤、潘玉琨、陈志华、彭松琴、王伯扬、蔡德道、庄裕光、刘勤世、张在元等。

会前由重建工白佐民教授、同济沈福煦教授、天大聂兰生教授、南工鲍家声教授、华东建筑设计院总建筑师张耀曾、《世界建筑》主编曾昭奋、中国建筑学会高级建筑师顾孟潮等担任论文评委，评出艾定增的《对新时代乡土建筑文化的挚意追求》、陈重庆的《不能忽视艺术的非现实性》、张坪的《建筑·社会》、张为耕的《古典主义建筑何以具有经久不衰的艺术魅力》、杨筱平的《论杨廷宝》、蔡德道的《评中国大酒店》、许文文的《对建筑民族性的思考》等18篇为优秀论文，给予正式代表资格。

到会的优秀论文16位作者，组委会专门安排了演讲机会。此外，70多人次围绕国内新建筑、新思维、新动态展开即席评论。会上会下，群情激昂，掌声雷动。好多与会代表，激动得彻夜不眠，为每天一早拿到手的会议《快报》撰写诗文。姚继韵、马志武、张学栋、俞坚等人充任记者兼编辑。他们搜肠刮肚地弄出"专家谱""争鸣录""30秒采访""絮语集""礼赞""骚动一日""春天的诗品""远方的来信""短波123""幕前幕后"及"东阳名牌企业简介"等栏目，至今让人回味不尽。

会议安排参观闻名海内外的东阳木雕，参观写进《中国古代建筑史》的东阳明清官宦住宅，并举办了传统建筑艺术专题座谈会。代表们一个个都说，不虚此行，可以满载而归。

想不到代表们都给会议馈赠了镶满宝石的冠冕。展露如下：

浙江省建科所总工程师张申：《东阳建筑》开创了全国建筑评论的先河，表达出了建筑之乡的胸怀与志气。

上海同济大学教授邬人三：建筑评论非常重要，将会活跃整个建筑界的学术气氛。

江苏省建筑设计院高级建筑师韩森：这是一次开创性会议，意义重大。中国建筑交流是属于半封闭状态，建筑评论能为冲破这种封闭状态起到重要作用。

中国艺术研究院研究员刘托：展开建筑评论非常必要。建筑理论，创作评论是一个整体，三驾马车应并驾齐驱，评论不能落后。

中国建筑学会高级建筑师顾孟潮：建筑评论和建筑创作的关系如同鸟的双翼，是一个事物相辅相成的两个方面。

哈建工教授李行：建筑评论会发展成为一门学科，肩负起促使建筑更好地为人民实际生活生产服务的社会使邻。

重建工教师张为耕：只有唤起全民族大众的同情、理解和支持，中国现代建筑艺术的振兴才有可能。

南京工学院教授杜顺宝的故乡是这会议举办地东阳，他也没忘记留下珍贵礼品：建筑评论有利于繁荣建筑创作，提高鉴赏水平。

武汉大学建筑系陶友松教授在《建筑评论会即事》中写下：全国建筑评论会议在著名建筑之乡浙江东阳召开，躬逢盛会，迟到为歉。偶得八句，不成其律，且为打油助兴。东阳三日花如海，哲匠名师会一堂。共叹雕工惊世界，喜看坞业出边疆。运筹帷幄夸县令，领导有方赞局长。更喜学林新气象，春风得意羡新篁。

中国民航机场设计院总建筑师布正伟先生虽然没有到会，但他把他的馈赠用飞机送了过来：你们做了一件了不起的大事，愿建筑评论在东阳会议之后，能出现一个更新的面貌！

当年4月4日，金华全体与会代表12人，写给《东阳建筑》编辑部：贵刊已出版多期，素为我们钦佩。而这次发起建筑评论会议，不仅内容丰富多彩，而且开会形式生动活泼，同时组织工作有条不紊，足见贵刊编辑部同人齐心协力。特别是某某某先生才华出众，为"建筑之乡"东阳增彩，也为金华全市争光。我们金华一行十二人，蒙邀参加这次会议，听了许多专家教授以及青年学者的宏论高见，获益匪浅，临别之际，特级数语，表示谢忱！

想不到的是：次年1月3日《中国市容报》公布，全国首届建筑评论会被评为1987年"全国建筑界十大新闻"之一。

令人欣喜的是间隔四年，首届建筑评论会与会青年张学栋手握接力棒，1991年与四川德阳市合力，成功举办了第二届建筑评论会。

然而，时至今日不再有声音。首要问题可能是写了评论没地方发表。我们的大报小报不设建筑评论栏目，对衣食住行的"住"没兴趣；我们的几个学术刊物不设建筑评论栏目，认为不是真正的理论文章；我们的行业

全国第二届建筑评论会在四川德阳举行

清华大学《世界建筑》1991年第3期刊载报道

报纸不设建筑评论栏目，因为害怕得罪人；我们的广播电视不设建筑评论栏目，因为编辑、记者们对演艺界报道都忙得不可开交了。真的！

于是，至今二十多个年头，不见薪火相传。

如此这般还有必要去评论吗？还有值得去评论的地方吗？

大城市小城市都堵车，车满为患。这是城市道路系统规划问题，还是交通管理问题，还是机动车太多问题？大城市小城市都一个样的高楼大厦，没有地方文化特色。这是建筑设计问题，还是城市规划问题，还是城市风貌特色管理问题？大城市小城市都搞大马路、大广场、大草坪、大花坛、大剧院，以人为本的原则置之度外。这是设计师技术手法问题，还是城市建设项目决策问题？大城市小城市甚至农村都用花岗岩铺地，贴外墙了，完全彻底的走进硬邦邦花岗岩时代了。这是建筑师的高明，还是投资者的错误选择，还是地方文化的缺失？大城市小城市都很难见到老街小巷古桥水井了，倘若有也多是挂满红灯笼的。这是城市历史的消失，还是历史的变奏，歪曲？大城市小城市都建奇形怪状的房子，只讲刺激，不讲使用合理、心理生理舒适，美其名曰标志性建筑。这是制图匠的精雕细刻，还是黔驴技穷，还是歇斯底里发作，还是开低级玩笑？

成就摆在大家面前，毋庸置疑；问题摆在大家面前，有目共睹。

唯金磊兄心急如焚，多年前就推出了《建筑评论》。了不起啊！

我们到底应该建设什么样的生存空间与环境？这是一个值得深思的大主题。如果评论工作再滞后，恐怕很难作出正确的判断与抉择。

作者系浙江金华市规划局原总规划师，本文写于2019年3月31日

1月1日
《城市规划设计收费标准（试行）》开始试行。
天安门城楼对外开放。

3月
全国人大七届一次会议批准国务院机构改革方案后，新的建设部成立。1990年10月30日，国家机构编制委员会以国机中编[1990]14号文发出了《关于印发建设部"三定方案"的通知》。将原国家计委主管的基本建设方面的勘察设计、建筑施工、标准定额等职能划归建设部，下设"设计管理司"承担指导和管理全国基建勘察设计等职能。

4月12日
杨尚昆主席任命林汉雄为建设部部长。

4月22日
建设部根据国务院通知，自即日起启用"中华人民共和国建设部"印章。

4月24日
清华大学建筑学院成立。

4月28日
北京80年代十大建筑选出。它们是：北京图书馆、中国国际展览中心、中央彩色电视中心、首都机场候机楼、北京国际饭店、大观园、长城饭店、中国剧院、中国人民抗日战争纪念馆、地铁东四十条车站。

5月
城乡建设环境保护部撤销，成立建设部，林汉雄任部长。国家计委设计局与城乡建设环境保护部设计局合并为建设部设计管理司，吴奕良任司长。

建筑管理研究会在黑龙江省牡丹江市召开"深化建筑设计体制改革研讨会"，会议研究了《建筑设计单位承包经营责任制实施细则》（讨论稿），第一次提出在建筑设计单位推行"工效挂钩"的分配办法。

8月1日
中共中央办公厅、国务院办公厅联合通知，严格控制建立纪念设施。通知决定：今后，非经党中央、国务院特许，不得再新建个人纪念馆和设立个人故居。

9月25日
建设部颁布《工程设计计算机软件管理暂行办法》和《工程设计计算机软件开发守则》。

10月
海峡两岸建筑专家，学者首次在香港聚会，举行了近40年来的第一次座谈会。

11月10日
建设部和文化部联合发出通知，要求各地城市规划部门要与文物部门和建筑学会密切配合，抓紧做好近代建筑物的调查、鉴定与保护工作。

11月18日
建设部、财政部联合印发《工程勘察设计人员业务兼职有关的规定》。

西汉南越王墓博物馆

上海铁路新客站

中国科技大学新校区

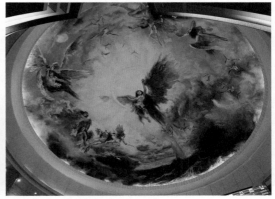

天津火车站具有改革性的室内穹顶画

在历史和未来之间的思考

程泰宁

十字坐标——在横向交流中突破

　　人类文化，包括建筑文化的发展，存在着一个由纵向与横向、时间与空间、传统与现代所形成的十字坐标参照系，每一种文化在这个十字坐标中都有自己运动和发展的轨迹，而一种文化发展的快慢和它的运动轨迹，亦即在不同时期所处的坐标有关。一般有两种情况，一是在历史发展过程中，不断增加新质，基本上沿着纵向时间的轨迹发展；另一种情况则是通过吸收外来文化、在横向比较中演变。包括建筑在内的中国传统文化，尽管在历史上有过秦汉的闳放和盛唐的兼容，但从总体来看，其发展基本上属于前一种类型，即通过对传统的继承和发扬来实现的。到了近代，由于中国传统文化中的消极因素与社会的发展产生了尖锐的矛盾，于是，随着闭关锁国的状态被打破和外来文化的引入，在20世纪初产生了中国现代文化。无可否认，无论中国现代文学抑或现代绘画、音乐的形成和发展，主要是通过横向交流，通过接受外来文化的影响而实现的。而建筑，则由于受到传统观念在这个领域中的顽强抵抗，也由于建筑在反映时代问题上不如文学绘画来得直

接敏感，因此长期以来，中国现代建筑仍然沿着纵向轨迹缓慢的运动。

　　尽管20世纪以来，老一辈建筑师在探索中国建筑发展道路上作了许多努力，但从总体上看，1949年以前那些古洋杂陈的建筑物只能看作是半封建、半殖民地畸形社会的写照，而新中国成立后所提出的"创造中国社会主义建筑新风格"以及"民族形式、社会主义内容"等口号，则是一元化的宇宙观和"左"倾政治路线相结合的产物。对传统的简单化理解，特别是对外来文化的粗暴排斥，直接造成了我国建筑理论和创作的单调贫乏。中国现代建筑一直在高墙夹峙的小胡同中艰难前进。今天，问题已经尖锐的呈现；在改革开放中，如果我们不去大胆吸收以西方现代建筑为主的外来建筑文化，在十字坐标系上重新调整自己的运动轨迹，中国现代建筑要取得突破性的进展绝无可能。

　　为使包括西方建筑在内的外来文化真正成为推动中国现代建筑发展的"他山之石"，应该特别注意横向比较，在比较中学习、吸收。

　　西方现代建筑形式、风格流派的多元化和开放性，

对于打破我们单一的思维模式、开拓我们的创作思路十分有益；因而使很多建筑师感兴趣。但是，西方现代建筑注意与社会科学、自然科学的多个学科交叉结合，注意从社会角度来认识建筑，尤应引起我们重视。和中国传统文化注重感性，注重内心体验相比较，西方现代建筑比较注意理性，注意与社会实践的结合。以哲学、美学、心理学、行为科学以及高度发展的科学技术为依据，使得一些建筑和城市设计，具有较强的内在逻辑性。即以形式而言，拓扑学、仿生学，使得一些建筑创作出于意表之外而又在情理之中。尽管西方建筑中也有不少哗众取宠、浅薄庸俗之作，但应该看到，强调建筑与科学、社会、环境的结合正是西方建筑充满活力，而且具有多元化色彩的根本原因之一。

在横向比较同时，还要注意对西方现代建筑的整体把握，只是从一个时期，一个流派来认识西方建筑，既难窥其全貌，也不利于交流吸收。当前，不少人认为，西方建筑出现了"混乱""危机"，其实这是一种对艺术发展规律缺乏了解而产生的错觉。实际上，西方建筑文化本身就是一个互相矛盾的多元化的综合体。从一个流派来看，它们的局限性往往十分明显；但从总体上看，它们相互补充、相互映照，却又显得十分丰富多彩。对我们来说，与其急于参与某些流派孰是孰非的争论，倒不如冷静地对这些流派、大师的主张作认真的分析研究。长期封闭之后，我们需要学习的东西实在太多了，更何况，有益的、完整的经验往往包括在看来观念完全相反的流派之中。在我看来，后现代是现代建筑的一个补充，而功能主义的一些原则对于我们今天的建筑创作仍然十分有益。如果我们总是把一种流派奉为圭臬而排斥其他，既不能真正了解西方现代建筑，也谈不上吸收提高。

提出横向比较，当然也必须考虑我国与西方国情不同，处理好形式与内容、技术与艺术、学习与创造的关系，照抄照搬是不能进步的。至于不顾国情、不区别环境，把镜面玻璃和铝合金墙面作为创新的条件，甚至把那些张扬浮躁的西方建筑师的作品奉为方向，以致造成资金浪费，又形成新的千篇一律，那就更不足取了。

总之，在横向交流中突破，在横向比较中发展，将是中国现代建筑发展过程中不可逾越的阶段。

在发展中对传统进行再认识

传统与现代历来是一对难解的结。长期以来，传统文化中的消极因素——封闭内向的心理结构，"定于一尊"的单向思维模式，再加上几千年遗留下来的重意轻器、轻视建筑的陈腐观念，给中国建筑的发展戴上了沉重的枷锁。和其他文化领域一样，当前在建筑界，存在着明显的"反传统"倾向，这种倾向的出现，是对传统中僵化落后因素的挑战，也是对长期以来片面强调发扬传统的逆反，因而有其进步和可以理解的一面，同时也有它的必然性。但是如果我们历史地来看待这个问题就可以发现：传统，在文化发展过程中作为一个向度是客观存在的，尽管多少年来，特别是近百年来，曾经出现过多少像未来主义那样主张"与传统决裂"的流派，但直到今天，传统仍然在困扰以至吸引我们，传统从来没有被一笔勾销，问题在哪里呢？我以为，问题出在对传统的理解和认识上，由于对传统的不同理解，不仅引起一些"三岔口"式的争论，而且也影响了对传统的正确阐发和运用。因此，在中国现代建筑变革和发展的过程中，对于传统进行再认识，仍然是十分必要的。

我认为传统是个系统概念。尽管古人把建筑贬之为"器"，但客观上，中国传统建筑作为一种文化形态，是传统文化这个大系统的一部分。大屋顶、马头墙是传统，中国的园林空间意境是传统，故宫所显示的震慑人心的封建皇权，青藤书屋所表露的洒脱不羁，甚至愤世嫉俗的文人心态也是传统……如果对此进行美学的结构层面分析，那么，前者为物可见的物化形态；次者为心物相照，即基于有形形态所产生的联想；而最深层的则是哲理，即一个时代，一个民族或地区所特有的心理素质、价值观念、审美趣味、思维方式等。对传统发掘越深，其内涵亦越丰富。大音希声、大象无形，如果我们用中国传统文化特有的审美方式来分析传统建筑——例如浙江地区的传统建筑，我们就会发现，仅仅从形式出发，就认为"传统千篇一律无可继承"，并以此来否定传统，实在显得过于简单片面了。

同时，传统又是一个延续的概念，不能割裂，也无法切断。随着时代的变化和技术手段的不同，传统建筑中某些方面，例如在手工业生产基础上形成的外部形式，以及与现代生活不相适应的思想情调等，将逐渐淡化，以至消失，但是传统作为一个整体，在传统文化长期熏陶下产生的一个民族、一个地区的心理素质、审美情趣，以及人们对人生、艺术的思考等，总是能够在与现代生活的结合中，在与世界文化的交流中找到相互联系的交汇点，从而不断变化发展，而又保持自己的特色。这种情况，可以用文学、绘画、建筑等各个文化领域中的很多例子来说明。张大千与徐悲鸿虽然开始所走的道路相反，但他们的作品（特别是张大千的后期作品），都在不同程度上找到了传统文化与现代艺术的契合相通之处，使他们的作品既有鲜明的现代意识，又保持了中国绘画传统的美学风貌。同样，川端康成和丹下健三都是在 20 世纪时代背景下产生的大师，在他们的作品下，体现了日本传统文化和现代意识十分有机的内在的融合。在题材风格等方面他们显然不同于过去日本的文学、建筑作品，但是"古都"和"草月会馆"室内空间所蕴含的韵味深长的日本民族传统的审美特色，和富于东方哲理气息的心理素质，使它们和海明威、约翰逊的作品又有极其鲜明的差别。传统在延续，传统在与现代交汇中发展变化，现代蕴含着过去，未来蕴含着现代，这就是传统的生命力，也是它不可能被切断、否定的重要原因。

当然，传统又是一个外延和内涵十分丰富的概念，它没有一个统一具体而又固定不变的解释，每一个人完全可以根据自己的素养、爱好，从不同角度，不同层次去理解传统，应用传统，槇文彦从日本传统建筑中看到了"奥"——空间的层次感；黑川纪章则在对传统的思考的基础上提出了灰调子文化；而丹下健三则把照搬传统形式贬之为"向后看"，认为"传统是通过对自身的缺点进行挑战和对其内在的连续统一性进行追踪而发展起来的"……作为审美主体的人，作为创造现代建筑文化的建筑师，不仅在认识和运用传统，也是在丰富传统。这样，在传统不断注入新的因素，阐发新的内容。过去，我们把传统看成是僵化不变的东西，或把传统简单地理解为民族形式，或机械地归纳为几大特征……这使人们对传统产生了严重的谅解，甚至激发了人们对传统的"逆反心理"，这对我们正确理解传统，发扬传统是十分不利的。

由此，不禁令人联想到，多年来我们不仅曾经粗暴地排斥外来文化，即使对于我们自己反复强调的传统，实际在理论上并没有进行过系统的、实质性的研究。近几年来，在较多接触西方建筑的过程中，在与西方文化的比较中，我感到中国传统文化犹如一座只经过浅层开发的矿藏，有待更有深度的发掘。如果我们能从注重形式、空间等视觉形象，进而深入到内省和静观的层次，联系传统文化对建筑中的"无状之状，无象之象"作一番思考和探索，可能会使创作进入一个更高的境界。因此我认为，今天西方建筑界有些人在研究"老子"，甚至认为只有石涛的艺术思想才能使西方建筑摆脱混乱，找到出路，这并非猎奇，更不是哗众取宠。

多元化动态结构的方向

关于历史与未来，关于如何对待传统建筑和外来文化等问题的争论已经在我国建筑界展开，可以预见，随着时间的推移，这场争论必将在更广泛的范围内，以更加尖锐的方式表现出来。我认为，对于这些问题做出一具体的结论既不可能，也不重要，重要的是随着这场争论的深入，中国的建筑师将逐渐摆脱内心的封闭状态和单向思维模式，开始面向世界，在传统与外来文化的相互碰撞中，在多元化色彩十分浓烈的西方建筑思潮和流派的相互比较中，中国建筑师必然会在理论和创作上进行多方面的思考和探索。由于理论和创作基础的薄弱，尽管在一个时期内，各种思潮将处于一种不断调整深化，甚至相互易位的不稳定状态，在创作上也将出现抄袭模仿、因循守旧与创造革新并存，劣作、伪作、浅薄平庸之作与力作、新作同在的局面，但通过一段较长时间的实践，中国现代建筑终将形成一种多层次、多方位、多元化的动态结构。这种多元化结构的逐步形成，符合艺术发展规律，符合信息社会人们审美心理多样化的需要，同时，多元化也是与整个世界文化的发展趋势相一致的。

在形成这个多元化结构的过程中，外来文化、传统文化都将起着重要的作用，特别在现阶段，加强横向交流，对于推动中国现代建筑的发展，将是一个决定性的因素。但我始终认为，发扬传统也好，引进外来文化也好，都是手段，而非目的。如果能在深入学习传统和外来文化的基础上，做到无今无古，无中无外，能放能收，能入能出，我们就获得了创作的自由，具备了创新的条件。因此，我不反对"立足传统"，也不反对"先抄后创"，但我更欣赏立足此时，立足此地，立足自己。只有立足于中国的物质环境和精神环境，立足于中国各民族、各地区以至各个工程的具体条件，同时特别注意发挥建筑师的个人创造，那么，建筑创作一定能推陈出新，建筑理论也一定能更加活跃。一个丰富多彩的，具有现代中国特色的多元化格局，一定能更快地到来。

作者系中国工程院院士，全国工程勘察设计大师，本文原载香港《建筑》1988 年 7—8 月

2 月 17 日
《中长期科学技术发展纲要（建设）1990—2000—2020》在建设部科学技术委员会最近召开的纲要评审会上审议通过。

3 月
中国现代艺术展在北京举行，建筑作品引起观众兴趣。

4 月 1 日
《无障碍设计规范》由建设部颁布实施。

4 月
北京长富宫中心建成。

5 月
《当代中国建筑师》（第一卷）由天津科学技术术出版社出版，书中介绍了 50 位中年建筑师的经历、设计思想和代表作品。

5 月 19 日
建设部以 [1989] 建设字第 253 号文发出了《关于印发〈对集体、个体设计单位进行清理整顿的几点意见〉的通知》。

6 月 28 日
中国建筑学会召开纪念世界建筑节座谈会。

7 月 6 日
由《世界建筑》杂志发起的评选"80 年代世界名建筑"和"80 年代中国建筑艺术优秀作品"的活动揭晓。世界名建筑是：香港汇丰银行大厦、美国波特兰大厦、纽约美术电报电话公司大厦、联邦德国斯图加特新美术馆、日本筑波中心、巴黎卢浮地下宫、沙特阿拉伯雅得国际机场航站楼、1987 年西柏林国际建筑展览社会住宅、柏林维莱特公园、多伦多汤姆逊音乐厅。
中国优秀作品是：北京中国国际展览中心、南京侵华日军南京大屠杀遇难同胞纪念馆、深圳体育馆、福建武夷山庄、甘肃敦煌机场航站楼、乌鲁木齐新疆迎宾馆、上海华东电业管理大楼、上海龙柏饭店、曲阜阙里宾舍、北京台阶式花园住宅。

9 月 8 日
财政部以 [1989] 财税字第 016 号文发出了《关于对勘察设计单位恢复征收国营企业所得税的通知》。

9 月 25 日
建设部以 [1989] 建设字第 413 号文发出了《关于印发〈工程设计计算机软件管理暂行办法〉和〈工程设计计算机软件开发导则〉的通知》。

10 月 23 日—25 日
中国建筑学会在杭州召开"中国建筑创作 40 年"学术会议，同时召开了中国建筑学会建筑师学会第一届代表会议。

11 月 27 日—30 日
由国际建筑师协会亚澳区、中国建筑学会和清华大学共同主持的国际学术讨论会"转变中的亚洲城市与建筑"在清华大学召开。

12 月
1949—1989 上海"十佳建筑"评选揭晓。
北京港澳中心建成。
《建筑创作》杂志创刊。

南京雨花台烈士陵园

首都宾馆

北京动物园大熊猫馆

天津交易大厦

上下求索，指点江山——读吴良镛院士《城市规划设计论文集》

曾昭奋

　　1978—1985 年，吴良镛教授撰写、发表了一系列论述，评析我国城市规划以及有关建筑教育的文章。这本《城市规划设计论文集》（简称《文集》），是其中的一部分。目前，吴先生是我国建筑和城市规划这一学术领域中唯一的一位中国科学院学部委员。多年来，他时刻关注着我国城市和建筑事业的进展和变化，提出了许多人所未觉、人所未发的见解和建议。一是因为他有极扎实的、宽广的学术根底，又有不断接触、考察、把握国内外学术动向和实际问题的机会，学问与日俱进；二是因为他确实以我国城市建设的进退兴衰为己任，能够切实思考问题，勇于提出问题。一个是学识深广，一个是有所用心。

建设和推进具有中国特色的城市规划学和城市设计学

　　到 1989 年，我国城市已有 450 个（其中 50 万人口以上的大城市 58 个）。在大量规划建设实践的基础上，建设具有中国特色的城市科学，是一个十分迫切、十分艰巨的任务。吴先生呕心沥血，为此作出了重要的贡献。在这本《文集》中，我们至少可以看到，他已经为我国的城市科学（城市规划学、城市设计学、城市美学），在理论上和学科体系上，建构了一个初步的、但却是比较健全的框架。它涉及城市建设的指导思想和理论问题，涉及立法和政策，也涉及实践的经验和教训。

　　在《文集》中，作者为我们介绍和分析了国内外城市规划学的现状和进展，展示了国内外学者们在这方面的理论建树和零星论述。作者从以下多方面为我们指点和阐明了我国城市规划学应有的内容和特色。

　　①经济规划、社会规划和建设规划是城市规划的三种主要成分。②城市建设和城市规划中生产、生活的关系，住宅建设与市政建设的关系，国家重点建设与一般城市建设的关系，大城市的规划建设与发展中小城市的关系，近远期建设的关系，发展沿海城市和发展内地城市的关系，城乡关系。③了解国情，借鉴外国，发扬地方优势，保持乡土特色；建设社会主义物质文明和建设社会主义精神文明，科学文化与基础设施的建设。

　　尽管作者认为城市设计是"古已有之"，但是，明确提出城市设计的理论和任务，毕竟是近期的事，并且还是外国人在实践中首先提出的。在我们这里，具有现代意义的城市设计还是个新事物。过去，在我们的实际工作中，从城市总体规划工作到个体建筑设计工作之间，有一个叫作"详细规划"的工作阶段。然而，这个中间环节，往往处于两不管的状态，城市规划不管，建筑设计也不管，以致"城市中三分之一至二分之一用地上的公共空间缺乏认真设计研究"；"许多城市建筑群缺乏完整统一的艺术面貌"；"街道、广场上缺乏必要的休息场所"；"城市中缺乏茶座、茶楼一类的公共交往场所"；一方面"用地紧张"，一方面却"竞相圈地"，"造成用地的极大浪费"；"在旧的居住区改造中，我们对社会学因素考虑得很不够"。作者特别强调，城市设计的理论把握和付诸实践，必须"从着眼于视觉艺术环境扩展到社会环境"；必须"从热衷于大规模大尺度的规划到从事'小而活'的规划，更面向人们生活"；必须"从热衷于'自觉'设计，到重视对'不自觉'设计的研究和在实践中加强引导"；必须"从园林化、美化环境到对城市生态的重视与保护"。这些既指出了国外城市设计学的发展趋势，也指明了我国城市设计工作的原则、任务和正确的途径，是对城市规划、设计工作的一种较全面的认识。

《文集》还展示了吴先生对于城市美学的远见卓识。例如，《文集》中收有吴先生在两届全国市长讲习班上的两篇讲稿，其中一篇全面论述了城市建设问题，另一篇则专门谈城市美的创造。一般情况下，市长们不全都是城市建设的专家。但是，这些父母官的修养和爱好，甚至他们的经历和性格，却往往决定着城市的命运，直接影响到城市面貌的美丑和优劣。城市美学，或城市哲学，似乎是比城市规划学、城市设计学层次更高的学问，应该成为规划和设计的基本指导思想。

吴先生在谈到城市美的艺术规律时，着重阐述了城市的整体的美、特色的美、发展变化的美、空间尺度韵律的美等美学法则。在谈到城市美的具体内容时，他又特别指出，应该为居民提供城市的私密感、邻里感、乡土感、繁荣感，保持和创造城市的自然环境之美、城市历史文物环境之美、现代建筑之美、园林绿化之美，等等。他说，"一个好的城市应该是欣欣向荣的。它不仅反映在经济生活、物质建设的繁荣上，也反映在人们的精神面貌和社会风气的朝气蓬勃上。"这些意见，应该成为创立我们的城市美学的出发点。

指出缺点和失误与肯定成绩、提出建议同样重要

在城市规划和建设中，由于理论的贫乏，任务的复杂，政策的不稳定，主管者的更换和随之而至的朝三暮四，以及本位主义作怪等原因，出现一些差错和失误，似乎是不可避免的。对此，一位学者采取什么态度，是我们观察和评价这位学者的社会责任感和道德品质的最好机会。

对于像吴先生这样既有学术地位又乐于实践的学者来说，作讲演，传知识，提建议，是比较容易做到的。如果更进一步，要求能就各项工作中的失误和问题，直接地、及时地提出批评，对许多人来说，恐怕就难以做到了。因为这牵涉到人际关系、面子问题，甚至会一下子影响到批评者的升降浮沉，并不一定像做学问、写官样文章那样超脱和平安。

1989年夏天，在日本栃木县日光风景游览区参观时，日本朋友让我们留意古建筑上的一处木雕装饰。那上面雕着三只猴子，一个用手紧捂耳朵，一个用手蒙住眼睛，一个用手遮住嘴巴。这是古代日本艺术家们对那种"是非莫辨""万猴齐喑"的社会的深刻讽刺。在我们这里，不是也常常见到这种在差错和失误面前，装聋作哑，明哲保身的情形吗？

但是，在这个《文集》中，我们却随处可以读到吴先生就工作中的缺点和问题所提出的批评和劝诫，诚恳、委婉但认真，表现了一位学者应有的责任心和坦荡襟怀。比如曲阜阙里宾舍的兴建，在吴先生心中，不仅是个建筑设计问题，更重要的是一个城市规划、城市设计问题。1985年年底，当阙里宾舍落成的时候，一个由知名学者们应邀参加的评论宾舍建筑创作的座谈会在建筑现场召开了。这是一个把宾舍的建筑创作成就任意拔高，甚至是有意鼓吹复古主义、扩大复古主义创作思想影响的会议。人们在会上听到一片赞扬声。但面对设计者，面对众口一词，似乎只有吴先生一人唱了反调，他指出了以下几点。

——全国重点文物很多，设计水平不一，此风一开，以后难以掌握，念慈同志身为部长，最好不要带这个头。当然说这话的时候已经就要动工了。

——我不希望看到在应县木塔下，独乐寺观音阁旁，以至五台山佛光寺旁边到处兴建起"塔寺宾舍""佛光宾舍"来。（《建筑学报》1986年第1期）

鄙人平素爱对一些建筑创作说三道四，但是如若碰到这种场合（一位严谨认真、很有成就、有很高的政治地位和学术地位的设计者在场，而且是群贤毕至，一片颂扬声），估计也只能是噤若寒蝉。但是，在这种情况下，吴先生所表现的不仅是勇气和无私，而是一种强烈的社会责任感。

上面只是一个小插曲。在实际工作中，在相当长的岁月里，吴先生更多的是提出一些带有原则性、阻止性（打算劝阻某项政策、某些决定等）的意见，它们更可能得罪人，或者无人理睬。所谓"人微言轻"，像吴先生这样的学者，人也不微了，唯因只是学者，而非官员，他的批评和意见要被采纳被接受，也不是那么痛快的事。几年前，为了劝阻北京中心区某座大旅馆的不恰当的设计方案，继而为了反对在桂林伏龙洲上盖高楼，吴先生与好几位学者一起，跑了多少腿，费了多少唇舌，才终于促使决策者收回成命，没有出现"建设性破坏"。这种事，如果换成一位长官，只要说一句话，问题就解决了，何须这些白发书生那么激动，那么费劲呢！

时代的使命，光辉的前景，建设社会主义的现代化的首都

多年来吴先生仆仆风尘，直接参与了不少城市的规划工作。但他身在北京，重点还是谈及首都建设的话题。作者关于天安门广场和人民英雄纪念碑的规划、设计和建设的叙述和评析，是对广场和纪念碑建设过程的历史纪录和重要总结，具有历史文献的价值。也许是对它们十分热爱和尊重，吴先生除了写成就和赞颂外，似乎没有对它们存在的缺点和问题提出些分析和批评。例如，毛主席纪念堂的规划、设计和决策，与其如吴先生所说是"过于仓促"，不如说它是天安门规划思想、规划模式的一种必然的结果。同时，处在吴先生这样的地位，他也写过应时应景的文章。然而，如果我们因为这些，就来责问吴先生，说他的责任心哪里去了，那就未免太苛刻，也太不近情理了。

吴先生在讨论北京的规划建设问题时，曾着重谈到首都的整体风貌问题。他认为，"旧北京城的特色之一在于水平式城市的整体美。"因此，他提出了北京城水平发展和建筑高度控制的设想，"建议旧城区内'高度分区'，控制建筑高度，保持'水平城市'的面貌，而在旧城外建高层建筑。"他说："在旧城中心保持低层建筑群以及大片绿地水面，也将高层建筑建在一定控制距离以外，形成'水平式城市'。这样做，不仅有美学上的价值，而且由于降低了中心区的建筑高度、人口密度，增加了绿地面积，减弱了城市活动对气候的不利影响，即能避免和减轻尘幕的坏作用，为将来的'大北京'中心区保持一种宜人的生活与活动环境。"他认为，"旧城内若仍像现在这样不加控制，建筑越盖越多，越盖越挤——已经不是'见缝插针'，而是'见缝打桩'，'桩子'越打越密——实在是失策。"

吴先生的上述设想和意见，既考虑到北京城的原有特点，又考虑到它发展的前景，比起那些倡导"维护古都风貌"或笼统反对建高层建筑的主张来，显然有着更多的科学性和现实性。

首都建筑艺术委员会所提出的"维护古都风貌，繁荣建筑创作"的方针，一直使我深感迷惑。对此，我已有过评说（《新建筑》1989 年第 4 期），这里让我们再看一个影响较大、议论较多的实例——琉璃厂文化街的翻建。应该说，是改建前的琉璃厂，而不是改建后的琉璃厂，所表现的风貌，有更多的古都风貌的本色。

吴先生说："北京的琉璃厂，也不仅仅是卖古董、书籍、碑帖的地方，用现代语言来说，那里好像是一个'文人俱乐部'。在各家字号的内院里，文人们可以在一起聊天，看书画珍藏，或对客挥毫等。"现在，却好像成了专为皇家服务的一条"买卖街"，高门第、高柜台，连大文化人吴作人教授也埋怨那里不是他可以来的地方。因为那里的门面、商品和脸色，是为有钱人准备的，有的店门，连中国人也不准进入。

新的琉璃厂的出现，比"维护"的方针提出的还早。但琉璃厂的模式和形式，却被作为"维护"的工具，被重复使用着。其流风所及，随处可见。这种"维护"的方针及其思想，正符合当前建筑创作中复古主义思潮的需要，甚或它就是复古主义思潮本身。这是建筑创作和城市规划指导思想的严重倒退。

作为首都规划建设工作的参与者和参与决策者，作为首都建筑艺术委员会的成员之一，对这种思潮的重新出现，吴先生负有一定的学术责任。但他在论述首都的风貌的时候，主要还是表现了一种向前看的姿态。从他对城市的"万象更新"的赞美中，我们看不出他会把未来的首都风貌，局限在几片琉璃瓦的去留之中。他说："城市的繁荣是不可少的，但还应具有时代精神""城市有旧的部分，更要有新的部分，而后者是大量的，是与日俱增的……新时代建筑的建筑美是更有活力的……它们既满足新的生活要求，又是历史文脉的继承，反映着对建筑美的新追求，是一种欣欣向荣的时代之美。""现在民族文化的确面临现代化的挑战。我们应当正确地利用现代的手段和条件，把民族文化再提高一步……中国的社会主义的城市文化应是现代的，同时也是民族的。"

城市的发展，不可能超越历史的行程而自行其是。我们的城市，也自有其运作和发展的规律和途径。吴先生的辛勤劳动，已经从理论上为我国城市科学构筑了初步的框架。他的道德和文章，没有愧对我们这个时代。

作者系清华大学教授，写于 1989 年 10 月，编者收录时有删节

3月

在全国人大七届三次会议上，林元坤等 32 位代表提出了 339 号议案：《建议尽快拟定颁发我国的工程设计法》。10 月 8 日，全国人大财经委员会第 37 次全体会议审议并同意了 339 号提案。

4月1日

《中华人民共和国城市规划法》公布。

5月3日

建设部以 [1990] 建设字第 204 号文发出了《关于印发〈关于工程建设标准设计编制与管理的若干规定〉的通知》。

5月5日

中国建筑学会与中国图书馆学会联合在宁波大学召开"全国图书馆建筑设计学术研讨会"。

5月10日—14日

中国建筑学会体育建筑专业委员会在北京召开"90 年亚运会建筑设计施工管理经验研讨会"。

6月2日

建设部以 [1990] 建设字第 268 号文发出了《关于勘察设计单位推行全面质量管理工作有关问题的通知》。

上海市评出"上海十佳建筑"和"上海 30 个建筑精品"。曲阳新村、上海体育馆、上海游泳馆、上海展览馆、淀山湖大观园、华亭宾馆、静安希尔顿酒店、铁路上海站、华东电业大楼、延安东路隧道荣获"上海十佳建筑"称号。闵行一条街等荣获"上海建筑精品"称号。

建设部颁布建设行业新技术、新产品项目制度以及推广奖励制度。

7月

由中国建筑学会牵头，中国科协所属 18 个全国性学会在烟台召开我国村镇建设发展道路的"全国村镇建设学术交流会"。

8月25日

建设部以 [1990] 建设字第 433 号发出了《关于公布全国勘察设计大师名单的通知》。公布的名单有设计大师 100 名，勘察大师 20 名。

《当代中国建筑师 II》书影

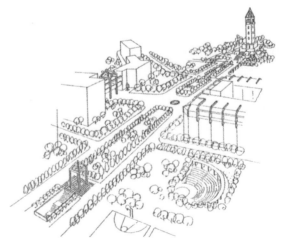

云南大学校园规划（1990 年，关肇邺等设计）

国家奥林匹克体育中心

上海华亭宾馆

运动员村

中央广播电视塔

9月22日

第11届亚运会在北京举行。

11月2日—5日

在北京举办国际体育建筑学术交流会。来自20多个
国家近200名中外建筑专家参加了会议。

12月13日—15日

第十二次全国勘察设计工作暨表彰会议在北京召开。
广州西汉南越王墓博物馆建成。

再谈"建筑艺术"

萧默

我曾经暗自下定决心,再不参加关于建筑究竟是不是"艺术"这样的讨论了,因为讨论者各自为"艺术"树立的标尺实在太不规范,往往使讨论变得没有太大意义。比如说,最近就有人把"艺术"预先定义为"与文学音乐绘画之类一样",再将建筑套进去,发现原来建筑"其实就是'非艺术'"(见《中华读书报》1999年6月16日24版《建筑:大地之上的'空间美术'》)。这样的讨论,就正如把黑马、黄马预先定义为马,再将白马套进去,发现白马"其实并不是马"一样的不足为训。

不幸上面的文章大概从最近我对一位记者说的一句话引起的,既已如此,便不得不再就此多说几句了。

建筑当然不会"与文学、音乐、绘画之类一样",这个道理,就正如文学、音乐和绘画也不会。

"一样"一样,能说明些什么呢?只能说明,它们是有所不同的,却不能断定它们之中何者为艺术,何者不是艺术。所以,要判断建筑的艺术属性,并不能简单地就此得出结论,其实是一个十分复杂的问题。

首先,要给"建筑"作一个概括的说明,就不是那么容易的事。我想,"建筑艺术"一词所指的"建筑",一个最基本的判断应该是对象(房子、非房子的建造物或构筑物),除了具有物质性以外,是否还具有一定分量的精神性。这就是建筑复杂性的第一个表现,即所谓"建筑"的双重性。

问题的复杂性还体现在这种双重性之不能一概而论上,例如低标准公寓楼、仓库、车棚和水塔,物质性特强,精神性趋近于无;一般的学校、医院、商店和办公楼,精神性就有所升高;博物馆、剧院、美术馆等则处于高段;至于宫殿、教堂、寺庙、园林和纪念堂更高;而纪念碑、凯旋门、塔和纪念塔等,就已经没有什么物质性功能要求,精神性则特别高扬,可以认为和纯艺术(如雕塑)已没有太大的质的区别了当然,这整个分解也只是一个模糊的、相对的概念。

建筑复杂性的第三个表现是建筑精神属性的层级性。大致有三个层级:最低的与物质功能紧密相关,体现为充分的安全感与舒适感,并上升为美感是"美"与"善"的统一。建筑的形象还应与物质条件或物质手段紧密相关,例如采用不同结构、建在不同气候区、处在不同地形中的建筑,都要有不同的面貌,体现为"美"和"真"的统一。以上,体现了与物质性因素相结合的、与物质性的真和善统一的建筑的美,指的就是建筑所蕴含的形式与物质性内容的协调,具体表现为建筑的功能美、材料美、结构美、施工工艺水平的美和环境美。

建筑精神属性的中间层级与物质性因素相距稍远,体现为在达到上一层级的建筑美的基础上,进一步运用所谓"形式美规律",如比例、对称、对比、对位、尺度、虚实、明暗、色彩、质感等一系列手法,对建筑的一种纯形式美处理。这两个层级的要求较低,所得出的结果就是"美观",重在"悦目",与汽车、电视机、电冰箱等人类产品追求的美大致处于同一品级,属于工艺美学或技术美学范畴,一般只应以"建筑美""形式美"或"广义艺术美"来定义。

建筑精神属性的最高层级离物质性因素更远,要求创造出某种富于深层文化意味的情绪氛围,进而表现出一种情趣、一种思想性,富有表情和感染力,以陶冶和震撼人的心灵,如亲切或雄伟、幽雅或壮丽、精致或粗犷,在有必要的时候,甚至表现神秘、不安或恐怖,达到渲染某种强烈情感的效果。这一个层级的要求较高,除了一般悦目之"美"的意义外,更重在"赏心",其艺术性(注意,是"艺术性",不是整个的建筑)就已经进入到真正的、狭义的或严格意义上的"艺术"的范畴了,成为艺术学和艺术美学的关注对象。就其精神性价值而言,其中很大一部分并不在其他最杰出的"纯艺术"作品之下,而且不能为后者所替代。甚至就整体而言,在作为每个文明独特的象征的意义上,其价值还有可能超过后者,往往被称为"巅峰性的艺术成就"(《西洋艺术史》,作者H.W.简森)。例如,充分体现了中国封建社会皇权思想的紫禁城,它所造成的艺术氛围,就不能为任何其他艺术所代替。我们也没有任何一首诗、一阕乐曲或一张画,能够代替壮阔庄严的天安门广场渲染出得如此令人昂扬振奋、代表国家尊严的建筑艺术氛

湖南衡阳萧氏祠堂（萧默手绘）

围。它们都是时代的产物，具有深刻的文化意义。所以雨果才满怀深情地赞美建筑说：人类没有任何一种重要思想不被建筑艺术写在石头上。人类的全部思想大书和它的纪念碑上都有其光辉的一页。

关于以上的认识，早在一百多年前美学界就有过争论。俄国美学家车尔尼雪夫斯基就认为："单是想要产生出在优雅、精致、美好的意义上的美的东西，这样的意图还不算是艺术，我们将会看到，艺术是需要更多的东西的，所以我们无论怎样不能认为建筑是艺术品"（《生活与美学》）。他在这里所说的"艺术"显然是狭义，如果是这样，他的前半句话是对的，狭义的"艺术"当然不只是浅层的形式上的"美观"但车氏对建筑的复杂性却十分缺乏认知，完全抹杀了广义"建筑美"与狭义"建筑艺术"的区别，认识不到某些建筑确实是具有"更多的东西的"，却是片面的了。俄国另一位美学家格·波斯彼洛夫把艺术区分为三个不同层面，即第一，最广义的艺术，指人类活动的任何技艺；第二，较狭窄意义上的艺术，指"按照美的规律来创造"的人类产品；第三，最狭窄、最严格意义上的艺术，专指精神文明领域的艺术创作。他在这三个领域中都提到了建筑。在他看来，建筑不仅属于前两个层次，也可以属于第三个（转引自侯幼彬《建筑美的形态》，《美术史论》1984 年第 2 期）。

建筑界对这个问题也有不同看法。现代建筑四位世界级大师之一的法国人柯布西耶就说过建筑"是住人的机器"那样的话；学院派却坚持认为建筑是与绘画、雕塑一样的纯艺术；也有研究者对此作了较细致的分析，认为"有必要把按照形式美的规律所进行的一般美化处理和出于反映思想内容的建筑艺术的创作区分开来"（杨

鸿勋）。建筑"一类只具有一般的审美性质，另一类有较强的思想性，属于真正的艺术的行列"（萧默）。"建筑美兼跨生活美与艺术美两种形态（或者说兼跨广义艺术美与狭义艺术美两种形态）"（侯幼彬）。

我认为，把建筑艺术作广义与狭义的区分，是符合历史实际、也是有利于现实创作的。一方面，它提醒建筑师不必硬要在所有设计中，都强调什么深刻的思想性，也许只需要进行一些一般的美化或烘托出某种氛围就足够了，避免虚夸和矫饰；另一方面，在有必要的时候，建筑师们也不能忘记自己作为真正的艺术家的使命，为人类创造出时代的和民族的纪念碑式的作品。

建筑的复杂性还体现在建筑的艺术特性（表现性与抽象性）及艺术语言的特殊性上面，这里就不能多说了。所有这些方面，与文学、音乐、绘画比较，都有不一样的地方，也有相通的地方。但是，不管是不一样还是相通，都只是涉及矛盾的特殊性和普遍性，不足以推翻建筑既是一种广义的艺术，又可能上升为狭义艺术的结论。

作者系中国艺术研究院建筑艺术研究所原所长，本文写于 1990 年

2月2日
建设部以建设 [1991]64 号文发出了《关于建筑工程设计施工图审查问题的通知》。

3月13日
建设部以建设 [1991]150 号文发出了《关于改进和调整部分勘察设计不合理收费办法和标准的通知》。

6月
《葡萄牙建筑趋向》图片展览在清华大学举行。

6月28日
中国建筑学会以"未来的展望"为主题，在北京举行座谈会，纪念"7·1"世界建筑节。

7月1日
建设部以建设 [1991]452 号文发出了《关于改进和调整部分民用建筑和市政工程设计不合理收费办法和标准的通知》。

7月
中国寰球化学工程公司由事业单位改为企业，成为全国第一个"事改企"的设计单位。

8月
全国首届高层建筑防火学术研讨会在北京举行。

9月26日
来自亚洲、欧洲、非洲 18 个国家和地区的200 余名建筑师，汇集北京香山饭店，参加由中国建筑师协会举办的第六期亚洲建筑论坛。

10月20日—30日
"1991 年全国建筑画展览"在上海举行。

10月31日—11月5日
由中国建筑学会、建设部城建司和中国建筑技术发展研究中心承办的"首届国际城市建设技术交流和展览会"在北京中国国际贸易中心举行。

11月12日
全国勘察设计大师戴念慈（1920—1991）同志逝世，终年 71 岁。

广东国际大厦建成。
西安喜来登大酒店建成。
清华大学图书馆新馆建成。
沈阳九·一八残历纪念碑建成。
杭州中国茶叶博物馆建成。
武汉东湖风景区楚文化游览区建成。

陕西历史博物馆

广东国际大厦

清华大学图书馆

北京四合院调查漫记
王其明

我生在北京，长在北京，自小到大在很像样的四合院里住过多年，长大以后，又从事建筑研究。但在我从事北京四合院住宅调查工作之前，却对四合院懵懵懂懂，很少感受，甚至还存在不少偏见。

我家过去住的那个四合院，原是清初的一个小王府，大门是三开间的，垂花门正面有"一斗三升"式斗拱。它的规模不小，有好几条轴线并列，我家住的是主轴线上的第二进院。这座宅院占地很大，房屋的质量绝佳，但即使在那时，原有的马号、花园等隙地也都盖上了住房，原来的完整格局面目已非，这大概就是我虽然居住其间却缺乏感受的原因之一。

其次是我在读大学本科和研究生时，一直在梁思成老师门下受业。梁老师对中国古代建筑极富感情，可以说贡献了毕生的心力，但在平时的晤谈话语间却流露出很不喜欢北京的四合院。他在批评一些建筑形成固定僵化的模式，缺乏创造性时，总是以北京的四合院为例。他这个观点对我也多少有些影响。

自从参与了北京四合院住宅的调查工作以后，我对这种建筑形式开始有了全面的认识，对其功能、意义才有比较深入的理解，也平添不少亲切的感受。至此我憬然有悟于自己过去的固陋疏浅，扭转了从前那些模糊笼统的偏见。近年因为专业所需，常常就北京四合院做专题讲演和讲座，不免要为四合院做些辩护，以致不时引起朋友们的哂笑。我的师弟和同事英君，每当听说我要讲北京的四合院时，总是打趣地说："老兄，别把四合院说得那么好了，你去看看，现在人住在四合院里都成了什么样了，你还有心到处演讲作画呢！"

英君的话虽然是打趣，却也包含认真的成分。他家四口曾被挤在四合院中一间逼仄的耳房里居住。儿女大了实在住不下，只好搭一个抗震棚，顶棚比他只高三厘米，这才把一家老小按性别分隔开。他和儿子住抗震棚，夫人和女儿住那耳房。英君在四合院里吃够了苦头，自然没有欣赏四合院的余兴了。但我以为，在那样狭小的空间住一家人，无论什么建筑也不会愉快的，此非四合院之罪也。此外还得承认，即使在极差的居住条件下，

喜欢住平房四合院的也还大有人在。

我第一次调查和研究北京车四合院住宅是1958年。当时我将近三十岁，刚刚结束研究生的课业，调入建筑史研究单位。与我合作的王绍周比我年轻一些，此外还有几位不固定的助手。那时正值北京修建"十大建筑"和拓宽长安街之际，有大量的旧建筑包括众多的四合院住宅要拆除。由于工程进度很快，为了抢在拆除之前深入民宅调查测绘，我们每天一大早到现场，挨门挨户地走访、拍照、记录，中午随便吃些东西再接着作，直到天黑无法继续室外工作时才收摊。晚上虽然累得精疲力竭，但还要整理白天的资料，并为次日的工作做好准备。

我们开始时，主要普查在拆迁范围内即长安街两端的延长部分，从东单、西单往东往西直抵城墙豁口东边的东西观音寺胡同，西边的旧刑部街。我们拿着五百分之一的单线图进到院中，看到格局不错的就把它的柱子、门窗、墙等标上，拍几张照片，问问住户对所住四合院的意见、感受。居民们很热情，有的人还主动向我们推荐哪儿的四合院最棒。于是在后期，我们把调查范围扩展到市区的一些胡同里。就这样从春到秋下来，收集了大量资料，使我们对北京四合院的历史渊源、建筑型制、分布情况、各种类型、工程做法、使用习俗等都有比较全面的印象和完备的认识。

第二次调查研究是一九七九年由科研、文物、规划三个部门协作进行的。我作为前次调查的"识途老马"，以个人身份参加。这次我建议调查范围为地安门东大街以北，以南锣鼓巷为中心线的左右各胡同这里有特色的四合院较多，胡同分布均匀，与乾隆地图上所载接近，甚至与元大都考古所得相符。

从第一次调查北京四合院到现在已经有32年了，自第二次调查至今也已接近十年。研究的具体收获都详细地记述在调查报告中了。一九八二年我还请人拍了一部名为"北京四合院住宅"的电视片。这里就不再赘述了。本文仅谈谈调查工作中的一些趣事花絮。

在一九五八年的调查工作中，我们是拿着从测绘

档 案 表			
姓名	王其明	出生日期	1930年
所在地	北京	毕业时间	1956年 (研究生)
毕业院校	清华大学		
专业／系别	营建系 (本科) ／建筑理论及历史 (副博士研究生)		
现在单位	北京大学考古文博学院		
职 称	北京建筑工程学院教授 博士生导师		
职 务	1958年任北京建工部院建筑理论与历史研究室科学助理 1979年起在北京建筑工程学院讲授中国建筑史及中国民居与乡土建筑 1999年起，在北京大学考古系（现为考古文博学院）讲授中国建筑史		
社会工作	《中国大百科全书》中国建筑史分编写组副主编 《古建园林技术》杂志副主编		
科研项目	"浙江民居" 专题负责人		
专著论文	1979年内增补出版了刘敦桢先生的《中国居住建筑简史》		

王其明老师入选《石阶上的舞者——中国女建筑师的作品与思想记录》

局加印来的单线图，在胡同中走门串户的看，事先并不了解是谁家的住宅，不是慕名往访的。调查中也不一定问户主姓名，只画出平面、拍照片等。但偶然遇到一些有特色的住宅，了解是知名人士的家，往往印象就深些，所以记忆中存留的常是这些人的住宅。

北京著名的建筑工程师朱兆雪购买自住的一处四合院，经过修缮改良，安装了卫生设备、暖气、木地板等，很是舒适合用。不幸这所院落正巧在拆迁范围之内。最令人难忘的是它二门上的彩画。二门没有做成垂花门形式，没有垂莲柱，但内部构造差不多，也有四扇绿色屏门，但梁枋上的苏式彩画，画的却是各式施工机械、吊车、挖土机等，且以楼房为衬景。充满着当建筑师的房主人对建筑施工现代化的向往。

还有一位有着年轻夫人的老军官，接待我们很热情，领我们到他家，全宅上下细细观看。走到垂花门时，他指着彩画说："这是她过门儿那年画的！"夫人在旁幸福地微笑。如此看来，宅内彩书画还颇具纪事志的功能哪！

一次在调查中发现一个把屋顶开了天窗的画室，一问方知是徐悲鸿的故居。这座宅院在内城的东南隅，

不是现在的徐悲鸿纪念馆。记得徐夫人廖静文女士还款款出来与我们交谈。四合院作为画家的住宅，气氛难以言喻。后来我常常想，如果当年不那么粗率、莽撞，细细体察之下，整理一批值得保留的四合院住宅给一些文化人居住——画家、诗人、作家、音乐家、中医等，他们的创作说不定会有另一番情趣。

记得当时我印象最深的还有"洁如托儿所"。洁如即是所长董女士的名字。那是一处很合格局的四合院，原是她家的住宅，用作托儿所了。那里专收六个月到三岁的婴儿，不需要太大的活动场地，每个班占一面房子。庭院中有树有花，院中放一张特别大的带栏杆的方形"床"，供那些不太会走的孩子在里边玩，大一点的就放到院子里。从室内、廊子到室外，空间层次丰富，在任何气候条件下孩子们都很惬意，看来，四合院做托儿所也挺合适。这不禁使我想起名建筑史学者刘致平的名言。他说："四合院有如中国人的袍子，适应性极强。它宽松平直，不论高矮胖瘦，甚至男女老幼都可以穿。不像西装，过于拘谨。"

在这次调查中，我们还见到不少宅园。由于取水不易，清代明令私园不准引活水，所以北京宅园池少，山石及台榭亭馆较多，构件及色彩也较江南园林建筑厚重。有水的园子也见到一些，有的是经特许引入活水的，也有的是民国以后用自来水灌池的。当时西斜街某单位花园里有很大很深的水池，那里的工作人员，休息时常下去游泳。有的园内有珍稀树木，是昔时外地做官经商带回来的。另外，北京宅园以在宅侧的为多，这是由于北京的胡同间距本就狭窄，建后花园受到基地的限制。在我调查的时候，城内宅园辟有七十多处，现今已所存无几。前述的可供游泳的园子也早已填平建房了。园子最易拆除，没有住户搬迁的麻烦，山石可以送到动物园去叠猴山，池子正好用扒山的土填平。

这次调查的成果和总结，我们写了一份"北京四合院住宅"的研究报告，并提交给当年秋天举行的全国建筑史学术讨论会作为论文。会前我向梁思成老师汇报时，很担心论文的立论不合老师的观点，所以在论述有关北京四合院的平面、类型、创造、装修、设计、施工、使用等内容后，又特意增补这一段："北京四合院住宅虽然格局比较固定，但并非千篇一律，可以说各有千秋。

有如中国妇女的旗袍，虽然全是立领、偏开襟、有开气儿的，但领子高低、袖子长短、开襟位置形式、身长、开气儿长等都是有变化的。依据主人的文化艺术欣赏能力、用料、手工等自然有不同。四合院住宅也是一样，宅基大小形状、工程优劣和宅主的素质都会使它具有自己的特色，在北京要找出两所完全一样的四合院还很不容易哪！"

我不知道梁老师是否接受了我的观点，但在学术讨论会的开幕式上，他表扬了几位年轻的建筑史研究人员，居然第一个提到我们的"北京四合院住宅"。会上我宣读了论文，并展出多幅放大的照片。前期会议对我们的成果评价很不错，不想中途忽然"大兴批判这师"，情况急转直下。我因回家侍奉患病的老母，没有参加后期会议，但听说被表扬的几篇论文，包括我们的专题都遭到挞伐。梁老师当然也做了检讨，说自己没有细看论文就予表扬，属于"官僚主义作风"的错误。那次会议受到批判较多的陈从周的"苏州住宅"后来出版时作者只好只印图和照片而不著一字，这也可算是建筑学术史上的一段荒唐公案了。从此刚起步的北京四合院研究又无疾而终了。直到二十年后，这项研究才又被重新提起。当时我已下放到西安的建筑公司当工程师，几经周折才回到北京重理当年的旧业。至于当年在会议上散发的那本"北京四合院住宅"的油印本，我估计多数被当成废纸处理了，不过我听说清华大学建筑系资料室里还有一本，大约算是海内孤本了。据说有些外国留学生还拿它当作读本来了解北京建筑，学习北京方言哪！

投身北京四合院的调查工作，我才深深感到自己有关知识疏浅贫乏。多年来，不少师友在这方面给过我许多指教帮助，至今难以忘怀。

当年从事调查时，著名学者单士元兼任我们研究室的副主任。他是营造学社的社员、中国建筑史的专家、又是老北京，对北京四合院如数家珍，知识很广。可以说我的整个工作过程中，始终都得到他的具体指导。他为我们启蒙解惑，讲述了北京四合院的基本知识，并指点什么地方有什么样的四合院，就连四合院内各部位的名称有些是从他口中听来的。在以后的几十年中，每次见到他，都是小叩大鸣，虚发实往，常有以教我。在我组织拍摄北京四合院影片时，他又允诺为我们题字片头，

《北京四合院》书影

当场一挥而就。

上海同济大学教授陈从周也给予我们不少切实的帮助。那是建筑史学术会议以后的一个夏季，陈教授把"北京四合院住宅"那本材料拿给中国营造学社社长朱启钤过目。朱老是中国建筑史研究工作的开拓者，陈教授是朱老的"再传弟子"。一天傍晚，陈教授邀上我，记得还有王世仁去朱老家。朱老住的就是一处四合院，因为天晚了没看清格局怎样，只记得院里布满了郁郁葱葱的花木，当晚正有昙花怒放。朱老当时年岁已高，戴着助听器，说话比较吃力，但兴致很高。他说我写的那四合院有些地方缺少生活使用的知识，让我再来他家一趟，他要讲讲四合院是如何使用的。当时好像就指出了大门之内、影壁之前是不可以放盆景、花台等，那时的轿子或轿车都是要进到二门前，影壁前要留有空间以便顺轿杆……

朱老知熟中国传统建筑和礼法，又在四合院中长期居住，知识极其广博。可惜我当时见识短浅，正因换了批判而无心再致力于此道，竟然坐失这一宝贵机会，没有去领教。不但有负陈教授的好意，从治学角度讲也是终生憾事。在调查中我曾见到一处朱老亲自擘画营建的住宅，有一条长廊贯穿全院，左右各有几进院落，属于革新的四合院，那时是外交部的宿舍。如果我去讨教，想来朱老不仅谈四合院传统，还将兼及四合院的革

新。陈从周教授还写信介绍我去叶圣陶住宅看看。那所四合院很朴实，装修仍保持老式样，有支摘窗、帘架门、隔扇等，我拍了照片。后来又去拍影片，此时已届一九八二年，院落已修葺一新，一派大红大绿，唯有庭院里海棠树枝繁叶茂。海棠是北京四合院庭院中最常见的树，取《诗经》中"棠棣之华"的寓意，喻兄弟和睦的。

杨乃济是我的师弟，也是老同事，对我们的调查工作也一直很关心。他常告诉我哪儿有所好四合院值得一看，并带我或介绍我去见一些有学问的老北京，例如著名的民俗学家常惠，就是他给引见的。谈话中常老谈及为四合院正名的事，他说："你们总是四合院、四合院地说，那不对，应该是'四合房'，明明白白地东、西、南、北四面房合起来的，什么四合院"他对一些书上、文章上都写四合院大不以为然。杨乃济还介绍我去拜访著名学者朱家溍。我去见他原是为邀请他讲课，讲戏台方面的知识。谈话中提到四合院，他说："四合院就是指由东西南北房组成的住宅。若是有两进院、有垂花门的那就应该叫宅门了。现在书刊上写北京院落式住宅的都写四合院，有点约定俗成的意思"。我信服上述二位学者的说法，但要想正名怕也非一日之功。

十年前，第二次调查对象是以南锣鼓巷的中线左右两侧胡同中的四合院住宅。有些是第一次已经测绘调查过的，但重睹之下却又有了新的认识和发现。特别要指出的是在黑芝麻胡同一所作单位宿舍的四合院。我见它的廊子用拍子式平顶，挂落板上的是璧形图案，很雅致。尤其是山墙上有砌得很好的烟囱。这是一般北京住房中没有的设施。我由此判断这房子可能是经过外国人改建过，最可能的是日本人。再结合我的一些印象，回来一翻书，果然是在伊东忠太写的中国建筑史书上，发现作者在说明中国建筑都是庭院式时，附图所举住宅的例子就是黑芝麻胡同的。两相对比，平面一点不差。这宅子是否伊东忠太在中国时住过？或是他朋友的家？起码他是有这宅子的平面图的。

在帽儿胡同有挨着的几个门，原是一家的，这是清朝末代皇后婉容的娘娘府。正厅的隔扇、花罩是以风为主题的木雕。其余的木装修有浓厚的近代风味，如一排椭圆形的大镜子组成卧室的隔墙。在花厅中有一面顶天立地的大镜子，是婉容进宫以前习礼用的，从头到脚都可以照见。据说这镜子是由轮船从外国运来的，质量的确不错，这么多年了，仍然光洁如新，照出的人像一点儿不走样。

第二次调查与第一次调查相比，最突出的印象是许多东西已经荡然无存，难得再见了。如当年我们拍摄的各种式样的影壁、垂花门等，有些是拆除了，或被棚子遮住了，有的则是门户严谨，不容易进去看了。

北京的四合院现在还有不少，有的已挂上了保护单位的牌子，有的是警卫森严的住宅，想进去看看可谓难矣哉，拍照更是不易。而可以随便进去的四合院大多已面目全非。首先是人口膨胀，原是独家或少数人住的，现在住上多户，面积不够就把廊子利用上，把外檐装修移到檐柱上来，再不够时就接出一截来。一九七六年抗震时满院搭起抗震棚，以后又在推行液化石油气时搭厨房，所谓四合院的院子已不复存在，只留下可以走人的曲折小过道。更有一项根本的破坏是"文革"期间大挖人防空间，把原有的排水暗沟弄断了，雨水不能及时排出庭院，造成墙脚地面潮湿、柱根腐朽。中国传统建筑不考虑冰冻线问题，基础埋深较浅，全靠雨水渲泄得快来保持地面干燥。北京四合院的泛水极讲究，砌排雨水暗沟的材料和工艺要比砌墙的要求高得多。

北京四合院住宅，从广义上说，凡是用房屋、围墙等组合成院子的都是。从狭义上说，那些只有单面、两面的或是大杂院就不包括在内了。现在有些人把属于危房的许多缺点都加在四合院的头上，这很不公平。我参加过一次会，会上多数人对北京现存的旧住房十分厌恶，认为不好管理，占地多，并指出若干毛病，如室内地面比街面低，下雨时灌；屋顶漏雨，外面雨停了屋内仍在下；房屋不见阳光、屋前路太窄，死了人都抬不出去……控诉四合院的罪大恶极，大有要秋风扫落叶一般地拆除这些破瓦房，盖居民楼的气势。有人说："谁再说四合院好，就罚他到那儿住着看。"我本来不想说话，又实在忍不住要为四合院做些辩护。我说：四合院够对得起我们了，它原是住少数人的，现在住进那么多户，那么多人，它还能勉强容纳下，有睡觉的地方，有吃饭的地方，有堆东西的地方。那院子缓冲了多少矛盾。试想一下那个简易居民楼，人口扩充这么多，会出现什么现象？窗口外头挂着床也睡不下。有些现象是危房的问题，不属于四合院的本质。

的确有不少人从各种不同角度不喜欢平房四合院，例如原和平宾馆的一位副主任。1982年我与王绍周再次去那儿考察，他陪着我们，态度是很诚恳、坦率的。他对我们说："你们别再提倡保护四合院了。我这片四合院平房若拆除建成高级宾馆，每个床位一个晚上就能收入两百美金。"我向他宣传了一下杨廷宝1978年9月访和平宾馆时的一席话："为什么不可以结合实际情况，修缮一批民居四合院作为旅游旅馆呢？你看那阳光透过四合院的花架、树丛，显得多么宁静，住家的气氛多浓，还是个作画的好题材呢。"这位副主任苦笑着说："杨先生设计的这宾馆也不行了，卫生设计不够水平，卖不上价钱。"当然今天金鱼胡同北侧这一片平房四合院包括花园全拆光了，建了高级宾馆，遂了经营业者们的心。我想，位于市中心的平房大约是难以存立了。

十年前进行的第二次调查，尽管时间短，工作也不够深入，但其影响较大，结局也比第一次好得多。它毕竟使北京市的文物保护中列入了若干四合院。关于四合院的保护问题，著名美籍华裔建筑大师贝聿铭在北京讲演时说过："北京四合院占地太大，卫生设备不好，将来免不了要拆除改建。但是四合院很有特色，作为历史建设，应该保留一部分。如何保留呢？如果只保留一些质量好的王府，就会显得好孤单，反映不出原来状况，最好选择一下，保留几片地方，有王府也有一般民房，把原来面貌比较完整地保留下来。"

现在北京市有关单位都划定了一些四合院保护区或院。有些中外学者也注意到北京四合院的历史价值与现实意义。这种封闭院落式住宅形式允许有一个相对较高的建筑密度，并且包含了从城市发展角度人们获得独门独户住宅的设想。由于地皮缺乏，宅前留个小花园花费太大，那么就把它引进住宅之内来，一棵树从自己的小院内伸向开敞的天空……一位瑞士建筑师考察了中国四合院后写了一本书，其中便有这样的设想。从报刊上得知菲律宾为一般城市居民设计了低层高密度的"四户一院"住宅群；丹麦哥本哈根有"仿四合院"式住宅群。我国的建筑学者吴良镛等也在北京菊儿胡同做了四合院的改建试点。四合院将要有怎样的未来？希望它不致成为天气未凉已捐的团扇，或秋风吹袭委地的落叶。

作者系北京建筑大学教授，本文原载于《汉声》杂志1991年第28期

1月1日
建设部、对外贸易经济合作部联合颁布《成立中外合营工程设计机构审批管理的规定》，鼓励我国设计单位与外国设计机构合营，开展国际工程设计业务。

3月6日—8日
中国建筑学会第八次全国代表大会举行。

3月27日
建设部以建设[1992]163号文发出了《关于推广应用计算机辅助设计（CAD）技术，大力提高我国工程设计水平的通知》，对工程设计单位普及和发展CAD技术提出了要求。

4月3日
建设部以建设[1992]186号文发出了《关于印发〈民用建筑工程设计质量评定标准〉的通知》。

6月5日
原外经贸部首次向北京钢铁设计研究总院、华北电力设计院、原广播电影电视部设计院、中国寰球工程公司等4家工程设计单位授予了对外经营权，为工程勘察设计咨询单位独立进入国际工程市场首开先河。

6月11日—12日
建设部组织召开了关于建立建筑师、工程师注册制度研讨会。

7月1日
《监理工程师资格考试和注册试行办法》开始施行。

7月21日
国家物价局、建设部以价费字[1992]375号文发出了《关于发布工程勘察和工程设计收费标准的通知》，自1992年8月10日起执行。

11月12日
民政部批准登记，成立中国国际工程咨询协会。该协会是由外经贸部决定成立，经中国海外工程公司、中土公司、华西设计集团公司、中国寰球化工工程公司、广电部设计院、北京有色金属设计研究总院、北京钢铁设计研究总院、航空工业规划设计院、上海建筑设计院等获有对外经营权的32家设计院和公司，于1992年4月联合发起成立的。

北京菊儿胡同新四合院工程改造项目，获亚洲建筑师协会第一次颁发的优秀建筑金奖。

菊儿胡同新四合院

关于建筑创作的几个问题
"小亭子""千篇一律"及建筑形式

华揽洪

"小亭子""假斗拱""大屋顶"等都不大可能解决"千篇一律"问题，也不能真正起到民族形式的作用，至少不能代表祖国建筑的优良传统。尽管我对中国建筑史的了解很粗浅，但我通过观察到的优秀古代建筑所得到的印象是功能、构造及装饰的统一，无论哪一部分都不给人一种，"附加"的感觉。

著名的唐朝五台县佛光寺大殿是如此，许多其他的建筑物和建筑群亦如此。

苏州古典园林，虽然不少项目（有的是全部）是人工的，但是各个建筑物、构筑物，以及室外布置都是自然协调的，互相呼应的，很少令人感到是"附加"或"后贴"的。

这一切都是中国历来建筑上的优良传统，应该继承的是这种精神和做法，而不是把一个局部的式样硬搬过来，贴到现代的建筑物上。用"贴符号"的方式来代表某一个建筑物的"个性"或"民族性"是违背这个优良传统的。

当前在首都（及其他许多城市），"千篇一律"的明显表现是密密麻麻的塔形建筑。

这种作法在城市用地比较紧张的情况下确实解决了不少对住宅的需求，但同时也带来了两个问题。①为这些居民大楼直接服务而不便升高（反而要求绿化较多）的公共建筑（学校、托幼等）往往与居民人数不适应，因而或多或少总感到不足。随着生活水平的提高，这种矛盾必然会尖锐化。②从形式来看，这些大楼，不管其顶部处理得如何，立面上加什么装饰，总显得"洋气十足"。这是其体形和密度所导致的。

在建筑领域中，建筑形式当然是大家所关心的问题之一，但不能就形式论形式。建造任何房子，首先是解决"住"和"用"的问题。其次，在建筑布局上，在技术和材料上，都涉及经济问题。所以，"实用、经济、美观"这个方针，从三个因素的顺序来讲，仍是一真理，不仅适用于中国的具体情况，而且适用于任何地方，是一条普遍的真理。

但是，当前在世界范围内，相当多的建筑物正在违背这个真理。

大体上说，从60年代起，在许多国家的建筑领域里，一种逆流逐步兴起。在许多建筑中，从总体到局部都出现了一系列的与实用及经济相对立的形式。而在审美上，又往往违背起码的艺术规律。一度是"以怪为美"最时髦，后来简直发展到"以丑为美"。

这个潮流的实例极多，到处都有，比如在日本、美国、法国。值得注意的是这种潮流已经影响到我国不少建筑设计。

也许有些建筑师觉得，这是世界建筑最新的潮流。因而是先进的。我看不一定。有的新东西是好的，有的实际上是落后的，甚至是倒退的。

从历史来看，事物在前进的道路上往往是反复的。一切领域都是如此，建筑事业也不例外。对建筑上那种非常不健康的潮流，应当加以实事求是的分析，不能盲目崇拜，更不能抄袭尾随。

如何避免千篇一律？

人们感到，建筑单调和千篇一律，有两个方面的原因。一方面是由于采用类型不多的标准设计，建筑物的重复量太大。在这方面，看来已经有所改进，标准图的类型多起来了，在同一类型中立面改造也丰富了一些（北京月坛北街即为一例）。但是，更重要的方面是建筑物的机械排列。在这方面也需要借鉴我国的建筑传统。

北京的四合院是世界上有名的建筑组合体，由三栋或四栋很简单的平房组合而成。房子基本上只有四种：三开间、五开间、有前廊、无前廊。有的高级一些，有的简陋一些，但是格局大体相同：正立面，每开间从柱到柱有一个大窗，中间开间窗中加门。虽然，建筑形式的变化极少，但很少有两个完全一样的四合院。有的院子大一点，有的小一点；虽然都接近正方形，但有的横向为主，有的纵向为主，有的角落空间大些（或带耳房）；有的开阔一些，有的封闭一些；院子地面处理有所不同，绿化有所不同，院子与院子的串联方式也有所不同。结果，从总体来看，从产生的环境来看，四合院并不是千篇一律，而是相当丰富。这种布置方法可以说是"院落布局"，也可以说是"从环境观念"出发。

既然全部以平房组合的、建筑形式几乎单一的四合院能达到相当的丰富多彩，那么现在已经有多种建筑类型（虽然一定程度的标准设计仍是需要的），而房子高度也根据不同的需要有二、三层的，有五、六层的，有十几层甚至于二十几层的。在这种优越条件下，为什么许多地方还感到千篇一律呢？

原因不完全在于建筑物本身，而更多地在于建筑物的排列方式，即"总体布置"。

过去，把若干建筑排成街道（"街景观念"）这种做法较多，而把若干建筑物通过院落方式形成美好的环境（"环境观念"）这种做法较少。近几年，有不少居住区是在这后一个观念下设计的，这是一个很大的进步。但是还不够，应该在这方面进一步探索。这不等于说要回到四合院的做法。四合院只是"院落布局"的一种，还有许多其他类型的"院落布局"，特别是适合于高低层建筑搭配的布局，适合于院落互相连通的布局。

布置"院落布局"的条件之一是要安排一定数量的东西向建筑物。这是因为，为了造成这种布局，必须形成一定程度的完整空间。单一方向的（或绝大部分为单一方向的）建筑物很难形成这种空间。当然，在安排东西向的建筑时（特别是居住建筑）要非常谨慎，要使东西向的居住建筑内部格局能抵消无北房（朝南房间）的缺陷。如果在一个较大的地段上，使规划、设计、建设及分配紧密地结合起来，这种院落布局应当不致影响居民生活。

良好的"院落布局"是建筑领域中"环境观念"的室外表现。这个观念非常重要（这里指的"环境"只限于视觉方面的环境，不包括温度、空气、噪声等，只包括建筑物、地面、绿化等所有物体，建筑物当然是主要部分）。环境若是安排得好，人们就会从四周整体受到影响，并不需要特别注意这一点或那一点，这个建筑物或那个建筑物。人们不知不觉地感受到一种视觉上的舒服，也就能欣赏此环境的特定风景：空间比例（长、短、高），特性（开阔些，封闭些），气质（亲切一些，庄严一些）等。

今天的一些"院落"，有大有小，有高房子低房子，有公共建筑，有居住建筑，有绿化，有各种地面铺装，所以比老四合院丰富得多，空间形状变化也很大，简直可以达到千变万化。

构成这些"院落"的大小高低不同的建筑物，虽然相当一部分是标准化，但其部位及安排方式的不同会带来千变万化，不会是千篇一律，而是每一个大院落都

会有各自的风格。在各个建筑的立面，如果从整体出发来巧妙地加工，又可以加强这各自的风格。"院落"式的规划布局在西方不少地方也尝试过，也有很成功的，但是在很多情况下，由于经济制度及房地产商的压力，规划师和规划机构控制不住局面，往往使很好的设计在实现的时候完全走样。在计划经济的制度下，这种情况是会少出现的。

当前在首都和其他大城市中，在规划各个区域的时候，除了进一步从实用上的合理性出发，如果更多地以"环境观念"为主导去做各个小区的详细设计，不仅可以发扬祖国在"院落设计"中的优良传统，还可以反映中国在经济上和政治上的优越性。

作者系北京市建筑设计研究院原总建筑师，本文写于 1992 年 1 月

高楼算否风景
刘心武

所谓风景，按人们约定俗成的划定范畴，一是大自然本身的美丽景色，一是历史的或民俗的人文景观，其余的东西，则难归入"风景名胜"的行列。比如外地人到北京，登长城参观十三陵、逛故宫游颐和园以及到十渡或京东第一瀑，自然是正儿八经地欣赏风景，至于逛王府井或秀水东街，到夜市上吃风味小吃或进肯德基快餐店领略美式炸鸡，则只能算是旅游中的一种调剂或余兴，似乎不好视为一种与风景的亲近。

北京古老城墙的拆毁，多年来很为一些珍惜文物的人所诟病，而眼见着一个个凝聚着几百年北京特有的文化特征的四合院的破坏与湮灭，更令许许多多的中外人士痛心疾首。近十来年北京的高楼大厦真如雨后春笋

般争先恐后地拔地蹿升，不仅有大量按相同图纸建起的可以归类的居民大楼，也有许多具独特面貌的豪华饭店、宾馆、体育场馆、购物中心、写字楼不断地竣工投入使用。往者北京的天际轮廓线是一种平面展开的近于对称的均衡之美，如今北京的天际轮廓线却呈现出一种竖向地犬牙交错的峥嵘之势，已绝不均衡，美不美呢？似乎也已构成了一个不得不细加思考的问题。

有一种比较普遍的看法，是高楼破坏了北京的景观。不像这般尖锐的看法，是认为高楼虽不得不建，但还是少建为宜，高楼单独看去虽未必难看，但高楼毕竟不是风景。但我也听到一位朋友的看法，他认为高楼本身也是一种风景，而且是一种很不错的、体现着时代精神的风景。

那位朋友说，我们不妨回忆一下，当1959年北京的"十大建筑"落成后，不仅北京人引为自豪，就是外地仅仅从照片和新闻电影中看到的人，也都认为那不仅是祖国欣欣向荣的政治性社会性符号，并且也是一种美丽的景观，能引出旺盛的审美激情。实际上当年那"十大建筑"从设计到施工，也确实都既注重了实用也绝没有忽视美观，甚至有大量投资是用在了装饰性部件上，包括建筑物周围的绿化和大型的雕塑作品——突出的例证之一便是农业展览馆。"十大建筑"一度成为北京的"新风景"，成为旅游观点的热点，不必再加讨论，那是事实。但建于70年代初的"前三门"居民楼呢？那是绝对只考虑其实用性（根据当时和现时标准是否真正实用是另一问题，这里且不评议），而节省掉一切装饰性的板式建筑，像一堵单调而灰暗的高墙，当初建造高楼没有同1959年搞"十大建筑"时那样以它来增加观瞻的用意，但据我那位朋友讲，当年无形中仍有些北京市民把那一大排高楼当作一种独特的景观，加以品评，而他本人也曾亲眼见到刚从北京火车站走过来的外地出差者，兴奋地站在马路对面点数着那高楼的层数，并啧啧地发出着赞叹……这就说明，在许多见识并不宽广的中国人心目中，任何高出于一般建筑物的大楼，都能激起一种自发的朦胧的审美愉悦。

高耸的大楼，一般称为摩天大楼，最先盛行于美国，尤其是纽约、芝加哥等东部都会。在纽约，1931年建起了120层的高达381米的"帝国大厦"，直到70年代初，它都保持着"世界最高大楼"的记录，并且至今仍是到纽约游览的旅客们参观的热点之一，笔者几年前也曾登到其顶层俯瞰过纽约市容；但自那以后的二十多年来，纽约盖起了越来越多的更高的楼房，如今纽约最高的建筑应是高达四百米的两座并立而造型却显得极

为方正古板的双塔形"世界贸易中心大厦"，我也曾登临过其顶层，穹窿上裸露的水桶般粗的银色金属大弹簧随时在瑟瑟发响，提醒游客那大厦的上部在空气流动中有着左右前后若干米的晃动—唯其如此才绝不会断裂坍塌—令我感到惊心动魄。但全美最高的大楼现在并不在纽约而在芝加哥，1974年落成的芝加哥西尔斯大厦高达443米。如不严格地论楼房而按建筑物的绝对高度计，则整个美国亦未能领高耸之风骚，加拿大多伦多电视塔高达548米，一度称霸全球而号称第一，但这几年似乎又有别的国家别的建筑物超过了它，惜手边无资料，无法引用，不管你喜欢不喜欢，上述的摩天大楼，以及像纽约曼哈顿那样的摩天大楼群，确已构成了我们这个星球上的一种风景，而这种大楼风景，也不管你喜欢还是不喜欢，随着我们实行改革、开放，已初露端倪于中国许多城市，北京近几年来，更大得风气之先。像亚运村的新建筑楼，已成为北京正式的旅游景点之一，自不消细说，像建国门外到大北窑一带，也时常有北京本地人和外地来京的人有意地在那连串的、形态各异的高楼下散步，把那些高楼当作一种风景来欣赏，而位于大北窑路口的国际贸易中心建筑群，就连一位从中国香港来的文化界朋友也对我发出这样的赞叹："真漂亮！没想到北京也有了这样的景观！"而从大北窑北望，位于呼家楼的高达五十余层的京广中心大厦，银闪闪地挺拔于蓝天白云之中，更令人眼一亮心一震。

如何使古老的北京与现代的北京自然融合？如何最大限度地保护北京那些凝聚着数百年文明成果的古老胡同和四合院，同时又最迅捷地使北京更适应整个世界的现代化潮流？如何使新建的大楼在采用世界最先进设备的同时又具有浓郁的中国民族特色？这当然都需要详加探讨，但对大楼不再抱有排拒的态度，而认定那是一种新生的风景，应成为我们的共识了吧？

作者系著名作家，本文写于1992年3月

1月
湖南大学举办柳士英（1893—1973）100周年诞辰纪念活动。

2月9日
中国国际工程咨询协会成立大会在北京召开。

4月9日
时任中共中央总书记江泽民为原机械工业部第二设计研究院建院40周年题词："振奋精神，深化改革，努力建设一个社会主义现代化的设计企业"。

4月20日
"建筑师职业的未来"国际研讨会在北京举行。

5月8日
建设部以建设 [1993]349号文发出了《关于进一步发挥勘察设计大师作用的通知》。

5月26日—30日
第一届建筑与文学研讨会在南昌召开。

7月6日
中国建筑学会建筑史学分会在北京召开了成立暨第一次年会。

8月
建设部、国家统计局等机构联合发布中国勘察设计单位综合实力100强名单。

9月10日
建设部以建设 [1993]678号文发出了《关于进一步开放和完善工程勘察设计市场的通知》。内容包括：①打破封锁，建立全国统一的勘察设计市场；②建立备案制度；③发挥国有大、中型勘察设计单位的市场主体作用；④统一进行民办（私营）设计事务所的试点；⑤规范市场行为，纠正不正之风；⑥加强内部各项管理制度；⑦转变政府职能，为市场提供良好服务。

11月4日
建设部颁发《私营设计事务所试点办法》，并在上海、广州、深圳三地实施设立私营建筑设计事务所试点，私营专业设计事务所从此开始活跃于专业设计领域。

11月19日
中国建筑学会成立40周年庆祝大会在北京举行。

11月29日
建筑前辈座谈会在杭州举行。出席这次座谈会的前辈建筑师有张镈、汪定增、莫伯治、赵冬日、方鉴泉和严星华等人。

第一届建筑与文学研讨会与会专家合影

吴良镛接受"联合国人居奖"（1993年）

如何看待和考察中国的"后现代"

陈薇

谈后现代建筑和后现代文学"后现代"对中国意味着什么？它是一种幻象，一种真实，还是学院派的新的理论杂凑，抑或一种人类行为美学的民间通俗化版本？

不管我们对"后现代"有什么看法，中国的"后现代"随着改革开放的不断深化与扩大、市场经济的迅速发展，正以一种文化现象在我国建筑（美术）、文学界相继产生，并有扩展之势。王朔小说《过把瘾就死》的痞子语言，家喻户晓的电视剧《编辑部的故事》中的调侃语言，还有建筑界津津乐道詹克斯（Charles Jencks）的《后现代建筑语言》等，确在人文话语中越来越普及，这景象本身就值得注意了。它以较之传统变化了的语言，正日益冲击、影响着我国建筑和文学的创作，对此我们如何看待和考察呢？应采取怎样的文化策略呢？

"后现代（Post——Modern）"，本指现代主义之后，是在以美国为首的西方社会现代主义的地位开始动摇的情形下产生的，它体现出和现代主义的延伸关系；另一方面，西方世界经历了由工业社会在石油文明和电脑技术迅猛发展冲击下蜕变为商品消费社会（后工业社会）的过程，从而带来社会结构、人的观念、思维方式、价值取向的转变，"后现代"又体现出对现代主义的异化。这种对现代主义我的延伸和异化，突出表现在人们迫切在人与社会、人与自然、人与人、人与自我之间找寻自身的地位，是一种对商品消费社会的文化体认，从而发展成为一瞩目的后现代文化现象。

中国率先关注西方的"后现代"是在建筑界。1981年，文丘里（《191RobcrtVenturi》）的《建筑的复杂性和矛盾性》，1982年詹克斯的《后现代建筑语言》相继被翻译发表，其后，由全国各地一群中青年建筑师组成的"当代建筑文化沙龙"，以"后现代主义与中国文化"为题，进行了两次专题讨论。在建筑实践领域，二十世纪八十年代也屡有尝试，如新疆维吾尔自治区为成立三十周年而兴建的新建筑（新疆人民大会堂、昆仑宾馆、友谊宾馆等），表现出新建筑与传统形式、元素和符号（尖拱、圆拱、球顶等）的拼接。关于北京香山饭店是否中国的"后现代"代表也曾争议纷纭，然香山饭店前宅后院的布局方式、曲水流觞的历史联想、新宾馆与环境的气氛融和，确在创作手法上提供了汲取传统、老树新花的经验。1985年，美国杜克大学杰姆逊（Frederic Jameson）教授在北京大学讲授了《后现代主义与文化理论》的课程，引起文学界的注意。但至此为止，无论是建筑界的实践探索，还是杰姆逊关于后现代主义的多民族、无中心、反权威、叙述化、零散化、无深度等文化特征的理论，均未深入涉及或影响形成中国的"后现代"。因为无论是建筑，还是文学，都是由语言来表征的，而一种为人接受的新语言必定是敏感地反映社会生活、社会思想的变化的，但在当时，中国尚未形成这样的气候，在文学界，尽管也曾用"后现代"理论对"实验小说"及"先锋诗歌"进行过阐释，但始终处于边缘状态。这似乎可以证实：一种西方的理论和思想，在中国这第三世界文化中发生作用的方式和可能，取决于本土文化的土壤和对生存现实环境的抉择，而非简单地引进。

1980年代末至1990年代，中国的社会结构和文化发生了转型。其突出特征就是在全球文化越来越被大众传媒和全球性的商业及文化活动连在一起的时代里，中国本土的文化特性只能在全球性市场化的进程中寻找自身的位置，中国经济的高速发展，又促使大众文化的滋生。如电视剧《渴望》所调用的是中国人对稳定的家庭关系的渴望，体现了传统的伦理价值，文本并无深度，却取得了引人注目的商业性成功。又如亚运村奥林匹克中心是经过精心规划和设计而成的，充满了理性的思考，但其中体育馆最引人注目，因为它所采用的变形大屋顶及鸱吻形式，似曾相识又异于首都遍地可见的"方盒子加小帽"，让平民百姓耳目一新受到青睐，在亚运会后仍成为众人浏览的好去处。这种截取片段的吸收和常识，正是当时公众普遍审美心理的反映，而此平面感、无深度感、不完整性和非连续性，也正是"后现代"的中心表征。然而这种看似和西方的"后现代"的不期而遇，却由于形成背景的不同，使中国的"后现代"蕴含令人深感困惑的一面。

首先，西方的"后现代"，正如舒尔茨曾说："后现代主义并不是对现代主义的决裂，而是现代主义的进一步发展"。它建立在现代主义基础之上，又是对现代主义的某种超越。而中国的"后现代"，无论是建筑，还是文学，都处在三方会谈阶段：一是正在形成中的当代自我，想弄清自己的位置何在，未来怎样，却发现自己被置于空白之上；二是传统的父亲，总以血缘亲情去感染当代自我，迫他就范；三是外来客人，如当今西方发达的经济和文化，以其富有、先进、优越和强大使当代自我自愧弗如。如此如果说中国出现"后现代"，也只是表面的部分吻合，掩盖了内在的复杂性和混杂性，是一种误认、假象和错觉。其次，就创作者而言，出现类似西方"后现代主义并不危险，它只是在没有教养的建筑师那里才有危险"的情形，当代学院教育的缺憾在不同程度上造就一批与系统的传统和现代知识相脱节的新人。而在文学界，也由于时旷日久的文化空白和恶质化，产生这样一些作家，没有任何教条，没有吃过太多苦头，看人看事以己之见一针见血，既是文化的弃儿，又是文化的逆子，注重独创、反叛和表现个人性情，却拼命躲避崇高，从而使中国的"后现代"在未来的行状，将会是相当的矛盾和艰难。

这双重困惑在部分作品中已显山露水。就文学而言，王朔的第一部长篇小说《玩的就是心跳》的主人公，对什么已经发生或确实发生，甚至什么是仅仅在幻想中出现而不曾发生的也分不清了，人生的实在性已很可疑，遑论文学的神圣与崇高？他或抡或侃，或假话、反话、刺话、痞话，无非"哄读者笑笑""骗几滴眼泪"，这种从题目到实质内容却是一次性消费的、用过即扔的作品，和麦当劳快餐、嬉皮士文化衫一样，具有明确的商业目的和煽情功能，其所流露的玩世不恭的态度，体现出中国的"后现代"大众文化在价值取向上的缺损和丧失生命精神的虚无观念。而王朔的《顽主》，在一连串调侃背后又可看出浪漫主义的价值理想，刘索拉《你别无选择》中则可解读出反抗权威的精神与自我的执着追求。这种剪不断、理还乱的牵制和交叉混杂，在建筑实践中也屡有表现。如曲阜阙里宾舍虽然在整体上是成功的，但其主体的重檐十字脊瓦顶用钢筋混凝土壳体来承托，檐下椽子和变形的斗拱用混凝土来塑造，却得到"一片深厚的中国文化的气息""令人精神为之一爽"的赞誉，似乎成为传统和现代拼接的典范。然而，这无论在技术层面，还是在观念价值层面，却体现出当代自我的无家可归状态。如果说西方的"后现代"，是现代主义执着创造的中心在自戕后不得已部分改造、部分浸溺于自暴自弃的话，中国的"后现代"则因不曾为建构中心"众里寻它千百度"，所以操作和游戏起来得心应手、

游刃有余，没有悲怆意味。

基于对上述中国"后现代"的看法和考察，中国当代文化的策略仍应是弘扬文化的批判品格，并重新接续曾经开始过的现代理性的进程，使主体理性成为大众自觉追求的文化意识和审美精神。后现代主义不是人类的最后归宿，西方学者不断指出"后现代主义正在走向终结"，后现代文化的非中心化、无聊感和零散性正让位于人类精神的重建和世界文化的新格局。因此，我们大可不必在中国推进"后现代"。而西方"后现代"所蕴含的俗文化、地方性、文脉等品格，中国古今固有，不属于中国"后现代"的范畴，如何弘扬及挖掘，则另当别论了。

作者系东南大学建筑学院教授，本文原载《建筑师》第 54 期，1993 年 10 月出版

一个岭南人看岭南建筑
曾昭奋

夏昌世、莫伯治两先生在论述岭南庭园时指出，岭南地区包括了"广东、闽南和广西南部，这些地区不但地理环境相近，人民生活习惯也有很多共同之处"（夏昌世、莫伯治：《漫谈岭南庭园》，载《建筑学报》1963 年第 3 期）。正是岭南地区的自然和社会环境，影响着岭南建筑的形成与发展。岭南建筑，是一个有自己的追求和风格的建筑创作流派。正如并不是所有岭南的绘画都可归于"岭南画派"一样，并不是所有建在岭南地区的建筑都可以称之为"岭南建筑"。我曾不止一次谈到"京派""海派"和"广派"建筑（把"广派"建筑称为岭南建筑当更为恰当）。作为一个岭南人，也许是出于对故里风物的偏爱，对岭南建筑的评价，好话

自然多说了些。关于岭南建筑的特色，我认为是："较为自由、自然和符合人们生活规律的平面安排；明快、开朗和形式多样的立面和造型；与园林、绿化和城市或地域环境的有机结合。"从客观条件讲它有"省、市几位领导同志的关怀""较为开放的历史和社会环境"以及"这里的地理、气候条件"等（见拙著《创作与形式》第119页，天津科学技术出版社，1989年版）。改革开放的政策为岭南建筑的进一步发展注入了新的动力全国5个经济特区（海南省和深圳、珠海、汕头、厦门4市）以及港、澳和台湾地区南部，正好都属岭南范围。全国各地许多建筑师来到各个特区，来到珠江三角洲，与本地区的建筑师一起，以前所未有的热情和速度，推出了大量新作，为岭南建筑锦上添花，同时又把它的影响反馈及于全国。这种交流对岭南建筑和全国建筑创作水平的提高有利。

10多年来，岭南地区（本文所论未及港澳台）的社会、经济发展，与全国其他地区相比，出现了超前的趋势。下面列举一些发展数字。1990年，广东省的BB机，占全国（仅指大陆，下同）总数的42.9%（1992年上半年，这个数字是38.6%）；手机占全国总数的52%（1992年上半年为54.7%）；邮政总业务量，占全国的18.2%。1991年，从深圳罗湖海关进出境的旅客超过3000万人次。广东省的外贸出口总量，连续6年居全国各省、市、区第一位；珠江三角洲人口的城市化水平和运营中高速公路的车流量均居全国首位。1992年上半年，广东省的电话交换机容量，占全国15%；长途电话电路数占全国20%；长途电话有权用户数占全国25%珠江三角洲的顺德市（原顺德县），据1993年3月资料：全国10大乡镇企业，它占了5家；全国仅有的两家国家一级乡镇企业，顺德有其一；全国100家国家二级乡镇企业，顺德占10%。至1993年，广东省利用外资总额累计达200亿美元，占全国1/4。这些数字，表明了经济和社会发展的形势和速度。这种发展为建设事业，从而为建筑创作提供了前所未有的大好机会。但是，就当前岭南地区的建筑创作和建筑设计市场的情况看，却有不可忽视的问题。

首先，设计任务很重，总的水平不见大的提高，精心设计的上乘之作所占比例很低。原因是多方面的：本地区一些后起之秀未臻成熟老练，外地来的建筑师真正扎根于此者少；设计单位的激烈竞争，甚至以回扣设计费来争取设计任务；设计竞赛和方案招标中主事者的不正之风，等等。

其次，来自本地区以外的学术思想上的干扰。近年来，像50年代那样粗暴地批评水产馆的声音是听不到了，甚至连岭南画派纪念馆的正面照片也上了《建筑学报》封面了。但是，某些权威仍然不太喜欢这些与传统模式相去较远、注重创新的作品。例如，有一位权威，就曾对广州某大厦的设计方案公然嗤之以鼻（该大厦现已落成，效果不错）。又例如，另一位权威人士就说过"全国学广州，盖方盒子"这样的话。他们对全国许多建筑师到这里来观摩、取经的行动没有一个正确的估计，对岭南建筑没有一个正确的估计，好像岭南建筑只在散布"方盒子"的流毒从50年代一直到90年代。50年代时，我们批判建筑中的现代主义和方盒子，是把它们当作帝国主义和资产阶级进行侵略、腐蚀的工具；到了80年代，还有人笼统地把学术中的反传统当成"资产阶级自由化"的表现。尽管已有不少岭南建筑作品在全国性官方评比中获奖，但它们的创作思想和主张，却得不到应有的肯定和宣扬。上述情况，当然无助于岭南建筑的正常发展，不利于百花齐放的方针的贯彻。

最后，理论冷落，学术贬值。这种现象，在岭南地区，似乎比国内某些别的地区更严重一些。做了那么多设计，盖了那么多房子，却很少认真的经验总结和理论建树，似乎只有金钱（设计费）和实践的结合，而没有理论和实践的结合。

所谓理论贬值，说的是市场价值的低下。理论本身的力量并没有衰落。对岭南建筑来说，理论的力量，既有助于提高其创作水平，也有助于说服那些对岭南建筑不理解、不服气和泼冷水的人们。在这方面，岭南的两位大师，佘畯南和莫伯治，他们在创作中的理论探索，以及"行万里路、读万卷书"的身体力行，是我们学习的榜样。

原载《建筑学报》1993年第9期

1月
深圳左肖思建筑师事务所经原建设部批准正式开业，成为我国大陆第一家民营设计事务所。

2月23日
全国建筑师管理委员会成立，负责承办建立注册建筑师制度的各项事务。

3月30日
国家主席江泽民、全国政协主席李瑞环接见贝聿铭先生。

4月4日
国家计委令第2号发布了《工程咨询业管理暂行办法》、第3号发布了《工程咨询单位资格认定暂行办法》。

4月11日
建设部、国家计委、财政部、人事部、中央编委办公室以建设[1994]250号文向国务院报送了《关于请批转〈关于工程设计单位改为企业若干问题的意见〉的请示》。

中国第一部由建筑大师撰写的《我的建筑创作道路》（张镈著）一书出版。

5月
《建筑技术及设计》杂志创刊。

5月31日
来自20多个国家、30多位外国专家组成的北京住宅国际访问团在5月31日举行北京住宅国际访问活动开幕式暨学术报告会。清华大学吴良镛教授作了关于菊儿胡同新四合院住宅的学术报告。

6月3日
中国工程院成立。首批中国工程院院士有96位，其中来自建设系统的有6位，他们是王光远、刘先林、李德仁、张锦秋、周干峙、傅熹年。

7月18日
国务院作出《关于深化城镇住房制度改革的决定》。

7月19日
中国城市规划协会在北京成立。

8月12日　建设部公布了第二批全国勘察设计大师名单。

9月21日　建设部、人事部以建设[1994]第598号文发出《关于建立注册建筑师制度及有关工作的通知》。

9月29日　由建设部、国家计委、财政部、人事部、中央编委办公室联合呈报国务院的《关于工程设计单位改为企业若干问题的意见》，经国务院批复，原则同意实行事业单位企业化的工程勘察设计单位逐步改建为企业。

10月17日
由《建筑师》杂志编辑部举办的第二届中青年建筑师优秀设计评选揭晓。

11月6日
亚瑟·埃里克森作品展览在北京举行。

11月18日—21日
第十三次全国勘察设计工作会议暨表彰大会在京召开。时任国务院副总理邹家华、全国人大原副委员长李锡铭、全国政协原副主席谷牧、中央纪委原常务书记韩光出席了开幕式，邹家华作了重要讲话，并向第二批全国勘察设计大师、优秀勘察设计院长以及获得全国最佳工程设计特别奖和勘察设计金奖的单位颁奖。这次

海口体育馆

1994 年出版《莫伯治集》书影

会议在全国具有重要影响，对行业的改革发展起到了重要推动作用。

11 月 20 日
建设部、人事部以建设 [1994]707 号文发出了《关于印发全国注册建筑师管理委员会人员名单的通知》。

11 月 21 日
党和国家原领导人在中南海接见了第二批全国勘察设计大师和部分优秀勘察设计院院长的代表。

12 月 16 日
北京首次举行房地产拍卖会。

12 月 23 日
由建设部、北京市的 11 家单位主办的首都公厕设计大赛举行。

12 月 24 日
94'首都建筑设计汇报展在北京举行。

国务院提出实施国家"安居工程"计划。
上海东方明珠电视塔建成。

长安街建筑咏叹调

顾孟潮

天安门——光辉的起点

回顾新中国成立之时把开国大典的场地选在天安门，赋予市中心的天安门全新的意义，使其拥有崭新的时空，成为长安街和天安门广场光辉的起点，成为"中国人民从此站立起来了"最有力的形象！

当时毛泽东主席对搞好阅兵很重视。1949 年 8 月，华北军区的几位将领，把他们经过反复论证的两套阅兵方案呈送周恩来。第一套方案：地点选在市中心天安门广场；第二套方案：地点在市郊西苑机场。对两套方案的优缺点都做了认真的分析比较。最终认为，阅兵地点放在天安门广场，有利条件是显而易见的。

（1）地处市中心，届时领袖、军队和群众水乳交融，开国大典可以搞得轰轰烈烈；

（2）天安门城楼就是现成的检阅台，不必费太多的力气，就可以让全体政协代表到天安门城楼上检阅；

（3）天安门周围四通八达，容易集中和疏散；

（4）有一些不足之处：主要是参加开国大典人员众多，当日城市交通至少要中断四小时；当时长安街不够宽阔，没有经过拓宽，只能横排通过步兵 12 路纵队、骑兵 3 路纵队和装甲车 2 路纵队。

几十年后，再看选定天安门为国庆庆典场地这一决策过程及所指出的优缺点，至今仍然是正确的。这种认真科学决策的方式也是应该发扬的，因为"好的开端等于成功的一半"。实质上规划定点就是"初战"格外应当慎重。长安街之所以成为"中华第一街"，就是起源于把国庆庆典地选在天安门把中央人民政府设在中南海。

长安街——北京城的新轴线？

多年来，长安街在规划思想上被当作北京城的东西新轴线，人们企图让长安街与北京以故宫为主题，太和殿占主位的南北轴线"并驾媲美"。然而，几十年的首都建设史，长安街规划建设史的实践表明，这是不可能的！历史就是历史，它并没有完全消失，它留下了可以发芽开花的老根。封建王朝崩溃了，皇帝灭亡了，北京老城的中心却让不出来。况且短暂的几十年与北京几千年的建城、几百年的建都，无异于是"弹指一挥间"！所以，多年的经验告诉我们：再也不要做让长安街与历史久远的南北轴线比美的蠢事了！对于历史形成的现状，更多的情况下，我们应当是谨慎地"接着说"，而不应当是大拆大建地"从零开始"。历史是北京的优势，是我们建设的坚实基础。天安门广场和北郊的奥林匹克体育中心，便是两个对历史"接着说"的成功范例，因此它们成为首都新建设的两个闪光点。

正如我国城市规划、建筑设计界前辈赵冬日大师所指出的，"北京东西长安街本身也无法与'南北轴线'相比，因为它不是轴线，和前三门大街一样，只是一条大路。北京城的南北轴线上有内容，有城门、有广场、有宫殿等多层次建设，每一层次都构成一处景物，每处的景色各异，前后又互相呼应。人在不同的景色、不同的层次中移动，视觉伴随着动态开展，随场景的气氛、韵律、节奏而起伏与深入。其大小空间的变化都具有艺术性、统一性与整体性。这种风貌不是一条大干线及其建筑所能体现的""能体现并突出首都风貌的理想地区自然在城市的中心地带，也就是天安门广场东西地带，东西长安街以南、前三门大街以北这一地段。"（东起建国门南大街，西至复兴门南大街，总占地约500公顷）。

与此相左，我们现行的东西长安街（包括平安大道、朝阜路）的规划建设，还基本沿用马车时代的线性规划方式，主要考虑的是沿街建房的问题。并且把过多的任务和过多的期望（如疏解城市交通、体现城市风貌、吸引建设资金等任务）寄托在东西长安街（或平安大道）上。应当看到，这是既不科学又不现实的做法。正确的规划建设思路应当是，从区带整体的内容、结构和发展出发，进行生态学、社会学、地理学、构造学、人居环境学、经济学、文化学等多角度的综合性调查研究，拿出可供分析比较的开发建设方案，确定实施方案后，量力而行，有步骤地分期分批完成。这样才能为这类城市主干道、城市中心区做好定位定性定量的工作，选择出适当的建设方式和管理方式。主干道和城市中心区的规划建设是影响城市全局的大动作，规划就是城市建设的龙头，也是"初战"。我们的不少规划缺乏慎重与严肃，以致为后来的发展造成障碍或留下难以医治的后遗症。如，目前人们经常可以看到，由于一再拓宽和加长东西长安街的结果，把繁忙、嘈杂、拥挤、污染严重的大量地面交通引入市中心，造成很难解脱的矛盾的情景。节假日和有重大活动时，这里成了城市灾难和痛苦的发生地，以致许多北京市民向往去市中心而不敢去。现在刻不容缓的是缓解这一矛盾，关键措施是"打通南北缓解中央"，前提是，不能让东西长安街继续扮演东西地上交通轴的角色。

关于沿街建房问题，四十多年前北京的建筑师就曾经热烈地讨论过，但至今并未合理地解决这个问题。1956年10月25日《北京日报》上发表了著名建筑师、规划师华揽洪先生《沿街建房到底好不好？》的文章。他认为，住宅这样做有许多缺点，①居民受街上噪声干扰，不能很好休息；②有一大批房子朝西，冬天受西北风吹，夏天受西晒。该文引起首都广大建筑师的兴趣讨论中也有许多很好的建议。然而，这些好建议并没有贯彻到后来的北京城市建设中去，随着城市汽车总量的增加、人口数量的增多，受此噪声、风吹、西晒、污染危害的人数还在不断增多。有关城市规划建设的法规以及有关部门对沿街建房的管理从具体建筑形式的观瞻上管的多，而真正在环境质量、生态指标、绿化指标、停车场地、社会、人员单位构成、生活福利通讯排水等基础设施方面较真的少，也缺乏相应的硬指标、硬措施。实事求是地讲，我们的城市街道，特别是像长安街这样的城市主干道，依然基本上是重看不重用，看起来"气势非凡"，使用起来"诸多不便"。而市民百姓更多的是使用"轴线"，而不只是看"轴线"。所以说，应当认为长安街（或者其他城市的主干道）是不是城市轴线并不是第一位重要的事，关键是该街道（或街区）的城市效率和环境质量的优劣。

天安门广场——建筑艺术杰作荟萃点？

始建于明永乐15年（1417年）的天安门（当时叫承天门）和天安门广场，近几十年来曾经过多次修建：1949年9月10日，北京4300名青年为准备开国大典自动抢修天安门广场；1958年为迎接国庆10周年扩建广场；1976年再一次扩建形成长800米，宽50米，占地40公顷，可容100万人集会的广场；最近增加不少照明、喷泉、绿地等设施。但基本上未作大的改动，保持了天安门广场在中外人士心目中已有的形象。这是令人十分欣慰的。

现有的天安门广场的形象是经过多年众多专家、领导、建筑者共同研究摸索修改后形成的。如要改动必须十分慎重。如关于广场新建筑尺度的问题便曾有争议，因为古今中外的城市广场建设史上，天安门广场及广场上的新建筑的尺度之大是史无前例的。后来认识才逐渐统一为，广场既要满足群众游行集会的需要，也要显示出开朗、雄伟的体形。建筑的尺度不但要满足使用上的要求，也要使广场及广场上的建筑物互相衬托，取得均衡的比例。

关于广场和广场上建筑的形式共同认为应当是"中而新"的。因此整个广场采取了对称的布局，安排了具有重大政治意义、历史意义的建筑（人民大会堂、革命、历史博物馆、人民英雄纪念碑、天安门观礼台、毛主席纪念堂等），并追求壮丽、明朗、朴素的建筑艺术风格。如广场东西两侧长300米的人民大会堂和博物馆采用平屋顶，以减轻传统大屋顶那种压抑、沉重的感觉，也有利于与中轴线中央的天安门城楼、正阳门城楼相谐调，主次分明。同时以东西两侧20多米高的柱廊；一方一圆一虚一实增添广场奔腾开放的气势，让人感到围而不堵。在广场和建筑物的细部设计上，让接近人的部分，如门、柱基、台阶、栏杆、花池、草坪等，均采取合适的尺度，使人们在广场和建筑前有主人的感觉。这里的色彩以亮色为主，黄绿相间的檐头，橘黄色墙面和微红色的花岗石台基，与旧有建筑天安门的黄瓦、红墙、白玉石栏杆既调和又有对比效果。

然而，人们对天安门广场上的每一个建筑的要求是很苛刻的。天安门广场是人们心中的圣地，从国徽、旗杆到每一级台阶、每一块石块其影响都是世界性的历史性的，这里理所当然地应当成为建筑艺术杰作的荟萃点。广场上现有的新建筑中绝大多数是符合这一标准的。天安门观礼台、人民大会堂、人民英雄纪念碑无疑属于建筑艺术杰作；比较而言博物馆、纪念堂则显得弱一些。博物馆似乎给人将小尺度的三层楼放大了尺寸的感觉，不够雄伟；纪念堂则太类似于国外某个名建筑，而且今天看起来其选址也欠妥。再就是大会堂、博物馆以南地区，以及正阳门、箭楼周围的建筑实在是很难与雄伟壮丽的天安门广场建筑群相匹配，规划和建设上还要下很大的功夫。这里是北京南北轴线城市建筑艺术乐章的高潮所在，采取加强绿化面积的做法较好。

从中国历史上看，我们对于城市广场是一种极为重要的场所形式认识不足，所以不太发达，更缺乏成功的实例可以借鉴。已有的主要是一些宫廷广场、寺庙广场或集市广场、陵寝广场，真正能称得上城市广场的场所在中国是很少的：大概只能举出几个，如上海外滩、哈尔滨的防汛纪念碑广场，是沿江河形成广场的好例子。有些开始可能主要解决交通需要，以后逐渐发展成能满足市民多种城市生活需要的广场。

具体分析北京的天安门广场，过去主要是为政治仪典活动服务的场所，近年来由于仪典活动（特别如国庆游行、联欢这类特大型活动）的减少，同时城市生活、文化、旅游内容类活动的增多，显然无论广场和广场建

筑群的设施内容、标准、要求都有所提高，需要在规划、设计、管理等多方面加以改进。另外，市中心黄金地段如此宝贵的情况下，这么大的地下地上空间不加以充分利用也是很不经济的事。总之，如何改进天安门广场和广场建筑群是一个极为重要的新课题，需要花一些时间组织有关各方面的专家认真研究规划。

另外，需要强调对于城市广场这种场所形式的研究有其迫切性和重要性。因为随着我国城市化进程的加速，全国各地人们越来越意识到急需开拓开敞的城市空间，在城市基础设施建设的同时大搞广场、大植草坪、建设热情、投资规模空前的高涨，很需要正确的引导。

创造中国的新建筑——梁思成的建筑理想

中国当代建筑科学的奠基人之一梁思成经过几十年的探索，其建筑创作思想大致经历了三个阶段。他从最初的赞同现代主义，但不排斥传统（19世纪20年代—1949年）；由肯定现代主义转为批评现代主义。过分强调历史传统（1949—1955年）；提出"新而中"的口号(1958年以后)。这基本上也是首都北京规划设计、建筑创作道路上实践中经历的三个阶段。但由于市场大潮的冲击，如此宝贵的历史进步经验并未被广大社会和实践者认同和把握，以致历史的错误仍在不断重犯。

对于"新而中"的提法梁先生的解释是"我所谓'新'就是社会主义的，所谓'中'就是有民族风格的。'新而中'就是中国社会主义的民族风格"。他认为，"新而中"是上乘，"西而新"为次，"中而古"再次，"西而古"是下品。他提出"不是抄袭搬用"，是在传统的基础上革新，要批判地吸收传统和遗产中有民族性的东西。而且他强调，继承传统和吸收遗产不应只重建筑体形而应该重视建立在人民生活习惯上的平面、空间处理、匠师实践中总结的艺术规律和中国建筑的气质。几十年过去了，梁先生这些深刻的提示，对于当前的建筑创作实践仍然有着指导参考价值。而且天安门广场上的人民英雄纪念碑的设计实践，可以说是梁思成上述创作思想的光辉体现，所以该纪念碑才能成为经得住历史考验的"新而中"的建筑杰作。它也证明"新而中"的创作思想有着长久的生命力。

作者系著名建筑评论家，本文写于 1994 年

1月

中共中央总书记江泽民为天津市建筑设计院设计的天津体育中心题词：天津体育馆。

1月10日

建筑设计单位开始实施"三项制度改革"。

1月18日

《一级注册建筑师考试大纲》颁布。

2月15日

中国当代环境艺术优秀作品（1984—1994）评选揭晓，评选出优秀奖10个。

2月16日

《国家安居工程实施方案》发布，国家安居工程正式启动。

2月20日

"全国首届优秀建筑结构设计"评选揭晓，获得一、二、三等奖的项目共计56个。

4月23日

人事部、财政部联合发布《有条件的事业单位实行工资总额同经济效益指标挂钩暂行办法》。

4月26日

建设部以建设[1995]230号文发出了《关于印发〈城市建筑方案设计竞选管理试行办法〉的通知》。《试行办法》对方案设计竞选采用的方式规定为两种：①公开竞选；②邀请竞选。还规定：特级、一级的建筑项目，重要地区或重要风景区的主体建筑项目，10万平方米以上（含10万平方米）的住宅小区等5类城市建筑项目的设计，均要实行方案竞选。《试行办法》附有《城市建筑方案设计文件编制深度规定》，对参加竞选的建筑设计方案的内容和深度作了具体规定。

5月15日

建设部以建设[1995]282号文发出了《关于印发〈私营设计事务所试点办法〉的通知》。

5月30日

建设部召开全国工程设计CAD技术应用经验交流会。

6月19日

全国高等学校建筑工程专业教育评估委员会，在杭州召开的第三次全体会议上，通过对东南大学、西安建筑科技大学、同济大学、华南理工大学、哈尔滨建筑大学、重庆建筑大学、浙江大学、清华大学、湖南大学、天津大学等10所高等学校建筑工程专业教育质量的评估，评估有效期为5年。

7月11日

中国工程院第二次院士大会在北京召开，有216名候选人被增选为院士，其中30名来自建设领域，有28名在土木、水利与建筑工程学部。

7月

中国勘察设计协会在太原、西安、成都、北京分四片召开了第三届第一次理事会议，选举产生了第三届常务理事会。吴奕良同志任理事长、郑春源同志任副理事长兼秘书长的新一届协会领导班子成立。

9月23日

国务院颁布了《中华人民共和国注册建筑师条例》。对从事房屋建筑设计及相关业务的人员实行注册建筑师制度，注册建筑师分为一级注册建筑师和二级注册建筑师，取得注册建筑师资格证书必须参加全国统一考试。首次确认国家一级注册建筑师的方式分为特许、考核、考试三种。

天津体育馆

《首都新建筑——群众喜爱的具有民族风格的新建筑》书影

1995 年 9 月，北京市女建筑师协会参加第四次世界妇女大会

1995 年，清华大学建筑馆落成，
梁思成纪念铜像举行揭幕仪式

11 月 11 日—14 日

全国第一次一级注册建筑师考试在各地 31 个
考场举行。9100 人参加考试。

北京市举办群众喜爱的具有民族风格的新建筑
评选活动。50 个建筑榜上有名。

上海市评选出 90 年代十大新景观。当选项目
是：浦江双桥（杨浦大桥、南浦大桥）、内
环线高架公路、人民广场、新外滩、东方明
珠广播电视塔、地铁一号线 12 个车站、豫园
商城、新锦江大酒店、虹桥经济技术开发区、
古北新区。

自 1995 年起，建设部勘察设计管理司每年按
各单位年报，统计发布年度全国勘察设计单位
综合指标、营业收入（及完成利润）、完成（营
业）税金、年末资产总额前 100 名的排行名单。

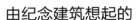

由纪念建筑想起的

杨永生

近年来，随着加强爱国主义教育和精神文明建筑，纪念碑、纪念馆等纪念性建筑新建的不少，利用原有名人故居改建、修缮的纪念馆也为数众多。

这些落成的纪念性建筑，被传播媒介一阵阵炒得火热，什么人剪彩啦，什么人题词了，象征什么等，不一而足。至于是哪位建筑师设计的，他是怎样构思的，具有哪些个性，却是没人提及。这是为什么？三言两语说不清楚，且不去说它。

已故建筑学家童寯教授对纪念建筑，有过精辟的论述，诸如：

纪念建筑，其使命是联系历史上某人某事，把消息传到群众，铭刻于心永矢勿忘。

要有简明的主题，只带一个含义，有高度的思想性、艺术性。通过物质手段，满足精神要求，体形不在庞大或布满装饰，以尽人皆知的语言，打通民族国界局限，用冥顽不灵金石取得动人感情效果，把材料功能与精神功能的要求结为一体。

童老还说过："第二次世界大战后，纪念性建筑追求实用化、大众化，提供集体聚会，文化活动场所。"

如果以这些观点来衡量我们近些年建成的纪念建筑，会做出怎样的评价呢？有哪些建筑能够达到动人感情的效果、铭刻于心，其个性又如何呢？我们的传播媒介往往用一些不恰当不贴切的赞美之词（如宏伟壮丽、别具一格等）来介绍新落成的纪念建筑，至于评论性的语言，对不起，没有。殊不知，只有经过积极的建设性的批评，才能改进提高。否则，在一片赞扬声中，只能不进则退，于建筑创作水平的提高，毫无补益。

在我国近现代建筑中，纪念建筑不乏优秀作品，诸如南京中山陵、北京人民英雄纪念碑、毛主席纪念堂、锦州辽沈战役纪念馆、南京大屠杀纪念馆、威海市甲午海战纪念馆等。这些纪念性建筑，就其思想性、艺术性、庄严性来说，都是具备了的；在传统手法的运用上也是无可挑剔的。但是，在体现建筑的时代性和创新性方面有的显得乏力。至于那些新建的纪念碑，感动人们心灵的，却也不多见。当然，也不能如此一概而论。齐康先生创作的南京大屠杀纪念馆和彭一刚先生的威海市甲午

海战纪念馆，还是有些新意的，具有强烈的个性，感染力较强。当然，这两处纪念馆，由于种种原因，在外部空间的氛围上仍有不协调的缺憾。

在设计手法上采取古典主义的，容易收到庄严肃穆的效果。但是，事实证明，像舒舍夫采取构成主义手法设计的列宁墓也不失其庄严，肃穆之魅力，令人肃然起敬。还有"1926年密斯的表现主义作品普通红砖砌筑的清水无饰的柏林李卜克内西和卢森堡就义纪念墙是闯出羁绊、锐意创新所赋予纪念作品以新的生命"（童寯语）。同样激动人心的还有芬兰爱国作曲家西比柳斯（Sibilius）的纪念地。中国香港建筑师钟华楠先生告诉我，他于60年代曾亲往拜谒，令他至今激动不已。这座纪念地设在郊野，既没有纪念碑，也没有纪念建筑，是在一座半月形的小丘上摆放着西比柳斯的头像，前面竖立着一群钢管，上部开有洞口，寓意教堂里的管风琴，使人联想起他那首闻名于世的抵抗德国纳粹的交响曲《芬兰颂》，不由自主地顿时沉湎于充满爱国激情的澎湃乐章，那和谐的乐曲似乎涌出于周围的松涛和钢管的大口洞，感人至深（参见钟先生的这张徒手画的草图）。我举出这么几个实例无非是想说明，纪念建筑必须有个性，建筑师要有淳厚的创作激情。

纪念建筑，就其本身的性格还应具有永久性，要求高品位的施工质量。当今的一些纪念建筑，由于施工质量不高，永久性就显得差些，至于精雕细刻就更谈不上。施工队伍素质不高是原因之一，但更多的是由于缺乏预见性，见事迟而延误了时间，为了赶上某纪念日揭幕，而用缩短工期的办法来弥补其失去的时间，为了赶工而影响施工质量，这类实例不少。前几年，当我参观南京大屠杀纪念馆时，半地下的展览室已在漏水；山西阳泉百团大战纪念碑建成不过几年已显得斑驳残破。

上面说的都是有关新建纪念建筑的。然而利用原有建筑来纪念某人某事也不失为一条好办法。这样做，既可以节约投资，又可以在特定条件下利用原有建筑来达到任何一座新建筑所不可能达到的效果。威海刘公岛利用清末海军公所来做纪念馆，展出甲午海战实物，即是成功实例。启用名人故居来纪念名人能给人以无限的

遐想，因为那里是名人生活的空间，不是后人强加给名人的空间。但需要特别加以注意的是保持故居的原貌，不得改建，不得动其一草一木，更不得加以装饰，一句话绝不允许搞"假冒伪劣"。

用反面的建筑作正面教育的纪念馆，反其意而用之，也不失为一个好办法。哈尔滨市的东北烈士纪念馆就是利用伪满哈尔滨市警察局办公楼创办的。那是1948年的事，当时正处于辽沈战役前夕，也许是为了节约每一个铜板支援解放战争而被逼出来的一个好主意。当时，是战争环境，一般干部供给制大食堂连高粱米干饭都不能吃上三顿。那条件是够艰苦的吧！依然作出了开设烈士纪念馆的决定，并未因财政困难而忘却进行革命传统教育和爱国主义教育。如果同当今某些人的决定（建造高级俱乐部、高级别墅区、西游记宫、龙宫之类的建筑）相比较，岂不令人怆然。

我们现在正处于两种不同的文化撞击之中，我们的建筑师也多处于这种撞击的两端，非此即彼者居多，缺少的是创新。而创新又谈何容易，既要有勇气，又要有牺牲精神；既要有建筑设计能力，又要有文化素养。

今天，传统兴时，也许是对外来文化的一种抵制情绪，而抄袭国外时髦建筑之风又可能是抵制仿古复古之风的另一个极端。说到底，传统不应一律排斥，外来的亦不应一律抵御。关于吸收外来文化问题，中国营造学社社长、古建筑专家朱启钤先生说过："盖自太古以来。早吸收外来民族之文化结晶。直至近代而未已也。凡建筑本身。及其附丽之物。殆无一处不足见多数殊源之风格。混融变幻以构成之也。远古不敢遽谈。试观汉以后之来自匈奴西域者。魏晋以后之来自佛教者。唐以来之来自波斯大食者。元明以后之来自南洋者。明季以后之来自远西者。其风范格律。显然可寻者。固不俟吾人之赘词。"关键是创新，要从我们的实际出发，去创造新的21世纪的生活空间。

我以为，我们建筑学专业毕业的青年建筑师的表现能力，驾驭材料的能力都不差，令人感到稍差的是文化底蕴不厚实，即是历史、哲学、文学、社会学、民俗学等方面的学识和积累稍嫌不足。关于这个问题，朱启

《建筑师》杂志创刊号书影

钤先生70年前说得好："总之研求营造学。非通全部文化史不可。"

除了这些之外，诚然还要有创新意识和利用有利于创新之大环境的能力。我们建筑师在商品经济大潮中似乎还没有学会如何去抵御不利于创新的环境条件。

创新还要有信心，不能妄自菲薄。作为独立自主的民族已经近半个世纪了，我们建筑师的正反面经验不比谁少，完全有能力创造出新的自己的建筑。

创新即使是失败的，也应予鼓励；抄袭再好，也是无能和缺乏信心的表现。

作者系中国建筑工业出版社原副总编辑，创办《建筑师》杂志并任主编。本文原载《建筑师》1995年第67期，作者用笔名勇生发表

1月21日
北京西客站举行开通运营典礼。

1月
建设部出台《工程勘察设计单位建立现代企业制度试点指导意见》，对试点的目的、原则及主要内容等作出明确规定，并确定原机械部第七设计研究院等30家大型勘察设计单位作为现代企业制度试点单位。

4月9日
国务院办公厅转发建设部、监察部、国家计委、国家工商行政管理总局《关于开展建设工程项目执法监察的意见》。

6月5日
北京城市公厕建设文化展览在中国革命博物馆开幕。

7月1日
建设部发布了《中华人民共和国注册建筑师条例实施细则》，并于1996年10月1日施行。至此，注册建筑师制度完全确立。

7月4日
国际建筑师协会金奖评出6个奖项。清华大学教授吴良镛获建筑评论和建筑教育奖。这是中国建筑师第一次获此大奖。

9月6日—10月14日
由国家建设部科学技术司与美国"中国之家营造公司"联合主办，并由北京中建科工程设计研究中心及美国贝氏集团（有限）公司协办的2000年中国小康住宅设计国际竞赛举行。

9月23日—26日
建设部召开了全国建筑节能工作会议，国务院副总理邹家华为大会题词："依靠科技进步，推广节能建筑"。

10月
中建总公司勘察设计评优会，从17家设计单位上报的123项中，分六类（优秀方案、优秀工程、优秀勘察、优秀建材等）评出73项获奖项目。

1996年唐山大地震20周年，唐山恢复重建成就暨抗震防灾技术国际会议

深圳发展银行大厦

上海图书馆新馆

10月21日
"建设现代化与教育"国际学术会议在北京召开。

10月22日—26日
由国家计委、建设部、卫生部等联合召开的医院建筑设计及装备国际研讨会，在北京医科大学召开。

11月
'96上海住宅设计国际研讨会召开，大会公布了本次国际住宅竞赛结果。本次竞赛总计有25个国家（地区）的100余家设计单位和个人报名，有效方案503个。

11月12—15日
来自10个国家和地区的160位专家参加了国家科委和建设部在北京联合召开的'96中国小康住宅国际研讨会。会议就"2000年小康型城乡住宅科技产业工程"的实施，进行了探索和交流，有70余篇论文在会议上发表。

11月26日—28日
中国建筑学会第九次全国会员代表大会暨学术年会在北京召开。

11月
桂林两江国际机场建成。

1996年的北京西站

1996年在北京召开第一届中日JICA项目合同调整委员会会议

建筑创作漫谈

周卜颐

建筑创作受经济因素的制约愈来愈明显了。我所说的经济因素并非一般的建筑造价。我国历来对建筑造价只斤斤计较与老百姓生活有关的实用性建筑，对所谓艺术性高的建筑则并不十分重视，一旦决定要建造，即使超出预算，也能追加。有时数十万元的预算可以追加到千万元，甚至更多，直至完工为止。这是中国建筑不顾经济效益的一个奇怪现象。

我们的建筑创作命运掌握在业主手中。因为业主掌握经济大权，自然也掌握建筑的建造和建筑的风格和形式。全国的业主千百个，大都在建筑形式上有偏爱，而且各不相同。有的爱好"民族形式"，传统复古，有的偏爱古典风格，有的喜欢绚丽豪华，也有爱简洁明快的。但绝大多数是保守的，缺乏现代意识的。有什么样的业主就有什么样的建筑风格，这话不假。

俗话说："有钱能使鬼推磨"，手里有钱能左右建筑创作，指定建筑风格，批准建筑设计。建筑师对自己的创作，视若生命，谁不想设计出最理想、最有水平、最对社会有益、最有现代意识的建筑呢？但总是受到业主偏爱的影响不得不放弃自己的创作，违心修改自己的设计，作出终身遗憾的设计。一幢建筑批准建造，总有不堪回首之叹！在这方面严星华总建筑师是深有感触的。这是有才能、有理想的建筑师普遍遇到的烦恼。最后，建筑师被迫一步一步退回到20年代的老路上去了。那时，建筑创作完全为业主的偏爱服务，业主要什么，建筑师给什么。建筑师只要练好一身本领，能做各种风格的建筑，就有出路。什么英国式的、法国式的、西班牙式的、西洋式的，以及中国式的样样都会，而且做得很地道。就像大师傅炒菜，顾主点什么菜，就能炒什么，而且味道好极了，社会上也认为这样才是有才干的建筑师。结果呢？业主是真正的建筑师，建筑师却变成了实现业主偏爱的绘图员。建筑师的创作没有自己的理论观点，实践变成没有理论指导的盲目实践。建筑师对自己的创作没有发言权，一切业主说了算。建筑师没有理论，也没有社会责任，社会地位一落千丈。有理论的实践不是没有，但多属于与保守业主思想一致的建筑师，创作

大都是缺乏现代意识，没有创造性的复古和抄抄搬搬的折中主义作品。而真正有理论、有抱负、有社会责任的建筑师反而受到冷落。这就是我国建筑创作的普遍情况。

这一情况与美国的建筑创作十分相似。在那里建筑师为资本家服务，一切唯资本家之言是听。只要资本家能赚钱，建筑师就有出路，也没有什么理论，他们的理论建筑在赚钱上，只要能赚钱，就有什么样的理论，正像戴复东教授所言，当前美国建筑复古之风席卷全国，这主要是因为古建筑保护能够赚钱：一可猎取爱好文化历史的美名，二可节省大量新建资金，三可充分利用废弃空间。其次是70年代人们对现代主义提出了历史问题，建筑师纷纷到60年代以前的历史中寻找设计灵感，引起一场风格运动。在历史主义旗帜下产生了不少派别，什么新传统主义，新古典主义，新装饰主义，新理性主义，新现代主义，都带一个新字，这说明是古建筑翻新。而主义之多层出不穷，差不多一周冒出一个主义，一人一个派别。学校还设置了古建保护专业。学院派以学校为避风港，凭借它丰厚的历史书本，产生了一批新古典主义者，他们还想恢复巴黎美术学院的建筑体制，企图使19世纪末的美国文艺复兴运动卷土重来。

这阵风吹到中国，使复古主义死灰复燃，我们也跟着大干复古。建筑创作尽是些珠光宝气、绚丽豪华的复古风格，一股暴发户的气味令人窒息。说起来就是美国也主张文化历史，反对方匣子，我们讲现代建筑是不明智了。要用现代高科技搞固有形式，提倡古都风貌，维护历史名城，追求传统文脉，主张建筑装饰，以为有装饰就有文化，复古就是尊重历史，片面强调文化历史，闭口不谈技术。殊不知人家经济条件好，复古是有利可图，而我们并不富裕。搞一个不大的亚运会就力不从心，捉襟见肘，到处向人民捐助，而且多多益善，结果不得不紧缩基建，使国家迫切需要的学校、住宅、医院少建甚至停顿，这岂不是不顾国情、得不偿失么？

美国是个几乎没有文化的国家，立国仅二百年。文化浅、历史短。他们对文化历史的感情出于自卑而分外强烈，并得到保守的知识分子的支持和尊重，复古保古无可指责。而我们的文化源远流长，历史悠远有5000年之久，文化、历史、传统俯拾皆是，不足为奇。与美国比是5000∶200或50∶2。他们200年的建

筑就视若珍品，当作文物加以保护，还不惜花巨额金钱到埃及去买古建筑，把它搬到博物馆当作自己的文物，他们复古保古完全可以理解。

尽管如此，80 年代的复古之风到了本年代末，显得疲软起来，像冷战一样过时了。复了一阵古，也赚了不少钱，但都没有站稳脚跟。各式各样的主义成为泡影。连盛行一时的后现代主义也在岌岌可危之中。因为具有现代意识的人们深知 2000 年的迅速到来，必有新的东西出现或另有方案可循，而时针决不会倒转到不再存在的时刻。文化历史固然值得尊重和怀念，毕竟是向后看的东西，是没有生命力和发展前途的。抄抄搬搬总是要比为新时代的需要创造容易得多。

毫不奇怪，80 年代末，建筑发展方向又有反复；逐渐对密斯的"少即是多"恢复了兴趣，从未埋没声誉的赖特受到充分的尊敬，勒·柯布西耶百周年在世界各地隆重举行了纪念。两位现代派 G· Bunshaft 和 Q· Niemeyer Pritzker 建筑大奖。80 年代最有才华并深受欢迎的建筑师是 F·盖里，他是个非历史主义的新现代派。他设计的建筑空间与房屋功能和人之间的关系奇特地一分为二，并自觉宣称，"建筑反对自身"。在这一风格中工作，总不免有结构不稳的大声吼叫，好像在打斗电影中眼看一部汽车行将解体而无能为力。这就是80 年代世界建筑中出现的 deconstructionism，难怪有人说它为解构主义，但并不确切。因为从建筑的定义看，建筑是三度空间构架起来的，解构是建筑的解体、结构解体，怎能构成建筑呢？再从形式特征看：它的结构并没有解体，也不支离破碎，而是比较松散或分散。虽不免有点杂乱但仍是坚固的结构，因此还是称它为散构主义为好。据盖利自己说："我的建筑方法与众不同。我研究艺术家的作品，并用艺术作为灵感。我排除文化对我的负担去寻找新的方法。一切都不固定，也无限制，没有条条框框，无所谓正确与错误。我向往建筑原始起源来自对动物形象及其骨架的构筑，以绘画的表达方式与构图的姿态在建筑中探索开放的结构，并用原木建造房屋。"他用材粗俗，波形金属板、胶合板、木板、铁链等都有，初看像一堆碎片，令人吃惊。细看却是研究过的有组合的结构。他设计的建筑，室内外关系暧昧不定，形式互相冲突，又不对称。自由飞舞的风格，活跃

周卜颐（左 4）在工作会议上

而不平静。据我看，由于当地的工业生产，受气候条件和地理环境的实际要求，无非是把通常的一座建筑化整为零，使它充分发挥各自的功能与造型作用，并不玄虚。散构主义值得注意之点在于它走出了文化历史的死胡同，具有强烈的现代意识，面对现代社会并与时代同步，对世界建筑的创作会起深远的影响。谈建筑创作不得不提到它，而不是提倡它。

作者系清华大学建筑学院教授，本文摘自清华大学《建筑学研究论文集（1946—1996）》，中国建筑工业出版社 1996 年出版

4 月

首都规划建设委员会办公室，北京市建筑设计研究院、北京市城市规划设计研究院与日本建筑家协会实行委员会在北京共同主办了以"中国建筑展望"为题的中、日建筑师交流会。参加交流会的中方人员有窦以德、何玉如、张铸、赵冬日、马国馨等，日方人员有矶崎新和夫人、石山秀武、三宅理一等。

5 月 8 日—10 日

第二次中外建筑师合作设计研讨会在上海同济大学逸夫楼召开。与会专家、学者共 58 人，他们来自包括香港的全国各大建筑设计院及日本、美国等国家和地区。会上代表们就中外建筑师在设计合作中的成败得失各抒己见。

8 月 20 日—21 日

由中国文物学会主办、中国建筑学会、日本建筑学会、日中建筑技术交流会和中国博物馆学会协办的世界民族建筑国际会议在北京召开。来自中国、日本和美国的百余名学者参加了会议，大会宣读论文 26 篇。

9 月 15 日

建设部、人事部以建设 [1997]234 号文发出了《关于印发全国注册工程师管理委员会（结构）人员名单的通知》。

9 月 15—17 日

在重庆建筑大学召开了'97 山地人居环境可持续发展国际研讨会，集中研讨如何实现山地人居环境可持续发展问题。出席会议的国内外代表 120 余人。会上吴良镛院士、黄光宇教授作了题为"山地人居环境的可持续发展"的主题报告，马来西亚的杨经文博士作了题为"建筑与人居环境的可持续性设计"的专题演讲。

9 月 18 日

《佘畯南选集》首发式在广州白天鹅宾馆进行。

9 月 27—29 日　在清华大学建筑学院召开"'97 当代乡土建筑——现代化传统"国际学术研讨会。会议由中科院院士吴良镛教授、新加坡建筑师林少伟发起。

11 月 1 日

中华人民共和国主席令第 90 号公布了《中华人民共和国节约能源法》，自 1998 年 1 月 1 日起施行。

11 月 1 日—3 日

东南大学建筑系举行建系 70 周年庆祝活动。

11 月

中华人民共和国主席令第 91 号公布了《中华人民共和国建筑法》，自 1998 年 3 月 1 日起施行，成为我国建筑业首部法律，提升了建筑业的责任和地位。

天津大学建筑学院成立。

海口美兰机场建成。

北京恒基中心

在中日建筑师北京交流会上，张镈（前左1）、赵冬日（前右1）总建筑师与日本建筑师矶崎新等

重庆大都会广场

从北京长安街建筑的"一律对称"想到"古都新貌"

张钦楠

有一次，一位美国建筑师被请来做一个位于北京长安街上的公共建筑。他根据功能需要设计了一个中庭不居中的方案，并且把大门斜开，以便与其他建筑产生一些呼应感。这个方案马上被否定了。说法是："它在其他地方，如经济开发区，都不错，但是在长安街不行。"有人因此把这个方案称为"歪门斜道"。

于是，我从复兴门到建国门又走了一次。果然，除贝聿铭的中国银行和关善明的恒基中心外，几乎所有建筑都是对称的，有点叫人想起古代皇帝陵墓前的石人石马，一律对称向前看，绝无电视古装片中朝官交头接耳的状况。

贝先生的中国银行，位于西单路口，把大门开向十字路口（"歪门斜道"），本是理所当然。但是它斜对面的时代广场大厦，却服从于不成文的"对称"法，取"石人石马"态，把转角对向十字路口中心。有人说，香港中国银行的尖角破了什么人的"风水"；不知是否因此在北京得了个小小的"报应"？当然，这里人是不讲"风水"的，但是，在我看来，北京在西单这样的重要地段，由于反对"歪门斜道"，就此失去了一次形成引人的"城市空间"的绝好机会。

说起长安街和"城市空间"，我又想起了一件事。那是在1985年左右，我们邀请了澳大利亚和日本等国的几位建筑师来做报告。当时的城建部部长李锡铭知道了后说：请他们对长安街提些建议吧。我转达了部长要求后，外宾们很兴奋，晚上关在旅馆里画图，拿出了两个方案。

第一个方案是澳大利亚的菲立普·柯克斯做的。他集中在天安门广场，认为它"太大、太空、太干"。他的方案是在东西两侧做两行浅水池，带小喷泉，加上两行树和坐凳（他在广场看到有人坐在地上休息）。当我解释说这里要举行盛大集会时，他不以为然地说，我已经留出大部空间了。

第二个方案是日本的长岛孝一做的。他集中于长安街，主张把它建成巴黎的香榭丽舍一般，在路南北，建两行联排多层建筑，楼上是民居，底层可设各种商店餐馆。他的理论是城市中心必须24小时有人。吸取当时不少发达国家大城市"空心化"的教训。

这两个方案都报给了部长。他说，转给北京市吧。

以后，当然没有了下文。但事后，我常常想起这两个方案，倒不是要搬用它们，而是感到它们提出了一个现代城市中的根本问题：就是"人"在城市中的地位问题，以及在现代化城市中如何确立"人"的主体地位。

外国人对北京长安街的兴趣是很可理解的，因为不论你的主观意图如何，在否定了梁思成教授保护北京古城的方案之后，长安街实际上成为"中国现代建筑"的象征。它近五十年的历史，也是中国现代建筑史的一个缩影。

现实是，北京有两条主轴线。一条是南北的（其实，北京的南北轴线有两条，陆轴和水轴，可是后者已被"淡化"了）；另一条是东西的，就是长安街（后来还有前三门大街、平安大道等，但长安街始终是最主要的）。前者是历史的，代表了中国元明清等朝代的经典；后者是现代的，代表了新中国成立以来的历史。

我不揣冒昧，把长安街近五十年来的建筑演变分为探索、创作、自流、干预、粗放等五个时期。

探索：从50年代开始，中国的建筑师就开始在长安街探讨"中国的现代建筑"，其中最杰出的是戴念慈设计的北京饭店西楼和林乐义的电报大楼，至今，我仍认为这一东一西的两建筑，是中国建筑走向现代化初期中的两个楷模。

创作：学习前苏联的"社会主义内容，民族形式"而做的十大建筑（其中最主要在长安街），其创作思想是一致的，其创作态度是严谨的，总的效果我认为也是不错的。只是它们不可避免地存在着较浓厚的纪念性，如果当时随即能以一些文化性或生活气息较浓厚的建筑给以平衡，整体效果就会更好。民族文化官在活跃长安街上起了一定的作用，但是可惜后来边上建造的机关大楼体量太大，从一些重要角度挡住了它的视线，削弱了它应起的作用。

自流："文革"的"否定一切"后，长安街就似乎走向混乱。既不见长远计划，又没有有效的城市设计。这一时期出现的少量建筑，就像是没有思想的躯体。

干预：这是为"古都新貌"而"戴帽加亭"的时期。

粗放：这是近年来随着投机性房地产开发而出现的危及我国建筑前途的恶疾。不规范的市场竞争正在造成多行业的压价行为，包括建筑设计。结果是越压价，产品（设计）就越粗放，越粗放，也就更造成压价的条件。这种粗放作业的恶性循环，在全国都存在，当然也反映在长安街的建筑中，甚至出现在一些境外名流的设计中。结果是"古都"没有了，"新貌"却不可抗拒地走向"粗放化"和"平庸化"（用库尔哈斯的话）。

我这样描绘，可能令人泄气，但我认为到了今天，如果我们还不对中国的建筑创作有个清醒的估计，而始终陶醉于完成的数量和规模的话，那才是最令人泄气的。事实是：我们今天在建筑创作理论、思想、手法、体制、素质等各方面，都存在一些不容忽视的问题，首先是认识上的，诸如以下内容。

一、什么是现代化？

很多人的答案是高楼大厦就是现代化。于是，旧城非拆不可，房子越高越先进。我们的人均收入只是巴西的一半，几个城市却争相建造世界、亚洲、中国或本省最高建筑。尽管这种竞相争高的趋势在一些国外城市也存在，但是我们已可听到越来越强劲的反对呼声。例如：美国麻省理工学院建筑学院院长W·密契尔教授就说：工业革命产生了摩天楼，而信息革命却将消除摩天楼。

那么，究竟什么是城市现代化的主要标志呢？我的认识，就是"以人为本"。也就是说，城市（特别是市中心），要有人的存在（长岛的观点）、人的尺度、人的环境、人的交互和活动场所。不是用空旷旷的高楼大厦把居民驱赶到郊外，不是用车水马龙来堵绝行人的交通，更不是用整装的保安人员把人排斥在楼外。用一句已被不少人遗忘的老话：要有"人民性"这才是最重要的现代化标志。

二、怎样看待"古都新貌"？

曾几何时，建筑师们对那种简单化、强制性地把"古都新貌"贯彻为"戴帽加亭"的做法的过去而感到欣喜时，现在却又出现了平安大街上整排庸俗不堪的"明清"商楼，令人惊讶不已。也许，如果人们还不十分疲劳的话，关于"复古主义、形式主义"的讨论又将复兴。

我的认识："古都新貌"的提法本身是正确的。像北京这样一个东方和世界绝无仅有的历史名城，当然要保持古都的风貌，同时又要不断更新。但是这种更新，不能是"拆了真古董，兴修假古董"。我建议：北京（内城）应当区划分为全保护区、半保护区和新区三种基本类型。在全保护区内，应当以修缮为主；在半保护区，可以有新有旧，并且鼓励建设一些体量不大，建筑风格又新又旧，有新有旧，新旧相互协调，起过渡作用的建筑；而对新区（长安街即是一例）则可以放开一些，成为"中国式现代建筑"的练武场，搞些不对称的建筑（特别是十字路口）也未尝不可至于"戴帽加亭"，则可以免矣。

三、怎样对待房地产开发的经济规律？

按照这一规律，城中央的土地自然最贵，于是必须建营利性项目，并且要把容积率和高度限制用足，最好还能突破。按照这一规律，长安街只能是北京的第二金融街（甚至是第一）。只有书呆子才会反对如此。

我的认识：小规律要由大规律来管。北京历史名城的文化价值是无可计量的，这是大规律。如果把北京古城看作全国众多经济开发区之一，让现在还很不发达、并且在国际上已累累引发泡沫经济的微观房地产开发规律来统帅北京（特别是内城）的建设，那就等于把一头公牛牵进了一家瓷器店，其后果实难以设想。

国际上已有很多城市更新（如巴黎、伦敦、巴塞罗那）的成功事例，其中一条普遍经验就是城市主管要采取主动，向开发商进行引导，而不是拱手交权，有时可用补偿政策，例如从其他开发区征收一定的费用来开发内城一些公益性的项目等。

如果说在1959年十大工程以后，长安街的建筑纪念气氛过浓（后来又添了不少政府机关大楼）的话，那么，现在，显然它的商业气氛又太重了一些。图书城和文化广场的修建，应当是大书特书的好事。作为热爱北京的一名老百姓，我衷心希望在长安街余下的不多地段中，能多一些为普通群众服务的文化、休闲设施，使长安街更多一些"人气"（周围的民居也尽可能少拆些）。

四、怎样看待"中国的现代建筑"，包括如何评价"复古主义、形式主义"？

50年代中国建筑史上有两件大事：一是否定梁思成先生保护北京古城的方案；二是批判他的"复古主义、形式主义"。对这两件事，我们都应当历史地看待，并且从今天的认识来进行科学的分析。据我所知，目前很多人的看法是：梁公的保护古城方案，用意良好，但书生气十足；对于"复古主义、形式主义"，则铁板肯定，不能提倡。

我对前一题的认识，已在上面表达。对后一题，我主张对这两个"主义"适当地"中性化"，既不必去大力提倡，也不必定为贬语。因为，"古"是不能与"今"隔断的，完全摒弃"古"既不可取，也不可能。也就是说，建筑中的"复古"是难免的，也没什么可怕。问题是"复"得好不好。例如，平安大街的新

建筑，我对限制沿街建筑的高度是拥护的，也挺喜欢那青色的矮墙，但是对那些"明、清"商楼，则感到俗不可耐。同样，对"形式主义"，也不要限制和担忧过多。中国现在确实很多人只看重建筑一张"皮"，这是历史的使然。以后市场经济发育了，甲方就不能不讲究功能、节能、效益、环境，但形式仍然会占重要地位。现在中国建筑的问题，不在于形式讲得太多了。我们的主要问题是粗放作业，满足于东抄西搬。要说形式，有多少理论著作在探讨它？不说欧、美、日的，我们今天在建筑形式的创造上，仍大大落后于印度、墨西哥、澳大利亚、马来西亚等国。如果说他们追求形式，那么他们的许多设计（特别是杨经文、柯里亚的设计）在人文性、环境效益和形式新颖上都能独树一帜，而我们却至今还在贩卖那种商俗式的"欧陆风格"？应当说，中国建筑今日需要的是像当年设计十大建筑一样的严谨性，对中国古典建筑的特征做更深入的探讨并正确地"复古"；对建筑形式做刻意地追求，像日本在20世纪60年代开始的创自己的现代主义的路。

当今世界建筑创作中有一条值得注意的路子，就是弗兰姆普敦所指的：跨文化建筑（transcultural architecture）。他以悉尼歌剧院为例，分析了乔恩·伍重融合东西方建筑概念后作出的方案。现在人们对此有不同的用语，如：local hybrid，cross—cultural等，含意则大体相同。随着世界建筑师交流日益增多，欧美中心论的不断打破，地域建筑师的相继兴起，这种新的建筑特征必将超越欧美的世界主义而逐占上风，这是值得我国建筑师注意的。它既是一项挑战，也是一个机会。

中国建筑界当前还有一个缺陷，就是大家抢大工程做，而不重视中小工程（设计费低和压价竞争当然有关系）。事实上，许多国际上的大师，如安藤忠雄、M.博塔等，都是从中、小工程的设计起家的。

我觉得，除了把北京的长安街当成"中国现代建筑"的练武场，让建筑师们放开一些设计；同时，把北京的平安大道，作为半新半旧、又新又旧的中小"跨文化"建筑的探索点。如能在这方面搞些竞赛（并规定提高设计费），由专家评选，对"古都新貌"的实现，定有好处。

作者曾任城乡建设环境保护部设计局局长、中国建筑学会秘书长、副理事长。本文写于1997年

2月6日
建设部以建设 [1998]22 号文发出了《关于举办"迈向 21 世纪的中国住宅"设计方案竞赛活动的通知》。附有《"迈向 21 世纪的中国住宅"设计方案竞赛组织与参赛办法（城市部分）》《"迈向 21 世纪的中国住宅"设计方案竞赛组织与参赛办法（村镇部分）》。

3月1日
《中华人民共和国建筑法》开始施行。

3月
上海现代建筑设计（集团）有限公司挂牌成立，这是全国建筑设计行业首次两家大型建筑设计院由事业单位转为国有独资的以建筑设计为主的现代科技型企业。

4月13日
中国国家大剧院设计方案竞赛文件发布会在北京中国大饭店举行，国内外 40 家著名建筑设计单位和个人与会，并参加这一竞赛角逐。

7月3日
国务院下发了《国务院关于进一步深化城镇住房制度改革加快住房建设的通知》。

7月20日—26日
国家大剧院方案竞赛举行公开展览。

7月29日
著名建筑师佘畯南先生因病医治无效于广州逝世。

9月5日
建设部以建设 [1998]165 号文发布了《建筑工程项目施工图设计文件审查试行办法》。

9月7日—10月7日
中国建筑学会与英国驻华使馆文化教育处联合

主办了"城市之魂"系列活动，内容有中英建筑院校学生设计竞赛，未来建筑与城市规划研讨会和英国专家报告会。

10月31日
天安门广场维修改造工程正式开工。该项工程将历时 7 个月。

11月25日
首届全国电脑建筑画大赛获奖作品展在中国美术馆开幕。

11月29日—30日
建设部勘察设计司、中国建筑学会、华森建筑与工程设计顾问公司在深圳联合召开了住宅建筑设计研讨会。来自全国住宅设计行业的专家、学者和业内人士约 120 人参加了研讨会。叶如棠副部长到会并作了讲话。

12月24日
国务院参事室王丙辰、吴学敏给时任国务院副总理温家宝写了一封《关于将〈建设工程勘察设计法〉尽快列入国家立法计划项目的建议》的信。建设部在原《建设工程勘察设计法（送审稿）》的基础上进一步修改完善，草拟了《建设工程勘察设计条例（送审稿）》，于 1999 年 12 月 10 日上报国务院。在广泛征求意见，经国务院法制办会同建设部反复研究修改后，形成了《建设工程勘察设计管理条例（草案）》，报国务院审议。

12月
建设部下发《中小型勘察设计咨询单位深化改革指导的意见》，拉开了中小型企业实施全面改革的序幕。
金茂大厦建成，为当时国内最高建筑。
上海虹口足球场建成，这是我国第一座专业足球场。

北京国际金融大厦

河南博物馆

体验与思辨

布正伟

20世纪的最后20年，是中国城市化进程加快、建筑领域迅猛发展的20年，也是建筑创作显示生机且又充满困惑的20年。如何使我们创作的总体水平能适应今后中国建筑的持续发展？在世纪之交需要以冷静的眼光去审视的这个问题，也正是《自在生成论走出风格与流派的困惑》这一研究课题所关注的问题。

应该说，《自在生成论》的研究起源于创作体验，并引申于哲理思辨。60年代中期以来，我的建筑师生涯就是在体验与思辨中走过来的。没有创作体验，我便无法感知建筑理论跳动的脉搏何在，更不会产生要从中获取什么的渴望。同样，没有哲理思辨，我也不能跳出"画图匠"视界的小圈子，透过错综复杂的现象去看清楚外面热闹的建筑世界，更不可能从切身的创作体验中去作出抉择：要坚持什么？该抛弃什么？

体验→思辨→思辨后的再体验→调整中的再思辨……如此循环往复。也许正因为如此，我的建筑师生涯才很单纯、很艰辛。在这本著作中，我把80年代以来的收获分成了"理论研究"与"创作实践"两个部分，这也可以说是我在《自在生成论》探索过程中，"体验"与"思辨"密切相关的真实写照吧。

"建筑哲学"被视为建筑师的"灵魂"。然而，在我思想深处，更加看重的还是创作体验——唯有来自实践的这种切身体验才能使我真正贴近"建筑"，走进"建筑"，也才能使建筑哲学真正溶于自己的血肉，做到灵魂附体、思行统一。如果是从书本到书本、从理论到理论，我肯定是想不到要研究《自在生成论》的。即使是有了这个动机，那也难以扎扎实实地去完成。

体验的重要性不仅仅是使我在实践中首先能发现问题、抓住问题，而且，对来自周围的各种信息，特别是来自有影响的权威方面的理论信息，我都可以通过自身体验去加以鉴别、加以认识，这样的提高就不是一般的提高。不仅如此，体验还使我能在探索中去纠正已经发生或可能发生的各种偏差。70年代末、80年代初，我曾痛感僵化模式使我们走向封闭和窒息的巨大危害性，发出了"大家都要有自己的"呼唤，并在思辨中剖析了建筑生命的源泉——理性与情感在对峙中的亲和。到了80年代中期，我在体验与思辨中的运行轨道已由"自我表现"过渡到了"自在表现"。然而到了80年代后期，也正是在体验中对"个性至上"以及低劣的个性表现给城市建设与环境创造所带来的无法弥补的破坏深感焦虑和厌恶，继而又提出了"寻找城市""风格的多元化要服从城市整体美的创造""建筑个性艺术表现不仅仅来自类型意义的建筑形象，而且还来自城市意义的建筑形象"等一系列理论观点。

就是这个深刻的反省过程，使我对建筑表现规律的认识有了一个飞跃：建筑表现的文化底蕴与艺术魅力，绝不是可以从一个简单的线性发展过程能得到的，而是必须从不同的观点高度和不同的视角去酝酿、去挖掘、去把握。因而，这是一个开放的、多向联动的叠加结果—这个结果不是别的，就是建筑作品在特定条件与特定环境中所要反映的品格、气质、表情、体态乃至建筑空间场所里里外外的整体景象所构成的综合表现力。不言而喻，这个多向联动的创作过程就是非线性的"自在生成"的过程。1987年我发表了《自在表现论》，而在其后的研究中又将命题修订为《自在生成论》，这其中的道理便是我在体验与思辨中省悟到的。

深入而微妙的体验，往往会引发颇具针对性与独创性的理性思辨，进而又会使理论带有某种鲜活的色彩，《自在生成论》的文化论就是借此受到启迪而使"外显系统"的论述得以深化的。我们可以看到，许多城市里的"门面建筑"，要论"脸蛋儿"也还算有几分漂亮，但就是不能打动人心，缺少独特的艺术感染力。其中有的甚至会使人产生"在哪儿好像见过""在哪儿都可以出现"的不良印象。我们也可以了解到，有不少的现场身临其境感觉很好的建筑作品，往往就拍摄不出如同这种感觉一样动人的建筑照片或建筑录像来。相反的情况是，有时候那些很"上相"的建筑作品（指从某个角度照出来的建筑相貌），在实地参观和体验之后，便会不以为然，甚至大失所望。对这一类客观存在、但又不为人们所注意的建筑审美现象，我作了较长时期的体察与思考。我逐渐地意识到，在创作中只注意到与功能性质相适应的艺术气氛是不行的。即使同时也注意到了与创作年代相呼应的时代气息也还是不够的。我们往往缺少的是与作品所处具体自然环境（包括气候条件）、人文环境（包括城市的规模、性质、文化情调）、建筑环境等密切相关的一种特有的文化气质。正是在不断深入的体验与思辨中，我强烈地感受到了建筑的文化气质乃是建筑表现（即建筑表情）之魂；只有当这种文化气质渗透于作品所要表现的"艺术气氛"和"时代气息"之中时，建筑作品才能显示出它的文化底蕴和艺术魅力。这样一条思想脉络，就使我真正从理论意义上弄清了建筑外显系统与环境意象之间的相互关系，不同层面上环境意象的生成与表达，以及拟人化的建筑文化气质决定着作品艺术气氛和时代气息具体表达时的向度与量度。

在研究《自在生成论》的过程中，我把体验，主要是创作体验放在第一位，自然，也就把创作实践放在了第一位。由于我的绝大部分时间和精力都投入到了创作和与创作有关的活动中，因而，我就只能挤出时间断断续续将研究过程中所获得的东西一部分一部分地整理出来，前前后后一直延续了10年之久。说长也长，说短也短，因为这个理论体系的容量及其充实程度、概括程度都可以在相应调节中去确立。

由于异常忙碌，所以，在完成了本体论与艺术论这两章之后，我采取了"论纲"的方式写下了文化论、方法论和归宿论。这似乎不成体统，但却也有许多好处：一是节约了读者的时间，可以在少受累的前提下一目了然地抓住《自在生成论》的基本要点；二是让研究成果反映作者的实际情况，也让这本书多一点"自在品格"，少一点装门面摆架子的东西；三是恰当的概括和提炼，把要阐释的话留下不全都说出来，这样不仅可以为读者提供一些再思索的空间，而且，也有利于今后继续研究作新的修正和补充。

体验虽说是第一位的，但思辨毕竟高于体验。我之所以格外珍视体验，是因为"真实"往往来自体验。但我仍渴求思辨，渴求在寂寞与冷峻中的思辨，因为由这样思辨而得到的是升华之后的"真实"——更具普遍意义与典型意义的真实。即使是本书的第二部分（创作实践部分），我也力求通过对1980年至1998年创作的剖析而去寻找自己的一些基本点。如果将第二部分所展示的12个方面的基本点串联起来，这便可以看作是我在创作实践中去贴近《自在生成论》的运动轨迹。

从总体上说，我这个时期创作的主要着眼点还是在努力脱俗。品格高于风格——这是我在研究中得出的一个重要的结论，因而"脱俗"比"创新"更切合实际，也更指向要害。认认真真地从"脱俗"做起，那么，自然而然的"创新"（自在生成的"新"）也就会不期而至。80年代以来我主持的建筑设计——已建成的也好，未实施的也好，就建筑品格而言，我大体上还是肯定的。但也无需回避那些来自方方面面的不顺心的事情和不满意的地方，正如我在第五章中所说的那样，"自在也非自在"。在我的创作舞台活动范围内，"投入的"和"产出的"都有不少人为造成的非自在因素在起作用。而且，规模越大、社会关注面越广的工程项目，就越加难以排解。只不过，由于"自在生成"这根"神经"在不时地牵动自己，使我在各种"惯性力"的作用下，还能在不同程度上相对产生一种"偏心力"与之抗衡。可以说，这也正是 80 年代以来，面对种种不利条件尚能使自己的作品保持一些固有面貌特征的原因所在。

在古今中外的建筑实践中，都有与"自在生成"一脉相通的优秀之作，其中有许多还是无名之作。本来，在《自在生成论》的各章中，都可以引用古今中外这些实例来加以论证和说明，但出于篇幅的考虑而不得不割爱删去了。在有选择的图例中，我有意地偏向了东方建筑。顺便提示一下，有一些在西方被炒的新流派之作，要是用"自在生成"的眼光去看的话，无非是"广告效应"在起作用而已。古今中外建筑领域中的这种"不公平"早已是天经地义的事了。所以并不奇怪，那些真正具有可贵的自在品格的建筑，往往是默默无闻的建筑，尚未被人们所关注和爱护的建筑。

在《自在生成论》的研究中，我常为自己缺乏东方哲学思想的根底而深感遗憾。1996 年在海南参加三亚南山文化旅游区总体规划评审会时，我曾与一位中国佛教文化界的资深学者就"自在生成"这一概念进行交流和讨论。他认为，建筑也和世上其他事物一样，要想看清它混混沌沌中的面目，就不能只从一点去看，而要从前前后后、上上下下各个点去看，当你看清它的本来面目之后，不管它再怎么变，你都不会被各种表面现象所迷惑了。当这位学者进一步了解到我从本体论、艺术论、文化论、方法论和归宿论去阐释"自在生成"的建筑作品所应具有的品格及其审美特征时，他很是赞同："这样去看建筑，就会很自然地得到一些在通常情况下得不到的想法。当你进入到非常辩证的思想境界时，就像你说的那样，认识到建筑创作'有界也无界''有法也无法''有我也无我''自在也非自在'时，那么，你就自然而然地靠近禅'的境界了……"诚然，这位资深学者对我的评价有过奖之处，然而，令我深思且又颇有深刻含义的是，在《自在生成论》的整个研究过程中，我从来没有用传统文化中某种"有色眼镜"来看建筑世界，也没有在传统理念的框架内，以先入为主的方式去有意求证什么。我只是年复一年地在长期平凡的建筑体验与思辨中走过来了，竟于不知不觉中步入了东方哲学思想的神圣领地！这是我根本没有预料到的，我感到惊奇，感到不可思议。

当我在完成本书的最后一章《跨越与修炼——自在生成的归宿论》时，我仿佛开始感悟到了东方哲学思想的深奥与魅力。也可以说，是《自在生成论》的研究唤起了我心灵深处的潜在意识，并进而引导我具体而又尖锐地认识到了一个真理：中国现代建筑走向世界之日，乃是它的精神与做派回归东方之时；在东方如果没有中国现代建筑的位置，那么，在世界自然也就没有中国现代建筑的位置；中国现代建筑的精神上、气质上，以及在做派上如果总是难以找到大度、大气与大美这些大家风范的感觉的话，那么，回归东方也就只能成为一句空话了。因此，《自在生成论》在结尾时所呼唤的"东方之道"，就是惊天地、泣鬼神的还魂之道，脱胎之道！无论是从理论研究上来说，还是从创作实践方面来看，中国现代建筑所要走的"东方之道"还只是初露端倪，而要在今后的体验与思辨中去继续挖掘仍深深埋藏着的"东方之道的真谛"的话，这就要寄希望于走向新世纪的志同道合者们的共同努力了。

作者系中房集团建筑设计事务所资深总建筑师，本文写于 1998 年 3 月 30 日，为布正伟《自在生成论》一书的前言，黑龙江科技出版社 1999 年出版

1月4日
重庆綦江虹桥发生整体坍塌，造成 40 人死亡。

3月15日
作为国际建筑师协会（UIA）第 20 届大会的正式活动之一，"当代中国建筑艺术展"在北京举行主题为"当代中国建筑艺术创作环境与历程"的学术讨论会及记者招待会。

4月15日
中国建设文协环境艺术委员会与《建筑报》社在北京举办了"中国建筑百年与营造学社 70 周年"学术研讨会。

6月16日—17日
由中华人民共和国科学技术部和意大利外交部主办，由中国科技部国际合作司、意大利驻华使馆科技处和意大利米兰大学等单位承办的中意建筑学和建筑研讨会在北京举行。

6月18日—28日
"当代中国建筑艺术展"在中国美术馆举行。
6月21日 在清华大学召开了题为"走向 21 世纪的中国建筑艺术"的学术研讨会。出席会议的专家学者 60 余位，会上有 15 位代表发言。

6月22日—27日
在国际建筑师协会第 20 届世界建筑师大会主展场举办中国青年建筑师实验性作品专题展览，展出的作品是对中国现在建筑问题的一个尝试性回答，既有对建筑语言的探索，也有对中国空间的解读。

6月23日—26日
国际建筑师协会第 20 届大会在北京召开，来自世界各地 100 多个国家的 6000 多位代表参加大会。

《建筑学的未来》书影

国际建协第 20 届世界建筑师大会
（北京·1999）

7月1日
全国工程勘察设计大师，北京市建筑设计研究院顾问总建筑师张镈（1911—1999）逝世。

8月20日
国务院办公厅印发《转发建设部、国家计委、国家经贸委、科技部、国家税务总局、国家质量技术监督局、国家建材局〈关于推进住宅产业现代化提高住宅质量若干意见〉的通知》。
《意见》中明确规定：从 2000 年 6 月 1 日起，沿海城市和其他土地资源稀缺的城市，禁止使用实心黏土砖，并根据可能的条件限制其他黏土制品的生产和使用。

8月26日
建设部以建设 [1999]218 号文发出了《关于印发〈关于推进大型工程设计单位创建国际型工程公司的指导意见〉的通知》。

10月18日
建设部以建设 [1999]248 号文发出了《关于公布"迈向 21 世纪的中国住宅"设计方案竞赛村镇部分结果的通知》。

1999 年世界建筑师大会在北京举行。图为大会开幕式会场

12 月 9 日

建设部以建设 [1999] 292 号文发出了《关于同意北京市、上海市、深圳市开展工程设计保险试点的通知》。

12 月 18 日

国务院办公厅以国办发 [1999]101 号文转发了建设部、国家计委、国家经贸委、财政部、劳动保障部和中编办《关于工程勘察设计单位体制改革的若干意见》。

新中国 50 年上海经典建筑评选揭晓，金茂大厦、上海大剧院、东方明珠广播电视塔、浦东国际机场、上海展览中心、上海博物馆、上海体育场、上海图书馆、上海国际会议中心、新锦江大酒店荣获"十大金奖经典建筑"。

愉悦中的悲凉——十字路口的"云南派"

顾奇伟

云南的城镇和建筑的发展同全国一样处在一个崭新的历史时期，谱写了上下五千年前所未有的历史新篇章。

云南的传说城镇和建筑文化，若同中原和沿海相比，则是以多元多彩的特点而闻名于世。若与当代的京派、海派、岭南派相比，笔者曾著文称之为无派而有特质的"云南派"。

任何事物总有正反两面。建筑的发展和创作总是有所得中有所失。失，有些是社会发展之必然。如，城市化过程中必然失去其周边的田园风光。对此，不必为之叹息。神州大地"失"那么一点"田园风光"而可求得民富国强，应可喜可贺。得和失，有些是得失相当，有些是得不偿失、有些是近有所得远为所失，有些是以眼前的有所失落的是换来长期的有所得。城镇、建筑发展中数量、质量同样有"得""失"之权衡。建筑创作之目的在于以最小的"失"去取得质量、水平、效益最大限度地"得"。

对每个建筑师来说，建筑创作中的小失误可谓不计其数。所谓专家学者的高水平其实是善于从"小失误"中求取经验教训之大"得"，是这方面"患得患失"的专家。

建筑创作总是受到历史、社会技术经济的局限。对此，笔者尚有自知之明，不必为之"患得患失"，自寻烦恼。譬如、初见上海大剧院的实施方案颇感其有创意。细想起来，这是生活优裕社会里建筑师的作品，按他们的观念：这是以小"失"而求大"得"。但对吾等而言，剧院的一个顶面层就是得不偿失。更何况国外的著名建筑师未必做得好中国的福利房。不同的社会形成不同创作观，这就是实际，不必急于在这方面"接轨"。

最令笔者耿耿于怀的是在中国大江南北滋生的一大批既丢掉自己优秀城镇建筑传统又无现代先进可言的愚昧建筑和愚蠢建筑。其数量之多、面之广、其咄咄逼人之势使许多城市提出的"建成生态城""建成花园园林城""历史文化风貌城"成为渺茫的理想。以昆明为例，日前提出"建成最美的城市"、激动之余又感到不清除这些愚昧、愚蠢建筑，何来"美"，更何况要"最美"。

昆明正举办美"国际园艺博览会"。云集的来客纷纷赞扬城市的巨大变化。在此期间也读到一篇再次访问昆明后的一篇文章。文中在引了马可·波罗所记到达云南后的经历和感受后写道："这两段话，似乎在提醒我们，中国本来就是一个很大的国度。连一个外国人也能看到我们语言、风俗还有城市，很不相同。今年夏天我去了昆明，感觉这个城市和中国的其他城市没有什么不同。看来，我们都进入了 2000 年的倒计时，进入了环球同此凉热的世纪。不知那般，我的胸中泛出一缕酸楚，掠过一丝苍凉。"读到此处，作者的"苍凉"引发了笔者的"悲凉"。昆明呵！毕竟是吾工作和生活了 42 年荣辱与共的第二故乡，你进步了然而却成了众多"万花筒"般城市的一员。

"万花筒"，既淹没了精品，也使拙劣和残次毫无羞色地混杂其中。

"万花筒"，容纳了古今中外的精华和糟粕。

"万花筒"，其瞬时变幻的缭乱，抹去了民族和地方文化的光彩。

云南的城镇、建筑文化正处在"万花筒"般的十字路口。

长期以来，为着认识云南城镇、建筑的传统，在各地作了若干调查和思考，目的是为着"今用"，终于慢慢有所悟：当代的中国城镇建筑创作若再停留在"形似""神似"的光圈内，对中国城镇、建筑文化的优秀传统是继续帮倒忙。中国城镇建筑的传统不在其形式乃至构件，而是由中华各民族聪明才智所形成的特质——特定的环境观、群体观、空间观乃至社会公德观等铸成的城镇建筑特质。多彩多元的云南城镇建筑就其形式、形态而言是形不成一派的，但因其具有共同的特质才形成"云南派"无派而有特质的云南派。其特质可归之为："崇自然、不拘于'天道'；求实效，不缚于法度；尚率直、厌矫揉造作；善兼容、非抱残守成。"当代城镇建筑的功能、技术、材料乃至形态、形式和体量随着社会的发展而理所当然地变化着，许多方面是形、神都"似"不起来的。但是，这些传统的特质正是城镇、建筑现代化过程中极需继承，发扬和充实的。现代建筑创作正是与传统在特质上一脉相承。这同"洋装虽然穿在身，我还是一腔中国心"的歌词大意相通。

"云南派"特质之一"崇自然、不拘于'天道'"。以其不拘于中原礼制束缚的环境意识，形成了以丽江大研镇为代表的古城镇；铸成了干栏、土掌房、一颗印、三柱一照壁等民居体系，成为人类的历史之化遗产。现代城镇、建筑创作的本质之一不就是建筑城市的良好人居生态环境和创作建筑环境。坚持崇自然，城市就决不会成为拥簇在一起的"万花筒。"名不见经传的丽江古城之所以能在数十年来得以幸存、保护直到名扬四海，现代环境意识是决定因素之。而今一些城市、建筑之所以显得愚昧和愚蠢，就是反其道而行之的崇物欲。看！

覆盖河道数百米再骑上去建楼、使河永世不见天日；贴河建连绵的高层，强使河道成为高楼脚下的独享空间……再俯瞰昆明，灰茫茫空阔无边再配上层层屋面亮污展垢，物欲横流将春城之春冲刷得惨不忍睹。最难以容忍的是不知何种"情欲"促成了砍去大树种草皮的决策。仅在通往滇池景区的干道上就被砍去 10 多米以上的大树近千棵去种草皮。史无前例的生灵涂炭呵！

"求实效、不缚于法度"的云南城镇、建筑文化特质对现代创作尤显得重要。求实，正是现代创作的基本原则，实际生活既是创作之源也是应以满足的要求。对于歪曲损害实际生活和大众利益的"法度"——陈规陋习、奇谈怪论乃至指示要求等，理应"无法无天"，不受所缚。

历史上的云南虽然同样处在"朕即国家"的束缚下，但由于"山高皇帝远"，才还有些许"不缚于法度"。在当今社会下以牺牲大众的利益来满足个人的意愿则是对现代化的嘲弄。然而，这样的嘲弄又何其求多矣。一幢国际文化交流中心，领导"创意"屋顶要玻璃圆球以示"走向全球"，无奈的建筑师只能遵命在观众厅满铺吊顶的技术层上加一个椭圆半球玻璃顶以示"走向地球"的"精神"功能。此类"意境"深远的创意还有很多。银行像"元宝"，博物馆平面像烟叶，商厦如月，公寓如日，构成日月交辉。高层不能 18 层、避免进地狱；尺度定量于"8"、可大发财……在一些人眼里，建筑似乎可上九天揽月、可下五洋捉鳖。其精神上的"特异功能"已到了走火入魔的境地。还有那些使人看不懂的玄学更把建筑创作沦为"法术"。这些对当代中华文化如此亵渎的建筑，安然在城市的大众广众前招摇于市，令你又无可奈何——搬不走、拆不掉、就是要一直"愚昧"下去。

"云南派"的又一特质如前所述是"尚率直，厌矫揉造作"。朴实无华、巧于因地制宜、以人为本的亲和空间、丰富的层次……"此类传统城镇建筑不是比比皆是吗！笔者每每自忖：创作之最高境界正是大巧若拙；建筑之精品在于意料之外而又在情理之中。滇中民居"一颗印"，率直到了憨厚木讷的程度、但又使你无法想象在当时的条件下，用其他什么民居去替代其在滇中的位置。率直，对于现代功能生活之复杂和快节奏来说，更显得重要。云南在技术经济上需要奋起直追的省情当然要继续崇尚率直而容不得矫揉造作。

"万花筒"式的城市就是由来于东施效颦、矫揉造作。许多建筑粗看是竞相争艳斗奇，细看是"克隆"产品。愈是搔首弄姿，愈能受到反复"克隆"，青睐有加。

令人哭笑不得的是把设计竞赛的评选扭曲为选

"美"。爱美之心人皆有之，古今中外无非是各取所需。用传统构件"穿靴戴帽"者就被誉之为"民族特色"，构件越简化，"特色"就不浓；全身幕墙的"裸体"被称为"现代气息"，"裸"得越多越"现代"；怪异诡幻者被赞为"超前意识"、越怪越超前，长期不落后；有"特异"精神功能者当然被赞为"意境深远"，如果"异"得令人费解那是属于"深不可测"的了……如此选"美"把创作沦为包装；如此评定，把建筑"评"得只剩下皮囊，以致有些建筑的机体哪怕是残缺不全、五脏错位只要有卖弄的色相仍然成为优选对象。求"美"之下，铺张浪费之风亦随之而起，这就不再一一详述了。

蕴含在云南城镇建筑传统中的另一重要特质就是善于以我为主、兼容并蓄一切外来的先进文化和技术。这一特质在少数民族聚居的地区尤为突出。著名的西双版纳景真八角亭、凝结着汉、傣两族工匠的技艺和创造力，成为傣族引以自傲的精品。丽江民居就是吸收中原和白族、藏族等周边地区建筑精华以我为主的再创造，成为世界文化遗产的组成部分。此一体现多民族交融而又各显风采的特质对现代建筑创作而言是何等珍贵啊！

创作中的兼容并蓄在为我所用，以我为主的实际生活中，体现着发展和进步。复古、泥古不化固然不可取、甚至有害，但至少还想着要有中国的"我"。"拿来主义"在改革开放之初为着应急，不得已而为之，只要功能经济环境空间合理，其他方面一时也难以苛求。80年代开始建筑创作中的不尽意之处，尚可归之于"急躁"，对此，也不能求全责备。尔后、"急躁"发展成"浮躁"，甚至出现"狂躁"，这就值得深思了。最费解的是大江南北乃至云南边境迅猛地刮起了"欧陆风"——追求欧洲古典形式。此"风"始发于大街小巷中的发廊、舞厅、夜总会及那些声色犬马之地。所谓欧洲古典其实也是胡来的劣质包装。岂料这类劣质进口品，却很快跻身于大型公建和重点建筑。当今欧洲早已把古典建筑作为昔日辉煌，或利用或保护。而当今中国各地却越俎代庖，帮欧洲人复古，加以顶礼膜拜。如果说在那声色犬马之处的老板，玩欧陆花样，是意在招顾客，为何那些"公仆"、厂长经理、总裁、文化人也热衷此道？思之再三才逐渐悟出：他们身上中华文化的"基因"本来非常贫乏，空虚之中只能求助欧洲贵的亡灵帮自己打肿脸充胖子：显示具有外国绅士风度的富贵和地位。

云南还有不少贫困地区，只要艰苦奋斗脱贫就在望，有何可悲。可悲的是有些城市中的建筑以低能弱智为荣。

以上种种说明今日之"云南派"正处在严峻的十字路口，一方面是在现代建筑中力求使城镇建筑的特质更为光彩夺目，为云南"办成民族文化大省"的发展战略作出贡献，为世所尊重。另一方面是在物欲的冲击下，随波逐流，泥沙俱下，使固有的特质成为过时烟云，沦为城镇建筑文化上的贫困之地。能否走出"十字路口"，规划、建筑界固然责不可卸，但最终还是决定于负责决策的领导集团。

1999年初，笔者参与昆明市的形象设计。参与者一致认为城市和建筑形象是内在素质所给予人的感受，决不取决于外在的感觉。城市和建筑的素质决定于当地领导的素质，特别是文化素质。文化素质之高低并非决定于学历和学位、职称。正常情况下，学历、学位、职称只能说明专业知识的掌握程度。高学历低素质和低学历高素质都不乏其人。而且，即使受过城市规划和建筑高等教育的人并不一定就懂得城市和建筑文化，更何况要去懂得社会文化了。城市和建筑上所散发的邪风和低素质，许多出自高学历的决策者，推波助澜于高学历的规划建筑专业人员，就是例证。以往许多低学历的老革命、瞎指挥固然不少，尊重科学、尊重知识的也很多，也是例证。所以以判定文化素质之高低在于实际的言行而不是其他。从当前许多事实出发，"云南派"要走出十字路口就特别要制止高学历的决策者在城镇、建筑文化上蛮横和无知。

以上直话直说本是一家之言，说了不少成绩伟大，问题不少中的问题。其中很多是自我解剖以后的反思，如关于文化素质等。行文之际甚感沉重故而题之为"愉悦中的悲凉"。若能求得批评讨论，若能引得有些人"对号入座"，则为幸事。期待着"云南派"和全国各地的城镇建筑文化在新世纪中再显辉煌！

作者系云南省城乡规划设计研究院院长兼省建设厅副总工程师，本文写于1999年

1月1日

《中华人民共和国招标投标法》开始施行。

1月

建筑工程设计施工图实行单独审查制度，对严格执行强制性标准，提高工程质量都起到积极的作用。

5月15日

建设部以建设 [2000]109 号文向国务院呈报了《关于申请设立〈梁思成基金〉的请示》。该项基金的资金来源为 1999 年在北京召开的国际建筑师协会第 20 届大会的经费结余 700 万元人民币。基金设立后，先对前五十年中评出的十名杰出建筑师给予重奖，每人 10 万元，共计 100 万元。余下的 600 万元，作为永久性基金，计划从 2001 年开始，每年评选一次，用基金利息（10 万元）重奖一名当年的杰出建筑师。《请示》得到了国务院领导的批准。

6月14日

国家建材局、建设部、农业部、国土资源部墙体材料革新建筑节能办公室印发《关于公布在住宅建设中逐步限时禁止使用实心黏土砖大中城市名单的通知》。

7月

由中国建筑学会和国际建筑师协会《北京之路》工作组组织的"我与《北京宪章》征文比赛"评选结果揭晓。

8月1日

深圳市根据1999年建设部《关于同意北京市、上海市、深圳市开展工程设计保险试点的通知》，全面实施工程设计责任保险。

8月20日

为进一步落实和确保建筑工程质量安全，建设部颁发《实施工程建设强制性标准监管规定》。

9月

中国勘察设计协会在天津召开了第四届会员代表大会暨第四届第一次理事会议，选出了第四届新的领导机构，推选叶如棠同志为名誉理事长、吴奕良同志为理事长、郑春源同志为副理事长兼秘书长。

10月

建设部发布了《建筑工程设计招标投标管理办法》。

11月2日

建设部以建设 [2000]247 号文公布了第一批取得施工图设计文件审查许可证的审查机构名单，共92个。

11月

在北京召开了中国建筑学会第十次全国会员代表大会。

12月6日

建设部公布了第三批全国工程勘察设计大师名单共60人。同日授予142人为全国优秀勘察设计院院长。

12月7日

建设部公布了首届"梁思成建筑奖"获奖者名单，齐康、莫伯治、赵冬日、关肇邺、魏敦山、张锦秋、何镜堂、张开济、吴良镛等9位著名建筑师榜上有名。

12月13日

建设部公布《建筑工程设计事务所管理办法》。

12月18日—19日

第十四次全国勘察设计工作会议在北京召开。

2000 年 11 月在北京举行中国建筑协会第十次全国会员代表大会暨学术年会

中国银行大厦

上海城市规划展示馆

首都图书馆新馆

12 月 18 日
时任国务院副总理温家宝与刚刚评选
出的"梁思成建筑奖"获得者、全国
工程勘察设计大师、优秀勘察设计院
院长座谈。

《世界建筑》2000 年 9 期刊出香港
城市大学薛求理《上海的十佳与香港
的十佳》一文

中国建筑西南设计研究院在五十周年院
庆时为徐尚志大师出版作品集

重庆纽约·纽约

也谈五大道的小洋楼

彭一刚

1952 年秋，全国大专院校院系调整，唐山交大建筑系并入天津大学后，我便来到了天津，屈指算来将近半个世纪。如果要发什么"绿卡"的话，我早该就算得上是一个皖籍天津人了。初来天津时我还是一名建筑系的学生，由于所学的是建筑学专业，自然对房子最有兴趣。印象最深的有两处：一是解放路上的银行，一律西洋古典建筑形式；另一处便是今天所常说的五大道的西式小住宅。解放路离学校太远，非乘车是去不了的，而穷学生要花钱去买车票，也是一种难以承受的负担。五大道则比较近，只要出七里台校门穿过一片田畴（今广播电视台所在地）再走街串巷，便可到达成都道的西段（今体育馆所在处），再往前不远便进入了昔日的英租界。尽管也不算太近，但当时正值健壮的青年时代，这点路还不在话下。记得在大学二年级学习建筑设计课时，就从许多外国建筑杂志上看到过不同式样的小住宅建筑，当时最热衷的是西班牙和英国式的小住宅。前者的特点是黄墙红筒瓦屋顶；墙面上常开拱形门窗，并附有一些铸铁花饰；屋顶是缓坡形式，并从中伸出变化多端的烟囱，屋顶的顶尖处每每还设有铸铁制成的风信标。室内起居室则采用壁炉取暖，屋顶上的烟囱所对应的正是室内的壁炉。英国式的小住宅，常称之为维多利亚式的半木结构，主体构架为木材，裸露于外，从外观看很富装饰性，屋顶则比较陡峭，并有许多烟囱伸出于屋面。总之，这两种风格的小住宅不仅体形变化丰富，而且还能给人一种亲切温馨的感觉。英国式的小住宅在唐山也曾见过，但是不如天津的花样繁多。西班牙式的建筑则是到天津后才见到。于是每当假日便与三五同学徜徉于五大道上，指指点点、评头品足，浸沉于一片异国情调之中。当然，除了以上两种风格的建筑外，对其他多种形式风格的建筑也饶有兴趣，总之，对一群初涉建筑的学生来讲，真像是一个活的大课堂。

毕业之后便留校任教，随着知识和阅历的增长，再去逛五大道时，便对其中的某些建筑产生了疑问。如果用外行看热闹，内行看门道的话来评判的话，学生时代所倍加推崇的一些建筑，后来却感到不够典型，不够规范，在手法处理上似乎也不成熟。当然还有更多的建

筑甚至说不上属于何种风格，往好处说即所谓的折中主义，往坏处说便是不伦不类。关于这一点倒也不足为奇，试想，天津作为一座殖民地城市，虽然也来过一些素质较高的外国建筑师，然而更多的恐怕还是二三流建筑师。加之房主又多种多样，从逊位的皇亲国戚到落魄的军阀、官僚，乃至文人雅士，新兴的工商业家，真所谓三教九流样样俱全，这些人不仅使用要求各不相同，就连欣赏口味也雅俗悬殊，建筑师自然要多方迁就，于是在设计手法上偏离了正统的法式也在情理之中。

时至"文化大革命"，原房主虽早已谢世，但是他们的子嗣多为被冲击对象，一时间竟成了过街老鼠，房子虽然依旧，却挤进了许多新的住户，内部拥挤，局促，外部搭建、拆毁、破坏，从而使原来幽雅的环境遭到严重破坏。1978 年唐山大地震，更是雪上加霜，以至于到了惨不忍睹的境地。

改革开放之后，人们的观念发生了很大变化，在左的思想影响下，一直把这些东西看成是帝国主义留给城市的残渣余孽，恨不得彻底地予以清除而后快。而今却摇身一变成为城市历史文化的见证，正是它才赋予了城市以特色。特别是在当今文化趋同的潮流中，许多新兴城市都不可抗拒地走进了全球一体化的阴影之中，而天津却能保留这么一大片西式别墅区，自然可以极大地突出城市的特色。为此，市政部门也作出规划，特别是对于某些具有历史文化价值的建筑，甚至列为重点文物保护对象，这无疑是一种颇值得称道的举措。

原来的包袱，今天却转化成宝贵的历史财富，这种观念上的改变也得益于新闻媒体。例如《今晚报》副刊曾辟专栏组织五大道的征文，后来又汇集成一本《五大道的故事》，原来我们看到的仅是作为物质形态的建筑，一旦与屋主的经历和历史事件发生了联系，便更能触发人们的联想和情思。这里想插进一个个人体验的小故事：1996 年和 1999 年为参加会议曾两度住进了北京西郊的香山饭店，时隔三年却先后两次去游览了附近的双清别墅，要是论屋宇、庭院，都平淡无奇，并没有多少诱人之处，只是由于 1949 年毛主席曾在那里小住，一方面指挥南下大军解放全中国，同时也邀请了爱国民主人士共商国家大事。简陋的房屋一经与历史事件相联系，便赋予了它以丰厚的历史文化内涵和活力，正所谓"山不在高，有仙则灵"。

作者系中国科学院院士、天津大学建筑学院教授，原载天津《今晚报》2000 年 2 月 10 日

建筑·文化·人性

李宗泽

建筑，经历了几千年的历史变迁，被赋予了一个新的属性文化性。

文化，即是人化，它体现的是人的本质，具有物质、艺术、精神三重内涵。

建筑是人类智慧的结晶。它与蜂巢有着质的区别：前者具有文化属性，是一种文化形态，被称作 Architecture；而后者仅仅是一种构筑体，属于物态，无思想、文化性和人性。由此，它们只能是 Building。

"建筑是具有象征性的遮蔽物。"（文丘里）

这种象征性所表达的意义，属于建筑文化的深层内涵。因而，我们从文化这一特定角度去研究、体察建筑，就要深入到它们的心层空间中去，并借助于其表层（形式，风格，流派等）和中层（语言，符号，词汇，理论等）的外在表象深化主题，向社会表达思想，与人类交流情感。

在文学艺术的殿堂之上，与建筑艺术毗邻的可说是电影艺术。它们二者都具有空间性和时间性，都在叙述各自的故事。然而，这种共同性却正包含着电影艺术与现代主义建筑的不同意义。

电影艺术通过信息的传达，使观众能根据自我的心情和感觉，体会出其故事性气氛而现代主义建筑则通过技术、材料、逻辑把自己的叙事空间强加于人，时而让人感到单调、枯燥，时而又给人以眼花缭乱之感觉。这一差异的产生，究其根源，就在于电影艺术把人为因素引入自身，把人视为空间的主体；但是，自我标榜为人创造空间的现代主义建筑，却把人的要素排斥在空间概念之外，而片面地强调空间对建筑的影响作用。

现代主义建筑所表现的"摩登""理智"，非但不能被公众所理解，反而对社会环境和公众心态造成不良影响，并由此而产生一系列人所料之不及的并发症。

建筑既然是为人设计的，那么人就应该在建筑空间中占据主要的席位，一切的建筑空间也都应以人的行为的展开而展开。

随着社会的发展，人类的进步，当代建筑已经成为复杂的信息载体。它综合了艺术的、伦理的、哲学的、民族的、技术的、经济的、思想意识的、宗教感情的文化特征于一身，并向社会和人类反馈着更新、更高容量的信息。

在空间与人性这一摇摆不定的天平上，我们更偏重于人性，正是这一人性的发挥，才会使我们在广泛、复杂的社会文化体系中兼容并蓄，深刻地理解建筑艺术的丰富现象，并从而避免那些深奥的、偏狭的、教条的建筑形式。

人性成为建筑艺术的主题，将有助于我们摆脱斗拱、雀替、大屋顶、小帽子、琉璃瓦等古典建筑形式、风格、语汇的干扰，窥看到建筑的深层内涵—文化意义，为当代中国建筑开辟新天地找到稳固的根基。"我们祖先的成就，只能用来坚定我们赶超世界的决心，而不能用来安慰我们现实的落后。"（邓小平）

设计就是创造，设计就是更新。这种设计不仅仅是逻辑思维的过程，更是形象思维的产物。新设想的诞生，需要异想天开的创造。"纯逻辑永远也不能创造出任何新的东西，任何科学也不能单独从纯推理中产生"。（H.彭加勒）历史上许多重大的发明创造，尚且借助艺术家常有的形象思维，才产生了质的飞跃，何况今天的建筑艺术。历史会告诉未来：今天我们的异想天开，将会留给后代更灿烂的、真正属于我们民族的建筑文化。

作者系北京市建筑设计研究院教授级高级建筑师，本文写于 2000 年

1月4日
人事部、建设部以人发 [2001]5 号文发出了《关于发布〈勘察设计注册工程师制度总体框架〉及〈全国勘察设计注册工程师管理委员会组成人员名单〉的通知》。明确，我国勘察设计行业执业注册资格分为三大类，即：注册工程师、注册建筑师、注册景观设计师。

1月23日
建设部颁发《城市规划编制单位资质管理规定》。

4月
清华大学建筑学院举办梁思成先生 100 周年诞辰系列纪念活动。

5月15日
北京市召开 20 世纪 90 年代北京十大建筑评选颁奖大会。获奖的十大建筑是：中央广播电视塔、国家奥林匹克体育中心、北京亚运村、北京新世界中心、北京植物园展览温室、首都图书馆新馆、外研社办公楼、北京恒基中心、新东安市场、北京国际金融大厦。

5月16日
建设部，财政部，劳动和社会保障部，国土资源部联合下发了《关于工程勘察设计单位体制改革中有关问题的通知》。

7月25日
建设部颁布新的《建设工程勘察设计企业资质管理规定》。《规定》指出：建设工程勘察、设计企业应当按照其拥有的注册资本、专业技术人员、技术装备和勘察设计业绩等条件申请资质，经审查合格，取得建设工程勘察、设计资质证书后，方可在资质等级许可的范围内从事建设工程勘察、设计活动。

10月18日
中国建筑设计研究院成立。

2001 年 10 月 18 日中国建筑设计研究院在北京成立

10月
国家住宅与居住环境工程中心在国际建筑中心联盟大会首次发布了《健康住宅技术要点》（2001 年版）。

10月31日
建设部以建设 [2001]218 号文颁发了《梁思成建筑奖评选办法》。《办法》指出，经国务院批准，建设部决定利用国际建筑师协会第 20 届世界建筑师大会的经费结余建立永久性奖励基金。该基金以我国近代著名的建筑家和教育家梁思成先生命名，同时设立"梁思成建筑奖"，以表彰奖励在建筑设计创作中做出重大贡献和成绩的杰出建筑师。"梁思成建筑奖"2000 年进行了首届的评选和颁奖。

11月6日
建设部根据中央机构编制委员会办公室《关于建设部内设机构调整的批复》，以建人教 [2001]224 号文公布了建设部内设机构的调整情况：撤销建筑管理司和勘察设计司；建立建筑市场管理司；设立工程质量安全监督与行业发展司。

11月17日
受建设部委托，中国建筑学会组织召开了"超高层建筑的发展和建设"专家论证会，会后向有关部门提交了专家意见。

广东奥林匹克体育中心

深圳基督教堂

广州新体育馆屋架

2001年清华大学教授吴良镛、关肇邺、张开济、赵冬日、齐康、莫伯治、张锦秋、何镜堂、魏敦山9人获首届"梁思成建筑奖"。

12月4日—6日

以"建筑新地域文化"为主题的国际研讨会暨中国建筑学会2001年年会在北京举行。来自中国、美国、法国等国家和地区的代表及中国部分学生共650余人参加了会议。会议期间还举办了"亚澳地区国际大学生建筑设计竞赛作品展"等四个主题展览。

12月11日

中国正式成为世界贸易组织(WTO)成员国。入世后我国的工程咨询设计市场,将按我国政府在多边谈判中承诺的减让表期限向其他WTO成员开放。

12月12日

建设部颁布《注册咨询工程师（投资）执业资格制度暂行规定》。

12月20日

清华大学建筑学院教授、著名建筑教育家汪坦（1916—2001）先生在北京逝世。

2001年

金茂大厦被美国建造师协会（AIA）评为2001年度最佳室内建筑奖。这是中国建筑第一次获得美国建筑师协会奖项。

我们的设计理念

陈世民

优秀的建筑作品依赖于新颖的创作构思，有品牌效应的设计企业需要拥有鲜明的设计理念。设计理念是设计企业无形资产的主要组成部分，是引导公司从生存竞争经营转向品牌性经营的关键环节，设计理念决定公司的发展。

面对改革开放初期日渐增多的公用性建筑，尤其是房地产高潮期的规模越来越大的综合性大厦及众多的超高层建筑，以及发展商们反复提出的"跨时代""与众不同"的要求，我们敏感地意识到以单纯臆造形象为出发点的构思或者抄袭外国建筑片段的设计方式根本无法适应市场的需求，无法面对激烈的竞争。需要寻求和建立起自身的设计理念，增强创作的目的性，尽量避免盲目性。

在发展自身设计理念的过程中，我们首先碰到的第一个难题是如何认识现代化以及作为改革开放后的建筑师如何使自身的设计作品符合现代化要求。经过多方思考、讨论，我们认为，建筑现代化并非仅指高层建筑，亦并非指尽量采用时髦的建筑材料与新技术，现代化的核心应是提高效率和效益，唯有能体现效率和效益这一时代精神的建筑才是现代化建筑。我们将这一认识作为设计理念引导了初期的创作。20世纪90年代初，华艺在设计理念发展进程中面临的第二道难题，是如何面对复杂的功能需求，和那些眼花缭乱的后现代、科技派、解构主义等设计思潮影响，继续保持清醒的创作思路，以求把项目作快作好，符合发展商及主管部门的要求。经过仔细思考与探索，我们确立了环境、交通、空间及多变的建筑造型四项要求作为自身的设计理念，作为构思的切入点，并要求每个项目在动手之前先进行认真分析，捕捉上述方面的关键点，寻找需要达到及可能达到的目标，从而有针对性地而不是盲目地进行设计，既不追随什么"主义"，也不搞什么"流派"，更没有必要讲求什么统一的外表风格。我们还在确立这一设计理念的同时相应转变公司的经营理念：即首先加强商品意识，明确提出大量公用性建筑首先是商品。其次，加强效益意识，因为开发项目最终的投资回报效果（包括经济的

和社会的），才是鉴定设计成果优劣的标准。另外，树立尊重业主与管理部门参与的意识，十分重视与他们的沟通，并尽可能将符合市场的需求融入设计中。通过确定上述设计理念以及转变三方面经营意识，曾引导华艺公司在设计竞争中获得不少项目，并创作出一批贴近市场、实用性强的作品。20世纪90年代后期，面对市场突然转向以住宅项目为主的新课题，华艺又在追随市场、追寻"卖点"、服从老板意志的过程中，迅速提升自身的设计理念，通过数个小区和住宅项目的设计实践，摸索到环境是新的主题，扩大的环境观念应成为新的设计理念，体会到环境是新时代建筑师创作的出发点与归宿点。从环境切入，捕捉关键点，使华艺在人居环境创作方面快步走向市场前沿。最近我们再次提出以环境、空间、文化和效益四要素作为自身的设计理念与追求，并把其视为进入21世纪设计构思的出发点和评价自身设计成果的标准。

环境是项目设计进行的依据与目的

为人们创造良好、舒适的劳动与生活环境乃是建筑师的历史使命。建筑依环境而生，环境因新建筑出现而得到改善与更新，未来的世纪将是讲求环境的世纪。建筑师需要树立起一种扩大的综合的环境观念，在进行每个项目时应认真分析项目周围的自然、地理、经济、施工、人文等各种环境，甚至包括即将在内活动的人的心态环境，从中寻找出项目与环境必不可少的"血缘"关系，通过充分利用环境资源，发挥其价值功能，并达到与众不同的效果。建筑师在创造环境时还须注意对自然生态环境的保护，认真寻求人与自然的共生与和谐发展。

空间是项目设计的具体形态

一幢建筑引人入胜或经济效益显著主要在于它的空间特色。一幢建筑长期保持不落后，同样依赖于所创

造的建筑空间所起的作用。建筑师应当寻求新的建筑空间作为体现建筑功能和效益的基础。不同功能、不同特色的建筑需要由不同的空间组成。空间有室内空间和室外空间。室内空间要注重，同样建筑的室外空间，包括住宅组团、小区乃至城市的街区和核心空间都应在设计过程中思索到。空间的核心是人，以人为本是组合空间的依据。把寻求新的建筑空间，寻求高效感人的空间序列视为设计的主要关键，以空间的特色作为建筑作品的主要特色，乃是向更高设计构思层次的演变。

文化在建筑中体现的是工程科技与造型艺术的结合，建筑是社会文化的综合反映

没有文化的建筑是不存在的。缺乏文化内涵的建筑是没有特色的。单纯讲"美观""风格"，尚涵盖不了建筑应有的文化气质。建筑功能多样，建筑环境各异，自然建筑的造型艺术亦应有多姿的变化，建筑拥有艺术特征，不可能不受建筑潮流、市场意识、业主品位及建筑师个人的哲学观念的影响。为此对中外建筑文化进行交流，对成功的建筑作品予以研讨和借鉴，无疑对于提高自身建筑语言的新鲜敏感力和建筑文化的创造力，对于创造有特色的建筑作品都是必要的。但是，创造21世纪新时代的中国建筑文化不能单靠引进外国建筑文化来实现，需要结合现代建筑适用功能与科技应用，多途径地发掘传统建筑文化并加以提升应用于新现代建筑之中。引进外国建筑文化要当地化，同样亦应将本民族、本地区有地方特色的建筑文化现代化。

效益是一切建筑创作体现的最终结果

目前我们的效益观不够完备。在计划经济年代由于过于讲求经济、节约，造成不少浪费。转到市场经济也有因片面追求容积率、片面强调经济效益导致一些商品房长期成为滞销房，造成资源的浪费。经济观念不等同于效益的观念。具备商品特征的建筑无疑首先要讲求经济效益，开发成本与销售效益对设计起着制衡作用。但效益应包括经济效益、社会效益、使用效益等几个层面，偏重于任何一面都是不行的。在讲求经济效益的同时，使用效益和社会效益同样值得讲求，需要综合的效益观。

上述环境、空间、文化和效益四大要素是建筑的功能与艺术、技术与经济互为结合的关系，效益需要通过环境、空间与文化的诸多措施方能体现，同时环境、空间与文化只有通过效益才能反映出综合结果。

作者系全国工程勘察设计大师，深圳市陈世民建筑设计事务所有限公司董事长。本文原载《华艺设计》（中国建筑工业出版社2001年出版）为该书前言的第三部分

1月1日
国家标准《民用建筑工程室内环保污染控制规范》开始正式实施。

1月7日
在全国建设工作会议上，首次颁发了"中国人居环境奖"和"中国人居环境范例奖"。深圳市等5个城市和北京市大气污染治理和环境综合整治等28个项目分别入选。这是我国首次颁发上述两个奖项。

国家计委与建设部共同公布《工程勘察设计收费管理规定》。与1992年标准相比，此规定由政府定价改为政府指导价格。

1月23日
第二届"梁思成建筑奖"揭晓。获奖者：马国馨，彭一刚；
获提名奖者：唐葆亨，程泰宁，胡绍学。

3月20日
著名建筑师陈植先生逝世。

5月17日
中国建筑学会主办的"首届中国绿色生态住宅设计大赛"评选揭晓。

5月20日
建设部、人事部以建市[2002]120号文发出了《关于调整第二届全国注册建筑师管理委员会成员的通知》。

5月31日
中国勘察设计协会提出了《关于保护勘察设计知识产权的建议》。

6月28日—30日
"中国近代建筑学术思想体系国际研讨会"在南京召开。

6月
建设部颁布《全国统一民用建筑设计周期定额》（2001年修编版）。

9月6日
建设部以建科[2002]222号文发布了《建设部推广应用新技术管理细则》。

9月14日—16日
由《建筑创作》杂志社、浙江省作家协会、中天建设集团有限公司主办的第二届建筑与文学学术研讨会在杭州举行。40多位国内建筑界、文学界知名的建筑师、作家参加了会议。

10月23日
中国建筑学会与西班牙建筑师协会在北京举办"2002中西建筑专题研讨会"。

10月
由成都贝森集团策划的"建筑界丛书"第一辑出版，其中有：张永和《平常建筑》，崔愷《工程报告》，王澍《设计的开始》，刘家琨《此时此地》，汤桦《建筑乌托邦》。丛书是中国实验建筑的一次亮相。

2002～2003年清华大学建筑设计研究院参加中国南极第19次科学考察活动

中国社会科学院中心图书馆　　　　　　中国科学院图书馆　　　　　《北京十大建筑设计》书影

11月21日

建设部公布了第二批提出申请的建筑工程设计事务所的审查结果，46家建筑工程设计事务所获得批准，我国建筑工程设计事务所达到70家。

12月

上海获得2010年世博会主办权。

广州新白云国际机场一号航站楼建成。

张良皋教授为第二届建筑与文学研讨会撰文

第二届"建筑与文学"学术研讨会合影

建筑师与地产商的三次对话

屈培青

我十分庆幸我们这一代青年建筑师所遇到这么好的机遇，在我们进行建筑创作的20年中，正好是我国住房体制改革和房地产业兴起的年代，这为我们建筑师提供了一个很好的创作机遇和展示平台，同时，建筑师与地产商零距离的对话也从这时开始。

第一次对话是20世纪80年代中期，住宅开始走向商品化，由于多年居住用房紧张，在开发的初期，大量的市场需求和城市建设速度加快，使房地产业一步进入了一个高速发展期。人们要快速解决无房的困惑，建筑师首先要解决设计任务，开发商们要尽快完成初级阶段的原始积累。市场需求加快了设计与开发的节奏，建筑师和开发商均无充分的技术准备和心理准备就匆忙投入到开发与设计的浪潮中，开发与设计完全处在委托与被委托的甲乙方关系上，还带有计划经济的工作模式。建筑师在接到项目后，不管业主确定的项目定位和设计大纲是否合理，只是按照建筑设计原理去进行创作和润笔。是在一种被动的定势条件中去设计，有时一个项目前期定位已经错位，我们还在闭门造车，用建筑的符号去修饰它，我们还没有过多的经验和时间共同去探讨住宅小区理念，双方还没有打破甲乙方的界线。开发商最初设计理念还不是很清晰，对建筑师提出小区设计要注重空间环境和绿化用地并没有引起振动或共鸣，一些开发商认为面积出效益。第一次背对背对话的结果是高容积率、高密度的住宅小区，带来的是低效益、低回报。缺少配套的小区给城市带来了发展负担，一些无环境无次序的小区给居住者带来低质量的居住空间和环境，一些楼盘无人过问只好低价出售，开发商的信誉受到挑战，建筑师的能力受到质疑。在人们满足了最初的居住需求后，回过头大家对建成的住宅区品头论足，有遗憾的，有抱怨的，可是时间已经过去了七八年，我们给城市留下了不可修改的作品。因为，建筑不像一幅画，画坏了再重画，它是城市发展的延续。通过第一次对话，我们双方在反思，认识到住宅不只是投资建房，它是一个商品，是在一种无定势的概念中进行设计，它是有风险的，既然是商品就离不开策划、宣传、实施、销售及服务。

到了20世纪90年代初，通过第一次经历，在开发商的概念中已经意识到，开发项目要准确定位和打造品牌，居住小区要有环境和建筑特点，房地产市场也从初期市场需求转向市场竞争，开发理念比初期有了一个新的认识，他们重新调整了思路和策略，注重了策划与设计。建筑师也意识到要走向市场，双方取得了一些信任和共识，建筑师与开发商的第二次对话就从这里开始。

虽然我们双方都有一个初步共识，但怎样来贯穿实施，我们并没有很好地去系统研究和理性定位，又去追赶市场的需求。这时，突然感到一夜之间房地产业十分热闹，地产商为了注重前期定位，就出现了各种各样的策划公司，再加上媒体的推波助澜，把小区炒作的有过之而无不及，至于建筑策划是什么、要做哪些事情，人们却知之甚少。要讲究品牌，广告公司扑面而来，华丽的广告词语盖过了建筑理念，建筑售楼书让人感到是用一堆华丽的词组和照片堆砌在一起，不成为楼书，购房者看了后读不懂，一头雾水。在总体规划中，为了突出自己的特点，将城市广场的手法引用到小区中，使小区中间有了一个很大的集中广场来创造景观满足绿化用地，有些好大喜功。用于理念上的偏差，使空间尺度失控，造成了小区组团内建筑密度过大，空旷的广场失去了小区空间那种相互渗透和曲径通幽的尺度感，失去了步移景异和以人为本的亲和力。在单体设计中，开发商过分追求建筑外表的东西来标新立异，欧陆风的浪潮一浪高过一浪，使一些建筑师也在追风，立面做得越来越复杂，来迎合开发商和购房者的兴趣，忘记了建筑师的职责，甚至将建筑最根本的建筑空间和基本构图原理扔的一干二净，有些本末倒置。在设计理念上出现了开发商跟着消费者的感觉走，设计师跟着开发商的感觉走，这是纯粹的观念倒挂。消费者的观念需要开发商与建筑师共同引导，而不是让前者引导后者。总之，一些开发商将一个项目从前期策划、方案设计、工程设计、景观设计割裂去分包，各自为主，同时建筑师经过精心创作的作品，谁都可以上去发挥几笔，使一个小区建成以后，总是缺少整体感，回过头来看，又留下了很多很多遗憾，一些住宅小区又被冷落在那，有一种穿新鞋走老路的感觉，可是时间又过了七八年。

20世纪90年代末，我们重新反思，那种仅靠媒介商业炒作而无视建筑系统理念和建筑文脉的重要性去打造品牌的做法应该结束。那种指望一位"策划高手"的泡沫概念就可以建造商品住宅的手法已被否认。那种无知居然导致成功，只因是前期住房市场紧缺的偶然巧合。通过对前两次成功和失败项目的总结，我们双方在房地产开发理念上有了新的理解。房地产不只是简单的商品，它是一项涉及地域文化、人文环境、建筑理念等多方面的系统工种，不能割裂去做，它要受时间的考验，并且要对城市发展负责。住房体系的完善和市场程序的规范是保证整个项目实施的大纲开发商的决策和理念是决定项目成败的关键。有人讲我们并不缺乏优秀的建筑师，缺乏的常常是那些优秀的业主，所以开发商自身的建筑素养和系统理念也在不断更新和提高。建筑师在前期策划、方案设计、景观设计中起主导作用，他应将不同阶段的设计系统考虑，并且贯穿下去，这就要求我们重新定位。一名建筑师首先应是一个社会家，充分了解市场，知人需求其次他还应是一个建筑商，带着经济的眼光，去从事开发与设计，替业主策划定位，营造好的空间与氛围最后才是一名建筑师。要使自己的作品有思想有灵魂，而且要从策划做起，才能使自己的创意、设计真正落到实处，而不能闭门造房，设计出的作品曲高和寡。建筑师和开发商携手打造精品楼盘的契机已到来，我们的第三次对话就从这时开始。通过对话，一批小康住宅、生态住宅、示范小区理性的浮出水面，它们的成功之处在于开发从前期定位、方案选定和环境景观，采纳了建筑师整体设计风格及细部建筑刻画，处处遵守市场规律和设计理念，理性的面对市场，住宅小区走向了一个良好的发展道路。就在我们回归理性，精做产品，一步一个脚印地向前发展的时候，突然间又刮起了一股国际风，出现了住宅要与国际接轨，强调这个新主义，那个新概念，再加上读不懂的外文译音洋名字，把我们才整合清晰的住宅人文理念又搞糊涂了，学习西方的东西和继承民族文脉相互交替呈现混乱，并在地产界扩延。一个地方的建筑应与当地的文脉、肌理密切相关，体现地域文化特色，建筑作品才会有生命力。由于各地区各国家文化地域的差异，风土民情的不同，生活方法和习惯也截然不同，住宅小区的理念和风格应有各自的独特性。放弃了最基本的地域文化和人文理念，而去强调国际化的某些东西，这又有些本末倒置。我们不反对国外的建筑同行与我们的同台竞争，我们也欢迎引进新的建筑理念来促进我们整体房地产业的水平，但我们不能为了引进国际化的东西而把我们自己十几年走过的道路和形成的理念给予否定，而对国际的东西并没有去研究、理解和消化。其目的只是拿来给自己开发的小区戴上一个亮丽的帽子，换一个包装来吸引购房者。请一个国外设计师，不管它对我们的地域文化和建筑风格有多少了解，不管他自身水平有多高，其设计出来的作品就冠以"国际大师设计的国际化水准的建筑。"过几年又给我们带来很多遗憾，这同我们开发中期请一位"策划高手"

的泡沫概念异曲同工。我们千万不能焦躁和重蹈覆辙，居住区剖析其实质，就是以人为本解决好居住空间和环境，将建筑风格融入当地建筑文化中，没有必要过分地给一个居住区安上这个主义、那个主义，使大家好像雾里看花。

回顾三次对话，每一次对话的初期我们都带着很大的激情去做事，但在做事的过程中又被一种追风的浪潮和商业浪潮冲击着我们最初的理念，每次我们一再强调要理性，可是总是言不由衷，使一些人思路不清晰，其根源是急功近利的思想和相互攀比之风在影响着我们。等走完了一个过程，回头总结的时候，我们总是有很多感慨，我们给城市和居住者留下了什么。就好比一个人三次吃的东西不一样，但吃法完全相同，每次开始吃的时候，不管能否消化，不管营养成分，不加选择地大吃一顿，在吃的时候你给他讲这个不能吃那个不消化，他全然不顾，有些饥不择食，等到吃饱了剩下很多菜时，他在那儿讲以后不能这样吃了，要考虑营养搭配。从更深一层来分析，可能我们所走过的三个过程，在房地产发展过程中是必然要走的，这也许是建筑发展的规律。没有粗糙的建筑，人们也就不会呼唤精品意识，也不知什么是精品。房地产业从初期市场需求到中期市场竞争，再到后期市场规范走过了三个发展过程，这三个过程或许是不能跨越的。

今天我们又开始反思，我们应摆脱浮躁心态，少一些泡沫，理清含混思路，理性走向成熟。让环境、空间、景观、阳光、绿地渗透到每户人居中，这才是我们双方共同的目标。

作者系中建西北建筑设计研究院总建筑师，本文写于 2002 年

1月2日
建设部发出了《关于发布〈全国民用建筑工程设计技术措施〉的通知》。

1月
国家游泳中心建筑设计方案面向全球招标。

2月26日
建设部在北京召开了《全国民用建筑工程设计技术措施》首发式暨技术交流会。

3月
由《建筑创作》杂志社主办，旨在服务建筑评论主题的"建筑师茶座"问世。

6月12日
国家发改委、建设部、铁道部、交通部、信息产业部、水利部、民航总局、广播电影电视总局以第2号令发布了《工程建设项目勘察设计招标投标办法》。

6月19日
由中国建筑学会主办，北京勘察设计协会和《建筑学报》编辑部协办的"2003北京规划建筑研讨（评论）会"在北京召开。

8月27日
建设部以建质函[2003]197号文发出了《关于印发〈工程勘察设计大师评选办法〉和做好评选工程勘察设计大师工作的通知》。《评选办法》指出，全国工程勘察设计大师是勘察设计行业的国家级荣誉奖。工程勘察设计大师每两年评选一次。每次评选名额一般不超过30名。

9月7日
"首届中外星级酒店室内设计比较与研究（北京）论坛"暨"中国饭店内国际竞争力峰会"在北京举行。

9月29日
世界城市管理与发展协会宣布授予上海博物馆"世界城市优秀建筑设计奖"。

9月30日
著名建筑师莫伯治（1914—2003）先生在广州去世。

9月
CCTV新台址开工建设。

10月22日—24日
中国建筑学会成立50周年庆祝大会暨2003年学术年会在北京举行。在庆祝大会上，颁发了"第二届梁思成建筑奖"和"学会荣誉工作者奖"。

11月22日—23日
《新建筑》创刊20周年庆典活动在武汉华中科技大学举行。

《建筑师茶座》发刊词

《第一、二届梁思成建筑奖获奖者作品集》
书影

中国美术学院（南山校区）

北京华贸中心

博鳌索菲特酒店

重庆袁家岗体育中心游泳跳水馆

11 月 24 日

"2003：建筑精神的转生与汇聚"建筑创作国际学术会议在湖南长沙中南大学举行。

11 月

由华南理工大学建筑学院民居建筑研究所陆元鼎教授主持的广东省从化市太平镇钱岗村广裕祠堂修复工程获得 2003 年联合国教科文组织亚太地区文化遗产保护杰出项目一等奖。

12 月 3 日

"对话中国"中外建筑师交流活动在北京举行。

12 月 10 日

由全国高等学校建筑学科专业指导委员会，东南大学建筑学院、国际建筑师协会和联合国教科文组织联合主办的"2003 南京国际建筑教育论坛"在东南大学开幕。

12 月

中国建筑学会副理事长张祖刚、中国建筑设计研究院总建筑师崔恺被授予法兰西共和国文学艺术荣誉骑士勋章。

上海国际赛车场建成。
湖北省博物馆建成。
湖北省出版文化城建成。

历史地回顾过去
开拓地迎接未来

张钦楠

……根据这些认识，我想就在我国经常受到批判的几个"主义"说些个人看法。

一是"复古主义"。我认为学术上的"复古"与政治上的"复旧"要区别开来。在英语中，我找不到与"复古主义"完全相当的词汇，有 revivalism 一词，直译应为"复兴主义"，并且前面往往要加一限定词，如"古典复兴主义""哥特复兴主义"等，因为未见得有谁是什么"古"都想"复"的。在人类文化发展史中，既有企图使历史倒退的"复古"，也有借助历史上一些已埋没的观点来反对某些已过时的主流思潮的"复古"。中国历史上有"古文今文"之争，前者恰恰是进步的；意大利文艺复兴用 Renaissance 一词，就是"再生"之意，是复希腊人文主义之古，来反对中世纪的神权统治，因而也是进步的。所以，我们不能把 revivalism 一律作为贬义词来用，而要看它主张"复"的是什么内容。50 年代批梁思成先生为"复古主义"，把他的许多正确观点也否定了，就是一个沉痛的教训。

有人提出，今天中国出现了第三次"复古主义"高潮，指的是一些传统建筑形式被到处滥用。这种指责不是没有理由的。特别是当我们到各地一些小城镇去跑一圈，就不难看到不少不伦不类的"大屋顶"加油站、琉璃瓦商亭等，真是触目惊心。一些大中城市中许多"一条街"的处理，也很有可商榷之处。反对"假古董"泛滥的呼声，是应当听取并重视的。但我认为，沿用 50 年代批"复古主义"的做法，未见得能见效。出现这些现象，与我国当前整个文化及社会心态背景有关，不能简单地归罪于某些领导的偏好（同时，我也反对用行政干预来推行某种范式），或某些建筑师的"牵头"。在这方面，我比较赞同我国服装改革中的一些经验。在反对了蓝制服的千篇一律之后，并没有出现瓜皮帽大马褂，而是可供选择的较多种新颖款式，也不排斥"民族形式"的旗袍和中山装的"回归"。再加上种种时装表演及报刊的介绍，大大帮助了"老百姓"提高鉴赏能力，成绩就比较显著。与之相比，我国建筑上可供选择的"款式"

还少了些，建筑师与"老百姓"在情趣上尚有不小距离，舆论媒介的介入也少，如能在这些方面下些功夫，可能比单纯的批判效果要好得多。

总之，我认为，既要反对"假古董"的泛滥，也要防止"复古主义"一词的滥用。况且，"复古主义"一词的含义，长期来是含糊不清的。如果说凡是新建筑中采用传统手法都叫"复古"，就不能一律用为贬词；如果要定量地画个"允许界限"，如"原封不动"叫"复古"，改改样子不算，恐怕也不现实。我建议：为了与国际惯用词汇一致，可否用"历史主义"（historicism）一词概括所有主张在创作中吸取和采用传统的观点。你可以赞成它，也可以反对它（实际上，有人认为这是区别现代派和后现代派的主要标志之一），但这个词本身是中性的，无褒贬之含意。这样，可能更有利于创作及学术之繁荣。

二是形式主义。据我所知，在当代西方的文献中，形式主义往往具体地指十月革命前后在俄国兴起的一个文艺批评学派。他们认为，文学作品的形式并不决定于它的内容。同一题材，可以写成诗，也可写成小说、戏剧。因之，需要研究的是某一文学形式所以成为该形式的自在特征。这一学派在 30 年代遭到批判后，就流入西方，与欧洲结构主义合流。到 50 年代后，在西方文论界颇受重视，又重新翻译出版了他们的许多论作。许多评论家认为，把他们的观点视为"形式决定一切"或"以形

式反内容”是不公正的。这一学派的观点虽然可以引申
到建筑，但他们本人并未论过建筑；建筑界有些大师，
如路易斯·康等，对建筑形式问题作过很深入的研究，
但并未听说被称为“形式主义”者。因之，建筑上“形
式主义”的具体含义，我也一直没有弄清过。

今天，我们还常常听到对“片面追求形”的批评。
我对这种提法，总是表示异议。我认为，今日中国之建
筑界，对建筑形式之“追求”，不是多了，而是少了；
不是深了，而是浅了。多数建筑的形式，弄来弄去就这
么几种，贫乏得可以，还说“片面追求”，未免冤枉。
如果再戴上“形式主义”帽子，可能的后果是干脆不讲
形式，搞千篇一律，最为保险。

有的同志可能认为，“片面追求”指的是脱离功能，
牺牲功能去追求形式。和批评“复古主义”一样，在这
里定量的“允许界限”是很难划定的。一些国际知名建
筑，如悉尼歌剧院，就是功能服从形式的，却有口皆碑。
贝聿铭的美术东馆，由于场地关系用了一些尖角，这些
部位的内部功能未见得理想，但总体上是成功的。我认
为，与其批评“片面追求形式”，不如正面地提“适用、
经济、美观”及讲求三大效益，把形式问题留给建筑师
去探索及评论家去分析为好。

注：这是我为中国建筑学会建国 40 年征文写的，
主要是试图历史地评价刘秀峰同志的“新风格”讲话。
我同时对当时还困惑我的“复古主义”和“形式主义”
在理论上做了些极粗浅的探讨。今天重读此文，我发现
自己的观点仍然没变，甚至还有“发展”。在我看来，
20 世纪 50 年代对“两义”上纲上线的批判，危害极大。
它所设立的学术“禁区”使很多人对建筑传统和形式从
理论到实践都畏缩不前，严重损害了我国建筑学的发展。
我们所以在建筑创作上落后于日本、印度和北欧等国，
原因固然很多，但其中之一可能就是我们没有像他们那
样地对自己的传统进行认真深入的再阐释。同样，我们
对“形式”的理解过于简单。“建筑形式”作为对一个

《阅读城市》书影

功能对象的空间界定，不是一个立面或一种体形所能解
决的，而是应当苦心追求的。我们的建筑师经常被批评
“片面追求形式”，结果“追求”了这么多年，还追求
不出多少名堂，而洋人来做了个上海金茂大厦，就“有
口皆碑”。北京的“古都新貌”，现在是中有“馒头”
（大剧院）、北有“鸟巢”（体育场）、东有个“驼背
瘌子”（电视大厦）、西有“水晶宫”（游泳馆），在
形式上应当说是托老外之福，“追”出些名堂来了。下
一步的文章由谁来做呢？

本文原题为“历史地回顾过去，开拓地迎接未
来——重读刘秀峰《创造中国的社会主义的建筑新风格》
后几点体会”，编入本书时作者作了一些删减

2月14日—16日
首届东中亚地区历史城市保护与规划国际研讨会在昆明举行。

2月18日—19
高层居住建筑国际学术研讨会在南京召开。

2月25日
我国首部绿色建筑的标准与评估体系在北京通过有关部门鉴定。

4月2日
世界建筑设计领域最权威的英国皇家建筑师协会 (Royal Institute of British Architects) 决定，接受中国建筑师为其联合会员。

4月
《中华百年建筑经典》系列电视片首发式在北京举行。

4月24—4月26
世界华人建筑师协会成立大会在上海举行。

4月26日
第四批全国勘察设计大师评出。建设部授予徐瑞春等6人为全国工程勘察大师、刘力等54人为全国工程设计大师。

5月10日
建设部以建市[2004]78号文发布了《关于外国企业在中华人民共和国境内从事建设工程设计活动的管理暂行规定》。

5月28日—6月8日
在北京中华世纪坛举行"建筑文化展"。有两个部分："中国古代建筑展"和"状态——中国当代青年建筑师作品8人展"。

6月
建设部住宅产业化促进中心发布了《居住区环境景观设计导则》。

8月
北京奥组委宣布将对2008奥运会场馆建设进行投资、工期等方面的重新论证，对一系列奥运场馆进行设计方案调整。

8月14日
"后规划时代的建筑——与大师矶崎新对话"学术研讨会在广东美术馆举行。

8月24日
第三届中国建筑史学国际研讨会在河北香河第一城开幕。来自12个国家和地区的200多位专家、学者将围绕"环境与建筑"的主题进行研讨。

9月20日
首届中国国际建筑艺术双年展在北京人民大会堂开幕。

10月12日
法国总统希拉克为"同济大学中法中心"建筑奠基仪式剪彩。

11月
由《建筑时报》和美国《工程新闻记录》杂志（ENR）首次联合推出的"2004年中国施工企业及设计企业双60强"正式揭晓。

11月11日—26日
"城市取样1×1"展览在北京举行。该展览是由来自北京、上海、巴黎、柏林的40位青年建筑师及专业人员，就4个城市中的1km×1km的城市样本，以2003、2004年为时间纬度，进行为期一年的四维比对研究的成果展示。

12月7日—8日
为进一步探讨重庆市城市建设与历史文化和谐共进之道，由中国建筑学会和重庆市人民政府联合主办，重庆市政府发展研究中心、重庆市社会科学院承办的"重庆发展论坛·亚洲建筑大师山城论建高峰论坛"在重庆举行。

12月29日
中国世界文化遗产保护研究中心在北京工业大学挂牌成立。该中心在联合国教科文组织的支持下，以北京工业大学建筑与城市规划学院为依托，将在文化遗产保护理念和技术研究、文化遗产的价值评估、保护·规划设计、文化遗产保护知识的普及、文化遗产保护专业力量教育培训、引进联合国教科文组织文化遗产保护理念及技术、促进国际交流等方面展开工作。

《居住区环境景观设计导则》出台

上海 F1 国际赛车场

建筑是人生的科技系统
郑光复

建筑科技与人生合一，是天人合一的一个侧面。同时，社会科学在建筑中又与自然科学合一。则社会与人合一，同天人合一，皆合于人生的两个侧面。

自然与社会同为人的客体，它们与人生之合，是主客体的和而不同，有一层阴阳之道。

这在生活领域易见。如住宅位置距海水不远于500米，最益身心，而紧靠铁路、工厂及其他高污染原则不利健康。这当属自然科学问题。然而这些影响生活质量的自然条件之差，转译为地价差，再转译为住宅区等级，成为住户社会地位的表征。于是纽约长岛、香港浅水湾、青岛八大关都成了著名高级住宅区。而布朗克斯或布鲁克林的高架铁道下，上海铁路与码头所在的闸北，都成了贫民区，这是普遍的现象。此类住宅酒店等处，有无空调设备本作用于生理，却因购置与使用费高，而成为不同生活水准的一项标志，再转译为入住者的社会地位。

这些显示了天人合一，社会与人合一，自然与社会与人的和谐而不同，实为同一事实的不同侧面，这客体与主体的和而不同，是又一层阴阳之道。它不是书上的玄虚，而在生活中，遍及全球。问题只在，是否认识它。

西方建筑的高技派将技术游离在人生、生活之外，成为观赏性的技术杂技，不能不是一种科技独立于人的机械论，一种现代蒙昧。而且所谓解结构建筑，也迂回地与此相通，仍然是游离在人生、生活之外的，技术杂技表演狂。尽管其说法颇多，如反工业文化，重人文云云。其实与高技派殊途同归，并不以人的生活为核心，只是玩技术杂技，聊博一笑。

欧洲文化重分析，分到互不相干。所谓分科之学颇为传神，科学技术独立于人之外，一些科学家不顾对人的后果，弄出许多祸害人类的科学来。纯技术即纯粹的非人化，贻害无穷。其非此即彼不相容，与天人合一，阴阳之道截然相反。非人生的高技派与解结构害甚于益。

技术与人生不相干的哲学，是一种公害！现在有一股非理性反科学的建筑思潮，它有合理性与破坏性。合理在反思工业时代的科学技术至上予以修正。破坏性在

郑光复著《建筑的革命》书影

于从一个极端跳到另一极端。又是要么全好，要么全坏。要么科学到高技术，要么反科学否定高技术。或理性，或非理性势不两立。这样非此即彼地折腾，不上天堂便下地狱，何处生存人呢？

科学与蒙昧，理性与非理性，又是阴阳不同而和谐的关系，未来亦然。

蒙昧有两面，倘能正确认识，适当把握应用其积极面倒是巨大的建设性力量，更富于探索未知而无限生机。反之扩大消极面则祸害亦大。目前西方建筑思潮中的非理性尚处于破坏性大于建设性的阶段甚至只是破坏。

蒙昧含有未知，或有知尚朦胧或已把握现象而未明本质与法则之际，无法以可重复实证的定性与定量分析的明晰化准确说明，往往在书籍的基础上，在现象认识的基础上，加以猜测推想，其中有不少可视作类似科学假设与猜想一旦得以实证，也就成了科学。在未能实证以前，应容许它向科学化，或自己的认识体系发展。可以挑战、批评而不应当一棍子打死。科学自己不也是从蒙昧发展出来的吗？知总伴有无知科学也有未知。不可借他学尚未知的成分，全盘否定其真知。同样，否定科学的霸权，不应否定科学。扬弃科学技术中非此即彼的机械论，也不能全盘抛弃科学。难道能非理性霸权代替科学霸权吗？

主张非理性至上的蒙昧主义，应当放弃科技产品，回到石器时代的生活质量与生活方式，那才诚实。美国阿密斯传统教派坚持前工业生活方式，不用汽车、化肥，不看电影电视，不对外宣传而身体力行。还得用电灯、

马车有转变信号灯……理性的农业经济，并不蒙昧。

此外还有许多不同于西方科学的异科学，如中医药、气功、武术、天文、数学……堪舆。固然，风水、气功等有晦涩玄虚的一面，不免含有芜杂乖谬。其间有很大部分是文化的某些中断，表述方式已陌生化造成，而非本来谬误。如中国古乐被视为仅五音，无和声到整套编钟出土、考古证实原为七音；现代侗歌仍保持了传统和声。中国古文化有许多谜，由于近代西方文化大举进入而被否定、中断，更早的历史剧变也曾导致这种否定与中断。例如匈奴毁灭西夏文化，今虽查有西夏后裔，仍未破译其文字，那西夏文就"不科学"么？未用西方科学表述方式，不符西方概念的异科学、异文化都有如异教徒，像在中世纪一样应上火刑柱烧烤，开文化筵席？

当然，重新认识异科学、前科学，同西方反思科学一样，有肯定也有否定，这又是阴阳和而不同，二者缺一不可。讲风水不能回避阴阳之学，那么对待风水学的思维方式也不应单纯的阴，全盘否定，或单纯的阳，全肯定。问题关键还不在建筑必不可少技术，而在于技术有什么作用与地位、性质，尤其是技术与人的关系西方建筑学在这些问题上的论述远非唯一正确的真理。

作者系东南大学建筑学院教授，本文摘自《建筑的革命》东南大学出版社，1999 年 5 月第 1 版

从简洁中感受整体的协调美——周恺总建筑师访谈

金磊

周恺总建筑师和他的天津华汇建筑工程设计有限公司的名声在业内是年年攀升的，尽管周恺一再谦虚地说，2008 年北京奥林匹克公园城市设计竞赛一等奖的佳绩的取得是华汇上海公司完成的，但周恺和他的天津华汇以其特有的创作理念及文化品位在众多项目中获得连连的赞扬声的事实不能不让人联想到这些。

当下，城市建设规模扩大，速度空前，城市的完整性多遭到破坏，建筑的文化性也常被割裂，如何用城市的视点看建筑；如何重视建筑组群的整体性；如何摆

正人、自然、建筑的关系；如何用生生不息的建筑文化去融合建筑创作中的哲理、原则、特色都是每一个建筑师必须面对的问题。本访谈不是对周恺本人及其作品的全貌性介绍，只是通过他近年来带领他的华汇"团队"，所作的天津财经大学东校区规划设计，透视一些他的设计观，相信从中不仅能感受到一种文化背景下的浓浓书卷气，还会解读到不少当今建筑设计中应关注的问题。

与周恺相识是 2001 年春在天津举办的"《建筑创作》天津研讨会"上，当时请他为天津建筑师作了一个设计风格的演讲，尔后《建筑创作》杂志专访了周恺。那时他的精致与大气就十分生动地体现在他的天津师范大学美术体育楼设计上。几年来，从他所介绍的一系列体量并不大的作品中，潜移默化让人"陷入"他所搭建的文化空间及其遐想之中。在 2004 年 5 月末"全国青年建筑师高峰论坛"的主旨发言中，他系统地介绍了自己在一个阶段中作的项目，其设计视点是"建筑的基地""建筑的空间""建造的过程"，明显感到他是从文化追求的层次上出发，通过建筑的阶段状态去反省建筑的存在及其建筑环境。面对研讨会中激情的提问，他或用哲思极强的话语，或回放他精彩作品的图片，解读着一个个体现着"文化自觉"的建筑问题，不能不说经过 8 年艰苦的闯荡，周恺的民营事务所已走出了一条令同行羡慕的成功之路。谈到他和他的"团队"积六年心血设计完成的天津财经大学东校区建筑群，他还是谦虚地说，这仅仅代表过去的阶段状态，其中也有不少不成功的地方，他甚至不愿媒体作更多的宣传等。看得出来，一个充满理性的文化的周恺对自己的要求已过于苛刻。

成功的建筑创作，不仅仰仗对学科知识的系统把握，还要有文化背景下的全局专业观，只有这样才会真正发挥一个建筑师的水平和天分。周恺的天津财经大学东校区的现代设计，正是舞动着文化、体现着原创精神、细节中见诗性的优秀作品。

"原创"是近年来呼唤较多的词，建筑创作是建筑的第一生命，没有它，不仅作品就失去了立足之地，建筑的其他属性也会随之变化。该项目设计中，建筑师游刃有余地运用了"灰"空间的现代建筑设计手法，创造性地在室外庭园、主入口处及外檐等部位设计了许多透空、半透空的格架作为内外空间的过渡，亲切可人，造型生动。不仅体现了文化品位，也有心灵之震撼与对生命之感悟的某些诗性。当今文坛上，有人说，诗毕竟会回来的，因为现代人开始悟到文化有利于人们的生存。如果说文学界都在呼唤让诗美走进更多人的心灵是一种境界的话，那我更以为，周恺的天津财经大学新校区建筑的创作正如同诗有提升人类文化与建筑精神的价值一样，它的整体的协调美所构成的"秩序的真谛"，正是在用实践的努力呼唤着建筑文化的回归。

用平和的心态引导建设方，用作品所表现的文化内涵去打动使用者是周恺介绍中给我的深刻印象。"田园风光"原本是校方所强调的规划思想，经过多次研讨，在放弃了最初设想后，追求都市化、复合功能的城市校园特征，建构了新理性即建筑师配合不同的功能（教学、科研、学术活动、图书阅览、体育健身、生活配套及专家公寓等），有效地组织了形态多样的建筑，形成了协调完整、气派非凡的一组建筑群。经济、高效、实用使设计回归本真，于简约中见大气，于朴素中见美感是整个建筑给人的第一印象。

细节成就品质，细部造就经典。在天津财经大学项目中体现得尤为突出。在周恺的几乎所有作品中，"粗粮细作"已成为一个惯例，他最善于从细部入手，去深刻挖掘出能体现精品意识的做法。他说"建筑品质不仅仅出自高档的材质，更重要的来自建筑师本人对该项目所包含着的文化品位及精神的把握"。于是他从不拒绝作小项目，从来愿意从小项目中生出光辉。有来自天津业内管理人士说，周恺的项目在天津是讲诚信的，他的方案一直通过率最高！正是靠着这种追求，他在天津财经大学的有限投资下，以使用国内现有常规（低价）建材为手段，巧妙地驾驭了材料的质地、肌理、色彩，创造性地使该项目在空间形态及组合上富于新意，在材质使用上合乎品位，在文化追求上令人赞叹不已。该项目的成功也对建筑师崇尚浮华风是一剂清醒剂。于平凡见神奇，洗尽铅华而知本性，都成为周恺项目留给青年建筑师的深刻感悟。

由参观天津财经大学东校区工程所做的周恺访谈限于篇幅不可太长，但给我留下的深刻感受是，他的成功之路得益于师从中科院院士、天津大学建筑学院彭一刚教授，但更多的求索还在于他持之以恒求新的创作心态。平等开放的学者气度及大师的亲和力使他的公司已成为当今中国建筑设计的"中坚"。在此，我相信有许多建筑师都在瞩目着华汇，因为这里有一位出色的"领衔主演"。面对周恺及其天津财大的建筑文化的创作，相信，我们悟到的不单单是创作手法，更有管理哲思及文化层面上有特殊高度的文化追求。

作者时任北京市建筑设计研究院《建筑创作》杂志社主编，本文写于 2004 年

3月
中国建筑学会第十一次全国会员代表大会在北京召开，产生了新一届理事会。

4月6日—7日
由《建筑创作》杂志社主办的中法建筑论坛在北京举行。

6月16日
由中国国际贸易中心股份有限公司投资建设的北京国贸三期在北京正式开工。该工程建成后将成为京城唯一高楼。

6月17日
"节能省地生态住宅产业可持续发展高峰论坛"在上海召开。

7月
张锦秋荣获首届西安市科学技术杰出贡献奖。

7月1日
由中国工程院、中国土木工程学会以及中国建筑学会主办的"我国大型建筑工程设计的发展方向"座谈会在北京召开。有关行业的院士、大师、专家等40多人出席了会议。会议围绕着当前我国大型公共建筑存在的追求新、奇、怪、经济效益差、安全隐患以及招标的不透明等主要问题。

11月30日
全国勘察设计大师表彰大会暨新时期设计指导思想研讨会在北京召开。

12月10日
2005：首届深圳城市／建筑双年展举行。

北京大学建筑中心主任张永和出任美国麻省理工学院 (MIT) 建筑系主任。

程泰宁获第三届"梁思成建筑奖"。
刘克良、刘力获第三届"梁思成建筑奖"提名奖。

2005年3月（总第二十四期）建筑师茶座：法国建筑师在中国

2005年4月（总第二十五期）建筑师茶座：改造与更新—以1A1工作室商务部改造为例

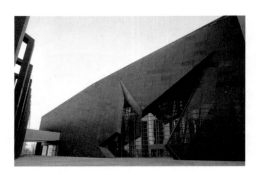

中国电影博物馆

怀念导师汪坦先生

萧默

每次给汪坦先生打电话，拨通以后，总能听到先生那特有的底气十足的爽朗声音："啊！你是萧默？好，好啊！"但2002年春节，大年初一，当我照例向先生电话拜年，期望听到那熟悉的声音时，得到的却是先生心脏病复发的消息。放下电话，我立即赶往医院，先生躺在床上，脸上虽带着一丝疲惫，声音却仍是那样开朗，对他从美国回来的女儿介绍说："这是我的大弟子，在中国艺术研究院，不简单哪！"我带去一枝人参，对他的女儿说，一定要先请教大夫，问清楚能不能用。

现在的硕士和博士生年纪都很轻，但拨乱反正后1978年招收的第一批硕士生年龄都普遍偏大，原因是十年动乱耽搁了整整一代人。以后，清华首次招收在职博士研究生，我又有幸被汪先生收下，确实是先生所收年龄最大的弟子。

在与先生相处的并不算太多的时间里，给我的最深感受是先生那豁达宽阔似乎永远年轻的精神。博士生入学要经过面试，记得那天面试开始，我不免还是有点紧张，汪先生开了一句玩笑："你不必紧张，今天不是考你，而是考我！"我还在疑惑时，先生接着又说："我看中的学生，还要来一次面试，这不是不相信你，而是不相信我，你有什么可紧张的？"一下子，气氛就轻松下来了。

从学先生后，先生对我说："你是搞中国建筑史的，这次的题目是敦煌建筑。敦煌我没有去过，你却待了15年，有关敦煌建筑具体的事你最熟悉，主要靠你自己。但这并不说明我不能当你的导师。我们是互教互学，这是值得追求的境界。"汪先生对研究生的教育，从来都不是一板一眼就事论事，而是看来似乎都是些海阔天空无关课题本身的漫谈和对话。有时先生讲的话还颇有点深奥，一下子不见得就能够理解，先生也不管，只是自顾自地讲下去，引经据典，滔滔不绝，逐渐给学生展现出一片广阔的天地。听他的谈话，你可以点头，也可以不点头。学生点了头他不见得就认为你真正听懂了，学生不点头他也不觉得你一点没有听进去。先生追求的是一种潜移默化、心心相印的超然物表的境界，很有点洙

泗杏坛或柏拉图学园的遗风。先生喜欢他的学生，喜欢热闹，在先生的客厅里常常会聚集他的好几位博士生，作这样无拘无束的漫谈。每一次从先生处归来，先生那颇带禅家机锋的见解常会令人神天外，回味无穷。一次，我谈了对先生教学方式的感受。我说，有一种教学，是老师给学生一只兔子，可以马上解决学生的饥渴，第二种是给学生一支枪，学生可以自己去打兔子，汪先生是连枪也不给，只给学生一堆钢管、绳子、木棍和铁丝之类的东西，然后教给学生造枪、造网、造鱼、钩造弓箭的方法，学生可以根据需要自己去制造。这三种办法都需要，第一种更多用于中小学，第二种应该更适用于大学，到了博士研究生，就更需要第三种了。在我大发这一通议论的时候，我看见先生在微笑，大概是对我的首肯吧！事实上，先生更重视的是以一种世界性的宏观的眼光，启发学生自己思考。我永不会忘记先生向我推荐当时刚出版的英国史学理论家巴勒克拉夫的《当代史学主要趋势》的情景，他要我仔细读读，好好想想，眼光中充满着期望。这本书总结了西方史学新潮流自20世纪中叶开始的发展过程，对比了新潮流与传统史学的不同，主张史学研究在继承传统史学研究课题的同时，也应该从线性的、过重"事件"即史料的、只关注贯穿在一串连续事件中严密逻辑关系的传统史学中脱颖而出，进入更多重视"事态"以及事件事态都处于其中的"结构"及其演化过程并更多关注理论的新史学。显然，新史学开拓了一个立体的多元思维构架的新境界，是史学的重大发展。在用心阅读了这本书以后，确实收获很大，把自己以前朦胧感到的一些思路进一步系统化、逻辑化了。我写了一篇读书笔记《当代史学潮流与中国建筑史学》，发表在《新建筑》上。我把这期刊物给了汪先生，先生非常高兴，说："我不见得会同意你写的每一句话，但你能用心读书，而且有收获，就是好的。"从汪先生那里得到的收获，在我以后主编《中国建筑艺术史》时，更起到了重大指导作用。

先生非常关心学生，从来不要求学生都按照他的意见办，从来不给学生下命令，更喜欢听到学生的独立见解，甚至是与他不同的意见。他几次对我说："学生一定要超过老师，这是普遍规律，要不然社会还怎么前进？""学生如果不能超过老师，首先说明的不是学生

的功夫不到，而是老师教育的失败。你教出来的学生连你都不能超过，不是失败是什么？"

去年临近年末，为《敦煌建筑研究》的再版，我增加了一篇序言，谈到梁思成先生对敦煌建筑资料的重视和学术的开拓，回忆了几位与此书有关的前辈，到汪先生时，我写道："汪先生在将近八十高龄收下我这个徒弟，以世界的眼光给了我不少宏观的启发，夙夜批阅原稿，费了不少精力。老先生宽容豁达，提携后进，高风亮节，淡泊名利的品格，更令我受用终生。"第二天，正在我修改序言时，突然接到复合师弟的电话，告诉说先生已弃我们而去了。我说我马上就到医院来，复合说不要来了，已经全都安排好了，我们也正在回去的路上，我终于未能在先生生前再见他一面。回想去年4月底清华校庆我与先生的最后一面，见先生走路已不十分方便，拄着手杖。我扶着他，对他说："明年春节我可能会迁到新居去，比现在的住房宽敞多了，等安顿好了，一定请先生和师母，还有所有师弟师妹，到家里聚一聚。我来接您。"先生高兴地以惯常的方式大声回答说："啊！好，好啊！我们一定去。"没有想到只差两三个月，我这个简单的愿望却再也不能实现了。

作者系中国艺术研究院建筑艺术研究所原所长

师生相聚

作者与汪坦先生在一起

同窗心语

中国的钱多得没处花了吗？

丛亚平

中国目前如此大规模的建设量在世界范围内都是少有的。专家指出，对拥有如此庞大建设量的建筑领域，其存在的问题更加不能忽视。建筑行业耗资巨大，而建筑产品和建设工程一旦建成，将作为城市景观甚至历史的一部分长久存在并发生影响，解决不好会让整个社会支付代价。

不少建筑家指出，许多大工程和建筑项目爱搞国际招标，但现在不少领导者和评委在选择方案时，不顾国家的现有实力，不考虑建筑的当地特色和经济水平、有效的使用功能、合理的造价、建成后的运行成本等，而是出于虚荣心和面子光鲜。北京、上海和其他地方最重大的建筑设计项目几乎都被外国人囊括。贪大求洋造成巨大浪费。

招标中的中外不公平，还表现在外国设计师的设计费用常常是中国设计师的几倍甚至十几倍，且是用外币支付，招标单位还绝不敢拖欠。而对国内的设计单位，不仅费用压得很低，而且还常常不兑付，连在招标中支付标底费也是中外不同对待。而且，国外设计师报出的设计费都是天价，未来的运行费用巨大。许多专家批评说，与支付这样高昂的代价相反，这些建筑的使用功能（有效面积）、安全性却大打折扣。而承受如此昂贵的设计费用、建造费用运行费用的中国，仅是一个发展中的国家，不是钱多得没有地方用，而是广大农村、城市的众多领域都极度缺乏资金！专家们诘问：难道我们不该选择更节能环保、更有中国特色、费用更适当、使用面积更合理的建筑吗？

几位了解国际建筑市场的专家指出，国外的建筑师的设计水准和职业操守也有好差之分，我们要学习和采纳国外建筑技术（艺术）优良的部分，但这不意味着"是洋必佳"。尤其还应看到，欧美国家由于建筑市场进入稳定期和饱和期，建筑设计市场萎缩，许多建筑师并没有多少创作机会，实践既衰，学术也虚。因此以为外来的就必然是好的，这种心态十分不妥。

政绩工程导致粗制滥造成风。中国目前的建设高潮有很大一部分并不是经济规律在起作用，而是人为地掀起来的，这就是各级地方领导的所谓"政绩工程"。这种仓促的"政绩工程"其恶果为：大拆大建，城市面貌大改观的同时失去特色，失去文化，代之以毫无特色的千篇一律的建筑或"假古董"和模仿的楼。更严重的是，"政绩工程"都是有时间限制的，长官们必须在自己的任期内达到目标，才会对自身"进步"有帮助，因此这种时间限制使他们不是按照科学的规律来制订计划，而往往是违反规律的强迫命令，限定在很短时间内建成，于是从项目的论证到设计建造全部过程都十分仓促，而仓促又带来粗制滥造，粗制滥造又导致无数建筑劣品的产生。

建筑方案呼唤"阳光评审"。建筑方案评选的质量的高低，直接决定了建筑品质的优劣。目前在建筑方案评审制度方面存在不少问题。建筑方案评审专家委员会的组成不合理，造成方案评审素质无保证。且不是专家的本地官员也挤进专家评审组，甚至占到一半，往往造成评审质量的偏差。

评审过程也有不合理之处。有些大的项目工程量很大，几个方案看下来往往需要较长时间，但给评委们看方案的时间很短，无法仔细研读方案，难以做出科学评审。对大的建筑项目，最好分成两步走，第一轮先是定性设计的评选，第二轮再按绾定的原则评审，可避免把过多的时间平均浪费在淘汰的方案上。

台湾的一位建筑师谈到"阳光评审"。他介绍在台湾任何一个重要的公共工程，所有设计方案的评审过程都全部公开，所有的方案、评委名单、评审意见、投标过程都在建筑专业杂志上登出，在专门的网页上公布，甚至一个大的工程案子还出集。在相对透明的环境下，参评的人会更负责任，更加注重评审意见的水准和公正性。许多建筑师都认为这种方法值得国内建设领域借鉴。

作者系新华社记者，本文原载 2005 年 6 月 1 日《建筑时报》

2月7日
建设部发布《建筑节能管理条例》（征求意见稿）。

2月22日
由中国建筑设计研究院、华东建筑设计研究院有限公司和北京市建筑设计研究院联合主办，华东建筑设计研究院有限公司承办，《建筑创作》杂志社协办的"三院"建筑创作论坛在上海华东建筑设计研究院有限公司举行。三院商定，此论坛由三家轮流主办，每年一次，力争将此论坛办成国内高水平的建筑创作论坛。

中国建筑学会召开的"建筑工程设计招标投标管理办法实施细则"专家论证会在北京举行。

"大型建筑设计单位产权制度生产经营体制改革"专家论证会在北京召开。

2月
中国建筑学会组织部分大中型设计企业的领导和专家，就《大型建筑设计单位产权制度生产经营体制改革》进行了专题论证。

3月28日
为纪念中国第一个文化遗产日，由《建筑创作》杂志社与中国文物研究所共同策划的国内第一次建筑界与文博界大聚首，"重走梁思成古建之路四川行"在四川宜宾市启动。

3月
国内第一部介绍中国女建筑师作品及创作思想的专著——《石阶上的舞者—中国女建筑师的作品与思想》一书，由《建筑创作》杂志社编辑，中国建筑工业出版社出版，在"三八"妇女节前夕与读者见面。

4月7日
黄帝陵祭祀大殿建筑创作座谈会在西安举行。

4月20日
纪念梁思成先生105周年诞辰系列活动在中国文物研究所举行。

4月27日
美国艺术与文学院正式宣布，张永和获2006年美国艺术与文学院的学院建筑奖。

5月24日
建设部等九部委联合下发了《关于调整住房供应结构稳定住房价格的意见》。

第12届亚洲建筑师大会主席台领导嘉宾

2006年建筑师学会建筑理论与创作委员会学术年会

《图说李庄》书影

2006 年 3 月 27 日，图说李庄首发式，北京

2006 年"重走梁思成古建之路——四川行"活动举行

9 月

第 12 届亚洲建筑师大会在北京隆重举行。

9 月 23 日—25 日

中国西安国际建筑科技大会在西安举行。来自
10 多个国家的 300 余名代表出席会议。

10 月

清华大学建筑学院成立 60 周年庆典活动举行。

11 月 4 日

在中国勘察设计协会成立 20 周年庆典大会上，
"中国勘察设计协会"更名为"中国勘察设计
行业协会"。

12 月

第五批全国勘察设计大师评出。

第六届中国建筑学会青年建筑师奖评出，王伟
等 28 名优秀青年建筑师获此殊荣。

《中国第一代女建筑师张玉泉》出版座谈会

首都博物馆

由特色而想到的——读《特色取胜》后的几点体会

崔愷

时下，中国经济的发展已经到了一个转折点，作为面向未来保持长久活力的国策之一，就是大力提倡自主创新。而建筑设计界似乎也到了这样一个转折点：经过了持续十几年粗放的大干快上的"原始积累"阶段，经过了过去几年中在一系列国家重大项目竞赛中屡屡落败后产生的报冤、急躁、尴尬和无助的情绪，我们是不是也该冷静下来想一想自己的差距在哪里？自己的出路在哪里？应该以什么样的态度站在怎样的文化立场上去面对日益开放的国际化创作环境，并在其中找到自我的位置和起码的尊严。

张钦楠先生《特色取胜》一书的出版恰逢其时！当我在建筑书店堆积如山的精美画册中发现这本朴素的小书时仿佛像在浮夸的喧噪中听到了前辈平静和睿智的忠告。先生以对世界建筑发展脉络清晰的梳理和独特的视点，以质朴的语汇表达出对中国建筑未来发展方向的思考和期待，令晚辈深受启发和鼓舞！在此也愿意谈点学习的体会和心得，与同道交流。

我以为中国建筑发展也许可以分为几个层级。

首先是建筑基本层级的问题，就是建筑内在质量的提高。经过十几年来的发展，应该说我们的建筑技术水平有了可喜的进步，一些高难度的建造活动也能够应对；但总体上来看，水平也只可说是中等偏下。这一方面是因为建筑科技进步缓慢，建筑设计中科技应用受到观念、周期、造价（实际上装饰上愿花钱，技术上不下功夫的高档工程也很多）的制约，以及科技咨询业薄弱等行业因素的影响。另一方面，职业技术教育的萎缩和职业技术人才的缺乏更是关键。很难想象刚进城的民工能做出高质量的建筑，而日本、德国甚至一些发展中国家尊重技术工人的传统使他们整体建筑的质量为世人称道。在今天科技创新的时代，国家整体工业创新水平也必将集中表现在建筑上，而不断恶化的生态环境更使可持续发展技术成了建筑行业必须面对的挑战，这需要整个社会的努力，也需要建筑师的不断学习和提高。

其次，建筑和城市的关系是又一层级的问题。我

《特色取胜——建筑理论的探讨》书影

2006年7月（总第四十期）建筑师茶座：中国建筑师如何取胜

以为一个城市的质量抑或活力绝不是靠盖几座标志性建筑就可以达到的，最重要的是要搞好从规划到城市设计、建筑设计以及城市管理的整合度。因为行业划分的问题，国内规划界和建筑界沟通不够，城市市政和建设条块划分过于简单生硬甚至变成权益界线：一些规划原则执行多年效果不好，也缺乏必要的论证和修订；建筑师在设计中缺乏城市观念；方案在评审中不重视城市环境；城市管理方面缺乏相关城市利益的鼓励政策以及非专业人士操纵城市建设决策的种种弊端，都使我们在忙碌了许多年后建起来的城市总是那么让人失望。这实在值得反思，我们建筑师也应自律。

张钦楠《特色取胜——建筑理论的探讨》座谈会

再次，第三个层级我以为是本土文化的传承。在现代社会中，信息的交流无处不在，无法屏蔽（除非极端状态下）全球化浪潮不可阻挡。我们在开放国门的20多年里，从原来封闭的自我语境转变为与国际通用的开放语境.的确受益不小；但这种学习和转变也往往以借鉴和抄袭为手段，我们的城市建筑也因此付出了丧失特色的代价。解决的办法绝不是复古和倒退，而是既要从历史发展的视角去看待文化的传承是"形似"还是"神似"，也要看具体的环境要求，而真正的目的是把历史文化融入当代生活中。

我也有机会参观过斯里兰卡杰菲尔·巴瓦的工作室和墨西哥路易斯·巴拉干的住宅，这些在国际上享有盛誉的地域型建筑大师，实际上其作品就是他们生活方式的一种自然表达，既融于周边的平民建筑又充满了智慧和品格，令人感动。换句话说，他们的特色不是孤立于本土环境之外的另类表达，而是基于本土文化创作所得到的国际认同。对于我们这些习惯于从学建筑到做建筑的"学院派建筑师"来说，要修炼到一种自觉的状态还要悟许多年，但这是真正将本土文化传承下去的唯一道路，也是我们寻找自己、赢得自尊的根本方法。它应该像某种宗教一样，由我们大家来信奉，要知道其他的民族都有这样的精神支柱。

最后，第四个层级是个性化的追求。建筑作为由经验和技术合成的一门艺术，其个性化是创作的价值所在，也是每一个建筑师追求自我价值的实现。但真正达到这个目的绝非一朝一夕之事，需要长久地在某种方向上的不懈努力，以寻求突破。一旦成就了个人的品牌，也就从某种程度上在市场领域抑或学术领域找到了自己的位置。但若想让这种个性化的表达得到广泛的认同，甚至影响到一代人或几代人的创作活动就难上加难！这也就是那些载入史册的著名建筑师们达到的境界。

中国建筑界呼唤这样真正的建筑大师在不远的将来出现，但我个人以为这也需要中国建筑界整体水平的提高来搭建这样的一个平台。对此盲目的乐观或急功近利的"原创"，在将来出现可能的惊世之作之前，我担心会做出太多的轻浮幼稚之举，留下太多的遗憾。

回到前面的话题，在时下国家号召自主创新的形势下，我们建筑界是否能更冷静地细化创新的内涵，假如以上所述的四个层级尚有些道理的话，那我以为一、二层级的问题是基础性，是我们每一个建筑师都应花气力去想、去做的；第三层级的文化传承问题是我们一代代建筑人应该承担起来的历史责任，是我们从事创作活动的灵魂所在；而第四层级的问题我以为时下不是重点，或者说不是大多数建筑师刻意要追求的目标。其实我们在一、二、三层级上的进步的过程，也就是越来越多的建筑师走向第四层级的过程。就今天我们面对的创作环境来讲，这个过程要走多久，我想谁也不知道。但毫无疑问的是，只要脚踏实地，迈出的每一步都是令人鼓舞的，都比空洞的口号更有价值。张钦楠先生的小册子是值得我们走在路上经常拿出来翻一翻的。

作者系中国工程院院士，中国建筑设计研究院总建筑师。本文原载 2006 年第 7 期《建筑创作》

1月5日
建设部等部委发布《关于加强大型公共建筑工程建设管理的若干意见》。

1月
建设部和商务部制定的《外商投资建设工程设计企业管理规定实施细则》正式出台。

2月12日
建设部颁发第四届"梁思成建筑奖",王小东、崔愷获奖,柴裴义、黄星元获提名奖。

2月15日
"中国海诚工程科技股份有限公司(简称中国海诚)"上市(002116),这是第一家上市的专业工程设计服务公司。

3月29日
建设部发布《工程设计资质标准》修订版。

3月30日
建筑媒体 BCIAsia 集团评出"中国十大建筑设计公司"。

6月21日
建设部发布《建设工程勘察设计资质管理规定》修订版。

**2007年10月(总第五十四期)建筑师茶座:
适用·经济·美观再评说**

7月
由中国建筑学会支持、北京市建筑设计研究院有限公司主办、《建筑创作》杂志社承办的"建筑中国"主题系列活动暨"2007 全球华人青年建筑师奖"启动。

8月21日
建设部发布《建设工程勘察设计资质管理规定实施意见》修订版。

8月24日
由国务院主持的全国住房保障工作会议召开。

8月28日
建设部发布《绿色建筑评价标识管理办法(试行)》及《绿色建筑评价技术细则(试行)》。

8月
中国工程咨询协会、中国勘察设计协会、中国国际工程咨询协会在北京联合举办了"全国工程咨询设计行业发展高峰论坛"。

9月1日
北京八中屋顶体育场投入使用。

9月25日
国家大剧院建成。

10月19日
五合国际(5+1Werkhart)集团并购"北京华特建筑设计院",成为拥有甲级资质的外资背景建筑设计企业。

10月20日—22日
东南大学建筑学院庆祝成立80周年。

10月22日
建设部公开征求《注册建筑师条例实施细则》修订意见。

2007年6月（总第五十期）建筑师茶座：坡屋顶空间与建筑的社会节能

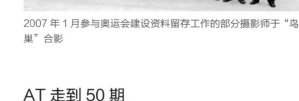

2007年1月参与奥运会建设资料留存工作的部分摄影师于"鸟巢"合影

10月
《中华人民共和国城乡规划法》公布，自2008年1月1日起正式施行。

11月8日
由《建筑时报》主办的中国民营建筑设计企业发展论坛在杭州举行。

11月18日
天津大学建筑学院庆祝成立70周年。

11月29日
2007年世界青年建筑师奖在英国皇家建筑学会颁发。北京2008奥运会项目——国家游泳中心和沈阳建筑大学稻田校舍分别获二、三等奖。

12月13日
侵华日军南京大屠杀遇难同胞纪念馆扩建工程竣工。

12月23日
美国建筑及工程设计咨询管理集团(AECOM)宣布收购深圳城脉建筑设计有限公司(CityMark)，成为首个外商独资甲级建筑设计公司。

《建筑创作》杂志社编《2005—2006中国建筑设计年度报告》出版。

AT 走到 50 期
——为《建筑师茶座》出刊第 50 期而作
金 磊

颇受业内外人士关注的《建筑师茶座》（以下简称AT）到2007年6期正好出刊50期。猛然回首，望着整个条案都无法铺完、已刊出数十个选题的AT，心中顿生某种滋味。"五十"这个数，按人生理的规律讲，似人过半百，但对现代办刊人，五十期正象征着成熟与智慧，因为它开始了至善至美的境界；五十期的AT似不怕被人遗忘，不怕受到冷落，不怕失去采访与讲话机会，更不怕新刊出来被否定，也绝不会躲在"自豪"的阁楼中，用嫉恨的视界，诅咒后来人；相反，五十期懂得了耐住寂寞，让别人去抢最时尚的精彩选题；五十期，流水已带走无数光阴的故事，我刊更非一味怀旧，而是无愧于心地去发愤耕耘，因为我们这五十期，跨越时空，用心倾听；点击热点，特别行动；与建筑师同行，踏出建筑传播的足迹。

2006年12月出版的"《新周刊》口述史"封面上有一段读后颇有同感的话："一个时代·一群人·一本杂志·一个传奇"。我不知道是否该对号入座，但我至少认为从2003年3月3、4期合刊的AT创刊号迄今，《建筑师茶座》开始形成了自己特有的读者群，树立了自己较为完整的品牌。在2006年1月出版的《茶话建筑》代序中，笔者曾将 AT 定义为它是在文化层面上评论建筑与城市的思想园地，而由每一期 AT 精编的《茶话建筑》一书则成为一本不定期的建筑批评的文化教育读物。面对当今刊物品牌快速更迭和转换的态势，我们的 AT 在各位专家、建筑师的热忱支持及爱护下成为建筑思想与建筑文化交流市场上的"幸存者"。本刊的编辑李沉、王颂、魏凤娇、王雯淼等，虽不断出场变换，可确实坚持下来了，以至于不少大型设计研究单位的专家和领导对我说，我们经常要翻阅 AT，从中汲取界内外有意义的创新点。我也是在不断地猜测并品评反思后，越发同意这种褒奖话的，因为每期 AT 都经过精心的选题策划，尽可能基于全社会、基于建筑界、基于公众的理解力。从此种非建筑专业的视角出发，AT 已经获得了一定的社会认知度。当然，它还在不断追求观察点的最前沿。

《建筑创作》杂志作为国内大型设计研究单位创办的建筑设计学刊，近几年一直坚持与时俱进的方式办刊，因而在人力、物力上都较为辛苦，但如此这样才与一般的学术期刊在报道速度及广度上有了优势，同样 AT 作为每期的"随笔"评论小刊更发挥其作用，做充分报道的主题及人物。AT 作为建筑人文思想的实践，我想未来宜在两方面做出深度的探索，即建筑传播与建筑评论任务。

第一，建筑传播。这是于 2008 年 7 月在意大利召开的世界建筑师大会的主题词。由于公众传播作为城市社会的催化剂，已经在公众生活时代扮演了至关重要的角色，因此，传播学的发展对建筑界已经成为一种有价值的方法。因此从传播学的角度去研究建筑和建筑设计、研究建筑和建筑师的设计之外的感受，恰恰会给人们一些启示。如我们已投入实践的"口述历史"的工作已为建筑学的人文发展及认知找到了一个新视野。传播学大师威尔泊·施拉姆认为"媒介就是插入传播过程之中，用此扩大并延伸信息传递的工具"。现实是，通过建筑，社会中的一些人可以向另一些人传播生活方式、审美方式及其文化情趣特征，在一定程度上也能起到统一城市社会思想的作用。加拿大的传播学家马歇尔·麦克卢汉在论及建筑的媒介特征时说："建筑住宅如同人的衣服一样，是人体功能的延伸，它们塑造并重新安排了人的组合模式和社区模式。"从建筑需要传播的内容看，有

功能的表述、美的表述、意义的表述等，但现实中建筑要承载的城市现状有太多的需要媒体人与建筑师关注的传播问题，如城市形象特色的消减、城市环境景观无序、城市泛滥的商业广告抢了建筑的风采等不和谐音。建筑是一种"类大众媒介"，建筑创作可看作一个传播过程，它的社会效果和对社会人群的影响力一般是不同的，所以要求建筑师与传媒人共同创作，眼界不可局限于建筑形式与功能，而要在更大范围内的社会因素的考量，尤其要通过媒体手段与平台确定受众者对建筑的需求、注意认知、态度等心理及审美修养水平因素等。

第二，建筑评论。当今时代，知识和思想比建筑作品出奇地丰富，一切应有的或不应有的理念都占据着我们的思想空间。有些思想出奇地扎实而易于推进，而有些又出奇地偏执、深刻且遥远，在建筑逻辑与悖论面前，有害的思想由于有了包装而不再有害；有益的理念，因缺少总结和传播会失去现实作用，所以开辟建筑评论，进行批判乃至覆盖性的争论尤为必要。2006 年秋，朱小地院长送我一本由联合国教科文组织"历史名城的社会可持续发展"项目综合编撰的书《北京和北京——两难中的对话：BEIJING AND BEIJING——A Critical Dialogue》，它旨在通过研究者、艺术家、居民、建筑师、记者、商人以及来自北京乃至全世界的有关人士的对话，为老北京保护的各种问题寻求一条解决之道。北京是举世闻名的古城，作为元、明、清三朝首都，在来华游历的马可·波罗（元代）、利玛窦（明代）、玛噶尔尼（清代）的笔下，昔日北京恢宏的城墙、雄伟的宫殿、精美的街巷与胡同，曾让文艺复兴以来的欧洲神往不已。然而在时下"老北京"与"新北京"的保护与继承中，有一系列不断的思辨。都市实践建筑事务所王辉认为：目前有两种潜在危机在左右着胡同保护，其一，商业式开发的泛滥如时尚酒吧和风情酒店似乎是在复兴胡同，但实质上是在做胡同的基因转变，是十分危险的；其二，城市性格的变迁。不能把北京当舞台背景，什么人都来表演，要明白居住者和居住地之间所形成的历史关系，是构成城市性格的重要因素；北京市建筑设计研究院朱小地院长则认为，什刹海地区受到了越来越多人的欢迎，形成了一个建筑形式和内容都带有传统感的一种氛围，之所以这样的一个环境在北京迅速崛起，我觉得是人们对传统城市记忆的一种渴望或一种新的追求；

清华大学建筑学院周榕教授指出：我们不能拿一个追悼会似的态度去谈论我们想象中的老北京，这和真实的老北京有着很大的差距。今天有两种乌托邦思想扭曲着北京的城市建设，一种是现代化的乌托邦，它倾向于把老北京的现实推光铲平，在一张理想的白纸上重建北京；另一种是乡愁的乌托邦，它否定城市的进步，试图把城市固定在诗意的假象之中。

建筑评论涉及的这些特别敏感的话题及行动，是AT应大力加强的，其方式方法，联合国教科文组织北京办事处的工作已留给我们可借鉴的东西。为此联合国教科文组织的官员表示：它们不仅关注老北京的古建筑，也同样关注居住其中的人们，尊重属于他们的文化遗产，社会资本和权利。我想，AT的任务及未来职责，就是努力为建筑师及其公众，提供一个多视角、多观点、多种声音的大音量的传播平台。AT评论的视野也绝不能局限在建筑师，它必须广泛而深刻地服务于社会公众。

最后，以一份AT五十期的主题索引，献给关爱并扶持它的读者朋友们。

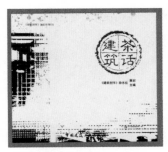

《茶话建筑》书影

1月1日
《城乡规划法》正式实施。

1月29日
建设部发布《中华人民共和国注册建筑师条例实施细则》。

2月
首都国际机场 T3 航站楼开始运行。

3月21日
住房和城乡建设部发布《关于印发〈建筑工程方案设计招标投标管理办法〉的通知》。

4月23日
由中国图书馆学会、《建筑创作》杂志社共同策划主办的第一届中国建筑图书奖颁奖活动在国家图书馆举行。

5月9日
2007 全球华人青年建筑师奖颁奖典礼在深圳举行。

6月1日
我国首个文化建设国家标准《公共图书馆建设用地指标》正式施行。

6月
《汶川地震灾后恢复重建条例》公布并施行。

8月1日
国务院发布《民用建筑节能条例》，并于 2008 年 10 月 1 日开始施行。

《中医医院建设标准》开始实施。

8月8日
第 29 届夏季奥林匹克运动会在北京开幕。

2008 年第一届中国建筑图书奖颁奖仪式

第 29 届奥运会三大主场之国家体育场

第 29 届奥运会三大主场之国家游泳中心

第 29 届奥运会三大主场之国家体育馆

《义县奉国寺》书影

《义县奉国寺》首发式嘉宾合影，2008 年 7 月

8 月 29 日

环球金融中心在上海竣工，建筑高度达 492.5
米，当时属全国第一。

10 月 1 日

《民用建筑节能条例》开始施行。

10 月 24 日—25 日

国际体育建筑设计论坛暨国际建协体育与休闲
建筑工作组年会在北京举行。

12 月 19 日

"走向设计之都的建筑与城市"研讨会在深圳
举行。

12 月 26 日

由中国建筑学会和山东省建设厅共同主办的
"建筑设计与城市文化建设"高峰论坛在济南
举行。

12 月 27 日

首届中国建筑传媒奖颁奖典礼在深圳举行。

12 月 29 日

住房和城乡建设部发布第六批全国工程勘察设
计大师名单。

第七届中国建筑学会青年建筑师奖评选揭晓，
曹晓昕等 30 名青年建筑师获奖。

广东科学中心建成。

无锡博物院建成。

《山东坊子近代建筑与工业遗产》书影

中国建筑文化的反思

陈世民

中国传统建筑文化的精髓在哪?

反思自身,我们缺乏建筑文化的自强意识和保护的政策。21 世纪,中西建筑文化的交流和 20 世纪二三十年代有着本质的不同。我们希望直接借鉴西方现成的发展经验,加快自身现代化和城市化的进程。尽管我们意识到 WTO 打开国门以后,西方建筑文化的"狼"来了,但是如何应对,如何与狼共舞,我们缺少思想上组织上以及政策上的准备,没有适时提出建设方针和行政指导,基本上处于被动状态。这是造成我们现在许多问题的重要原因。

日本早在 20 世纪 30 年代就开始众多的设计大赛,当时提出的口号是"要有日本特色"。主管部门和建筑师取得共识,要求新建筑物一定要传承日本的社会文化。即使科技和材料已经发生变革,还要通过混凝土体现日本传统建筑的本质特点。80 年代,在技术革新的大背景下,他们转为全方位地挖掘传统文化的核心,提升到从空间把握传统文化,通过内部构造的研究,对日本建筑文化做出了积极的传承。至今,日本众多新建筑开发

2008 年 3 月(总第五十九期)建筑师茶座:谁在主宰建筑的风格?——来自民营建筑设计企业的思考

仍在积极寻求保持深厚的日本建筑文化特色。不能不说,在日本现代建筑发展过程中,政策指引和保护措施是其建筑文化得以传承的一个关键性的因素。

中国和日本的历史不同,现代化的进程不同,但如果我们在"狼"来了之前对本土的文化有一种文化自觉的意识、文化自强的精神,一旦西方建筑文化随着外资投入与技术引进进入市场,我们也不会丧失文化的竞争力,不会出现崇洋的攀比,也会在新一轮的建筑开发中让中国建筑文化得到长足的发展。

究竟哪些是中国建筑文化传统?其精髓在哪里?传统中哪些是值得借鉴和发扬的呢?我认为,其中包括:美学原则和建筑形态,崇尚天人合一的精神,注意环境与建筑交融,崇尚自然美和人性文化所演绎的悟性共鸣的园林景观的构成原则。

中国以人为本、尊重自然的传统文化并不落后,反而与西方文化的追求很相似。例如我们许多古城的规划很有文化性和地方性,注意了环境的有效利用,成为今日的风景名胜。而现在我们一般的城市规划和开发区大多只注意道路的宽阔,缺乏个性化。还有,我们的传统建筑尤其是居住建筑,展示了人与自然共生的美德,这种美德就是现代西方建筑所探讨的生态性和共生论;而现在很多开发项目受政治、经济利益的驱使,忽视了这些美德,在豪华的小区、宏大的会所中,大多都在延续同一个模式,重复同一个思路,违背了因地制宜、因环境而宜的原则。现在流行的造园艺术也大多停留在公园式的建筑上,既没有发掘中国园林的生态平衡措施,也很少塑造人与自然的精神共鸣,造成了园林与文化的断裂。假使我们重新审视传统,中国建筑文化将有不可限量的发展空间。

意在寻根,志在崛起

当然,我们现在不是主张复古、倒退,而是意在寻根,在广采博收的基础上将中国传统建筑文化发扬光大,从而启动当代中国建筑文化的核心竞争力,积淀民族的自信,提升自己的平台,真正变与"狼"共舞为引"狼"共舞。创造中国的建筑文化一定要引进西方的建筑文化。他们沉淀出的建筑文化有不少至今还在影响着我们。但西方 19 世纪、20 世纪的文化成就不可能是解

决中国今日建筑大潮所遇问题的灵丹妙药，更不可能成为中国新的建筑文化。我们要以传统建筑文化为根，用中西建筑文化激发我们的创新。上海的金贸大厦因为启动了中国传统古塔的神韵而在投标中获胜。最近，一批有胆识的开发商开辟了像"观唐""九间堂"这样一系列的中式住宅，融合中西文化，创新别墅市场，引领了中国建筑文化的潮流。在北京的长安街上也出现了演绎新的中国建筑文化的楼群。我自己在20世纪80年代末、90年代初先后创作过蓝海酒店和中国文化中心等项目，也有一个体会：吸引、引进丰富多彩的外国文化，需要民族化、当地化；同时，继承建筑文化传统，需要结合现代的功能需求和科技发展对其加以现代化；两者不可偏废。

当然，继承和发展中国建筑文化传统是一项跨世纪的工程，有一个由初级到高级、由简单到复杂的过程，不能指望一夜之间就花开遍地，文化的崛起需要一代代人的努力。另外，创新中国建筑文化，只有建筑师的努力是不够的，还要有开发商和政府主管部门的支持。

作者系全国工程勘察设计大师，深圳市陈世民建筑设计事务所有限公司董事长。本文写于 2008 年

2008 年 12 月（总第六十八期）建筑师茶座：对话：实践与教育

2008 年 8 月（总第六十四期）建筑师茶座：建筑师眼中的 UIA

2008 年 2 月（总第五十八期）建筑师茶座：建筑实践对建筑教育的回馈

2008 年 10 月（总第六十六期）建筑师茶座：评说北京新建筑品质及影响力

2008 年 1 月（总第五十七期）建筑师茶座：新滨海·新建筑·新环境

首都体育馆资料

2008 年 11 月，曾任北京市建筑设计研究院副院长的周治良先生，将手中保存的当年首都体育馆建设资料再次进行了整理，并梳理出一份详细的资料目录提纲。

——本书编者辑录

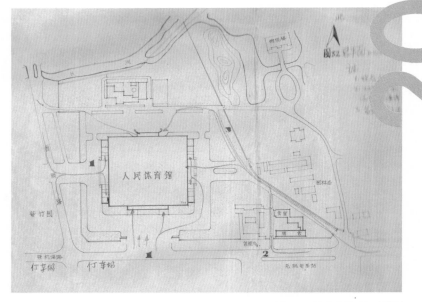

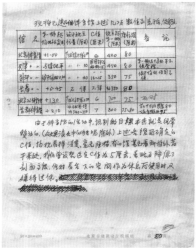

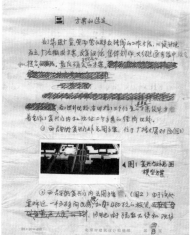

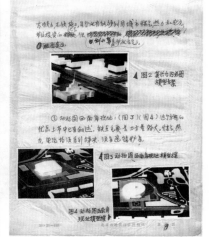

3月30日
2009年国际绿色建筑标准和实践高峰论坛在北京举办。

3月31日
伴随着北京当代十大建筑评选活动官方网站的启用，主题为"宣传改革开放成就，彰显北京城市魅力"的北京当代十大建筑评选活动正式拉开了序幕。这是继20世纪50年代、80年代、90年代北京十大建筑建设及评选活动之后又一次北京建筑评选活动。

4月13日
中国建筑业协会联合几家专业建设协会组织的"新中国成立60年重大经典建设工程"评选活动正式启动。

4月14日
《建筑创作》杂志社举办"留下中国建筑的精魂——纪念朱启钤先生创立中国营造学社80周年研讨会"。

4月15日
中国建筑图书馆挂牌仪式在北京建工学院举行。这标志着中国建筑文化中心与北京建工学院通过合作共建、共同打造全国最大建筑类专业图书馆的战略合作正式拉开序幕。

4月18日
15所高等院校环境艺术设计方向首届年会在北京举行。

首届2009新亚洲建筑设计国际论坛在中国美院举行。新亚洲建筑与城市地标形象成为本届论坛的对话焦点。

5月15日
第三届全国建筑设计创新高峰论坛暨中国建筑学会建筑创作奖、青年建筑师奖、建筑教育奖颁奖典礼在北京举行。

6月1日
《住宅厨房及相关设备基本参数》和《住宅卫生间功能及尺寸系列》两项新的国家标准开始正式实施。

8月1日—6日
中国建筑学会组织了"新中国成立60周年建筑创作大奖"的评选活动。活动得到业内和社会各界的热烈响应，共收到全国31个省市申报的802个作品。

9月10日—11日
中国建筑学会在佛山举办了"第二届全国青年建筑师创新设计高峰论坛"。

10月24日—25日
以"山地·生态·地域"为主题的重庆城镇建筑设计高端论坛在重庆召开。

长沙南站建成。

2009年4月（总第七十二期）建筑师茶座：建筑为北京塑造国家精神

汶川地震一周年之际援建北川中学开工典礼在四川举行

深圳文化中心

重庆市科技馆

2009年7月（总第七十五期）建筑师茶座：您心中的北京地标建筑

2009年6月（总第七十四期）建筑师茶座：天津历史风貌建筑整修与可持续发展

2009年9月（总第七十七期）建筑师茶座：我们，在路上

2009年10月（总第七十八期）建筑师茶座：建筑传媒致敬新中国建筑六十年。《建筑中国六十年》首发式

2009年11月（总第七十九期）建筑师茶座：值得关注的新设计研究机构

一个中国建筑师心目中的双城记：
巴黎和上海

郑时龄

上海与世界上的许多城市都有相似之处，在世界上的许多城市，如纽约、巴黎、伦敦、马德里，在上海都能找到它们的影子，可是最相似的却是巴黎。历史上的上海曾经被称为"东方的巴黎"，上海人心目中始终有着一种巴黎情结。

上海与巴黎的联系主要是因为上海曾经有过法租界，巴黎的许多街道都可以在上海找到它的对应，福州路就像圣日耳曼大街那样充满文化气息，淮海路就是上海的香榭丽舍大街，金陵路仿佛里沃利大街，复兴公园是上海的卢森堡公园，电影院取名巴黎大戏院，街道两边充满了法国式的情调。许多道路都用法国的政治家、将军、音乐家、作家命名，今天的思南路还留存了当年以法国作曲家名字的谐音，甚至上海的行道树也是巴黎的悬铃木，就差照搬土伊勒里宫了。

法国式的教堂、学校、医院、图书馆落户上海，法国建筑成为上海的时尚。上海人可能从来也不知道法国17世纪古典主义建筑师芒萨尔，可是对上海的芒萨尔式屋顶却已经司空见惯。1925年巴黎装饰艺术世界博览会后，装饰艺术风格立即以摩登建筑的形式传入上海，使上海在20世纪20年代末和30年代成为与巴黎、纽约并列的世界装饰艺术建筑的中心。当年建设法租界的人们心目中的蓝图就是巴黎和法国文化，塑造了上海近代文化的重要组成部分。上海的文人模仿巴黎文人和知识分子，学他们的浮夸和颓废，仿他们的唯美主义风格，说法语，泡咖啡馆，读波德莱尔的诗，写小资情调的文章。

每逢人们访问一座陌生城市的时候，会很容易将城市和城市中的人，与自己熟悉的城市加以对比，很想把它归入某种自己熟悉的类型。可是，巴黎是那么独特，人们很难把它归类。于朦胧中会感到巴黎与上海很相似，巴黎人与上海人很相似，但是又从内心深处感到很不相同。巴黎人追求时尚，善于交际，追求完美，似乎人人都是哲学家和艺术家，他们可以同你在饭桌上侃建筑，侃绘画，侃哲学，用讲究的措辞一口气侃上几个小时。他们尊重哲学家、科学家、文学家、艺术家和建筑师达

到无以复加的程度，街头上这些人物的雕像和纪念碑，绝对超过政治家和国家领导人。上海人同巴黎人一样对新鲜事物充满热情，一样具有创造精神和丰富的求知欲。

同处21世纪的巴黎和上海，保留了历史风貌，也同样显示了现代和时尚。今天巴黎的完美，是因为它在19世纪就完成了现代的转型，也是在19世纪，巴黎举办了5届世博会。今天的上海正试图实现从20世纪以来的现代转型，正在筹办城市的第一次世博会，努力使城市走向完美。巴黎和上海都有着迷宫般的特质，都会诱使人们去识读它的历史和建筑，城市的每一条街巷都蕴含着丰富的历史，那些为人们熟知的历史人物活动的场所和空间仍然在启发人们的想象力。在巴黎和上海，你都可以呼吸到清新的水的气息，水给予人们一种特殊的世界观和生活方式。巴黎的塞纳河，上海的黄浦江和苏州河为城市带来了生气。正因为塞纳河水的灵气，使巴黎不同于法国的其他城市，上海也因为水而摆脱了形式主义的城市肌理，更多地顺应自然的发展。

巴黎和上海最相像的大概是城市的精神、城市的价值取向、社会生态和城市的戏剧性命运，巴黎和上海都曾经是一个时期各自民族文化的中心。当上海的知识精英还不了解巴黎时，他们或许已经知道法国大革命、巴黎公社，拜读过雨果的《巴黎圣母院》，欣赏过德彪西、圣桑和柏辽兹的音乐。上海人喜欢吟诵阿波利奈尔的诗歌，赞美印象派的绘画，尽管并不知道这些法国文化乃至世界文化的代表与巴黎的关系。而巴黎人可能会先知道上海这座城市，然后才会慢慢了解徐光启、董其昌、吴昌硕、鲁迅、茅盾、叶圣陶等上海的文化名人。巴黎人对上海的了解，可能远不及上海人对巴黎的了解。

巴黎和上海城市的繁荣时期大致相仿，甚至城市在13世纪的成型时代也大致为同一个时期。19世纪末20世纪初是巴黎和上海城市发展的盛期，奠定了这两座城市的基本结构。只是从20世纪80年代起，上海的特大规模城市建设使城市的建成区大为拓展，新建筑如雨后春笋耸立在上海的大地上，使两座城市的共同点几近抹去。近代以来的城市快速发展，特殊的地缘政治和经济的演变，将各种城市结构加以叠置，使上海变成一座相当异质化的城市。这种异质化的过程其实不是一种意识中的有机蜕变，而更多的是一种随缘式的跳跃发展。

相比之下巴黎的城市异质化则有着历史的延续性，城市空间结构的变异只是由于历史、技术和生活方式的有机演化形成的。

19世纪的巴黎城市经过大刀阔斧的改造，将世界空间化，城市规划街道化。"拆毁艺术家"巴黎行政长官奥斯曼的笔直宽阔林荫大道的影子可以在老上海的霞飞路和新上海浦东的世纪大道上发现，那是一种试图融合奥斯曼大街的壮阔和香榭丽舍大街的优雅的拼贴，然而又是典型的上海式交通干道。巴黎曾经创造过现代性的神话，一种创造性破坏，成为无数现代大都市仿效的对象。今天的上海正在仿效这种创造性破坏，正在创造中国的现代性神话。巴黎的埃菲尔铁塔是法国乃至欧洲的符号，上海的东方明珠电视塔和无数的高楼大厦正在扩展这个人类创造力的符号。

今天的上海正追随历史上的巴黎，进入城市的产业结构和空间结构重组的时期，黄浦江和苏州河两岸正在进行城市空间结构和产业结构的调整和重组，正在让历史的建筑和古老的城市焕发新的生命，尺度更像塞纳河的苏州河正重新焕发光彩，这预示着两座城市更灿烂辉煌的未来。

其实，城市也都有同样的困惑，历史上的巴黎曾经为保护历史建筑而奋争，这样的情况也发生在今天的上海。今天的巴黎和上海都在忍受交通的拥堵、夏天的炎热和冬天的忧郁，也都为城市郊区的建设担忧，被新建筑与城市的不协调所困扰。无论是好是坏，巴黎有的东西，上海也会有。155年前，巴黎举办世博会，上海也将举办2010年世博会；1900年，巴黎成为世界上第5座有地铁的城市，今天的上海也拥有地铁，也同样为了举办世博会而加速地铁的建设；巴黎有迪斯尼，上海也会有。巴黎的老佛爷百货公司将落户在上海近代第一家百货公司大楼内，巴黎的白房子餐厅将和上海的红房子联姻，巴黎的路易·威登和爱马仕将在昔日的霞飞路上设立旗舰店。但是，我们并不是要克隆巴黎，而是学习巴黎的城市精神，发扬自己的优点，建立自己的自信。

上海的建筑与法国建筑师有着密切的联系，100年以前，法国建筑师就曾经活跃在上海，他们的作品显示了城市和建筑的法国气质。法国建筑师在近代的上海留下了许多作品，这些作品有的在岁月沧桑中消失了，留

存到今天的已经成为上海的优秀历史建筑。100年后的今天，也有许多法国建筑师正在为上海城市和建筑的发展而辛勤工作。马丁·罗班在2001和2004年两度为2010年上海世博会总体规划提供了概念方案。雅克·费利尔设计的2010年世博会法国馆以《感性城市》作为主题，显示了法国人的精神和情感世界，蕴含着面向未来的理想，朴实地将理想与现实综合成为城市和建筑的理念，与中国建筑师一起探索新的生活方式与城市和建筑的关系。

一座城市应当总是以其最好的方式展示自己，巴黎的建设采用的是"城市缝补"的思路，新建筑的插入仍然尊重历史城市的结构，表现场所的精神，城市和城市中的建筑永远留存了人们的记忆。上海采用的是动大手术的方式去进行建设，犹如19世纪的巴黎奥斯曼计划，在一定程度上割裂了历史的记忆。多、快、好、省的建设方式，使城市失去了很多机会，有局部的改善，却没能以最好和最完美的方式去发展。经济和政治的变革在上海留下了无法抹去的烙印，也抹去了许多历史的痕迹。太多的老建筑让位于新建筑，而新建筑的争奇斗艳又破坏了城市空间的平衡。上海人赞赏巴黎人当年接纳埃菲尔铁塔和蓬皮杜中心的宽广胸怀，正以更加宽容的心态接纳各种奇异建筑。尽管如此，上海的城市和生活仍然是精致的，历经岁月磨炼的城市底蕴还在，城市精神和文化氛围依然培育着一代又一代精英。

巴黎的城市和文化不仅仅凝聚了历史，而且更重要的是翘首展望未来，将历史与现实完美地结合在一起。巴黎是欧洲建筑的一个中心，巴黎更多地关注本土建筑师的成长，并不盲目崇拜外国建筑师。巴黎是文化的中心，也是建筑新思想和创造性的试验场，每有新建筑，都会一鸣惊人。上海则差一口气，在忽视文化的前提下，城市正在渐渐成为外来建筑的实验动物园，外来建筑师在上海依然只是匆匆的过客，有相当一部分国际建筑师在上海从事的是一种自娱自乐式的实践，而不是内省的批判性实验。上海确实可以从巴黎借鉴许多城市建设的经验。

作者系中国科学院院士，同济大学原副校长。本文原载2009年11月8日《文汇报》8版

1月28日—29日
江西省景德镇御窑厂遗址保护座谈会召开。

1月
住房和城乡建设部与深圳市人民政府共同签署了我国首个低碳生态示范市框架协议。

2月26日
上海举办设计之都称号新闻发布会，联合国教科文组织2月10日正式批准上海加入创意城市网络。

4月
中国社会科学研究院公布了评估低碳城市的新标准体系。这是迄今我国首个最为完善的标准。

5月6日—8日
2010第五届中国国际设计艺术博览会在北京展览馆举行，中国国际贸易促进会建筑行业分会、国际建筑师协会、国际设计艺术院校联盟、法国室内设计协会等十几个行业协会联合颁发了国际设计艺术终身成就奖。

5月25日—28日
在上海举行了以"世博建筑——绿色创新设计"

为主题的2010中国建筑学会学术年会。其间还举行了"新中国成立60周年建筑创作大奖颁奖典礼"，同时还向第五届"梁思成建筑奖"获得者柴裴义、黄星元，第五届"梁思成建筑奖"提名奖获得者黄锡璆颁发了奖牌。

5月—10月
在上海市举行了中国2010年上海世界博览会。上海世博会以"城市，让生活更美好"为主题。

5月30日
天津历史风貌建筑系列丛书（四卷本）首发仪式举行。

7月6日
中国勘察设计协会第五届会员代表大会在北京召开。大会选举产生了协会新一届理事会、常务理事会及领导班子，王素卿任新一届理事长。

7月
北京世界城市研究基地成立大会暨揭牌仪式在北京社科院举行。

8月19日—20日
中国历史文化名街重庆磁器口揭牌。

意大利'ARCA杂志上海世博会海外专辑

《建筑创作》上海世界博览会意大利专辑

《新城市·新生活——2010广州亚运会的规划与建筑》书影

9月8日

全国高校建筑学、城市规划、风景园林专业指导委员会（指导小组）首次联席会议在同济大学召开，会议确定建筑学、城市规划、风景园林均为一级学科。

11月12日—27日

广州亚运会举行，此次亚运会新建广州亚运馆、广州自行车馆等场馆12个，改造、扩建58个，亚运会也成为建筑行业展示、比拼的舞台。

11月13日

百年清华学堂凌晨起火，该建筑为清华大学历史最悠久的建筑之一。

11月

联合国开发计划署发表了《2010年人类发展报告》，对1970年至2010年间的人类发展趋势进行了系统评价。报告中对全球169个国家和地区的人类发展指数进行了排名，中国在这份榜单上排第89位，与2009年的排名相比前进了三位，在人类发展指数进步最快国家中排名第二。

12月

高铁西安北站竣工。

2010年1月（总第八十一期）建筑师茶座：文化遗产的中国传播

2010年6月（总第八十六期）建筑师茶座：建筑安防与安全文化

建筑遗产的生存策略

常青

一、何谓建筑遗产

早在六十多年前，梁思成先生就对"西化"风潮中我国古旧历史建筑的颓萎凋零忧心忡忡。他曾叹道研究和保护历史建筑，是一种"逆时代的工作"然而，历史的进程却证明，梁先生所代表的那一代文化精英却是走在20世纪的时代前列的。时过境迁，历史建筑保护于今已成了我们这个时代莫大的"显学"，而且还成了一种很"酷"的时尚。怀着不同动机和欲望的社会各界纷纷卷了进来。在奔向富裕的社会，撇开旅游开发及其利润追求不论，对古旧事物的态度和鉴赏力，往往也反映出一个人的品位或者一个社会的文化品质，这一准则在中外都是相类似的。至少从表象上看，历史建筑保护已经变成"顺时代"的大事业了。

一般所说的"历史建筑"是非常广义的，以致过于宽泛，可以用来涵盖历史上留存下来的所有建筑及其历史环境，从而也就失去了它在学术上乃至应用中的实际意义。因为一提"历史建筑"，就必然地与"保护"二字关联上了。然而，只要对此稍作思考就会发问：我们怎么可能，又有什么必要非得不分青红皂白地保护所有的"历史建筑"呢？实际上，就保护而言，"历史建筑"是一个需要有所限定的狭义概念。

国际上第一部关于历史建筑保护的纲领性文件《威尼斯宪章》是由国际纪念性建筑和遗址理事会(ICOMOS)制定的，单单这个组织的名称，就已经把这个狭义的概念挑明了。所谓"纪念性建筑"，事实上就是我们中国人通常所说的"文物建筑"，或已被立法保护的"文物保护单位"，而"遗址"，既指建筑无存的原址，也可指其周边的历史环境。这一概念的内涵不断完善，从典型历史街区（《华盛顿宪章》）到乡土建筑典范（《墨西哥宪章》），凡是对人类文明进程具有纪念性意义的实存环境，都应被考虑纳入保护的范畴。时下上海实行的非文物建筑保护登录制度和历史风貌区保护条例就属于这一范畴。

比之"纪念性建筑和遗址"，我们更倾向于采用联合国教科文组织关于"建筑遗产"或"文化遗产"(Heritage)的提法，这一概念在定义上似乎更准确，更具概括力。因为"遗产"二字是有所指的，不是所有老旧的东西都需要保护，纪念价值才是标准所在。反过来，也决不能打着更新的旗号，随意中断地脉(Topography)，抹掉地标(Land mark)。几十年来，不知有多少具有潜在纪念意义和保存价值的建筑遗产及其所在的历史地段已经被破坏性建设"更新"了，或者不如说是覆盖掉了。

二、辩证的建筑史观

建筑遗产不同于一般文物，除了废墟和遗址，有空间的建筑大多是在持续的使用之中，必然地带有历朝历代变动的痕迹，"原真性"(Authenticity)不过是一个相对的概念。譬如，对故宫的"原真性"到底应该锁定在永乐时期还是康乾盛世就是有争议的。所以，只能以辩证史观来分析和处置建筑遗产，并且基本上也只有两种方式：其一，作为终结了历史的建筑，也就是从内到外都锁定在某一历史时段，就像博物馆中的"标本"那样供人欣赏和研究，这些一般应是少量重点保护的文物建筑，其二，作为历史得到延续的建筑，接受既往的变易因素，并妥善地进行处理，特别是对其内部空间进行可能的更新，将其纳入发展变动的现实生活场景。构成历史风貌区的大量非文物性建筑遗产即应这样对待，本文所探讨的大多属于这一范畴。

随着城市化进程的加快，许多地方的建筑遗产处境险恶，要么在改造后面目全非，要么在保护地段中苟

延残喘，而市场则在历史地段巨大的地产潜值驱动下对之"虎视眈眈"。事情非常清楚，城乡中深厚的历史文化积淀，已经在随着建筑遗产的无存而濒临消失。而刻意保护所导致的各种利益矛盾，则引发了一个又一个激烈的社会冲突。面对这样复杂的状况，研究者和设计者到底还能够多做些什么？这是本文所要回答的首要问题。

三、建筑人类学的视野

由于历史建筑遗产在具体的场景中总是带有风俗性和地域性特征，我们也以"风土建筑"的概念来涵盖探索的对象，并将它作为建筑人类学研究的主要内容。"风"是风俗、习俗，"土"是土地、地域，以建筑遗产为背景的历史场景都是在具体的风土环境中产生的。我们在研究中关注于人的社会行为特征及其历史范畴，特别是关注于物质环境的结构（地脉）及其演变（地志）的探讨，以此作为建筑遗产保护与利用研究的前提。

人是高度习俗化的动物，建筑空间因而也就是高度习俗化的产物。所以，海德格尔认为二者根本就是一个整体，这与中国俗语"一方水土养一方人"是一个道理。即要关注建筑遗产，就得关注与空间结构、历史尺度相关联的人文和地脉，建筑人类学的视野和出发点也正在这里。就保护而言，建筑遗产并非都只是受保护的历史"标本"或"遗骸"，也并非只是标识形式、风格的"躯壳"。另外，建造和持续使用中所发生的事件、风习及其与建筑互动作用所留下的印记给予了建筑独一无二的意义。这就是说，建筑遗产也并非都是"物态的"或"有形的"。譬如，曾在建造和使用中持续存在着的场景、仪式，建造中的工艺、程序，使用中对人的各种非视觉性影响，如K·弗兰姆敦所称的"身体隐喻"(Corporeal metaphor)等，都可以称之为建筑遗产"非物态的"或"无形的"的方面。我们研究的重点之一由此而反映在以下几点。

第一，建筑遗产作为历史上的生活空间和风俗载体，曾经是怎样被使用的？

第二，建筑遗产在持续使用的情形下，经历了怎样的历史演化过程？

第三，建筑遗产中的某些部分，譬如，某些历史空间的类型、结构及尺度，连带着延续下来的风俗，是否可能融入现代生活？

第四，建筑遗产的保护性设计，如何成为化解由于保护所带来的利益冲突的有效手段？

这些问题构成了我们认识的基础和研究的出发点，促使我们以建筑人类学的视野来深层地观察和探讨建筑遗产的历史价值、现实作用和未来命运。也只有以这样的视野，才能看清有形与无形建筑遗产之间的本质联系，理解其在历史场景中的重要意义和在城乡更新后的拼贴场景中所起的作用。不同时期所形成的拼贴场景，把城乡生命历程的不同阶段"历时性"地展现出来，并且带有一点"蒙太奇"式的效果。这样也就强化了城乡历史环境的延续性和多样性。同时，得体的保护性设计，完全可能使建筑遗产及其所在地段的潜在价值显露出来，从而大大增加了各种利益平衡的可能性。总之，如果我们承认建筑遗产即是一种文化资产，那就不该只是被动地或消极地加以保护，而是要将之纳入城乡发展的进程，在发展中落实保护，并使保护成为发展的有利因素。我们认为，当建筑遗产成为当代人审美体验及生活欲求的直接或间接的对象时，保护才获得了真正的意义。

四、保护与更新的实验

从 1996 年起，我一方面继续研究建筑学的理论与历史问题，一方面开始了建筑遗产对今日影响的研究工作。当时就提出了"保护借重利用，更新和而不同"的观点，后来又加上了"修旧如旧，补新以新"的概念。这 20 个字始终贯穿在我的研究室近几年的探索过程中。核心的问题是，在背景复杂各异的保护对象面前，如何以辩证的建筑史观和特殊的设计方法来化解矛盾，在保护原则，历史情感和理性务实之间寻找平衡点。此即我们所说的"保护性设计实验"。所谓"实验"，顾名思义，就是某种探索性的尝试，并以具体的案例操作来验证。这一类探索性专题包括了长时间的调研、测绘、解读、论辩和方案探讨；需要反复地考察现场，耐心地与委托方沟通，承受过度的超支，现场操作的迟滞、走样、"烂尾"，甚至完全落空的沮丧。可以这么讲，保护性设计研究是一件拖泥带水的"笨事"，是一种需要数倍的热情和苦干而又一时难见实效的工作，与一般可爽快发挥的设计项目完全不同。这种工作要求不断理清主体的历史意识，把握客体的实际状况，并由此产生应对的策略和设计的概念，守住原则的"底线"，务实但在必要时"退场"。

我们的研究从选址范围上包括了老城区、城乡结合部和乡村的历史街区或历史地段；从研究范畴上包括了"历史场景与现代生活""修景策略与修复方法""原址抢救与易地保护""保护性改造与历史地段设计方法"

等。这些实验有的已接近现场完成，有的已进入实施阶段，有的还在论证之中，有的则因某种原因而搁浅。如，在珠海陈芳故居（梅溪）和上海原英领馆地段（外滩源）的保护性设计中，都是以风俗和地域要素为前提，分析风土建筑遗产保护与利用的内在依据和再生动因。又如，在无锡风土建筑遗产（文渊坊）的保护性设计中，通过易地搬迁的"集锦式"保护和"类型学式"重构，使建筑遗产以另一种方式保存下来，并使保护与利用统一于历史风俗场景的再现。其他如"小上海"实验，以浙江台州的历史街区为研究对象，探究了近代殖民城市开埠建关初期的街道形态，提出了保存这一城市史"化石"，并且在保留传统风俗的前提下，对其进行再利用的策略和设计方法。此外，在发现和研究当地传统里弄石库门住宅类型的基础上，充分考虑现代居住的需求，使其在夷平式改造的废墟上得以再生；"城中村"实验关注珠海古村落吉大村突变为市中心的一部分这一城市化现象，分析了村落的家庭与社会结构，以及剧烈变迁所带来的重重社会矛盾，提出了以有选择地保留村落历史空间肌理和地标为前提的改造对策和更新途径。

毋庸置疑的是，建筑遗产的保护与利用将是 21 世纪建筑学的重要议程。从时下的全国范围看，城乡的改造更新已是势不可挡的时代潮流，但盲目地"大拆大建"和"拆真造假"正甚嚣尘上，而对以木构为主体的我国大量性建筑遗产究竟如何进行有效保护及合理利用？似乎并没有现成统一的答案，在保护原则与实际操作之间仍存在着一定的弹性空间，本文则有针对性地回答了这一见仁见智的保护价值观和设计策略问题。

作者现为中国科学院院士，同济大学建筑与城市规划学院资深教授，本文写于 2010 年

1月24日
中国武汉工程设计产业联盟成立，标志着"武汉设计"联合舰队正式起航。

3月
住房和城乡建设部重新制定了《全国绿色建筑创新奖实施细则》和《全国绿色建筑创新奖评审标准》。

3月
2011西安世界园艺博览会天人长安塔竣工。

4月
深圳大运中心主体育馆竣工。
清华大学人文社科图书馆竣工。

5月
财政部、住房城乡建设部下发通知，要求进一步推进公共建筑节能工作，避免建筑外形片面追求"新、奇、特"，达不到节能强制性标准的，不得办理竣工验收备案手续。

6月
中国勘察设计协会主办的"2011全国工程设计科技创新大会"在北京国际会议中心隆重举行。这是改革开放以来全国工程勘察设计行业举办的第一次科技创新大会，大会主题为"创新设计、低碳发展"。

6月16日
由同济大学、天津大学、浙江大学、香港理工大学、华南理工大学、重庆大学、山东建筑大学、江南大学8所高校，以及中国建筑设计研究院、深圳建筑设计研究院等2所科研机构共同发起组成的"中国绿色大学联盟"在上海宣告成立。

8月8日，在中国国家文物局、天津市人民政府的支持下，《中国建筑文化遗产》首发暨《20世纪中国建筑遗产大典（天津卷）》启动仪式在天津市庆王府举行，同时启动《20世纪中国建筑遗产大典（天津卷）》的编撰工作。

10月9日
住房和城乡建设部发布《工程勘察设计行业2011—2015年发展纲要》。

11月8日
"2011年中国大型公共建筑节能减排高峰论坛"在京召开。

11月11日
"首届武汉设计双年展"暨"艺术城市论坛"系列文化活动在武汉美术馆召开。

11月12日
"中国建筑十年"颁奖仪式于北京798艺术区时态空间举行。组委会最后从近200家建筑设计单位的作品中选出了专家关注奖和大众关注奖各5个。

2011年7月（总第九十八期）建筑师茶座：我们该如何纪念梁思成先生

12月3日

由国家文物局主办，江苏省文物局、南京大学、天津大学、《中国建筑文化遗产》编辑部联合承办的"事件沉淀遗产——《辛亥革命纪念建筑》首发式暨中国近现代建筑保护与发展论坛"在南京中国近现代史遗址博物馆（总统府）举行。

12月13日—14日

中国建筑学会在北京召开"第十二次全国会员代表大会暨2011年学术论坛"。

12月

首届"武汉城市地标"评出：黄鹤楼、武汉长江大桥、江汉关大楼、国立武汉大学图书馆、汉口汇丰银行大楼等5座建筑，荣膺"武汉城市地标"前五位；长江三峡水利枢纽工程、武汉—广州高速铁路工程、武汉钢铁公司一号高炉、武汉辛亥革命博物馆、武汉天兴洲大桥、武汉汉口江滩、广东科学中心、晋东南—南阳—荆门1000kV输电线路工程、武汉长江隧道、沪蓉西高速公路四渡河特大桥等工程，成为"武汉设计"最具影响力十项工程。

福建省建筑设计研究院、河南省水利勘测设计院、湖南省建筑设计院、华汇工程设计集团、吉林省建筑设计院、内蒙古建筑勘察设计院、山东省建筑设计院、新疆建筑设计院、云南省设计院等9家工程设计企业在上海联合倡议成立"中国工程设计云服务联盟"。

2011年4月（总第九十五期）建筑师的文字表达：可持续发展主题下的思考

南京南站

坚守中国建筑文化遗产传播的理想

单霁翔

2011年是我国"十二五"起始之年，在刚刚迎来中国第六个文化遗产日之际，由国家文物局支持并指导的《中国建筑文化遗产》问世了。我以为，在中国急需文化传承及其大发展的态势下，这套丛书至少要在向公众展示华夏建筑文化艺术魅力、评介传统与现代建筑的科学创造、向世界传播中国建筑文化诸方面发挥独特作用。为此我表示衷心祝贺。

《中国建筑文化遗产》的出版，让我想到1930年中国传统建筑研究的组织者朱启钤先生在《中国营造学社汇刊》所作的发刊演讲。他认为：要研究中国的传统建筑，先要梳理中国营造史，"使漫天归束之零星材料得一整比之方，否则终无下手之处也"，即倡导要全面地、历史地研究中国建筑。为此，他创办的《中国营造学社汇刊》始终秉承不断吸收外来文化的办刊理念。对此，李约瑟博士在他的《中国科学技术史》中高度评价《中国营造学社汇刊》的学术价值。他说，这是一本包含着极为丰富的学术资料的杂志，是想要透过这个学科表面，洞察其本质所必不可缺少的。据此，我认为，如果说《中国营造学社汇刊》是中国近代建筑史上早期的一份重要学术文献集，那么今日奉献给中外读者的《中国建筑文化遗产》不仅肩负城市、建筑、创意互动的文化传播平台的职责，更在砥砺理念中扬起思辨之帆，用超越国人的视野传承属于华夏民族的建筑文化遗产。

《中国建筑文化遗产》一改过去文博书籍过于执重的模式，用创意设计的新范式图文并茂地展现了建筑艺术精华的一个个侧面。一座建筑就是一座宝藏，它凝聚着人类精湛的艺术表现和深邃的人性追求，在为人类提供栖身之所时，更为世界创造着精神寄托的家园。正如该书主编金磊所言，无论建筑遗产是沉睡的或是破碎的，它们都是独一无二的永恒佳作，编辑部同人都将倾力关注并传播。

我认为，当下一个国家和民族的生存与发展不仅要靠经济实力，更依赖于世界发展潮流融合下的文化软实力。保护、研究、传承建筑文化遗产不单是发展建筑历史研究与当代设计创作的需要，更符合构建完整的国家与民族大文化体系的迫切要求。所以，国家文物局有

《中国建筑文化遗产1》封面

《中国建筑文化遗产1》封底，图片为童寯（1900-1983）先生为苏州西园（戒幢寺）所绘大门前铺地实测图，希望与读者分享重读经典的快乐。

责任和义务去扶植这个集专业学术研究、公众文化启蒙及传播并重的平台，希望它成为联结中外文博界、建筑界、艺术设计界乃至公众的纽带和桥梁，更期望它能为传承并发展建筑文化遗产提供公正的话语权。

《中国建筑文化遗产》除了上述鲜明的服务行业内外的宗旨外，我还赞赏他们独特的创办方针、机构设置与精悍的编辑团队。从业内熟悉的建筑文化考察组、天津大学出版社到宝佳集团中国建筑传播中心等单位，都体现了文化自觉及社会责任感，都彰显了出版者促进图书业态转型的决心。我以为正是靠编撰者们的这种社会责任感，培育了对中国建筑挚爱的既可仰望天空又能脚踏实地的建筑编辑家园。

为了诸多远去的回望，为了在镌刻建筑历史中留有并寻找过往的痕迹，我尤其倡导文博界与建筑界要思路交叉，要视野共通，要展开跨文化对话，更期望专业媒体在传播中更多一份历史使命感。这样，我们的城市与建筑就能在文化遗产保护的大旗下，在一系列决策、规划、设计、建设及所有的环节中少些随意性，多些谨慎及科学性。这里特别要处理好本土化与国际化的关系，在研究并传播中国建筑自身文化遗产时，不断选择视角以开启认知世界文化遗产保护与传承的窗口。

总之，期望《中国建筑文化遗产》不辱责任及使命，用专业传媒人的视野及一系列实践去思考并回答：何为当代中国建筑文化之路，何为中国建筑历史上的世界建筑地位，在叩问华夏文化之门时弘扬中国建筑精神等。我相信，保持建筑纯粹的文化品格，是办好代表中国建筑文化遗产国家水准书籍的本源。

作者时任国家文物局局长，本文写于 2011 年 6 月

新的开端
金磊

建筑是一部无言的史书，它记录着中外国度的过去，更孕育着世界城市的未来。如果说，几千年来一直以木构架为主体的中国建筑在世界古代建筑史上独树一帜，并且堪与欧洲古希腊—基督教建筑、伊斯兰教建筑并列为三大建筑体系是一种标志的话，那么，历经磨炼问世的《中国建筑文化遗产》的使命就不单是传承中国既往城市建筑的辉煌，更为中国建筑的国际化传播奠定着基础。作为该书主编，我除了欣喜迈出的第一步，更感到传播中国建筑文化遗产的使命之责任重大。

作为建筑类学术出版物的业内人士，我深知在林林总总的城市、建筑、艺术、设计中，体现《中国建筑文化遗产》的特质至关重要。本书在传播当代最新城市、建筑、艺术、设计文化思潮的背景下，特别关注被视为珍宝的中国建筑，因为它们是历史的证人、科学的里程

《中国建筑文化遗产》在天津庆王府首发

碑、艺术的不朽杰作。本书将向中外建筑界人士传播的是：中国建筑是世界建筑宝库中的一份珍贵遗产，其规制有序的城市布局、完整的木构架系统、独有的群体组合方式、风格多变的艺术形象、绚丽多彩的建筑色调及魅力独具的景观园林，不仅是中国古代建筑的特点，更对比出中国建筑有别于西方建筑的成就。据此，我代表全体编辑人员，以虔诚的心境向创造着建筑辉煌历史的先民致敬；以饱满的热忱及历史视野努力探索并记录中外建筑的史料；以文化启蒙者的义务及世界公民的胸怀向全球传播中国建筑文化并推荐新作品、新理念。

《中国建筑文化遗产》作为一本使命特殊的书籍，首先要求全体编创人员要有境界，这不仅指学养及视野，更指常新、常在的文化追求与洞察力。而对于中外大千建筑世界的高超水平、精妙细部及深远意境，本书的文风及有气质的书写旨在服务于建筑师、规划师、文博古建各界，并面向建筑文化遗产的所有爱好者及高校师生。据此，本书力求集凸显学术深度与精美风格创意于一身，同时由于担负学术与启蒙双重传播职责，因此要努力办成城市建筑、文博界的科学而前卫的交叉类学术重镇。以上这些表达了业界同人的心声，更希望这个开端能与中外建筑界的强劲发展步履合拍。

作者时任《中国建筑文化遗产》主编，本文写于 2011 年 7 月

1月5日

在人民大会堂召开"发展和繁荣中国建筑文化"座谈会，与会院士、学者就当前中国建筑文化的发展形势、发展方向、出现的问题展开了讨论，会后向全国建筑科技工作者发出了"发展和繁荣中国建筑文化倡议书"，同期颁发了中国建筑学会第六届建筑创作奖获奖项目。

2月14日

2011年度国家科学技术奖励大会在北京人民大会堂隆重举行。时任国家主席胡锦涛为获得2011年度国家最高科学技术奖的中国科学院院士谢家麟和中国科学院院士、中国工程院院士吴良镛颁奖。

2月28日

美国洛杉矶，普利兹克建筑奖暨凯悦基金会主席汤姆士·普利兹克正式宣布，49岁的中国建筑师王澍，荣获2012年普利兹克建筑奖。

3月16日—17日

中国建筑学会在北京召开"全国甲级建筑设计院建筑创作方向工作会"。

3月31日

"启程紫禁 论道宏猷——城市文化与遗产保护"座谈会在故宫博物院第二会议室举行。此次座谈会由《中国建筑文化遗产》编辑部策划，联合故宫博物院与中国文物学会传统建筑园林委员共同举办。

4月23日

在北京召开《建筑学名词》终审工作会议。

5月23日

第六届"梁思成建筑奖"评审工作会议在北京举行，评选出第六届"梁思成建筑奖"2名及"梁思成建筑奖"提名奖3名。

5月24日

"2012北京建筑论坛"举行，著名建筑师弗兰克·盖里、格伦·马库特、扎哈·哈迪德及中国建筑界知名建筑师崔愷等参加论坛活动。论坛以开放、自由的态度迎接中外建筑大师就全球化——地域性、挑战——创新等主题进行研讨。

5月25日

全球建筑设计界瞩目的2012年普利兹克建筑奖颁奖典礼在人民大会堂举行。时任国务院副总理李克强出席了典礼。

5月31日

安徽省"十一五"期间城市十大标志性建筑名单确定，合肥大剧院、芜湖临江塔、黄山中国徽州文化博物馆、合肥奥林匹克体育中心、宿州博物馆、宣城新四军史料陈列馆、铜陵新火车站、安庆黄梅戏艺术中心、六安行政中心、马鞍山市政公园光荣入选。

7月7日

为纪念中国第七个"文化遗产日"，"首届中国20世纪建筑遗产保护与利用研讨会"在天津召开。"首届中国20世纪建筑遗产保护与利用研讨会"是近年来近现代建筑遗产研究与保护工作的研究成果的升华，会议最后通过的《中国20世纪建筑遗产保护·天津共识》，此会议在中国20世纪建筑遗产保护领域具有里程碑的意义。

7月30日

我国著名建筑出版人、建筑文化学者、中国建筑工业出版社原副总编辑、《中国建筑文化遗产》顾问杨永生（1931—2012）编审在北京逝世。

荣誉：

□1990年，国家教委授予其北京奥林匹克建设规划研究科学进步一等奖；
□1990年，国家教委授予其著作《广义建筑学》科学进步一等奖；
□1992年，北京市菊儿胡同危旧房改建试点工程获度的亚洲建筑师协会金质奖，在联合国总部获世界人居奖（英国住房和社会住宅基金会）；
□1995年，获何梁何利科技进步奖；
□1996年，国际建筑师协会授予国际建协教育/评论奖；
□1999年，法国政府授予法国文化艺术骑士勋章；
□2000年，国家建设部授予首届"梁思成建筑奖"；
□2001年，发达地区城市化进程中建筑环境的保护与发展研究获中国高校科学技术二等奖；
□2002年，荷兰克劳斯亲王基金会授予2002年度克劳斯亲王奖；
□2003年，著作《京津冀地区城乡空间发展规划研究》获第11届全国优秀科技图书一等奖，第六届国家图书奖提名奖；
□2003年，中央美术学院及附属中学新校园规划设计获教育部优秀建筑设计奖；
□2004年，获北京市高等教育教学成果一等奖；
□2012年 2月14日，荣获2011年度国家最高科学技术奖。

吴良镛院士部分成就

2011年度普林兹克第35届获得者——中国建筑师王澍

普利兹克建筑奖自1979年创立之初就提出以诺贝尔奖为目标及方向，并直接借鉴了诺贝尔奖的一些做法，因此奖项本身及赞助的凯悦基金会都愿把它称作"建筑的诺贝尔奖"。普利兹克建筑奖创史评委之一的已故著名历史学家克拉克勋爵（Kenneth Clark）曾在颁奖仪式上说"一个伟大的历史事件，几乎完全可以靠建筑的形式存在于我们的想像之中。我们中间很少有人读过埃及的早期文学作品，但我们却感觉自己对埃及古代先民的了解几乎与对自己的祖先的了解一样多，而这些主要归功于他们的雕塑和建筑"。

王澍先生部分成就

2012 年 11 月于天津召开的单霁翔博士"文化遗产.思行文丛"首发式暨座谈会

8月
广西体育中心二期工程竣工。
苏州中学新建工程竣工。
北京协和医院门急诊楼及手术科室楼竣工。

9月19日
由中国科学技术协会支持、由中国建筑学会主办的"发展和繁荣中国建筑文化——寻找中国好建筑"建筑科普主题活动在北京中国科技会堂举办。

9月
武汉市民之家竣工。
渡江战役纪念馆规划与建筑设计工程竣工。

10月
《建筑评论》学刊正式创刊。

11月22日
BIM 方向两项工程建设国家标准《建筑工程设计信息模型交付标准》和《建筑工程设计信息模型分类和编码》在北京启动。

11月
湖北省图书馆新馆竣工。

12月21日
第六届"梁思成建筑奖"颁奖典礼在北京人民大会堂隆重举行。北京市建筑设计研究院有限公司刘力、中国中元国际工程公司黄锡璆获得第六届梁思成建筑奖，深圳市建筑设计研究总院有限公司孟建民、华南理工大学建筑设计研究院陶郅、上海现代建筑设计集团上海建筑设计研究院有限公司唐玉恩获得第六届"梁思成建筑奖"提名奖。

11月18日
国家文物局原局长、时任故宫博物院院长单霁翔"文化遗产·思行文丛"隆重出版。同时，"单霁翔博士天津大学兼职教授受聘仪式及专题演讲，'文化遗产·思行文丛'首发式暨座谈会"在天津召开。

12月
西藏电力林芝培训中心竣工。

建筑方针 60 年的当代意义

编者按：2012 年恰逢中国建筑设计"适用、经济、在可能条件下注意美观"的方针首次提出 60 周年。这一方针指导了我国 60 年来建筑设计的进程。随着我国社会经济快速发展，面对改革开放后全国出现的前所未有的建设高潮，面对世界建筑思潮的大量涌入，在新形势下，建筑方针如何继承、发展和创新，已成为业内外常议常新的话题。针对这个题目，中国建筑文化中心、中国建筑学会和《中国建筑文化遗产》编辑部于 2012 年 9 月 28 日在中国建筑文化中心联合举办"建筑方针 60 年的当代意义"研讨会。

金磊（《中国建筑文化遗产》主编）

"适用、经济、在可能条件下注意美观"的建筑方针，最早是 60 年前的 1952 年 7 月在全国第一次建筑工程会议上提出的，虽然在今天高速城市化、国际化大发展的背景下，业内外都会有相当多的人们认为它或许已过时，要推陈出新了，但 60 年历史上无数次研讨与实践至今仍没有给出可取而代之的"新词"。因此，在策划本次研讨会时，我们与中国建筑文化中心形成的共识是：只要是经典，就会永恒照耀。优秀的建筑思想是一种标尺与财富，60 年前的国家建筑方针的提出虽有中国百废待兴的背景，但时至今日，大发展的中国建筑仍离不开这个理性为先、有较宽适用度的方针，只是需根据场合赋予其不同的含义罢了。我们今天不是倡导"做古"，而是希望业界如何理性认知，如何科学而艺术地、无拘无束地展开设计实践。这是一个常议常新的话题，这更是一个容易联系当下、服务当下的话题。

对于 60 年前提出的国家建筑方针，从建筑事件及文献看，它已属建筑遗产；我们并非因为是遗产就单纯纪念它，而是因为通过重思"建筑方针"可感受到一系列值得深思的问题。其当代意义至少可从文化价值、遗产价值、社会责任与历史使命，从经济性与市场诸方面探讨其当代性。

要看到由于城市化与国际化的到来，由于中国建筑"走出去"与国外建筑师的大量涌入，当代中国建筑作品及设计理念已发生了深刻变化。伴随着这些新变化，

"建筑方针"也经受着考验，今日的研讨重点不在于如何展示历史，重在回答现在及未来的建筑方针该如何指导设计。为此想到如下命题，它们确与建筑方针密切相关：

从国家、城市、空间的政治建筑看"建筑方针"；从民生项目、从"平民家园"、从建筑的公共性看"建筑方针"；从中西方建筑文化碰撞的文脉形式看"建筑方针"；从回归建筑之美与"设计选秀"看"建筑方针"；从城市"造景"的地标建筑看"建筑方针"；从中国新一轮"摩天大楼"竞赛看"建筑方针"；从建筑形式主义比形式更可怕看"建筑方针"；从建设节约友好型社会的低碳设计看"建筑方针"；从城市经典离不开建筑文化土壤看"建筑方针"等。

叶如棠（原城乡建设环境保护部部长）

"适用、经济、在可能条件下注意美观"是我们国家的建筑方针，这个提法的提出到今年已经整整 60 年时间了。因此，召开这个具有历史意义的座谈会十分有必要。我的发言有三个方面。

其一，国家建筑方针并未过时。作为国家建设工作或是建筑创作的基本方针，"适用、经济、在可能条件下注意美观"的提法在国家几十年的建设工作中发挥了重大的积极作用。1949 年以前，从事建筑设计的中国建筑师本来就不多，新中国的成立给了广大建筑师们得以大展身手、报效祖国的机会。那时的中国刚刚从长期的战争中走出没多久，许多行业百废待兴，经济建设还处于恢复起步阶段，还记得 1959 年我考入清华大学的时候，梁思成先生任建筑系主任，他讲到国家每年用于基本建设的投资，用手比画着说：搞基本建设，每年国家要投入多少资金，这么多的钱都从我们手中流出去，我们一定要用好这笔钱。

众所周知，1949 年以后政治运动一个连着一个，"三反五反"、公私合营、"反右""大跃进"……在当时的情况下，国家能够投入非常大的资金从事基本建设，我们都感觉到自己肩上的担子有多重。刚上学时还没有听说过这个方针，到后来觉得它充满哲理；既讲了目的，又讲了手段；这既是建筑工作的基本方针，更是建筑创作的指导思想。建设工作的灵魂是建筑设计，建筑设计也是最重要的，因此也可以说，这个方针也是建筑创作

张钦楠　　周干峙　　叶如棠　　赵知敬　　费麟　　单霁翔　　布正伟

徐宗威　　刘临安　　刘燕辉　　胡越　　张宇　　高志　　李德全

韩振平　　贾东　　杨欢　　李沉　　金磊

的方针。

我到建设部没多久，就开始写一些对建筑创作的思考，我称之为"随想录"。其中一个章节谈了对建筑方针的理解和认识。我认为，"在可能条件下注意"这几个修饰词语可以不用。在《建筑创作》杂志创刊号上我写了一段话，谈了这个问题。其中也讲了我的观点以及对建筑美学的看法。每个建筑自建成的那天起，就有美学问题，形象问题，也就是好看不好看的问题；我去国外考察，特别注意到国外一些建筑小品，包括路边的座椅、小摆件甚至是垃圾桶做得都很精致，很美观。可以说，任何眼睛所触及的物体都有一个美不美的问题。

其二，建筑方针的落实是多学科的事。我举一个例子：消火栓是公安部管，只能由公安部最后验收，其他部门验收的都不行。大家也都看到了，无论建筑装修的多好，消火栓永远都是那个土样子。消火栓的重要性及其作用都决定了它要放置在醒目的位置，不醒目不行；但消火栓现在这个样子实在是不好看，哪怕这个东西的颜色、样式与周围环境能够相互协调一些也好。

不只是建筑师，其他专业在作设计时，都有一个在满足使用功能的同时要考虑美的问题；不只是建筑专业，结构专业、设备专业、电气专业都存在这个问题；不只是有钱的房子，经济适用房、保障房，甚至廉租屋都要考虑这个问题。

建筑与电影同样被人们统称为艺术的表现，但电影不好我可以不看，建筑则不行，每天都要与他接触，不看都不行，拆掉也不行。所以建筑要尽量减少遗憾。

在很长一段时间内我都认为，"适用、经济、美观"这六个字就足够了，直到现在，我还是认为这六个字就足够了。因为这已将建筑的本质表述得非常清楚了；只要是建筑，都要考虑他的基本功能是供人使用，都要考虑与周围环境相协调的问题，都要考虑其自身的美观问题，都要考虑尽量减少给别人的审美带来遗憾。

其三，如何历史地、现实地看待建筑方针的当代价值。以前的建设全是国家投资，而国家那个时候确实是不富有，坚持贯彻建筑方针是很必要的。如果要将其颠倒过来，也会出现偏差。适用还是最根本的，经济还是要讲究的，要考虑用一定数量的钱，完成能够满足需要的建设。这就是本质。要恰当地掌握这个"度"的关系，达到三者的和谐统一。

建筑应该少留遗憾，因为建筑留给人们的遗憾是躲都躲不开的，人们天天会看到，天天会骂你。建筑师不能凭借一时的冲动去搞创作，这是经不起历史考验的。建筑师从事建筑创作不要太感性，要理性对待建筑创作。要体现自己的创作思想，体现自己的创作特色，千万不要心血来潮。建筑师的艺术创作同时要有社会责任，要本着对人民负责、对社会负责、对历史负责的态度去从事建筑创作。

适用、经济、美观，三者的顺序很重要，就应该是这样的，纪念性建筑除外，他更多强调的是美观。不同的建筑有不同的表现，比如纪念性建筑因其具有的专有属性，建筑表现在满足使用功能的同时，可以有一些特殊的表现，如纪念碑。

使用功能还应该是排在第一位的；坚固是最基本的要求，是建筑师要遵守的基本作为；适用包含着坚固，否则就不能称为建筑。

周干峙（原建设部副部长）

当年我在清华大学读书时，梁先生在讲课中多次提到"适用、经济、美观"这六个字。我认为，现在中国的建筑设计一是过于千篇一律，二是牺牲了功能让位于形式。这已经不是某个行业的事了，需要国家予以高度关注。要检讨我们在建筑创作方面上的失误。

现在谈这个问题很及时，我很赞成。现在我国国民经济和政治都是良好的，为什么恰恰这个时候建筑和城市会出现那样多的问题，这些问题的损失又十分大。现在任何一个城市基本建设都是几十亿甚至几百亿，这些投资里浪费有多大？这是个大问题。由于工作我常常在外面能看到这些"乱象"，看了就伤心。因此我觉得现在提出这些问题很重要。有一个很奇怪的现象，我到欧洲考察，欧洲完全贯彻了我们的建筑基本原则和方针，既不盖高楼大厦也不盖超前的建筑。而中国的住宅现在有的都达到四五十层了。中国建筑越盖越高，大家都在模仿。我们是盲目，不是真正的模仿。我到美国，看到美国没有在盖高层，而我们却拼命往这个方向走。这么多年全球的建筑都没有像我们这样发疯的，为什么？是土地经济的推动，我们要检讨，这需要社会各方面有共同的认识。现在的建筑方针已经远远超了建筑的影响。不是房子的价格问题，也涉及文化问题，文化是长期社会影响和方向。其次，历史责任不能回避，一定要把这个问题推向社会，要引起国家和社会的重视，它不是行业的问题，究竟盖什么样的房子，什么标准大家来说。我希望在我有生之年能看到这个问题的解决有好的局面。

前几天我和单霁翔同志在武当山开会，武当山的规划设计非常精彩，过去杨廷宝先生就对这里有过评价，现在新添的建筑做的也不错，它被越来越多的人知道。对这样的城市规划我们要做宣传。我建议中国要建立自己评价制度，我们优秀的建筑为什么不评价，为什么要让外国来评奖？刚才提到了苏州"东方之门"，这类工程现在一般的做法开始时期都是保密的，我是苏州人，

却是从网上知道的；从航拍照片我看的清楚，怎么出现了一个高楼呢？我马上跟苏州同行接触，慢慢地知道了的一点。一年前，我们就研究了这个问题，东方之门离城20多公里，建筑高度显然是不合适的，而且我发现他们做的是巴黎的凯旋门而不是苏州的城门。有一次我到苏州去，我向苏州市的领导提意见，我问他为什么这个门不和苏州城门建成统一风格，提问题后我才知道这是荷兰人设计的。我们自己的文化名城，我们有自己的历史，自己的特点，而办这个事情的人不懂，拿到外国，外国人也不懂。所以，我觉得文化问题是共识问题，对文化认识有差异不是坏事，我们要吸收外来文化，但吸收外来文化过程中会有矛盾，我相信历史要过去的。

单霁翔（故宫博物院院长）

今年是"适用、经济、在可能条件下注意美观"的中国建筑方针首次提出60周年，这一方针指导我国新中国成立以来的建筑发展方向，在我国博物馆建设领域也发挥了重要的作用。

当前我国正处于博物馆发展的重要机遇期。我国博物馆事业面临从"数量增长"走向"质量提升"，从"馆舍天地"走向"大千世界"的历史性转折，为此，讨论"适用、经济、在可能条件下注意美观"的当代意义，回顾60年来我国博物馆建设历程，关注博物馆建设中存在的突出问题，探索新时期博物馆建设的理论和方法，提高我国博物馆建设水平，具有重要的现实意义。

改革开放以来，博物馆建筑在吸收国外现代博物馆建设经验的同时，开始走上探索中国现代化博物馆建筑的道路。特别是20世纪80年代以后，博物馆面貌有了显著改观，新建、改建、扩建的博物馆层出不穷。伴随博物馆的数量快速增长，建筑风格呈现多元化的发展趋势。并且博物馆建筑的功能要求逐渐受到更多地关注，出现了一些既受到建筑界推崇，又得到博物馆界首肯的博物馆建筑。

新的世纪，我国迎来了博物馆建设新的高潮，全国各地、各行业相继新建、扩建和改建博物馆。每年都有一批博物馆开始筹建、一批博物馆正在建设、一批博物馆建成开放，几乎所有的省级博物馆都经历了或者正在经历新建、扩建和升级改造。另一方面，地市级和一些县级博物馆建设也进入了快速发展时期，纷纷被各级政府列入重点文化建设项目，得到从政策到资金方面的有力支持，带动全国博物馆建设呈现"方兴未艾"的态势。

目前，每年都有上百座新建或经过改扩建的博物馆相继开工，相继竣工，相继开馆，这是令人鼓舞的博物馆事业发展形势，兴奋之余，还应冷静观察和理性思

考，在博物馆建设中也存在诸多令人忧虑的问题，归纳起来涉及 10 个方面的问题，或者说应该避免出现的情况，这些问题的存在，严重影响了博物馆社会作用的有效发挥。

重数量发展，轻质量提升；

重领导意志，轻科学论证；

重施工营造，轻使用要求；

重重点项目，轻基层改善；

重建设速度，轻功能保障；

重馆舍规模，轻长远发展；

重新奇造型，轻地方特色；

重建筑工程，轻陈列展览；

重硬件投入，轻管理支撑；

重表面文章，轻人文精神。

日前，国家有关部门联合发布的《关于加强大型公共建筑工程建设管理的若干意见》指出，当前一些大型公共建筑工程，特别是政府投资为主的工程建设中还存在着一些亟待解决的问题，主要是一些地方不顾国情和财力，热衷于搞不切实际的"政绩工程""形象工程"；不注重节约资源能源，占用土地过多；一些建筑片面追求外形，忽视使用功能、内在品质与经济合理等内涵要求，忽视城市地方特色和历史文化，忽视与自然环境的协调，甚至存在安全隐患。

随着我国综合国力的持续增强和民众精神文化生活需求的日益增长，今后数十年，仍将是博物馆事业发展的黄金时期，也必然是博物馆建设的高峰时期。为了使每一座博物馆的建设质量得到保证，对于当前博物馆建设中出现的诸多问题必须给予关注，使博物馆建筑回归城市理想、回归历史责任、回归永恒价值、回归文化特征、回归科学精神、回归社会期待、回归生态环境、回归服务职能，使博物馆建筑满足社会职能的发挥，真正服务和造福于社会民众。

当今世界上的博物馆，不但主题内容无所不包，而且建筑形式也千差万别，留有许多时代的特殊词汇，构成历史信息的文化符号。在今后较长一段时间内，我国博物馆建设仍将呈现持续快速增长的形势。博物馆数量的增加，有利于更多的珍贵文物得到保护，有利于使更多的民众享受到博物馆文化权益。

刘燕辉（中国建筑设计院建筑设计总院副院长、总建筑师）

建筑方针已经 60 年，我毕业了 30 年，这 30 年都是在设计创作中度过的。我认为这个建筑方针不过时，对于今天仍有意义。建筑学会最早提出建筑方针讨论问题也特别有意义，但我想能不能对 60 年前的建筑方针有新的含义的深化理解。当前，建筑设计当中对建筑方针背离和遵循的地方都有。我和崔总（崔愷）在院里经常讨论，作为大型建筑设计院，我们在执行建筑方针中有一定的责任，包括社会责任。所以它并不是个体设计师发挥自己的艺术特点的这种张扬。其中，在我们院的设计中，我们也发现社会上流行投标看表现图，这种现象非常严重。我想，我们把中国建筑设计院带到中国建筑"画院"好，还是带入建筑设计院，所以一定要有技术含量，不能把我们变成了"画院"，否则意义就不大了。在今天讨论这个方针就显得更有意义。我本人在建筑设计中做的大量都是居住建筑，我也得益于小康住宅的研究。但现在设计多年，我发现是从不会设计到搞了一些研究，到会设计；到了近几年就变成了更不会设计，这种现象为什么？因为现在的住宅就是被经济大潮冲散了，开始追名牌，更多的住宅像"股票"。住宅到底是够还是不够？我们到底是建多了，还是建少了？我现在很少再做住宅，感觉自己已经不会了。今天对建筑方针的深入讨论可能会更有启发，我想这种会应该多开。

徐宗威（中国建筑学会副理事长、秘书长）

我代表中国建筑学会再次向到会的领导、专家表示衷心的感谢。我认为讨论中国建筑的方针确实是重要的。当时几位领导和专家都做了精彩的发言，他们讲得很系统，深入浅出，举了大量典型的例子，对这些典型的案例把我们带入中国建筑理论研究的高度，也把我们带到了中国建筑发展方向的高度，对我来讲受益匪浅。

中国建筑学会 2012 年以来在研究探索中国建筑方针方面做了一些工作，2012 年 1 月中国建筑学会在人民大会堂召开了"发展和繁荣中国建筑文化"的座谈会，今天在座的几位领导也都参加并发表了重要意见。2012 年 3 月，中国建筑学会召开了全国性的建筑创作方向工作会，也组织了学界对相关问题做了比较系统深入的讨论。10 月 16 日至 18 日，中国建筑学会在北京召开隆重的年会，在年会中依然对中国建筑方向和方针进行讨论，也来探索如何构建和谐家园。

我觉得"适用、经济、美观"方针确实在文化内涵中体现着宝贵的中国文化的精神，朴实平直地讲出了建筑的方向和原则。在今天仍不落伍，需要今天的建筑师和工程师遵循的原则，它体现了宝贵的中国文化精神。

李德全（住建部政策研究中心副主任）

一是建筑方针虽是 60 年前提出的，但它表达了建筑本质的要求，从这个意义上讲到，它到今天仍然不过时。它不仅是任何历史时期都该遵循的方针，而且不分国界，在全世界都有它的规定性，从这点讲建筑方针到今天仍有它的重要意义，这是毋庸置疑的。

第二，到了今天，无论国力、国情、科学技术和需的确都发生了很大的变化，在今天坚持建筑方针的时候更应该赋予它更多时代特色和内涵。比如"适用"在今天的建筑功能上会有60年前不敢设想的技术含量和材料。材料技术、文化和低碳发展到今天，建筑功能的内涵一定会有非常丰富的新东西。从"经济"来讲，今天变得很复杂，既要考虑勤俭，又要和国情相适应，反映时代特色，同时要考虑到经济多元化和主导力量，从政府到业主的确很复杂，如何处理经济，都有很多问题要解决。从"美观"来讲，今天我们一定要弥补以往的建筑缺憾，像"千城一面"和没有地方特色和深刻文化底蕴的建筑确实需要我们去弥补。因此，一定要在建筑方针基本原则上赋予新的内涵，能够在今天使建筑方针更加鲜活，更加适用。

第三，建筑方针大家都认可，认为它很重要。的确，一件事情一定要有其指导思想，但是我觉得一方面要我们讨论清楚建筑方针的内容，另一方面我们的确要考虑建筑方针在全国如何更好地加以实施的问题。刚才各位领导说了很多重要的问题。今天政府主导的实际环境和业主主导的实际状况，而且我们的业主并不见得对建筑有了解，他们的素质并不见得就能达到建成理想建筑的要求。在这种情况下，我们如何来实现建筑方针的大课题。需要做的工作很多，从政府政策的引导，从全社会国民教育、国民意识到个人素质的提升，方方面面很多问题。

张钦楠（原中国建筑学会副理事长）

第一，中华人民共和国成立初期提出了适用、经济，可能条件下注意美观的方针，是我们进行现代化建设的指导方针，这六字方针现在已是60年了，使我回忆起我们国家当时经历的艰苦岁月，回忆起当年全民团结艰苦奋斗的情景，也使我回忆到设计院中老前辈和老专家们兢兢业业对待自己设计的情景。我觉得，在今天追求豪华的风气弥漫全国的此刻，我们要继续坚持这个建筑方针，即使我们国家成为第一经济大国的时候也仍然需要继续坚持，作为"国宝"对待。

第二，有的同志主张根据国家现行发展水平和建造行业当前存在的特色问题，对这个方针进行一些补充、调整，我认为这样做有利也有弊。对方针进行调整容易缺失连锁性，我认为我们应当保持和强化这个"国宝"的地位，在建设过程中总会出现各种各样新的问题，我

们可以对原来的方针进行新的尝试，注意新的内涵，没有必要频繁地对基本方针进行修改调整。维特鲁威在公元一世纪提出了"实用、美观、坚固"的方针，两千年来一直被人广泛运用，树立了它巩固的权威性，所以我们要坚持下去。

第三，"适用、经济、美观"这些都是建筑范畴的要素，它们客观的存在，我们要把这些要素全部罗列在我们的方针中也是非常困难的。吴良镛先生引用外国专家的话：所有的要素都必须加以考虑，然而在某一个项目中重大的要素突出出来，赋予建筑以个性。所以我感觉到我们不一定要罗列很多要素和方针，而是应该信任我们的建筑师，让他们根据每个项目的特点，选择最重要的要素来加以特色，这样才能使建筑具有个性。

第四，我觉得当前与其探讨方针中的罗列，还不如下功夫对主要范畴在政策上加以明确、统一和升华。我们在过去的实践中对某些基本范畴有过一些误解，这是需要我们总结的。在"适用、经济、美观"三个要素中，我觉得我们对经济和美观两方面不够明确、统一。拿经济来说，我们长期以来，都把经济和造价等同起来。事实证明建筑建成以后经常消耗能源的费用远远超过了造价，所以强调造价往往却造成了资源浪费。我们现在很

左起张钦楠、周干峙、叶如棠

多建筑追求豪华，高标准，我们对经济有个全新的认识。树立全寿命周期观念，而不是强调造价。对于美观，近年来，城乡大规模建设已经建成的建设评价也有很大的争论，这些争论有利于我们总结经验，从实际中发展建设理论。因此我们应当努力发展健康理性的建筑评论，有些问题非常值得讨论的。比如，如何对待建筑形式，过去我们有一句话很流行：形式遵循功能，这句话我认为对重视功能起了积极的作用，是该肯定的，但不能绝对化。因为，形式除了满足功能外，还要有独特的艺术价值，所以"适用、经济、美观"的方针中，把实用和

美观是并列的，总之，实用和美观不能等同。现在我国确实出现很多奇形怪状的设计，引起很大的争论。我觉得对这些设计，应该研究讨论，认真对待，同时也该看到当前中国存在的大量问题不是"奇形怪状"，而是"千城一面"。老百姓对这个问题已经非常厌烦了，建筑师的任务是对奇异建筑进行理性的思考，提倡和追求鼓励中国建筑师开创美好的形式。怎么叫美好，大家可以讨论，问题不在于追求形式而在于是不是美观。

第五，最近有机会在杭州访问参观了王澍作品。他给我印象最深的一点是他发动学生捡废砖废瓦，用在现代建筑上。这种循环经济的做法很符合绿色设计的原理，给他的设计带来了传统和现代结合的特色。在这里允许我发点牢骚：我是学土木工程的，现在中国的建筑舞台上"木"早就没了，"土"也吃光了，在吃光以前还要批判秦砖汉瓦，把这个问题推给了老祖宗，这是我们"吃"的不是老祖宗"吃"的。所以现在是没有土木工程了，有的是铁石心肠和铁石工程，而且大量铁石是进口的，能吃几年我不敢说，铁吃光了我们吃什么？应该去吸取国外的经验，加拿大和澳大利亚建筑中用木材很多，他们怎么保持的，在拉美和欧洲很多国家，砖建筑很多，为什么他们能够这样做，我觉得就有怎么保护自然资源。加拿大就有很多措施保护生灵、木材的经济使用和木材的代用，所以它们能够持久的生存。真正希望我们有一个全民动员的保护资源、循环利用资源、再生资源的全民运动，只有这样我们才能够使我们建设持续发展下去。这也是建筑方针新的力量！

赵知敬（北京城市规划学会理事长）

最近大家都在讨论罗马的维特鲁威当时讲的"坚固、实用、美观"和我们的建筑方针"实用、经济、美观"的关系，其实我觉得原则上它们是一致的，当初60年前提出的方针虽然和维特鲁伟差不多，只是"实用、经济、美观"更适合我们国家国情和经济。

建筑方针的内涵要怎样与时俱进，因为我当规划委员会主任这些年包括规划设计和住宅设计等我们每年都在探索建筑主导方针，但说来说去其实还是围绕"实用、经济、美观"，2008年奥运会时，时任国家总书记胡锦涛和罗格对话奥运工程时讲，我们的奥运是绿色奥运、科技奥运、人文奥运，这12个字也没有脱离"实用、经济、美观"，然后市委又把它引申为后奥运：人文北京、绿色北京、科技北京，把"人文"提到现在，实际也是更多地体现了实用性。这三大理念在全国各行各业都有"人文北京"，那么，建筑设计的"人文"如何体现？最近这两年北京市领导包括规委的领导我给他

们归纳提出16字：以人为本、沿袭传统、绿色节能、安全设计。这两年展览会的主题就是这16个字，这16个字可能更接近现实。

20世纪90年代末，规划学会自告奋勇组织了90年代"北京十大建筑"评选活动，有60万人投票，我跟金磊说：你好好总结这十个工程，实际上就是在总结实用、经济、美观。今天我参加这个会特有感慨，明年会是我们的展览会的第20届，回顾20年，离不开改革开放30年，这30你那又是在前30年的基础上，所以如果按"实用、经济、美观"60年好好评价总结是对今天很好的，我们现在需要声音，中国好声音。我探访过美国被炸的"9·11"大楼总建筑师，我问他多高的建筑算高？他说70层就已经够高了。后来"9·11"事件后，驻纽约领事馆专门给外交部写信，他们建议建筑的高度太高不实用。

费麟（中元国际工程公司资深总建筑师）

有关建筑方针的基本看法，我已在《建筑学报》2004年第12期中的《温故知新话"方针"》一文中表述。下面从专业技术上再具体谈一些建设性的意见。

为什么要重申建筑方针？透过现象看本质，产生某些违背建筑方针现象的原因绝不仅是观念和方针的问题。其深层次的问题涉及很多在市场经济中体制机制问题，缺少游戏规则、缺少宏观调控的问题。目前，在城市建设和开发中大量暴露了无法可依、有法不依、执法不力、司法不严等违规违法的问题。例如基建程序（不作科学的可行性研究、搞三边工程、钓鱼工程）规划设计的质量控制和验收制度（报照图和施工图不一样，施工图和实际建设不一样）、大型工程项目上马的决策制度（奥运工程的"瘦身"就是问题）、设计方案竞赛制度（如将施工图的招标与设计方案竞选混同）、干部选拔与考核制度（政绩工程、首长工程与此有关）等都是目前基本建设战线上亟待解决的问题。今天重申建筑方针是必要的，但要防止在建筑方针问题上引起一场大讨论和大争论。

方针要与时俱进。首先适用范围不同。原建筑方针是在《关于加强设计工作的决定》（1956年）中提出的，并且很明确是在"民用建筑设计中"必须掌握的原则。今天重申建筑方针，不应只限于设计工作，应贯穿在整个基本建设与开发建设的全过程。

其次，建筑方针的内涵不同。原来方针中强调"在可能条件下注意美观"，美观的含义是狭义的，就是指建筑艺术中的形式美。当时提出了"民族形式社会主义内容"的口号，针对了"大屋顶"形式主义的出现，在

特定的历史环境中，建筑方针起到了调控的指导作用。还有，时代对"美观"的追求不同。经过改革开放短短的30多年，我国广大人民在物质和精神上发生了巨大的变化。爱美之心人皆有之。白毛女在经济条件很差的情况下，为了欢欢喜喜过新年，还扎了一根红头绳。要知，穷人也有爱美之心。今天老百姓生活提高了，不仅对穿着化妆有讲究，对添置一个电脑、手机、汽车以及住宅，都要讲究"美观"。建筑要美观绝不是大逆不道之事，问题是掌握好度。这个度有物质基础（经济、适用）也有美学观点的问题。固然美观是要有前提条件。但适用和经济也要有前提条件。就适用来讲也有一个标准，有穷人、老百姓的适用也有富豪权贵的适用。就经济来讲，也有一个条件。对于毛主席纪念堂、宇航工程、军事国防工程来讲，功能和安全绝对是第一位的。

为此我提出几点建设性意见。①如要重申原来的建筑方针，不要刻意去扩展"美观"的时代内涵。这样，容易引起不必要的误解和争论。②重申建筑方针是为了在新时期进一步加强设计全面质量。提高设计工作的质量不仅限于对方针的理解。③要防止一个倾向掩盖另一个倾向。在我国的建设历史中，既出现过形式主义、贪大求洋的倾向，也出现过片面节约的倾向（曾出现过低标准干打垒建筑、单砖墙建筑、无钢筋水泥无木材无砖的四物建筑）。在重申建筑方针时，还要爱护建筑师们的创作热情，仍要提倡双百方针、繁荣建筑创作。④如要重申建筑方针，最好的办法是在《人民日报》或《中国建设报》上发表社论（可以连续几篇来阐述建筑方针），或在全国设计工作会上由领导发表一篇重要讲话。

张宇（全国勘察设计大师、北京市建筑设计研究院有限公司副董事长）

建筑方针60年，也应该是建筑创作发展的60年，建筑方针指明了方向和道路，它是我国建筑行业发展首先要遵循的。建筑方针是建筑文化不过时的一个命题，建筑创作方针应该是一脉相承的、是可持续的。

王军前段时间送了我一本他的新书《拾年》，主要谈北京这10年大拆大建的过程。我也从中想到这10年我们发生的大事小事不断，像中国加入世贸，北京申办奥运，上海申办世博会，深圳的大运会，广东的亚运会，西安的园博会等这些都在2001年以来，短短10年给城市建设带来翻天覆地的变化。现在城市化率我国已经达到了近50%，中国的大门不可逆转地向世界敞开了，中西方文明开始悲情碰撞，几件大事对城市发展的模式、结构、形态和文化带来了极大的冲击，这就要求我们必须对城市规划、建筑艺术等方面在全球化、经济化的今天进行梳理，明确当下使命。

刚才许多专家也都说过，古罗马的许多建筑师在《建筑十书》中提出了建筑的基本原则：坚固、经济、美观，它准确地表达了建筑的基本属性和设计应遵循的基本原则，它是我们创作的基石。所有普林兹克奖奖章的背面也都刻有亨利·沃特1624年在《建筑要素》一书中提出的建筑三个基本条件也是：坚固、实用、愉悦。中华人民共和国成立以后，一直执行的是"适用、经济、在可能的条件下注意美观"，后来调整为"适用、经济、美观"都是基于这一基本原则。随着改革开放的不断深入，我国社会经济得到快速发展，建筑业的发展也到了前所未有的高度，人们对建筑的认识也达到了一个新的阶段，各种各样的建筑流派和思潮不断涌现，我国的建筑设计水平取得了长足的进步。但同时建筑设计出现了片面的追求形式上的创新求异的取向，片面地将"新奇特"作为建筑创作的方向，不顾使用功能，不管环境关系，更不顾技术经济条件，将建筑创作流于简单的感官冲击，将技术进步退化为单纯的材料堆砌；更有甚者生搬硬套地将国外新建筑形象和时髦的建筑符号拼接在建筑中，全然不理解蕴含在形式内部的理念和技术背景，导致很多单纯追求豪华、忽略经济适用的建筑作品的出现。

刘临安（北京建筑工程学院建筑与城市规划学院院长）

第一，在座的老专家是建筑方针的经历者，我们是建筑方针的听说者。刚才提到解释方针，方针内涵今天来讲仍有指导意义，也没有必要去加尾巴。比如说经济，过去的经济是狭义的经济，今天的经济包括绿色和节能都是完全赋予新的含义，其内涵却没有变，如果改了恐怕会把时代特色抹杀掉。例如1979年我们改了国歌，后来我们又改回去了。

第二，我们今天对60年建筑方针从建筑教育者角度认为还应该给学生们灌输，给他们进行讲解，因为这个毕竟对建筑师和建筑创作具有原则性的内容。

第三，它和维特鲁威的关系，我们的建筑方针多多少少跟维特鲁威提出的意义上有点渊源关系，我们不完全尊崇，这是我们当时着眼大时代特色而提出的。

胡越（全国勘察设计大师、北京市建筑设计研究院有限公司总建筑师）

"实用、经济、美观"来自维特鲁威《建筑三性》，我认为这两者还是有一些差别的，《建筑三性》说的建筑属性，咱们的《建筑方针》说的是人如何做建筑，是建筑的态度。建筑属性在历史发展进行中会长期保持稳定，而人如何做建筑，如何看建筑的态度是与时俱进的。这两者至少在我上学的时候我是把它们混淆一起，分不清楚，因此还会出现在中国现实好多乱象。我个人认识是跟概念混淆有关系的。中国建筑乱象的原因，其一是对建筑本质认识的缺失，其二是涉及更宽广的社会问题，比如制度和管理模式等，还比如大家说的浪费，做的各种怪建筑都可以从更广泛意义说是跟社会有关系。实际上，对建筑学下的定义，是由两个方面组成，一是为满足人类对物质需要，另一个是精神诉求。物质方面就是实用和坚固，人的精神诉求是对美的追求，因此我觉得现在的乱象不是过多地强调建筑的美，而是对美的缺失和放弃。大自然的建筑师很多动物和植物从广义讲都可能是建筑，而且还做得很好，但从人主动对美的需求，应该说人做建筑是为满足自己需要的一个特点。另外从建筑本身来说，它肩负着实用和人对美的追求，从简单的加减法和受众面来说，对美的追求更重要。很多建筑实用功能是针对建筑的主人和使用者，是少数人。而所有人都要在建筑的城市环境中生活，建筑是组成城市环境的背景，必须接受。因此美这个属性很重要，城市和建筑的美是物质性和精神层面上很重要的。

城市的美不等于艺术创作，出现乱象是把建筑的美等同于自由的艺术创作，在城市的层面上，美应该是一种控制，从现在看到的实践结果来说，城市的美主要表现在连续性和次序，在古代中国或者外国有很多游戏，优美的城市都是在强烈控制条件下产生的结果。通过法则，欧洲有注释和样式，中国是法则建筑最极端的代表，因此我觉得任何一个城市和建筑应该对自己城市的美提出一个价值判断。我国过去批判过形式主义，还有最开始提出的，建筑在可能条件下的美观都给人一种误判，美是可以讲也可以不讲的，恰恰这种情况导致中国新建城市普遍缺失的美。不管穷富美是最基本的执行，在远古生产力低下，人也需要骨头串串来美化自己。我们现在受到很多影响，实际上是受到当前比较发达的西方文化影响，我们忽略了西方的现代性不等同于中国的现代性，中国从城市发展角度讲与西方落后了很多年，我国过去传统美的城市被这几年迅速的城市化和经济发展全都拆了，而西方大部分的城市遗产都在保留中，因此它的建筑创作中的美是在大的基调中小的闪耀。但是我们的条件下，我们的基础已经不复存在，如果在这种情况下放弃主导性质美的追求，变成任意胡来，那么我们的城市就是可悲的一个乱象。中国需要采取怎么样的策略，是一个很难回答的问题。在当今经济的大浪潮中，多样性和西方文化的误侵是非常严重的，同时我们自己在管理和价值判断上都有很多误区，包括领导的决策都是不符合客观规律的，但这种情况可能会在中国长期存在。库哈斯曾提到他在研究东南亚城市，特别是中国珠江三角洲一带普通城市，他认为是四个无：无个性、无中心、无历史、无规划，就是将来人类历史发展的方向。我觉得中国老百姓是非常可怜的，在我们迅速化城市建设中我们没有找到城市的建设方向，现在的建筑方针不足以指导建筑的前进。我认为可悲的状态是城市要丑下去，跟国外优秀的古代文化城市比我们是丑的，现代建筑也一直没有解决这个问题。

贾东（北方工业大学建筑学院党委书记）

第一，实用、经济、美观有历史变化的原则，在中国 60 年以前明确提出，有我国工业化的大背景，是有道理和意义的，而中国的工业化，现在体系完备，发展很不均衡，整体水平有问题，我们缺乏大量的、批量化的产品品质，所以工业化到工业文明的过程其实我们还存在很大的问题，所以背景还存在，那么"实用、经济、美观"的现实意义还存在。

第二，现在的后工业和信息化提出管理，但片面化的对于信息化和后工业的理解加剧我们原来很多没有完成任务的进一步误解。首先，文明不等于高、大、绚，工业化也不等于工业文明，而信息化也不等于对工业文明的全盘否定，所以对于文明认识的错位是今天很多问题的内在原因。

第三，我们应该拓展建筑普及教育的深度和广度，建筑专业教育不谈。建筑普及教育在中国是空缺的。大多数人对于建筑的评价实际上是两极化，他去买房子看它的商品使用，从来不考虑实用美观。但是对于别人的东西作为作品欣赏，首先是美观，所以对于建筑的普遍认识还是对于文艺作品的欣赏，而不是工业产品的认识。从对文明认识的深层次来讲，我们要往前发展，前面是生态文明，它在我们工业文明的历程里是不可回避的，我们要回头看看我们几个文明取得的成就，只有这样我们的建筑才有可能全面的发展，而对于建筑普及的教育深度和广度，"实用、经济、美观"可以作为一条线索脉络来进行。

1月5日
上海市规划国土资源局印发《上海市建设工程三维审批规划管理试行意见》的通知，在全国率先使用三维模式审批规划建筑设计方案。

1月
郭沫若故居博物馆及文化苑竣工。

成都来福士广场竣工。

3月12日
中共中央、国务院印发《国家新型城镇化规划（2014—2020年）》。

3月18日
美国建筑师学会(American Institute of Architects, 简称 AIA) 主席米奇·雅各伯致信同济大学副校长吴志强教授，祝贺他被遴选为2013年度美国建筑师学会荣誉院士。

3月
广州市珠江城竣工。

4月
乌镇大剧院竣工。

4月3日
中国建筑学会科普工作委员会在上海举办了"寻找中国好建筑"科普主题论坛。

4月18日
住房和城乡建设部制订的《"十二五"绿色建筑和绿色生态城区发展规划》公布。

4月27日
由住房城乡建设部制定的《房屋建筑和市政基础设施工程施工图设计文件审查管理办法》发布。

5月
住房和城乡建设部公布2012年中国人居环境奖获奖名单，青岛市保障性住房建设项目荣获"中国人居环境范例奖"，这也是全国唯一获此殊荣的保障性住房项目。

绩溪博物馆竣工。

6月23日
由《中国建筑文化遗产》策划并承办的"院士走进紫禁城"文化遗产活动，在故宫博物院举行。在单霁翔院长的陪同下，13位德高望重的院士及知名建筑师参观了以故宫乾隆花园倦勤斋等为代表的故宫文化瑰宝，听取了单霁翔院长所做的"故宫梦"演讲。

6月25日
国家建筑标准设计信息化应用研讨会在武汉举行。

6月
深圳宝安国际机场 T3 航站楼竣工。

7月
大连市体育馆竣工。
北京凤凰中心竣工。
玉树州格萨尔广场竣工。

7月7日—8日
首届中国20世纪建筑遗产保护与利用研讨会在天津大学召开。

8月15—16日
"医药洁净厂房设计技术交流讲座"在杭州举行。

11月26日–28日举行云南建筑考察活动

11月，中国工程院在南京举行"中国当代建筑设计发展战略——国际工程科技发展战略"高端论坛

9月6日
第四届 "创新杯"——建筑信息模型（BIM）设计大赛在京举行颁奖典礼。

10月20日—23日
举行以"繁荣建筑文化，建设美丽中国"为主题的中国建筑学会2013年年会暨成立60周年暨纪念活动。

10月26日
中法城市与建筑可持续发展学术研讨会在同济大学召开。

10月29日
中国工程院江欢成院士从业50周年庆典活动在上海举行。

11月
内蒙古自治区科技馆新馆及内蒙古演艺中心竣工。

11月22日—23日
由中国工程院主办，东南大学和中国工程院土木、水利与建筑工程学部共同承办的"2013中国当代建筑设计发展战略国际高端论坛"在南京紫金山庄隆重举办。

12月12日
习近平在中共中央召开的首次城镇化工作会议上讲话指出，城镇化是现代化的必由之路，推进城镇化要坚持以人为本、优化布局、生态文明、传承文化的基本原则。

住房和城乡建设部根据国发[2013]34号文件精神，将"梁思成建筑奖"正式转交中国建筑学会主办。

12月3日，首都城市规划建筑设计方案汇报展迎来了第20次展览

"口述历史说建筑"建筑师茶座

编者按：2013 年 2 月 28 日，在中国建筑图书馆举办了以 "口述历史说建筑" 为主题的建筑师茶座活动。

金磊（《中国建筑文化遗产》《建筑评论》主编）：

今天是 2013 年 2 月份的最后一天，也是我们要举办今年的第一个茶座。在座的诸位专家也都知道，建筑师茶座已经办了有 10 年了，我们越加认识到，把这件事情做下去有非常重要的意义。今天我们还很荣幸地邀请到了陈墨先生，他一直在做口述历史的研究，并且正在出版一本关于口述历史的学术研究著作，或者说方法学的书。他做电影口述历史学的研究有很长时间，编书有 30 卷本，我们非常欢迎陈先生这位建筑界的朋友来参加我们的跨界论坛。

我觉得口述历史是一个很有意义的行当，就像一位历史学家说的：历史是彷徨者的向导。这说明，如果人类共同体是一艘驶向遥远未来的巨轮，那么过往的历史，恰如同高悬的灯塔，记录是为了记住历史，留下历史，呈现历史，并且复活历史。我们丰富的国家历史，也是由不同的个体、家庭、行业的历史汇集而成的。什么对行业发展最重要，我想只有人。所以我们的杂志近年来推出了一个栏目，叫作设计的遗产，现在越来越觉得这种提法是正确的。

2012 年末记得我写了一个小文章，叫作《建筑悲歌》，记录了罗哲文、杨永生、华揽洪的离去。记得 2012 年 5 月 21 日，我和三位 81 岁的老者——杨永生、钟华楠、张钦楠相聚。他们三位一见我的面就对我说，罗哲文的离去带走了一些事情，有的恐怕永远也不会有人弄得清楚了。老杨总也说过，这些事是后人无论如何都再也找不到的，因为当事人走了。比如说李庄旁边那棵小树是怎么回事，当时不在那的人怎么可能清楚，所以都会是杜撰，都会是演绎。

季也清（中国建筑图书馆馆长）：

每个图书馆都有自己珍视的藏书，它们代表着这个图书馆的性格、气质和魅力，从各馆藏书中，读者可以了解一个人，一段历史，认识一个时代，最终与图书馆相识成为好友。

中国图书馆是住建部的行业图书馆，从 1958 年建馆至今已有 55 年的历史。本馆收藏清道光九年 (1829) 以来的线装古籍、地方志和 1820 年以来出版的有关历史地理、绘画雕刻、建筑艺术等内容的中外文书刊（其中相当一部分是文物价值高、品相精美、流传较少的文献典籍）。这些弥足珍贵的建筑文化遗产，也是我国文化遗产的重要组成部分。正是由于图书馆几代人几十年持之以恒、坚持不懈的努力搜集才得以积累保存至今。

借用当下时髦句式：有一千个读者，就有一千个哈姆雷特；同样，有一千个建筑设计者，就会有一千段建筑历史故事。下面我用馆内珍藏的一本书来谈一下对古老建筑的感受。

自古以来，每个建筑都有其自身特别的历史背景和文化价值，而好建筑会讲述历史，会触及人的心灵。回望北京的城墙与城门，曾经因为它们的存在，让这群古老的建筑拥有了自己的生命，也因为它们在 20 世纪我们的视野中，城砖一块块被拆卸迁毁所剩无几，不再目睹它们的雄姿，使人扼腕叹息。如今我们只有凭借瑞典人奥斯伍尔德·喜仁龙所著《北京的城墙和城门》，来瞻仰它们在那个时间和空间里的定格了。

本馆有幸珍藏了英文原版《The Walls and Gates of Pekin》（译为《北京的城墙与城门》）。作者是瑞典美术史家、汉学家喜仁龙 (Osvald Siren, 1879—1966)。"民国" 九年（1920），他通过对北京城墙、城门长达数月的实地考察、测绘，并结合文献研究最终完成此著作。书中收录照片 109 幅，测绘图纸 50 幅以及工程勘察记录。此书 1924 年由伦敦 John Lane 出版社出版，尺寸为 27 厘米 ×33 厘米，厚度 5.2 厘米。全球共发行 800 册，本馆收藏第 241 册（国图善本阅览室存第 116 号）。

著者在前言提及："我所以撰写这本书，是鉴于北京城门之美，鉴于北京城墙之美，鉴于它们对周围古老的建筑、青翠的树木、圮败的城壕等景物的美妙衬托……它们与周围的景物和街道，组成了一幅赏心悦目的别具一格的优美画图"。读到这样生动的语言，遥想当年北京城墙与城门雄姿，触动一种深刻的感情从这群建筑本身透出来，透过我心痛震颤。

每当我被堵在路上的时候，我就会想起明清时的北京墙垣城门是明代永乐朝在元代大都的基础上改建和

费麟　　　赵知敬　　　刘若梅　　　陈墨　　　韩振平　　　朱侠　　　季也清

殷力欣　　　贾珺　　　任浩　　　李沉　　　叶欣　　　金磊

扩建的，到现在已有700余年的历史；想起瑞典人奥斯伍尔德·喜仁龙《北京的城墙与城门》，想起"梁陈方案"对古城保护的执着；想起这座城市的前世今生。

正是因为这座古城里面产生的那些"历史故事"，使北京的城墙和城门自身蕴涵着生命和情感，透着有一种浓重的痛让每个人感同身受。

此时我想起一句经后人改编的名言："城市是石头写成的书"，而我感触"记忆比石头更坚固"（诗人雷抒雁语）

费麟（中元国际工程公司顾问总建筑师）：

我第一本书是纪念我的母亲，是和我妹妹一起写，第二本书写我自己。我觉得母亲在世的时候，我没有和她多多交谈，这实在很遗憾，可能也属于不孝吧。我现在能体会老人希望年轻人跟他谈话，谈话当中老人就想传达很多信息。但当时的我没有认识到这一点，等她走了才觉得很遗憾。所以我写第一本书的主要动机是感恩。为什么感恩呢，因为我母亲是2004年去世，2009年的时候是她去世5周年，我想纪念她。还有一个，就是我自己毕业50周年，这个感恩的意思就是饮水思源，温故知新。我本着这样一个思想，在你们一个大主编和大社长的鼓励下，斗胆写了这些东西。

第二本书主要是写我经历过的和看到的人和事，而不是写我自己，虽然有时候也是避不开要写一点。就这本书里面，我觉得我的成长过程有四大教育。一个是家庭教育，一个是学校教育，一个是社会教育，还一个是专业教育。这四大教育对我影响比较深。我想写，但是光想是写不出来的，我要有一大批资料才能去写。我

妈妈有这个习惯，她刚毕业的时候，她的导师刘既漂在广东开事务所，就让我父母俩过去。去了以后，当时因为抗战，我父亲就写了一本书《国防工程》。后来广西大学的郭天慧，也就是张锦秋爸爸的同学，他就叫我父母去广西大学教书。我生在广东，后来又跑到了广西，而我妹妹就是在广西出生的了，所以我妈妈后来就开玩笑说，你们两个不是"东西"。1938年的时候，我祖父去世，也就是费穆和我爸爸的父亲，我们就从广西去上海奔丧。当时奔丧很简单，提一个皮箱就可以走，可等我们要回去的时候就回不去了，因为日本打到广西了，整个家也全都毁了。但所有重要的东西都没丢，因为有个经验，凡是出远门，就把自己的作品、手稿、证件全带在身上。假如没有这些，那我父亲的《国防工程》，还有很多手写的东西，我根本无从得知。我的母亲这点非常厉害，她把我小学的日记啊、成绩报告单啊都留下了。我看了这些东西，想起当时的情况，见物思情。所以我一方面主观上想写，一方面是客观上有材料，因此就能够将一些照片，一些材料，放到我的书里，那本书我放了508张照片。

我当时还很遗憾访问的事情。我母亲去世以后，我就想访问她的同学，她当时有十一个同学，有张镈、张开济、张家德、林宣（林徽因的堂弟），还有唐璞，这些人我小时候都见到过。等我母亲去世我就想去访问这几位，可是来不及了，林宣和唐璞两位一下子都走了。口述历史一定要访问当事人，我表示遗憾，非常遗憾。

我所说的四个教育里面，第一个就是家庭教育。我所在的是个大家庭，特别从我母亲这里是很典型的老式家庭。她的母亲是荣县第一位中学女校长，辛亥革命

的时候带头"放脚"，不梳辫子，但是她很早就去世了。我妈妈受她影响很大，还有她的三个哥哥，包括张锦秋的父亲。后来我妈妈去中大考试，两个专业都考取了，一个是文学系，一个是建筑系。一篇很难的古文让圈断句，她全都对了，所以系主任很惊讶，就让她进文学系。结果她也很实在，说学文学不能养家糊口，我还是学建筑吧。所以我妈妈的性格还是受她父母影响很大。

我小的时候，也和我的大伯费穆住在一块。他是个导演，而且不是科班出身，但是他最初的三部电影"人生""香雪海""城市之夜"都是由阮玲玉主演的。他没有上过学，没有读过大学，完全靠自学。所以我的家庭对我影响很大，这种影响，就是耳濡目染的。

等我上学的时候，两个学校对我都有影响，一个是上海南洋模范中学，一个是清华大学。其实老师当时教的知识我全忘了，但他教你怎么学知识，怎么做人，这些我没忘，这其中还是有启发性的。我还记得当时在上海，因为我喜欢文学、国文、历史、物理、几何，独不喜欢化学，因为他不是推理，要死记，我就觉得很烦。有一次上化学我就捣乱，我说老师，化学分子式为什么非要这么写。结果老师也没给我打回去，他说，化学分子式是假设，是实践证明可行，假如你费麟又假设一个更好的，我们都用你的。他没有把我一板子打回去，但是我就感觉这个老师很好的诱导了我。

所谓社会教育就是我没有回避所有的运动。反右那时候，我们班90几个人，打右派打了3个，工作组一来说不行，5%比例，再加2个，随便就给拉出2个去当右派。"反右"大游行更不说了，超声波、打鸡血，都是很怪的东西，当时都是小孩也不理解，反正都是怪怪的。我那时候打麻雀，人家问我打了多少麻雀……不理解当时的情况。然后就是"文化大革命"，当时我在清华。贾教授应该知道，我们"臭老九"都被发配到鲤鱼州去啦。我发配到鲤鱼州一开始是壮工、劳力，后来看我表现好就把我放到木工组，跟吴良镛和汪坦在一块。刚一开始挑担根本不行，后来挑砖100斤没问题；木工也是一点不会，到那凿榫眼、锯子、刨子后来都会一点，回来之后我还做了个圆桌呢，身体反而锻炼好了。

我一生主要做的技术专业，前面做的两个项目是为我打基础，其他主要项目全是在后30年做的。比如说我做财富中心，财富中心现在的车站名叫金台夕照，这是因为我们在财富中心挖基础的时候挖出来一个碑，就是燕京八景的乾隆那个碑。挖出来以后，规划局就跟我们的甲方说，必须把这个地方留出来，做绿地。当时就没想到，做财富中心会有一个八大景之一给发现出来。做项目反映当时的时代，反映当时的人跟物。

在这个专业里面，我不回避对当前建筑乱象的批评。比如我对当时注册建筑师的制度，咨询制度的质疑。咨询说得很怪，我们还搞了很多咨询公司，什么叫咨询公司，国外根本不认可，建筑师当然可以咨询，而咨询是建筑师的前期工作。还有一点就是施工图审查，我特别反对施工图审查，我设计的项目我终身负责，要你政府来组织施工图审查，多此一举。为了审查，特别来个强制性规范，又是多此一举。规范大家都知道有必须遵守，你还从里面再挑出来强制性规范，那剩下那些非强制性规范要不要遵守呢，不遵守的话那还叫规范么。所以很多的都做得不可思议。

刘若梅（中国文物学会传统建筑园林委员会副会长）：

我和金主编意见一致，应该和这些老人多聊聊天。我本人是从1984年跟着戴念慈部长一起工作，在改革开放初期，成立一个文物保护学术单位。用现在时髦的话说，就是摸着石头过河。在那样一种状态下，成立一个学术单位很难。当时的老专家大多已经60岁了，因为前几年想做事情的时候，就像费先生说的，都在跟着这个社会在瞎折腾。所以这些人也就在想，即便退下来了，利用这么一个平台，能继续做些事情。而当时真正发起这件事情的也不是文物界的人，而正是那些老建筑师们，包括张镈总、赵冬日这些人。那个时候也没想着说，没有资金我们这些人能做什么。稍微有个单位有点资助，大家就能坐在一起，真是畅所欲言，说一些想法，做一些具体的事。本来"文革"期间经济不景气，还没有大批的拆毁建筑。可是实际上，从解放初期一直到改革开放，就拿咱们眼前的北京来说，也已经是面目全非。要真正从现在的保护意识来说，那个时期的事情现在看没有一件不觉得是可惜，那个时候也已经是一个半现代化的城市了。所以说还有好多老人坐在一起说，即便发展经济，也要保护这些该保护的东西，因为它就是一个历史的遗存。所以这些老专家，也都是在自己本职工作以外的时间去做这些保护的事情。

殷力欣（《中国建筑文化遗产》副主编）：

殷力欣：我开始接触口述历史工作是在1993年。那年，陈明达先生嘱咐我帮他整理文集，这个工作也涉及了口述历史的采集和整理整理。这两项都是很有难度的。比如说整理工作，采访人往往会面对原始的录音资料有无从下手之感：因为采访者与采访对象往往是闲谈的形式，不可能逻辑性很强。受访者说完A说完B，突然之间想起了F，却没有说C，所以在整理的过程中，这些逻辑性的梳理，是要下一定工夫的。另外，录音毕竟不是白纸黑字，有些语音的误差也很大。还有一个更大的难点，是对口述实例真实性的判断：口述者本身的记忆未必都是100%的准确，个人讲话也难免带有一定的感情色彩，也难免会影响口述者本身对某事某人的判断——往往所述事件确实存在，但前因后果则语焉不详，甚至出现了有意无意的曲解。因此，不同人对于同样一个事情的理解，一旦记录下来，日后需要有一个甄别过程。我在整理陈明达先生资料的过程中，就会发现莫宗江先生和陈明达先生是那么好的朋友，但是对同一件事情，也会有不同的认识，不同的理解。近期看到了一篇口述历史资料，其中涉及陈先生对某事的看法，可以肯定是与事实大相径庭的。陈先生原话的意思是："对古代建筑作测绘研究，是保护古建筑的必要手段之一"，而某位曾与陈先生共事的人却混淆逻辑的把这句话曲解为："对古代建筑作测绘研究，就是保护古建筑"，甚至还加上了他自己的发挥："对古建筑只保留测绘资料就足够了"。对此，除了做逻辑上的辨析之外，还可以再扩大范围地征集旁证。

据我所知，陈明达先生于1950年由梁公推荐他到国家文物局任职。当时他正在重庆设计西南局办公大楼，梁先生在致陈明达信中力劝他来北京发挥其建筑历史研究的专长。但1953年陈先生去文物局报到的时候，梁先生却又告诫他说："要在不妨碍社会主义建设的前提下，尽可能多的保存古建筑"。这说明当时的形势已经变了——为建设不惜拆除古建筑的主张开始占上风了。在此历史条件下，无论是梁先生、陈先生，还是那时只是普通职员的某先生，都不可能不顾大趋势地主张"凡古必保"，而只能尽力争取"多保少拆"。也就是在这样的时事背景下，陈明达等主张：如果决计拆哪一处古建筑，务必在拆除之前上报详细的测绘资料——一旦拆测绘资料表明其具有"三大价值"，就可重新申请保留。可以说，当时很多古建筑是否得以保存，很大程度上寄希望于测绘工作。这方面有两个实例：北京团城、山西永乐宫。在北京市力主拆除团城之际，陈明达等人及时将团城的测绘提供出来，使得梁思成先生得以有理有据的争取到了周总理的支持，成功保留下了北京团城。再说永乐宫搬迁事件。永乐宫搬迁的决策是在1959年，但对于其应予拆除或搬迁的论证，则在1957年就开始了。当时陈明达会同祁英涛、杜仙洲等作永乐宫考察、测绘，是决策其整体搬迁而非拆除的决策要素之一。这两则史实，大致可佐证陈明达的真实学术观点并非某先生所言。

我认为口述历史一定要注意两件事情：口述材料在逻辑上的梳理和对于史实的反复论证。

贾珺（清华大学建筑学院图书馆馆长、教授）：

这让我联想到很多年前我读过的冯骥才写过的一本书叫《一百个人的十年》。他选择了100个人，从相对比较显赫的政治人物，到很草根的农民、工人，大家不同的文明不同的经历。一个宏大的历史一定会是由若干个体的生命历程，个体的历史来组成的。

回到我们这个专业，我的感触就是，建筑这个专业相比较很多别的专业来说，往往和整个社会的演变，包括国计民生的关系，还可能更紧密一些。具体来说，特别是新中国成立以来的第一代建筑大师，包括很多第二代建筑大师，很多大师级人物，他们往往出身于很重要的世家。当然后来，随着专业进一步的扩展，教育的普及，到我这种徒子徒孙辈出来的，都是很草根的了。但是我们看第一代建筑师，往往有很深的家世背景，包括费总，都是非常有传承的，当然殷先生也属于是这个世家的延续。但是到了我这辈的时候，我上学已经比较晚了，20世纪80年代、90年代读书，其实很多大前辈，比如梁、刘、杨、同诸老，已经没有机缘见过了。但是第二代大师里面有些人物，还有机缘稍微瞻仰一下风采，而深的接触就不敢说了。我还有幸见过费总的母亲张先生，是在20世纪90年代末的时候，国家大剧院第二轮方案展的时候，我印象很深。当时在那个博物馆，我的老师给我介绍说，你不要小看这位老先生，虽然当时张先生年纪很大了，由费总搀着她走，但是张先生的风度仪表还是非常的震慑人心的。费总刚才说到的一些事，好多我都读过，包括费穆先生的故事，包括他的一些经历，令我非常感慨。他们的身上其实不光是见证了很多的历史事件，而且他们还亲身参与了，这个是非常重要的，不可替代的。

我在清华读书的时候，第二代大师也都纷纷退休了，我还见过莫先生一面，还记得莫先生跟我说的那句话，"做建筑还靠你们年轻人啦，我现在过时啦，什么后现代主义，我根本弄不懂"。他这个话其实带有一定的脾气在里面的，我印象很深。我还见过汪先生，记得当时没别的福利，就是每年会发水果，但总不能让汪先生、马先生过去取吧，所以当时就派年轻人去送。我送过去就发现汪先生他半天不让我走，他有很强烈的讲故事的欲望，而且老先生他耳背，我说什么话他根本不听，就他一人滔滔不绝，而且声音很宏壮。汪先生2001年过世前那一段时间，他在北医三院住院的时候我去陪过床。老先生有时候醒过来，还是会跟我不停地讲，我当时就没想到用个录音机去录，不过幸亏，当时这个工作有一个更重要的人去做了，就是赖德霖老师，他是汪先生的博士生。在 10 年前我开始接手建筑史这个刊物，也就是之前的建筑史论文集。一直是我们清华建筑学院"以书代刊"的这么一个刊物。我接手的时候发了一篇文章，就是赖老师写的，叫作《口述历史·汪坦回忆》，赖德霖笔录。汪先生的回忆，是成名的学者来记录的，赖先生还给文稿做了很多的注，比如汪先生里面提到的某人，他就写明了相关的历史的背景。我当初很希望这种内容能变成一个专栏，结果却是绝唱。

很多这种口述历史其实可以更鲜活地告诉我们，在这个整个社会大背景下每个建筑是如何产生的，他所受到的各种因素的影响是什么，也包括每一个建筑师在这种潮流当中如何去奋斗、抗争，如何去实现自我，所有这些，我觉得拥有很高的价值。我们前些年有一个博士生毕业，他写的博士论文是研究营造学社，他就去采访了很多前辈。他的论文正文是一半，后面一半就把采访作为一个附录放在里面。最后大家一致公认说，你那个论文，没什么可看的，但是那个附录非常精彩，非常有意思。就是说，那个论文没什么意思没人读，但是无意当中保留的很多重要的口述历史却弥足珍贵。很多东西我们今天以为是常识的，也许过了若干年之后，可能事过境迁，就没人知道怎么回事了。我也举个小例子来说下，清华有个很著名的陈志华先生，这个费总也很熟的，先生有三个笔名，分别叫斗武、梅陈、李渔舟，大家都不知道什么意思。我当时亲口求证过陈志华先生，他说他当时写北窗杂记里面就是用斗武，这是他小名，谐音而来，他没有具体解释。他觉得有武这个字吧，有种个人论证的意思，就拿他来做这个杂文集的名字。梅陈呢是因为老外叫他 Mr. Chen，取谐音。李渔舟就跟刚才费总说的情况是正好对上了，他也是被下放去江西那个鲤鱼州了，也是取的谐音。他就希望通过这个笔名，把他一生重要的一些事表现出来。

费麟：

在鲤鱼州的时候，我们和陈志华在一块。当时要批判陈志华，批判他写的《外国建筑史》，结果没批判成，为什么，那些"红卫兵"看了说，还挺有意思啊，算了算了别批他。

叶欣（中广电广播电影电视设计研究院建筑室主任）：

我是在生产第一线做设计的建筑师，不管是电视台还是剧院，多少都跟文化沾一些边。但是我们在创作的过程中，一直会受到这种困扰——历史、文化如何与这种现代的创作相结合？很多理论实际上是在硬靠说辞。

由于机缘巧合，2000 年的时候我正好到了当时的建学事务所。这个原是戴念慈先生搞出来的，后来成立新的建学就成分成几个分部。当时北京的分部是孙芳垂总带头，就是做中央电视塔的，还有张钦楠、张永和、张在元、鲍家声都是分部带头人。

今天我想说说张钦楠先生。他一直在做历史的记录工作，有一些很早就出版的书，类似于读书札记一类的东西。我在好多年前刚读过这个书之后，中央台就播出了《大国崛起》这个节目，里面很多的观点其实是在这本书之后出来的。就是说，张先生站的这个历史的高度，认为从地理的角度去决定整个的历史，历史再决定文化，文化决定政治，在这样的一个传承的脉络上。当然他还有很多书，包括前段时间从国外，他给了我一本南安普顿的《一部批判的历史》的第三版。先生重新整理、编译、出版了。他还有一个系列的书是讲他的爷爷，他爷爷叫张寿镛，在上海创办了光华大学，他对整个中国的传统学说，有非常博大精深的理解。张先生回想他小的时候，他爷爷教他的一些经史子集的东西，那个时候他理解不了，所以现在他就用一种很梦幻的方式，在跟他爷爷做一个交谈。在这个交谈当中，把中国经史子集这几部东西，拿来捋一遍，重新理解一遍这些经典的东西。张先生本来就是一个中西两边都非常博大精深的人，他在写这一系列书的时候，也就把四个东西都讲得很细了。

赵知敬（北京城市规划学会理事长）：

我从 1952 年来这里学习，到现在已经 60 年了。去年我们同学聚会，我们同学年龄最大的已经 80 岁了。一毕业我就分配到规划委员会，1955 年，因为北京市是 1955 年实施决定成立北京都市规划委员会，成立北京市城市规划管理局。

我们编了一本规划志，就是规划的历史，编的还挺厚。储部长说，这城市规划哪些事是咱们订的，就是要把这个真实的历史写出来。这又难为我了，这得多少内容啊。我们就开会，安排写什么；开始的五六次会都没什么东西，到后面我就搜集了好多这些文章，搜集多了一浏览，就出了这个程序来了。那段时间我看见别人，第一反应是他欠没欠"账"，我追着一个个的催文章。到最后编了 1200 页，我就跟印刷厂说最好给我出一本，要是出两本，让人借走一本再给忘了，就缺了。

现在很多人拿着我的书当字典一样，要查什么东西就上我这里面查，上面年月日什么的都很清楚。最近发现这东西还是不行，好多事情还是别人的。最近华揽洪去世，他女儿找到我，谈到甲乙方案，1953 年北京规划局，华揽洪做了一个甲方案，陈占祥是乙方案，他说他爸爸的这个方案比陈占祥的方案怎么怎么有特点。但是我们抄来的那个东西只有一个简单的文字，没有什么详细的内容，也无法分清甲乙方案。如果我说叫华新民查，档案馆不让查，因为那还是绝密材料，我就去查了，一查发现这个材料在昌平县，现给我调回来的，我拿到手一看，有一个说明，很简单的一张纸，上面写着甲乙方案的共同点是什么，甲方案的特点是什么，乙方案的特点是什么。这个就太厉害了，因为人的口述会有记忆上的偏差，但是落在纸上的不会。现在你要想把它复印下来还不行，因为他是绝密，还要报领导，规委同意才行。我说这都 60 年前的材料了早就该降级了，这个甲乙方案在社会上没有争议。后来那个材料我一跟华新民解释，她就听明白了。

华揽洪这个人很厉害，他是在法国学成的，而且在法国事业有成，到 1951 年的时候，他的父亲华南圭不许他回国，但是他还是回来了。他的作品除了儿童医院，还有住宅区幸福新村等项目，确实放在今天来看也是很精彩，但他没有充分发挥他的作用。如果档案本身不完整，那么历史也会出现差异。

现在我还在做一个东西，就是老照片，叫作岁月影像。很多影像拿来以后很精彩，这是历史的一种记忆，而且他很容易引起一些联想。文章很难引起人深入去看，有时候别人问我的很多东西，我说我的文章里其实已经都写清楚了，所以我觉得编历史应该回头看，把我们的事情弄清楚。口述历史也是一种抢救。

任浩（中国建筑设计研究院编辑）：

我们中国院也有一些资料，有一些历史，而我们的工作一方面是给院里做宣传，另外一方面也就是去收集整理这些东西。中国院的特点就是以前很辉煌，20 世纪 50 年代时候做了很多中央的建筑，但是后来因为经历了"文革"，解散又重新恢复，这个过程中好多人员就流失了。"文革"前大概有 1500 人，之后只有 300 人回来。有时候我们也想做一些工作性记录历史，但就像刚才说的，能够提供信息的人，不管是口述的、笔述的，都没有那么的充分了。所以我们就是在 2004 年的时候，出了一本书，当时就是叫《建筑人生》，让院里大约 60 个老前辈，每个人都写写设计生涯当中最有意思的一件事。等书出来以后发现，这些东西经过整理，就如同是新中国成立以后建筑界发展史的缩影。刚才大家都说了，每一个人的记忆都是不同的，有些人可能是记得清楚，有些人可能记得不清楚，但是没关系，大家的记忆都放在一起的时候，这个图像就变得更鲜活。而且大家由各种不同观点切入，最后的结果就比较准确。

现在建筑界大家似乎都有一个倾向，就是觉得中国的现代建筑好像没什么可学的，尤其是年轻一代。我们上学的时候也有这个倾向，这个贾老师最清楚，比如说建筑系里，几个建筑史的课中可能中国近现代建筑史上的人最少，因为大家印象中就是那些方盒子，没什么东西。可是等到我看到我们院原来的一些图档，还有照片的时候，就完全被震撼。我没有想到在 20 世纪年代的时候，中国人曾经设计过那么多，那么前卫，那么现代的建筑，而且是现在可能都设计不出来的。当时那个震动一直到现在都还在，我今天给大家的书里面，又把那个时候我看到的一些 20 世纪 50—60 年代的作品，和现在我们能够看到国外的一些近代当代的作品做了一个比较。我觉得其实中国人的创造力一点都不差，不管是学习现代主义，还有对当时那些功能、材料的运用。但是当时也发现一个特点，我们院里的三大师，就是戴念慈、林乐义、陈登鳌，再加上龚德顺龚总，我们看到他们其实都做过一些很古典的东西，而与此同时他们也都会做一些非常现代的东西。比如像戴总是中央大学的，他有些设计就跟赖特挺类似，林乐义就更不用说了，从美国留学回来，也可以做得非常现代。但很奇怪的就是，他们怎么能够同时做出那么古典也还有味道的东西。比如说龚总做的那个建设部办公楼其实没有大屋顶，但他就把古建筑的韵味，用非常简单的手法做得很精当。

后来慢慢地跟他们这些大师相接触的机会就没有了，因为有的人去世了。龚总也很不幸身体有病。我们给他们做一些书，也和他们周围的人聊，有时候做书这事必须要把他的家人发动起来，要没有家人的话这事不好办，因为往往家里都会有大量的资料。我们也找他们的亲朋好友写些东西，也发现这其中还是有很多很坎坷的事情，他们在那个年代下，一方面想表达中国的文化，一方面也感到压力很大。可能是大家都在这个号召下，有些手法反而受到了限制。

我们杂志做一个栏目，就是图片档案，因为我们有很多珍贵的图片。有时候我们也请做那个项目的人来写一下这些文章，还有的时候就把他们以前在学报上或别的杂志上发表的文章转载过来。有一次我们找到陈登鳌陈总当年做的地安门宿舍，因为那个位置比较特殊，对着地安门，所以用的就是大屋顶。这个设计的结果在我们来看是非常成功的，也把中轴线的状态控制住了。当时学报上还转载了一篇《人民日报》的批评文章，说这个项目在经费上花销太高了。让我们非常感动的是，陈总听了这些批评后，他自己专门请了梁先生，还专门请了好几位苏联专家来评价他这个建筑。他也不是要别人夸他，就是要让别人提出他的不足。后来学报把这些批评和建议也都综合在一起发表了。我觉得现在我们的建筑杂志，建筑评论就没有这个氛围了，大家只要登文章都是赞赏的，因为大家都怕如果批评的话下次怎么办。那一代人的这种精神，还有他们对学识的真挚感情，都值得我们这代人学习。

韩振平（天津大学出版社副社长）：

我们天津大学出版社，是以建筑图书为特色的一个出版社，主要目标还是要把建筑图书的特色展现出来。这些年我们一方面依托于天大建筑学院的资源背景，一方面依托于金总编，也就是和北京院的合作，出版了很多非常有价值的建筑图书，也被社会认可。我想，抢救口述历史的意义确实非常重大，他对于当前营造一个百花齐放、百家争鸣的学术氛围，尤其唤起对于近现代中国建筑史的研究力度有很多积极意义。只有通过口述历史，总结更多老一辈建筑师的思想和经历，才能够把缺失建筑史丰富和填充，才能把细碎的区块串联，才能够传承下去。否则的话你让现在的学生学什么，学古代的东西，也学西方的建筑，这之外也有很多值得去学的东西，中国的近现代建筑在古代，西方之间是一个什么地位，是一个什么价值，他怎么把其他元素和风格的设计结合起来，这结合中产生的精彩的建筑是很多的，这种技术这种设计的理念，应该得到继承。

陈墨（中国电影资料馆研究员）：

我是口述历史人，也是档案人。听了大家的一些发言，了解了建筑师们对历史和对文化的了解，受到很多启发，谢谢大家。

作为口述历史人，我在这里想提出三条建议：第一条建议叫作在实用基础上尽可能注意前瞻性，第二条是在规范化基础上再灵活，第三条是在传播的前提下归档案。

先从归档说起，我首先要对在座的图书馆馆长说。因为口述历史无论是做什么目的，一定要有档案意识，一定要把录音和录像作为档案保留起来，留给未来。很多人做口述历史没有档案意识，因为他没有意识到我们做口述历史实际上就是创造档案，创造证据，如果个人使用了证据之后就把它藏起来或者把它丢失了的话，那我就可以质疑这个证据的真实性。其次，如果我们采访了一个口述历史的话，如果按照我的思维模式来理解之后，我用的那些边角料，可能会成为另外一个人的资料，

他可能在里面找到比我要专业的多的信息。就包括比如说罗老喜欢吃红烧肉，现在我们完全不理解红烧肉和罗老的这个精神世界有任何关联，因为他有无数个变量在其中，但是在150年以后，研究医学人类学的人，没准就能够把红烧肉和罗老的思想、身体、精神和社会之间牵连起来。我们现在就做口述历史的人一定不能够自以为是，一定要留给未来人解释的余地。其实在国外口述历史的领导者应该是图书馆长、档案馆长、博物馆长，包括美国国会图书馆、总统图书馆，哥伦比亚大学的巴特勒图书馆等。我们中国是在从原始的官家档案库、图书库，向社会公众的档案馆、图书馆转型的过程当中。但实际上，西方已经从公共图书馆，向公共社会信息枢纽、信息中心的转化了。一个图书馆或档案馆的很多的功能，并不仅仅是说我这开放场馆，欢迎来看书而已，他还应该具备收集信息、保藏信息、传播信息和改变社会生活这样一个重任，这也就是我国图书馆和档案馆在未来的50年里会发生的革命性的变化。

因为我是档案人，我所在的中国电影资料馆，也就是中国电影档案馆，是从档案角度来理解这个历史，可能会比其他做口述历史的人更宽泛一点。我会考虑到150年以后，比如说赵主任的那一段民族精神、时代特色、地方特色，会得到一些新的评价。包括对于刚才任女士说到现代建筑都是方盒子，近现代建筑史没人听的解读，我就可以解读出，其实我们这个时代，建筑是一个文明的凝固的记忆，在一个个方盒子当中其实记录了我们一个时代的文明理念、文化理念、经济方式、科技水平和生活方式。我们之所以是方盒子，是因为我们这个社会在过去那个时代把好的建筑师都赶到鲤鱼州去搭窝棚了。设计业不要你有个性，最后方案都是领导说了算，其实它是存在一种政治信息，是我们现在没有那样的能力、勇气来解读，但我们可以留给后人，相信后人会比我们聪明，所以我们要留档案。年轻一代或者更后面的一代，才有可能利用这些信息，能够来真正的复兴中国文化。我们这代人可能只能是做一些记忆和记录的一些工作。

第二个就是要规范化，所以我要提议金主编刚才说的，费老师的书不是口述历史，自传、传记、回忆录都不是口述历史。他比口述历史少一个东西，口述历史是要对话的。口述历史对话、挑战、刺激和寻找第四窗口，他写的只是他愿意说的。就是每个人都有选择性的记忆，和对选择性记忆或者选择性叙述，他已经设置了两道闸门。而且他选择性记忆只能是他自己记着的，而口述历史有点像打乒乓球，每个人都会，但是要打到邓亚萍，要打到孔令辉、刘国梁或者张继科那种水准，那

有无限的台阶要走。口述历史是一个人人都可以做，都可以理解的事情。比如我要是去做费老师的这本口述历史，他写的这个书，他只是这个浅浅的一二层，也就是说他叙述了他个人的专业的历史，和他社会化的历史，也就是他的四大教育。可是口述历史更深层的意义在于，如果要理解费麟这个人，理解他的作品，一定要深入他的生活史，生活史背后的心灵史，情感史和他的语言特点。而且要追踪出，他的乔韩窗口，乔韩窗口分为四个等级，第一扇窗口是他知道我也知道；第二扇窗口是他知道我不知道；第三个窗口就是我知道他自己本人不知道，因为别人对他的评价他不见得知道，但是我知道；第四扇窗口他不知道我也不知道，然后在我们的对话碰撞当中，一下子想起来了。做到这样一个火候，这个口述历史才叫一个专家级的口述历史。而不是我们拿着一个话筒往那一戳问你幸福吗？这不是做口述历史。

我刚才讲第二个要有规范，规范包括一系列法律、和规范。法律的规范就是说你要做口述历史之前，你要请律师来做一系列的授权书，授权范围你要说清楚，我们做这个口述历史第一目的是要发表，第二目的我们要存档，你不妨把敢讲的话都说出来，然后我们发表的文字经你过目，但是有些现在不宜发表，只能先留下来。因为再过 50 年它就是一个不可多得的东西。所以要有法律上的规定，因为任何时候受访人的这个法律权益都是由受访人说了算的。采访过程当中我一定会和他说清楚，你说的哪些内容、你家的内容和人事纠纷的内容、你的隐私内容，30 年以后再发表。比如说你 80 岁了，30 年后你 110 多了，你才允许发表，那就按照受访人意愿办。我们发表的只是我们采访的十分之一，或者二十分之一，有的甚至是五十分之一。别看发表的字不多，但我们采访的后面还有一大座海底冰山。等再过几十年以后，这个社会总会变的，总会开放的，我们的下一代，他们能真正利用这些的时候，就是一个真正的宝库。所以我讲的这个是法律规范，再说还有伦理规范。就是要跟每一个采访员就要签订一个道德协议，第一个就是他的著作权属于哪个投资部门，第二个就是不得向受访人和他的主管部门之外的任何人透露采访中的任何信息，别人问也不行。除非是得到他允许公开的，就是每个人都要有一个保密的个人协议。

第三个就是一个工作流程的规范，工作流程规范就包括一个访谈人的选定，这个一定要有一个委员会，委员会来选定哪些人是要抢救的，第一批抢救的。第二个是访谈步骤，就是访谈人选定之后你要做功课，然后写成访谈提纲，访谈提纲的一部分要包含公共题库，就是建筑师的公共题库，比如说划定 200 个问题，所有的建筑师都得问到，或者 100 个，以便以后进行系统化的梳理。因为建筑师的口述历史，可以作为一个单独的故事，可以做一个专门的知识，也可以作为一个信息，还可以作为一个数据。

刚才清华贾老师说了，口述历史是非物质文化遗产，这已经成定论了，就联合国教科文组织已经把 oral tradition 当作非物质文化遗产的一部分，这也是联合国教科文组织在全世界普及的一个概念已经一二十年了，然后世界档案协会成立了这个 oral tradition，他不是叫 oral history，也就是我们采访的第一层，就是口述传承。比如对杨柳青的传承啊，包括建筑师谈建筑本身的这样一层，口述历史最浅表的这样一层，只谈谈专业话题，就是专业史的这种采访。就好像平时采访，一个人发一万字，可能就是专业史。在这个专业史下面，他是 oral history，口述历史，在口述历史下面，oral memory，个人记忆。个人记忆其实是他最深层，如果要了解一个人，了解一个建筑师在设计这样一个大楼的时候那种灵感，他比如说有 100 万个因素，但其实其中有 90 万个因素其实是他成长历史的因素所造成的，就好比费老师的四种教育，教育了费老师在那个特定的情况下，受到了某一个特定的刺激来了灵感，所以创作了这个大楼。

刚才贾老师说，我们这个民族真要想长进，如果没有 300 年的前瞻，和长远的后顾这样一个记忆，来支撑我们这样一个民族的精神的话，永远是拆了建、建了拆，永远只顾眼下，这个急功近利是一个必然，因为他没有精神可言、精神结构没有支柱可言。历史、记忆和未来，就是我们精神大厦的三条最基本的支柱。其实我的建议是归入档案，以备别人使用、流传后世，后世一定会有更科学的方式来理解，有更高明的解释方法。

很多东西我们还是在模仿，还没有到创造一个学科的地步。但是口述历史我们可以做，至少可以尽一份力。

建筑师职业生涯60年（节选）

吴观张

三次职业回归

在我一生中有三次离开建筑这一技术岗位从事政工和行政工作，又得以三次回归本业，不能不说这是我的归宿，是命中注定。

第一次：1952年我从苏州高级工业学校（中技）土木科毕业后，留校当政治辅导员，年底转入无锡工人技术学校，担任青年团专职干部并承担时事政治课教学。未想到的是，被时在江苏省教育厅从事学校建筑设计的绘图课李老师看中，抽调至南京在他手下绘图，打开了我从事建筑职业的大门，几年工作下来使我对建筑设计兴趣极大，但深感学业之不足，逢1956年国家号召向科学进军，我决心报考大学建筑系，于是恶补高中课程数月，终于步入了清华大学土建系建筑学专业学习。6年寒窗之后于1962年毕业。

第二次：毕业后，我分配到北京市建筑设计院工作，这是一所当年全国最大的民用建筑设计单位，也是每个建筑系毕业的青年向往的地方。1年后，组织抽调我参加工作队下乡"四清"，1965年被提前调回院到党委宣传部当干事，正准备要提我当党委办公室主任时，"文化大革命"开始了。1969年，军宣队军代表找我谈话，告诉我因家庭出身不好、海外社会关系复杂，不适合做政治工作。这样将我放回到设计室搞设计工作。这一段，是我从1969年到1980年从事建筑设计创作的黄金时期，先后主持设计了几项技术含量很高的冷藏库；主持设计了北京建国门外国际俱乐部、友谊商店、外交官公寓和小使馆，在建国门外工地的工棚内与同事们摸爬滚打了5年，长了不少本领。1976年我被调入第一设计室当副主任，主抓技术与方案。这一年9月逢毛主席逝世，第二天，院抽调黄晶、马国馨、郑文箴、聂振升和我（马、郑、聂、吴均为清华20世纪60年代毕业的校友）共五人在赵鹏飞副市长带领下进行纪念堂选址和方案探讨，干了4个昼夜，选定天安门广场南作为纪念堂的用地。14日全国知名建筑专家汇集北京，共做出方案107个，大致可分为陵园式、墓碑式、象征造型和纪念馆等几类，根据中央指示，由北京院与清华大学九人综合3个纪念堂形式的方案，并制成模型，放在人民大会堂内，最终由中央拍板定案。之后以北京院为主，又从清华大学、建设部院、中央工艺美院等处抽调技术骨干组成百人设计班子在现场边设计边施工，日夜设计画图，跟图施工，奋战至第二年7月基本完工，

在1977年毛主席逝世1周年之际，对外开放。

第三次：1980年年底，北京市城建工委决定在北京直接选举一名建筑师当院长，全院百余人被提名，经过几轮淘汰，最后这一重担落在我的头上；又选举了四位副院长。面对信任我的设计院职工，我不能辜负他们，就兢兢业业放手干了将近4年。1984年叶如棠被任命为新一任院长。我被安排去院常务副总建筑师岗位上，直至退休。对于建筑设计创作，我不是一个很有天分的人，但清华校训"自强不息，厚德载物"一直在鼓励着我。

民选院长干的四件事

在五位院长中，我年纪最小、级别最低、经验最少，但我这个人胆子大、包袱轻、心胸宽、性格直，不怕丢乌纱帽，真诚对待人，认真对待事。院长工作主管三条线，一是生产一条线，二是技术一条线，三是行政后勤保障一条线。

第一件事：建全技术管理体系。

三条线中，技术一条线最为薄弱，设计院的30年历程中，完成了大量的工程项目设计，积累了丰富的经验，锻炼出大量的高级技术人才，虽有一些制度，但原有总建筑（工程）师有职无权，专业不全，没有形成力量。于是我们果断新聘了多位业务水平高、技术过硬的四个专业的副总建筑（工程）师；成立院技术委员会；成立各专业技术委员会。各设计室选聘了四个专业的主任建筑（工程）师。强调抓好工程设计项目综合质量。所有工程设计项目分院、室、组三级进行责任制管理，从而健全了技术管理体系。每季度进行质量抽查，年终有优秀设计、优秀工程评选，保证了设计院能较好地完成每年的任务。

第二件事：重视智力开发。

与高等院校订立代培人才协议。设计单位所承接的设计项目完成的质量好不好在于是否拥有雄厚的高质量人才优势。经过统计，全院约400位建筑专业职工到1986年每年约有40人达到退休年龄，而当时全国建筑专业的人才培养正处在青黄不接时期，20世纪80年代初期，每年国家只能分配六七个建筑学专业毕业生到院，危机已经来临，如不及早采取措施，设计院的生存将难以维系。我们果断决定与清华、同济、天大、北建工、北工大、中央工艺美院等六所知名院校订立了代培120名毕业生的协议，这些毕业生毕业后分配到我院工作，在校培养费由我院拨给，总共花了150万元，这是一项战略性的投资。

投入资金和人力，合办《世界建筑》。20世纪80年代初，清华大学建筑系主办的《世界建筑》面临资金

1987年北京院部分清华建筑系同学合影（前排右七张德沛、前排右十、右十一吴观张、王玉玺、二排右四、五为黄晞民、虞锦文、二排左一、左二、左四、左五、左六、左七为玉佩珩、马国馨、何玉如、刘永良、张光恺、柴裴义）

短缺、难以维系的困境，建筑系领导赵炳时先生找到我院寻求帮助。这本借助清华高级教师的学术水平办起来的杂志，信息量很大，资料性极强，对于我院从业建筑师有极大的帮助，我们决定投入资金和人力，助这本杂志渡过难关，这是一项战略性的财力、人力投入，至今这本杂志越办越好，在建筑界享有盛誉。

参与学校课程辅导。1982年和1983年，受清华建筑系之聘，我与张德沛、汪安华、刘振秀等校友组建教学班子，与学校课题组教师一起，担任两个年级的高技术含量的剧场和体育馆的设计课题辅导，采用修改学生图纸、综合点评等方式辅导学生。这是一项教育与生产实践相结合的创举，收到了良好效果。现在的清华建筑学院院长朱文一、规划设计院院长尹稚、建筑设计研究院院长庄惟敏、五合国际的刘力、卢求、开业建筑师刘晓都等都是这两个年级的学生。

第三件事：为员工盖住房，稳定队伍。

随着我国经济的不断发展，建筑设计任务不断增多，建筑设计单位也日益增多，人才竞争日益激烈，设计院职工当时收入不高，家庭负担相对较重，住房困难，要想留住人才，必须解除设计师的后顾之忧。设计院自办食堂、幼儿园、托儿所、小卖部、医务室，这一切举措对稳定队伍起了一定作用，但住房困难是一件迫切需要解决的事。在上级主管部门大力支持下，用30万元和3000㎡指标搞定了中关村南大街、国家气象局门口一块7000㎡用地，盖了三栋22层、每层八户的高层住宅。每栋176户、15000㎡，我院实得两栋，可解决352户职工住房。又与西城区合作开发复兴门桥西北角用地，建了三栋22层、每层8户住宅，我院实得一栋共176户，对稳定队伍起了积极作用。

第四件大事：分配改革。

设计院当时刚刚步入市场初期，国家不再拨款，但市场竞争不算激烈，生产任务十分饱满，职工工作很辛苦，但收入仍然十分有限，人心思变。我们曾数次草拟过改革方案，试图打破大锅饭提高职工的收入，但均未能得到上级批准。这件事是我任上想解决而没有解决的，在我卸任后第二年得以实现。

院长退任后的职业生涯

1984年中，我从设计院长岗位上退下来，由叶如棠先生接任，我担任了院常务副总建筑师。

旅馆的设计与研究。1985年我参与了北京前三门大街首都宾馆设计，与张德沛、何玉如先后担任设计主持人，这是一项高规格的接待国宾的宾馆，积累了不少旅馆设计经验，并开始着手进行旅馆设计研究，以后曾写出旅馆设计文章，在杂志上刊出，还参与了《北京宾馆建筑》一书编辑出版工作。在该书撰写第一篇文章。与天大、北工大、北建工教授联合带了6个以旅馆设计为研究题目的研究生。

1986年院里派我兼管深圳设计分院，担任副董事长和总建筑师，同时还派我去香港成立华润艺林和京泰公司室内设计部门，并任设计院代表，来往于香港、深圳与北京之间7年之久。

体育建筑的研究。在一室担任副主任期间，曾参与体育建筑的研究，发表过几篇论文，并担任《体育建筑设计》一书审核人，但那些年始终没有体育场馆的设计任务。直到20世纪80年代后期为举办1990年亚运会，北京开始大量建造体育场馆。我被聘任为奥体中心场馆设计顾问成员。亚运会前，参与编辑出版了《亚运建筑》一书，并撰写了该书第一篇文章。

（作者曾任北京市建筑设计院院长，现为院顾问总建筑师）

1月10日
"荆楚派"建筑风格高层研讨会举行。中国工程院院士、中国建筑西北设计院总建筑师张锦秋，中国历史文化名城学术委员会副主任、同济大学教授阮仪三等国内知名建筑及城市规划专家齐聚江城。

1月20日
《建筑编辑家杨永生》首发式在中国建筑工业出版社举行，来自北京相关单位的著名建筑师、建筑评论家、媒体记者和中国建筑工业出版社部分职工近百人与会。本书由中国建筑工业出版社和《中国建筑文化遗产》编辑部编撰，收录了他生前同事、好友、学生撰写的悼念文章。

2月25日
习近平到首都北京考察调研。他说：城市规划在城市发展中起着重要引领作用，考察一个城市首先看规划，规划科学是最大的效益，规划失误是最大的浪费，规划折腾是最大的忌讳。

3月14日
国务院《关于推进文化创意和设计服务与相关产业融合发展的若干意见》发布。

3月25日
中国勘察设计协会王素卿理事长出席美国威尔逊公司加盟上海现代设计（集团）有限公司发布会。

3月
北京雁栖湖国际会都（核心岛）会议中心竣工。
成都远洋太古里竣工。
广州绿地金融中心建成。

4月1日
"中国建筑梦：寻找中国好建筑"上海主题论坛活动在同济大学建筑与城市规划学院举办。

4月19日
天津建筑工法展示馆正式开馆，这是全国首座建筑工法展示馆。

4月29日
"中国文物学会20世纪建筑遗产委员会"成立暨新闻发布会在故宫举行，会议由中国文物学会秘书长黄元主持、选举了以马国馨院士、单霁翔院长为会长，以郭旃、路红、高志、金磊（兼秘书长）为副会长的委员会。《中国建筑文化遗产》编辑部为学会秘书处。

4月
广州大剧院被全美发行量第二大的报纸《今日美国》评为"世界十大歌剧院"。这是亚洲剧院首次入选世界十大歌剧院，与纽约大都会歌剧院、莫斯科大剧院、悉尼歌剧院等世界著名歌剧院跻身同一行列。

5月15日
第二届全国勘察设计行业管理创新大会在京举行。

5月19日—21日
由中国建筑标准设计研究院及buildingSMART中国分部承办的2014年buildingSMART国际理事会和执委会年度会议在北京召开。

5月21日
第三届中国BIM论坛在京隆重举行。

5月28日
由中国建筑工业出版社、《中国建筑文化遗产》《建筑评论》"两刊"编辑部共同主办，北京市第二实验小学承办的《建筑师的童年》首发式暨出版座谈会隆重举行。

河北建筑师古建行活动

5月
淮安市体育中心竣工。

南京金陵饭店扩建工程竣工。

9月9日
习近平强调，城市建筑贪大、媚洋、求怪等乱象由来已久，且有愈演愈烈之势，是典型的缺乏文化自信的表现，也折射出一些领导干部扭曲的政绩观，要下决心进行治理。

9月17日
由中国建筑学会建筑师分会、中国文物学会20世纪建筑遗产委员会主办，《中国建筑文化遗产》《建筑评论》"两刊"编辑部承办的，以"反思与品评——新中国65周年建筑的人和事"为主题的建筑师茶座活动，在中国建筑技术集团公司举行。

9月
历时两年的中国国家美术馆建筑设计方案结果正式出炉，让·努维尔事务所和北京市建筑设计研究院联合体中标。

《建筑摄影》学刊创刊

10月
西安大华纱厂厂房及生产辅助房改造工程竣工。

武汉光谷未来科技城中一座酷似"马蹄莲"的灵魂建筑——武汉新能源研究院正式投入使用，成为目前国内规模最大的绿色仿生建筑。

国务院决定将全国注册建筑师的审批权授予全国建筑师管理委员会，进一步与国际接轨，更有利于国际建筑师的互认工作。

11月1日—11月16日
"Process进程—展望：超前建筑和生成设计展"在上海开幕。

11月25日—28日
中国建筑学会在广东省深圳市举办"当代建筑的多学科融合与创新"为主题的学术年会。

12月26日
北京新机场奠基。

北京航空航天大学南区科技楼竣工。

第十三届全国冬季运动会冰上运动中心竣工。

反思与品评
——新中国 65 周年建筑的人和事

编者按：2014 年 9 月 17 日，由中国建筑学会建筑师分会、中国文物学会 20 世纪建筑遗产委员会主办的，以"反思与品评——新中国 65 周年建筑的人和事"为主题的建筑师茶座活动，在中国建筑技术集团公司举行。

金磊（《中国建筑文化遗产》《建筑评论》主编）：

这次会议的主办单位有中国建筑学会建筑师分会、中国文物学会 20 世纪建筑遗产委员会；协办单位有五家。承办单位是中国建筑技术集团有限公司、《中国建筑文化遗产》《建筑评论》编辑部。今天的会议由我和布正伟、罗隽共同主持。

黄强（中国建筑技术集团有限公司董事长）：

中国建筑技术集团有限公司成立于 1987 年，原来是建设部的直属企业，现在是属于我们院管控的企业。在庆祝新中国成立 65 周年来临之际，我们很荣幸，作为东道主与《中国建筑文化遗产》《建筑评论》编辑部承办这次活动，各位建筑界前辈、专家欢聚在一起，以纪念的方式总结梳理中国建筑设计走过的 65 年的漫漫历程，发现新中国建筑创作历史存在的挫折问题，针对当前建筑创作实践和思想的种种现象和问题，厘清建筑史实，揭示事件内容，传承中国建筑师的思想，使之成为新中国建立 65 周年的一段重要的记忆。

马国馨（中国工程院院士、北京市建筑设计研究院有限公司总建筑师）：

建筑界引进西方建筑制度到现在也有百年多了，在经历了新中国成立 65 年来的高速发展之后，社会各界非常希望通过我们的回忆、反思以及口述历史，为我们建筑界和社会留下一些东西。

随着第一、第二代建筑师退出舞台，很多已经过世的老建筑家没能把他们脑子里非常生动有趣的、有关建筑的故事留下来，这是非常遗憾的事情。

第一代建筑师当中基本没有留下回忆著作，都是后人所写，口述的内容很少，一些事实经别人一加工，很难说表达的意思是否确切。

第二代建筑师里，我所知的张镈张总留下两本回忆录《我的建筑创作道路》和《回到故乡》；张开济老先生出了一本《尚堪回首》，把他所有发表在《北京晚报》上的"百家言"都收集在一起，也是相当可观的，给行业留下了很宝贵的资料；杨永生杨总非常重要的一个功绩，就是编辑了相当多的百家丛书、百家言论、百家回忆、百家书信，他把他所能够收集到的东西整理在一起，虽然都是只言片语，但依然能够从某个方面反映一些东西。我们在座的各位都应该承担起这个责任，把你所了解的过去的情况赶快留下，亲身经历的事更应该趁着年轻、精力还充沛的时候及时做笔记。

我最近写了几篇文章，是 20 世纪 70 年代北京建设"前三门"时候的故事，设计组的名字叫作"以工人为主体的前三门设计组"，这在我们建筑设计史上也是比较少见的。

这个事实际是很早就开始了，那时候"文革"已经接近尾声，包括住宅等各方面北京市的欠债都比较多，希望能够成街成片地盖房子，当时看好的第一个就是西二环。那时候我在六室当室主任，去全国做了一次调研。当时北京的负责人是吴德，他特别认长春，因为他原来在吉林当过省委书记。他推荐我们要去看长春，看斯大林大宅。为西二环的调研，我们几乎走遍了全国，从长春开始，至沈阳、青岛、大连，然后上海、南京，到广西、桂林、成都、湛江、茂名都去过，整个转了一圈。

当时领导特别不满意我们的城市街道设计，最不满意的是东大桥。我们到全国调研一遍，主要是想看看人家是怎么解决的。但是调研下来就发觉，全国都存在同样一个问题，就是没什么房子可盖。那时候还不像现在，房地产开发商这么有钱，那会儿没钱，许多地方都是先用住宅把街道上的一层皮盖上，实际上也都不满意，但许多地方对建筑的朝向是比较重视的。我们调研回来后汇报也挺难的，只简单汇报成立前三门设计组的情况。

前三门设计组成立之前，国务院对北京市有一个批示。我记得特别详细，给大家读读。

第一，首都建设应由北京市委实现一元化领导，今后在北京进行的各项建设都应接受北京市统一管理，

马国馨　　陈志华　　黄强　　费麟　　曾昭奋　　顾孟潮　　布正伟

周恺　　孙宗列　　董明　　高志　　赵元超　　高印立　　朱铁麟

金磊　　罗隽　　孙兆杰　　刘晓钟　　郭卫兵　　傅绍辉　　王陕生

薛明　　金卫钧　　王时伟　　张义忠　　殷力欣　　韩林飞　　崔勇

黄友谊　　张树俊　　韩振平　　叶依谦　　魏篙川

执行统一城市建设规划。从 1976 年起每年由北京编制首都建设综合计划，经国务院审查批准后实施，一般民用建筑实行统一投资、统一建设、统一分配并实行统一管理。

第二，严格控制城市发展规模，凡不是必须建在北京的工程不要在北京建设，必须建在北京的尽可能安排在远郊区县。要积极发展小城镇建设，市区建设工程要和城区改造紧密结合起来，注意节约用地，一般不能再占基本农田。

第三，建设中要处理好关系，对公共交通、市政工程、职工宿舍以及其他生活服务设施方面的欠账问题应在近几年认真加以解决，今后新建扩建计划都应该把职工宿舍等必要的生活服务设施包括进去。国务院同意在第五个五年计划期间，每年在国家计划内给北京市安排专款 1.2 亿元和相应的材料设备用于改善交通市政设施。

第四，为解决北京市建筑市政施工力量不足，国务院同意 1975 年增加 1 万人，但主要是挖掘潜力，提高机械化施工水平，提高劳动生产力。地方建材要大力发展，争取两、三年内做到自给；积极发展建材和施工机械化，北京要走在全国前列。所需投资材料设备国家计委和国家建委给予帮助，纳入国家计划。

第五，认真贯彻国家的方针政策，考虑国家经济条件，区别不同地点、不同性质、不同材料、不同建筑标准，依靠群众自力更生，勤俭办一切事业，切实做到多快好省，进行首都建设。

成立前三门小组的背景是，当时的形势是无产阶级专政继续革命，要落实以工人为主体相结合。在成立设计组的时候，相当多的时间都是在学习。当时提出要解决世界观的根本转变问题，要正确对待新生事物，工人阶级要领导一切。

费麟（中元国际工程公司资深总建筑师）：

20世纪50年代苏联援助的156个项目为我们国家打下了工业化的基础，也培养了一批人才，对我的学习影响也是比较大的。那时建筑方针是"民族形式加社会主义内容"，我国在体制上学苏联，我那一届建筑系的学制长达6年，不仅要学苏联的哲学、美学，还加施工课，实习机会很多。我们考试一、二年级是完全开卷，还是用抓阄的形式，就是自己抓一个题目，准备5分钟后马上回答。

苏联的建筑设计当时就提出"人文关怀"的思想，比如他们在工业布置总图时必须把重工业和纺织工业放在一起，还举办周末舞会，丰富员工生活。在推广工业化、机械化的要求下，苏联的厂房必须按照工业化、模式化装配，从工业到民用有一套完整的体系支撑，而且对声、光、热以及"三废处理"研究的比较深入，很多建筑给我印象比较深。

建筑现代主义可以说是继承了第一代建筑师的灵魂和创新精神，但是当时学校里却把现代主义当作结构主义和资本主义批判。20世纪50年代初，杨廷宝在王府井设计了和平宾馆，完全采取现代建筑手法，和平宾馆有好几棵大树没有被砍掉，有一棵大树直接砌在厨房里面，在房顶开了天井让它保持自然生长的状态。当时我们看后很惊讶，原来环境应该是这么保护的。还有华揽洪设计的北京儿童医院，也是用比较现代的手法，再放一点中国的花式，但在当时这两个建筑全遭到了批判。学生在学校里都不敢谈现代主义，在我印象当中，当时我们班有位同学设计了一个露天电影院，他很欣赏Mies Van der Rohe，就用3H的比例把直线、横线对比做得非常好。王炜钰先生给他的设计5分，后来遭到全系批判，说这是资本主义思想在作祟；最后迫于压力，王先生含泪给他改成3分。当时所有的现代建筑直到我退休以后才去看，包括包豪斯、朗香教堂、萨伏伊别墅等经典作品，对我来说是补课。

顾孟潮（中国建筑学会教授级高级建筑师）：

我把新中国成立65年分成前后两部分，前30年叫作"奠基与夭折的30年"，后35年是"改革开放走向世界"的35年。在20世纪50年代初，二三十年代毕业回来的老前辈、老专家做了大量的工作，成立建筑工程部、建研院、建筑学会，而且进行古代史、近代史、当代史"三史"的研究。1959年召开了上海建筑艺术座谈会，建工部部长刘秀峰带头总结新中国成立10年经验，可以说在建筑理论上达到一个相当的高度，有着非常好的发展势头。可是到了1964年进行设计革命，变成以工人为主体的现场设计，建筑事业一下子就夭折了，我觉得非常可惜。我认为，"反思与品评"就是建筑评论，而且是历史评论，非常有意义。这种品评和反思是我们新的开端和起步，所以我是抱着希望来参加会议的。我们要回顾，我们要前瞻，所以这个主题是非常精彩的。没有记忆，人将无路可走。"传统会给你指明一条路"，我很欣赏这句话，这话是"9·11"新纽约世贸中心的设计者、规划者在回答《解放日报》时说的，他让我们看到了记忆的重要、传统的重要，所以我们的回顾就是记忆，就是传统。

"中国当代建筑文化沙龙"是1986年8月成立的，如今28岁了，当时成立的时候只有8人，但是很快就发展壮大了，出现了上海组、武汉组、天津组等组织，造成了很大的影响。召集人是我和王明贤，当时最年轻的是赵冰，年龄最大的是艾定增，也是著名的建筑评论家。马国馨、曾昭奋、邹德侬都是我们沙龙成员。

沙龙办了两件盛况空前的大事。首先是1987年，我们纪念柯布西耶100周年诞辰，在中国传播柯布西耶的现代主义思想，中央电视台进行了转播。第二件事，我们组织了两次建筑文化讨论会以及和北京建筑学院举行读书杂志会，全国各地的许多朋友都来参加我们的两次座谈会。我们沙龙不仅有建筑师，哲学家、文学家、雕塑家等都参加过我们的活动。我们组织专业讲学团，到江西、湖南去，受到热烈欢迎。我们的活动得到媒体的支持，相关报道可以很快在媒体上出现。《意大利团结报》驻京记者金斯博格从《中国日报》上看到我们的消息后与我们联系，请我们到他的家里吃饭，并采访我们。我们沙龙组织出版了图书，组织了建筑社会文化征文。我还到钱学森先生那里去，见到了钱学森先生，并请钱先生写文章。

布正伟（中房集团建筑设计公司资深总建筑师）：

咱们现在有这样一种宽松的，可以表达各种创作言论和设计想法的大环境，是非常非常不容易的。就刚才老顾讲的那一段来说，反对自由化和精神污染的时候，我正好在设计重庆白市驿机场。按气候设计考虑，我在到港厅的两个采光天井下，分别设置了水池和悬挑花池。在悬挑花池的前端，又做了一对不锈钢抽象雕塑——"螺旋"和"太空"，这是到港厅室内空间设计的画龙点睛之笔，是和中央工艺美院的美术家合作的。在加工制作之前，正好赶上了反对精神污染、反对自由化的政治气候，在造型艺术方面尤其敏感，似乎凡是涉及抽象的东西，就有精神污染之嫌似的，自己感觉压力不小。但我想来想去，怎么也想不通啊：一个"螺旋"，一个"太空"，这是对"航空科技突飞猛进"的抽象表达，没有任何政治化的意向，不该出问题呀！最后，我还是带着"冒风险"的心理准备，在现场把这一对抽象雕塑给安装上了。

周恺（全国工程勘察设计大师、华汇建筑设计公司董事长）：

我们这一代建筑师和老建筑师比起来应该是幸运的。我跟金卫钧是同学，我们俩都是天津大学81级的学生。这几天看电视剧正好说到高考，其实没有高考就没有我们什么事了，我们学了建筑，是我们赶上了好机会。回忆起来上学的时候是最幸福的，我们的老师们都是毫无保留、没有任何的私心，全身心投入到教学上，让学生受益很多。各位老师对我们的要求非常严格，还有彭一刚先生、黄为隽先生等都给了我们非常好的引导，使我们在上学时候学到很多知识，为建筑设计打下基础，我特别感激这些先生。

举一个小例子，彭先生原来带着我们在建筑研究室，我们到学校已经算很早了，发现老师比我们到得还早；后来我们再早点到，7点多，6点半到，发现老师还是比我们早。正是因为他们自己的勤奋，又有着渊博的知识，为我们的学习打下了基础。

1989年以后，我有一个机会去德国进修。大约1991年的夏天我回来，一个偶然的机会，又是老师们给我创造了一个机会，当时清华大学与台湾中文大学要办一个建筑事务所，我们被邀请做设计。再后来被清华派到珠海分院，比较幸运一下就中标了，然后就被留在那儿干了一段时间。也正是这个机会，让我极早接触到改革开放最前沿，我们在深圳、珠海、海南都做过一些设计；也正是因为这个给我们以很多启发，后来才在

1995年的时候和一些合伙人共同成立了华汇公司。现在回想起来，应该感谢这些老先生，感谢我的老师，感谢我的前辈。

高志（加拿大宝佳建筑师有限公司北京首席代表）：

1982年，我到设计院的时候才22岁，工作业余时间干的第一件事就是办一本杂志《滴水潭》。那会儿我和金磊等人没有任何条件，完全是业余。当出到第三期的时候我出国了。我回国后碰到金磊，再续前缘，继续将建筑文化的事情做起来。我们的努力和付出，也希望能够得到各位前辈的支持和各位专家的帮助。

高印立（中国建筑技术集团有限公司总经理）：

我看过一段话，说建筑师是带枷锁的舞者。为什么这么说？在座的各位都是非常优秀的建筑师，但在实践中满足业主的需求，对建筑师肯定有一些制约；另外还有更大的制约，就是政府。业主的制约，凭我们建筑师的能力可以说服他，告诉他怎么做更加合理，可是面对权力，建筑师往往是无能为力的。我看到《建筑学报》发表的一篇文章，提出尽快制定《建筑师法》。《建筑师法》能不能解决这个问题，我个人觉得也不太容易。《建筑师法》确实需要制定，我们国家有《中华人民共和国注册建筑师条例》，这个条例属于行政法规，法律地位不算高。国外有《建筑师法》，条例规定建筑师的权利和义务，但也不能制约政府。这是一个长久的矛盾。

赵元超（中建西北设计研究院总建筑师）：

我们虽然是晚辈，但学建筑也经历了65年的下半个30年。今天在座许多老师的文章、著作我们在上学时候都看过，我也是听着他们的讲演成长起来的，比如陈志华老师的《北窗杂记》，我在读书的时候就爱看《建筑师》，特别是里面陈志华的文章，凡是拿到手的《建筑师》，我总是第一时间把陈老师的文章读完。我现在还清晰记得，1985年时布正伟总在我们学校有一次讲课，讲得非常有激情，批判了当代创作中的贪大求洋、乱用大玻璃幕墙的倾向。我现在回忆起来仍觉得他讲得非常好，流露出的真情实感，令我记忆犹新。

我说说建筑师的小事。我从西安来，西安这几天一直下着大雨，大雨把西安高速公路特大桥的地基冲塌陷了。我小时候住在西安的大杂院里，印象最深的是我家房子老漏雨，我非常渴望有一个不漏雨的家。非常感谢我们遇到好时候，经过30年的奋斗，我终于住进了比较大的复式住宅，但是这几天下雨，我家屋子又开始

漏雨了。我记得陈志华老师在一篇文章里说到要关注我们的建筑，实际上我们关注的事情就是马桶漏不漏水，屋子漏不漏雨。似乎是小事，但关系到千家万户的基本生活。

另一个小事是前两天我给我父亲设计了一个墓碑，很小，虽然设计的时候很痛苦，但是很痛快，能够自编、自导、自演一个完整的建筑，感觉不错。做一个完整建筑，从设计到建造，包括整体材料选择，整个过程中设计是很短的，建造却是很费事的；我有几个兄弟，怎么把我的思想通过这个设计，也让他们引起共鸣，与他们有共识。同时在建造过程中考虑选材安全性的问题、周期问题等，比一个建筑师仅仅考虑建筑设计问题复杂得多。刚才听马总讲建筑师开展"三结合"的事，我认为不完全是错事，工程需要建筑师有历练，有各个方面的经验。通过这件小事，我对建筑师所从事的设计工作，又有一个更完整、更成熟的看法。

孙宗列（中元国际工程公司首席总建筑师）：

今天这个场合突然想起当年我为什么进入建筑界，担当起建筑师这个角色。我是"文革"以后第一批考入大学的，当时不知道建筑专业，所以报了工民建，是结构专业，进大学以后才知道不是做建筑的。

我第一次接触建筑，实际上是从读陈志华老师的教科书开始的。我就读于结构专业，但是我一心想学习建筑专业，所以每天中午利用休息时间在图书馆里借书看。我借的第一本书就是《外国建筑史》。我利用这段时间，把这本教科书上所有的西洋建筑全部临摹了下来。后来抓住机会，终于转到建筑专业去了。

让我今天触景生情的是，我们老一代建筑师，无论其作品如何、研究如何，对我们这代建筑师影响最深远的，还是他们在建筑背后的为人。他们为人师表的态度，无论做学问还是做设计，都为我们起到了很好的表率作用。我们这代在新中国成长起来的建筑师，对前辈要表示深深的敬意，也包括他们一直以来引导我们在对待挫折、对待具体项目时的态度。

我们现在有一大批更大的群体，是年轻的建筑师群体，现在很大的问题是，我们快餐式的媒体接触方式，大量的都是不真实的，大家拿出来却能够当事实，我觉得一定要控制。我们的媒体如何以新一代人能够接受的方式，去传播正确的年轻人能够接受的信息。现在的许多图书，且不说买还是不买，即便是有了也束之高阁。真正有价值的东西，即便是时间比较紧张，也还是能够被大家接受的。我这里还是提议，可以利用一些微信平台进行传播。现在年轻人接触微信，信息一传很广，扩散面非常大。能不能有这样的方式，把建筑史实、老一代建筑师精髓的东西，通过这样的平台传播出去，让年轻建筑师接受起来更加方便，同时起到更大的影响作用。

刘晓钟（北京市建筑设计研究院有限公司总建筑师）：

最近从微信上知道，清华大学的江忆院士有一个讲话，是关于绿色建筑的。我们现在评美国 leed 认证，结果参评建筑的能耗超过我们没有做绿色的普通建筑的能耗。大家想想，我们作为建筑师，敢不敢说这种真话？应该说这对政府、对行业来说都是一个比较震撼的问题。因为它做了好多项目的测试，经过测试之后拿出数据来说话的。这种伪绿色建筑还有很多。

反过来讲，大家在这些项目当中，在行业评审过程中，我们处于一种什么状态，处于一种什么样的认识？我觉得我们应该从这件事情中加以反思。我们作为建筑师要有社会责任，每说一句话，每做一件事，都要有职业的社会责任。这让我想到我们院的宋融先生，老先生现在已经不在了，我记得他对工作的热情和执着精神。

顾孟潮：

评论和设计是两回事，我们始终对评论重视不够，都是单枪匹马做评论，缺乏对评论的理论研究和组织。我有一个信息通报大家，也想做一个建议：中国文艺评论家协会于 2014 年 5 月 30 日在北京成立，并举行成立大会，这对我们是一个启发。大会产生了第一届理事和负责人，钟成翔担任协会主席，李準担任名誉主席。这个消息刊登于《艺术评论》2014 年第 7 期 149 页。

中国建筑学会 1953 年成立的时候，一开始挂到中国文联，当时宣传部副部长周扬到成立大会上讲话，当时的国务院秘书长周荣鑫担任首届中国建筑学会会长。

根据这样的背景，我建议：以《建筑评论》刊物为基地，联合有兴趣的学术刊物以及愿意为建筑评论贡献力量的人们，组成建筑文化艺术评论家协会，挂靠到中国文联或者挂靠到中国建筑学会。

朱铁麟（天津市建筑设计院首席总建筑师）：

我是 1989 年天津大学毕业的，我从业的前 10 年主要是打基础，一些作品都是在天津完成的。天津城市特质是丰富多彩的。有历史原因，有八国租借地这种文化在里面，所以天津的城市设计总是避不开新老融合与结合的话题，这也是始终面临的一个问题。

2000 年以后，天津开始大规模的海河改造工程，那时候派我去法国学习，那里有塞纳河，我在学习的时候也向人家请教天津该怎么发展。座谈的时候有人提出，可以多建一些桥，把河岸两边联系起来，后来也按照这个去实施。现在进行反思，可能有一些是成功的思路，但还是存在一些用力过猛的做法。

天津城市建筑还是有一些欧式风格的，这种风格发展后就是多种多样的风格，现在的天津城市建设造成一种情况，有一些是比较成功的作品，比如像周恺大师做的天津耀华中学，与天津历史街区结合，又不拘泥于原来的东西；还有利顺德饭店改造，这些都是成功的。但还是存在简单化的一些复古的模仿，我个人反思，这跟建筑师的功利心有关系，跟领导思路有关系。

究竟怎么去发展？我刚才也听许多专家提出《建筑师法》的建议，我认为，出台《建筑师法》确实比较迫切。上次南京大会以后，天津也有一个讨论，反思我们该怎么样去做。现在我觉得力度还是不够，存在的一些问题还很难扭转。但作为建筑师来说，首先还是要丰富自己的阅历和修养，提高自身能力；也要分析，同样一个设计为什么有的大师或者优秀的建筑师能够做得比较好，能够把领导意图领会得比较好，并落实到实践中。

王陕生（西安建筑科技大学建筑设计研究院总建筑师）：

今天会议赠送了一本我的老师佟裕哲先生的著作，我很激动。上个月他刚去世，89 岁。看到书，我对在座的长辈更加表示敬意，也对今天会议的主题有所认识。

我有一个习惯，工作一紧张，晚上睡觉就做梦。做宝鸡的项目时我做了 3 次梦，我就说如果这样子做设计就完了，我的睡眠质量有问题。而随着工作的进展，慢慢不做梦了，有可能是责任心在起作用。

做西安东门商贸中心时非常揪心，这个工程在西安市城墙里面东门附近，有 10 万 ㎡；开发商希望高一些，我们是希望低一些，要与周边环境相和谐。我们不希望成为城市发展建设的罪人。这个事非常纠结，图纸反复和建设局沟通，但这个图就是出不来。最后我还是做梦，我在梦中把自己喊醒了，嚷着：图出了，图出了。建筑师这事真是太难了。

建筑师这个职业，确实能够实现你的理想，但有些时候也会把你害了。可是一旦走上这样一条道路，你就得走下去。反思过去的经历，做过一些好事，也做过破坏城市的事，而我上学，学习建筑学知识及其道理，是应该给这个城市添增光彩的。

布正伟：

谢谢王总，王总在反思自己，反省自己的作品在各种因素作用下的成败，我觉得这种反思、这种自我批评的精神很宝贵，也很难得。做建筑师，不能光有"自信"，还得时时有"自省"保驾才行。年岁越大越会明白这个道理，我自己特有这个感受，早就想专门写一篇"感悟"，说说自己过去在设计中怎么出现那些败笔，又从中吸取了哪些教训。在我看来，不论你有多大的成就，总会有不足之处，总会有上升到头的那一天，如果一辈子下来还看不到这些，不觉得欠什么吗？我想，建筑评论如果它也能从"自己揭自己的短"做起，那该会增添另一番活力吧？

郭卫兵（河北建筑设计研究院有限公司副院长、总建筑师）：

我看马院士写的设计纪念堂的文章，刊登在《建筑文化遗产》杂志上，文章很长，写得又特别细，许多情节读来令人难忘。我觉得写回忆文章能写到这样的程度是非常棒的，这也让我想起一件往事。1976、1977 年的时候，我父亲当时在北京六建工作，他也参与了毛主席纪念堂工程的建设。那时候我 10 岁左右，跟着父亲偶尔去工地，我在农村田野里跑过，来北京就在人民大会堂附近溜达，他进工地，我就在那附近玩儿。看您那篇文章的时候，唤醒了我当年 10 岁时对天安门广场、对毛主席纪念堂的记忆。

我认为回忆性的文章马院士写得最生动、最详细，也希望各位前辈多写这方面的文章来激励我们年轻一点的建筑师。还有一件难忘的事情。我上学的时候，陈志华先生的《北窗杂记》就在《建筑师》杂志上发表，有一篇文章是针对天津大学建筑系大学生获奖写的一篇品评的文章，写得很犀利；彭一刚先生也回了一篇商榷的文章。彭先生也很风趣，因为陈志华先生的笔名叫"窦武"，彭先生的商榷文章里就署名为"窦文"。这是一件非常有趣的事情，希望有机会还能够读到陈先生的《北窗杂记》。

傅绍辉（中航规划设计研究院总建筑师）：

许多人讲到新中国成立 65 年分了前 30 年和后 35 年，咱们国家有一个大的目标，就是到 21 世纪中叶 2050 年，中国要成为中等发达国家，2050 年离今天也就 30 多年。未来 30 年的发展可能就是一个契机，或者是一个转折。随着经济发展和思想转变，可能在后 35 年建筑会以不一样的思想飞速发展。我觉得建筑评论的作用不是为了评论本身，评论的目的还是为了创作，为建筑设计的发展指明方向，或者是抛出职业建筑师做个人职业上的判断认识和总结，所以我觉得评论的重要性不言而喻。

我不知道在座的工作怎么样，我现在的工作不是特别好，活儿停的很多，比以往都要多。因为有时间，不是那么忙，就可以想很多事情。我觉得利用这样的一个机会，建筑师能够沉下心来，多思考一些可能在未来30年发展的方向，是一个挺好的契机。

我想从反思和评论品评这样一个话题来讲。我一直觉得有一个方面需要反思，就是建筑师在社会上的定位和地位。六十多年来建筑师的地位到底如何？刚才马总、费总也介绍了，我们经历过向工人阶级学习这样的一个过程，到后来成为专业设计团队，到现在突然又出现了一个建筑师要签一个责任状，现在建筑师的权力不大、责任不小，又没有说出来将来如果出现一些责任的时候，哪些是需要建筑师负责任的。我们反思也包含对建筑师社会地位的定位以及建筑师应该起的作用。

今天在这里，我特别想感谢一下周恺周总。周总从天津大学建筑系毕业后在天津大学任教，当时曾做东方艺术系的建筑设计，当时周老师带着我们做设计。在座的建筑师都有一个开窍的过程，我觉得我在建筑设计上的开窍就是在那两节课的时候，周老师给我改图时讲的一番话，包括当时《建筑学报》刚好刊登了周老师做的南开大学的三幅画，我突然感觉对建筑设计开始入门了。

金卫钧（北京市建筑设计研究院有限公司第一设计院院长）：

今天这个题目"反思与品评"，从这两个方面理解我们要达到什么目的，如果从谦虚的角度来讲，就是讲我们如何推动建筑设计行业的进步，如何推进我们的城市建设，这是我们谦虚地讲；不谦虚地讲，我们能不能站得更高，视野更广，推动社会对建筑的关注，同时引起各个领导层对建筑整体的推动。其实我们不妨把自己说高一点，尽管我们都以谈话和谈笑的方式说出来，其实我们做的事情还是很伟大的，我认为应当从这两方面来看我们的目的。

如果反思与品评和沉淀有关系，有感而发，沉淀越多，感触越多。上大学时我们有很多的点，当然很多的事情是记住了，比如说对陈老师的《北窗杂记》，还有曾先生对中日交流中心的品评，马先生最早的日本建筑等都是记忆犹新，这些作品给我们以很深的印象，包括国际竞赛，这些老一辈建筑师给我们的启迪是非常正能量的。

薛明（中国建筑技术集团有限公司建筑设计研究院总建筑师）：

今天有一个比较深的感触，就是我们敬仰已久的陈先生能够到场。我是清华大学83级的学生，当时有幸聆听陈先生讲西方建筑史的课，这个课是在学生中最受欢迎的课，是大家非常愿意听的课，陈先生讲这个课是非常有感情的。陈先生的建筑评论是最著名的，影响到我们甚至是好几代人。

我来到建研院以后给我印象很深的人是寿振华，有两件事情我提一下。我刚参加工作的时候出差去深圳，我记得到那以后，他带着我步行出去，沿着深圳市的马路从西走到东。当时他跟我讲，新到一个城市你不要坐车，就用你的脚步来感受这个城市的尺度。还有一件事，一次出差，我跟他在同一个房间，当时接了一个任务，他说今天你就先不用管了，我来勾一份草图。他一直勾到晚上，第二天见甲方后令甲方很高兴，马上给了设计费。寿总对事业的执着和刻苦深深影响着我，这是我在今后的从业过程中刻苦努力的原因之一。作为建筑师，勤奋是少不了的。而对人性的关怀，对城市的了解更是建筑师的必修课程。

我们与国外建筑师有很多合作，对我影响最深或者我从中学到最多的还是跟贝聿铭先生的合作。中国银行在他的作品里名声不是最响亮的，也有人对此有其他的评论，我们在合作过程中更多的是学习，我有几点感受。

第一，对环境的尊重。当时我记得贝先生到北京来做设计，他说我不做高层，在西单地段更要严格按限高做设计；另外在设计当中考虑中庭，西南角，南面和东面做得很通透。他本来希望把这部分空间作为城市空间，由于中国国情没有做成，我想随着社会的发展，将来他这个愿望在某一天还是会实现的。我也听到一些评论，说这个建筑一点也不起眼，但是我觉得它跟环境融合是很重要的一条。

第二，对细部的把握。方方面面对这个评价有很多了，我们在这个过程中学习了很多的东西，包括每一块石头、每一个灯里面甚至每一个机电的末端都要到位，他在现场发现有不合适的地方还要去改。

第三，对文化的理解。现在我们的文化标签化是很明显的，一提到中国文化总是把中国一些构件变形放进去。费先生在处理过程中很注重将文化内涵体现出来，中国银行的建筑设计中有中国园林的概念，他把月亮门、竹子和山石的组合很巧妙地融合在现代建筑里，尽管这种手法我们觉得随着时代发展也不一定是走这条路，但是我觉得至少他要从一个内涵的角度去发掘而不仅仅是标签化。

魏篙川（中国建筑设计研究院副总建筑师）：

戴念慈先生最早设计的斯里兰卡班达拉奈克国会大厦是 20 世纪中国建筑师的杰作。20 世纪六七十年代中国建筑师在国外设计了许多工程项目，我们做了很多援外项目，包括今天到会的马院士等人，他们都在海外有设计项目，这一部分也应纳入新中国 65 周年建筑的人和事之中。建筑虽然不在中国境内，不在本土，但是它有很多非常好的记忆，也有很多杰出的项目值得我们纪念。

我这几年参加援外项目比较多，我们援建的项目是中国援助尼日尔医疗队的宿舍，只有 3000 ㎡，而且分散在 3 个城市，看到当地医疗队的艰苦工作我觉得意义非常重大，当时就往这方向发展了。后来做的 EPC 项目多一些，前两天习主席访问委内瑞拉，参观了我们援建的一个住宅项目。这个项目的标准谈不上高，而当地人却高兴得不得了。这个项目也是 EPC 项目，以石油换建筑。习主席去的时候搞了欢迎仪式，我们给习主席看的样板间，非常漂亮。

这说明中国建筑师的设计代表了中国，我们习惯了的建筑形式和居住模式对当地产生了影响。从建筑标准来说，就像马院士讲，我们感觉到他们国家发展真的像 20 世纪 70 年代末 80 年代初的我们，全国需要大量的住房。

叶依谦（北京市建筑设计研究院有限公司副总建筑师）：

我们这一代还算比较幸运，在我上本科时老先生还能带课，彭先生、聂先生都带我们上建筑设计课。我对周恺老师仰慕已久，上本科的时候，周恺老师的钢笔画是广为流传的。

我们上学的时候马总在天大办过一次讲座，讲的是亚运会工程。当时马总讲的是 CAD 定位图。就因为这个，我们当时就想，毕业之后一定得到北京院去。

到了北京院之后有这么一个机缘，给张镈张总编回忆录，后没编成。张老总做学问、治学非常严谨，当时老先生已经八十多了，所有的文字访谈都有底稿，给人拿的全是复写纸的；而且 60 年前的事情都能记得清

清楚楚。这一代大师治学严谨，给我留下深刻印象。

黄友谊（中国建筑技术集团有限公司建筑设计研究院总建筑师）：

我跟薛总在清华大学是同班同学，我们 1983 年入学，1988 年毕业。那时建筑理论就是陈志华教授讲外国建筑史的时候给我们传授的，这也正是我们现在所缺乏的。我们现在努力地工作，工作之余尽可能更多地创造愉悦，但在现实中却被经济利益或者合同或者其他方面的工作所困扰。

总结我自己的工作经验，更多的工作在创作、市场经营、内部管理这三个方面。

我们在工作中，创作的原则是什么？我一直认为就是经济、适用、美观，三个因素在不同的项目中顺序有点不一样，但总的来讲就是这样。

适用方面，它的功能必须适应新的建筑功能和新的业态、新的技术发展等要求，我们一直不认为新奇古怪是创新的一种正常方式，经济是我们永恒的主题。

张义忠（河南大学建筑系主任）：

河南大学在开封，我们学校建于 1912 年，也算是百年老校了。从学校原来的建筑遗存看，我们学校是中国最后举行科举考试的地方。新中国成立前我们学校留下来的遗产财富，主要是贡院，也是 1912 年到新中国成立这一段时间主要的建设项目，在 2006 年也列入了全国重点文物保护单位。新中国成立初期也有一些苏式建筑，和国内规律基本相当。

我从 2004 年一直到 2013 年做过学校文物保护工作，最早在 1948 年解放军接管了河南大学，那时候就提倡保护河南大学古建筑群。1960 年开封市第一个文物保护文件出台，包括保护我们学校，1963 年又立起了保护碑。1977 年划定了相应的保护范围，一直到 1979 年。1979 年以前，学校在经营建设校园的投入相对比较少，1979 年学校做了规划调整，建设量剧增，1997 年建设量最大；2000 年新校区扩建，老校区趋于稳定，又回到保护上来。

我们学校老领导说了一句话，建设十多年了，咱们学校需要多少钱我想办法筹集多少钱，十多年过来了，哪个楼有民国时期盖得好？我们学校确实有一批中西合璧民国时期的房子，现在大家都认为，是目前其他房子所不可超越的，也是开封市作为城市风格研究当中重要的支撑点。这句话引起教学单位的思考，这个建筑好在哪里？很值得我们研究学习。

王时伟（故宫博物院古建部总工程师）：

我所了解到的是，陈志华教授应该是把现代西方历史建筑保护经验传递到国内的第一人。"文化大革命"以后，文物局要跟国外交流，当时是跟意大利交流，每年定期派学者进行交流，可文物口这块派不出，因为外语太差了，无法与人家交流。好像派出的第一人就是陈教授，陈老师把西方历史建筑保护概念引入中国，给我们讲课，讲意大利的环境和人居状况，向意大利学习建筑保护理念，与他们进行交流，令我们当时受益匪浅。

北京皇城古建筑保护，我记忆中在金融街放过气球，现在看中轴线、紫禁城周围的环境，西边因为有中南海还是不错的，东边环境就毁掉了，如果建筑界、规划界更早一点控制的话，可能对文物保护会更好一些。

崔勇（中国文化遗产研究院研究员）：

陈志华教授、顾孟潮先生对我的影响很大，他们在建筑评论方面曾经给予我很大的帮助。我在华中科技大学发表了一篇文章《建筑评论何为》，提出怎么进行建筑评论。文章发表后，顾孟潮先生当时在生病，他在病床上给我写了三封信，我们就是靠这种方式进行交流的。这么多年过去，到金磊办《建筑评论》，相对来说评论还是不太景气，是缺席的。

我在《建筑与文化》杂志上发表一篇文章《东方文人自觉失意表达——点评莫言的小说与王澍的建筑》。这篇文章就是最新的评论，跨两门学科，一个是文学，一个是建筑学，我个人认为他们的作品都带有东方意识，莫言得到了诺贝尔文学奖，王澍也得了建筑奖。他们有文人情愫，两个艺术家的特点就是东方文化的特点，获得国际上的认同。莫言不是最优秀的作家，王澍也非最优秀的建筑师，但他们最重要的是思维的表达，把东西方思维方式相互融合，一刚一柔，获得认同。

殷力欣（《中国建筑文化遗产》副总编辑）：

建筑这种不纯的艺术，才是它的魅力所在。刚才很多学长谈到建筑师是戴着镣铐的舞者，我个人的感受是，所谓戴着镣铐的舞者，有些是大家不理解，有些是因社会责任把他的艺术理想作为让步和牺牲，他永远是在艺术理想与社会责任之间做一种平衡，做一种牺牲。从这一点来说，我向我心目中的建筑师表达非常高的敬意。

这里举一个例子，1970年我父母做铁路工程，在云南时认识一位比我父母大10岁的桥梁设计师，那位叔叔反复说他设计了一个像倒置竖琴一样的桥梁，因为它是一个峡谷的形状，那个桥梁名字叫马方沟大桥。后来2010年我去看了，我觉得一点都不像竖琴。我回来问我父母，我父母就说，假如那个桥梁真正实现了竖琴一样的造型，他就不用喝醉酒跟一个8岁小孩说他的设想了。从这点上我感到建筑师与理想之间做了平衡。

张树俊（天津大学出版社社长）：

我们国家倡导重拾文化自信，听完各位专家的发言，我觉得我们建筑行业更应该重拾我们民族建筑的自信。新技术、新材料、新理念的发展，带动了我国建筑行业的发展，却没有带动中国传统建筑理论的发展。这一点，从我们出版的图书中就可见一斑。我们花费了大量的人力和财力在越来越不具有市场的古建修缮、传统理论研究、建筑理论专著等方面，当然经济效益甚微，但我认为，作为传统的以建筑图书为特色的出版社，这是我们必须承担的社会责任。也希望各位在座的专家、学者，能把更多的目光投向我们民族建筑的复兴。

布正伟：

现在的"新生代"处在一个很好的成长时期，媒体宣传空前活跃，留在建筑历史上的印记，自然会比过去更广泛、更丰富。但1949年新中国成立前后，包括"文化大革命"这个特殊的历史阶段，如果我们不去追忆的话，不远的将来就再也补记不上了。我崇拜的老前辈有不少，其中，杨廷宝、冯纪中、佘畯南、戴念慈、林乐义等，他们的建筑创新之作令我印象深刻，但已抢救的相关史料还不算多。我曾看过北京院同事回忆宋融老总的文章，他为事业的付出，让我很感动。像马国馨等这样一些脑子里储藏着不少活历史的名家，要是再不适时整理、记载下来，很多有意义有价值的东西就会被埋没了。其实，写"活历史"很灵活，每个人在自己的建筑师生涯中，只要写出最想说的一件事或一个人就行。这样，《中国建筑师记忆中的那些事》（暂定），便可以成为杨永生老总生前编辑的史料丛书的后续之作，去连续传播发生在中国建筑界的各种故事了。

韩林飞（北京交通大学教授）：

我专门找到了1952年12月22日《人民日报》上梁思成先生发表的一篇文章《苏联专家帮助我们端正了建筑设计思想》。我觉得这篇文章到现在读起来都很有意义。当时苏联专家为我们中国建筑事业奠定了一个很好的基础，不仅仅是帮助我们建立了全国各地的各种十大建筑，最主要是奠定了一种思想。我拿到了梁先生这篇文章，这篇文章从5个方面说明了苏联建筑。

梁先生认为，苏联专家在20世纪50年代为我们奠定了一个很好的思想基础，不仅仅是带来了建筑设计的作品。对他影响比较大的是两位专家，一位是城市规划专家穆欣，穆欣是苏联非常有名的建筑师，他到中国来以后，在中国提了很多城市化的建议。第二个是清华大学执教的阿谢夫科夫教授。梁先生概括地说，苏联专家建筑思想对我们思想帮助概括为5个要点：第一，建筑服务于人，是对人的关怀；第二是肯定建筑是艺术；第三是建筑和都市的思想性；第四是一个城市一个区域建筑的整体性；第五，极重要的是建筑的民族性。

梁先生在文章中回忆，穆欣的多次报告提出了建筑师首先要对人关怀，阿谢夫科夫讲了建筑为人服务，人道主义是建筑创作的基础。建筑评论不应该为少数人服务，梁先生在文章当中谈到了实用、坚固、经济作为建筑3个要素，这种观点是片面、狭隘的，建筑作品同时完成两个任务：实用和美丽，社会主义城市建筑不仅是便利、经济而且必须是美丽的。这个思想从今天来说也对我们建筑创作思想具有很好的指导作用。

我认为，不要忘记苏联建筑对我们中国建筑思想的影响，不仅仅是形式主义的影响，我个人认为苏联建筑有很好的基础，20世纪50年代它带来思想的同时也带来了对建筑创作的追求，包括中国做的十大建筑，中国建筑和欧式建筑的结合。我个人认为，20世纪五六十年代建筑认识还是局限于建筑的形式上，用一些形式语言，如大屋顶、屋檐的语言来塑造形式，还是在追求一种本土的表现，无论是民族主义，或者是社会主义内容，还是在形式上追求突破，比如现代建筑内涵和现代建筑发展逻辑，空间和形式结合，空间和人文结合，空间和地域结合，空间和气候结合，回顾起来建筑只是个体独立甚至可以说是片面的，并没有从思想体系对中国本土建筑形成影响。

陈志华（清华大学建筑学院教授）：

现在关键的问题是要做好保护工作，最近我们全社会都在重视农村建设与保护的问题，这很好。以前还没有哪一位党的领导人对这个事情如此重视，乡镇保护问题得到重视，文化传承的工作就有希望了。政策有了，决心有了，可怎么做还是一个问题，技术性的问题或者具体的问题都好解决，最重要的是认识上的问题。提高各级领导干部的认识，提高广大群众保护文化遗产的意识，这是当前非常紧迫的事情。具体问题还要具体对待，许多乡村至今还很落后，人民的生活水平还很低，连生活都有问题，让他去保护文化遗产就是笑话。

建筑评论要说实话，文化遗产保护更要说实话。

马国馨：

今天大家都有一个共识，就是认为我们建筑界不能光看房子，还要看建筑后边的人和事。我们经常说，建筑师的社会地位不高，没人理，我要说的是，提高社会地位就靠我们自己。有了人才有故事，有了故事才有房子，而不能有了房子就没有故事了，我觉得大家说的对我教育还是很大的。

前辈建筑师总结的一条比较好，就是实事求是，追求它的真实性。张镈总在这方面做得非常好，他就是有一说一，有二说二，实事求是。比如在这个活儿当中，谁起了什么作用，他都一个一个全都列出来，他在他的回忆录里全部提到，连做模型的老师傅都在回忆录里写到，如某某师傅给我做的什么模型。我觉得这点是非常客观的，也非常重要。他经常提到和他合作的有张德沛、田万新、孙培尧等，这些人在他回忆录里都提到过，我觉得他这点非常值得我们学习。

而且他并不回避自己的问题。张总这点非常好，一些工程有问题，技术不过关，该怎么解决，他都总结出来。我们做工程的时候说，你先上新侨饭店看看有什么毛病，为了解决这个毛病我做了前门饭店，前门饭店是怎么把这个问题给解决的。他老人家不回避自己的问题，有经验才是推进我们行业进步的一个非常重要的手段，没有这个进步你说我使了一个招挺好，其实这个招带来的问题多得很。你不把这个问题说出来行业就进步不了。

我觉得在座的各位都应该是回忆人和事的主要力量，通过这个会总结出65年建筑行业的经验，让这个行业更进一步前进。我们这个事业是接力式的，接到现在已经有点名堂了，我觉得还需要继续努力。

中国当代建筑文化沙龙成立 28 年记略

顾孟潮

这次茶座的主题"反思与品评 65 年的人和事"本身就是评论，而且是历史评论，很有历史的深意和重量，这是新开端的起步点。没有记忆，人将无路可走，传统将会给你指明一条路。

我原来准备谈近 35 年，因为我把 65 年分为两段，前 30 年是中国当代建筑奠基和夭折的 30 年，近 35 年是改革开放走向世界的 35 年。现遵照主持人的要求，介绍一下中国当代建筑文化沙龙成立 28 年来的一些情况。由于事前没有准备，只能叫记略，难免有一些遗漏。

一、中国当代建筑文化沙龙成立宗旨

当代建筑文化沙龙成立宗旨是一个宣言，刊载在中外的建筑媒体上，现抄录如下。

在久旱的建筑理论园地上，我们渴望交流的时机，我们寻求对话的场所，这就是当代建筑文化沙龙的缘起。

在海内外各界人士的大力支持下，当代建筑文化沙龙成立于 1986 年 8 月 22 日，并开展了一系列学术活动，取得一些成果。特别要感谢著名科学家钱学森、美学家朱狄等赐函指教，国内许多报刊和国际建筑师协会发布沙龙成立的有关信息，这些更使我们认识到树立文化意识是时代的迫切需要，更坚定了研究当代建筑文化的信心。

我们想从文化的广阔角度，探索建筑理论的前沿课题以及基本理论和应用理论。我们主张兼容并蓄，以哲学为灵魂。我们不是一个流派，可能颇有对立，但我们都愿意在自我塑造的同时又欣然地接受相互塑造。

我们愿借此倾心恳谈之机，呼唤众多建筑流派的崛起，揭示当代建筑文化的真谛。

随着人类文明的进步和社会的发展，建筑的文化价值愈来愈受到重视。

建筑文化是任何人须臾不能离开的文化。从结构模式角度看，建筑与文化同构，即同样包括物质文明和精神文明两个方面。建筑既要满足人们衣食住行的物质需要，更要体现政治、经济、科学、技术、哲学、宗教、艺术、美学观念等精神方面的要求，还要满足不同时代、不同地域、不同民族的生活方式、生产方式、思维方式、民俗习惯、社会心理等需要。

这种综合性使建筑成为每个历史阶段发展水平和成就最重要的标志，它们构成一个国家、一个民族的历史形象，因而被人称为"石头的史书"。

对于典型建筑物的考古、研究和欣赏，往往会对产生该建筑的社会有深入和具体的的了解。

二、中国当代建筑文化沙龙人员组成

顾问：罗小未教授（同济大学）、陈志华教授（清华大学）、刘开济总建筑师（北京建筑设计研究院）。

召集人：顾孟潮（中国建筑学会）、王明贤（建设部《建筑》杂志社）。

成员：赵冰（1963）、李涛（1961）、刘托（1957）、吕江（1958）、张萍（1957）、赵国文（1954）、王明贤（1954）、张百平（1953）、李敏泉（1953）、王贵祥（1950）、张在元（1950—2012）、李雄飞（1945）、布正伟（1939）、顾孟潮（1939）、王小东（1939）、萧默（1938—2013）、邹德侬（1938）、李大夏（1937—2010）、曾昭奋（1935）、艾定增（1935）。

三、中国当代建筑文化沙龙主要成果

1. 1986 年 8 月 22 日，中国当代建筑文化沙龙在北京召开成立会，杰出科学家钱学森、美学家朱狄等发来贺信表示支持。

到会 13 人：顾问陈志华教授，召集人顾孟潮、王明贤，成员赵冰、赵国文、吕江、张萍、曾昭奋、萧默、布正伟、刘托、王贵祥等。未能到会的顾问罗小未、刘开济。成员艾定增、李大夏、邹德侬、张在元、李雄飞、李涛、李敏泉、王小东、张百平等发来贺信或贺电。会议通过中国当代建筑文化沙龙的心愿（即宣言，刊于《中国美术报》《建筑学报》《国际建筑师协会会讯》）。1986 年创立之初 16 人，后来发展为北京组、上海组、天津组和武汉组等，向欣然、马国馨等是后来加入的。沙龙成员中不少还兼为中国现代建筑创作小组成员。

2. 1987 年 7 月 1 日，世界建筑节，举办世界建筑节与柯布西耶 100 周年诞辰年会，到会数百人。中央电视台等多家媒体报道。

3. 1988 年启动"80 年代中国当代建筑优秀作品评选"活动。

4. 1989 年 6 月 23 日，"80 年代中国当代建筑优秀作品评选"揭晓，国内外多家媒体报道。《80 年代中国当代建筑优秀作品评选》在香港出版。

5. 1989 年 7 月，《当代建筑文化与美学》《中国建筑评析与展望》两本书，由天津科学技术出版社出版，在国内外引起良好反响。

6. 1987 年夏天，意大利共产党《团结报》驻京记者金兹伯格在他住处采访和招待沙龙成员顾孟潮、曾昭奋，了解沙龙情况。

7. 1989 年，与《科技日报》合作发起"新文化运动与中国当代建筑"征文活动。

8. 1990 年《当代建筑文化思潮》，由同济大学出版社出版。

9. 1991 年 1 月，《建筑 / 社会 / 文化》由中国人民大学出版社出版。

10. 1991 年，与浙江省东阳市合办"全国首届建筑评论会"引起较大反响，发现一批新人。

11. 1994 年 10 月，与《读书》杂志合办"建筑与文化"学术活动。

12. 1995 年，与德阳市联合举办"第二届全国建筑评论会"。

13. 1996 年，"当代建筑文化十年（1986—1996）纪念会"在北京建筑工程学院（现北京建筑大学）召开。会上有 20 多位专家做主题演讲，内容十分丰富，包括"近 10 年的国外建筑"（张钦楠），"建筑文化十年"（顾孟潮），"青年建筑师访谈"（曾昭奋），"年代以来建筑历史理论研究综合评述"（王贵祥）等，"当代建筑文化十年（1986—1996）纪念会"节目单由马岩松、魏峰设计。当时许多青年建筑师自费从外地赶来参加会议，轮到发言时为节约时间跑步到演讲台，情景十分感人。如王澍评论杨廷宝先生，张学栋从四川德阳一路站在火车里坚持到北京作为"志愿者"帮着做会务工作。

14. 1997 年，与《中华建筑报》联合举办以"建筑多元化"为主题的学术活动。

15. 1997 年，举办关于《华夏建筑沉思录》讨论会。

16. 曾长期与《中国美术报》合作，成为"环境艺术建筑艺术"版主要作者，该版主编为沙龙成员萧默。后来在此基础上促成环境艺术委员会的成立。首届会长是周干峙。

17. 举办了"90 年代中国环境艺术优秀作品评选"，促进建筑师、室内设计师提高环境艺术设计水平。

18. 1993 年 2 月 27 日，与城市科学研究会、规划学会合作召开首届"山水城市座谈会"，钱学森在会上发表书面论文《社会主义中国应该建山水城市》，引起国内外广泛反响。许多省市将建设水上城市列为长远奋斗目标。

19. 沙龙成员在各地、各单位和社会活动中发挥促进建筑文化的科普作用。如组织讲学团到山东、湖南，组织武汉山水城市讨论会，到中央电视台《百家讲坛》讲演等。

20. 《读书》《中国文化报》《中国建设报》《中华建筑报》《建筑观察》《华中建筑》《重庆建筑》等多家报刊，为沙龙成员开设专栏，应邀撰写建筑文化方面的文章。

21. 1999 年 UIA 国际建筑师协会第 20 届大会在中国举办。为迎接大会召开，王明贤任中国当代建筑艺术展秘书长，促成多位沙龙成员参与中国青年建筑师作品展览。顾孟潮与杨永生主编的《20 世纪中国建筑》问世，在大会亮相受到欢迎。

22. 沙龙成立初期，曾在张永和短暂回国时组织讲座，他以"烟斗不是烟斗""自行车的故事"等话题讲述他对建筑的体验，受到听众的欢迎。曾昭奋主编的《当代中国中青年建筑师》和《建筑评论》更是国内开风气之先的著作。

23. 先后与文学家联手，参加两届"建筑与文学"学术研讨会。首届在南昌，第二届在杭州，对加强建筑文化意识有推动作用。沙龙成员洪铁城对两届会议贡献甚大。

24. 近 3 至 4 年，先后与建筑畅言网组织完成 4 届"丑陋建筑评选"，多位沙龙成员担任评委。

25. 2014 年 5 月，参与"中国当代十大建筑（1994—2014）"评选，多位沙龙成员担任评委。

1月1日
新版《绿色建筑评价标准》正式施行。

1月
汉秀剧场与万达电影乐园在武汉楚河汉街东、西两端同日面向公众开放。

1月27日
为了回顾2014年建筑界的过往，回应习总书记"不搞奇奇怪怪建筑"的指示，把握2015年建筑创作现象及趋势，中国建筑技术集团等单位举办了2015新春建筑师论坛。

2月4日
《国家新型城镇化综合试点方案》正式印发。

4月21日
主题为"建筑阅读：良知传播＋精品出版"的"建筑师茶座"在北京交通大学举行。本次"茶座"由全国房地产设计联盟、《中国建筑文化遗产》《建筑评论》"两刊"编辑部及北京交通大学建筑艺术学院等单位联合主办。

5月8日
在西安举办"张锦秋星"命名仪式，并同期举行"继承与创新"学术座谈会。

5月25日
发改委对外发布首批PPP推介项目共计1043个，总投资1.97万亿元。项目范围涵盖水利设施、市政设施、交通设施、公共服务、资源环境等多个领域。

6月1日
我国首个建筑产业现代化国家建筑标准设计体系向社会公开了第一批设计图集，意味着我国推行产业化建筑有了国家标准设计体系。

6月15日
中国第十个"文化遗产日"前夕，由中国文物学会会长、故宫博物院院长单霁翔著、《中国建筑文化遗产》《建筑评论》"两刊"编辑部承编的"新视野·文化遗产保护论丛"（第一辑）正式出版。

6月16日
住建部印发《关于推进建筑信息模型应用的指导意见》，明确提出推进BIM应用的发展目标——到2020年末，建筑行业甲级勘察、设计单位以及特级、一级房屋建筑工程施工企业应掌握并实现BIM与企业管理系统和其他信息技术的一体化集成应用。

6月
南阳华侨机工回国抗日纪念馆竣工。

7月21日
北京建筑大学、天津城建大学、河北建筑工程学院合作签约仪式在京举行，京津冀建筑类高校协同创新联盟同时成立。

8月3日
国务院办公厅发布"关于推进城市地下综合管廊建设的指导意见"。

8月15日
中国建筑学会、甘肃省委宣传部在敦煌联合主办了"朝圣敦煌——首届国际城市雕塑作品大展"。

8月
广州市珠江新城财富中心竣工。

侵华日军南京大屠杀遇难同胞纪念馆三期工程竣工。

天津大学新校区图书馆竣工。

2015 年出版《西南之间》书影　　　西南之间座谈现场

9 月 15 日

由中国文物学会和天津市滨海新区人民政府联合主办，中国文物学会 20 世纪建筑遗产委员会、天津市历史风貌建筑保护专家咨询委员会、天津市保护风貌建筑办公室等单位协办的第六届中国（天津滨海）国际生态城市论坛之分论坛三：20 世纪建筑遗产保护与城市创新发展论坛在天津滨海一号酒店会议中心举行。

10 月 31 日

2015 中国国际城市设计与建筑创作博览会在上海举行。

11 月 1—3 日

由住房和城乡建设部、宁夏回族自治区人民政府、香港特别行政区政府发展局共同主办的"2015 年内地与香港建筑论坛"在宁夏银川举行，主题为"一带一路 合作共赢"。

11 月 19 日

由重庆市设计院及《中国建筑文化遗产》编辑部共同编写的《重庆建筑地域特色研究》一书正式由中国建筑工业出版社出版。

12 月 13 日

我国建筑领域的第一个智库——人居科学院，在清华大学成立。

《岁月·情怀——原建工部　　《问津寻道》书影
北京工业建筑设计院同人回
忆》书影

"张锦秋星"
承继与创新学术座谈会

周畅（中国建筑学会副理事长、秘书长）：

"张锦秋星"不仅是对张锦秋院士的嘉奖，也是对中国建筑师的肯定和鼓励，提升了中国建筑师的社会地位和国际影响。张锦秋院士50多年如一日，扎根三秦大地，情系西安热土，坚持传统与现代建筑的结合，建筑艺术与现代科技的结合，传承民族精神，展现时代风貌，实现了科技创新与艺术创作的完美结合。传统与现代、东方与西方、承继与创新是我国建筑师永恒的话题，是我们几代建筑师的不懈探索和追求。今天我们藉"张锦秋星"命名典礼在西安举行学术座谈会，就中国传统建筑文化、传统建筑理论在当代建筑中的应用、中国建筑文化的自信和自觉、建筑创新与创作等课题进行学术研讨，以推动中国建筑创作的健康发展，为中国建筑未来的发展集思广益，为传统与现代结合的探索之路进行理论上的探讨。我们相信今天下午的学术座谈会一定能为我国的建筑理论和实践提供好的意见和建议。得知张锦秋获此殊荣，美国著名的建筑大师文丘里夫妇特地向张锦秋院士发来贺信表示祝贺。

崔愷（中国建筑设计研究院总建筑师，全国工程勘察设计大师，中国工程院院士）：

张锦秋先生获得了小行星"张锦秋星"的命名，我觉得这是我们建筑界一个非常值得庆贺的大喜的日子。上午参加活动我有很多感触，尤其是听到张院士的发言，听到宋部长的发言、贺词和单院长的发言，我觉得很有感触。我觉得这是一个有着非常重要的历史意义的文化事件。怎么样来看待中国建筑文化在今天这样一个时期应该发挥的作用？今天很有幸参加这样一个老话题的座谈会，但实际上它有很多新的内容和新的启发，所以我今天没有特别的准备，让我先抛砖引玉，把自己的想法跟大家交流。

从今天这样一个"张锦秋星"的事情上给我一个启发，重新思考天、地、人的关系。上午几位致辞当中都点到了这一点，如何看待我们的大地？如何仰望我们的天空？在时空上怎么能够建立我们人类的历史和宇宙的历史的关系？看上去是一个非常开放性的思维，但是又很具体，具体到张院士这样一个以毕生的辛勤工作对陕西西安以及对我们中国建筑文化的贡献，一个具有史诗性的宇宙承载的纪念。这件事非常"高"，不是一个人的获奖，实际上对这样一个话题或者对这样一件事情

提到这样的高度来看，我觉得是值得我们振奋的。这让我重新想到一句老话，就是天人合一。张院士的名字永远跟天地同在，我觉得这件事情实际上是非常有纪念性的。当然我也觉得之所以张院士有这样的一个荣誉、这样的贡献，实际上是因为她每天做的事情，她做的50年的事情都在追求天人合一的状态。上午在对话当中，张院士回答提问的时候讲到时空的尺度问题，实际上虽然宇宙非常大，但是具体到我们建筑师的工作，就是为人的服务，而人的空间、人的尺度以及人的时间和历史的概念，我觉得这一点实际上也是张院士多少年来对建筑、对环境、对宇宙这样大话题的思考当中非常朴素和简洁的一个诠释。同时让我们想到我们建筑师工作的意义，这些都是让我特别有感触的。

唐玉恩（上海现代建筑设计（集团）有限公司资深总建筑师，全国工程勘察设计大师）：

我一直相信这一点，现在也得到了印证，从第一代中国建筑师在西方留学，接受了现代建筑学教育，回国之后实际上就一直在探索中国建筑现代化。如何继承我们厚重而丰富的中国传统文化，这是一个古老的课题，但是实际上放眼看一看，国际上所有有悠久历史的国家，他们在发展过程中接受工业化、现代化文明冲击的时候，其自身文化必然的反映。无论印度、埃及、墨西哥，包括我们中国，在接受西方文明的同时，一定深深的摄取自己传统文化的营养、魅力。如何发展这么一个命题，这个命题确实是几代建筑师纠结甚至于可以说在某些程度上进行抗争而一点一点发展来的。第一代建筑师首先在中国建筑稍微有自主发展条件的时候，曾经做过努力，当时在那样的一个历史背景下，在经济跟现在不可同日而语的水平上，中国举行的一些著名的大建筑群的竞赛招标的时候，也是强调了弘扬国粹，当时是用了这么一个口号，但是实质内心还是希望在现代化进程的同时，传承中国的传统文化。现在手法、技术跟以前的做法已经很不一样，但是我觉得那个时代的建筑师们一点一点追求也打下了一定的基础，无论是在南京中山陵，还是上海江湾地区的特别市政府大楼部分的建筑群，我觉得这是前辈们的努力，以不同的手法、不同的技术进行各方面的探索，是一代一代的传承。今天的西安已经是蔚然成风，既有时代特征，又吸取了为当代社会服务的所有要求，建设得那么完善，同时还始终牢记我们这片大

周畅　　崔愷　　唐玉恩　　倪阳　　庄惟敏　　单霁翔　　梅洪元

孟建民　　朱小地　　汪孝安　　崔彤　　谢小凡　　周文连　　单军

王贵祥　　汤桦　　王建国　　常青　　韩冬清　　王洪礼　　钱方

金磊　　刘克成　　赵元超　　熊中元　　宋春华　　沈迪　　周恺

地建筑文化之根，我觉得这是非常不易的一个努力，尤其是在这样一个快速发展的浪潮当中，能够坚守，真是非常钦佩。

我们国家的国土辽阔，确实就像张院士上午的发言和回答问题当中提到的，各个地区确实也有很多丰富精彩而值得当地建筑师们研究的成绩，有很多好的传统、有很多好的工匠做法、材料，包括一些细部，长久地反映出当地人们的乡愁。我觉得每个地区都有。我们在座的很多建筑师、领导在这方面已经做了很多的努力，相信像张院士上午所谈到的，各个地区会有不同的手法、不同的表现，它们都很和谐地立在自己的那片大地上，它们生根在中国的国土。当代建筑师当然有这样一个责任，对这样一个长久的命题，及时跟上建筑发展的现代化。同时也体现出我们本地文化的建筑追求，这是一个长久的命题，还需要今后继续努力。在我们这样一个建筑队伍中，我也是提点自己的建议。在今后的建筑创作中，我们是否可以更多地尊重历史、尊重城市、尊重环境，把新建筑跟特定的地区、文化、历史和环境结合在一起，这一点是我们今后创作中的一个方面，当然创作

有很多的方向，我觉得这个是其中一个很重要的方面。

倪阳（华南理工大学建筑设计院副院长，全国工程勘察设计大师）：

我跟张院士相识于 1988 年，到现在 20 多年了，您那时候跟我现在的岁数差不多。后来我们广州市有一个园艺馆的方案，我有机会真的来拜访张院士，觉得她充满了贵族气质，她的家庭条件、她的为人包括做事的方式都有贵族的腔调，很有教养、有担当、有自我的意识，我觉得这些东西在我跟她接触过程中印象特别深。我是后辈，有一次约张院士见面，时间很难协调，但她还是特别安排了时间，晚上还请我吃饭，我觉得特别不好意思，再次感谢。获得这个奖可以说是业界的领军人物了，但她从不觉得自己是领军人物，只是默默耕耘在自己的舞台上。张院士尤其有着一种建筑师的担当，比如鼓楼的保护，她认为很重要，需要去开发、去保护，但是政府没有钱，我知道这件事完全是张老师一个人"忽悠"成的，把没有的一件事搞出来的，而且确实保护下来。她说服政府，用很巧妙的手法，通过一些低强度的隐蔽

性的开发，做一些商业的工程，用这个钱保护整个的区域。大家都知道做这些事，她从中肯定得不到什么，她出于一种担当，出于建筑师的职责，而且她有股韧劲，一定要把这件事做成，这件事给我比较深的印象。

庄惟敏（清华大学建筑学院院长，清华大学建筑设计院院长、总建筑师，全国工程勘察设计大师）：

上午单院长的讲话，包括刚才崔总说的，我也觉得文化自觉现在至少在我们这些大师、领导、专家的脑子里已经形成了一个态度，我也感到非常高兴。因为我们作为建筑师，觉得确确实实真的开始有人把这件事拿出来说了，敢于理直气壮地说中国的建筑师在创造中国的文化，在对中国文化思考的基础之上来创造我们的建筑，无论是投标的形式，还是邀请建筑师参与的方式，这个文化自觉的体现自上而下非常重要。很多文化的状态可能是分散的，你太强调自下而上，往往在这种情况下是实施不了的。

文化建筑的文化表现，我非常同意崔总刚才说的，崔总的观念就是要总结张先生的创作，不应该单纯地说她是中国传统建筑的再现，它实际上是中国建筑文化在当代的一种再现，应该总结它，如果说建筑界能够把这件事当作一件重要的事情来总结。现在我们很困惑，一说就是中国传统、中国文化，到底中国建筑创作怎么体现文化，我们把这些案例，把张先生做的这些过程，加以分析、加以分解、加以提炼，我觉得这件事情就非常好了，我想这件事肯定不是张先生一个人做，可能可以做一个课题，与其说泛泛地讲中国传统文化的发展之路，倒不如把一些现在公认为非常成功的、在世界上公认为优秀的、带有中国文化特色的建筑案例拿出来分析，把这些手法拿出来分析，把它作为一种非常值得学习和借鉴的例子。我想这个要拿一个题目来做的话非常有意义。关于文化表现的另外一个方面，就是建筑教育。我们现在的建筑教育基本上是比较常规化的一套东西，西方古代史、西方近代史、中国古代史、中国近代史。能不能说我们今天建筑师创作的东西就是在做中国文化的弘扬和传统，不要按着时间段说历史，在建筑教育层面也可以尝试多增加一点对中国当代文化、中国文化的建筑表达，我们也可以研究研究，在建筑的教学层面上，是不是可以做一点探讨，让年轻的学生们看到中国的建筑不是装在传统的筐子里面看，今天我们还有很多非常新的、让人眼睛一亮的、让世界瞩目的当代的建筑。我看到西安建筑本身有全新的建筑表达，为什么不能让学生们看一看，我觉得这些东西特别值得去研究的，在教育层面是值得研究的。

单霁翔（故宫博物院院长，中国文物学会会长，中国建筑学会副理事长）：

多年来，经常参加文物界召开的会议，与一些年逾古稀的老专家在一起讨论，当然谈论的话题也很不一样。今天的座谈会有一个非常现实的题目，即"承继与创新学术座谈会"。关于继承与创新的问题，无论在建筑界，还是在社会上，讨论了很多年，可见解决这一问题很难，但是也有人认为并不是很难，我想关键是文化立场和文化理念的问题。

大约是在1986年4月，应中国建筑学会戴念慈先生邀请，日本建筑学教授大谷幸夫先生到中国进行学术交流，先后在建设部、天津大学、陕西建筑学会和同济大学做学术报告。我受中国建筑学会的指派全程担任翻译。大谷幸夫教授是日本著名建筑学者，在建筑理论方面造诣较深，他的学术报告内容即为"关于传统与现代化问题"，即以自己创作的建筑作品为例，谈继承与创新的问题。当时他年满60岁，即将退休，感慨很多。我在路上问他，为什么你设计的这些建筑一看就是日本建筑形式，一看就有自己的建筑艺术风格？对此他不以为然，他说我是土生土长的日本人，从小就接受日本的传统文化教育，感受日本的山水风光，生活在日本的民居建筑里，那么我画出的每一笔线条，就不可能是别国的。例如日本经常发生地震，气候比较潮湿，在建筑设计时就必须加以考虑，柱子粗壮一些，低层空透一些，这些来自生活体验。我理解大谷幸夫教授是在说，在建筑设计创作实践中，只要在尊重当地文化传统、地理环境、社会风俗的前提下，满足现代建筑功能需要，设计出来的内容就一定是属于这个城市的，属于自己的，属于当代的建筑设计作品。听了这一番话，我又觉得继承与创新的问题，倒是一个并不复杂的事情。

今天我们共同参加了"张锦秋星"命名仪式，使我们今后愿意更多地仰望天空，感受中国建筑事业发展的未来。在仰望的时候，也会引发更加深刻的思考。我在上午的大会发言时说到，当代中国恐怕没有哪个建筑师对一座城市的文化风貌，有如此深刻的影响，原因就在于张锦秋教授设计的每一座建筑，都充分尊重西安的传统文化和地域风格，所以一看上去就知道是为西安创作的建筑，是张锦秋教授设计的建筑。拥有这样的文化立场和文化理念，就不可能设计出"奇奇怪怪的建筑"，就必然形成自己独到的建筑风格，长期坚持创作，不但影响着城市风貌环境，也影响着社会民众审美，还影响着城市领导决策。每当和陕西省和西安市领导谈起城市文化特色保护时，他们都对张锦秋教授的建筑设计十分赞赏。因此可以说当代建筑师是可以处理好继承与创新的关系，是可以大有作为的。在今天会场上，能够看到这么多拥有优秀建筑设计作品的杰出年轻建筑师，就说明中国建筑设计充满希望。

梅洪元（哈尔滨工业大学建筑学院院长，哈尔滨工业大学建筑设计研究院院长、总建筑师，全国工程勘察设计大师）：

张院士的作品应该说是反映了一种民族精神、民族魂脉的典范，特别是对中国传统文化的传承和发展作出了巨大的贡献，是我们学习的榜样。看会议的主题，我想谈一点感受。关于传统与现代、东方与西方继承和创新，是长久以来的一个话题，当然在不同的时期我们有不同的理解。我自己在做一个建筑师的同时也从事建筑教育，在这几年间看到一个现象，从我们现在的青年学生、青年建筑师的创作水平来讲，确实是有了很大的提高，他们这种视野也应该说是开拓了，对当下的这种国际思潮的了解也是很充分了。当然这里边表现出一个问题，就是他们很少去向中国的传统学习，而是把这种兴趣点放在了追求建筑的形式、追求视觉冲击力，刻意表达复杂的建筑形态，在这个方面，我觉得是走入了一种误区。这样一种现象可能是多种因素造成的，但是我觉得它还主要与当下的社会环境，特别是我们的教育模式有很大的关系。刚才庄院谈到这个问题，我非常赞同他的观点，因为西方传统文化的传承是依赖于宗教的传播，我们国家传统文化的传播主要依靠学校的教育，中国高校传统文化的教育缺失，是导致大学生对于传统文化了解缺失的一个重要原因，在我们建筑教育体系当中，对于传统文化的缺席不仅限于史论的层面，还非常缺少把这种文化的内核和外延紧密起来的环节，必然导致学生传统文化知识的匮乏和对传统文化意识关注的不足。青年学生走到这个行业来成为一个青年建筑师，要经过一个很长的时间去摸索、去体验，在向前辈学习当中关注这种传统与创新，所以我觉得这是一个很突出的问题。当然我们知道传统与现代、东方与西方、继承与创新是共生共进、相辅相成的。我们在过度关注现代与西方创新的时候，我们的思想体系自然失去了自己的土壤。

孟建民（深圳市建筑设计研究总院有限公司总建筑师，全国工程勘察设计大师）：

我们现在正处在弘扬建筑文化的大好时机，"张锦秋星"的命名，可以说对我们建筑界是一个巨大的鼓励，除了是张院士个人的巨大荣誉，也是我们建筑界一个非常大的荣誉，让我感受到榜样的力量。我对张院士的印象是建筑界德艺双馨的突出代表。我经常有点事情

就请教张院士，我总感觉到她心中充满大爱之心，感受到她对后辈的慈祥和关爱，我每次请教张院士，都有这样的亲身感受。张院士的作品，我也非常同意上述几位的观点，他们说张院士的作品比较细腻、比较精致，我在心里面就在补充，同时又非常雄浑、大气，不仅仅是有女建筑师的精致和细腻，同时也具有建筑大家的气势，我们从大明宫、长安塔、陕西历史博物馆、黄帝陵祭祀大殿一系列作品当中都能感受到。每次来开座谈会时，都是一种新的感受，都能从中感受到传承中国传统文化的时候怎样去探索和创新。用六个字来概括张院士的建筑创作给我们的启示，一是坚持，坚持这个词太重要了，我最近写了一篇《做一个有限的建筑师》，不要什么都会做，就做你坚持那个专业的那一段，这样的话才能把这个东西做得又精又好，什么都会做的话就会做得很杂，什么也做不精，做有限的建筑师是我更佩服的人。二是探索，不仅仅是简单的对文化的一种传承，这当中有创新，我们从长安塔可以看出来，和现代艺术的完美结合，这都给我们非常深刻的启示。三是检验，通过实践检验我们的坚持、我们的探索，它的意义、它的价值。

朱小地（北京市建筑设计研究院有限公司董事长、总建筑师）：

"张锦秋星"的命名，会在中国建筑界引起巨大的反响，这个反响是否又出现了这样一种态度，对传统建筑、传统文化的探索？我想谈谈我个人的观点。张大师的作品是当代建筑，而不是简单的传统建筑，如果我们讨论的话题还是停留在传统的回忆层面上，我认为我们还没有理解张大师。也就是说，探讨中国传统建筑的设计理念在当代表达的可能性方面，我觉得张大师给我们行业做了一个表率，这个表率是一种可能性，可能性的成功，而不是唯一性。我们在面对这样一个非常重大的成就面前，考虑的是我们各自面对的生存环境、城市以及文化背景等方面，可以有不同的表达形式，这种表达形式的核心在于我们不断的探索。从某种意义上讲，我觉得张大师的思想，她考虑的问题，有可能超越了我们现在简单的此时此地的一个氛围，这一点是给我留下最深印象的。

梁思成先生在《为什么研究中国建筑》这篇文章里面写到，一个国家的建筑如果完全失去了自己的特征，其代表的实质就是文化的衰落，研究古建筑的目的，不仅在于提升中国传统建筑的发展，更在于提升中国的传统艺术和文化，这一点是特别明确指出的。我们目光的焦点不仅仅要落在建筑领域这个方面，实际上它是在一个历史文化领域的大背景下、去考虑我们每个行业如何

反映中国传统文化的问题。

如果我们站在一个时间的维度去思考承继与创新，我觉得最重要的是发现真实的东西，是因为我们头脑中存在太多假的东西，以至于我们已经习惯于将这些认为是真实的存在，把假的当成真的，以至于我们说话的时候都已经侃侃而谈，说假话都认为是说真话，我觉得这是任何文化的悲剧。我们讲的话，我们所谈的文化的自觉、自信、自强，都应该是在全球化的语境下讨论我们的自强、自信、自觉，如果没有这样的概念，我们认为是盲目的自大，这将使我们回归到什么时代呢？这真的令我所担心的，我认为张大师在西安做了50年的真正的执着的追求者。恰恰是真诚的、真实的对待我们传统的存在和她探索传统和现代表达方面的可能性，这就像头顶上的星辰一样，任何的虚假的东西都不可能存在，或者说都会变成历史的笑话。

汪孝安（上海现代建筑设计（集团）有限公司华东设计院总建筑师，全国工程勘察设计大师）：

我有一个感想，一方水土养一方人，张大师今天的成就就是建立在对这方水土的热爱上的。张大师上午的发言，有着非常深厚的感情表达。张院士及其西北院的团队根植于西安大地，我觉得我们所感受到的不仅仅是中国建筑文化元素的呈现，更是一种传统建筑文化环境的创新性的保护，并且也形成了一个很好的文化自觉的学术氛围，所以我想借此机会向张院士所取得的一系列成就，以及她今天获得这样的殊荣表示敬意！中国建筑师前仆后继、只为探索中国文化的传承与创新。中国第一代建筑师就有不少的佳作，我们现在在全国各地都有很多的遗存，近些年来也有很多的探索性的佳作问世，我也常常在思考一些相关的问题，我本人觉得传统与现代建筑并不是一对矛盾的形体，尤其是中国的传统建筑，它的建筑要素、它的梁墙的建构逻辑、它与自然相融合的空间组合理念、它的人性化建筑材料的构建，比如说砖瓦、木材、石材和细部的技术，与现代建筑空间的建构逻辑和理念有着异曲同工之妙。我们在一些中国传统建筑保护和再利用的项目当中结合现代的技术与手法，使得中国传统建筑也同样能够传递出独特改良的现代建筑精神，我们在全国各地中国建筑师的一些实践是可以看到这样的一些闪光点的，这也充分说明传统建筑完全能够有效地与现代的生活方式、现代的建筑技术、现代的建筑文化形成和谐的对话关系。而中国传统建筑的空间组合理念，人性化的建筑材料、精致的构造技术等，我也觉得完全可以在现代建筑创新的实践中得以传承，就像现在张大师和她的团队正在做的，而我们所说的创新的技术则完全是建立在对这种中国传统建筑文化的热爱的基础上。

崔彤（中国科学院建筑设计研究院副院长、总建筑师）：

整个一上午都沉浸在一种前所未有的氛围当中，有的时候真的叫日月同辉，很让人长久地沉浸在这样一种感受中，这种感受不仅是超越时空跨度的感觉，而且是一种超越建筑领域甚至触摸深空科学的东西，一下子使我们的专业神圣起来。我在中国科学院工作时间太久了，科学家经常问建筑学也要学八年吗？这个也是一个学科吗？我们评审方案中，每个科学家都要品头论足，我们中国科学院大学里面的校长还在问，建筑学专业真的要在大学里面成立下去吗？当时我们一下觉得建筑学似乎已经远离了我们科学的队伍，今天上午这种感觉又回来了，所以我觉得是一种跨越时空的氛围。

张院士一直的奋斗目标或者她个人实践的经历，为祖国工作50年，不仅工作了50年，我觉得她工作得非常让人羡慕、精彩，真的是让我们浑身有了劲。其实由于特殊的建筑实践机会，张先生的作品成了我们工作团队真正的榜样，无论是我们在长安街做的三个项目，还是在海外做的大使馆和文化中心，都涉及中国性和文化性的问题。我们虽然没有当面跟张先生讨教，但实际上您的作品是我们默默学习的建筑语言，而且吸纳了许多。前前后后在您的思想体系当中，我觉得虽然作品不可复制，但是这种精神、这种方法、这种理念、这种一致性的中国建筑探索之路，比如您曾经说过时空一体、技艺合一、天人合一、和而不同等，这一系列东西会引发连锁性的思考。比如技艺合一这一点会引起大家非常多的思考，引发我们不懈的追求。在当今的情况下，张先生的作品是现代、当代中国建筑，也是当今世界的现代建筑，当然它有传统的基因，因为传统是活动的、是运动的。我感同身受的是我们如何传承、学习、吸纳。张先生不仅创造的是建筑群，乃至是一个城市、一个国家所需要的主流建筑，当然也有人说把这种建筑叫官式建筑，我们如何在这种主流建筑当中去发展我们曾经失去的很多东西，我们曾经在课堂中非常悲观地告诉学生，我们建筑学已经死亡了，我们应该向地产学习，我们大张旗鼓地在课堂中叫地产建筑学，我们不要再谈建筑了，他们引导着我们的一切；之后我们又告诉学生我们要向政治家学习，政治建筑学，一切建筑都没有用，社会主导这一切，我们可以去向政治去妥协；但是，我觉得长时间的探索会告诉我们——中国建筑还在，中国的建筑学还在。

谢小凡（中国美术馆副馆长）：

我谈的第一个问题是唯有真实才可以打动一切，张先生做到了。很久以来我参加会议都没有那么感动，而今天我差一点三次落泪，我也克制住了我的热泪盈眶，所以这次使我对张先生的认识进一步加深了，加深了我对她的理解。她没有因年龄的增长而放弃往前走，她曾经给我讲述了她作为央视大楼方案评委组组长的经历，让我至今难忘。虽然有很多政治上的因素，但是我们一定要把政治标准和艺术标准割裂开来看，看问题不能混为一谈，这让我意识到，真实是自觉的前提，自觉是艺术的前提。在建筑是科学还是艺术的问题上，张先生自觉继承了梁先生、莫先生的精神和行为，所以如果张先生代表着技与艺合一的话，我便肤浅的给张先生解读为形技和神艺——形式上的技术和精神上的艺术，这才有了陕西省博物馆这样的传世佳作。她仰仗对梁先生和莫先生的继承，也仰仗韩先生对她的帮助。由于张先生这种形式上的技和精神上的艺的相互结合，必然在市场机制体制下，导致建筑是一个尴尬的角色。我也曾经做过相关的调研，如果我们用市场的机制，如果不把设计师和业主这样名词和代号合二为一，优秀的作品将永远是一个猜测，用经济的度量来度量一个纯粹精神上的世界，这样是出不了好作品的，建筑师必须和业主充分的沟通、结合，这好比爱情、是互相的欣赏，只有这样才可能诞生出优秀的作品。世界上的案例太多了，无法体会。所以刚才有的发言当中就说到了体制性的问题，实际是要反思一个用经济的问题解释精神的问题。招投标的体制带来了问题，但千万不要关闭我们的国门，大家一定要记住，改革开放是我们的基本国策。

建筑是一个集体，所以实现创作理想的难度，你一定要通过花公共财政的钱或者花纳税人的钱来达成一个关于对建筑的理想的愿望。当艺术家很简单，画张画，做一件雕塑是可卖可不卖，建筑师的作品是一定要卖的，一定要卖这件事情就说明建筑师是在限制下的拓展。纯粹的艺术家是没有边界的，他可以做行为艺术、观念艺术、装置艺术。做鞋的不能做帽子，那么在这样的情景下，我们的建筑师就比一般的艺术家、比我们的艺术工作者难度更大，这个难度天生筑就了选择职业建筑师这样一个具有集体概念的行业在身份上的艰难。因为在讨论很多问题上，我向来说优秀建筑一定是精英文化的产物，我们评标也是请院士来当评委，没有错，但是评出来了老百姓给你取外号，我们都是在体制下诞生的产物，评委没有错。我每次来拜见张先生，张先生给我写手书的评语，这么多年我都记得，假如不能解决建筑与艺术的结合，即便走遍整个西安城，也就只有像张锦秋大师这样的作品给我们留下难忘的印象，大量的是不能给我留下印象的建筑，所以我觉得这样一个情形，一定是需要精英文化。我今天谈话的界限和定义是建筑、是艺术，所有谈话都是在这样的一个前提之下。

周文连（中国建筑设计集团执行总经理）：

一是建筑需要创作，创作需要自信。目前很多人谈建筑创作文化与自信问题，我认为建筑创作自信应该来自一个人的价值观，如果没有正确的价值，就没有好的建筑创作。张院士为什么这么多年坚守具有中国传统文化内涵的建筑创作？坚守传统建筑风格的研究？这来自张院士对中建品质保障，创造核心价值观的坚守。

二是这种自信来自能力，如果你没有这种创作实力，实现这种建筑创作或者坚守你的自信也是不可能的。张院士对传统建筑创作的坚守，来源于多年来知识的积淀和能力的再造。

三是建筑自信来自勇气，来源于你对一个项目的承担责任，敢拼才有佳作。说到这里，介绍一下中国建筑在建筑创作上这两年的进展。我们在国际众多大牌设计师参赛的大赛中勇于拼搏，实现了有三个自主知识产权的机场（郑州、重庆、青岛）方案中标。而且重庆机场我们不光中标了方案，整个设计总包也由我们中建负责。郑州机场从一期到二期全是中建自主设计，项目工程总包也由中建承接。整个设计，即包括建筑设计、结构、机电设计，也包含装饰设计和标识设计。"走出去"在国际上，中建上海院也在科威特体育中心国际招标当中，一举中标，方案颇有创意，目前，已正式签订设计合同。这一切均源于中建建筑师敢于担当的勇气。

单军（清华大学建筑学院副院长、教授）：

我也是张院士的学生，从我20年前做博士论文研究的时候，张院士就给予了我很多的鼓励。我想讲几个超越。

第一个，对西安城市的影响是超越了建筑，从文化、思想、价值观的层面上深刻地影响了一个城市，为什么这么说呢？因为我也仔细看了张先生送给我的院士访谈录，当一个城市中的，刻印章的一个师傅看到张院士名字的时候说我免费送、当打车的司机说因为是张院士所以我不收钱。这对一个城市来说不光是一个物质性的现象，而是到了一个对城市中的市民都自发的，在心里对张先生产生一种尊敬和敬仰。我觉得这个是非常少见的，一个人影响了一个城市的，一个建筑师能够扎根在一个城市，是超越了建筑学本身的东西。

第二个，我觉得是超越的地域性。中国建筑师越来越多，这是好事，但是我觉得最重要的是要把中国古老的东方智慧和中国当代建筑城市化复杂的智慧传播给世界。我的很多学生来西安主要是看张先生的作品，这个影响是超越地域的，之所以能够超越地域，很重要的就是张先生提到了和谐建筑。我理解和谐是不需要建构的，所谓永恒性就是因为传统也是动态的，原来的传统在一定的时代跟城市、环境是和谐的。张先生的作品实际上是强调了一种当代性，是和谐建筑师把传统延续到今天，适合今天的社会，如果这个作品要是不跟当代的社会发生关联也不会产生那么大的社会影响，这是我对张先生说的和谐建筑的理解，对传统的动态不断和谐的呈现，达到一种永恒。

第三个，承继的问题。刚才说到中国建筑要输出，其实我觉得当代中国在政治上和经济上影响越来越大。今年蒙古国给清华派了15个蒙古族学生，要我们培养成为10个硕士5个博士，这说明我们在政治上和文化上的一些影响。原来我们一直在说国际视野和中国根基，在20年前我们说起来中国根基和国际视野是两个层面的，但是今天看来，我觉得中国根基和国际视野是一个层面的，所以说到承继的问题。在高校对学生来说，我认为他们的国际视野不差，但是中国根基确实需要去增加这方面的教育，而教育不光是传统的。我们去年开设了大量在线课程，面向全国开放，有一个统计说已经有上万人选择了中国建筑史，尤其西方特别喜欢，这是中国第一次把中国建筑史推向世界，得到一致好评，这门课成为全球在线课程的前几十名。

王贵祥（清华大学建筑学院教授）：

我想谈两个感觉，我在体会张先生作品的时候，感觉张先生在沿着一个脉络在走，这个脉络就是好几代中国建筑师在做的，中国建筑师有各种各样发展的可能，

但是至少有一种可能应该有人去做，就是中国的现代的，中国的现代的更早的是从梁先生开始，梁先生在介绍他的国家图书馆的最早方案时非常兴奋，讲得手舞足蹈，他说我站在大明宫台阶下，我就想象大明宫的雄伟，我就想象我们国家图书馆应该是这样的。那时候我就觉得这里面有一种几代人的冲动，要创造中国的、创造现代的，当然前代的创造有当时的局限，但是那也是一个创造、一个过程。我觉得后来的这种张先生唐风的建筑实际上在延续这样一个学术思路，就是要创造中国的、创造现代的。比如我们所在的曲江宾馆，我感觉有很多浓厚的现代感的中国感，它的思维、空间是现代的，又有非常强烈的中国感。一直到张先生的黄帝陵，我看到以后，在那站了很久。我对古典有一种情节，如果作品有古典感觉的时候，再有中国味，那时候就有一种肃穆、宁静、庄重、简单，这是最好的诠释古典和中国的结合，我就有一种特别沉醉的感觉。所以我觉得张先生真是实至名归，她也是我们中国建筑界的骄傲，至少在探索中国的现代的这条路上为我们晚辈做了一个尝试。在清华的血脉下，我们有这样一个前辈学者也是我们的骄傲。

第二个体会，西方建筑提出六个基本要素：形式、功能、结构、意义、意志、文脉。但是我们只关注了三个：形式、功能、结构，对应三个原则：坚固、实用、美观。如果只有坚固、实用、美观，一切的建筑只要符合这三条，看着好看，坚固耐久，很方便、很好用，这就是好建筑。当然大量的建筑起码符合这三条，但是还有几点，我觉得其中一个叫意义，建筑是一个复杂的符号，首先是中国的，这是一个意义，然后是西安的，这是一个意义，它应该富含各种意义，要向世人说我是哪一个地方的哪座建筑，它有意义在里面，就不是坚固、实用、美观或者是形式、功能、结构所能够覆盖的，在这一点上张先生确实坚持在做中国的、西安的、唐风的。

研讨会现场

这一点是我觉得非常钦佩的一点事情，在理论上她达到这样一个境界，她就能够坚持这样的事情。

汤桦（深圳汤桦建筑设计事务所有限公司总建筑师）：

首先要向张先生表示祝贺，向您取得的巨大成就表示崇高的敬意。我个人想谈两个感想，一是关于现代建筑和传统建筑。因为我们这一辈人，包括刚才发言的各位专家，基本上都是在"文革"以后接受了现代主义建筑的教育，在我们工作的过程中，特别是刚开始的时候，基本上是把现代建筑和传统建筑对立起来的，好像是两个东西。谈到传统建筑就是把它作为一种遗产、作为一种优秀的传统，仰视在那里，不怎么碰它，纯粹作为一种审美；而我们在实践中做的是所谓的西方的现代建筑，包括我们的形式语言都是那套东西。但是后来在逐渐实践过程当中，我们看到了很多历史上包括后来张先生在她的实践中给我们带来的一些具有传统形式的现代建筑，这个是对我们这一辈人相当大的一个冲击，因为当时我们接受教育的时候，基本上把现代建筑理解为一种功能主义的建筑，纯粹的功能。后来我们在更多的学习过程当中，我自己发现，实际上我们的传统建筑也是一种功能主义，包括我们古典建筑，每个构建都有它的作用、意义，都有它在建筑里面特殊的含义，它不是一个装饰性的东西，每个东西都有它的意义，从这个意义理解，传统建筑和现代建筑一点都不矛盾。如果我们从另外一个方面理解的话，确实，历史上很多东西或者说我们今天的很多东西在历史上早就奠定了，比如我们的思想史，整个的中国文化在春秋战国时期就已经奠定了它的全部结构和精髓，后面无非就是演绎和发挥而已，当然这是对历史的一种非常重要的转变。

王建国（东南大学建筑学院教授）：

我有一个体会，今天的"承继"和"创新"两个词，非常好地表达了张先生50多年来的追求和她设计创作的精华，她把这两点结合得非常好，浑然一体。我今天早上看了会议通知，在西安的城市里面有19项重要的建筑都是由张院士亲自率西北院的团队完成的，一位女性建筑师对一个城市的历史发展有这样一个完整的、体系性的贡献，我觉得在中国是很少见的。传承与创新是一个非常经典的话题，其实我们过去讲了很多说法，其实也是一种道路的探索，到后来创作的风格来自民间，其实一直没有停顿过、停止过对于这个问题的探索。当然我个人认为张先生的作品应该讲她是在有一个非常坚实、厚重的理论指导下成体系性的作品的呈现，在三秦大地、西安做出了这么一个完整的体系，我觉得这个是绝无仅有的。我们在西安到处走能够体会到张先生作品的很多精华，或者说她创作的环境等，环境是我们体会的最终结果。环境结果的创造出来首先有一种对地域的把握和理解。一般通常国际上也是按照罗西的观念，包括后来国内很多学者的观念是分两类。一类是相对比较正统的，或者说文本化的，或者说主导的文献所记载的；第二类是来自比较乡土的或者来自民间的。事实上这两种体系的存在，一直是在世界上所有的城市发展中存在的，这两者没有说哪一个都涵盖了，而另外一个没有。我们城市当中80%、90%的建筑体现出整体性的感觉，所以我觉得从以地域为基础这样的一个概念理解，不能仅仅把它限定为我们只是对乡土的理解。对地域的理解，如果现代建筑发展有一些问题的话，我认为主要的思想就是想用文明来取代文化，文明是一个非常大的概念，它可能是建立在一个技术科学发展的人类的共同性的基础上，但是文化是多元的、是多底蕴的，它是不同的，我们今天讲的千城一面也好，讲的地域概念也好，我认为主要是与文化这样的一个概念是相关的。

常青（同济大学建筑与城市规划学院建筑系主任、教授）：

张老师的这些作品让我们领悟出，在现代建筑中运用传统母题或元素，需要具备两种品质，一是要经典，我们在国内外看到太多的仿古建筑，大多平庸乃至不伦不类，又有几个能达到张老师省博那样的经典高度呢；二是要有新意，这里想起19世纪法国伟大建筑师维奥里特·勒·杜克的一句话："非为存留而守护，但为创造而再现"，这里的"再现"，不只是"复原"，而是要有新意，在现代建筑中体现出古代经典的精气神。我认为张老师就是我们这个时代中国的勒·杜克，她把现代的理念和技术与古典的形式相融合，在中国现代建筑的多元探索中独树一帜。

张老师作品给予我们从传统走向未来的重要启迪，我以为主要有两点。第一，尊重传统的建筑一定要亲地、在地，即使古代名胜只剩下遗址，也要在地望中去体会，在心底下去载量，通过各种搜证功夫，找到历史遗风的感觉。第二，一切原创都源于某个原型，对原型理解的深度决定了原创的高度。只有把经典的原型研究透了，才有可能原创出新的经典。张老师以她半个世纪的不懈努力做到了这一点，这值得我们后辈好好学习和借鉴。

最后，再强调下老一辈建筑家们所追求的"传承、转化、创新"的极端重要性。在我们这个社会高速发展的转型期，我以为似乎还要加上"保护"一词。在"保护、传承、转化、创新"四个概念中，"保护"和"传承"是前提性的，也是创造的约束条件，坚持了这两点也就守护住了全球在地的文化身份和价值观；"转化"和"创新"则是选择性的，如何践行，见仁见智，难点和关键点之一，是如何将那些使我们获得身份认同的优秀传统活在当下，留给未来。从这个意义上，张老师"从传统走向未来"的思想是意味深长的。

韩冬青（东南大学建筑学院院长、教授）：

今天有机会参加文化的盛事，分享张先生带来的喜悦，非常激动。借此机会谈一点个人学习张先生理论和创作给我留下印象非常深刻的东西。我读研的时候就看到张先生当时在学报上发表的一篇文章，谈论的主题就是我们今天谈论的主题，现代建筑怎么在传统中得到发现。张先生讲四对关系，一是天人关系，二是时空关系，三是情景关系，四是中国特有的虚实关系。如果说我们有哪些过去的经验启迪，这个对我们建筑师来讲，从设计的对象角度来说，用这几个方面去理解我们先人的智慧，我觉得它是有一种超越时代的意义，这个是对我特别大的启发。因为中国自己文化的东西非常浩瀚，怎么能够去相对地做一个整体的把握？我觉得四个方面的关系是非常高屋建瓴的。

王洪礼（中国建筑东北设计研究院有限公司总建筑师）：

作为建筑学人对于"张锦秋星"命名感觉骄傲和自豪，关于这个话题，我个人认为继承主要是创造的一个基础，创新是继承的一个共勉，没有百分百的继承，也没有百分百的创新，从继承和创新上来看，张先生这么多年的坚持很好地传了这个观念，如果说继承，我们继承什么？我们认为主要是继承思想、精华。张先生在多年的创作当中，她的思想得到大家的认可，特别是关于古人的天人合一的思想，张先生的观点是"天人合一、虚实合一、情景交融"，要继承它的精华。在中国的历史建筑也好，西方的历史建筑也好，都有很多精华的地方。我们在继承的过程当中，应该站在历史的角度看待当时的作品，我们可以从它的规划布局、建筑功能、形式、材料，包括技术、构造、人文艺术多方面进行分析，作为创新来说，是站在现代的角度看待这个创新。作为继承也好创新也好，实际上是一个载体，项目是最有说服力的，但是项目又是最难的，包括很多的方方面面，最后共同打造成这样一个项目。载体我认为最主要的还是人，以张先生为例，是最典型的代表，只有有了这样思想的人，有了这样创意的人，有了这样理论基础

的人，她才能设计出好的项目，才能把握住这样好的项目，张院士本人就是对于这种项目和人合二为一的，包括前面已经讲的技艺也好，传统与现代也好，非常好的能够完美的统一。实际上张院士作为建筑学人也好，一个是项目，一个是人，作为张院士本人的思想，我们作为晚辈来说也有责任、也有义务把她的思想能够传承下去，能够广泛地传播下去。2013 年辽宁省建筑年会当中就请了张院士给我们做主题讲座，同时也为我们辽宁省的首批优秀建筑师颁奖，并且单独照了相，对辽宁省的优秀建筑师也是很好的鼓励，同时也传承了她的思想。

钱方（中国建筑学会建筑师分会副理事长，中国建筑西南设计研究院有限公司总建筑师）：

我虽然没有在张院士的手底下干过，但是在一个系统会有交流，深深感受到张院士的个人魅力，世界的存在实际上是一种辩证的存在，命名"张锦秋星"，一个是宇宙的尺度，另外一个是人的尺度。我从张院士的作品到她的人品以及她在创作当中的理性和情怀，看到了辩证的因素在里面，而且给我的启示是，千里之行始于足下。我还向张院士讨教过关于古代建筑设计的内容，因为有些项目确实拿不准怎么做，看张院士是不是有些什么窍门，但是从她给我的指教和接触过程当中，我认为张院士完成的作品确实是一种"遗产"，我个人认为我看到更多的是她的人品宝贵的一面。理论与创作践行的一种高度，我认为这个源于张先生对传统文化深深的喜爱，她对传统的喜爱是融入血液当中的情感，只有这种融入，也只有在创作过程当中保持着这种发自内心的享受，才会有今天这样的成就。所以这也会鞭策我们这一代以及后辈力量，在今后的学习和工作过程当中，更多地吸收传统的、好的东西，因为只有真正把这个功底融入血液里面才能创造出更多更好的设计作品，所以说在这里我特别感谢张院士给我们年轻人树立了这么好的榜样，而且张院士也是我们中建集团的骄傲。

金磊（中国文物学会 20 世纪建筑遗产委员会副会长，《中国建筑文化遗产》《建筑评论》主编）：

康德说："永恒之女性，引导我们飞升。"我虽然不是学建筑的，但作为一名工程师，一直很关心科学院的科学史杂志和科学文化杂志。我看到一本杂志展示20 世纪 100 篇重要文献的时候，找不到 1 篇是建筑学的，我觉得实在是一种欠缺。但是今天张院士的成就再次证明了建筑是大科学。我们有幸从 2005 年开始给张院士编书，从她不同意到同意，最终出了七本作品集，现在想起来这件事实在有意义，感谢张院士的信任。

刘克成（西安建筑科技大学建筑学院院长、教授）：

我到西安 35 年了，在张先生的指点下得到许多学习机会，我也经常去请教她，今天听了诸位的讨论，我觉得收获颇多。张先生有几点对于一个学生来说是极其重要的。一是张先生有一个非常强的民族自信心，立足根本来做建筑。其实我们在过去的几十年里面，经常怀疑是不是我们的文化不够好，我们的国家不够好，我们这个城市不够好，然后各种原因使得我们放弃自己立足的那块土地和根本，我觉得张先生能够立足根本，返本而求，这是非常了不起的。二是张先生有一点是取法其上。实际上在一个非常丰富复杂的文化脉络中，她有相当多的作品是跟唐文化相联系的，在中国建筑传统文化里面，她最重视的是中国最正统的传统文化，取法其上才能形成张先生的作品所体现出来的那种洋洋大气、堂堂正正的那样一种气势，这个是非常重要的。三是我借用前几天我到中国美术馆去看画展时里面的一句话，我觉得用在张先生这也特别合适，"知其正，求其变。"正是指中国传统的东西，但是张先生其实一直是在谋求创新，是一个当代的中国建筑作品，但是是在"知其正"的情况下才能"求其变"，这也是为我们年轻一代来学习来掌握自己的道路提供了一个非常好的借鉴。在我们看的黄宾虹先生的绘画，现在正在中国美术馆展出，里面有一句话是"浑厚华滋民族性"。我也是拿这个来想象，我认为张先生的作品，包括她的为人，其实也是具有这样一种气质的，如果说我把它演绎一下，张先生的名字和张先生事务所的名字结合在一起，是"华夏锦秋本民族"。

赵元超（中国建筑西北设计研究院有限公司总建筑师）：

作为东道主，我非常感谢老朋友的到来，我想所有建筑师都满含热泪见证这个时刻。为什么我们满含热泪？因为我们都热爱建筑，那个时刻我想到了四个字"天道酬勤"。我们跟随张院士，就像围绕星星的小彗星一样，对张院士作品的解读，我又想到四个字"大道至简"。宋部长有一句话非常深刻，"张锦秋星"的命名应该是一个惊天动地的文化事件，我希望"张锦秋星"的命名应该是划破漫漫长夜的启明星，我们在座建界的人应该有更多的星形成一个群星灿烂的局面，共同迎接我们建筑界春天的到来。

熊中元（中国建筑西北设计研究院有限公司总经理）：

承继和创新，应该说承继才有了生命的基因，创新才有了生命的活力，这一点我觉得在张院士的建筑里面得到充分的体现，这些作品都充满了活力、包容、现代。这一次"张锦秋星"的命名更重要的一点证明了建筑师获得社会的尊重和认可。如果说我们创作环境还不太自由的话，如果社会给我们建筑师多一份信任、认可、尊重，那么会激发我们建筑创作的自信，只有自信才能创作出无愧于这个时代的伟大作品。

宋春华（原建设部副部长，中国建筑学会名誉理事长）：

座谈会的主题是"承继与创新"，标题中这两者是并列的，实际重点是研讨新时期、新形势下如何繁荣建筑创作，主题词还是创新。今天参加会议的专家大多是我国当代建筑设计的实力派，是建筑学科的带头人和精英，大家的发言可能侧重点有所不同，汇集起来，应该是建筑设计领域里关于"承继与创新"方面的主流集体发声，听了大家的发言，很受启发。大家以张锦秋院士为榜样，从她 50 多年来"承继与创新"的建筑设计生涯中感悟到，只有根植于本土文化的沃土，只有埋头勤奋地耕耘，才能汲取传统文化中的营养和精髓，并融入当代的建筑创作，推出具有时代精神和创新意义的精品力作。

大家也结合当前我们在"承继与创新"方面的问题和不足，进行多方位的深度思考，提出了一些很有见地的看法和建议。"承继与创新"这是个老话题，但是常议常新，因为这个命题看似简单、清晰，但深入下去，特别是结合实际操作去考量，又觉得是挺复杂的，绝不是单纯的建筑师创作过程，涉及管理体制、决策机制等方面的一些问题，"承继与创新"是离不开业主和当局的。这里需要达成一个基本的共识，就是"承继与创新"的主体应该是建筑师。因此，就我们自身而言，建筑师在"承继与创新"的过程中必须树立起主体意识和责任感，要清楚地知道，建筑师是通过建筑设计的执业过程向社会提供服务并实现一种文化表达，这是很神圣的职业，对此我要怀有虔诚和敬畏，要秉持坚守和执着，不可失职失责、不可浮躁图虚名，那些唯业主之命是从，只为赚快钱或急于成名，成了名又怕被别人忘了的人，是很难在"承继与创新"的路上健步前行的。当然，"承继与创新"还会涉及一些诸如技术和理论层面上的一些问题，今天很高兴听到了几位搞理论的教授、专家的发言以及跨界业者的高见，像谢小凡先生，他曾做过中央美院美术馆的甲方，现在是新的国家美术馆的甲方，我们之间曾有过一次交流，很有意思，他会从业主的角色、甲方的角度分析建设方对设计创新的关注以及如何做好与设计主创的磨合和配合。总之，"承继与创新"是大家共同关心的课题，对这个问题的讨论应该扩大范围，除了业内执业建筑师和建筑学家，还要有跨界的业外的专家学者；除了主流的大型的综合性设计院，还要有所谓体制外的小型民营设计机构，他们多数在设计创新上有追求有成果；除了本土建筑师外，还欢迎有境外留学和从业背景的海归者及境外设计机构……，我们要有更多的研讨与交流，共同探讨"承继与创新"的新话题，把我们的建筑设计做得更好。

沈迪（上海现代建筑设计（集团）有限公司副总经理、总建筑师）：

本次座谈会的主题是"承继与创新"，让我想起今天上午站在举行命名典礼的丹凤门城楼上，远眺大明宫遗址公园，听着公园的由来及历史变迁的故事，情不自禁有沧海桑田的感叹。岁月如水，当她洗尽铅华将先人的历史辉煌整体地呈现给人们时仍然拥有如此巨大的魅力，我们由衷地感受到，今天我们在思考"承继与创新"这一命题时，面对承继的历史和传统一定要有发自内心的敬重态度，在建筑创作的实践中对天地与自然也必须充满敬畏之心。我想可能这是先祖们在建设大明宫时所秉持的思想理念，也应该是我们今天搞建筑设计创新的出发点。

在承继和创新问题上，张院士建筑设计实践告诉我们，在传统建筑文化的继承和时代再现上，传统建筑文化"神"的继承与发扬光大虽是建筑创作最为关键和核心的要求，然而传统建筑的"形"也不应被忽视，不能把传统建筑的"神"与"形"简单地割裂开来。传统建筑的神形兼备有时也是必要的，尤其在西安这样到处都是历史遗迹的古城，事实也清晰地摆在我们面前，当传统建筑的"神"与"形"两者统一并结合在一起时，古城风貌的保护与再现就有了基本的保障。

在承继和创新问题上，张院士 50 多年不懈的坚持和努力探索的设计实践让我们看到了一位建筑师的思想与理念可以对一个城市建设发展具有的非凡影响力，正是在这种影响力的驱使下，不但西安古城风貌得到了很好的保护，很多历史的遗址、遗迹在城市发展中也被发现、被恢复，非常不易地被保存了下来，盛唐的遗风生动地展现在今天世人的面前。我们在感叹这些古迹宏大气势的同时，切身感受到了传统建筑文化和技术的伟大和精妙，所有这一切对我们建筑界也产生了很好的教育意义。正是张锦秋先生几十年在建筑设计领域辛勤的耕耘，才能让建筑师站在秦川大地上，抬头仰望星空，畅想我们的历史与未来。

周恺（天津华汇工程建筑设计有限公司董事长、总建筑师，全国工程勘察设计大师）：

张锦秋先生是我国首批设计大师，她的学术造诣极高，设计成果丰富。数十年来，张先生一直勤勉努力，扎根三秦大地，创作了许多具有鲜明地域特色的代表建筑。如陕西历史博物馆、"三唐工程"、群贤庄、陕西省图书馆、美术馆、黄帝陵祭祀大殿、大唐芙蓉园、延安革命纪念馆、丹凤门遗址博物馆、西安世园会天人长安塔等一系列作品。张先生设计的每一座建筑，都充分尊重西安的传统文化和地域风格，长期以这样的理念坚持创作，既形成了自己独到的建筑风格，更影响了城市的整体风貌，对西安、陕西，乃至整个中国的建筑文化都是巨大的贡献。

由于地域关系，我与张锦秋先生的交往并不算太多，大都是在一些项目评审及会议的场合遇见，但是先生非常平易近人，态度诚恳，对我们晚辈也极为关照，有好的经验也乐于与我们分享，我就曾数次收到张先生寄来的最新作品集，在此要对先生表示感谢。张锦秋先生在设计中一直关注与坚持传统文化与现代建筑的结合，事实上，继承与创新我们厚重而丰富的中国传统文化，一直是我国几代建筑师不懈追求与探索的大课题。在这一点上，我所在的天津华汇工程建筑设计有限公司也在不断努力。这些年来，我们立足天津，参与了全国各地的项目建设，但不论是哪个地区的项目，我们都会在设计之初，充分发掘当地环境因素，协调生态特色、地域文化与建筑之间的关系，强化建筑设计概念、强化建筑的建造、关注建筑的真实性，将现代文明与本土文化相融合，力求在中国传统建筑文化在当代建筑中的应用、中国建筑文化的自信与自觉、建筑创新与创作等方面向以张先生为代表的前辈建筑师学习。

二十年目睹之建筑怪现状

罗 隽

十九世纪末，在腐败的清政府行将就木的最后岁月，一批具有文化批判精神的爱国作家用小说的形式，对当时社会的丑恶现象进行了无情的揭露和鞭挞。鲁迅先生曾在《中国小说史略》中首次把这类小说归属为谴责小说，其中吴趼人所著《二十年目睹之怪现状》成为晚清"四大谴责小说"之一，另外三部分别是李宝嘉（李伯元）的《官场现形记》，刘鹗的《老残游记》和曾朴的《孽海花》。

"晚清四大谴责小说"的问世，是中国小说创作在清末民初进入到又一个繁荣时期的重要标志。《二十年目睹之怪现状》这部小说在中国近代文学史上有着突出的地位，鲁迅、胡适等著名学者对吴趼人评价甚高。今日读来，仍然具有强烈的社会学和现实意义，十分发人深省。虽然 100 多年过去了，社会已经进步到了高度发达的现代文明，但书中所无情揭露和鞭挞的中国官场文化中"鲜廉寡耻、没有底线"的文化基因至今仍未彻底断绝。这种病态的社会文化生态产生的种种之社会怪现状，在中国过去 20 年的城市建设和建筑设计领域，却仍然有十分广泛的强烈折射！

《二十年目睹之怪现状》呈现的是一个宏大的社会背景，它从主人公"九死一生"奔父丧开始，至其经商失败为止所耳闻目睹的近 200 个小故事，勾画出中法战争后至 20 世纪初的 20 多年间晚清社会出现的种种怪现状，反映的社会生活比《官场现形记》更为广阔，除官场外，还涉及商场、洋场、科场、兼及医卜星相，三教九流。当然，它最主要的还是揭露晚清官场病入膏肓的腐败，以及社会道德风尚的堕落。

改革开放 30 年来，我国的经济建设取得了举世瞩目的巨大成就，但在"短视病"的封建农民文化意识驱使之下，中国的城市建设和开发已经形成了千篇一律和"乱象丛生"的面貌，生态环境遭到了严重的破坏。

然而，我国大规模的城市建设所导致的生态环境破坏是自 20 世纪 90 年代初的近 20 年才开始的。因此，本文满怀敬意地借用《二十年目睹之怪现状》这部名作的标题，剖析一下近 20 年来我国城市建设和建筑设计

领域中一些形形色色的奇怪现状。

习近平总书记今年 10 月在北京主持召开了文艺工作座谈会并发表重要讲话。讲话中，他特别强调不要搞"奇奇怪怪的建筑"。并总结出当代中国城市和建筑面貌之乱象丛生的三大怪现状，及"贪大、媚洋、求怪"，而这些怪现状与腐败是紧密相关的。事实上，城市基础设施和工程建设领域是中国腐败频发的重灾区。习主席的讲话是一记当头棒喝，催人觉醒！

怪现状之一：权力膨胀之"贪大"

这个怪现状从字面上很容易理解，即某些人一膨胀，就觉得自己大了！从文化形态上解释，"贪大"是一种外刚内虚、色厉内荏的集体文化现象的表现，反映了一种十分自卑的心理状态和男权社会的"权利"心态。"虚而骄，骄则傲"。台湾作家柏杨曾在《中国人的劣根性》一书中剖析了中国人的这种"虚骄之气"。中华民族不知从何朝代开始讲高、大、上，几乎什么东西都是比大，而不是比好。比如，我们经常听到媒体、电台广播宣称"我国某座大楼、或某座桥梁、或某条铁路等又创世界或者亚洲最高、最大、最长纪录了"。

这些官员由于自身教育背景和文化素养的局限，总以为把东西造大才能体现权利，才能显得自己有力量，才能让人民感到威严。这种意识和行为纯粹是封建农民文化形态的典型表现。

"贪大"的表现形态主要有下列几种。

①追求超大的城市规模。中国幅员广大、国土辽阔，但人口众多，人均可耕地面积不到世界平均的三分之一，本应十分珍惜土地这种稀缺资源。相反，过去 20 年中国的城市化运动是以挥霍土地资源为模式，以建设各种城市新区、工业园区、科技园区、经济技术开发区的名义，以数十、甚至上百平方公里的规模圈地卖地，一再突破城市总体规划制定的土地红线，其背后就是没有节制的权利膨胀、愚昧的扩张意识、"短视病"的政绩标准和腐败的土地利益交换。

②追求以政府大楼为中轴的超大前广场。至 20 世纪 80 年代初，各地政府的办公地点和大楼基本都是接

收国民党败退后的房产。90 年代初，大规模的政府大楼开始迁往城市新区，占用大片土地建设新大楼，并且几乎无一例外地在楼前建设超大的前广场，即使是小县城也如此。这种采用高大唬人的中轴对称的午门形态，前置超大广场形成庞大威严具封建衙门气势且延续了2000 多年的封建皇权建筑模式，与 21 世纪以民主亲民、自由开放为时代特征的政府建筑格格不入。既反映了少数官员"权利膨胀"的"虚骄之气"，又反映了一些建筑师媚权的奴性品质。

③追求超面积、超标准的办公大楼。中国有 14 亿多人口，大量贫困地区的人民生活还非常艰难，本应该保持节俭的优良品德。但毫不夸张地说，中国是世界上最浪费的民族。过去 20 年，地方官员在餐桌上的挥霍乏善可陈，而在办公面积上的超标准则可谓是世界之最。与之相关联的怪现状之一是许多地方官员将城市规划文件视作没有任何法律效应的东西，经常与开发商勾结交易，随意修改容积率和限高等各种规划指标。这种现状连外国人都了解得一清二楚。2003 年 1 月，CCTV 新楼的建筑师库哈斯在其公司内部的某次方案讨论会备忘录里写道：中央电视台和中国政府有足够的主导权，能够对规范标准施加影响。只要项目的甲方有足够的权力，之前有关城市规划的控制性标准都可以突破。呜呼！

④追求超高超大的建筑体量。过去 20 年，中国各地的主要城市似乎像打注了鸡血，罔顾实际需求和片片"鬼城"的出现，仍竞相规划和设计了一批批超高超大的摩天大楼。继 632 米的世界第三高摩天大楼"上海中心"后，武汉绿地中心达 606 米，长沙的天空城市设计高度超过 800 米……全球 300 米以上的超高层建筑目前在建的 125 座，其中 78 座在中国。且不说高层建筑在安全、消防方面的固有问题，单在解决基础、抗震、主体结构和设备等方面的技术问题就会增加造价数倍，而这些资金对我们这个城乡差别、贫富差别极大的国家是多么宝贵。只有像迪拜这样的土豪城市才臆想着用世界最高的建筑来宣称"我行"，但世界上没有人认为他们"行"。其实，真正强大的城市不需要这种表白，真正强大的国家不需要这种表白，真正强大的文化不需要这种表白。

怪现状之二：奴颜崇外之"媚洋"

改革开放头 10 年，中国引入的外国设计并不多，也没有多少外国建筑师进入中国淘金。大规模的外国建筑师涌入，是始自 20 世纪 90 年代初，特别是我国加入 WTO 世贸组织后，且一发不可收拾。迄今，中国已成为有史以来外国建筑师进入最多的国家，但中国却鲜有国家层面上评估这种现状对中国建筑设计市场的冲击、对本土建筑师成长的影响、对中国传统文化的传承、对建立文化自信的侵蚀等方面的影响。

诚然，外国建筑师进入我国的建筑设计市场，带来了新的设计方法和理念、新的思维方式的碰撞，开拓了我国建筑师的眼界，特别是在项目管理和运作方式方面使中国建筑师学到了很多知识。但最大的负面影响莫过于滋长了一批"崇洋媚外"的地方官员和房地产开发商。这些满脑子缺乏文化自信极具封建农民意识的人群，被这个时代激发起延续自父辈的"崇洋媚外"心理，从心底里认为"自不如人"，凡事都请老外来搞设计，而很多情况下根本就不知道所请的老外实际上是个三、四流角色。笔者遇到很多这类例子。许多地方官员要求搞国际竞赛，要请老外一起来开会，配个翻译，感觉在这种对话环境中自己身份也高了，国际化了。更有甚者，明明知道是造假，地方官员也要求设计院一定要带个老外去做做样子，以利报道宣传，则完全是极度缺乏文化自信的表现。

这种"凡洋必崇，凡洋必好"的畸形风气已经由一、二线城市蔓延至三、四线城市，许多县级市也都效仿举办"国际竞赛"招揽国外建筑师，中国成了"洋设计师"的试验场。看看各地的标志性建筑物，几乎都是出自外国建筑设计事务所之手。事实真的像这些地方官员和开发商所说"中国建筑师缺乏新的理念，设计水平不行"吗？否也！当这类人在外国建筑师面前言听计从，甘愿将数倍于中国建筑师的设计费奉献给外国人，却又要求本土建筑师干数倍于外国建筑师的工作量时，这种借口只是幌子！2014 年，由北京市建筑设计院邵伟平总建筑师设计的"凤凰中心"，无论在设计理念、方法和建造技术方面都是具有国际一流水平的建筑作品，就是对这类不相信自己国家建筑师的官员和开发商的响亮回应！

另一方面，纵观整个中国，仿制和克隆外国著名建筑如白宫、埃菲尔铁塔和狮身人面像等的"山寨媚洋"现状是一大奇观。像北京、上海这些大城市"领时代之新潮"开发了一个个仿欧式、德式、英式、法式、西班牙式、北美式、地中海式等楼盘，并取些外国名字忽悠人们说买了这些楼盘就等于住在了国外！中国自明清以来形成的各具地方特色的优美城市景观基本破坏殆尽。

很多外国人对中国的一些地方官员和开发商"崇洋媚外"的奴性十分了解。2012 年，一位在中国工作了十年的荷兰年轻建筑师约翰·范德沃特将在中国的十几本工作笔记集结成书，出版了半自传体著作《你改变不了中国，中国改变你》。据说该书的英文版出版时让欧洲建筑界感受到了震撼。书中首先写到的就是对中国人崇洋的惊讶：2000 年前后，初出茅庐、基本没什么设计经验的约翰刚来中国，就有 11 家公司向他伸出了合作的橄榄枝，只因他是外国人。约翰讲了一个故事：为了提高方案的通过率，他被请去向甲方介绍建筑方案，那是一个大项目。介绍过程中，"为了节省翻译的时间"，中方教授亲自讲解了整个项目，让人完全看不出坐镇的约翰当天才刚看到图纸，不过凭着他的金发碧眼，在会场上坐了一个多小时，项目就圆满通过。

直到如今，这种崇洋的现象在中国各地没有什么改观。当然，有不少地方官员还有这样一些目的，他们通过与老外的项目交换，将自己的孩子运作到了国外学习或工作。笔者在 ARUP 工作期间，曾亲身目睹经历了这类事情。

怪现状之三：价值观丧失之"求怪"

在"文艺工作座谈会上的讲话"中，习总书记特别强调不要搞"奇奇怪怪的建筑"。

从伊川"裤腰带"大门，苏州"大秋裤"，沈阳的"方圆大厦"到北京的"天子大酒店"和"盘古大观"，这些年在全国各地不断涌现出的奇葩建筑，其中大部分都是由国外建筑师设计。这种现状反映了一些地方官员和开发商的庸俗品味，文化价值观和建筑学价值观的双重丧失和扭曲，以及权力干预建筑设计的事实。

事实上，这些雷人的奇葩建筑冲击着我们的经典建筑学价值观和中国传统文化价值观。许多地方领导都亲自挂帅打造当地的所谓重点项目，他们亲临方案的评审现场，设定评审原则，从不对方案的功能和技术可行性感兴趣，以建筑造型"求怪"为唯一评审原则确定中选方案。

产生这些怪现状的原因，是我国行政体制内长期以来"外行领导内行"在建筑设计行业的突出表现和专家体制的薄弱和无能。在城市建设的体制方面，地方规划部门虽然由专业人员组成，但更高一级的规划委员会则由地方官员主持，他们很多把自己当成城市"总规划师"，城市规划的专业人员反倒成了画图工具。

自古罗马时代就信奉的经典建筑学原则"实用、坚固、美观"是一个建筑师最基本的建筑学价值观，绝大多数政府官员是不懂得这个价值观的，但他们喜欢掺和、愿意掺和。而让这些没有建筑学价值观的人来掺和，那出问题就是肯定和不可避免的了。但更可悲和可怕的是一些建筑师和新一代的建筑师自己也扭曲或丧失了建筑学的价值观，误入了纯粹"形式主义"的歧途，将建筑学变成了无根的形式游戏，"求怪求异"。

更进一步地，建筑学在国家和地域文化价值层面上的追求和创造就更薄弱了，这种文化价值观的缺失是"文化大革命"遗留的后遗症。

今天，我们急需一场去权力化，回归尊重知识、尊重专业、尊重专家的文化复兴运动。我们需要回归建筑学的本体价值观，回归民族的文化自信，在这个国家，反右和"文化大革命"所带来的对知识分子的歧视尚需时日改善，现代文明和高尚情操尚需时日培养。

习主席针对我国城市建设和建筑设计领域的讲话，及时地、犀利地指出了国家面临的文化危机对中华民族带来的深层危害。"建立文化自信"真是一语中的指出了中国当代文化形态中必须改革进化的成分，指出了我们在当今全球竞争中需要走出困境面向长远未来的文化途径。

据中新社海口 9 月 13 日报道，针对备受大多数专家和民众诟病的近些年中国建筑界"贪大、媚洋、求怪"的乱象，2014 年 9 月在海口召开的中国城市规划年会上，住建部提出了一些具体的改革措施，包括：一，改进规划制定，提高规划科学性；二，强化实施监督，维护规划严肃性；三，保护历史文化，体现城市特色；四，加强部门协同，抓好相关试点；五，清理减少行政审批，创新管理机制。这些措施能在多大程度上得以实施，能在多大范围内改变上述之怪现状，值得人们深切关注。

笔者认为，首先要做的事情之一是改变我们国家的城市建设和规划决策体制、招投标体制和专家评审制度。比如，要建立城市设计和大型公共建筑设计的专家决策机制，就要重新整理各城市的专家库系统，不要在选择专家时搞裙带关系，搞山头宗派，将没有真才实学和职业操守的人拉入到评审专家队伍中来。

要改变中国城市建设和建筑设计领域"贪大、媚洋、求怪"的上述种种之怪现状，我们还任重而道远，而革命是否能成功，需要我们艰辛努力。如半途而废，则又似过眼云烟。

1月
武汉理工大学南湖校区图书馆竣工。

2月6日
中共中央、国务院印发《关于进一步加强城市规划建设管理工作的若干意见》。

3月11日
"两刊"编辑部与中国建筑技术集团联合主办的"辨方正位 斯复淳风——回应《若干意见》"建筑师新年论坛在中国建筑技术集团召开。40余位来自全国的院士、大师、总建筑师们共聚一堂，道出了对中国城市建设发展有益的新声。

3月24日
中共中央政治局常委会会议听取关于北京城市副中心和疏解北京非首都功能集中承载地有关情况的汇报，确定疏解北京非首都功能集中承载地新区规划选址并同意定名为"雄安新区"。

5月27日
习近平在中共中央政治局会议上讲话指出，建设北京城市副中心和雄安新区两个新城，是千年大计、国家大事。

3月
九江市文化中心竣工。

淮安大剧院竣工。

成都博物馆新馆竣工。

4月3日
由"两刊"编辑部承编的《天地之间—张锦秋建筑思想集成研究》首发式正式在西安召开。

4月19日
以"21世纪的森林建筑"为主题的"2016吸碳建筑研讨会"在北京钓鱼台国宾馆举行。

5月27日
"向公众解读建筑 向社会展示责任——《建筑师的自白》首发座谈会"在北京三联韬奋书店举行。

6月18日—21日
"敬畏自然 守护遗产 大家眼中的西溪南——重走刘敦桢古建之路徽州行暨第三届建筑师与文学艺术家交流会"在黄山市徽州区的西溪南镇启动。

7月
勒·柯布西耶17项作品入选第49届《世界遗产名录》。

8月23日
中国建筑学会第十三次全国会员代表大会、第十三届理事会一次会议暨一次常务理事会在北京召开。

8月
四川省住建厅印发《关于进一步加强建筑设计管理工作的通知》（以下简称《通知》），明确提出没有特殊使用要求的建筑工程，原则上不得采用大面积玻璃幕墙。

9月7日
著名建筑师勒·柯布西耶（Le Corbusier，1887—1965）建在7个国家的17座建筑入选世界遗产名录，《建筑评论》编辑部与中国建筑技术集团有限公司联合主办"审视与思考：柯布西耶设计思想的当代意义"建筑师茶座。

9月27日
国务院办公厅印发《关于大力发展装配式建筑的指导意见》。

9月29日
在故宫博物院宝蕴楼举行"致敬百年建筑经典：首届中国20世纪建筑遗产项目发布暨中国20世纪建筑思想学术研讨会"，会议上中国文物学会、中国建筑学会联合公布了98项"首批中国20世纪建筑遗产"。

10月25日
寻找"河南当代最美建筑"评选结果出炉，此次活动共评选出125个获奖项目，郑州二七纪念塔等10个项目获得"河南当代最美建筑·一等奖（标志性建筑）"。

10月25日
经过为期一周的交流和探讨，全国古都学专家学者于10月25日形成了《中国古都学会·成都共识》，将成都列为中国"大古都"。

11月24日
新版《建筑工程设计事务所资质标准》出台。

世界高层建筑与都市人居学会（简称CTBUH）在美国芝加哥颁发了第15届CTBUH最佳高层建筑奖项，"上海中心"荣获"2016世界最佳高层建筑奖"。

粤剧艺术博物馆建成。
深圳蛇口邮轮中心建成。

2016年"梁思成建筑奖"获奖者作品集

2016年9月11日 莫宗江先生诞辰100周年纪念会 合影

时代之旅 · 遗产守望 · 文化探新
——"重走刘敦桢古建之路徽州行暨第三届建筑师与文学艺术家交流会"侧记

编者按：2016 年 6 月 18 日—21 日，"敬畏自然 守护遗产 大家眼中的西溪南——重走刘敦桢古建之路徽州行暨第三届建筑师与文学艺术家交流会"在黄山市徽州区的西溪南镇启动。

本次活动由中国文物学会、黄山市人民政府主办，中国文物学会 20 世纪建筑遗产委员会、北京大学建筑与景观设计学院、东南大学建筑学院、《中国建筑文化遗产》《建筑评论》"两刊"编辑部等联合承办。这是继十年前在四川宜宾举行的"重走梁思成古建之路四川行"活动后，又一次探寻文脉、填补社会及公众对刘敦桢认知 "空白"的启蒙之旅，一次真情与史实交融、建筑与文学互渗的记忆之旅，更是一次对文化遗产"活化"的新尝试。

6 月 19 日上午，来自全国十多个省市的建筑学院士大师、文博专家及著名作家百余人冒雨出席了内容丰富的田野考察活动的开幕式及研讨活动，他们是：中国文物学会会长、故宫博物院院长单霁翔，安徽省省长李锦斌，黄山市委书记任泽锋，黄山市政协主席毕无非，中国文物学会副会长黄元，20 世纪中国建筑学家刘敦桢（1897—1968）之子、东南大学建筑学院教授刘叙杰，中国工程院院士马国馨、程泰宁、孟建民、王建国，中国科学院院士常青，全国工程勘察设计大师周恺、张宇，美国艺术与科学院院士俞孔坚，美国弗吉尼亚州立大学教授汪荣祖，天津历史风貌建筑保护专家咨询委员会主任路红，天津大学建筑设计规划研究总院院长洪再生，新疆城乡规划设计研究院院长刘谓，中国建筑西北设计研究院总建筑师赵元超，上海现代设计集团总建筑师沈迪，天津市作家协会主席赵玫，湖北省作家协会主席方方，厦门市作家协会主席林丹娅等。作为活动的策划者之一，我在开幕的主持语中表述了如下的意图。十年前的 2006 年 3 月 28 日—4 月 1 日，在国家文物局、四川省人民政府支持下为期四天的"重走梁思成古建之

路四川行"活动在四川宜宾李庄举行。时任国家文物局局长的单霁翔在闭幕式总结中强调，值梁思成 105 周年诞辰之际，举办此次田野考察活动不仅仅是回望中国营造学社艰苦卓绝的历程与学术贡献，更是新中国建筑界与文博界的一次联手的建筑文化跨界行动。从传承与创新看，"重走"是建筑遗产新理念的认知之旅；"重走"是改变并发现的建筑历史之旅；"重走"是服务当代城市建设的文化塑造之旅。

十年后的交流，其意义在于，刘敦桢是与梁思成齐肩的 20 世纪中国建筑大家，在对新中国建筑诸方面的贡献上，刘敦桢先生的成就前瞻而务实，尤其在民居与住宅调研上堪称典范，开学术先河。建筑学家刘敦桢创办了东南大学建筑学院，同时开启了一个建筑流派，他的贡献是时代性的。

恰恰由于建筑师与文学家的参与，它不是一般的徽州建筑文化之旅，而是几代人的"接力之行"；它不是通常的古村落保护的记忆珍藏，而是有创新人文精神内涵的"提升之行"；它不是逆行于时代的命题旧语，而是德雅兼蓄、包含历史创新与洞察的"学术之行"；它不仅是"建筑与文学"为获取灵感的又一次分享活动，更是有大文化"场域"的图像承载和精神再现的"跨界之行"；它也不仅是展示建筑师乡土设计社会责任的实践，而是让文化、教育、旅游在古镇民居中"复活"，找到新创作体验的当代乡土之行。于此，归纳以下两点特别体会。

1. 这是一次虽"迟到"，但是向建筑学家刘敦桢致敬的深度遗产研讨

为什么说"迟到"，在中国 20 世纪建筑先贤榜上，梁思成（1901—1972）、刘敦桢（1897—1968）、杨廷宝（1901—1982）、吕彦直（1894—1929）、童寯（1900—1983）堪称建筑"五杰"或"五宗师"。"南刘北梁"之说源于中国营造学社创始人朱启钤先生（1872—1964），当年法式部聘前东北大学建筑系主任梁思成教授为主任，文献部聘前中央大学建筑学教授刘敦桢为主任。朱启钤说："两君皆为青年建筑师，历主讲席，嗜古知新，各有根底。就鄙人闻久所及，精心研究中国营造，足任吾社衣钵之传者，南北得此二人，

重走刘敦桢古建之路徽州
行暨第三届建筑师与文学
艺术家交流会合影

此可欣然报告于诸君者也。"2006年3月28日—4月1日，为贯彻《国务院关于加强文化遗产保护的通知》精神，落实我国首个"文化遗产日"各项活动，提高全社会的文化遗产保护意识，同时纪念梁思成先生105周年诞辰及中国营造学社在川学术活动，国家文物局和四川省政府共同支持举办了"重走梁思成古建之路四川行"活动。那次活动在文化寻踪过程中谋求创新，为我国首个"文化遗产日"系列活动开创了一个良好开端。此次活动以李庄为起点，沿四川宜宾、夹江、峨眉山、乐山、新津、梓潼、绵阳、成都等地，先后考察了中国营造学社旧址、旋螺殿、千佛岩摩崖造像、大庙飞来殿、乐山白崖山崖墓、新津观音寺、七曲山大庙、李业阙、石牌坊等重点文物保护单位，而且几乎每天晚上均安排了有意义的学术交流活动。最后在"中国文化遗产永久标志"地金沙遗址圆满地结束了预定的行程。虽然自那时起，建筑文化考察组坚持组织了数十次中外建筑遗产考察与分析，但毕竟如此宏大的跨界集合滞后了整整十载。本次"重走"活动还同时举办了"第三届建筑师与文学艺术家交流会"，它是在第一届（1993年南昌）、第二届（2002年杭州）后，迟到14年举办的，之所以说它含义非凡，不因为它是为生命呐喊，提出了"敬畏自然，守护遗产"的主题词，也不是有感于"梦幻黄山·礼仪徽州"等类吸引眼球的风景名胜，而是建筑师与作家们意识到在西溪南这个"节点"上有乡愁、有创举、有书写远方及未来的好方式，刘敦桢当年考察西溪南诸地的建筑遗产底蕴，是当代中国建筑创造力之根。所以，回望刘敦桢60多年前的考察岁月，不仅成为一个时代的心声，更成为有着特殊价值的遗产。看建筑其意义不止于建筑，其引申的内涵，或许是此次"重走"活动的价值。虽重走活动"迟到"了十几载，但仍感议题新颖。

对此专家的发言让人感触很深。

中国工程院院士马国馨表示，今天的活动在中国建筑史上将留下很重要的一笔，他本人参加了三届建筑与文学的交流会，也参加了2006年重走梁思成古建之路四川行的考察，这次活动是中国文物学会20世纪建筑遗产委员会所举办的一次真正意义上向刘敦桢大师致敬的建筑文化活动，会根植于大家心中，更有利于开展向20世纪建筑大师学习并普及公众建筑文化的工作。他认为，建筑与文学都是源于生活、高于生活的，这次会议的交流，让我们看到，建筑并非建筑师的"象牙塔"，建筑师需要在人文方面有所突破，结合广大民众的生活需要，借助文学家的创作更好地认识建筑遗产的文化价值。

建筑学家刘敦桢之子刘叙杰教授从中国营造学社在云南昆明、四川宜宾李庄的艰难历程讲起，讲述了刘敦桢的古建考察成果，特别告诉大家刘敦桢先生在考察之路上一系列尘封的珍贵故事与片段。1959年12月，55岁的刘敦桢教授带领一支中青年建筑专家考察组（有南京博物院的学者参加），走进了西溪南村，便从此开始了徽州建筑考察。一座座古民居、祠堂、牌坊，一道道马头墙，一口口天井，一幅幅雕饰，都在他的发现与探究下，先后出现在他的著作《皖南徽州古建筑调查笔记》《皖南歙县发现的古建筑初步调查》等文献中。

中国科学院院士常青从古建筑保护的角度，提出了实现新农村建设的方式方法。他认为在进行城市修补的过程中，必须"往前走，往后看"，在汲取古人建造智慧的同时，让材料技术走在前列，不断地更新设计理念。为此，他告诉大家，同济大学成立了材料病理学实验室，从研究给旧材料"治病"的方案入手，组织建筑师、材料学家和结构工程师三方，共同研究有效的古建筑保护方法。当谈及建筑与文学的关联性时，他说，建筑有限的空间可以传达出文学无限的想象，通过借鉴古典文学详尽的描绘，可以让传统建筑修补成为生动的现实。

东南大学建筑学院龚恺教授长期从事徽州建筑与民居调研，他除专为会议递交《试论徽州古民居保护中的几种模式》论文外，还感触此次"重走"活动对新型城镇化建设、对留住村落文化、记住乡愁的特殊作用。他说："传统村落拥有较丰富的文化与自然资源，它们是历史文化的鲜活载体，维系着华夏民族最浓郁的乡愁，修缮、保护与发展除坚持'修旧如旧'的科学原则外，更重要的是让服务当代生活落到实处，在这方面建筑师、规划师及文博专家有很大展示空间。"

中国建筑学会教授级高级建筑师顾孟潮对"重走"活动有一系列建议。他表示，一年之计在于春，一事成败在于设计。他说："保护建筑文化遗产应有建筑师与文学家的悉心合作。重走考察活动本身，不仅走入空间还进入历史事件，文学家对建筑的文化内涵和生命力的感悟性很强，值得建筑师学习。创意不是设计师的专利，不少伟大的建筑作品的创意完取自文学家，反之，建筑大师们也有很高的文学艺术造诣，他们那些能诗意栖居的作品大多是从诗的意境中获取的。"恰恰为此，他感叹1954年建设部《建筑》杂志创刊时，朱德元帅在当时的题词"建筑是万岁的事业"，现在看来，这是对建筑文化遗产多么高的评价。

天津市国土资源和房屋管理局副局长路红作为已有10多年历史建筑保护经验的专家型领导，她很感慨此次活动，她说，重走之行代表着与刘敦桢先生在思想上的交流，"我对刘敦桢先生不是简单的膜拜，上大学时就在读《中国住宅史》，这位民居研究的开山鼻祖给后辈学者以诸多启示，我做民居保护的源动力可能就在于此。"她还谈到，建筑师必须吃百家饭，涉猎范围要广，而文学是最好的"捷径"，可从中吸收文化素养，从而探寻到许多老建筑保护的新做法。"相对而言，文学在社会上能产生更大的影响力，而建筑却能够直接影响民族的文化基因，所以建筑与文学的研讨可以相互递进，相互支持。"

中国建筑西北设计研究院总建筑师赵元超提到，每个建筑师都应该有个文学梦，虽然随着经济的快速进步，城乡素质有所提高，但建筑却越来越"丑"，因为它们缺失了灵魂的塑造。"或许我们离文化的根越来越远了，建筑便失去了自然生长的土壤。建筑师需要寻找过去的路，更要着眼于未来，为新农村建设贡献力量。"他认为，本次重走之行是重返民间，回到真实的建筑世界的过程，从被忽视的民居建筑中找寻文化的意义和文脉。与文学的对话将使建筑的意义更完整，将对建筑学体系的建设产生更深远的影响。

东南大学建筑学院副所长李华代表陈薇教授发言，表达了建筑历史与理论研究所对会议召开的祝贺。她对本次活动有三点感言：其一，民居调查是面向现实的历史研究；其二，刘敦桢民居调查开创了建筑研究的新形式；其三，建筑学是以物质实体和技术为基础的学科，因此文学会给物化的建筑学带来很多新思维。她认为，从研究"住宅"到研究"民居"的转变，是从研究物体上升到探寻人与建筑、与社会关系的变革，是独立于一般学科的创新之举。中国传统建筑学与文学相伴而行，建筑师继承传统，不只是传承形式，更应在美学和价值观上遵循传统，文学面对人的问题，建筑师回应人的需求，这是学科间交织且可产生互相助力的地方。

湖北省作协主席方方认为建筑给文学创作提供了一个入口，她通过父亲的引领，走近建筑艺术之美，因而主动写过许多以建筑为背景的小说，同时，喜欢参加城市与建筑的讨论。她表示，作家描写的是建筑背后的人和事，文学界关注更多的是事情发生的社会背景，而建筑是城市发展中最重要的词汇，建筑的乡愁、记忆、环境与和谐发展有关，建筑师应该具有更强烈的社会责任感，除了在城市中建"皇家宫殿"，还特别应该关注百姓生活，踏实地为普通民众设计一些适用的、好看的住房。

厦门市作协主席林丹娅在谈到乡村建筑衰败的现状时说，传统祖屋每年都在消失，丑陋的建筑却拔地而起，因为乡民的后代外出打工赚钱后，有了改善居住条件的需求，分到祖屋的一小间后就立刻拆掉，在十几平方米的空间里，用最便宜的方式盖起粗糙的楼房，不但毁掉了整个老宅的结构，裸露在外的土坯和砖石也缺乏设计。反之，那些经济很落后的地方还保存着许多有价值的老宅，我国的新农村建设还需要有文化传承的引领。

天津作协主席赵玫表示，作家对建筑有着天然的敬畏，每幢房屋都有不同的故事，只有了解故事发生的空间背景才能更真实的描述事件，所以建筑对写作非常重要，是不可或缺的文化基因。

2. 这是一次源于建筑遗产保护，又体现当代乡土设计观念的创新之旅

考察是此次"重走"活动的"第二章"，大家从当年刘敦振先生考察的西溪南村出发，立足点是考察徽州民居，这并非为了迁徙的历史、并非为了想着蛮荒仅

寻找青山与家园，而是为了在生生不息的民居文化中，找寻到对当下有价值的设计生态与灵感。2016 年正值刘敦桢先生完成具有里程碑意义的《中国住宅概说》（1956 年）发表 60 周年，重读该书感受到的不仅是为民设计的住宅说，更有服务当代乡土设计与村落遗产保护的诸多启示。刘敦桢指出"大约从对日抗战起，在西溪南诸省看见许多住宅的平面布置很灵活，外观和内部装饰也没有固定格局，感觉以往只注意宫殿陵寝庙宇，而忘却广大人民的住宅建筑是一件错误的事情。"三天的考察，建筑师与文学家的足迹遍布西溪南村的老屋阁、绿绕亭、果园、唐樾、唐模、歙县古城（许国牌坊、徽州府衙）、潜口民居乃至世界文化遗产西递等，实地了解并发现了文化遗产项目的状况乃至乡村遗产保护的问题。不少专家赞叹刘敦桢先生学仰之弥高、钻研之弥坚，治学修身不止的创新意识，联想当下，先生之风实在对建筑遗产保护有继往开来之重要功绩。有人说，阅读是最长情的纪念，虽说"重走"迟到了数十载，但因为有刘敦桢先生的一系列理论的"代言"，真的并不算晚！"学者、政府、村民"三位一体的传统村落保护与创新之路，潜移默化地让文化传统在古镇中复活，这路不仅有民俗的非物质文化之体验，更有以资源整合为主线的乡愁设计与展示，这些地方的共同特点都有以建筑遗产为基的"活化"村落的记忆场，绝没有让乡愁之恋变"乡痛"的负面影响。1932 年，离别家乡近 20 年的茅盾在《故乡杂记》中曾清晰地勾勒了他对故乡乌镇的记忆，如果说 20 世纪 30 年代茅盾的乡愁是一种淡淡的惆怅之痛，那么他 20 世纪 80 年代又回故乡，他说乡愁就成为一个复杂的故乡之恋。同一个记忆场所，是什么改变着作家的乡愁？这不仅有家乡环境改善与活力提升之因素，也有村镇记忆场所复兴赋予了乡愁新魅力的动力所在。

此次"重走"活动，在中国文物学会单霁翔会长及诸位院士的见证下，先后举行了"土人学社""北京大学建筑与景观设计学院教学实习基地""田野新考察活动徽州西溪南基地""中国建筑学会建筑摄影专业委员会西溪南摄影基地"四块匾额授牌仪式。其意在将传承与发展之精神，将支撑中国建筑文化的"工匠精神"从教育入手抓下去。这里蕴含着一份责任、一份坚持、一份严谨、一份惊喜与诚信，不仅有以匠人之心写下的传统工艺的体验，更有为时代留住乡愁的理念及系列行动。著名作家徐刚因故未能与会，但他对"重走"乡愁观的描述很深刻："足下乃言行走。足下接地气者也。人类生存、文明、创造，靠的是行行复行行，不离水与草木，乃至地理大发现……人类文明正是随着对植物的

认知和利用渐渐积累的，若编织麻草蔽体，若不再光脚而着木履等。故'足下'语，有仁义之重，有致远之意，飘逝的或能于梦中拾得。"因为是建筑、文博、作家、摄影师、媒体众人们的行走，虽文章笔记不可缺少，但相机（含手机摄影）更不可缺少，有图片才有真相、有图片为证是田野考察的基本要求。好大一支队伍，"长枪短炮"拍村落、拍房屋、拍植被、拍古柏、拍人物乃至民俗，无论它们是有长久艺术魅力的照片，还是堪称珍贵的历史图像资料；也无论是人，还是物，是处在山野村落，还是跋涉攀登的队列，都会让观者感受到"重走"途中的丰富色彩与深度的体验。

"重走刘敦桢古建之路徽州行暨第三届建筑师与文学艺术家交流会"活动给我留下的印迹太多，感触太深，总括起来有如下四点。

①在这次走向历史与文化深处的"重走"活动中，遗产保护的力量加大了，因为在文博专家自说自话的圈子里，走来了建筑界院士大师，走来了著名作家及媒体人，跨界的力量与效果会很快显现。

②这是一次以纪念中国 20 世纪杰出建筑师为主题的"重走"活动，从田野考察、古建筑测绘乃至分析研究报告的出版与传播都体现了当代建筑科学的方法，因此传承中国 20 世纪建筑家的设计研究思想不仅是迫切任务，也是为了探讨一种新的传承模式。

③在中国第 11 个"文化遗产日"强调"让文化遗产融入现代生活"的主题下，如何避免城乡记忆消失、如何避免城乡面貌趋同是个大问题，所以有效阐释文化遗产，以开放性、国际化视野讲好中国故事太重要，因此要在挖掘、展示、表达上下足功夫。

④将建筑遗产深度融入现代生活，就是要创新性地营造场景感，政府及各方学术机构更要持续支持诸如此类"重走"活动，田野考察是出于保护当地文化景观的目的，并非保护落后的文化面貌，它通过建设必要的村史馆、乡村博物馆（美术馆等），旨在避免村民陷入追求短期经济效益的误区之中。诸如西溪南村确有旅游价值，但它更有历史、审美、民俗、文学、建筑、景观上的多重价值，整体保护与发展可以使利益最大化，否则会造成文化失真和碎片化。

（《中国建筑文化遗产》编辑部供稿）

向公众解读建筑，向社会展示责任——《建筑师的自白》首发座谈会

编者按：2016 年 5 月 27 日，向公众解读建筑，向社会展示责任暨《建筑师的自白》首发座谈会在北京三联韬奋书店举行，中国工程院院士马国馨、崔愷，著名建筑师费麟，全国工程勘察设计大师黄星元，以及建筑设计行业的知名专家、学者参加了活动。

金磊（《中国建筑文化遗产》《建筑评论》主编）

北京三联韬奋书店是个特殊之所，它是知识分子重要的文化交流空间，已日益成为学术界、文化界、艺术界交流的"重镇"。在这座京城公认的著名文化地标中已经召开过数百次讲座沙龙，但或许中国建筑师聚此读书、品书，还是第一次，其意义非凡。

何为建筑师是个重要问题，恐怕是今天的首发座谈会也难说清的话题，因为中国太缺少建筑师的生存环境了。社会需要建筑师，建筑师的作品塑造城市空间，甚至成为国家和时代的标志，是人类的文化遗产，可见建筑师的责任是要以自己的知识和技能去引导社会并接受社会之批评。张钦楠老局长曾仔细研究了中外建筑师的实践史，并将建筑师职业的演变分成七个阶段，从公元前 25 年古罗马军事家、建筑师维特鲁威的《建筑十书》中归纳的建筑师的学术素养，到 1995 年国务院颁布《注册建筑师条例》，建筑师如同标志性建筑一样，社会地位逐渐得到确认。

从不要搞"奇奇怪怪的建筑"到中央城市工作会议强调要遵循城市发展规律，从新型城镇化建设到要尊重建筑师的创作精神，乃至"八字建筑方针"的再确定，都进一步彰显了中国建筑师的社会责任。所以《自白》一书至少佐证着两个事实：

第一，中国建筑师是有思想与人文精神的，他们有理性、有思辨，但他们历来在社会上缺少话语权，中国建筑师的社会地位要比世界大多数国家的建筑师低；

第二，中国建筑师是有创意追求的，"奇奇怪怪的建筑"不属于这个群体，中国建筑师是世界设计师中较苦的，因为他们做不了自己的主宰，优秀的作品需要沃土培植，渴望给建筑师创造脱颖而出的生态环境。

这是一本看起来较质朴的集子，但它初步回答了建筑师需要"自白"，建筑师能够"自白"等问题。我认为用"自白"来释义建筑师的当代之思不仅贴切还有丰富的内涵。

●既有表明自身意图、披露内心隐秘的本意，也有需要自明的轻松、坦诚、敏锐的深意。

●建筑师的职业生涯有太多的苦涩酸甜，有平淡无奇的设计，也有智慧启悟的一次次远征；有新高地的跋涉，也有理念探寻的未尽思考；有创作不止的屡屡受挫，也有人到无求品自高的境界。

●有成功、有失败、有兴奋、也有悲怀。我坦言坚持用"自白"为建筑师书写感言的体验是极有意义的工作，或许这种求索是痛苦的，是一种对传统观念的背离，是人生的体悟和境界的反照，是一种极其宝贵的"反过来的思考"，它定将给业界带来思考上的飞跃及越来越多的社会共识。历时近两载推出的建筑师思想集《建筑师的自白》，要告诉业界和社会，中国建筑师不是权力的仆从和金钱的玩偶，中国建筑师绝大多数是有理想、有追求的。"自白"重要的不是建筑师自身在自说自话，重要的是向社会普惠着一个个创作的故事，意在让中国建筑师这个有思想的群体，让中国建筑文化鲜活地出现在公众视野之中。据此我再对《建筑师的自白》一书归纳了三个特点：

它是一本写就建筑师创作理性的"宣言书"；
它是一本可领略中国建筑思想的"地图集"；
它是一本向公众呈现建筑情怀的"自白书"。

《建筑师的自白》书里书外的建筑师们，他们的书写仿佛是在发问：在比比皆是的道理与思索中，为什么会有跨越的不同视野，为什么会有掩卷深思也难有答案的争论议题？愿"自白"的建筑评论之声还要继续，愿理性与思辨渐行渐近，走进城市与公众之中。

郑勇（北京三联韬奋书店副总经理）

我代表三联书店祝贺金主编和我们 51 位卓有成就的建筑师合作，成就了这么一本小书。书越出越厚的情况下，这本书有点不太显眼，包括它的设计也不太张扬。读完以后，我觉得这本书是一本"大书"，是给我印象非常深刻的一本书，三联这么多年给那么多读书人和读者留下那么多深刻印象的书里，我觉得这本书也有它独特的价值。

三联书店的历史还是以思想、学术、文化书为出版重头，在建筑方面我们也出了很多图书，以历史文化和人文社科为表现主题的居多，《乡土中国》后面出过《乡土瑰宝》，稍微有点专业，剩下的是 20 讲，开创了出版圈子对插图珍藏版概念的运用，楼庆西和陈志华老师的演讲影响也比较大。后来出了梁思成作品系列，还有中国古建筑调查相关的一些书。最能代表三联从文化角度介入建筑行业的作品包括讨论城市发展的是王军

2016 年 5 月 27 日《建筑师的自白》三联书店首发式嘉宾合影

的《城记》，后来他的《十年》《采访本》也都不错。他跟我一样，都是外行，但是他从一个城市和一个建筑师之间的关系入手，带有人文反思和批判精神，这是影响比较大的三本书，客观上也引起了我们对北京城市发展建设的关注，读者也开始关注建筑师这个群体，关注北京城市的发展建设问题。

所有这些书，我觉得都有一个毛病或是问题，其更多的是从文化角度或者从人文角度介绍建筑这个行业，将建筑师隐在幕后。张钦楠先生有一本书叫《阅读城市》，从阅读城市开始转向阅读建筑师，这是第一次把建筑师推向舞台。

这本书在几个方面创造了三联历史的第一：在韬奋 24 小时书店，第一次活动里会聚那么多院士、大师、总建筑师等专家型作者；第二，在一本书里面容纳会聚这么多大师专家，像毛主席纪念堂、首都博物馆、T2 航站楼、出版圈比较关注的外研社的大楼等，读了这本书才知道是哪位建筑师的作品；还有就是第一次把建筑作为背景，把建筑师推向前台。

建筑师很伟大，是让我致敬的人群。他们有点像编辑，平时总是隐在后面，把作者推到前面，他们把建筑推在前面，自己隐藏在幕后。金磊主编做了一项特别有价值也是功德无量的事，也可以算以前很少人做的创新，就是把建筑师推到前面。

马国馨（中国工程院院士，北京市建筑设计研究院有限公司总建筑师）

刚才郑总说到了三联，我对三联有非常深的崇敬。第一，三联的书质量非常高、品位非常高，我自己有这个体会，三联的书做得非常好，很少出错，说明工作认真和对读者的负责精神。另外，三联的书庄正，最早有

一个美编叫宁成春，他做的装帧设计非常好，我看了以后，自己出的好多本书都是偷偷拿他的版式做模板。从这点来说，三联确实非常好。

刚解放的时候没几个人知道建筑师，这些年大家都知道了，为什么？外面盖的房子特别多，在北京一看，"鸟巢""水煮蛋""大裤衩"等大家有很深的印象，这都是建筑师给我们城市留下的"丰功伟绩"。现在很多年轻同志都愿意学建筑，很多家长跑我这咨询，说孩子学建筑好不好？我先问他是男孩还是女孩，他说是女孩，我说女孩最好别学这行；问为什么，我说这行太累。这行经常有英年早逝的建筑师，因为建筑创作本身是一个永不停歇的过程，当你接了一个活儿以后，没完没了，从白天到晚上 24 小时折腾着你；当然盖成以后，建筑师很有成就感，看，人工纪念碑。

我有一个体会，建筑师本身既要消耗我国的物质财富，又要消耗我们的能源，又要给大家创造很好的物质产品和精神产品，建筑师实际上是一个责任非常重的职业。作为文化艺术的一个部分，书可以不看，电视可以换频道，戏剧可以不买票，都有您的自由。但是，建筑有强制性，它是公共艺术，就搁在那儿，您就得看，您不想看都不行。对建筑师来讲，他本身的责任就更大：弄好了，在城市当中为我们城市添了一道风景，城市的名片；弄得不好，就是"泡沫"。

最近也有很多建筑，大家都认为很丑、不好看，起了很多外号，尤其是最近观众特别爱给建筑起外号，"大裤衩""大秋裤"等，大家都能用非常通俗的语言把建筑的性格表现出来，说明大家是非常关注自己所在城市的环境及其建设的。美学家斯各拉顿说"建筑是政治性最强的艺术"，现在想起来确实如此。

作为建筑师来讲，本身的责任是非常大的，弄好了，

能够为城市创造一个非常美丽的风景；弄不好，可能就制造了泡沫，制造了很多丑，为很多不好的事情推波助澜。建筑行业有很多负面的东西，实际也是我们建筑师在做，建筑师必须要考虑到自己的社会责任，而不单纯地只是做一个活儿拿点设计费。

黄星元（全国工程勘察设计大师，中国电子工程设计院顾问总建筑师）

在一个书海式书店里，而且是三联书店这么著名的出版机构里开这个会，是我人生第一次。有一个说法，书是人生的阶梯，书是人生的旅途。刚刚进入到这个书店，我就特别感觉到这点，想到今天有一本书要发行，就是《建筑师的自白》，我感到特别高兴。

作为建筑师，肯定有创作的高兴或者希望设计成果多表现，但是，我们建筑师确实又有很大的责任，特别是建筑设计的原则就有规定，适用、经济，在可能条件下注意美观。为什么我跟大家重复这句话呢？因为梁先生在70多年前说过一句话，"建筑和建筑师如果不得到群众认识的话，建筑就在一个国家里不会得到大发展"。所以，要跟大家不断地说我们建筑是什么、建筑师是要做什么的。原则在第一个五年计划时候就定了，跨了60多年，到了今年，现在又变成八字方针，适用、经济、绿色、美观，把"绿色"加在里面，"在可能条件下注意美观"已经去掉了，实际上是并排的四项要求，美观的要求也是非常重要的。

我想说美观，为什么大家要有一个新的认识呢？美观的说法是非常通俗的说法，美观就是好看，好看到底是什么标准？每个人的标准都不一样，因此，我们建筑的美观实际上是一个更高的要求，是艺术的要求，是一个对人的心灵有教育、有品位影响的要求。三联郑总讲的，我们作为建筑师出版这个书，实际上是对群众有教育或者有影响的意义的。因此，应该有一个整体的认识。

"适用、经济、美观"是国家的层面、是方针的层面，具体到跟我们每个建筑师又有不同的表现，因此《建筑师的自白》是一个非常好的机会，有一个空间，每个个体建筑师在设计过程里的新体会，有些个性化设计实践结果的提炼，就变成他的理念在这个空间呈现，50多个建筑师的理念或者想法是不一样的。这本书的意义就在这儿，是建筑师表达的机会，而且是非常充分的，说的是心里话。

我这里给大家讲一下我们如何专业地认识这个问题。建筑师的创作，比如城市的千篇一律，我们有一个更科学的专业认识。我们现在出现一个问题，或者传媒的有些表述形式，往往用一张照片或者局部的一个场景下一个结论，实际上我们的建筑特别是城市设计需要人的体验，需要人在其中去行走，进行空间的体验。其实城市之间还是有很大差异的，我们如何去看建筑？如何看一个城市？不要从表面看，或者不要浮浅地看。对于建筑的看法还是应该有专业性的深刻认识才可以看到本质，这样才有利于我国建筑或者城市规划的发展。

费麟（中元国际工程公司资深总建筑师）

"百年修得同船渡，千年修得共枕眠。"今天能在这跟大家一块交流，很多是我的老朋友、老同学，也有陌生人，今天能在这讲是一种缘分。

首先，我要感谢三联书店提供了这么一个平台，交流我们的一些读书心得。我小时候长在上海，30年代我就知道有这个书店，还有陶行知，以后读到的第一本大学图书就是艾思奇写的《大众哲学》。所以我对三联书店是有一定的历史感觉的。最近很多建筑的好书在三联书店出了，最早就是王军写了一个《城记》在三联书店出了，后来又写了《十年》《采访本》也在三联书店出了；最近看到一本翻译的，叫《癫狂的纽约》，库哈斯写的，去年刚出，又是三联书店出的。三联书店不断介绍当代的国内国外的新思维，谢谢三联书店给我们提供了平台。白岩松出了《白书》，他有一句话很有意思，"话多是件危险的事，然而沉默是件更危险的事"。讲得很透，而且引用柏拉图的一句话，"谁会讲故事，谁就拥有世界"。三联书店能够出这本书，得益不浅。

我想写什么题目呢？"匠人自白，白说也白。"我自称匠人，工匠嘛，还是匠人自白吧。我想谈一下我对匠人的体会，我们现在提工匠精神，非常好，非常务实。但是，我理解工匠精神有狭义和广义的，狭义的工匠精神，精益求精，做好本职工作，创造性劳动。还有广义的，广义的包括贵族精神。贵族精神不是一个贬义词，我觉得与它对立的是平民精神。贵族精神和平民精神在建筑界是统一的。平民当中有很多贵族精神，贵族精神起源于欧洲，就是骑士精神，骑士精神就是敢于担当，有社会责任，光明磊落，这个精神对建筑师非常重要。

贵族精神对建筑师来讲也是非常重要的一种精神，应该有一种自由的灵魂，而且是对权力和金钱经常能说"不"的勇气，这种精神不太容易。我想到好几个例子，一个是电影，南斯拉夫电影《瓦尔特保卫萨拉热窝》。我想到修表匠，他真的是匠人精神，他自己修表，也教他儿子修。同时，他有贵族精神、献身精神。当他知道瓦尔特受到对方间谍诱惑让他到广场去的时候，他知道瓦尔特很危险，没别的办法，他跟自己儿子交代了一下，挺身而出。他到广场上，引起希特勒匪帮的注意，说你别出来，这有埋伏，党卫军把他打死了，真正的瓦尔特得救了。他是匠人，有匠人精神。但另一方面贵族精神在他身上体现出来了，临死不惧，有一种牺牲精神。

诺贝尔发明炸药的时候，不是为了战争，当他知道炸药变成战争武器时非常懊悔，他设立了诺贝尔和平奖。诺贝尔是精心于炸药，但是有贵族精神，他想到要成就人类，反对战争。

建筑界第一代建筑师柯布西耶有平民思想，为普通而平凡的百姓设计普通而平凡的建筑，这是他非常重要的一个理念。在当时的德国，他设计了马赛公寓，把很多理想放到包罗万象的公寓里面，公寓里面有住、有公共服务。柯布西耶算德国的一个大师，他有一种平民思想，为大众服务，我觉得这也是一种贵族精神。

梁思成是研究古建筑的，但是他目光更远大，后来规划了北京城市，在西郊建一个新都。梁思成主张这点，不光设计古建筑、保护古建筑。我小时候在清华念书，梁思成告诉我们，说你们将来要当"斗士"。后来我问好几个人，有些人不记得，有些人可能不敢说了。很清楚，梁思成多次告诉我们要当"斗士"，要向不良现象斗争。梁思成先生的思想是什么？就是贵族精神，他有工匠精神，也有贵族精神。

崔愷（中国工程院院士，中国建筑设计研究院总建筑师）

建筑圈子实际上比较小，虽然我们做的事对这个城市、对社会影响还是很大的，但是，交流圈子通常比较小。我相信在座的不少读者，将来在三联书店会看我们这个书。这无论是对跨界之间文化的交流，还是对建筑专业科普的认识，我觉得都有很大意义。对我自己来讲，我也觉得很有意义，

跟老前辈相比，我是晚辈，在同行一线的建筑师当中，我算年岁大一点的，马上60岁。有些时候觉得按照正常来讲也应该总结一下这一辈子，不算画句号，至少是一个节点。自白这件事对我们这些人来讲真是挺好的，是自我总结和反思的机会。对我自己来讲，特别好奇，想看看别人想什么。平常冠冕堂皇、互相捧场的话比较多，自己要把自白拿出来晾在这，也是心对心的恳谈。我们的书将来会与更多的不认识的人见面，大家如果有兴趣也能看到我们这一辈子辛辛苦苦想的是什么。

以往我们学专业比较功利，上学读书，打基本功，为了将来的工作，工作以后，我们又不断地学习新的知识、规范，是为了更好地工作。实际上到了我们这个年纪，看的专业书有点少，愿意看三联书店的书。三联书店出的有些畅销书，有时间买十几本，慢慢在家里看一段，然后再买。实际上也记不住什么，但是，看书这件事真是觉得好像又变成了另外一种状态的生活。比如听听艺术方面的东西，肯定不会成为艺术家，没有任何功利，这样一种读书状态反而变成生活。最近因为想健身，每天要走10公里。这10公里戴着耳机去听书，觉得很有收获，精神头不够的时候如果看书，看着看着就困了，走路可以强迫你听，把生活、读书和新知享受非常好地结合在一起，非常好。

社会大众把建筑师看得很神秘，甚至可能看得很不得了，盖大楼，做很多标志性建筑。大家更多地把建筑看成能够欣赏的标志或者某种艺术，对于普通的建筑，大家不太议论，好像也不算什么建筑。说到建筑，总是非常重要的事，当然，也有很多被人家诟病的丑陋的价值。在我理解，建筑就是生活环境，环境能不能做得更好一点，能不能使城市更友善一点，能不能使建筑更开放一点，不是一个单位自己用的，能不能变成都像三联书店这样，有文化，随时来，甚至变成24小时书店，这就是我们每次开始一个设计的时候特别愿意跟业主交流的。我觉得最重要的建筑是为了设计生活。当然，如果大家用这样方法来理解建筑，我觉得建筑的认知视角就不那么刁钻或者没有那么高的要求了。

借这个机会，读一读建筑师轻松反思的、自我告白的书，对我们的专业也多一些建筑之后故事的了解，这样的话，大众也可以得到有关建筑和建筑文化的知识。大众阅读建筑这件事实际上并不需要太专业，因为并不想变成建筑师；但是，把它当成一种文化态度的时候，实际上可能更容易跟我们的建筑师交流，也可能更容易提升整个社会建筑文化的品质。

张宇（全国工程勘察设计大师，北京市建筑设计研究院有限公司副董事长）

书店确实非常有历史，而且生活、读书、新知，叫作爱生活、读好书、求新知，由韬奋先生创办，而且中间也经历了市场经济的风波，包括前两天刚去世的杨绛先生对他们进行过一些评论，最后也回到出版界更精尖的出版社行列中。我们这个书有幸由高精尖的出版社出版，应该说是一个幸事，我代表建筑师感谢出版社。我对这个环境还是很有感慨的。

今天的题目叫"向公众解读建筑"。现在都在说建筑是承载国家精神的载体，我不知道这个提法对不对，不管怎么说，我们出去旅游也好，我们分析地域文化也好，可能建筑多少都承载着地域的一些精神、时代的精

神。北京本身的地域文化是相当厚重的，从北海过来，有红楼，到这边的美术馆，包括三联书店，再这边应该是王府井商业街，还有人民剧院，地域文化非常厚重的。这些东西能够通过一个平台或者通过媒体向社会传播、向老百姓传播，媒体起到了非常重要的作用。

强调要有建筑评论，在这方面，整个建筑作为一种文化也好，说它承载地域文化、地域精神、时代精神也好，我们非常有必要通过一个平台、一个媒介更好地向社会和大众传播。首先感谢这个有历史的出版社，感谢有地域文化的交流场所，感谢有这么好的媒体。

胡越（全国工程勘察设计大师，北京市建筑设计研究院有限公司总建筑师）

大家都有坐飞机的经历，在中国机场卖书的地方，建筑书特多，到外国去没看到这种情况，说明中国老百姓其实还是挺关注建筑的。记得我刚到我们单位工作的时候，有人出国了，回来以后听说国内很多老百姓自己买了房子，自己要装修，他感到很吃惊，说国外都不能想象自己装修，要装出毛病怎么办，外国国家法律不允许自己装修。书店里这么多建筑书，我觉得可能跟装修有关系。

是不是老百姓都关心建筑，建筑就好了呢？我觉得不见得。我特别喜欢在大街上遛达，特别是在有历史传统的小巷里遛达，我每次到国外遛达时候都有一种感觉，觉得自己身为一个建筑师挺惭愧的，我觉得咱们国家没有几个地方能让我这么惬意地遛达。咱们的建筑师对此有不可推卸的责任，整个社会、整个人民对建筑的关注度虽然很高，但是，是不是都关注到恰当的位置上呢？我们还是需要好好思考思考。这是我想跟非建筑专业的人共同思考的问题。

我在小册子里写了一段文字，名字叫"市场"。说的是我小时候，我小时候正好赶上"文化大革命"，那时候没什么可玩的，到我家楼下的菜市场玩，因为那里有运菜的驴和马，就跑那去玩。后来，不光是北京，在城市更新和改造当中，中国好多城市的市场都慢慢消失了，慢慢没有了，现在都是超市了，市场作为城市的疤，到处变位置，最后就变没了。崔大师刚才说了一句话，我很有感受，建筑师是设计生活的。我觉得传统生活的缺失是我们城市缺失一个有魅力空间的原因，既有城市管理者的责任、设计师的责任，其实也有在座的所有人的责任。如果我们的城市要能做得更好的话，我觉得可能需要所有的人都关注我们的生活，如果把那些生活留下，我相信将来的城市一定比现在更好。

罗隽（中国建筑技术集团有限公司总建筑师）

我曾在英国留学和工作很长一段时间，对我人生的成长，包括我获得的知识、对西方文化的深刻理解还有我现在形成的设计观、对社会的洞察力都影响深刻。我说三句话。

第一句话，建筑师群体是一个重要的群体。为什么这样讲？我们生活的建筑和城市，不管有的领导如何标榜他们做了多大的贡献，但是，实际上都是由建筑师创造的，建筑师创造了大家的生存环境、创造了社区、创造了从小就生活的各个方面的空间，它们会形成你的性格、你的价值观、你的各个方面的人生体验。所以，建筑师是对你影响最大的人。

第二句话，优秀的建筑师应该是一群有文化的人。在西方，建筑师是非常受尊重的群体。我记得有一位哲学家说过，"建筑是一切艺术之中最艺术的"。20世纪最著名的英国哲学家维特根斯坦也说过，"大家都认为哲学家是很有文化、有思想的一群人，但是，跟建筑师相比，他们算不了什么"。一个优秀的建筑师如果没有广泛的人文、社会、历史、哲学、技术、艺术方面的知识，他是做不好一个建筑师的，当然，建筑师也分各种层次，我自己一直以成为一个优秀的建筑师为目标。

第三句话，建筑师应该是一群有社会责任感的人。在西方，建筑师是非常具有社会责任感的一群人。我以前的老板叫福斯特，20多年前就探索高科技的低碳生态建筑，到今天，我们这一届政府终于把"绿色"两个字写到建筑方针中去了，建筑师应该是引领社会前进、进步的一群人，具有强烈的责任感，应该是真正的知识分子。什么是知识分子呢？我经常跟我的员工讲："你上了大学并不等于你是知识分子，知识分子是具有丰厚人文知识的人。"我希望中国的建筑师要具有这种精神。

崔彤（全国工程勘察设计大师，中国科学院建筑设计研究院总建筑师）

三联书店也是我的最爱，还有一个小书店，在中关村，万盛书店，小一点，好像有点学三联书店，也有咖啡屋。还有一个书店，好像也是学三联的，Page1，在三里屯，也是最爱。我经常在这几个地方遛达，但是在几个最爱的书店中，还是来三联最多。

还有几件事补充一下，有几个建筑师你们都不知道，也没有被金主编列进来。第一位，希特勒，想当建筑师，没当了，但自称为世界的设计者。丘吉尔，也是建筑师，说了一句话："人创造了环境，环境改变了人。"咱还得说一个中国人，邓小平，中国改革开放的总设计师，都是设计师。我特别同意崔院士和张大师、胡总说的，其实我们要跳出圈子看建筑，为了设计生活，如何能设计好生活。还是靠大家。

马国馨：再补充两个人，俄罗斯的叶利钦是建筑师，美国的杰弗逊是建筑师。

屈培青（中国建筑西北设计研究院总建筑师）
我非常感慨崔院士说的建筑设计了生活，我本人觉得先生活后需要建筑。我是西北建筑设计研究院的大院子弟，从小在西北院大院长大，看到了三代建筑师的成长，很多老建筑师去世了，他们留下很多故事。当年从上海来了134位设计师支援大西北，现在只剩下30位了，100多位已经去世了，他们留下很多东西。我突然想做点事情，我是西北院子弟，我和这些前辈们的子弟非常熟悉，我想让他们的子弟写他们父亲的故事，我们院跟我同辈的建筑师们毕业以后才来到设计院的，他们并不认识这些子弟，我觉得我能做这件事情，这是我想做的一件事情。

孙宗列（中元国际工程公司首席总建筑师）
这本书的名字，"自白"是很有争议的，可能是很有风险的词，但是，恰恰是我见到这本书创意的时候，我觉得激发了所有参与者创作的热情，在建筑师群体里，建筑毕竟是表达自身职业的一个情怀，我相信每一个建筑都会有很多背后的故事，大家可能看到的是结果，我觉得创意是非常好的。

当我置身于这样一个书海的环境里的时候，就好像自己是一个无知的孩子。我文章的题目是《讨教》。其实建筑没有那么神秘，建筑师应该知道生活，知道生活的细节，最小的东西。我们每做一个建筑的时候，我个人需要跟大家分享和自白的实际上就是使自己亲临。

更多的是有一点期待和渴望，也特别渴望看一看前辈、我们的同龄人甚至再年轻一辈的建筑师们是怎么自白的，这是我最大的好奇。

薛明（中国建筑科学研究院建筑设计院总建筑师）
刚才，几位专家也都提到了，建筑其实不仅仅是外表的东西，平时一想是多么美的外形，其实更多的确实是生活。在座很多建筑师基本叫原创建筑师。我的建筑生涯中前面大部分都是跟外国人合作，我的文章名字叫《一路风景》。其实有点自我安慰，我觉得我干得挺苦，为了让自己继续干下去，写了《一路风景》。前半

部分是合作，在文里提到了，我们跟贝聿铭大师合作的中国银行，后有一篇文章中提到"贝聿铭大师说跟我们合作的那家设计院没做什么贡献，就是翻译了一下"。我们院上了差不多上百号人做这个工作，不仅是翻译工作，说明外国建筑师不理解，普通公众更不理解。这句话也使我深深地感受到我以后一定要搞原创。我们院跟外国人合作非常多，我主动从合作的氛围里走出来做原创，道路确实很艰辛。大家可能也都知道，很多著名的建筑都是有外国著名建筑师的影子，包括著名大师现在在国内的作品经常不能得到很好的展示。我是半路出家的原创建筑师，走得也很艰辛，再往下还是很有乐趣的。

另外，还想跟读者分享的是建筑师很艰辛，不光是建筑师做了很多奉献，建筑师的家属也做了很多奉献，我在这里要向他们说一声"谢谢"。

汪恒（中国建筑设计研究院执行总建筑师）
我觉得自白还早了点，只是写了一段生活和工作的经历。确实就是因为三联书店说到"生活、读书、新知"，说到了好多行业成功的路径，建筑其实也是这样的关系。如果用大白话说的话，建筑师提供了一个场所、一个空间、一个环境，最重要的目的是这些场所、空间是满足里面人的各种需求，物质的需求、精神上的需求。建筑师要达到这样一个目的，其实必须要通过这样一个路径，要了解生活，要读书，自己得到提高之后然后在建筑里体现出来，让我们生活的品质更高。可能普通大众更多的是觉得建筑师的工作就是做一个外壳、做一个好看的形象，其实建筑师的工作远不止这些，这是今天想向非建筑师读者们表达的一个观点。

金卫钧（北京市建筑设计研究院有限公司第一设计院院长）
我为了发言，写了几个关键词。第一个关键词叫价值。今天我把每一个建筑师的自白比成一个珍珠，每一个建筑师的背景不一样，对建筑的理解不一样，他们的生活体会不一样，所以写出的角度也不一样。无论是鸿篇巨制，还是点滴的感想，即使很小，一滴水也能反射太阳的光辉，一片叶子也能感到秋天的到来，不管小和大都体现了建筑师的思想。每个珍珠串在一起就成项链，它的价值会更大。实际上每个读者从不同的建筑师的体会中可能体会更多。邮票集成套才有价值，珍珠成串才有价值。大家读这本书的时候，要串起来体会可能更理解中国的建筑。

第二个关键词叫幸运。对我来讲，学建筑是偶然

机会，当然也有必然因素。因为我当时高考成绩不那么理想，计算机没考上，我父亲说只要考不上就读建筑，报的志愿是同济、清华、天大、南工。我1981年上大学，1983年排前三名，1985年以后一直排第一，说明什么问题？说明社会对建筑师的认可在逐渐增加，实际上也是非常幸运的一件事情。我们应该感谢这个时代，给了我们那么多机会，铺天盖地，我们有时候根本应接不暇。其实建筑师很伟大，做了很多知名的建筑，但是，当我们的思想赶不上步伐的时候也会出错误，现在很多好的建筑是我们创作的，实际上很多遗憾的建筑也是我们创作的。

第三个关键词叫担当。作为建筑师来讲，我们有那么多机会，建筑师号称"艺术家＋技术工作者"。从艺术家角度来讲，我们更多的要发挥自己的思想优势，该表达的时候表达、该亮剑的时候亮剑，不能领导说怎样就怎样。但是，建筑师不得不学会妥协。所谓妥协就是价值最大化，不是一味地妥协，当你妥协一步但对社会价值更大的时候，我们必须妥协。所以，建筑师很累，心理承受能力特别强，无数次受伤使得我们变得更伟大和坚强，担当实际上还是很重要的。

还有一个关键词叫与时俱进。为什么叫与时俱进？前十几年费总是我的老师，表扬过我，当时社会发展没那么快，我概括几句话，"一招鲜"吃遍天，后来"一招鲜"吃十年。现在可不行了，"一招鲜"，一瞬间，为什么？发展太快了，所以，必须与时俱进。我想起毛主席叫我们好好学习、天天向上，后来叫与时俱进，再后来叫可持续发展，再后来叫"两学一做"，总的来说，三联这两个字最好，叫新知。必须得与时俱进，这样才能使我们的城市做得更好。

最后的关键词叫放下。放下不是放弃，放下我们的姿态，回归我们的本原，回归我们的生活。崔总说的创造生活，真正体会生活才能真正创造生活。

叶依谦（北京市建筑设计研究院有限公司副总建筑师）

我对三联书店特别熟，新的书店盖成之后，我经常来，一共三层，首层卖畅销书，原来二层卖进口书、卖画册，地下一层卖理论书的，大部头。我一般不敢下来，下来之后看不懂。这三年基本不来了，好像觉得实体店受到的冲击比较大。刚才我听到两位老总说在听书，一个是胡总，另一个是我们的崔总。刚才跟责编说了，说你们也得与时俱进，也得做点电子书。我们工作这些年其实很累，光工作了，没生活。刚才张总说建筑师的春天到了，我理解为我们可以好好生活了，所以，我们

要多读点书，向各位前辈继续学习。

叶欣（中广电建筑设计院工作室主任）

我在我的小文章里也提了一下关于精神雾霾的事情，在大的环境之中，各种各样的困惑、纷扰、浮躁让我们有些时候不得安宁。清华大学郑教授曾经讲过，我们现在的建筑师经历了人类历史上最大一次建筑活动，中国建筑师实际上是很幸运的，正好处在这么一个时代里。但是，我们更需要的是获得一种精神上的空间，有了这么一本书，让我有了这样一个天地，有了更多样的情怀。

文学对建筑的非专业遐思
瞿新华

来过黄山，看奇山，看云海，看徽派建筑。很多年过去了，奇山依然，云海依然，而林林总总的徽派建筑在印象中变得有些依稀了。也许，我心里觉得徽派建筑是有生命的，有生命的东西总归会慢慢老去。

明朝，徽商崛起，聚集了巨大财富的徽州商人荣归故里，他们一面大兴土木，将大量资本投入到修祠堂、建园林，造宅第等光宗耀祖的行为上面；一面秉承"贾而好儒"的传统理念，将自己较高的文化素养化入了建筑的一砖一瓦之中，其建筑呈现被业界誉为"中国画里的乡村"。这使得徽派建筑超越了实用性，孕育了丰富的文化内涵。

文化一旦成为建筑的灵魂，建筑的生命力便向更广阔的时空蔓延。有一条新闻一直留在我的脑海里，1996年，一个名叫白铃安的美国女人来安徽黄村考察，她无意中发现了一座行将被拆除的破落宅第——余荫堂。这是一栋黄姓富商的祖传家宅，黄家子孙早已迁离黄村，人去屋空，盛景不再。几经洽谈，据说美国人花费了一个多亿买下了余荫堂，然后对余荫堂"大卸八块"，将2735块木件，8500块砖瓦，500石件统统装入几十个集装箱，浩浩荡荡地运抵了美国波士顿赛勒姆小镇。这个美国女人是这个小镇上的迪美博物馆的策展人和中国馆的负责人。多年后，被完整复原的余荫堂向美国观众原汁原味地展现了这栋徽派建筑的风貌：建筑是清末

的，室内装潢有欧洲花式的壁纸，并贴有毛泽东的画像和"文革"时期的标语，200多年的历史浓缩在这座家宅的每一个细节里。这座博物馆对余荫堂的介绍也颇有意思：余荫堂，一栋中国住宅。家，这个字代表家庭，家宅，家乡，家庭文化是了解中国文化的一个切入口，而住宅是中国"家文化"的最直接的承载体。

因为有中国"家文化"这个灵魂的附体，余荫堂不只是一个由石木砖瓦拼装而成的躯壳，它是一个厚重的、灵动的、蕴涵东方文化的特殊生命体。据说，余荫堂从此成了这个全美顶级博物馆的镇宝之展，为美国观众了解中国文化打开了一扇最直接、最生动的窗户，也为这个美国东海岸新英格兰地区独一无二的文化小镇锦上添花。

余荫堂被卖到了美国，迪美博物馆多了一件活色生香的中国徽州文化的符号，而黄村也出名了，来黄村的外国学者多了起来，一些西方的旅游者甚至和黄村的居民一起放牛、做饭，这被看作黄村国际化的起点，从这个意义上说，余荫堂成了东西方文化交流的一座桥梁。

卖走了一栋余荫堂，徽州应该还存有更多的"余荫堂"，无数的"余荫堂"为徽州注入渊远流长的文化之魂，徽州建筑的生命会老去，但它应该是长寿的。

爱森纳赫为德国的"绿色心脏"图林根州的一个富于童话色彩的小镇，人口区区数万，它依山而建，四周被茂密的森林覆盖，城外山清水秀，城里古朴典雅。它是欧洲宗教改革的倡导者和新教的创始人马丁路德翻译《圣经新约》的地方，也是西方古典音乐大师巴赫的故乡。城外的瓦特堡是阿尔卑斯山以北保存最完好、历史最为古老的城堡，中世纪时，曾是艺术家聚集和文学创作的场所，也是当年歌德和瓦格纳经常光顾的地方。浓浓的历史文化之魂弥漫在整个爱森纳赫小镇，走进爱森纳赫小镇，就仿佛跨入了昨日的历史大门。由于爱森纳赫小镇的显赫地位，据说曾有不少建筑商和政府官员希望为爱森纳赫小镇注入更多的现代化城市的因素，通过加速爱森纳赫小镇的城市现代化进程，拉近它与全世界的距离。但爱森纳赫小镇坚持保存自己的历史建筑风貌作为自己城市建设的"主旋律"，坚持让马丁路德和巴赫的灵魂长驻爱森纳赫小镇。历史和现实都将证明：爱森纳赫小镇的选择是正确的。现代化的小镇在这个世界上可以有无数个，但马丁路德和巴赫以及瓦特堡在这个世界上只有一个，马丁路德和巴赫以及瓦特堡就是爱森纳赫小镇的灵魂和生命。如今，人们来到爱森纳赫小镇，他们真正想看的正是昨天的爱森纳赫小镇。

黄村似乎也应该有爱森纳赫小镇的思考和选择，对历史和历史文化的尊重，正是现代文明和现代意识的体现。

今年九月，杭州要举办二十国集团（G20）峰会，杭州人正抓住这难得的机遇，大力提升城市建设的水平。离西湖300米的距离，有一个叫思鑫坊的地方。80多年前，一个做桑蚕丝绸生意，名叫陈鑫公的老板买下了这块地，此公钟情上海石库门的建筑风格，依葫芦画瓢，在这靠近西湖边的地方建起了当时杭城最好的石库门里弄建筑群，取名"思鑫坊"。可以想象当年的情景：伴着叮叮当当的黄包车铃声，或西装革履，或长衫礼帽，或花样旗袍，各式有腔调的绅士太太踩着弄堂水门汀的地面，进进出出，好不风光。建筑专家说：思鑫坊是杭州近代建筑文化的精彩符号。历史学家说：一个思鑫坊，半部民国史。后来，思鑫坊渐渐变成了杂乱无章的"七十二家房客"式的民居了。2015年以来，杭州借G20峰会的东风，实施了605个城市环境整治项目，思鑫坊便是其中的重点项目，一个修旧如旧，焕然一"新"的思鑫坊又将回到杭州人的眼前。幸哉，杭州人明智的选择，也许让那个曾买走余荫堂的美国人白玲安失去了一次购买思鑫坊的机会。

杭州人显示了一次文化的胸怀，当G20峰会期间的"白玲安"们领略了思鑫坊的建筑风貌而给出一个大大的赞时，杭州人将真正感受到被世人尊重的无比愉悦，这种尊重的含金量不言而喻。

以上只是我作为一个文学工作者对建筑的非专业遐思，建筑是由人创造的，而文学创作的根本任务是塑造人物。浮光掠影般地浏览了以上几个"画面"后，我的眼前便出现了这样一群人：白玲安、余荫堂的黄姓富商和他的子孙们、马丁路德、巴赫、陈鑫公、数十年前曾风光出入思鑫坊的男男女女们……这些由建筑构成的生活舞台上的人物，为我们演绎了一出出精彩的人生"戏剧"。而为他们搭建这个生活舞台的建筑师们则又是一群幕后的伟大"演员"。

有人说，莎士比亚有一种超然的本领，他能用造厕所的砖头，造出一座宫殿。其实，白玲安代表迪美博物馆花巨资买到美国去的余荫堂，在美国人眼里就是一座宫殿；而这"宫殿"也许只是徽派众多建筑中的平凡一栋，徽州民间藏着无数能用造厕所的砖头造出一座座宫殿的能工巧匠、建筑大师。

徽派建筑是有生命的，即便长寿它们也会渐渐老去，但是作为一个传承深厚文化的载体，它们在老去的过程中或许会越活越精彩。怀着这样的心情，向研究徽派建筑具有深厚造诣和卓越成就的刘敦桢建筑大师致敬。

1月4日

北京市政府常务会议审议通过《关于加快发展装配式建筑的实施意见》，决定加快发展装配式建筑，推进北京市建筑业转型升级。

1月15日

故宫博物院院长单霁翔著，《中国建筑文化遗产》编辑部与天津大学出版社推出的"新视野·文化遗产保护论丛"（第二辑 十卷本）正式出版，全辑共分十卷，是针对文化遗产保护的手段的分析，解读了理念进步、法制建设、资源普查、人才培养、安全保障、科技支撑、工程实践、社会动员、国际视野与城市文化特色保护问题。

3月2日

北京市人民政府办公厅印发的《关于加快发展装配式建筑的实施意见》公布。

3月23日

住建部正式印发《"十三五"装配式建筑行动方案》《装配式建筑示范城市管理办法》《装配式建筑产业基地管理办法》。11月，公布了全国首批30个装配式建筑示范城市和首批195家装配式建筑产业基地。

4月

住建部发布建筑业发展"十三五"规划，提出"完善注册建筑师制度"，探索在民用建筑项目中推行建筑师负责制，标志着我国建筑设计行业的又一次重大改革正式拉开序幕。

著名建筑师贝聿铭100岁。

4月1日

中共中央、国务院决定设立国家级新区——雄安新区。

5月1日

首钢西十冬奥广场获得佛罗伦萨建筑周"优秀设计奖"。

5月30日

金磊著《建筑传播论——我的学思片段》（73.3万字）由天津大学出版社正式推出。

7月28日

由广东省建筑业协会智能建筑分会主办的"绿色建造与新型智慧城市高峰论坛"在广州举行。

9月1日

首钢园区北区规划获得英国皇家城市规划学会"2017国际卓越规划奖"。

9月

住房城乡建设部日前下发通知，要求各地加强历史建筑保护与利用，做好历史建筑的确定、挂牌和建档，最大限度发挥历史建筑使用价值，不拆除和破坏历史建筑，不在历史建筑集中成片地区建高层建筑。

9月15日

由中国文物学会20世纪建筑遗产委员会策划的"致敬中国建筑经典——中国20世纪建筑遗产的事件·作品·人物·思想展览"亮相威海国际人居节并受到业内外赞誉。

9月20日

由中房集团资深总建筑师布正伟著的《建筑美学思维与创作智谋》一书正式推出，该书由"两刊"编辑部承编，天津大学出版社出版。全书以布正伟总建筑师历年在《建筑评论》中《"布"说悟道》专栏文章为基础集结而成。

10月

天津大学建筑学院迎来了80岁生日。

天津大学建筑学院 80 华诞

《中国建筑图书评介报告（第一卷）》封面

《周治良先生纪念文集》封面

10 月 21 日

《建筑师的大学》首发仪式在天津大学建筑学院举办。金磊主编在致辞中谈到，40 年前的今天，《人民日报》在社论中正式宣布中断 10 年的高考制度得以恢复，我们在校园中学到的大学精神、视野方法和文化自觉激励着一代代优秀青年前行。崔愷院士、李拱辰总建筑师、周恺大师、李兴刚总建筑师、金卫钧总建筑师、刘方磊副总建筑师、路红局长、傅绍辉总建筑师、张杰教授等书中作者悉数到场，回首在母校建筑学涯时光，畅谈对恩师的崇敬。

11 月 1 日

经联合国教科文组织评选批准，武汉成功入选 2017 年全球创意城市网络"设计之都"，是继深圳、上海、北京之后的第 4 个"设计之都"，成为目前全球 23 个"设计之都"之一，并成为中国首个以工程设计为主题的设计之都。

11 月 15 日

2017 Construction21 国际"绿色解决方案奖"颁奖典礼在德国伯恩召开。

11 月 22 日

东南大学建筑学院举行９０周年院庆活动。东南大学建筑学院前身为原国立中央大学建筑系，创立于 1927 年，是中国现代建筑学学科的发源地。

11 月

广州市国土规划委发布了《广州市建筑景观设计指引》（以下简称"指引"），这也是广州首个关于建筑景观的精细化指引。

12 月 2 日

"第二批中国 20 世纪建筑遗产项目发布活动"于安徽省池州市举行，中国文物学会、中国建筑学会共计发布 100 项"第二批中国 20 世纪建筑遗产"。

12 月 17 日

中国建筑学会建筑评论委员会在同济大学成立。

12 月 21 日，由《建筑评论》编辑部与北京服装学院联合主办的"《中国建筑图书评介（第一卷）》首发座谈会"在北京服装学院举行。

12 月末

《周治良先生纪念文集》出版，该书由《中国建筑文化遗产》编辑部承编。

单霁翔　　江欢成　　黄星元　　陈东林　　何智亚　　刘康中　　何平

张宇　　沈迪　　刘伯英　　程武彦　　覃琳　　杨宇振　　刘建民

李世煜　　周毅　　吴涛　　韩振平　　金磊

"致敬中国三线建设的'符号'816暨20世纪工业建筑遗产传承与发展"研讨会在重庆召开

编者按：2002年4月，有着中国第二套核工业基地之称的"816地下核工程"在国防科工委的主导下最终解密。一个世界上最大的已知人工洞体、一个全球已解密的最大核工程以及其背后数万"816人"长达17年的建设历程随之浮出水面。2016年12月，来自全国各地的专家、学者怀着敬畏之心来到重庆市涪陵区，一起参加"致敬中国三线建设的'符号'816暨20世纪工业建筑遗产传承与发展"研讨会，就816项目的保护与发展阐述了各自的理解与看法。

　　金磊（中国文物学会20世纪建筑遗产委员会副会长、秘书长）

　　816工程是中国三线建设时期一个极具典型的代表，曾被规划为中国第二套核反应堆。50年后的今天，它以世界上最大的已知人工洞体、全球已解密的最大核工程屹立在世人面前。中国重庆涪陵，因为816项目不

凡的、精彩的、感人的、深邃的风景，成为绝唱般的浩大之作。它不仅是一部中国三线建设的长篇巨著，更是需要被唤醒且深耕的中国建设科技与文化瑰宝。在半个世纪的风雨中，816项目从始建之初到最终下马，建设者们所走过的曲折、艰难之途难以想象。这些建设者为了民族的和平付出了沉重的代价，表现出的爱国情怀令人感动。愚公移山是传说，但816是史诗，是有血有肉的人为创造。我们可以看到在超乎想象的816工程中，浮现着国际著名工业遗产项目的影子，我们相信，建设者们所做出的奉献和牺牲不会白费，816的遗产价值和利用价值还将被挖掘，816的未来应属于世界。

　　刘康中（重庆市涪陵区副区长）

　　涪陵区位于重庆中部，三峡库区腹地，地处两江交汇之地，是重庆市下属重要的综合产业基地。同时，涪陵区历史悠久，文化厚重，风景宜人，拥有白鹤梁水下遗址、816地下核工程等独特文化资源。其中816地下核工程是我区宝贵的三线建设遗产，是目前已解密的世界第一大人工洞体，也被有关专家誉为绝世的有待鉴赏的和氏璧。近年来，我们按照敬畏先贤、尊重历史、保护遗产、谨慎改造的原则，把816地下核工程作为文

旅融合发展重点项目，予以开发利用。自 2015 年起，建峰集团先后投资 6000 余万元，使得洞体内第一部分首先对外开放，获得了各方好评。举办研讨会，就是为了借助各位学者的知识和经验，让我们更好地保护和利用 816 地下核工程这一大资源，真正能够把 816 地下核工程打造成为集核科普教育、三线文化传承、建筑艺术展示、休闲旅游观光于一体的人文景观。

何平（重庆市建峰工业集团董事长、党委书记）

正如各位专家已经了解到的，"三线建设"是中国发展历程中一段不可磨灭的记忆，而 816 工程则是"三线建设"一个极典型的案例。50 多年来，作为该工程的建设者及继承者，从国营 816 厂到重庆建峰工业集团有限公司，我们历经了三线建设的无私奉献、停军转民的艰难困苦，顽强地生存，面对不断深化的市场经济改革，我们亟须政策的有力支持，走出困境持续发展。

816 工程的修建是党中央为了防御敌人的突然袭击，保障国家安全而做出的重大决策。早在 1963 年，美国通过高空侦察发现中国在甘肃、内蒙古一带建成了核原料工厂，并分析中国将在 1964 年试验第一颗原子弹。1964 年 4 月，美国国务院专家罗伯特·约翰逊受命写出了译名为《对打击共产党中国核设施可能性的探讨》的报告，建议用 4 种方式摧毁中国的核设施。同年 9 月 15 日，美国人经过几番论证，认为对中国核设施进行袭击就等同于对中国宣战，其风险实在太大，遂决定终止这个计划。

与此同时，1964 年 9 月 16 日、17 日，周恩来总理主持召开中央专门委员会第九次会议，讨论首次核试验准备工作。至 9 月 21 日，毛泽东主席批示，同意按原计划在 10 月进行核试验。然而在此之前，建设后方第二套核原料工厂的工作已经悄然启动。当时世界防御核设施遭受袭击的办法，只能是在岩石山里挖洞。1964 年 1 月，周恩来总理就提出，核工业选址要靠山、分散、隐蔽，有的要进洞。1964 年 9 月到 11 月底，国防科工办常务副主任赵尔陆上将率领 11 个组，分别在甘肃、陕西、宁夏、四川、贵州、云南、湖北、湖南、广西的 47 个地区进行了勘察选址，初选出 5 个地点。1965 年 2 月，罗瑞卿向毛泽东主席、周恩来总理和中

共中央报告，由二机部继续组成专家组进行技术勘察，最后选定在重庆东部涪陵白涛镇。先后有 6 万余名工程兵和参建者听从祖国召唤，义无反顾云集白涛。工程建设期间，建设者们争分夺秒，开山掘洞，架桥铺路。76 名官兵为之献出了平均只有 21 岁的年轻生命。至 1984 年，国家已拨付工程款 7.46 亿元，工程土建完成度达 85%、安装完成达 65%。反应堆部分已初具规模，道路、桥梁、水、电、信和生活区等辅助设施都已建成。预计再投入 1 亿元资金并建设一年就能全部完工。不过由于在 20 世纪 80 年代，和平与发展成为国际社会两大主题，鉴于 816 工程原设计的产品已属长线，因此 1982 年 6 月中央决定缓建。1984 年 6 月，国务院、中央军委正式批准工程停建。工程下马后，816 的建设者只有国家一次性下发的 3 年维护费共 1920 万元，时任 816 厂党委书记的徐光喊出了"不救活 816 死不瞑目"的口号。他带领职工从开荒山、种茶树、做面包、种蘑菇等艰难起步，陆续建成投产了热电厂、大理石厂、人造革厂等民品项目。2002 年 4 月 8 日，经请示，国防科工委以科工密办 [2002] 14 号文同意对 816 地下核工程解密。2010 年 4 月，816 地下核工程的部分区域，对游客开放。

陈东林（当代中国研究所第二研究室主任研究员）

过去一段时间，我们的团队一直在寻找有关 816 工程的历史佐证，其中有一些已经在各个档案馆的协助下顺利找到，还有一些重要的文件正在办理解密手续当中，相信不久会对 816 的历史有一个强有力的补充。有这么多专家在文物角度和遗产角度乃至以后要考虑的产业和旅游角度，都会说得很清楚，那么作为整个项目的基础，我们历史工作者也要交出清晰明了的佐证。

江欢成（中国工程院院士，上海现代建筑设计集团总工程师）

我于 1968 年开始参加三线建设，地点在贵州遵义，与 816 项目不同的是，我们那里是搞火箭。虽然我那时不到 30 岁，但在遵义待了 3 年，对三线的感情还是非常深的。有时候跟当时的朋友聊天，大家都说魂牵梦绕，想回去看看那个地方现在建设得是什么样子。我们当时驻扎的场地也和这里的情况非常相像，距离周边的大城市有 2 个小时的车程，当然这 2 个小时是现在的距离，

在当时的条件下，要走上一两天。我们那边都是土山，公路盘山而过，弯来弯去，山脚下就是我们居住的茅草棚。在当地的百姓看来，我们住的棚子虽然是茅草搭的，但因为我们屋里挂着电灯，所以就如同宫殿一般。

虽然我也参加过三线建设，但在那时我是小兵，是没资格进到基地内部的，哪怕是远远地看一下，都是组织信任我。这次能够看看同为三线建设的其他工程的内部样貌，有种梦想成真般的感觉。涪陵区对于这些三线遗产的保护做得很好，没有让他们放在没人的阴影里烂掉。这些看起来简陋的房屋和设备，有些人觉得是可以放弃掉的，但我不这么看。有句话说，如果忘记历史就意味着背叛，而这里留下的就是 20 世纪的建筑遗产。当时的房子就盖成这个样子，当时的工业水平也被这些痕迹所记录。这些房子是当时中国为了能够屹立于世界民族之林所做出努力的最好写照，这也记录了我们国家所走过的一条必须要走的路。

至于未来，为了整个片区的生存和发展，转型成为旅游区域是有必要的。只有我们吸引更多人到这来，才能让他们了解历史，感受历史，反思历史。但是让他们来这里需要创造条件，需要更加细致地规划，才能让我们这个狭窄的地块产生更多的功能。而且也不要仅仅做我们 816 工程自己，也要与周边的武陵山大峡谷、白鹤梁联动起来，因为单纯的 816 三线文化可能不能满足所有层次人的要求。只有这样，我们才能把涪陵地区的整体文化旅游形象树立起来，不再让外人从榨菜开始了解我们这个地方。

黄星元（全国工程勘察设计大师，中国电子工程设计院顾问总建筑师）

在参观的过程中，我咨询了一些当地的工作人员，他们大多都是这里的"核二代"，也有"核三代"。他们的父辈大多是从 404 厂转过来的，作为技术骨干或者工程人员来到这里，接着把家也安在了这里。我们当时从事的是电子行业基础设施的设计工作，虽然流动性也很大，但总体是维持在宜宾一带。前后加起来大概四五年的时间里，我们一直也是工作在工地现场，一个地方设计完了就马上去下一个地方。要说与这里的相似点，那就是都是在大山里生活，回忆起来也有很多有意思的事。在这里我向核二代的父辈们表达敬意。因为他们坚持了下来，不断地在为我国的国防工业奋斗。

在来这里之前，我完全无法想象，816 这么大的工程，竟然在那个时代的技术背景下能够由一支部队完成。他们将如此宏大的一个洞体留给后世，本身就证明

了他们的伟大。这样的工程既然解密了，就需要宣传。因为这种空间给人的感受已不是大可以形容，而是那种气氛和尺度，给人以发自内心的震撼。相比 816 的长期项目而言，我们当时设计厂房总是非常急，来不及细细考虑。一般情况下就是靠山分散做。我记得有段时间我们的设计受到批评，评语用了一句很通俗的话就是"牛拉屎"，规划一摊又一摊。他们让我们把方案改成"羊拉屎"，这种思路其实很简单，就是一颗炸弹不能炸到相邻的两栋建筑，建筑之间要打开距离。这就形成了我们当时的设计理念。当时的设计方法也都是现场设计，每次做完一个回北京之后，很快就又去做第二个。而建筑材料主要通过就地取材，干打垒结合预制板的方式，建设得也比较迅速。

今天看到故宫博物院的单霁翔院长，在这里我想说几句，我觉得故宫现在能够开发得这么完善和先进，确实令人想象不到。特别是单院长倾力思考故宫的展品陈列和人员接待方式，他的视角值得每一个博物馆管理者，以及旅游设施、文化设施的管理者思考。他能够总结出故宫的八种表情，足见是全身心地投入在故宫的管理中。多年前我去台湾故宫时看到他们的旅游产品就觉得很新颖，在当时比大陆的故宫先进很多，但仅仅几年时间，在开发的水平和品种上，我们都已经居于上风。这一方面来源于大陆故宫固有的文化积淀，也不能不说是先进的管理理念以及行之有效的执行力度的作用。因此我想说，我们的 816 工程现在还处于一个起步阶段，但眼光要放长远，构想可以达到更高的高度。故宫博物院是一个很好的导向，注重保护、注重修缮，同时一步步地发展、开拓，这将带来一个很好的结果。

在我过去走过的一些国家中，真正具有文化吸引力的旅游项目，都原真性地保护了大量原有建筑，并辅以丰富的展示。816 工程现在已经具备了空间和形象，还有宝贵的精神。我还注意到了我们去祭拜的烈士陵墓，这个陵墓就现在来看还比较简陋，场地条件也不太好，我在想是不是能和展览结合起来考虑，既不要过于悲壮，但又要体现怀念之意。至于后方的麦子坪生活区，我想应该着重考虑如何把三线文化继承和传承。我曾在德国的汉堡港区看过一片风格统一的红砖墙，虽然一直保持着红砖历史的痕迹，却也在现代的建设中不断地创新和改变。还有日本横滨的库区，也有很多红砖墙。红砖墙成为很多工业遗址中非常能够凝结历史的符号。所以我觉得麦子坪也具备着成为这样一块公共文化展陈区域的潜力，那里有起伏较大的地形，丰富的建筑类型，各种单层或多层的厂房和住宅区，足以形成一个比北京

798 的单一形态更丰富的"红砖区"。这样就能够进一步和 816 这个项目结合在一起,形成更大的体量和丰富的关系。

刘伯英(中国建筑学会工业建筑遗产学术委员会秘书长,清华大学建筑学院教授)

五年前我曾来过一次白涛镇,这次很有幸又来这里考察。这次比上次多了一个收获,就是瞻仰了烈士陵园,这就比我们上次所感到的震撼还要大很多。

816 项目的本体与 5 年前的变化不大,只是多了一个游客接待中心,入口还多了一个地下廊道,以及里面增设了展示、灯光和卫生间等。我觉得这些设施的植入还是比较节制的,也是一个以保护优先的做法。这一点和现在很多一线城市做的文化创意产业园有很大的不同。我认为即便是未来内部设计完成之后,也应该是与现状类似,就是首先给人以特殊的空间体验,这一特点与德国的鲁尔工业区非常接近。其次才是必要的背景展陈的设置,不能堆得让人目不暇接,看不过来,这有赖于我们设计单位、建设单位很好地把握。

再从遗产的角度来说,816 工程是复合的遗产类型,我简单梳理来看至少包含 4 种遗产类型。第一个是 20 世纪遗产,第二个是军事遗产,第三个是工业遗产,最后一个是工程遗产。即便我们国家在官方层面还没有明确细分到这个程度,但国际古迹遗址理事会(ICOMOS)已经将这四个类型都作为独立的分类进行研究,军事遗产和 20 世纪遗产在国际上也已经有了对口的学术组织,并已经形成了名录。可以说这将是未来国际学术发展的方向。

不单单是 816 工程,其实整个三线建设工程都可以被称为冷战遗产。因为这些建设并没有真的支援战争,但确实源自一种对军事威胁和政治对抗的决策和部署。随着遗产类型的不断丰富,冷战遗产也是未来发展的方向和趋势。如果我们能够抓到一个遗产新类型的灵感和题材,这对我们整个国家遗产保护学术研究也是一个好的补充。三线建设也可以被看成是我国的第一次西部大开发,也是知识分子出院下乡,走出象牙塔到最艰苦的地方去支援建设,为祖国的建设奉献青春甚至是终身。这实际上是在那个特殊时代背景下的产物和精神,是新中国发展历史当中的重要环节。所以我们有理由把 816 项目建设出历史和国家的高度。

杨宇振(重庆大学建筑城规学院教授)

816 工程应该是一个全过程的核工业运作机器,这其中既有它的生产部分,也有支持部分。运输的通道,人员的安置,生活的还原都是有助于人们理解当时条件的一部分。因为我们想从更多的方面展现核工业在这里发展的内容,所以对于其周边事物的研究不可或缺。我认为相关的井田区可以用作历史博物馆的陈设,但洞体内部还是要原真性地保护。之所以这么说,是因为洞内的展示应该关注三个核心要点,即核反应堆、核热能以及后处理。除此之外我认为洞内不便于承载其他更多的内容,也应该尽量避免与此无关的展示进入。

研讨会现场

三线建设的悲壮需要我们用规划和设计来铭记，我们应该让后人知道，是那支连番号都不能有的部队在这里奋斗了10多年。我曾参加过那些老兵们返回816的参观活动。当时看到那些老人们站到这里，痛哭失声，怀念他们已经走了的战友，我竟然举不起相机拍摄他们当时的容颜。

　　我还关注着一个更重要的问题在于，816洞体基本上是一个串联结构，所有的游览线路基本是一个单线过程，这对于大批量游客入洞、出洞形成了一个瓶颈。一个能够容纳大量游客的旅游景点一定不能做成串联结构，不然无论从哪个方面来说都存在隐患。我认为解决的办法在于洞体内部那条长达几公里的引水洞，这条洞以后可以成为我们游客一个极好的回流路线。

　　单霁翔（文化部党组成员，中国文物学会会长，故宫博物院院长）

　　对于816工程，无论是谁看过都会为之震撼，都会为之留下长久的甚至永生难忘的记忆。这种记忆就是它的独特。在人们生活当中，这种独特的内容是不多的。所以如果有更多的人能够享受到这种震撼，能够在他们的人生中留下永久的记忆，这是816工程将来能够融入人们社会生活中的一个非常重要的点。

　　我的总体想法是，816工程不应该再封闭。我听到有些企业希望拿它做仓库来储存，这我不太赞成。因为这个洞体不该再继续成为某一个单位或者某一个组织所拥有的、封闭的、与世隔绝的空间，而应该把这样一个非常宏大的、充满一代人激情的场所变成一个公共文化场所，应该融入人们的社会生活中，使人们能够从中受到启发和教育。

　　我也听到在工程的建设过程中，6万官兵经过了10多年的奋战。在世界形势转变之后，好像他们的工程、他们的努力变得无法实现，以至于有些人为此而悲痛。今天我们就是要告慰他们，告慰那些曾经奋斗在816的老员工和他们的家属。我觉得最好的安慰大家的方式就是把它合理地利用起来，让他们感到当时的付出对我们的未来是有价值的，他们的力气没有白花，血没有白流。816应该被打造成一个对外高度融合的公共文化设施。听了刚才几位专家的解读，我也想如果将项目定位为中国三线博物馆，将是一个非常契合的思路，有助于我们把白涛镇、武陵山地区激活。因为中国三线建设在人们的脑海中被逐渐淡忘了，很多年轻人甚至不知道什么是三线建设。但三线建设在那么短的时间，从各个城市会集了上百万的大军，十几万的工程技术人员，聚在远离

海岸线的中原腹地进行了波澜壮阔的建设。那次建设所修筑的公路、铁路、桥梁等，在当今的社会生活中都在发挥着作用。我们不能悲观地认为过去的投入是盲目的。在当时的国际形势下，美苏两国都对中国虎视眈眈。直到1971年尼克松访华，再到后来田中角荣访华，这个形势才有所扭转。

　　重庆是我国工业遗产最密集的城市之一，从早期的民族工业来看，重庆沿着长江的发展是非常成熟的。然后是民国时期的抗战工业遗产，大量的抗战工业遗址包括兵工厂等都在这里兴建。再后来有了三线建设以及改革开放后的现代工业建设，这都是一个立体的呈现。

　　三线工程覆盖了那么多省和自治区、直辖市，我想如果在这里能有一个中国三线建设的博物馆，那将非常重要。大量的机械、设备、仪器、资料和人们的口述记录以及书面统计汇集到一个博物馆中，那是海量的资料。一个樊建川老师居然在短时间内收集了一千多万件文物藏品，整体地形成了一个对于抗战时期、"文革"时期的系统梳理，吸引了无数对那段记忆还怀有情感的人前往参观。那么我们这个三线建设主题，完全可以大量地收集今天拆除的三线工厂中的设施还有那些卖掉的楼房中的大量资料。这可以形成一个非常庞大的资料库，为日后人们研究这段历史提供全方面的而且也几乎是唯一性的资料。所以我觉得三线建设博物馆，是一个充满力度的博物馆。这里每年会集1000万观众的景象，我想是完全可以实现的。所以我非常赞成刚才专家的观点，就是816工程不仅是核工业洞体，而是包括整个816工程的后勤和居住等的完整区域。真要感谢建峰工业集团和涪陵区政府保护了这些文化遗产，没有用浮躁的手段很快改变它们的面貌，而是精心地、有理智地来进行开发和保护。这为我们今天能够更好地利用提供了非常好的机会和条件。

　　我可以明确地告诉大家，当今世界上博物馆中观众最多的不是历史博物馆，也不是美术博物馆，而是自然博物馆和科技博物馆。美国的这些博物馆里总是人山人海，因为人们对于青少年的教育以及对于自身的教育总是非常靠前的。我觉得我们可以将三线建设历史背景作为主线，不光涉及重庆，不光涉及三线地区，而是将整个冷战时期的世界格局，冷战时期世界各地建设的设施，结合当时的世界背景予以宏大的呈现。这将是一个多么丰富多彩的展区。而后是关于科学技术的展区，我们应该向公众普及核是什么，核工业又是什么。它被人类用作邪恶会引发什么灾难，被作为安全利用又能带来什么利益。或许我们还能够期待，816工程的发展能

够向世界宣示我们国家的核工业率先停止生产并对外开放，这对于未来世界范围内核工业基地的停止生产、解密并对外开放能够有促进意义。当然这种奢望只是一句笑谈。再然后的展览就是介绍我们工业遗产保护的意义和格局。我们的洞体中有这么好的空间，完全可以联想到很多合理的利用方式。人们在里面能够在非常舒适的温湿度下，有看不够的展厅、数字化技术，各种声光电的设备包括多媒体的引导和手机的链接，无限的故事。他们还可以在里面喝茶、休息、用餐，看引人入胜的电影，看与这段历史有关的话剧和表演，购买大量与这个事件相关的文创产品。其实人们对于这个时代的怀念很多，有疑问，也很好奇。比如人们去北京的锣鼓巷，买的都是那个时期的劣等纺织品、皮毛制品、钢笔等，那个时期的产品非常受欢迎。这就会把中国三线建设文化流传下来，让我们的后代知道它的意义，知道我们上一代人为了国家的建设、社会的安宁所作出的无私奉献。

做好这个事情的另一大难点是我们的环境。刚才专家提到涪陵区政府为了我们的项目特意调整了道路，不过我们在山洞本体的保护、山体的绿化、环境的保护等方面都还有很多的工作要做。千万不要以为工业遗产的保护比古建筑好保护。其实古建筑是土木结构，比较稳定，而工业遗产很多是水泥制品、金属制品，它们在还没有得到稳定实验的情况下就已经在世界各地被广泛使用了，各种的标号只是表明它在当时稳固，但若要让它们像应县木塔一般能够屹立900年不朽，那么老化问题、锈蚀问题并不简单。只有使用才能避免。就像古建筑一样，把它放在那里一定会很快衰败，只要利用，每天清洁每天修补，经常进行小修、碎修、零修，才能保护好。其实工业遗产也一样，经常性的保护才能使它益寿延年。

除了刚才很多人提到的有意思的声、光控制外，我还想强调一下洞内交通流线的合理规划对安全性和参观感受的重要作用。我本来是做城市规划出身，所以除洞内交通之外，我同时也会把问题放大到整个816工程的区域交通规划。我们要怎样让人花一天或者两天时间，把816工程的历史状况和纪念意义了解清楚，他们的参观流线，行程节点都需要好好设计。从环境规划到交通规划再到服务设施规划，一直到各个功能分区的设置，什么区域应该集中放置，什么区域应该分离放置，这需要大量科学的分析。

816历史上那么多记录、档案、口述等，这些资料都要收集，如果扩大到三线建设，博物馆就更加庞大了。可以提供的资源也是非常多的。它们能为我们保留

下一个时代的记忆，这是一个功德无量的事情。

张宇（全国工程勘察设计大师，北京市建筑设计研究院有限公司副董事长）

大型的品牌事件，或者说品牌活动，是需要一个主题来主导的，当时我们做世博会的主题是"城市让生活更美好"，奥运会的主题是"同一个世界，同一个梦想"或者"绿色奥运，科技奥运，人文奥运"。那我们的主题究竟是什么？我国一直都在强调和平，也在强调和谐，我们的媒体宣传的方向无疑也是与全世界的大趋势相吻合的。那816项目的主题能不能用回忆战争来倡导和平，用两条主线共同推进来形成一部壮丽的史诗？我想无论816工程以后走向20世纪遗产也好，走向文化旅游地也好，走向世界文化遗产也好，项目本身的主题需要有精度、有深度、有高度，这样我们配套的政策才能契合需求。

其实不管是中国的发展还是世界的趋势，我们都要学会梳理我们现有的政策。比如我国现在强调加强城市设计、加强城市修补和生态修补，同时我们还强调要搞好生态小镇，我觉得学习和关注这些导向，是非常有利于我们未来的项目定位得到国家层面支持的。同时我觉得816项目不应只是立足于本地，而是要向更高的层面迈进，这就涉及对于产业的定位。因为从城市设计的角度，任何区域的规划以及任何项目、任何城市的发展都要细化到产业。这涉及整个生态的产业链，需要一个循环。所以我们现在一直在提大设计、新生态。这个大设计不光是我们建筑或者规划层面的事情，而是方方面面都需要一个重新的思考和审视。就像吴良镛教授提出的广义建筑学一样，设计需要有多元化的道路。

816项目的历史跟整个白涛镇是分不开的，而当我们谈到未来一个镇的发展就更不能不谈产业。即便到了未来，816项目的发展在很大程度上决定了整个白涛镇的发展态势，产业的设计与建筑、规划本身都密切相关。这是因为我们最终要在这里打造的是一个向公众开放的好品牌，形成一个好的产品，我们要用一个保留历史原真性的震撼性的历史遗产去支持它，同时我们也要有资本支撑、资本运作，这不能光是口号喊得好就行的。

在内容、手法和功能方面，考虑到我们所处的地理位置和区划范围，我想到了美国的两大主题公园。一个是环球影视城，另一个是迪斯尼公园。现在我们设计院正在跟环球公司考虑合作北京的环球影城建设，而迪斯尼公司也早已在上海和香港都建立了主题公园。于是我想816项目能不能也借鉴主题公园的设计思路。不管

与会专家合影

怎样，我非常同意之前几位专家的看法，就是我们所考虑的内容不能仅仅是一个洞体，而应该从始至终将整个周边的生态问题、交通问题，各种配套设施自然而然地串起来思考。

其次关于现在展陈功能的建议，我认为如果还没有真正考虑清楚，那就不要动手。因为任何的考虑失当都会带来洞体的破坏。我想说现在洞内已经入驻的声光电设施应该停止继续进场。因为从我来讲，目前的设计与洞体未来规划的层次还存在一定的差距，达不到我们所预期的水准。尤其类似博物馆这类建筑，它的空间序列需要有一定的仪式感，同时又要有灵活多变的功能性。这种仪式感不仅来自建筑本体，也来自灯光层面等其他很多方面。现在贸然施工显得过于草率和浮躁，很可能给未来带来不必要的麻烦。

我在设计早期曾做过植物博物馆，然后又做过中国电影博物馆，再到后来的中国科技馆新馆，现在正在做故宫北院设计。我从中得到的经验就是，设计的成果必然要基于前期非常细致的策划，这个策划不光是建筑师，同时也包括产业、运营、建造所有方面的大策划。我想在考虑博物馆的时候，方案在投标阶段一定要考虑展陈。因为无论建筑方案本身如何优秀，最后观众来看的主要还是展陈内容，建筑充其量只是一个承担起文化目标的载体。816项目也一样，这里就好比写一篇散文，应该形散而神不散。816片区可以很大，但贯穿始终的主线要拿捏到位。这里面的手段有很多，声光电只是其

中一种，其他的还要听取更多人的创意和见解。

我们倡导活化利用、以人为本。也就是在设计中任何一个部分拿出来都应该是为现代人服务的。所以我觉得可以用一些新的手段，与之前的老的洞体形成对比。我认为可以明确的一点是，需要加到洞里面的材质就是钢和玻璃。我们要用现代的材料、现代的工艺、现代的设备来解决现代的功能问题。比如我们可以用玻璃和钢做成连廊并且架空来解决空间尺度转换的问题，通过步道来解决交通的问题，再通过电梯来解决垂直交通的问题。这样的手法让人一目了然地看到新部件和老部件的区别，不会使参观者产生混淆。再比如老的部分我们就要让那些原本裸露的钢筋斜刺出来，伸得很长都没关系。我听说现在的施工裁掉了很多外伸的钢筋，是为了安全考虑，这种做法不应该继续下去。我们完全可以用新构建的部分、用最精致的钢和玻璃廊道控制人的行动范围，不让其接近那些危险的部分，同时那些保留下来的部分可以带给参观者心理和生理两个层面的震撼。

沈迪（全国工程勘察设计大师，上海现代建筑设计集团副总裁、总建筑师）

亲眼看到如此震撼的地下空间，也让我无法想象，在当年那个经济、技术都比较落后，各种资金匮乏，工具简单，对外交流又较为封闭的情况下，我们可以完成如此宏大又缜密的超大型工程。在回来的路上我一直在想，我们一上来就把这个项目作为一个旅游景点来考量，

是不是操之过急了？我理解地方财政需要，企业的几千张嘴都在等着吃饭，这个项目一直被期待能够马上启动并带来效益。但在竭泽而渔的发展方式里我们已经吃过了太多的亏，所以给这个项目稍长一点的时间来思考和策划，还是有必要的。所以我想，如果我们把它首先当作三线建设历史文化遗址进行考虑，或许会更恰当一点。

这个项目的开发，不是需要我们去创造很多东西，更多的是应该去做填充。里面缺少什么，我们就补充什么。当下的年轻人不但不能全面地理解三线工程，反而有很多人用负面的眼光去看待。我觉得我们在这里就更需要拿出一种客观的、历史的态度来述说。这也是我们从史学观的角度来进行国际化提升，最终讲述国际化视野下一段感人的历史故事。816 项目作为博物馆或者说展陈空间，其实与故宫博物院还正好有一些相似之处，那就是展览空间本身即是最富有特色和保留价值的文物。在这种情况下，过多地、盲目地堆砌展品并不是理想的手法，选择最适合我们的、最精彩的部分展示出来才更为适宜。不然的话，过多的展品势必会削弱洞体本身带来的震撼。

何智亚（重庆市历史文化名城保护专委会主任委员）

重庆市至今还有许多遗留下的工业遗产，其主要由三部分组成，一是开埠时期的产物，二是抗战时期的遗存，三是三线建设时期的建设，这些都是非常宝贵的历史文化资源。近年来，重庆市规划部门也在进行专题调查和研究，曾经编制过重庆市工业遗产保护规划；当时涉及 33 家工业遗产，也包括 816 项目。在实际工作中，许多工业遗产项目分布在南充、綦江、万州、江津等地，有的已荒废，有的地处偏僻，保护非常困难。我认为，现在的保护工作主要应该是抓重点项目。

重庆工业遗产保护工作，比上海、北京等城市开展得晚一些，直到"十二五""十三五"期间才真正引起重视。重钢搬迁后，2007 年在重钢原址要建设重庆工业博物馆。这个设想是我提出来的，但支持的很少，最终被列入重庆市重大建设项目。

我曾经到过 816 工程现场，每次来都发现有新的改善和进步。816 项目还未被列入市政府常务会议，好像也没有被列入重庆市"十二五""十三五"社会文化重点项目，我认为应该争取。我建议：

①涪陵区向重庆市、重庆市向国家文物局申报，争取将 816 项目列入第八批国保单位；

②可否考虑 816 项目建设成为三线建设博物馆，如果要成为"重庆三线建设博物馆"，就要列入市政府计划，由市里投资；

③现在的投资主体是建峰工业集团，这不但给企业带来很大负担，也会对项目的未来发展产生影响，该项目如果没有强有力的支持会很困难，包括社会融资、政府资助等方式都要考虑；

④该项目的策划、创意是不错的，但还有待进一步提升，项目背后的人、故事、历史、精神等方面还有待进一步挖掘，要用新的手法进行表现，要感动人、打动人，要吸引人，创意再好，建设再好，如果没有人来，这个项目算成功吗？

吴涛（重庆市历史文化名城保护专委会秘书长）

816 项目不只是建筑规划方面的事情，还涉及旅游、环境、交通、文化等许许多多的方面，其背后更涉及国家重大历史事件的产生及影响，该项目的定位要引起多方面的重视。特殊的背景、特殊的时间、特殊的事件、特殊的位置，816 项目在三线建设中有典型的示范意义。816 要走向全国，走向世界，要申报国保，申报世界文化遗产。我建议：

①名称可以小见大，突出特点，可以命名为 816 西南三线建设博物馆或 816 核工业遗址公园，要加强京、渝等地专家的指导；

②要重新认识 816 项目的科学技术价值所在，深入挖掘其时代特征和历史价值，要加大宣传；

③816 项目背后的人文精神要提升到新的高度去认识；

④816 项目的保护和发展规划应尽快确定，以指导未来发展建设，特别要注意项目本体与环境的保护，一些工作有待继续深化、细化，以取得更大的成绩。

2 月 25 日

中国工程院院士，同济大学建筑与城规学院名誉院长，中国建筑学会常务理事戴复东（1928—2018）因病去世，享年 90 岁。

3 月 14 日

中国事务所 MAD 设计的 Lucas Museum of Narrative Art 举办动工仪式，这是中国建筑师首次赢得海外文化地标的设计权。

3 月 15 日

"文化池州——工业遗产创意设计项目专家研讨会"在故宫博物院宝蕴楼举行，与会专家以建设国润祁红科技文化创意小镇为主题，对文化池州的创意设计深入剖析与研讨。

3 月 29 日

中国文物学会 20 世纪建筑遗产委员会、中国建筑学会建筑师分会联合主办的"笃实践履 改革图新 以建筑与文博建筑和文化的名义省思改革：我们与城市建设的四十年北京论坛"在刚刚落成的北京嘉德艺术中心举行。

4 月 8 日

中国第一座真正意义上的设计博物馆——中国国际设计博物馆向民众开放。这座博物馆位于中国美术学院象山校区的东南一角，2018 年 1 月竣工。

以建筑的名义纪念改革 40 年（石家庄论坛）

4 月 12 日—13 日

作为 2018 年纪念改革开放 40 年的第二个城市活动，第二届"建筑的力量——让建筑更美好"学术沙龙以建筑设计的名义纪念改革四十周年为主题，在河北省建筑设计研究院举行。

5 月 1 日

首钢博物馆获得 2018 西班牙巴塞罗那设计周奖。

5 月 11 日—13 日

"第一届中国建筑口述史学术研讨会暨工作坊"和"建筑学术论坛"在沈阳建筑大学举行。

5 月 17 日

召开中国建筑学会 2018 年学术年会前夕，在泉州文化地标威远楼古城广场，由中国文物学会 20 世纪建筑遗产委员会策划推出了第一、第二批中国 20 世纪建筑遗产名录展。

5 月 20 日

2018 年中国建筑学会学术年会分论坛之九"新中国 20 世纪建筑遗产的人和事学术研讨会"在泉州海外交通史博物馆隆重召开。本次活动由中国文物学会 20 世纪建筑遗产委员会主办承办，泉州古城保护发展工作协调组办公室协办。

以建筑的名义纪念改革 40 年（北京论坛）

5月28日
中国台湾现代主义建筑大师王大闳（1918—2018）逝世。

6月1日
俞挺和闵而尼于2013年在上海成立的Wutopia Lab获得Architectural Record评选的2018年全球十佳"设计先锋"，荣幸成为2018年度唯一入选的中国事务所。

6月26日
以建筑设计的名义纪念改革开放40周年：深圳广州双城论坛在深圳蛇口南海酒店举行。深圳市建筑设计研究总院有限公司、华南理工大学建筑设计研究院、北建院建筑设计（深圳）有限公司、广东省建筑设计研究院、香港华艺设计顾问（深圳）有限公司、深圳大学建筑设计研究院有限公司、深圳市欧博工程设计顾问有限公司、《中国建筑文化遗产》《建筑评论》"两刊"编辑部协办了本次论坛。

7月2日
中国政府采购网发布《河北雄安新区启动区城市设计方案征集资格预审公告》，雄安新区面向全球征集启动区城市设计方案。

7月15日
历时近一年编撰，由胡明、金磊主编的《厚德载物的学者人生——纪念中国结构工程设计大师胡庆昌》正式出版。

9月19日
2018首届郑州国际城市设计大会在郑州国际会展中心举行。

9月25日
由《中国建筑文化遗产》编辑部编、天津大学出版社出版的"中国20世纪建筑遗产项目·文化系列"之《悠远的祁红——文化池州的茶故事》推出。该书系2017年国润祁红老厂房工业遗产入选"第二批中国20世纪建筑遗产"项目后，由中国文物学会20世纪建筑遗产委员会与池州市人民政府共同策划发起的以国润祁红工业遗产打造"文化池州"创意建设的重要成果。

9月26日
《丹行道》首播，演员王珞丹与12位中国当代建筑师对谈建筑。

10月
在德国法兰克福举行的欧洲杰出建筑师奖颁奖典礼上，由贵州西线工作室设计的两处贵州本土建筑"龙门文化中心"和"贵安新区消防应急救援中心"，分别荣获综合体建筑类及公共建筑类的最高奖。

10月10日
故宫博物院北院区项目启动仪式举行。时任故宫博物院单霁翔院长介绍，故宫北院区的建设，旨在解决故宫博物院大量大型珍贵文物藏品长期无法得到有效展示的问题。该项目由全国工程勘察设计大师、北京市建筑设计研究院副董事长张宇领衔主创。

11月1日
首届建筑设计博览会2018（北京）在中国国际展览中心（新馆）开幕。同日，"深圳体育馆的保护"专题研讨会在建筑设计博览会期间举行，在崔愷院士主持下，来自建筑设计界、遗产保护界多位专家学者就深圳体育馆拆除引发的近现代建筑保护话题展开交流。

11月2日
中央美术学院举办"挑战：反观建筑思想、教育与实践"建筑论坛。

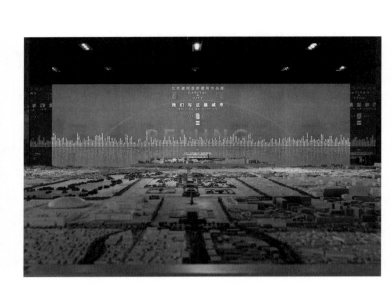

"都·城——我们与这座城市"展览背板下的沙盘

11月22日

"都·城——我们与这座城市"专题展览及学术研讨活动在中国国家博物馆开幕。本次活动北京市人民政府国有资产监督管理委员会与北京市建筑设计研究院有限公司联合主办，共分四个版块：开幕式、北京·伦敦城市发展论坛、马国馨院士新书《南礼士路62号：半个世纪建院情》及北京建院文创产品发布会。

11月24日—25日

"第三批中国20世纪建筑遗产"项目于曾荣获"首批中国20世纪建筑遗产"的中央大学旧址—东南大学四牌楼校区大礼堂隆重举行。本次活动由中国文物学会、中国建筑学会、南京市人民政府、东南大学联合主办，中国文物学会20世纪建筑遗产委员会，南京市玄武区人民政府，东南大学科研院、建筑学院，《中国建筑文化遗产》《建筑评论》"两刊"编辑部承办。

11月27日

住房城乡建设部于官网发布了《住房城乡建设部办公厅等关于开展工程建设领域专业技术人员职业资格"挂证"等违法违规行为专项整治的通知》。

11月30日

建筑界的奥斯卡世界建筑节（WAF）公布了2018建筑制图奖获奖名单公布，李涵获总冠军。

11月

首钢博物馆获得美国建筑大师奖荣誉提名奖。

12月7日

ArchDaily 2018年度建筑大奖公布，中国设计事务所在各类奖项的15席中占据了3席，中国建筑师马岩松、李兴钢、韩文强获奖。

12月15日

Emporis摩天大楼奖公布了2018年的获奖结果，中国2座建筑上榜，分别是深圳的平安国际金融中心和杭州来福士中心。

12月18日

由奥雅纳及KPF设计的中国华润大厦（华润集团总部办公大楼）正式落成启用，建筑高达392.5米，流线型外观形如春笋。

12月18日

在中国文物学会、中国建筑学会指导下，由北京市建筑设计研究院有限公司、中国文物学会20世纪建筑遗产委员会主编的《中国20世纪建筑遗产大典（北京卷）》正式出版。2018年12月18日于故宫博物院报告厅举行"《中国20世纪建筑遗产大典（北京卷）》首发暨学术报告研讨会"。

我们与城市建设的四十年·北京论坛

编者按：

2018 年 3 月 29 日，一场由中国文物学会 20 世纪建筑遗产委员会、中国建筑学会建筑师分会联合主办的"笃实践履 改革图新 以建筑与文博的名义纪念改革：我们与城市建设的四十年·北京论坛"在北京嘉德艺术中心举行。本次论坛通过对四十年改革开放"建筑与文博"事件的回望，梳理了建筑师与文博专家的改革精神与实践，既有艺术拍卖的践行者——中国嘉德国际拍卖有限公司靠改革跻身世界拍卖业行列，又有故宫博物院 600 年"文化＋"的创意探索，使建筑设计与之真正来了场跨界对话。中国文物学会 20 世纪建筑遗产委员会副会长、秘书长金磊任主持人。以下为本场论坛的嘉宾发言。

金磊（中国文物学会 20 世纪建筑遗产委员会副会长、秘书长）：

自 1978 年以来，中国改革开放已步入第四十个春秋。作为一介建筑学人，我们已经连续 15 年在春天举办新春建筑文化论坛，今天"聚众智"的新春论坛无论对新中国建筑史，还是对中国建筑评论都是理论之渠、实践之水。大作家果戈理说过，"建筑是时代的纪念碑"，它很贴近今天论坛的主题。用 40 年改革足迹审视"建筑与文博"，既是中国城市建设演变的 20 世纪遗产"事件史"，也是用建筑评论梳理出的理性"正果"。在由中德建筑师合作设计的刚刚落成的北京嘉德艺术中心举办此次论坛，无论是场所感，还是建筑文博精神，都有丰富的改革话题。

新华社 3 月 22 日刊发的《2018 年全国两会巡礼》综述中说，即使若干年后回望，2018 年春天召开的不寻常的"两会"，依然闪耀着璀璨的光芒，其最重要的意义是无论时空如何变幻，都要铭记新时代的改革方位：40 年前，1978 年的春天，3 月的全国科学大会及 5 月 11 日《实践是检验真理的唯一标准》的发表使改革开放的春潮涌动；26 年前，1992 年的春天，《春天的故事》再掀改革开放的大潮；2018 年改革开放 40 周年，推进改革，万涓成水，这是改革的见证者、开创

者的特有视野。恩格斯说过，文艺复兴时期最需要巨人，而且是产生了巨人的时代。联想中国改革开放 40 年的变化，可以说这是解放思想、产生巨人与奇迹的时代。十年前我们曾经推出《中国建筑设计三十年（1978—2008）》一书，当时我们对它的定位有三句话：记载三十年设计体制转折与变迁；影响一段历程并追求建筑共生与融合；靠故事书写建筑师三十载传奇与激情。

我颇赞赏"以书为缘"的说法，因为这里有亟待拓展的知识视野和极具穿透性的人文素养与潜在思考，有借鉴与创意。在《中国建筑设计三十年（1978—2008）》一书中共收录三十余位建筑学人的言论，现在读来很切合今天会议的主题，择要其中六人的话：任何改革都必须符合行业特点和发展规律，必须符合人的本性和基本需求（修龙）；建筑印证着时代变迁，虽其中有人与事，有想象与情感，有伟大也有平庸，但它们凝聚起的建筑思想，镌刻出的深刻，已总结并积累下属于时代精神的回望（张宇）；中国的改革开放，让世界认识了一个真正的中国，中国建筑师也因此走上了世界舞台（庄惟敏）；这些年真不知道哪一分钟属于自己，哪一分钟属于社会，忽略了得失，忘记了年龄，如诗如歌的 30 年在我们这一代建筑师心中燃起的激情永不衰竭（黄汇）；改革开放为我国的建筑师打开了一扇绚烂多彩的世界建筑之窗，可谓"大象言无形，大器今有成"（刘临安）；思想观念开放引出建筑观念生态，意识形态改革造就建筑形态发展（钱方）。

如果时光允许我们盘点中国建筑设计 40 年的"贡献榜"，我们以为成就并非仅仅是那些有着完美历程的大型设计研究单位，还应向所有为中国建筑设计创新进行过博弈的建筑师与机构投以致敬之票。今天"以建筑与文博的名义纪念改革"北京论坛，意义深远且行动务实，因为通过这个命题可将话题延伸到设计界的纵深处，靠思想解放后的分析，再度树立中国设计的文化自信，从而带动设计作品与思想的提升。它在用"有态度的设计"去传承城市创新精神，更让跨界这一改革的举措富于文化内涵。

恰如设计正是创意的学科一样，改革的主旨是创新谋略。在本届"北京论坛"召开之际，我们有必要回眸并归纳中国建筑四十年的重要改革节

| 单霁翔 | 马国馨 | 赵知敬 | 费麟 | 黄星元 | 季元振 | 布正伟 | 寇勤 | 孟建民 |

| 仲继寿 | 周恺 | 张爱林 | 路红 | 张宇 | 崔彤 | 邵韦平 | 孙兆杰 | 张祺 |

| 罗隽 | 郭卫兵 | 金卫钧 | 郭骏 | 薄宏涛 | 朱颖 | 宋雪峰 | 殷力欣 | 陈雳 |

点，它们虽并不完备，但确是历史印迹；它们或许还有某些偏颇，但确是可丰富的设计改革史的"智慧说"；它们是四十年中国建筑作品与建筑师创新足迹的写照。①它们见证了中国建筑设计历经转企改制、技术更迭、管理创新、执业认证、繁荣创作的全过程；②它们见证了设计改革引领了正确的学术方向，让建筑师注入全新活力，激荡迸发创意设计；③它们见证了"设计改革史"是关于思想与建筑的"事件说"，它并非建筑新作品的简单罗列，而重在写出活生生的建筑作品背后的事件脉络；④它们见证了与时代相映的宏大建筑作品中，不乏学术创新路上的恩师指引，提醒业界不要忘记40年来的那些贡献者与开创者；⑤它们见证了城市大发展的时代，中国建筑的"优与劣"，要按建筑方针去品评，好与差需要由中国人自己评说；⑥它们见证了设计改革并非只关注时尚精神，建筑师需要有对城市史乡愁般的敬畏，作品也需要有态度的设计；⑦它们见证了优秀作品不需太追求奢侈，真正能走向世界的一定是品质、个性与想象力兼备者；⑧它们见证了阅读是最好的纪念，设计不仅需要学术灯塔，也离不开

"榜样好图书"讲述的中国故事；⑨它们见证了恰恰是这四十年，在建设性与保护性破坏浪潮下，城市的一批文化地标还在坚守，还在涌现；⑩它们见证了面对改革"破"与"立"的反叛传统与挑战规则，前辈建筑大师的努力与新一代建筑师的进化已经交织在一起，面向业内外的建筑评论与建筑文化传播功不可没。

回望过去，改革开放是国人从上到下的图腾，设计界曾经历过为吃饱肚子，为创作性择业，为去更广阔的精彩世界闯荡，为建筑师的尊严与权利得到保障的种种奋争；遥望今朝，站在改革开放40载的历史节点去品评，除了自豪改革为建筑与文博、城市与设计带来耀眼成就外，是否也该在咀嚼"改革开放的纪念形式"中省思，建筑与文博界不仅要解惑，也应酝酿如何再出发，目的是留有记忆，有传承，有向往。

寇勤（北京嘉德艺术中心总经理）：

我一直对建筑充满了憧憬，因为它不仅有很多精彩的瞬间，它的永恒，它的长久，它对人类社会生活的影响更是巨大的。因此，今天我看到这个主题，就觉得特别新颖，我们是以建筑与文博的名义纪念改革，而且在北京嘉德艺术中心这么一个全新的建筑里举行，有特别的意义。

嘉德短短 25 年的发展历程与文物改革、文物市场发展和相关配套设施的完善紧密相连。应该说在这儿最有发言权的是单院长，特别感谢单院长能够亲临活动现场，也给予北京嘉德艺术中心很大的支持。我们现在所在的北京嘉德艺术中心，举行过一系列的艺术活动。比如嘉德·典亚艺术周博览会，这是一种新的业态，它把世界上一些重要的艺术画廊、博览会，包括有些市场发达地区的机构、艺术家邀请过来，以博览会的方式来呈现各种不同的艺术品和艺术表现形式。这是一种现在比较时尚、比较风行的模式。此外，还有各种各样的文化艺术活动，如读书会、画展、当代装饰展等，当然还有各种规模的拍卖活动。

我想再说一些感悟。在建设北京嘉德艺术中心的时候，确实有天时、地利、人和诸多因素。如果从签协议的时间计算，今天北京嘉德艺术中心已经进入第八个年头；如果从动工建设的时间计算，从铲第一锹土到现在也有五六年的时间了。实际北京嘉德艺术中心的建设时间大概三年半。楼上这部分是酒店，大概在 2018 年的六七月投入试运行。这个工程最早的使用方案不是艺术机构，而是以商住为主，几经周折，最后变成北京嘉德艺术中心呈现出来。这种功能的改变其实代表着时代的变化，在时代发展中，人们有了对艺术的追求，这也促使我们拍卖行业改变游牧的艺术经营模式，在北京的重要地段打造一个地标式建筑。嘉德到今年就 25 年了，关于它的拍卖，大家比较熟悉，但是我们一直不满足于只做拍卖的生意。在这次的整体建筑设计上，我们投入 20 多亿的资金，作为一个公司来讲，也是一件不太容易的事情。

在整体结构上，我们尽可能让它有一种综合服务的功能，所以我们现在所在的 B1 是以拍卖为主的两个厅，一楼是以展览为主的大厅，二楼是以展览陶瓷、家具等高度有限的产品为主。而且我们在楼上设计了一个五星级艺术酒店。其实很多人告诉我们，"你们不应该盖这个酒店，你们糊涂，这个并不挣大钱，如果盖成商住楼、高级公寓，卖掉的话，早把这个钱挣回去了"。

我们反复考虑决定不能这么做，因为一个艺术中心一定要有综合服务、综合配套，到这个地方无论做展览、做拍卖，还是做其他文化活动的嘉宾或客人，都需要优质服务的配套。因此，我们把楼上规划成 116 间客房，切切实实也是下了很大决心的。现在的结果是让这个建筑有了很好的配套服务功能，既能够连通，又能够割断。

我举两个小例子。第一，在客房设计的时候，我们特别要求客房可以直播我们楼下两个厅的拍卖现场。这不是什么了不起的事，但对于真正有体会的买家来讲是一件非常值得高兴的事，因为他不必从头到尾地坐在拍卖厅，可以买一两件，然后回房间休息一个小时，如果在楼上既能把握现场情况，又能够积极参与的话，这是非常有意思的事情。第二，我们也花了一些精力在楼上每一个客房里专门定制了特大的保险箱，半人多高，一米多深，五六十米宽的特制保险箱。为什么？就是为了让客人能够随时存放在其他饭店无法代为保存的东西。因此，无论从设计角度来讲，还是从它的功能来讲，我们力求使它成为一个建筑地标。比如说我们看到建筑立面上有两千多个灯口，白天时有采光效果，但到了晚上，在它们全部亮起来的时候，人们会惊奇地看到它们其实就是《富春山居图》的剪影。所以，从立面来说，整个建筑艺术感非常强烈。我们离故宫很近，故宫应该是皇朝文化，现在知识分子所追求的可能是士大夫文化，骨子里带有一种社会责任，有点清高。因此，在楼上酒店部分的设计，如玻璃幕墙方面，我们一直在追求老北京胡同青砖的那种效果。我们希望这个楼能成为大家所关注的建筑地标。但如果仅仅是个建筑地标，它是没有灵魂的，我们这些年非常注重给这个楼注入更多文化艺术的活力和元素。我跟大家表达的态度是北京嘉德艺术中心整体定位应该是严肃的、专业的，但不应该是保守的、单一的，它有更大的宽容度和包容度。它的合作模式、对外形象要够专业、够水准。我们不会因为不同题材、不同年龄段、不同国家地域而区别对待。最近来了很多海外机构，它们问嘉德中心是不是只对中国传统文化感兴趣？我说其实不是，看看我们的建筑，也是很多中外建筑师、很多中外艺术风格结合碰撞的结果。另外，我们还想在这个建筑里形成一种比较开放的亲和的力量，计划每年举行二三十场各种各样的公共艺术教育活动，其中相当一部分都是免费的。我们还自己专门开辟了嘉德文库出版计划，希望借这个机会听听众多大师和专家的高见。

仲继寿（中国建筑学会秘书长）：

我代表中国建筑学会理事长修龙先生对本次论坛的成功召开表示热烈祝贺！因为中国建筑学会和中国文物学会共同支持了这个论坛，这应该是中国建筑界与中国文物界共同跨界审视中国建筑文化以及中国建筑与传统文化之间的融合共生。下面我宣读修龙理事长的致辞。

在过去的岁月里，中国建筑学会与中国文物学会一道，共同支持中国 20 世纪建筑遗产评选工作，已经于 2016 年 9 月和 2017 年 12 月先后评选认定了 2 批共计 198 个项目，载入中国 20 世纪建筑遗产项目史册中。这不仅是经典成果的写照，更成为一段段时代的记忆，它愈发令中国城市文博界、建筑界瞩目。

2009 年 1 月出版的由中国建筑学会旗下建筑师分会与《建筑创作》杂志社编写的《中国建筑设计三十年（1978—2008）》，用 3 句话概括了以建筑的名义纪念改革的理念。这是一本旨在记载 30 年设计体制转折与变迁的书；一本力求影响一段历史并追求建筑共生融合的书；一本靠故事中的人书写 30 载传奇与激情的书。

今天由中国文物学会 20 世纪建筑遗产委员会、中国建筑学会建筑师分会主办的"以建筑与文博的名义纪念改革：我们与城市建设的四十年·北京论坛"，体现了从建筑师、文博专家视角跨界交流的特色，表征了中国改革 40 年历程在建筑师与文博家心中的地位，大家感悟改革的贡献，感悟改革的春风，感悟改革带来的理念之力。

无论是中共"十九大"关于深化党和国家机构改革的决定，还是十三届全国人大第一次会议的政府工作报告，都指出以纪念改革开放 40 周年为契机，重在如何用持续改革，不断解放生产力，将改革进行到底。今天的会议选择在刚落成的北京嘉德艺术中心举行，有特殊的意义。这不仅是因为这幢有鲜明特色的新建筑是中德建筑师共同创作的产物，更在于有着 20 多年历史的嘉德拍卖集团正是因改革而生的企业，它为海内外艺术家、设计家、收藏家搭建了"一站式"艺术品全域平台，它象征着北京的新文化地标，它是北京中轴线申遗网络上不可或缺的新艺术文化传播点。

"以建筑与文博的名义纪念改革：我们与城市建设的四十年"是一个时代的记忆，它借建筑师、艺术家纪念 40 年改革之机去精心采集，用心言说自己如何在这个舞台上用一己之力，踏过起跑线，走上越宽越远的路；以城市与建筑的名义纪念改革，不仅可以看到改革在时代变迁中统领全局，还让城市触摸到获得感，不少城市正是从改革中获得了非凡的建筑科技文化地标：安徽小岗村的"红手印"拉开了农村改革的序幕，可以联系到今天的新型城镇化之"乡村振兴计划"；深圳蛇口湾的摩天大楼，见证了 20 世纪 80 年代不可思议的中国奇迹；黄浦江的滔滔江水，鸣响着浦东崛起的足音；奥运会建筑绘出的美丽图画，书写下文化北京的处处精彩；从京津冀协同发展到雄安新区规划建设的历史性工程，必将成为中国新型城市建设的一个典范。

"以建筑与文博的名义纪念改革：我们与城市建设的四十年"是中国建筑设计界这部学术大书写出新意所需要。新中国建筑事业近 70 载历史说明，城市与建筑上的诸多命题在内容和观点上要突出原创性，中国建筑文化自信需要自成体系的学术理论与方法的可推广性，提升全民的建筑艺术文化审美离不开鲜明且有效的建筑教育与多层次的公众阅读指引。这些都不能缺失改革开放理念下的历程梳理以及寻找问题的评论意识。对设计界乃至国家改革开放的发轫是有迹可寻的：20 世纪 60 年代极端封闭；70 年代末阳光初现；80 年代思想解放；90 年代视野开阔。

新千年至今，改革需要再出发，要求并启示我们：要以跨界之思串起城市时代、历史建筑、当代设计，并创造搭建起强大的融合交叉的学术平台。中国建筑学会将与中国文物学会一道，用改革之思打破制约设计生产力发展的桎梏，给建筑师创作更大的创新自由，让他们在国内外舞台上施展拳脚，真正不负这个伟大的时代。再次祝贺"笃实践履 改革图新 以建筑与文博的名义纪念改革：我们与城市建设的四十年·北京论坛"召开！

张宇（全国工程勘察设计大师、北京市建筑设计研究院有限公司副董事长）：

北京嘉德艺术中心这个项目和我的情感还有一点挂钩。今天的主题是以建筑与文博的名义纪念改革，北京嘉德艺术中心是 1995 年我从海南岛回来便开始接触的项目，到现在有 20 多年的历程了，应该说这 20 多年它见证了北京的发展，见证了改革的成果，我经常讲这个项目比我的孩子还大。

我今天汇报的主题是"探寻建筑与城市新的生存关系"。首先，我们要纪念三位老前辈，这三位老前辈给予了这个项目很大的支持，他们是宣祥鎏先生、罗哲文先生和王景慧先生。因为这个项目地理位置的特殊性——在北京二环以内皇城根旁边，北京市相关部门要求必须经过五位建筑专家和五位文博专家认可，它才能作为设计的话题。北京肯定离不开皇城。这个位置大家应该比较熟悉，皇城的旁边，非常精彩的南门，东西轴线，这也是北京的文化轴，这个项目是文化轴跟王府井商业轴交接处的一个节点，还有很多传奇故事。

老舍先生曾说，北平的好处不在于处处设备装得完整，而在于处处有空，空能使人自由地喘气；也不在于它有多么美好的建筑，而在于建筑周边有空闲的地方。现在北京已经成了钢筋混凝土森林了，不再像老舍先生描述的那么美妙了。大家也都知道，如果说哪个城市历史深厚并且本身拥有精神品质，能够对城市居住甚至项目设计施加无形而重大的影响，这就是北京。

我们在做这个项目之前，也做过一些思考。当时这个项目叫皇城艺术馆。我们应该以什么样的手法在特定的历史形态中做设计？可以说是这个街区的特色造就了这个建筑形态。同时，我们还要规避一些"新"跟"旧"的矛盾，并且在众多无法理清的矛盾中另辟蹊径。大家也知道，在皇城根下做设计是很难的，所以我们当时也在考虑整、碎、高、低，到底以什么体型塑造这个项目。最初也是考虑身份、立场，可能没有观点的状态。我们当时也想通过连续板的穿插、折叠，建立一种没有方向感、消失感的建筑来作为建筑的语言，找到它自己在特定位置的身份。后来，我们还是想从城市设计的角度出发，最终研究它跟环境的关系，跟文化的关系，在建筑与文化、形式与情感中对比。所以，我们认为这可能是一个新的殿堂，我们最终也想把情感交给嘉德，创造有内涵、有激情的展览空间，这是我们的主要追求。安藤忠雄曾说："建筑并不是一个人的作品，而是整个社会环境的一部分，如果建筑作品是美术馆之类的，那它的主角并不是建筑师，也不是建筑作品，而是空间中将来要展出的展品和前来参观的民众。"

刚才说北京嘉德艺术中心是文化轴跟商业轴的交接点，它的周边有中国美术馆、华侨大厦、民航信息大厦等。1996年提交申请，2011年3月取得项目批复。当时项目性质是商业，翠花胡同都是保留的，西边都是保留的9米限高的老四合院建筑群。我们想用一种叠加方式，下部跟老北京胡同肌理相吻合，做一些叠加，上面越来越大，保证北京商业街面的感觉。整个西侧呈现削弱的感觉，跟西侧老北京胡同吻合。关于定位到底是用减，是用加，是用插入，还是用叠，我们也做了一些思考。我们以前思考过一个方案：肌理用四合院尺度叠加的方案。那时候也是满足展览、住宿、商业等功能的建筑。

这个项目得到了几位专家的认可，跟环境有比较好的结合，西侧有树，跟对面中国美术馆的颜色也做了一些协调处理。后来嘉德接盘这个项目，整个项目的内容与性质发生了一些变化，我们又按照一站式服务的理念做了一些重新定位和思考，整个构思从肌理的叠加、空间的符合、与旁边建筑的关系等方向出发，让这个建筑在特定历史时间跟周边相吻合。

这是刚才说的《富春山居图》，把《富春山居图》作为外墙穿布，体现富春山的意向，实际效果与效果图配合度还是蛮高的。最后，我想感谢我们的团队——北京市建筑设计研究院，也感谢寇总对我们的大力支持，才有了这么一个精彩的作品。

单霁翔（中国文物学会会长、故宫博物院院长）：

今天来到北京嘉德艺术中心，我心情很复杂，因为来了这么多大师，这么多院士，我觉得非常钦佩，但是命运对我的安排是不断转换角色。有三件事让我难忘：第一，我在国家文物局审批的中国政府正式承认的第一批拍卖公司，就是我们的嘉德；第二，我批准了中国第一批民办博物馆，包括马未都的博物馆；第三，保住了潘家园。这在当时是"大逆不道"的事，"文物藏品直管专营，你凭什么叫民间经营文物"？艺术品拍卖，那不刺激中国文物流向海外吗？我们当时制定的一些规定，现在还在执行，艺术品拍卖进入《中华人民共和国文物保护法》，成为合法的文物流通渠道，并且大量地从这个渠道流回国内，嘉德就捐献给了我们国家从海外流回的文物。跨界是很艰苦的一件事。我在北京市规划委员会工作的时候，赵知敬主任是我的老领导。等我到了国家文物局一看，没有一个建筑师，没有一个规划师，清一色都是搞考古的。到欧洲去看，很多文物保护的专家、学者都是建筑师。

我一直鼓励应该跨界融合，关于跨界的好处，今天我想讲一个故事，换一种方式看问题。中央电视台的《国家宝藏》栏目找到我们。在我们的印象中，文博专业是不跟综艺打交道的，也有一些鉴宝的节目，我们一般也不参加。犹豫了半年，后来还是下决心参加。当我给他们一个名单说这些博物馆可以参加时候，这八家博物馆无一例外给我们打电话，说故宫真的参加吗？如果同意，我们也加入。因此，我们提出应该跨界融合。怎么跨界融合呢？通过综艺的方式，每一个博物馆选3件文物，每一件文物来讲2个故事，比如故宫选择《千里江山图》、各种釉彩大瓶、石鼓。从综艺的角度，要演一个历史的故事，我们认为它可以"戏说"，但是不能够"乱说",可以演绎，但是要依据历史史实。其次，要有今生的故事，今生的故事就是这个文物在历史跨界过程中，谁在保护它？它是怎样走到今天的？它当年是怎么制作的？今天是怎么修复的？讲今天的故事。这样一个故事，通过综艺节目吸引了大量的流量。那么，为什么跨界呢？除了博物馆馆长以外，有27个明星参加，我们希望是德艺双馨的明星，很多人奔着明星看这个节目，但是他们很快就将注意力集中在文物上了。再有，把幕后的文物工作者挖掘出来，比如文物保管人员、文物修复人员，我们的志愿者、考古人员，一个一个团队走进了节目里，各方面的人士在节目里演绎自己的人生故事。

那么，博物馆长期以来说我们有多少件文物，我们有多少观众，这些真的重要吗？中国文物谁都比不了故宫的数量，比不了故宫的质量，但是人们进了故宫真是看文物吗？过去80%的人不看展览，很多人只是到此一游。这些数量对观众重要吗？一到展台前，就说这是珍贵文物，这是一级品，可观众一片茫然。珍贵在哪儿？一级品是什么标准？讲背后的故事，情况则会有所变化。我们现在有两个数字在发生巨变：第一，过去80%的游客不看展览，现在80%的游客看展览，而且滞留时间在不断延长，神武门展厅多则每天3万观众；第二，以前参观人员30%是年轻人，现在70%是年轻人。这两个变化是非常重要的。包括博物馆的宣传，仅靠博物馆自身的努力是绝对做不到的。所以，这样一个跨界，就把这些文物前世今生的故事讲出来了。节目演了9个博物馆，每演到一个博物馆，第二天它就火了。所以，我们要换一种方法看文物。

那么，怎样能够让收藏在皇宫里的文物，陈列在广博大地上的遗产，书写在古迹上的文字"活"起来，这方面跨界的空间太大了。张宇老师刚才谈到了，设计过程中就是考虑人们怎么在这个空间中展示文物，营销文物，进行学习交流。看见嘉德艺术中心的空间，我觉得将来会非常好用。相互的理解，相互的借鉴，相互的交流，我觉得在今天的时代太重要了。所以，金磊老师组织活动，有三个"长"：第一，"过门长"，因为很多都是跨界交流的；第二，"题目长"，这次论坛主题有36个字；第三，专家的名单长，没有这样的平台，有时候大家"老死不相往来"。中国建筑学会修龙理事长今天没有来，他在交流方面做了非常多的努力，非常大的贡献，给了我们很多很多的启发。

今天免不了简单说说我的心情、感受：我希望更多的交流能够碰撞出更多的创意和火花。

孟建民（中国工程院院士、全国工程勘察设计大师）：

每一次听到单院长的讲座，都是一次学习，所以非常愿意来参加这样的活动。

今年是改革开放40周年。40年来，我们国家及城市在各个方面都有了长足的进步和发展，我是在改革开放最前沿的深圳从事的建筑设计行业，我亲身经历和感受到了40年来的巨大变化。建筑设计从当初的学习、模仿到追求原创，再到现在开始践行设计总承包，从为国外设计师画施工图到自主完成重大施工项目，应该说现在中国建筑师的进步、成长和取得的成就是大家有目共睹的，中国建筑师从技能、知识到理念、觉悟均有了极大的提升，深圳也从当初的小渔村一跃成为国内大城市，这些都受益于改革开放的伟大思想和实践。此次由中国建筑学会、中国文物学会作为指导单位，中国建筑学会建筑师分会、中国文物学会20世纪建筑遗产委员会主办的活动，关注城市建设，强调文物保护与发展，我认为选的这个主题贴切，而且意义重大。借改革开放40周年之际，回顾历史，总结经验，探索未来的发展，是为今后改革再出发做好规划准备。

中国建筑学会凝聚着中国建筑师的智慧，对中国建筑的创作和发展起着重要作用。投身改革的设计思考是每一位中国建筑学人的责任与使命。借鉴这次论坛，作为改革开放的前沿城市，我们也将在北京论坛之后结合深圳等沿海开放城市的经验，认真思考我们的实践。我认为中国建筑设计今天的成功是改革开放的功劳，更是我们这一代建筑师的荣幸。

邵韦平（全国工程勘察设计大师、中国建筑学会建筑师分会理事长）：

首先，祝贺今天的论坛顺利举办。因为中国建筑学会建筑师分会也是这次论坛的一个主办方，所以我作为分会理事长特别对论坛表示祝贺！

今天论坛的主题是纪念改革开放40周年，这是今年的一个重要事件，已经写进了党的十九大报告里，其中专门提到2018年是纪念改革开放40周年。我作为建筑师分会的一员，也很愿意参加今天的活动。记得十几年前我和团队受北京市建筑设计研究院和中国建筑学会的委托，在马国馨总建筑师的领导下，开始了建筑师分会的工作。应该说通过这十几年的努力，在各位理事长、副理事长以及各位理事的共同参与下，建筑师分会还是发挥了一定作用，为广大建筑师做了一些有益的工作。大概在最近的几次二级分会的年终总结中我们都被

金磊发言　　　　　　　　　　　　　　　　会场

评为优秀的二级分会，取得这个成绩也来自各位的支持。当然，我们的工作也在不断扩展，从开始便每年开展一定的学术交流，到现在开始配合大学会参加国际的建筑展，甚至搞一些国际论坛。比如去年我们在 UIA 韩国现场专门组织了中国论坛专场活动，对提升中国建筑师影响发挥了很好的作用。总的来说，通过建筑师分会的发展，也能够看到中国建筑师在这 40 年中的变化。

我本人，还有我所在的单位，都是 40 年变化的亲身经历者和见证者，也是受益者。通过参与大的社会发展，每个人都收获了很多，我们的专业能力，我们的成果也都在不断地提升。举个例子，从马国馨院士最开始主持首都机场航站楼项目至今，机场航站楼 40 年里得到质的飞跃。40 年之前，中国就没有一个像样的航站楼，基本都是很小型的政府行政色彩的接待楼，后来我们有了 1 号航站楼，之后有了 2 号航站楼、3 号航站楼，现在正在建第二机场新的重大航站楼。到今天为止，首都机场已经成为世界第二大机场，这从一个侧面展示了整个城市的进步。

在改革开放 40 年中，中国整个建筑行业也得到了很多的学习机会。在过去的二三十年里，中国为设计师提供了很好的舞台，有大量的世界一流的设计公司和建筑师在中国都有作品。正是由于他们出色的表现，使得我们中国的建筑师获得了很好的学习机会，因此也大大提升了我们的城市品质，包括我们建筑师的能力。

虽然经过了 40 年的发展，但是我们还应该看到差距，中国建筑师的路程还很长，今天来看，我们的城市也好，我们的建筑也好，仍然存在很多不尽如人意的地方。所以，我们仍然要打起精神，不断地学习新的知识、新的理论，来提高我们自己的工作能力。我们期待着中国有一个更好的未来，我们的建筑师也有更多的作品能够贡献给我们的城市。

张爱林（北京建筑大学校长）：

我是研究钢结构的教授，自从参加北京奥运会场馆建设以后，我和建筑有了更深的缘分。二十多年前，没举办奥运会的时候，马国馨院士就指导过我们。我们非常荣幸，单霁翔院长也对北京建工学院（现称北京建筑大学）给予了极大的关照和支持。我们建筑学学科突出的特色就是建筑遗产保护，所以单院长任国家文物局局长的时候，就支持我们学校建立了建筑遗产保护理论与技术国家特殊需求博士项目，到现在我们已经招了 20 多个博士。我们搞建筑的人去研究遗产，过去特别重视可移动的文物，那就是瓷器、书画，包括青铜器，现在建筑作为遗产也愈发受到重视，但是总的来说重视还不够。所以，我们把建筑和文博上升到文化层面，我特别同意。

除了博士教育以外，我们学校还开展了国家文物局系统包括各个省市的建筑遗产保护理论和技术培训工作，至今参加培训一千多人。三任国家文物局局长都到北京建筑大学指导过。北京建筑大学今年博士学位授权，已经得到国务院学术委员会的批示通过了。我们学校可以从本科、硕士到博士后流动站全程培养建筑遗产保护方面的人才。

我和在座的很多人是同龄人，都是 1978 年以后改革开放的受益者。1978 年 3 月召开了全国科技大会，我当时在大兴安岭。那一天还在下小雪，我们穷得连收音机都没有，就站在大街上听郭沫若《科学的春天》，文中崇尚科学的态度犹如春风，吹散了知识分子心中阴霾，就是那个精神鼓励我们要考大学。后来我们坚定地要读硕士，读博士，科教兴国。我非常幸运，我在高等院校工作了30多年。北京建筑大学为国家的现代化建设培养了人才，我们本身也成长为人才，我非常自豪。1998年在人民大会堂召开的纪念十一届三中全会20周年大会上，我非常荣幸，也非常激动，作为专家被邀请参加大会。改革开放是我们国家未来复兴的关键部署。所以，2018年具有重要的意义，纪念本身是形式，我们的心中要永远记住中国的改革开放是我们实现富强之路的重大举措，我们要把这个精神传下去，更要传给我们的学生。

赵知敬（原北京市规划委员会主任）：

我是1955年毕业且同年参加工作的，是中等技术学校的学员。我想说两点。第一点是北京市总体规划，2017年中共中央国务院再一次批准了北京修编的总体规划，这是在习总书记亲临指导下修编的。北京市有两次由中共中央国务院批准总体规划修编，一次是2017年，一次是1982年。1982年版北京市总体规划是在十一届三中全会之后，在中央对北京工作的四项指示基础上所作，而且我们当时有一个13年总结，纠正了过去北京市大搞工业的分散规划。另外，城市建设生产、生活不配套，造成城市规模扩大的问题在当时也引起人们的注意。"文化大革命"以后，就是在1971年、1972年、1973年规划局重新恢复的时候，我们急忙做了一个规划，但是这版规划到市委以后，市委没有研究，就搁浅了。最后，还是在1982年十一届三中全会以后修编的，所以这个规划反映了13年的总结内容，应该说是"拨乱反正"的规划。中央为了使北京市总体规划能够得到落实，特别提出了成立首都规划委员会，由中央单位组织起来，希望中央单位支持北京的城市建设。1982年的规划是非常了不起的一件事，使北京城市建设逐步走向正轨。

我觉得北京的规划，1953年算第一版总体规划，1957年第二版总体规划请来了前苏联专家，1973年的规划算第三版，虽说没经过批准，也没经过上报，1982年规划也有1973年规划的内容，而且1973年正式向国务院提出北京要统一建设，基础设施要平衡，还提出"骨头和肉"的问题。国务院1975年正式批复了一个报告，这个报告同意北京市搞统一建设，支持北京市解决"骨头和肉"的问题，每年给北京市1.2亿资金，

而且同意北京市增加1万人的建设队伍。所以，国务院对北京市的批复非常重要。这就是北京市1973年的总体规划，我们叫作第三版总体规划。1982年是第四版总体规划，经过了近十年。当时总说北京市什么时候人口能够超1000万，到20世纪90年代改革开放，就已经1030万了。按照建设部的说法，10年修编一次总体规划。这次总体规划是在十四大提出计划经济走向市场经济的过程中修编的，北京这次修改的总体规划体现了这点，而且这版规划请了全国专家进行评审，国务院批复这个报告时，说它是符合改革开放精神的，是符合北京实际情况的，而且有深度、有广度。这次发动了全社会来做规划，每一个部门，比如林业部门、农业部门、工业部门、商业部门都做规划，有70个调查研究报告汇总到规划院，这个规划确有深度。第一次申办奥运会没有成功，社会有点低沉了，北京市委决定在北京展览馆搞一次规划展览，于是政府各部门都有规划了。这次展览非常受社会欢迎，对大家是一次很大的鼓舞，总体规划在社会的影响是非常大的。2004年版总体规划，我没有继续参加。但是这次总体规划也是研究很深的，找到了很多问题，比如20世纪90年代到2000年前后，城市发生巨大变化，人口剧烈增加，怎么控制？没有办法。但是在城市建设过程中，比如地铁2000年以来建设规模非常大，解决了城市交通问题。2005年算第六版总体规划。第七版规划是2017年的规划，提出"首都非首都功能"的办法，要建两个中心，一个雄安，一个通州。在习总书记指导下，要求北京市的一些建设要成为全国城市建设的模范，要求非常高，现在正加紧做详细规划。我认为北京的总体规划是一个在过程中不断与时俱进、非常成功的规划，而且是非常成熟的规划。这个规划指导了北京的城市建设。

城市建设方面，1973年国务院批准了北京的统一建设要求，开始了住宅的统一建设。中央投资，我们来建设，然后分配房子。20世纪80年代以后，北京市成立了一个开发公司，领导各个区进行房地产开发，在这个过程中，在建设部指导下，搞了一些试点，住宅和住宅小区建设开展得挺好。

十四大以后，计划经济变成市场经济，成立了很多各种等级的设计单位，而且住宅标准也开放了，这时候碰到很多新的问题。1994年，我们规划委员会根据市领导的要求，搞了规划展览和规划设计方案展览，通过这种形式互相交流。1994年第一次搞了以后，是很成功的。在1993年总体规划批复里就要求北京市要建成一个什么样的城市，口号就叫"民族形式，地方特色，

时代精神"，我们规委不断地推动这个，设计单位在努力地创新。

20世纪90年代末，评选20世纪90年代十大建筑，是我们规划学会组织评审的，我认为这次评审的十大建筑是很成功的，有的建筑比较大，有的建筑比较小，比较实用，和环境结合得比较好。规划展览第10年的时候，我们做了一次10年回顾展。这次回顾展里，我们很多建筑师互相交流，听取了各方面意见。我昨天又看了总结，写得很长，我说这个总结不次于《北京宣言》总结，是非常成功的，体现了改革开放时期建筑师如何对待当前的形势，看到自己的能力和经验。

规划展览20年的时候，我们又做20年回顾展，不完全是建筑，包括城市规划、市政建设、城市雕塑，写了总结，还出了书。

我就说这么两点，一个说北京规划，一个说北京市城市规划协会在建筑设计方面怎么不断地完善，不断地发展，不断地创新。我觉得这20年成绩是很明显的，而且不断地提出建筑的指导思想，奥运会叫科技奥运、绿色奥运、人文奥运，奥运会之后，北京市委提出人文北京、科技北京、绿色北京。我们规划学会根据领导的指示，延续传统、绿色节能、平安设计，并不断总结。1952年建设部提出实用、美观的原则，应该说60多年之后，其实我们所提出的很多指导思想和原则也是与时俱进的，但都没有离开实用、美观这个原则。整个国家建设的指导思想也是健康的、发展的、与时俱进的、成功的。我觉得大有文章可做。

顾孟潮（著名建筑评论家）：

感谢主办单位在我们踏进新时代门槛的时候来总结我们城乡规划建设的40年，这是非常及时的、有力的举措，而且请到这么多专家、院士和关心北京城市建设的人，肯定会总结很多宝贵的东西。

在1978年改革开放以前，北京市委对北京城市规划建设怎么评价呢？气概非凡、诸多不便。40年来，有了很大的改进。这里我只说以下几个方面。

第一，2018年3月13日对于规划建设界是一个历史性的日子，从这一天起，我们的城乡规划建设归自然资源部主管。所以，对这个问题，我们必须要思考，我的思考是城乡规划离开建设部之后去向何方？关键不在于谁领导，而是怎么样领导？怎么样管理？所以，关键要思考我们城乡规划建设要按照什么样的科学发展观来领导、管理和实施，这是我的第一句话。这个历史性日子提醒我们必须认真思考、研究，然后献计献策，使我们按照城乡建设的科学发展观来办事。

第二，城乡规划离开建设部去向何方？要认真研究和思考这个问题。我认为关键问题就是我们所有人是否遵循保存、保护、建设、发展这样一个科学发展观链条。40年来，我们对于保存、保护是逐渐认识，逐渐加强的，到现在生态破坏了，人文结构破坏了，文化遗产损失了很多。所以，保存、保护、发展建设链是值得我们认真思考如何去贯彻的，我认为这是科学发展观的三个关键词。

第三，因为我是建设部成员，必须进行自我批评，为什么会离开建设部？因为我们执行得不太好，所以城乡规划离开了建设部。我们应当及时地总结经验教训，端正我们科学发展观的道路和思路，这样才能使自然资源部领导的城乡规划执行科学发展观。交给自然资源部以后，可能会因祸得福，但不会一交给就因祸得福，要想得福，需要我们大家合力帮助它走上科学发展观的道路。

城乡规划与建设不是一个从零开始的事业，也不是一个画一个圈就可以开始的事业，是一个"接着说"的事业，我们要接着生态、环境基础说，接着建设自然资源说，接着建成遗产的保护说，保护哪些、改造哪些、削掉哪些，不是一穷二白的起家。北京有悠久的历史，有珍贵的文化遗产，我们保存了吗？爱护了吗？

最后提一个建议。2019年是新中国成立70周年，我们今天总结改革开放40周年，20世纪建筑遗产已经公布了第一批，我觉得新中国成立70周年的时候可以进一步评价20世纪中国的经典建筑，评选要突出见物见人。伟大的建筑有一个伟大的建筑师才能出现，所以我们要见物见人，既介绍建筑，又介绍人，我们鼓励更多的伟大建筑师、年轻建筑师站起来。

布正伟（中房建筑设计有限公司资深总建筑师）：

1978年的改革开放，开启了中国巨轮的新航向，这40年来，这艘巨轮穿过了急流险滩，战胜了惊涛骇浪，正向着中华民族伟大复兴的目标奋勇前进。

就我个人来讲，史无前例的改革开放，也为我后40年的建筑师生涯注入了持续进取的持久动力，让我做了自己特别想做的两件大事。我研究生毕业的时候，导师的谆谆教导刻骨铭心，他教育我要做能动手又能动脑的建筑师。因此，我就有了做一个一手不离创作，一手不离研究的职业建筑师这样一个梦想。但是，等我真正成为职业建筑师，踏实下来做设计的时候，已经是打倒"四人帮"以后的1977年。我从下放的湖北化学厂调到中南建筑设计院，这时候我已经 38 岁了，我正常的职业建筑师生命应该从 26 岁开始，中间耽误了十几年，你说怎么能做到这两条呢？没有改革开放，那就是空话。第一，要做建筑，要有建筑创作实践，怎么实践？往哪个方向实践？你搞不清楚。第二，怎么研究理论？研究什么理论？你也搞不清楚。这都是从改革开放创造的大环境里，从建筑前辈，从国外建筑巨大的信息流，从我们国内繁荣建筑创作新形势一步一步摸索来的。想想我们过去，讲一句话都要考虑半天。我这个人就是大大咧咧，说话很不注意，有感而发，常常说错。我在中南建筑设计院时一直闷头做自己的工作，要补上 10 多年耽误下来的做设计的知识和技能。我一干就是 3 年。但是，这时候改革开放提出来了，要解放思想，解放设计思想，这时候院领导尤其是院长特别叮嘱我，说："你大胆讲，有什么说什么。"后来实在憋不住了，我说："现在大家都是互相抄。"我认为我们必须要有一个打破既有模式的动力。

1985 年在戴念慈先生主持的北京座谈会上我提出了"现在到了建筑个性大解放的时候"，从这开始自己才敢说话。正是这样一种机遇，再加上改革开放，让我走出国门，走上国内外最高学术讲堂，同时也让我有了自己创作的、自己主持的建筑创作大舞台。特别是到了民航设计院和中房集团事务所以后，我的创作机会是非常多的，我感觉自己的创作是有一个系统的理论指导的。但是，理论研究这条路也是从改革开放得到的启示，刚开始为了做一个眼高一筹、技高一筹的建筑师，全面地充电，从结构到室内外环境设计，到城市设计全部都是自学，找出了它们内在的一些基本要点。在这个时候，仅仅停留在技术层面的理论上不行，后来走出了这样一种局限性，走进了美学和哲学的领域来研究建筑理论，也就是我的老师说的用能够管住一般理论的理论，这就是"自在生成论"。从 1999 年出版用了 10 年时间写成的《自在生成论》一书以后，马国馨院士给我的评价是"十年磨一剑"，实际上后续一直在调整、检验、纠正一些片面的地方，补充一些更加完整的以及从试验中得到印证的地方，足足用了 30 多年的时间，到 2017 年这本新书完成的时候才算结束。没有改革开放，这两条路根本不可能走出来。邹德侬教授在一本书里写的前言，题目叫作《立建筑也立言》，平常我都不敢说，我自己完成了这个心愿，这就是改革开放给我带来的，改变了职业建筑师的命运。所以，我永远不会忘记改革开放，感恩改革开放。

路红（天津市历史风貌建筑保护专家咨询委员会主任，天津大学建筑学院教授、博导）：

今年是改革开放 40 年，我作为改革开放最大受益者之一，1978 年进入天津大学学建筑专业，之后才涉足这个行业，今年正好 40 年。从学生到建筑师，再从建筑师到建筑管理者，应该说进行了跨界。在这个过程中，亲历了波澜壮阔的改革开放。我就想说两方面。

第一，为建筑师这个职业自豪。刚才老一辈的建筑师说了，虽然有"文革"前的压抑，但是最后迸发了热情。我记得我刚做建筑设计的时候，布先生当时做的重庆机场、马国馨院士做的奥林匹克体育馆，都给我们带来了思想上、视觉上很大的冲击。今天看到张宇大师做的嘉德艺术中心，我想这些都代表建筑师在祖国整个建设过程中起了不可替代的作用。我作为一名建筑师，为建筑师这个职业自豪，为我们每一个建筑师点赞。

第二，在反思中继续前行。今年是改革开放 40 年，我们也要作为建筑师反思，这个职业或者这个行业还有哪些不足和缺失，我们怎样整装再前进。我觉得一个方面是要在文化传承上下功夫，我们要有一种历史的情怀。刚才顾孟潮老师说的保护、保存，还有刚才赵知敬老师说的从 20 世纪 50 年代到现在，我们要以一种什么样的脉络去传承。作为建筑师，都应该有这种责任，把祖国文化、地域文化通过我们的作品传承下去。我一直是以做住宅设计为主的。刚才赵老师说到我们设计的小区，天津现在正做老旧小区的改造。我 20 多年前设计的一个得奖小区现在很破烂，实际上不是建筑设计上的错误，它反映的是建筑设计跟建筑管理包括建筑施工很多行业之间需要融合，也就是刚才单院长说的，实际上是跨界，怎么通过跨界来关注民生。我有一个数据，1978 年人均住宅面积只有 3.5 平方米，2020 年目标是人均 32 平方米，实际上天津市已经达到 36 平方米。我们国家每年设计住宅数量为 2 亿平方米，这么庞大的面积量，都是老百姓居住的，我们要关注民生。

最后，我还想说一句话，知名作家冯骥才先生有句话鼓励他自己——"关注天地人，挚爱真善美"。我想每一个建筑师在 40 年改革开放之后再出发，一定要记住这句话。

周恺（全国工程勘察设计大师、天津华汇工程建筑设计有限公司董事长）：

改革开放 40 年了，40 年前的 1978 年我恰好赶上了第一次重点高中考试，能考上重点高中，才能考上重点大学，这对我来说是特别重大的一个机遇。我大学毕业的时候已经是 1988 年，直到研究生毕业的那段时间里，我开始跟老师们到深圳、珠海、广州，看到了改革开放初期的状态，受到的刺激很大，很希望自己毕业以后可以去做设计，做那里的建筑师。但是，彭一刚先生特别希望我能留校，我就留下来了，留下来教了两年不到的书，然后就又离开了，到国外进修。再回来，国内状态变化很多，后来因为一些机缘，我们在 1995 年成立了一个民营的建筑事务所，当时也是合资。那时候有华森、华艺，我们叫华汇。从几人的小团队一点点做起来。应该说如果没有这些机遇，我们是不太可能做成的。

1995 年成立公司以后，一些事是特别让我感慨的。刚开始我们是怯生生的，应该说跟国营大院比起来我们是无人问津的、很小的设计单位。那时我们自己研究怎么做模型，每次做完设计还要把模型免费送给人家，慢慢地赢得了一些市场口碑。到了 1998 年，我们已经在建设部一些评审中得了奖，天津市建委说"你必须得获得什么什么奖，否则你们的甲级资质要降为乙级"，这对我们是一个鞭策，也是一个压力。记得当时报奖项目的照片都是自己拍的，效果还不错，第一次报奖就在部里得了三等奖，能充分感受到改革开放之后没有人会排斥民营事务所了，我们建筑学会也是做得特别好。

到了 1999 年，一件事让我记忆犹新。《世界建筑》的陈延庆先生当时到天津去，通过聂兰生老师到我的小工作室去看，那时候只有几十个人。看完之后，他希望我们能在《世界建筑》上发表一些东西。那时候《世界建筑》好像刚开始筹备登一些国内作品，原来都是报道国外的作品。我当时都觉得不可能，结果还真的登出来了。那个时候我们觉得信心更强了。一路走来，其实都有老师们、前辈们的帮助，我没有感觉到被排挤，很感谢这些经历。当然，到了 2008 年更有幸，我被天津建委推着在最后一个礼拜去申报了"全国工程勘察设计大师"，当时我其实抱着将信将疑的态度，没想到 2008年还真评上了，这是对我最大的鼓舞。

改革开放确实是逐渐放开的过程，让我们民营事务所也有一样的天地去施展拳脚。在这期间，我得到了非常多的老师、同行、老前辈的支持和帮助，我向他们请教过很多东西，他们都给了我无私的帮助。我记得当时在清华大学见到我特别崇拜的关肇邺先生，上学时候看他做的图书馆就觉得特别好。我一开始没敢上前说话，磨蹭了半天走过去，没想到关先生跟我说"我知道你，做得挺好的"，还鼓励我一番，我觉得特别荣幸。临走时他还说"咱们拥抱一下吧"，那个拥抱对我是特别大的鼓舞。

10 年以后，有一次在北京评标的时候关先生也来了，又聊起这个事，临走的时候说再见，关先生说："咱是不是还缺点什么？"我想还没拥抱。现在想想，这些小事，实际上在一个建筑师的成长过程中，一个学生的成长过程中，我觉得是非常难得的。时间关系，不能一一列举，其实马国馨马总每次见到我都会给我一些鼓励，用开玩笑等各种办法鼓励我们年轻人，我都很感激。

张祺（中国建筑设计研究院有限公司总建筑师）：

我是 1987 年从清华大学毕业的，改革开放 40 年，应该说我也沐浴了 30 年改革春风，在中国建设大发展中，我们参与了很多第一线建筑设计的实践活动，也是受益匪浅。

1988 年、1989 年，我那时候在学校老师的指导下做了第一个建筑，是广西一个村寨的改建，对我还是比较有教育意义的。项目是用混凝土自制砖，还有混凝土小板，对木楼按照形式、样式进行探索，将其盖成安全的和自然相处的建筑，给我们很大启发。实际上它启发我们的是怎么样用当地的自然条件做建筑设计，另外要重视当代的生活。

到 1998 年，那时候我正好有机会参加北京大学 100 周年纪念讲堂的设计。随后这 20 多年，我们持续在北大做了很多项目设计，做了人文大楼的设计，在临近校园边界做了中观园留学生公寓设计等，包括现在正在做的南门改造设计。这一系列设计能给很多快速发展的大学以启示，即如何在校园规划设计中做好教育建筑实践。北大是比较特殊的，旧有的老校园没有空间扩展的可能，校园建设的有机更新对建筑师有一个环境限制，同时也是建筑创作的契机。

到 2008 年左右，我们做了很多比较大型的建筑，像青海大剧院、江西大剧院、锡林浩特能源博物馆等建筑都是在核心地段，在这些地段核心位置做一个率先盖起来的建筑。再过 10 多年之后，当重新看这些新区的时候，我们看到住宅、形色各异的办公楼都起来的时候，我才觉得那个时候我们建筑师潜心地对环境、对文化的一种探索，对建筑的体量和尺度的推敲，实际上给这个城市建设带来了非常有意义的价值。所以我觉得这也是一个体会，一个文化建筑在城市中的重要作用。

2018 年，每个建筑师实际上都积累了很多建筑实践，所以我就反过来想，刚才很多建筑师说我们静下心来，可以总结我们做建筑的真正意义，最近我也在探索这个事。我对建筑情境做了梳理，所以写了《此景、此情、此境》一书，也想结合个人实践对建筑做一些探索。我在书里有这么一段话："建筑除了表现其专业技术进步之外，其所蕴含的文化、社会等多层面意义将随着时间的推移而留给未来，在不断发展和比较的历史语境下，一定会留下一些精妙的、人文的、充满情感达到境界的建筑作品，它连带着彼时的文化，连带着使用者、观赏者和设计者的需求，感受审美习惯、方法和思想意识，重新回到和谐的现实环境中，重新回到拥有无限想象力和创造力的处境之中。"

年轻建筑师成长无一不受到老的建筑师的帮助，包括各种学术活动的促进。所以，在这里，作为一个建筑师，对所有业主包括社会环境，包括所有对我们给予支持和帮助的同行们表示深深的感谢！

崔彤（全国工程勘察设计大师，中科院建筑设计研究院副院长、总建筑师）：

改革开放40年来，我们从一个十几岁孩子，变成一个年过半百的中年。像张宇大师的嘉德艺术中心，20年全干这个事，所以感觉他要认半个儿子的感觉。我们也有这样的体会。改革开放应该有四个段落：第一个段落叫珠三角，就是孟院士说的他的前沿阵地；第二个段落，风水往北走，叫长三角；第三个段落，再往北走就是京津冀；第四个段落，再往北走，亚非拉人民，"一带一路"过来了。

我们都是在大师作品指导下成长起来的，当时我们在清华大学读书的时候，顾孟潮老师还给我签过字，各位老师都是我们一直学习和膜拜的榜样。

我原来是画图的学生，慢慢地身份也变了，成了教师、建筑师。我们这些人都穿梭在研究、教学、实践当中，慢慢有了对建筑设计的责任感，像刚才几位老师说的，研究式的设计、设计式的研究，让我们的视野越拉越远，更加开阔，以前是跟随人家走，现在我们是跟跑，希望有朝一日我们能够超越老外，跑到老外前面去。

孙兆杰（中国兵器工业集团北方工程设计研究院总经理、首席总建筑师）：

我是1979年上的大学，毕业后到中国兵器北方设计院工作，一晃40年，跟改革开放关系特别密切。这40年里我作为搞设计的建筑师，就干了两件事，一是做了很多学校，二是做了兵器产业园。从兵器产业园角度上来讲，在改革开放的时候，和设计院老同志到山里，住在厂里搞设计。那时候的设计主导思想就是怎么样把厂房设计得满足工业生产要求。1985年以后，随着改革开放开始，很多山里的工厂搬到了城里，那时候叫进城出山。设计干什么呢？把工厂从山里搬到城里。我们在城里设计，这时候设计思想变化了，在"三线"工作的人到城里来，那时候的设计从相对注重工厂生产，开始注重生活方式，做厂房的时候又有一些变化。到2000年左右的时候，就退城入园了。城市飞升，兵器工厂占地很多，有的占上万亩（1亩≈666.67平方米）、几千亩，城市领导一看这个地方值钱，就把好多工厂搬到郊区。这个时候又给我们一个设计机会，我们的设计在整体上的指导思想又有变化了，对于以人为本的问题，我们设计的厂房、产业园区不能简单满足于产品生产，还要在满足生产条件的同时强调工作人员、科技人员在里面的生活舒适性以及如何能够让他们有更好的状态把工作做好。

我的一个同事，从工厂到我们设计院工作，他说："我们搞设计，什么叫工业设计和民用设计呢？我理解，满足于人的使用叫民用设计，满足于产品和物的叫工业设计。"我认为他说的不全面，我说："在过去一段时间，可能在'三线'的时候主要是以生产为主，怎么样把产品做出来，对于人考虑得很少很少。到现在，即便我们生产产品，我们依然把人放在第一位。改革开放40年当中，我们的设计思想有巨大变化，现在再设计园区的时候以人为本，要考虑怎么把人的事情解决好，而产品和生产线不是最重要的。"这是改革开放过程中我搞设计的一个体会。

罗隽（中国建筑技术集团有限公司总建筑师）：

今年是中国改革开放40年，而其中有近30年的房地产城镇化运动，我总结的词叫"房地产城镇化"。如何利用历史沉淀的现有的空间格局和建筑资源区塑造一个城市的文化名片、文化身份和一个城市的个性，避免造成城市千篇一律的现象和乱象丛生的局面，这是我们建筑师应该关注的一个主题。

所以，我最近正在利用一个深度考察的案例做研究，也就是对柏林博物馆建设的研究，从博物馆建设研究柏林如何利用它塑造城市的文化身份以及博物馆建筑本身的保护、利用和开发。我相信会对我们国家现有的城市建设起到很好的借鉴作用。大家知道，现在从中央政府到我们普通民众都意识到了一个城市的历史文化才是一个城市的灵魂和精神所在。历史文化的载体主要就是历史文化遗产，而文博建筑又是一个城市最重要的文化建筑。所以，从这个角度出发，我们的主题包括我现在研究的课题，我相信一定会对我们有非常好的借鉴作用。

费麟（中元国际工程公司资深总建筑师）：

我是"80后"了，在座很多人还是中年和青年。1978年我在一机部一院，组织让我到法国考察工厂设计，我才知道原来国外工厂设计是那样的，很现代。法国讲人类工程学，工厂设计要讲究人类工程学，考虑人的舒适、人跟环境的关系、人跟机器的关系，不是简单的人机工程，我收获很大。1981年，院里又派我到德国学习工程咨询，从那时候我开始知道有"菲迪克条款"。

我这里说三个方面，一是城市建设，二是建筑，三是文博。根据十九大的精神，我们现在要走出国门，以上三个部分我们都有优秀的历史，可以走出国门。我没想到我们的博物馆现在走出国门了，好多东西都出去了。建筑和规划，过去是援外，走出国门，现在是市场经济，应按照国际规则。世界贸易组织给我印象很深的是"服务协议"，里面特别提到建筑师，跨境服务必须遵守两个条件：一个是对方的国家必须出建筑师，因为国外建筑师可能不知道当地的国情；另一个是必须遵守当地的强制性规范，不是条文，是强制性规范，卫生规范、抗震规范、防御规范等。所以，一走出国门，就发觉很多国际规则早就放在那里。十九大以后，的确给我们指了一条路，走出去。然后就是国务院19号文件，我认为出得非常及时，里面为我们建筑师、建筑界提出三大问题：一是全过程工程咨询，二是建筑师负责制，三是总承包。这三个问题不是新问题，不是创新，但是我觉得有点"拨乱反正"，我们过去的理解比较窄。我跟黄星元大师都是注册建筑师考试出题专家组的，我们正在琢磨这三大问题考试出题怎么出，现在还没有统一标准，这三大问题非常重要。过去援外，资金我出，技术我出，规范根据我定，我也可以包工包料，我们可以全包。随着"一带一路"的提出，现在不行了，资金从哪来？世界银行、亚洲银行？我们搞了亚投行，这些银行讲规矩，我可以给你出钱贷款，但是谁来设计？谁来施工？谁来管理？按"菲迪克条款"执行。

我一直认为建筑师在前30年阶级奋斗时期，没有发言权，像我这类人算清华的"可教育好的子弟"。所以，前30年，建筑师根本甭想当领导，那时候搞设计革命，很明显，到工地上设计，要以工人为主。所以，那个时候的条件会压制建筑师创作。改革开放初期，建筑师也不行，因为改革开放以后突然让建筑师当头儿，30年了没有出过国，什么都不知道，怎么当呢？开发商，任志强、王石这批人厉害了，他们出过国，看得多，见识广。所以，任志强在报纸上公开发表《中国的建筑师该醒醒了》。什么意思呢？你老在一个五六十平方米的住宅里，就一个厕所，现在我让你设计带有5个厕所的豪宅，你怎么设计？设计不了，所以我请外国人。我一听，对呀，是这样子的。第二条，任志强说，"你老说我们开发商违规，首先是建筑师违规"，为什么呢？"我违规，我不懂，你是内行，你干吗违规呀？无非是为了设计费你妥协了，图上你盖了章，签了字"，我很感慨。前30年中国建筑师不可能真正负责，后40年里，建筑师还是受这个影响。一提到搞工程，前30年，每个项目都由基建处全包；后30年，开发商设立了前期处、设计处、管理处，还有建筑师什么事？万达是很典型的例子，最近他们还把我们院一个好苗子挖走了，到甲方那里负责规划设计，还出商业中心的设计导则，现在开发商绝对是强势。

所以，中央及时提出来的问题，建筑师要好好思考，总结经验。我体会咱们国家三个台阶：前30年学苏联，实际也是打了基础；这40年是第二个时代；第三个时代就是新时代，新时代中国式的社会主义怎么走，就靠在座各位建筑师的努力了。

季元振（清华大学建筑学院教授）：

大家刚才都讲了这40年是怎么过来的，我觉得没有改革开放，像我这样的人可能都成不了建筑师，为什么这么说呢？因为我毕业分配到了中建一局搞施工，搞了十几年的施工，到改革开放的时候，我已经30多岁了，那时候基本上没做什么建筑设计，只设计过工地里的房子，我们自己画图，还自己施工。到了改革开放前期，1976年唐山地震之后，我们一局接到一个任务，要研究抗震的结构，那时候我结构研究得还不错，做出一点成绩来，我可以做一个结构工程师了，但做结构我并不满足，还想回建筑设计专业，就到设计院去做建筑设计。

从那个时候到现在又40多年过去了，所以说改革开放给了我们建筑业很多人新生。刚刚布正伟先生也讲了，他38岁开始做建筑设计，我也是30多岁才开始做建筑设计。这40年来，我们的城市发生了很大变化，这40年的城市建设，是我们年轻时候想象不到的。我们过去学建筑，只是在学校里从书本上学建筑，我们看不到任何国外的资料。这40年就拼命地补课，补的第一课就是旅游，到国外去看国外的建筑，恶补国外古代的建筑、现代的建筑，然后看许多建筑理论的书。现在年轻人做的工作都比我们要好得多了，现在不仅是思想开放了，建筑技术也进步了，没有建筑技术的进步，像今天会场这样的楼是盖不起来的，那么，这说明什么问题呢？说明改革开放取得了重大的成绩。

但是，目前我觉得问题还很多，我们刚刚打开国门，和国际上的差距还很大，这个差距不是一句话、两句话的问题，可能从文化上、从思想上都有很大的距离，需要大家共同努力。

刚刚讲到我写两本书，这两本书是出于我自己对建筑思考的苦恼。我为什么要写《建筑是什么》呢？是因为苦恼。今天这个苦恼仍然存在，因为我们现在建的房子，城市的建设，从表面上来看和欧洲城市没有什么差别，实际上和中国人的生活有很大的距离。现在所谓城市化的问题，我觉得城市化不是盖了那么多房子，而是人的生活的城市化，也就是说我们怎么解决农民进城的问题，怎么满足城市里各阶层人的幸福感和获得感。在这方面，我们建筑师应该怎么工作？现在也很困难，因为现在在体制上、文化传统上恐怕都还有很多问题需要我们反思。

黄星元（全国工程勘察设计大师、中国电子工程设计院顾问总建筑师）：

我觉得改革开放40年对我们建筑师的影响尤其大。我是1963年大学毕业，实际上1978年的时候，我已经40岁了。1963年毕业以后，我也做了很多事，每个人的经历不太一样，刚才几位同龄人讲了好多以前的事。我觉得我毕业以后一直很忙，因为当时要搞"三线"建设，我有好几年大部分时间在外边，建了很多山沟里的厂房。但是，改革开放有什么变化？改革开放之前的状态，就是要搞些具体的工程。改革开放了，最大的变化就是我们原来缺少的东西逐步有了，特别是国际交流，这让我们看到很多外面的世界。

1978年是我第一次出国的时间，这应该算比较早的。我一下子打开了眼界。我当时是到日本，关注的范围很广，建筑的色彩、建筑的一些构想、建筑材料。有一个例子给我印象非常深。我们设计一个大面积的密闭厂房，以前所有的做法都是湿作业，内部隔墙是砖砌的，水泥砂浆，后来从日本引进了建筑材料，那个材料就是轻质隔墙石膏板。虽然现在看来很普遍，但当时是全套引进的。改革开放带来了什么呢？新的设计理念、新的设计方法、新技术、新材料，这四个方面对建筑师的影响很大。所以促使我们建筑师在40年中做了很多项目，而且涌现好多新的想法。

当然，建筑师还有不同。我所在设计院是工业建筑背景的设计院，但是改革开放之后，又打破了界限，工业、民用我们都在做，我们作为建筑师，又承担了更广泛的一些项目。所以，想到自己获得的一些成绩，比

如说"全国工程勘察设计大师"称号，"梁思成奖"，我都有种受宠若惊的感觉，要是没有改革开放，走到今天还是很困难的。所以，改革开放实际上给我们建筑师的发展打开了一个非常广阔的前程，我个人体会最深的就在这方面。

我真是羡慕下一代，年富力强，我们可以看到每个人都做了很多项目，都是非常成功的，而且技法越来越成熟，还有自己的理论体系。我非常支持你们获得更大的成功。现在的条件还是不错的，在我们那个年代，我们写一个总结都不能署自己名字，更不要说出一本书了。现在我也出书了，能够将自己的观念、理念出书，还能将其作为一个课题研究，在经费等方面得到大家的支持，情况变化挺大。

金卫钧（北京市建筑设计研究院有限公司第一设计院院长）：

我是20世纪60年代出生的，跟周恺大师是同学。感觉我们这代确实比在座的老先生那一代更幸运一些，在我们正年富力强的时候就走到了工作岗位。布先生刚才说38岁才开始真正的创作，实际上我24岁研究生毕业时就被推到了前沿。我刚到北京院，就开始建筑实践工作，应当说是非常幸运的。

从我本人来讲，其实有三个幸运。第一个幸运是到天津大学建筑系求学，其实我报的第一专业是计算机，但因为高考成绩没过线，所以到了建筑系。第二个幸运是进了北京市建筑设计研究院，这个平台太好了，在这个平台上按部就班地成长都能成才。第三个幸运是我们处在改革开放年代，就我本人来讲，不管是带领团队，还是参与很多项目，都得益于改革开放。毕业以后我就去了海南岛，在那边还跟周恺交叉一两年。我在那儿待了八年，设计了很多酒店和其他的建筑，也见证了中国改革开放前沿的一些政策。我回来以后，有了在全国得奖的机会，又去法国交流，打开了眼界，有了更多参与项目的机会，尤其近10年、20年中国的开放，让我们北京院参与了很多项目，包括建APEC会议、G20会议、金砖五国会议各自的会场，包括现在正在做的福州的数字中国以及很多援外项目。

同时，从我们院的角度出发，也要感谢遇到的业主。建筑师能发展，最重要的是业主给我们机会，应该感谢他们。我认为好的甲方有三个特质：第一，有钱，寇总有钱；第二，品位，嘉德的视野不用说了；第三，要讲理。这三点寇总他们都具备了。今天很高兴在自己设计的殿堂里跟大家交流，我觉得是非常好的。

我 1988 年研究生毕业，到现在正好工作 30 年，1978 年到现在 40 年。我们认识到走的路若快于我们的脑子，可能会造成很多问题，有我自己造成的，可能也有在座很多人造成的遗憾。但是，这没关系，我们要认清自己的不足，我写了几点感受。过去是快速发展，现在是高质量发展，实际上我们是否准备好了？高质量发展，我们的思想意识水准是否达到？我想包括三方面。第一，理解城市发展的目的是什么。十九大精神说，城市发展是为了人民的美好生活，这是我们的主题，不是自我实现、自我展示，而是真正给人们创造好的生活环境，要尽量要求建筑师脑筋快于步伐，尤其北京的发展、雄安的发展，还有通州的发展。第二，文化传承，这个根是不能断的，这实际上来自我们的自信，自信来源于什么，来源于改革开放 40 年中国在世界上所处的地位。从物质上来讲，我们极为丰富；我们的思想，有足够的自信复兴我们的文化，建筑师要勇于担当。第三，技术支撑，还有资源高效，包括智慧城市、智慧建设，技术是不是能给我们足够的支撑？这都是很重要的发展方向。

郭卫兵（河北省建筑设计研究院副院长、总建筑师）：

我十几年前读了邹德农先生的硕士，研究题目是"1975—1985 年十年间建筑改造的几种方法"，这十年间的建筑其实给我们非常深的印象，邹先生也有一段很重要的评价：在那个时候，我们还处于比较封闭的状态，在建筑设计层面上还属于探索时期，但是大家焕发出了创作的热情，即使在这样艰苦的时候，还是创作出了适合当下的一些非常优秀的建筑作品。对于我来说，希望各位前辈能够真正地好好总结一下在那个时代做的一些建筑，以纪念或者启迪的方式，是非常重要的。

另外，我一直和李拱辰先生一起工作，当他的助手，每次开会，孟院士、崔院士、周大师都会问李总身体怎么样，我也通过李总认识了大家。其实，我觉得有很重要的一点，在这个时代，在这些建筑师身上，还是散发着独特的光芒。20 世纪八九十年代直至今天，建筑师对于建筑设计的态度永不落伍，崇尚经典，我觉得这个时代是非常值得回忆和记载的。

郭骏（中元国际工程公司副总建筑师）：

我代表孙宗列总建筑师参会。今天很多大师、前辈们都已经从自己个人的角度结合时代经历跟我们分享了很多精彩内容。孙总想从我们设计院的发展历程上来表征这 40 年的变化。

中国中元作为一个具有独特行业背景的设计院，最开始做机械行业，改革开放之后开始转型，进入民用建筑设计领域，寻找我们的市场和机会。当时觉得做什么都挺好，就什么都做，在这个领域逐渐地发展。直到后来，在改革开放的 40 年当中，随着市场经济划分、对外开放视野的拓展和整个设计工程一体化、全产业链模式的进行，我们逐渐摸索出这样一个设计企业顺应时代城市建设发展的新型模式，包括怎么进行全产业链一体化运作，怎么面对国际化的市场行为。可能从一个专业院来说，在之前根本不可能想象进行这样的工作和从事这样的事业，改革开放 40 年对企业转型、企业寻找新的出路和新的模式具有非常重要的意义。

我本人对此的感触也很深，在上学时大家的观点还是要建设，强调建设，做新的东西。那会儿我们满脑子里想的也是要做大建筑，做大工程。但是，从工作之后开始，整个社会进入到反思阶段，不仅是建设，还要加入文化，加入文化的研究、保护、利用和传承，不再只是单纯的建设，在建设的同时，要寻找建设的意义、品位以及对于整个城市空间和人文的关怀，甚至社会哲学和社会道德上的一些东西，实际上提高了我们建设的品质。我们建设的应该是一个更美好的中国的人类社会环境。

薄宏涛（中联筑境建筑设计有限公司总建筑师）：

我早就想来嘉德艺术中心参观学习，今天又有业主，又有张宇大师的介绍，是非常难得的一个学习机会。同时，也听到诸位前辈、院士包括大师、同行老师们的发言，受益匪浅。今天这个主题比较深刻，对我来说，40 年跨度稍微大了点。我 1998 年大学毕业，到今年正好毕业 20 年。

我工作的 20 年里面，其实是中国改革开放进入高速发展的加速期，我们面对的其实是大量的建设，项目周期和时间不断在压缩，其实是裹挟在中国高速城市化进程之中的。从我个人角度来说，这也是不断学习的过程。我毕业几年之后进入同济大学攻读研究生，在同济大学学习时，我自己的研究方向也是和我们的城市建设息息相关的，也是和当时时代热点相关联的。我研究的是上海一城九镇的建设，从上海中心城区向周边疏解，建设卫星城的过程。那时候一个关键词是建设，怎么在周边城区建出拥有城市感的新区，然后把城市中心的人口疏导出去。

后来，在不断的实践过程中，我觉得我们面对的是不断地增量建设、建设再建设。到2011年，当时有一个跟西班牙的文化交流活动，我跟程泰宁院士一起参加，同去的还有孟建民院士、北京院的胡越大师，那次活动给了我一个特别大的触动，回来我就报了程泰宁院士的博士，所以，我2012年读了博士。这时候我慢慢地觉得行业和时代都在发生变化，我的研究课题就变成了存量时代的中国城市更新的策略性研究，其实也正好是我们改革开放40年或者地产界从黄金十年到白银十年的转换过程。

在具体的实践工作中，我从2016年开始参与到北京首钢改造项目里，也非常荣幸能够参与到这个应该说是目前中国最优秀或者最伟大乃至全世界最重大的重工业遗存更新项目，这是非常荣幸的一件事。现在，一期的冬季奥运会奥组委办公园区已经竣工，他们已经入住了。在不断设计和深化的过程中，其实我们感受到了作为建筑师之外的一个责任。明年是首钢百年，在这样一个历史跨度里，这100年或者首钢自己的历史就是中国民族工业振兴、发展和再创造的历史。所有设计创作背后的点点滴滴，让我们看到了众多人文的积淀、历史的传承和每一个人对于这个企业和对于这段历史的一种自豪感。所以，其实除了建筑师这个责任以外，我们还拥有非常多的除了创作以外的责任（如文化传播），如对于历史文化遗存的再利用和重新审视，让已经失去荣光的空间重新焕发光彩，这都是建筑师的责任。

程泰宁先生是1935年生人，今年83岁，长我40岁。我也希望在未来的40年，我能够像程先生一样工作到83岁还拥有非常充沛的创作激情，用下一个40年的工作去为我们的城市建设添砖加瓦，出尊重我们历史的设计，做出记得住历史也记得住乡愁的设计。

朱颖（北京建院约翰马丁国际建筑设计有限公司董事长）：

我是一个晚辈，今天特别荣幸，聆听这么多前辈的高见。我是1976年生人，我的成长跟中国的改革开放基本是同步的。我们这一代随着国家的发展，从小过上了稳定的生活。

我小学的时候就有一篇课文，讲人民大会堂的建设，但后来我才知道这是张镈大师设计的。1990年我刚上高中就赶上亚运会开幕式。等我从清华大学建筑学专业毕业的时候，毕业设计做的是城市规划。

作为建筑师来讲，我能看到建筑设计和其他行业相比所具有的独特性。别的行业只有教你的老师，建筑师只要看到了对方的建筑作品，那他就是你的老师。工

作之后，我又参与了张宇大师做的香山植物园，包括马院士做的T2航站楼等项目。当时我特别震惊，北京院能设计出这么好的作品。

我想用三个时间段回应今天的主题。第一，改革开放40年，我正好刚过40岁，我们每个人其实都随着国家的发展在发展。第二，其实是20年，我1998年参加工作，到今年正好是20年，也正赶上中国建设行业发展最快的20年，我们其实特别荣幸。第三，最近10年，我做了北京建院约翰马丁公司的负责人。约翰马丁公司2008年开始改组，到今年正好10年，这10年，在北京院的关怀下，我们也完成了一些作品。

陈雳（北京建筑大学副教授）：

我是北京建筑大学历史建筑保护系的老师，在张爱林校长领导下工作。工作在文化遗产保护教育第一线，让我来感受这40年的时间跨度，其实是太长了一些。但是，根据我的亲身经历和这十几年的变化，在遗产保护方面，我确实也有一些感想。

第一，我国文化遗产保护成绩斐然，有大量成功的案例，大家都是有目共睹的，就不展开说了。第二，我们国家文化遗产保护的教育已经在高校生根，方兴未艾。从我自身体会来讲，这是非常重要的变化。以我们北京建筑大学为例，刚才张爱林校长也讲了，北京建筑大学目前是国内唯一的本、硕、博、博士后甚至国家级别的培训一体化的文化遗产保护教育体系，培养了一批又一批以建筑遗产保护为未来职业选项的青年学子。他们在这里学习国内外先进的保护理论、保护技术、保护方法，甚至参加重要的文化遗产保护的实践，这都非常难得，为毕业后投身遗产保护事业积蓄力量。第三，我国文化遗产保护观念深入人心，民众的意识也大大提高。遗产保护在我们国家是从梁思成先生那一辈人开始的，经过几代人的不懈努力，领导们的积极倡导，已经深入人心。除了文物建筑之外，无论是历史建筑、历史街区、文化景观，还是我们呼吁的20世纪遗产、工业遗产，都渐渐成为全社会关注的热点。每当城市建设触动文化遗产的时候，总会有民间的力量挺身而出，奔走呼吁，这就是文化一般保护的根本动力源泉。第四，文化遗产保护未来的任务仍然十分艰巨。

根据我的理解，因为我们国家发展太快，城市化和城市更新给城市遗产带来前所未有的冲击。我认为当前的遗产保护有两个要点也是难点：第一，对于无序城市建设所造成的城市风貌的破坏如何进行修复；第二，对业内已经存在的城市遗产如何活化利用。这点习总书

记曾经也指出过，让文物建筑在老百姓的生活中"活起来"。在欧洲有许许多多的老建筑，它们保持了原有的城市风貌和真实性，甚至几百年来风貌保存完好，而且修复都是按照它的真实性修复，城市设施、生活设施都是现代化的，历史建筑对人们生活毫无影响，而且还增添了一丝文化气息。

从我本人来看，历史城市的复兴，不能以经济价值作为唯一的标准，必须有文化的担当。老建筑的活化利用绝不能仅限于博物馆，可以赋予任何实际功能，比如旅馆、剧院、商住，这些实例在欧洲比比皆是。历史建筑活化利用也给管理、规划和建设提出了更高的要求。

殷力欣（中国艺术研究院研究员、《中国建筑文化遗产》副主编）：

今天上午我到天津大学参加卢绳先生百年诞辰纪念活动。卢绳先生是 1918 年生人，1977 年去世。我有这样的感触，王学仲先生在几年前写纪念卢绳先生的文章时用了这样一个标题《假如卢先生在该多好》。而我今天去纪念卢先生的时候，是在想假如再给卢先生 10 年或者 20 年该有多好啊。因为像卢先生这样一个学建筑历史的人，经历了很多波折，积累了很多知识，而恰恰在改革的前夜，1977 年，英年早逝。他给天津大学留下了一个完整的教学体系，但是他个人却还没有来得及拿出更成熟的研究成果，这是很可惜的一件事。

卢绳先生的建筑设计理念贯穿着中国文化精神的传承，同时它也是经世致用之学，是以人为本的。所以，今天我们纪念改革开放的时候，最重要的应该是纪念一种精神。这种精神，第一是经世致用，作为建筑师，时时刻刻想到为民生而建筑；第二，我想起鲁迅先生曾经的一句话，叫作"非有天马行空似的精神，不能有大艺术之产生"。我想改革带给建筑界的影响就是这样的，用以人为本的精神尽我们建筑师的社会职责，同时要有天马行空似的个性张扬的东西去创作出符合我们时代和对得起后代的建筑作品。

从 1978 年到现在，前 20 年或者 30 年，我们会看到很多照抄西方的东西，建筑样式可能是新的，但是自己的创作是少的。而近十年以来，我们看到一些有了建筑师个性的东西，比如在座的张宇大师、周恺大师的作品，如果我们把改革开放的精神坚持下去，以后会有更伟大的建筑大师产生，这是我的一点感想。

宋雪峰（天津大学出版社总编辑）：

我个人实际上也刚到出版行业不久，算是半个媒体人，我原来在天津大学宣传部工作。在我工作的这些年，我也见证了天津大学的发展，感受了天津大学的变化。在我到出版社工作以后，实际上我的视野也得到了开拓。在这次活动之前，我正在审读一本书，也是金主编团队的作品，叫作《建筑评论》。在那里边，有费麟先生、马国馨院士、布正伟先生等前辈们，还包括一些中青年建筑师的文章，我认真地拜读了他们对建筑的见解，确实感触颇深。

在这次十九大报告当中，习总书记反复强调，我们是以人民为中心。我个人也在写一本书，是关于天津大学历史方面的一本书，我们想以图文并茂的形式来写。写这个书的时候，我们就特别强调我们要通过见人、见事、见物，充分展现天津大学 120 多年的历史。我想，在我们建筑文化传播当中，我们关注的不仅仅是建筑师留下的一栋栋建筑，更多的是建筑师内心的世界，关注我们的精神，关注我们能够使中国建筑文化在中国扎根、在世界发展这样一个经历的过程。

在这个过程当中，我想能够通过这样一个平台，进一步对各位大师有更多的了解，能够通过更多的文化产品把中国建筑文化事业、建筑事业发展过程当中的这些人和事更多、更好地记录下来，而不是简单地记住一些建筑，更多的是要记住这个建筑背后的人，这个人所体现的一种中国建筑的精神。我希望天津大学出版社能够和我们的各位建筑大师们有更多合作，也发挥我们的作用，为中国建筑事业和建筑文化事业的发展做出我们的贡献。

马国馨（中国工程院院士、全国工程勘察设计大师）：

首先，今天的论坛要感谢北京嘉德艺术中心，因为在这里举办本次论坛也是成功的一个很重要的因素。北京嘉德艺术中心本身对建筑师来说很有吸引力，在改革开放到了这个时间，在北京这样重要的地段完成的这么一栋建筑，大家都想来观察一下、体会一下。而且，对我来说，嘉德艺术中心更有亲切感，因为我上中学就在这附近，离这个地方不到半站地，对这里还是很熟悉的。其次，今天大家都做了很好的发言，尤其是改革开放 40 年，是特别长但又是特别短的时间。在建筑界，过去参加各种会经常会照相，过去我老是站最后一排，到后来往前稍微凑合了一下，再往后就站第二排了，最近老在第一排，第一排还经常坐中间，很不好意思。我后来一想，这里边就看出时间的流逝，看出我们这个行业的薪火传承，且后继有人。我们的中年建筑师、青年建筑师在改革开放的时代能够非常快地成长起来。我想最突出的成绩就是我们逐渐走向全国，走向世界，让世界各国很好地了解我们国家，这是一个很好的兆头。我记得改革开放初期我到国外去学习，那时我都 39 岁了，到国外去学习应该说坐了改革开放的头班车，可是对当时的我来说已经是末班车了，但对我们来说还是非常好的机遇。我记得第一次出国的时候，眼花缭乱的，看着国外五光十色的建筑，目不暇接。到人家事务所，好多新词都不知道是什么意思。当时 CBD 也是我第一次看到。所以，改革开放，国门的开放，我们眼界的开放，我们整个行业的开放，对于整个行业的进步和发展非常重要。刚才大家都说了很多自己的故事，让我觉得这 40 年本身就是一个历史的轴线。

很多专家特别讲到建筑遗产的保护。实际上在 40 年当中我们这个行业所面临的课题是为了我们的现在、为了我们的未来。建筑遗产和文博则是为了我们的过去，需要思考如何能够把它很好地保存下来、利用下来，更好地发挥作用。应该说这两件事都经过了曲折的道路，经过了反复，经过了正反两方面的检验，获得了各种经验和教训，且在不断地砥砺前行。40 年中城市化进程非常快。我虽说已经在北京生活了 50 多年，但到现在很多地方根本不认识。但是，从另一个角度看，取得成就的同时也有很多不足，有很多大家不满意的地方。所以，我觉得建筑设计行业更需要反思，更需要研究，更需要分析，更需要提高。建筑师要为成千上万人服务，众口难调，很难一一满足。咱们有很多设计项目，设计医院，设计车站，设计航空港，设计剧场，设计住宅……无论是过去还是现在的建筑，我们都面临着非常大的挑战。

今天听了大家在论坛上的发言，我感觉 40 年虽然很短暂，但在十九大、"两会"以后，我们又到了一个更新的转折点，新的思想、新的道路、新的方法给我们提出了更多的要求。

对于我们这个行业的发展现状和受重视程度，我自己并不是特别满意。比如我看了一个"两会"报道，说今后将要大力发展的六个行业，建筑设计行业不在其中。现在大力提倡的不是人工智能，就是生物医学，我心想其实建筑设计是挺要紧的，怎么好像不怎么被重视似的？再如开"两会"，咱们建筑界有什么代表在那儿？除了主抓建设的领导，搞建筑设计的专业人员寥寥无几。

另外，我自己还有个体会，中青年建筑师包括年龄大一些的建筑师，其实很多事还能够多做一些，除了物质产品以外，我们当中的人、我们当中的事，是不是

能够很好地传承下来，这也是一个很重要的问题。现在口述历史，把我们的历史传承下来，有这么几个方式，如口述史、回忆录、自传，都能够把这些东西很好地传承下来，把财富留给大家。在座的每个人身上都有很多故事，应该注意积累、记录下来。我觉得很可惜的就是第一代建筑师基本没留下啥回忆录，梁思成也好，杨廷宝也好，基本都没留下。第二代建筑师张镈，他记性非常好，写了他的回忆录，现在应该说是很宝贵的资料。张开济张总说说他自己出过一本自己的文章合集。其他的就很少了，就靠现在很多研究生或者大学里的研究人员继续挖掘梳理。我想，通过进一步总结改革开放的 40 年，还是能够找出很多对我们非常有指导意义和值得回忆的东西。

参考文献

[1] 中国勘察设计协会. 中国工程勘察设计五十年 [M]. 北京：中国建筑工业出版社，2006.

[2] 中国大百科全书出版社编辑部. 中国大百科全书——建筑 园林 城市规划 [M]. 北京：中国大百科全书出版社，1988.

[3]《建筑创作》杂志社. 中国建筑设计三十年（1978—2009）[M]. 天津：天津大学出版社，2009.

[4] 北京市规划委员会. 北京城市规划学会主编. 北京十大建筑设计 [M]. 天津：天津大学出版社，2002.

[5] 曾昭奋，张在. 当代中国建筑师（Ⅱ）[M]. 天津：天津科学技术出版社，1990.

[6] 建设部工程质量安全监督与行业发展司，中国建筑学会. 第一、二届梁思成建筑奖获奖者作品集 [M]. 北京：机械工业出版社，2003.

[7] 吴良镛. 广义建筑学 [M]. 北京：清华大学出版社，2011.

[8] 单霁翔. 从"功能城市"走向"文化城市" [M]. 天津：天津大学出版社，2007.

[9] 单霁翔. 新视野·文化遗产保护论丛（第一辑）[M]. 天津：天津大学出版社，2015.

[10] 单霁翔. 新视野·文化遗产保护论丛（第二辑）[M]. 天津：天津大学出版社，2017.

[11] 单霁翔. 新视野·文化遗产保护论丛（第三辑）[M]. 天津：天津大学出版社，2017.

[12] 张钦楠. 特色取胜 [M]. 北京：机械工业出版社，2005.

[13] 马国馨. 体育建筑论稿——从亚运到奥运 [M]. 天津：天津大学出版社，2007.

[14] 马国馨. 建筑求索论稿 [M]. 天津：天津大学出版社，2009.

[15] 钟华楠. 大国不崇洋 [M]. 北京：中国建筑工业出版社，2018.

[16] 马国馨. 城市发展与人文 [M]// 马国馨. 环境城市论稿. 天津：天津大学出版社，2016.

[17] 马国馨. 1979—1999 二十年盘点话旧时 [M]// 马国馨. 集外编余论稿. 天津：天津大学出版社，2019.

[18] 杨永生. 建筑百家评论集 [M]. 北京：中国建筑工业出版社，2000.

[19] 杨永生. 建筑百家言续编——青年建筑师的声音 [M]. 北京：中国建筑工业出版社，2003.

[20] 程泰宁. 当代中国建筑现状与发展 [R]. 南京：中国工程院土木水利与建筑工程学部，东南大学，2013.

[21] 季元振. 再问建筑是什么 [M]. 北京：中国建筑工业出版社，2014.

[22] 莫伯治. 莫伯治文集 [M]. 广州：广东科技出版社，2003.

[23] 本书编委会. 岁月·情怀——原建工部北京工业建筑设计院同仁回忆 [M]. 上海：同济大学出版社，2015.

[24] 中国建筑西南设计研究院. 中国建筑设计大师徐尚志作品集 [M]. 成都：四川科学技术出版社，2000.

[25] 中国建筑设计研究院 . 建筑师龚德顺 [M]. 北京：清华大学出版社，2009.

[26] 常青 . 从建筑文化看上海城市精神 [J]. 建筑学报，2003，（12）.

[27] 张松 . 城市文化的传承与创生刍议 [J]. 城市规划学刊，2018，（6）.

[28] 金磊 . 建筑师的童年 [M]. 北京：中国建筑工业出版社，2014.

[29] 金磊 . 建筑师的自白 [M]. 北京：生活·读书·新知三联书店，2016.

[30] 金磊 . 建筑师的大学 [M]. 天津：天津大学出版社，2017.

[31] 曾昭奋 . 建筑论谈 [M]. 天津：天津大学出版社，2018.

[32] 中国文物学会，中国建筑学会 . 中国 20 世纪建筑遗产名录（第一卷）[M]. 天津：天津大学出版社，2016.

[33] 中国文物学会 20 世纪建筑遗产委员会 . 致敬中国建筑经典 中国 20 世纪建筑遗产的事件·作品·人物·思想 [M]. 天津：天津大学出版社，2018.

[34] 北京市建筑设计研究院有限公司，中国文物学会 20 世纪建筑遗产委员会 . 中国 20 世纪建筑遗产大典（北京卷）[M]. 天津：天津大学出版社，2018.

[35] 邹德侬 . 中国现代建筑二十讲 [M]. 北京：商务印书馆，2015.

[36] 金磊 . 建筑传播论——我的学思片段 [M]. 天津：天津大学出版社，2017.

[37] 雪珥 . 国运 1909——晚清帝国的改革突围 [M]. 北京：中国青年出版社，2017.

[38] 王兴平 . 改革开放以来中国城乡规划的国际化发展研究 [J]. 规划师，2018，（10）.

[39] 重庆市设计院，《中国建筑文化遗产》编辑部 . 重庆建筑地域特色研究 [M]. 北京：中国建筑工业出版社，2015.

[40] 上海现代建筑设计集团成立 60 周年设计作品集编委会 . 上海现代建筑设计集团成立 60 周年设计作品集 [M]. 北京：中国城市出版社，2012.

[41]《北京市建筑设计研究院成立 50 周年纪念集》编委会 . 北京市建筑设计研究院成立 50 周年纪念年（1949 ~ 1999）[M]. 北京：中国建筑工业出版社，1999.

[42] 刘军，刘景樑 . 天津市建筑设计研究院 60 周年 作品卷 [M]. 天津：天津大学出版社，2012.

[43] 庄惟敏 . 清华大学建筑设计研究院成立五十周年纪念丛书 1958 ~ 2008 作品集 [M]. 北京：清华大学出版社，2008.

[44] 本书编委会 . 中国建筑设计研究院成立五十周年纪念丛书 1951 ~ 2002 作品集 [M]. 北京：清华大学出版社，2002.

[45] 本书编委会 . 新时代 新经典——中国建筑学会建筑创作大奖获奖作品集 [M]. 北京：中国城市出版社，2012.

[46] 北京日报社 . 首都新建筑——群众喜爱的具有民族风格的新建筑 . 首都建筑艺术委员会 [M]. 北京：北京出版社，1995.

[47]《建筑创作》杂志社 . 2007—2009 中国建筑设计年度报告 [M]. 天津：天津大学出版社，2010.

[48] 刘燕辉 . 中国住房 60 年（1949—2009）往事回眸 [M]. 北京：中国建筑工业出版社，2009.

[49] 刘世锦 . 中国文化遗产事业发展报告（2013 年）[M]. 北京：社会科学出版社，2013.

[50] 牛凤瑞 . 中国城市发展报告（第一卷）[M]. 北京：社会科学出版社，2013.

[51] 陈冬亮 . 中国设计产业发展报告（2014—2015）[M]. 北京：社会科学出版社，2015.

[52]《建筑评论》编辑部 . 中国建筑图书评介报告（第一卷）[M]. 天津：天津大学出版社，2017.

[53] 杨伟成 . 中国第一代建筑结构工程设计大师杨宽麟 [M]. 天津：天津大学出版社，2011.

[54] 张勇 . 深圳小区 [M]. 沈阳：辽宁科学技术出版社，2001.

[55] 胡明，金磊 . 厚德载物的学者人生 纪念中国结构工程设计大师胡庆昌 [M]. 天津：天津大学出版社，2018.

[56] 中国文物学会传统建筑园林委员会 . 周治良先生纪念文集 [M]. 天津：天津大学出版社，2017.

[57] 中国建筑设计研究院 . 建筑师林乐义 [M]. 北京：清华大学出版社，2003.

[58] 赵元超 . 都市印迹 [M]. 天津：天津大学出版社，2015.

[59] 本书编委会 . 北京奥运建筑 [M]. 天津：天津大学出版社，2009.

[60] 巫加都 . 建筑依然在歌唱——忆建筑师巫敬桓、张琦云 [M]. 北京：中国建筑工业出版社，2016.

[61]《建筑创作》杂志社 . 创作者自画像 [M]. 北京：机械工业出版社，2005.

[62]《建筑创作》杂志社 . 石阶上的舞者——中国女建筑师的作品与思想记录 [M]. 北京：中国建筑工业出版社，2006.

[63]《建筑创作》杂志社 . 北京建筑图说 [M]. 北京：中国城市出版社，2004.

[64]《建筑创作》杂志社 . 西安建筑图说 [M]. 北京：机械工业出版社，2006.

[65] 刘景樑 . 天津建筑图说 [M]. 北京：中国城市出版社，2004.

[66]《建筑创作》杂志社 . 新城市·新生活——2010 广州亚运会的规划与建筑 [M]. 天津：天津大学出版社，2011.

[67]《建筑创作》杂志社 . 建筑中国 60 年（1949—2009）系列丛书 [M]. 天津：天津大学出版社，2009.

[68] 刘心武 . 我眼中的建筑与环境 [M]. 北京：中国建筑工业出版社，1998.

[69] 寇耿 . 城市营造：21 世纪城市设计的九项原则 [M]. 南京：凤凰出版传媒股份有限公司，2013.

[70] 王博 . 北京一座失去建筑哲学的城市 [M]. 沈阳：辽宁科学技术出版社，2009.

[71] 刘先觉 . 研究中国近现代建筑艺术的意义与价值 [J]. 新建筑，2004，（1）.

[72] 布正伟 . 建筑的类型与设计服务型建筑师的培养 [J]. 新建筑，2004，（1）.

[73] 单增亮 . 中国建筑设计机构发展模式探讨 [J]. 建筑学报，2006，（8）.

[74] 王仁贵 . 中国改革开放 40 年大逻辑 [J]. 瞭望，2018，（48）.

[75] 范悦 . 建构 融构 同构——研究型建筑设计教学的国际化开放式实践 [J]. 城市建筑，2017，（10）.

[76] 崔卫华 . 世界工业遗产空间分布趋势及对中国的启示 [C]// 刘伯英 . 中国工业遗产调查、研究与保护（七）. 北京：清华大学出版社，2017.

[77] 胡燕 . 后工业时代的工业遗产再利用 [C]// 刘伯英 . 中国工业遗产调查、研究与保护——2017 年中国第八届工业遗产学术研讨会论文集 . 北京：清华大学出版社，2019.

[78] 徐磊青 . 公共空间公共性的设计行动 [J]. 城市建筑，2018，（8）.

[79] 张松 . 当代中国历史保护读本 [M]. 北京：中国建筑工业出版社，2016.

[80] 刘川都 . 媒体评论学 [M]. 北京：法律出版社，2015.

[81] 金磊 ."20 世纪事件建筑"是个大命题 [J]. 瞭望，2016，（49）.

[82] 沃纳·奥克斯林，江嘉玮 . 专访沃纳·奥克斯林——论历史学家之天职 [J]. 建筑师，2018，（3）.

[83] 吴维佳 . 空间规划体系变革于学科发展 [J]. 城市规划，2019，（1）.

[84] 金峰梅 . 转型·矛盾·思考——漫谈我国城乡文化遗产保护观念的变迁 [J]. 规划师，2019，（4）.

[85] 陈晓民 . 城市体育空间的点线面 [J]. 城市建筑，2016，（10）.

[86] 金广君.对城市设计专业教育的思考 [J].城市设计，2018，（6）.

[87] 金磊.中国 20 世纪建筑遗产与百年建筑巨匠 [J].中国文物科学研究，2018，（4）.

[88]A.B.布宁，T.Ф.萨瓦连斯卡娅.城市建设艺术史——20 世纪资本主义国家的城市建设 [M].北京：中国建筑工业出版社，1992.

[89] 金磊.如何借"城市巨事件"传播建筑文化遗产 [N].科学时报，2010-7-13.

[90] 金磊.建筑中国六十年的历史如何书写——从新中国优秀建筑遗产保护到新世纪"十大建筑"评选畅言 [N].中国建设报，2008-10-7.

[91] 金磊.中国需要建筑评论和建筑评论家 [J].建筑，2018，（4）.

[92] 维克托·布克利.建筑人类学 [M].北京：中国建筑工业出版社，2018.

[93] 人民画报社.国家记忆——中国国家画报的封面故事 [M].北京：中国摄影出版社，2013.

[94] 切萨雷·布兰迪.修复理论 [M].上海：同济大学出版社，2016.

[95] 邹德侬，戴路，张向炜.中国现代建筑史 [M].北京：机械工业出版社，2003.

[96] 李薇楠.中国近代建筑史研究 25 年之状况（1986—2010）[C]// 张复合.中国近代建筑研究与保护（八）.北京：清华大学出版社，2012.

[97] 韦伯.包豪斯团队：六位现代主义大师 [M].北京：机械工业出版社，2013.

[98] 张杰，吕舟，等.世界文化遗产保护与城镇经济发展 [M].上海：同济大学出版社，2013.

[99] 邹德侬，窦以德.中国建筑五十年 [M].北京：中国建材工业出版社，1999.

[100] 勒·柯布西耶.现代建筑年鉴 [M].北京：中国建筑工业出版社，2010.

[101] 吴奕良，等.纵论中国工程勘察设计咨询业的发展道路 [M].北京：中国轻工业出版社，2012.

[102] 程世卓.英国建筑技术美学谱系 [M].北京：中国建筑工业出版社，2017.

[103] 罗伯特·文丘里.向拉斯维加斯学习 [M].北京：知识产权出版社，2006.

[104] 切萨雷·布兰迪.修复理论 [M].上海：同济大学出版社，2016.

[105]《建筑学报》杂志社.《建筑学报》六十年 1954~2014 [M].北京：中国城市出版社，2014.

[106] 马国馨.礼士路札记 [M].天津：天津大学出版社，2012.

[107] 马国馨.南礼士路 62 号——半个世纪建院情 [M].北京：生活·读书·新知三联书店，2018.